Adriano Oprandi
Angewandte Differentialgleichungen Kompakt
De Gruyter Studium

Weitere empfehlenswerte Titel

Anwendungsorientierte Differentialgleichungen
Adriano Oprandi, 2024
Differentialgleichungen in der Theoretische Ökologie
Räuber-Beute-Modelle zur Dynamik von Populationen
ISBN 978-3-11-134482-9, e-ISBN (PDF) 978-3-11-134526-0
Differentialgleichungen in der Festigkeits- und Verformungslehre
Elastostatik, Balkentheorie, Impulsanregung, Pendel
ISBN 978-3-11-134483-6, e-ISBN (PDF) 978-3-11-134581-9
Differentialgleichungen in der Baudynamik
Modalanalyse, Schwingungstilger, Knickfälle
ISBN 978-3-11-134487-4, e-ISBN (PDF) 978-3-11-134585-7
Differentialgleichungen für Wärmeübertragung
Stationäre und Instationäre Wärmeleitung und Wärmestrahlung
ISBN 978-3-11-134492-8, e-ISBN (PDF) 978-3-11-134583-3
Differentialgleichungen in der Strömungslehre
Hydraulik, Stromfadentheorie, Wellentheorie, Gasdynamik
ISBN 978-3-11-134494-2, e-ISBN (PDF) 978-3-11-134586-4
Differentialgleichungen in der Fluiddynamik
Grenzschichttheorie, Stabilitätstheorie, Turbulente Strömungen
ISBN 978-3-11-134505-5, e-ISBN (PDF) 978-3-11-134587-1

Mathematische Epidemiologie: 25 Modelle zur Vorhersage von Pandemien
Adriano Oprandi, 2024
ISBN 978-3-11-134513-0, e-ISBN (PDF) 978-3-11-134801-8

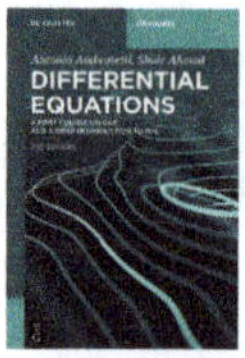

Differential Equations
A First Course on ODE and a Brief Introduction to PDE
Antonio Ambrosetti, Shair Ahmad, 2024
ISBN 978-3-11-118524-8, e-ISBN (PDF) 978-3-11-118567-5

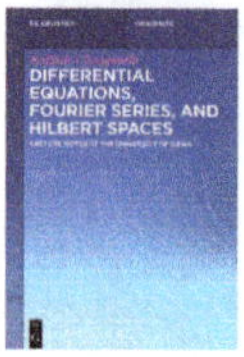

Differential Equations, Fourier Series, and Hilbert Spaces
Lecture Notes at the University of Siena
Raffaele Chiappinelli, 2023
ISBN 978-3-11-129485-8, e-ISBN (PDF) 978-3-11-130252-2

Adriano Oprandi

Angewandte Differentialgleichungen Kompakt

Festigkeits- und Verformungslehre, Baudynamik,
Wärmeübertragung, Strömungslehre, Grenzschichttheorie

2., überarbeitete und ergänzte Auflage

DE GRUYTER
OLDENBOURG

Mathematics Subject Classification 2020
65L10

Autor
Adriano Oprandi
Bartenheimerstr. 10
4055 Basel
Schweiz
spideradri@bluewin.ch

ISBN 978-3-11-134508-6
e-ISBN (PDF) 978-3-11-134576-5
e-ISBN (EPUB) 978-3-11-134621-2

Library of Congress Control Number: 2024947511

Bibliografische Information der Deutschen Nationalbibliothek
Die Deutsche Nationalbibliothek verzeichnet diese Publikation in der Deutschen Nationalbibliografie; detaillierte bibliografische Daten sind im Internet über
http://dnb.dnb.de abrufbar.

Coverabbildung: kafa / iStock / Getty Images Plus
Satz: VTeX UAB, Lithuania

www.degruyter.com
Fragen zur allgemeinen Produktsicherheit:
productsafety@degruyterbrill.com

Vorwort zur 2. Auflage

Nach knappen zwei Jahren seit Erscheinen der 1. Auflage darf ich erfreulicherweise einige Zeilen zur 2. Auflage niederschreiben.

In der Zwischenzeit habe ich die Gelegenheit genutzt, um eine Reihe von Schreibfehlern oder formalen Fehlern der 1. Auflage zu berichtigen. Die beiden Auflagen sind sowohl vom Inhalt wie auch von der Gliederung her identisch.

Ich hoffe, dass dieses Buch und auch meine anderen Bücher vielen Studenten weiterhin einen Beitrag bei der Bewältigung ihres Studiums leisten kann.

Basel, Oktober 2024 Adriano Oprandi

Vorwort zur 1. Auflage

Die Differentialgleichung (DG) stellt ein unverzichtbares Werkzeug der mathematischen Modellierung in den Naturwissenschaften dar. Sie wird herangezogen, wenn man die Änderung physikalischer Größen in Relation zueinander oder zu anderen Größen setzen kann. Viele Naturgesetze werden über eine DG formuliert und führen erst über Rand- und Anfangsbedingungen zu speziellen Lösungen oder Formeln. Die Entscheidung darüber, ob man die Änderung einer Größe oder die Größe selbst betrachtet, wird über die Mess- oder Nichtmessbarkeit der Größe gefällt. Beispielsweise ist die Anzahl radioaktiver Kerne in einem Präparat schwer zu bestimmen, weshalb man die zeitliche Änderung der Aktivität misst, um auf diese Weise auf die Änderung der radioaktiven Kernanzahl zu schließen. Bei der Vermehrung von Bakterien hingegen wäre die Messung der Bakterienzahl direkt möglich, was aber nicht daran hindert, ihre Zu- oder Abnahme mithilfe einer DG zu beschreiben.

In den Naturwissenschaften ist man mit dem generellen didaktischen Problem konfrontiert, wie ein Sachverhalt zuerst in Worten der natürlichen Sprache formuliert und danach derart in die formale Sprache der Mathematik oder Informatik übersetzt werden soll, dass dieser Prozess nachvollziehbar und verständlich bleibt. Es gilt, eine Brücke zwischen diesen beiden Sprachen zu schlagen. Ein möglicher Ansatz besteht darin, eine zielführende Frage zu stellen. Beispielsweise werden Optimierungsfragen der Mathematik wegweisend mit der Frage, welche Größe extremal werden soll, beantwortet. In der Kombinatorik wiederum sind zwei Fragen entscheidend: Ist die Reihenfolge wesentlich und sind Wiederholungen gestattet? Bei magnetischen Phänomenen drängt sich als Eingangsfrage womöglich die Suche nach den magnetischen Polen auf usw. Betrachtet man nun eine DG, so mag Einigen die Struktur derselben, bestehend aus infinitesimalen Größen, nur eine lästige Etappe auf dem Weg zum Ziel, nämlich der Lösung dieser DG, darstellen. Schließlich drückt die Lösung oder Formel die Abhängigkeit der in ihr enthaltenen Größen aus und ist, was die Anwendung betrifft, das Maßgebende. Meine Überzeugung ist es hingegen, dass eine solche reduzierte Sichtweise das Hauptsächliche

https://doi.org/10.1515/9783111345765-201

unterschlägt, nämlich die Frage, welche Annahmen dem ermittelten Gesetz überhaupt vorangingen und unter welchen Voraussetzungen es Gültigkeit besitzt. Unter diesem Blickwinkel wird man also, nicht nur aus praktischen Gründen, unweigerlich auf die zugehörige DG, insbesondere deren Ausgangspunkt, die Bilanzgleichung zurückgeworfen. Eine solche Bilanz kann beispielsweise eine Längen-, Massen-, Stoffmengen-, Impuls-, Kräfte-, Energie-, Drehmoment-, Leistungsbilanz usw. darstellen. Dabei kann die Bilanz selber an einem infinitesimal kleinen Element oder in einem gedachten Kontrollbereich stattfinden. In dieser Bilanz steckt aber genau das Wesentliche: Man erkennt das verwendete Modell (z. B. ideales oder reales Gas), das zugrunde liegende System (offen, geschlossen oder abgeschlossen), die Vernachlässigung einer Größe gegenüber einer anderen (z. B. Reibungskraft gegenüber Gewichtskraft), die Vereinfachung einer Größe (z. B. konstante Dichte) oder Ähnliches.

Eine DG ist eine Gleichung und somit eine Bilanz. Deshalb rücken wir die folgende Leitfrage in den Fokus: „Die Änderung welcher Größe soll mithilfe einer DG am infinitesimalen Element bilanziert werden?“. Auf diese Weise wird die Rolle der DG als Bilanz neu definiert: Sie bildet den Ausgangspunkt zur Erfassung des Sachverhalts und hat zum Ziel, Theorie und Praxis als eine Einheit zu begreifen, um auf diese Weise ein tieferes Verständnis für das gestellte Problem zu erlangen. Nicht zuletzt sollte der wiederholte Umgang mit DGen dem Leser und der Leserin die zentrale, themenübergreifende Bedeutung dieser Gleichungen bei der Beschreibung von Naturvorgängen zuteilwerden lassen. Es ist deshalb zwingend, dass auf die Herleitungen besonderen Wert gelegt wird, weil diese mit den angesprochenen Bilanzen einhergehen. Leider wird vom Autor immer wieder beobachtet, dass Lehrmittel bei der Herleitung die Voraussetzungen und getroffenen Vereinfachungen nicht klar und ersichtlich herausschälen, was es für die Studentin und den Studenten erschwert, das Ergebnis zu relativieren und dessen Anwendungsbereich klar abzustecken und einzugrenzen.

Aus diesem Grund verfolgt dieser Band ein klares Ziel und verfährt diesbezüglich nach einem einheitlichen und nachvollziehbaren Muster, indem konsequent jeder Herleitung zuerst allfällige Idealisierungen und Einschränkungen inklusive Begründung oder Zulässigkeit vorangestellt werden. Damit sind sich die Leserin und der Leser immer im Klaren darüber, unter welchen Voraussetzungen die Bilanz geführt wird.

Dieser Gesamtband basiert auf den sechs Einzelbänden mit gleichnamigem Titel. Einige weiterführende Kapitel sowie den gesamten Übungsteil habe ich weggelassen. Im Gegenzug sind einerseits die bestehenden Kapitel durch weitere praktische Aspekte ergänzt und zweitens die schon vorhandenen Fallbeispiele um zusätzliche erweitert worden, und erfassen damit eine breite Palette verschiedenster Anwendungsbereiche. Sämtliche Beispiele sind als Aufgabe mit konkreten Fragestellungen formuliert und jede Teilaufgabe wird in nachvollziehbaren Schritten vollständig durchgerechnet. Damit sind Voraussetzungen und Ergebnisse klar voneinander getrennt. Folgen einer Bilanzierung langwierige algebraische Umformungen, so sind diese verkürzt dargestellt. Des Weiteren wird die Reihenfolge der Inhalte aus den Einzelbänden fast gänzlich beibehalten. Die vielfältigen Lotka-Volterra-Modelle einschließlich der sie beschreibenden autonomen DGen des ersten Bands werden hingegen in diesem Gesamtband nicht aufgegriffen. Das theoretische Gerüst dieser Modelle ist ziemlich umfangreich, und zudem sind die Lösungen der zugehörigen DGen nur numerisch ermittelbar.

Dieser Gesamtband verfolgt das Ziel, zu jeder DG eine klassische Lösung (stetig differenzierbar gemäß dem Grad der DG) anzugeben. Schwache Lösungen werden hier nicht betrachtet und demzufolge kommt das Konzept der Finite-Element-Methode nicht zum Einsatz.

Obwohl Anwendungspakete existieren, die das numerische Lösen von DGen als Werkzeug beinhalten, ist es der Anspruch dieser Bandreihe, sämtliche notwendigen Programme für eine Simulation mit einem TI-Nspire CX CAS niederzuschreiben. Dabei soll allein das Euler-Verfahren zum Einsatz kommen (vgl. Kap. 6), damit die Rekursionsvorschriften nachvollziehbar bleiben. Die Leserin und der Leser mögen bei Interesse die Programme und deren Ergebnisse mit der eigenen Software vergleichen.

Das Erstaunliche an einer DG bleibt, dass die Entscheidung darüber, welches Verhalten eine Größe im „Großen“ zeigt, im „Kleinen“ gefällt wird.

Beim Verlag Walter de Gruyter möchte ich mich herzlich für die bisherige Zusammenarbeit und die Möglichkeit zu diesem Gesamtband bedanken.

Basel, Februar 2022 — Adriano Oprandi

Inhalt

1 Einleitung

Didaktik

Besonderes Augenmerk soll in diesem Band auf den didaktischen Unterbau einschließlich der Lerninhalte, der Methodik und der angestrebten Lernziele gelegt werden. Es ist ein Anliegen des Autors, dass die Leserin und der Leser die immer wieder verwendeten Bausteine beim Erstellen einer DG kennt und lernt, sie zu gebrauchen. Auf die Herleitungen wird besonderen Wert gelegt. Sie enthalten die angesprochene Vielzahl an Bilanzen und bilden das Kernstück der Methodik.

A. Lerninhalte

Wir beginnen damit, DGen mit nur einer Veränderlichen und einzig der 1. Ableitung ohne praktischen Zusammenhang zu lösen (Kap. 2). In einem weiteren Schritt sollen Wachstumsvorgänge in der Natur oder im Alltag in eine DG gefasst und gelöst werden. Dabei besteht die angesprochene Bilanz in diesem Fall lediglich aus zwei miteinander verglichenen Termen (Kap. 4). Es folgen die Kompartimentmodelle mit mehr als nur einer DG (Kap. 5). Dann erweitern wir die DGen um Ableitungen höherer Ordnung und die entsprechenden Bilanzen können auch mehrere Terme aufweisen. Schließlich folgen DGen mit zwei oder mehr Veränderlichen einschließlich partieller Ableitungen.

B. Lernziele

Unter anderem beinhaltet jedes Kapitel:

i. Ein praktisches Problem formalisieren, d. h. die Verhältnisse am infinitesimal kleinen Element in eine DG übersetzen.
ii. Analytische und numerische Methoden zur Lösung einer DG verwenden.
iii. Berechnungen mithilfe von Formeln durchführen.
iv. Programme zur numerischen Lösung von DGen verfassen.

C. Methoden

i. Problemstellung erfassen und Diskussion der Bedingungen.
ii. Aufstellen der das Problem beschreibenden DG mithilfe der Frage nach der Bilanzgröße.
iii. Die Lösung der DG über einen vorher eingeübten Formalismus bestimmen.
iv. Ergebnis (Formel) diskutieren.
v. Anwendung der Formel auf praktischen Beispielen.

Details zur Methode iii. Zuerst gilt es, einige Werkzeuge zur Lösung einfacher DGen einzuüben. Es sind dies die direkte Integration, die Variablentrennung, die Substitution und

https://doi.org/10.1515/9783111345765-001

die Konstantenvariation (Kap. 2 und 3). Diese Methoden werden wir bei der analytischen Lösung einer DG über den gesamten Band hinweg antreffen.

Die ersten beiden Methoden i. und ii. erfolgen mittels nachstehender Prinzipien:

I. Bilanzierung am infinitesimal kleinen Element oder im Kontrollbereich.
II. Modellidealisierung und Vernachlässigung von Größen.
III. Lineare Approximation der Änderung einer Größe als Basis einer DG.

Details zu I.

Handelt es sich um eine Punktmasse, so wird die Bilanz zwar direkt für den Schwerpunkt der Masse durchgeführt. Wirken äußere Kräfte auf die Masse ein, dann muss die betrachtete Umgebung miteinbezogen und für diesen Kontrollbereich die Bilanzierung vorgenommen werden. Bei verteilter Masse wie beispielsweise einem Balken, wird die Bilanz an einem infinitesimalen Element durchgeführt, was der Bilanzierung an einem Ort bei der Punktmasse entspricht. Wiederum muss man bei äußeren Krafteinflüssen das infinitesimale Element zu einem Kontrollgebiet erweitern.

Details zu II.

Als Idealisierung bezeichnen wir fortan sämtliche bewusst vernachlässigten Einflüsse eines Problems. Demgegenüber wollen wir die Spezialisierung eines allgemeinen Problems als Einschränkung unterscheiden. Betrachten wir beispielsweise die Bewegung einer Masse. Vernachlässigen wir den Luftwiderstand, dann nennen wir dies eine Idealisierung, hingegen wollen wir die Betrachtung auf vertikale Bewegungen allein, als eine Einschränkung bezeichnen.

Details zu III.

Wir erläutern dieses grundlegende Prinzip gerade anschließend.

Was ist eine Differentialgleichung?

Eine DG bezeichnet eine Gleichung für eine gesuchte Funktion y in einer oder mehrerer Variablen, die mindestens die erste Ableitung y' dieser Funktion enthält. Dabei beschreibt eine DG beispielsweise die Änderung einer Größe y bezüglich dem Ort x oder die Änderung einer Größe y im Vergleich zur Größe selber usw. Im Weiteren konzentrieren wir uns auf gewöhnliche DGen.

Einschränkung: Wir betrachten bis auf Weiteres DGen in einer Variablen (gewöhnliche DGen).

Beispiele sind $y'(x) = 3x^2 - 1$, $\dot{y}(t) = 2 \cdot \sin[y(t)] + t$ oder $y''(x) - 3 \cdot y'(x) \cdot y^2(x) = 0$. Dabei steht x meistens für den Ort und t für die Zeit. Für die Ableitung nach der Zeit wählt man einen Punkt anstelle des Strichs. Die drei genannten DGen sind allesamt von der Form $f(x, y(x), y'(x), y''(x), \ldots, y^{(n)}(x)) = 0$. Man nennt sie gewöhnlich, weil die Funktion y inklusive ihrer Ableitungen y', y'' nur von einer Variablen allein abhängig sind. Lässt man nur jeweils die 1. Potenz einer Ableitung zu und als Koeffizienten nur

Funktionen in derselben Variablen, so erhält man die (gewöhnlichen) linearen DGen in der Form:

$$y^{(n)}(x) = a_{n-1}(x) \cdot y^{(n-1)}(x) + \cdots + a_1(x) \cdot y'(x) + a_0(x) \cdot y(x) + g(x).$$

Für $g(x) \equiv 0$ heißt die DG homogen, ansonsten inhomogen. Beispielsweise sind $y'(x)+x \cdot y(x) = e^x$ und $\ddot{y}(t)+t \cdot \dot{y}(t)+t^2 \cdot y(t) = 0$ linear, aber $y'(x)+y^2(x) = 0$ und $\ddot{y}(t) = t \cdot \ln[y(t)]$ nichtlinear.

Analytische und numerische Lösung

Das Grundproblem besteht natürlich darin, die DG zu lösen. Ist eine DG analytisch lösbar, dann geschieht dies immer mithilfe einer Art Umkehroperation, der Integration. Dabei kann sich die Lösung auch als unendliche Reihe schreiben. Auch in diesem Fall geht eine Integration voraus. Viele DGen lassen sich nur näherungsweise mittels numerischer Verfahren lösen. Um die Eindeutigkeit der Lösung einer DG zu gewährleisten, benötigt man sogenannte Anfangswerte, Randwerte oder beides. Ein immer wiederkehrendes Prinzip bei der Herleitung von DGen besteht darin, Funktionen in eine Taylorreihe zu entwickeln, diese nach dem linearen Term abzubrechen und die Funktionswertänderung für einen kleinen Orts- oder Zeitschritt als Differential zu schreiben (daher auch der Name Differentialrechnung).

Herleitung von (1.1)–(1.7)

Nehmen wir an, $y(x)$ sei eine auf dem Intervall $I \subset \mathbb{R}$ $(n+1)$-mal stetig differenzierbare Funktion. (Eigentlich braucht $y^{(n+1)}(x)$ selber nicht mehr stetig zu sein.) Weiter sei $x_0, x \in I$. Dann gibt es ein ξ zwischen x_0 und x so, dass sich $y(x)$ in eine Taylorreihe um x_0 entwickeln lässt. Es gilt

$$y(x) = y(x_0) + y'(x_0) \cdot (x - x_0) + \frac{y''(x_0)}{2} \cdot (x - x_0)^2 + \cdots + \frac{y^{(n)}(x_0)}{n!} \cdot (x - x_0)^n + R_n(x)$$

mit der sogenannten Restfunktion

$$R_n(x) = \frac{y^{(n+1)}(\xi)}{(n+1)!} \cdot (x - x_0)^{n+1}. \tag{1.1}$$

Das Ergebnis sagt noch nichts über die Konvergenz der Reihe für $n \to \infty$ aus. Dies liefert erst der nächste Satz. Diesmal ist $y(x)$ eine auf dem Intervall $I \subset \mathbb{R}$ unendlich oft stetig differenzierbare Funktion. Die Taylorreihe konvergiert genau dann gegen $y(x)$, wenn $\lim_{n\to\infty} R_n(x) = 0$. In diesem Fall hat man

$$y(x) = \sum_{n=0}^{\infty} \frac{y^{(n)}(x_0)}{n!} \cdot (x - x_0)^n. \tag{1.2}$$

Die Darstellungen (1.1) und (1.2) benutzt man, um den Funktionsverlauf in einer Umgebung von x_0 durch eine Polynomfunktion anzunähern. Dabei wird die Konvergenzumgebung der Gleichung (1.2) durch den Konvergenzradius bestimmt. Der hauptsächliche Verwendungszweck der Taylorreihe im Zusammenhang mit DGen ergibt sich, wenn man in (1.1) x durch $x + dx$ und x_0 durch x ersetzt, wobei $x, x + dx, \xi \in I$ sein muss.

Es folgt

$$y(x + dx) = y(x) + y'(x) \cdot dx + \frac{y''(x)}{2} \cdot dx^2 + \cdots + \frac{y^{(n)}(x)}{n!} \cdot dx^n + R_n(x)$$

mit der Restfunktion

$$R_n(x) = \frac{y^{(n+1)}(\xi)}{(n+1)!} \cdot dx^{n+1}. \tag{1.3}$$

Diese Darstellung ermöglicht es, bei Kenntnis der Werte $y(x), y'(x), y''(x), \ldots, y^{(n)}(x)$ den Wert $y(x + dx)$ mit beliebiger Genauigkeit vorauszusagen. Für die exakte Differenz zwischen $y(x + dx)$ und $y(x)$ aus (1.3) schreiben wir

$$y(x + dx) - y(x) =: \Delta y. \tag{1.4}$$

Brechen wir hingegen (1.3) nach dem linearen Term ab, so ergibt sich

$$y(x + dx) - y(x) \approx y'(x) \cdot dx =: dy. \tag{1.5}$$

Mit dy bezeichnen wir den linearen Anteil des Zuwachses der Größe y entlang der Strecke dx und nennen diesen Zuwachs „Differential von y“. Aus Abb. 1.1 wird der Unterschied zwischen dy und Δy sichtbar. Dabei nehmen wir der Einfachheit halber $\Delta x = dx$.

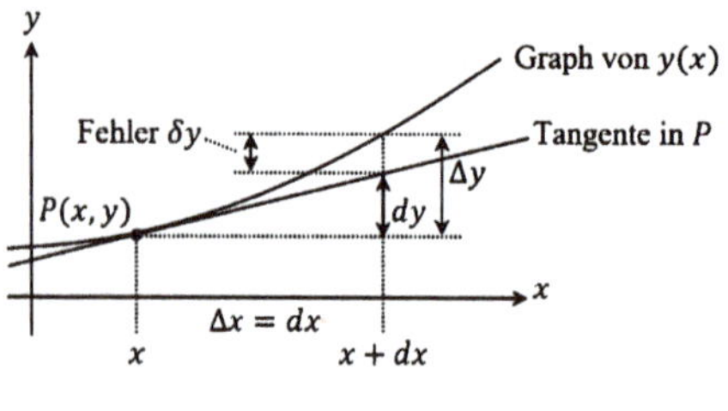

Abb. 1.1: Das Differential einer Größe y.

Gleichung (1.5) führt zu den bekannten Darstellungen

$$y'(x) \approx \frac{y(x + dx) - y(x)}{dx}, \tag{1.6}$$

$y'(x) = \frac{dy}{dx}$ oder die auf den ersten Blick etwas komisch anmutende Identität $dy = \frac{dy}{dx} \cdot dx$.

Auf dieselbe Weise folgen Ableitungen höherer Ordnung wie beispielsweise

$$\frac{d^2y}{dx^2} = \frac{d}{dx}\left(\frac{dy}{dx}\right) = y''(x) \approx \frac{y'(x+dx) - y'(x)}{dx} = \frac{\frac{dy}{dx}(x+dx) - \frac{dy}{dx}(x)}{dx}. \tag{1.7}$$

Es stellt sich nun die Frage, wie gut die Approximationen (1.6) und (1.7) für die weitere Verrechnung sind. Die Frage ist leicht zu beantworten, falls die mithilfe dieser Näherungen aufgestellte DG exakt lösbar ist. Man bildet in diesem Fall den Grenzwert $dx \to 0$, für (1.6) und (1.7) gilt dann das Gleichheitszeichen und schließlich führt eine Integration zur geschlossenen Lösung. Ungeachtet dessen, ob eine DG analytisch oder nur numerisch lösbar ist, soll gelten:

III. Die Herleitung aller bevorstehenden DGen erfolgt grundsätzlich der Ausdrücke (1.6) und (1.7) für y' bzw. y'' usw. Wir nennen dieses Prinzip die lineare Approximation oder 1. Näherung einer Größenänderung.

Lässt eine DG nur eine numerische Lösung zu, so wählt man eine Schrittweite $dx > 0$ und approximiert die Ableitungen durch die Terme (1.6) und (1.7). Je größer man dx wählt, umso ungenauer wird die Punktfolge gegenüber der exakten Lösungskurve und je kleiner dx gewählt wird, umso genauer wird die Lösungskurve. Gleichzeitig erhöht sich aber die Schrittzahl und der zusätzliche Rechenaufwand wächst enorm.

Ergebnis. Eine DG mit Anfangsbedingung entspricht somit nichts Anderem als der rekursiven Darstellung einer Punktfolge mit Startwert. Die Rekursionsvorschrift ist dabei die DG bzw. die DFG (Differenzengleichung), selber. Die eindeutige Lösungskurve wird damit Punkt für Punkt konstruiert. Bei einer analytischen Lösung ist die Punktzahl unendlich, bei einer numerischen Lösung hingegen endlich.

Für die leistungsfähigen Rechner unserer Zeit stellt die numerische Berechnung mit großer Schrittzahl meistens kein Problem mehr dar und die Lösung kann bis zu einer gewünschten Genauigkeit erreicht werden. Noch vor wenigen Jahrzehnten konnte man nicht auf eine derart hohe Rechenkapazität zurückgreifen. Insbesondere musste der Wert $y(x+dx)$ aus der Kenntnis von $y(x)$ auf einem anderen Weg als über die Gleichung (1.5) erfolgen, um den Fehler zwischen dem exakten und dem numerisch bestimmten Wert $\delta y = |y_E(x) - y_N(x)|$ an einer Stelle x möglichst klein zu halten. Es wurden Verfahren entwickelt, die bei der Schrittweitenwahl dx den Fehler δy nicht nur um ein Vielfaches ($k \cdot dx, k \in \mathbb{R}^+$) sondern proportional zur Potenz der Schrittweite ($k \cdot dx^p, k \in \mathbb{R}^+, p > 1$, $p \in \mathbb{N}$) reduzieren, um so den Rechenaufwand auf dem Weg zu einer möglichst exakten Lösung zu verringern. Einige solcher Verfahren stellen wir in Kap. 6 vor.

Beispiel 1. Gegeben ist die DG $y'(x) = g(x)$ mit $y(0) = 0$, wobei $g(x) \neq y(x)$. Man kann die Gleichung durch eine Integration lösen. Aus $\frac{dy}{dx} = g(x)$ folgt $dy = g(x) \cdot dx$, $\int dy = \int g(x) \cdot dx$ und damit $y(x) = \int g(x) \cdot dx + C$. Nehmen wir speziell $g(x) = 2x$, dann erhalten wir $y(x) = x^2 + C$ und mit der Anfangsbedingung $y(0) = 0$ folgt $y(x) = x^2$.

Zum Vergleich nehmen wir an, dass die DG $y'(x) = 2x$ nur numerisch lösbar wäre. Somit schreibt sich (1.6) in der Form $\frac{y(x+\Delta x)-y(x)}{\Delta x} \approx 2x$, woraus $y(x+\Delta x) \approx y(x) + 2x \cdot \Delta x$ mit $y(0) = 0$, eine sogenannte Differenzengleichung (DFG), entsteht. Für die numerische Berechnung ist es wichtig, y_i von $y(x_i)$ zu unterscheiden, auch wenn diese unter Umständen identisch sind. Daraus entsteht die Rekursionsvorschrift $y_{i+1} = y_i + 2x_i \cdot \Delta x$ und $y_0 = 0$ für $i \in \mathbb{N}_0$. Als Schrittlänge wählen wir $\Delta x = 0{,}5$, also recht grob, um einen klaren Unterschied zu den exakten Werten von $y(x) = x^2$ zu erhalten. Es folgt nacheinander:

$$
\begin{aligned}
y_1 &= y_0 + 2x_0 \cdot \Delta x = 0 + 2 \cdot 0 \cdot 0{,}5 = 0,\\
y_2 &= y_1 + 2x_1 \cdot \Delta x = 0 + 2 \cdot 0{,}5 \cdot 0{,}5 = 0{,}5,\\
y_3 &= y_2 + 2x_2 \cdot \Delta x = 0{,}5 + 2 \cdot 1 \cdot 0{,}5 = 1{,}5,\\
y_4 &= 3 \quad \text{und} \quad y_5 = 5.
\end{aligned}
$$

Allgemein ist $y_i = \frac{1}{4}i(i-1)$, $i \in \mathbb{N}_0$. Der Verlauf der exakten Lösung inklusive der Punktfolge bestehend aus den sechs numerisch bestimmten Werten entnimmt man Abb. 1.2 links.

Beispiel 2. Gegeben ist die DG $y'(x) = y(x)$ mit $y(0) = 1$. Aus $\frac{dy}{dx} = y(x)$ folgt durch Trennung der Variablen $\frac{dy}{y} = dx$, $\int \frac{dy}{y} = \int dx$ und damit $\ln|y| = x + C_1$. Aufgelöst ergibt sich $y(x) = e^{x+C_1} = e^{C_1} \cdot e^x = C \cdot e^x$. Mit $y(0) = 1$ folgt $C = 1$ und damit $y(x) = e^x$.

Zum Vergleich lösen wir die DG numerisch. Die Verwendung von (1.6) liefert

$$
\begin{aligned}
&\frac{y(x+\Delta x)-y(x)}{\Delta x} \approx y(x), \quad y(x+\Delta x) \approx y(x) + y(x) \cdot \Delta x \quad \text{und}\\
&y(x+\Delta x) \approx (1+\Delta x) \cdot y(x) \quad \text{mit} \quad y(0) = 1.
\end{aligned}
$$

Abermals sei die Schrittlänge $\Delta x = 0{,}5$ und man erhält die Rekursionsvorschrift $y_{i+1} = 1{,}5 \cdot y_i$ mit $y_0 = 1$ für $i \in \mathbb{N}_0$. Weiter ergibt sich nacheinander:

$$
\begin{aligned}
y_1 &= 1{,}5 \cdot y_0 = 1{,}5 \cdot 1 = 1{,}5,\\
y_2 &= 1{,}5 \cdot y_1 = 1{,}5 \cdot 1{,}5 = 2{,}25,\\
y_3 &= 1{,}5 \cdot y_2 = 3{,}38, \quad y_4 = 5{,}06 \quad \text{und} \quad y_5 = 7{,}59.
\end{aligned}
$$

Allgemein ist $y_i = 1{,}5^i$, $i \in \mathbb{N}_0$. Abb. 1.2 enthält den Verlauf der exakten Lösung sowie die numerisch bestimmten Werte der Punktfolge.

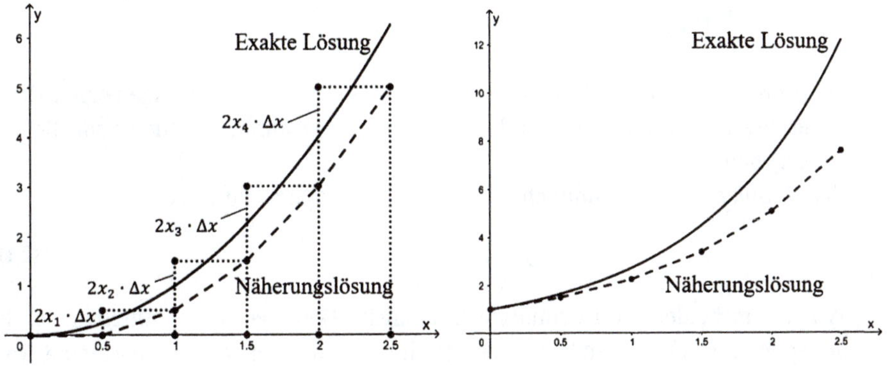

Abb. 1.2: Exakte und numerische Lösung der Beispiele 1 und 2.

2 Differentialgleichungen erster Ordnung

Aus der großen Vielzahl von DGen betrachten wir vorerst nur Gleichungen erster Ordnung, was bedeutet, dass nebst y nur die erste Ableitung y' auftaucht. Zudem soll die DG explizit gegeben sein.

Einschränkung: Die gewöhnliche DG ist explizit gegeben und von der Form

$$y'(x) = f(x, y(x)). \tag{2.1}$$

Wir unterscheiden zwei Grundtypen, nämlich DGen, die sich unmittelbar durch Trennung der Variablen lösen lassen, und solche, die gar nicht oder erst nach einer Variablensubstitution separierbar sind.

1. Beispiel: $y' + xy^2 = 0$. Die DG kann durch Trennung der Variablen direkt gelöst werden.

2. Beispiel: $y' + xy - 1 = 0$. Die DG kann nicht unmittelbar durch Trennung der Variablen gelöst werden.

Beispiel 1. Wir betrachten die DG

$$y' = x. \tag{2.2}$$

Bevor wir die Gleichung lösen, soll die Lösung einer beliebigen DG der Form (2.1) geometrisch mithilfe des Richtungsfeldes interpretiert werden (Abb. 2.1). Die Gleichung $y' = f(x,y)$ ordnet jedem Punkt $P_0(x_0,y_0)$ der Ebene einen Wert $y'(x_0) = f(x_0,y_0)$ zu, nämlich den Steigungswert im Punkt P_0. Umgekehrt lässt sich bei einem fest gewählten Wert $y' = k$ aus $k = f(x,y)$ eine Kurve g ermitteln, mit der Eigenschaft, dass allen Punkten auf g die konstante Steigung k der Lösungskurve $y(x)$ entspricht. Eine solche Kurve nennt man eine Isokline. Mit einem kurzen Strich, genannt Linienelement, wird in P_0 ein Stück der Tangente mit der Steigung k eingezeichnet. Weil die x-Koordinate aufsteigend durchlaufen wird, könnte man dem Linienelement noch einen kleinen Pfeil anheften, um so die Tangente noch mit einer Richtung zu versehen. Auf diese Weise enthält man das Richtungsfeld der DG. Wir verzichten auf den Pfeil und bezeichnen die Menge der Linienelemente ebenfalls als Richtungsfeld, aus dem wenigstens annähernd eine Vorstellung vom Verlauf der Lösungskurve gewonnen werden kann (in Abb. 2.1 mit einer durchgehenden Linie markiert). Die Isoklinen entsprechen in diesem Fall Geraden durch den Ursprung (in Abb. 2.1 gestrichelt gezeichnet). Zugrunde liegt übrigens die DG des weiter unten folgenden Beispiels 4.

Lösung. Wir bestimmen einige Linienelemente von $y' = x$.

Beispielsweise nimmt man:

$$\begin{aligned} y' = 0 \quad &\Rightarrow \quad x = 0 \\ y' = \pm 1 \quad &\Rightarrow \quad x = \pm 1 \\ y = \pm 2 \quad &\Rightarrow \quad x = \pm 2 \end{aligned}$$

https://doi.org/10.1515/9783111345765-002

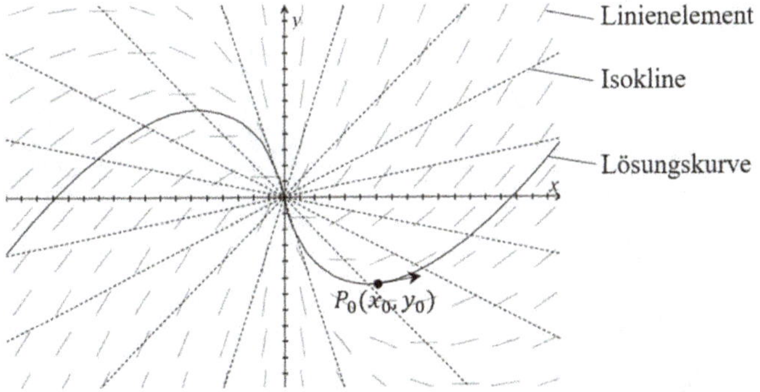

Abb. 2.1: Richtungsfeld und Isoklinen.

Als Isoklinen erhält man demnach senkrechte Geraden (Abb. 2.2 links, gestrichelt).

Die Lösungskurven der DG ähneln Parabeln (Abb. 2.2 links). Die Rechnung liefert nacheinander $y' = x$, $\frac{dy}{dx} = x$, $dy = x \cdot dx$, $\int dy = \int x \cdot dx$ und schließlich $y(x) = \frac{x^2}{2} + C$. Die Lösung besteht somit tatsächlich aus einer Schar Parabeln. Ist beispielsweise $y(0) = 1$, dann folgt $C = 1$ und die eindeutige Lösung $y(x) = \frac{x^2}{2} + 1$.

Beispiel 2. Wir betrachten die DG

$$y' = -\frac{x}{y}. \tag{2.3}$$

Lösung. Zum Einzeichnen der Linienelemente nimmt man beispielsweise:

$$\begin{aligned} y' &= 0 & \Rightarrow \quad & x = 0 \\ y' &= \pm 1 & \Rightarrow \quad & y = \mp x \\ y' &= \pm 2 & \Rightarrow \quad & y = \mp \frac{x}{2}. \end{aligned}$$

Die Isoklinen entsprechen in diesem Fall Geraden durch den Nullpunkt und die Lösungskurven der DG scheinen Kreise zu sein (Abb. 2.2 rechts).

Die DG muss zuerst durch Umformen nach Variablen getrennt werden. Man erhält nacheinander $y' = -\frac{x}{y}$, $\frac{dy}{dx} = -\frac{x}{y}$, $y \cdot dy = -x \cdot dx$, $\int y \cdot dy = -\int x \cdot dx$, $\frac{y^2}{2} = -\frac{x^2}{2} + C_1$, $y^2 = -x^2 + C$ und schließlich $y(x) = \pm\sqrt{C - x^2}$, was einer Kreisgleichung entspricht. Ist zusätzlich $y(0) = 2$, dann folgt $C = 4$ und die eindeutige Lösung $y(x) = \pm\sqrt{4 - x^2}$.

Beispiel 3. Gegeben ist die DG $y' = 1 + y$.

Lösung. Man erhält nacheinander $\frac{dy}{dx} = 1 + y$, $\frac{dy}{1+y} = dx$. Eine unbestimmte Integration liefert $\int \frac{dy}{1+y} = \int dx$, $\ln|1 + y| = x + C_1$, $1 + y = C \cdot e^x$ und schließlich $y(x) = C \cdot e^x - 1$.

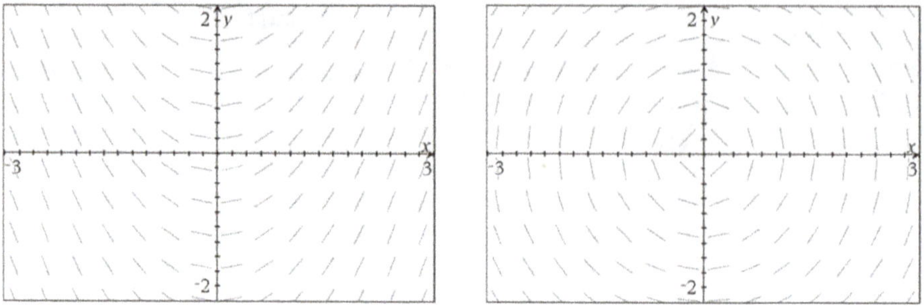

Abb. 2.2: Richtungsfeld und Isoklinen zu (2.2) und (2.3).

Beispiel 4. Gegeben ist die DG $y' = \frac{y}{x} + 1$.

Lösung. Eine Trennung der Variablen ist noch nicht möglich. Mit der Substitution $u = \frac{y}{x}$ folgt $y = ux$. Weiter ist $y' = u' \cdot x + u = u + 1 \Rightarrow u' = \frac{1}{x}$. Diese DG ist separierbar. Man erhält $\int du = \int \frac{dx}{x}$ und weiter $\frac{y}{x} = \ln|x| + C \Rightarrow y(x) = x \cdot (\ln|x| + C)$.

Beispiel 5. Gegeben ist $y' = xy + y \cdot \ln|y|$.

Lösung. Man substituiert $u = \ln|y|$. Es folgt $u' = \frac{y'}{y}$ und daraus $y' = e^u u'$. Demnach ist $e^u u' = xe^u + e^u u$ und $u' = x + u$. Eine weitere Substitution ist notwendig: $x + u = z$. Man erhält $z' - 1 = z \Rightarrow z' = z + 1$. Die Integration liefert $\int \frac{dz}{z+1} = \int dx$ und damit $\ln|z+1| = x + C_1$. Aufgelöst ergibt sich $z = Ce^x - 1$ und erst $u = Ce^x - x - 1$ und danach endlich $y(x) = e^{Ce^x - x - 1}$.

Beispiel 6. Gegeben ist $y' = \frac{1}{x+y}$ mit $y(0) = 1$.

Lösung. Eine mögliche Substitution ist $u = x + y$, woraus man $u' = 1 + y'$ erhält. Damit entsteht $u' - 1 = \frac{1}{u}$ oder $u' = \frac{1+u}{u}$ und integriert $\int \frac{u}{u+1} du = \int dx$ oder $\int (1 - \frac{1}{1+u}) du = \int dx$. Weiter ergibt sich $u - \ln|1+u| = x + C \Rightarrow x + y - \ln|1 + x + y| = x + C_1$.

Demnach ist $y = \ln|1+x+y| + C_1$ oder $y(x) = Ce^y - x - 1$. Von $y(0) = 1$ folgt $1 = Ce^1 - 0 - 1$, $C = \frac{2}{e}$ und somit

$$y(x) = 2e^{y-1} - x - 1. \tag{2.4}$$

Die Darstellung der Lösung ist in diesem Fall nur in impliziter Form möglich. Die Lösungskurve muss numerisch bestimmt werden. Nun wird die Methode der Linienelemente wieder sehr nützlich um den ungefähren Verlauf darzustellen. Beispielsweise nimmt man:

$$\begin{aligned} y' &= 0, \quad \text{unmöglich} \\ y' &= -1 \quad \Rightarrow \quad y = 1 - x \\ y' &= -2 \quad \Rightarrow \quad y = -1 - x \end{aligned}$$

$$y' = 1 \quad \Rightarrow \quad y = \frac{1}{2} - x$$
$$y' = 2 \quad \Rightarrow \quad y = -\frac{1}{2} - x.$$

Die Isoklinen bestehen aus einer unendlichen Menge von parallelen Geraden mit der Steigung –1. Die Lösungskurve der DG entnimmt man Abb. 2.3.

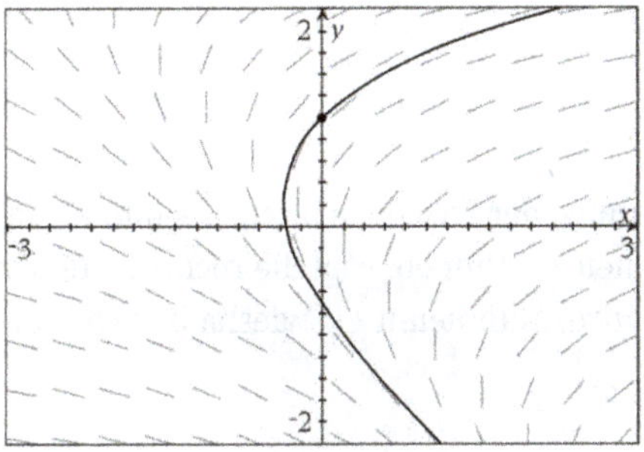

Abb. 2.3: Linienelemente und ungefährer Lösungsverlauf von (2.4).

3 Homogene und inhomogene lineare Differentialgleichung erster Ordnung

Diese Gleichungen sind von der Form $y' + f(x)y = g(x)$. Dabei erscheinen sowohl y als auch y' nur in der 1. Potenz und f, g sind stetig.

Beispiel: $y' + xy = x^2$.

Wir unterscheiden:

a) homogene Gleichung: $y' + f(x)y = 0$ und
b) inhomogene Gleichung: $y' + f(x)y = g(x)$.

Die homogene Gleichung lässt sich durch Trennung der Variablen lösen. Die inhomogene Gleichung hängt insofern mit der Homogenen zusammen, weil die rechte Seite der Gleichung durch die Funktion $g(x)$ „gestört" wird. Man nennt $g(x)$ deshalb auch Störfunktion.

Herleitung von (3.1)

Der formale Lösungsweg sieht folgendermaßen aus:

$$y' + f(x)y = 0 \quad \Rightarrow \quad \frac{dy}{y} = -f(x)dx \quad \Rightarrow \quad \int \frac{dy}{y} = -\int f(x)dx$$
$$\Rightarrow \quad \ln|y| = -\int f(x)dx + C_1 \quad \Rightarrow \quad y(x) = C \cdot e^{-\int f(x)dx}.$$

Nun zur Lösung der inhomogenen Gleichung $y' + f(x)y = g(x)$.

Die Idee stammt von Lagrange und heißt Methode der «Variation der Konstanten». Er fasst die Konstante C nicht als feste Zahl, sondern als eine Funktion $C = C(x)$ auf und versucht den Ansatz $y(x) = C(x) \cdot e^{-\int f(x)dx}$.

Eingesetzt ergibt das

$$\begin{aligned} y'(x) &= C'(x) \cdot e^{-\int f(x)dx} + C(x) \cdot \left[e^{-\int f(x)dx}\right]' \\ &= C'(x) \cdot e^{-\int f(x)dx} - C(x) \cdot f(x) \cdot e^{-\int f(x)dx}. \end{aligned}$$

Man erhält

$$C'(x) \cdot e^{-\int f(x)dx} - C(x) \cdot f(x) \cdot e^{-\int f(x)dx} + f(x) \cdot C(x) \cdot e^{-\int f(x)dx} = g(x)$$

und daraus $C'(x) \cdot e^{-\int f(x)dx} = g(x)$. Somit folgt

$$C'(x) = g(x) \cdot e^{\int f(x)dx} \quad \Rightarrow \quad \int C'(x)dx = \int \left[g(x) \cdot e^{\int f(x)dx}\right]dx$$
$$\Rightarrow \quad C(x) = \int \left[g(x) \cdot e^{\int f(x)dx}\right]dx + C_1$$

https://doi.org/10.1515/9783111345765-003

$$\Rightarrow \quad y(x) = e^{-\int f(x)dx} \cdot \left\{ \int [g(x) \cdot e^{\int f(x)dx}] dx + C_1 \right\}.$$

Wichtiger als die Formel sind die einzelnen Lösungsschritte:

1. Homogene Gleichung lösen.
2. Variation der Konstanten. Im Ansatz $C(x)$ verwenden.
3. $C(x)$ berechnen.
4. $C(x)$ einsetzen und $y(x)$ berechnen. (3.1)

Beispiel 1. Gegeben ist die DG $y' - \frac{y}{x} = x \cdot \cos x$.

Lösung. Die Gleichung ist inhomogen. Zuerst betrachten wir die zugehörige homogene DG $y' - \frac{y}{x} = 0$. Diese lösen wir gemäß den oben genannten vier Schritten von (3.1):

1. Löse

$$\int \frac{dy}{y} = \int \frac{dx}{x}$$

$$\Rightarrow \quad \ln|y| = \ln|x| + C_1 \quad \Rightarrow \quad y = C \cdot x$$

2. Ansatz

$$y(x) = C(x) \cdot x \quad \Rightarrow \quad y'(x) = C'(x) \cdot x + C(x)$$

3. Einsetzen

$$C'(x) \cdot x + C(x) - C(x) = x \cdot \cos x$$

$$\Rightarrow \quad C'(x) = \cos x$$

$$\Rightarrow \quad C(x) = \sin x + C_1$$

4. Ergebnis

$$y(x) = x \cdot \sin x + C_1 \cdot x$$

Beispiel 2. Gegeben ist $y' + y = e^x$.

Lösung. Die zugehörige homogene DG lautet $y' + y = 0$.

1. Löse

$$\int \frac{dy}{y} = -\int dx$$

$$\Rightarrow \quad \ln|y| = -x + C_1 \quad \Rightarrow \quad y = C \cdot e^{-x}$$

2. Ansatz

$$y(x) = C(x) \cdot e^{-x} \quad \Rightarrow \quad y'(x) = C'(x) \cdot e^{-x} - C(x) \cdot e^{-x}$$

3. Einsetzen

$$C'(x) \cdot e^{-x} - C(x) \cdot e^{-x} + C(x) \cdot e^{-x} = e^{x}$$
$$\Rightarrow \quad C'(x) = e^{2x}$$
$$\Rightarrow \quad C(x) = \frac{1}{2} \cdot e^{2x} + C_1$$

4. Ergebnis

$$y(x) = \left(\frac{1}{2} \cdot e^{2x} + C_1\right) \cdot e^{-x} = \frac{1}{2} \cdot e^{x} + C_1 \cdot e^{-x}$$

4 Der funktionale Zusammenhang zweier physikalischer Größen

Die Überschrift beschreibt eigentlich den Idealfall, dass die Änderung zweier physikalischer Größen x und y einer Funktion f als $y = f(x)$ oder $x = g(y)$ beschrieben werden kann. Der übliche Weg in der Praxis beginnt mit einer Reihe von Messungen zweier Größen. Ergibt die Auswertung eine hohe Korrellation, so kann man von einem Kausalzusammenhang ausgehen. Über die Messpunkte wird dann eine möglichst passende Funktion f, eine sogenannte Ausgleichs- oder Regressionskurve gelegt. Diese stellt dann den idealen funktionalen Zusammenhang zwischen den beiden betrachteten Größen dar. In einem weiteren Schritt versucht man das Messergebnis mit einer sinnvollen und den Gesetzen der Physik gehorchenden Theorie zu untermauern. Die zur Beschreibung benutzten mathematischen Werkzeuge, wie beispielsweise eine DG, liefern im besten Fall dieselbe Lösungsfunktion f oder eine numerisch bestimmte Punktfolge und die Bestätigung der Messung. Gegebenenfalls muss die Theorie der Messung angepasst werden. Im Zusammenhang mit Mengen oder Populationen bezeichnet man eine solche Lösungsfunktion auch als Wachstums- oder Zerfallsfunktion (Wir werden diese Unterscheidung nicht immer explizit ansprechen). Wachstumsvorgänge, wie man sie teils wohl schon aus dem Schulunterricht kennt, eignen sich, um ersten Anwendungen im Zusammenhang mit DGen zu begegnen.

4.1 Potentielles Wachstum

Sind x und y die beiden Größen, dann ist $y(x) = k_1 \cdot x^n$ und $k_1 \in \mathbb{R}$, also eine Potenzfunktion. Die zugehörige DG lautet dann $dy = k_2 \cdot x^m dx$ mit $k_2 = k_1 n$ und $m = n - 1$. Lösung und DG besitzen bei einer Potenzfunktion dieselbe Form. Aus der Differentialrechnung ist bekannt, dass dies für $m = -1$ oder $n = 0$ nicht mehr gilt. In diesem Fall gehört zur DG $dy = k_2 \cdot x^{-1} dx$ die Lösung $y(x) = k_2 \cdot \ln x + C$.

Beispiel 1. Galileis Betrachtungen und Messungen an der Fallrinne führten zu dem Ergebnis, dass die Geschwindigkeit des bewegten Körpers im freien Fall proportional zur verstrichenen Zeit ist: $v \sim t$. Dies stellt das einfachst mögliche potentielle Wachstum, nämlich ein lineares mit $n = 1$, dar. Bezeichnet $\overline{a} = \frac{\Delta v}{\Delta t}$ die durchschnittliche Beschleunigung im Intervall $[t, t + \Delta t]$, so kann man $v(t + \Delta t) - v(t) = \overline{a} \cdot \Delta t$ oder $\Delta v = \overline{a} \cdot \Delta t$ schreiben, was die zur obigen Proportionalität zugehörige DFG darstellt. Der Übergang zu Differentialen birgt aber kein Problem, da sich die entstehende DG exakt lösen lässt. Das bedeutet, dass man $\Delta v \approx dv$ setzt, man nähert also (1.4) durch (1.5) an, woraus $dv = a(t) \cdot dt$ oder $dv = g \cdot dt$ folgt. Die Integration liefert $\int dv = \int g dt$, $v(t) = g \cdot t + C$ und beispielsweise mit $v(0) = 0$ das Ergebnis $v(t) = g \cdot t$, ein lineares Wachstum mit $n = 1$.

https://doi.org/10.1515/9783111345765-004

Nachträglich wollen wir noch die in der Einleitung erwähnten drei Prinzipien für dieses Beispiel des freien Falls auflisten:

I. *Bilanzgröße:* Die Änderung der Geschwindigkeit v.

II. *Idealisierung:*
   - Der Einfluss des Luftwiderstands wird vernachlässigt.
   - Die Fallbeschleunigung wird als konstant angenommen, also die Abhängigkeit mit der Höhe vernachlässigt.

III. *Lineare Approximation:* Die Änderung der Geschwindigkeit v wird linear approximiert, d. h. als Differential geschrieben.

Punkt III. als grundlegendes Prinzip wird bis auf Weiteres nicht mehr erwähnt. Das bedeutet, dass jede DFG, wie oben ausgeführt, unmittelbar als DG formuliert wird, und zwar auch dann, wenn sich die DG nicht exakt lösen lässt oder nur diskrete Messwerte vorliegen.

Der letzte Teil der obigen Bemerkung muss noch etwas ausgeführt werden. Wenn wir es mit einer praktischen Größe y zu tun haben, müssen wir uns fragen, ob die kontinuierliche Änderung von y mit der Zeit überhaupt zulässig oder sinnvoll ist. Mit anderen Worten: Ist die Beschreibung mithilfe einer DG angebracht? Ein aus dem Kühlschrank genommenes Glas kalte Milch erwärmt sich, unter Voraussetzung eines ständig gewährleisteten Wärmeaustauschs, kontinuierlich. Deswegen macht es Sinn, den Temperaturverlauf über eine Differentialgleichung anzusetzen und somit von einer momentanen zeitlichen Temperaturänderung $\frac{dT}{dt}$ zu sprechen. Hingegen werden Transaktionen eines Girokontos auf der Bank nur in diskreten Zeitabständen Δt durchgeführt, weshalb es von vornherein sinnvoll wäre, die Änderung des Kapitals ΔK als DFG anzusetzen. Auch in der Biologie gibt es Beispiele, wo eine Zählung der Population nur in ganz bestimmten Zeitabständen sinnvoll ist, dann nämlich, wenn Pflanzen nur eine Generation pro Jahr hervorbringen oder Insekten nach der Eiablage oder kurz vor dem Schlüpfen des Nachwuchses sterben und damit verschiedene Generationen nie gleichzeitig existieren. Beispielsweise kann die Hefemenge im folgenden Kapitel nur in gewissen Zeitabschnitten ermittelt werden. Wenn man dennoch den Verlauf mithilfe einer DG beschreiben will, dann werden die endlich vielen Messwerte sozusagen durch die unendlich vielen Zwischenwerte einer Funktion ergänzt. Man nimmt aber in Kauf, dass die theoretisch ermittelten Auffüllwerte nicht mit eventuellen Zwischenmesswerten übereinstimmen.

Beispiel 2. Es bezeichnen $s(t)$ die zurückgelegte Strecke eines Körpers im freien Fall zur Zeit t und $\overline{v} = \frac{\Delta s}{\Delta t}$ die durchschnittliche Geschwindigkeit im Intervall $[t, t + \Delta t]$. Weiter gilt die Proportionalität $s \sim t^2$.

a) Wie lautet die zur Proportionalität gehörende DFG?

b) Stellen Sie die zugehörige DG auf und bestimmen Sie die Lösung für $s(0) = 0$.

Lösung.

a) Man erhält die DFG $s(t + \Delta t) - s(t) = \overline{v} \cdot \Delta t$ oder $\Delta s = \overline{v} \cdot \Delta t$.

b) Setzt man $\Delta s \approx ds$, so folgt die DG $ds = v(t) \cdot dt$ oder $ds = g \cdot t \cdot dt$ mit dem Ergebnis aus Beispiel 1. Die Integration liefert $\int ds = g \cdot \int tdt$, $s(t) = \frac{1}{2}gt^2 + C$ und mit $s(0) = 0$ das Ergebnis $s(t) = \frac{1}{2}gt^2$, ein quadratisches Wachstum mit $n = 2$.

4.2 Exponentielles Wachstum

Ausgangspunkt für die folgenden drei Wachstumsmodelle ist die unten stehende Messreihe einer Hefekultur.

Zeit t [h]	0	1	2	3	4	5	6	7	8	9
Hefemenge $H(t)$ [mg]	10	18	29	47	71	119	175	257	351	441
Zeit t [h]	10	11	12	13	14	15	16	17	18	
Hefemenge $H(t)$ [mg]	513	560	595	629	641	651	656	660	662	

Trägt man die Werte auf (Abb. 4.1), so lassen sich die typischen Stadien eines mikrobiellen Wachstums wie bei Pilzen oder Bakterien unterscheiden:

I. Anlaufphase oder englisch *lag phase* (to lag = nachhinken).
II. Eigentliche Wachstumsphase oder englisch *log phase* (logarithmisch). Diese kann unterteilt werden in:
   a. Beschleunigungsphase,
   b. gleichmäßige Phase und
   c. Verzögerungsphase.
III. stationäre Phase
IV. Absterbephase

Wir versuchen, die Phase IIa zu beschreiben.

Bilanz: Die Änderung der Hefemenge in mg bei einer infinitesimalen Zeitänderung.

Idealisierung: Die Wachstumsrate k in $\frac{1}{\text{h}}$ wird als konstant angenommen.

Herleitung von (4.2.1)

Für eine kleine Zeitänderung dt setzen wir die Änderung der Hefemenge dy als proportional zur bestehenden Menge $y(t)$ und zur verstrichenen Zeit dt an, mit der Begründung, dass bei einer doppelt vorhandener Menge und doppelt so langer Beobachtungszeit die Änderung jeweils ebenfalls doppelt so groß sein sollte: $dy \sim y \cdot dt$, $dy = k \cdot y(t) \cdot dt$ oder $\dot{y} = ky$ mit $k \in \mathbb{R}^+$. (Man sagt auch, dass eine konstante, prozentuale Änderungsrate vorliegt.) Die Trennung der Variablen ergibt $\frac{dy}{y} = k \cdot dt$ und weiter $\int \frac{dy}{y} = k \cdot \int dt$. Folglich ist $\ln |y| = k \cdot t + C_1$, woraus $y(t) = e^{kt+C_1} = C \cdot e^{kt}$ entsteht. Den Anfangswert legen wir fest zu $y(0) = y_0$. Damit ist $C = y_0$ und die Lösung erhält die Gestalt

$$y(t) = y_0 \cdot e^{kt}. \tag{4.2.1}$$

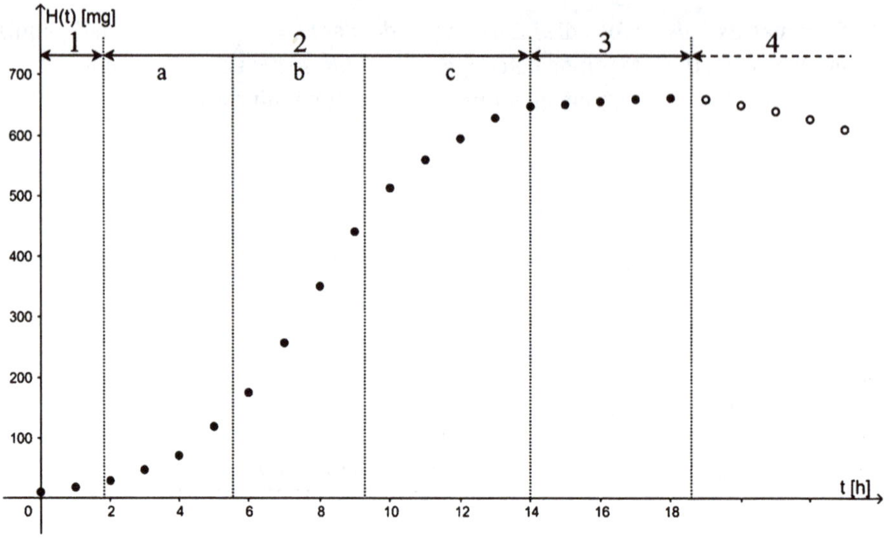

Abb. 4.1: Hefewachstum.

Der Graph von $y(t)$ entspricht einer Exponentialfunktion und ist geeignet, die Phase IIa gut abzubilden. Für $k > 0$ ist der Graph steigend, für $k < 0$ fallend.

Beispiel. Betrachten Sie die obige Messreihe der Hefekultur im Stundenintervall [2, 7] mit dem Startwert $H_0 = 29\,\text{mg}$. Weiter gehen wir von einem exponentiellen Wachstum mit $k = 0{,}44\,\frac{1}{\text{h}}$ aus.

a) Stellen Sie die zugehörige DG für $H(t)$ auf.
b) Lösen Sie die DG für die Anfangsbedingungen $H(0) = H_0$.

Lösung.

a) Die Mengenänderung dH ist für eine infinitesimale Zeitdifferenz dt proportional zur bestehenden Menge H und zu dt. Somit ist $dH = k \cdot H \cdot dt$.
b) Man erhält $\int_{H_0}^{H} \frac{dH}{H} = k \int_{t_0}^{t} dt$, daraus $\ln(\frac{H}{H_0}) = k \cdot (t - t_0)$ und schließlich $H(t) = H_0 \cdot e^{k \cdot (t-t_0)}$ oder $H(t) = 29 \cdot e^{0{,}44 \cdot (t-2)}$ (vgl. mit (4.2.1)).

4.3 Exponentiell beschränktes Wachstum

Keine Population kann bis ins Unermessliche wachsen. Im Tierreich werden Nahrungsknappheit und Revierverkleinerung eine Rolle spielen. Beim Menschen sind es beispielsweise Energieversorgung, Arbeitslosigkeit und Epidemien. Der Mensch könnte zusätzlich durch Geburtenkontrolle das Wachstum steuern. Dies entspricht im Hefewachstum der Phase IIc. Die Erklärung für die Stagnation der Hefemenge liegt in der Tatsache, dass der Stoffwechsel der Pilze auch die Produktion von Alkohol beinhaltet, der sich vorerst nur hemmend und ab einer bestimmten Menge tödlich auf das Wachstum der Pilzkultur auswirkt.

Zur Beschreibung der Phase IIc muss das exponentielle Modell deshalb angepasst werden.

Herleitung von (4.3.1)

Für kleine Zeitintervalle dt soll die Zunahme dy proportional zur verstrichenen Zeit dt aber proportional zur Restmenge $G - y$, wenn G die Kapazitätsgrenze des Lebensraums bezeichnet, sein. Natürlich muss dabei der Startwert $y(0)$ sinnvollerweise kleiner als G sein. Insgesamt erreicht man, dass die Zunahme mit wachsendem y stagniert.

Unsere DG lautet demnach $dy = k(G - y)dt = kG \cdot dt - ky \cdot dt$ oder $\dot{y} = k(G - y)$ mit $k \in \mathbb{R}^+$. Im Fall des Hefewachstums besitzt k die Einheit $\frac{1}{h}$. Schauen wir uns die beiden Terme einzeln an, so erkennen wir darin eine konstante Zunahme plus eine proportionale Abnahme, also eine Kombination aus linearem und exponentiellem Wachstum. Den Term $-ky$ kann man als Abnahme einer Population y um den Faktor k ($k > 0$), also als Sterberate, interpretieren. Aus $\int \frac{dy}{G-y} = k \cdot \int dt$ folgt $-\ln|G - y| = k \cdot t + C \Rightarrow \ln|G - y| = -k \cdot t + C$.

Weiter ist $G - y(t) = C \cdot e^{-kt}$ und $y(t) = G - C \cdot e^{-kt}$. Mit der Anfangsbedingung $y(0) = y_0$ wird $C = G - y_0$ und die Lösung erhält die Form (Abb. 4.2 links)

$$y(t) = G - (G - y_0) \cdot e^{-kt}. \tag{4.3.1}$$

Ist speziell $y(0) = 0$, so ergibt sich $y(t) = G \cdot (1 - e^{-kt})$. Der Graph von $y(t)$ entspricht einer beschränkten Funktion. Es gilt $\lim_{t\to\infty} y(t) = G$.

Theoretisch ist $y_0 > G$ denkbar, aber praktisch gesehen muss für die Hefe, wie in Abb. 4.2 links dargestellt, $y_0 < G$ gewählt werden.

Beispiel 1. Eine Tasse Tee der Temperatur $T(0) = T_0$ soll auf die Raumtemperatur T_R abgekühlt werden. Wie ändert sich die Temperatur $T(t)$ mit der Zeit t? (Gehen Sie von einer exponentiell beschränkten Abnahme aus.)

a) Stellen Sie die zugehörige DG für $T(t)$ auf.
b) Lösen Sie die DG.

Lösung. Bilanz: Die Temperaturänderung bei einer infinitesimalen Zeitänderung.

Idealisierungen:

- Die Raumtemperatur T_R wird als konstant vorausgesetzt.
- Die Zerfallsrate k wird als konstant angenommen.

a) Die Temperaturänderung dT ist für eine infinitesimale Zeitspanne dt proportional zu dt und zur Differenz $T - T_R$ mit $T > T_R$, d. h. es gilt $dT = -k \cdot (T - T_R) \cdot dt$.
b) Man erhält nacheinander $\int \frac{dT}{T-T_R} = -k \int dt, \ln(T-T_R) = -kt+C_1$ und $T(t) = T_R+Ce^{-kt}$. Mit $T(0) = T_0$ folgt $C = T_0 - T_R$ und $T(t) = T_R + (T_0 - T_R) \cdot e^{-kt}$ (vgl. mit (4.3.1)).

Beispiel 2. Einem Patienten wird eine Zuckerlösung über eine Infusion verabreicht, beispielsweise β Gramm pro Minute. Gleichzeitig wird die Glukose mit der Zeit t (in Minuten) im Blut abgebaut, und zwar proportional zur vorhandenen Menge mit der Rate k in $\frac{1}{\text{min}}$. Im Blut sei schon die Menge G_0 (in Gramm) an Glukose vorhanden.

a) Stellen Sie die zugehörige DG für die Glukosemenge $G(t)$ im Blut auf.
b) Lösen Sie die DG mit $G(0) = G_0$.
c) Was geschieht für $t \to \infty$?

Lösung. Bilanz: Die Änderung der Glukosemenge bei einer infinitesimalen Zeitänderung.

Idealisierungen:

- Die Wachstumsraten k und β werden als konstant angenommen.
- Stillschweigend setzt man hier voraus, dass sich die neue Konzentration, ähnlich wie in einem Behälter durch starkes verrühren, unmittelbar gleichmäßig verteilt (Modell des ideal gerührten Behälters).

a) Einerseits wird in der Zeit dt Glukosemenge $-kG \cdot dt$ abgebaut, anderseits wird in derselben Zeit die Menge $\beta \cdot dt$ zugeführt. Die gesamte Änderung dG beträgt dann $dG = -kG \cdot dt + \beta \cdot dt = (\beta - kG) \cdot dt$.

b) Man erhält

$$\int \frac{dG}{\beta - kG} = \int dt, \quad -\frac{1}{k} \ln|\beta - kG| = t + C_1, \quad \ln|\beta - kG| = -kt + C_2,$$

$$\beta - kG = Ce^{-kt} \quad \text{und} \quad G(t) = \frac{\beta - Ce^{-kt}}{k}.$$

Mit $G(0) = G_0$ folgt $C = \beta - kG_0$ und damit

$$G(t) = \frac{\beta}{k} - \left(G_0 - \frac{\beta}{k}\right)e^{-kt}.$$

Dies entspricht einem beschränkten exponentiellen Verlauf. Über die zugeführte Menge wird ein Wachstum ($\beta > kG_0$), ein Zerfall ($\beta < kG_0$) oder eine gleichbleibende Menge ($\beta = kG_0$) der Glukose im Blut erzielt.

c) Es gilt $\lim_{t\to\infty} G(t) = \frac{\beta}{k}$. Der Wert stabilisiert sich in jedem Fall.

4.4 Logistisches Wachstum

Betrachtet man erneut den Verlauf in Abb. 4.1, so können wir mit dem exponentiellen und dem beschränkten Wachstum die Phasen IIa und IIc nur getrennt beschreiben. Die Vereinigung aller drei Phasen aus II in einem einzigen Modell lieferte 1838 erstmals P. F. Verhulst.

Herleitung von (4.4.1)
Unsere gesuchte DG muss sicher einen exponentiellen Teil $\dot{y} = k_1 y$ beinhalten. Da jede Spezies einen gewissen Lebensraum für sich beansprucht, werden zwei Individuen um denselben Raum konkurrieren und so die Gesamtpopulation verringern. Dies äußert sich beispielsweise beim Futterneid oder durch ausgefochtene Revierkämpfe. Deswegen werden Nutzpflanzen in einem gewissen Abstand zueinander gesät. Diese Verdrängung muss mit wachsender Anzahl von y zunehmen, was bedeutet, dass man einen Zusatz $\dot{y} = -k_2 y$ ansetzen könnte. Mit $k_2 < k_1$ läuft das lediglich auf $\dot{y} = (k_1 - k_2)y$ und somit zu einem beschränkten Wachstum hinaus. Ist $k_2 > k_1$, dann ist eine exponentielle Abnahme die Folge. Einen passenden Einfluss für die Verdrängung erhält man mit dem Term $-k_2 y^2$. Die DG besitzt dann die Gestalt

$$\dot{y} = k_1 y - k_2 y^2 = y(k_1 - k_2 y) = k_2 y\left(\frac{k_1}{k_2} - y\right) = ky(G - y).$$

Sie erfüllt auch die Bedingung, dass für $y = G$ die Änderung null wird. Es gibt mehrere Möglichkeiten, den Term $-k_2 y^2$ zu erklären. Eine Begründung wäre Folgende: Stehen sich y Individuen gegenüber, dann werden $\binom{y}{2} = \frac{y\cdot(y-1)}{2}$ Kämpfe ausgefochten, falls jedes Individuum genau einmal auf jedes andere trifft. Da die Populationen sinnvollerweise groß sind, gilt $\frac{y\cdot(y-1)}{2} \approx \frac{1}{2}y^2$, womit die Anzahl der Kämpfe proportional zu y^2 angesetzt werden kann.

Die DG $\dot{y} = k_1 k_2 y(G - y) = ky(G - y)$ kann man auch als eine Zusammensetzung von exponentiellem und beschränktem Wachstum sehen. Bis zu $y = \frac{G}{2}$ ist der erste Faktor der Bremser und der zweite der Beschleuniger. Dann kehren sich die Eigenschaften um.

Zur Lösung trennen wir $\frac{dy}{dt} = ky(G - y)$ und berechnen $\int \frac{dy}{y(G-y)} = k \cdot \int dt$.

Die Anwendung der Partialbruchzerlegung liefert

$$\frac{1}{G}\int\left(\frac{1}{y} + \frac{1}{G - y}\right)dy = k \cdot \int dt.$$

Daraus wird

$$\frac{1}{G} \cdot (\ln y - \ln|G - y|) = k \cdot t + C_2 \quad \Rightarrow \quad \ln\left(\frac{y}{|G - y|}\right) = k \cdot G \cdot t + C_1,$$

für $y > 0$ und weiter ist

$$\frac{y}{|G - y|} = C \cdot e^{kt} \quad \Rightarrow \quad y = C \cdot e^{kGt}|G - y|.$$

Für $y < G$ folgt

$$y = CGe^{kGt} - Cye^{kGt} \quad \Rightarrow \quad y \cdot (Ce^{kGt} + 1) = CGe^{kGt} \quad \text{und}$$

$$y(t) = \frac{CGe^{kGt}}{Ce^{kGt} + 1} = \frac{CG}{C + e^{-kGt}} = \frac{G}{1 + \frac{1}{C} \cdot e^{-kGt}}.$$

Mit der Anfangsbedingung

$$y(0) = y_0 = \frac{G}{1 + \frac{1}{C}}$$

wird

$$\frac{1}{C} = \frac{G}{y_0} - 1 = \frac{G - y_0}{y_0}$$

und es entsteht die Lösung (Abb. 4.2 rechts)

$$y(t) = \frac{G}{\frac{y_0}{y_0} + \frac{G-y_0}{y_0} \cdot e^{-kGt}} = \frac{y_0 \cdot G}{y_0 + (G - y_0) \cdot e^{-kGt}}. \tag{4.4.1}$$

Es gilt $\lim_{t\to\infty} y(t) = G$. Im Fall des Hefewachstums wäre $[k] = \frac{1}{\mathrm{mg \cdot h}}$.

Die logistische Funktion beschreibt die Phasen von I bis III der Hefekultur zusammengenommen, am besten. Um einen (über alle Werte gemittelten) Faktor k zu bestimmen, müsste man alle Messwerte der Hefemenge in den Funktionsansatz $H(t)$ einsetzen, daraus die einzelnen Werte für k errechnen und diese einer Regressionsgeraden mitteln.

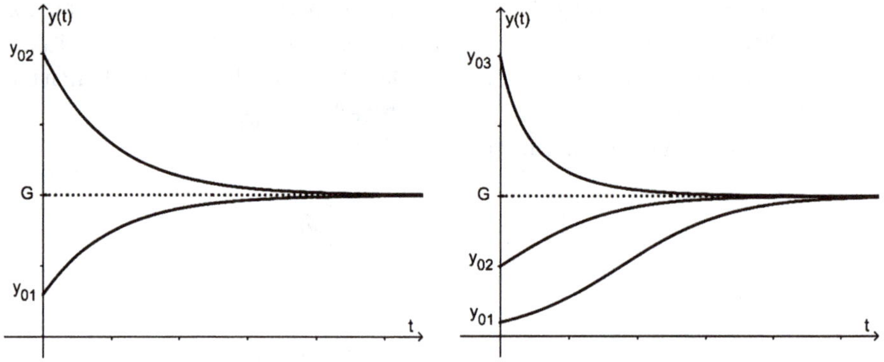

Abb. 4.2: Graphen von (4.3.1) und (4.4.1).

Beispiel 1. Betrachtet wird der Durchmesser $D(t)$ einer Fichte auf einer Höhe von einem Meter in Abhängigkeit der Zeit t in Jahren. Wir nehmen ein logistisches Wachstum mit $k = 0{,}05$, einem Startdurchmesser von 0,5 m und einem Grenzdurchmesser von 1,5 m an.

a) Stellen Sie die zugehörige DG für $D(t)$ auf.

b) Lösen Sie die DG.

Lösung. Bilanz: Die Änderung des Durchmessers bei einer infinitesimalen Zeitänderung.

Idealisierung: Die Wachstumsrate k wird als konstant angenommen.

a) Es gilt $dD = 0{,}05 \cdot D(t) \cdot [1{,}5 - D(t)]dt$.

b) Mit $k = 0{,}05$, $G = 1{,}5$, $y_0 = 0{,}5$ und Gleichung (4.4.1) folgt

$$D(t) = \frac{0{,}5 \cdot 1{,}5}{0{,}5 + (1{,}5 - 0{,}5) \cdot e^{-0{,}05 \cdot 2 \cdot t}} = \frac{0{,}75}{0{,}5 + e^{-0{,}1 \cdot t}}.$$

Beispiel 2. An einer Schule mit N Schülern wird ein Gerücht durch Mundpropaganda verbreitet. Es sei $I(t)$ die Anzahl der zur Zeit t informierten Personen.

a) Wie groß ist die Anzahl der Nichtinformierten in der Zeitspanne dt?

b) *Ein* Informierter habe in der Zeitspanne dt total k Kontakte mit Informierten und Nichtinformierten. Wie viel Neuinformierte erzeugt er dann in der Zeitspanne dt?

c) Wenn jetzt *jeder* der Informierten ebenfalls k Kontakte hat, wie viel Neuinformierte erzeugen dann alle in der Zeitspanne dt?

d) Stellen Sie die zugehörige DG für $I(t)$ auf und lösen Sie sie für $I(0) = I_0$.

Lösung. Bilanz: Die Änderung der Informiertenzahl bei einer infinitesimalen Zeitänderung.

Idealisierung: Die Wachstumsrate k entspricht der Kontaktzahl einer Person pro Zeiteinheit und Person und wird konstant gehalten. Einheit von k: $\frac{1}{\text{Zeit}\cdot\text{Person}}$.

a) In der kurzen Zeitspanne dt nimmt man an, dass die Zunahme linear mit der Zeitspanne dt und der (konstant bleibenden) Anzahl der Nichtinformierten verläuft, also $[N - I(t)]dt$.

b) Die Wahrscheinlichkeit, dass ein Informierter bei einem Kontakt auf einen Nichtinformierten trifft, ist $\frac{N-I(t)}{N}$. Bei k Kontakten und einem Zeitabschnitt dt sind es $k\frac{N-I(t)}{N}dt$ Neuinformierte.

c) Bei $I(t)$ Informierten sind es in derselben Zeitspanne $\frac{k}{N} \cdot I(t)[N - I(t)]dt$ Neuinformierte.

d) Die Neuinformierten entsprechen der Änderung der Informierten dI.
Man erhält eine logistische DG $dI = \frac{k}{N} \cdot I(t)[N - I(t)]dt$ und unter Beihilfe der Gleichung (4.4.1) und der Anfangsbedingung $I(0) = I_0$ die Lösung

$$I(t) = \frac{I_0 \cdot N}{I_0 + (N - I_0) \cdot e^{-k \cdot N \cdot t}}.$$

Beispiel 3. In Häusern, die im Winter unbenutzt und ungeheizt bleiben, drohen die Wasserleitungen zu bersten, falls man sie nicht im Herbst entleert. Nehmen wir an, die Luft- und Wassertemperatur beträgt um 18 Uhr 10 °C und die Lufttemperatur $L(t)$ sinkt linear bis zum nächsten Morgen um 6 Uhr auf −2 °C ab und bleibt dann während Wochen unter dem Gefrierpunkt. Gehen Sie bei der Abkühlung der Wassertemperatur

$W(t)$ von einer exponentiell beschränkten Abnahme mit $k = 1$, aber zusätzlich mit einer veränderlichen Grenztemperatur, aus.

a) Stellen Sie die zugehörige DG für die Wassertemperatur $W(t)$ zur Zeit t auf und lösen Sie sie.

b) Um welche Zeit erreicht das Wasser den Gefrierpunkt?

Lösung. Bilanz: Die Änderung der Wassertemperatur bei einer infinitesimalen Zeitänderung.

Idealisierungen:

- Es wird die konstante Abnahmerate $k = 1$ verwendet.
- Es wird angenommen, dass sowohl Rohr als auch Wasser unmittelbar die Temperaturänderung der Luft aufnehmen.

Der Temperaturausgleich geschieht in Wirklichkeit stark zeitverzögert. Deswegen denken wir uns das Rohr nicht im Boden verlegt, sondern im Freien über dem Boden liegend und zusätzlich sei das Rohr sehr dünn, um den Gefrierungsprozess zu beschleunigen (vgl. Kap. 22.7).

a) Die lineare Abkühlung der Lufttemperatur lautet $L(t) = 10 - t$. Für die Abnahme der Wassertemperatur gilt $dW = -k \cdot [W - L(t)]dt$ mit $W > L(t)$ für alle t. Mit $k = 1$ folgt $dW = (-W + 10 - t)dt$ oder $\dot{W} + W = 10 - t$.
Dies ist eine inhomogene DG. Die zugehörige homogene DG lautet $\dot{W} + W = 0$ oder integriert $\int \frac{dW}{W} = -\int dt$. Man erhält $\ln(W) = -t + C_1$, $W(t) = Ce^{-t}$. Für die inhomogene DG setzen wir gemäß der Variation der Konstanten $W(t) = C(t) \cdot e^{-t}$ an und erhalten (vgl. Kap. 3)

$$\dot{C}(t) \cdot e^{-t} - C(t) \cdot e^{-t} + C(t) \cdot e^{-t} = 10 - t,$$
$$\dot{C}(t) \cdot e^{-t} = 10 - t \quad \text{und} \quad \dot{C}(t) = 10e^{t} - te^{t}.$$

Daraus entsteht $C(t) = 10e^t - (t-1)e^t + C_1 = 11e^t - te^t + C_1$.
Insgesamt folgt $W(t) = 11 - t + C_1e^{-t}$. Aus $W(0) = 10$ ergibt sich schließlich $C_1 = -1$ und $W(t) = 11 - t - e^{-t}$.

b) Mit $11 - t - e^{-t} = 0$ erhält man $t = 11$, also um 5 Uhr morgens.

5 Kompartimentmodelle

Mit einem Kompartimentmodell beschreibt man sogenannte Diffusionsprozesse, also Übergänge von Flüssigkeiten oder Stoffen von einem Kompartiment zum anderen. Das können Konzentrationsänderungen im Blut sein (1. Kompartiment), die zur Änderung im Gewebe führen (2. Kompartiment). Das Modell stammt aus der Medizin und findet in der Pharmakokinetik Anwendung. Da die gleichzeitige Messung von Konzentrationen in verschiedenen Organen praktisch unmöglich ist, fasst man einige Organe zu einem Kompartiment zusammen. Der Zufluss in ein Kompartiment bzw. der Abfluss aus einem Kompartiment kann, je nach Situation, verschiedenartig modelliert werden. Am häufigsten verwendet man dabei lineare Größenänderungen (in $\frac{1}{\text{s}}$ oder $\frac{\text{mg}}{\text{h}}$ usw.) und prozentuale Änderungen durch Angabe einer Rate (in $\frac{1}{\text{s}}$ oder $\frac{1}{h}$ usw.). Nebst den vielen Kombinationsmöglichkeiten, gehen wir in diesem kurzen Kapitel ausschließlich von exponentiellen Änderungen zweier Kompartimentmodelle aus und können damit auch ein allgemeines Ergebnis herleiten.

Einschränkungen:

- Wir beschränken uns auf zwei Kompartimente.
- Es wird ein rein exponentielles Wachstum zugrunde gelegt.

Die Stoffmengen oder Stoffmengenkonzentrationen in den beiden Kompartimenten zur Zeit t seien $y_1(t)$ und $y_2(t)$. Mit $[\varepsilon] = \frac{1}{\text{Zeit}}$ bezeichnen wir die von außen stammende Zuflussrate ($\varepsilon > 0$) in das Kompartiment 1 (K1) oder die von K1 nach außen oder ins Kompartiment 2 (K2) abgegebene Rate ($\varepsilon < 0$). Ein rein exponentielles Wachstum vorausgesetzt, ist εy_1 die von außen zu- oder von K1 wegführende Menge pro Zeit und $\varepsilon y_1 dt$ die absolute Änderung in der Zeit dt. Weiter ist η die von K2 stammende und y_1 vergrößernde Rate ($\eta > 0$). Analog definiert man λ als die von K1 stammende und y_2 vergrößernde Rate ($\lambda > 0$). Schließlich bezeichnet μ die von K2 nach außen abgegebene Rate ($\mu < 0$).

Bilanz: Die Änderung von y_1 und y_2 bei einer infinitesimalen Zeitänderung.

Idealisierungen:

- Die Änderungsraten ε, η, λ und μ werden als konstant angenommen.
- Jedes Kompartiment fassen wir als einen ideal gerührten Behälter auf (vgl. Kap. 24.2). Demnach stellt sich die neue Konzentration unmittelbar im gesamten Kompartiment ein.

Die Bilanzen lauten somit:

$$dy_1 = \varepsilon y_1 \cdot dt + \eta y_2 \cdot dt,$$
$$dy_2 = \lambda y_1 \cdot dt + \mu y_2 \cdot dt$$

oder

https://doi.org/10.1515/9783111345765-005

$$\dot{y}_1 = \varepsilon \cdot y_1 + \eta \cdot y_2,$$
$$\dot{y}_2 = \lambda \cdot y_1 + \mu \cdot y_2. \tag{5.1}$$

Die nachstehende Tabelle zeigt Schematisierungen praktischer Beispiele, die mithilfe des Systems (5.1) quantitativ erfasst werden können (Abb. 5.1).

DGL-System	Kompartimentmodell
$\dot{y}_1 = \alpha \cdot y_1 - \beta \cdot y_1$ $\dot{y}_2 = \beta \cdot y_1 - \gamma \cdot y_2$	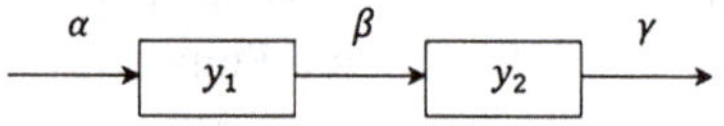
$\dot{y}_1 = -\alpha \cdot y_1 + \beta \cdot y_2$ $\dot{y}_2 = \alpha \cdot y_1 - \beta \cdot y_2$	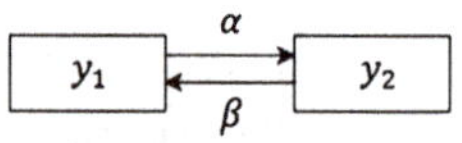
$\dot{y}_1 = \alpha \cdot y_1 - \beta \cdot y_1 + \gamma \cdot y_2$ $\dot{y}_2 = \beta \cdot y_1 - \gamma \cdot y_2$	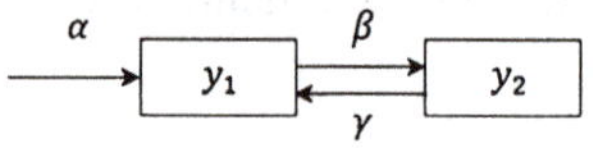
$\dot{y}_1 = -\alpha \cdot y_1 + \beta \cdot y_2$ $\dot{y}_2 = \alpha \cdot y_1 - \beta \cdot y_2 - \gamma \cdot y_2$	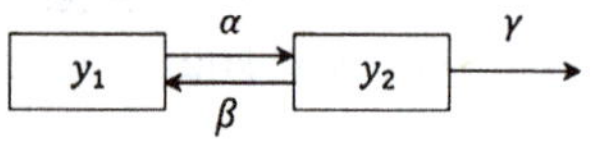

Abb. 5.1: Kompartimentmodelle.

Herleitung von (5.4)

Mit der Lösung dieses Systems (5.1) sind auf einen Schlag alle möglichen Fälle aus Abb. 5.1 ebenfalls gelöst. Dazu betrachten wir die zweite Ableitung, diesmal von y_2. Es folgt nacheinander:

$$\ddot{y}_2 = \lambda \cdot \dot{y}_1 + \mu \cdot \dot{y}_2 = \lambda \cdot (\varepsilon \cdot y_1 + \eta \cdot y_2) + \mu \cdot \dot{y}_2,$$
$$\ddot{y}_2 = \lambda \cdot \left[\varepsilon \cdot \left(\frac{\dot{y}_2 - \mu \cdot y_2}{\lambda}\right) + \eta \cdot y_2\right] + \mu \cdot \dot{y}_2 = \varepsilon \cdot \dot{y}_2 - \varepsilon\mu \cdot y_2 + \eta\lambda \cdot y_2 + \mu \cdot \dot{y}_2$$

und schließlich

$$\ddot{y}_2 = (\varepsilon + \mu)\dot{y}_2 + (\eta\lambda - \varepsilon\mu)y_2.$$

Der Lösungsansatz lautet

$$y_2(t) = C \cdot e^{kt}.$$

Danach ist

$$k^2 \cdot Ce^{kt} - (\varepsilon + \mu) \cdot k \cdot Ce^{kt} - (\eta\lambda - \varepsilon\mu) \cdot Ce^{kt} = 0 \quad \text{und} \quad k^2 - (\varepsilon + \mu) \cdot k - (\eta\lambda - \varepsilon\mu) = 0.$$

Aufgelöst erhält man

$$k_{1,2} = \frac{(\varepsilon + \mu) \pm \sqrt{(\varepsilon + \mu)^2 + 4(\eta\lambda - \varepsilon\mu)}}{2}. \tag{5.2}$$

Für die weitere Rechnung muss man fordern:

$$D := (\varepsilon + \mu)^2 + 4(\eta\lambda - \varepsilon\mu) > 0. \tag{5.3}$$

Gesamthaft gilt $y_2(t) = C_1 \cdot e^{k_1 t} + C_2 \cdot e^{k_2 t}$.

Mit den Anfangsbedingungen $y_1(0) = M_1$ und $y_2(0) = M_2$ entsteht $y_2(0) = C_1 + C_2 = M_2$ und $\dot{y}_2(0) = k_1 C_1 + k_2 C_2 = \lambda M_1 + \mu M_2$, was zu $C_1 + k_2(M_2 - C_1) = \lambda M_1 + \mu M_2$ und $(k_1 - k_2)C_1 + k_2 M_2 = \lambda M_1 + \mu M_2$ führt. Es ergibt sich

$$\begin{aligned} C_1 &= \frac{\lambda M_1 + (\mu - k_2)M_2}{k_1 - k_2} \quad \text{und} \\ C_2 &= M_2 - C_1 = \frac{M_2(k_1 - k_2) - \lambda M_1 - (\mu - k_2)M_2}{k_1 - k_2} \\ &= \frac{M_2 k_1 - \lambda M_1 - \mu M_2}{k_1 - k_2} = \frac{-\lambda M_1 - (\mu - k_1)M_2}{k_1 - k_2} = -\frac{\lambda M_1 + (\mu - k_1)M_2}{k_1 - k_2}. \end{aligned} \tag{5.4}$$

Damit ist $y_2(t) = C_1 \cdot e^{k_1 t} + C_2 \cdot e^{k_2 t}$ bestimmt.

An dieser Stelle könnte man dieselbe Rechnung für y_2 durchführen. Es ist sinnvoller, y_1 aus der schon ermittelten Funktion y_2 zu bestimmen.

Weiter folgt demnach

$$\begin{aligned} y_1(t) &= \frac{\dot{y}_2(t) - \mu y_2(t)}{\lambda} = \frac{C_1 \cdot k_1 e^{k_1 t} + C_2 \cdot k_2 e^{k_2 t} - \mu \cdot C_1 e^{k_1 t} - \mu \cdot C_2 e^{k_2 t}}{\lambda} \\ &= \frac{C_1(k_1 - \mu)}{\lambda} \cdot e^{k_1 t} + \frac{C_2(k_2 - \mu)}{\lambda} \cdot e^{k_2 t}. \end{aligned}$$

Insgesamt erhält man:

$$\begin{aligned} y_1(t) &= \left(\frac{\lambda M_1 + (\mu - k_2)M_2}{k_1 - k_2}\right) \cdot \left(\frac{k_1 - \mu}{\lambda}\right) \cdot e^{k_1 t} - \left(\frac{\lambda M_1 + (\mu - k_1)M_2}{k_1 - k_2}\right) \cdot \left(\frac{k_2 - \mu}{\lambda}\right) \cdot e^{k_2 t}, \\ y_2(t) &= \left(\frac{\lambda M_1 + (\mu - k_2)M_2}{k_1 - k_2}\right) \cdot e^{k_1 t} - \left(\frac{\lambda M_1 + (\mu - k_1)M_2}{k_1 - k_2}\right) \cdot e^{k_2 t}. \end{aligned} \tag{5.5}$$

Beispiel 1. Ein Patient nimmt eine einmalige Dosis eines Medikaments ein, z. B. eine Tablette von 150 mg gegen Kopfschmerzen. Der Wirkstoff gelangt über den Magen-Darm-Trakt (Kompartiment 1) und wird dann mit einer Rate von 0,15 $\frac{1}{\text{min}}$ in den Blutkreislauf/die Leber (Kompartiment 2) überführt. In der Leber selber wird der Stoff mit einer Rate von 0,2 $\frac{1}{\text{min}}$ abgebaut.

a) Stellen Sie das zugehörige DG-System für die Wirkstoffmengen in den einzelnen Kompartimenten auf.
b) Berechnen Sie die Lösungen des DG-Systems mit $y_1(0) = 150, y_2(0) = 0$.
c) Stellen Sie die Graphen von $y_1(t)$ und $y_2(t)$ dar.

Lösung.
a) Gleichung (5.1) liefert mit $\varepsilon = -\alpha = -0{,}15$, $\eta = 0$, $\lambda = \alpha = 0{,}15$ und $\mu = -\beta = -0{,}2$ das System

$$\dot{y}_1 = -\alpha \cdot y_1,$$
$$\dot{y}_2 = \alpha \cdot y_1 - \beta \cdot y_2.$$

b) Die Exponenten folgen gemäß (5.2) zu

$$k_{1,2} = \frac{(-\alpha - \beta) \pm \sqrt{(-\alpha - \beta)^2 + 4(0 \cdot \alpha - (-\alpha)(-\beta))}}{2}$$
$$= \frac{-(\alpha + \beta) \pm \sqrt{(\alpha + \beta)^2 - 4\alpha\beta}}{2} = \frac{-(\alpha + \beta) \pm \sqrt{(\alpha - \beta)^2}}{2} = \frac{-(\alpha + \beta) \pm |\alpha - \beta|}{2}.$$

Die Bedingung (5.3) ist erfüllt. Man erhält für $\alpha > \beta$ und $\alpha < \beta$ in jedem Fall $k_1 = -\alpha$ und $k_2 = -\beta$. Die zugehörigen Konstanten lauten dann nach (5.4)

$$C_1 = \frac{\alpha M_1 + (-\beta - (-\beta))M_2}{-\alpha - (-\beta)} = -\frac{\alpha M_1}{\alpha - \beta} \quad \text{und}$$
$$C_2 = \frac{M_2(\alpha) + \alpha M_1 - (\beta)M_2}{-\alpha - (-\beta)} = \frac{\alpha M_1}{\alpha - \beta} + M_2.$$

Schließlich erhält man die Lösungen mithilfe von (5.5):

$$y_1(t) = \frac{-\frac{\alpha M_1}{\alpha-\beta}(-\alpha - (-\beta))}{\alpha} \cdot e^{-\alpha t} + \frac{(\frac{\alpha M_1}{\alpha-\beta} + M_2)(-\beta - (-\beta))}{\alpha} \cdot e^{-\beta t} = M_1 \cdot e^{-\alpha t} \quad \text{und}$$
$$y_2(t) = -\frac{\alpha M_1}{\alpha - \beta} \cdot e^{-\alpha t} + \left(\frac{\alpha M_1}{\alpha - \beta} + M_2\right) \cdot e^{-\beta t}.$$

Fügt man noch die Zahlenwerte ein, so folgen schließlich $y_1(t) = 150 \cdot e^{-0{,}15t}$ und

$$y_2(t) = -\frac{0{,}15 \cdot 150}{0{,}15 - 0{,}2} \cdot e^{-0{,}15t} + \left(\frac{0{,}15 \cdot 150}{0{,}15 - 0{,}2} + 0\right) \cdot e^{-0{,}2t} = 450 \cdot (e^{-0{,}15t} - e^{-0{,}2t}).$$

c) Die Menge y_1 des Medikaments im Magen-Darm-Trakt nimmt exponentiell ab. Die Wirkstoffmenge in der Leber steigt auf einen Höchstwert, bis der Abbau ebenfalls exponentiell vonstattengeht (Abb. 5.2 links).

Beispiel 2. Cholesterin ist eine Kohlenstoffverbindung, die eine beherrschende Rolle beim Fettstoffwechsel und bei der Arterienverkalkung spielt. Um seinen Umsatz im Körper zu erfassen, nehmen wir Blut und Organe zu einem Kompartiment 1 und den Rest des Körpers (Muskeln, Fett usw.) zu einem Kompartiment 2 zusammen. y_1 und y_2 seien die Konzentrationen in den entsprechenden Kompartimenten. Einer radioaktiven Flüssigkeit (Tracer) fand man die Übergangsraten: Von y_1 nach y_2 etwa 0,036 $\frac{1}{\mathrm{d}}$, von y_2 zurück nach y_1 etwa 0,02 $\frac{1}{\mathrm{d}}$ und von y_1 direkt zur Ausscheidung y_3 etwa 0,098 $\frac{1}{\mathrm{d}}$.

a) Gehen Sie von einer 100 %-igen Anfangskonzentration in K1 und K2 aus, also $T_1(0) = 1$, $T_2(0) = 1$ und $T_3(0) = 0$. Dabei müssen die beiden Startkonzentrationen in K1 und K2 nicht gleich groß sein. Die Größen y_1 und y_2 stellen dann den Wert des Cholesterins auf dem Weg durch die beiden Kompartimente K1 und K2 einschließlich der Ausscheidung (K3) dar, falls während der gesamten Zeit kein zusätzliches Cholesterin mehr produziert würde. Ermitteln Sie das zugehörige DG-System für $T_1(t)$, $T_2(t)$ und $T_3(t)$.
b) Stellen Sie die Graphen von $T_1(t)$, $T_2(t)$ und $T_3(t)$ dar.

Lösung.

a) Gleichung (5.1) liefert mit $\varepsilon = -(\alpha + \gamma) = -0{,}134$, $\eta = \beta = 0{,}02$, $\lambda = \alpha = 0{,}036$ und $\mu = -\beta = -0{,}02$ mit $\gamma = 0{,}098$ das System

$$\dot{T}_1 = -(\alpha + \gamma) \cdot T_1 + \beta \cdot T_2,$$
$$\dot{T}_2 = \alpha \cdot T_1 - \beta \cdot T_2,$$
$$\dot{T}_3 = \gamma \cdot T_1.$$

Mit (5.2) folgen die Exponenten zu

$$k_{1,2} = \frac{-(\alpha + \gamma) - \beta \pm \sqrt{(-(\alpha + \gamma) - \beta)^2 + 4(\alpha\beta + (\alpha + \gamma)(-\beta))}}{2}$$
$$= \frac{-(\alpha + \beta + \gamma) \pm \sqrt{(\alpha + \beta + \gamma)^2 - 4\beta\gamma}}{2}.$$

Man erhält $k_1 = -0{,}14$ und $k_2 = -0{,}014$.
Für die Konstanten folgt gemäß (5.4)

$$C_1 = \frac{0{,}036 \cdot 1 + (-0{,}02 + 0{,}014) \cdot 1}{-0{,}14 + 0{,}014} = -0{,}238 \quad \text{und}$$
$$C_2 = -\frac{0{,}026 \cdot 1 + (-0{,}02 + 0{,}14) \cdot 1}{-0{,}14 + 0{,}014} = 1{,}238.$$

Die entsprechenden Werte in Gleichung (5.5) eingefügt, ergeben

$$T_1(t) = -0{,}238 \cdot \frac{(-0{,}14 + 0{,}02)}{0{,}036} \cdot e^{-0{,}14t} + 1{,}238 \cdot \frac{(-0{,}014 + 0{,}02)}{0{,}036} \cdot e^{-0{,}014t}$$

$$= 0{,}794 \cdot e^{-0{,}14t} + 0{,}206 \cdot e^{-0{,}014t},$$

$$T_2(t) = -0{,}238 \cdot e^{-0{,}14t} + 1{,}238 \cdot e^{-0{,}014t}$$

und daraus

$$\dot{T}_3(t) = 0{,}098 \cdot (0{,}794 \cdot e^{-0{,}14t} + 0{,}206 \cdot e^{-0{,}014t}).$$

Eine unbestimmte Integration führt zu

$$T_3(t) = 0{,}098 \cdot (-5{,}669 \cdot e^{-0{,}14t} - 14{,}739 \cdot e^{-0{,}014t}) + C,$$

was zusammen mit der Anfangsbedingung $T_3(0) = 0$ die Konstante $C = 2$ und somit zur Lösung

$$T_3(t) = 0{,}098 \cdot (-5{,}669 \cdot e^{-0{,}14t} - 14{,}739 \cdot e^{-0{,}014t}) + 2$$

gereicht.

b) Die Verläufe von $T_1(t)$, $T_2(t)$ und $T_3(t)$ entnimmt man Abb. 5.2 rechts.

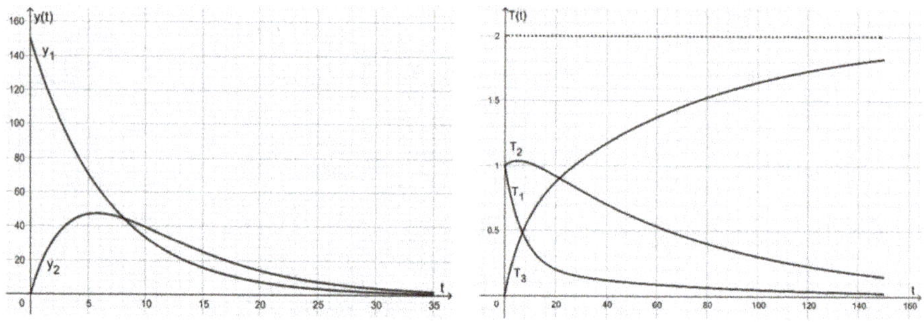

Abb. 5.2: Graphen zu den Beispielen 1 und 2.

6 Numerisches Lösen von Differentialgleichungen erster Ordnung

Lassen sich DGen oder DG-Systeme nicht mehr geschlossen lösen, dann benötigt man numerische Verfahren, um den Verlauf der Lösung zu bestimmen. Dazu wird die DG diskretisiert. Drei Verfahren sollen vorgestellt werden. Ausgangspunkt sei die DG $y'(x) = f(x,y(x))$.

1.Das Euler-Verfahren

Herleitung von (6.1)

Die Lösung $y = y(x)$ soll durch einen Polygonzug der (äquidistanten) Schrittweite h angenähert werden. Je feiner h gewählt wird, umso besser entspricht der Polygonzug der Lösungskurve (Abb. 6.1 links). Im Folgenden bezeichnet $y(x_i)$ den exakten Funktionswert der Lösung und y_i den numerisch bestimmten Wert an der jeweiligen Stelle x_i. Sei x_0 der Startwert, dann gilt $y(x_0) = y_0$. Gehen wir zu einem Wert $x_1 = x_0 + h$ über, dann kann man $y(x_1)$ gemäß Gleichung (1.1) durch die Taylorreihe vom Grad 1 approximieren: $y(x_1) \approx y_0 + y'(x_0) \cdot h = y_0 + f(x_0,y_0) \cdot h := y_1$. Analog folgt $y(x_2) \approx y_1 + f(x_1,y_1) \cdot h := y_2$ usw. Daraus ergibt sich eine explizite Rekursionsformel für die Punkte des Polygonzugs (Euler-Verfahren):

$$\begin{aligned} x_{i+1} &= x_i + h, \\ y_{i+1} &= y_i + h \cdot f(x_i,y_i). \end{aligned} \tag{6.1}$$

2. Das Trapez-Verfahren

Herleitung von (6.2)–(6.4)

Dazu schreiben wir die DG $y'(x) = f(x,y)$ um. Nach dem Hauptsatz der Integralrechnung gilt $\int_a^b f(x)dx = F(b) - F(a)$, wenn $F'(x) = f(x)$. Angewendet auf unsere DG mit $a = x_i$ und $b = x_{i+1}$ folgt

$$\int_{x_i}^{x_{i+1}} y'(x)dx = \int_{x_i}^{x_{i+1}} f(x,y(x))dx = y(x_{i+1}) - y(x_i) \quad \text{oder} \quad y(x_{i+1}) = y(x_i) + \int_{x_i}^{x_{i+1}} f(x,y(x))dx.$$

Ersetzt man $y(x_i) \approx y_i$ und $y(x_{i+1}) \approx y_{i+1}$, so erhält man

$$y_{i+1} = y_i + \int_{x_i}^{x_{i+1}} f(x,y(x))dx. \tag{6.2}$$

https://doi.org/10.1515/9783111345765-006

Dies stellt ebenfalls eine Rekursionsformel für die Punkte des Polygonzugs dar. Nun müssen wir noch das Integral in (6.2) annähern. Hierzu gäbe es viele Möglichkeiten. Wir wählen das Trapez, das sich ergibt, wenn man das Kurvenstück innerhalb des Intervalls durch eine Strecke ersetzt (Abb. 6.1 rechts). Der Flächeninhalt A des Trapezes beträgt dann

$$A = \frac{1}{2}h \cdot [f(x_i, y(x_i)) + f(x_i + h, y(x_i + h))],$$

falls die Lösungskurve $y(x)$ bekannt wäre.

In einer Näherung ist deshalb

$$A = \frac{1}{2}h \cdot [f(x_i, y_i) + f(x_i + h, y_{i+1})]. \tag{6.3}$$

Ersetzt man das Integral in (6.2) durch den Wert (6.3), so ergibt sich die implizite Rekursionsformel für das Trapezverfahren:

$$\begin{aligned} x_{i+1} &= x_i + h, \\ y_{i+1} &= y_i + \frac{1}{2}h \cdot [f(x_i, y_i) + f(x_i + h, y_{i+1})]. \end{aligned} \tag{6.4}$$

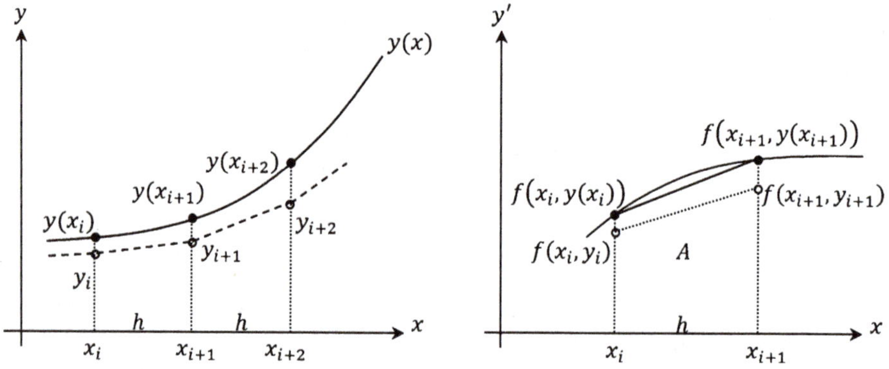

Abb. 6.1: Skizzen zum Euler- und Trapezverfahren.

3. Das Heun-Verfahren

Wird der Wert von y_{i+1} aus Gleichung (6.4) durch den Wert aus (6.1) ersetzt, so erhält man das explizite Heun-Verfahren:

$$\begin{aligned} x_{i+1} &= x_i + h, \\ y_{i+1} &= y_i + \frac{1}{2}h \cdot [f(x_i, y_i) + f(x_i + h, y_i + h \cdot f(x_i, y_i))]. \end{aligned}$$

Die drei Verfahren besitzen in der aufgelisteten Reihenfolge globale Fehler der Ordnung h, h^2, h^2 respektive. Für $h = 0{,}1$ ergäbe der globale Fehler $|y(x_i) - y_i|$ zwischen dem exakten und dem numerisch bestimmten Wert an der Stelle x_i ein Vielfaches von 0,1, 0,01, 0,01 resp.

Für die folgenden Anwendungen wählen wir trotzdem das Euler-Verfahren. Es ist genügend genau, wir ersparen uns komplizierte Rekursionsformeln und erreichen bei Bedarf eine Verbesserung durch Verkleinern der Schrittweite.

Beispiel 1. Gegeben ist die DG

$$\dot{y} = 0{,}2y(10 - y) \quad \text{mit} \quad y(0) = 1. \tag{6.5}$$

a) Gesucht ist die exakte Lösung.
b) Die Lösung aus a) soll des expliziten Euler-Verfahrens nacheinander bei zwei verschiedenen Schrittlängen $h = dt = 0{,}5$ und $h = dt = 0{,}1$ verglichen werden.

Lösung.
a) Die exakte Lösung ergibt sich mit (4.4.1) zu

$$y(t) = \frac{y_0 \cdot G}{y_0 + (G - y_0) \cdot e^{-kGt}} = \frac{10}{1 + 9 \cdot e^{-2t}}.$$

b) Für die Diskretisierung schreiben wir die DG als $dy = 0{,}2y(10 - y)dt$ und $y_{i+1} - y_i = 0{,}2y_i(10 - y_i)h$.
Dieses und alle folgenden Programme werden mithilfe eines TI-Nspire CX CAS erstellt.
Die Rekursionsvorschrift lautet übersetzt $y_i := y_i + 0{,}2y_i(10 - y_i)h$ und das zugehörige Programm für die numerische Lösung sieht dann wie folgt aus:

```
Define DG(n)
Prgm
xa:= {xi}
ya:= {yi}
xi:= 0
yi:= 1                   (Anfangsbedingung y(0) = 1)
For i,1,n
xi:= xi + 0,5            (0,5 durch 0,1 ersetzen)
yi:=yi+0,2·yi(10-yi)·0,5 (0,5 durch 0,1 ersetzen)
xa:= augment(xa,{xi})
ya:= augment(ya,{yi})
End For
Disp xa, ya
End Prgm
```

Führt man das Programm für $n = 10$ bzw. $n = 50$ aus, so ergeben sich die in (Abb. 6.2) dargestellten Punktfolgen (Kreise für $n = 10$ und Pluszeichen für $n = 50$). Die Übereinstimmung mit der genauen Lösung (schwarze Linie) kann beliebig verbessert werden, indem man kleinere Schrittweiten wählt. Dafür muss dann natürlich die Schrittzahl erhöht werden, um denselben Zeitbereich zu erfassen.

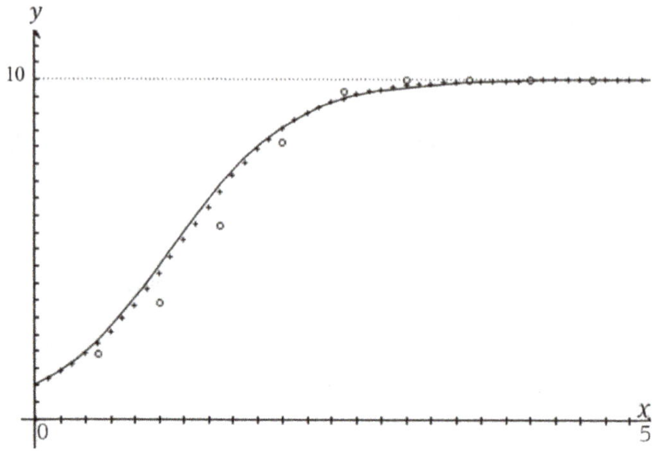

Abb. 6.2: Exakte und numerische Lösungen von (6.5).

Beispiel 2. Gegeben ist die DG $\dot{y} = -10y$ mit $y(0) = 1$.

Untersuchen Sie, für welche Schrittlängen $h = dt$ das explizite Euler-Verfahren brauchbare Werte für die Näherung der exakten Lösung liefert. Wandeln Sie dazu die Rekursionsformel in ihre explizite Form um.

Lösung. Die exakte Lösung ist $y(t) = e^{-10t}$. Für die Näherung gilt $dy = -10y \cdot dt$ und $y_{i+1} - y_i = -10y_i h$ oder $y_{i+1} = (1 - 10h)y_i$ mit $y_0 = y(0) = 1$. Explizit erhält man $y_i = (1 - 10h)^i y_0$ mit $y_0 = 1$. Daraus lassen sich vier Fälle unterscheiden:

I. $h > 0{,}2$. Die Werte von y_i sind alternierend und zudem gilt $|y_i| \to \infty$.

II. $0{,}1 < h < 0{,}2$. Man erhält eine alternierende Folge für y_i.

III. $h = 0{,}1$. In diesem Fall ist $y_i \equiv 0$ für $i \in \mathbb{N}$.

IV. $h < 0{,}1$. Diese ermittelten Näherungswerte können verwendet werden.

Nur im Fall IV. spiegeln die Näherungswerte den Verlauf der exakten Lösung wieder.

Eine DG und ihre zugehörige DFG zeigen nicht immer dasselbe Verhalten. Für weiterführende Untersuchungen siehe Band 1.

7 Differentialgleichungen zweiter Ordnung

Die allgemeine DG zweiter Ordnung stellt eine Erweiterung der DG erster Ordnung unter Hinzunahme der zweiten Ableitung einer Größe y dar. Die neue Gleichung verknüpft also y, y' und y''. Physikalisch gesehen sind DGen zweiter Ordnung untrennbar mit der beschleunigten Bewegung einer Masse verknüpft. Mit der Zeit t als Variable verwenden wir im Weiteren $x(t)$ für den Ort. Ableitungen nach der Zeit versehen wir mit einem Punkt und schreiben für die Geschwindigkeit und die Beschleunigung $v(t)=\dot{x}(t) = \frac{d}{dt}x(t)$ und $a(t)=\dot{v}(t) = \ddot{x}(t) = \frac{d^2}{dt^2}x(t)$ respektive. Der Bewegungszustand eines Körpers der Masse m kann durch die beiden Zustandsgrößen Energie und Impuls beschrieben werden. Als Zustandsgrößen sind sowohl Impuls als auch Energie unabhängig davon, wie der Zustand erreicht wurde. In einer Momentaufnahme besitzt z. B. ein Körper auf der Höhe $h = 0$ den Impuls $p = mv$ und die Energie $\frac{1}{2}mv^2$. Zwei wesentliche Merkmale unterscheiden die beiden Größen aber voneinander. Impuls wie auch Drehimpuls sind im Gegensatz zur Energie vektorielle Größen. Zweitens wird der Impuls über die zeitliche Wirkung einer Kraft, die Energie hingegen über die Kraft längs eines Weges definiert. Die Energie ist ein Maß für die am Körper zu verrichtende Arbeit, um diesen aus der Ruhelage auf den entsprechenden Energiezustand zu bringen. Bei gewissen Problemstellungen ist die Behandlung mithilfe der Gesamtenergie von Vorteil, weil dann der Einbezug der Zeitvariable umgangen werden kann. Beispielsweise gestattet der Energievergleich $mgh = \frac{1}{2}mv^2$ die Ermittlung der Endgeschwindigkeit $v = \sqrt{2gh}$ einer aus der Höhe h fallenden Masse m unter Vernachlässigung der Luftreibung, ohne die Ortsfunktion $x(t) = \frac{1}{2}gt^2$ mit einzubeziehen. Der Impulssatz gilt somit immer, unabhängig davon, ob eine Energieänderung stattfindet. Zwei Körper mit gleichem Impuls können verschiedene Energien besitzen. Bei der Verwendung des Energiesatzes müssen die einzelnen Energieanteile bekannt sein. Das kann bei vorhandener Reibung zum Problem werden, weil der Energieverlust unter Umständen abgeschätzt werden muss. Das Standardbeispiel hierzu ist der unelastische Stoß: Der Gesamtimpuls bleibt erhalten. Die kinetische Energie bleibt nicht mehr erhalten, wohl aber die Gesamtenergie, falls der in Wärme umgewandelte Teil der kinetischen Energie in der Energiebilanz mitberücksichtigt wird (vgl. Kap. 7.2, Bsp. 8).

Herleitung von (7.2)

Als Impuls definiert man die vektorielle Größe $\boldsymbol{p} = m\boldsymbol{v}$. Der Impuls zeigt in Bewegungsrichtung und ändert sich mit der Masse, dem Betrag der Geschwindigkeit oder der Geschwindigkeitsrichtung.

Bilanz: Die Änderung des Impulses. Die zeitliche Änderung des Impulses heißt Impulsstrom oder Impulsfluss und hat die Dimension einer Kraft $\boldsymbol{F}$. Genauer gilt

$$\boldsymbol{F}(t) = \frac{d\boldsymbol{p}(t)}{dt} = \frac{d[m(t)\boldsymbol{v}(t)]}{dt} = \frac{dm(t)}{dt} \cdot \boldsymbol{v}(t) + m(t) \cdot \frac{d\boldsymbol{v}(t)}{dt}. \tag{7.1}$$

https://doi.org/10.1515/9783111345765-007

Dies kann man auch als $\boldsymbol{F}(t) = \dot{m}(t) \cdot \boldsymbol{v}(t) + m(t) \cdot \dot{\boldsymbol{v}}(t) = m(t) \cdot \boldsymbol{a}(t) + \boldsymbol{v}(t) \cdot \dot{m}(t)$ schreiben.

Dabei kann die Kraft $\boldsymbol{F}$ aus vielen Einzelkräften bestehen, die zur Impulsänderung beitragen: $\boldsymbol{F} = \sum \boldsymbol{F}_i$. Gleichermaßen können mehrere Massen im System vorhanden sein.

Die Änderung des Impulses ist damit gleich der Summe aller am System angreifenden Kräfte:

$$\sum \boldsymbol{F}_i = \sum \dot{\boldsymbol{p}}_i(t) = \sum \dot{m}_i(t) \cdot \boldsymbol{v}_i(t) + \sum m_i(t) \cdot \dot{\boldsymbol{v}}_i(t). \tag{7.2}$$

Dieser Impulssatz entspricht dem 2. Newton'schen Axiom. Die Gleichungen (7.1) und (7.2) gelten (für einen Beobachter) im ruhenden Inertialsystem. Sie besagen: Eine Impulsänderung findet genau dann statt, wenn Kräfte am Werk sind. Besitzt der Körper oder besitzen die Körper des Systems eine konstante Masse, so erhält man im Fall einer Masse $\boldsymbol{F}(t) = m \cdot \boldsymbol{a}(t)$. Gleichung (7.1) lässt sich zuerst als $d\boldsymbol{p}(t) = \boldsymbol{F}(t) \cdot dt$ und in integraler Form, $\boldsymbol{p}(t_2) - \boldsymbol{p}(t_1) = \int_{t_1}^{t_2} \boldsymbol{F}(t)dt$, formulieren, wenn wir die Einwirkung der (zeitlich abhängigen) Kraft während der Zeit $\Delta t = t_2 - t_1$ betrachten. In diesem Sinne führt jeder Kraftstoß zu einer Impulsänderung. Die Größe des zugehörigen Kraftstoßes entspricht dem Flächeninhalt unter dem Kraftverlauf. Dieser kann durch eine während der Zeit Δt wirkende durchschnittliche Kraft $\overline{F}$ ersetzt werden und liefert denselben Kraftstoß:

$$\left| \int_{t_1}^{t_2} \vec{F}(t) \cdot dt \right| = \overline{F} \cdot \Delta t.$$

Wie schon weiter oben erwähnt, ist es demnach für die Größe des Impulses unerheblich, wie der Kraftverlauf innerhalb des Zeitintervalls im Einzelnen aussieht. Abb. 7.1 hält einige kurz andauernde Kraftstöße in idealisierter Form fest. Impulsströme können durchweg oder stückweise fließen. Stellen wir uns dazu einen auf einer horizontalen Unterlage reibungsfrei rollenden Wagen vor, der in Intervallen von 1 s während der Zeit Δt mit derselben Kraft angestoßen wird. Da man dem Wagen portionsweise Impuls überträgt, gleicht der zugehörige Geschwindigkeitsverlauf einer Treppenfunktion. Damit ist die Geschwindigkeitsfunktion nur stückweise stetig und innerhalb der Zeiten Δt nicht differenzierbar. In diesem Fall muss die Gleichung (7.1) durch $\frac{\Delta \boldsymbol{p}}{\Delta t} = \frac{\Delta(m\boldsymbol{v})}{\Delta t} = m \cdot \frac{\Delta \boldsymbol{v}}{\Delta t} = m \cdot \frac{\boldsymbol{v}_2 - \boldsymbol{v}_1}{\Delta t}$ ersetzt werden. Neigt man hingegen die Unterlage genügend stark ohne den Wagen anzustoßen, so erfolgt die Impulsänderung einzig über die (von der Höhe abhängigen) Gravitationskraft. Sofern die Unterlage nicht uneben ist, kann man davon ausgehen, dass diese Änderung in infinitesimal kleinen gleichen Portionen, also kontinuierlich und gleichmäßig erfolgt und die Geschwindigkeitsfunktion überall stetig und differenzierbar ist. Neigt man die Fahrbahn immer weiter, so kommt es wieder darauf an, ob die Winkeländerung durchgehend oder in Portionen vor sich geht.

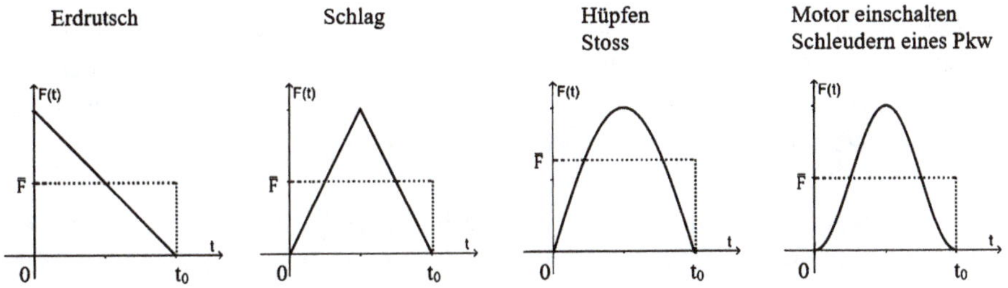

Abb. 7.1: Idealisierte kurze Kraftstöße.

Herleitung von (7.3)

Gleichung (7.2) lässt sich auf die Größe des Drehimpulses umschreiben.

Bilanz: Die Änderung des Drehimpulses. Der Satz besagt, dass die Änderung des Drehimpulses $\boldsymbol{L} = \sum \boldsymbol{L}_i(t)$ gleich der Summe aller am System angreifenden Drehmomente $\sum \boldsymbol{M}_i$ ist. Dabei sind $\boldsymbol{L}_i = J_i \cdot \boldsymbol{\omega}_i$ und $\boldsymbol{M}_i = \boldsymbol{F}_i \times \boldsymbol{r}_i$. Es bedeuten J_i die Massenträgheitsmomente, $\boldsymbol{\omega}_i = \dot{\boldsymbol{\varphi}}_i$ die Winkelgeschwindigkeiten mit $\boldsymbol{v}_i = \boldsymbol{\omega}_i \circ \boldsymbol{r}_i$ und $\boldsymbol{r}_i$ die Vektoren vom Drehpunkt zu den Angriffspunkten der Kräfte $\boldsymbol{F}_i$. Es gilt dann $\sum \boldsymbol{M}_i = \sum \dot{\boldsymbol{L}}_i(t)$ oder ausgeschrieben im Fall konstanter Massen

$$\sum(\boldsymbol{F}_i \times \boldsymbol{r}_i) = \sum J_i \cdot \ddot{\boldsymbol{\varphi}}_i. \tag{7.3}$$

Die Gleichungen (7.2) und (7.3) nennt man auch Bewegungsgleichungen.

7.1 Physikalische Systemumgebungen

Damit die bekannten Erhaltungssätze zur Anwendung kommen dürfen oder nicht, muss man sich über die Umgebung im Klaren sein, innerhalb dessen die entsprechenden Größen bilanziert werden sollen. Als Systemumgebung soll ein räumlich abgegrenztes Objekt (z. B. Masseteilchen, Inhalt einer Gasflasche, Stück eines Balkens usw.) oder ein Gebiet (z. B. Flussabschnitt) gemeint sein, das sich durch physikalische Größen beschreiben lässt. Wir unterscheiden dabei offenes, geschlossenes oder abgeschlossenes (isoliertes) System. Welcher Art das System ist, wird von den eigens festgesetzten Bereichsgrenzen bestimmt.

1. Ein als offen betrachtetes System steht in Verbindung zu seiner Umgebung. Materie kann das System verlassen oder in das System hineinfließen. Dasselbe gilt für den Impuls und die Energie. Der Gesamtimpuls und die Gesamtenergie in einem offenen System bleibt damit nicht erhalten. Für den Gesamtimpuls gilt vielmehr, dass seine Änderung gleich der Summe aller am System angreifenden Kräfte ist.
2. In einem geschlossenen System findet kein Materie-, wohl aber ein Impuls- oder ein Energieaustausch mit der Umgebung statt. Auch hier gilt, dass die Änderung des Gesamtimpulses gleich der Summe aller am System angreifenden Kräfte ist.

3. Ein abgeschlossenes System gestattet weder einen Materie- noch einen Impulstransfer über dessen Grenzen hinaus. Der Gesamtimpuls in einem abgeschlossenen System bleibt demnach erhalten oder die Änderung des Gesamtimpulses ist null. Ein solches System stellt eine Idealisierung dar.

In den obigen drei Fällen kann man den Impuls durch den Drehimpuls ersetzen und erhält dieselben Aussagen. Auf die Massen(strom-)bilanz wurde verzichtet. Sie entspricht jeweils der Summe der Impulsströme. Für die Energie gilt die Erhaltung im abgeschlossenen System. Energiebilanzen in offenen und abgeschlossenen Systemen behandeln wir erst im Zusammenhang mit der Thermo- und Fluiddynamik (ab Kap. 21).

Beispiel. Eine Lokomotive schiebt einen Güterwagen, der während der Fahrt mit Sand beladen wird langsam vor sich her. Die Reibung der Räder mit der Schiene wird berücksichtigt. Drei mögliche Impulsänderungen sind erkennbar.

a) Über die Massenzufuhr wird gleichmäßig Impuls dem System übertragen.
b) Die Lokomotive überträgt einen Impuls auf den Güterwagen.
c) Die Reibungskräfte vermindern den Gesamtimpuls.

1. Betrachten wir die Lokomotive und den Wagen samt Inhalt, Räder und Schiene als offenes System, so sind alle drei genannten Impulsübertragungen zulässig.
2. Für ein geschlossenes System muss die Massenzufuhr eingestellt werden, womit nur die Impulsänderungen der Form b) und c) möglich sind.
3. Möchten wir von einem abgeschlossenen System ausgehen, so kommt dafür lediglich die Impulsänderungsform c) infrage.

7.2 Beispiele zu den Bewegungsgleichungen

Beispiel 1. Ein Fahrzeug der konstanten Masse m wird aus dem Stand einer Kraft F auf einer horizontalen Fahrbahn beschleunigt. Die Rollreibung (Reibungskoeffizient μ) zwischen Fahrzeug und Unterlage soll beachtet werden.

a) Um welches physikalische System handelt es sich beim Fahrzeug inklusive Rädern?
b) Bestimmen Sie die Ortsfunktion $x(t)$ einer Impulsbilanz.

Lösung. Bilanz: Kraft- oder Impulsänderungsbilanz des Fahrzeugs.

Idealisierungen:

- Der Reibungskoeffizient μ soll konstant sein.
- Die Luftreibung wird vernachlässigt.

a) Da keine Massenänderung im System stattfindet, aber eine Kraft von außen auf das Fahrzeug wirkt, handelt es sich um ein geschlossenes System.

b) Nach (7.1) gilt

$$\frac{dp}{dt} = \frac{d(mv)}{dt} = m \cdot \frac{dv}{dt} = m \cdot \ddot{x}.$$

Diese Impulsänderung entspricht der Summe der am Fahrzeug angreifenden Kräfte. Diese sind nach (7.2) $\sum \boldsymbol{F}_i = F - F_R$, wenn man noch die entsprechenden Richtungen beachtet. Insgesamt erhält man $m \cdot \ddot{x} = F - \mu m g$.
Weiter folgt $\ddot{x}(t) = \frac{F}{m} - \mu g$ und mit $x(0) = 0$ und $\dot{x}(0) = 0$ ergibt sich nacheinander

$$\dot{x}(t) = \left(\frac{F}{m} - \mu g\right)t \quad \text{und} \quad x(t) = \frac{1}{2}\left(\frac{F}{m} - \mu\right)t^2.$$

Beispiel 2. Ein Körper der Masse m gleitet aus der Ruhe mit einem konstanten Reibungskoeffizienten μ auf einer schiefen Ebene der Neigung α hinunter (Abb. 7.2 links).

a) Bestimmen Sie eine Bedingung dafür, dass sich der Körper überhaupt in Bewegung setzt.
b) Ermitteln Sie die Ortsfunktion $x(t)$ über eine Impulsbilanz.

Lösung. Bilanz: Kraft- oder Impulsänderungsbilanz des Körpers.

a) Aus der Skizze entnimmt man die Kräfte $F_H = mg \cdot \sin\alpha$, $F_N = mg \cdot \cos\alpha$ und $F_R = \mu m g \cdot \cos\alpha$. Damit sich der Körper in Bewegung setzt, muss $F_H > F_R$ gelten. Daraus folgt die Bedingung $\tan\alpha > \mu$.
b) Die Kraftbilanz lautet $\frac{d(mv)}{dt} = m \cdot \ddot{x} = F_H - F_R$, woraus $m \cdot \ddot{x}(t) = mg \cdot \sin\alpha - \mu \cdot mg \cdot \cos\alpha$ entsteht. Weiter erhält man $\ddot{x}(t) = g \cdot (\sin\alpha - \mu \cdot \cos\alpha)$ und mit $x(0) = 0$ und $\dot{x}(0) = 0$ folgt die Lösung $x(t) = \frac{1}{2} g \cdot (\sin\alpha - \mu \cdot \cos\alpha) \cdot t^2$.

Beispiel 3. Zwei Massen m_1 und m_2 sind über eine masselose Rolle mit einem masselosen, vollständig biegsamen aber nicht dehnbaren Seil verbunden und befinden sich auf einer schiefen Ebene (Abb. 7.2 rechts). Die Reibung des Seils mit der Rolle soll unbeachtet bleiben. Die Reibung der Massen mit der Unterfläche wird berücksichtigt und sie ist überall gleich groß (Koeffizient μ). Zudem soll das Seil schlupffrei über die Rolle laufen.

a) Bestimmen Sie eine Bedingung dafür, dass sich die Körper überhaupt in Bewegung setzen.
b) Stellen Sie die Impulsbilanz für jeden Teilkörper durch Freischneiden auf.
c) Nehmen Sie als Zahlenbeispiel $m_1 = 5 \cdot m_2$, $\alpha = 45°$, $\mu = 0{,}5$ und bestimmen Sie die Ortsfunktion $x(t)$ mit den Anfangsbedingungen $x(0) = 0$ und $\dot{x}(0) = 0$.

Lösung. Bilanz: Gesonderte Kraft- oder Impulsänderungsbilanz des jeweiligen Körpers.
Idealisierungen:

– Eine Biegesteifigkeit wie bei einem Balken besitzt das Seil nicht, was bedeutet, dass es beim Verbiegen nicht mit einer Rückstellkraft reagiert. Es soll nur Kräfte in Zugrichtung erfahren und weitergeben.

- Weil das Seil keine Dehnung und damit eine eventuelle Längenänderung zulässt, wird die Ortskoordinate der Massen nicht beeinflusst.
- Ist das Seil masselos, so fehlt dessen Beschleunigung in der Impulsbilanz (vgl. Bsp. 6).
- Die als masselos aufgefasste Rolle (= nicht vorhandene Rolle) hat zur Konsequenz, dass die Beschleunigung der Rolle nicht in einer zusätzlichen Drehimpulsbilanz einfließt. Dies wird in Bsp. 10 nachgeholt.
- Eine masselose Rolle kann zwangsweise auch keine Reibung des Lagers beinhalten und folglich herrscht überall im Seil dieselbe Spannkraft: $|\boldsymbol{F}_{S1}| = |\boldsymbol{F}_{S2}|$.

a) Aus der Skizze entnimmt man die Bedingung $F_{H1} - F_{H2} - F_{R1} - F_{R2} - F_{S1} + F_{S2} > 0$. Es müssen also α und/oder das Verhältnis der Massen m_1 und m_2 so gewählt werden, dass gilt:

$$(m_1 - m_2)g \cdot \sin\alpha > \mu(m_1 + m_2)g \cdot \cos\alpha \quad \text{oder} \quad \tan\alpha > \mu \cdot \frac{m_1 + m_2}{m_1 - m_2}.$$

b) Wählt man die Bewegungsrichtung als positive Richtung, so beträgt die Impulsänderung der rechten Masse $\frac{d(m_1 v_1)}{dt} = m_1 \cdot \dot{v}_1$. Die Resultierende der an m_1 angreifenden Kräfte ist $F_{H1} - F_{R1} - F_{S1}$, was zusammen $m_1 \cdot \dot{v}_1 = F_{H1} - F_{S1} - F_{R1}$ ergibt.
Für die linke Masse erhält man (wiederum mit der Bewegungsrichtung als positive Richtung) $m_2 \cdot \dot{v}_2 = F_{S2} - F_{H2} - F_{R2}$.
Mit $\dot{v}_1 = \dot{v}_2 = \ddot{x}(t)$ folgt durch Addition beider Impulsänderungen die Bewegungsgleichung zu

$$(m_1 + m_2) \cdot \ddot{x}(t) = (m_1 - m_2) \cdot g \cdot \sin\alpha - \mu \cdot (m_1 + m_2) \cdot g \cdot \cos\alpha.$$

c) Man erhält nacheinander $6m_1 \cdot \ddot{x}(t) = 4m_1 \cdot g \cdot \sin\alpha - \mu \cdot 6m_1 \cdot g \cdot \cos\alpha$, $6 \cdot \ddot{x}(t) = \frac{\sqrt{2}}{2} \cdot (4 \cdot g - 3 \cdot g)$ und $\ddot{x}(t) = \frac{\sqrt{2}}{12} \cdot g$. Mit $x(0) = 0$ und $\dot{x}(0) = 0$ folgt die Lösung zu

$$x(t) = \frac{1}{2}\left(\frac{\sqrt{2}}{12} g\right) \cdot t^2 \quad \text{oder} \quad x(t) \approx \frac{1}{2}\left(\frac{1}{10} g\right) \cdot t^2.$$

Das System bewegt sich mit einer durchschnittlichen Beschleunigung von $\frac{1}{10} g$.

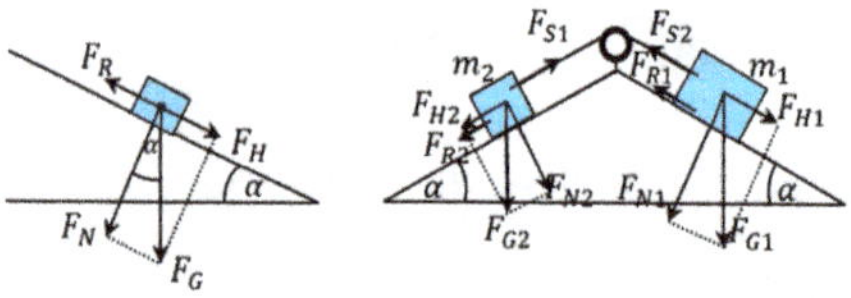

Abb. 7.2: Skizzen zu den Beispielen 2 und 3.

Beispiel 4. Ein kugelförmiger Körper sinkt aus der Ruhelage von der Wasseroberfläche aus ab. Die viskose Reibung soll bei der einsetzenden beschleunigten Bewegung beachtet werden. Für Kugeln gilt das Gesetz von Stokes. Es besagt, dass eine sich mit der Geschwindigkeit v bewegende Kugel in einer Flüssigkeit den Reibungswiderstand $F_R = 6\pi \cdot \eta \cdot r \cdot v$ erfährt. Dabei sind r der Radius der Kugel und η die dynamische Viskosität der Flüssigkeit.

a) Stellen Sie die Impulsbilanz der Kugel auf.
b) Bestimmen Sie die Geschwindigkeitsfunktion $v(t)$ und ihre Grenzgeschwindigkeit.
c) Integrieren Sie die Lösung von b) und ermitteln Sie die Ortsfunktion $x(t)$.
d) Wie lange braucht der Sand, um 10 m abzusinken? Die zugehörigen Werte sind $\eta_{\text{Wasser}} = 10^{-3}\,\frac{\text{kg}}{\text{m}\cdot\text{s}}$, $r_{\text{Sandkugel}} = 0{,}1\,\text{mm}$ und $\rho_{\text{Sand}} = 2{,}50 \cdot 10^3\,\frac{\text{kg}}{\text{m}^3}$.

Lösung. Bilanz: Kraft- oder Impulsänderungsbilanz der Kugel.

a) Es gilt

$$\frac{d(mv)}{dt} = m \cdot \dot{v} = F_{\text{Gewicht}} - F_{\text{Reibung}} - F_{\text{Auftrieb}}.$$

Daraus folgt

$$m \cdot \dot{v} = m \cdot g - 6\pi \cdot \eta \cdot r \cdot v - \rho_{\text{Fl}} \cdot V \cdot g.$$

Mit den Abkürzungen

$$a = g - \frac{\rho_{\text{Fl}} \cdot V \cdot g}{m} \quad \text{und} \quad b = \frac{6\pi \cdot \eta \cdot r}{m}$$

erhält man $\dot{v} = a - b \cdot v$.

b) Aus $dv = (a - b \cdot v)dt$ folgt $\int \frac{dv}{a-b\cdot v} = \int dt$ und daraus $-\frac{1}{b}\ln(a - bv) = t + C_1$ oder $\ln(a - bv) = -bt + C_2$. Weiter erhält man $a - bv = Ce^{-bt}$ und $v(t) = \frac{1}{b}(a - Ce^{-bt})$. Die Bedingung $v(0) = 0$ liefert $C = a$ und damit die Lösung $v(t) = \frac{a}{b}(1 - e^{-bt})$.
Die Grenzgeschwindigkeit beträgt $v_\infty = \lim_{t\to\infty} v(t) = \frac{a}{b}$.

c) Aus

$$\frac{dx}{dt} = v(t) = \frac{a}{b}(1 - e^{-bt})$$

erhält man

$$\int dx = \frac{a}{b}\int (1 - e^{-bt})dt$$

und daraus

$$x(t) = \frac{a}{b}\left(t + \frac{1}{b}e^{-bt}\right) + C.$$

Mit $x(0) = 0$ ergibt sich $C = -\frac{a}{b^2}$ und damit

$$x(t) = \frac{a}{b}\left(t + \frac{1}{b}e^{-bt}\right) - \frac{a}{b^2} = \frac{a}{b}\left[t + \frac{1}{b}(e^{-bt} - 1)\right].$$

d) Die Masse des Sandkorns beträgt

$$m = \rho V = 2{,}5 \cdot 10^3 \cdot \frac{4}{3}\pi(10^{-4})^3 = \frac{10}{3}\pi \cdot 10^{-9}\,\text{kg}.$$

Zu lösen ist

$$10 = \frac{9{,}81(\frac{10}{3}\pi \cdot 10^{-9} - 10^3 \cdot \frac{4}{3}\pi(10^{-4})^3)}{6\pi \cdot 10^{-3} \cdot 10^{-4}}\left[t + \frac{\frac{10}{3}\pi \cdot 10^{-9}}{6\pi \cdot 10^{-3} \cdot 10^{-4}}(e^{-\frac{6\pi \cdot 10^{-3} \cdot 10^{-4}}{\frac{10}{3}\pi \cdot 10^{-9}} \cdot t} - 1)\right]$$

oder

$$10 = \frac{9{,}81}{300}\left[t + \frac{1}{180}(e^{-180 \cdot t} - 1)\right].$$

Man erhält $t \approx 306$ s.

Beispiel 5. Ein Gegenstand fällt aus einer gewissen Höhe und aus der Ruhelage auf die Erde. Der Luftwiderstand soll beachtet und der Auftrieb vernachlässigt werden. Die Gravitationskonstante wird als konstant vorausgesetzt. Für den Reibungswiderstand gilt $F_R = \frac{1}{2}c_W \cdot \rho \cdot A \cdot v^2$.

Dabei sind A der Querschnitt der Kugel, v die Geschwindigkeit des Körpers, ρ die Dichte der Luft und c_W die Widerstandszahl, die ein Maß für den Strömungswiderstand der Luft darstellt.

a) Stellen Sie die Impulsbilanz der Kugel auf.

b) Bestimmen Sie die Geschwindigkeitsfunktion $v(t)$ und ihre Grenzgeschwindigkeit.

Lösung. Bilanz: Kraft- oder Impulsänderungsbilanz des Gegenstands.

Idealisierung: Weder die Beachtung des Auftriebs noch die Abhängigkeit der Gravitationskonstanten mit der Höhe ergäbe einen nennenswerten Einfluss auf die Fallgeschwindigkeit.

a) Es gilt

$$\frac{d(mv)}{dt} = m \cdot \dot{v} = F_{\text{Gewicht}} - F_{\text{Reibung}}.$$

Daraus folgt

$$m \cdot \dot{v} = m \cdot g - \frac{1}{2}c_W \cdot \rho \cdot A \cdot v^2.$$

Mit der Abkürzung $a := \frac{c_W \rho A}{2m}$ schreibt sich die DG in der Form $\dot{v} = g(1 - \frac{a}{g}v^2)$.

b) Die Substitution $u^2 = \frac{a}{g}v^2$ ergibt $v = u\sqrt{\frac{g}{a}}$, $\frac{dv}{dt} = \frac{du}{dt}\sqrt{\frac{g}{a}}$. Eingesetzt erhält man

$$\frac{du}{dt}\sqrt{\frac{g}{a}} = g(1-u^2) \quad \text{oder} \quad \int \frac{du}{1-u^2} = \sqrt{ag}\int dt.$$

Es folgt $\operatorname{arctanh}(u) = \sqrt{ag} \cdot t + C$ Die Rücksubstitution führt zu

$$\operatorname{arctanh}\left(v\sqrt{\frac{a}{g}}\right) = \sqrt{ag} \cdot t + C$$

und damit

$$v(t) = \sqrt{\frac{g}{a}} \cdot \tanh(\sqrt{ag} \cdot t + C).$$

Die Anfangsbedingung $v(0) = 0$ ergibt $C = 0$ und insgesamt

$$v(t) = \sqrt{\frac{g}{a}} \cdot \tanh(\sqrt{ag} \cdot t).$$

c) Für große t ist $\tanh(c \cdot t) \approx 1$. Daraus folgt $\lim_{t\to\infty} v(t) = \sqrt{\frac{g}{a}}$, d. h. im Grenzfall gilt $F_G = F_R$ und die Geschwindigkeit würde sich nicht mehr ändern.

Beispiel 6. Ein homogenes, vollständig biegsames aber nicht dehnbares Seil der Masse m und der Länge $l = 20$ m befindet sich anfangs in Ruhe und hängt dabei $l_0 = 5$ m über einer Tischkante. Die Reibung mit der Unterlage wird vorerst vernachlässigt.

a) $x(t)$ bezeichnet die Länge des überhängenden Seilstücks zur Zeit t. Stellen Sie die Impulsbilanz für das Seil auf.
b) Bestimmen Sie die Lösung von $x(t)$ des Ansatzes $x(t) = C \cdot e^{kt}$.
c) Nach welcher Zeit ist das Seil vollständig abgerutscht?

Lösung. Bilanz: Kraft- oder Impulsänderungsbilanz des Seils.
Idealisierung: Es gelten dieselben vereinfachten Annahmen wie in Beispiel 3.

a) Die Masse des überhängenden Seilstücks zur Zeit t beträgt $m_{ü} = \frac{x(t)}{l} \cdot m$.
Die Änderung des Gesamtimpulses ist

$$\frac{d(m \cdot v)}{dt} = m \cdot \ddot{x} = m_{ü}g.$$

b) Aus a) folgt $m \cdot \ddot{x} = \frac{x(t)}{l} \cdot mg$ oder $\ddot{x} - \frac{g}{l} \cdot x = 0$. Den Ansatz eingesetzt, ergibt $Ck^2 \cdot e^{kt} - \frac{g}{l} \cdot C \cdot e^{kt} = 0$, daraus $k^2 = \frac{g}{l}$ und $k_{1,2} = \pm\sqrt{\frac{g}{l}}$. Die Gesamtlösung besitzt damit die Gestalt

$$x(t) = C_1 \cdot e^{\sqrt{\frac{g}{l}}t} + C_2 \cdot e^{-\sqrt{\frac{g}{l}}t}.$$

Aus $\dot{x}(0) = 0$ erhält man $C_1 = C_2$ und mit $x(0) = l_0$ folgt $C_1 = \frac{l_0}{2}$. Insgesamt ist

$$x(t) = \frac{l_0}{2}(e^{\sqrt{\frac{g}{l}}t} + e^{-\sqrt{\frac{g}{l}}t}) = l_0 \cdot \cosh\left(\sqrt{\frac{g}{l}} \cdot t\right).$$

c) Es gilt

$$20 = 5 \cdot \cosh\left(\sqrt{\frac{9{,}81}{20}} \cdot t\right)$$

zu lösen. Man erhält $t = 2{,}95$ s.

Beispiel 7. Gleiche Situation wie in Beispiel 6. Zusätzlich soll nun die Reibung mit einer rau angenommenen Unterlage berücksichtigt werden: $\mu = 0{,}1$.

a) Unter welcher Bedingung bewegt sich das Seil überhaupt?
b) Stellen Sie die Impulsbilanz für $x(t)$ auf.
c) Bestimmen Sie die Lösung von $x(t)$ des Ansatzes $x(t) = C \cdot e^{kt} + D$.
d) Nach welcher Zeit ist das Seil vollständig abgerutscht?

Lösung.

a) Das auf dem Tisch liegende Seilstück besitzt die Masse $m_a = m - \frac{x}{l}m = (1 - \frac{x}{l})m$. Somit ist $F_R = \mu(1 - \frac{x}{l})mg$. Für eine Bewegung muss $F_{\text{total}} = F_G - F_R > 0$ oder $\frac{l_0}{l} \cdot mg > \mu(1 - \frac{l_0}{l})mg$ erfüllt sein. Das führt zu $\frac{l_0}{l} > \mu(1 - \frac{l_0}{l})$ und damit $l_0 > \frac{\mu}{\mu+1} \cdot l$.
b) Es gilt $\frac{d(m \cdot v)}{dt} = m \cdot \ddot{x} = F_G - F_R$. Man erhält daraus $m \cdot \ddot{x} = \frac{x}{l} \cdot mg - \mu(1 - \frac{x}{l})mg$, woraus $\ddot{x} - (\mu + 1)\frac{g}{l} \cdot x + \mu g = 0$ entsteht.
c) Die DG kann man mit Variation der Konstanten bestimmen. Um die Berechnung abzukürzen, gehen wir direkt vom Ansatz $x(t) = C \cdot e^{kt} + D$ aus und erhalten

$$Ck^2 \cdot e^{kt} - (\mu + 1)\frac{g}{l} \cdot (C \cdot e^{kt} + D) + \mu g = 0 \quad \text{oder}$$
$$Ce^{kt}\left[k^2 - (\mu + 1)\frac{g}{l}\right] - (\mu + 1)\frac{g}{l} \cdot D + \mu g = 0.$$

Da dies für alle t gültig sein muss, folgt $k^2 = (\mu + 1)\frac{g}{l}$ und $D = \frac{\mu l}{\mu+1}$.
Weiter erhält man $k_{1,2} = \pm\sqrt{(\mu + 1)\frac{g}{l}}$ und die Darstellung

$$x(t) = C_1 \cdot e^{\sqrt{(\mu+1)\frac{g}{l}} \cdot t} + C_2 \cdot e^{-\sqrt{(\mu+1)\frac{g}{l}} \cdot t} + \frac{\mu l}{\mu + 1}.$$

Die Bedingung $\dot{x}(0) = 0$ liefert $C_1 = C_2$ und aus $x(0) = l_0$ ergibt sich $2C_1 + \frac{\mu l}{\mu+1} = l_0$ und damit $C_1 = \frac{1}{2}(l_0 - \frac{\mu l}{\mu+1})$.

Insgesamt hat man

$$x(t) = \left(l_0 - \frac{\mu l}{\mu + 1}\right) \cdot \cosh\left[\sqrt{(\mu + 1)\frac{g}{l}} \cdot t\right] + \frac{\mu l}{\mu + 1}.$$

d) Die Gleichung

$$20 = \left(5 - \frac{0{,}1 \cdot 20}{0{,}1 + 1}\right) \cdot \cosh\left[\sqrt{(0{,}1 + 1) \cdot \frac{9{,}81}{20}} \cdot t\right] + \frac{0{,}1 \cdot 20}{0{,}1 + 1}$$

liefert $t = 3{,}31$ s.

Beispiel 8. Zwei Massen m_1 und m_2 besitzen die Geschwindigkeiten v_1 und v_2 respektive und führen einen unelastischen Stoß aus.

a) Formulieren Sie die Impuls- und die kinetische Energiebilanz.

b) Ermitteln Sie einen Ausdruck für den Wärmeverlust.

Lösung.

a) Die Impulserhaltung lautet $m_1v_1 + m_2v_2 = (m_1 + m_2)u$ mit u als gemeinsamer Geschwindigkeit nach dem Stoß. Für die kinetische Energierhaltung erhält man $\frac{1}{2}m_1v_1^2 + \frac{1}{2}m_2v_2^2 = \frac{1}{2}(m_1 + m_2)u^2 + \Delta Q$ mit dem in Wärme umgewandelten Teil ΔQ.

b) Die Impulsbilanz liefert $u = \frac{m_1v_1+m_2v_2}{m_1+m_2}$ und eingesetzt in die kinetische Energiebilanz folgt

$$\begin{aligned}\Delta Q &= \frac{1}{2}m_1v_1^2 + \frac{1}{2}m_2v_2^2 - \frac{1}{2}(m_1 + m_2)\left(\frac{m_1v_1 + m_2v_2}{m_1 + m_2}\right)^2 \\ &= \frac{1}{2} \cdot \left[m_1v_1^2 + m_2v_2^2 - \frac{(m_1v_1 + m_2v_2)^2}{m_1 + m_2}\right] \\ &= \frac{1}{2} \cdot \frac{m_1m_2v_1^2 + m_1m_2v_2^2 - 2m_1m_2v_1v_2}{m_1 + m_2} = \frac{1}{2} \cdot \frac{m_1m_2}{m_1 + m_2}(v_1 - v_2)^2.\end{aligned}$$

Beispiel 9. Ein auf einer ebenen Fahrbahn mit der konstanten Geschwindigkeit v_0 rollender Güterwagen der Masse m_0 wird während seiner Fahrt senkrecht zu seiner Bewegungsrichtung mit Sand beladen. Pro Sekunde werden dem Wagen $0{,}1m_0$ an Masse zugeführt. Von einer Rollreibung mit der Unterlage wird abgesehen.

a) Geben Sie die Wagenmasse zur Zeit t an.

b) Bestimmen Sie die Geschwindigkeitsfunktion $v(t)$ des Wagens über eine Impulsbilanz.

Lösung. Bilanz: Kraft- oder Impulsänderungsbilanz des Güterwagens.

Idealisierung: Würde der Sand nicht senkrecht zur Bewegungsrichtung beladen, so erteilte man dem Wagen einen Impuls entweder in Bewegungsrichtung oder in Gegenrichtung.

a) Man erhält $m(t) = m_0 + 0{,}1m_0t = m_0(1 + 0{,}1t)$, t in Sekunden.
b) Da keine äußeren Kräfte wirken, gilt $\frac{d(mv)}{dt} = \dot{m} \cdot v + m \cdot \dot{v} = 0$.
Daraus folgt $0{,}1m_0 \cdot v + m_0(1 + 0{,}1t) \cdot \dot{v} = 0$ und $v + (10 + t) \cdot \dot{v} = 0$. Die Trennung nach Variablen liefert nacheinander

$$v + (10 + t) \cdot \frac{dv}{dt} = 0, \qquad \frac{dt}{10 + t} = -\frac{dv}{v}, \qquad \int \frac{dt}{10 + t} = -\int \frac{dv}{v},$$
$$\ln(10 + t) = -\ln v + C_1 \quad \text{und} \quad 10 + t = \frac{C}{v}.$$

Mit der Anfangsbedingung $v(0) = v_0$ ergibt sich $C = 10v_0$ und schließlich die Lösung $v(t) = \frac{10v_0}{10+t}$.

Beispiel 10. Gleiche Situation wie in Beispiel 9. Der Wagen soll aber aus der Ruhelage auf einer mit dem Winkel α zur Horizontalen geneigten Bahn rollen. Zusätzlich wird die Rollreibung (Koeffizient μ) beachtet.
a) Unter welcher Bedingung setzt sich der Wagen überhaupt in Bewegung?
b) Bestimmen Sie die Geschwindigkeitsfunktion $v(t)$ des Wagens über eine Impulsbilanz.

Lösung. Bilanz: Kraft- oder Impulsänderungsbilanz des Güterwagens.
a) Es muss $F_H - F_R > 0$ erfüllt sein, was $mg \sin\alpha > \mu mg \cos\alpha$ oder $\tan\alpha > \mu$ entspricht.
b) In diesem Fall gilt $\frac{d(mv)}{dt} = \dot{m} \cdot v + m \cdot \dot{v} = F_H - F_R$, wobei F_H die Hangabtriebskraft bezeichnet. Es folgt

$$0{,}1m_0 \cdot v + m_0(1 + 0{,}1t) \cdot \dot{v} = m_0(1 + 0{,}1t)g \sin\alpha - \mu m_0(1 + 0{,}1t)g \cos\alpha$$

und daraus $\frac{v}{10+t} + \dot{v} = \gamma$ mit $\gamma = (g \sin\alpha - \mu g \cos\alpha)$.
Die Lösung der homogenen DG $\frac{v}{10+t} + \dot{v} = 0$ ist mit $v = \frac{C}{10+t}$ aus Beispiel 9 bekannt. Gemäß der Methode der Variation der Konstanten setzen wir nun $v(t) = \frac{C(t)}{10+t}$ an und gehen damit in die inhomogene DG. Es ergibt sich

$$\frac{C(t)}{(10 + t)^2} + \left[\frac{\dot{C}(t)}{10 + t} - \frac{C(t)}{(10 + t)^2}\right] = \gamma$$

und daraus $\dot{C}(t) = \gamma(10 + t)$. Eine Integration liefert $C(t) = \gamma(10t + \frac{t^2}{2}) + C_1$ und damit

$$v(t) = \frac{\gamma t(20 + t) + C_2}{2(10 + t)}.$$

Die Anfangsbedingung $v(0) = 0$ erzeugt $C_2 = 0$ und schließlich

$$v(t) = \frac{g(\sin\alpha - \mu\cos\alpha)t(20 + t)}{2(10 + t)} \quad \text{mit} \quad \sin\alpha - \mu\cos\alpha > 0.$$

Beispiel 11. Zwei Eimer mit den Massen m_1 und m_2 sind über eine masselose Rolle mit einem masselosen Seil verbunden. Man nennt dies auch eine Atwood'sche Fallmaschine (Abb. 7.3 links). Dabei bezeichnen F_{G1} und F_{G2} die Gewichtskräfte der Eimer, F_{S1} und F_{S2} die Zugkräfte in den Seilstücken und F_{GR} die Gewichtskraft der Rolle. Die Lagerreibung der Rolle soll vernachlässigt werden. Zudem soll das Seil schlupffrei über die Rolle laufen.

a) Schneiden Sie die beiden Massen frei (gestrichelte Rechtecke in Abb. 7.3 links) und stellen Sie für jeden Eimer die Impulsbilanz auf. Nehmen Sie dabei, wie in der Abbildung dargestellt, die Bewegungsrichtung als positive Bezugsrichtung.
b) Bestimmen Sie mit welcher Beschleunigung a sich das System in Bewegung setzt.
c) Bestätigen Sie das Ergebnis von b) mithilfe einer Energiebilanz am gesamten System (ohne Rolle).

Lösung. Bilanz: Gesonderte Kraft- oder Impulsänderungsbilanz des jeweiligen Eimers.
Idealisierung: Es gelten dieselben Annahmen aus Beispiel 3.

a) Für den linken und rechten Eimer gilt

$$\frac{d(m_1 v_1)}{dt} = m_1 \cdot \dot{v}_1 = F_{G1} - F_{S1} \quad \text{und} \quad \frac{d(m_2 v_2)}{dt} = m_2 \cdot \dot{v}_2 = F_{S2} - F_{G2}$$

respektive.

b) Da die Rolle masselos ist, also sozusagen nicht vorhanden, wird aus diesen beiden Gleichungen allein die Bewegungsgleichung bestimmt. Mit $v_1 := v$ ist $\dot{v}_1 = \dot{v} = a$ und gleichfalls $\dot{v}_2 = \dot{v} = a$. Insgesamt erhält man durch Addition $m_1 \cdot a + m_2 \cdot a = F_{G1} - F_{G2}$, $m_1 \cdot a + m_2 \cdot a = m_1 g - m_2 g$ und schließlich $a = \frac{m_1 - m_2}{m_1 + m_2} g$, weil bei einer masselosen Rolle $|\boldsymbol{F}_{S1}| = |\boldsymbol{F}_{S2}|$ gilt. Man erhält übrigens dasselbe Ergebnis, wenn man die Bezugsrichtung für den zweiten Eimer umkehrt: Dann wird aus $v_2 = -v_1$ auch $\dot{v}_2 = -\dot{v}_1$ und die Impulsbilanz schreibt sich als $-m_2 \cdot \dot{v}_1 = -F_{S2} + F_{G2}$.

c) *Bilanz:* Energiebilanz an beiden Eimern.
Mit h_1 und h_2 bezeichnen wir die relativen positiv gemessenen Höhen der beiden Eimer bei einer beliebigen Bezugshöhe unterhalb des zweiten Eimers. Da weder eine Massenänderung vorliegt noch weitere von außen wirksame Kräfte einwirken, ist das System abgeschlossen und der Energiesatz kann angewendet werden, was bedeutet, dass die Änderung der Gesamtenergie null sein muss.
Ausgangspunkt ist die Gleichung

$$E_{\text{tot}} = \frac{1}{2} m_1 v_1^2 + \frac{1}{2} m_2 v_2^2 + m_1 g h_1 + m_2 g h_2.$$

Dann gilt

$$\frac{d(E_{\text{tot}})}{dt} = m_1 v_1 \dot{v}_1 + m_2 v_2 \dot{v}_2 + m_1 g \dot{h}_1 + m_2 g \dot{h}_2 = 0.$$

Die globale Bezugsrichtung weist von unten nach oben. Deswegen ist $\dot{h}_1 = v_1 < 0$, weil die Höhe h_1 mit der Zeit abnimmt. Hingegen ist $\dot{h}_2 > 0$ und $v := v_2 = \dot{h}_2 > 0$. Zusammen erhält man $v = v_2 = \dot{h}_2 = -\dot{h}_1 = -v_1$. Damit weisen sowohl $-v_1$ als auch v_2 in dieselbe (positive) Bezugsrichtung. Oben eingesetzt, folgt $m_1(-v)(-\dot{v}) + m_2 v\dot{v} + m_1 g(-v) + m_2 g v = 0$. Daraus ergibt sich

$$m_1\dot{v} + m_2\dot{v} - m_1 g + m_2 g = 0 \quad \text{und} \quad \dot{v} = a = \frac{m_1 - m_2}{m_1 + m_2} g.$$

Beispiel 12. Gleiche Situation wie in Beispiel 11. Zusätzlich soll nun die Masse der Rolle inklusive ihrer Lagerreibung in die Bewegung mit einbezogen werden.

a) Schneiden Sie zu den beiden Massen auch die Rolle frei (gestrichelte Rechtecke in Abb. 7.3 links) und stellen Sie gesamthaft zwei Impulsbilanzen und eine Drehimpulsbilanz auf.
b) Bestimmen Sie mit welcher Beschleunigung a sich das System in Bewegung setzt.
c) Ermitteln Sie die Differenz $F_{S1} - F_{S2}$ der Seilkräfte.

Lösung. Bilanz: Gesonderte Kraft- oder Impulsänderungsbilanz des jeweiligen Eimers und Momentbilanz oder Drehimpulsänderung der Rolle.

Idealisierung: Es gelten dieselben Annahmen aus Beispiel 11 mit einer Ausnahme: Da die Rolle nun nicht mehr masselos ist, folgt $|\boldsymbol{F}_{S1}| \neq |\boldsymbol{F}_{S2}|$.

a) Die Kraftbilanzen der einzelnen Eimer entnimmt man aus der Lösung des Beispiels 11: $m_1 \cdot \dot{v} = F_{G1} - F_{S1}$ und $m_2 \cdot \dot{v} = F_{S2} - F_{G2}$. Aus der Skizze der freigeschnittenen Rolle erkennt man die auf die Rolle ausgeübten Drehmomente $M_1 = F_{S1} \cdot R$ und $M_2 = F_{S2} \cdot R$ aufgrund der Eimermassen ($\boldsymbol{F}_{\mathrm{Gi}} \times \boldsymbol{R} = F_{\mathrm{Gi}} \cdot R$). Mit M_R berücksichtigen wir das durch die Lagerreibung ausgeübte Drehmoment, das wir nicht weiter aufschlüsseln wollen. Gleichung (7.3) liefert schließlich den Zusammenhang $F_{S1} \cdot R - F_{S2} \cdot R - M_R = J_{\mathrm{Rolle}} \cdot \ddot{\varphi}$.
Aus $v = \omega R = \dot{\varphi} R$ folgt $\dot{v} = \ddot{\varphi} R$ und die Drehimpulsbilanz schreibt sich als

$$F_{S1} - F_{S2} - \frac{M_R}{R} = \frac{J}{R^2} \cdot \dot{v}.$$

b) Addiert man die beiden Kraftbilanzen, so erhält man

$$(m_1 + m_2) \cdot \dot{v} = F_{G1} - F_{G2} + F_{S2} - F_{S1}.$$

Die Gleichung nach $F_{S1} - F_{S2}$ aufgelöst und in die Drehimpulsbilanz eingesetzt, führt zu

$$F_{G1} - F_{G2} - (m_1 + m_2) \cdot \dot{v} - \frac{M_R}{R} = \frac{J}{R^2} \cdot \dot{v}, \quad F_{G1} - F_{G2} - \frac{M_R}{R} = \left(m_1 + m_2 + \frac{J}{R^2}\right) \cdot \dot{v}$$

und schließlich

$$a = \dot{v} = \frac{(m_1 - m_2)g - \frac{M_R}{R}}{m_1 + m_2 + \frac{J}{R^2}}.$$

Für einen Zylinder werden wir mit (13.3.6) das Massenträgheitsmoment zu $J = \frac{1}{2}m_R \cdot R^2$ bestimmen.

c) Es gilt

$$F_{S1} - F_{S2} = \frac{J}{R^2} \cdot \frac{(m_1 - m_2)g - \frac{M_R}{R}}{m_1 + m_2 + \frac{J}{R^2}} + \frac{M_R}{R} = \frac{J(m_1 - m_2)g + M_R(m_1 + m_2)R}{(m_1 + m_2)R^2 + J}.$$

Beispiel 13. Gleiche Situation wie in Beispiel 11. Jeder der beiden Eimer besitzt nun die Anfangsmasse m_0. Der Linke ist mit Wasser gefüllt, der Rechte ist leer. Aus dem linken Eimer fließt gleichmäßig Wasser heraus. Es gilt $m_2(t) = m_0 \cdot (1 - 0{,}1t)$, t in Sekunden. Dem rechten Eimer wird Masse gemäß $m_1(t) = m_0 \cdot (1 + 0{,}2t)$ gleichmäßig zugeführt.

a) Stellen Sie die Impulsbilanz für jeden Eimer auf.
b) Bestimmen Sie die Geschwindigkeitsfunktion $v(t)$ mit $v(0) = 0$.
c) Ermitteln Sie die Ortsfunktion $x(t)$ mit $x(0) = 0$.

Lösung. Bilanz: Gesonderte Kraft- oder Impulsänderungsbilanz des jeweiligen Eimers.
Idealisierung: Es gelten dieselben Annahmen aus Beispiel 11.

a) Man erhält

$$\frac{d(m_1 v_1)}{dt} = \dot{m}_1 \cdot v_1 + m_1 \cdot \dot{v}_1 = F_{G1} - F_{S1} \quad \text{und}$$
$$\frac{d(m_2 v_2)}{dt} = \dot{m}_2 \cdot v_2 + m_2 \cdot \dot{v}_2 = F_{S2} - F_{G2}$$

respektive.

b) Die Addition beider Gleichungen liefert mit $F_{S1} = F_{S2}$ und $v = v_1 = v_2$ (Bezugsrichtungen verschieden)

$$(\dot{m}_1 + \dot{m}_2) \cdot v + (m_1 + m_2) \cdot \dot{v} = (m_1 - m_2) \cdot g.$$

Daraus wird

$$m_0(0{,}2 - 0{,}1) \cdot v + m_0(2 + 0{,}1t) \cdot \dot{v} = m_0 \cdot 0{,}3t \cdot g$$

und es entsteht die inhomogene DG $v + (20 + t) \cdot \dot{v} = 3gt$. Die Lösung der homogenen DG $v + (20 + t)\dot{v} = 0$ ist mit $v = \frac{C}{20+t}$ aus den Beispielen 9 und 10 bekannt. Für die inhomogene DG setzen wir $v(t) = \frac{C(t)}{20+t}$ an. Es ergibt sich

$$\frac{C(t)}{20 + t} + (20 + t)\left[\frac{\dot{C}(t)}{20 + t} - \frac{C(t)}{(20 + t)^2}\right] = 3gt$$

und daraus $\dot{C}(t) = 3gt$. Eine Integration liefert $C(t) = \frac{3}{2}gt^2 + C_1$ und damit

$$v(t) = \frac{\frac{3}{2}gt^2 + C_2}{20 + t}.$$

Aus $v(0) = 0$ folgt $C_2 = 0$ und damit

$$v(t) = \frac{3gt^2}{2(20 + t)}.$$

c) Eine weitere Integration führt mit $x(0) = 0$ zu

$$x(t) = \frac{3}{4}\left[t^2 - 40t + 800 \cdot \ln\left(\frac{t + 20}{20}\right)\right] \cdot g.$$

Für die ersten 10 Sekunden (linker Eimer leer) würde man etwa $x_*(t) \cong \frac{1}{2}(\frac{3}{10}g) \cdot t^2$ mit einer durchschnittlichen Beschleunigung von $\frac{3}{10}g$ erhalten.

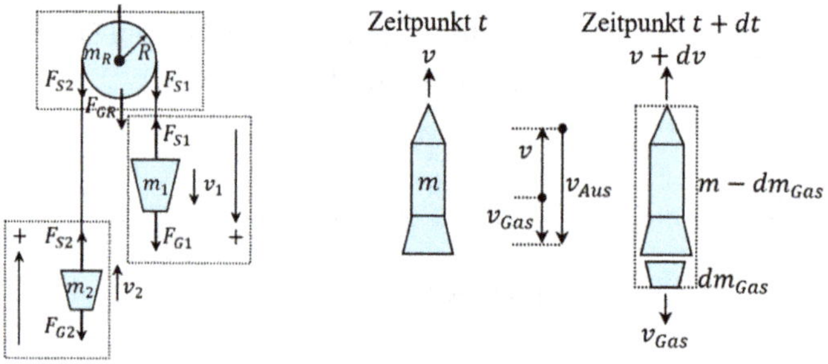

Abb. 7.3: Skizzen zur Atwood'schen Fallmaschine und zur Raketengleichung.

Beispiel 14. Eine sich lotrecht bewegende Rakete besitzt zu einem gewissen Zeitpunkt t die Masse $m(t)$ und die Geschwindigkeit $v(t)$ (Abb. 7.3 rechts). Ein außenstehender Beobachter sieht, wie die Rakete Treibstoffmasse der Größe dm_{Gas} verliert und diese mit der Geschwindigkeit v_{Gas} ausstößt. Die Luftreibung soll nicht beachtet werden.

a) Um welches physikalische System handelt es sich, wenn man das gestrichelte rechteckige Kontrollvolumen in Abb. 7.3 rechts zur Impulsbilanzierung heranzieht?
b) Stellen Sie die Impulsbilanz auf. Setzen Sie g = konst.
c) Bestimmen Sie die Geschwindigkeitsfunktion $v(t)$ mit der Anfangsgeschwindigkeit $v(0) = v_0$ und der Anfangsmasse $m(0) = m_0$.
d) Nun führen wir die Zeitabhängigkeit der Massenänderung ein. Dabei gehen wir von einem konstanten Brennstoffausstoß aus, also $m(t) = m_0 - \alpha \cdot m_0 \cdot t = m_0 \cdot (1 - \alpha t)$. Ermitteln Sie $v(t)$ und danach $x(t)$.

e) Für ein Zahlenbeispiel sei $m_0 = m_{\text{leere Rakete}} + m_{\text{Brennstoff}}$ mit $m_{\text{leer}} = 100\,\text{kg}$, $m_{\text{Brennstoff}} = 1000\,\text{kg}$ und $v_0 = 0$, $v_{\text{Aus}} = 1000\,\frac{\text{m}}{\text{s}}$, $\alpha = \frac{1}{110}$. Nach welcher Zeit wäre der Treibstoff verbraucht, welche Endgeschwindigkeit und welche Höhe besitzt dann die Rakete?

f) Die Endgeschwindigkeit der Rakete reicht bei Weitem nicht aus, um das Gravitationsfeld der Erde vollständig (theoretisch bis zu einer unendlich großen Entfernung) zu verlassen. Die dafür notwendige Geschwindigkeit nennt man zweite kosmische Geschwindigkeit v_{k2}. Führen Sie eine Energiebilanz der Rakete für die beiden Zustände am Boden und in unendlich weiter Entfernung durch und bestimmen Sie daraus v_{k2}. Die Raketenmasse wird als konstant betrachtet, Oberflächenreibungen werden vernachlässigt. Welches physikalische System liegt vor?

g) Schließlich betrachten wir eine Sonde, die aus einer gewissen Höhe mit der Anfangsgeschwindigkeit $v_0 = 0$ auf den Mond abgelassen werden soll. Die Fallbeschleunigung des Mondes ist etwa $\frac{1}{6}g$. Die Ausstoßgeschwindigkeit des Sondentreibstoffs sei $v_{\text{Aus}} = 100\,\frac{\text{m}}{\text{s}}$ mit $\alpha = \frac{1}{150}$. Die Landung soll „sanft" erfolgen, das heißt, beim Auftreffen soll neben $x(t) = 0$ auch $v(t) = 0$ gelten. Dazu muss das Triebwerk in einer gewissen Höhe H gezündet werden. Bestimmen Sie H.

Lösung. Bilanz: Impulsbilanz der Rakete inklusive Treibstoß.
Idealisierung: Die Luftreibung findet keine Beachtung.

a) Die Massenänderung der Rakete und die Gravitationskraft als am System von außen angreifende Kraft bestimmen dies als offenes System.

b) Die Gasmasse nimmt zu, also ist $dm_{\text{Gas}} > 0$. Gleichzeitig nimmt die Raketenmasse um dieselbe Treibstoffmenge ab: $dm_{\text{Rak}} = dm < 0$, was $dm_{\text{Gas}} = -dm$ nach sich zieht. Weiter ist zu beachten, dass mit $v_{\text{Rakete}} = v$ der Zusammenhang $v_{\text{Gas}} = v - v_{\text{Aus}}$ besteht. v_{Aus} ist dabei die Austrittsgeschwindigkeit relativ zur Rakete, also bezüglich einer ruhenden Rakete (Abb. 7.3, Pfeile zwischen Mitte und rechts). Damit lautet die Impulsbilanz (aus Sicht des Beobachters)

$$\frac{d(mv)}{dt} = \dot{m} \cdot v + m \cdot \dot{v} = -\dot{m}_{\text{Gas}} \cdot v_{\text{Gas}} - mg.$$

c) Man erhält nacheinander

$$\begin{aligned}
\frac{dm}{dt} \cdot v + m \cdot \frac{dv}{dt} &= -\frac{dm_{\text{Gas}}}{dt} \cdot v_{\text{Gas}} - mg, \\
\frac{dm}{dt} \cdot v + m \cdot \frac{dv}{dt} &= \frac{dm}{dt} \cdot (v - v_{\text{Aus}}) - mg, \\
dv &= -\frac{\dot{m}}{m} \cdot v_{\text{Aus}} dt - g dt, \\
\int dv &= -v_{\text{Aus}} \int \frac{\dot{m}}{m} dt - g \int dt \quad \text{und} \\
v(t) &= -v_{\text{Aus}} \cdot \ln[m(t)] - gt + C.
\end{aligned}$$

Mit der Anfangsgeschwindigkeit $v(0) = v_0$, der Anfangsmasse $m(0) = m_0$ folgt $C = v_0 + v_{\text{Aus}} \cdot \ln(m_0)$ und insgesamt

$$v(t) = v_0 + v_{\text{Aus}} \cdot \ln\left[\frac{m_0}{m(t)}\right] - gt.$$

d) Es ergibt sich

$$v(t) = v_0 + v_{\text{Aus}} \cdot \ln\left[\frac{m_0}{m_0(1-at)}\right] = v_0 + v_{\text{Aus}} \cdot \ln\left(\frac{1}{1-at}\right) - gt$$
$$= v_0 - v_{\text{Aus}} \cdot \ln(1-at) - gt.$$

Die Integration von 0 bis t liefert

$$x(t) = \int_0^t v_0 dt - v_{\text{Aus}} \int_0^t \ln(1-at)dt - g\int_0^t tdt \quad \text{und}$$
$$x(t) = v_0 t - v_{\text{Aus}}\left[\frac{1}{a}(at-1)\cdot\ln(1-at) - t\right]_0^t - \frac{1}{2}gt^2$$
$$= (v_0 + v_{\text{Aus}})t - \frac{v_{\text{Aus}}}{a}(at-1)\cdot\ln(1-at) - \frac{1}{2}gt^2.$$

e) Es muss $m(t) = m_{\text{leer}}$ sein, d. h. $m_{\text{leer}} = m_0 \cdot (1-at)$. Daraus erhält man $100 = 1100 \cdot (1 - \frac{1}{110}t)$ und somit $t = 100$ s.
Weiter folgt

$$v_{\text{End}} = 0 - 1000 \cdot \ln\left(1 - \frac{100}{110}\right) - 9{,}81 \cdot 100 = 1416{,}90\,\frac{\text{m}}{\text{s}}.$$

Die erreichte Höhe ist

$$x_{\text{End}} = 1000 \cdot 100 - 110 \cdot 1000 \cdot \left(\frac{100}{110} - 1\right) \cdot \ln\left(1 - \frac{100}{110}\right) - \frac{1}{2} \cdot 9{,}81 \cdot 100^2 = 26971\,\text{m}.$$

f) Das Kontrollvolumen wäre unendlich groß und das System abgeschlossen. Es gilt $E_{\text{tot}} = E_{\text{Kin}} + E_{\text{Pot}} =$ konst. Die zeitliche Änderung ist zwar null, aber diese bringt uns nichts, da uns der Bewegungsablauf hier im Einzelnen nicht interessiert. Wir schreiben deshalb $\Delta E_{\text{tot}} = \Delta E_{\text{kin}} + \Delta E_{\text{pot}} = 0$. Der Änderunsgprozess kann theoretisch auch unendlich lang dauern. Es gilt

$$\Delta E_{\text{kin}} = \frac{1}{2}m_R \cdot v_{k2}^2 - \frac{1}{2}m_R \cdot v_0^2 = \frac{1}{2}m_R \cdot v_{k2}^2 \quad \text{und} \quad \Delta E_{\text{pot}} = -G \cdot \frac{m_R \cdot m_E}{R_E}.$$

Anstelle der Potentialdifferenz kann auch über die Definition die dafür geleistete Arbeit berechnet werden:

$$\Delta E_{\text{pot}} = \int_{R_{\text{Erde}}}^{\infty} -F_{\text{Gr}}(r)dr = -\int_{R_{\text{Erde}}}^{\infty} G \cdot \frac{m_R \cdot m_E}{r^2} dr$$
$$= G \cdot m_R(t) \cdot m_E \left[\frac{1}{r} \right]_{R_E}^{\infty} = -G \cdot \frac{m_R \cdot m_E}{R_E}.$$

Demnach ist

$$\frac{1}{2} m_R \cdot v_{k2}^2 - G \cdot \frac{m_R \cdot m_E}{R_E} = 0 \quad \text{und} \quad v_{k2} = \sqrt{\frac{2G \cdot m_E}{R_E}} = \sqrt{2g \cdot R_E}.$$

Letzteres gilt, da

$$g(R = R_E) = G \cdot \frac{m_E}{R_E^2}.$$

Man erhält $v_{k2} = 11179\ \frac{\text{m}}{\text{s}}$.

g) Zuerst bestimmen wir die Zeit, die für die Landung benötigt wird. Dazu muss die Gleichung

$$0 = v_0 - v_{\text{Aus}} \cdot \ln(1 - at) + gt = 0 - 100 \cdot \ln\left(1 - \frac{t}{150}\right) - \frac{1}{6} \cdot 9{,}81t$$

gelöst werden. Man erhält $t_* = 132{,}93$ s. Demnach muss das Triebwerk 132,93 s vor der Landung gezündet werden. Die zugehörige Höhe beträgt

$$H = 100 \cdot 132{,}93 - 150 \cdot 100 \cdot \left(\frac{132{,}93}{150} - 1\right) \cdot \ln\left(1 - \frac{132{,}93}{150}\right) - \frac{1}{12} \cdot 9{,}81 \cdot 132{,}93^2$$
$$= -4862\,\text{m}.$$

Die Höhe ist negativ, weil die Bewegung entgegen der Bezugsrichtung verläuft.

8 Die Verformungen eines Festkörpers

Die bisher betrachteten Kräfte waren allesamt beschleunigende Kräfte, wie z. B. Gewichtskraft, Reibungskraft, Auftriebskraft usw. Sie sind proportional zur Masse des Körpers, greifen im Schwerpunkt desselben an und verschieben aber verformen ihn nicht. Diese Formkonstanz ist aber nur ein idealisierter Fall, wie z. B. die Behandlung der Stoßgesetze zeigt: Beim elastischen Stoß handelt es sich um einen idealisierten Grenzfall, denn wahrscheinlicher ist ein inelastischer Stoß, bei dem die äußeren Kräfte nicht nur Bewegungsänderungen des Körpers hervorrufen, sondern ein Teil der Energie verloren geht, weil sich die Körper letztlich dennoch ein wenig verformen. Diese deformierenden Kräfte greifen an der Oberfläche des Festkörpers an. Man kann fünf grundlegende Verformungen unterscheiden (Abb. 8.1).

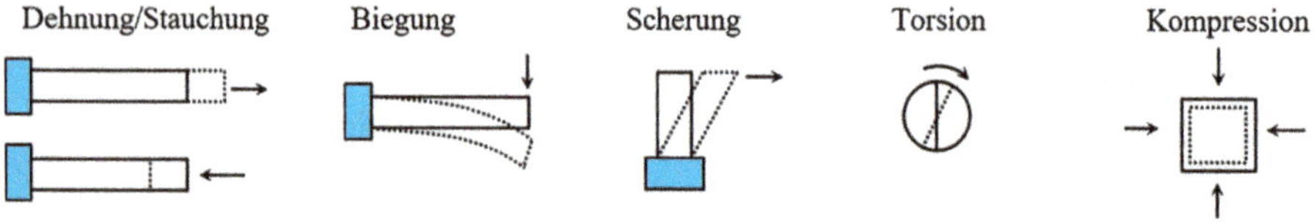

Abb. 8.1: Verformungsarten.

Innerhalb der Elastizitätsgrenze kann man einen Festkörper durch eine Spannung derart verformen, dass er nach Wegfall dieser Spannung wieder in seinen Ausgangszustand zurückkehrt. (Abb. 8.2 links). Vorerst betrachten wir nur linear-elastische Verformungen, wie sie beispielsweise bei Kupfer innerhalb dieser Grenze auftreten. In diesem Bereich gilt das gleich folgende Hooke'sche Gesetz. Im Gegensatz dazu zeigt z. B. Gummi, ein anderes Dehnungs-Spannungs-Verhalten, verformt sich plastisch. Die Modellierung eines solchen Werkstoffs erfolgt in Kap. 9.2. Biegung und Torsion werden in den Kapiteln 11 und 13.3 behandelt.

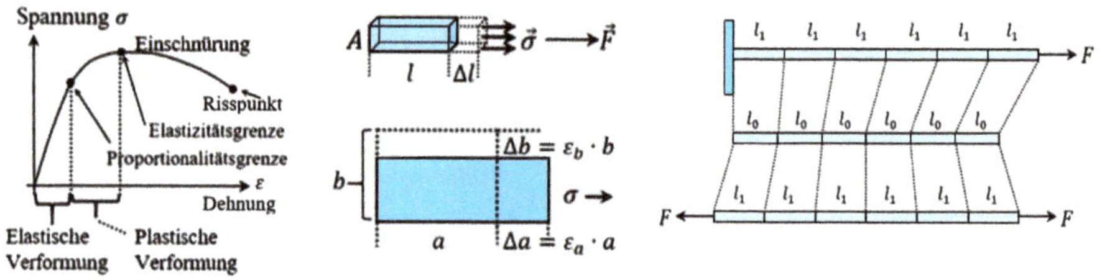

Abb. 8.2: Skizzen zur Elastizität und Dehnung.

https://doi.org/10.1515/9783111345765-008

8.1 Dehnung und Stauchung am Stab

Herleitung von (8.1.1)

Ein Stab der Länge l habe einen konstanten Querschnitt A und sei an seinem linken Ende fest eingespannt (Abb. 8.2 Mitte oben). Als Normalspannung σ definiert man $\sigma = \frac{F}{A}$, wobei die Kraft in Richtung der Flächennormalen wirkt und auf der gesamten Fläche gleich groß ist. Dazu teilen wir einen Stab in beispielsweise sechs gleich große Stücke der Länge l_0 (Abb. 8.2 mitte) und belasten diesen mit einer Kraft F am freien Ende mit einem fest eingespannten linken Ende oder an beiden freien Enden. Der Stab befindet sich in beiden Fällen im selben Dehnungszustand, denn die Wand reagiert im 1. Fall mit einer gleich großen Zugkraft in Gegenrichtung. In jedem Fall dehnen sich die einzelnen Stücke um $\Delta l_i = l_1 - l_0$, falls der Stab homogen ist und denselben Querschnitt besitzt. Dann nennt man Δl_i die lokale absolute Längenänderung und $\varepsilon_{l_i} = \frac{\Delta l_i}{l_1}$ die relative lokale Längenänderung oder Dehnung. Für die Gesamtdehnung Δl muss man $\Delta l = \sum_i \Delta l_i$ bilden. Dann gilt $\varepsilon = \frac{\Delta l}{l}$. Eine Dehnung mit $\varepsilon < 0$ nennen wir Stauchung. Bei linear elastischen Verformungen ist σ proportional zu ε. Es gilt das Hooke'sche Gesetz

$$\sigma = E \cdot \varepsilon. \tag{8.1.1}$$

Man kann dies auch als

$$F = \sigma A = EA\varepsilon = EA\frac{\Delta l}{l} = D \cdot \Delta l \quad \text{mit} \quad D = \frac{EA}{l}$$

als Ersatzfederkonstante des Systems schreiben. Der Elastizitätsmodul ist ein Maß für die Dehnsteifigkeit eines Werkstoffs mit der Einheit eines Drucks $\frac{\mathrm{N}}{\mathrm{m}^2}$. Die Elastizitäts- oder Streckgrenze ist meistens nicht klar bestimmbar. Deshalb verwendet man die sogenannte 0,2 %-Dehngrenze als Maß für die Gültigkeit von (8.1.1). Sie kennzeichnet diejenige Spannung, die bei Entlastung eine bleibende plastische Dehnung des Werkstoffs von 0,2 % hinterlässt. Der Ausdruck $\varepsilon = \frac{\Delta l}{l}$ beschreibt eine über den ganzen Stab hinweg konstante Dehnung. Ursachen für eine örtlich veränderliche Dehnung können sein:

- Das Material ist inhomogen. Damit ist das Elastizitätsmodul ortsabhängig.
- Der Querschnitt ändert sich.
- Die Normalkraft ändert sich. Das ist beispielsweise bei einem vertikalen Stab unter Eigengewicht der Fall.
- Der Stab ist örtlichen Temperaturschwankungen unterworfen.

(Beim Biegebalken wird zusätzlich das ortsabhängige Drehmoment eine lokale Dehnung nach sich ziehen, Kap. 10.)

In diesen Fällen ist $\sigma = \sigma(x)$ und folglich $\varepsilon(x) = \frac{\sigma(x)}{E} = \frac{F(x)}{E \cdot A(x)}$. ($E$ setzen wir in den folgenden Beispielen als konstant voraus.)

Herleitung von (8.1.2)–(8.1.8)
In diesem Zusammenhang definieren wir die absolute Längenänderungsfunktion $u(x)$.

Definition. $u(x)$ gibt die Längenänderung an jeder Stelle x des Stabs an.

Betrachten wir nun ein Stück dx des Stabs. An den Stellen x und $x + dx$ dehnt sich der Stab absolut um die Längen $u(x)$ und $u(x + dx)$ respektive.

Lineare Approximation: In 1. Näherung gilt $u(x+dx) \approx u(x)+\frac{du}{dx}dx$ und für die lokale Dehnung folgt

$$\varepsilon(x) = \frac{u(x + dx) - u(x)}{dx} = \frac{du}{dx} = u'(x). \tag{8.1.2}$$

Umgekehrt ist

$$u(x) = \int_0^x du(\xi) = \int_0^x \frac{du(\xi)}{d\xi} d\xi = \int_0^x \varepsilon(\xi) d\xi. \tag{8.1.3}$$

Das bedeutet, dass die einzelnen lokalen absoluten Längenänderungen an den Stellen $0 < \xi < x$ zur Gesamtlängenänderung $u(x)$ an der Stelle x aufsummiert werden. Damit folgt die mechanische Längenänderung zu

$$\Delta l_M = u(l) = \int_0^l \varepsilon_M(x) dx = \int_0^l \frac{\sigma(x)}{E} dx. \tag{8.1.4}$$

Ist $\varepsilon(x) = \text{konst.}$, dann erhält man aus (8.1.3)

$$u(x) = \varepsilon \cdot x = \frac{F}{EA} x. \tag{8.1.5}$$

Man nennt dies auch die statische Lösung im Gegensatz zur dynamischen Lösung der Wellengleichung des Stabs, bei welcher der Stab einer periodischen Kraft zu Schwingungen angeregt wird (vgl. Kap. 17.2).

Unterliegt der Stab zudem einer lokal abhängigen Temperaturänderung $T(x)$, dann dehnt sich der Stab zusätzlich um $\Delta l_T(x) = \alpha \cdot l \cdot \Delta T(x)$ (vgl. Bsp. 1, Kap. 4.4). Es folgt $\varepsilon_T(x) = \frac{\Delta_T(x)}{l} = \alpha \cdot \Delta T(x)$ und daraus

$$\Delta l_T = \int_0^l \varepsilon_T(x) dx = \alpha \cdot \int_0^l \Delta T(x) dx.$$

Insgesamt ergibt sich mit (8.1.4)

$$\Delta l_{\text{Total}} = \Delta l_M + \Delta l_T = \int_0^l \left[\frac{\sigma(x)}{E} + \alpha \cdot \Delta T(x) \right] dx. \tag{8.1.6}$$

Wie bei der Feder kann auch ein Stab unter Zug oder Druck potentielle Energie oder Spannenergie speichern. Verwendet man die Ersatzfederkonstante $D = \frac{EA}{l}$, so beträgt die Energie eines um Δl verlängerten Stabstücks der Länge l

$$E_{\text{pot}} = \frac{1}{2}D \cdot (\Delta l)^2 = \frac{1}{2} \cdot \frac{EA}{l} \cdot (\Delta l)^2 = \frac{1}{2}EA\left(\frac{\Delta l}{l}\right)^2 l = \frac{1}{2}EA\varepsilon^2 l = \frac{1}{2}EV\varepsilon^2. \tag{8.1.7}$$

Dabei bezeichnet V das Volumen. Bei veränderlicher Dehnung betrachten wir die folgende Bilanz.

Bilanz: Änderung der Spannenergie des Volumens dV. Übertragen wir das Ergebnis (8.1.7) auf ein infinitesimales Volumen, so erhalten wir

$$dE_{\text{pot}} = \frac{1}{2}E\varepsilon(x)^2 dV = \frac{1}{2}E\varepsilon^2(x)A(x)dx$$

und daraus

$$E_{\text{pot}} = \frac{1}{2}E\int_0^l A(x)\varepsilon^2(x)dx. \tag{8.1.8}$$

Gleichung (8.1.8) lässt sich auch anders herleiten, wenn man die lokale Federkonstante mit $D(x) = \frac{EA(x)}{dx}$ und die absolute lokale Längenänderung mit $\delta(dx)$ bezeichnet. Es folgt

$$dE_{\text{pot}} = \frac{1}{2} \cdot \frac{EA(x)}{dx} \cdot [\delta(dx)]^2 = \frac{1}{2} \cdot EA(x) \cdot \left[\frac{\delta(dx)}{dx}\right]^2 dx = \frac{1}{2} \cdot EA(x)\varepsilon^2(x)dx.$$

Beispiel 1. Ein Stahlstab der Länge $l = 1\,\text{m}$ mit konstanter Querschnittsfläche $A = 1\,\text{cm}^2$ ragt horizontal aus einer Wand. Sein linkes Ende ist fest in der Wand verankert (Kragbalken). Er erfährt auf seiner gesamten Länge eine Temperaturerhöhung um $\Delta T = 5\,\text{K}$. Die Längenänderung soll durch einen Druck p am rechten Stabende aufgehoben werden. Die Werte für Stahl sind $E = 2{,}1 \cdot 10^{11}\,\frac{\text{N}}{\text{m}^2}$ und $\alpha = 1{,}1 \cdot 10^{-7}\,\frac{1}{\text{K}}$.

a) Wie groß muss p sein?
b) Welche Energie ist dazu erforderlich?

Lösung.

a) *Bilanz:* Längenänderung des Stabs.
Idealisierung: Der Druck soll normal auf die Querschnittfläche wirken.
Gleichung (8.1.6) ergibt

$$\Delta l_{\text{Total}} = \Delta l_M + \Delta l_T = \frac{\sigma}{E} \cdot l + \alpha \cdot l \cdot \Delta T \quad \text{oder} \quad \varepsilon_{\text{Total}} = \varepsilon_M + \varepsilon_T = \frac{\sigma}{E} + \alpha \cdot \Delta T.$$

Da $\varepsilon_{\text{Total}} = 0$ sein soll, folgt $0 = \frac{\sigma}{E} + \alpha \cdot \Delta T$ und daraus

$$p = -\sigma = \alpha E \cdot \Delta T = 1{,}1 \cdot 10^{-7} \cdot 2{,}1 \cdot 10^{11} \cdot 5 = 1{,}16 \cdot 10^{5}\ \frac{\text{N}}{\text{m}^2}.$$

b) Nach (8.1.7) ist

$$\begin{aligned} E_{\text{pot}} &= \frac{1}{2}EA\left(\frac{\Delta l_M}{l}\right)^2 l = \frac{1}{2}EA\left(\frac{\Delta l_T}{l}\right)^2 l = \frac{1}{2}EA(\alpha \cdot \Delta T)^2 l \\ &= \frac{1}{2} \cdot 2{,}1 \cdot 10^{11} \cdot 10^{-4} \cdot (1{,}1 \cdot 10^{-7} \cdot 5)^2 \cdot 1 = 3{,}2 \cdot 10^{-6}\,\text{J}. \end{aligned}$$

Beispiel 2. Ein Stahlstab mit der Dichte ρ, der Länge l und konstanter Querschnittsfläche A ragt vertikal aus einer Wand (Abb. 8.3 links). Sein oberes Ende ist fest in der Wand verankert. Wie groß ist die Dehnung des Stabs infolge seines Eigengewichts?

Lösung. Die Gewichtskraft des farbig markierten Teils beträgt

$$G(x) = mg\frac{l-x}{l} = \rho Alg\frac{l-x}{l} = \rho Ag(l-x),$$

woraus für die Spannung $\sigma(x) = \frac{G(x)}{A} = \rho g(l-x)$ entsteht. Demnach ist $\varepsilon(x) = \frac{\rho g}{E}(l-x)$ und somit

$$\Delta l = \frac{\rho g}{E}\int_0^l (l-x)dx = \frac{\rho g}{E}\left[lx - \frac{x^2}{2}\right]_0^l = \frac{\rho g l^2}{2E}.$$

Beispiel 3. Der in Abb. 8.3 Mitte oben dargestellte Körper besitzt die Form eines quadratischen Pyramidenstumpfs. Er erfährt beidseitig eine Zugkraft der Größe F.

a) Bestimmen Sie die Querschnittsfunktion $A(x)$ mit a als Parameter.
b) Ermitteln Sie die Längenänderung bis zur Stabmitte und die gesamte Längenänderung.
c) Welche Spannenergie ist im Stab enthalten?

Lösung.

a) Für die Querschnittsfunktion macht man den Ansatz $A(x) = mx + q$ mit $q = 2a^2$. Aus $A(4a) = 4am + 2a^2 = a^2$ folgt $m = -\frac{a}{4}$ und somit $A(x) = -\frac{a}{4}x + 2a^2$.
b) Mit a) ergibt sich die Spannung im Stab zu

$$\sigma(x) = \frac{F}{A(x)} = \frac{F}{a(2a - 0{,}25x)}.$$

Weiter folgt unter Verwendung von (8.1.3)

$$u(2a) = \frac{F}{aE}\int_0^{2a} \frac{1}{2a-0{,}25x}dx = -\frac{F}{aE}[\ln(8a-x)]_0^{2a} = \frac{4\ln(\frac{4}{3})}{aE}F \quad \text{und}$$

$$\Delta l = u(4a) = \frac{F}{aE}\int_0^{4a} \frac{1}{2a-0{,}25x}dx = \frac{4\ln 2}{aE}F.$$

c) Gleichung (8.1.8) ergibt

$$E_{\text{pot}} = \frac{1}{2}E\int_0^{4a} A(x)\left[\frac{F}{EA(x)}\right]^2 dx = \frac{F^2}{2E}\int_0^{4a}\frac{1}{A(x)}dx$$

$$= \frac{F^2}{2aE}\int_0^{4a}\frac{1}{2a-0{,}25x}dx = \frac{F}{2}\cdot\frac{4\ln 2}{aE}F = \frac{2\ln 2}{aE}F^2.$$

Dies entspricht auch der geleisteten Arbeit $W = \frac{1}{2}F \cdot \Delta l$.

Beispiel 4. Ein zylindrischer Stab der Länge l rotiert um seinen Endpunkt (Abb. 8.3 Mitte unten).

In diesem Fall ist die Normalkraft aufgrund der Fliehkraft veränderlich und deswegen bewegt sich jedes Masseteilchen im Stab mit unterschiedlicher Geschwindigkeit. Den Querschnitt wählen wir in diesem Fall konstant. Gesucht ist die totale Längenänderung des Stabs.

Lösung. Beachtet man, dass der Schwerpunkt der Masse bis zu einer Stelle x, bei $\frac{x}{2}$ liegt, so beträgt die Zentripetalkraft an der Stelle x damit

$$F(x) = \frac{mv^2}{r} = \rho Ax\frac{(\frac{x}{2}\omega)^2}{\frac{x}{2}} = \rho A\omega^2\frac{x^2}{2}.$$

Für die Spannung erhält man

$$\sigma(x) = \frac{F(x)}{A} = \rho\omega^2\frac{x^2}{2}.$$

Die relative Längenänderung ist $\varepsilon(x) = \frac{\rho}{2E}\omega^2x^2$ und die gesamte Längenänderung ergibt sich zu

$$\Delta l = \frac{\rho}{2E}\omega^2\int_0^l x^2dx = \frac{\rho l^3}{6E}\omega^2.$$

Beispiel 5. Ein Turm mit homogenem Material der Dichte ρ besitzt auf der Höhe h die Querschnittsfläche A_0 (Abb. 8.3 rechts). Auf dieser liegt eine Masse m_0. Die Querschnittsfläche (beispielsweise eine Kreisscheibe oder ein Kreisring) soll bis hin zum Boden so anwachsen, dass die Spannung σ_0 innerhalb des Turms konstant bleibt.

a) Drücken Sie σ_0 durch die gegebenen Größen aus.
b) Bestimmen Sie die Querschnittsfläche $A(x)$ einer Kraftbilanz am dunkel markierten Volumen der Höhe dx (Abb. 8.3 rechts).

Lösung.

a) Die Masse erzeugt auf der Höhe h die Spannung $\sigma_0 = \frac{m_0 g}{A_0}$.
b) *Kraftbilanz und lineare Approximation:* Die Änderung der Normalkraft entspricht der Änderung der Gewichtskraft, d. h. $-dN + dG = 0$. Ausgeschrieben gilt

$$-N(x+dx) + N(x) + dm \cdot g = 0 \quad \text{oder} \quad \sigma_0[-A(x+dx) + A(x)] + \rho dV \cdot g = 0.$$

In 1. Näherung folgt $A(x+dx) \approx A(x) + \frac{dA}{dx}dx$, woraus $-\sigma_0 dA + \rho dV \cdot g = 0$ entsteht oder mit dem Ergebnis von a) $-m_0 dA + \rho A_0 dV = 0$.

Das Volumen des stumpfen Körpers ist gleich

$$dV = \frac{dx}{3}\left[A + \sqrt{A\left(A + \frac{dA}{dx}dx\right)} + A + \frac{dA}{dx}dx\right].$$

Vernachlässigt man Änderungen höherer Potenzen, so erhält man

$$dV \approx \frac{dx}{3}(A + \sqrt{A^2} + A) = \frac{dx}{3} \cdot 3A = A \cdot dx.$$

Oben eingesetzt, folgt $-m_0 dA + \rho A_0 A dx = 0$ und nach Variablen getrennt $\frac{dA}{A} = \frac{\rho g}{m_0}dx$. Weiter ergibt sich

$$\int_{A_0}^{A(x)} \frac{dA}{A} = \int_0^x \frac{\rho A_0}{m_0}dx, \quad \ln\left[\frac{A(x)}{A_0}\right] = \frac{\rho A_0}{m_0}x$$

und schließlich

$$A(x) = A_0 \cdot e^{\frac{\rho A_0}{m_0}x}.$$

Man kann noch die Höhe h einbauen und

$$A(x) = A_0 \cdot e^{\frac{\rho A_0 h}{m_0} \cdot \frac{x}{h}}$$

schreiben.

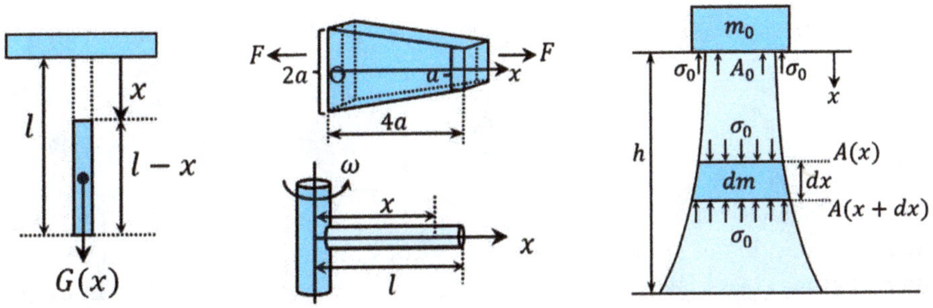

Abb. 8.3: Skizzen zu den Beispielen von 2 bis 5.

8.2 Die elastischen Konstanten eines isotropen Körpers

Wir betrachten ein Stück Holz, das man quer zur Faserrichtung zersägen will. Auf den ausgeübten Druck reagiert das Holz sperrig. Hingegen lässt es sich mit viel weniger Druck längs der Faserrichtung leicht spalten. Holz verhält sich bezüglich des Druckverhaltens richtungsabhängig. Man nennt ein solches Material anisotrop. Tatsache ist, dass fast alle Materialien wie Gesteine, Keramiken und fast alle Metalle anisotrop sind und die Isotropie, die richtungsunabhängige Eigenschaft eines Werkstoffs, wie beispielsweise bei Glas oder Stahl, die Ausnahme darstellt. Die anisotropen Eigenschaften eines Materials erfassen dabei sowohl Elastizität, thermische Ausdehnung und Leitfähigkeit, optische Eigenschaften wie die Lichtbrechung usw.

Herleitung von (8.2.1)–(8.2.2)

Im Weiteren gehen wir von einem isotropen Stoff aus. Unter der Einwirkung einer äußeren Kraft verformt sich der Körper. Je nachdem, wie diese Kraft bezüglich der Angriffsfläche gerichtet ist, unterscheidet man Normalspannung σ, Schub- oder Torsionsspannung τ und Druckspannung p. Die mit diesen Spannungen gekoppelten relativen Verformungen sind: relative Längenänderung ε, Schub- oder Torsionswinkel γ und relative Volumenänderung $\frac{\Delta V}{V}$ respektive (Abb. 8.4 links und Mitte). Schubmodul G und Kompressionsmodul K sind Maße für die Scherungs- bzw. Druckänderungseigenschaften eines Materials. Das Minuszeichen bei der Kompression rührt daher, dass ein Zusammenstauchen zu einer Volumenabnahme führt, d. h. mit $p > 0$ ist $\frac{\Delta V}{V} < 0$.

Analog zum Hooke'schen Gesetz bei Dehnung (8.1.1) gilt innerhalb der Elastizitätsgrenze das Hooke'sche Gesetz bezüglich Torsion oder Schub:

$$\tau = G \cdot \gamma. \tag{8.2.1}$$

Betrachten wir nun eine quaderförmige Masse mit den Kantenlängen a, b und c (Abb. 8.2 Mitte unten). Bei der Dehnung in Richtung a gibt es zusätzlich eine zur Längenänderung ε_a proportionale Verringerung der Höhe b und Dicke c, die Querkontraktion.

Die Querkontraktionszahl ν ist das negative Verhältnis von Querstauchung zu Längsdehnung:

$$\nu = -\frac{\varepsilon_b}{\varepsilon_a} = -\frac{\varepsilon_c}{\varepsilon_a}. \tag{8.2.2}$$

Das Minuszeichen berücksichtigt, dass eine Längsdehnung eine Querverkürzung zur Folge hat, d. h. mit $\varepsilon_a = \frac{\Delta a}{a} > 0$ sind $\varepsilon_b = \frac{\Delta b}{b} < 0$ und $\varepsilon_c = \frac{\Delta c}{c} < 0$. Da wir von einem isotropen Material ausgehen, ist insbesondere $\varepsilon_b = \varepsilon_c$. Somit besitzt ein isotroper Werkstoff die vier elastischen Konstanten E, G, K und ν.

$$\sigma = E\varepsilon = E\frac{\Delta l_n}{l}$$

$$\tau = G\gamma = G\frac{\Delta l_t}{l}$$

$$p = -K\frac{\Delta V}{V}$$

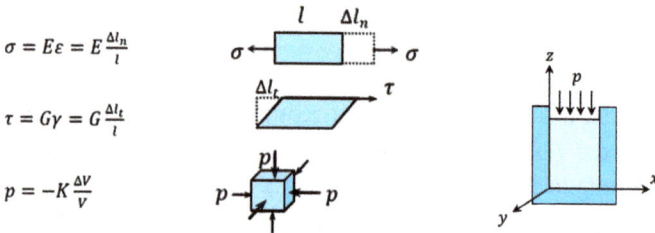

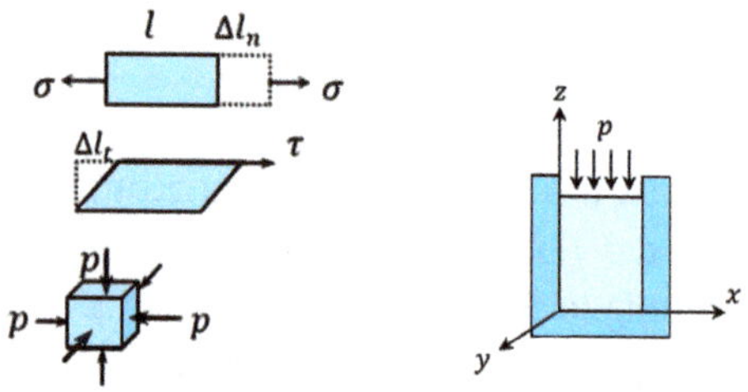

Abb. 8.4: Skizzen zu den elastischen Konstanten und zu Beispiel 2.

Ziel ist es, die vier Konstanten miteinander zu verknüpfen. Dazu betrachten wir nochmals das quaderförmige Stück aus Abb. 8.2 Mitte unten.

Einschränkung: Wirksam sei vorerst einzig die Zugbelastung $\sigma = \sigma_x$. Dabei identifizieren wir die Dehnungsrichtung mit der x-Richtung und die Querrichtungen mit der y- bzw. z-Richtung.

Bilanz: Es soll die Volumenänderung betrachtet werden.

Lineare Approximation: Abermals beschränken wir uns auf die 1. Näherung, unser wiederkehrendes Prinzip, was bedeutet, dass Änderungen höherer Potenzen vernachlässigt werden. Dies gilt, weil die Gültigkeitsgrenze für (8.1.1), wie an Ort und Stelle vermerkt, für $\varepsilon = \frac{\Delta l}{l} < 0{,}2\,\%$ festgelegt wurde.

Herleitung von (8.2.3)

Es gilt $\Delta V = (a + \Delta a)(b + \Delta b)(c + \Delta c) - abc$ mit $\Delta a > 0$ und $\Delta b, \Delta c < 0$. Weiter folgt $\Delta V = ab\Delta c + ac\Delta b + a\Delta b\Delta c + bc\Delta a + b\Delta a\Delta c + c\Delta a\Delta b + \Delta a\Delta b\Delta c$.

Dann ergibt sich $\Delta V \approx ab\Delta c + ac\Delta b + bc\Delta a$.

Dies ist nichts anderes als ein vollständiges Differential, wenn man es als $dV = ab \cdot dc + ac \cdot db + bc \cdot da$ schreibt (lineare Zunahme in Richtung jeder Flächennormalen). Die relative Volumenänderung folgt zu $\frac{\Delta V}{V} = \frac{\Delta a}{a} + \frac{\Delta b}{b} + \frac{\Delta c}{c} = \varepsilon_x + \varepsilon_y + \varepsilon_z$ und mit (8.2.2) wird daraus

$$\frac{\Delta V}{V} = \varepsilon_x - \nu\varepsilon_x - \nu\varepsilon_x = \varepsilon_x(1 - 2\nu) \quad \text{oder} \quad \frac{\Delta V}{V} = \frac{\sigma_x}{E}(1 - 2\nu). \tag{8.2.3}$$

Gleichung (8.2.3) entnimmt man die Tatsache, dass Materialen mit dem Wert $\nu = 0{,}5$ ihr Volumen bei Dehnung nicht verändern. Kautschuk und Flüssigkeiten besitzen diese Eigenschaft. Man nennt sie auch inkompressible Newton'sche Fluide. Für Metalle liegt die Zahl etwa zwischen 0,25 und 0,4, bei Kunststoffen zwischen 0,4 und 0,5. Holzarten ergeben Werte um 0,55.

Ein Werkstoff kann, räumlich betrachtet, insgesamt neun Spannungen ausgesetzt sein. Die Skizzen in Abb. 8.2 Mitte entsprechen einem einachsigen Spannungszustand. Ein zwei- bzw. dreiachsiger Spannungszustand ist in Abb. 8.5 links und Mitte dargestellt. Zu den drei Normalspannungen senkrecht zu den Flächen gesellen sich noch sechs mögliche Scherspannungen in alle drei Raumrichtungen. Diese Spannungen erhalten zwei Indizes: Der Erste bezeichnet die Richtung der Flächennormalen und der Zweite die Spannungsrichtung. Bei den Normalspannungen begnügt man sich mit einem Index, weil keine Verwechslungsgefahr besteht.

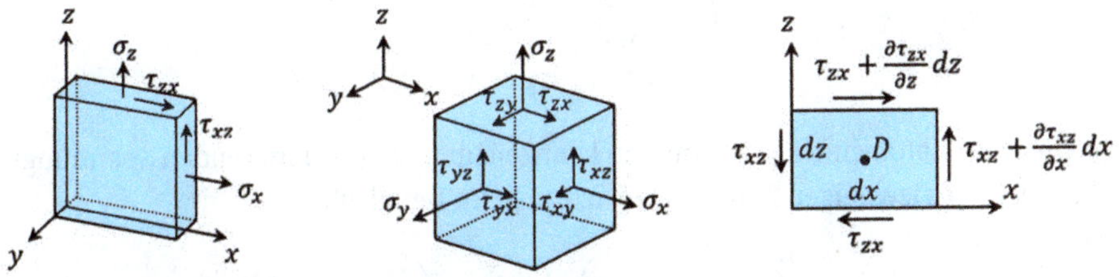

Abb. 8.5: Skizzen zum zwei- und dreiachsigen Spannungszustand.

Einige Scherspannungen können betragsmäßig miteinander identifiziert werden. Dazu schneiden wir senkrecht zu den Achsen ein quaderförmiges Massestück mit den Kantenlängen dx, dz und beliebiger Breite Δy heraus (Abb. 8.5 rechts). Die Orthogonalität ist dabei wichtig, damit die Wirkungslinien der einzelnen Spannungen auch im Innern des Körpers erhalten bleiben.

Bilanz: Am infinitesimal kleinen quaderförmigen Stück wird eine Drehimpulsbilanz mit dem Schwerpunkt als Drehpunkt durchgeführt.

Lineare Approximation: Die Scherspannungsänderung in entsprechender Richtung wird nur bis zur 1. Näherung beachtet.

Herleitung von (8.2.4)

Die partiellen Ableitungen weisen auf eine mögliche Abhängigkeit der Scherspannung in beide Koordinatenrichtungen hin. Der genaue Spannungsverlauf im Innern des Körpers kann analytisch nicht angegeben werden. Da die Kraftlinien der Normalspannungen infolge des durchgeführten Schnitts durch den Drehpunkt verlaufen, leisten sie keinen Beitrag zur Bilanz. Das Teilchen bewegt sich nicht, weshalb Gleichung (7.3) einem Momentengleichgewicht $\sum \boldsymbol{M}_i$ entspricht. Die zugehörigen Hebelarme sind $\frac{dx}{2}$ bzw. $\frac{dz}{2}$.

Man erhält

$$\tau_{xz} dz \Delta y \frac{dx}{2} - \tau_{zx} dx \Delta y \frac{dz}{2} + \left(\tau_{xz} + \frac{\partial \tau_{xz}}{\partial x} dx\right) dz \Delta y \frac{dx}{2} - \left(\tau_{zx} + \frac{\partial \tau_{zx}}{\partial z} dz\right) dx \Delta y \frac{dz}{2} = 0 \quad \text{oder}$$

$$\tau_{xz} - \tau_{zx} + \left(\tau_{xz} + \frac{\partial \tau_{xz}}{\partial x} dx\right) - \left(\tau_{zx} + \frac{\partial \tau_{zx}}{\partial z} dz\right) = 0.$$

Für kleine dx, dz folgt $\tau_{xz}(x, y, z) = \tau_{zx}(x, y, z)$.

Analog ergeben sich $\tau_{xy}(x, y, z) = \tau_{yx}(x, y, z)$ und $\tau_{yz}(x, y, z) = \tau_{zy}(x, y, z)$.

Da der gewählte Bezugspunkt beliebig war, gilt dies für alle Punkte des Körpers. Die Schubspannungspaare nennt man zugeordnete Spannungen. Ein-, zwei- und dreiachsige Spannungszustände werden folglich mithilfe von respektive 1, 3 und 6 Spannungen und den gewählten orthogonalen Schnittrichtungen gekennzeichnet. Man fasst den Spannungszustand in einem Punkt $P(x, y, z)$ in einem Spannungstensor zusammen:

$$\boldsymbol{\sigma}_{ij}(x, y) = \begin{pmatrix} \sigma_{xx}(x, y) & \tau_{xy}(x, y) & \tau_{xz}(x, y) \\ \tau_{xy}(x, y) & \sigma_{yy}(x, y) & \tau_{yz}(x, y) \\ \tau_{xz}(x, y) & \tau_{yz}(x, y) & \sigma_{zz}(x, y) \end{pmatrix}.$$

Die drei Spalteneinträge zusammen kennzeichnen den resultierenden Spannungsvektor $\boldsymbol{v}_i$ in der jeweiligen Koordinatenrichtung. Im Detail gilt

$$\boldsymbol{v} = \begin{pmatrix} v_x \\ v_y \\ v_z \end{pmatrix} = \begin{pmatrix} \sigma_{xx} & \tau_{xy} & \tau_{xz} \\ \tau_{xy} & \sigma_{yy} & \tau_{yz} \\ \tau_{xz} & \tau_{yz} & \sigma_{zz} \end{pmatrix} \begin{pmatrix} e_x \\ e_y \\ e_z \end{pmatrix} = \begin{pmatrix} [\sigma_{xx} + \tau_{xy} + \tau_{xz}] e_x \\ [\tau_{xy} + \sigma_{yy} + \tau_{yz}] e_y \\ [\tau_{xz} + \tau_{yz} + \sigma_{zz}] e_z \end{pmatrix}.$$

Auf beiden Seiten steht ein Vektor. Der Tensor ist ein Operator, der in diesem Fall einen Vektor auf einen anderen abbildet.

Es ist möglich, die zwei bzw. drei Schnittebenen so anzusetzen, dass jeder Spannungszustand auf zwei resp. drei Hauptspannungen ohne Schubspannungen reduziert werden kann. Dies verfolgen wir aber nicht weiter.

Als Nächstes sollen die relativen Längenänderungen des dreiachsigen Spannungszustands eines isotropen Körpers mit den Hauptspannungen ausgedrückt werden. Die Spannung σ_x alleine bewirkt nach (8.2.2) und (8.2.3) eine Dehnung ε_x in x-Richtung und zwei Stauchungen $-\nu\varepsilon_x$ in die beiden anderen Koordinatenrichtungen. Analoges gilt für σ_y und σ_z, was zu folgender Übersicht führt:

	***x*-Richtung**	***y*-Richtung**	***z*-Richtung**
σ_x bewirkt	ε_x	$-\nu\varepsilon_x$	$-\nu\varepsilon_x$
σ_y bewirkt	$-\nu\varepsilon_y$	ε_y	$-\nu\varepsilon_y$
σ_z bewirkt	$-\nu\varepsilon_z$	$-\nu\varepsilon_z$	ε_z

Die totalen relativen Längenänderungen lauten damit $\varepsilon_{x,\text{total}} = \varepsilon_x - \nu(\varepsilon_y + \varepsilon_z)$, $\varepsilon_{y,\text{total}} = \varepsilon_y - \nu(\varepsilon_x + \varepsilon_z)$ und $\varepsilon_{z,\text{total}} = \varepsilon_z - \nu(\varepsilon_x + \varepsilon_y)$.

Berücksichtigt man noch eine mögliche, in alle Richtungen gleich verlaufende thermische Längenänderung, fügt man noch die entsprechenden Normalspannungen ein und lässt den Zusatz „total" weg, so führt dies zusammen mit den Schubspannungen zu sechs Gleichungen, die den räumlichen Spannungszustand eines isotropen Körpers in jedem Punkt beschreiben.

$$\begin{aligned}
\varepsilon_x &= \frac{1}{E}\left[\sigma_x - \nu(\sigma_y + \sigma_z)\right] + \alpha\Delta T, & \gamma_{xy} &= \frac{1}{G}\tau_{xy},\\
\varepsilon_y &= \frac{1}{E}\left[\sigma_y - \nu(\sigma_x + \sigma_z)\right] + \alpha\Delta T, & \gamma_{xz} &= \frac{1}{G}\tau_{xz},\\
\varepsilon_z &= \frac{1}{E}\left[\sigma_z - \nu(\sigma_x + \sigma_y)\right] + \alpha\Delta T, & \gamma_{yz} &= \frac{1}{G}\tau_{yz}.
\end{aligned} \tag{8.2.4}$$

Man nennt das System (8.2.4) auch das verallgemeinerte Hooke'sche Gesetz.

Als Spezialfall betrachten wir ein Massestück, das jetzt aber von allen drei Richtungen her unter einem konstanten Druck $p = -\sigma_x = -\sigma_y = -\sigma_z$ steht (beispielsweise hydrostatisch). Die Addition der Gleichungen (8.2.4) ergibt

$$\frac{\Delta V}{V} = \varepsilon_x + \varepsilon_y + \varepsilon_z = \frac{3\sigma_x}{E}(1 - 2\nu) = -\frac{3p}{E}(1 - 2\nu).$$

Verwendet man die Definition einer Kompression gemäß Abb. 8.4 links, so folgt $-\frac{p}{K} = -\frac{3p}{E}(1 - 2\nu)$ und daraus der Zusammenhang

$$E = 3K(1 - 2\nu). \tag{8.2.5}$$

Zusätzlich lässt sich noch

$$E = 2G(1 + \nu) \tag{8.2.6}$$

herleiten. Den vollständigen Beweis der Gleichung (8.2.6) entnimmt man Band 2. Damit sind die vier elastischen Konstanten miteinander verknüpft.

Beispiel 1. Ein zylindrischer Metallstab mit dem Radius $r = 1\,\text{cm}$ und einer Länge von $l = 40\,\text{cm}$ wird mit einer Zugkraft $F = 6 \cdot 10^4\,\text{N}$ belastet. Dabei dehnt sich der Stab um $\Delta l = 0{,}36\,\text{mm}$ während sein Radius um $\Delta r = 0{,}0025\,\text{mm}$ sinkt.

a) Zeigen Sie, dass analog zum quaderförmigen Stab die relative Radiusänderung doppelt in die Volumenänderungsbilanz einfließt.
b) Bestimmen Sie die Materialkonstanten ν, E, G und K.

Lösung. Bilanz und lineare Approximation: Volumenänderung des Zylinders.

Idealisierung: Der Stahlstab wird als isotrop angenommen.

a) Es gilt $\Delta V = \pi(r+\Delta r)^2(l+\Delta l) - \pi r^2 l$ mit $\Delta l > 0$ und $\Delta r < 0$. Weiter folgt

$$\begin{aligned}\Delta V = \pi(r+\Delta r)^2(l+\Delta l) &= \pi\left[r^2\Delta l + 2rl\Delta r + 2r\Delta r\Delta l + l(\Delta r)^2 + (\Delta r)^2\Delta l\right]\\ &\approx \pi(r^2\Delta l + 2rl\Delta r)\end{aligned}$$

und daraus

$$\begin{aligned}\frac{\Delta V}{V} &= \frac{\pi(r^2\Delta l + 2rl\Delta r)}{\pi r^2 l} = \frac{\Delta l}{l} + 2\frac{\Delta r}{r} = \varepsilon_l + 2\varepsilon_r = \varepsilon_l - 2\nu\varepsilon_l\\ &= \varepsilon_l(1-2\nu).\end{aligned}$$

b) Man erhält $\varepsilon_l = \frac{\Delta l}{l} = 9\cdot 10^{-4}$, $\varepsilon_r = -\frac{\Delta r}{r} = -2{,}5\cdot 10^{-4}$ und zusammen $\nu = -\frac{\varepsilon_r}{\varepsilon_l} = 0{,}28$. Aus $\varepsilon_l = \frac{\sigma_l}{E} = \frac{F}{A\cdot E}$ folgt

$$E = \frac{F}{\varepsilon_l\cdot A} = \frac{6\cdot 10^4}{9\cdot 10^{-4}\cdot\pi\cdot 0{,}01^2} = 2{,}12\cdot 10^{11}\,\frac{\mathrm{N}}{\mathrm{m}^2}.$$

Mit (8.2.5) und (8.2.6) ergeben sich die beiden anderen Konstanten zu

$$G = \frac{E}{2(1+\nu)} = 8{,}30\cdot 10^{10}\,\frac{\mathrm{N}}{\mathrm{m}^2} \quad\text{und}\quad K = \frac{E}{3(1-2\nu)} = 1{,}59\cdot 10^{11}\,\frac{\mathrm{N}}{\mathrm{m}^2}.$$

Beispiel 2. Ein Stahlquader wird passgenau in einen quaderförmigen Hohlraum eingefügt und seine Deckfläche mit dem Druck p belastet. Entlang der Seitenflächen soll der Quader frei gleiten können (Abb. 8.4 rechts). Bestimmen Sie die relative Höhenänderung ε_z und die Normalspannungen σ_x und σ_y.

Lösung. Idealisierungen:

– Der Stahlquader wird als isotrop angenommen.
– Die Reibungslosigkeit garantiert die drei Hauptspannungen als einzige auf den Quader wirksame Spannungen.

Gemäß Idealisierung und Voraussetzung ist $\tau_{xy} = \tau_{xz} = \tau_{yz} = 0$, $\varepsilon_x = \varepsilon_y = 0$ und $\sigma_z = -p$.

Somit muss $\sigma_y = \sigma_x$ sein und die 1. Gleichung von (8.2.4) lautet $0 = \frac{1}{E}[\sigma_x - \nu(\sigma_x - p)]$, woraus $\sigma_x = \nu(\sigma_x - p)$ und $\sigma_x = \sigma_y = -\frac{\nu p}{1-\nu}$ folgt. Die 3. Gleichung von (8.2.4) liefert weiter

$$\varepsilon_z = \frac{1}{E}\left(-p + 2\nu\frac{\nu p}{1-\nu}\right) = \frac{p}{E}\left(\frac{2\nu^2+\nu-1}{1-\nu}\right) = -\frac{(1-2\nu)(1+\nu)p}{(1-\nu)E}.$$

Beispiel 3. Gleiche Situation wie in Beispiel 2, aber mit dem Unterschied, dass der Quader in eine Spaltöffnung abgelassen wird, die in y-Richtung offen ist. Welche Größen sind in diesem Fall gegeben und welche müssen bestimmt werden?

Lösung. Nebst denselben Idealisierungen, $\tau_{xy} = \tau_{xz} = \tau_{yz} = 0$ ist nun $\varepsilon_x = 0$, $\sigma_y = 0$ und $\sigma_z = -p$.

Gesucht sind ε_y, ε_z und σ_x. Die 1. Gleichung von (8.2.4) liefert $0 = \frac{1}{E}[\sigma_x - \nu(0 - p)]$ und daraus $\sigma_x = -\nu p$.

Dies in die 2. und 3. Gleichung eingefügt, ergibt

$$\varepsilon_y = \frac{1}{E}[0 - \nu(-\nu p - p)] = \frac{\nu(1+\nu)p}{E} \quad \text{und} \quad \varepsilon_z = \frac{1}{E}[-p - \nu(-\nu p + 0)] = -\frac{(1-\nu^2)p}{E}.$$

Beispiel 4. Gleiche Situation wie in Beispiel 2, aber anstelle des ausgeübten Drucks wird der Quader überall gleichmäßig mit einem Längenausdehnungskoeffizient α um die Temperatur ΔT erhöht.

Lösung. Gegeben sind $\tau_{xy} = \tau_{xz} = \tau_{yz} = 0$, $\varepsilon_x = \varepsilon_y = 0$ und $\sigma_z = 0$. Gesucht sind ε_z und $\sigma_y = \sigma_x$. Die 1. Gleichung von (8.2.4) lautet $0 = \frac{1}{E}[\sigma_x - \nu(\sigma_x + 0)] + \alpha\Delta T$, woraus $\sigma_x = \sigma_y = -\frac{\alpha E \Delta T}{1-\nu}$ entsteht. Dies in die 3. Gleichung eingesetzt, führt zu

$$\varepsilon_z = \frac{1}{E}\left(0 + 2\nu\frac{\alpha E\Delta T}{1-\nu}\right) + \alpha\Delta T = \frac{1+\nu}{1-\nu}\cdot\alpha\Delta T.$$

9 Elastische, viskose und plastische Materialien

Viele Stoffe zeigen sowohl Festkörpereigenschaften, wie auch Eigenschaften eines Fluids (flüssig oder gasförmig). Diese können sichtbar gemacht werden, indem man das Material einer mechanischen Spannung aussetzt und die Reaktion auf die Formveränderung beobachtet. Man unterscheidet folgende drei Grundeigenschaften eines Materials.

1. *Elastizität.* Der Festkörper verformt sich bei Einwirkung einer Spannung σ unmittelbar um ε. Die Verformung ist begrenzt und bei Wegfall der Spannung kehrt der Körper wieder in seine Ursprungsform zurück. Innerhalb der Elastizitätsgrenze ist das Material sogar ideal-elastisch und es gilt das Hooke'sche Gesetz (8.1.1) bzw. (8.2.4).
2. *Viskosität.* Das Fluid reagiert mit einer zeitlich verzögerten Winkeldeformation γ auf die wirkende Scherspannung τ. Die Verformung ist unbegrenzt und irreversibel. Ist die Deformationsgeschwindigkeit $\dot{\gamma}$ sogar proportional zur Spannung τ, dann bezeichnet man das Fluid als ideal-viskos oder als Newton-Fluid. Beispiele sind Wasser, Luft, Lösemittel, dünnflüssige Öle. Es gibt Substanzen, bei denen die Viskosität stark von der Schergeschwindigkeit abhängt. Man mischt z. B. Wasser und Mehl im Verhältnis 1:1, verrührt alles langsam, bis man eine homogene Suspension erhält. Rührt man nun langsam, dann verhält sich die Suspension wie eine relativ dünne Flüssigkeit. Versucht man hingegen, schnell zu rühren, dann wird das Material fast fest. Diese Teigmasse wie auch Blut, Honig, Pudding usw. sind keine Newton-Fluide.
3. *Plastizität.* Stoffe wie Cremes, Butter oder Zahnpasta lassen sich erst ab einem, wenn auch kleinen Druck, verstreichen. Ketchup muss man schon stark schütteln, bevor er sich verflüssigt und Eis kann erst unter hohem Druck als Schmelzwasser abfließen. Von einer plastischen Änderung spricht man, wenn die irreversible Verformung erst ab einer gewissen Fließgrenze eintritt. Ideal-plastisch wäre ein Körper, der sich unterhalb der Fließgrenze wie ein fester Körper verhält und sich danach unbegrenzt und irreversibel verformt.

9.1 Ideal-viskose Fluide

Gleitet Wind über einen See, so erzeugt dies eine Bewegung der Wasseroberfläche. Denkt man sich die Wassersäule in parallel zum Boden zerlegte Schichten vor, so werden tiefer liegende Schichten weniger mitbewegt. Die Wassersäule erfährt dabei eine Scherkraft. Als Maß für den Widerstand, den ein Fluid dieser Scherung entgegenstellt, definiert man die Zähflüssigkeit oder Scherviskosität. Die Viskosität ist die Folge einer dem Fluid innewohnenden Reibung, zu deren Überwindung eine äußere Kraft F aufgebracht werden muss. Zwangsweise ergibt sich in jeder Tiefe y eine Schubspannung $F_S(y)$ im Innern des Fluids. Diese Schubspannung soll nun bestimmt werden.

https://doi.org/10.1515/9783111345765-009

Herleitung von (9.1.1)–(9.1.4)

Betrachten wir dazu ein viskoses Fluid der Dicke h (beispielsweise Wasser, Pudding, Ton usw.) zwischen zwei Platten, von denen die untere ruht. Die obere Platte besitzt die Fläche A und wird mit einer konstanten Kraft F über die Oberfläche des Fluids gezogen (Abb. 9.1 links). Diese Strömung nennt man auch ebene Couette-Strömung (vgl. Bsp. 9, Kap. 38.1).

Idealisierungen:

1. Die Platten werden als unendlich ausgedehnt betrachtet, damit seitliche Einflüsse in Richtung einer gedachten z-Achse auf das Geschwindigkeitsprofil vernachlässigt werden können.
2. Die einsetzende Strömung wird als laminar (vgl. Kap. 35.2) vorausgesetzt. Insbesondere gilt dies bei kleiner Wassertiefe.
3. Die Scherviskosität η_s ist unabhängig von der Scherrate $\dot{\gamma}$.
4. Die Scherviskosität η_s ist temperaturunabhängig.

Lineare Approximation: Der Scherwinkel γ ist klein.

Deswegen kann $\tan\gamma = \gamma + \frac{\gamma^3}{3} + \frac{2\gamma^5}{15} \approx \gamma$ gesetzt werden.

Die Laminarität der Strömung zieht unmittelbar ein lineares Geschwindigkeitsprofil nach sich. Demnach ist $v(y) = \frac{v_0}{h}y$ und die Änderung $\frac{dv}{dy} = \frac{v_0}{h} =$ konst. Das bedeutet, dass die Schubkraft in jeder Tiefe gleich groß ist und der Zugkraft entspricht: $F_S(y) = F_S(h) = F$.

Aufgrund des linearen Profils ist weiter $F_S \sim \frac{dv}{dy}$, denn eine Zugkraft kF erzeugt ein mit dem Faktor k steileres Profil gegenüber einer Zugkraft F (Abb. 9.1 rechts). Zudem ist ebenfalls klar, dass eine Fläche kA eine Kraft kF erfordert, um dasselbe Profil zu bewirken: $F_S \sim A$. Zusammen erhält man $F_S \sim A\frac{dv}{dy}$ oder $F_S \sim \eta_s A\frac{dv}{dy}$ mit der dynamischen Viskosität mit der Einheit $\frac{\text{kg}}{\text{m·s}}$. Bezogen auf die Fläche A entsteht daraus die Schubspannung im Fluid

$$\tau = \frac{F_S}{A} = \eta_S \frac{dv}{dy}. \tag{9.1.1}$$

Eine weitere Konsequenz des linearen Profils ist, dass die Fluidschichten in jeder Tiefe um gleichviel, nämlich um $dx(t)$ pro Höhenänderung dy, verschoben, also zur selben Deformation gezwungen werden (Abb. 9.1 links). Es gilt dann

$$\tan[\gamma(t)] = \frac{x(t)}{h} = \frac{dx(t)}{dy}.$$

Der Winkel γ heißt Scherwinkel. Für kleine γ ist in erster Näherung $\tan\gamma \approx \gamma$ und man erhält $\gamma = \frac{dx}{dy}$. Entscheidend für das Fließverhalten eines Fluids ist die Geschwindigkeit, mit der sich die Deformation einstellt. Die Deformationsgeschwindigkeit $\dot{\varepsilon}$ nennt man auch Scherrate. Es gilt

$$\dot{\gamma}(t) = \frac{d\gamma(t)}{dt} = \frac{d}{dt}\left[\frac{dx(t)}{dy}\right] = \frac{d}{dy}\left[\frac{dx(t)}{dt}\right] = \frac{dv(t)}{dy}$$

und Gleichung (9.1.1) erhält die Form

$$\tau(t) = \eta_S \dot{\gamma}(t). \tag{9.1.2}$$

Gleichung (9.1.2) gilt für eine Scherbelastung. Wird das Material einer Normalspannung σ ausgesetzt, dann zeigt dieses im Fall eines Newton-Fluids dasselbe Verhalten

$$\sigma(t) = \eta_D \dot{\varepsilon}(t). \tag{9.1.3}$$

In diesem Fall ist $\varepsilon(t)$ die relative Dehnung und η_D die Dehnviskosität. Für ein inkompressibles Newton-Fluid ist die Querkontraktionszahl $\nu = 0{,}5$ (vgl. (8.2.3)), womit Gleichung (8.2.6) zu $E = 3G$ führt und daraus

$$\eta_D = 3\eta_S \tag{9.1.4}$$

gefolgert werden kann. Für kompressible, nicht Newton'sche Fluide gilt (9.1.4) nur annähernd.

Die entscheidende Eigenschaft dabei ist die Unabhängigkeit der Viskosität von der Scherrate, was die Proportionalität der Schubspannung mit der Scherrate zur Folge hat. Für ein nicht Newton-Fluid müsste man $\sigma = f(\frac{dv}{dy})$ bzw. $\sigma = f(\dot{\varepsilon})$ ansetzen.

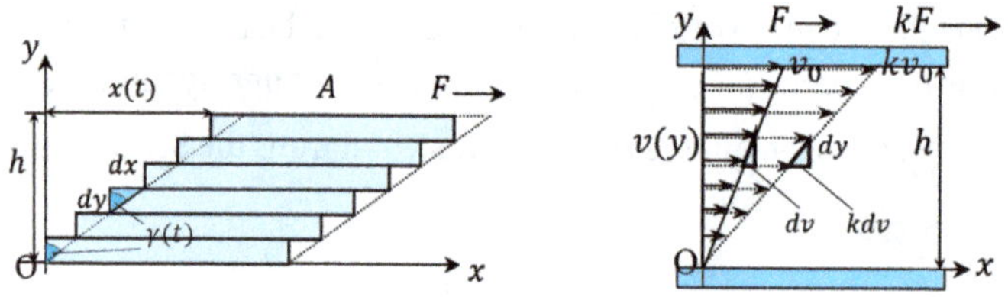

Abb. 9.1: Skizzen zur Viskosität.

9.2 Visko-elastische Stoffe und Modelle

Da ein ideal-plastisches Verhalten praktisch nie gesondert auftritt, sondern immer von elastischen oder viskosen Effekten begleitet wird, beschränken wir uns im Folgenden darauf, Stoffe nach ihren elastischen und viskosen Anteilen zu untersuchen. Solche Materialien nennt man kurz visko-elastisch. Beispiele sind Silikon, Teflon, Lacke und Harze. Ein beeindruckendes Beispiel liefert ein als Springkitt bekanntes Silikonpolymer. Formt man es zu einer Kugel und lässt diese zu Boden fallen, so springt die Kugel zurück. Legt man die gleiche Kugel auf den Tisch, zerfließt sie wie eine viskose Flüssigkeit. Bei kurzen

Belastungszeiten beobachtet man elastisches Verhalten, während die Eigenschaften bei längeren Zeiträumen viskoser Natur sind.

Bei einem visko-elastischen Stoff stellt sich die zentrale Frage, wie man den entsprechenden elastischen Anteil (Elastizitätsmodul E) und den viskosen Anteil (Viskosität η) eines Stoffes bestimmen kann. Es gibt dazu zwei Langzeitversuche:

Kriechmessung. Beim Kriechversuch wird die Probe während einer gewissen Zeit einer vorgegebenen Spannung σ_0 unterworfen und die Dehnung $\varepsilon(t)$ beobachtet. Daraufhin lässt man die Spannung wieder weg und misst, um wie viel das Material zurückkriecht, also den weiteren Verlauf der Dehnung $\varepsilon(t)$.

Relaxationsmessung. Diese heißt auch Entspannungsmessung. Man setzt die Probe einer vorgegebenen Dehnung ε_0 aus, wodurch in der Probe eine Spannung $\sigma(t)$ hervorgerufen wird. Man behält ε_0 bei und beobachtet, wie das Material mit der Zeit relaxiert, d. h. den weiteren Verlauf der Spannung $\sigma(t)$.

Für die Untersuchung des langfristigen Verhaltens von Materialien sind Kriech- und Relaxationsversuche unentbehrlich, weil die Temperaturunterschiede über die Jahreszeiten hinweg sowohl den Elastizitätsmodul als auch die Viskosität beeinträchtigen können. In unseren folgenden Modellen werden sämtliche Stoffwerte der Einfachheit halber als konstant vorausgesetzt.

Um eine Art Momentaufnahme des Materialverhaltens zu erhalten, kann man den Werkstoff einer periodisch schwankenden Spannung aussetzen. Die entsprechenden Ergebnisse behandeln wir an dieser Stelle nicht, sie können im 2. Band nachgelesen werden.

Um die beiden genannten Langzeitversuche nun durchzuführen, bedarf es zuerst geeigneter Modelle, um das Verhalten des Stoffes zu erfassen. Im Folgenden wird der elastische Anteil als ideal-elastisch betrachtet und durch eine Feder, das Hooke-Element, repräsentiert. Der viskose Anteil wird als ideal-viskos aufgefasst und durch einen Zylinder mit Kolben, das Newton-Element, gekennzeichnet werden (Abb. 9.2 links). Dabei bilden zwei Modelle die Basis für alle weiteren: das Maxwell- und das Kelvin-Voigt-Modell.

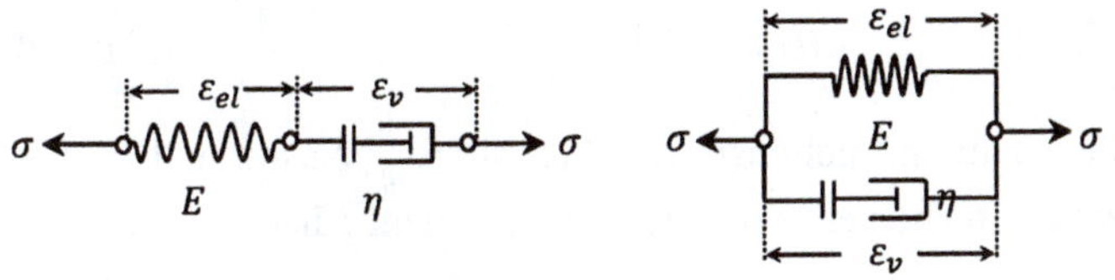

Abb. 9.2: Skizzen zum Maxwell- und Kelvin-Modell.

Beispiel 1. Im Maxwell-Modell sind Feder und Dämpfungszylinder in Reihe angeordnet (Abb. 9.2 links). Die Feder repräsentiert die augenblickliche Dehnung, während der Dämpfer das viskose Fließen wiedergibt. Bei Dehnung verformt sich die Feder sofort, danach beginnt die zeitabhängige und unbegrenzte viskose Verformung. Nach Entlastung bewegt sich nur die Feder zurück, die viskose Deformation bleibt bestehen. Es liegt also eine zeitabhängige, unbegrenzte, irreversible Verformung wie bei einer Flüssigkeit vor, allerdings gibt es auch einen zeitunabhängigen und reversiblen elastischen Anteil wie bei einem Festkörper.

a) Bestimmen Sie die DG, welche die Größen σ, $\dot{\sigma}$, und $\dot{\varepsilon}$ miteinander verbindet.
b) Führen Sie den Kriechversuch durch und bestimmen Sie die zugehörige Lösung.
c) Führen Sie den Relaxationsversuch durch und ermitteln Sie die zugehörige Lösung.

Lösung.

a) Die angelegte Spannung ist in jedem Element gleich groß: $\sigma = \sigma_{\text{el}} = \sigma_v$. Hingegen besteht die Gesamtdehnung ε aus der elastischen Dehnung ε_{el} und der viskosen Dehnung ε_v, also $\varepsilon = \varepsilon_{\text{el}} + \varepsilon_v$.
Mit (8.1.1) und (9.1.2) ergibt sich $\varepsilon_{\text{el}} = \frac{\sigma}{E}$, $\dot{\varepsilon}_v = \frac{\sigma}{\eta}$. Dabei meint $\eta = \eta_D$. Weiter ist $\dot{\varepsilon} = \dot{\varepsilon}_{\text{el}} + \dot{\varepsilon}_v = \frac{\dot{\sigma}}{E} + \frac{\sigma}{\eta}$ und daraus folgt die DG des Maxwell-Modells zu

$$\dot{\sigma} + \frac{E}{\eta}\sigma = E\dot{\varepsilon}. \tag{9.2.1}$$

b) Für den Kriechversuch setzt man $\sigma(t) = \text{konst.} = \sigma_0$ und erhält $\frac{E}{\eta}\sigma_0 = E\dot{\varepsilon}$. Mit $\varepsilon(0) = 0$ folgt (Abb. 9.3, 1. Graph)

$$\varepsilon(t) = \frac{\sigma_0}{\eta}t. \tag{9.2.2}$$

Ein linearer und damit unbegrenzter Anstieg der Dehnung $\varepsilon(t)$ bei fester und damit endlicher Spannung σ_0 kann nicht sein. Fällt im Zeitpunkt $t = t_1$ die Spannung weg, so verbleibt $0 = E\dot{\varepsilon}$, woraus $\varepsilon(t) = \frac{\sigma_0}{\eta}t_1 := \varepsilon_* = \text{konst.}$ entsteht (Abb. 9.3, 1. Graph). Es findet keine Kriecherholung statt und das Material bleibt, unabhängig von der Größe des elastischen Anteils, irreversibel verformt.

c) Bei einem Relaxationsversuch ist $\varepsilon(t) = \text{konst.} = \varepsilon_0$, woraus $\dot{\sigma} + \frac{E}{\eta}\sigma = 0$ entsteht. Aus $\sigma(0) = \sigma_0$ folgt die Lösung von (9.2.1) zu (Abb. 9.3, 2. Graph)

$$\sigma(t) = \sigma_0 e^{-\frac{E}{\eta}t}. \tag{9.2.3}$$

Mit der Zeit sinkt die Spannung, abhängig vom Verhältnis $\frac{E}{\eta}$, bis auf null ab. Ein elastischer Anteil ist dann nicht mehr erkennbar. Der Quotient $\frac{\eta}{E}$ besitzt die Einheit einer Zeit:

$$\frac{\frac{\text{Ns}}{\text{m}^2}}{\frac{\text{N}}{\text{m}^2}} = \text{s}.$$

Definition 1. Bei konstanter Dehnung ε_0 heißt $t_{\text{rel}} := \frac{\eta}{E}$ Relaxationszeit.

Dabei ist t_{rel} ein Maß dafür, wie lange ein Material benötigt, um die anfängliche Spannung σ_0 wieder rückgängig zu machen. Deshalb lässt sich (9.2.3) auch schreiben als

$$\sigma(t) = \sigma_0 e^{-\frac{t}{t_{\text{rel}}}}.$$

Der Wert von $\frac{1}{t_{\text{rel}}} = \frac{E}{\eta}$ kann experimentell bestimmt werden, wenn man gemäß (9.2.3) die Werte $\ln[\frac{\sigma_0}{\sigma(t)}]$ mit der Zeit aufträgt und danach eine lineare Regression durchführt. Die Steigung der linearen Funktion ist dann die gesuchte Relaxationszeit. Für verschiedene Öle ergibt sich $0{,}02\,\text{s} \leq t_{\text{rel}} \leq 2000\,\text{s}$. Je viskoser das Öl, umso größer ist t_{rel}.

Ergebnis 1. Einzig der Relaxationsversuch des Maxwell-Modells ist geeignet, um das Verhalten eines visko-elastischen Stoffes zu modellieren.

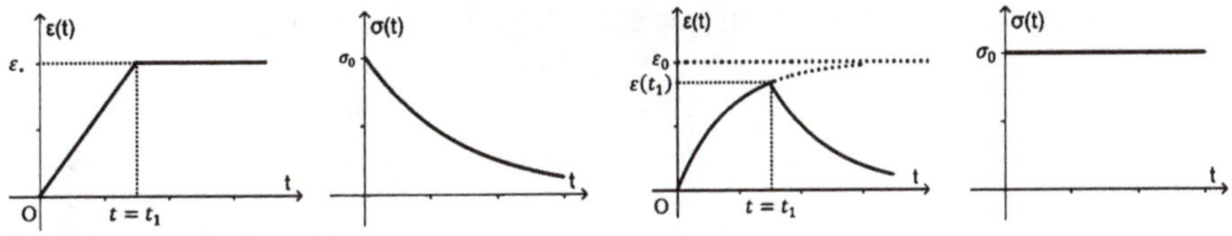

Abb. 9.3: Graphen von (9.2.2), (9.2.3), (9.2.5) und (9.2.6).

Beispiel 2. Feder und Dämpfungszylinder sind beim Kelvin-Voigt-Modell parallel geschaltet (Abb. 9.2 rechts). Bei Dehnung, wird die Verformung durch den Dämpfungszylinder gebremst und durch die Feder in ihrem Ausmaß begrenzt. Nach einer Entlastung geht der Körper bedingt durch die Feder wieder in seine Ausgangsposition zurück. Der Kelvin-Körper verformt sich also zeitabhängig wie eine Flüssigkeit, aber begrenzt und reversibel wie ein Festkörper.

a) Bestimmen Sie die DG, welche die Größen ε, $\dot{\varepsilon}$ und σ miteinander verbindet.
b) Führen Sie den Kriechversuch durch und bestimmen Sie die zugehörige Lösung.
c) Führen Sie den Relaxationsversuch durch und ermitteln Sie die zugehörige Lösung.

Lösung.

a) Die angelegte Spannung führt zu gleicher Dehnungsrate: $\varepsilon = \varepsilon_{\text{el}} = \varepsilon_v$. Die Gesamtspannung σ besteht aus der elastischen Spannung σ_{el} und der viskosen Spannung σ_v, also $\sigma = \sigma_{\text{el}} + \sigma_v$. Aus $\sigma = E\varepsilon + \eta\dot{\varepsilon}$ folgt die DG des Kelvin-Modells zu

$$\dot{\varepsilon} + \frac{E}{\eta}\varepsilon = \frac{\sigma}{\eta}. \tag{9.2.4}$$

b) Kriechversuch: $\sigma(t) = \text{konst.} = \sigma_0$. Man erhält $\dot{\varepsilon} + \frac{E}{\eta}\varepsilon = \frac{\sigma_0}{\eta}$. Die Lösung der homogenen Gleichung $\dot{\varepsilon} + \frac{E}{\eta}\varepsilon = 0$ ist

$$\varepsilon(t) = Ce^{-\frac{E}{\eta}t}.$$

Für die Lösung der inhomogenen DG (9.2.3) mit $\varepsilon(0) = 0$ ergibt sich (Abb. 9.3, 3. Graph)

$$\varepsilon(t) = \varepsilon_0(1 - e^{-\frac{E}{\eta}t}). \tag{9.2.5}$$

Mit der Zeit nähert sich die Dehnung der Federdehnung allein. Bei Wegfall der Spannung zum Zeitpunkt $t = t_1$ erhält man nacheinander $\dot{\varepsilon} + \frac{E}{\eta}\varepsilon = 0$,

$$\varepsilon(t) = \varepsilon(t_1)e^{-\frac{E}{\eta}(t-t_1)}$$

(Abb. 9.3, 3. Graph) und somit ein vollständiges Zurückkriechen mit einer vom Verhältnis $\frac{E}{\eta}$ abhängigen Dehnung, die auf null absinkt. Insgesamt überwiegt der elastische Anteil dieses Stoffes gegenüber dem viskosen.

c) Relaxationsversuch: $\varepsilon(t) = \text{konst.} = \varepsilon_0$. Es folgt $\frac{E}{\eta}\varepsilon_0 = \frac{\sigma}{\eta}$ und daraus (Abb. 9.3, 4. Graph)

$$\sigma(t) = E\varepsilon_0 = \sigma_0. \tag{9.2.6}$$

Da die Spannung mit der Zeit konstant bleibt, beschreibt das Ergebnis schlicht das Hooke'sche Gesetz eines ideal-elastischen Körpers.
Gleichung (9.2.5) entnimmt man das bekannte Verhältnis $\frac{E}{\eta}$. Im Zusammenhang mit einem Kriechversuch nennt man dieses anders.

Definition 2. Bei konstanter Spannung σ_0 heißt $t_{\text{ret}} := \frac{\eta}{E}$ Retardationszeit.

Dabei ist t_{ret} ein Maß dafür, wie lange ein Material benötigt, um die anfängliche Dehnung ε_0 wieder rückgängig zu machen. Man schreibt (9.2.5) auch als

$$\varepsilon(t) = \varepsilon_0(1 - e^{-\frac{t}{t_{\text{ret}}}}).$$

Der Wert von $\frac{1}{t_{\text{ret}}} = \frac{E}{\eta}$ kann auf ähnliche Weise wie beim Relaxationsversuch experimentell bestimmt werden: Man trägt die Werte $\ln[\frac{\varepsilon_0}{\varepsilon_0 - \varepsilon(t)}]$ mit der Zeit auf, gefolgt von einer linearen Regression.

Ergebnis 2. Beim Kelvin-Voigt-Modell eignet sich somit nur der Kriechversuch, um das Verhalten eines visko-elastischen Materials abzubilden.

Bemerkung. Es wäre denkbar, das Kriechverhalten eines Stoffes mit der Kelvin'schen Kriechkurve (9.2.5) und das Relaxationsverhalten mit einer modifizierten Maxwell'schen Relaxationskurve (9.2.3)

$$\sigma(t) = E\varepsilon_0 e^{-\frac{E}{\eta}t} + C$$

zu kombinieren und über Messdaten weiter anzupassen. Wir beschränken uns darauf, sowohl Kriech- als auch Relaxationsverhalten mithilfe eines einzigen Modells zu beschreiben, und kombinieren die beiden Grundmodelle zu den sogenannten Zener-Modellen.

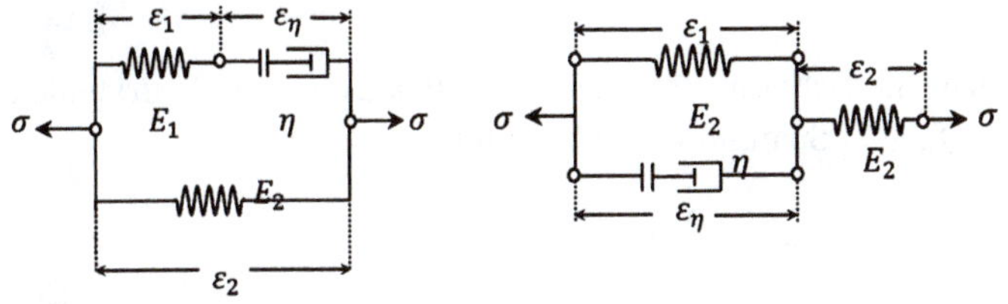

Abb. 9.4: Skizze zu den Zener-Modellen.

Beispiel 3. Abb. 9.4 links zeigt das Zener-Modell vom Typ Maxwell.

a) Bestimmen Sie die DG, welche die Größen $\varepsilon, \dot\varepsilon, \sigma$ und $\dot\sigma$ miteinander verbindet.
b) Führen Sie den Kriechversuch durch und bestimmen Sie die zugehörige Lösung.
c) Führen Sie den Relaxationsversuch durch und ermitteln Sie die zugehörige Lösung.

Lösung.

a) Für die Gesamtdehnung ist: $\varepsilon = \varepsilon_2 = \varepsilon_1 + \varepsilon_\eta$. Die Gesamtspannung beträgt $\sigma = \sigma_1 + \sigma_2$, wobei für die Einzelspannungen $\sigma_2 = E_2\varepsilon$, $\sigma_1 = E_1\varepsilon_1 = \eta\dot\varepsilon_\eta$ gilt.
Dann folgt

$$\dot\varepsilon = \dot\varepsilon_1 + \dot\varepsilon_\eta = \frac{\dot\sigma_1}{E_1} + \frac{\sigma_1}{\eta} = \frac{\dot\sigma - \dot\sigma_2}{E_1} + \frac{\sigma - \sigma_2}{\eta} = \frac{\dot\sigma - E_2\dot\varepsilon}{E_1} + \frac{\sigma - E_2\varepsilon}{\eta}$$

und daraus $E_1\eta\dot\varepsilon = \eta(\dot\sigma - E_2\dot\varepsilon) + E_1(\sigma - E_2\varepsilon)$.
Umgeformt erhält man

$$E_1\dot\varepsilon = \dot\sigma - E_2\dot\varepsilon + \frac{E_1}{\eta}\sigma - \frac{E_1E_2}{\eta}\varepsilon$$

und schließlich die DG

$$\dot\sigma + \frac{E_1}{\eta}\sigma = (E_1 + E_2)\dot\varepsilon + \frac{E_1E_2}{\eta}\varepsilon. \tag{9.2.7}$$

b) Kriechversuch: $\sigma(t) = \text{konst.} = \sigma_0$. Es folgt

$$\dot\varepsilon + \frac{E_1E_2}{\eta(E_1 + E_2)}\varepsilon = \frac{E_1}{\eta(E_1 + E_2)}\sigma_0$$

mit der Lösung

$$\varepsilon(t) = Ce^{-\frac{E_1E_2}{\eta(E_1+E_2)}t} + \frac{\sigma_0}{E_2}.$$

Mit $\varepsilon(0) = 0$ erhält man $C = -\frac{\sigma_0}{E_2}$ und damit (Abb. 9.5, 1. Graph)

$$\varepsilon(t) = \varepsilon_2(t) = \frac{\sigma_0}{E_2}\left[1 - e^{-\frac{E_1E_2}{\eta(E_1+E_2)}t}\right] = \varepsilon_0\left[1 - e^{-\frac{E_1E_2}{\eta(E_1+E_2)}t}\right]. \tag{9.2.8}$$

Mit der Zeit entspricht die Dehnung einer auf dem Hooke-Element 2 wirkenden Spannung σ_0. Bei Wegfall der Spannung zum Zeitpunkt $t = t_1$ entsteht

$$\dot{\varepsilon} + \frac{E_1E_2}{\eta(E_1+E_2)}\varepsilon = 0,$$

also (Abb. 9.5, 1. Graph)

$$\varepsilon(t) = \varepsilon(t_1)e^{-\frac{E_1E_2}{\eta(E_1+E_2)}(t-t_1)} \tag{9.2.9}$$

und somit eine Kriecherholung mit einer Dehnung, die auf null zurücksinkt.

c) Relaxationsversuch: $\varepsilon(t) = \text{konst.} = \varepsilon_0$. Es gilt $\dot{\sigma} + \frac{E_1}{\eta}\sigma = \frac{E_1E_2}{\eta}\varepsilon_0$.
Die Lösung ist

$$\sigma(t) = Ce^{-\frac{E_1}{\eta}t} + E_2\varepsilon_0$$

und mit $\sigma(0) = \sigma_0$ folgt (Abb. 9.5, 2. Graph)

$$\sigma(t) = (\sigma_0 - E_2\varepsilon_0)e^{-\frac{E_1}{\eta}t} + E_2\varepsilon_0. \tag{9.2.10}$$

Die Spannung sinkt mit der Zeit auf die Spannung $\sigma_* := E_2\varepsilon_0$, die nur von der Anfangsdehnung und dem Hooke-Element 2 abhängt.

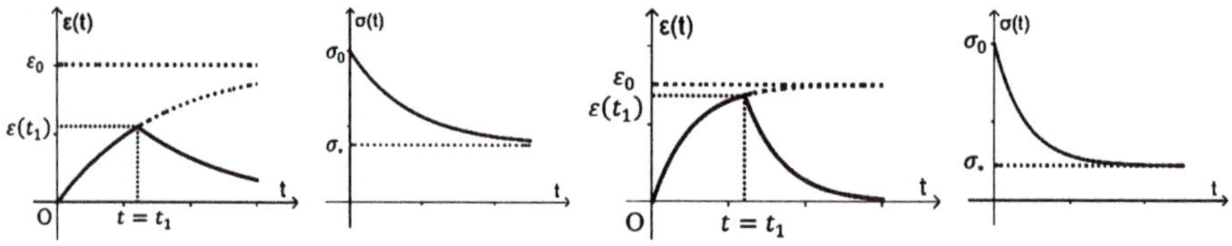

Abb. 9.5: Graphen von (9.2.8)–(9.2.10) und (9.2.12)–(9.2.14).

Beispiel 4. Das Zener-Modell vom Typ Kelvin ist in Abb. 9.4 rechts dargestellt.

a) Bestimmen Sie die DG, welche die Größen ε, $\dot{\varepsilon}$, σ und $\dot{\sigma}$ miteinander verbindet.
b) Führen Sie den Kriechversuch durch und bestimmen Sie die zugehörige Lösung.
c) Führen Sie den Relaxationsversuch durch und bestimmen Sie die zugehörige Lösung.

Lösung.

a) Für die Gesamtdehnung gilt $\varepsilon = \varepsilon_1 + \varepsilon_2 = \varepsilon_\eta + \varepsilon_2$. Die Gesamtspannung beträgt $\sigma = \sigma_2 = \sigma_1 + \sigma_\eta$, wobei man für die Einzelspannungen $\sigma_1 = E_1\varepsilon_1$, $\sigma_\eta = \eta\dot{\varepsilon}_\eta$ und $\sigma_2 = E_2\varepsilon_2$ erhält. Dann folgt

$$\begin{aligned}\sigma &= \sigma_1 + \sigma_\eta = E_1\varepsilon_1 + \eta\dot{\varepsilon}_\eta \\ &= E_1(\varepsilon - \varepsilon_2) + \eta(\dot{\varepsilon} - \dot{\varepsilon}_2) = E_1\left(\varepsilon - \frac{\sigma}{E_2}\right) + \eta\left(\dot{\varepsilon} - \frac{\dot{\sigma}}{E_2}\right).\end{aligned}$$

Die Multiplikation mit E_2 liefert $E_2\sigma = E_1(E_2\varepsilon - \sigma) + \eta(E_2\dot{\varepsilon} - \dot{\sigma})$. Die Division durch η führt zu

$$\frac{E_2\sigma}{\eta} = \frac{E_1E_2}{\eta}\varepsilon - \frac{E_1\sigma}{\eta} + E_2\dot{\varepsilon} - \dot{\sigma}$$

und schließlich

$$\dot{\sigma} + \left(\frac{E_1 + E_2}{\eta}\right)\sigma = E_2\dot{\varepsilon} + \frac{E_1E_2}{\eta}\varepsilon. \tag{9.2.11}$$

b) $\sigma(t) = \text{konst.} = \sigma_0$. Es folgt

$$\left(\frac{E_1 + E_2}{\eta}\right)\sigma_0 = E_2\dot{\varepsilon} + \frac{E_1E_2}{\eta}\varepsilon \quad \text{oder} \quad \dot{\varepsilon} + \frac{E_1}{\eta}\varepsilon = \left(\frac{E_1 + E_2}{\eta E_2}\right)\sigma_0.$$

Weiter ist

$$\varepsilon(t) = C \cdot e^{-\frac{E_1}{\eta}t} + \left(\frac{E_1 + E_2}{E_1E_2}\right)\sigma_0$$

und mit $\varepsilon(0) = 0$ erhält man $C = -(\frac{E_1+E_2}{E_1E_2})\sigma_0$ und damit (Abb. 9.5, 3. Graph)

$$\varepsilon(t) = \left(\frac{3}{2}\right) \cdot (1 - e^{-2t}). \tag{9.2.12}$$

Mit der Zeit entspricht die Dehnung einem Zusammenspiel beider Hooke-Elemente bei einer wirkenden Spannung σ_0. Bei Wegfall der Spannung zum Zeitpunkt $t = t_1$ entsteht $\dot{\varepsilon} + \frac{E_1}{\eta}\varepsilon = 0$, also (Abb. 9.5, 3. Graph)

$$\varepsilon(t) = \varepsilon(t_1)e^{-\frac{E_1}{\eta}(t-t_1)} \tag{9.2.13}$$

und somit eine Kriecherholung mit einer Dehnung, die auf null zurücksinkt.

c) $\varepsilon(t) = \text{konst.} = \varepsilon_0$. Man erhält $\dot{\sigma} + (\frac{E_1+E_2}{\eta})\sigma = \frac{E_1E_2}{\eta}\varepsilon_0$. Die Lösung lautet

$$\sigma(t) = C \cdot e^{-(\frac{E_1+E_2}{\eta})t} + \left(\frac{E_1E_2}{E_1 + E_2}\right)\varepsilon_0$$

und mit $\sigma(0) = \sigma_0$ folgt $C = \sigma_0 - (\frac{E_1 E_2}{E_1+E_2})\varepsilon_0$, damit

$$\sigma(t) = \left[\sigma_0 - \left(\frac{E_1 E_2}{E_1 + E_2}\right)\varepsilon_0\right] \cdot e^{-(\frac{E_1+E_2}{\eta})t} + \left(\frac{E_1 E_2}{E_1 + E_2}\right)\varepsilon_0$$

und also (Abb. 9.5, 4. Graph)

$$\sigma(t) = \sigma_0 e^{-(\frac{E_1+E_2}{\eta})t} - \left(\frac{E_1 E_2}{E_1 + E_2}\right)\varepsilon_0 \cdot [1 - e^{-(\frac{E_1+E_2}{\eta})t}]. \tag{9.2.14}$$

Die Spannung sinkt mit der Zeit auf die Spannung $\sigma_* := \sigma_0 - (\frac{E_1 E_2}{E_1+E_2})\varepsilon_0$, die von beiden Hooke-Elementen abhängt.

Ergebnis 3. Gesamthaft kann man festhalten, dass beide Zener-Modelle geeignet sind, um das Verhalten von Stoffen mit ausgeprägten elastischen wie auch viskosen Eigenschaften zu beschreiben.

Es existieren natürlich noch viele weitere Modelle, welche Hooke- und Newton-Elemente auf vielfältige Weise miteinander verknüpfen, um damit das Verhalten eines Werkstoffs noch genauer zu beschreiben.

10 Statische Auslenkungen einer vorgespannten Saite

Bei einer Saite denkt man wohl zuerst an die Saite eines Streichinstruments. Zum Begriff Saite gehören aber auch Seile oder Ketten, so lange man diese als vollkommen elastisch (innerhalb der Elastizitätsgrenze) auffasst. Damit setzen solche Saiten keinen Widerstand gegenüber einer Biegung entgegen, ihre Biegesteifigkeit ist vernachlässigbar. Der letzte Begriff spielt dann bei der Biegung von Balken in Kap. 11 eine wesentliche Rolle. In Band 2 hatten wir ungespannte Seile und deren eingenommene Form bezüglich Eigengewicht (Kettenlinien) und mit Zusatzgewicht bei Vernachlässigung des Eigengewichts behandelt. In diesem Kapitel betrachten wir ausschließlich masselose, vorgespannte und auf beiden Seiten fest eingespannte Saiten. Im einfachsten Fall wird die Saite in einem Punkt mit Abstand $x = a$ festgehalten und vertikal mit einer Kraft F ausgelenkt (Abb. 10.1 links). Offensichtlich erfahren Teilchen auf der rechten Seite eine größere Dehnung bei konstanter Dichte und konstantem Querschnitt in x-Richtung als Teilchen auf der linken Seite (kleine horizontale Pfeile). Deswegen sind die Spannungskräfte N_1 und N_2 auch unterschiedlich groß. Lenkt man die Saite genau in der Mitte aus, dann ist die Dehnung beidseits gleich groß. Insgesamt unterliegt jedes Teilchen im Allgemeinen drei Bewegungen (Abb. 10.1 rechts oben): einer Translation in vertikaler Richtung (1), einer Drehung (2) und einer Dehnung (3). Die Drehung spielt hier infolge der fehlenden Biegesteifigkeit keine Rolle. Die Saite kann nebst mit Einzelkräften auch mit Gleichlasten einer Breite $s \leq l$ belastet werden. Wir nennen diese vom Ort abhängige Last kurz $q(x)$ mit der Einheit $\frac{\mathrm{N}}{\mathrm{m}}$.

Herleitung von (10.1)–(10.6)

Gesucht ist die Auslenkung $u(x)$ als Funktion der Spannungskraft N und der Last $q(x)$.

Idealisierungen:

- Dichte und Querschnitt sind konstant (konstante Massenbelegung).
- Die Saite besitzt keine Biegesteifigkeit.
- Die Saite wird als masselos aufgefasst.

Vertikale Bilanz und lineare Approximation: Kraft- oder Impulsänderungsbilanz eines Saitenstücks der Länge ds (Abb. 10.1 rechts unten).

Es gilt

$$\frac{d(m\dot{u})}{dt} = -F_1 + F_2 + q(x)ds = 0 \quad \text{oder} \quad N_2 \cdot \sin\beta - N_1 \cdot \sin\alpha + q(x)ds = 0. \tag{10.1}$$

Zusätzliche Idealisierung:

Die Auslenkungen $u(x)$ sind klein gegenüber der Saitenlänge l.

https://doi.org/10.1515/9783111345765-010

Diese Annahme zieht einige Folgerungen nach sich:

1. Die Dehnung der Teilchen kann man vernachlässigen und $N_1 \approx N_2 \approx N_0 = N$ setzen.
2. Mit $\frac{du}{dx} \ll 1$ ist $(\frac{du}{dx})^2 \approx 0$ und somit

$$\frac{ds}{dx} \approx \frac{\sqrt{(dx)^2 + (du)^2}}{dx} = \sqrt{1 + \left(\frac{du}{dx}\right)^2} \approx 1,$$

woraus $ds \approx dx$ folgt.

3. Man erhält weiter $\sin\alpha \approx \tan\alpha = u'(x)$ und $\sin\beta \approx \tan\beta = u'(x+dx)$.

Damit schreibt sich (10.1) als $N \cdot [u'(x+dx) - u'(x)] + q(x)dx = 0$.

Die Verschiebungsänderung wird nur bis zur 1. Näherung betrachtet, d. h. die Auslenkungen sind klein gegenüber der Gesamtlänge, woraus

$$N \cdot \left[u'(x) + \frac{du'}{dx}dx - u'(x)\right] + q(x)dx = 0$$

entsteht. Schließlich folgt nacheinander $N\frac{du'}{dx}dx + q(x)dx = 0, N\frac{du'}{dx} + q(x) = 0$ und endlich die DG der statischen Auslenkung einer Saite zu

$$\frac{d^2u}{dx^2} = -\frac{q(x)}{N}. \tag{10.2}$$

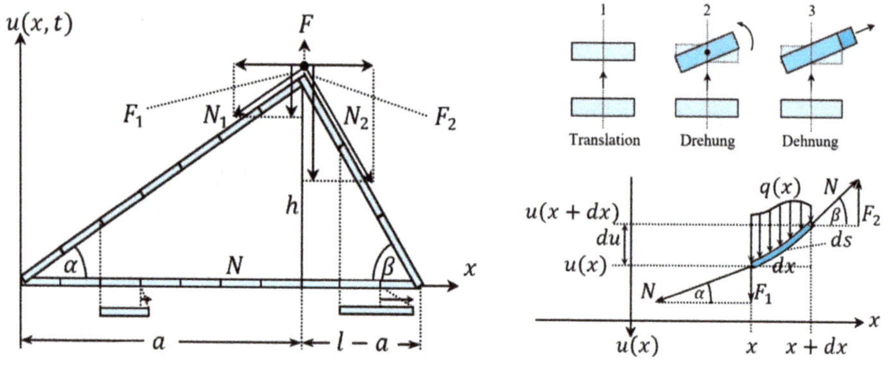

Abb. 10.1: Skizzen zur statischen Auslenkung einer Saite.

Beispiel 1. Gegeben sei der Fall für Gleichlast $q(x) = q_0$. Bestimmen Sie die statische Auslenkung.

Lösung. Die zweifache Integration von (10.2) liefert $u(x) = -\frac{q_0}{2N}x^2 + C_1x + C_2$. Mit den Randbedingungen (RB) I. $u(0) = 0$ und II. $u(l) = 0$ folgt $C_2 = 0$ und $C_1 = \frac{q_0}{2N}l$. Insgesamt erhält man

$$u(x) = -\frac{q_0}{2N}x^2 + \frac{q_0}{2N}lx, \quad u(x) = -\frac{q_0}{2N}(x^2 - lx) \quad \text{und}$$

$$u(x) = -\frac{q_0 l^2}{2N}\left[\left(\frac{x}{l}\right)^2 - \left(\frac{x}{l}\right)\right]. \tag{10.3}$$

Beispiel 2. Die beidseits fest eingespannte Saite wird im Abstand a von der linken Einspannung mit einer Kraft F belastet (Abb. 10.1 links, an der x-Achse gespiegelt) Bestimmen Sie die statische Auslenkung und die maximale Auslenkung an der Stelle $x = a$.

Lösung. Die Auslenkung muss in zwei Teilauslenkungen zerlegt werden. Aus $u'' = 0$ folgt $u_1(x) = C_1x + C_2$ für $0 \le x \le a$ und $u_2(x) = D_1x + D_2$ für $a \le x \le l - a$. Die RBen sind I. $u_1(0) = 0$ und II. $u_2(l) = 0$, woraus $C_2 = 0$ und $D_2 = -D_1 l$ folgt. Eine weitere Bedingung erhält man am Übergang: III. $u_1(a) = u_2(a)$. Dies liefert $C_1 a = D_1(a - l)$. Für die letzte Bedingung beachten wir, dass sich die aufzubringende Kraft F aus F_1 und F_2 zusammensetzt: $F = F_1 + F_2$. Dabei entnimmt man Abb. 10.1 links $F_1 = N_1 \sin\alpha$ und $F_2 = N_2 \sin\beta$. (F ist aus Platzgründen viel zu klein eingezeichnet.) Jetzt kommen abermals die Idealisierungen ins Spiel. Für kleine Auslenkungen kann man $\sin\alpha \approx \frac{du_1}{dx}(a)$ und $\sin\beta \approx -\frac{du_2}{dx}(a)$ setzen. Zudem darf man $N_1 \approx N_2 \approx N_0 = N$ identifizieren, wenn die Dehnung vernachlässigt wird. Insgesamt ergibt das $F = N[u_1'(a) - u_2'(a)]$ oder IV. $F = N[C_1 - D_1]$. Die Verrechnung von II. – IV. führt zu $C_1 = \frac{F(l-a)}{Nl}$, $D_1 = -\frac{Fa}{Nl}$ und $D_2 = \frac{Fa}{N}$. Insgesamt entsteht

$$u_1(x) = \frac{F}{N} \cdot \frac{l-a}{l}x \quad \text{und} \quad u_2(x) = -\frac{Fa}{Nl}x + \frac{Fa}{N} = \frac{F}{N} \cdot \frac{l-x}{l}a. \tag{10.4}$$

Speziell für $x = a$ folgt $h = u_{\max} = \frac{F}{N} \cdot \frac{l-a}{l}a$ und der Zusammenhang

$$F \ge \frac{hl}{a(l-a)}N. \tag{10.5}$$

Insbesondere für $a = \frac{l}{2}$ hat man $F \ge \frac{4h}{l}N$.

Es soll noch geklärt werden, wie das Ergebnis (10.4) mit Einbezug der Dehnung zu korrigieren ist und weshalb das Ungleichheitszeichen stehen muss. Wieder betrachten wir Abb. 10.1 links. Durch die Auslenkung wächst die Spannung im linken Teil der Saite um die durch die Dehnung hervorgerufene rücktreibende Kraft N_1^*, also von N_0 auf $N_1 = N_0 + N_1^*$ und entsprechend rechts von N_0 auf $N_2 = N_0 + N_2^*$. Dabei ist

$$N_1^* = \sigma_1^* A = EA\varepsilon_1 = EA\frac{\Delta l_1}{l_1} = EA\frac{\sqrt{a^2 + h^2} - a}{a}$$

und analog

$$N_2^* = EA\frac{\sqrt{(l-a)^2 + h^2} - a}{l-a}.$$

Für die zur Auslenkung benötigte Kraft gilt $F = F_1 + F_2$ mit

$$F_1 = N_1 \sin\alpha = N_1 \frac{h}{\sqrt{a^2 + h^2}} \quad \text{und} \quad F_2 = N_2 \sin\beta = N_2 \frac{h}{\sqrt{(l-a)^2 + h^2}}.$$

Insgesamt erhält man

$$\begin{aligned} F &= N_1 \frac{h}{\sqrt{a^2 + h^2}} + N_2 \frac{h}{\sqrt{(l-a)^2 + h^2}} \quad \text{und} \\ F &= N_0 h\left(\frac{1}{\sqrt{a^2 + h^2}} + \frac{1}{\sqrt{(l-a)^2 + h^2}}\right) \\ &\quad + EAh\left(\frac{1}{a} + \frac{1}{l-a} - \frac{1}{\sqrt{a^2 + h^2}} - \frac{1}{\sqrt{(l-a)^2 + h^2}}\right). \end{aligned} \tag{10.6}$$

Im Fall von $h \ll 1$ ist $h^2 \approx 0$, was der Annahme kleiner Auslenkungen entspricht und (10.6) geht über in $F \geq \frac{hl}{a(l-a)} N$, dem Ergebnis (10.5). Da der Wert der 2. Klammer in (10.6) außer für $h = 0$ immer positiv ist, rechtfertigt dies das Ungleichheitszeichen in (10.5).

11 Balkenbiegungen

Eine weitere Verformungsart nebst den bisher besprochen, ist die Biegung eines Balkens. Die klassische Theorie geht von einem sogenannten Bernoulli-Balken aus, der folgenden Annahmen genügt:

Idealisierungen:

1. Der betrachtete Balken ist schlank in dem Sinne, dass die Länge wesentlich größer als die Abmessungen seines Querschnitts ist.
2. Der Balken erfährt keine Schubverformung. Daraus ergeben sich die nachstehenden Folgerungen:
   a. Die Balkenquerschnitte bleiben auch nach der Verformung eben und werden nicht tordiert.
   b. Die Abmessungen des Balkens bleiben bestehen.
   c. Die Balkenquerschnitte stehen vor und nach der Verformung normal auf der jeweiligen Balkenachse.
3. Die Biegeverformungen sind klein im Vergleich zur Länge des Balkens.
4. Das Material des Balkens wird als isotrop betrachtet. Diese Bedingung garantiert, dass bei einer Biegung sowohl in y- wie auch in z-Richtung (Abb. 11.1 links) derselbe Elastizitätsmodul zugrunde liegt.

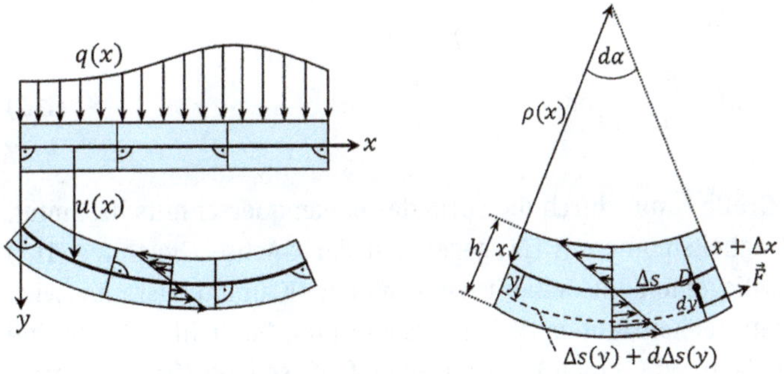

Abb. 11.1: Skizzen zum Bernoulli-Balken.

Herleitung von (11.1)–(11.4)

Gegeben ist ein Balken mit einer senkrecht zur Längsachse wirkenden Streckenbelastung (kurz „Last“) in $\frac{\text{N}}{\text{m}}$. Diese kann, nebst dem Eigengewicht des Balkens, aus einer einzelnen Kraft, mehreren Einzelkräften oder einer über den gesamten Balken verteilten Last bestehen (Abb. 11.1 links). Der Balken wird in übereinanderliegende, parallel zur Längsachse verlaufende Fasern zerlegt. Im oberen Teil sind die Fasern gestaucht, im unteren gestreckt. In der Mitte können wir eine Schicht annehmen, die weder gestaucht noch gestreckt ist: die neutrale Faser. Aus dem Balken wird im verbogenen Zustand ein Stück Δs herausgeschnitten (Abb. 11.1 rechts). Mit Krümmungskreis bezeichnet man den-

https://doi.org/10.1515/9783111345765-011

jenigen Kreis, der den Verlauf von Δs am besten annähert (eigentlich im Punkt $P(x, y)$ selber für $\Delta s \to 0$). Den zugehörigen Krümmungsradius nennen wir $\rho(x)$ und der Kehrwert κ heißt Krümmung: $\kappa(x) = \frac{1}{\rho(x)}$.

Bilanz: Bogenlängenänderung $d\Delta s$. Einerseits gilt $\Delta s = \rho \cdot da$ und anderseits $\Delta s + d\Delta s = (\rho + y) \cdot da$, falls y der Abstand zur neutralen Faser meint. Für die Änderung erhält man dann $d\Delta s = (\rho + y) \cdot da - \rho \cdot da = y \cdot da = y \cdot \frac{\Delta s}{\rho}$ oder $\frac{y}{\rho} = \frac{d\Delta s}{\Delta s}$. Die rechte Seite entspricht gerade der Dehnung ε, woraus

$$\frac{y}{\rho} = \varepsilon \tag{11.1}$$

folgt. Mithilfe des Hooke'schen Gesetzes (8.1.1) ergibt sich $\sigma_x(y) = \frac{E}{\rho} \cdot y$. Dabei gewährleisten die ersten drei Annahmen einen einachsigen Spannungszustand frei von Schubverformungen und seitlichen Effekten, allein charakterisiert durch das Hooke'sche Gesetz. Die Balkenbiegung erzeugt dabei eine sogenannte Biegespannung σ_x, die im Gegensatz zu einer Zugspannung über die Balkenhöhe linear veränderlich ist (Abb. 11.1 links und rechts). Nun ermitteln wir die Wirkung dieser Spannung. Aus $\sigma_x(y) = \frac{dF}{dA}$ folgt $dF = \sigma_x(y) \cdot dA$ und damit $dF = \frac{E}{\rho} \cdot y \cdot dA$ (Abb. 11.1 rechts und Abb. 11.2 links). Dabei ist $dA = dy \cdot b$ mit der Breite b. Die Kraft dF bewirkt ein Drehmoment dM um den Punkt D mit dem Hebelarm y. Für einen Balken heißt dieses Moment Biegemoment und es gilt $dM = dF \cdot y = \frac{E}{\rho} \cdot y^2 \cdot dA$. Integriert über die gesamte Querschnittsfläche erhält man das gesamte Biegemoment zu

$$M = \frac{E}{\rho} \cdot I \quad \text{mit} \quad I = I_z = \int_A y^2 \cdot dA. \tag{11.2}$$

Offenbar wird die Größe I_z nur durch die Form des Balkenquerschnitts bestimmt. I_z nennt man Flächenträgheitsmoment (FTM) gegenüber der x-Achse. Gleichung (11.2) entnimmt man, dass das Biegemoment kleiner ist, je größer der Krümmungsradius wird und umgekehrt. M ist nur bei konstantem ρ ebenfalls konstant. Dies trifft nur für eine Gerade (ungebogener Balken) oder einen Kreis zu. Schließlich soll der Krümmungsradius $\rho(x)$ durch die Auslenkung $u(x)$ ausgedrückt werden. Gemäß Abb. 11.2 Mitte gilt $ds = \rho(x) \cdot da$ und $\tan a = u'(x)$ oder $\frac{1}{\rho} = \frac{da}{ds} = \frac{da}{dx} \cdot \frac{dx}{ds}$ und $a = \arctan(u')$, woraus

$$\frac{da}{dx} = \frac{u''}{1 + (u')^2}$$

folgt.

Lineare Approximation: Die Differenz $\Delta u = u(x + dx) - u(x)$ wird approximiert durch das Differential du. Je kleiner du wird, umso genauer wird die Gleichung $ds^2 = dx^2 + du^2$. Man erhält

$$\left(\frac{ds}{dx}\right)^2 = 1 + \left(\frac{du}{dx}\right)^2, \quad \frac{ds}{dx} = \sqrt{1 + (u')^2}$$

und insgesamt folgt

$$\frac{1}{\rho} = \frac{u''}{[1 + (u')^2]^{\frac{3}{2}}}.$$

Unter Beachtung der Annahme 3, wodurch u und demnach u' klein sind, hat man $(u')^2 \ll 1$. Dies ergibt $\frac{1}{\rho(x)} \approx u''(x)$ und den Zusammenhang

$$\varepsilon = y \cdot u''(x). \tag{11.3}$$

Gleichung (11.3) liefert dann das Ergebnis

$$u''(x) = -\frac{M(x)}{E \cdot I}. \tag{11.4}$$

Das Produkt EI heißt Biegesteifigkeit und ist ein Maß für die Verformbarkeit. Das Vorzeichen wird folgendermaßen bestimmt: Für eine nach unten zeigende y-Achse wie in den Abbildungen 11.1 links, rechts sowie 11.2 rechts sind die Biegemomente sämtlich positiv definiert. Die Krümmung wird als positiv definiert, wenn der Normalenvektor des Krümmungsradius in Richtung der y-Achse zeigt. Da dies in den drei genannten Abbildungen nicht der Fall ist, erzeugt ein positives Biegemoment eine negative Krümmung und umgekehrt.

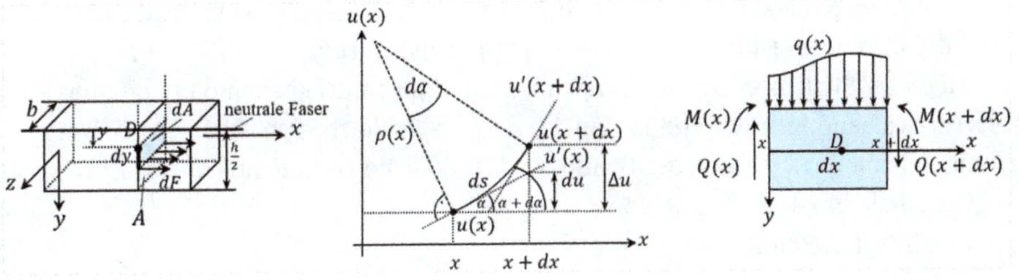

Abb. 11.2: Skizzen zur Balkenbiegung.

11.1 Biegelinien

Es sollen zwei mögliche Belastungen auf einen Balken untersucht werden, die eine Biegung hervorrufen:

1. Eine Streckenlast $q_0(x)$. Damit kann das Eigengewicht des Balkens alleine, eine zusätzlich auf den Balken aufgetragene Last oder die Summe beider Lasten gemeint sein. In den meisten praktischen Fällen wird die Durchbiegung aufgrund von Eigengewicht vernachlässigt.
2. Die Belastung durch eine Einzelkraft F. Dies kann beispielsweise durch eine auf den Balken aufgesetzte Masse m erzeugt werden und es gilt $F = F_G = mg$.

Herleitung von (11.1.1)–(11.1.6)

Als Erstes berechnen wir das FTM für einen Balken mit konstanter Länge l, der Breite b und der Höhe h (Abb. 11.2 links). Bei der Integration über die Höhe muss man beachten, dass die neutrale Faser in der Balkenmitte liegt und die gesamte Höhe von 0 bis $\frac{h}{2}$ nach oben und von 0 bis $-\frac{h}{2}$ nach unten abgemessen wird. In Abb. 11.2 links ist auch nur der halbe Balken dargestellt. Nach Gleichung (11.2) gilt

$$I_z = \int_A y^2 \cdot dA = b \int_{-\frac{h}{2}}^{\frac{h}{2}} y^2 dy = b \cdot \left[\frac{y^3}{3}\right]_{-\frac{h}{2}}^{\frac{h}{2}} = \frac{b}{3} \cdot \left[\frac{h^3}{8} + \frac{h^3}{8}\right] = \frac{b}{3} \cdot \frac{2h^3}{8} = \frac{bh^3}{12}. \tag{11.1.1}$$

Die Gleichung schreibt sich auch als $I_z = \frac{Ah^2}{12}$. Dies besagt, dass die Biegesteifigkeit eines Balkens mit demselben Querschnitt A quadratisch mit der Höhe h zunimmt. Deshalb legt man ein Sprungbrett flach, einen Balken hingegen hochkant hin.

Des Weiteren kann man die Verbiegung in Abhängigkeit des Querschnitts eines kreisrunden Stabs ermitteln. Dazu zerlegen wir die Kreisfläche in parallel zur z-Achse liegende Streifen der Dicke dy und es gilt

$$I_z = \int_A y^2 dA = 2 \int_{-R}^{R} y^2 \sqrt{R^2 - y^2} dy = \frac{\pi R^4}{4} = I_y. \tag{11.1.2}$$

Kreisförmige Balken eignen sich nicht, um sie mit Lasten zu versehen, sodass wir uns auf Balken mit rechteckigem Querschnitt konzentrieren.

An dieser Stelle berechnen wir noch kurz das Massenträgheitsmoment J eines Balkens (dieses benötigen wir erst in Kap. 18) für eine Drehachse parallel zur y-Achse und genau im Zentrum zwischen der Grund- und Deckfläche verlaufend (Abb. 11.2 links).

Die Länge in x-Richtung sei l.

Es gilt (vgl. 2. Band)

$$J = \int_m r^2 dm = \rho \int_V r^2 dV = \frac{m}{blh} \int_0^b \int_{-\frac{h}{2}}^{\frac{h}{2}} \int_{-\frac{l}{2}}^{\frac{l}{2}} (x^2 + y^2) dx dy dz$$

$$= \frac{m}{blh} \int_0^b \int_{-\frac{h}{2}}^{\frac{h}{2}} \left(\frac{l^3}{12} + y^2 l\right) dy dz = \frac{m}{blh} \int_0^b \left(\frac{l^3 h}{12} + \frac{lh^3}{12}\right) dz \quad \text{und somit}$$

$$J = \frac{mb}{blh}\left(\frac{l^3 h}{12} + \frac{lh^3}{12}\right) = \frac{m}{12}(l^2 + h^2). \tag{11.1.3}$$

Als Nächstes sollen mittels Gleichung (11.2) aus dem Biegemoment Rückschlüsse auf die Belastungsfunktion $q(x)$ in $\frac{\text{N}}{\text{m}}$ gezogen werden. Dazu führen wir zwei Bilanzen am infinitesimal kleinen Balkenelement mit der Länge dx durch (Abb. 11.1 rechts. Das Balkenstück könnte auch gekrümmt sein mit $ds \approx dx$, vgl. Kap. 18). Die Vorzeichen in den Bilanzgleichungen folgen dabei der Konvention eines positiven- bzw. negativen Schnittufers. Setzt man in Gedanken die beiden Ufer zusammen, so heben sich sowohl die Querkräfte als auch die Momente auf, wie es für einen ruhenden Balken sein muss.

1. Bilanz und lineare Approximation: Die Änderung der Querkraft.

Man kann die Bilanz auch als Impulsänderung ohne Beschleunigung gemäß (7.2) auffassen. Dann entspricht (7.2) der Nullsumme aller angreifenden Kräfte. Es gilt

$$Q(x) - q(x) \cdot dx - Q(x + dx) = 0.$$

In 1. Näherung ist

$$Q(x + dx) \approx Q(x) + \frac{dQ}{dx} dx = Q(x) + dQ,$$

woraus sich die Bilanz reduziert zu

$$Q(x) - q(x) \cdot dx - Q(x) - dQ = 0 \quad \text{oder} \quad \frac{dQ(x)}{dx} = -q(x). \tag{11.1.4}$$

2. Bilanz und lineare Approximation: Die Änderung des Biegemoments bezüglich dem Drehpunkt D, der mit dem Schwerpunkt des Massenstücks zusammenfällt.

Die Bilanz entspricht einer Drehimpulsbilanz ohne Rotationsbeschleunigung. Aus Gleichung (7.3) entsteht eine Nullsumme aller Biegemomente. Den Abstand zwischen D und den Schnittstellen setzt man mit $\frac{dx}{2}$ oder einem Vielfachen davon an. Dann erhält man (im Uhrzeigersinn gedreht, womit die Querkräfte beide dasselbe Vorzeichen besitzen, weil die Drehung in dieselbe Richtung erfolgt)

$$-M(x) - Q(x) \cdot \frac{dx}{2} + q(x) \cdot dx \cdot 0 + M(x + dx) - Q(x + dx) \cdot \frac{dx}{2} = 0.$$

In 1. Näherung ist $Q(x + dx) \approx Q(x) + dQ$ und $M(x + dx) \approx M(x) + dM$, woraus sich die Bilanz zu

$$-Q(x) \cdot dx + dM - dQ\frac{dx}{2} = 0$$

reduziert. Vernachlässigt man noch den letzten Term mit Änderungen höherer Potenz, so ergibt sich

$$\frac{dM(x)}{dx} = Q(x). \tag{11.1.5}$$

Verrechnet man (11.1.4) und (11.1.5) mit (11.4) und integriert (11.4) zweimal, so ergeben sich die folgenden fünf DGen:

Belastung

$$EI \cdot u''''(x) = q(x),$$

Querkraft

$$EI \cdot u'''(x) = \int q(x) + C_1 = -Q(x),$$

Biegemoment

$$EI \cdot u''(x) = -\int Q(x)dx + C_2 = -M(x),$$

Neigung

$$EI \cdot u'(x) = -\int M(x)dx + C_3 = R(x),$$

Durchbiegung

$$EI \cdot u(x) = \int R(x)dx + C_4. \tag{11.1.6}$$

Die vier Konstanten sind durch die RBen bestimmt. Für die Neigungsfunktion wird nicht der Buchstabe N verwendet, um sie nicht mit einer am Balken angreifenden Normalkraft zu verwechseln. In der folgenden Übersicht sind die Bedingungen für die drei möglichen Ränder zusammengetragen.

Übersicht über die Randbedingungen bei Biegelinien

Eingespannter Rand	I. $u(x_R) = 0$ (WRB)
	II. $u'(x_R) = 0$ (WRB)
Gelenkig gestützter Rand	I. $u(x_R) = 0$ (WRB)
	II. $M(x_R) = 0 \Rightarrow u''(x_R) = 0$ (NRB)
Freier Rand	I. $M(x_R) = 0 \Rightarrow u''(x_R) = 0$ (NRB)
	II. $Q(x_R) = 0 \Rightarrow u'''(x_R) = 0$ (NRB)

Wesentliche (geometrische) RBen (WRB) beschreiben die Lagerung, natürliche (dynamische) RBen (NRB) die entstehenden Momente oder Querkräfte.

Für die Biegeform unter Eigengewicht gibt es vier Fälle:

1. Fall: links eingespannt, rechts frei.
2. Fall: beidseitig eingespannt.
3. Fall: links eingespannt, rechts gelenkig gestützt.
4. Fall: beidseitig gelenkig gestützt.

Bemerkung. In allen folgenden Beispielen wird die Biegelinie $u(x)$ nach oben auslenkend berechnet, um zusätzliche Vorzeichen zu vermeiden. In den Skizzen hingegen wird der Pfeil für $u(x)$ (nicht ganz korrekt) nach unten wirkend angezeigt, um anzudeuten, dass der Balken letztlich nach unten ausgelenkt wird.

Beispiel 1. Biegefall 1 unter gleichmäßig verteilter Last. Die Last pro Meter sei konstant q_0 (Abb. 11.7, oberste Zeile). Gesucht ist die Biegelinie und die größte Durchbiegung.

Lösung. Es gilt $EI \cdot u'''' = q_0$ und daraus erhält man nacheinander:

$$\begin{aligned}
\frac{EI}{q_0}u'''' &= 1, \\
\frac{EI}{q_0}u''' &= x + C_1, \\
\frac{EI}{q_0}u'' &= \frac{x^2}{2} + C_1 x + C_2, \\
\frac{EI}{q_0}u' &= \frac{x^3}{6} + C_1\frac{x^2}{2} + C_2 x + C_3, \\
\frac{EI}{q_0}u &= \frac{x^4}{24} + C_1\frac{x^3}{6} + C_2\frac{x^2}{2} + C_3 x + C_4.
\end{aligned}$$

Die RBen lauten I. $u(0) = 0$, II. $u'(0) = 0$, III. $M(l) = 0$ und IV. $Q(l) = 0$.
Aus I. und II. folgen $C_4 = 0$ und $C_3 = 0$ respektive.
Aus III. $\frac{l^2}{2} + C_1 l + C_2 = 0$ und nacheinander $\frac{l^2}{2} - l^2 + C_2 = 0$, $C_2 = \frac{l^2}{2}$.
Aus IV. $l + C_1 = 0$, also $C_1 = -l$.
Für die Biegelinie folgt

$$u(x) = \frac{q_0}{EI}\left(\frac{x^4}{24} - l\frac{x^3}{6} + \frac{l^2}{2}\cdot\frac{x^2}{2}\right) = \frac{q_0 l^4}{24EI}\left[\left(\frac{x}{l}\right)^4 - 4\left(\frac{x}{l}\right)^3 + 6\left(\frac{x}{l}\right)^2\right].$$

In allen Abbildungen ist die Biegelinie punktiert und der Momentverlauf gestrichelt markiert. Man erhält für das Biegemoment

$$M(x) = -\frac{q_0}{2}(x^2 - 2lx + l^2) = -\frac{q_0}{2}(x - l)^2.$$

Die größte Durchbiegung ergibt sich für $x = l$ zu

$$u_{\text{Max}} = \frac{q_0 l^4}{24EI}(1 - 4 + 6) = \frac{q_0 l^4}{8EI}.$$

Beispiel 2. Biegefall 3 unter gleichmäßig verteilter Last. Die Last pro Meter des Balkens sei konstant q_0 (Abb. 11.3 links).

a) Gesucht ist die Biegelinie und die größte Durchbiegung.
b) Ermitteln Sie die Biegelinie infolge des Eigengewichts mit $E = 2{,}1 \cdot 10^{11}\,\frac{\text{N}}{\text{m}^2}$, $\rho = 7{,}8 \cdot 10^3\,\frac{\text{kg}}{\text{m}^3}$, $I = \frac{1}{12}Ah^2$ und $h = 0{,}05\,\text{m}$.

Lösung.

a) Es gilt $EI \cdot u'''' = q_0$ und daraus erhält man nacheinander:

$$\frac{EI}{q_0}u'''' = 1,$$

$$\frac{EI}{q_0}u''' = x + C_1,$$

$$\frac{EI}{q_0}u'' = \frac{x^2}{2} + C_1 x + C_2,$$

$$\frac{EI}{q_0}u' = \frac{x^3}{6} + C_1\frac{x^2}{2} + C_2 x + C_3,$$

$$\frac{EI}{q_0}u = \frac{x^4}{24} + C_1\frac{x^3}{6} + C_2\frac{x^2}{2} + C_3 x + C_4.$$

Die RBen lauten I. $u(0) = 0$, II. $u'(0) = 0$, III. $u(l) = 0$, IV. $M(l) = 0$
Aus I. und II. folgen $C_4 = 0$ und $C_3 = 0$ respektive.
Aus III.

$$\frac{l^4}{24} + C_1\frac{l^3}{6} + C_2\frac{l^2}{2} = 0, \quad \text{also} \quad l^2 + 4C_1 l + 12C_2 = 0.$$

Aus IV.

$$\frac{l^2}{2} + C_1 l + C_2 = 0 \quad \text{und damit} \quad l^2 + 2C_1 l + 2C_2 = 0.$$

Daraus wird nacheinander $-5l^2 - 8C_1 = 0$, $C_1 = -\frac{5l}{8}$ und $C_2 = \frac{l^2}{8}$.
Für die Biegelinie folgt

$$u(x) = \frac{q_0}{EI}\left(\frac{x^4}{24} - \frac{5l}{8}\cdot\frac{x^3}{6} + \frac{l^2}{8}\cdot\frac{x^2}{2}\right) = \frac{q_0 l^4}{48EI}\left[2\left(\frac{x}{l}\right)^4 - 5\left(\frac{x}{l}\right)^3 + 3\left(\frac{x}{l}\right)^2\right].$$

Das Biegemoment lautet

$$M(x) = -\frac{q_0}{8}(4x^2 - 5lx + l^2).$$

Für die größte Durchbiegung muss man zuerst die zugehörige Stelle berechnen:
Aus $u'(x) = 0$ folgt

$$\frac{x^3}{6} - \frac{5lx^2}{16} + \frac{l^2}{8}x = 0$$

und daraus erhält $x_{1,2} = \frac{15 \pm \sqrt{33}}{16}l$, also $x = \frac{15 - \sqrt{33}}{16} \cdot l$. Eingesetzt erhält man

$$u_{\text{Max}} = \frac{q_0 l^4}{8EI} \cdot \frac{15\sqrt{33} + 39}{8192}.$$

b) Es ergibt sich $q_0 = \frac{mg}{l} = \rho A g$, daraus

$$\frac{q_0 l^4}{48EI} = \frac{\rho A g l^4}{48 \cdot E \cdot \frac{1}{12} A h^2} = \frac{\rho g l^4}{4 \cdot E \cdot h^2}$$

und für die Biegelinie

$$\begin{aligned} u(x) &= \frac{\rho g l^4}{4 \cdot E \cdot h^2}\left[2\left(\frac{x}{l}\right)^4 - 5\left(\frac{x}{l}\right)^3 + 3\left(\frac{x}{l}\right)^2\right] \\ &= \frac{7{,}8 \cdot 10^3 \cdot 9{,}81 \cdot l^4}{4 \cdot 2{,}1 \cdot 10^{11} \cdot 0{,}05^2}\left[2\left(\frac{x}{l}\right)^4 - 5\left(\frac{x}{l}\right)^3 + 3\left(\frac{x}{l}\right)^2\right] \\ &= 3{,}64 \cdot 10^{-5} l^4\left[2\left(\frac{x}{l}\right)^4 - 5\left(\frac{x}{l}\right)^3 + 3\left(\frac{x}{l}\right)^2\right]. \end{aligned}$$

Beispiel 3. Biegefall 4 unter veränderlicher Last. Die Last sei homogen und parabelförmig (Abb. 11.3 Mitte).

a) Ermitteln Sie die Lastfunktion $q(x)$.
b) Gesucht ist die Biegelinie und die größte Durchbiegung.

Lösung.

a) Die zugehörige Gleichung lautet $f(x) = ax(l - x)$. Dann ist

$$\frac{f(x)}{l^2} = a\frac{x}{l}\left(\frac{l-x}{l}\right),$$

woraus

$$q(x) = q_0 \frac{x}{l}\left(1 - \frac{x}{l}\right)$$

mit dem Scheitelwert q_0 entsteht.

b) Nacheinander gilt:

$$\begin{aligned} \frac{l^2 EI}{q_0} u'''' &= -x^2 + l \cdot x, \\ \frac{l^2 EI}{q_0} u''' &= -\frac{x^3}{3} + l\frac{x^2}{2} + C_1, \\ \frac{l^2 EI}{q_0} u'' &= -\frac{x^4}{12} + l\frac{x^3}{6} + C_1 x + C_2, \\ \frac{l^2 EI}{q_0} u' &= -\frac{x^5}{60} + l\frac{x^4}{24} + C_1\frac{x^2}{2} + C_2 x + C_3, \\ \frac{l^2 EI}{q_0} u &= -\frac{x^6}{360} + l\frac{x^5}{120} + C_1\frac{x^3}{6} + C_2\frac{x^2}{2} + C_3 x + C_4. \end{aligned}$$

Die RBen lauten I. $u(0) = 0$, II. $M(0) = 0$, III. $u(l) = 0$, IV. $M(l) = 0$.
Aus I. $C_4 = 0$ und aus II. $C_2 = 0$.
Aus III. folgt nacheinander

$$-\frac{l^3}{360} + \frac{l^6}{120} + C_1\frac{l^3}{6} + C_3 l = 0, \quad \frac{l^6}{180} + C_1\frac{l^3}{6} + C_3 l = 0 \quad \text{und} \quad \frac{l^5}{180} + C_1\frac{l^3}{6} + C_3 = 0.$$

Aus IV.

$$-\frac{l^4}{12} + \frac{l^4}{6} + C_1 l = 0, \quad \frac{l^4}{12} + C_1 l = 0, \quad C_1 = -\frac{l^3}{12} \quad \text{und} \quad C_3 = \frac{l^5}{120}.$$

Für die Biegelinie folgt

$$u(x) = \frac{q_0}{l^2 EI}\left(-\frac{x^6}{360} + \frac{lx^5}{120} - \frac{l^3x^3}{72} + \frac{l^5x}{120}\right) \quad \text{oder}$$

$$u(x) = -\frac{q_0 l^4}{360EI}\left[\left(\frac{x}{l}\right)^6 - 3\left(\frac{x}{l}\right)^5 + 5\left(\frac{x}{l}\right)^3 - 3\left(\frac{x}{l}\right)\right].$$

Die größte Auslenkung beträgt

$$u\left(\frac{l}{2}\right) = u_{\text{Max}} = \frac{61 \cdot l^4}{23040 \cdot EI}.$$

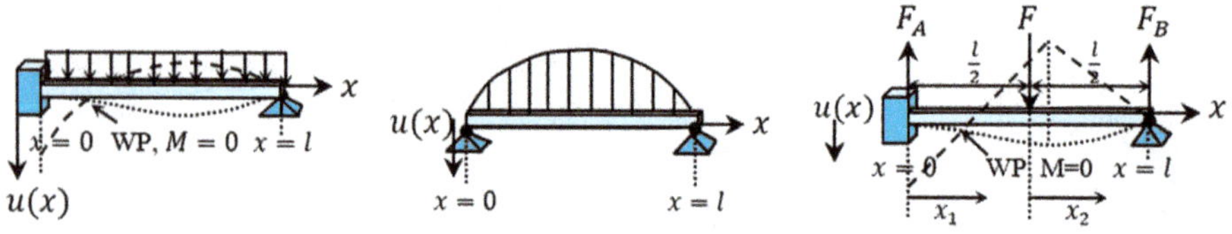

Abb. 11.3: Skizzen zu den Beispielen 2, 3 und 5.

Beispiel 4. Biegefall 2 unter mittiger Einzelkraft (Abb. 11.8, 2. Zeile). Gesucht ist die Biegelinie für den linken Rand bis ins Zentrum und die größte Durchbiegung.

Lösung. Nacheinander gilt:

$$\begin{aligned} EIu'''' &= 0, \\ EIu''' &= C_1, \\ EIu'' &= C_1 x + C_2, \\ EIu' &= C_1\frac{x^2}{2} + C_2 x + C_3, \\ EIu &= C_1\frac{x^3}{6} + C_2\frac{x^2}{2} + C_3 x + C_4. \end{aligned}$$

Die RBen lauten I. $u(0) = 0$ und II. $u'(0) = 0$.

Die Biegelinie muss in zwei getrennte Funktionen $u_1(x)$ und $u_2(x)$ zerlegt werden: $u_1(x)$ für $0 \leq x \leq \frac{l}{2}$ und $u_2(x)$ für $\frac{l}{2} \leq x \leq l$.

Kräftebilanz: Es gilt $F_A + F_B = F$. Aufgrund der Symmetrie erhält man für die beiden Reaktionskräfte $F_A = F_B = \frac{F}{2}$.

Momentbilanz: Infolge der festen Einspannung an den Rändern erfährt der Balken durch die Belastung ein Moment $M_A \neq 0$. Bezüglich dem Nullpunkt gilt $M(x) - M_A - \frac{F}{2}x = 0$. Aus $EIu'' = C_1x + C_2 = -M(x)$ sieht man, dass die Momentfunktion von $x = 0$ bis zu $x = \frac{l}{2}$ linear ansteigt. Da $F_A = F(\frac{l}{2}) = \frac{F}{2}$, muss $M(\frac{l}{4}) = 0$ sein. Daraus folgt $-M_A - \frac{F}{2} \cdot \frac{l}{4} = 0$, $M_A = -\frac{Fl}{8}$ und

$$M(x) = M_A + \frac{F}{2}x = -\frac{Fl}{8} + \frac{F}{2}x = \frac{F}{2}\left(x - \frac{l}{4}\right) = -EIu''(x).$$

Eine zweifache Integration ergibt

$$EIu'(x) = -\frac{F}{4}x^2 + \frac{Fl}{8}x + C_3 \quad \text{und} \quad EIu(x) = -\frac{F}{12}x^3 + \frac{Fl}{16}x^2 + C_3x + C_4.$$

Die RBen führen zu $C_3 = C_4 = 0$. Für die Biegelinie folgt

$$u_1(x) = \frac{F}{EI}\left(-\frac{x^3}{12} + l\frac{x^2}{16}\right) = -\frac{Fl^3}{48EI}\left[4\left(\frac{x}{l}\right)^3 - 3\left(\frac{x}{l}\right)^2\right] \quad \text{für } 0 \leq x \leq \frac{l}{2}.$$

Die größte Auslenkung beträgt

$$u\left(\frac{l}{2}\right) = u_{\text{Max}} = \frac{Fl^3}{192EI}.$$

Falls die gleichmäßig verteilte Last q_0 einen wesentlichen Einfluss auf die Verbiegung hat, kann die zugehörige Biegelinie zur vorhandenen addiert werden.

Beispiel 5. Biegefall 3 unter mittiger Einzelkraft (Abb. 11.3 rechts). Gesucht sind die beiden Biegelinien und die größte Durchbiegung.

Lösung. Nacheinander gilt;

$$\begin{aligned}
EIu_1'''' &= 0, \quad EIu_2'''' = 0,\\
EIu_1''' &= C_1, \quad EIu_2''' = D_1,\\
EIu_1'' &= C_1x_1 + C_2, \quad EIu_2'' = D_1x_2 + D_2,\\
EIu_1' &= C_1\frac{x_1^2}{2} + C_2x_1 + C_3, \quad EIu_2' = D_1\frac{x_2^2}{2} + D_2x_2 + D_3,\\
EIu_1 &= C_1\frac{x_1^3}{6} + C_2\frac{x_1^2}{2} + C_3x_1 + C_4, \quad EIu_2 = D_1\frac{x_2^3}{6} + D_2\frac{x_2^2}{2} + D_3x_2 + D_4.
\end{aligned}$$

Die RBen sind I. $u_1(0) = 0$, II. $u_1'(0) = 0$, III. $u_2(\frac{l}{2}) = 0$.

Die Biegelinie muss in zwei getrennte Funktionen $u_1(x_1)$ und $u_2(x_2)$ zerlegt werden: $u_1(x_1)$ für $0 \le x_1 \le \frac{l}{2}$ und $u_2(x_2)$ für $0 \le x_2 \le \frac{l}{2}$. Die Ermittlung derselben gestaltet sich schwieriger als bisher, weil die Reaktionskräfte F_A und F_B unbekannt sind. Die Drehmomentbilanz wird über die gesamte Länge erhoben.

Kräftebilanz: Es gilt $F_A + F_B = F$.

Momentbilanz: Bezüglich dem Nullpunkt erhält man $M_A + F\frac{l}{2} - F_B l = 0$ und daraus

$$M_A = l\left(F_B - \frac{F}{2}\right) = l\left(\frac{F}{2} - F_A\right)$$

(Abb. 11.3 rechts).

Momentbilanzen: Bezüglich dem Nullpunkt gilt $M_1(x_1) - M_A - F_A x_1 = 0$, was $M_1(x_1) = F_A x_1 + M_A$ liefert (Abb. 11.4 links oben). Bezüglich dem Endpunkt folgt (Abb. 11.4 links unten) $-M_2(x_2) + F_B(\frac{l}{2} - x_2) = 0$ und damit $M_2(x_2) = F_B(\frac{l}{2} - x_2)$.

Insbesondere ist $M_2(\frac{l}{2}) = 0$. Insgesamt folgt:

$$\begin{aligned}
EIu_1'' &= -F_A x_1 - M_A, \quad & EIu_2'' &= F_B x_2 - \frac{F_B l}{2},\\
EIu_1' &= -F_A \frac{x_1^2}{2} - M_A x_1 + C_1, \quad & EIu_2' &= F_B \frac{x_2^2}{2} - \frac{F_B l}{2} x_2 + D_1,\\
EIu_1 &= -F_A \frac{x_1^3}{6} - M_A \frac{x_1^2}{2} + C_1 x_1 + C_2, \quad & EIu_2 &= F_B \frac{x_2^3}{6} - \frac{F_B l}{2} \cdot \frac{x_2^2}{2} + D_1 x_2 + D_2.
\end{aligned}$$

Die RBen I. und II. ergeben $C_1 = C_2 = 0$. Nun wird die Übergangsbedingung verwendet: $u_1(\frac{l}{2}) = u_2(0)$, woraus

$$-F_A \frac{l^3}{48} - M_A \frac{l^2}{8} = D_2$$

entsteht (IV.).

Weiter muss gelten: $u_1'(\frac{l}{2}) = u_2'(0)$, was

$$-F_A \frac{l^2}{8} - M_A \frac{l}{2} = D_1$$

liefert (V.).

Die RB $u_2(\frac{l}{2}) = 0$ führt zu

$$-F_B \frac{l^3}{24} + D_1 \frac{l}{2} + D_2 = 0$$

und somit

$$D_2 = \frac{5}{16} F \frac{l^3}{24} - \frac{Fl^2}{128} \cdot \frac{l}{2}.$$

Eingesetzt in IV. folgt

$$-F_A\frac{l^3}{48}-M_A\frac{l^2}{8}=F_B\frac{l^3}{24}-D_1\frac{l}{2}\quad\text{und}\quad -F_A\frac{l^3}{24}-M_A\frac{l^2}{4}=F_B\frac{l^3}{12}-D_1 l.$$

Gleichung V. wird mit l multipliziert und man erhält

$$-F_A\frac{l^3}{8}-M_A\frac{l^2}{2}=D_1 l.$$

Die Addition beider Gleichungen ergibt

$$-F_A\frac{l^3}{6}-M_A\frac{3l^2}{4}=F_B\frac{l^3}{12}.$$

Nun werden M_A und F_B ersetzt:

$$-F_A\frac{l^3}{6}-\left(\frac{F}{2}-F_A\right)\frac{3l^3}{4}=(F-F_A)\frac{l^3}{12}.$$

Man erhält nacheinander:

$$-2F_A-9\cdot\left(\frac{F}{2}-F_A\right)=F-F_A,$$

$$-2F_A-\frac{9F}{2}+9F_A=F-F_A\quad\text{und}\quad 8F_A=\frac{11F}{2}.$$

Schließlich folgt

$$F_A=\frac{11}{16}F,\quad F_B=\frac{5}{16}F,\quad M_A=-\frac{3Fl}{16},\quad D_1=\frac{Fl^2}{128},\quad D_2=\frac{7Fl^3}{768}.$$

Für die Biegelinien ist

$$u_1(x)=\frac{F}{EI}\left(-\frac{11}{16}\cdot\frac{x^3}{6}+\frac{3l}{16}\cdot\frac{x^2}{2}\right)=-\frac{Fl^3}{96EI}\left[11\left(\frac{x}{l}\right)^3-9\left(\frac{x}{l}\right)^2\right]\quad\text{für } 0\le x\le\frac{l}{2}\quad\text{und}$$

$$u_2(x)=\frac{F}{EI}\left(\frac{5}{16}\cdot\frac{x^3}{6}-\frac{5l}{32}\cdot\frac{x^2}{2}+\frac{l^2}{128}x+\frac{7l^3}{768}\right)\quad\text{für } 0\le x\le\frac{l}{2}.$$

Mit der Verschiebung $x\to x-\frac{l}{2}$ folgt

$$u_2(x)=-\frac{Fl^3}{96EI}\left[-5\left(\frac{x}{l}\right)^3+15\left(\frac{x}{l}\right)^2-12\left(\frac{x}{l}\right)+2\right]\quad\text{für } \frac{l}{2}\le x\le l.$$

Für die größte Auslenkung muss die Stelle des Minimums zuerst bestimmt werden. Diese befindet sich auf $u_2(x)$. Die Lösung der Gleichung

$$u_2'(x) = \frac{Fl^3}{96EI}\left(15\frac{x^2}{l^3} - 30\frac{x}{l^2} + \frac{12}{l}\right) = 0$$

oder $15x^2 - 30lx + 12l^2 = 0$ liefert $x_{1,2} = \frac{10l \pm \sqrt{20l^2}}{10}$, also $x = \frac{5-\sqrt{5}}{5} \cdot l$.

Eingesetzt erhält man

$$u_{\text{Max}} = \frac{Fl^3}{96EI} \cdot \frac{2\sqrt{5}}{5} = \frac{Fl^3}{48\sqrt{5}EI}.$$

Falls die gleichmäßig verteilte Last q_0 einen wesentlichen Einfluss auf die Verbiegung hat, kann die zugehörige Biegelinie zur vorhandenen addiert werden.

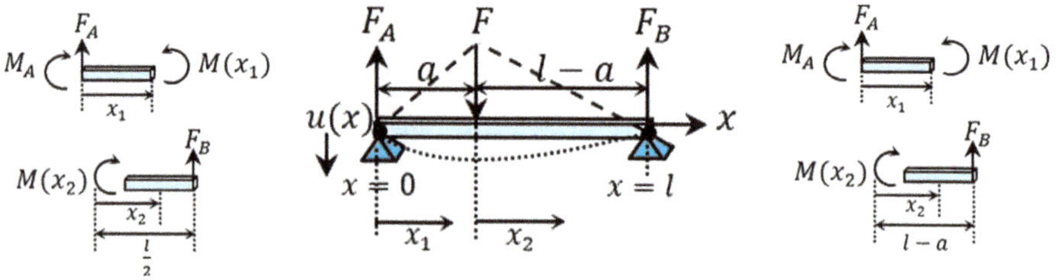

Abb. 11.4: Skizzen zu den Beispielen 5 und 6.

Beispiel 6. Biegefall 4 unter Einzelkraft im Abstand a (Abb. 11.4 Mitte). Gesucht sind die beiden Biegelinien.

Lösung. Kräftebilanz: Es gilt $F_A + F_B = F$.

Momentbilanz: Bezüglich dem Nullpunkt erhält man einerseits $lF_B - aF = 0, F_B = \frac{a}{l}F$ und anderseits $-lF_A + (l-a)F = 0$, also $F_A = \frac{l-a}{l}F = (1-\frac{a}{l})F$ (Abb. 11.4 Mitte). Wiederum besteht die Biegelinie aus zwei Ästen $u_1(x_1)$ für $0 \le x_1 \le a$ und $u_2(x_2)$ für $a \le x_2 \le l-a$.

Daraus ergeben sich die Momente

$$M_A(x_1) = F_A x_1 = \left(1 - \frac{a}{l}\right)Fx_1 \quad \text{und} \quad M_B(x_2) = F_B(l - x_2) = aF - \frac{aF}{l}x_2$$

(Abb. 11.4 rechts oben und unten) und nacheinander

$$EIu_1'' = \left(\frac{a}{l} - 1\right)Fx_1, \quad EIu_2'' = \frac{aF}{l}x_2 - aF,$$

$$EIu_1' = \left(\frac{a}{l} - 1\right)F\frac{x_1^2}{2} + C_1, \quad EIu_2' = \frac{aF}{l} \cdot \frac{x_2^2}{2} - aFx_2 + D_1,$$

$$EIu_1 = \left(\frac{a}{l} - 1\right)F\frac{x_1^3}{6} + C_1x_1 + C_2, \quad EIu_2 = \frac{aF}{l} \cdot \frac{x_2^3}{6} - aF\frac{x_2^2}{2} + D_1x_2 + D_2.$$

Die RBen sind I. $u_1(0) = 0$, II. $u_2(l) = 0$. Aus I. folgt $C_2 = 0$ und mit II. erhält man $aF \cdot l^2 = 3D_1 l + 3D_2$. Zusätzlich müssen die beiden Übergangsbedingungen erfüllt werden: III. $u_1'(a) = u_2'(a)$ und IV. $u_1(a) = u_2(a)$. Die Verrechnung von II. ergibt

$$\left(\frac{a}{l} - 1\right)F\frac{a^2}{2} + C_1 = \frac{F}{l} \cdot \frac{a^3}{2} - a^2F + D_1$$

und daraus III. $Fa^2 + 2C_1 = 2D_1$. Bedingung IV. liefert

$$\left(\frac{a}{l} - 1\right)F\frac{a^3}{6} + C_1 a = \frac{F}{l} \cdot \frac{a^4}{6} - F \cdot \frac{a^3}{2} + D_1 a + D_2$$

und somit IV. $Fa^3 + 3C_1 a = 3D_1 a + 3D_2$. Das System II., III. und IV. führt zu

$$C_1 = \frac{aF}{6}\left(\frac{a^2}{l} + 2l - 3a\right), \quad D_1 = \frac{Fa}{6}\left(\frac{a^2}{l} + 2l\right) \quad \text{und} \quad D_2 = -\frac{a^3}{6}F.$$

Schließlich ergibt sich

$$\begin{aligned} u_1(x) &= -\frac{F}{6EI}\left[\left(1 - \frac{a}{l}\right)x^3 - a\left(\frac{a^2}{l} + 2l - 3a\right)x\right], \quad 0 \le x \le a, \\ u_2(x) &= -\frac{F}{6EI}\left[-\frac{a}{l}x^3 + 3ax^2 - a\left(\frac{a^2}{l} + 2l\right)x + a^3\right], \quad a \le x \le l. \end{aligned} \tag{11.1.7}$$

Beispiel 7. Ermitteln Sie mithilfe von (11.1.7) die Biegelinie für zwei Einzelkräfte derselben Größe F an den Stellen $x_1 = \frac{l}{4}$ und $x_2 = \frac{3l}{4}$ des beidseitig gelenkig gelagerten Balkens (Abb. 11.5 links).

Lösung. Man erhält:

$$\begin{aligned} u_1(x) &= -\frac{Fl^3}{384EI}\left[48\left(\frac{x}{l}\right)^3 - 21\left(\frac{x}{l}\right)\right] \quad \text{für } 0 \le x \le \frac{l}{4}, \\ u_2(x) &= -\frac{Fl^3}{384EI}\left[-16\left(\frac{x}{l}\right)^3 + 48\left(\frac{x}{l}\right)^2 - 33\left(\frac{x}{l}\right) + 1\right] \quad \text{für } \frac{l}{4} \le x \le l, \\ v_1(x) &= -\frac{Fl^3}{384EI}\left[16\left(\frac{x}{l}\right)^3 - 15\left(\frac{x}{l}\right)\right] \quad \text{für } 0 \le x \le \frac{3l}{4} \quad \text{und} \\ v_2(x) &= -\frac{Fl^3}{384EI}\left[-48\left(\frac{x}{l}\right)^3 + 144\left(\frac{x}{l}\right)^2 - 123\left(\frac{x}{l}\right) + 27\right] \quad \text{für } \frac{3l}{4} \le x \le l. \end{aligned}$$

Die Zusammensetzung ergibt die drei Äste

$$w_1(x) = u_1 + v_1 = -\frac{Fl^3}{384EI}\left[64\left(\frac{x}{l}\right)^3 - 36\left(\frac{x}{l}\right)\right] \quad \text{für } 0 \le x \le \frac{l}{4},$$

$$w_2(x) = u_2 + v_1 = -\frac{Fl^3}{384EI}\left[48\left(\frac{x}{l}\right)^2 - 48\left(\frac{x}{l}\right) + 1\right] \quad \text{für } \frac{l}{4} \le x \le \frac{3l}{4} \quad \text{und}$$

$$w_3(x) = u_2 + v_2$$
$$= -\frac{Fl^3}{384EI}\left[-64\left(\frac{x}{l}\right)^3 + 192\left(\frac{x}{l}\right)^2 - 156\left(\frac{x}{l}\right) + 28\right] \quad \text{für } \frac{3l}{4} \le x \le l. \qquad (11.1.8)$$

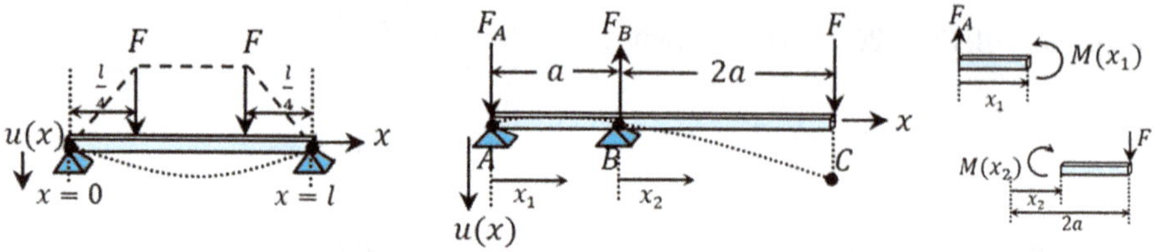

Abb. 11.5: Skizzen zu den Beispielen 7 und 8.

Beispiel 8. Ein Brett ist in zwei Punkten A und B gelenkig gestützt (Abb. 11.5 Mitte). Am offenen Ende wird es mit einer Kraft F belastet. Das Brett wölbt sich von A bis B und senkt sich von B bis C. Gesucht sind die beiden Biegelinien und die größte Durchbiegung.

Lösung. Die Biegelinie muss in zwei getrennte Funktionen $u_1(x_1)$ und $u_2(x_2)$ zerlegt werden.

1. $u_1(x_1)$ für $0 \le x_1 \le a$. Nacheinander gilt:

$$EIu_1'''' = 0,$$
$$EIu_1''' = C_1,$$
$$EIu_1'' = C_1x_1 + C_2,$$
$$EIu_1' = C_1\frac{x_1^2}{2} + C_2x_1 + C_3,$$
$$EIu_1 = C_1\frac{x_1^3}{2} + C_2\frac{x_1^2}{2} + C_3x_1 + C_4.$$

Die RBen lauten I. $u_1(0) = 0$, II. $M_1(0) = 0$ und III. $u_1(a) = 0$.

Aus I. und II. folgen $C_4 = 0$ und $C_2 = 0$.

Kräftebilanz: Es gilt $F_A + F_B = F$.

Momentbilanz: Bezüglich dem Punkt B erhält man $F_Aa + 2aF = 0$, woraus $F_A = -2F$ und $F_B = 3F$ folgen (Abb. 11.5 Mitte). Dasselbe ergibt sich, wenn man bezüglich dem Punkt A die Bilanz $-F_Ba + 3aF = 0$ aufstellt.

Momentbilanz: Bezüglich dem Punkt A gilt (Abb. 11.5 rechts oben) $M_1(x_1) - F_Ax_1 = 0$, also $M_1(x_1) = -2Fx_1$. Damit folgt

$$EIu_1'' = 2Fx_1, \quad EIu_1' = 2F\frac{x_1^2}{2} + C_3 \quad \text{und} \quad EIu_1 = 2F\frac{x_1^3}{6} + C_3x_1.$$

Mit III. ist

$$2F\frac{a^3}{6} + aC_3 = 0, \quad \text{also} \quad C_3 = -\frac{a^2F}{3}.$$

Für die Biegelinie ergibt sich

$$u_1(x) = \frac{1}{EI}\left(2F\frac{x^3}{6} - \frac{a^2F}{3}\cdot x\right) = \frac{F}{3EI}(x^3 - a^2x) \quad \text{für } 0 \le x \le a.$$

2. $u_2(x_2)$ für $0 \le x_2 \le 2a$. Nacheinander gilt:

$$\begin{aligned}
EIu_2'''' &= 0,\\
EIu_2''' &= D_1,\\
EIu_2'' &= D_1x_2 + D_2,\\
EIu_2' &= D_1\frac{x_2^2}{2} + D_2x_2 + D_3,\\
EIu_2 &= D_1\frac{x_2^3}{2} + D_2\frac{x_2^2}{2} + D_3x_2 + D_4.
\end{aligned}$$

Die RBen lauten I. $u_2(0) = 0$ und II. $M_2(2a) = 0$.

Momentbilanz: Bezüglich dem Punkt C erhält man mit II. $-M_2(x_2) - F(2a - x_2) = 0$, also $M_2(x_2) = F(x_2 - 2a)$ (Abb. 11.5 rechts unten).

Daraus folgt

$$EIu_2'' = -Fx_2 + 2aF, \quad EIu_2' = -F\frac{x_2^2}{2} + 2aFx + D_3 \quad \text{und}$$

$$EIu_2 = -F\frac{x_2^3}{6} + 2aF\frac{x_2^2}{2} + D_3x_2 + D_4.$$

Aus I. erhält man $D_4 = 0$.

Die Übergangsbedingung $u_1'(a) = u_2'(0)$ liefert noch

$$2F\frac{a^2}{2} + \frac{a^2F}{3} = D_3, \quad \text{also} \quad D_3 = \frac{2a^2F}{3}.$$

Für die Biegelinie folgt

$$u_2(x) = \frac{F}{6EI}(-x^3 + 6ax^2 + 4a^2x) \quad \text{mit} \quad 0 \le x \le 2a.$$

Mit der Verschiebung $x \to x - a$ ist

$$u_2(x) = -\frac{F}{6EI}(x^3 - 9ax^2 + 11a^2x - 3a^3) \quad \text{für } a \le x \le 3a.$$

Die größte Auslenkung beträgt

$$u_2(3a) = u_{\text{Max}} = -\frac{F}{6EI}(27a^3 - 81a^2 + 33a^3 - 3a^3) = \frac{4Fa^3}{EI}.$$

Zu den Biegelinien kann noch diejenige für die gleichmäßig verteilte Last q_0 hinzugefügt werden.

Beispiel 9. Biegelinie unter mittiger Teillast. Der Balken wird im Zentrum mit dem Gewicht $2sq_0$ belastet (Abb. 11.6 links).

a) Gesucht sind die beiden Biegelinien.

b) Welches Ergebnis erhält man für die beiden Spezialfälle $s = 0$, aber $2sq_0 = \text{konst.} = F$ und $s = \frac{l}{2}$?

Lösung.

a) *Kräftebilanz:* Man erhält $2sq_0 = F_A + F_B$ und aufgrund der Symmetrie lauten die Reaktionskräfte $F_A = F_B = sq_0$. Die Biegelinie muss in zwei getrennte Funktionen $u_1(x_1)$ für $0 \leq x_1 \leq \frac{l}{2} - s$ und $u_2(x_2)$ für $\frac{l}{2} - s \leq x_2 \leq \frac{l}{2}$ zerlegt werden.
Momentbilanz: Bezüglich dem Nullpunkt gilt (Abb. 11.6 Mitte) $M_1(x_1) - F_A x_1 = 0$, also $M_1(x_1) = sq_0 x_1$. Damit folgt:

$$\begin{aligned} EIu_1'' &= -sq_0 x_1, \\ EIu_1' &= -sq_0 \frac{x_1^2}{2} + C_1, \\ EIu_1 &= -sq_0 \frac{x_1^3}{6} + C_1 x_1 + C_2. \end{aligned}$$

Die RB lautet I. $u_1(0) = 0$.
Momentbilanz: Bezüglich dem Nullpunkt erhält man (Abb. 11.6 rechts)

$$M_2(x_2) + q_0 x_2 \cdot \frac{x_2}{2} - \left(\frac{l}{2} - s + x_2\right) sq_0 = 0$$

oder

$$M_2(x_2) = -q_0 x_2 \cdot \frac{x_2}{2} + sq_0 x_2 - \frac{sq_0}{2}(2s - l).$$

Also folgt:

$$\begin{aligned} EIu_2'' &= q_0 \left[\frac{x_2^2}{2} - sx_2 + \frac{s}{2}(2s - l)\right], \\ EIu_2' &= q_0 \left[\frac{x_2^3}{6} - s\frac{x_2^2}{2} + \frac{s}{2}(2s - l)x + D_1\right], \\ EIu_2 &= q_0 \left[\frac{x_2^4}{24} - s\frac{x_2^3}{6} + \frac{s}{2}(2s - l)\frac{x_2^2}{2} + D_1 x + D_2\right]. \end{aligned}$$

Die RB lautet II. $u_2'(s) = 0$.
Aus I. folgt $C_2 = 0$ und aus II. wird

$$\frac{s^3}{6} - \frac{s^3}{2} + \frac{s^2}{2}(2s - l) + D_1 = 0.$$

Dazu kommen noch die beiden Übergangsbedingungen:

$$u_1(a) = u_2(0): \quad -sq_0\frac{a^3}{6} + C_1 a = q_0 D_2 \quad \text{mit} \quad a := \frac{l}{2} - s$$
$$u_1'(a) = u_1'(0): \quad -sq_0\frac{a^2}{2} + C_1 = q_0 D_1.$$

Man erhält

$$C_1 = \frac{sq_0}{24}(3l^2 - 4s^2), \quad D_1 = \frac{s^2}{6}(3l - 4s) \quad \text{und} \quad D_2 = \frac{s}{24}(2s - l)(4s^2 - 2ls - l^2).$$

Für die Biegelinien folgt

$$u_1(x) = -\frac{sq_0}{24EI}(4x^3 - 3l^2x + 4s^2x) \quad \text{für } 0 \le x \le \frac{l}{2} - s \quad \text{und}$$
$$u_2(x) = \frac{sq_0}{24EI}[x^4 - 4sx^3 + 6s(2s - l)x^2 + 4s^2(3l - 4s)x$$
$$+ s(2s - l)(12s^2 - 10ls + l^2)] \quad \text{für } 0 \le x \le s.$$

b) Im 1. Spezialfall für $s = 0$, aber $2sq_0$ = konst. = F geht die Biegelinie über in diejenige mit mittiger Einzelkraft (Abb. 11.8, letzte Zeile) und im 2. Spezialfall für $s = \frac{l}{2}$ erhält man die Biegelinie für Gleichlast (Abb. 11.7, letzte Zeile).

Ergebnis. Wirkt auf einen Balken zusätzlich zur gleichmäßig verteilten Last q_0 noch eine Einzelkraft F, dann werden die Biegelinien addiert.

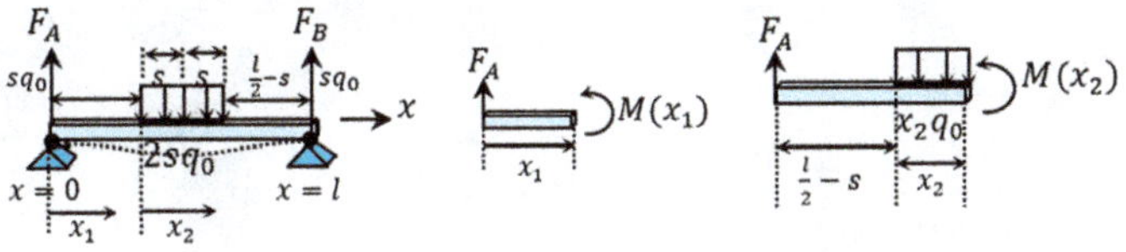

Abb. 11.6: Skizzen zum Beispiel 9.

Die Abbildungen 11.7 und 11.8 enthalten die wichtigsten Biegelinien.

	Biegelinie	Maximale Auslenkung
	$u(x) = \frac{q_0 l^4}{24EI}\left[\left(\frac{x}{l}\right)^4 - 4\left(\frac{x}{l}\right)^3 + 6\left(\frac{x}{l}\right)^2\right]$	$u_{Max} = \frac{q_0 l^4}{8EI}$
	$u(x) = \frac{q_0 l^4}{24EI}\left[\left(\frac{x}{l}\right)^4 - 2\left(\frac{x}{l}\right)^3 + \left(\frac{x}{l}\right)^2\right]$	$u_{Max} = \frac{q_0 l^4}{384EI}$
	$u(x) = \frac{q_0 l^4}{48EI}\left[2\left(\frac{x}{l}\right)^4 - 5\left(\frac{x}{l}\right)^3 + 3\left(\frac{x}{l}\right)^2\right]$	$u_{Max} = \frac{q_0 l^4}{8EI} \cdot \frac{15\sqrt{33}+39}{8192}$ $x = \frac{15-\sqrt{33}}{16} \cdot l$
	$u(x) = \frac{q_0 l^4}{24EI}\left[\left(\frac{x}{l}\right)^4 - 2\left(\frac{x}{l}\right)^3 + \left(\frac{x}{l}\right)\right]$	$u_{Max} = \frac{5 q_0 l^4}{384EI}$

Abb. 11.7: Übersicht der Biegelinien mit gleichmäßig verteilter Last.

	Biegelinie	Max. Auslenkung
	$u(x) = -\frac{Fl^3}{6EI}\left[\left(\frac{x}{l}\right)^3 - 3\left(\frac{x}{l}\right)^2\right]$	$u_{Max} = \frac{Fl^3}{3EI}$
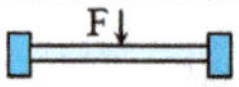	$u_1(x) = -\frac{Fl^3}{48EI}\left[4\left(\frac{x}{l}\right)^3 - 3\left(\frac{x}{l}\right)^2\right]$ $u_2(x) = -\frac{Fl^3}{48EI}\left[4\left(\frac{l-x}{l}\right)^3 - 3\left(\frac{l-x}{l}\right)^2\right]$	$u_{Max} = \frac{Fl^3}{192EI}$
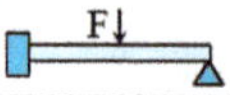	$u_1(x) = -\frac{Fl^3}{96EI}\left[11\left(\frac{x}{l}\right)^3 - 9\left(\frac{x}{l}\right)^2\right]$ $u_2(x) = -\frac{Fl^3}{96EI}\left[-5\left(\frac{x}{l}\right)^3 + 15\left(\frac{x}{l}\right)^2 - 12\left(\frac{x}{l}\right) + 2\right]$	$u_{Max} = \frac{Fl^3}{48\sqrt{5}EI}$ $x = \frac{5-\sqrt{5}}{5} \cdot l$
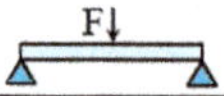	$u_1(x) = -\frac{Fl^3}{48EI}\left[4\left(\frac{x}{l}\right)^3 - 3\left(\frac{x}{l}\right)\right]$ $u_2(x) = -\frac{Fl^3}{48EI}\left[4\left(\frac{l-x}{l}\right)^3 - 3\left(\frac{l-x}{l}\right)\right]$	$u_{Max} = \frac{Fl^3}{48EI}$

Abb. 11.8: Übersicht der Biegelinien mit Einzelkraft.

12 Schwingungen

Allgemein bezeichnet man mit Schwingung die zeitlich periodische Änderung einer Zustandsgröße. Bei Feder- und Pendelschwingungen, Drehschwingungen, Schwingungen von Flüssigkeiten usw. handelt es sich um sogenannte mechanische Schwingungen. Eine Masse bewegt sich dann um eine Gleichgewichtslage. Dabei findet ein kontinuierlicher Austausch zwischen kinetischer und potentieller Energie des Systems statt.

Nichtmechanische Schwingungen sind in Band 1 bei periodischen Schwankungen um einen Gleichgewichtspunkt zweier oder mehrerer Populationen untersucht worden. In der Ökonomie gibt es Schwankungen von Marktpreis und Gleichgewichtsmenge im Zusammenspiel von Preis und Nachfrage. Wir beschränken uns im Weiteren auf mechanische Schwingungen. In Musikinstrumenten, Zahnbürsten, Pendeluhren, Tumblern usw. macht man sich Schwingungen zunutze. Hingegen sind sie dann unerwünscht, wenn sie zur Belastung oder sogar Zerstörung (Resonanz) von Baumaterialien führen (Glasscheiben, Motoren, Hochhäuser, Brücken usw.). Wichtig ist noch der Unterschied zwischen einer freien und einer erzwungenen Schwingung:

Ergebnis. Bei einer freien Schwingung wirkt eine Anregung oder Störung einmalig und das System schwingt dann mit einer seiner Eigenfrequenzen ohne weitere Einwirkung äußerer zeitlich abhängiger Kräfte.

Jeder Körper besitzt somit von Masse, Form und weiteren Faktoren abhängige, ihm innewohnende Eigenfrequenzen, die man für einfache Geometrien durch Rechnung oder durch Messung ermitteln kann. Erzwungene Schwingungen behandeln wir in Kap. 14.

12.1 Das ungedämpfte Federpendel

Eine vorerst masselose Feder mit der Federkonstanten D ist am oberen Ende fest eingespannt (Abb. 12.1 links). Am unteren Ende hängt eine Masse m. Die Feder wird von der Nulllage aus um die Länge x_0 ausgelenkt und losgelassen. Ein solches System nennt man einen Einmassenschwinger (EMS) und die zugehörige Schwingung ist frei.

Idealisierungen:

- In der Regel besitzt jedes System eine Eigendämpfung. Diese wird vorerst vernachlässigt.
- Die Mitbewegung der Federmasse wird nicht beachtet.

Herleitung von (12.1.1) und (12.1.3)
Es soll die Ortsfunktion $x(t)$ ermittelt werden.

https://doi.org/10.1515/9783111345765-012

Impulsbilanz: Nach (7.1) gilt

$$\frac{dp}{dt} = \frac{d(mv)}{dt} = m \cdot \frac{dv}{dt} = m \cdot \ddot{x}.$$

Diese Impulsänderung entspricht der an der Masse angreifenden Rückstellkraft der Feder $F_F = -D \cdot x$ mit der Federkonstanten D in $\frac{\mathrm{N}}{\mathrm{m}}$. Es folgt

$$m \cdot \ddot{x} = -D \cdot x \quad \text{oder} \quad \ddot{x} + \frac{D}{m} \cdot x = 0. \qquad (12.1.1)$$

Alternativ kann man (12.1.1) auch über die Gesamtenergie gewinnen.
Energiebilanz: Ausgangspunkt ist

$$E_{\text{Total}} = E_{\text{pot}} + E_{\text{kin}} = \frac{1}{2}Dx^2(t) + \frac{1}{2}m[\dot{x}(t)]^2 = \text{konst.}$$

Die zeitliche Ableitung ergibt $Dx\dot{x} + m\dot{x}\ddot{x} = 0$ und damit $\ddot{x} + \frac{D}{m}x = 0$.
Der Ansatz für die Lösung lautet

$$x(t) = C_1 \cdot \sin\left(\sqrt{\frac{D}{m}}t\right) + C_2 \cdot \cos\left(\sqrt{\frac{D}{m}}t\right). \qquad (12.1.2)$$

Die Anfangsbedingungen seien I. $x(0) = x_0$ und II. $\dot{x}(0) = v_0$. Für die Geschwindigkeit zur Zeit t erhält man

$$\dot{x}(t) = \sqrt{\frac{D}{m}} \cdot C_1 \cdot \cos\left(\sqrt{\frac{D}{m}}t\right) - \sqrt{\frac{D}{m}} \cdot C_2 \cdot \sin\left(\sqrt{\frac{D}{m}}t\right).$$

Mit I. folgt $C_2 = x_0$ und aus II. ergibt sich $C_1 = v_0\sqrt{\frac{m}{D}}$. Insgesamt hat man

$$x(t) = v_0\sqrt{\frac{m}{D}} \cdot \sin\left(\sqrt{\frac{D}{m}}t\right) + x_0 \cdot \cos\left(\sqrt{\frac{D}{m}}t\right) = \frac{1}{\omega}(v_0 \sin(\omega t) + \omega x_0 \cos(\omega t)). \qquad (12.1.3)$$

Dabei heißen $\omega := \sqrt{\frac{D}{m}}$ Eigenfrequenz, $f = \frac{\omega}{2\pi}$ Eigenkreisfrequenz und $T = \frac{2\pi}{\omega}$ Periode.

Im Spezialfall $\dot{x}(0) = 0$ reduziert sich (12.1.3) zu

$$x(t) = x_0 \cdot \cos\left(\sqrt{\frac{D}{m}}t\right).$$

Beispiel 1.

a) Es soll das Verhältnis der Perioden ermittelt werden, wenn im ersten Fall die Mitbewegung der Federmasse mitberücksichtigt und im anderen Fall dies vernachlässigt wird.

b) Wie müsste die Bewegungsgleichung (12.1.1) unter Berücksichtigung des Ergebnisses von a) korrekterweise lauten?

Lösung.

a) Im 2. Band wird gezeigt, dass zur angehängten Masse m_G effektiv nur ein Drittel der gesamten Federmasse mitschwingt: $m_{\text{Eff}} = \frac{1}{3}m_F$. Damit ist $m_G + \frac{1}{3}m_F$ und es folgt

$$T_{\text{mit}} = 2\pi\sqrt{\frac{m + \frac{1}{3}m_F}{D}} \quad \text{und} \quad T_{\text{ohne}} = 2\pi\sqrt{\frac{m}{D}},$$

woraus

$$\frac{T_{\text{mit}}}{T_{\text{ohne}}} = \sqrt{1 + \frac{m_F}{3m}}$$

entsteht.

b) Gleichung (12.1.1) müsste

$$\ddot{x} + \frac{D}{m_G + \frac{1}{3}m_F} \cdot x = 0$$

lauten.

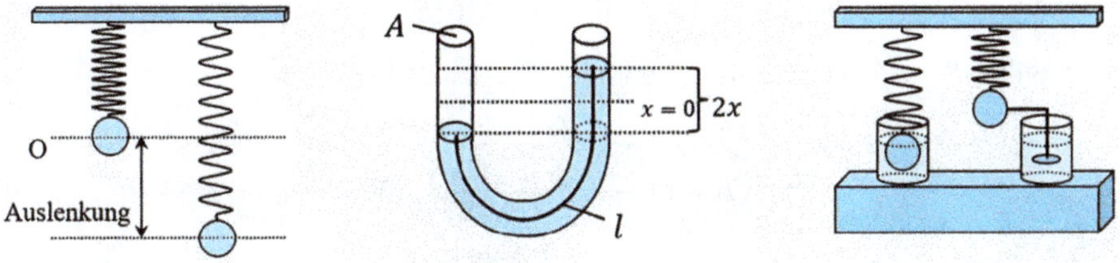

Abb. 12.1: Skizzen zur ungedämpften und gedämpften Schwingung.

Beispiel 2. In einem U-Rohr mit dem Querschnitt A befindet sich eine Flüssigkeit der Länge l (Abb. 12.1 mitte). Durch kurzes hineinblasen wird sie in Schwingung versetzt. Es entsteht ein Höhenunterschied von $2x$ gegenüber der Ruhelage. Die überstehende Flüssigkeitssäule wirkt als Rückstellkraft F_{RS}.

a) Wie groß ist F_{RS}?

b) Stellen Sie die DG für die Auslenkung $x(t)$ auf und bestimmen Sie die Lösung mit den Anfangsbedingungen $x(0) = x_0$, $\dot{x}(0) = 0$.

c) Ermitteln Sie die Lösung mit $l = 0{,}5\,\text{m}$, $x(0) = 0{,}1\,\text{m}$, $\dot{x}(0) = 0$ und geben Sie die Periodendauer T an.

Lösung. Bilanz: Impulsänderung der Wassersäule.

Idealisierung: Die Reibung mit der Rohrwand wird vernachlässigt.

a) Die Schwingung der Flüssigkeitssäule kann als EMS aufgefasst werden. Es gilt

$$F_{RS} = F_{G,\text{überstehend}} = -m_{\text{Fl},ü} \cdot g = -\rho_{\text{Fl}} \cdot V_ü \cdot g = -\rho_{\text{Fl}} \cdot 2Ax \cdot g.$$

b) Man erhält $\frac{dp}{dt} = m \cdot \frac{dv}{dt} = m \cdot \ddot{x}$. Dabei entspricht m der gesamten Masse. Da die Rückstellkraft die Beschleunigung hemmt, folgt $m \cdot \ddot{x} = -2\rho_{\text{Fl}} \cdot Ag \cdot x$. Daraus entsteht

$$\ddot{x} = -\frac{2\rho_{\text{Fl}} \cdot Ag}{m} \cdot x = -\frac{2\rho_{\text{Fl}} \cdot Ag}{\rho_{\text{Fl}} \cdot Al} \cdot x = -\frac{2 \cdot g}{l} \cdot x \quad \text{oder} \quad \ddot{x} + \frac{2 \cdot g}{l} \cdot x = 0.$$

Die allgemeine Lösung lautet

$$x(t) = C_1 \cdot \sin\left(\sqrt{\frac{2 \cdot g}{l}} \cdot t\right) + C_2 \cdot \cos\left(\sqrt{\frac{2 \cdot g}{l}} \cdot t\right).$$

Die Anfangsbedingungen liefern $C_1 = 0$, $C_2 = x_0$ und damit

$$x(t) = x_0 \cdot \cos\left(\sqrt{\frac{2 \cdot g}{l}} \cdot t\right).$$

c) Es gilt $x(t) = 0{,}1 \cdot \cos(6{,}264 \cdot t)$ und mit $\sqrt{\frac{2 \cdot g}{l}} \cdot t = 2\pi$ folgt

$$T = \pi\sqrt{\frac{2l}{g}} = \pi\sqrt{\frac{2 \cdot 0{,}5}{9{,}81}} = 1{,}00\ \text{s}.$$

12.2 Das gedämpfte Federpendel

Die Gesamtdämpfung eines Systems setzt sich im Normalfall aus mehreren Anteilen zusammen:

1. Materialdämpfung. Man nennt sie auch innere Dämpfung des Materials oder Werkstoffdämpfung.
2. Systemdämpfung. Sie ist abhängig von der konstruktiven Gestalt. Beispielsweise besitzt eine Nietverbindung i. Allg. eine höhere Dämpfung als eine Konstruktion mit einer Schweißnaht.
3. Lagerdämpfung. Diese ist abhängig von der Beschaffenheit der verwendeten Lager. Ein solches Rolllager besitzt z. B. ein Fahrrad aber auch die Enden einer Brücke.
4. Umgebungsdämpfung. Sie entspricht der viskosen Dämpfung des umgebenden Mediums.

Die Vernachlässigung der Dämpfung stellt somit immer eine Idealisierung dar. Demnach geht die Umwandlung von kinetischer und potentieller Energie immer mit einem Schwingungsenergieverlust in Form von Wärme einher. Die Geschwindigkeit um die Gleichgewichtslage sinkt beständig, sofern die Schwingung nicht erzwungen, also von außen aufrechterhalten wird.

Idealisierung: Eine tiefergehende Untersuchung über den Einfluss der viskosen Reibung F_R auf einen sich mit der Geschwindigkeit v in einem viskosen Fluid bewegenden Körpers wird erst im Zusammenhang mit der Grenzschichttheorie angegangen. Dabei ist es gleichbedeutend, ob ein Fluid einen Körper umströmt oder dieser durch das Fluid gezogen wird. Tatsache ist, dass die Reynolds-Zahl bestimmt, ob eine laminare oder turbulente Strömung vorliegt. Im laminaren Fall ist $F_R \sim v$ (Kap. 9.1) und im turbulenten Fall etwa $F_R \sim v^2$. Wir gehen also davon aus, dass die Pendelgeschwindigkeiten den kritischen Reynolds-Wert nicht überschreiten und setzen $F_R \sim \dot{x}$ oder $F_R = \mu\dot{x}$ an. Die Dämpfung μ besitzt die Einheit $\frac{\text{kg}}{\text{s}}$.

Zum Beispiel könnte man die Masse selber oder über einen Seitenarm diesen in das Fluid tauchen, um eine nennenswerte Dämpfung zu erzeugen (Abb. 12.1 rechts).

Herleitung von (12.2.1) und (12.2.2)

Wir wollen die Ortsfunktion $x(t)$ bestimmen.

Bilanz: Nach (7.1) gilt

$$\frac{dp}{dt} = \frac{d(mv)}{dt} = m \cdot \frac{dv}{dt} = m \cdot \ddot{x}.$$

Diese Impulsänderung wird sowohl durch die Rückstellkraft der Feder $F_F = -D \cdot x$ als auch durch die Dämpfung $F_R = -\mu \cdot \dot{x}$ gebremst. Es folgt $m \cdot \ddot{x} = -D \cdot x - \mu \cdot \dot{x}$ und daraus

$$\ddot{x} + \frac{\mu}{m} \cdot \dot{x} + \frac{D}{m} \cdot x = 0. \tag{12.2.1}$$

Mit den Abkürzungen $a := \frac{\mu}{m}$, $b := \frac{D}{m}$ ergibt sich $\ddot{x} + a \cdot \dot{x} + b \cdot x = 0$. Zur Lösung verwenden wir den Ansatz $x(t) = C \cdot e^{k \cdot t}$. Eingesetzt in (12.2.1) erhält man $k^2 C \cdot e^{k \cdot t} + akC \cdot e^{k \cdot t} + bC \cdot e^{k \cdot t} = 0$, woraus die charakteristische Gleichung $k^2 + ak + b = 0$ und die Lösungen $k_{1,2} = \frac{-a \pm \sqrt{a^2 - 4b}}{2}$ entstehen.

Nun gilt es drei Fälle zu unterscheiden:

I. $a^2 - 4b > 0$. In diesem Fall lautet die Lösung $x(t) = C_1 e^{k_1 \cdot t} + C_2 e^{k_2 \cdot t}$, wobei sowohl $k_1 < 0$ als auch $k_2 < 0$ ist. $x(t)$ setzt sich aus zwei exponentiell fallenden Funktionen zusammen und das System schwingt nicht, sondern nähert sich kriechend der Gleichgewichtslage. Dies nennt man den Kriechfall.

II. $a^2 - 4b = 0$. Man erhält die Doppellösung $x_{1,2}(t) = e^{-\frac{a}{2}t}$. Wir brauchen eine zweite Basislösung. Es findet sich $x_1(t) = e^{-\frac{a}{2}t}$, $x_2(t) = t \cdot e^{-\frac{a}{2}t}$. (Die Herleitung findet man in Band 2.) Damit schreibt sich die Lösung als

$$x(t) = C_1 e^{-\frac{a}{2}t} t + C_2 \cdot t \cdot e^{-\frac{a}{2}t} = e^{-\frac{a}{2}t}(x_0 + C_2 \cdot t).$$

In diesem Fall ist gerade keine Schwingung mehr möglich. Die Ortsfunktion fällt ebenfalls exponentiell in Richtung Gleichgewichtslage. Man nennt dies den aperiodischen Grenzfall.

III. $a^2 - 4b < 0$. Die Lösung lautet

$$x(t) = A_1 \cdot e^{(\alpha+i\cdot\beta)\cdot t} + A_2 \cdot e^{(\alpha-i\cdot\beta)\cdot t} \quad \text{mit} \quad k_{1,2} = -\frac{a}{2} \pm i \cdot \frac{\sqrt{4b - a^2}}{2} =: \alpha \pm i \cdot \beta.$$

Umgeformt erhält man

$$x(t) = e^{\alpha\cdot t} \cdot (A_1 \cdot e^{i\beta\cdot t} + A_2 \cdot e^{-i\beta\cdot t}).$$

Da A_1 und A_2 über die Randbedingungen gegeben sind, können wir auch neue Konstanten bilden, beispielsweise $C_1 = (A_1 + A_2)$, $C_2 = (A_1 - A_2)i$. Daraus wird $A_1 = \frac{1}{2}(C_1 - iC_2)$ und $A_2 = \frac{1}{2}(C_1 + iC_2)$ und es folgt

$$\begin{aligned} x(t) &= e^{\alpha\cdot t} \cdot \left[\frac{1}{2}(C_1 - iC_2)e^{i\beta\cdot t} + \frac{1}{2}(C_1 + iC_2) \cdot e^{-i\beta\cdot t}\right] \\ &= e^{\alpha\cdot t} \cdot \left[C_1\left(\frac{e^{i\beta\cdot t} + e^{-i\beta\cdot t}}{2}\right) + C_2\left(\frac{e^{i\beta\cdot t} - e^{-i\beta\cdot t}}{2i}\right)\right] \\ &= e^{\alpha\cdot t} \cdot [C_1 \cdot \cos(\beta t) + C_2 \cdot \sin(\beta t)]. \end{aligned}$$

Die letzte Umformung entsteht mithilfe der Euler'schen Identitäten. Ersetzt man noch die Ausdrücke für α und β, so erhält man insgesamt die Lösung für das gedämpfte Federpendel zu

$$x(t) = e^{-\frac{\mu}{2m}\cdot t} \cdot \left[C_1 \cdot \cos\left(\frac{\sqrt{4Dm - \mu^2}}{2m} t\right) + C_2 \cdot \sin\left(\frac{\sqrt{4Dm - \mu^2}}{2m} t\right)\right]. \quad (12.2.2)$$

Die Konstanten ergeben sich aus den Anfangsbedingungen. Damit stellt der Fall III. den eigentlichen Schwingungsfall dar.

Beispiel 1. Der Schwingungsverlauf für das gedämpfte Federpendel soll für die konkreten Werte $m = 0{,}5\,\mathrm{kg}$, $\mu = 1\,\frac{\mathrm{Ns}}{\mathrm{m}}$, $D = 50{,}5\,\frac{\mathrm{N}}{\mathrm{m}}$ untersucht werden. Die Anfangsbedingungen sind I. $x(0) = -1\,\mathrm{m}$ und II. $\dot{x}(0) = 0$. Bestimmen Sie die Ortsfunktion $x(t)$ und stellen Sie den Verlauf für die ersten 3 dar.

Lösung. Man erhält

$$\frac{\mu}{2m} = \frac{1}{2\cdot 0{,}5} = 1, \quad \frac{\sqrt{4Dm - \mu^2}}{2m} = \frac{\sqrt{4\cdot 50{,}5\cdot 0{,}5 - 1^2}}{2\cdot 0{,}5} = 10.$$

Damit schreibt sich (12.2.2) als

$$x(t) = e^{-t} \cdot [C_1 \cdot \cos(10t) + C_2 \cdot \sin(10t)].$$

I. und II. führen zu $C_1 = -1$ und $C_2 = -\frac{1}{10}$. Schließlich folgt

$$x(t) = -e^{-t} \cdot \left[\cos(10t) + \frac{1}{10} \cdot \sin(10t)\right]. \tag{12.2.3}$$

Der Verlauf ist in Abb. 12.2 links dargestellt.

Beispiel 2. Gegeben ist dasselbe U-Rohr wie in Bsp. 2 von Kap. 12.1. Durch die Reibung an den Wänden erhält man eine gedämpfte Schwingung. Nach dem Gesetz von Hagen-Poiseuille ist die verursachte Reibung F_R proportional zur Geschwindigkeit v. Es gilt $F_R = 8\pi\eta l v$ (siehe (35.2.7)). Dabei ist η ist die Viskosität der Flüssigkeit und l die Länge der Flüssigkeitssäule.

a) Stellen Sie die DG für die Auslenkung $x(t)$ mithilfe einer Impulsbilanz auf.
b) Bestimmen Sie die Lösung für $x(t)$.
c) Wählen Sie nun folgende konkreten Werte: $l = 0{,}5\,\mathrm{m}$, $A = 10^{-4}\,\mathrm{m}^2$, $\rho_{\mathrm{Fl}} = 10^3\,\frac{\mathrm{kg}}{\mathrm{m}^3}$, $\eta = 10^{-3}\,\frac{\mathrm{kg \cdot m}}{\mathrm{s}}$. Bestimmen Sie $x(t)$ mit den Anfangsbedingungen $x(0) = 0{,}1\,\mathrm{m}$ und $\dot{x}(0) = 0$.

Lösung.

a) *Bilanz:* Die Impulsänderung $\frac{dp}{dt} = m \cdot \frac{dv}{dt} = m \cdot \ddot{x}$ entspricht der Summe aus $F_{G,\text{überstehend}}$ und F_R. Man erhält

$$m \cdot \ddot{x} = -2\rho_{\mathrm{Fl}} \cdot Ag \cdot x - 8\pi\eta l \cdot \dot{x},$$

folglich

$$\ddot{x} + \frac{8\pi\eta l}{m} \cdot \dot{x} + \frac{2\rho_{\mathrm{Fl}} \cdot Ag}{m} \cdot x = 0, \quad \ddot{x} + \frac{8\pi\eta l}{\rho_{\mathrm{Fl}} \cdot Al} \cdot \dot{x} + \frac{2\rho_{\mathrm{Fl}} \cdot Ag}{\rho_{\mathrm{Fl}} \cdot Al} \cdot x = 0$$

und schließlich

$$\ddot{x} + \frac{8\pi\eta}{\rho_{\mathrm{Fl}} \cdot A} \cdot \dot{x} + \frac{2 \cdot g}{l} \cdot x = 0.$$

b) Die DG besitzt die Form $\ddot{x} + a \cdot \dot{x} + b \cdot x = 0$ und nach (12.2.2) die Lösung

$$x(t) = e^{-\frac{4\pi\eta}{\rho_{\mathrm{Fl}} \cdot A} \cdot t} \cdot \left(C_1 \cdot \cos\left[\sqrt{\frac{2 \cdot g}{l} - \left(\frac{4\pi\eta}{\rho_{\mathrm{Fl}} \cdot A}\right)^2}\, t\right] + C_2 \cdot \sin\left[\sqrt{\frac{2 \cdot g}{l} - \left(\frac{4\pi\eta}{\rho_{\mathrm{Fl}} \cdot A}\right)^2}\, t\right]\right).$$

c) Man erhält

$$x(t) = e^{-0{,}126 \cdot t} \cdot (C_1 \cdot \cos(6{,}263t) + C_2 \cdot \sin(6{,}263t))$$

und aus $x(0) = 0{,}1\,\mathrm{m}$, $\dot{x}(0) = 0$ folgt $C_1 = 0{,}1$, $C_2 = 2{,}006 \cdot 10^{-3}$. Insgesamt ergibt sich

$$x(t) = e^{-0{,}126 \cdot t} \cdot (0{,}1 \cdot \cos(6{,}263t) + 2{,}006 \cdot 10^{-3} \cdot \sin(6{,}263t)).$$

Der Sinusteil ist vernachlässigbar klein.

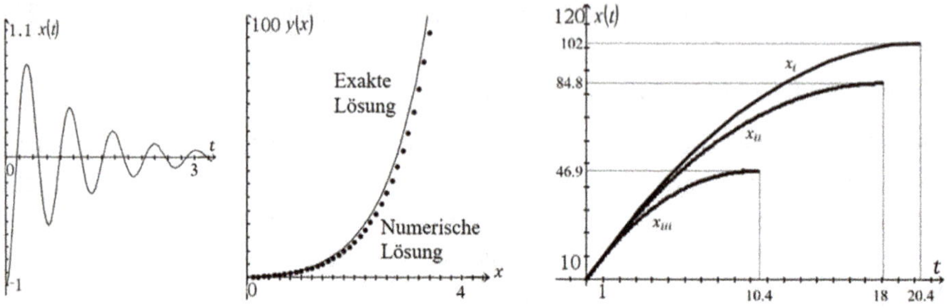

Abb. 12.2: Graph von (12.2.3), Simulation von (13.1), Graphen zu Bsp. 2, Kap. 13.

13 Numerisches Lösen von Differentialgleichungen zweiter Ordnung

In unseren Anwendungen haben wir teils Modelle betrachtet, bei denen Einflüsse vernachlässigt wurden. Damit waren die entstandenen DGen bisher geschlossen lösbar. Nimmt man in das Modell zur genaueren Beschreibung eines Sachverhalts noch weitere Effekte hinzu, dann wird die zugehörige DG unter Umständen sehr schwierig oder nicht mehr geschlossen lösbar sein. Die dazu vorgenommene Diskretisierung für DGen erster Ordnung übertragen wir auf DGen zweiter Ordnung.

Beispiel 1. Gegeben ist die DG

$$y'' = \left(\frac{x+2}{x}\right) \cdot y. \tag{13.1}$$

Gesucht ist die Lösung $y = y(x)$. Mit den Anfangsbedingungen $y(0) = 0$ und $y'(0) = 1$ lautet die genaue Lösung $y(x) = x \cdot e^x$. Für DGen zweiter Ordnung wenden wir einen einfachen Trick an und setzen $y_1' = y_2$. Dann ist $y_1'' = y_2' = (\frac{x+2}{x}) \cdot y_1$. Somit gilt es das DG-System $y_1'{=}y_2$, $y_2' = (\frac{x+2}{x}) \cdot y_1$ zu lösen. Aus physikalischer Sicht ist $y_1(x)$ die Ortsfunktion und $y_2(x)$ die Geschwindigkeitsfunktion. Um die DGen zu diskretisieren schreiben wir $dy_1 = y_2 dx$ und $dy_2 = (\frac{x+2}{x}) y_1 dx$. Als Schrittlänge wählen wir $dx = 0{,}1$. Die Diskretisierung entspricht dem Euler-Verfahren. Für den TI-Nspire CX CAS lauten diese Vorschriften übersetzt folgendermaßen: $\text{y1i} := \text{y1i} + 0{,}1 \cdot \text{y2i}$ und $\text{y2i} := \text{y2i} + 0{,}1(\frac{\text{x1i}+2}{\text{x1i}})\text{y1i}$.

Das zugehörige Programm für die numerische Lösung erhält die Gestalt:

```
Define DG(n)=
Prgm
xa:= {x1i}
ya:= {y1i}
xb:= {x2i}
yb:= {y2i}
x1i:= 0
x2i:= 0
y1i:= 0    (Anfangsbedingung für y(0))
y2i:= 1    (Anfangsbedingung für y'(0))
For i,1,n
x1i:= x1i + 0.1
x2i:= x2i + 0.1
y1i:= y1i + 0.1· y2i
y2i := y2i + 0,1((x1i+2)/x1i)y1i
xa:= augment(xa,{x1i})
ya:= augment(ya,{y1i})
xb:= augment(xb,{x2i})
yb:= augment(yb,{y2i})
End For
Disp xa, ya, xb, yb
End Prgm
```

https://doi.org/10.1515/9783111345765-013

Führt man das Programm für $n = 200$ aus, so ergibt sich der in Abb. 12.1 Mitte dargestellte Verlauf. Die Übereinstimmung mit der exakten Lösung ist gut. Die Genauigkeit kann beliebig verbessert werden, indem man kleinere Schrittweiten wählt. Dafür muss dann natürlich die Schrittzahl erhöht werden, um denselben Zeitbereich zu erfassen.

Beispiel 2. Ein Radfahrer fährt auf ebener Straße mit der Geschwindigkeit $v_0 = 10\,\frac{\text{m}}{\text{s}}$. Zum Zeitpunkt $t = 0$ hört er auf, in die Pedale zu treten und rollt aus. Der Rollreibungskoeffizient beträgt $\mu = 0{,}05$.

a) i) Stellen Sie die DG für die Ortsfunktion $x(t)$ auf (vorerst ohne Luftwiderstand) und lösen Sie sie.

ii) Nach welcher Zeit kommt der Radfahrer zum Stillstand?

b) Jetzt wird der Luftwiderstand miteinbezogen. Der Radfahrer habe eine Masse von 70 kg und eine Widerstandsfläche von $A = 0{,}5\,\text{m}^2$. Die Dichte der Luft beträgt $\rho = 1{,}204\,\frac{\text{kg}}{\text{m}^3}$ und der Widerstandsbeiwert ist $c_W = 0{,}5$.

i) Bestimmen die Lösung für $x(t)$ numerisch.

ii) Stellen Sie den Verlauf dar. Wie weit kommt er? Bestimmen Sie etwa die Zeit bis zum Stillstand.

c) Jetzt nehmen wir zusätzlich einen Gegenwind mit einer konstanten Geschwindigkeit von $v_W = 10\,\frac{\text{m}}{\text{s}}$. Beantworten Sie alle Fragen von b) für diesen Fall.

Lösung.

a) i) *Bilanz:* Es gilt $\frac{dp}{dt} = m \cdot \ddot{x}$. Dies entspricht der rückwirkenden Rollreibung. Aus $m \cdot \ddot{x} = -F_{\text{Rollreibung}}$ folgt $m \cdot \ddot{x} = -\mu \cdot mg$ und $\ddot{x} = -\mu \cdot g$. Mit $\dot{x}(0) = v_0$ erhält man $\dot{x}(t) = -\mu g \cdot t + v_0$ und aus $x(0) = 0$ entsteht schließlich

$$x_i(t) = -\frac{1}{2}\mu g \cdot t^2 + v_0 \cdot t = -0{,}245 \cdot t^2 + 10 \cdot t.$$

Den Verlauf entnimmt man Abb. 12.2 rechts.

ii) Im Stillstand ist $\dot{x}(t) = 0$. Somit beträgt die Zeit

$$t = \frac{v_0}{\mu g} = \frac{10}{0{,}05 \cdot 9{,}81} = 20{,}4\,\text{s}$$

und der zurückgelegte Weg etwa 102 m.

b) i) *Bilanz:* In diesem Fall ist

$$\frac{dp}{dt} = m \cdot \ddot{x} = -F_{\text{Rollreibung}} - F_{\text{Luftreibung}} \quad \text{oder} \quad m \cdot \ddot{x} = -\mu \cdot mg - \frac{1}{2}c_W \rho_L A \cdot \dot{x}^2.$$

Daraus folgt

$$\ddot{x} = -\mu g - \frac{c_W \rho_L A}{2m} \cdot \dot{x}^2 \quad \text{oder} \quad \ddot{x} = -0{,}491 - 2{,}150 \cdot 10^{-3} \cdot \dot{x}^2.$$

ii) Im Programm von Beispiel 1 muss lediglich y1i:= 0, y2i:= 10 und der Befehl y2i:= y2i + (−0,491 − 2,150 · 10^{-3} · y2i^2) · 0,1 angepasst werden. Dabei wird die Schrittweite $dt = 0{,}1$ gewählt. (Eine DG dieser Form wurde in Kap. 7.2, Bsp. 5 exakt gelöst.) Die zugehörige Ortsfunktion ist in Abb. 12.2 rechts mit x_{ii} festgehalten. Der Radfahrer kommt etwa 84,8 m weit und steht nach etwa 18s still.

c) i) *Bilanz:* Ohne Wind bewegt sich die Luft mit der Geschwindigkeit v relativ zum ruhenden Radfahrer. Bei zusätzlichem Wind wächst diese Geschwindigkeit auf $v + v_W$.
Die Bilanz lautet

$$\frac{dp}{dt} = m \cdot \ddot{x}m \cdot \ddot{x} = -\mu \cdot mg - \frac{1}{2}c_W \rho_L A \cdot (\dot{x} + v_W)^2.$$

Einzig der Befehl y2i:= y2i + (−0,491 − 2,150 · 10^{-3} · (y2i + 10)^2) · 0,1 muss angepasst werden.

ii) Der Verlauf ist Abb. 12.2 rechts mit x_{iii} markiert. Der Radfahrer kommt etwa 46,9 m weit und steht nach etwa 10,4 s still.

13.1 Das Fadenpendel

Eine Masse m hängt an einem dünnen Faden der Länge l (Abb. 13.1 links). Der Auslenkwinkel beträgt φ und wird im Bogenmaß gemessen. Zur Zeit t hat die Masse das Bogenstück $b(t) = \varphi(t) \cdot l$ durchlaufen.

Idealisierung: Der Faden wird als masselos angenommen.

Herleitung von (13.1.1)–(13.1.3)

Gesucht ist die Winkelfunktion $\varphi(t)$.

Bilanz: Nach (7.1) gilt

$$\frac{dp}{dt} = \frac{d(mv)}{dt} = m \cdot \frac{dv}{dt} = m \cdot \frac{d}{dt}\left(\frac{db}{dt}\right) = m \cdot \ddot{b}(t).$$

Die rücktreibende Kraft ist die Tangentialkomponente der Gewichtskraft und zeigt in Gegenrichtung zur Bewegung. Man erhält $m \cdot \ddot{b} = -mg \cdot \sin\varphi$ oder $\ddot{\varphi} \cdot l = -g \cdot \sin\varphi$.

Die DG des Fadenpendels ergibt sich zu

$$\ddot{\varphi}(t) + \frac{g}{l} \cdot \sin\varphi(t) = 0. \tag{13.1.1}$$

Diese Gleichung ist nicht geschlossen lösbar.

Idealisierung: Die Auslenkung werden als klein vorausgesetzt.

In diesem Fall kann man $\sin\varphi \approx \varphi$ setzen und Gleichung (13.1.1) geht über in

$$\ddot{\varphi}(t) + \frac{g}{l} \cdot \varphi(t) = 0. \tag{13.1.2}$$

Mit den Anfangsbedingungen $\varphi(0) = \varphi_0$ und $\dot{\varphi}(0) = 0$ ergibt sich die Lösung

$$\varphi(t) = \varphi_0 \cdot \cos\left(\sqrt{\frac{g}{l}} \cdot t\right). \tag{13.1.3}$$

Die Periode erhält man mittels $\sqrt{\frac{g}{l}} \cdot t = 2\pi$ zu $T = 2\pi\sqrt{\frac{l}{g}}$. Sie ist allein abhängig von der Länge des Fadens.

Beispiel.

a) Für ein Fadenpendel gilt $l = 1\,\text{m}$ und $\varphi_0 = \frac{\pi}{3}$. Bestimmen Sie die Näherungslösung und die Periodendauer.

b) Geben Sie die Koordinaten $(x(t), y(t))$ der Masse allgemein an.

Lösung.

a) Die Näherungslösung lautet $\varphi(t) = \frac{\pi}{3}\cos(\sqrt{g} \cdot t)$. Weiter gilt

$$T = 2\pi\sqrt{\frac{1}{9{,}81}} = 2{,}01\,\text{s}.$$

b) Die Koordinaten der Masse sind $x(t) = l \cdot \sin\varphi(t)$ und $y(t) = l \cdot [1 - \cos\varphi(t)]$.

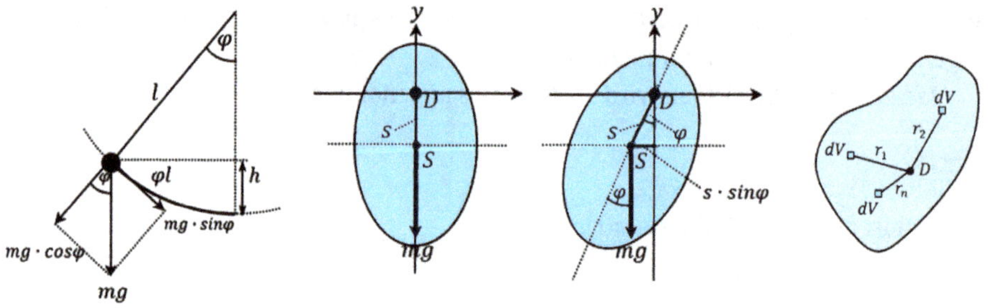

Abb. 13.1: Skizzen zum Fadenpendel und physikalischen Pendel.

13.2 Das physikalische Pendel

Beim Fadenpendel wird die Masse des Fadens vernachlässigt und es schwingt lediglich die angehängte Masse. Beim physikalischen Pendel wird die gesamte Masse in Schwingung versetzt und der Drehpunkt befindet sich auf dem Körper selbst.

Herleitung von (13.2.1) und (13.2.2)

Die kinetische Energie E_{Kin} eines Körpers der Masse m, der sich mit der Geschwindigkeit v fortbewegt, beträgt $E_{\text{Kin}} = \frac{1}{2}mv^2$. Dreht sich ein Körper um eine feste Achse und um einen Punkt D, so haben seine Masseteilchen unterschiedliche Geschwindigkeiten aber eine konstante Winkelgeschwindigkeit ω. Ist r der Abstand des Masseteilchens dm zur Drehachse, so hat dieses Teilchen die Geschwindigkeit $v = r \cdot \omega$ und seine kinetische Energie beträgt $dE_{\text{kin}} = \frac{1}{2} r^2 \omega^2 dm$. Die gesamte kinetische Energie des Körpers ist dann $E_{\text{kin}} = \frac{1}{2}\omega^2 \int_m r^2 dm$, wobei über die ganze Masse zu integrieren ist. Vergleicht man die kinetische Energie mit der Rotationsenergie, so sieht man, dass die Masse m im letzteren Fall durch das sogenannte Massenträgheitsmoment $J_D = \int_m r^2 dm$ bezüglich des Drehpunkts ersetzt wird. Die Einheit von J_D beträgt $[\text{kg} \cdot \text{m}^2]$. Das Trägheitsmoment J_D muss für jeden Körper einzeln berechnet werden. Wir lenken den Körper in Abb. 13.1 Mitte um einen Winkel φ_0 aus.

Bilanz: Änderung des Drehimpulses $J_D \cdot \ddot{\varphi}$. Nach Gleichung (7.3) entspricht dies dem rücktreibenden Drehmoment $M = -mg \cdot s \cdot \sin\varphi$. Zusammen ist $J_D \cdot \ddot{\varphi} = -mg \cdot s \cdot \sin\varphi$ und die DG des physikalischen Pendels folgt zu

$$\ddot{\varphi} + \frac{mg \cdot s}{J_D} \cdot \sin\varphi = 0. \tag{13.2.1}$$

Bei konstanter Dichte ρ erhält man (Abb. 13.1 rechts)

$$J_D = \rho \cdot \int_V r^2 dV. \tag{13.2.2}$$

Beispiel 1. Es soll das Massenträgheitsmoment J_D eines dünnen Stabs der Länge l mit konstanter Dichte ermittelt werden (Abb. 13.2 links).

Lösung. Nach (13.2.2) gilt:

$$\begin{aligned}
J_D = \rho \cdot \int_V r^2 dV &= \frac{m}{l} \cdot \int_0^{\frac{l}{2}-s} r^2 dr + \frac{m}{l} \cdot \int_0^{\frac{l}{2}+s} r^2 dr \\
&= \frac{m}{3l} \cdot \left([r^3]_0^{\frac{l}{2}-s} + [r^3]_0^{\frac{l}{2}+s}\right) = \frac{m}{3l} \cdot \left(\left[\frac{l}{2} - s\right]^3 + \left[\frac{l}{2} + s\right]^3\right) \\
&= \frac{m}{3l} \cdot \left(\frac{l^3}{8} - 3\frac{l^2}{4}s + 3\frac{l}{2}s^2 - s^3 + \frac{l^3}{8} + 3\frac{l^2}{4}s + 3\frac{l}{2}s^2 + s^3\right) \\
&= \frac{m}{3l} \cdot \left(\frac{l^3}{4} + 3ls^2\right) = \frac{m}{3} \cdot \left(\frac{l^2 + 12s^2}{4}\right)
\end{aligned}$$

und somit

$$J_D = \frac{m}{12}(l^2 + 12s^2). \tag{13.2.3}$$

Beispiel 2. Im 2. Band wird der Satz von Steiner hergeleitet. Dieser besagt, dass man J_D für einen beliebigen Drehpunkt D bestimmen kann, wenn man das Trägheitsmoment J_S bezüglich seines Schwerpunkts S und den Abstand $s = \overline{DS}$ kennt. Dann gilt $J_D = J_S + ms^2$. Bestimmen sie nochmals J_D für den Stab aus Beispiel 1 mit dem Satz von Steiner.

Lösung. Gleichung (13.2.2) liefert

$$J_D = J_S + ms^2 = \frac{m}{l} \cdot \int_{-\frac{l}{2}}^{\frac{l}{2}} r^2 dr + ms^2 = \frac{m}{3l} \cdot [r^3]_{-\frac{l}{2}}^{\frac{l}{2}} + ms^2$$

$$= \frac{m}{3l} \cdot \left(\frac{l^3}{8} + \frac{l^3}{8} \right) + ms^2 = m \cdot \frac{l^2}{12} + ms^2 = \frac{m}{12}(l^2 + 12s^2).$$

Beispiel 3.

a) Stellen Sie die exakte DG (13.2.1) für die Schwingung eines dünnen Stabes der Länge $l = 1\,\mathrm{m}$ um den Drehpunkt D mit $s = \overline{DS} = 0{,}25\,\mathrm{m}$ auf.

b) Wie groß wäre die Schwingungsdauer für kleine Winkel bei einer Auslenkung von $\varphi_0 = \frac{\pi}{3}$?

c) Bestimmen Sie den exakten Schwingungsverlauf numerisch einschließlich der zugehörigen Schwingungsdauer bei einer Schrittweite von $\Delta t = 0{,}01$. Stellen Sie zudem auch die Näherungslösung dar.

Lösung.

a) Das Trägheitsmoment des Stabes berechnet sich nach (13.2.3) zu

$$J = \frac{1}{12} m(l^2 + 12s^2) = \frac{1}{12} m \left[1^2 + 12 \cdot \left(\frac{1}{2} \right)^2 \right] = \frac{7}{48} m.$$

Die exakte DG des physikalischen Pendels lautet gemäß (13.2.1) $\ddot{\varphi} + \frac{12}{7} g \cdot \sin \varphi = 0$.

b) Für kleine Winkel ist $\ddot{\varphi} + \frac{12}{7} g \cdot \varphi = 0$ und man erhält

$$\varphi(t) = \frac{\pi}{3} \cos\left(\sqrt{\frac{12}{7} g} \cdot t \right)$$

mit der Periode $T_{\text{Näherung}} = 1{,}53\,\mathrm{s}$.

c) Für $l = 1\,\mathrm{m}$ folgt $\ddot{\varphi} = -\frac{12}{7} \cdot 9{,}81 \cdot \sin \varphi$ und die Vorschrift für das Programm ist y2i := y2i $- \frac{12}{7} \cdot 9{,}81 \cdot \sin(y1i) \cdot 0{,}01$ mit den Anfangsbedingungen y1i := $\frac{\pi}{3}$ und y2i := 0.

In Abb. 13.2 Mitte ist der Verlauf der exakten Lösung punktiert und die Näherungslösung durchgezogen markiert. Es ergibt sich $T_{\text{exakt}} = 1{,}66\,\mathrm{s}$.

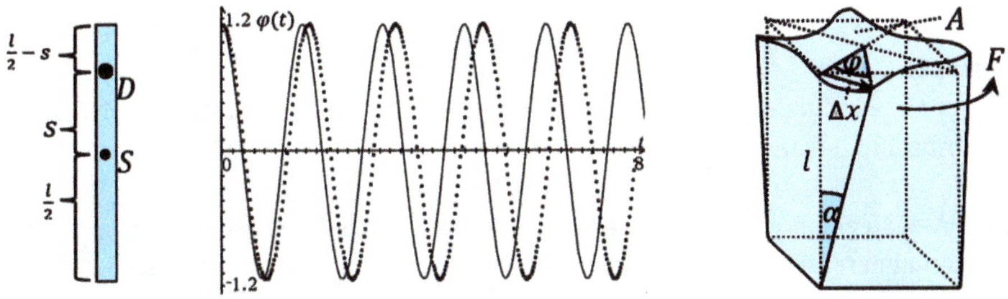

Abb. 13.2: Skizze und Simulation zu den Beispielen 1–3 und zum Torsionspendel.

13.3 Das Torsionspendel

Bei einer Torsion oder Verdrillung wird ein Körper durch ein Torsionsmoment M_T verdreht. Der zugehörige Hebel steht dabei senkrecht zu einer Körperachse. Die im Körper hervorgerufenen Spannungen nennt man Torsionsspannungen. Sie entsprechen den Schubspannungen einer Scherung (Kap. 8.2) mit dem Unterschied, dass bei der Torsion die Querschnitte senkrecht zur Drehrichtung gewölbt sein können (Abb. 13.2 rechts). Lediglich kreisförmige Querschnitte (Kreis oder Kreisring) bleiben bei der Torsion eben. Die Materialkonstante in diesem Zusammenhang ist dieselbe wie bei der Scherung, nämlich der Schubmodul G. Gemäß Abb. 13.2 rechts kann man bei einer Torsion den Gleitwinkel α auf der Mantelfläche und den Torsionswinkel φ auf der Deckfläche des Körpers unterscheiden. In der Abbildung wird der Einfachheit halber die Grundfläche als fest verankert gedacht. Wir treffen zusätzlich einige Annahmen.

Idealisierungen:

1. Es sollen keine Wölbungen der Querschnitte auftreten. Die Querschnitte tordieren wie starre Scheiben (Abb. 13.3 rechts).
2. Die Drehwinkel sind so klein, dass die Verdrehung des Materials innerhalb seiner Elastizitätsgrenze liegt.
3. Der Körper soll homogen sein.
4. Eine Dämpfung wird nicht beachtet.
5. Die Mitbewegung des Drahtes wird vernachlässigt.

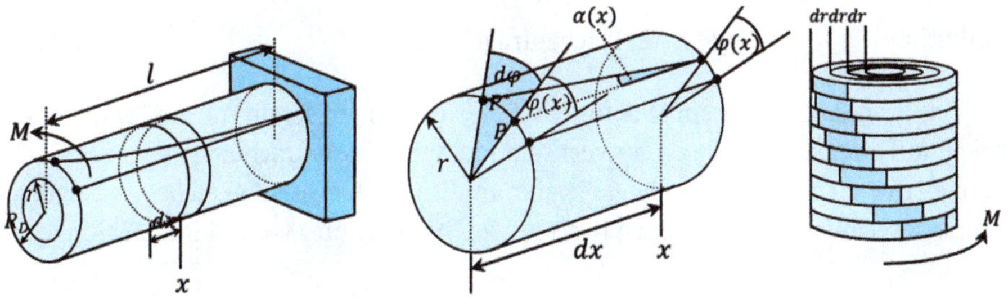

Abb. 13.3: Skizzen zum Torsionspendel.

Herleitung von (13.3.1)–(13.3.5)

Einschränkungen:

- Wir beschränken uns im Folgenden auf einen dünnen Draht in Form eines Zylinders (Abb. 13.3 links).

Dieser sei an einem Ende fest eingespannt, habe die Länge l und den Radius R_D.

- Am anderen Ende sei eine Masse derart befestigt, dass ein Drehmoment M senkrecht zu seiner Längsachse wirkt.

Die letzte Einschränkung sichert, dass die Drahtachse durch den Schwerpunkt des Massekörpers verläuft.

Wir denken uns den Draht in unendlich feine Hohlzylinder der Dicke dr zerlegt (Abb. 13.3 rechts). Durch die Torsion werden die dünnen Querschnitte gegeneinander verdreht. Ist der Draht homogen gebaut (Idealisierung 3), so wird die Änderung von φ entlang der x-Richtung linear zunehmen, also $\varphi'(x) = \text{konst.}$ Ansonsten, wenn der Draht z. B. unten weicher als oben ist, wird $\varphi'(x) \neq \text{konst.}$ sein. Wir betrachten ein Drahtstück einer Länge dx und einem Radius $r < R_D$ etwas genauer (Abb. 13.3 mitte). Die Verdrehung um $d\varphi$ verursacht eine Verschiebung des Punktes P nach P^*, bei schon bestehendem $\varphi(x)$. Dies entspricht einer Verdrehung der Mantellinie um den Winkel $\alpha(x)$. Einerseits ist $\overline{PP^*} = r \cdot d\varphi$, anderseits gilt $\tan(\alpha(x)) = \frac{\overline{PP^*}}{dx}$, woraus für kleine α etwa $\tan\alpha \approx \alpha$ (Idealisierung 2) gesetzt werden kann und man $\overline{PP^*} = \alpha(x) \cdot dx$, damit $r \cdot d\varphi = \alpha(x) \cdot dx$ und $\alpha(x) = r \cdot \frac{d\varphi}{dx} = r \cdot \varphi'(x)$ erhält. Für die Torsionsspannung an der Stelle x gilt für kleine Auslenkungen (Idealisierung 2) das Hooke'sche Gesetz $\tau(x) = G \cdot \alpha(x) = G \cdot r \cdot \varphi'(x)$. Sowohl die Torsionsspannung als auch das Torsionsmoment ist am Rand am größten. Beide Größen sind eigentlich eine Funktion von x und r. Für ein kleines Drehmomentstück an der Stelle x gilt

$$dM_T(x) = dF \cdot r = \tau(x) \cdot r \cdot dA = G \cdot r^2 \cdot \varphi'(x) \cdot dA$$

(Abb. 13.4, 1. Skizze). Für das gesamte Torsionsmoment an der Stelle x erhält man

$$M_T(x) = G \cdot \varphi'(x) \cdot \int_A r^2 dA \quad \text{oder} \quad M_T(x) = G \cdot I_T \cdot \varphi'(x). \tag{13.3.1}$$

Definition 1. $I_T = \int_A r^2 dA$ heißt Flächenträgheitsmoment. (13.3.2)

Das Produkt $G \cdot I_T$ ist ein Maß für die Verformung, in unserem Fall die Torsionssteifigkeit des Materials (nicht zu verwechseln mit dem Massenträgheitsmoment als Maß für die Trägheit eines rotierenden Körpers), ähnlich der Biegesteifigkeit bei Verbiegung. Zuerst berechnen wir I_T für einen Kreis mit Radius R_D (Abb. 13.4, 2. Skizze). Es gilt

$$I_T = \int_A r^2 dA = \int_0^{2\pi}\int_0^{R_D} r^2 \cdot r \cdot d\varphi dr = 2\pi \int_0^{R_D} r^3 \cdot dr = 2\pi \cdot \left[\frac{r^4}{4}\right]_0^R = 2\pi \cdot \frac{R_D^4}{4}$$

und somit

$$I_T = \frac{\pi}{2} R_D^4. \tag{13.3.3}$$

Für einen homogenen Draht (Idealisierung 3) ist $\varphi(x) = \frac{\varphi(l)}{l}x$ und $\varphi'(x) = \frac{\varphi(l)}{l}$. Es folgt

$$M_T = G \cdot \frac{\pi}{2}R^4 \cdot \frac{\varphi(l)}{l} = \frac{G}{l} \cdot \frac{\pi}{2}R_D^4 \cdot \varphi(l) = \frac{G \cdot I_T}{l} \cdot \varphi(l) = D_M \cdot \varphi(l). \tag{13.3.4}$$

Definition 2. $D_M := \frac{G \cdot I_T}{l}$ heißt Direktionsmoment.

Das Direktionsmoment entspricht der Federkonstanten D bei longitudinalen Auslenkungen, die Einheit ist allerdings die eines Moments Nm oder Nm · rad.

Wir betrachten das Torsionspendel (Abb. 13.4, dritte Skizze). Der Draht sei am oberen Ende fest verankert. Am unteren Ende hängt eine zylindrische Masse m mit Radius R_M. Diese wird um den Winkel φ_0 ausgelenkt und vollführt Torsionsschwingungen.

Momentbilanz: Das Verdrehen der angehängten Masse bewirkt eine Änderung des Drehimpulses der Größe $M = J_{\text{Gewicht}} \cdot \ddot{\varphi}(l, t)$. Durch die Torsion des Drahtes wird der Drehimpuls des Systems zusätzlich verändert. Nach der Idealisierung 5 beachten wir die Bewegung der Feder nicht und wir können von diesem zusätzlichen Moment absehen. Der Draht reagiert mit einem Rückstellmoment, das nach (13.3.4) $-D_M\varphi(l)$ beträgt. Die Bilanzgleichung (7.3) führt dann zur DG des Torsionspendels

$$\ddot{\varphi}(l) + \frac{D_M}{J}\varphi(l) = 0 \quad \text{oder} \quad \ddot{\varphi} + \frac{\pi G R_D^4}{2lJ}\varphi = 0. \tag{13.3.5}$$

Die Lösung lautet

$$\varphi(t) = \varphi_0 \cdot \cos\left(\sqrt{\frac{D_M}{J}}t\right) \quad \text{mit der Periodendauer} \quad T = \frac{1}{2\pi}\sqrt{\frac{J}{D_M}}.$$

Als nächstes wollen wir einige Trägheitsmomente bestimmen. Zuerst für einen Zylinder mit Radius R und Höhe H (Abb. 13.4, 4. Skizze):

$$\begin{aligned} J &= \rho \int_V a^2 dV = \frac{m}{\pi R^2} \int_0^H \int_0^{2\pi} \int_0^R r^2 \cdot r \cdot d\varphi dr dh \\ &= \frac{m}{\pi R^2 h} 2\pi h \int_0^R r^3 \cdot dr = \frac{2m}{R^2} \cdot \left[\frac{r^4}{4}\right]_0^R = \frac{2m}{R^2} \cdot \frac{R^4}{4} \end{aligned}$$

und somit

$$J = \frac{1}{2} m R^2. \tag{13.3.6}$$

Das Ergebnis ist von der Zylinderhöhe unabhängig. Kombiniert man (13.3.5) mit (13.3.6), so folgt die DG eines Torsionspendels mit zylindrischem Draht der Länge l, Radius R_D, Torsionsmodul G, zylindrischer Masse m und Radius R_G zu

$$\frac{1}{2} m R_G^2 \cdot \ddot{\varphi} = \frac{G}{l} \cdot \frac{\pi}{2} \cdot R_D^4 \varphi \quad \text{oder} \quad \ddot{\varphi} + \frac{\pi \cdot G \cdot R_D^4}{l \cdot m \cdot R_G^2} \cdot \varphi = 0. \tag{13.3.7}$$

Beispiel.

a) Stellen Sie die DG für das beschriebene Torsionspendel mit einer zylindrischen Masse für kleine Auslenkungen des Winkels φ und folgenden Werten auf: $l = 1\,\text{m}$, $R_D = 0{,}75\,\text{mm}$, $R_G = 5\,\text{cm}$, $m = 2{,}5\,\text{kg}$, $G_{\text{Stahl}} = 82 \cdot 10^9\,\frac{\text{N}}{\text{m}^2}$.

b) Bestimmen Sie die Lösung und die Periode für eine Auslenkung von $\varphi_0 = \frac{\pi}{12}$.

Lösung.

a) Nach (13.3.7) gilt

$$\frac{\pi \cdot G \cdot R_D^4}{l \cdot m \cdot R_G^2} = \frac{\pi \cdot 82 \cdot 10^9 \cdot (7{,}5 \cdot 10^{-4})^4}{1 \cdot 2{,}5 \cdot 0{,}05^2} = 13{,}04$$

und damit $\ddot{\varphi} = -13{,}04 \cdot \varphi$.

b) Es folgt

$$\varphi(t) = \frac{\pi}{12} \cdot \cos(\sqrt{13{,}04} \cdot t) \quad \text{und} \quad T = \frac{2\pi}{\sqrt{13{,}04}} = 1{,}74\,\text{s}.$$

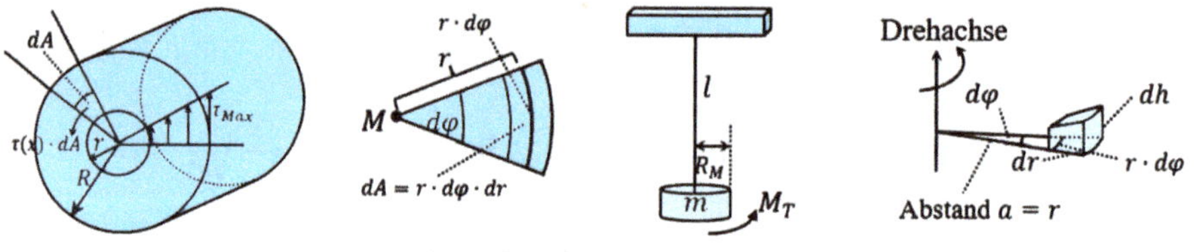

Abb. 13.4: Skizzen zur Herleitung der Schwingungsgleichung eines Torsionspendels.

Axiales und polares Flächenträgheitsmoment, Torsionsträgheitsmoment

An dieser Stelle scheint es sinnvoll, einige klärende Bemerkungen zur Unterscheidung der drei Begriffe einzuschieben. Flächenträgheitsmomente (FTMe) sind in erster Linie Kenngrößen eines Körpers, die mithilfe seiner Abmessungen, insbesondere dem Querschnitt A senkrecht zu einer gegebenen Achse, gebildet werden. Erst im Zusammenhang mit Verformungen wie Biegung, Scherung oder Torsion erhalten die einzelnen Kenngrößen eine zusätzliche Bedeutung.

Wir denken uns ein räumliches Koordinatensystem, dessen Ursprung sinnvollerweise mit dem Schwerpunkt des Körpers zusammenfällt. Am einfachsten nehmen wir dazu einen Balken mit dem Querschnitt $A = bh$ und der Länge l. Die x-Achse setzen wir in die Längsachse des Balkens. Verbiegen wir den Körper beispielsweise in y-Richtung, dann muss das axiale FTM $I_z = \int_A y^2 dA$ berechnet werden. y meint dann den senkrechten Abstand vom Flächenelement dA zur z-Achse. I_z beschreibt die Verbiegung in Abhängigkeit des Querschnitts. Mit (11.1.1) hatten wir $I_z = \frac{bh^3}{12}$ bestimmt. Wirkt nun die Biegung in z-Richtung, so erhält man ein anderes axiales FTM, das diese Biegung charakterisiert, nämlich $I_y = \int_A z^2 dA = \frac{b^3 h}{12}$ mit z als Abstand vom Flächenelement dA zur y-Achse.

Biegt man den Balken nun sowohl in y- als auch in z-Richtung, dann könnte man auf die Idee kommen, dass die Summe $I_y + I_z$ ein Maß für diese Doppelverbiegung darstellt. Die Summe ist für diese Art der Verformung aber bedeutungslos. Für kleine Auslenkungen kann man zwar annähernd die Biegeline über Superposition mithilfe der einzelnen FTMe I_y und I_z gemäß (11.4) zu

$$u''_{\text{Total}}(y, z) \approx -\frac{M_y(x)}{E \cdot I_y} - \frac{M_z(x)}{E \cdot I_z}$$

angeben, aber es entstehen nebst den Spannungen $\sigma_x(y)$ und $\sigma_x(z)$ unvermeidlich Querschnittstorsionen, welche die Superposition nicht erfassen kann.

Betrachtet man nun die Verbiegung eines kreisrunden Stabs, beispielsweise in y-Richtung, so schreiben wir mit (11.1.2) $I_z = \int_A y^2 dA = \frac{\pi R^4}{4}$. Da $I_y = I_z$ ist, so führt die Summe $I_y + I_z$ zu $\frac{\pi R^4}{2}$, was mit dem Torsionsträgheitsmoment I_T von (13.3.3) übereinstimmt. Es wäre nun aber falsch zu folgern, dass damit die Doppelbiegung eines runden Stabs einer Torsion gleichgestellt werden kann. Physikalisch gesehen, lässt sich aus der Gleichheit von $I_y + I_z = I_T$ nichts ableiten. Man kann einzig folgern, dass sich $\int_A y^2 dA + \int_A z^2 dA$ auch mithilfe von $\int_A^0 r^2 dA$ infolge des rein geometrischen Zusammenhangs $y^2 + z^2 = r^2$ berechnen lässt. Letztlich kann man $I_p = I_y + I_z$ als Summe der axialen FTMe definieren und nennt dies das polare FTM. In diesem Fall gibt es nur noch eine Bezugsachse, in unserer Nomenklatur, nämlich die z-Achse, die senkrecht auf A steht und somit einen „Pol" im Schwerpunkt bildet. Die simple, rein mathematische Folgerung ist, dass im Fall einer kreisrunden Querschnittsfläche I_p und I_T übereinstimmen und dass $I_p = I_T$ ein Maß für die Torsion eines runden Stabs darstellt.

Bemerkung. In Band 2, 2. Auflage wird Folgendes gezeigt: Beachtet man die Mitbewegung des Drahtes, dann beträgt die gesamte Rotationsenergie in Analogie zum Federpendel

$$E_{\text{rot}} = E_{\text{rot,Gewicht}} + E_{\text{rot,Draht}} = \frac{1}{2} J_G \omega^2 + \frac{1}{6} J_D \omega^2 = \frac{1}{2}\left(J_G + \frac{J_D}{3}\right)\omega^2$$

mit dem MTM J_D des Drahtes und die Schwingungsgleichung erhält die Form

$$\ddot{\varphi}(l) + \frac{D_M}{J_G + \frac{J_D}{3}} \varphi(l) = 0.$$

14 Erzwungene Schwingungen

Jedes schwingungsfähige System mit der Eigenfrequenz ω_0 kann man folgenreich «stören», indem man es mit einer anderen Frequenz ω anregt, sofern die Erregung nicht einmalig oder kurz, sondern dauernd erfolgt. Betrachten wir dazu das freie ungedämpfte und das freie gedämpfte Federpendel. Die Masse m des angehängten Körpers, die Federkonstante D und die Reibung μ entscheiden über die Art der Schwingung. Mit (12.1.2) liegt die Lösung für das ungedämpfte Pendel vor. Dabei bezeichnet

$$\omega_0 = \sqrt{\frac{D}{m}} \quad \left(= \frac{2\pi}{T}\right)$$

die Eigenkreisfrequenz. Die Lösung für das gedämpfte Pendel mit $\omega_d = \frac{\sqrt{4Dm-\mu^2}}{2m}$ als Eigenkreisfrequenz stellt Gleichung (12.2.2) dar. In beiden Fällen kann das Pendel bei einer Auslenkung nur mit der Frequenz ω_0 bzw. ω_d schwingen. Was geschieht, wenn man das System periodisch mit einer anderen Frequenz ω anregt? Eine Apparatur, die eine solche erzwungene Schwingung simuliert, sieht etwa folgendermaßen aus (Abb. 14.1 links): Die schwingende Masse besteht aus einer Feder, dem Körper, einem Exzenter und einem Seitenarm. Der Exzenter, an dem eine kleine Masse hängt, schwingt, von einem Elektromotor angetrieben, mit der Frequenz ω. Die Dämpfung wird beispielsweise über einen Seitenarm erreicht, der in einem mit Wasser gefüllten Behälter eintaucht.

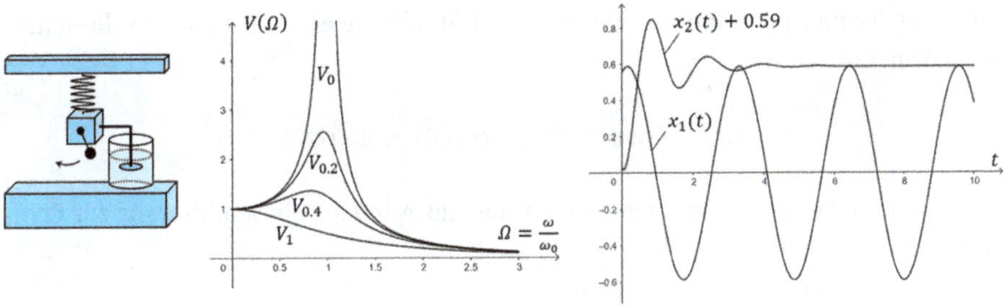

Abb. 14.1: Skizze zum gedämpften Federpendel, zum Graphen von (14.8) und zum Beispiel 2.

Herleitung von (14.1)–(14.8)

Die Impulsbilanz für die freie gedämpfte Schwingung lautet gemäß (12.2.1) $m \cdot \ddot{x} + \mu \cdot \dot{x} + D \cdot x = 0$.

Bilanz: Wir nehmen an, das Pendel wird nun mit der Kraft $F(t)$ angeregt. Dann lautet die neue Kraftbilanz

$$\frac{dp}{dt} = m \cdot \ddot{x} = -D \cdot x - \mu \cdot \dot{x} + F(t). \tag{14.1}$$

https://doi.org/10.1515/9783111345765-014

Die letzte Kraft treibt die Schwingung an, die beiden anderen hemmen sie. Je nach Anfangsbedingungen wird das System viele Teilschwingungen durchlaufen, bis es einheitlich mit einer Frequenz schwingt. Der Einschwingvorgang erfolgt im Allgemeinen asymptotisch. Als Einschwingzeit bezeichnet man die Zeitdauer, bis die Amplitude erstmals um weniger als beispielsweise 5 %–10 % von der zu erreichenden Amplitude abweicht. Sämtliche Experimente zeigen folgenden Sachverhalt: Das System schwingt nach dem Einschwingvorgang mit der konstanten Erregerfrequenz ω. Aufgrund der Massenträgheit bewegt sich die Schwingmasse nicht unmittelbar mit der Anregung, sondern mit einer Phasenverschiebung φ_0, der Zeit zwischen der wirkenden Anregungskraft und der Auslenkung. Dabei gilt $0 \leq \varphi_0 < 2\pi$.

Von allen möglichen Anregungskräften untersuchen wir speziell die Wirkung einer periodischen Kraft.

Einschränkung: Als Anregung setzen wir eine periodische Kraft der Form $F(t) = F_0 \cdot \cos \omega t$ an.

Dies fügen wir in (14.1) und erhalten die DG

$$m \cdot \ddot{x} + \mu \cdot \dot{x} + D \cdot x = F_0 \cdot \cos \omega t. \tag{14.2}$$

Mit den Abkürzungen $a := \frac{\mu}{m}, b := \frac{D}{m}, c := \frac{F_0}{m}$ wird aus (14.2)

$$\ddot{x} + a \cdot \dot{x} + b \cdot x = c \cdot \cos \omega t. \tag{14.3}$$

Da dem System immer wieder Energie zugefügt wird, können wir mit einer (von der Anregungsfrequenz ω abhängigen) konstanten Amplitude $A(\omega)$ rechnen. Für die stationäre Lösung setzen wir

$$x(t) = A(\omega) \cdot \cos[\omega t - \varphi_0(\omega)] =: A \cdot \cos \varphi.$$

Dabei ist $A(\omega)$ die von ω abhängige Amplitude und $\varphi_0(\omega)$ die Phasendifferenz zur Erregerfrequenz.

Eingesetzt in die (14.3) erhält man

$$\begin{aligned} -\omega^2 A \cdot \cos \varphi - \omega a A \cdot \sin \varphi + bA \cdot \cos \varphi = c \cdot \cos \omega t \quad &\text{oder} \\ A(b - \omega^2) \cdot \cos \varphi - \omega a A \cdot \sin \varphi = c \cdot \cos \omega t. \end{aligned}$$

Mit den Additionstheoremen folgt

$$\begin{aligned} &A(b - \omega^2) \cdot (\cos \omega t \cdot \cos \varphi_0 + \sin \omega t \cdot \sin \varphi_0) \\ &\quad - \omega a A \cdot (\sin \omega t \cdot \cos \varphi_0 - \cos \omega t \cdot \sin \varphi_0) = c \cdot \cos \omega t \quad \text{oder} \\ &\cos \omega t \cdot [A(b - \omega^2) \cdot \cos \varphi_0 + \omega a A \cdot \sin \varphi_0 - c] \\ &\quad - \sin \omega t \cdot [A(b - \omega^2) \cdot \sin \varphi_0 - \omega a A \cdot \cos \varphi_0] = 0. \end{aligned}$$

Da diese Gleichung für alle t gelten muss, ist dies nur möglich, wenn beide Klammerausdrücke null sind. Daraus entnimmt man die beiden Gleichungen

$$\text{I.}\quad A(b-\omega^2)\cdot\cos\varphi_0 + \omega a A\cdot\sin\varphi_0 - c = 0 \quad \text{und}$$
$$\text{II.}\quad A(b-\omega^2)\cdot\sin\varphi_0 - \omega a A\cdot\cos\varphi_0 = 0.$$

Aus II. ergibt sich

$$\tan\varphi_0 = \frac{a\cdot\omega}{\omega_0^2-\omega^2} \quad\Rightarrow\quad \varphi_0(\omega) = \arctan\left(\frac{a\cdot\omega}{\omega_0^2-\omega^2}\right)$$

und aus I. folgt

$$A\cos\varphi_0\cdot(b-\omega^2+\omega a\cdot\tan\varphi_0) = c.$$

Benutzt man nun

$$\cos\varphi_0 = \frac{1}{\sqrt{1+\tan^2\varphi_0}},$$

dann erhält man

$$A(\omega) = \frac{c\cdot\sqrt{1+\tan^2\varphi_0}}{\omega_0^2-\omega^2+\omega a\cdot\tan\varphi_0} = \frac{c\cdot\sqrt{1+\frac{a^2\omega^2}{(\omega_0^2-\omega^2)^2}}}{\omega_0^2-\omega^2+\frac{a^2\omega^2}{\omega_0^2-\omega^2}}$$
$$= \frac{c\cdot\sqrt{(\omega_0^2-\omega^2)^2+a^2\omega^2}}{(\omega_0^2-\omega^2)^2+a^2\omega^2} = \frac{c}{\sqrt{(\omega_0^2-\omega^2)^2+a^2\omega^2}}.$$

Ausgeschrieben lautet das Ergebnis für eine erzwungene Schwingung:

$$\varphi_0(t) = \arctan\left(\frac{\frac{\mu}{m}\cdot\omega}{\frac{D}{m}-\omega^2}\right),\quad A(\omega) = \frac{F_0}{m}\cdot\frac{1}{\sqrt{(\frac{D}{m}-\omega^2)^2+(\frac{\mu}{m})^2\omega^2}} \quad \text{und}$$

$$x_p(t) = \frac{F_0}{m}\cdot\frac{1}{\sqrt{(\frac{D}{m}-\omega^2)^2+(\frac{\mu}{m})^2\omega^2}}\cdot\cos\left[\omega t - \arctan\left(\frac{\frac{\mu}{m}\cdot\omega}{\frac{D}{m}-\omega^2}\right)\right]. \tag{14.4}$$

Die Verschiebung $x_p(t)$ hinkt der Erregungsfrequenz infolge der Dämpfung ωt um φ_0 nach. $x_p(t)$ ist erst eine partikuläre Lösung der inhomogenen DG. Für die allgemeine Lösung der inhomogenen DG muss man die allgemeine Lösung der homogenen DG zur partikulären Lösung addieren. Die Lösung setzt sich also zusammen aus einer Schwingung mit konstanter Amplitude in der Erregerfrequenz ω und einer Schwingung mit exponentiell fallender Amplitude in der Eigenfrequenz ω_d nach Gleichung (12.2.2). Man erhält

$$x(t) = \frac{F_0}{m} \cdot \frac{1}{\sqrt{(\frac{D}{m} - \omega^2)^2 + (\frac{\mu}{m})^2 \omega^2}} \cdot \cos\left[\omega t - \arctan\left(\frac{\frac{\mu}{m} \cdot \omega}{\frac{D}{m} - \omega^2}\right)\right] + e^{-\frac{\mu}{2m} \cdot t} \cdot f(t) \quad \text{mit}$$

$$f(t) = C_1 \cdot \cos\left(\frac{\sqrt{4Dm - \mu^2}}{2m} t\right) + C_2 \cdot \sin\left(\frac{\sqrt{4Dm - \mu^2}}{2m} t\right) \quad \text{und}$$

$$\omega_d = \frac{\sqrt{4Dm - \mu^2}}{2m}. \tag{14.5}$$

In Gleichung (14.5) klingt der zweite Term aufgrund der immer vorhandenen Systemdämpfung mit der Zeit ab, sodass nur die partikuläre Lösung, die Schwingung mit der Erregerfrequenz, übrig bleibt. Im Folgenden interessiert nur die Lösung nach der Einschwingzeit, also der 1. Term. Nun führen wir einige dimensionslose Größen ein.

Definition 1. Man nennt $\xi = \frac{\mu}{2m\omega_0}$ das Dämpfungsmaß.

Daraus erhält man

$$\omega_d = \frac{\sqrt{4Dm - \mu^2}}{2m} = \sqrt{\omega_0^2 - \left(\frac{\mu}{2m}\right)^2} = \omega_0 \sqrt{1 - \xi^2}. \tag{14.6}$$

Definition 2. Man bezeichnet $\Omega = \frac{\omega}{\omega_0}$ als das Verhältnis aus Anregungsfrequenz und Eigenfrequenz des ungedämpften Pendels.

Damit schreibt sich die Amplitude aus (14.4) als

$$A(\Omega) = \frac{F_0}{m} \cdot \frac{1}{\sqrt{(\omega_0^2 - \omega^2)^2 + (2\xi\omega_0)^2 \omega^2}} = \frac{F_0}{m\omega_0^2} \cdot \frac{1}{\sqrt{[1 - (\frac{\omega}{\omega_0})^2]^2 + 4\xi^2 (\frac{\omega}{\omega_0})^2}}$$

und somit

$$A(\Omega) = \frac{F_0}{m\omega_0^2} \cdot \frac{1}{\sqrt{(1 - \Omega^2)^2 + 4\xi^2 \Omega^2}}. \tag{14.7}$$

Zudem ergibt sich für die Phasenverschiebung

$$\varphi_0 = \arctan\left(\frac{\frac{\mu}{m} \cdot \omega}{\frac{D}{m} - \omega^2}\right) = \arctan\left(\frac{2\xi\omega_0\omega}{\omega_0^2 - \omega^2}\right) = \arctan\left(\frac{2\xi \frac{\omega}{\omega_0}}{1 - \frac{\omega^2}{\omega_0^2}}\right)$$

und damit

$$\varphi_0 = \arctan\left(\frac{2\xi\Omega}{1 - \Omega^2}\right). \tag{14.8}$$

Gleichung (14.7) und (14.8) ergeben zusammen

$$x(t) = \frac{F_0}{m\omega_0^2} \cdot \frac{1}{\sqrt{(1-\Omega^2)^2 + 4\xi^2\Omega^2}} \cdot \cos\left[\omega t - \arctan\left(\frac{2\xi\Omega}{1-\Omega^2}\right)\right].$$

Weiter bildet man das Verhältnis der Amplituden von Antwort und Erregung, $U(\Omega) = \frac{A(\Omega)}{F_0}$, was zu

$$U(\Omega) = \frac{1}{m\omega_0^2} \cdot \frac{1}{\sqrt{(1-\Omega^2)^2 + 4\xi^2\Omega^2}}$$

führt. Normiert man dies mit $\frac{1}{D} = \frac{1}{m\omega_0^2}$, so erhält man eine weitere dimensionslose Größe:

Definition 3. Man nennt

$$V(\Omega) = D \cdot U(\Omega) = \frac{1}{\sqrt{(1-\Omega^2)^2 + 4\xi^2\Omega^2}} \tag{14.9}$$

die Vergrößerungsfunktion oder dynamischer Vergrößerungsfaktor.

Für die Werte $\xi = 0, 0{,}2, 0{,}4, 1$ ist $V(\Omega)$ in Abb. 14.1 mitte dargestellt. Dabei nimmt die Vergrößerungsfunktion umso mehr zu, je kleiner die Dämpfung ist. Wir überlegen uns, für welches Ω das Maximum erreicht wird. Wir können dazu das Quadrat von $V(\Omega)$ ableiten und null setzen. Man erhält

$$\frac{dV^2}{d\Omega} = D^2 \cdot \frac{-4\Omega(\Omega^2 + 2\xi^2 - 1)}{\text{Nenner}} = 0$$

und daraus

$$\Omega^2 + 2\xi^2 - 1 = 0, \quad \Omega = \sqrt{1-2\xi^2} \quad \text{oder} \quad \omega = \omega_0\sqrt{1-2\xi^2}.$$

Vergleicht man dies mit den Eigenfrequenzen ω_0 des ungedämpften und $\omega_d = \omega_0\sqrt{1-\xi^2}$ des gedämpften Systems (14.6), so erkennt man, dass das Maximum bei einer Frequenz erreicht wird, die tiefer als ω_d liegt. Es gilt

$$\omega_0\sqrt{1-2\xi^2} < \omega_0\sqrt{1-\xi^2} < \omega_0.$$

Für $\xi = 0$, oder $\mu = 0$ stimmen alle drei Werte überein.

Schließlich betrachten wir noch drei Spezialfälle.

1. Für $\Omega = 0$ beträgt die Vergrößerungsfunktion $V(0) = 1$. Da das System gar nicht angeregt wird, bleibt auch die Amplitude unangetastet.
2. Im Fall hoher Frequenzen, also $\Omega = \frac{\omega}{\omega_0} \gg 1$ wird die Antwort des Systems $V(\Omega)$ klein sein, weil die Trägheit überwiegt.

3. Für eine schwache Dämpfung $\xi \approx 0$ erhält man den maximalen Vergrößerungswert etwa bei $\Omega = \frac{\omega}{\omega_0} \approx 1$ und Gleichung (14.9) reduziert sich dann zu

$$V(1) = \frac{1}{\sqrt{(1-1)^2 + 4\xi^2 \cdot 1}} = \frac{1}{2\xi}.$$

Definition 4. Man bezeichnet $Q = \frac{1}{2\xi}$ als Qualitätsfaktor oder maximaler Vergrößerungsfaktor. Q ist ein Maß für die Dämpfung des Systems.

Die Amplitude $U(1)$ oder $A(1)$ wird sich somit um den Faktor $\frac{1}{D \cdot 2\xi}$ verkleinert haben. Man teilt den Ω-Bereich auch in zwei Intervalle ein:

Definition 5. $\Omega < 1$ heißt unterkritischer- und $\Omega > 1$ oberkritischer Bereich.

Schwingungen können zwar auch erwünscht sein, aber meistens sind sie störend. In diesem Zusammenhang ist auch der Begriff der Schwingungsreduktion wichtig.

Definition 6. Als Schwingungsreduktion bezeichnet man jegliche Methode, die zur Amplitudenverringerung bei der Übertragung von Schwingungen von einem Körper auf einen anderen beiträgt.

Wir unterscheiden drei Arten:
1. Schwingungsisolation. Dies wird über die Abstimmung des Frequenzverhältnisses $\Omega = \frac{\omega}{\omega_0}$ erreicht.
2. Schwingungsdämpfung. Durch den Einbau eines Dämpfers wird Bewegungsenergie in Wärme umgewandelt.
3. Schwingungstilgung. Das Hauptsystem wird mit einer Zusatzmasse versehen, die Ersterem Schwingungsenergie entzieht (Kap. 15.1 ff.).

Ergebnis. Bei der Kraftanregung erkennt man aus Abb. 14.1 Mitte, dass eine merkliche Amplitudenverringerung im oberkritischen Bereich bei einem Verhältnis von etwa $\Omega \geq 1{,}5$ über eine Schwingungsisolation einsetzt. Damit muss eine Maschine somit im überkritischen Bereich betrieben werden.

Beispiel 1. Ermitteln Sie die Lösung von (14.5) für große Zeiten und der Anregungsfrequenz $\omega = \omega_0$.

Lösung. Der 2. Term strebt für $t \to \infty$ gegen null. Der 1. Term ergibt

$$\begin{aligned} x(t) &= \frac{F_0}{m} \cdot \frac{1}{\sqrt{(\omega_0^2 - \omega_0^2)^2 + (\frac{\mu}{m})^2 \omega_0^2}} \cdot \cos\left[\omega_0 t - \arctan\left(\frac{\frac{\mu}{m} \cdot \omega_0}{\omega_0^2 - \omega_0^2}\right)\right] \\ &= \frac{F_0}{\mu\omega_0} \cdot \cos\left(\omega_0 t - \frac{\pi}{2}\right) = \frac{F_0}{\mu\omega_0} \cdot \sin(\omega_0 t). \end{aligned}$$

Das Pendel schwingt letztlich mit einer Phasenverschiebung von $\varphi_0 = \frac{\pi}{2}$ zur Anregungsfrequenz ω_0.

Abschätzen der Einschwingzeit

Theoretisch endet der Einschwingvorgang nie, aber mit der Zeit nimmt das System sowohl die aufgezwungene Frequenz als auch die Amplitude mit immer kleineren Abweichungen zur aufgezwungenen Amplitude an. Zur Illustration betrachten wir ein Zahlenbeispiel.

Beispiel 2. Gegeben ist eine erzwungene Schwingung gemäß Gleichung (14.5) mit $F_0 = 1$, $\mu = 0{,}25$, $D = 2{,}125$, $m = 0{,}125$ und $\omega = 2$.

a) Bestimmen Sie die allgemeine Lösung mit den Startwerten $x(0) = \dot{x}(0) = 0$.
b) Stellen Sie die beiden Funktionen $x_1(t)$ und $x_2(t) + 0{,}59$ dar.
c) Wir geben eine Maximalabweichung δ in % zur maximalen Amplitude von $x_2(t)$ vor und betrachten den Quotienten $|\frac{f(n \cdot T_d)}{f(0)}|$. Es soll untersucht werden, wie viele Schwingungen n der Schwingungsdauer T_d man abwarten muss, bis dass die Amplitude $f(n \cdot T_d)$ verglichen mit der Startamplitude $f(0)$ erstmals unter δ gesunken ist. Geben Sie einen Ausdruck für n an.
d) Wie groß ist n, falls $\delta = 5\,\%$ und die Werte von D, m und μ von oben verwendet werden?

Lösung.

a) Man berechnet

$$\omega_d = \frac{\sqrt{4 \cdot 2{,}125 \cdot 0{,}125 - 0{,}25^2}}{2 \cdot 0{,}125} = 4, \quad \frac{\frac{0{,}25}{0{,}125} \cdot 2}{\frac{2{,}125}{0{,}125} - 2^2} = \frac{4}{13}$$

und

$$\frac{F_0}{m} \cdot \frac{1}{\sqrt{(\frac{D}{m} - \omega^2)^2 + (\frac{\mu}{m})^2 \omega^2}} = \frac{1}{0{,}125} \cdot \frac{1}{\sqrt{(\frac{2{,}125}{0{,}125} - 2^2)^2 + (\frac{0{,}25}{0{,}125})^2 2^2}} = \frac{8\sqrt{185}}{185}.$$

Damit erhält man vorerst

$$x(t) = \frac{8\sqrt{185}}{185} \cdot \cos\left[2t - \arctan\left(\frac{4}{13}\right)\right] + e^{-t} \cdot [C_1 \cdot \cos(4t) + C_2 \cdot \sin(4t)].$$

Die Anfangsbedingungen ergeben $C_1 = -\frac{104}{185}$, $C_2 = -\frac{42}{185}$ und insgesamt

$$\begin{aligned} x(t) &= x_1(t) + x_2(t) \\ &= \frac{8\sqrt{185}}{185} \cdot \cos\left[2t - \arctan\left(\frac{4}{13}\right)\right] - \frac{2e^{-t}}{185} \cdot [52 \cdot \cos(4t) + 21 \cdot \sin(4t)]. \end{aligned}$$

b) Die Funktion $x_1(t)$ schwingt mit der konstanten Amplitude $\frac{8\sqrt{185}}{185} \approx 0{,}59$. Deswegen ist es sinnvoll, die fallende Exponentialfunktion $x_2(t)$ um diesen Wert zu erhöhen, um die Veränderung dieses Wertes mit der Zeit besser zu erkennen. Der Einfluss der Systemfrequenz ω_d ist nach etwa 6 s schon verschwunden (Abb. 14.1 rechts).

c) Mit

$$f(t) = e^{-\xi\omega_0 \cdot t} \cdot [C_1 \cdot \cos(\omega_d t) + C_2 \cdot \sin(\omega_d t)]$$

hat man

$$\left|\frac{f(n \cdot T_d)}{f(0)}\right| = \frac{e^{-\xi\omega_0 \cdot n \cdot T_d} \cdot [C_1 \cdot \cos(\omega_d \cdot n \cdot \frac{2\pi}{\omega_d}) + C_2 \cdot \sin(\omega_d \cdot n \cdot \frac{2\pi}{\omega_d})]}{e^{-\xi\omega_0 \cdot 0} \cdot [C_1 \cdot \cos(0) + C_2 \cdot \sin(0)]}$$
$$= e^{-\xi\omega_0 \cdot n \cdot T_d} = \delta$$

und daraus

$$n \geq -\frac{\ln\delta}{\xi\omega_0 \cdot T_d} = -\frac{\ln\delta \cdot \omega_d}{2\pi \cdot \xi \cdot \omega_0} = -\frac{\ln\delta \cdot T_0}{2\pi \cdot \xi \cdot T_d}$$
$$= -\frac{\ln\delta \cdot \sqrt{4Dm - \mu^2}}{\pi \cdot \mu} = -\frac{\ln\delta}{\pi} \cdot \sqrt{\frac{4Dm}{\mu^2} - 1}.$$

Je größer die Dämpfung, umso kleiner die Einschwingzeit.

d) Man erhält

$$n \geq -\frac{\ln(0{,}05)}{\pi} \cdot \sqrt{\frac{4 \cdot 2{,}125 \cdot 0{,}125}{0{,}25^2} - 1} = 3{,}81.$$

Anders gesagt, nach

$$t = n \cdot T_d = n \cdot \frac{2\pi}{\omega_d} = 3{,}81 \cdot \frac{2\pi}{4} = 6{,}00\,\text{s}.$$

Beispiel 3. Gegeben ist die erzwungene Schwingung eines Federpendels mit den konkreten Werten $m = 1\,\text{kg}$ und $D = 25\,\frac{\text{N}}{\text{m}}$. Weiterhin gelten die Abkürzungen $a = \frac{\mu}{m}$ und $\omega_0^2 = \frac{D}{m}$.

a) Untersuchen Sie die Abhängigkeit der Phasenverschiebung von der Erregerfrequenz, also $\varphi_0(\omega)$ (Gleichung (14.4)). Nehmen Sie nacheinander $a = 1, 2, 3, 4$. Stellen Sie den Verlauf für $0 \leq \omega \leq 15$ dar und interpretieren Sie.

b) Stellen Sie das Verhältnis der Amplituden $\frac{A(\omega)}{A(0)}$ für $\omega_0 = 5$ und $a = 1, 2, 3, 4$ mithilfe der Gleichung (14.4) dar.

c) Für welche Frequenz wird der Ausdruck $\frac{A(\omega)}{A(0)}$ maximal? Bestimmen Sie ω als Funktion von ω_0 und a.

d) Setzen Sie das Ergebnis von c) in $\frac{A(\omega)}{A(0)}$ ein und ermitteln Sie die Kurve, auf der alle Resonanzmaxima liegen.
e) Bestimmen Sie i) $\lim_{a\to 0}\frac{A(\omega)}{A(0)}$, oder was gleichwertig ist, ii) $\lim_{\omega_{\text{Max}}\to\omega_0}\frac{A(\omega)}{A(0)}$ und erklären Sie, was geschieht.

Lösung.
a) Gleichung (14.3) liefert

$$\varphi_0(\omega) = \arctan\left(\frac{a\cdot\omega}{\omega_0^2-\omega^2}\right) = \arctan\left(\frac{a\cdot\omega}{25-\omega^2}\right).$$

Die vier Verläufe von φ_0 mit $a = 1, 2, 3, 4$ entnimmt man Abb. 14.2 links. Dabei kann man, da φ_0 die Periodizität π besitzt, zwischen φ_0 und $\varphi_0 \pm \pi$ wechseln. Nähert sich ω dem Wert ω_0, so beträgt die Phasenverschiebung, unabhängig von der Dämpfung, $\varphi_0 = \frac{\pi}{2}$. Bei sehr kleiner Dämpfung ($a \to 0$) entspricht der Verlauf von $\varphi_0(\omega)$ nahezu einer Rechtecksfunktion.
b) Gleichung (14.4) liefert

$$A(\omega) = \frac{F_0}{m}\cdot\frac{1}{\sqrt{(\omega_0^2-\omega^2)^2+a^2\omega^2}},\qquad A(0) = \frac{F_0}{m}\cdot\frac{1}{\omega_0^2}$$

und damit

$$\frac{A(\omega)}{A(0)} = \frac{\omega_0^2}{\sqrt{(\omega_0^2-\omega^2)^2+a^2\omega^2}} = \frac{25}{\sqrt{(25-\omega^2)^2+a^2\omega^2}}.$$

Die vier zugehörigen Verläufe sind in Abb. 14.2 rechts festgehalten. Die Maxima sind abhängig von der vorhandenen Dämpfung. Wird die Dämpfung schwächer, so nähert sich das Maximum der Eigenfrequenz ω_0.
c) Es gilt

$$\frac{d}{d\omega}\left[\frac{A(\omega)}{A(0)}\right] = \frac{d}{d\omega}\left[\frac{\omega_0^2}{\sqrt{(\omega_0^2-\omega^2)^2+a^2\omega^2}}\right] = \frac{-\omega_0^2\cdot\omega\cdot(2\omega^2+a^2-2\omega_0^2)}{[(\omega_0^2-\omega^2)^2+a^2\omega^2]^{\frac{3}{2}}}.$$

Null setzen ergibt $\omega_{\max} = \sqrt{\omega_0^2-\frac{a^2}{2}}$.
d) Im Ausdruck für $\frac{A(\omega)}{A(0)}$ muss $a^2 = 2(\omega_0^2-\omega_{\max}^2)$ ersetzt werden. Man erhält

$$\frac{A(\omega_{\max})}{A(0)} = \frac{\omega_0^2}{\sqrt{(\omega_0^2-\omega_{\max}^2)^2+2(\omega_0^2-\omega_{\max}^2)\omega_{\max}^2}} = \frac{\omega_0^2}{\sqrt{\omega_0^4-\omega_{\max}^4}}.$$

Der Graph dieser Kurve ist in Abb. 14.2 rechts gestrichelt dargestellt.

e) Für $a \to 0$ ist beispielsweise $\omega_{\max} \to \omega_0$ und damit $\frac{A(\omega_{\max})}{A(0)} \to \infty$. Dies nennt man die Resonanzkatastrophe.

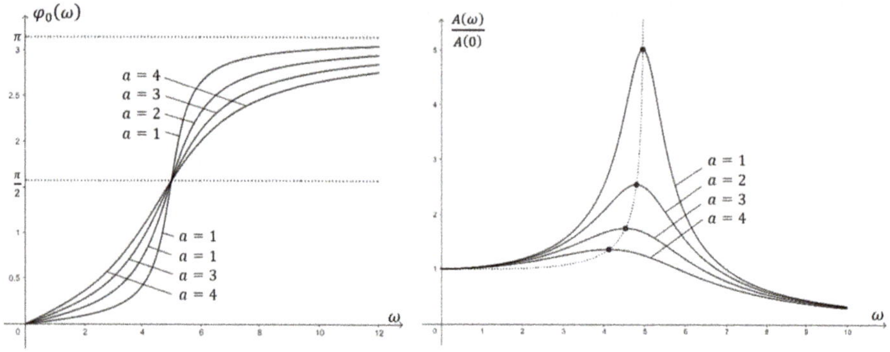

Abb. 14.2: Graphen zum Beispiel 3.

15 Gekoppelte Pendel

Wir betrachten zwei Fadenpendel mit gleich langer Schnur l und gleich goßer angehängter Masse m (Abb. 15.1 links). Die Pendel sind durch eine Feder der Konstanten D miteinander verbunden. Die Feder ist so vorgespannt, dass sie nicht durchhängt. Pendel 1 wird um x_{10}, Pendel 2 um x_{20} ausgelenkt und dann losgelassen. Gesucht sind die Ortsfunktionen $x_1(t)$ und $x_2(t)$.

Idealisierungen:

- Die Masse der Kopplungsfeder wird vernachlässigt.
- Die Auslenkungen φ bzw. x sind klein.

Herleitung von (15.1)

Die zweite Annahme erlaubt es, für die Rückstellkraft der Feder das Hooke'sche Gesetz (8.1.1) zu verwenden. Gleichzeitig kann die zu l und φ gehörende Bogenlänge etwa mit der horizontalen Strecke identifiziert werden: $x \approx l \cdot \varphi$.

Bilanz: Gesonderte Kraft- oder Impulsänderungsbilanz der jeweiligen Masse.

Um die folgenden Vorzeichen zu verstehen, nehmen wir o. B. d. A. an, dass im Moment der Bilanzierung $x_1, x_2 > 0$ und zusätzlich $x_1 > x_2$ gilt. Damit erfährt die 1. Masse eine Rückstellkraft proportional zur Gewichtskraft, die tangential zur Bewegungsrichtung verläuft: $-mg \cdot \sin\varphi_1$ (vgl. (13.1.1)). Zusätzlich wirkt die rücktreibende Kraft der um x_1 ausgelenkten Feder. Da die 2. Masse ihrerseits um x_2 bezüglich ihrer Nulllage ausgelenkt ist, beträgt die eigentliche Rückstellkraft der Feder auf die 1. Masse nur noch $-D(x_1 - x_2) < 0$. Die 2. Masse erfährt dann in diesem Augenblick keine Rückstellkraft, sondern eine Beschleunigung in Auslenkrichtung, da $-D(x_2 - x_1) > 0$ gilt. Insgesamt lauten die einzelnen Bilanzen

$$\frac{dp_1}{dt} = \frac{d(mv_1)}{dt} = m\ddot{x}_1 = -F_{G1,t} - F_{\text{Feder},1} = -mg \cdot \sin\varphi_1 - D(x_1 - x_2),$$
$$\frac{dp_2}{dt} = \frac{d(mv_2)}{dt} = m\ddot{x}_2 = -F_{G2,t} - F_{\text{Feder},2} = -mg \cdot \sin\varphi_2 - D(x_2 - x_1).$$

Daraus ergeben sich die beiden Gleichungen

$$m\ddot{x}_1 = -mg \cdot \frac{x_1}{l} - D(x_1 - x_2) \quad \text{und} \quad m\ddot{x}_2 = -mg \cdot \frac{x_2}{l} + D(x_1 - x_2).$$

Die Addition führt zu $m \cdot (\ddot{x}_1 + \ddot{x}_2) = -\frac{mg}{l} \cdot (x_1 + x_2)$. Um die Gleichungen zu lösen, führen wir folgende Substitutionen durch: $x_S = \frac{1}{2}(x_1 + x_2)$ für die Lage des Schwerpunkts und $x_R = x_1 - x_2$ für die relative Verschiebung. Daraus folgt $\ddot{x}_S = -\frac{g}{l} x_S$ mit der Lösung

$$x_S(t) = x_{S0} \cdot \cos\left(\sqrt{\frac{g}{l}}t\right)$$

https://doi.org/10.1515/9783111345765-015

und der Eigenfrequenz $\omega_s = \sqrt{\frac{g}{l}}$. Die Subtraktion beider Gleichungen ergibt $m \cdot (\ddot{x}_1 - \ddot{x}_2) = -\frac{mg}{l} \cdot (x_1 - x_2) - 2D(x_1 - x_2)$, was $\ddot{x}_R = -(\frac{g}{l} + \frac{2D}{m})x_R$ mit der Lösung

$$x_R(t) = x_{R0} \cdot \cos\left(\sqrt{\frac{g}{l} + \frac{2D}{m}}t\right)$$

und der Eigenfrequenz zu $\omega_R = \sqrt{\frac{g}{l} + \frac{2D}{m}}$ führt. Die Rücksubstitutionen $x_1 = x_S + \frac{1}{2}x_R$ und $x_2 = x_S - \frac{1}{2}x_R$ liefern endlich die einzelnen Auslenkungen.

Bei gegebenen Anfangsauslenkungen x_{10} und x_{20} zweier Pendel der Länge l, einer jeweiligen Pendelmasse m, die durch eine Feder der Konstanten D miteinander verbunden sind lauten die Ortsfunktionen:

$$x_1(t) = \frac{1}{2}\left[(x_{10} + x_{20})\cos\left(\sqrt{\frac{g}{l}}t\right) + (x_{10} - x_{20})\cos\left(\sqrt{\frac{g}{l} + \frac{2D}{m}}t\right)\right]$$

$$x_2(t) = \frac{1}{2}\left[(x_{10} + x_{20})\cos\left(\sqrt{\frac{g}{l}}t\right) - (x_{10} - x_{20})\cos\left(\sqrt{\frac{g}{l} + \frac{2D}{m}}t\right)\right]. \quad (15.1)$$

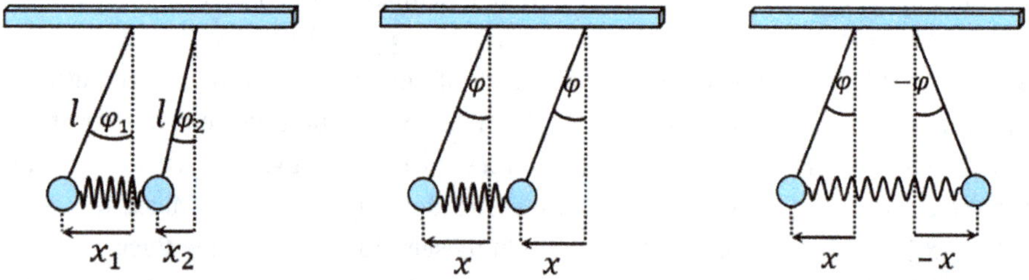

Abb. 15.1: Skizzen zu den gekoppelten Pendeln.

Beispiel.

a) Wählen Sie $x_{10} = x_{20}$ wie in Abb. 15.1 Mitte und bestimmen Sie die Lösung für die einsetzende Schwingung.

b) Beantworten Sie dieselbe Frage wie in a) für $x_{20} = -x_{10}$.

Lösung.

a) Die Pendel schwingen gleichphasig mit gleich großer Amplitude, d. h. die Auslenkungen sind jederzeit gleich: $x_1(t) = x_2(t)$, $(x_R = 0)$. Es verbleibt $\ddot{x} = -\frac{g}{l}x$ mit der Lösung

$$x(t) = x_{10} \cdot \cos\left(\sqrt{\frac{g}{l}}t\right).$$

Das Doppelpendel schwingt wie ein Ersatzpendel mit der Frequenz $\omega = \sqrt{\frac{g}{l}}$.

b) Die Pendel schwingen gegenphasig mit gleich großer Amplitude (Abb. 15.1 rechts), d. h. für die Auslenkungen hat man $x_2(t) = -x_1(t)$, $(x_S = 0)$. Damit hat man $\ddot{x} = -(\frac{g}{l} + \frac{2D}{m})x$ und die Lösung

$$x(t) = x_{10} \cdot \cos\left(\sqrt{\frac{g}{l} + \frac{2D}{m}}\, t\right).$$

Das Doppelpendel schwingt wie ein Ersatzpendel mit der Frequenz $\omega = \sqrt{\frac{g}{l} + \frac{2D}{m}}$.

15.1 Die Schwebung

Der für die Praxis interessanteste Fall gekoppelter Pendel tritt dann ein, wenn die beiden Eigenfrequenzen nahezu gleich groß sind, wenn also

$$\omega_1 = \sqrt{\frac{g}{l}} \approx \omega_2 = \sqrt{\frac{g}{l} + \frac{2D}{m}}$$

gilt. Dies kann man für große Massen oder durch schwache Kopplung $D \approx 0$ erreichen.

Herleitung von (15.1.1)–(15.1.3)

Dazu betrachten wir folgende Anfangssituation:

Das Pendel 1 sei um x_{10} ausgelenkt, während Pendel 2 ruht. Zur besseren Interpretation schreiben wir die Ortsfunktion $x_1(t)$ aus (15.1) unter Verwendung des Additionstheorems $\cos(\alpha) + \cos(\beta) = 2\cos(\frac{\alpha+\beta}{2})\cos(\frac{\alpha-\beta}{2})$ etwas um. Man erhält

$$x_1(t) = \frac{x_{10}}{2}\left[\cos(\omega_1 t) + \cos(\omega_2 t)\right] = \frac{x_{10}}{2}\left[2 \cdot \cos\left(\frac{\omega_1 + \omega_2}{2} t\right) \cdot \cos\left(\frac{\omega_1 - \omega_2}{2} t\right)\right]$$

und damit

$$x_1(t) = x_{10} \cdot \cos\left(\frac{\omega_1 + \omega_2}{2} t\right) \cdot \cos\left(\frac{\omega_1 - \omega_2}{2} t\right). \tag{15.1.1}$$

Der Ausdruck kann nun aufgefasst werden als Schwingung mit der Frequenz $\frac{\omega_1+\omega_2}{2}$ (1. Faktor), deren Amplitude mit der Größe $\cos(\frac{\omega_1-\omega_2}{2} t)$ und mit der Frequenz $\frac{\omega_1-\omega_2}{2}$ (2. Faktor) schwankt. Dabei nennt man $\omega_{\text{Üb}} = \frac{\omega_1+\omega_2}{2}$ Überlagerungsfrequenz und $\omega_{\text{Sw}} = \frac{\omega_1-\omega_2}{2}$ Schwebungsfrequenz. Somit lautet die Ortsfunktion für die Schwebung

$$x_{\text{Sw1}}(t) = x_{10} \cdot \cos\left(\frac{\omega_1 - \omega_2}{2} t\right). \tag{15.1.2}$$

Für die Schwingungsdauer der beiden Frequenzen erhält man (Abb. 15.2 links)

$$T_{\text{Üb}} = \frac{2\pi}{\omega_{\text{Üb}}} = \frac{4\pi}{\omega_1 + \omega_2} \quad \text{und} \quad T_{\text{Sw}} = \frac{2\pi}{\omega_{\text{Sw}}} = \frac{4\pi}{\omega_1 - \omega_2}.$$

Analog ergibt sich

$$x_2(t) = \frac{x_{10}}{2}[\cos(\omega_1 t) - \cos(\omega_2 t)] = -x_{10} \cdot \sin\left(\frac{\omega_1 + \omega_2}{2}t\right) \cdot \sin\left(\frac{\omega_1 - \omega_2}{2}t\right)$$

und damit

$$x_{Sw2}(t) = -x_{10} \cdot \sin\left(\frac{\omega_1 - \omega_2}{2}t\right). \tag{15.1.3}$$

Von besonderem Interesse ist die Tatsache, dass zu bestimmten Zeiten eines der Pendel in Ruhe ist, während das andere die gesamte Energie übernommen hat. Diese Situation kehrt sich nach der Zeit $\frac{T_{Sw}}{2}$ derart um, dass dann das andere Pendel die gesamte Energie besitzt. Die Kopplung beider Pendel bietet also die Möglichkeit, Energie vollständig von einem Oszillator auf einen benachbarten Oszillator zu übertragen. Dies ist das Prinzip eines Schwingungstilgers.

Ergebnis. Durch den Einbau eines Schwingungstilgers kann dem Hauptsystem Energie entzogen werden.

Man erkennt aus der Darstellung von T_{Sw}, dass die Dauer der Energieübertragung umso länger dauert, je kleiner die Differenz $\omega_1 - \omega_2$ ist. Für $\omega_1 \approx \omega_2$ ergibt sich eine Schwebung.

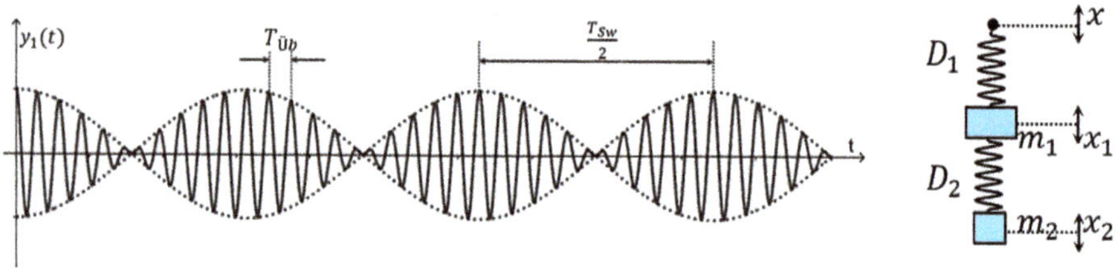

Abb. 15.2: Skizzen zur Schwebung und zum Schwingungstilger.

Beispiel. Um die Schwebung darzustellen, betrachten wir die zwei Pendel aus Abb. 15.1 links mit den Anfangsauslenkungen $x_{10} = 0{,}2\,\text{m}$, $x_{20} = 0$. Die Kopplung variieren wir derart, dass sich nacheinander die folgenden zwei Eigenfrequenzen ergeben: i) $\omega_1 = 2$ und $\omega_2 = 1{,}7$, ii) $\omega_1 = 2$ und $\omega_2 = 1{,}9$.

a) Bestimmen Sie aus den gegebenen Werten jeweils die Gleichungen für $x_1(t)$, $x_2(t)$, $x_{Sw1}(t)$ und $x_{Sw2}(t)$ mithilfe von (15.1.1)–(15.1.3) und stellen Sie die Verläufe dar.
b) Ermitteln Sie jeweils die Periodendauer von $T_{Üb}$ und T_{Sw}.

Lösung.

a) i). Man erhält:

$$x_1(t) = 0{,}2 \cdot \cos\left(\frac{2+1{,}7}{2}t\right) \cdot \cos\left(\frac{2-1{,}7}{2}t\right) \quad \text{(durchgehend markiert)},$$

$$x_2(t) = -0{,}2 \cdot \sin\left(\frac{2+1{,}7}{2}t\right) \cdot \sin\left(\frac{2-1{,}7}{2}t\right) \quad \text{(punktiert)},$$

$$x_{\mathrm{Sw1}}(t) = 0{,}2 \cdot \cos\left(\frac{2-1{,}7}{2}t\right) \quad \text{(gestrichelt)} \quad \text{und}$$

$$x_{\mathrm{Sw2}}(t) = -0{,}2 \cdot \sin\left(\frac{2-1{,}7}{2}t\right) \quad \text{(gestrichelt)}.$$

Die Graphen entnimmt man Abb. 15.3 links. Die Gleichungen für ii) folgen analog (Abb. 15.3 rechts).

b) Es ergeben sich:

i) $T_{\text{Üb}} = \frac{4\pi}{2+1{,}7} = 3{,}40\,\text{s}$, $T_{\text{Sw}} = \frac{4\pi}{2-1{,}7} = 41{,}89\,\text{s}$,

ii) $T_{\text{Üb}} = \frac{4\pi}{2+1{,}9} = 3{,}22\,\text{s}$, $T_{\text{Sw}} = \frac{4\pi}{2-1{,}9} = 125{,}66\,\text{s}$.

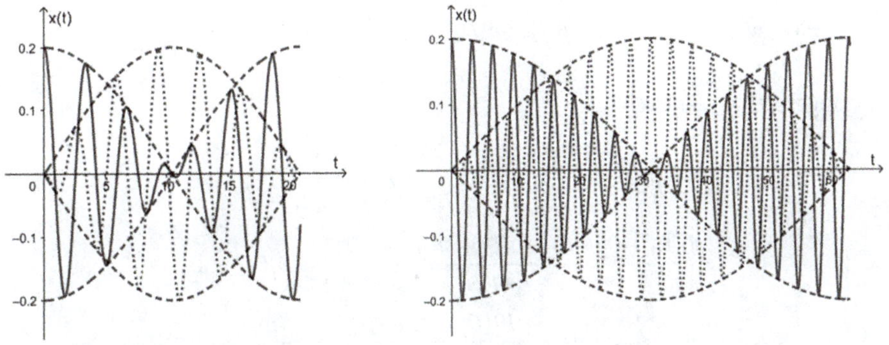

Abb. 15.3: Graphen zum Schwebungsbeispiel.

15.2 Schwingungstilger ohne Dämpfung

Zugrunde liegt das in Abb. 15.2 rechts dargestellte Zweimasse-Federsystem. Es soll durch eine periodische Auslenkung $x(t) = x_0 \cdot \cos \omega t$ mit der Frequenz ω angeregt werden.

Herleitung von (15.2.1)

Nach einer gewissen Einschwingphase werden alle Massen in Phase schwingen: $x_1(t) = A \cdot \cos \omega t$, $x_2(t) = B \cdot \cos \omega t$. Gesucht sind die Amplituden A und B.

Bilanz: Gesonderte Kraft- oder Impulsänderungsbilanz der jeweiligen Masse.

Wir nehmen o. B. d. A. an, dass im Moment der Bilanzierung $x, x_1, x_2 > 0$ und zusätzlich $x > x_1$ und $x_1 > x_2$ gilt. Damit erfährt die 1. Masse eine Beschleunigung in Auslenkrichtung, da $D_1(x - x_1) > 0$. Zusätzlich wirkt die rücktreibende Kraft $-D_2(x_1 - x_2)$ der um $x_1 - x_2$ ausgelenkten 2. Feder. Die 2. Masse wird infolge von $D_2(x_2 - x_1) > 0$ in Auslenkrichtung beschleunigt. Insgesamt lauten die einzelnen Bilanzen

$$m_1\ddot{x}_1 = D_1(x - x_1) - D_2(x_1 - x_2) \quad \text{und} \quad m_2\ddot{x}_2 = D_2(x_1 - x_2).$$

Wir setzen die Ansätze in die DGen ein und erhalten:

$$\text{I.} \quad -m_1 A\omega^2 \cdot \cos\omega t = D_1(x_0 \cdot \cos\omega t - A \cdot \cos\omega t) - D_2(A \cdot \cos\omega t - B \cdot \cos\omega t),$$

$$\text{II.} \quad -m_2 B\omega^2 \cdot \cos\omega t = D_2(A \cdot \cos\omega t - B \cdot \cos\omega t).$$

Weiter folgt aus I.

$$-m_1 A\omega^2 = D_1 x_0 - D_1 A - D_2 A + D_2 B \quad \text{und} \quad A(D_1 + D_2 - m_1\omega^2) = D_1 x_0 + D_2 B.$$

Gleichung II. liefert

$$-m_2 B\omega^2 = D_2 A - D_2 B, \quad AD_2 = B(D_2 - m_2\omega^2) \quad \text{und} \quad B = \frac{D_2}{D_2 - m_2\omega^2} \cdot A.$$

Eingesetzt in I. entsteht

$$A(D_1 + D_2 - m_1\omega^2) = D_1 x_0 + \frac{D_2^2}{D_2 - m_2\omega^2} \cdot A,$$

$$A\left[\frac{(D_1 + D_2 - m_1\omega^2)(D_2 - m_2\omega^2) - D_2^2}{D_2 - m_2\omega^2}\right] = D_1 C \quad \text{und}$$

$$A = \frac{D_1(D_2 - m_2\omega^2)x_0}{(D_1 + D_2 - m_1\omega^2)(D_2 - m_2\omega^2) - D_2^2}.$$

Das Ergebnis wäre so in Ordnung, wir wollen es aber mit Frequenzen allein schreiben.

Dazu verwenden wir die Abkürzungen $\frac{D_1}{m_1} = \omega_1^2$, $\frac{D_2}{m_2} = \omega_2^2$ und $\frac{m_2}{m_1} = \mu$.
Folglich hat man

$$\frac{D_1 + D_2}{m_1} = \frac{D_1}{m_1} + \frac{\mu D_2}{m_2} = \omega_1^2 + \mu\omega_2^2.$$

Dann ist

$$A = \frac{D_1(D_2 - m_2\omega^2)x_0}{(D_1 + D_2 - m_1\omega^2)(D_2 - m_2\omega^2) - D_2^2} \cdot \frac{\frac{1}{m_1 m_2}}{\frac{1}{m_1 m_2}} = \frac{\frac{D_1}{m_1}\frac{(D_2 - m_2\omega^2)}{m_2}x_0}{\frac{(D_1 + D_2 - m_1\omega^2)}{m_1}\frac{(D_2 - m_2\omega^2)}{m_2} - \frac{D_2^2 m_2}{m_1 m_2 m_2}}$$

und es folgt

$$A = \frac{\omega_1^2(\omega_2^2 - \omega^2)x_0}{(\omega_1^2 + \mu\omega_2^2 - \omega^2)(\omega_2^2 - \omega^2) - \mu\omega_2^4},$$

$$B = \frac{D_2}{D_2 - m_2\omega^2} \cdot \frac{\frac{1}{m_2}}{\frac{1}{m_2}} = \frac{\omega_1^2\omega_2^2 x_0}{(\omega_1^2 + \mu\omega_2^2 - \omega^2)(\omega_2^2 - \omega^2) - \mu\omega_2^4}.$$

Ein Zweimasse-Federsystem mit den jeweiligen Eigenfrequenzen ω_1 und ω_2 und gleicher Dämpfung μ schwingt bei einer Anregungsfrequenz ω mit der Amplitude x_0 im stationären Zustand gemäß:

$$x_1(t) = \frac{\omega_1^2(\omega_2^2 - \omega^2)x_0}{(\omega_1^2 + \mu\omega_2^2 - \omega^2)(\omega_2^2 - \omega^2) - \mu\omega_2^4} \cos\omega t,$$

$$x_2(t) = \frac{\omega_1^2\omega_2^2 x_0}{(\omega_1^2 + \mu\omega_2^2 - \omega^2)(\omega_2^2 - \omega^2) - \mu\omega_2^4} \cos\omega t. \tag{15.2.1}$$

Man erkennt, dass die Masse m_2 nie ruht. Erstaunlich ist aber, dass die Masse m_1 für $\omega = \omega_2 = \sqrt{\frac{D_2}{m_2}}$ zum Stillstand kommt. Das Phänomen kann man nutzen, indem man z. B. an einer Brücke der Masse m_1, die durch die Frequenz ω erregt wird (z. B. Fußgänger mit Frequenz $\omega = 2\pi f$, $1{,}5 \le f \le 2{,}5$), einen Tilger der Masse m_2 und der Eigenfrequenz $\omega_2 = \sqrt{\frac{D_2}{m_2}} = \omega$ anbringt. Das erreicht man durch geeignete Wahl von m_2 und D_2. Damit nun die Auslenkung x_0 nicht einfach auf m_2 übertragen wird, muss D_2 sicher größer als D_1 gewählt werden. Wie groß wird nun die Amplitude von m_2, wenn $\omega = \omega_2$ ist? Es gilt

$$A_2(\omega_2) = \frac{\omega_1^2 x_0}{\mu\omega_2^2} = \frac{D_1}{D_2}x_0.$$

Man müsste also die Federkonstante D_2 des Tilgers sehr groß wählen, aber nicht beliebig groß, denn bei großer Steifigkeit würde das Material stark beansprucht werden. Es gibt aber noch die Möglichkeit, eine Dämpfung für m_2 einzubauen. Damit ändern sich alle Ergebnisse. Dieser Fall wird ausführlich in Band 2 gelöst.

Praktisch gesehen, kann unsere Brücke mit einem Tilger nur die Resonanz für eine Gehfrequenz ω_2 verkleinern. Wie groß wird nun die Amplitude von $x_1(t)$ für den ganzen restlichen Frequenzbereich, kleiner oder größer als ω_2? Dazu untersuchen wir die Amplitude als Funktion von $\frac{\omega}{\omega_1}$. Wir nehmen dazu folgende Größen: $m_1 = 2m_2$, $D_2 = 2D_1$. Die Auslenkung sei $x_0 = 1\,\mathrm{m}$. Daraus folgt

$$\omega_2^2 = 4\omega_1^2, \quad \mu = 0{,}5 \quad \text{und} \quad A_1(\omega) = \frac{\omega_1^2(4\omega_1^2 - \omega^2)}{(3\omega_1^2 - \omega^2)(4\omega_1^2 - \omega^2) - 8\omega_1^4}.$$

Der Nenner wird null, wenn $\omega^4 - 7\omega_1^2\omega^2 + 8\omega_1^4 = 0$ gilt. Das ergibt zwei Werte für die Resonanzkatastrophe: $\omega = 1{,}20\omega_1$ und $\omega = 2{,}34\omega_1$. Es gibt also links und rechts von $\omega = 2\omega_1 = \omega_2$ zwei kritische Frequenzen, womit das System auf keinen Fall schwingen darf.

Nehmen wir wie oben für ω_2 die durchschnittliche Frequenz des Gehens ($f = 2$ Hz), dann ist $\omega_2 = 12{,}57$ Hz. Damit lauten die kritischen Frequenzen $\omega = 1{,}20\omega_1 = 0{,}60\omega_2 = 7{,}54$ Hz, was einer Gehfrequenz von 1,20 Hz entspricht und $\omega = 2{,}34\omega_1 = 1{,}18\omega_2 = 14{,}82$ Hz, was einer Gehfrequenz von 2,34 Hz entspricht.

Um nun sicher zu gehen, dass die Brücke auch bei diesen beiden Frequenzen nicht in Resonanz gerät, müsste man Tilger einbauen, welche die Resonanz für das ganze Frequenzband von etwa 1,20 Hz bis 2,34 Hz verkleinern. In der Praxis wird dies zum Teil getan, aber auch bewusst nicht. Letzteres aufgrund der Tatsache, dass bei einer Brückenüberquerung sowohl die niedrige Frequenz $\omega = 1{,}20\omega_1$ als auch die hohe $\omega = 2{,}34\omega_1$ nur mit sehr geringer Wahrscheinlichkeit erzeugt werden.

In unserem Modell sind wir von ungedämpften Massen ausgegangen. Jede Struktur besitzt aber eine natürliche Dämpfung, sei sie auch sehr klein. Deswegen genügt ein Fußgänger mit der Erregerfrequenz noch lange nicht, um die Brücke in Resonanzschwingung zu versetzen. Zudem wird bei Zunahme der Dämpfung die Resonanzfrequenz der Brücke nicht genau $\omega = \omega_2$ sein. Schließlich, und damit entscheidend, wird der Tilger bewusst mit einer ganz bestimmten Eigenfrequenz (Wahl von D_2) und einer bestimmten Dämpfung versehen werden, damit seine Amplitude klein bleibt. Eine Brücke als Einmasseschwinger aufzufassen, ist natürlich eine Vereinfachung. Eine Brücke wird nicht nur eine Eigenfrequenz ω_1 besitzen, sondern unendlich viele, wie wir in Kap. 18 sehen werden. Vor allem müssen die Eigenfrequenzen im Bereich der Gehfrequenzen 1,2 Hz und 2,4 Hz beachtet werden.

Beispiel. Gegeben ist das Zweimasse-Federsystem mit der Resonanzfrequenz ω (Abb. 15.2 rechts). Es ist $m_2 = 1$ kg, $D_2 = 100$ N, $m_1 = 2 \cdot m_2$, $D_1 = 0{,}5 \cdot D_2$ und die Auslenkung sei $x_0 = 1$ m.

a) Bestimmen Sie daraus folgende Größen: $\omega_1^2 = \frac{D_1}{m_1}$, $\omega_2^2 = \frac{D_2}{m_2}$, $\mu = \frac{m_2}{m_1}$.
b) Ermitteln Sie die beiden Funktionen $x_1(t)$ und $x_2(t)$ für die Auslenkungen der Massen m_1 und m_2 in Abhängigkeit der Erregerfrequenz ω.
c) Speziell sei jetzt die Erregerfrequenz $f = 1{,}4$ Hz, was z. B. einer Gehfrequenz entspricht. Dann ist $\omega = 2\pi f = 8{,}80$, sagen wir 9 Hz. Wie lauten jetzt die Funktionen $x_1(t)$ und $x_2(t)$?
d) Berechnen Sie die beiden kritischen Frequenzen in Abhängigkeit von μ und a, falls $\omega_2^2 = a\omega_1^2$ ist.

Lösung.
a) Es gilt $\omega_1^2 = \frac{0{,}5\cdot 100}{2\cdot 1} = 25$, $\omega_2^2 = \frac{100}{1} = 100$, $\mu = \frac{1}{2}$.
b) Mit Gleichung (15.2.1) folgt

$$\begin{aligned} x_1(t) &= \frac{25(100-\omega^2)\cdot 1}{(25+\frac{1}{2}\cdot 100-\omega^2)(100-\omega^2)-\frac{1}{2}\cdot 10000}\cos\omega t \\ &= \frac{25(100-\omega^2)}{(75-\omega^2)(100-\omega^2)-5000}\cos\omega t \quad \text{und} \end{aligned}$$

$$x_2(t) = \frac{25 \cdot 100 \cdot 1}{(25 + \frac{1}{2} \cdot 100 - \omega^2)(100 - \omega^2) - \frac{1}{2} \cdot 10000} \cos \omega t$$
$$= \frac{2500}{(75 - \omega^2)(100 - \omega^2) - 5000} \cos \omega t.$$

c) Für $\omega = 9\,\text{Hz}$ erhält man

$$x_1(t) = \frac{25(100 - 81)}{(75 - 81)(100 - 81) - 5000} \cos(9t) = -0{,}093 \cdot \cos(9t) \quad \text{und}$$
$$x_2(t) = \frac{2500}{(75 - 81)(100 - 81) - 5000} \cos(9t) = -0{,}489 \cdot \cos(9t).$$

d) Die kritischen Frequenzen werden dann erreicht, wenn eine der Amplituden $A_1(\omega)$ oder $A_2(\omega)$ immer weiter anwächst. Es gilt $x_1(t) = A_1(\omega) \cdot \cos \omega t$, $x_2(t) = A_2(\omega) \cdot \cos \omega t$ und der Nenner in den Ausdrücken für A_1 und A_2 ist identisch. Deswegen gilt es, $(\omega_1^2 + \mu\omega_2^2 - \omega^2)(\omega_2^2 - \omega^2) - \mu\omega_2^4 = 0$ zu lösen. Ausmultipliziert, erhält man

$$\omega^4 - [\omega_1^2 + (1 + \mu)\omega_2^2]\omega^2 + \omega_1^2\omega_2^2 = 0 \quad \text{und} \quad \omega^4 - [\omega_1^2 + (1 + \mu)\omega_2^2]\omega^2 + \omega_1^2\omega_2^2 = 0.$$

Speziell für $\omega_2^2 = a\omega_1^2$ folgt $\omega^4 - [1 + a(1 + \mu)]\omega_1^2\omega^2 + a\omega_1^4 = 0$ mit den beiden Lösungen

$$\omega_\pm = \sqrt{\frac{1 + a(1 + \mu) \pm \sqrt{[1 + a(1 + \mu)]^2 - 4a}}{2}} \cdot \omega_1.$$

16 Partielle Differentialgleichungen

Alle bisher behandelten DGen enthielten Ableitungen nach einer einzigen Variablen, entweder nur nach der Zeit oder nur nach dem Ort. Eine Differentialgleichung, die partielle Ableitungen enthält, heißt partielle DG, kurz PDG. Solche Gleichungen dienen der mathematischen Modellierung von physikalischen Prozessen, bei denen die Veränderung einer betrachteten Größe bezüglich mehrerer voneinander unabhängiger Variablen untersucht werden kann.

Aus der Theorie der Bewegungsgleichungen von Punktmassen ist bekannt, dass eine eindeutige Ortsangabe der Masse erst durch die Festlegung der Anfangsbedingungen gewährleistet wird. Bei den Biegelinien bestimmen die Auflagen an den Rändern, also die RBen über die eingenommene Form des Balkens. Bei den PDGen werden beide Arten von RBen zur Eindeutigkeit einer Lösung beisteuern.

Für partielle Ableitungen wird ein kursives ∂ verwendet. Ist eine Funktion u von x und t abhängig, also $u(x,t)$, so kann man die Änderung der Größe u mit der Zeit oder mit der Entfernung, also $\frac{\partial u}{\partial t}$ und $\frac{\partial u}{\partial x}$ respektive, betrachten. Höhere Ableitungen notiert man folgendermaßen:

$$\frac{\partial}{\partial x}\left(\frac{\partial u}{\partial x}\right) = \frac{\partial^2 u}{\partial x^2} \quad \text{bzw.} \quad \frac{\partial}{\partial t}\left(\frac{\partial u}{\partial t}\right) = \frac{\partial^2 u}{\partial t^2}.$$

Wir denken uns einen auf eine glatte Wasseroberfläche fallenden Tropfen. Dann verschieben sich Flüssigkeitsschichten gegeneinander und eine Störung, Welle genannt, breitet sich über die Wasseroberfläche hinweg aus. Lenkt man mit einem Schlag ein gespanntes Seil aus, so werden die Seilelemente nach und nach aus ihrer ruhenden Position ausgelenkt und eine Welle wandert dem Seil entlang. Wichtige Begriffe zur Beschreibung von Wellen sind die Ausbreitungsgeschwindigkeit c, die Größe der Störung u, auch Erregung genannt. Stehen Ausbreitungsgeschwindigkeit und Richtung der Störung senkrecht aufeinander, so spricht man von transversalen Wellen. Sind beide parallel zueinander, so nennt man die Wellen longitudinal. Beispiele für rein transversale Wellen sind neben der eben genannten Seilwelle, Radiowellen, elektromagnetische Wellen von Licht oder Röntgenstrahlen usw. Schallwellen in Gasen sind rein longitudinal, Schallwellen in festen Körpern können transversal, longitudinal oder gemeinsam auftreten. Die eingangs erwähnte Wasserwelle ist weder transversal noch longitudinal, denn die Wasserteilchen bewegen sich auf Ellipsenbahnen. Die zugehörige Theorie der Airy-Wellen entnimmt man Band 5. Nebst der Richtung unterscheidet man Wellen noch nach ihrer Art, d. h. in Kreiswellen wie beim obigen Tropfen, Kugelwellen und in ebene Wellen wie bei den am Strand anfallenden Wasserwellen.

Nun wählen wir einen beliebigen Punkt P auf der sich fortbewegenden Anregung (z. B. ihr Maximum). Man könnte zwar die Ortsfunktion x von P in Abhängigkeit der Zeit t angeben, damit wird aber die Form der Anregung mit dem Ort nicht erfasst. Somit muss die Welle $u(x,t)$ mithilfe beider Variablen x und t beschrieben werden.

https://doi.org/10.1515/9783111345765-016

Wir nehmen an, die Anregung bestehe nicht nur aus einem einzigen fallenden Tropfen bzw. einem einzigen Seilschlag, sondern die Anregung erfolge mit einer Frequenz f bzw. mit einer Periode T (Abb. 16.1, 1. Skizze).

16.1 Darstellung von eindimensionalen Wellen

Einschränkung 1: Im Weiteren bewege sich die Welle nur in eine Richtung x.

Herleitung von (16.1.1)

Wir betrachten eine Welle vom Zeitpunkt $t = 0$ an (Abb. 16.1, 2. Skizze rechts). Die eingenommene Form sei durch $u(x, 0) := g(x)$ beschrieben. Dann bezeichnet $u(x, t)$ die Deformation zur Zeit t und am Ort x (senkrecht zur Bewegungsrichtung in unseren beiden Beispielen).

Einschränkung 2: Wir gehen weiter von einer ungedämpften Welle aus, d. h. Höhe und Form bleiben erhalten.

Die Welle bewege sich mit der Ausbreitungsgeschwindigkeit $c = \frac{\Delta x}{\Delta t}$. Nun sehen wir uns die Auslenkung u zu den Zeitpunkten $t = t_1$ und $t = t_1 + \Delta t$ an den beiden Orten $x = x_1$ und $x = x_1 + \Delta x$ an, wobei $\Delta x = c \cdot \Delta t$ sein soll. Dann erhält man $u(x_1, t_1) = u(x_1 \pm \Delta x, t_1 \pm \Delta t) = u(x_1 \pm c\Delta t, t_1 \pm \Delta t)$. Wählen wir nun speziell $\Delta t = \pm t_1$, so folgt $u(x_1, t_1) = u(x_1 - ct_1, 0)$ und $u(x_1, t_1) = u(x_1 + ct_1, 0)$ respektive. Man kann demnach die Abhängigkeit von x und t zu einem einzigen Argument zusammenfassen. Da x_1 und t_1 beliebig waren, ergibt sich die Form von D'Alembert

$$u(x, t) = f_1(x + ct) + f_2(x - ct). \tag{16.1.1}$$

Jede Welle kann demnach aus Überlagerung einer einlaufenden und einer auslaufenden Welle gewonnen werden. Bei der beidseits eingespannten Saite bildet sich zwangsläufig eine sogenannte stehende Welle. Die Schwingungsenergie wird in der Saite hin und her transportiert. Speziell für harmonische Wellen ist dann $u(x, t) = u_0 \cdot \sin(kx \pm kct)$. Dabei ist u_0 die Amplitude. Der Faktor k, die sogenannte Wellenzahl mit der Einheit $\frac{1}{\mathrm{m}}$, ist notwendig, damit kx bzw. kct dimensionslos werden. Man kann die harmonische Welle in zwei Bildern wiedergeben. Im Orts- oder Momentanbild wird die Deformation u als Funktion von x für festes t und im Zeitbild wird u als Funktion von t für festes x aufgetragen. Beide Graphen ergeben Sinus-Funktionen, aber die physikalische Bedeutung ist verschieden.

Ortsbild. $u(x, t_0) = u_0 \cdot \sin(kx - kct_0)$ (Abb. 16.1, 3. Skizze). Die Welle wiederholt sich nach der Strecke λ, der sogenannten Wellenlänge mit der Einheit [m]. Infolge der Formtreue $u(x, t) = u(x + \lambda, t)$ folgt $u_0 \cdot \sin(kx - kct) = u_0 \cdot \sin(kx + k\lambda - kct)$, woraus $k\lambda = 2\pi$ resultiert (eigentlich sogar $k\lambda = 2\pi \cdot n$). Damit ist $\lambda = \frac{2\pi}{k}$.

Zeitbild. $u(x_0, t) = u_0 \cdot \sin(kx_0 - kct)$ (Abb. 16.1, 4. Skizze). Die Welle wiederholt sich nach der Zeit T, der zeitlichen Periode mit der Einheit s. Aufgrund der Formtreue $u(x,t) = u(x, t+T)$ folgt $u_0 \cdot \sin(kx - kct) = u_0 \cdot \sin(kx - kct - kcT)$, woraus sich $kcT = 2\pi$ ergibt. Daraus wird $T = \frac{2\pi}{kc}$. Weiter definieren wir $kc = \frac{2\pi}{T} := \omega$, die Kreisfrequenz. Für die harmonische Welle erhält man mit den obigen Bezeichnungen schließlich $u(x,t) = u_0 \cdot \sin(kx - \omega t)$.

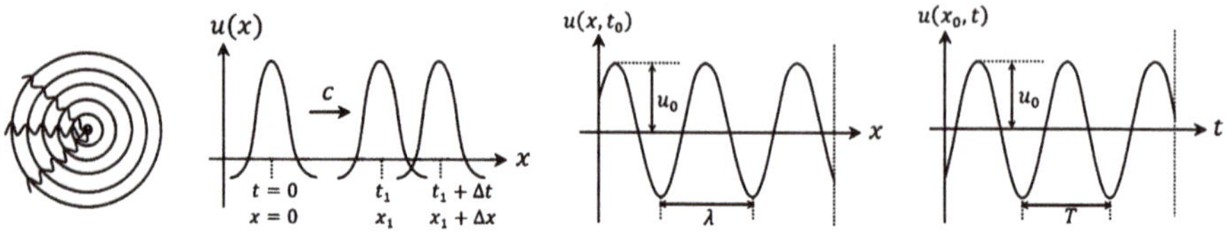

Abb. 16.1: Skizzen zu den Wellen.

Herleitung von (16.1.4)

Als Nächstes wollen wir die zugehörige PDG ermitteln, welche die Lösung (16.1.1) besitzt. Es sei $a := x + ct$ und $b := x - ct$. Bevor wir ableiten, muss man an beide Funktionen f_1 und f_2 die Voraussetzung stellen, dass sie auf dem betrachteten Intervall überhaupt zweimal stetig differenzierbar sind, d. h. $f_1, f_2 \in C^2$. Dies vorausgesetzt, gilt

$$\frac{\partial u}{\partial x} = \frac{\partial f_1}{\partial a} \cdot \frac{\partial a}{\partial x} + \frac{\partial f_2}{\partial b} \cdot \frac{\partial b}{\partial x} = \frac{\partial f_1}{\partial a} \cdot 1 + \frac{\partial f_2}{\partial b} \cdot 1 \quad \text{und}$$

$$\frac{\partial^2 u}{\partial x^2} = \frac{\partial}{\partial x}\left(\frac{\partial f_1}{\partial a}\right) + \frac{\partial}{\partial x}\left(\frac{\partial f_2}{\partial b}\right) = \frac{\partial}{\partial a}\left(\frac{\partial f_1}{\partial x}\right) + \frac{\partial}{\partial b}\left(\frac{\partial f_2}{\partial x}\right) = \frac{\partial}{\partial a}\left(\frac{\partial f_1}{\partial a} \cdot \frac{\partial a}{\partial x}\right) + \frac{\partial}{\partial b}\left(\frac{\partial f_2}{\partial b} \cdot \frac{\partial b}{\partial x}\right)$$

$$= \frac{\partial}{\partial a}\left(\frac{\partial f_1}{\partial a} \cdot 1\right) + \frac{\partial}{\partial b}\left(\frac{\partial f_2}{\partial b} \cdot 1\right)$$

und somit

$$\frac{\partial^2 u}{\partial x^2} = \frac{\partial^2 f_1}{\partial a^2} + \frac{\partial^2 f_2}{\partial b^2}. \tag{16.1.2}$$

Analog folgen

$$\frac{\partial u}{\partial t} = \frac{\partial f_1}{\partial a} \cdot \frac{\partial a}{\partial t} + \frac{\partial f_2}{\partial b} \cdot \frac{\partial b}{\partial t} = \frac{\partial f_1}{\partial a} \cdot c - \frac{\partial f_2}{\partial b} \cdot c \quad \text{und}$$

$$\frac{\partial^2 u}{\partial t^2} = c^2\left(\frac{\partial^2 f_1}{\partial a^2} + \frac{\partial^2 f_2}{\partial b^2}\right). \tag{16.1.3}$$

Insgesamt erhält man daraus das folgende Ergebnis:

Alle auf $\mathbb{R}$ definierten Lösungen der eindimensionalen Wellengleichung $\frac{\partial^2 u}{\partial t^2} = c^2 \cdot \frac{\partial^2 u}{\partial x^2}$ besitzen die Form $u(x,t) = f_1(x+ct) + f_2(x-ct)$. Dabei sind $f_1, f_2 \in C^2$. (16.1.4)

Gleichung (16.1.4) lässt sich auch faktorisieren:

$$\left(\frac{\partial}{\partial t} + c \cdot \frac{\partial}{\partial x}\right)\left(\frac{\partial}{\partial t} - c \cdot \frac{\partial}{\partial x}\right)u = 0.$$

Die wesentliche Aufgabe besteht noch darin, die Ausbreitungsgeschwindigkeit c für den konkreten Fall aufzuschlüsseln. Für Longitudinalwellen in Gasen gilt $c^2 = \kappa \cdot R_s \cdot T$ (κ = Adiabatenexponent, R_s = Spezifische Gaskonstante, T = Temperatur, siehe Band 5). Für Longitudinalwellen in Flüssigkeiten erhält man $c^2 = \frac{K}{\rho}$ (K = Kompressionsmodul, ρ = Dichte, siehe Band 5). Im Fall der Wasserwelle ist die Abhängigkeit von c vielfältig. Unter anderem spielt dabei die Wassertiefe, die Dichte des Mediums und die Wellenlänge eine Rolle (vgl. 5. Band). Für ein Seil und weitere Festkörper klären wir diese Frage in den folgenden Kapiteln.

16.2 Die Wellengleichung der ungedämpft schwingenden Saite

Die Wellengleichung bildet das Kernstück für die Beschreibung von sowohl zeitlich als auch örtlich abhängigen Schwingungsvorgängen. Die Anwendungsmöglichkeiten speziell der Saitenschwingung sind zwar beschränkt, doch die dabei entworfenen Konzepte und getroffenen Vereinfachungen dienen als Vorbereitung für Stab- und Balkenschwingungen in Kap. 17 und 18.

Einschränkung: Für alles Weitere betrachten wir stets eine beidseitig fest eingespannte Saite. Es gäbe zwar noch die Möglichkeit, die Saite beispielsweise an ihrem rechten Ende so an einen Stab zu fixieren, der sich wiederum reibungsfrei vertikal bewegen lässt, sodass die Saite an dieser Stelle stets horizontal verläuft. Ist die Saite somit an beiden Enden eingespannt, dann muss an den Rändern die Verschiebung oder Auslenkung u zu jeder Zeit verschwinden: $u(0,t) = u(l,t) = 0$. An die Lösung werden damit sogenannte Randbedingungen gestellt. Damit die Saite überhaupt schwingt, muss sie ausgelenkt werden und besitzt dann zur Start- oder Beobachtungszeit $t = 0$ die Auslenkung $u(x,0)$ und die Geschwindigkeit $\dot{u}(x,0)$. Dies nennt man die Anfangsbedingungen. Rand- und Anfangsbedingungen ergeben zusammen das

Anfangsrandwertproblem der Saitenschwingung

Gesucht sind alle Lösungen $u(x,t)$ von $\ddot{u} = c^2 \cdot u''$ mit

$$\text{I. } u(0,t) = 0, \quad \text{II. } u(l,t) = 0, \quad \text{III. } u(x,0) = g(x) \quad \text{und} \quad \text{IV. } \dot{u}(x,0) = h(x). \qquad (16.2.1)$$

Herleitung von (16.2.2) und (16.2.3)

Zur Lösung des Problems betrachten wir zuerst die Anfangsbedingungen. Diese führen mit (16.1.4) zu III. $f_1(x) + f_2(x) =: g(x)$. Für die 2. Anfangsbedingung berechnen wir

$$\left.\frac{\partial f_1}{\partial t}\right|_{t=0} = \frac{\partial f_1}{\partial a} \cdot \left.\frac{\partial a}{\partial t}\right|_{t=0} = c \cdot \left.\frac{\partial f_1}{\partial a}\right|_{t=0} = c \cdot \frac{\partial f_1}{\partial x} = c \cdot f_1'(x)$$

mit $a = x + ct$ und analog $\left.\frac{\partial f_2}{\partial t}\right|_{t=0} = -c \cdot f_2'(x)$. Insgesamt hat man IV. $\dot{u}(x,0) = c \cdot [f_1'(x) - f_2'(x)] = h(x)$. O. B. d. A. setzen wir den Anfang des Intervalls, auf dem die Lösung u definiert sein soll, bei $x_0 = 0$. Die Integration von IV. ergibt

$$f_1(x) - f_2(x) = \frac{1}{c} \int_{x_0=0}^{x} h(\xi) d\xi + C$$

mit $x \neq 0$ beliebig.

Zusammen mit I. und III. folgt daraus

$$f_1(x) = \frac{1}{2}\left[g(x) + \frac{1}{c}\int_0^x h(\xi)d\xi + C\right] \quad \text{und} \quad f_2(x) = \frac{1}{2}\left[g(x) - \frac{1}{c}\int_0^x h(\xi)d\xi - C\right].$$

Bei $f_1(x)$ ersetzen wir x durch $x + ct$ und bei $f_2(x)$ ersetzen wir x durch $x - ct$. Das ergibt schließlich

$$f_1(x+ct) = \frac{1}{2}\left[g(x+ct) + \frac{1}{c}\int_0^{x+ct} h(\xi)d\xi\right], \quad f_2(x-ct) = \frac{1}{2}\left[g(x-ct) + \frac{1}{c}\int_{x-ct}^{0} h(\xi)d\xi\right]$$

und zusammen

$$u(x,t) = \frac{1}{2}\left[g(x+ct) + g(x-ct) + \frac{1}{c}\int_{x-ct}^{x+ct} h(\xi)d\xi\right]. \tag{16.2.2}$$

Damit erfüllt (16.2.2) das Problem (16.2.1) mit $g \in C^2$ und $h \in C^1$ bis auf die RBen. Man erkennt auch, dass für $0 \leq x \leq l$ die Lösung (16.2.2) nur auf dem Wellenlängen-Intervall $[a, b]$ eindeutig ist, darüber hinaus nicht mehr. Damit eignet sich (16.2.2) vorerst nur zur Beschreibung fortlaufender, aber keiner stehenden Wellen. Um Letzteres zu gewährleisten, muss man die Lösung fortsetzen und zwar, weil die beiden Wellenpakete sich mit der Zeit auseinanderbewegen, auf die gesamte reelle Achse.

Dazu kommen jetzt die RBen ins Spiel.

Es gilt

I. $u(0,t) = f_1(ct) + f_2(-ct) = 0$ oder $-f_1(x) = f_2(-x)$ und

II. $u(l,t) = f_1(l+ct) + f_2(l-ct) = 0$ oder $f_1(l+x) + f_2(l-x) = 0$, mit jeweils $x = ct$.

In II. ersetzen wir x durch $x + l$ und erhalten $f_1(x + 2l) + f_2(-x) = 0$. Weiter fügen wir das Ergebnis aus I. ein, woraus $f_1(x + 2l) = f_1(x)$ entsteht. Damit zwingen die RBen beiden Funktionen f_1 und f_2 eine $2l$-Periodizität auf. Insgesamt kann man $u(x, t) = f_1(x + ct) + f_2(x - ct) = f_1(x + ct) - f_1(-x + ct)$ schreiben. Weiter erhält man für $t = 0$ die Gleichungen $u(x, 0) = f_1(x) - f_1(-x) = g(x)$ und $\dot{u}(x, 0) = c \cdot [f_1'(x) - f_1'(-x)] = h(x)$. Daraus ersieht man, dass sowohl $f_1(x) - f_1(-x)$ als auch $f_1'(x) - f_1'(-x)$ ungerade Funktionen sind, auch dies eine Folgerung der RBen. Damit erhalten wir das Ergebnis:

Das Problem (16.2.1) wird durch (16.2.2) eindeutig gelöst, wenn man die Anfangsfunktionen $g(x)$ und $h(x)$ vom Intervall $[0, l]$ auf die gesamte reelle Achse ungerade und $2l$-periodisch fortsetzt. Damit kann auch eine stehende Welle beschrieben werden. (16.2.3)

Obwohl die Lösung der Wellengleichung mit (16.1.4) vorliegt, sind die Einflussgrößen der Wellenausbreitungsgeschwindigkeit c unbekannt. Deswegen muss der Beweis nochmals über Bilanzen geführt werden.

Herleitung von (16.2.4)–(16.2.8)

Wir betrachten eine Saite der Länge l mit konstanter Dichte ρ und konstanter Querschnittsfläche A. Ist m die Saitenmasse, dann bezeichnet $\frac{m}{l} = \frac{\rho A l}{l} = \rho A$ die konstante Massenbelegung. Weiter ist die Saite wie anhin in den Endpunkten $x = 0$ und $x = l$ fest eingespannt und mit einer Spannung $\sigma_0 = \frac{N_0}{A}$ belastet (Abb. 10.1 links). Im Gegensatz zum Balken, benötigt die Saite eine beidseitige Fixierung. Wird die Saite mit irgendeiner Kraft F ausgelenkt, so treten Rückstellkräfte auf, welche die Saite in die Ruhelage zurücktreiben wollen. Wie schon aus dem statischen Fall bekannt (Kap. 10), wird jedes Teilchen in vertikaler Richtung verschoben, gedreht und gedehnt (Abb. 10.1 rechts oben). Der Einfluss der Drehung entfällt infolge der fehlenden Biegesteifigkeit. Bei der Balkengleichung (Kap. 18) wird auch diese Torsionsträgheit mit einbezogen. Zusätzlich kann die Saite auch noch durch eine orts- und zeitabhängige Kraft $q(x, t)$ angeregt werden.

Idealisierungen:

- Dichte und Querschnitt sind konstant (konstante Massenbelegung).
- Die Saite besitzt keine Biegesteifigkeit.

Bei einer horizontal ausgelegten Saite könnte man eigentlich von einer konstanten Normalkraft $N_0(x) = N_0$ ausgehen. Da sowohl die Querschnittsfläche als auch die Dichte konstant sind, fallen diese beiden Einflussfaktoren für eine von x abhängige Normalkraft weg. Wird hingegen die Saite gegenüber der Horizontalen geneigt, so beeinflusst die Gravitation besonders bei einem schweren Seil die Spannungsverteilung innerhalb der Saite. Zusätzlich könnten noch elektrische Kräfte auf eine Metallsaite in x-Richtung einwirken. Deswegen setzen wir die Normalkraft $N(x)$ tangential zur Saite noch in Abhängigkeit von x an (auch im Hinblick auf die Euler'sche Knicklast mit Berücksichtigung des Eigengewichts, Kap. 18.2). Die Kraftverteilung dieser äußeren Kräfte in x-Richtung zusammengenommen bezeichnen wir mit $R(x)$. Wir normieren R bezüglich der Saitenlänge und schreiben $r(x) = \frac{R(x)}{l}$. Würde man nun die Dehnung der Saite vernachlässigen, so hätte man $N(x) = N_0(x)$. Wird die Dehnung mit einbezogen, dann ergibt sich

$$\sigma(x) = \sigma_0(x) + \varepsilon E = \sigma_0(x) + \frac{\partial w}{\partial x}E \quad \text{oder}$$
$$N(x,t) = A\sigma(x,t) = N_0(x,t) + AEw'(x,t). \tag{16.2.4}$$

Bilanzen und lineare Approximation: Kraft- oder Impulsänderungsbilanz eines Saitenstücks der Länge ds in horizontaler und vertikaler Richtung. (Abb. 16.2 links, die Zeitabhängigkeit wird in der Abbildung und auch in den folgenden Bilanzen der Übersicht halber bis zum Zwischenergebnis weggelassen.)

1. Horizontal. Es gilt

$$\frac{\partial(dm \cdot \dot{w})}{\partial t} = N_H(x+dx) - N_H(x) + r(x) \cdot dx.$$

Unter Verwendung von (16.2.4) folgt

$$\begin{aligned}\rho A ds \cdot \ddot{w} = {} & N_0(x+dx) \cdot \cos[\alpha(x+dx)] + AEw'(x+dx) \cdot \cos[\alpha(x+dx)] \\ & - N_0(x) \cdot \cos[\alpha(x)] - AEw'(x) \cdot \cos[\alpha(x)] + r(x)dx\end{aligned}$$

und umgeordnet

$$\begin{aligned}\rho A\frac{ds}{dx} \cdot \ddot{w} = {} & \frac{N_0(x+dx) \cdot \cos[\alpha(x+dx)] - N_0(x) \cdot \cos[\alpha(x)]}{dx} \\ & + AE\frac{w'(x+dx) \cdot \cos[\alpha(x+dx)] - w'(x) \cdot \cos[\alpha(x)]}{dx} + r(x) \quad \text{oder}\end{aligned}$$
$$\rho A\ddot{w}(x,t)\frac{ds}{dx} = (N_0(x,t) \cdot \cos[\alpha(x,t)])' + AE(w'(x,t) \cdot \cos[\alpha(x,t)])' + r(x). \tag{16.2.5}$$

2. Vertikal. Mit der definierten Dämpfung μ schreibt sich die Reibungskraft am infinitesimalen Massenstück als $F_R(x) = \mu \cdot dx \cdot \dot{u}$ und man erhält insgesamt

$$\begin{aligned}\frac{\partial(dm \cdot \dot{u})}{\partial t} &= dm \cdot \ddot{u} = N_V(x+dx) - N_V(x) - F_R(x) + q(x)ds - F_G \quad \text{oder} \\ dm \cdot \ddot{u} &= N(x+dx) \cdot \sin[\alpha(x+dx)] - N(x) \cdot \sin[\alpha(x)] \\ & \quad - \mu \cdot dx \cdot \dot{u} + q(x)ds - dm \cdot g.\end{aligned}$$

Weiter folgt

$$\begin{aligned}\rho A\frac{ds}{dx} \cdot \ddot{u} = {} & \frac{N_0(x+dx) \cdot \sin[\alpha(x+dx)] - N_0(x) \cdot \sin[\alpha(x)]}{dx} \\ & + AE\frac{w'(x+dx) \cdot \sin[\alpha(x+dx)] - w'(x) \cdot \sin[\alpha(x)]}{dx}\end{aligned}$$

$$
\begin{aligned}
&- \mu \cdot \dot{u} + q(x,t)\frac{ds}{dx} - \rho A \frac{ds}{dx} \cdot g \quad \text{oder} \\
\rho A[\ddot{u}(x,t) + g]\frac{ds}{dx} &= (N_0(x,t)\sin[\alpha(x,t)])' \\
&+ AE(w'(x,t) \cdot \sin[\alpha(x,t)])' - \mu \cdot \dot{u} + q(x,t)\frac{ds}{dx}. \qquad (16.2.6)
\end{aligned}
$$

Die Gleichungen (16.2.5) und (16.2.6) stellen ein System für die Größen $u(x,t)$ und $w(x,t)$ dar. Sie beinhalten sowohl einen Spannungs- als auch einen Dehnungseinfluss auf die vertikalen und horizontalen Auslenkungen. Für praktische Berechnungen sind sie nicht sehr geeignet. Wir treffen deshalb zusätzliche Vereinfachungen. Besitzt die Saite eine große Vorspannung, dann ist die Rückstellkraft sehr groß und der Einfluss der Fallbeschleunigung nicht mehr nachweisbar. Meistens spielen nur kleine Auslenkungen eine Rolle. Dies zieht eine Reihe weiterer Konsequenzen nach sich.

Zusätzliche Idealisierungen:

- Der Einfluss der Gravitation wird vernachlässigt (A1).
- Die Auslenkungen $u(x,t)$ sind klein gegenüber der Saitenlänge l (A2).

Aus (A2) folgt, dass die Dehnung fasst gänzlich entfällt: $w(x,t) = 0$ (A3).

Weiter hat man

$$
\frac{\partial u}{\partial x} \approx 0, \qquad \frac{ds}{dx} \approx \frac{\sqrt{(dx)^2 + (du)^2}}{dx} = \sqrt{1 + \left(\frac{\partial u}{\partial x}\right)^2} \approx 1
$$

und damit $ds \approx dx$ (A4).

Schließlich kann man

$$
\alpha(x) \approx \sin[\alpha(x)] \approx \tan[\alpha(x)] \approx \frac{\partial u}{\partial x}(x) \quad \text{und} \quad \cos[\alpha(x + dx)] \approx \cos[\alpha(x)] \approx 1
$$

(A5) schreiben.

Gleichung (16.2.5) reduziert sich mit (A1)–(A5) zu

$$
0 = (N_0(x,t))' + r(x) \quad \text{oder} \quad \frac{\partial N_0}{\partial x} = \frac{\partial N}{\partial x}(x,t) = -r(x).
$$

Bei der beidseits fest eingespannten Saite ist $r(x) = 0$ und $N =$ konst. Hingegen stellen wir uns ein vertikal hängendes schweres Seil unter Eigengewicht vor, so hat man $r(x) \neq 0$. Nach Kap. 8.1, Bsp. 2 ist $N(x) = \rho A g(l - x)$, woraus $\frac{\partial N}{\partial x} = -r(x) = \rho A g$ und $r(x) = \rho A g$ und $R(x) = \rho A g l = mg$ folgt. Sind keine äußeren Kräfte vorhanden, so ist die horizontale Bilanz fast überflüssig. Eines zeigt sie indes, dass nämlich die Normalkraft zeitunabhängig sind. Schließlich fehlt noch die Bilanz (16.2.6) für die getroffenen Annahmen. Man erhält

$$
\rho A \cdot \ddot{u} = [N(x) \cdot u']' - \mu \cdot \dot{u} + q(x,t). \qquad (16.2.7)
$$

Idealisierung: Vernachlässigt man zudem äußere Krafteinwirkungen in x-Richtung, so ist $N(x) = \text{konst.} = \sigma \cdot A$ und (16.2.7) geht über in

$$\rho A dx \cdot \ddot{u} + \mu \cdot \dot{u} = \sigma A \cdot u'' dx + q(x,t),$$

woraus sich die Wellengleichung nach D'Alembert ergibt.

$$\frac{\partial^2 u}{\partial t^2} + \delta \cdot \frac{\partial u}{\partial t} - c^2 \cdot \frac{\partial^2 u}{\partial x^2} = \frac{q(x,t)}{\rho A} \quad \text{mit} \quad c = \sqrt{\frac{\sigma}{\rho}} \quad \text{und} \quad \delta = \frac{\mu}{\rho A}. \tag{16.2.8}$$

Gleichung (16.2.8) besitzt dieselbe Form wie (16.1.4) für $q = 0$ und mit $c = \sqrt{\frac{\sigma}{\rho}}$ wird zusätzlich die Zusammensetzung der Geschwindigkeit der Seilwelle erfasst.

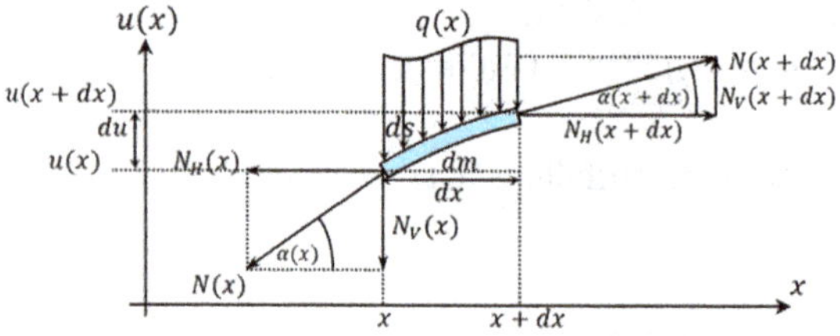

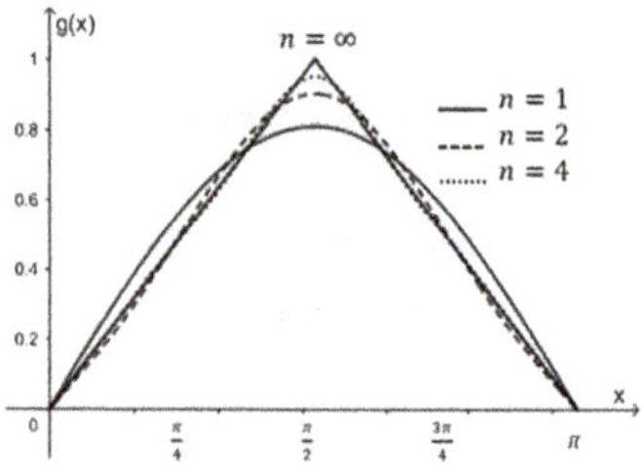

Abb. 16.2: Skizzen zu den Saitenkräften und zu Beispiel 2d_1), Kap. 16.3.

16.3 Die Bernoulli-Lösung für eine freie Saitenschwingung

Obwohl alle Lösungen der freien Saitenschwingungen mit (16.1.4) und dem Ergebnis (16.2.3) vorliegen, besitzt diese für die Praxis einen großen Nachteil. Die D'Alembert-Lösung gibt keine Auskunft über die genaue Zusammensetzung der Welle oder dem Signal, d. h. über die so wichtigen Eigenfrequenzen oder dem Spektrum der Welle. Mithilfe des Euler- und Bernoulli-Separationsansatzes gehen wir dieses Problem nun an. Es soll die Lösung von (16.2.8) für die beidseitig fest eingespannte Saite ermittelt werden, falls keine Anregungskraft wirkt ($q = 0$). Es handelt sich dann um eine freie Schwingung.

Herleitung von (16.3.2) und (16.3.4)

Um die Gleichung (16.2.8) für $q = 0$ zu lösen, benutzen wir den Separationsansatz: $u(x,t) = v(x) \cdot w(t)$. Dann ist $\ddot{u}(x,t) = v(x) \cdot \ddot{w}(t)$ und $u''(x,t) = v''(x) \cdot w(t)$. Eingesetzt erhält man $v(x) \cdot \ddot{w}(t) + \delta \cdot v(x) \cdot \dot{w}(t) = c^2 \cdot w(t) \cdot v''(x)$ oder schließlich

$$\frac{\ddot{w}(t)}{w(t)} + \delta \cdot \frac{\dot{w}(t)}{w(t)} = c^2 \cdot \frac{v''(x)}{v(x)}.$$

Die linke Seite hängt nur von t, die rechte Seite nur von x ab, trotzdem müssen beide für alle x und t übereinstimmen, also müssen sie konstant sein:

$$\frac{v''(x)}{v(x)} = -\frac{\omega^2}{c^2} \quad \text{und} \quad \frac{\ddot{w}(t)}{w(t)} + \delta \cdot \frac{\dot{w}(t)}{w(t)} = -\omega^2. \tag{16.3.1}$$

Dabei ist die Wahl des Minuszeichens bei der Konstanten $-\omega^2$ zwingend, ansonsten erhält man

$$v(x) = C_1 \cdot e^{\frac{\omega}{c}x} + C_2 \cdot e^{-\frac{\omega}{c}x}, \quad w(t) = C_1^* \cdot \cosh(\omega t) + C_2^* \cdot \sinh(\omega t)$$

und $\lim_{t\to\infty} w(t) = \infty$. Man muss also das DG-System $v'' + \frac{\omega^2}{c^2}v = 0$ und $\ddot{w} + \delta\dot{w} + \omega^2 w = 0$ lösen. Wir wählen den Ansatz $v(x) = C_1 \cdot \cos(\frac{\omega}{c}x) + C_2 \cdot \sin(\frac{\omega}{c}x)$. Da die Saite in $x = 0$ und $x = l$ eingespannt ist, lauten die RBen $u(0,t) = u(l,t) = 0$ für alle t. Damit ist aber auch $v(0) = v(l) = 0$. Dies in den Ansatz eingefügt, führt zu $0 = C_1 \cdot 1 + C_2 \cdot 0 \Rightarrow C_1 = 0$ und $0 = C_2 \cdot \sin(\frac{\omega}{c}l) \Rightarrow \sin(\frac{\omega}{c}l) = 0$. Dies ist gleichbedeutend mit $\frac{\omega}{c} \cdot l = n \cdot \pi, n \in \mathbb{N}$, woraus $\omega_n = \frac{n \cdot c \cdot \pi}{l}$ entsteht. ω_n nennt man die Eigenwerte der Aufgabe und $v_n(x) = \sin(\frac{n \cdot \pi}{l}x)$ die Eigenfunktionen, Eigenformen oder Moden. In der Musik heißen diese die n-ten Obertöne oder n-ten Harmonischen. Die Lösung der Gleichung $\ddot{w} + \delta\dot{w} + \omega^2 w = 0$ lautet

$$w(t) = e^{-\frac{\delta}{2}\cdot t} \cdot [C_1 \cdot \cos(\varepsilon_n t) + C_2 \cdot \sin(\varepsilon_n t)],$$

wobei $\varepsilon_n^2 = \omega_n^2 - (\frac{\delta}{2})^2$ gewählt wurde, also einer starken Dämpfung entspricht, die durch die fallende Exponentialfunktion repräsentiert wird.

Für jedes $n \in \mathbb{N}$ ist dann

$$u_n(x,t) = \sin\left(\frac{n \cdot \pi}{l}x\right) \cdot e^{-\frac{\delta}{2}\cdot t} \cdot [B_1 \cdot \cos(\varepsilon_n t) + B_2 \cdot \sin(\varepsilon_n t)] \tag{16.3.2}$$

eine Lösung der Saitengleichung.

Ergebnis. Jede Funktion $u_n(x,t)$ beschreibt eine mögliche Schwingungsform der Saite, die sogenannte n-te Oberschwingung.

Die Periode T_n des n-ten Obertons ist gegeben durch $\frac{nc\pi}{l} \cdot t = 2\pi$, woraus man $T_n = \frac{2l}{nc}$ erhält. Daraus entstehen die Eigenfrequenzen

$$f_n = \frac{cn}{2l} = \frac{n}{2l} \cdot \sqrt{\frac{\sigma}{\rho}}.$$

Damit befriedigt jede Linearkombination $\sum_{n=1}^{\infty} u_n(x,t)$ von (16.3.2) die RBen I. und II. des Problems (16.2.1). Es bleibt aber die Frage, wie die Anfangsbedingungen III. und IV. zu erfüllen sind. Dazu müsste man jede beliebige Anfangsauslenkung, insbesondere die Dreiecksauslenkung beim Zupfen der Saite mit trigonometrischen Funktionen darstellen können. Anfang des 19. Jahrhunderts behauptete Fourier, dass alle Funktionen $f(x)$, insbesondere alle in einem Intervall $I = [-\frac{l}{2}, \frac{l}{2}]$ periodischen Funktionen, als

$$f(x) = c_0 + \sum_{n=1}^{\infty}\left[c_n \cdot \cos\left(\frac{n\pi}{l}x\right) + d_n \cdot \sin\left(\frac{n\pi}{l}x\right)\right]$$

darstellbar seien. Kurz darauf bewies Dirichlet die Behauptung, aber mit einer einschränkenden Voraussetzung. Dies führte zum

Konvergenzsatz der Fourier-Reihe.
Die Funktion $g(x)$ sei im Intervall $I = [-\frac{l}{2}, \frac{l}{2}]$ stückweise stetig differenzierbar und l-periodisch, d. h. $g(-\frac{l}{2}) = g(\frac{l}{2})$. Es gilt:

a) Für eine Stelle $x_0 \in I$, in dem $g(x_0)$ stetig differenzierbar ist, konvergiert die Fourier-Reihe $f(x)$ gegen $g(x_0)$.
b) Für eine Stelle $x_0 \in I$, in dem $g(x_0)$ unstetig ist, konvergiert die Fourier-Reihe $f(x)$ gegen den Mittelwert aus links- und rechtsseitigem Grenzwert, also gegen $\frac{1}{2}[\lim_{x\to x_0^-} g(x) + \lim_{x\to x_0^+} g(x)]$.
c) In jedem abgeschlossenen Teilintervall $I_* \subset I$, in dem g für alle $x \in I_*$ stetig differenzierbar ist, konvergiert die Fourier-Reihe $f(x)$ gleichmäßig gegen $g(x)$.
d) Ist $g(x)$ periodisch, so gilt die Darstellung der Fourier-Reihe $f(x)$ und a)–c) für $x \in \mathbb{R}$.
e) Ist $g(x)$ nicht periodisch, so wird durch die Fourier-Reihe $f(x)$ eine periodische Fortsetzung von $x \in I$ auf $x \in \mathbb{R}$ festgelegt. (16.3.3)

Insgesamt erhalten wir mit (16.3.3) die Lösung des Problems (16.2.1) bis auf Einbezug der Anfangsbedingungen zu

Wir unterscheiden:

Lösung ohne Dämpfung.

$$u(x,t) = \sum_{n=1}^{\infty} \sin\left(\frac{n\pi}{l}x\right) \cdot \left[a_n \cdot \cos\left(\frac{nc\pi}{l}t\right) + b_n \cdot \sin\left(\frac{nc\pi}{l}t\right)\right]. \tag{16.3.4}$$

Lösung mit Dämpfung.

$$u(x,t) = \sum_{n=1}^{\infty} \sin\left(\frac{n\pi}{l}x\right) \cdot e^{-\frac{\delta}{2}\cdot t} \cdot \left[a_n \cdot \cos(\varepsilon_n t) + b_n \cdot \sin(\varepsilon_n t)\right]. \tag{16.3.5}$$

Mit (16.3.4) und (16.3.5) ist das Problem (16.2.1) auf eine andere Weise gelöst. Der Eindeutigkeit willen muss noch die Gleichheit von (16.3.4) und (16.1.1) gezeigt werden.

Ergebnisse.

1. Die Eigenfrequenzen sind mögliche Frequenzen, mit denen eine Saite bei einmaliger Anregung schwingt.
2. Die Eigenfrequenzen werden durch die Länge, die Dichte der Saite und die Zugspannung bestimmt.

3. Die Eigenfrequenzen des Systems werden durch aufgeprägte Lasten oder aufliegende Zusatzmassen verändert.

Aufliegende Zusatzmassen können beispielsweise leichte Messinstrumente sein. Die sich damit ändernden Frequenzen kann man mit dem Rayleigh-Quotienten für Zusatzmassen abschätzen. Die Berechnung verschieben wir in das Kap. 18.8.

Beispiel 1. Zeigen Sie, dass Gleichung (16.3.4) als Summe einer einlaufenden und einer auslaufenden Welle geschrieben werden kann, also die Form (16.1.1) besitzt.

Lösung. Mithilfe der Additionstheorems

$$2 \cdot \sin\alpha \cdot \cos\beta = \sin(\alpha - \beta) + \sin(\alpha + \beta) \quad \text{und}$$
$$2 \cdot \sin\alpha \cdot \sin\beta = \cos(\alpha - \beta) - \cos(\alpha + \beta)$$

formt man (16.3.4) um zu

$$\begin{aligned} u(x,t) = & \sum_{n=1}^{\infty} a_n \cdot \frac{1}{2}\left[\sin\left(\frac{n\pi}{l}x - \frac{nc\pi}{l}t\right) + \sin\left(\frac{n\pi}{l}x + \frac{nc\pi}{l}t\right)\right] \\ & + \sum_{n=1}^{\infty} b_n \cdot \frac{1}{2}\left[\cos\left(\frac{n\pi}{l}x - \frac{nc\pi}{l}t\right) - \cos\left(\frac{n\pi}{l}x + \frac{nc\pi}{l}t\right)\right]. \end{aligned}$$

Ersetzt man x durch $\frac{l}{n\pi}x$ und setzt $c_1 = \frac{nc\pi}{l}$, so folgt

$$\begin{aligned} u(x,t) &= \frac{1}{2}\sum_{n=1}^{\infty}\{a_n \sin(x + c_1 t) - b_n \cos(x + c_1 t)\} \\ &+ \frac{1}{2}\sum_{n=1}^{\infty}\{a_n \sin(x - c_1 t) + b_n \cos(x - c_1 t)\} \\ &= \frac{1}{2}\sum_{n=1}^{\infty} g_n(x + c_1 t) + \frac{1}{2}\sum_{n=1}^{\infty} g_n(x - c_1 t) = f_1(x + c_1 t) + f_2(x - c_1 t). \end{aligned}$$

Schließlich sollen die Anfangsbedingungen III. und IV. des Problems (16.2.1) noch verrechnet werden, was der Bestimmung der Koeffizienten a_n und b_n von (16.3.4) gleichkommt.

Herleitung von (16.3.8)

Mit $g(x) = u(x,0)$ und $h(x) = \dot{u}(x,0)$ bezeichnen wir die Auslenkung bzw. die Geschwindigkeit zur Zeit $t = 0$.

Dazu benötigen wir:

Die Orthogonalität der Sinus- und Kosinusfunktionen.

$$1.\quad \int_0^l \sin\left(\frac{n\cdot\pi}{l}x\right)\cdot\sin\left(\frac{m\cdot\pi}{l}x\right)dx = \begin{cases} = 0, & \text{für } m \neq n,\\ = \frac{l}{2}, & \text{für } m = n, \end{cases} \tag{16.3.6}$$

$$2.\quad \int_0^l \cos\left(\frac{n\cdot\pi}{l}x\right)\cdot\cos\left(\frac{m\cdot\pi}{l}x\right)dx = \begin{cases} = 0, & \text{für } m \neq n,\\ = \frac{l}{2}, & \text{für } m = n. \end{cases} \tag{16.3.7}$$

Beweis von (16.3.6) *und* (16.3.7). Wir benutzen die Gleichheit

$$\cos a - \cos b = -2\sin\left(\frac{a+b}{2}\right)\cdot\sin\left(\frac{a-b}{2}\right),$$

setzen $a = (n+m)\frac{\pi}{l}$ und $b = (n-m)\frac{\pi}{l}$ und erhalten $\frac{a+b}{2} = \frac{n\cdot\pi}{l}$ und $\frac{a-b}{2} = \frac{m\cdot\pi}{l}$. Dann folgt

$$\begin{aligned}\sin\left(\frac{n\cdot\pi}{l}\right)\cdot\sin\left(\frac{m\cdot\pi}{l}\right) &= \frac{1}{2}\left[\sin\left(\frac{a+b}{2}\right)\cdot\sin\left(\frac{a-b}{2}\right)\right] = \frac{1}{2}(\cos b - \cos a)\\ &= \frac{1}{2}\left\{\cos\left[(n-m)\frac{\pi}{l}\right] - \cos\left[(n+m)\frac{\pi}{l}\right]\right\}\end{aligned}$$

und

$$I = \int_0^l \sin\left(\frac{n\cdot\pi}{l}x\right)\cdot\sin\left(\frac{m\cdot\pi}{l}x\right)dx = \frac{1}{2}\int_0^l\left\{\cos\left[(n-m)\frac{\pi}{l}x\right] - \cos\left[(n+m)\frac{\pi}{l}x\right]\right\}dx.$$

An dieser Stelle treffen wir die Fallunterscheidung:

I. $n = m$. Es ergibt sich

$$\begin{aligned}I &= \frac{1}{2}\int_0^l\left[1-\cos\left(2n\frac{\pi}{l}x\right)\right]dx = \frac{1}{2}\left[x - \frac{l}{2n\pi}\sin\left(2n\frac{\pi}{l}x\right)\right]_0^l\\ &= \frac{1}{2}\left[l - \frac{l}{2n\pi}\sin(2n\pi)\right] = \frac{l}{2}.\end{aligned}$$

II. $n \neq m$. Hier folgt

$$\begin{aligned}I &= \frac{1}{2}\left\{\frac{l}{\pi(n-m)}\sin\left[(n-m)\frac{\pi}{l}x\right]_0^l - \frac{l}{\pi(n+m)}\sin\left[(n+m)\frac{\pi}{l}x\right]_0^l\right\}\\ &= \frac{l}{2\pi}\left[\frac{\sin(n-m)\pi}{(n-m)} - \frac{\sin(n+m)\pi}{(n+m)}\right] = \frac{l}{2\pi}(0-0) = 0.\end{aligned}$$

Damit ist die Behauptung (16.3.6) bewiesen.

Für den Beweis von (16.3.7) benutzen wir die Gleichheit

$$\cos a + \cos b = 2\cos\left(\frac{a+b}{2}\right)\cdot\cos\left(\frac{a-b}{2}\right).$$

Folglich ist

$$\cos\left(\frac{n\cdot\pi}{l}\right)\cdot\cos\left(\frac{m\cdot\pi}{l}\right)=\frac{1}{2}\left\{\cos\left[(n-m)\frac{\pi}{l}\right]+\cos\left[(n+m)\frac{\pi}{l}\right]\right\},$$

was sich verglichen mit oben nur um ein Vorzeichen unterscheidet. Damit erhält man dasselbe Ergebnis. q. e. d.

Nun sind wir soweit, a_n und b_n von (16.3.4) zu ermitteln. Ist $g(x)$ die Auslenkung zur Zeit $t = 0$, dann folgt

$$\begin{aligned} g(x) = u(x,0) &= \sum_{n=1}^{\infty}\sin\left(\frac{n\cdot\pi}{l}x\right)\cdot\left[a_n\cdot\cos\left(\frac{nc\pi}{l}\cdot 0\right)+b_n\cdot\sin\left(\frac{nc\pi}{l}\cdot 0\right)\right]\\ &= \sum_{n=1}^{\infty}a_n\cdot\sin\left(\frac{n\cdot\pi}{l}x\right). \end{aligned}$$

Multiplikation mit $\sin(\frac{m\cdot\pi}{l}x)$ liefert

$$g(x)\cdot\sin\left(\frac{m\cdot\pi}{l}x\right)=\sum_{n=1}^{\infty}a_n\cdot\sin\left(\frac{n\cdot\pi}{l}x\right)\cdot\sin\left(\frac{m\cdot\pi}{l}x\right).$$

Mit gliedweiser Integration erhält man

$$\int_0^l g(x)\cdot\sin\left(\frac{m\cdot\pi}{l}x\right)dx=\sum_{n=1}^{\infty}\int_0^l a_n\cdot\sin\left(\frac{n\cdot\pi}{l}x\right)\cdot\sin\left(\frac{m\cdot\pi}{l}x\right)dx.$$

Aufgrund von (16.3.6) ist dann

$$\int_0^l g(x)\cdot\sin\left(\frac{n\cdot\pi}{l}x\right)dx=a_n\cdot\int_0^l\sin^2\left(\frac{n\cdot\pi}{l}x\right)dx=a_n\cdot\frac{l}{2}$$

und schließlich

$$a_n=\frac{2}{l}\cdot\int_0^l g(x)\cdot\sin\left(\frac{n\cdot\pi}{l}x\right)dx.$$

Weiter hat man

$$h(x)=\dot{u}(x,0)=\sum_{n=1}^{\infty}\sin\left(\frac{n\cdot\pi}{l}x\right)\cdot\frac{nc\pi}{l}\left[-a_n\cdot\sin\left(\frac{nc\pi}{l}\cdot 0\right)+b_n\cdot\cos\left(\frac{nc\pi}{l}\cdot 0\right)\right]$$

oder

$$h(x) = b_n \frac{nc\pi}{l} \sum_{n=1}^{\infty} \sin\left(\frac{n \cdot \pi}{l} x\right).$$

Mit (16.3.6) folgt

$$b_n = \frac{2}{nc\pi} \cdot \int_0^l h(x) \cdot \sin\left(\frac{n \cdot \pi}{l} x\right) dx.$$

Die freie Schwingung einer in $x = 0$ und $x = l$ eingespannten Saite, die zur Zeit $t = 0$ die Form $g(x) = u(x, 0)$ und die Geschwindigkeit $h(x) = \dot{u}(x, 0)$ besitzt, lautet

$$u(x,t) = \sum_{n=1}^{\infty} \sin\left(\frac{n \cdot \pi}{l} x\right) \cdot \left[a_n \cdot \cos\left(\frac{nc\pi}{l} t\right) + b_n \cdot \sin\left(\frac{nc\pi}{l} t\right)\right]$$

mit

$$a_n = \frac{2}{l} \cdot \int_0^l g(x) \cdot \sin\left(\frac{n \cdot \pi}{l} x\right) dx \quad \text{und} \quad b_n = \frac{2}{nc\pi} \cdot \int_0^l h(x) \cdot \sin\left(\frac{n \cdot \pi}{l} x\right) dx.$$

Die Eigenfrequenzen sind

$$f_n = \frac{n}{2l} \cdot \sqrt{\frac{\sigma}{\rho}}. \tag{16.3.8}$$

Beispiel 2. Eine an beiden Enden eingespannte Saite der Länge l wird mittig um die Höhe h ausgelenkt und aus dieser Ruhelage losgelassen.

a) Ermitteln Sie den Verlauf von $g(x)$.
b) Bestimmen Sie die Koeffizienten a_n der Gleichung (16.3.8).
c) Wie lauten die Funktionen $g(x)$ und $u(x, t)$?
d) Nehmen Sie nun $h = 1$, $l = \pi$, $c = 1$.
   - d_1) Stellen Sie $g(x)$ und die drei Approximationen für $n = 1, 2, 4$ dar.
   - d_2) Stellen Sie $u(x, t)$ für $n = 100$ und $t = 0, \frac{\pi}{8}, \frac{\pi}{4}, \frac{3\pi}{8}, \frac{\pi}{2}$ dar.
   - d_3) Stellen Sie $u(x, t)$ für $n = 100$ und $x = 0, \frac{\pi}{8}, \frac{\pi}{4}, \frac{3\pi}{8}, \frac{\pi}{2}$ dar.

Lösung.

a) Es gilt

$$g(x) = \begin{cases} \frac{2h}{l} x & \text{für } 0 \leq x \leq \frac{l}{2}, \\ \frac{2h}{l}(l - x) & \text{für } \frac{l}{2} \leq x \leq l. \end{cases}$$

b) Aus

$$g(x) = \sum_{n=1}^{\infty} a_n \sin\left(\frac{n\pi}{l}x\right)$$

folgt

$$\begin{aligned}
a_n &= \frac{2}{l} \cdot \int_0^l g(x) \cdot \sin\left(\frac{n\pi}{l}x\right) \\
&= \frac{4h}{l^2} \cdot \int_0^{\frac{l}{2}} x \cdot \sin\left(\frac{n\pi}{l}x\right) + \frac{4h}{l^2} \cdot \int_{\frac{l}{2}}^{l} (l-x) \cdot \sin\left(\frac{n\pi}{l}x\right) \\
&= -\frac{2h}{\pi^2} \cdot \left[\frac{n\cos(\frac{n\pi}{2})\pi - 2\sin(\frac{n\pi}{2})}{n^2}\right] \\
&\quad + \frac{2h}{\pi^2} \cdot \left[\frac{n\cos(\frac{n\pi}{2})\pi + 2[\sin(\frac{n\pi}{2}) - \sin(n\pi)]}{n^2}\right] \\
&= \frac{8h \cdot \sin(\frac{n\cdot\pi}{2})}{n^2\pi^2}.
\end{aligned}$$

c) Man erhält

$$g(x) = \frac{8h}{\pi^2} \sum_{n=1}^{\infty} \frac{\sin(\frac{n\cdot\pi}{2})}{n^2} \cdot \sin\left(\frac{n\cdot\pi}{l}x\right) = \frac{8h}{\pi^2} \sum_{n=1}^{\infty} \frac{(-1)^{n+1}}{(2n-1)^2} \cdot \sin\left[\frac{(2n-1)\cdot\pi}{l}x\right]$$

und

$$u(x,t) = g(x) \cdot \cos(\omega_n t) = \frac{8h}{\pi^2} \sum_{n=1}^{\infty} \frac{(-1)^{n+1}}{(2n-1)^2} \cdot \sin\left[\frac{(2n-1)\cdot\pi}{l}x\right] \cos\left[\frac{(2n-1)c\pi}{l}t\right].$$

d_1) Es gilt

$$g(x) = \frac{8}{\pi^2} \sum_{n=1}^{\infty} \frac{(-1)^{n+1}}{(2n-1)^2} \cdot \sin[(2n-1)x].$$

Mit $x = \frac{\pi}{2}$ folgt insbesondere $\frac{\pi^2}{8} = 1 + \frac{1}{9} + \frac{1}{25} + \frac{1}{49} + \cdots$.
Weiter ist

$$u(x,t) = \frac{8}{\pi^2} \sum_{n=1}^{\infty} \frac{(-1)^{n+1}}{(2n-1)^2} \cdot \sin[(2n-1)x] \cos[(2n-1)t].$$

Die Frequenzen für $n = 2k$, $k \in \mathbb{N}$ werden nicht angeregt. Die Graphen entnimmt man Abb. 16.2 rechts.

d_2) Die Graphen sind in Abb. 16.3 links dargestellt.

d_3) Die Graphen entnimmt man Abb. 16.3 rechts.

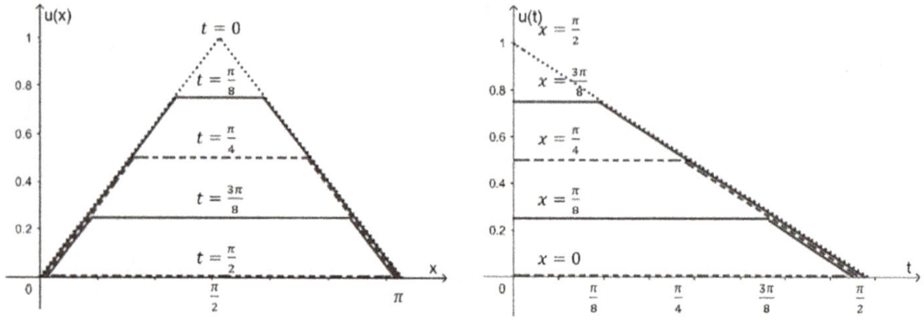

Abb. 16.3: Orts- und Zeitbilder von Beispiel 2.

Beispiel 3. Im Gegensatz zu Beispiel 2 wird der Auslenkpunkt nun in einem beliebigen Punkt $x = a$ mit $0 < a < l$ der Saite gewählt. Aus dieser Ruhelage wird die Saite dann losgelassen.

a) Ermitteln Sie den Verlauf von $g(x)$.

b) Bestimmen Sie die Koeffizienten a_n der Gleichung (16.3.8).

c) Wie lauten die Funktionen $g(x)$ und $u(x,t)$?

d) Nehmen Sie nun $h = 1$, $l = \pi$, $c = 1$, $a = \frac{l}{4}$ und stellen Sie $u(x,t)$ für $n = 100$ und $t = 0, \frac{\pi}{8}, \frac{\pi}{4}, \frac{3\pi}{8}, \frac{\pi}{2}, \frac{5\pi}{8}, \frac{3\pi}{4}, \frac{7\pi}{8}, \pi$ dar. Interpretieren Sie den Verlauf.

Lösung.

a) Es gilt

$$g(x) = \begin{cases} \frac{h}{a}x & \text{für } 0 \le x \le a, \\ \frac{h}{l-a}(l-x) & \text{für } a \le x \le l. \end{cases}$$

b) Man erhält

$$\begin{aligned} a_n &= \frac{2}{l} \cdot \int\limits_0^l g(x) \cdot \sin\left(\frac{n\pi}{l}x\right) \\ &= \frac{2h}{al} \cdot \int\limits_0^a x \cdot \sin\left(\frac{n\pi}{l}x\right) + \frac{2h}{l(l-a)} \cdot \int\limits_a^l (l-x) \cdot \sin\left(\frac{n\pi}{l}x\right) \\ &= -\frac{2h}{a\pi^2}\left[\frac{a \cdot n \cdot \cos(\frac{a \cdot n \cdot \pi}{l})\pi - \sin(\frac{a \cdot n \cdot \pi}{l})l}{n^2}\right] \\ &\quad + \frac{2h}{(a-l)\pi^2}\left[\frac{(a-l)n \cdot \cos(\frac{an\pi}{l})\pi - [\sin(\frac{a \cdot n \cdot \pi}{l}) - \sin(n\pi)] \cdot l}{n^2}\right] \end{aligned}$$

$$= \frac{2hl^2 \sin(\frac{a \cdot n \cdot \pi}{l})}{a(l-a)n^2\pi^2}.$$

c) Es folgt

$$g(x) = \frac{2hl^2}{a(l-a)\pi^2} \sum_{n=1}^{\infty} \frac{\sin(\frac{a \cdot n \cdot \pi}{l})}{n^2} \cdot \sin\left(\frac{n \cdot \pi}{l} x\right) \quad \text{und}$$

$$u(x,t) = \frac{2hl^2}{a(l-a)\pi^2} \sum_{n=1}^{\infty} \frac{\sin(\frac{a \cdot n \cdot \pi}{l})}{n^2} \cdot \sin\left(\frac{n \cdot \pi}{l} x\right) \cos\left(\frac{nc\pi}{l} t\right).$$

d) Man erhält

$$u(x,t) = \sum_{n=1}^{\infty} \frac{32}{3\pi^2} \cdot \frac{\sin(\frac{n\pi}{4})}{n^2} \cdot \sin(nx)\cos(nt).$$

Die Frequenzen für $n = 4k$, $k \in \mathbb{N}$ werden nicht angeregt. Die Graphen sind in Abb. 16.4 links dargestellt. Mithilfe der folgenden Tabelle kann man die Saitenauslenkung $u(x,t)$ zur Zeit t mit dem zugehörigen Polygon identifizieren.

t	0	$\frac{\pi}{8}$	$\frac{\pi}{4}$	$\frac{3\pi}{8}$	$\frac{\pi}{2}$	$\frac{5\pi}{8}$	$\frac{3\pi}{4}$	$\frac{7\pi}{8}$	π
Polygon	ACI	ABDI	AEI	APFI	AOGI	ANHI	AMI	ALJI	AKI

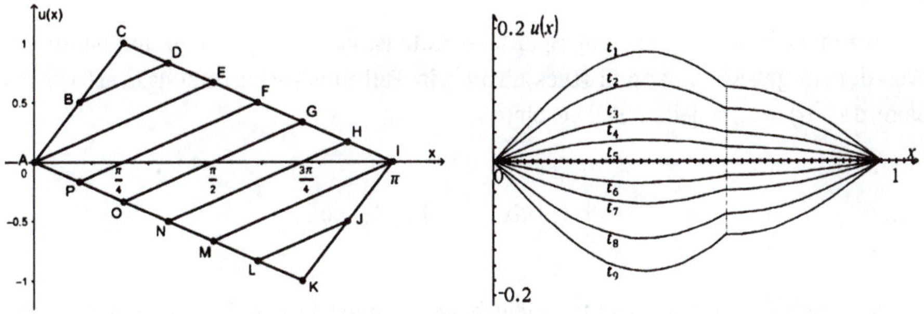

Abb. 16.4: Ortsbilder von Beispiel 3 und Beispiel, Kap. 16.4.

Beispiel 4. Bestimmen Sie die ersten drei Eigenfrequenzen einer eingespannten Saite von 0,65 m Länge und 0,35 mm Durchmesser, die mit 50 N bespannt ist (Dichte $\rho = 8 \cdot 10^3 \frac{\text{kg}}{\text{m}^3}$).

Lösung. Aus der Definition der Spannung

$$\sigma = \frac{F}{A} = \frac{50\,\text{N}}{\pi \cdot (0{,}175 \cdot 10^{-3})^2} = 5{,}20 \cdot 10^8 \,\frac{\text{N}}{\text{m}^2}$$

folgt mit (16.3.8)

$$f_n = \frac{n}{2l}\sqrt{\frac{\sigma}{\rho}} = \frac{n}{2 \cdot 0{,}65}\sqrt{\frac{5{,}20 \cdot 10^8}{8 \cdot 10^3}} = 196{,}06 \cdot n\,\text{Hz}.$$

Somit betragen die ersten drei Eigenfrequenzen $f_1 = 196{,}06$ Hz, $f_2 = 392{,}16$ Hz und $f_1 = 588{,}17$ Hz.

Der Rayleigh-Quotient einer frei schwingenden Saite
Herleitung von (16.3.9)

Dieses Prinzip werden wir sowohl beim Stab als auch beim Balken anwenden. Jede Eigenfunktion $v_n(x)$ erfüllt die DG (16.3.1) $v_n''(x) + \frac{\omega^2}{c^2} v_n(x) = 0$. Die Multiplikation mit $v_n(x)$ und die Integration über die Saitenlänge liefert

$$\int_0^l v_n'' v_n dx + \frac{\omega_n^2}{c^2}\int_0^l v_n^2 dx = 0.$$

Das 1. Integral wird partiell integriert zu

$$\int_0^l v_n'' v_n dx = [v_n' v_n]_0^l - \int_0^l (v_n')^2 dx.$$

Mit einer beidseitig fest eingespannten Saite ist $v_n(0) = v_n(l) = 0$ und damit der Wert der eckigen Klammer null. (Dies gilt auch im Fall einer rechts reibungsfrei fixierten Saite, da $v'(l) = 0$.) In jedem Fall verbleibt

$$-\int_0^l (v_n')^2 dx + \frac{\omega_n^2}{c^2}\int_0^l v_n^2 dx = 0.$$

Sind nun die Eigenfunktionen nicht bekannt, dann lässt sich damit die Eigenfrequenzen abschätzen. Man erhält

$$\omega_n^2 = \frac{\sigma}{\rho} \cdot \frac{\int_0^l [f'(x)]^2 dx}{\int_0^l f^2(x) dx} \tag{16.3.9}$$

für eine Funktion $f(x)$, die einer oder beiden RBen genügt.

Beispiel 5.

a) Gegeben ist die Funktion $f(x) = ax$. Bestimmen Sie ω_1 mithilfe von (16.3.9).

b) Beantworten Sie dieselbe Frage von a) für $f(x) = ax(l - x)$.

Lösung.

a) Offenbar erfüllt $f(x)$ nur die RB $f(0) = 0$. Es ergibt sich

$$f'(x) = a, \quad \omega_1^2 = c^2 \frac{\int_0^l a^2 dx}{\int_0^l a^2 x^2 dx} = c^2 \frac{3a^2 l}{a^2 l^3} = 3\frac{c^2}{l^2} \quad \text{und} \quad \omega_1 = \sqrt{3}\frac{c}{l} \approx 1{,}73\frac{c}{l}.$$

Man erkennt, dass der Faktor a keine Rolle spielt. Im Vergleich zum exakten Wert $\omega_1 = \frac{\pi \cdot c}{l}$ ist der ermittelte sehr ungenau.

b) Nun gilt $f(0) = f(l) = 0$. Weiter hat man $f'(x) = l - 2x$ und

$$\omega_1^2 = c^2 \frac{\int_0^l (l^2 - 4lx + 4x^2) dx}{\int_0^l [x^2(l^2 - 2lx + x^2)] dx} = c^2 \frac{\int_0^l (l^2 x - 4l\frac{x^2}{2} + 4\frac{x^3}{3}) dx}{\int_0^l [(l^2\frac{x^3}{3} - 2l\frac{x^4}{4} + \frac{x^5}{5})] dx} = 10\frac{c^2}{l^2}.$$

Daraus folgt $\omega_1 = \sqrt{10}\frac{c}{l} \approx 3{,}16\frac{c}{l}$, also ziemlich genau.

16.4 Erzwungene Saitenschwingungen ohne Dämpfung

Es gibt verschiedene Möglichkeiten, eine Saite anzuregen. Einzelkräfte an verschiedenen Stellen der Saite sowie Streckenlasten sind denkbar. Alle Möglichkeiten werden mit der inhomogenen DG (16.2.8), unter Hinzunahme einer eventuellen Dämpfung, erfasst. Erzwungene Schwingungen wollen wir, trotz immer vorhandener Dämpfung, mit (16.2.8) beschreiben. Die Wirkung wurde in Kap. 14 für eine Punktmasse schon herausgearbeitet: Die Masse bewegt sich phasenverschoben zur Anregungsfrequenz und die Amplitude wird gegenüber der freien Schwingung etwas herabgesetzt.

Idealisierung: Die Dämpfung wird formal nicht erfasst.

Einschränkung: Die Anregung ist periodisch und von der Form $u_*(t) = h \cdot \cos(\varphi t)$.

Gesucht ist also die Lösung der homogenen DG $\ddot{u} - c^2 \cdot u'' = 0$ mit der Bedingung

$$u(a, t) = h \cdot \cos(\varphi t). \tag{16.4.1}$$

Bemerkung. Dies entspricht nicht der DG $\ddot{u} - c^2 \cdot u'' = h \cdot \cos(\varphi t)$, denn in diesem Fall würde die Saite über ihre gesamte Länge bis auf die Höhe h ausgelenkt.

Herleitung von (16.4.2)–(16.4.6)

Die allgemeine Lösung des Problems setzt sich aus einer partikulären Lösung der inhomogenen Gleichung und der allgemeinen Lösung der homogenen Gleichung zusammen. Die homogene Lösung beeinflusst nur den Einschwingzustand. Sie klingt infolge der immer vorhandenen Dämpfung mit der Zeit ab. Man hat also $u(x, t) = u_p(x, t) + u_h(x, t)$, wobei $\lim_{t\to\infty} u_h(x, t) = 0$ ist und $u_h(x, t)$ die Form (16.3.5) besitzt. Damit können wir die Lösung von als $u(x, t) = v(x) \cdot \cos(\varphi t)$ ansetzen.

Wir untersuchen nun zwei Fälle genauer.

1. Fall. Man hält einen Punkt der Saite an der Stelle $x = a$ fest und bewegt die Saite mit einer Frequenz φ und der Amplitude h auf und ab.

Fügen wir den Ansatz in (16.4.1) ein, so ergibt sich

$$-\varphi^2 v(x) \cdot \cos(\varphi t) = c^2 \cdot v''(x) \cdot \cos(\varphi t) \quad \text{oder} \quad v''(x) + \frac{\varphi^2}{c^2} \cdot v(x) = 0$$

mit $c = \sqrt{\frac{\sigma}{\rho}}$. Gesamthaft erhält die Form der Lösung von (16.4.1) die Gestalt

$$u(x,t) = \left[C_1 \cdot \sin\left(\frac{\varphi}{c}x\right) + C_2 \cdot \cos\left(\frac{\varphi}{c}x\right)\right] \cos(\varphi t). \tag{16.4.2}$$

An dieser Stelle muss man zwei Äste der Schwingungskurve unterscheiden:

$$\begin{aligned} v_1(x) &= C_1 \cdot \sin\left(\frac{\varphi}{c}x\right) + C_2 \cdot \cos\left(\frac{\varphi}{c}x\right) \quad \text{für } 0 \le x \le a \quad \text{und} \\ v_2(x) &= D_1 \cdot \sin\left(\frac{\varphi}{c}x\right) + D_2 \cdot \cos\left(\frac{\varphi}{c}x\right) \quad \text{für } a \le x \le l - a. \end{aligned} \tag{16.4.3}$$

Für beide Funktionen hat man je eine RB und eine gemeinsame Übergangsbedingung: I. $u_1(0,t) = 0$, II. $u_1(a,t) = h\cos(\varphi t)$, III. $u_2(a,t) = h\cos(\varphi t)$ und IV. $u_2(l,t) = 0$.

Mit I. und II. folgen

$$C_2 = 0, \quad C_1 = \frac{h}{\sin(\frac{\varphi}{c}a)} \quad \text{und} \quad v_1(x) = h \cdot \frac{\sin(\frac{\varphi}{c}x)}{\sin(\frac{\varphi}{c}a)}.$$

Die Bedingungen III. und IV. liefern

$$\begin{aligned} h &= D_1 \cdot \sin\left(\frac{\varphi}{c}a\right) + D_2 \cdot \cos\left(\frac{\varphi}{c}a\right) \quad \text{und} \\ 0 &= D_1 \cdot \sin\left(\frac{\varphi}{c}l\right) + D_2 \cdot \cos\left(\frac{\varphi}{c}l\right), \end{aligned}$$

woraus

$$D_1 = h \cdot \frac{\cos(\frac{\varphi}{c}l)}{\sin[\frac{\varphi}{c}(a-l)]} \quad \text{und} \quad D_2 = -h \cdot \frac{\sin(\frac{\varphi}{c}l)}{\sin[\frac{\varphi}{c}(a-l)]}$$

entsteht. Weiter ist

$$\begin{aligned} v_2(x) &= \frac{h}{\sin[\frac{\varphi}{c}(a-l)]} \cdot \left[\cos\left(\frac{\varphi}{c}l\right)\sin\left(\frac{\varphi}{c}x\right) - \sin\left(\frac{\varphi}{c}l\right)\cos\left(\frac{\varphi}{c}x\right)\right] \\ &= h \cdot \frac{\sin[\frac{\varphi}{c}(x-l)]}{\sin[\frac{\varphi}{c}(a-l)]} = h \cdot \frac{\sin[\frac{\varphi}{c}(l-x)]}{\sin[\frac{\varphi}{c}(l-a)]}. \end{aligned}$$

Insgesamt erhält man die Lösungen von (16.4.2) zu

$$u_1(x,t) = h \cdot \frac{\sin(\frac{\varphi}{c}x)}{\sin(\frac{\varphi}{c}a)} \cos(\varphi t) \quad \text{für } 0 \le x \le a \quad \text{und}$$

$$u_2(x,t) = h \cdot \frac{\sin[\frac{\varphi}{c}(l-x)]}{\sin[\frac{\varphi}{c}(l-a)]} \cos(\varphi t) \quad \text{für } a \le x \le l. \tag{16.4.4}$$

2. Fall. An der Stelle $x = a$ greift die periodische Kraft F_0 mit der Frequenz φ an. Gesucht ist die Lösung der homogenen DG $\ddot{u} - c^2 \cdot u'' = 0$ mit der Bedingung

$$F(a,t) = F_0 \cdot \cos(\varphi t). \tag{16.4.5}$$

Sowohl der Orts- als auch der Gesamtteil der Lösung besitzen dieselbe Form wie oben, d. h. (16.4.2) und (16.4.3). Die Bedingungen I. und IV. sind mit dem 1. Fall identisch. Einzig die Übergangsbedingungen müssen angepasst werden. Dies bedarf aber einer Vereinfachung.

Idealisierung: Die Auslenkungen $u(x,t)$ sind klein gegenüber der Saitenlänge l.

Damit kann man (vgl. Abb. 10.1 links) $\sin\alpha \approx \frac{du_1}{dx}(a)$, $\sin\beta \approx -\frac{du_2}{dx}(a)$, $N_1 \approx N_2 \approx N \approx N_0$ setzen, was mit $F_0 = F_1 + F_2$ und $F_1 = N_1 \sin\alpha$, $F_2 = N_2 \sin\beta$ zu II. bzw. III. $F_0 = N[u_1'(a) - u_2'(a)]$ führt. Mit I. und IV. erhält man

$$C_2 = 0 \quad \text{und} \quad D_2 = -D_1 \cdot \frac{\sin(\frac{\varphi}{c}l)}{\cos(\frac{\varphi}{c}l)},$$

also zusammen

$$v_1(x) = C_1 \cdot \sin\left(\frac{\varphi}{c}x\right) \quad \text{und} \quad v_2(x) = D_1 \cdot \left[\sin\left(\frac{\varphi}{c}x\right) - \frac{\sin(\frac{\varphi}{c}l)}{\cos(\frac{\varphi}{c}l)} \cdot \cos\left(\frac{\varphi}{c}x\right)\right].$$

Mithilfe von

$$v_1'(a) = C_1\frac{\varphi}{c} \cdot \cos\left(\frac{\varphi}{c}a\right) \quad \text{und} \quad v_2'(a) = D_1 \cdot \frac{\varphi}{c}\left[\frac{\sin(\frac{\varphi}{c}l)}{\cos(\frac{\varphi}{c}l)} \cdot \sin\left(\frac{\varphi}{c}a\right) + \cos\left(\frac{\varphi}{c}a\right)\right]$$

führt die Übergangsbedingung (II. = III.) zu

$$C_1 \cdot \sin\left(\frac{\varphi}{c}a\right) = D_1 \cdot \left[\sin\left(\frac{\varphi}{c}a\right) - \frac{\sin(\frac{\varphi}{c}l)}{\cos(\frac{\varphi}{c}l)} \cdot \cos\left(\frac{\varphi}{c}a\right)\right] \quad \text{oder}$$

$$C_1 = D_1 \cdot \left[1 - \frac{\sin(\frac{\varphi}{c}l)}{\cos(\frac{\varphi}{c}l)} \cdot \frac{\cos(\frac{\varphi}{c}a)}{\sin(\frac{\varphi}{c}a)}\right].$$

Weiter ergibt die Verrechnung von III. und IV.

$$F_0 = -D_1 N \frac{\varphi}{c}\left[\frac{\sin(\frac{\varphi}{c}l)}{\cos(\frac{\varphi}{c}l)} \cdot \frac{\cos^2(\frac{\varphi}{c}a)}{\sin(\frac{\varphi}{c}a)} + \frac{\sin(\frac{\varphi}{c}l)}{\cos(\frac{\varphi}{c}l)} \cdot \sin\left(\frac{\varphi}{c}a\right)\right] \quad \text{und}$$

$$D_1 = -\frac{F_0}{N} \cdot \frac{\cos(\frac{\varphi}{c}l)\sin(\frac{\varphi}{c}a)}{\frac{\varphi}{c} \cdot \sin(\frac{\varphi}{c}l)}.$$

Daraus entsteht

$$C_1 = -\frac{F_0}{N} \cdot \frac{1}{\frac{\varphi}{c}}\left[\frac{\cos(\frac{\varphi}{c}l)\sin(\frac{\varphi}{c}a) - \sin(\frac{\varphi}{c}l)\cos(\frac{\varphi}{c}a)}{\sin(\frac{\varphi}{c}l)}\right] = \frac{F}{N} \cdot \frac{1}{\frac{\varphi}{c}}\left[\frac{\sin[\frac{\varphi}{c}(l-a)]}{\sin(\frac{\varphi}{c}l)}\right]$$

und als Lösung von (16.4.5) endlich

$$\begin{aligned} u_1(x,t) &= \frac{F_0}{N} \cdot \frac{\sin[\frac{\varphi}{c}(l-a)]}{\frac{\varphi}{c}\sin(\frac{\varphi}{c}l)} \cdot \sin\left(\frac{\varphi}{c}x\right)\cos(\varphi t) \quad \text{und} \\ u_2(x,t) &= \frac{F_0}{N} \cdot \frac{\sin[\frac{\varphi}{c}(l-x)]}{\frac{\varphi}{c}\sin(\frac{\varphi}{c}l)} \cdot \sin\left(\frac{\varphi}{c}a\right)\cos(\varphi t). \end{aligned} \tag{16.4.6}$$

Beispiel.

a) Gegen welche Funktion streben die Teillösungen von (16.4.4) für $\varphi \to 0$?
b) Für welche Frequenzen φ werden die Amplituden der Teillösungen von (16.4.6) maximal?
c) Gegen welche Funktion streben die Teillösungen von (16.4.6) für $\varphi \to 0$?
d) Stellen Sie die Graphen der Funktionen (16.4.4) für $l = 1, h = 0{,}1, a = 0{,}6, c = 1, \varphi = 5$, $t = 0, \frac{\pi}{4}, \frac{3\pi}{8}, \frac{7\pi}{16}, \frac{\pi}{2}, \frac{9\pi}{16}, \frac{5\pi}{8}, \frac{3\pi}{4}, \pi$ dar und interpretieren Sie deren Verlauf.

Lösung.

a) Mit der Regel von de L'Hospital erhält man

$$\begin{aligned} g_1(x) &= \lim_{\varphi\to 0} u_1(x,t) = h \cdot \lim_{\varphi\to 0} \frac{\sin(\frac{\varphi}{c}x)}{\sin(\frac{\varphi}{c}a)} \\ &= h \cdot \lim_{\varphi\to 0} \frac{\frac{\partial}{\partial\varphi}[\sin(\frac{\varphi}{c}x)]}{\frac{\partial}{\partial\varphi}[\sin(\frac{\varphi}{c}a)]} = h \cdot \lim_{\varphi\to 0} \frac{\frac{x}{c}\cos(\frac{\varphi}{c}x)}{\frac{a}{c}\cos(\frac{\varphi}{c}a)} = \frac{h}{a}x, \end{aligned}$$

also die statische Auslenkung.
Analog folgt

$$g_2(x) = \lim_{\varphi\to 0} u_2(x,t) = \frac{h}{l-a}(l-x).$$

b) Die Amplituden werden maximal, wenn der Nenner null ist, d. h. für $\sin(\frac{\varphi}{c}l) = 0$. Dies bedeutet $\frac{\varphi}{c}l = n\pi, n \in \mathbb{N}, \varphi_n = \frac{nc\pi}{l}$ oder $f_n = \frac{n}{2l} \cdot \sqrt{\frac{\sigma}{\rho}}$, was den Eigenfrequenzen der beidseits eingespannten Saite entspricht. In diesem Fall erhält man die bekannte Resonanzkatastrophe.

c) Es gilt

$$g_1(x) = \lim_{\varphi\to 0} u_1(x,t) = \frac{F_0}{N} \lim_{\varphi\to 0} \frac{\sin[\frac{\varphi}{c}(l-a)]}{\sin(\frac{\varphi}{c}l)} \cdot \frac{\sin(\frac{\varphi}{c}x)}{\frac{\varphi}{c}} = \frac{F_0}{N} \cdot \frac{l-a}{l}x$$

in Übereinstimmung mit der statischen Auslenkung (10.4). Analog folgt

$$g_2(x) = \lim_{\varphi\to 0} u_2(x,t) = \frac{F_0}{N} \cdot \frac{a}{l}(l-x).$$

d) Die Graphen sind in Abb. 16.4 rechts dargestellt. Aufgrund der Massenträgheit schwingen Teilchen links und rechts von der Auslenkstelle teils über den maximalen Wert h hinaus.

16.5 Modalanalyse

Im vorigen Kapitel haben wir die Antwort der Saite auf eine ortsfeste Krafteinwirkung behandelt und mit (16.4.6) eine kompakte Lösung hergeleitet. Dabei geht man von der allgemeinen Lösung der homogenen DG aus, teilt diese in zwei Äste auf und verrechnet diese durch die vorhandene Kraft erhaltenen zwei Zusatzbedingungen zu einer eindeutigen Lösung. Bei jeder zusätzlich wirkenden Kraft ergeben sich je zwei neue Zusatzbedingungen und eine weitere Aufteilung der Lösungskurve in Form eines Polygons. Nebst Einzelkräften verändern Teillasten die Antwort der Saite ebenfalls. (Als Stichwort sei hier noch die Green'sche Funktion genannt, die sich bei dieser Art von Behandlung der Saitenauslenkung als sehr nützlich erweist. Wir gehen aber nicht darauf ein.) Auf diese Weise können zwar die eben genannten speziellen Fragestellungen angegangen werden, aber damit ist die allgemeine Lösung der inhomogenen DG (16.2.8) noch ausstehend. Wir beachten, dass für die Stabilität von Bauwerken weiterhin die Wirkung periodischer Anregungen von größtem Interesse bleibt, weshalb unser Augenmerk solchen Lasten gilt.

Einschränkung: Die Anregung ist periodisch und von der Form $q_*(x,t) = q(x) \cdot \cos(\varphi t)$.

Dabei ist q in $\frac{\mathrm{N}}{\mathrm{m}}$. Es gilt also (16.2.8) zu lösen. Wie anhin interessiert uns nur die Lösung $u(x,t)$ nach dem Einschwingzustand.

Bevor wir zur Herleitung schreiten, muss das Konzept der modalen Dämpfung erläutert werden. Das Grundproblem besteht nämlich darin, dass (16.2.8) in der gegebenen Form nicht allgemein lösbar ist. Man behilft sich nun damit, dass die Lösung von (16.2.8) vorerst ohne Dämpfung modal, d. h. für jede Eigenfunktion, ermittelt wird. Erst danach werden die Einzellösungen mit einer entsprechenden modalen Dämpfung versehen, wie bei der erzwungenen gedämpften Schwingung eines EMS.

Definition. Das Konzept der modalen Dämpfung geht von folgenden drei Annahmen aus:
1. Jede Eigenschwingung wird für sich gedämpft.
2. Die Beeinflussung der Eigenschwingungen untereinander infolge der Einzeldämpfungen wird vernachlässigt.
3. Die modale Dämpfung wird wie bei einem EMS modelliert.

Herleitung von (16.5.1)–(16.5.9)

Wir versuchen den Ansatz $u(x,t) = v(x) \cdot \cos(\varphi t)$, setzen diesen in (16.2.8) ein und finden

$$\varphi^2 v(x) + c^2 \cdot v''(x) = -\frac{q(x)}{\rho A}. \tag{16.5.1}$$

1. Statisch. Wir betrachten zuerst den statischen Fall ($\varphi = 0$). Dabei geht (16.5.1) in (10.2) über. An diesem Punkt setzt die Idee der Modalanalyse an: Sowohl $v(x)$ als auch $q(x)$ zerlegen wir in eine Fourier-Reihe mit den Eigenfunktionen $v_n(x)$ zu

$$v(x) = \sum_{n=1}^{\infty} s_n v_n(x) \quad \text{und} \quad q(x) = \sum_{n=1}^{\infty} q_n v_n(x).$$

Dabei bezeichnen s_n und q_n die statischen Koeffizienten bzw. die Lastkoeffizienten. Eingesetzt in (10.2) entsteht

$$\sum_{n=1}^{\infty} s_n v_n''(x) = -\frac{1}{\rho A} \sum_{n=1}^{\infty} q_n v_n(x).$$

Weiter gilt Gleichung (16.3.1) für jede Eigenfunktion v_n, d. h. $c^2 \cdot v_n'' = -\omega_n^2 \cdot v_n$, weswegen man

$$\sum_{n=1}^{\infty} -s_n \omega_n^2 v_n = -\frac{1}{\rho A} \sum_{n=1}^{\infty} q_n v_n$$

erhält. Da die Eigenfunktionen v_n ein Orthogonalsystem bilden, dürfen die Koeffizienten miteinander identifiziert werden und es folgt

$$s_n = \frac{q_n}{\rho A \omega_n^2}. \tag{16.5.2}$$

2. Dynamisch. Die Ortsfunktion $v(x)$ und damit auch die zugehörigen Koeffizienten werden sich gegenüber dem statischen Fall ändern, weshalb wir jetzt $v(x) = \sum_{n=1}^{\infty} d_n v_n(x)$ ansetzen.

Unter Beachtung von (16.3.1) folgt

$$\sum_{n=1}^{\infty} d_n \omega_n^2 \cdot v_n - \varphi^2 \sum_{n=1}^{\infty} d_n v_n = \sum_{n=1}^{\infty} \frac{q_n}{\rho A} v_n. \tag{16.5.3}$$

Der Koeffizientenvergleich von (16.5.3) liefert

$$d_n \omega_n^2 - \varphi^2 d_n = \frac{q_n}{\rho A} \quad \text{oder}$$

$$d_n = \frac{q_n}{\rho A(\omega_n^2 - \varphi^2)} = \frac{q_n}{\rho A \omega_n^2} \cdot V(\omega_n) = s_n \cdot V(\omega_n). \tag{16.5.4}$$

Man nennt

$$V(\omega_n) = \frac{1}{|1 - (\frac{\varphi}{\omega_n})^2|} \tag{16.5.5}$$

den Vergrößerungsfaktor. (Dieser ist identisch mit dem Vergrößerungsfaktor für eine Punktmasse ohne Dämpfung.) Gleichung (16.5.4) besagt, dass man die dynamischen Koeffizienten durch Multiplikation der statischen Koeffizienten mit dem Vergrößerungsfaktor erhält. Zur Bestimmung der Koeffizienten q_n multiplizieren wir die Last mit v_m und integrieren über die Saitenlänge. Das ergibt

$$q(x) v_m = \sum_{n=1}^{\infty} q_n v_n v_m,$$

$$\int_0^l v_n(x) q(x) dx = q_n \int_0^l v_n^2(x) dx \quad \text{und}$$

$$q_n = \frac{\int_0^l v_n(x) q(x) dx}{\int_0^l v_n^2(x) dx} = \frac{2}{l} \int_0^l v_n(x) q(x) dx. \tag{16.5.6}$$

Dabei muss man beachten, dass sich die Gesamtlast aus der Streckenlast $q(x)$ und einzelnen Kräften zusammensetzen kann. Im letzten Fall betrachten wir eine Last $p(x)$ der Breite $2s$. Für ein hinreichend kleines Intervall s darf die Last als konstant betrachtet werden: $p(x) = p$. Die zugehörige Kraft ist dann $F_k = 2sp$ und sie wirke an der Stelle x_k. Der zugehörige Beitrag im Zähler von (16.5.6) lautet somit

$$p_k = \int_{x_k-s}^{x_k+s} v_n(x) p(x) dx = p \int_{x_k-s}^{x_k+s} v_n(x) dx$$

$$= \frac{F_k}{2s} \int_{x_k-s}^{x_k+s} v_n(x) dx = \frac{F_k}{2s} \cdot [v_n^*(x)]_{x_k-s}^{x_k+s} = F_k \cdot \frac{v_n^*(x_k + s) - v_n^*(x_k - s)}{2s}.$$

Im Grenzfall für $s \to 0$ wird daraus eine Punktkraft und man erhält

$$p_k = F_k \cdot v_n^{*'}(x_k) = v_n(x_k) \cdot F_k.$$

Insgesamt ergibt sich für die Lastkoeffizienten

$$q_n = \frac{2}{l}\left[\int_0^l v_n(x)q(x)dx + \sum_{k=1}^{m} v_n(x_k) \cdot F_k\right]. \tag{16.5.7}$$

Nun wird noch die fehlende Dämpfung modal eingebaut. Anstelle von (16.5.5) tritt nun der gedämpfte Vergrößerungsfaktor

$$V(\omega_n, \xi_n) = \frac{1}{\sqrt{[1-(\frac{\varphi}{\omega_n})^2]^2 + 4\xi_n^2(\frac{\varphi}{\omega_n})^2}}. \tag{16.5.8}$$

Dabei ist $\xi_n = \frac{\mu}{2m_n^*\omega_n}$ die Lehr'sche Dämpfungsmasse bezogen auf die n-te Eigenfrequenz ω_n und die n-te modale Masse

$$m_n^* = \rho A \int_0^l v_n^2 dx = \rho A \int_0^l \sin^2\left(\frac{n\pi}{l}x\right)dx = \rho A \cdot \frac{l}{2}.$$

Wichtiger ist, dass die Größe ξ_n meist für alle n durch einen einzigen Wert abgeschätzt wird. Gleichung (16.5.4) bleibt weiterhin bestehen. Aufgrund der Dämpfung erfährt jede Eigenschwingung zusätzlich eine Phasenverschiebung

$$\sigma_n = \arctan\left(\frac{2\xi_n\omega_n \cdot \varphi}{\varphi^2 - \omega_n^2}\right).$$

Nun formulieren wir das Ergebnis mithilfe von (16.5.4), (16.5.7) und (16.5.8):

Die Lösung der erzwungenen Schwingung $\ddot{u} + \frac{\mu}{\rho}\dot{u} - \frac{\sigma}{\rho}u'' = \frac{q(x)}{\rho A} \cdot \cos(\varphi t)$ einer Saite besitzt die Form $u(x,t) = \sum_{n=1}^{\infty} d_n v_n(x)\cos(\varphi t - \sigma_n)$ mit den dynamischen Koeffizienten $d_n = s_n \cdot V(\omega_n, \xi_n)$, den statischen Koeffizienten $s_n = \frac{q_n}{\rho A\omega_n^2}$, den Lastkoeffizienten $q_n = \frac{2}{l}[\int_0^l v_n(x)q(x)dx + \sum_{k=1}^{m} v_n(x_k) \cdot F_k]$, den Dämpfungsmassen ξ_n und den Phasenverschiebungen σ_n. (16.5.9)

Dabei nennt man s_n, d_n und q_n modale Koeffizienten, weil diese ihren Moden oder Eigenfunktionen zugehören. Damit erklärt sich auch die Modalanalyse:

Ergebnis. Die Gesamtverschiebung, sowohl statisch als auch dynamisch, wird durch Superposition der einzelnen modalen Verschiebungen zusammengesetzt und die modalen Koeffizienten bestimmen den Anteil der entsprechenden Mode an der Gesamtverschiebung.

Beispiel 1. Gegeben ist die Gleichlast $q(x) = q_0$, aber keine zusätzlichen Einzelkräfte. Die Dämpfung wird vernachlässigt.

a) Bestimmen Sie mithilfe von (16.5.9) die dynamische Lösung $u(x,t)$.
b) Ermitteln Sie die statische Lösung $g(x)$ für $\varphi \to 0$.
c) Zeigen Sie, dass die Fourier-Reihe von $g(x)$ mit der statischen Auslenkung (10.3) übereinstimmt.

Lösung.

a) Es gilt

$$q_n = q_0 \frac{2}{l} \int_0^l \sin\left(\frac{n \cdot \pi}{l} x\right) dx = \frac{4q_0}{(2n-1)\pi},$$

$$d_n = \frac{q_n}{\rho A(\omega_n^2 - \varphi^2)} = \frac{q_n l^2}{\rho A[c^2\pi^2(2n-1)^2 - (l\varphi)^2]}$$

und damit

$$u(x,t) = \sum_{n=1}^{\infty} \frac{4q_0 l^2}{(2n-1)\pi} \cdot \frac{1}{\rho A[c^2\pi^2(2n-1)^2 - (l\varphi)^2]} \sin\left(\frac{n \cdot \pi}{l} x\right) \cos(\varphi t).$$

b) Man erhält $d_n = s_n$ und

$$g(x) = \frac{4q_0 l^2}{c^2 \rho A} \sum_{n=1}^{\infty} \frac{1}{(2n-1)^3 \pi^3} \sin\left(\frac{n \cdot \pi}{l} x\right)$$
$$= \frac{4q_0 l^2}{N} \sum_{n=1}^{\infty} \frac{1}{(2n-1)^3 \pi^3} \sin\left(\frac{n \cdot \pi}{l} x\right).$$

Zudem gilt wie immer $u(x,t) = g(x) \cdot \cos(\omega_n t)$.

c) Man setzt in (10.3) die Funktion in der eckigen Klammer als Fourier-Reihe an:

$$\left(\frac{x}{l}\right)^2 - \left(\frac{x}{l}\right) = \sum_{n=1}^{\infty} a_n \sin\left(\frac{n \cdot \pi}{l} x\right).$$

Die Koeffizienten ergeben sich zu

$$a_n = \frac{2}{l} \int_0^l \left[\left(\frac{x}{l}\right)^2 - \left(\frac{x}{l}\right)\right] \cdot \sin\left(\frac{n \cdot \pi}{l} x\right) dx = \frac{-8}{(2n-1)^3 \pi^3},$$

was zu (10.3) führt.

Die folgende Übersicht fasst das Wichtigste (ohne Dämpfung) zusammen:

Statische und dynamische Auslenkung einer ungedämpft schwingenden Saite bei Gleichlast $q(x) = q_0$

Auslenkung	Als geschlossene Funktion	Als Entwicklung in Eigenfunktionen v_n
Statisch	$g(x) = -\frac{q_0 l^2}{2N}[(\frac{x}{l})^2 - (\frac{x}{l})]$	$g(x) = \sum_{n=1}^{\infty} \frac{q_0 l^2}{N} \cdot \frac{4}{(2n-1)^3\pi^3} \cdot \sin[\frac{(2n-1)\cdot\pi}{l}x]$
Dynamisch	$u(x,t) = \frac{4q_0 l^2}{\rho A} \sum_{n=1}^{\infty} \frac{1}{(2n-1)\pi} \cdot \frac{1}{c^2\pi^2(2n-1)^2-(l\varphi)^2} \cdot \sin[\frac{(2n-1)\cdot\pi}{l}x] \cos(\varphi t)$	

Beispiel 2. Auf die ungedämpft schwingende Saite wirken zwei Einzelkräfte: $F_1 = F_0$ an der Stelle $x_1 = \frac{l}{4}$ und $F_2 = 2F_0$ an der Stelle $x_2 = \frac{3l}{4}$, aber keine zusätzliche Streckenlast.

a) Bestimmen Sie mithilfe von (16.5.9) die dynamische Lösung $u(x,t)$.
b) Ermitteln Sie die statische Lösung $g(x)$ für $\varphi \to 0$.

Lösung.

a) Es gilt

$$q_n = \frac{2F_0}{l}\left[\sin\left(\frac{n\pi}{4}\right) + 2\sin\left(\frac{3n\pi}{4}\right)\right], \quad d_n = \frac{q_n}{\rho A(\omega_n^2 - \varphi^2)} = \frac{q_n l^2}{\rho A[(cn\pi)^2 - (l\varphi)^2]}$$

und damit

$$u(x,t) = \frac{2F_0 l}{\rho A}\sum_{n=1}^{\infty}\frac{[\sin(\frac{n\pi}{4}) + 2\sin(\frac{3n\pi}{4})]}{(cn\pi)^2 - (l\varphi)^2}\sin\left(\frac{n\cdot\pi}{l}x\right)\cos(\varphi t).$$

b) Man erhält

$$g(x) = \frac{2F_0 l^3}{N}\sum_{n=1}^{\infty}\frac{[\sin(\frac{n\pi}{4}) + 2\sin(\frac{3n\pi}{4})]}{n^2\pi^2}\sin\left(\frac{n\cdot\pi}{l}x\right).$$

Dies entspricht, wie in Kap. 10 erwähnt, einem Polygon, bestehend aus drei abschnittsweis definierten linearen Funktionen, was zu zeigen aber sehr aufwendig ist.

Beispiel 3. Auf die Saite wirkt eine Einzelkraft F_0 an der Stelle $x_1 = a$, aber keine zusätzliche Streckenlast.

a) Bestimmen Sie mithilfe von (16.5.9) die dynamische Lösung $u(x,t)$.
b) Ermitteln Sie die statische Lösung $g(x)$ für $\varphi \to 0$.
c) Zeigen Sie, dass die Fourier-Reihe von $g(x)$ bis auf das Vorzeichen mit der statischen Auslenkung (16.4.6) übereinstimmt.

Lösung.

a) Es gilt

$$q_n = \frac{2F_0}{l}\left[\sin\left(\frac{an\pi}{l}\right)\right], \quad d_n = \frac{q_n}{\rho A(\omega_n^2 - \varphi^2)} = \frac{q_n l^2}{\rho A[(cn\pi)^2 - (l\varphi)^2]}$$

und damit

$$u(x,t) = \frac{2F_0 l}{\rho A}\sum_{n=1}^{\infty}\frac{\sin(\frac{an\pi}{l})}{(cn\pi)^2 - (l\varphi)^2}\sin\left(\frac{n\cdot\pi}{l}x\right)\cos(\varphi t). \tag{16.5.10}$$

b) Man erhält $d_n = s_n$ und

$$g(x) = \frac{2F_0 l}{c^2\rho A}\sum_{n=1}^{\infty}\frac{\sin(\frac{an\pi}{l})}{n^2\pi^2}\sin\left(\frac{n\cdot\pi}{l}x\right) = \frac{2F_0 l}{N}\sum_{n=1}^{\infty}\frac{\sin(\frac{an\pi}{l})}{n^2\pi^2}\sin\left(\frac{n\cdot\pi}{l}x\right).$$

c) Zuerst entwickelt man

$$v_1(x) = \sum_{n=1}^{\infty} b_{n1}\sin\left(\frac{n\cdot\pi}{l}x\right), \quad v_2(x) = \sum_{n=1}^{\infty} b_{n2}\sin\left(\frac{n\cdot\pi}{l}x\right)$$

und bestimmt

$$\begin{aligned}
b_{n1} &= \frac{F_0}{N}\cdot\frac{\sin[\frac{\varphi}{c}(l-a)]}{\frac{\varphi}{c}\sin(\frac{\varphi}{c}l)}\frac{2}{l}\int_0^a \sin\left(\frac{\varphi}{c}x\right)\sin\left(\frac{n\pi}{l}x\right)dx\\
&= \frac{F_0 c}{N}\cdot\frac{-\sin[\frac{\varphi}{c}(a-l)]}{\frac{\varphi}{c}\sin(\frac{\varphi}{c}l)}\left[\frac{\sin(\frac{\varphi}{c}a - \frac{an\pi}{l})}{cn\pi - \varphi l} + \frac{\sin(\frac{\varphi}{c}a + \frac{an\pi}{l})}{cn\pi + \varphi l}\right]\\
&= \frac{2F_0 c^2}{N\varphi}\cdot\frac{-\sin[\frac{\varphi}{c}(a-l)]}{\sin(\frac{\varphi}{c}l)}\left[\frac{cn\pi\sin(\frac{\varphi}{c}a)\cos(\frac{an\pi}{l}) - \varphi l\cos(\frac{\varphi}{c}a)\sin(\frac{an\pi}{l})}{(cn\pi)^2 - (\varphi l)^2}\right]
\end{aligned}$$

und

$$\begin{aligned}
b_{n2} &= \frac{F_0}{N}\cdot\frac{\sin(\frac{\varphi}{c}a)}{\frac{\varphi}{c}\sin(\frac{\varphi}{c}l)}\cdot\frac{2}{l}\int_a^l \sin\left[\frac{\varphi}{c}(l-x)\right]\sin\left(\frac{n\pi}{l}x\right)dx\\
&= \frac{F_0 c}{N}\cdot\frac{\sin(\frac{\varphi}{c}a)}{\frac{\varphi}{c}\sin(\frac{\varphi}{c}l)}\cdot\left[\frac{\sin[\frac{\varphi}{c}(a-l) - \frac{an\pi}{l}]}{cn\pi - \varphi l} + \frac{\sin[\frac{\varphi}{c}(a-l) + \frac{an\pi}{l}]}{cn\pi + \varphi l}\right]\\
&= \frac{2F_0 c^2}{N\varphi}\cdot\frac{\sin(\frac{\varphi}{c}a)}{\sin(\frac{\varphi}{c}l)}\cdot\left[\frac{cn\pi\sin[\frac{\varphi}{c}(a-l)]\cos(\frac{an\pi}{l}) - \varphi l\cos[\frac{\varphi}{c}(a-l)]\sin(\frac{an\pi}{l})}{(cn\pi)^2 - (\varphi l)^2}\right].
\end{aligned}$$

Die Addition der Koeffizienten ergibt

$$
\begin{aligned}
b_n &= b_{n1} + b_{n2} \\
&= \frac{2F_0c^2}{N\varphi} \cdot \frac{1}{\sin(\frac{\varphi}{c}l)} \\
&\quad \times \left[\frac{-cn\pi \sin(\frac{\varphi}{c}a) \sin[\frac{\varphi}{c}(a-l)] \cos(\frac{an\pi}{l}) + \varphi l \cos(\frac{\varphi}{c}a) \sin[\frac{\varphi}{c}(a-l)] \sin(\frac{an\pi}{l})}{(cn\pi)^2 - (\varphi l)^2} \right] \\
&\quad + \frac{2F_0c^2}{N\varphi} \cdot \frac{1}{\sin(\frac{\varphi}{c}l)} \\
&\quad \times \left[\frac{cn\pi \sin(\frac{\varphi}{c}a) \sin[\frac{\varphi}{c}(a-l)] \cos(\frac{an\pi}{l}) - \varphi l \sin(\frac{\varphi}{c}a) \cos[\frac{\varphi}{c}(a-l)] \sin(\frac{an\pi}{l})}{(cn\pi)^2 - (\varphi l)^2} \right] \\
&= \frac{2F_0c^2}{N\varphi} \cdot \frac{\varphi l \sin(\frac{an\pi}{l})}{\sin(\frac{\varphi}{c}l)} \left[\frac{\cos(\frac{\varphi}{c}a) \sin[\frac{\varphi}{c}(a-l)] - \sin(\frac{\varphi}{c}a) \cos[\frac{\varphi}{c}(a-l)]}{(cn\pi)^2 - (\varphi l)^2} \right] \\
&\quad \times \frac{2F_0c^2l}{N} \cdot \frac{\sin(\frac{an\pi}{l})}{\sin(\frac{\varphi}{c}l)} \left[\frac{-\sin(\frac{\varphi}{c}l)}{(cn\pi)^2 - (\varphi l)^2} \right] \\
&= -\frac{2F_0c^2l}{N} \cdot \left[\frac{\sin(\frac{an\pi}{l})}{(cn\pi)^2 - (\varphi l)^2} \right] = -\frac{2F_0l}{\rho A} \cdot \frac{\sin(\frac{an\pi}{l})}{(cn\pi)^2 - (\varphi l)^2}.
\end{aligned}
$$

Insgesamt folgt

$$
u(x,t) = u_1(x,t) + u_2(x,t) = -\frac{2F_0l}{\rho A} \sum_{n=1}^{\infty} \frac{\sin(\frac{an\pi}{l})}{(cn\pi)^2 - (l\varphi)^2} \sin\left(\frac{n \cdot \pi}{l} x\right) \cos(\varphi t).
$$

Dies stimmt mit (16.5.10) bis auf das Vorzeichen überein. Das unterschiedliche Vorzeichen rührt daher, dass die Saite bei (16.4.6) nach oben ausgelenkt wurde. Der folgenden Übersicht entnimmt man das Wichtigste für diesen Fall.

Statische und dynamische Auslenkung einer ungedämpft schwingenden Saite bei einer Einzelkraft F_0 an der Stelle $x = a$

Auslenkung	Als geschlossene Funktion	Als Entwicklung in Eigenfunktionen v_n	Koeffizienten
Statisch	$g_1(x) = -\frac{F_0}{N} \cdot \frac{l-a}{l} x$, $g_2(x) = -\frac{F_0}{N} \cdot \frac{a}{l}(l-x)$	$\sum_{n=1}^{\infty} s_n v_n(x)$	$s_n = -\frac{2F_0 l}{N} \cdot \frac{\sin(\frac{an\pi}{l})}{n^2\pi^2}$
Dynamisch	$u_1(x,t) = -\frac{F_0}{N} \cdot \frac{\sin[\frac{\varphi}{c}(l-a)]}{\frac{\varphi}{c}\sin(\frac{\varphi}{c}l)} \cdot \sin(\frac{\varphi}{c}x)\cos(\varphi t)$	$\sum_{n=1}^{\infty} d_n v_n(x) \cos(\varphi t)$	$d_n = s_n \cdot V(\omega_n)$
	$u_2(x,t) = -\frac{F_0}{N} \cdot \frac{\sin[\frac{\varphi}{c}(l-x)]}{\frac{\varphi}{c}\sin(\frac{\varphi}{c}l)} \cdot \sin(\frac{\varphi}{c}a)\cos(\varphi t)$		

17 Die Wellengleichung für Longitudinalschwingungen eines Stabs

Herleitung von (17.1)

Wir gehen von einem einseitig fest eingespannten und anderseits freien Stab aus, wobei es für die Herleitung keine Rolle spielt (Abb. 17.1 links unten oder Abb. 17.2 Mitte). Erst wenn man die Eigenfrequenzen aus den RBen bestimmt, dann sind die Lagerungen an den Rändern entscheidend. Der Querschnitt A des Stabs sei konstant. Mit $\rho(x)$ bezeichnen wir die Dichte. Da wir zusätzlich von einem homogenen Material ausgehen, ist $\rho = \text{konst.}$

Idealisierungen:

- Das Material ist homogen.
- Die Verschiebungen $u(x, t)$ sind klein gegenüber der Stablänge.

Bilanz und lineare Approximation: Kraft- oder Impulsänderungsbilanz für eine Stablänge dx.

Es gilt (Abb. 17.1 links oben)

$$\frac{\partial(dm \cdot \ddot{u})}{\partial t} = dm \cdot \ddot{u} = dN = N(x + dx, t) - N(x, t) - F_R(x).$$

In 1. Näherung ergibt sich $N(x + dx, t) \approx N(x, t) + \frac{\partial N}{\partial x} dx$, woraus $dm \cdot \ddot{u} = \frac{\partial N}{\partial x} dx$ entsteht. Mithilfe der Idealisierungen kann man $dm \cdot \ddot{u} = \rho \cdot A \cdot dx \cdot \ddot{u}$ schreiben und das Hooke'sche Gesetz bei kleinen Auslenkungen verwenden. Gleichung (8.1.2) liefert $\sigma(x, t) = E \cdot \frac{du}{dx}$, daraus $N(x, t) = \sigma \cdot A = E \cdot A \cdot \frac{du}{dx}$ und somit $\frac{\partial N}{\partial x} = E \cdot A \cdot \frac{d^2u}{dx^2}$. Insgesamt erhält man

$$\rho \cdot A \cdot dx \cdot \ddot{u} = E \cdot A \cdot \frac{d^2u}{dx^2} dx - \mu \cdot dx \cdot \dot{u}$$

und schließlich

$$\frac{\partial^2 u}{\partial t^2} + \delta \cdot \frac{\partial u}{\partial t} - c^2 \cdot \frac{\partial^2 u}{\partial x^2} = 0 \quad \text{mit der Schallgeschwindigkeit} \quad c = \sqrt{\frac{E}{\rho}} \quad \text{und} \quad \delta = \frac{\mu}{\rho A}. \qquad (17.1)$$

E bezeichnet den Elastizitätsmodul, ρ die Dichte und μ die Dämpfung in $\frac{\text{kg}}{\text{m}\cdot\text{s}}$.

Übersicht über die (wesentlichen) Randbedingungen eines frei schwingenden Stabs

An einem freien Rand ist die Längenänderung null, d. h. mit (8.1.2) ist $\varepsilon(l) = u'(l) = 0$. Folglich ist auch die Normalkraft null: $N(l) = EAu'(l) = 0$. Man erhält insgesamt:

https://doi.org/10.1515/9783111345765-017

Eingespannter Rand	$u(l,t) = 0$ (WRB)
Freier Rand	$u'(l,t) = 0$ (WRB)

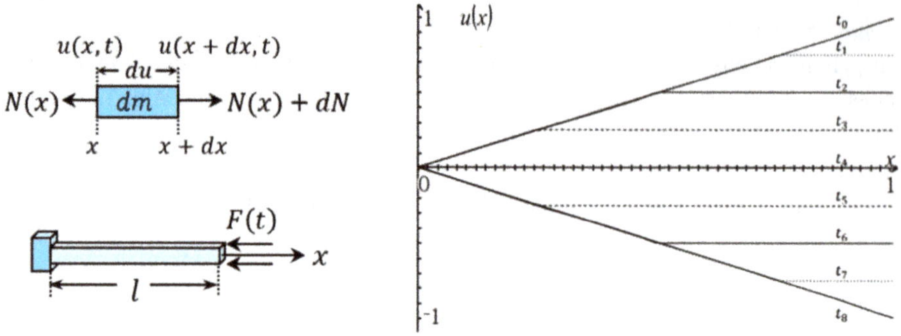

Abb. 17.1: Skizzen zur Stabschwingung und Graphen von (17.1.8).

17.1 Freie Longitudinalschwingungen eines Stabs

Um die Eigenfrequenzen anzuregen, bedarf es einer äußeren Einwirkung wie bei der Saite. Der Stab könnte dazu einen kurzen Schlag mit der Kraft F_0 an einem freien Ende erfahren. Wirkt die Kraft einmalig, dann spricht man von freien Schwingungen. Gleichung (17.1) soll für die drei möglichen Fälle gelöst werden, wobei für den beidseits eingespannten Stab auf diese Weise keine Anregung möglich ist.

Herleitung von (17.1.3)–(17.1.8)

Zur Lösung von (17.1) separieren wir wie bei der Saite.

Aus $u(x,t) = v(x) \cdot w(t)$ entsteht $v\ddot{w} = c^2 v'' w$ und

$$\frac{\ddot{w}}{w} + \delta \cdot \frac{\dot{w}(t)}{w(t)} = c^2 \frac{v''}{v}.$$

Weiter ist $v'' + \frac{\omega^2}{c^2} v = 0$ und $\ddot{w} + \delta\dot{w} + \omega^2 w = 0$.

Die Lösung des Ortsteils lautet

$$v(x) = C_1 \sin(kx) + C_2 \cos(kx) \quad \text{mit} \quad k = \frac{\omega}{c}. \tag{17.1.1}$$

Für die Zeitlösung gilt

$$w(t) = e^{-\frac{\delta}{2} \cdot t} \cdot [C_1 \cdot \cos(\varepsilon_n t) + C_2 \cdot \sin(\varepsilon_n t)] \quad \text{mit} \quad \varepsilon_n^2 = \omega_n^2 - \left(\frac{\delta}{2}\right)^2. \tag{17.1.2}$$

Fall 1. Beidseitig offenes Ende (Balken hängt an einer Schnur, Abb. 17.2 links).

Die RBen sind I. $u'(0,t) = 0$ und II. $u'(l,t) = 0$. Aus I. folgt mit (17.1.1) $v'(0) = 0$ und daraus $C_1 = 0$. Die RB II. erzeugt $\sin(kl) = 0$, was $kl = n\pi$ und die Eigenkreisfrequenzen $\omega_n = \frac{cn\pi}{l}$ nach sich zieht. Die zugehörigen Frequenzen lauten dann

$$f_n = \frac{\omega_n}{2\pi} = \frac{cn}{2l} = \frac{n}{2l}\sqrt{\frac{E}{\rho}}$$

und die Eigenfunktionen sind

$$v_n(x) = \cos\left(\frac{n\pi}{l}x\right). \tag{17.1.3}$$

Fall 2. Einseitig fest eingespannt, anderweitig offenes Ende (Abb. 17.2 Mitte). Die RBen lauten I. $u(0,t) = 0$, II. $u'(l,t) = 0$. Mit I. ergibt sich $C_2 = 0$ und II. erzeugt $\cos(kl) = 0$, was $kl = \frac{(2n-1)}{2}\pi$ nach sich zieht. Eigenfrequenzen und Eigenfunktionen besitzen die Gestalt

$$f_n = \frac{2n-1}{4l}\sqrt{\frac{E}{\rho}} \quad \text{bzw.} \quad v_n(x) = \sin\left[\frac{(2n-1)\pi}{2l}x\right]. \tag{17.1.4}$$

Fall 3. Beidseitig fest eingespannter Stab (Abb. 17.2 rechts). Die RBen lauten I. $u(0,t) = 0$ und II. $u(l,t) = 0$. Aus I. folgt $v(0) = 0$ und daraus $C_2 = 0$. Mit II. erhält man $v(l) = 0$, $\sin(kl) = 0$ und somit dieselben Eigenfrequenzen wie im Fall 1:

$$f_n = \frac{n}{2l}\sqrt{\frac{E}{\rho}}.$$

Die Eigenfunktionen sind

$$v_n(x) = \sin\left(\frac{n\pi}{l}x\right). \tag{17.1.5}$$

Beispiel 1. Für den Fall eines $l = 1\,\text{m}$ langen, einseitig fest eingespannten und auf der anderen Seite freien Stabs soll nun die Lösung ohne Beachtung der Dämpfung für einen gegebenen Anfangszustand berechnet werden. Der Stab sei zur Zeit $t = 0$ auf Zug mit der Kraft F_0 am freien Ende belastet, was der statischen Auslenkung (8.1.5) entspricht: $g(x) = u(x,0) = \frac{F_0}{EA}x$.

a) Rückartig entfällt diese Zugkraft. Gesucht ist die einsetzende Schwingungsform.

b) Stellen Sie die normierte Lösung

$$u_*(x,t) = \frac{u(x,t)}{\frac{F_0 l}{EA}}$$

für $t_k = \frac{0{,}25\cdot k}{c}$ und $k = 0, 1, 2, \ldots 8$ dar.

c) Wie lautet die statische Auslenkung als Entwicklung in Eigenfunktionen?

Lösung.

a) Für den anfangs ruhenden Stab folgt mit (17.1.2) $D_1 = 0$ und somit $w(t) = D_2 \cos(\omega t)$. Die Gesamtlösung besitzt dann die Gestalt

$$u(x,t) = \sum_{n=1}^{\infty} s_n \sin\left[\frac{(2n-1)\pi}{2l}x\right] \cos\left[\frac{(2n-1)\pi}{2l}ct\right].$$

Die Anfangsbedingung führt zu

$$g(x) = \sum_{n=1}^{\infty} s_n \sin\left[\frac{(2n-1)\pi}{2l}x\right]$$

mit s_n als Koeffizienten der statischen Auslenkung $g(x)$. Mithilfe der Orthogonalität der Sinusfunktionen (16.3.6) folgt

$$\int_0^l \sin\left[\frac{(2n-1)\pi}{2l}x\right] \sin\left[\frac{(2n-1)\pi}{2l}x\right] dx = \frac{l}{2}$$

für $m = n$ und null sonst. Daraus ergibt sich

$$\begin{aligned} s_n &= \frac{2}{l}\int_0^l g(x)\cdot \sin\left[\frac{(2n-1)\pi}{2l}x\right] dx = \frac{2F_0}{EAl}\int_0^l x\cdot \sin\left[\frac{(2n-1)\pi}{2l}x\right] dx \\ &= \frac{2F_0}{EAl}\cdot\frac{4l^2(-1)^{n+1}}{(2n-1)^2\pi^2} \quad \text{und} \quad s_n = \frac{F_0 l}{EA}\cdot\frac{8(-1)^{n+1}}{(2n-1)^2\pi^2}. \end{aligned} \tag{17.1.6}$$

Somit gilt

$$g(x) = \frac{F_0 l}{EA}\sum_{n=1}^{\infty}\frac{8(-1)^{n+1}}{(2n-1)^2\pi^2}\sin\left[\frac{(2n-1)\pi}{2l}x\right]. \tag{17.1.7}$$

Die Lösung lautet

$$\begin{aligned} u(x,t) &= g(x)\cos(\omega_n t) \\ &= \frac{F_0 l}{EA}\sum_{n=1}^{\infty}\frac{8(-1)^{n+1}}{(2n-1)^2\pi^2}\sin\left[\frac{(2n-1)\pi}{2l}x\right]\cos\left[\frac{(2n-1)\pi}{2l}ct\right]. \end{aligned} \tag{17.1.8}$$

b) Die neun Verläufe entnimmt man (Abb. 17.1 rechts).

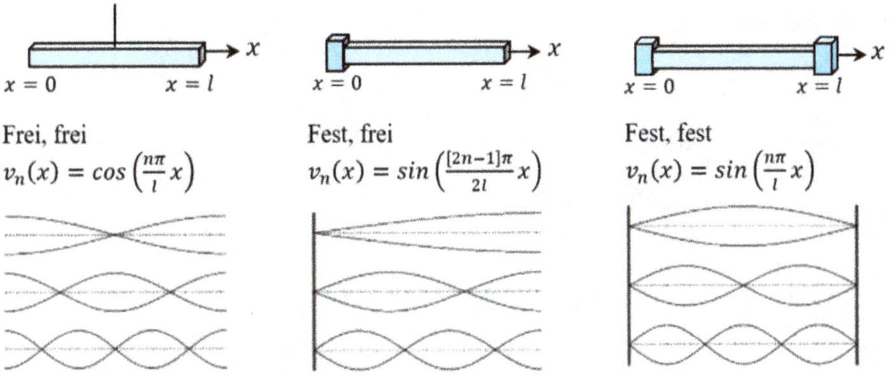

Abb. 17.2: Die Moden eines Stabs.

Der Rayleigh-Quotient eines frei schwingenden Stabs

Herleitung von (17.1.9)

In der Gleichung $v'' + \frac{\omega^2}{c^2} v = 0$ wird insbesondere $v = v_n$ gewählt, woraus $c^2 v_n'' + \omega_n^2 v_n = 0$ entsteht. Die Multiplikation mit einer Eigenfunktion und Integration über die Stablänge ergibt $c^2 \int_0^l v_n'' v_n dx + \omega_n^2 \int_0^l v_n^2 dx = 0$.

Das linke Integral schreibt sich zu

$$\int_0^l v_n'' v_n dx = [v_n' v_n]_0^l - \int_0^l (v_n')^2 dx = - \int_0^l (v_n')^2 dx.$$

Dabei ist der Wert der eckigen Klammer für jeden der drei Lagerungsfälle null. Man erhält $c^2 \int_0^l (v_n')^2 dx = \omega_n^2 \int_0^l v_n^2 dx$ und somit den Rayleigh-Quotient

$$\omega_n^2 = \frac{E}{\rho} \cdot \frac{\int_0^l (f')^2 dx}{\int_0^l f^2 dx} \tag{17.1.9}$$

zur Abschätzung der Eigenfrequenzen für eine Funktion $f(x)$, welche den RBen genügt.

Beispiel 2. Gegeben ist die Funktion $f(x) = l^3 - (l - x)^3$.

a) Zeigen Sie, dass $f(x)$ die RBen eines einseitig fest eingespannten Stabs mit offenem Ende an der Stelle $x = l$ erfüllt.

b) Bestimmen Sie ω_1 mithilfe von (17.1.9).

Lösung.

a) Es gilt $f'(x) = 3(l - x)^2$, $f(0) = 0$ und $f'(l) = 0$.

b) Man erhält

$$\omega_1^2 = c^2 \cdot \frac{9\int_0^l (l-x)^4 dx}{\int_0^l [l^6 - 2l^3(l-x)^3 + (l-x)^6]dx} = c^2 \cdot \frac{-\frac{9}{5}[(l-x)^5]_0^l}{[l^6 x + \frac{l^3}{2}(l-x)^4 - \frac{(l-x)^7}{7}]_0^l}$$
$$= c^2 \cdot \frac{\frac{9}{5}l^5}{l^7 - \frac{l^7}{2} + \frac{l^7}{7}} = \frac{14}{5} \cdot \frac{c^2}{l^2}$$

und $\omega_1 \approx 1{,}67\frac{c}{l}$ im Vergleich zum exakten Wert $\omega_1 = \frac{\pi}{2} \cdot \frac{c}{l} = 1{,}57 \cdot \frac{c}{l}$.

17.2 Erzwungene Longitudinalschwingungen eines Stabs

Man kann einen Stab auf verschiedene Arten zum Schwingen anregen. Beispielsweise schlägt man mit einem Hammer in gleichen Zeitabständen mit der Kraft F_0 kurz auf eines der Enden. Will man eine große Frequenz erzielen, umwickelt man den Stab mit einem Draht, durch den man einen Wechselstrom schickt. Das induzierte wechselnde Magnetfeld erzeugt seinerseits eine (Lorenz-)Kraft parallel zum Stab, das diesen zum Schwingen anregt. Das ist die Funktionsweise einer Quarzuhr. Auf diese Weise wäre eine ortsabhängige Anregungskraft $F(x,t)$ realisierbar.

1. Fall. Ohne Dämpfung.

Einschränkung: Im Weiteren betrachten wir einzig den einseitig fest eingespannten Stab (Abb. 17.1 links unten) mit einer rein zeitlich abhängigen periodischen Anregungskraft der Form $F(t) = F_0 \cos(\varphi t)$ am Ende des freien Stabteils.

Gesucht ist somit die Lösung von

$$\ddot{u} - c^2 \cdot u'' = F_0 \cos(\varphi t) \tag{17.2.1}$$

mit der RB $F(l,t) = F_0 \cos(\varphi t)$.

Herleitung von (17.2.3)–(17.2.6)

Wie schon bei der Saite, gilt $u(x,t) = u_p(x,t) + u_h(x,t)$, wobei $\lim_{t\to\infty} u_h(x,t) = 0$ ist und $u_h(x,t)$ die Form (16.3.5) besitzt. Wir nennen die partikuläre Lösung nun schlicht $u(x,t)$. Die Lösung bestimmen wir wie bei der Saite auf zwei Arten.

1. Art. Die Lösung wird direkt als $u(x,t) = v(x) \cdot \cos(\varphi t)$ angesetzt und in (17.2.1) eingefügt. Man erhält

$$-\varphi^2 v(x) \cdot \cos(\varphi t) = c^2 \cdot v''(x) \cdot \cos(\varphi t) \quad \text{oder}$$
$$v''(x) + \left(\frac{\varphi}{c}\right)^2 v(x) = 0 \quad \text{mit} \quad c = \sqrt{\frac{E}{\rho}}. \tag{17.2.2}$$

Die Lösung ist

$$u(x,t) = \left[C_1 \cdot \sin\left(\frac{\varphi}{c}x\right) + C_2 \cdot \cos\left(\frac{\varphi}{c}x\right)\right]\cos(\varphi t). \tag{17.2.3}$$

Die eine RB lautet I. $u(0,t) = 0$. Für die 2. RB gilt $u'(l,t) \neq 0$, denn die Kraft am Ende ist ja vorgegeben und somit das Ende nicht mehr frei. Aus $F(l,t) = EA \cdot u'(l,t) = F_0 \cdot \cos(\varphi t)$ erhält man II. $u'(l,t) = \frac{F_0}{EA}\cos(\varphi t)$. Aus I. folgt $v(0) = 0$ und damit $C_2 = 0$. Mit II. ergibt sich

$$C_1\frac{\varphi}{c}\cos\left(\frac{\varphi}{c}l\right)\cos(\varphi t) = \frac{F_0}{EA}\cos(\varphi t) \quad \text{und} \quad C_1 = \frac{F_0}{EA \cdot \frac{\varphi}{c}\cos(\frac{\varphi}{c}l)}.$$

Schließlich schreibt sich (17.2.3) als

$$u(x,t) = \frac{F_0}{EA \cdot \frac{\varphi}{c}\cos(\frac{\varphi}{c}l)} \cdot \sin\left(\frac{\varphi}{c}x\right)\cos(\varphi t). \tag{17.2.4}$$

Insbesondere interessiert die Amplitude für $x = l$, also

$$v(l) = \frac{F_0 \cdot \sin(\frac{\varphi}{c}l)}{EA\frac{\varphi}{c}\cos(\frac{\varphi}{c}l)} = \frac{F_0 \cdot c}{EA \cdot \varphi} \cdot \tan\left(\frac{\varphi}{c}l\right).$$

Die Amplitude wird maximal, wenn der Nenner null ist, d. h. für $\cos(\frac{\varphi}{c}l) = 0$, also falls $\frac{\varphi}{c}l = (2n-1)\cdot\frac{\pi}{2}$, $n \in \mathbb{N}$. Damit erhalten wir $\varphi_n = \frac{c}{l}(2n-1)\cdot\frac{\pi}{2}$ und schließlich die Frequenzen

$$f_n = \frac{(2n-1)}{4l}\sqrt{\frac{E}{\rho}},$$

was genau den Eigenfrequenzen des einseitig fest eingespannten und auf er anderen Seite freien Stabs entspricht. Dies ist die bekannte Resonanzkatastrophe wie das Zerspringen von Glas. Für $\varphi \to 0$ geht die Lösung in die statische Lösung (8.1.5) über:

$$\lim_{\varphi\to 0} u(x,t) = \lim_{\varphi\to 0}\frac{F_0}{EA\frac{\varphi}{c}\cos(\frac{\varphi}{c}l)} \cdot \sin\left(\frac{\varphi}{c}x\right)\cos(\varphi t) = \lim_{\varphi\to 0}\frac{F_0}{EA\frac{\varphi}{c}} \cdot \sin\left(\frac{\varphi}{c}x\right) = \frac{F_0}{EA}x.$$

In diesem Fall ist der Stab entweder auf Zug oder Druck mit der Kraft F_0 belastet.

2. Art. Wie bei der erzwungenen Saitenschwingung führen wir eine Modalanalyse durch. Mit (17.1.7) und (17.1.8) liegen die statische und die dynamische Lösung einer freien Schwingung als Summe von Eigenfunktionen vor. Es soll untersucht werden, welchen Beitrag die einzelnen Eigenfunktionen zur Gesamtverschiebung bei der erzwungenen Schwingung beisteuern. Dazu wird der Ortsteil der Lösung (17.2.4) als Summe von Eigenfunktionen geschrieben:

$$\sin\left(\frac{\varphi}{c}x\right) = \sum_{n=1}^{\infty} a_n \sin\left[\frac{(2n-1)\pi}{2l}x\right].$$

Dabei ist

$$\begin{aligned} a_n &= \frac{2}{l}\int_0^l \sin\left(\frac{\varphi}{c}x\right)\sin\left[\frac{(2n-1)\pi}{2l}x\right]dx \\ &= 4(-1)^{n+1}\cos\left(\frac{\varphi}{c}l\right)\varphi l \cdot \left[\frac{1}{(2n-1)\pi[(2n-1)c\pi + 2l\varphi]} + \frac{1}{(2n-1)\pi[(2n-1)c\pi - 2l\varphi]}\right]. \end{aligned}$$

Somit erhält man

$$\sin\left(\frac{\varphi}{c}x\right) = \sum_{n=1}^{\infty} \frac{8(-1)^{n+1}\cos(\frac{\varphi}{c}l)c\varphi l}{[(2n-1)c\pi]^2 - (2l\varphi)^2}\sin\left[\frac{(2n-1)\pi}{2l}x\right].$$

Weiter folgt

$$\frac{F_0}{EA\frac{\varphi}{c}\cos(\frac{\varphi}{c}l)} \cdot \sin\left(\frac{\varphi}{c}x\right) = \frac{F_0 l}{EA}\sum_{n=1}^{\infty} \frac{8c^2(-1)^{n+1}}{[(2n-1)c\pi]^2 - (2l\varphi)^2}\sin\left[\frac{(2n-1)\pi}{2l}x\right]$$

und schließlich

$$u(x,t) = \frac{F_0 l}{EA}\sum_{n=1}^{\infty} \frac{8(-1)^{n+1}}{(2n-1)^2\pi^2} \cdot \frac{1}{1-(\frac{\varphi}{\omega_n})^2}\sin\left[\frac{(2n-1)\pi}{2l}x\right]\cos(\varphi t). \tag{17.2.5}$$

Jeder Koeffizient

$$s_n = \frac{F_0 l}{EA} \cdot \frac{8(-1)^{n+1}}{(2n-1)^2\pi^2}$$

der statischen Lösung wird also mit einem Faktor

$$V(\omega_n) := \frac{1}{1-(\frac{\varphi}{\omega_n})^2},$$

dem Vergrößerungsfaktor, multipliziert. Dieser gibt den Anteil der Verschiebung als Funktion zwischen der Anregungsfrequenz φ und der jeweiligen Eigenfrequenz ω_n an. Zusammen erhält man den dynamischen Faktor $d_n = s_n \cdot V(\omega_n)$ und Gleichung (17.2.5) schreibt sich mit

$$v_n(x) = \sin\left[\frac{(2n-1)\pi}{2l}x\right]$$

auch als

$$u(x,t) = \sum_{n=1}^{\infty} s_n \cdot V(\omega_n) v_n(x) \cos(\varphi t).$$

Die folgende Übersicht fasst nochmals alles zusammen.

Statische und dynamische Auslenkung eines Stabs bei einer Einzelkraft F_0 an der Stelle $x = l$

Auslenkung	**Als geschlossene Funktion**	**Als Entwicklung in Eigenfunktionen v_n**	**Koeffizienten**
Statisch	$g(x) = \frac{F_0}{EA} x$	$\sum_{n=1}^{\infty} s_n v_n(x)$	$s_n = \frac{F_0 l}{EA} \cdot \frac{8(-1)^{n+1}}{(2n-1)^2 \pi^2}$
Dynamisch	$u(x,t) = \frac{F_0}{EA \cdot \frac{\varphi}{c} \cos(\frac{\varphi}{c} l)} \cdot \sin(\frac{\varphi}{c} x) \cos(\varphi t)$	$\sum_{n=1}^{\infty} d_n v_n(x) \cos(\varphi t)$	$d_n = s_n \cdot V(\omega_n)$

2. Fall. Mit Dämpfung.

Wie bei der Saite benutzen wir dazu das Konzept der modalen Dämpfung. Die Lösung (16.5.9) muss noch angepasst werden.

Die Lösung der erzwungenen Schwingung

$$\ddot{u} + \frac{\mu}{\rho A} \dot{u} - \frac{E}{\rho} u'' = F_0 \cdot \cos(\varphi t)$$

eines Stabs besitzt die Form

$$u(x,t) = \sum_{n=1}^{\infty} s_n v_n(x) \cos(\varphi t - \sigma_n)$$

mit den dynamischen Koeffizienten $d_n = s_n \cdot V(\omega_n, \xi_n)$, den statischen Koeffizienten s_n, den Dämpfungsmassen ξ_n und den Phasenverschiebungen

$$\sigma_n = \arctan\left(\frac{2\xi_n \omega_n \cdot \varphi}{\varphi^2 - \omega_n^2} \right). \tag{17.2.6}$$

Bemerkungen.

- Im Fall des einseitig fest eingespannten Stabs sind die statischen Koeffizienten s_n mit (17.1.6) bekannt.
- Zudem ist $\xi_n = \frac{\mu}{2 m_n^* \omega_n}$ das Lehr'sche Dämpfungsmasse bezogen auf die n-te Eigenfrequenz ω_n und die n-te modale Masse

$$m_n^* = \rho A \int_0^l v_n^2 dx = \rho A \int_0^l \sin^2\left[\frac{(2n-1)\pi}{2l} x \right] dx = \rho A \cdot \frac{l}{2}$$

für den einseitig fest eingespannten Stab.

Die Energien beim einseitig fest eingespannten Stab

Als Ergänzung wollen wir noch die zeitlichen und örtlichen Energieanteile für den einseitig fest eingespannten Stab ermitteln.

Herleitung von (17.2.7) und (17.2.8)

Mit (17.2.5) liegt die Lösung der Wellengleichung (für den beidseits) fest eingespannten Stab ohne Dämpfung vor. Nun berechnen wir (vgl. (8.1.7) und (8.1.8))

$$E_{\text{pot}}(t) = \frac{1}{2}EA\int_0^l [u'(x,t)]^2 dx = \frac{1}{2}EA\left[\frac{F_0\cdot\frac{\varphi}{c}}{EA\cdot\frac{\varphi}{c}\cos(\frac{\varphi}{c}l)}\right]^2\int_0^l \sin^2\left(\frac{\varphi}{c}x\right)dx\cdot\cos^2(\varphi t)$$

und somit

$$E_{\text{pot}}(t) = \frac{1}{2}\cdot\frac{F_0^2}{EA\cos^2(\frac{\varphi}{c}l)}\cdot\frac{l}{2}\left[\frac{\sin(\frac{2\varphi l}{c})}{\frac{2\varphi l}{c}}+1\right]\cdot\cos^2(\varphi t). \tag{17.2.7}$$

Weiter ist

$$E_{\text{kin}}(t) = \frac{1}{2}\rho A\int_0^l [\dot{u}(x,t)]^2 dx = \frac{1}{2}\rho A\left[\frac{F_0\cdot\varphi}{EA\cdot\frac{\varphi}{c}\cos(\frac{\varphi}{c}l)}\right]^2\int_0^l \sin^2\left(\frac{\varphi}{c}x\right)dx\cdot\sin^2(\varphi t)$$

und damit

$$E_{\text{kin}}(t) = \frac{1}{2}\cdot\frac{F_0^2 c}{EA\cos^2(\frac{\varphi}{c}l)}\cdot\frac{l}{2}\left[1-\frac{\sin(\frac{2\varphi l}{c})}{\frac{2\varphi l}{c}}\right]\cdot\sin^2(\varphi t). \tag{17.2.8}$$

Im statischen Fall ist $\varphi = 0$ und mit

$$\lim_{\varphi\to 0}\frac{\sin(\frac{2\varphi l}{c})}{\frac{2\varphi l}{c}} = 1$$

folgen die statischen Energien (vgl. (8.1.7)) zu

$$E_{\text{pot}} = \frac{1}{2}\cdot\frac{F_0^2 l}{EA} = \frac{1}{2}\cdot\frac{(\sigma_0 A)^2 l}{EA} = \frac{1}{2}\cdot\frac{(\varepsilon_0 EA)^2 l}{EA} = \frac{1}{2}\cdot\varepsilon_0^2 EAl = \frac{1}{2}EV\varepsilon_0^2 \quad \text{und} \quad E_{\text{kin}} = 0.$$

17.3 Die Wellengleichung für Torsionsschwingungen eines kreisrunden Stabs

Herleitung von (17.3.1)–(17.3.4)

Dazu betrachten wir Abb. 17.3 links und Mitte.

Idealisierung: Es gelten dieselben drei Annahmen aus Kap. 13.3.

Bilanz: Momentbilanz oder Drehimpulsänderung des Zylinders mit Höhe dx und lineare Approximation. Für das durch den Winkel $\varphi(x,t)$ erzeugte Drehmoment dM gilt nach der Drehimpulserhaltung (7.3). $dJ \cdot \ddot{\varphi} = dM$. In der 1. Näherung erhält man für das Moment $M(x+dx,t) = M(x,t) + \frac{\partial M}{\partial x}dx$, damit

$$dM = M(x+dx,t) - M(x,t) = \frac{\partial M}{\partial x}dx \quad \text{und} \quad dJ \cdot \ddot{\varphi} = \frac{\partial M}{\partial x}dx. \tag{17.3.1}$$

Weiter schreibt sich das Massenträgheitsmoment gemäß (13.2.2) als

$$dJ = \rho \int_0^V a^2 dV = \rho dx \int_0^A a^2 dA.$$

Das Integral $I_p = \int_0^A a^2 dA = \int_0^A (x^2+y^2) dA$ nennt man polares Flächenträgheitsmoment. Damit wird aus (17.3.1) $\rho \cdot I_p \cdot \ddot{\varphi} = \frac{\partial M}{\partial x}$. Gleichung (13.3.1) stellt den Zusammenhang $M_T(x,t) = G \cdot I_T \cdot \varphi'(x,t)$ mit dem Torsionsträgheitsmoment $I_T = \int_0^A r^2 dA$ gemäß (13.3.2) dar. Demnach hat man $\frac{\partial M}{\partial x} = G \cdot I_T \cdot \varphi''(x,t)$ und somit

$$\rho \cdot I_p \cdot \ddot{\varphi} \cdot dx = G \cdot I_T \cdot \varphi'' \cdot dx. \tag{17.3.2}$$

Schließlich kann man der Bewegung ein bremsendes Drehmoment $M_R = -\mu \cdot \dot{\varphi} \cdot dx$ entgegensetzen, womit aus (17.3.2) die Gleichung

$$\rho \cdot I_p \cdot \ddot{\varphi} + \mu \cdot \dot{\varphi} = G \cdot I_T \cdot \varphi'' \tag{17.3.3}$$

entsteht. Da für einen Kreis oder einen Kreisquerschnitt $x^2 + y^2 = a^2$ gilt, folgt $I_T = I_p$ (den Wert entnimmt man (13.3.3)). Die endgültige Fassung lautet dann:

$$\frac{\partial^2 \varphi}{\partial t^2} + \delta \cdot \frac{d\varphi}{dt} - c^2 \cdot \frac{\partial^2 \varphi}{\partial x^2} = 0 \quad \text{mit der Schallgeschwindigkeit} \quad c = \sqrt{\frac{G}{\rho}} \quad \text{und} \quad \delta = \frac{\mu}{\rho I_p}. \tag{17.3.4}$$

G bezeichnet den Elastizitätsmodul, ρ die Dichte und μ die Dämpfung mit der Einheit $\frac{\text{kg}\cdot\text{m}}{\text{s}}$.

Ergebnis. Im Vergleich zu den Longitudinalschwingungen wird hier der Elastizitätsmodul E durch G, den Schubspannungsmodul, ersetzt.

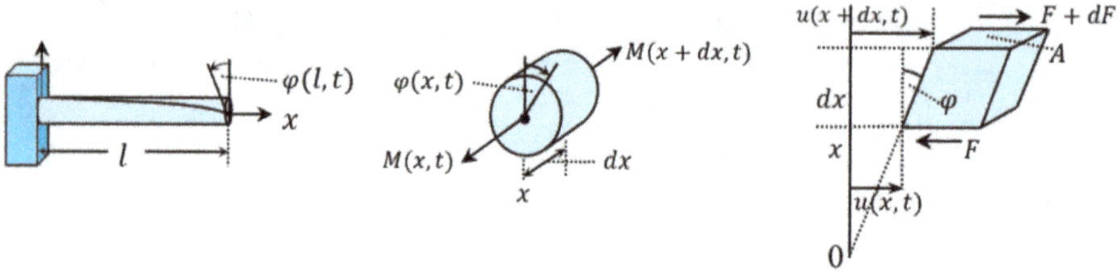

Abb. 17.3: Skizzen zur Torsions- und Schubschwingung.

Beispiel. Bei vielen dynamischen Prozessen an Maschinen treten Drehungleichförmigkeiten (Schwankungen der Drehzahl) auf. Diese entstehen durch periodisch auftretende Drehmomente und können zu Torsionsschwingungen führen. Die Wellen gewinnen an Energie, wirbeln mit rund 5000 Umdrehungen pro Sekunde im Motor umher und können diesen förmlich auseinanderreißen.

a) Wir fassen die Turbine als einen Kreisring auf. Geben Sie den Ausdruck f_n für die n-te Eigenfrequenz eines Kreisrings an, wenn der Stab beidseitig fest eingespannt ist.
b) Der wie vielten Eigenfrequenz aus Aufgabe a) entspricht die im Text genannte zerstörerische Frequenz etwa? Die Länge der Turbine sei $l = 1{,}3\,\text{m}$ und für Stahl gilt $\rho = 7860\,\frac{\text{kg}}{\text{m}^3}$ und $G = 8{,}2 \cdot 10^{10}\,\frac{\text{N}}{\text{m}^2}$.

Lösung.

a) Nach Gleichung (17.3.2) gilt $\ddot{\varphi} + \delta \cdot \dot{\varphi} = c^2 \cdot \varphi''$ mit $c = \sqrt{\frac{G}{\rho}}$. Da die Form identisch mit der Wellengleichung eines Stabs ist, erhält man bei den gegebenen RBen dieselben Eigenfrequenzen wie (17.1.4), wenn man E durch G ersetzt: $f_n = \frac{n}{2l}\sqrt{\frac{G}{\rho}}$.
b) Es gilt

$$f_1 = \frac{1}{2 \cdot 1{,}3}\sqrt{\frac{8{,}2 \cdot 10^{10}}{7860}} = 1243\,\text{Hz}, \quad f_2 = 2485\,\text{Hz}, \quad f_3 = 3727\,\text{Hz}, \quad f_4 = 4969\,\text{Hz}.$$

Die 4. Eigenfrequenz bezüglich Torsion entspricht etwa 5000 Hz.

17.4 Die Wellengleichung für Scher- oder Schubschwingungen eines Stabs

Herleitung von (17.4.1)–(17.4.4)

In Abb. 18.1 rechts ist die Krafteinwirkung infolge einer Schubspannung quer zur Längsachse eines Stabs oder Balkens dargestellt.

Idealisierungen:

– Die Verschiebungen sind klein, sodass die Elastizitätsgrenze nicht überschritten wird.

- Die Materialschichten sind starr und lassen sich parallel zueinander verschieben.
- Der Körper ist homogen.

Der Stab mit der Querschnittsfläche A stehe unter einer Schubspannung $\tau = \frac{F}{A}$.

Bilanz: Kraft- oder Impulsänderungsbilanz des Volumenelements dV mit einer Länge von dx und zusätzliche lineare Approximation.

Es gilt

$$\frac{\partial(dm \cdot \dot{u})}{\partial t} = dm \cdot \ddot{u} = dF \quad \text{oder} \quad \rho A \cdot dx \cdot \ddot{u} = \frac{\partial F}{\partial x} dx. \tag{17.4.1}$$

Für kleine Auslenkungen gilt das Hook'sche Gesetz $\tau = G \cdot \varphi$, woraus

$$\varphi = \frac{\tau}{G} = \frac{F}{GA} \tag{17.4.2}$$

entsteht. Mit derselben Annahme schreibt man $\varphi \approx \tan \varphi = u'$ und erhält zusammen mit (17.4.2) $F' = GA \cdot \varphi' = GA \cdot u''$. Unter Verwendung von (17.4.1) erhält man schließlich

$$\rho A \cdot dx \cdot \ddot{u} = GA \cdot u'' \cdot dx. \tag{17.4.3}$$

Wie schon in allen anderen Wellengleichungen lässt sich noch ein Dämpfungsterm $dF_R = -\mu \cdot \dot{u} \cdot dx$ einbauen, womit aus (17.4.3) die Wellengleichung für Schubschwingungen eines Stabs entsteht.

$$\frac{\partial^2 u}{\partial t^2} + \delta \cdot \frac{\partial u}{\partial t} - c^2 \cdot \frac{\partial^2 u}{\partial x^2} = 0 \quad \text{mit der Schallgeschwindigkeit} \quad c = \sqrt{\frac{G}{\rho}} \quad \text{und} \quad \delta = \frac{\mu}{\rho A}. \tag{17.4.4}$$

Beispiel 1. Vergleichen Sie (17.3.4) mit (17.4.4). Entscheiden Sie, ob bei gleicher Materialdichte die Torsion oder der Schub die höhere Schallgeschwindigkeit im Material hervorruft.

Lösung. Nach Gleichung (8.2.6) gilt $E = 2G(1 + \nu)$. Dabei bezeichnet $0 \leq \nu \leq 0{,}5$ die Poissonzahl oder Querkontraktionszahl. Damit ist $E > G$, womit die Torsion höhere Schallgeschwindigkeiten erzeugt. Beispielsweise gilt für Stahl $E = 2{,}1 \cdot 10^{11}\ \frac{\mathrm{N}}{\mathrm{m}^2}$, $G = 8{,}2 \cdot 10^{10}\ \frac{\mathrm{N}}{\mathrm{m}^2}$ und entspricht etwa $E = 2{,}5G$.

Beispiel 2. Ein Gebäude aus Beton mit den Werten $G = 1{,}2 \cdot 10^{10}\ \frac{\mathrm{N}}{\mathrm{m}^2}$, $\rho = 1{,}5 \cdot 10^3\ \frac{\mathrm{kg}}{\mathrm{m}^3}$ wird an seinem Fundament quer durch eine Erschütterung angeregt.

a) Mit welcher Geschwindigkeit breitet sich die Welle entlang des Gebäudes gegen oben aus?

b) Gleichzeitig wird die Erschütterung in das Gestein des Untergrunds getragen. Für diesen liegen die Werte $G_U = 3{,}0 \cdot 10^{10}\ \frac{\mathrm{N}}{\mathrm{m}^2}$, $\rho_U = 2{,}7 \cdot 10^3\ \frac{\mathrm{kg}}{\mathrm{m}^3}$, $\nu_U = 0{,}15$ vor. Wie groß wird die Ausbreitungsgeschwindigkeit c_U im Untergrund?

Lösung.

a) Man erhält

$$c = \sqrt{\frac{1{,}2 \cdot 10^{10}}{1{,}5 \cdot 10^3}} = 2828\,\frac{\mathrm{m}}{\mathrm{s}}.$$

b) Da das Gestein eine Querdehnung verhindert, muss man mit dem Kompressionsmodul K_U rechnen. Die Gleichungen (8.2.5) und (8.2.6) liefern den Zusammenhang

$$K_U = \frac{2G_U(1+\nu_U)}{3(1-2\nu_U)} = \frac{2(1+0{,}15)}{3(1-2\cdot 0{,}15)} \cdot G_U = 1{,}01 \cdot G_U.$$

Damit folgt

$$c_U = \sqrt{\frac{K_U}{\rho_U}} = \sqrt{\frac{1{,}01 \cdot G_U}{\rho_U}} = \sqrt{\frac{1{,}01 \cdot 3{,}0 \cdot 10^{10}}{2{,}7 \cdot 10^3}} = 3350\,\frac{\mathrm{m}}{\mathrm{s}}.$$

18 Die Gleichung für Biegeschwingungen eines Balkens

Bei der Herleitung der schwingenden Saite wurde diese aufgrund der fehlenden Biegesteifigkeit zwangsweise auf Zug belastet. Beim Balken ist für eine freie Schwingung keine Spannung vonnöten. Man kann indes eine zusätzliche Druckspannung wirken lassen, was den Balken noch weiter auslenkt. In Abb. 18.1 links ist der Balken beidseits gelenkig gelagert. Bei vorhandener Normalkraft werden sich eine der beiden Halterungen hin zur anderen (falls ein Halterungsfuß fest verankert ist) oder beide aufeinander bewegen und die Stellung, wie in Abb. 18.1 links dargestellt, erreichen.

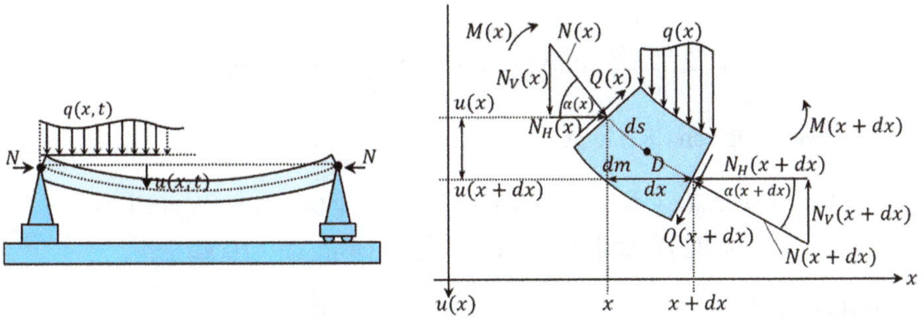

Abb. 18.1: Skizzen zur Balkenschwingung.

Idealisierung:
– Dichte und Elastizitätsmodul sind konstant.

Herleitung von (18.2)–(18.10)

Es bezeichnen $u(x,t)$: Vertikale Verschiebung der Balkenmitte (neutrale Faser) an der Stelle x, $w(x,t)$: Horizontale Verschiebung eines Balkenteilchens an der Stelle x, $q(x,t)$: Orts- und zeitabhängige Streckenlast in $\frac{\mathrm{N}}{\mathrm{m}}$, N: Normalkraft, N_H und N_V: Zerlegung von N in horizontale und vertikale Richtung respektive. Q: Querkraft, F_R: Dämpfung, M: Drehmoment, E: Elastizitätsmodul, $I_y(x)$: Flächenträgheitsmoment, $A(x)$: Querschnitt und ρ: Dichte. Vorerst gilt lediglich die Annahme konstanter Stoffeigenschaften.

Des Weiteren beachten wir nebst der vertikalen Verschiebung $u(x,t)$ auch die Biegesteifigkeit des Materials, die Dehnung und die damit eingehende absolute horizontale Verschiebung $w(x,t)$, die Drehung und die damit verbundene Rotationsträgheit (Abb. 10.1 rechts oben). Der Balken befinde sich unter einer Druckspannung $\sigma_0(x) = \frac{N_0(x)}{A(x)}$. Nach einer Auslenkung vollführt dieser Schwingungen um die Gleichgewichtslage. Analog zur Saite gilt nach (16.2.4)

$$N(x,t) = N_0(x,t) + A(x)Ew'(x,t). \tag{18.1}$$

https://doi.org/10.1515/9783111345765-018

Weiter sei wie bei der Saite die Summe aller zusätzlich zur Normalkraft horizontal auf den Balken wirkenden äußeren Kräfte mit $R(x)$ zusammengefasst und $r(x) = \frac{R(x)}{l}$ die zugehörige Lastverteilung. Die Dämpfung μ in $\frac{\text{kg}}{\text{m}\cdot\text{s}}$ ist bezüglich der Balkenlänge normiert und die zugehörige rücktreibendende Kraft proportional zur Geschwindigkeit. Am infinitesimalen Element gilt: $F_R(x) = \mu \cdot dx \cdot \dot{u}$.

Bilanzen und lineare Approximation: Wir führen mehrere Bilanzen am infinitesimal kleinen Balkenelement der Länge ds durch (Abb. 18.1 rechts). Die Zeitabhängigkeit wurde der Übersicht halber weggelassen: Eine horizontale Kraft- oder Impulsänderungsbilanz und in vertikaler Richtung eine Kraft- oder Impulsänderungsbilanz sowie eine Biegemoment- oder Drehimpulsänderungsbilanz.

1. Bilanz: Horizontale Kräfte.

Es gilt

$$\frac{\partial(dm \cdot \dot{w})}{\partial t} = -N_H(x + dx) + N_H(x) + r(x) \cdot dx.$$

Unter Verwendung von (18.1) folgt

$$\begin{aligned}\rho A ds \cdot \ddot{w} = &-N_0(x + dx) \cdot \cos[\alpha(x + dx)] - A(x)Ew'(x + dx) \cdot \cos[\alpha(x + dx)] \\ &+ N_0(x) \cdot \cos[\alpha(x)] + A(x)Ew'(x) \cdot \cos[\alpha(x)] + r(x)dx.\end{aligned}$$

Weiter gilt

$$\begin{aligned}\rho A\frac{ds}{dx} \cdot \ddot{w} = &-\frac{N_0(x + dx) \cdot \cos[\alpha(x + dx)] - N_0(x) \cdot \cos[\alpha(x)]}{dx} \\ &- E\frac{Aw'(x + dx) \cdot \cos[\alpha(x + dx)] - Aw'(x) \cdot \cos[\alpha(x)]}{dx} + r(x) \quad \text{oder}\end{aligned}$$

$$\rho A\ddot{w}(x,t)\frac{ds}{dx} = -\{N_0(x,t) \cdot \cos[\alpha(x,t)]\}' - E\{Aw'(x,t) \cdot \cos[\alpha(x,t)]\}' + r(x). \tag{18.2}$$

Das Ergebnis entspricht Gleichung (16.2.5) bei der Saite.

2. Bilanz: Vertikale Kräfte. Man erhält

$$\begin{aligned}dm \cdot \ddot{u} &= -N_V(x + dx) + N_V(x) - Q_V(x) + Q_V(x + dx) + q(x)ds + dm \cdot g - F_R(x) \quad \text{oder} \\ dm \cdot \ddot{u} &= -N(x + dx) \cdot \sin[\alpha(x + dx)] + N(x) \cdot \sin[\alpha(x)] \\ &\quad - Q(x) \cdot \cos[\alpha(x)] + Q(x + dx) \cdot \cos[\alpha(x + dx)] + q(x)ds + dm \cdot g - \mu \cdot dx \cdot \dot{u}.\end{aligned}$$

Weiter gilt

$$\begin{aligned}\rho A\frac{ds}{dx} \cdot \ddot{u} = &-\frac{N_0(x + dx) \cdot \sin[\alpha(x + dx)] - N_0(x) \cdot \sin[\alpha(x)]}{dx} \\ &- E\frac{Aw'(x + dx) \cdot \sin[\alpha(x + dx)] - Aw'(x) \cdot \sin[\alpha(x)]}{dx} \\ &+ \frac{Q(x + dx) \cdot \cos[\alpha(x + dx)] - Q(x) \cdot \cos[\alpha(x)]}{dx}\end{aligned}$$

$$
\begin{aligned}
&+ q(x)\frac{ds}{dx} + \rho A g \frac{ds}{dx} - \mu \cdot \dot{u} \quad \text{oder} \\
\rho A[\ddot{u}(x,t) - g]\frac{ds}{dx} &= -\{N_0(x,t) \cdot \sin[\alpha(x,t)]\}' - E\{Aw'(x,t) \cdot \sin[\alpha(x,t)]\}' \\
&+ \{Q(x,t) \cdot \cos[\alpha(x,t)]\}' + q(x)\frac{ds}{dx} - \mu \cdot \dot{u}.
\end{aligned} \tag{18.3}
$$

3. Bilanz: Biegemomente bezüglich dem Drehpunkt D, der mit dem Schwerpunkt der Masse dm bei einer Länge ds zusammenfällt. Es gilt

$$
\frac{\partial(dJ \cdot \dot{\alpha})}{\partial t} = -M(x) - Q(x) \cdot \frac{dx}{2} + q(x) \cdot dx \cdot 0 + M(x + dx) - Q(x + dx) \cdot \frac{dx}{2}.
$$

In der 1. Näherung ist $Q(x+dx) = Q(x) + \frac{\partial Q}{\partial x}dx$ und $M(x+dx) = M(x) + \frac{\partial M}{\partial x}dx$. Daraus entsteht nach Vernachlässigung der Änderungen höherer Potenzen

$$
\frac{\partial(dJ \cdot \dot{\alpha})}{\partial t} = -Qdx + \frac{\partial M}{\partial x}dx. \tag{18.4}
$$

Als Nächstes muss das infinitesimale Massenträgheitsmoment dJ ermittelt werden. Für einen Balkenstück der Länge $l = dx$ gilt nach (11.1.3)

$$
dJ = \frac{m}{12}[(dx)^2 + h^2] \quad \text{oder} \quad dJ = \frac{\rho \cdot bhdx}{12}[(dx)^2 + h^2]
$$

(vgl. Abb. 11.1 links). Dabei sind h und b die Höhe und die Tiefe des Balkens respektive. Vernachlässigt man $(dx)^2$, so entsteht $dJ = \rho\frac{bh^3}{12}dx$, was nach (11.1.1) zu folgendem Ergebnis führt:

$$
dJ = \rho I_y dx. \tag{18.5}
$$

Dabei ist I_y gerade das Flächenträgheitsmoment des Balkens bezüglich der y-Achse. Das Ergebnis (18.5) besitzt für eine beliebige Querschnittsfläche Gültigkeit, denn für ein infinitesimales dx bleibt die Querschnittsfläche auch bei einer Abhängigkeit von x nahezu konstant.

Beweis. Es gilt

$$
\begin{aligned}
\Delta J &= \rho \int\limits_{A\Delta x} r^2 dxdydz = \rho \int\limits_{A} [(\Delta x)^2 + y^2]dA \int\limits_{\Delta x} dx \\
&= \rho \Delta x \int\limits_{A} [(\Delta x)^2 + y^2]dA.
\end{aligned}
$$

Für $\Delta x \to dx$ folgt $dJ = \rho dx \int_A [(dx)^2 + y^2]dA$.
Wiederum wird $(dx)^2 \approx 0$ gesetzt und es folgt $dJ = \rho dx \int_A y^2 dA = \rho I_y dx$. q. e. d.

Die Bilanz (18.4) lautet damit

$$dJ \cdot \ddot{\alpha} = -Qdx + \frac{\partial M}{\partial x}dx, \quad \rho Idx \cdot \ddot{\alpha} = -Qdx + \frac{\partial M}{\partial x}dx$$

oder schließlich

$$\rho I \cdot \ddot{\alpha}(x,t) = -Q(x,t) + \frac{\partial M}{\partial x}(x,t). \tag{18.6}$$

Die Gleichungen (18.2), (18.3) und (18.6) stellen ein System für die drei Größen $u(x,t)$, $w(x,t)$ und $\alpha(x,t)$ dar. Wir treffen zusätzliche Vereinfachungen wie schon bei der Saite.

Zusätzliche Idealisierungen:
- Der Einfluss der Gravitation wird vernachlässigt.
- Die Auslenkungen $u(x,t)$ sind klein gegenüber der Saitenlänge l.

Wie bei der Saite folgt daraus $w(x,t) \equiv 0$, $ds \approx dx$, $\alpha(x) \approx \sin[\alpha(x)] \approx \tan[\alpha(x)] \approx \frac{\partial u}{\partial x}(x)$ und $\cos[\alpha(x+dx)] \approx \cos[\alpha(x)] \approx 1$.

Gleichung (18.2) reduziert sich dann wie bei der Saite zu

$$0 = (N_0(x,t))' + r(x) \quad \text{oder} \quad \frac{\partial N_0}{\partial x} = \frac{\partial N}{\partial x}(x,t) = -r(x). \tag{18.7}$$

Weiter entsteht aus (18.3)

$$\rho A\ddot{u} = -(N \cdot u')' + Q' + q - \mu \cdot \dot{u}. \tag{18.8}$$

Gleichung (18.6) lautet dann

$$\rho I \cdot \ddot{\alpha} = -Q + M' \quad \text{oder} \quad \rho I_y \cdot (\ddot{u})' = -Q + M'. \tag{18.9}$$

Es gilt die Querkraft zu ersetzen. Dazu differenziert man (18.9) und erhält $[\rho I \cdot (\ddot{u})']' = -Q' + M''$ und mit (11.4) $[\rho I \cdot (\ddot{u})']' = -Q' - (EIu'')''$. Aufgelöst ergibt sich $Q' = -\rho I \cdot (\ddot{u})'' - EIu''''$. Dies setzt man in (18.8) ein, was zu $\rho A\ddot{u} = -(N \cdot u')' - (EIu'')'' - [\rho I \cdot (\ddot{u})']' + q - \mu \cdot \dot{u}$ führt. Die Ableitungsstriche sind dabei nicht in die Klammer gezogen worden, für den Fall dass die Größen N und I von x abhängen. Auch die Querschnittsfläche darf eine Funktion von x sein. Endlich folgt die Wellengleichung für den schwingenden Balken:

$$\frac{\partial^2}{\partial x^2}\left(EI \cdot \frac{\partial^2 u}{\partial x^2}\right) + \frac{\partial}{\partial x}\left(N \cdot \frac{\partial u}{\partial x}\right) - \frac{\partial}{\partial x}\left[\rho I \cdot \frac{\partial}{\partial x}\left(\frac{\partial^2 u}{\partial t^2}\right)\right] + \mu \cdot \frac{\partial u}{\partial t} + \rho A \cdot \frac{\partial^2 u}{\partial t^2} = q(x,t). \tag{18.10}$$

In dieser Form besitzen die einzelnen Terme die Einheit einer Kraft. Die sechs Terme bezeichnen die Biegung (als elastische Eigenschaft), Druckkraft, Rotationsträgheit, Dämpfung, (vertikale) Trägheit und Streckenlast. Die Gleichung (18.10) vereint in sich alle bisherigen Schwingungen von Saiten und Stäben einschließlich der statischen Lastfälle.

1. Setzt man $EI = 0$, $\dot{u} = 0$, so erhält man mit $N =$ konst. und $N \to -N$ die DG für die statische Auslenkung der Saite bei Zugbelastung:

$$\frac{\partial^2 u}{\partial x^2} = -\frac{q(x)}{N}.$$

2. Für $N = 0$, $\dot{u} = 0$ ergibt sich mit $EI =$ konst. die DG für Biegelinien des Balkens:

$$\frac{\partial^4 u}{\partial x^2} = \frac{q(x)}{EI}.$$

Weiter nehmen die grundlegenden Ergebnisse analog zur Saite oder den Stab schon vorweg.

Ergebnisse.
- Die Schwingungsform eines Balkens kann in eine Summe von Eigenfunktionen zerlegt werden.
- Die Eigenfunktionen werden allein über die Randbedingungen bestimmt.
- Die Eigenfrequenzen hängen von der Länge l, vom Material (E, ρ), von der Form (A, I) und von der Lagerung (charakteristische Gleichung) ab.
- Die Frequenzen des Systems werden durch die Dämpfung, die Normalkraft, die aufgeprägte Last oder aufliegende Zusatzmassen verändert.

18.1 Euler'sche Knicklast ohne Eigengewicht

Analytische dynamische Lösungen von (18.10) geben wir ab Kap. 18.3. Wir beginnen mit der Untersuchung eines rein statischen Problems im Zusammenhang mit der Gleichung (18.10) und betrachten einen Stab oder Balken in horizontaler Position. Der Balken wird infolge seines Eigengewichts schon etwas durchhängen. Wirkt nun eine Normalkraft N auf den Balken, so kann dieser irgendwann knicken. Praktisch wichtiger ist hingegen der Balken in einer vertikalen Position. Natürlich gilt es aus Stabilitätsgründen unbedingt zu vermeiden, dass ein Stab oder Balken ausknickt, weil die Folgen für die gesamte Konstruktion nicht absehbar sind. Zur weiteren Behandlung nimmt man an, der Balken weise aufgrund kleiner Unvollkommenheiten des Materials oder zuvor einwirkender formverändernder Kräfte schon eine Querauslenkung $u(x)$ gegenüber der Vertikalen auf. Ansonsten gäbe es keinen Grund dafür, weshalb der Balken knicken sollte, falls die Normalkraft exakt im Zentrum der Querschnittsfläche angreift. Vorerst soll zudem das Eigengewicht des Balkens keine Beachtung finden.

Idealisierungen:
- Der Balken in vertikaler Position besitzt eine kleine Auslenkung.
- Die Normalkraft greift im Zentrum der Querschnittsfläche an.
- Das Eigengewicht des Balkens wird vernachlässigt.
- Die Größen E, I und N werden als konstant vorausgesetzt.

Euler hat vier Fälle betrachtet. Diese sind (horizontal skizziert) in Abb. 18.3 festgehalten. Sie entsprechen den vier Lagerungsfällen bei den Biegelinien (Kap. 11.1).

1. Fall: links eingespannt, rechts frei.
2. Fall: beidseitig gelenkig gestützt.
3. Fall: links eingespannt, rechts gelenkig gestützt.
4. Fall: beidseitig eingespannt.

Die zu untersuchende DG lautet $u'''' + \frac{N}{EI} \cdot u'' = 0$. Zur Lösung machen wir den Ansatz

$$u(x) = A \cdot e^{\lambda x} + Bx + C \quad \text{mit} \quad k = \sqrt{\frac{N}{EI}}. \tag{18.1.1}$$

Eingesetzt erhält man $A \cdot \lambda^4 e^{\lambda x} + A \cdot k^2 \lambda^2 e^{\lambda x} = 0$. Daraus folgt $\lambda^2(\lambda^2 + k^2) = 0$ und die beiden von null verschiedenen Werte $\lambda_{1,2} = \pm i \cdot k$. Für die Lösung gilt demnach

$$u(x) = Ae^{ikx} + Be^{-ikx} + C_3 kx + C_4.$$

Mithilfe der neuen Konstanten $A = \frac{1}{2}(C_1 - iC_2)$ und $B = \frac{1}{2}(C_1 + iC_2)$ ergibt sich

$$u(x) = \frac{1}{2}(C_1 e^{ikx} + C_1 e^{-ikx} - iC_2 e^{ikx} + iC_2 e^{-ikx}) + C_3 kx + C_4.$$

Somit lauten die vier Schnittgrößen des Knickproblems:

$$\begin{aligned}
u(x) &= C_1 \cos(kx) + C_2 \sin(kx) + C_3 kx + C_4,\\
u'(x) &= -k\left[C_1 \sin(kx) - C_2 \cos(kx) - C_3\right],\\
M(x) &= -EI \cdot u'' = EIk^2\left[C_1 \cos(kx) + C_2 \sin(kx)\right],\\
Q(x) &= -EI \cdot u''' = -EIk^3\left[C_1 \sin(kx) - C_2 \cos(kx)\right].
\end{aligned} \tag{18.1.2}$$

Daraus lassen sich auch die RBen für die drei verschiedenen Ränder angeben:

Übersicht über die Randbedingungen bei Knickproblemen

Eingespannter Rand	I. $u(x_R) = 0$ (WRB) II. $u'(x_R) = 0$ (WRB)
Gelenkig gestützter Rand	I. $u(x_R) = 0$ (WRB) II. $M(x_R) = 0 \Rightarrow u''(x_R) = 0$ (NRB)
1. Eulerfall	I. $M(x_R) = 0 \Rightarrow u''(x_R) = 0$ (NRB) II. $Q(x_R) = N \cdot u'(x_R)$ (NRB)

Einen freien Rand gibt es in keinem der vier Euler-Fälle. Deswegen ist der 1. Euler-Fall in die Tabelle aufgenommen worden. Die Bedingung II. folgt aus den in Kap. 18 getroffenen Idealisierungen und Abb. 18.1 rechts:

$$Q(x_R) = \sin[\alpha(x_R)] \cdot N(x_R) \approx N \cdot u'(x_R).$$

Beispiel 1. Wir betrachten den 1. Euler-Fall (Abb. 18.2, 1. Skizze).

a) Ermitteln Sie die vier RBen und bestimmen Sie diejenige kritische Kraft, bei welcher der Balken knicken könnte.
b) Berechnen Sie die kritische Kraft für einen $l = 0{,}8\,\text{m}$ langen Stahlstab mit einer quadratischen Querschnittsfläche der Kantenlänge $a = 1\,\text{cm}$ ($E = 2{,}1 \cdot 10^{11}\,\frac{\text{N}}{\text{m}^2}$).
c) Wir nehmen an, dass ein Schilfrohr nahezu fest im Untergrund verankert ist und von oben vertikal belastet wird. Dann können wir die Situation ebenfalls als 1. Euler-Fall deuten. Für die Querschnittsfläche setzen wir einen Kreisring mit $I = \frac{A}{4} \cdot (r_a^2 + r_i^2)$ an. Wann würde die Knickkraft F_{Knick} maximal, wenn man l und A als konstant voraussetzt?

Lösung.

a) Die RBen erhält man aus der Übersicht und (18.1.2) zu I. $u(0) = 0$, II. $u'(0) = 0$, III. $M(l) = 0$ und IV. $Q(l) = N \cdot u'(l)$.
Aus I. folgt $C_1 + C_4 = 0$ und damit $C_4 = -C_1$. Bedingung II. liefert $k(C_2 + C_3) = 0$ und somit $C_3 = -C_2$. Aus III. folgt $C_1 \cos(kl) + C_2 \sin(kl) = 0$ und IV. liefert

$$-EIk^3[C_1 \sin(kl) - C_2 \cos(kl)] = -kN[C_1 \sin(kl) - C_2 \cos(kl) - C_3].$$

Daraus wird mithilfe von (18.1.1) $C_1 \sin(kl) - C_2 \cos(kl) = C_1 \sin(kl) - C_2 \cos(kl) - C_3$ oder $C_3 = 0$. Somit ist mit II. auch $C_2 = 0$ und III. führt zur Gleichung $C_1 \cos(kl) = 0$, also $\cos(kl) = 0$.
Dies ist genau dann der Fall, wenn $kl = \frac{\pi}{2}(2n-1)$ oder $k = \frac{\pi}{2l}(2n-1)$. Die Euler'sche Knicklast ist diejenige Kraft, bei welcher der Stab knicken könnte, was gleichbedeutend mit dem kleinsten n, also $n = 1$ ist. Man erhält somit $k = \frac{\pi}{2l}$ und aus (18.1.1) folgt

$$F_{\text{kr}} = k^2 \cdot EI = EI \cdot \frac{\pi^2}{4l^2}. \tag{18.1.3}$$

Die Euler'sche Knicklast bezeichnet eine kritische Kraft, weswegen ein Stab oder Balken in dieser Lage mit weniger als F_{kr} belastet werden sollte. Für die Knickform ergibt sich aus (18.1.2) die Gleichung

$$u(x) = C_1\left[\cos\left(\frac{\pi}{2l}x\right) - 1\right]. \tag{18.1.4}$$

Die Auslenkung C_1 kann nicht bestimmt werden. Sie lässt sich mit der Methode von Vianello (hier nicht ausgeführt) abschätzen. Man erhält eigentlich für jedes n eine mögliche Knickform des Stabs, aber von praktischem Interesse ist lediglich diejenige für $n = 1$.

b) Gemäß (11.1.1) ist $I = \frac{bh^3}{12}$. In unserem Fall gilt $b = h = a$, was zu $I = \frac{a^4}{12}$ führt. Mit (18.1.3) folgt

$$F_{\text{kr}} = E\frac{a^4}{12} \cdot \frac{\pi^2}{4l^2} = \frac{Ea^4}{48} \cdot \frac{\pi^2}{l^2} = \frac{2{,}1 \cdot 10^{11} \cdot 0{,}01^4}{48} \cdot \frac{\pi^2}{0{,}8^2} = 674{,}68\,\text{N}.$$

c) Aus (18.1.3) wird

$$\begin{aligned} F_{\text{kr}} &= EI \cdot \frac{\pi^2}{4l^2} = E \cdot \frac{A}{4} \cdot (r_a^2 + r_i^2)\frac{\pi^2}{4l^2} \\ &= \frac{E\pi^2}{16l^2} \cdot \pi(r_a^2 - r_i^2) \cdot (r_a^2 + r_i^2) = \frac{E\pi^3}{16l^2}(r_a^4 - r_i^4). \end{aligned}$$

Die maximal benötigte Knickkraft würde für $r_i = 0$ erreicht. Dann wäre das Schilfrohr zwar stabiler aber nicht mehr hohl und die Sauerstoffversorgung für den im Wasser liegenden Teil wäre nicht gewährleistet. Deswegen ist $r_i \approx 0$ ein Kompromiss.

Beispiel 2. Wir betrachten den 3. Euler-Fall (Abb. 18.2, 2. Skizze). Ermitteln Sie die vier RBen, bestimmen Sie diejenige kritische Kraft, bei der der Balken knicken könnte und die Knickform.

Lösung. Man erhält I. $u(0) = 0$, II. $u'(0) = 0$, III. $u(l) = 0$ und IV. $M(l) = 0$.

Aus I. folgt $C_1 + C_4 = 0$ und damit $C_4 = -C_1$. Bedingung II. liefert $k(C_2 + C_3) = 0$, woraus $C_3 = -C_2$ entsteht. Mit III. erhält man $C_1 \cos(kl) + C_2 \sin(kl) + C_3 kl + C_4 = 0$ und IV. führt zu $EIk^2[C_1 \cos(kl) + C_2 \sin(kl)] = 0$ oder $-C_1 = C_2 \tan(kl)$. Die Bedingungen I., II. und III. verrechnet, ergeben $C_1 \cos(kl) + C_2 \sin(kl) - C_2 kl - C_1 = 0$, woraus $C_1[\cos(kl) - 1] + C_2[\sin(kl) - kl] = 0$ folgt. Das Ergebnis von IV. eingesetzt, führt nacheinander zu $\tan(kl)[\cos(kl) - 1] = \sin(kl) - kl$, $\sin(kl) - \tan(kl) = \sin(kl) - kl$ und schließlich zu der charakteristischen Gleichung $\tan(kl) = kl$. Diese lässt sich nur numerisch lösen. Man erhält als kleinsten Wert $kl = 4{,}493 = 1{,}430 \cdot \pi$ oder $k = \frac{1{,}430 \cdot \pi}{l}$.

Zusammen mit (18.1.1) folgt

$$F_{\text{kr}} = k^2 \cdot EI = EI \cdot \frac{2{,}046 \cdot \pi^2}{l^2}.$$

Aus IV. ergibt sich $C_2 = -\frac{C_1}{\tan(kl)} = -\frac{C_1}{kl}$, woraus mit (18.1.2) die Knickform folgt:

$$u(x) = C_1\left[\cos\left(\frac{1{,}430 \cdot \pi}{l}x\right) - \frac{l}{1{,}430 \cdot \pi}\sin\left(\frac{1{,}430 \cdot \pi}{l}x\right) + \frac{x}{l} - 1\right].$$

Abermals kann die Auslenkung C_1 nicht bestimmt werden. In Abb. 18.3 sind sämtliche Ergebnisse für die vier Euler-Fälle festgehalten.

Beispiel 3. Gegeben ist ein beidseitig eingespannter Balken, der sich über seine gesamte Länge gleichmäßig erwärmt. Bei welcher kritischen konstanten Temperaturänderung ΔT bricht er? Entnehmen Sie die kritische Last für diesen Fall, ohne sie herzuleiten, direkt der Abb. 18.3. Dabei sind $l = 10\,\text{m}$, $h = 0{,}1\,\text{m}$ und $\alpha = 1{,}2 \cdot 10^{-5}\,\frac{1}{\text{K}}$ der Wärmeausdehnungskoeffizient.

Lösung. Die Situation entspricht Bsp. 1 aus Kap. 8.1. Die Längenänderung infolge der steigenden Temperatur wird durch die Druckspannungskraft rückgängig gemacht. Gesamthaft erhält man aus (8.1.6) $\Delta l_{\text{Total}} = 0 = \frac{\sigma}{E} \cdot l + \alpha \cdot l \cdot \Delta T$. In unserem Fall ist $\sigma = -\frac{N}{A}$ und im Knickfall $N = F_{\text{kr}} = \frac{4EI \cdot \pi^2}{l^2}$. Damit folgt $\Delta T = \frac{4I \cdot \pi^2}{\alpha A l^2}$. Mit $I = \frac{1}{12}Ah^2$ wird daraus

$$\Delta T = \frac{\pi^2 h^2}{3\alpha l^2} = \frac{\pi^2 0{,}1^2}{3 \cdot 1{,}2 \cdot 10^{-5} \cdot 10^2} = 27{,}42\,\text{K}.$$

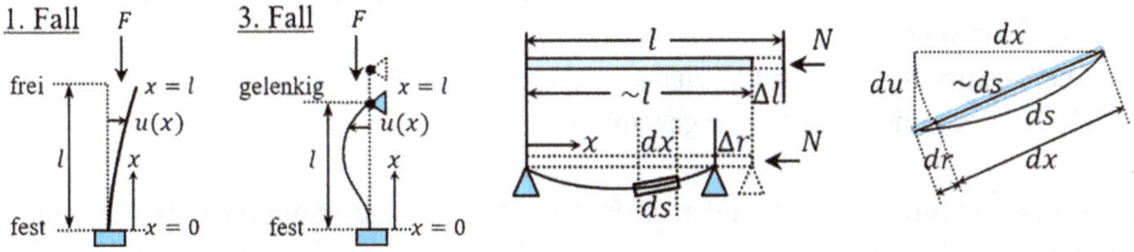

Abb. 18.2: Skizzen zu den Beispielen 1 und 2 und zur Energiemethode.

18.2 Euler'sche Knicklast mit Eigengewicht

Soll das Eigengewicht des Stabs oder Balkens berücksichtigt werden, dann setzt sich die Normalkraft aus der konstanten auf den Balken wirkenden Normalkraft N_0 und der Gewichtskraft des Balkens zusammen: $N(x) = N_0 + \rho A g(l - x)$. Fügt man dies in (18.10) ein, so entsteht eine Gleichung der Form $a \cdot u'''' + (b - x) \cdot u'' - u' = 0$, die sich nur numerisch lösen lässt. Rayleighs Energiemethode gestattet es, die gesuchte Größe N_0 zumindest abzuschätzen.

Herleitung von (18.2.1)–(18.2.7)

Mit Gleichung (8.1.7) liegt die durch Dehnung oder Stauchung im Stab gespeicherte Formänderungsenergie oder potentielle Energie vor. Auf ein kleines Volumenstück angewandt lautet sie $dE_{\text{pot}} = \frac{1}{2}E\varepsilon(x)^2 dV$. Beim Balken ist die relative Längenänderung zwar keine Funktion der x-, wohl aber der y-Koordinate, d. h. $\varepsilon = \varepsilon(y)$ mit dem Abstand y zur neutralen Faser. Damit gilt $dE_{\text{pot}} = \frac{1}{2}E\varepsilon(y)^2 dV$. Verwendet man den Zusammenhang (11.3), so erhält man

$$dE_{\text{pot}} = \frac{1}{2}E \cdot y^2 \cdot u''(x)^2 dA \cdot dx = \frac{1}{2}E \cdot y^2 \cdot dA \cdot u''(x)^2 dx$$

und schließlich mit (11.2)

$$E_{\text{pot},B} = \frac{1}{2}E \int_0^A y^2 dA \int_0^l (u'')^2 dx = \frac{1}{2}EI \int_0^l (u'')^2 dx. \tag{18.2.1}$$

Dabei bezeichnet $u(x)$ irgendeinen Verformungszustand innerhalb der Elastizitätsgrenze und der Index „B" die Biegung. Nun betrachten wir einen horizontalen Stab oder Balken der Länge l, auf den die Normalkraft N wirkt (Abb. 18.2, 3. Skizze). Der Stab verkürzt sich gemäß (8.1.5) für $x = l$ um $\Delta l = \frac{Nl}{EA}$ und die Formänderungsenergie wird nach (8.1.7) in ihm gespeichert als

$$E_{\text{pot},S} = \frac{1}{2} \cdot \frac{EA}{l} \cdot (\Delta l)^2 = \frac{N^2 l}{2EA}. \tag{18.2.2}$$

Der Index „S" meint eine Stauchung. Der Stab besitzt danach die Länge $l - \Delta l$.

Idealisierungen:

- Die Verkürzungen Δl und Δr werden gegenüber der Stablänge l vernachlässigt.
- Die Auslenkung $u(x)$ ist klein gegenüber l.

Wenn der Stab nun ausknickt und horizontal um Δr nachgiebt, dann verändert sich auch die Normalkraft und zwar um

$$\Delta N = EA\frac{\Delta r}{l - \Delta l} \approx EA\frac{\Delta r}{l}. \tag{18.2.3}$$

Für ein infinitesimal kleines Balkenstück der Länge ds im ausgeknickten Zustand ergibt sich nach Abb. 18.2, 4. Skizze die Gleichung

$$\begin{aligned} dr &= ds - dx = \sqrt{(dx)^2 + (du)^2} - dx = dx\sqrt{1 + (u')^2} - dx \\ &= dx\left[1 + \frac{1}{2}(u')^2 - \frac{1}{8}(u')^4 + \cdots\right] - dx \approx dx\left[1 + \frac{1}{2}(u')^2\right] - dx = \frac{1}{2}(u')^2 dx. \end{aligned}$$

Daraus folgt

$$\Delta r = \frac{1}{2} \int_0^{l-\Delta r} (u')^2 dx \approx \frac{1}{2} \int_0^l (u')^2 dx. \tag{18.2.4}$$

Weiter wird der Stab durch das Ausknicken entlastet und verliert deshalb einen Teil der gespeicherten Energie. In der 1. Näherung gilt mit (18.2.2) und (18.2.3)

$$\Delta E_{\text{pot},S} = \frac{dE_{\text{pot},S}}{dN}\Delta N = \frac{Nl}{EA} \cdot EA\frac{\Delta r}{l} = N \cdot \Delta r. \tag{18.2.5}$$

Dies entspricht der von der Kraft N entlang des Weges Δr verrichteten Verschiebungsarbeit.

Bilanz: Änderung der potentiellen Energie. Insgesamt ändert sich die potentielle Energie gemäß (18.2.1), (18.2.2) und (18.2.5) von anfänglich $E_{\mathrm{pot},S}$ auf $E_{\mathrm{pot},S} - \Delta E_{\mathrm{pot},S} + E_{\mathrm{pot},B}$. Die Änderung beträgt damit

$$\Delta E_{\mathrm{pot,Total}} = E_{\mathrm{pot},B} - \Delta E_{\mathrm{pot},S} \quad \text{oder} \quad \Delta E_{\mathrm{pot},T} = \frac{EI}{2}\int_0^l (u'')^2 dx - \frac{N}{2}\int_0^l (u')^2 dx. \tag{18.2.6}$$

Daraus ergibt sich

$$F_{\mathrm{kr}} \leq \frac{EI \int_0^l (u'')^2 dx}{\int_0^l (u')^2 dx}. \tag{18.2.7}$$

Man bezeichnet F_{kr} als kritische Last und die rechte Seite als Rayleigh-Quotient. Es lassen sich drei Fälle unterscheiden. Ist $N < F_{\mathrm{kr}}$, so bleibt der Stab vollständig gerade ($\Delta E_{\mathrm{pot},T} > 0$) und der Stab befindet sich in einem stabilen Gleichgewicht. Für $N = F_{\mathrm{kr}}$ wird das Gleichgewicht instabil ($\Delta E_{\mathrm{pot},T} = 0$). Es bedeutet, dass mit $N > F_{\mathrm{kr}}$ ($\Delta E_{\mathrm{pot},T} < 0$) der Stab zweier stabiler Lagen fähig ist, entweder er bleibt weiterhin gerade oder er knickt aus. Den Wert $N = F_{\mathrm{kr}}$ nennt man deshalb auch Verzweigungswert (vgl. 1. Band). Das Ungleichheitszeichen in (18.2.7) weist darauf hin, dass man zur Sicherheit die kritische Last etwas tiefer als den ermittelten Wert ansetzen sollte. In (18.2.7) bezeichnet $u(x)$ eine beliebige Funktion, welche die RBen des jeweiligen Euler-Falls erfüllt und sinnvoll ist. Theoretisch müsste man also sämtliche zulässige Funktionen in (18.2.7) einsetzen und von allen Werten den minimalen auswählen. Meistens geht man so vor, dass man eine Linearkombination einer Handvoll Funktionen $u_n(x)$ aufstellt, den Wert F_{kr} in Abhängigkeit der Koeffizienten berechnet und dann durch Variation der Koeffizienten den minimalen Wert für F_{kr} ermittelt.

Beispiel 1. Betrachten Sie den 1. Euler-Fall.

a) Ermitteln Sie die kritische Last F_{kr} unter Verwendung der exakten Knickform (18.1.4).

b) Wiederholen Sie die Rechnung aus a) für eine parabelförmige Knickform $u(x) = Cx^2$.

Lösung.

a) Es gilt

$$u(x) = C\left[\cos\left(\frac{\pi}{2l}x\right) - 1\right], \quad u'(x) = -C\frac{\pi}{2l}\sin\left(\frac{\pi}{2l}x\right) \quad \text{und}$$
$$u''(x) = -C\frac{\pi^2}{4l^2}\cos\left(\frac{\pi}{2l}x\right).$$

Man erhält aus (18.2.7)

$$F_{\text{kr}} \le \frac{C^2 EI \frac{\pi^4}{16l^4} \int_0^l \cos^2(\frac{\pi}{2l}x)dx}{C^2 \frac{\pi^2}{4l^2} \int_0^l \sin^2(\frac{\pi}{2l}x)dx} = \frac{EI\pi^2 \cdot \frac{l}{2}}{4l^2 \cdot \frac{l}{2}} = EI \cdot \frac{\pi^2}{4l^2} \approx 2{,}47 \cdot \frac{EI}{l^2},$$

was mit (18.1.3) übereinstimmt.

b) Man muss sicherstellen, dass $u(x) = Cx^2$ die RBen des festen Rands erfüllt. Diejenigen des freien Rands kann nur die exakte Lösung erfüllen, weil jene Momente und damit die kritische Last enthalten. I. $u(0) = 0$ und II. $u'(0) = 0$ gelten. Dann führt (18.2.7) zu

$$F_{\text{kr}} \le \frac{EI \int_0^l (2C)^2 dx}{\int_0^l (2Cx)^2 dx} = \frac{4EIC^2 l}{4C^2 \frac{l^3}{3}} = 3 \cdot \frac{EI}{l^2}$$

im Vergleich zum Ergebnis von a).

Herleitung von (18.2.8)–(18.2.10)

Nun sind wir bereit, das eigentliche Problem dieses Kapitels anzugehen. Dazu wird der Stab oder Balken in die vertikale Position gebracht. Die Energiebilanz, die zu Gleichung (18.2.6) führte, muss um die potentielle Energie des Eigengewichts erweitert werden.

Bilanz: Dazu betrachten wir ein Stabstück der Dicke dx auf der Höhe x. In den Gleichungen (18.2.4) und (18.2.5) muss man die konstante Normalkraft N durch die auf den Balken wirkende Eigenlast in dieser Höhe, $G(x) = mg\frac{l-x}{l} = \rho A g(l-x)$ ersetzen. Man erhält

$$dE_{\text{pot},G} = G(x) \cdot dr \quad \text{oder} \quad dE_{\text{pot},G} = \rho A g(l-x) \cdot \frac{1}{2}(u')^2 dx$$

und insgesamt

$$E_{\text{pot},G} = \frac{\rho A g}{2} \int_0^l (l-x) \cdot (u')^2 dx. \tag{18.2.8}$$

Die Gleichungen (18.2.6) und (18.2.7) ändern sich entsprechend. Es folgt

$$\Delta E_{\text{pot},T} = E_{\text{pot},B} - \Delta E_{\text{pot},S} - E_{\text{pot},G} \quad \text{oder}$$

$$\Delta E_{\text{pot},T} = \frac{EI}{2} \int_0^l (u'')^2 dx - \frac{N}{2} \int_0^l (u')^2 dx - \frac{\rho A g}{2} \int_0^l (l-x) \cdot (u')^2 dx. \tag{18.2.9}$$

Daraus ergibt sich

$$F_{\text{kr}} \leq \frac{EI \int_0^l (u'')^2 dx - \rho A g \int_0^l (l-x) \cdot (u')^2 dx}{\int_0^l (u')^2 dx}. \tag{18.2.10}$$

Beispiel 2. Betrachten Sie den 1. Euler-Fall.

Ermitteln Sie die kritische Last F_{kr} mithilfe von (18.2.10) und unter Verwendung der exakten Knickform.

Lösung. Man erhält

$$\begin{aligned} F_{\text{kr},G} &\leq \frac{C^2 EI \frac{\pi^4}{16l^4} \int_0^l \cos^2(\frac{\pi}{2l}x)dx - \rho A g C^2 \frac{\pi^2}{4l^2} \int_0^l (l-x) \cdot \sin^2(\frac{\pi}{2l}x)dx}{C^2 \frac{\pi^2}{4l^2} \int_0^l \sin^2(\frac{\pi}{2l}x)dx} \\ &= \frac{EI \frac{\pi^2}{4l^2} \cdot \frac{l}{2} - \rho A g \cdot l^2(\frac{1}{4} - \frac{1}{\pi^2})}{\frac{l}{2}} = EI \cdot \frac{\pi^2}{4l^2} - 0{,}30 \cdot G = F_{\text{kr}} - 0{,}3 \cdot G. \end{aligned}$$

Um Stabilität zu sichern, vermindert man die kritische Last somit um 30 % des Eigengewichts des Balkens.

Für die drei verbleibenden Fälle wird auf dieselbe Weise die entsprechende Korrektur bestimmt. Die gesamten Ergebnisse sind in Abb. 18.3 festgehalten.

	Charakteristische Gleichung	Knickform	Kritische Knicklast ohne Eigengewicht	Kritische Knicklast mit Eigengewicht
 ←F	$cos(kl) = 0$	$u(x) = C\left(cos\left(\frac{\pi}{2l}x\right) - 1\right)$	$F_{kr} = EI \cdot \frac{\pi^2}{4l^2}$	$F_{kr,G} = F_{kr} - 0.3G$
 ←F	$sin(kl) = 0$	$u(x) = C\ sin\left(\frac{\pi}{l}x\right)$	$F_{kr} = EI \cdot \frac{\pi^2}{l^2}$	$F_{kr,G} = F_{kr} - 0.5G$
 ←F	$tan(kl) - kl = 0$	$u(x) = C\left(cos\left(\frac{1.430 \cdot \pi}{l}x\right) - \frac{l}{1.430 \cdot \pi} sin\left(\frac{1.430 \cdot \pi}{l}x\right) + \frac{x}{l} - 1\right)$	$F_{kr} = EI \cdot \frac{2.046 \cdot \pi^2}{l^2}$	$F_{kr,G} = F_{kr} - 0.35G$
 ←F	$2 - 2cos(kl) = klsin(kl)$	$u(x) = C\left(cos\left(\frac{2\pi}{l}x\right) - 1\right)$	$F_{kr} = 4EI \cdot \frac{\pi^2}{l^2}$	$F_{kr,G} = F_{kr} - 0.5G$

Abb. 18.3: Übersicht zu den Euler'schen Knickfällen.

18.3 Biegeschwingungen ohne Dämpfung und Last

Nun wenden wir uns den dynamischen Problemen der Gleichung (18.10) zu. Die genaue Schwingungsform ist zweitrangig. Viel wichtiger sind neben der Amplitude die Eigenfrequenzen des Systems. Weiter ist $q(x,t) = 0$. Als einziges Zugeständnis bleibt die Dämpfung unbeachtet. In diesem Kapitel wird auch der Einfluss der Rotationsträgheit auf die Eigenfrequenzen ersichtlich.

Herleitung von (18.3.3)–(18.3.7)

Idealisierungen:
- Die Systemdämpfung wird vernachlässigt.
- Die Größen E, I, N, ρ, μ und A werden als konstant vorausgesetzt.

Einschränkung: Der Balken ist lastfrei.

Gleichung (18.10) schreibt sich dann als

$$EIu'''' + Nu'' - \rho I(\ddot{u})'' + \rho A\ddot{u} = 0. \tag{18.3.1}$$

Weiter entsteht

$$\frac{EI}{\rho A}u'''' + \frac{N}{\rho A}u'' - \frac{I}{A}(\ddot{u})'' + \ddot{u} = 0$$

und mit den Abkürzungen $a = \frac{EI}{\rho A}$, $b = \frac{N}{\rho A}$, $c = \frac{I}{A}$ die Gleichung

$$au'''' + bu'' - c(\ddot{u})'' + \ddot{u} = 0.$$

Der Produktansatz $u(x,t) = v(x) \cdot w(t)$ führt zu

$$av''''w + bv''w - cv''\ddot{w} + v\ddot{w} = 0 \quad \text{oder} \quad a\frac{v''''}{v} + b\frac{v''}{v} - c\frac{v''\ddot{w}}{vw} + \frac{\ddot{w}}{w} = 0. \tag{18.3.2}$$

Da die Dämpfung nicht beachtet wird, besitzt die Zeitlösung die Form

$$w(t) = \sum_n w_n(t) = \sum_n [b_n \sin(\omega_n t) + c_n \cos(\omega_n t)].$$

Man bestätigt $\ddot{w} = -\omega_n^2 w$, weshalb aus (18.3.2) die Gleichung

$$a\frac{v''''}{v} + b\frac{v''}{v} + c\omega^2\frac{v''}{v} - \omega^2 = 0$$

entsteht. (Den Index kann man vorerst wieder weglassen.) Weiter erhält man

$$v'''' + \frac{b + c\omega^2}{a}v'' - \frac{\omega^2}{a}v = 0. \tag{18.3.3}$$

Setzt man noch $j^2 = \frac{b+c\omega^2}{2a}$ und $k^4 = \frac{\omega^2}{a}$, so ergibt sich $v'''' + 2j^2v'' - k^4v = 0$. Für $v(x)$ machen wir den Ansatz $v(x) = \beta \cdot e^{\lambda x}$, was zu $\lambda^4 + 2j^2\lambda^2 - k^4 = 0$ führt. Die Lösungen sind

$$\lambda = \pm\sqrt{\frac{-2j^2 \pm \sqrt{4j^4 + 4k^4}}{2}} = \pm\sqrt{\pm\sqrt{j^4 + k^4} - j^2}$$

und mit den Abkürzungen

$$r_1 = \sqrt{\sqrt{j^4 + k^4} - j^2}, \quad r_2 = \sqrt{\sqrt{j^4 + k^4} + j^2}$$

folgt

$$\lambda_{1,2} = \pm r_1, \quad \lambda_{3,4} = \pm i r_2. \tag{18.3.4}$$

Gleichung (18.3.4) liefert nacheinander:

$$r_i^2 = \sqrt{j^4 + k^4} \mp j^2, \quad (r_i^2 \pm j^2)^2 = j^4 + k^4, \quad r_i^4 \pm 2 r_i^2 j^2 = k^4,$$

$$r_i^4 \pm r_i^2 \frac{b + c\omega^2}{a} = \frac{\omega^2}{a}, \quad a r_i^4 \pm b r_i^2 = \omega^2 (1 + c r_i^2)$$

und schließlich den Zusammenhang

$$\omega_{n,i}^2 = r_i^2 \frac{a r_i^2 \mp b}{c r_i^2 + 1}. \tag{18.3.5}$$

Hier erkennt man den Einfluss der auf den Balken wirkenden Kräfte auf die Eigenfrequenzen.

Mit (18.3.4) erhält man

$$v(x) = A e^{r_1 x} + B e^{-r_1 x} + C e^{i r_2 x} + D e^{-i r_2 x}.$$

Nun bildet man die neuen Konstanten $A = \frac{1}{2}(C_1 + C_2)$, $B = \frac{1}{2}(C_1 - C_2)$, $C = \frac{1}{2}(C_3 - iC_4)$ und $D = \frac{1}{2}(C_3 + iC_4)$, was

$$v(x) = \frac{1}{2}(C_1 e^{r_1 x} + C_1 e^{-r_1 x} + C_2 e^{r_1 x} - C_2 e^{-r_1 x} + C_3 e^{i r_2 x} + C_3 e^{-i r_2 x} - i C_4 e^{i r_2 x} + i C_4 e^{-i r_2 x})$$

und endlich

$$v(x) = C_1 \cosh(r_1 x) + C_2 \sinh(r_1 x) + C_3 \cos(r_2 x) + C_4 \sin(r_2 x)$$

nach sich zieht.

Die allgemeine Lösung von (18.3.1) lautet dann

$$\begin{aligned} u(x,t) = {} & \sum_{n=1}^{\infty} [b_n \sin(\omega_n t) + c_n \cos(\omega_n t)] \\ & \cdot [C_1 \cosh(r_{1n} x) + C_2 \sinh(r_{1n} x) + C_3 \cos(r_{2n} x) + C_4 \sin(r_{2n} x)]. \end{aligned} \tag{18.3.6}$$

Dabei ergeben sich die vier Koeffizienten C_1 bis C_4 aus den RBen und die Koeffizienten a_n und b_n aus den Anfangsbedingungen.

Des Weiteren folgen die nachstehenden Schnittgrößen:

$$\begin{aligned}
v(x) &= C_1\cosh(r_1x) + C_2\sinh(r_1x) + C_3\cos(r_2x) + C_4\sin(r_2x),\\
v'(x) &= r_1\big[C_1\sinh(r_1x) + C_2\cosh(r_1x)\big] - r_2\big[C_3\sin(r_2x) - C_4\cos(r_2x)\big],\\
M(x) &= -EI\cdot v'' = -EI\Big(r_1^2\big[C_1\cosh(r_1x) + C_2\sinh(r_1x)\big] - r_2^2\big[C_3\cos(r_2x) + C_4\sin(r_2x)\big]\Big),\\
Q(x) &= -EI\cdot v''' = -EI\Big(r_1^3\big[C_1\sinh(r_1x) + C_2\cosh(r_1x)\big] + r_2^3\big[C_3\sin(r_2x) - C_4\cos(r_2x)\big]\Big).
\end{aligned} \tag{18.3.7}$$

Dabei entnimmt man r_1 und r_2 aus (18.3.4). Eine Klassifikation der vier klassischen Lagerungsfälle folgt in Kap. 18.6.

Zudem ergeben sich die folgenden RBen. Da $u(x,t) = v(x)\cdot w(t)$ gilt, übertragen sich die zeitunabhängigen Bedingungen von u auf v.

Übersicht über die Randbedingungen bei freien Biegeschwingungen

Eingespannter Rand	I. $u(x_R,t) = 0 \Rightarrow v(x_R) = 0$ (WRB)
	II. $u'(x_R,t) = 0 \Rightarrow v'(x_R) = 0$ (WRB)
Gelenkig gestützter Rand	I. $u(x_R,t) = 0 \Rightarrow v(x_R) = 0$ (WRB)
	II. $M(x_R,t) = 0 \Rightarrow v''(x_R) = 0$ (NRB)
Freier Rand (falls $N = 0$ und $Q = 0$)	I. $M(x_R,t) = 0 \Rightarrow v''(x_R) = 0$ (NRB)
	II. $Q(x_R,t) = 0 \Rightarrow v'''(x_R) = 0$ (NRB)
1. Biegeschwingungsfall	II. $Q(x_R,t) = N\cdot u'(x_R,t) = 0 \Rightarrow v'(x_R) = 0$ (NRB)

Ein freier Rand ist keiner Kraft ausgesetzt. Bei vorhandener Normalkraft ist deshalb für den 1. Biegeschwingungsfall die zugehörige Bedingung in die Tabelle aufgenommen worden. Eine Durchbiegung aufgrund des Eigengewichts alleine ohne Normalkraft ist nicht vorhanden, weil im statischen Fall $EIu'''' = 0$, also $u = 0$ verbleibt.

Es soll noch die Orthogonalität der Eigenfunktionen gezeigt werden.

Beweis. Jede Eigenfunktion genügt der Gleichung (18.3.3) oder mit den Abkürzungen

$$\alpha_n = \frac{b + c\omega_n^2}{a} \quad \text{und} \quad \beta_n = -\frac{\omega_n^2}{a}$$

der Gleichung

$$v_n'''' + \alpha_n v_n'' + \beta_n v_n = 0. \tag{18.3.8}$$

Die Multiplikation mit v_m liefert $v_n''''v_m + \alpha_n v_n'' v_m + \beta_n v_n v_m = 0$ und durch vertauschen der Indizes $v_m''''v_n + \alpha_m v_m'' v_n + \beta_m v_n v_m = 0$. Die beiden Gleichungen werden subtrahiert, was zu

$$\int_0^l (v_n'''' v_m - v_m'''' v_n)dx + \alpha_n \int_0^l v_n'' v_m dx - \alpha_m \int_0^l v_m'' v_n dx + (\beta_n - \beta_m) \int_0^l v_n v_m dx = 0$$

führt. Die ersten drei Integrale werden mithilfe partieller Integration umgeschrieben:

1. Integral.

$$\begin{aligned}\int_0^l (v_n'''' v_m - v_m'''' v_n)dx &= [v_n''' v_m - v_m''' v_n]_0^l - \int_0^l (v_n''' v_m' - v_m'''' v_n')dx\\ &= [v_n''' v_m - v_m''' v_n]_0^l - [v_n'' v_m - v_m'' v_n]_0^l + \int_0^l (v_n'' v_m'' - v_m'' v_n'')dx\\ &= [v_n''' v_m - v_m''' v_n]_0^l - [v_n'' v_m - v_m'' v_n]_0^l.\end{aligned}$$

2. Integral.

$$\begin{aligned}\int_0^l v_n'' v_m dx &= [v_n' v_m - v_m' v_n]_0^l - \int_0^l (v_n' v_m' - v_m' v_n')dx\\ &= [v_n' v_m - v_m' v_n]_0^l.\end{aligned}$$

3. Integral.

$$\begin{aligned}\int_0^l v_m'' v_n dx &= [v_m' v_n - v_n' v_m]_0^l - \int_0^l (v_m' v_n' - v_n' v_m')dx\\ &= [v_m' v_n - v_n' v_m]_0^l.\end{aligned}$$

Mithilfe der obigen Tabelle folgen die benötigten Produkte aus RBen:

I. $v(0)v'(0) = 0$, II. $v(l)v'(l) = 0$, III. $v(0)v''(0) = 0$, IV. $v(l)v''(l) = 0$, V. $v(0)v'''(0) = 0$ und VI. $v(l)v'''(l) = 0$.

Das 1. Integral ist null infolge von III. – VI. und die beiden anderen Integrale sind null unter Verwendung von I. und II. Insgesamt verbleibt $(\beta_n - \beta_m) \int_0^l v_n v_m dx = 0$, was im Fall von $n \neq m$ bedeutet, dass $\int_0^l v_n v_m dx = 0$ sein muss. q. e. d.

Beispiel 1. Der Balken sei beidseitig gelenkig gelagert (Abb. 18.4, 3. Skizze).

a) Bestimmen Sie aus den vier RBen die Eigenfunktionen $v_n(x)$.

b) Der Balken wird aus der Ruhelage mittig mit der Kraft F ausgelenkt und dann entfällt die Kraft wieder. Bestimmen Sie daraus die Schwingungsform $u(x, t)$.

c) Der Balken ist durch die Werte $l = 1\,\text{m}$, $E = 2{,}1 \cdot 10^{11}\,\frac{\text{N}}{\text{m}^2}$, $\rho = 7{,}8 \cdot 10^3\,\frac{\text{kg}}{\text{m}^3}$, $I = \frac{1}{12}Ah^2$, $N = 10^6\,\text{N}$, $h = 0{,}05\,\text{m}$ und $b = 10\,\text{cm}$ gegeben. Könnte der Balken knicken?

d) Ermitteln Sie für die Werte aus c) die Frequenzen f_n für die Fälle i) $c = 0$ (ohne Rotationsträgheit), ii) $b = 0$ (ohne Normalkraft) und iii) $b = c = 0$ (ohne Rotationsträgheit und Normalkraft).

Lösung.

a) Es gilt I. $v(0) = 0$, II. $M(0) = 0$, III. $v(l) = 0$ und IV. $M(l) = 0$. Aus I. und II. folgen zuerst (18.3.7) $C_1 + C_3 = 0$ und $r_1^2 C_1 - r_2^2 C_3 = 0$ respektive und daraus $C_1 = 0$, $C_3 = 0$. Bedingung III. liefert $C_2 \sinh(r_1 l) + C_4 \sin(r_2 l) = 0$ und IV. liefert $C_2 r_1^2 \sinh(r_1 l) - C_4 r_2^2 \sin(r_2 l) = 0$. Multipliziert man III. mit r_1^2 und subtrahiert das Ergebnis von IV., so folgt $(r_1^2 + r_2^2) \cdot \sin(r_2 l) = 0$ und die charakteristische Gleichung $\sin(r_2 l) = 0$, da gleichzeitig $r_1 = r_2 = 0$ unmöglich ist. Damit ergibt sich $r_2 = \frac{n\pi}{l}$. Aus III. entnimmt man $r_1 = 0$, was zu $k = 0$, $\omega = 0$ führt und nicht sein kann. Demnach ist $C_2 = 0$. Insgesamt verbleibt

$$v_n(x) = \sin(r_2 x) = \sin\left(\frac{n\pi}{l} x\right).$$

b) Der Ansatz lautet

$$u(x,t) = \sum_{n=1}^{\infty} \sin\left(\frac{n\pi}{l} x\right) [b_n \sin(\omega_n t) + c_n \cos(\omega_n t)].$$

Die Anfangsbedingung $\dot{u}(x,0)$ ergibt $b_n = 0$. Es verbleibt die Anfangsauslenkung einzubauen, um die Koeffizienten c_n zu bestimmen. Abb. 11.8 entnimmt man die zugehörige Biegelinie und es gilt

$$-\frac{Fl^3}{48EI}\left[4\left(\frac{x}{l}\right)^3 - 3\left(\frac{x}{l}\right)\right] = u(x,0) = \sum_{n=1}^{\infty} c_n \sin\left(\frac{n\pi}{l} x\right).$$

Unter Verwendung der Orthogonalität der Sinusfunktion erhält man

$$\begin{aligned} c_n &= \frac{2}{l} \cdot \int_0^l u(x,0) \cdot \sin\left(\frac{n \cdot \pi}{l} x\right) dx = -\frac{F}{24EI \cdot l} \int_0^l (4x^3 - 3l^2 x) \cdot \sin\left(\frac{n \cdot \pi}{l} x\right) dx \\ &= -\frac{F}{24EI \cdot l} \cdot \left[4 \cdot l^4 (-1)^{n+1} \frac{n^2\pi^2 - 6}{n^3\pi^3} - 3l^2 \cdot (-1)^{n+1} \frac{l^2}{n\pi}\right] \\ &= \frac{Fl^3}{24EI} (-1)^n \left[4 \cdot \frac{n^2\pi^2 - 6}{n^3\pi^3} - \frac{3}{n\pi}\right] = \frac{Fl^3}{24EI} (-1)^n \left(\frac{n^2\pi^2 - 24}{n^3\pi^3}\right). \end{aligned}$$

Damit lautet die Lösung

$$u(x,t) = \frac{Fl^3}{24EI} \sum_{n=1}^{\infty} (-1)^n \left(\frac{n^2\pi^2 - 24}{n^3\pi^3}\right) \sin\left(\frac{n\pi}{l} x\right) \cdot \cos(\omega_n t) = g(x) \cdot \cos(\omega_n t).$$

c) Für die kritische Last gilt für diesen Fall nach Abb. 18.3

$$F_{\mathrm{kr}} = EI\frac{\pi^2}{l^2} = \frac{Ebh^3}{12}\cdot\frac{\pi^2}{l^2} = \frac{2{,}1\cdot 10^{11}\cdot 0{,}1\cdot 0{,}05^3}{12}\cdot\frac{\pi^2}{1^2} = 2{,}16\cdot 10^6\,\mathrm{N},$$

also mehr als halb so groß wie N. Man kann davon ausgehen, dass die Biegeschwingungen knickfrei verlaufen.

d) i) Mit (18.3.5) ergibt sich

$$\omega_n^2 = r_2^2(ar_2^2 - b) = \left(\frac{n\pi}{l}\right)^2\left[\frac{EI}{\rho A}\left(\frac{n\pi}{l}\right)^2 - \frac{N}{\rho A}\right]$$

und daraus

$$f_n = \frac{n}{2l}\sqrt{\frac{EI}{\rho A}\left(\frac{n\pi}{l}\right)^2 - \frac{N}{\rho A}}.$$

Die ersten fünf Frequenzen in Hz lauten 86,19, 442,48, 1031,17, 1854,82, 2913,67. Natürlich sind die Frequenzen mit Einbezug der Normalkraft stark abhängig von der Größe N.

ii) In diesem Fall hat man

$$\omega_n^2 = r_2^4\cdot\frac{a}{cr_2^2+1} = \frac{EI}{\rho A}\cdot r_2^4\cdot\frac{12}{\frac{I}{A}r_2^2+12} = \frac{Eh^2}{12\rho}\cdot r_2^4\cdot\frac{12}{h^2r_2^2+12}$$
$$= \left(\frac{n\pi}{l}\right)^4\cdot\frac{Eh^2}{\rho[h^2(\frac{n\pi}{l})^2+12]}$$

und damit

$$f_n = \frac{1}{2\pi}\left(\frac{n\pi}{l}\right)^2\sqrt{\frac{Eh^2}{\rho[h^2(\frac{n\pi}{l})^2+12]}}.$$

Man erhält für f_1 bis f_5 die Werte 117,52, 468,64, 1049,11, 1852,05, 2868,25 jeweils in Hz.

iii) Hier ergibt sich

$$\omega_n^2 = ar_2^4 = \frac{Eh^2}{12\rho}\left(\frac{n\pi}{l}\right)^4$$

und für f_1 bis f_5 die Werte 117,64, 470,57, 1058,78, 1882,27, 2941,04 jeweils in Hz.

Ergebnis. Für höhere Frequenzen nimmt der Einfluss der Rotationsträgheit zu.

Dies kann man sich auch plausibel machen, denn mit Erhöhung der Frequenz steigt die Anzahl der Krümmungsänderungen entlang der Balkenlänge an.

Beispiel 2. Der Balken sei beidseitig fest verankert (Abb. 18.4, 2. Skizze).

a) Bestimmen Sie aus den vier RBen die zugehörige charakteristische Gleichung.

b) Nehmen Sie dieselben konkreten Werte wie in Beispiel 1. c) und ermitteln Sie mithilfe von (18.3.5) die zwei Funktionen $r_1(\omega)$ und $r_2(\omega)$. Setzen Sie die Ausdrücke in die charakteristische Gleichung von a) ein und bestimmen Sie die ersten fünf Eigenfrequenzen für die Fälle i) $c = 0$, ii) $b = 0$ und iii) $b = c = 0$ wie in Beispiel 1.

Lösung.

a) Es gilt I. $v(0) = 0$, II. $v'(0) = 0$, III. $v(l) = 0$ und IV. $v'(l) = 0$.
Aus I. und II. entstehen $C_1 + C_3 = 0$ und $r_1 C_2 + r_2 C_4 = 0$ respektive. Die Bedingungen III. und IV. liefern ihrerseits
III. $C_1 \cosh(r_1 l) + C_2 \sinh(r_1 l) + C_3 \cos(r_2 l) + C_4 \sin(r_2 l) = 0$ und
IV. $r_1[C_1 \sinh(r_1 l) + C_2 \cosh(r_1 l)] - r_2[C_3 \sin(r_2 l) - C_4 \cos(r_2 l)] = 0$.
Mit I. und II. wird daraus
III. $C_1 r_2[\cosh(r_1 l) - \cos(r_2 l)] = -C_2[r_2 \sinh(r_1 l) - r_1 \sin(r_2 l)]$ und
IV. $C_1[r_1 \sinh(r_1 l) + r_2 \sin(r_2 l)] = -r_1 C_2[\cosh(r_1 l) - \cos(r_2 l)]$.
Die weitere Verrechnung ergibt

$$\begin{aligned} & r_1 r_2[\cosh(r_1 l) - \cos(r_2 l)]^2 - r_1 r_2 \sin^2 h(r_1 l) \\ & \quad + (r_1^2 - r_2^2) \sinh(r_1 l) \sin(r_2 l) + r_1 r_2 \sin^2(r_2 l) = 0 \end{aligned}$$

und die charakteristische Gleichung

$$1 - \cosh(r_1 l) \cos(r_2 l) + \frac{r_1^2 - r_2^2}{2 r_1 r_2} \sinh(r_1 l) \sin(r_2 l) = 0. \tag{18.3.9}$$

Leider lässt sich aus dieser Gleichung r_2 nicht mit r_1 ausdrücken, weswegen man zur Bestimmung der Eigenfrequenzen gemäß Fragestellung b) vorgehen muss.

b) Gleichung (18.3.5) liefert die Ausdrücke

$$r_{1,2}^2(\omega) = \sqrt{\left(\frac{b + c\omega^2}{2a}\right)^2 + \frac{\omega^2}{a}} \mp \frac{b + c\omega^2}{2a}$$

mit den entsprechenden Werten für a, b und c. Eingesetzt in die charakteristische Gleichung erhält man Kreisfrequenzen ω_n und daraus Frequenzen f_n. Die ersten fünf lauten jeweils in Hz:
i) 252, 711, 1404, 2324, 3438, ii) 266, 732, 1426, 2341, 3465 und iii) 266, 732, 1426, 2341, 3465. Wiederum wird der Einfluss der Rotationsträgheit mit zunehmender Eigenfrequenz deutlich.

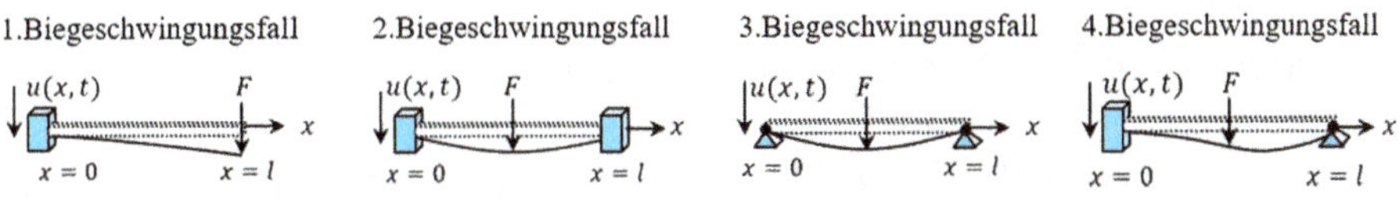

Abb. 18.4: Skizzen zu den Biegeschwingungsfällen.

18.4 Biegeschwingungen ohne Rotationsträgheit und Last

Die Behandlung dieses Problems liefert, verglichen mit dem letzten Kapitel, keine wesentlichen neuen Ergebnisse: Der Einfluss der Rotation auf die Eigenfrequenzen wurde gezeigt und die Eigenformen sind dieselben, weil sie durch die RBen alleine bestimmt werden. Somit bleibt die Gültigkeit sämtlicher Gleichungen von (18.3.7) bestehen. Lediglich die Eigenfrequenzen erfahren durch die Dämpfung eine Veränderung, analog zu den bisherigen gedämpften Schwingungen von Pendel, Saite, Stab usw. Die Schwingungsform (18.3.6) wird dabei durch eine zeitlich exponentiell fallende Funktion ergänzt. Wir beschränken uns deshalb darauf, die allgemeine Schwingungsform herzuleiten.

Herleitung von (18.4.2)

Gemäß Überschrift sind die Vereinfachungen gegeben.

Idealisierungen:

- Die Rotationsträgheit wird vernachlässigt.
- Die Größen E, I, N, ρ, μ und A werden als konstant vorausgesetzt.

Einschränkung: Der Balken ist lastfrei.

Gleichung (18.10) erhält dann die Form

$$EIu'''' + Nu'' + \mu\dot{u} + \rho A\ddot{u} = 0 \quad \text{oder} \quad \frac{EI}{\rho A}u'''' + \frac{N}{\rho A}u'' + \frac{\mu}{\rho A}\dot{u} + \ddot{u} = 0.$$

Mit dem Ansatz $u(x,t) = v(x) \cdot w(t)$ und den Abkürzungen $a = \frac{EI}{\rho A}$, $b = \frac{N}{\rho A}$, $\delta = \frac{\mu}{\rho A}$ folgt

$$av''''w + bv''w + \delta v\dot{w} + v\ddot{w} = 0 \quad \text{oder} \quad a\frac{v''''}{v} + b\frac{v''}{v} = -\delta\frac{\dot{w}}{w} - \frac{\ddot{w}}{w}.$$

Beide Seiten müssen gleich einer Konstante ω^2 sein. Man erhält

$$a\frac{v''''}{v} + b\frac{v''}{v} = \omega^2 \quad \text{und} \quad -\delta\frac{\dot{w}}{w} - \frac{\ddot{w}}{w} = \omega^2. \tag{18.4.1}$$

Daraus wird $v'''' + \frac{b}{a}v'' - \frac{\omega^2}{a}v = 0$, was (18.3.3) für $c = 0$ und der Lösung gemäß (18.3.6) oder (18.3.7) für den Ortsteil $v(x)$ entspricht. Der Zeitteil erhält die Gestalt $\ddot{w} + \delta\dot{w} + \omega^2 w = 0$. Mithilfe von (16.3.5), (18.3.6) und $\varepsilon_n^2 = \omega_n^2 - (\frac{\delta}{2})^2$ folgt insgesamt

$$u(x,t) = \sum_{n=1}^{\infty} e^{-\frac{\delta}{2}\cdot t} \cdot [D_1 \cdot \cos(\varepsilon_n t) + D_2 \cdot \sin(\varepsilon_n t)]$$
$$\cdot \left[C_1 \cosh(r_{1n}x) + C_2 \sinh(r_{1n}x) + C_3 \cos(r_{2n}x) + C_4 \sin(r_{2n}x)\right]. \qquad (18.4.2)$$

Beispiel. Ermitteln Sie die Eigenfunktionen $v_n(x)$, die Frequenzen $\omega_n(x)$ und die Schwingungsform $u(x,t)$ für den mittig und einmalig mit der Kraft F aus der Ruhelage ausgelenkten, beidseitig gelenkig gelagerten Balken aus Beispiel 1, Kap. 18.3. Eine Durchbiegung aufgrund des Eigengewichts existiert nicht.

Lösung. Die Eigenformen sind wie beim erwähnten Beispiel $v_n(x) = \sin(r_{2n}x)$ mit $r_{2n} = \frac{n\pi}{l}$. Die Frequenzen ergeben sich aus (18.3.5) zu $\omega_n^2 = r_2^2(ar_2^2 - b)$ und die Schwingungsform mit (18.3.6) zu

$$u(x,t) = \sum_{n=1}^{\infty} c_n \sin(r_{2n}x) \cdot e^{-\frac{\delta}{2}\cdot t} \cos(\varepsilon_n t).$$

Aus der Anfangsbedingung $u(x,0) = \sum_{n=1}^{\infty} c_n \sin(\frac{n\pi}{l}x)$ folgen dieselben Koeffizienten wie im erwähnten Beispiel und damit die Gesamtlösung

$$u(x,t) = \frac{Fl^3}{24EI} \sum_{n=1}^{\infty} (-1)^n \left(\frac{n^2\pi^2 - 24}{n^3\pi^3}\right) \sin(r_{2n}x) \cdot e^{-\frac{\delta}{2}\cdot t} \cos(\varepsilon_n t).$$

18.5 Biegeschwingungen ohne Dämpfung, Rotationsträgheit und Last

Dieser Fall entspricht dem Spezialfall des Kapitels 18.4 für $\mu = 0$.

Idealisierungen:

- Rotationsträgheit und Dämpfung werden vernachlässigt.
- Die Größen E, I, N, ρ und A werden als konstant vorausgesetzt.

Einschränkung: Der Balken ist lastfrei.

Herleitung von (18.5.1)

Die Gleichung (18.10) erhält dann die Form $EIu'''' + Nu'' + \rho A\ddot{u} = 0$ und die Lösung lautet in Anlehnung an (18.4.2)

$$u(x,t) = \sum_{n=1}^{\infty} [D_1 \cdot \cos(\omega_n t) + D_2 \cdot \sin(\omega_n t)]$$
$$\cdot \left[C_1 \cosh(r_{1n}x) + C_2 \sinh(r_{1n}x) + C_3 \cos(r_{2n}x) + C_4 \sin(r_{2n}x)\right]. \qquad (18.5.1)$$

Beispiel. Ermitteln Sie Eigenfunktionen, die Eigenfrequenzen und die Schwingungsform $u(x,t)$ des Balkens aus dem Beispiel, Kap. 18.4.

Lösung. Wieder gilt $v_n(x) = \sin(r_{2n}x)$ mit $r_{2n} = \frac{n\pi}{l}$. Weiter erhält man $\omega_n^2 = r_2^2(ar_2^2 - b)$ mit $a = \frac{EI}{\rho A}$, $b = \frac{N}{\rho A}$ und $u(x,t) = \sum_{n=1}^{\infty} c_n \sin(r_{2n}x)\cos(\omega_n t)$. Aus der Anfangsbedingung folgen abermals dieselben Koeffizienten und es ergibt sich die Schwingungsform

$$u(x,t) = \frac{Fl^3}{24EI}\sum_{n=1}^{\infty}(-1)^n\left(\frac{n^2\pi^2 - 24}{n^3\pi^3}\right)\sin(r_{2n}x)\cos(\omega_n t).$$

18.6 Freie Biegeschwingungen ohne Rotationsträgheit

Wirkt auf das System keine äußere Kraft, dann nennt man die Schwingungen frei. Damit ist weder eine Normalkraft, noch eine Dämpfung oder eine zusätzliche Last gestattet. In diesem Kapitel steht die Form der Eigenfunktionen im Mittelpunkt. Sie sollen für die vier Lagerungsfälle (Abb. 18.4) ermittelt werden.

Idealisierungen:

- Rotationsträgheit und Dämpfung werden vernachlässigt.
- Die Größen E, I, ρ und A werden als konstant vorausgesetzt.

Einschränkung: Normalkraft und zusätzliche Last entfallen.

Herleitung von (18.6.3)

Die zugehörige DG lautet demnach

$$EIu'''' + \rho A\ddot{u} = 0. \tag{18.6.1}$$

Fast die gesamte Vorarbeit wurde schon in Kap. 18.3 geleistet. Gleichung (18.4.1) reduziert sich dann für $\delta = 0$ zu $\ddot{w} + \omega^2 w = 0$ und

$$\frac{EI}{\rho A}v'''' = \omega^2 v. \tag{18.6.2}$$

Setzt man weiter gemäß Situation $N = \mu = 0$ bzw. $b = c = 0$, so liefern (18.3.4) und (18.3.5) $r_1^4 = r_2^4 = k^4 = \frac{\omega^2}{a} = \frac{\rho A}{EI}\omega^2$ und die Schnittgrößen aus (18.3.7) folgen zu:

$$\begin{aligned}
v(x) &= C_1\cosh(kx) + C_2\sinh(kx) + C_3\cos(kx) + C_4\sin(kx),\\
v'(x) &= k\left[C_1\sinh(kx) + C_2\cosh(kx) - C_3\sin(kx) + C_4\cos(kx)\right],\\
M(x) &= -EI\cdot v'' = -EIk^2\left[C_1\cosh(kx) + C_2\sinh(kx) - C_3\cos(kx) - C_4\sin(kx)\right],\\
Q(x) &= -EI\cdot v''' = -EIk^3\left[C_1\sinh(kx) + C_2\cosh(kx) + C_3\sin(kx) - C_4\cos(kx)\right].
\end{aligned} \tag{18.6.3}$$

Beispiel 1. Für den 3. Biegeschwingungsfall (Abb. 18.5, beidseitig gelenkig) lauten die schon mehrmals genannten Eigenfunktionen $v_n(x) = \sin(\frac{n\pi}{l}x)$. (Man entnimmt sie beispielsweise aus Beispiel 1, Kap. 18.3). Bestimmen Sie die Eigenfrequenzen.

Lösung. Die Eigenfrequenzen folgen aus der charakteristischen Gleichung $\sin(kl) = 0$. Man erhält nacheinander $kl = n\pi$, $k^4 = (\frac{n\pi}{l})^4$, $\frac{\rho A}{EI}\omega_n^2 = (\frac{n\pi}{l})^4$ und schließlich

$$f_n = \frac{n^2\pi}{2l^2}\sqrt{\frac{EI}{\rho A}}.$$

Beispiel 2. Mit Beispiel 2, Kap. 18.3 wurde der 2. Biegeschwingungsfall (Abb. 18.5, beidseitig fest) schon besprochen. Im jetzigen Fall setzt man in Gleichung (18.3.9) $r_1 = r_2 = k$ und erhält die charakteristische Gleichung $\cosh(kl)\cos(kl) - 1 = 0$ mit den ersten drei Lösungen $k_1 l = 1{,}506 \cdot \pi$, $k_2 l = 2{,}500 \cdot \pi$ und $k_3 l = 3{,}500 \cdot \pi$. Diese entsprechen schon ab $n \geq 2$ ziemlich genau $k_n l \approx \frac{2n+1}{2} \cdot \pi$. Aus $k_n^4 = \frac{\rho A}{EI}\omega_n^2 = \frac{\rho A}{EI}4\pi^2 f_n^2$ folgen die Frequenzen

$$f_1 = 1{,}133 \cdot \frac{\pi}{l^2}\sqrt{\frac{EI}{\rho A}}, \quad f_2 = 3{,}124 \cdot \frac{\pi}{l^2}\sqrt{\frac{EI}{\rho A}} \quad \text{und}$$

$$f_3 = 6{,}125 \cdot \frac{\pi}{l^2}\sqrt{\frac{EI}{\rho A}} \quad \text{mit} \quad f_n \approx \frac{(2n+1)^2\pi}{8l^2}\sqrt{\frac{EI}{\rho A}}.$$

Zur Angabe der Eigenfunktionen muss man wieder zurück zu den RBen: I. $v(0) = 0$, II. $v'(0) = 0$, III. $v(l) = 0$ und IV. $v'(l) = 0$.

Die Bedingungen I. und II. führen zu $C_3 = -C_1$ und $C_4 = -C_2$. Verrechnet man die Bedingungen III. und IV., so erhält man

$$C_2 = -C_1\frac{\sinh(kl) + \sin(kl)}{\cosh(kl) - \cos(kl)} \quad \text{oder} \quad C_2 = -C_1 \cdot \frac{\cosh(kl) - \cos(kl)}{\sinh(kl) - \sin(kl)},$$

was infolge der charakteristischen Gleichung, wie man sich überzeugen kann, dasselbe ist. Insgesamt folgt

$$v_n(x) = \cosh(k_n x) - \cos(k_n x) - \frac{\cosh(k_n l) - \cos(k_n l)}{\sinh(k_n l) - \sin(k_n l)}[\sin(k_n x) - \sinh(k_n x)]. \tag{18.6.4}$$

Für die restlichen beiden Biegeschwingungsfälle verfährt man analog zu den Beispielen 1 und 2 aus Kap. 18.3. Sämtliche Ergebnisse entnimmt man Abb. 18.5. Dabei ist $k_n^4 = 4\pi^2\frac{\rho A}{EI}f_n^2$.

Wo sind die Lösungen?

Beispiel 3. An einem Kragbalken wird eine Punktmasse m am freien Ende befestigt (Abb. 18.6, 1. Skizze). Es existiert keine analytische Lösung für die Schwingungsform dieses Problems, weil auch die Balkenmasse mitschwingt. Setzt man hingegen $m \gg m_{\text{Balken}}$, so kann die Balkenmasse in einer Näherung vernachlässigt werden. Demnach fasst man das Problem als eine freie Balkenschwingung gemäß (18.6.1) mit einer zusätzlichen RB für $x = l$ auf.

Lagerung	Charakteristische Gleichung, Eigenformen	Eigenfrequenzen
fest, frei	$cosh(kl)cos(kl) + 1 = 0$ $v_n(x) = cos(k_n x) - cosh(k_n x)$ $-\frac{cosh(k_n l)+cos(k_n l)}{sinh(k_n l)+sin(k_n l)}[sin(k_n x) - sinh(k_n x)]$	$f_1 = 0.178 \cdot \frac{\pi}{l^2}\sqrt{\frac{EI}{\rho A}}$, $f_2 = 1.116 \cdot \frac{\pi}{l^2}\sqrt{\frac{EI}{\rho A}}$ $f_3 = 3.126 \cdot \frac{\pi}{l^2}\sqrt{\frac{EI}{\rho A}}$ $f_n \approx \frac{(2n-1)^2\pi}{8l^2}\sqrt{\frac{EI}{\rho A}}$, $n = 2,3,4,\ldots$
fest, fest	$cosh(kl)cos(kl) - 1 = 0$ $v_n(x) = cosh(k_n x) - cos(k_n x)$ $-\frac{cosh(k_n l) - cos(k_n l)}{sinh(k_n l) - sin(k_n l)}[sinh(k_n x) - sin(k_n x)]$	$f_1 = 1.133 \cdot \frac{\pi}{l^2}\sqrt{\frac{EI}{\rho A}}$, $f_2 = 3.124 \cdot \frac{\pi}{l^2}\sqrt{\frac{EI}{\rho A}}$ $f_3 = 6.125 \cdot \frac{\pi}{l^2}\sqrt{\frac{EI}{\rho A}}$ $f_n \approx \frac{(2n+1)^2\pi}{8l^2}\sqrt{\frac{EI}{\rho A}}$, $n = 1,2,3,\ldots$
gelenkig, gelenkig	$sin(kl) = 0$, $v_n(x) = sin\left(\frac{n\pi}{l}x\right)$	$f_n = \frac{n^2\pi}{2l^2}\sqrt{\frac{EI}{\rho A}}$, $n = 1,2,3,\ldots$
fest, gelenkig	$tanh(kl) - tan(kl) = 0$ $v_n(x) = cos(k_n x) - cosh(k_n x)$ $-\frac{1}{tan(k_n l)}[sin(k_n x) - sinh(k_n x)]$	$f_1 = 0.781 \cdot \frac{\pi}{l^2}\sqrt{\frac{EI}{\rho A}}$, $f_2 = 2.531 \cdot \frac{\pi}{l^2}\sqrt{\frac{EI}{\rho A}}$ $f_3 = 5.281 \cdot \frac{\pi}{l^2}\sqrt{\frac{EI}{\rho A}}$ $f_n \approx \frac{(4n+1)^2\pi}{32l^2}\sqrt{\frac{EI}{\rho A}}$, $n = 1,2,3,\ldots$

Abb. 18.5: Übersicht über Eigenformen und -frequenzen der freien Biegeschwingung.

Idealisierung: Es gilt $m \gg m_{\text{Balken}}$ und der Balken kann als masselos betrachtet werden.

a) Stellen Sie die vier RBen auf.
b) Ermitteln Sie die charakteristische Gleichung.
c) Bestimmen Sie die Eigenfunktionen und die ersten drei Eigenfrequenzen für das Massenverhältnis $\frac{m}{m_{\text{Balken}}} = \gamma = 10$.

Lösung.

a) Die ersten drei RBen lauten I. $u(0) = 0$, II. $u'(0) = 0$ und III. $M(l) = 0$. Aus I. und II. folgen $C_3 = -C_1$ und $C_4 = -C_2$. Bedingung II. liefert

$$C_1 \cosh(kl) + C_2 \sinh(kl) - C_3 \cos(kl) - C_4 \sin(kl) = 0$$

und

$$C_2 = -C_1 \cdot \frac{\cosh(kl) + \cos(kl)}{\sinh(kl) + \sin(kl)}.$$

Da das rechte Ende nicht mehr frei ist, muss die 4. RB aus einem Kräftevergleich am Balkenende ermittelt werden.

Bilanz: Aus $F_{G,\text{Punktmasse}}(l) + Q(l,t) = 0$ folgt mit (18.6.2) und (18.6.3) nacheinander: IV. $m \cdot \ddot{u}(l,t) - EIu'''(l,t) = 0$, $m \cdot v(l)\ddot{w}(t) - EIv'''(l)w(t) = 0$, $-m \cdot \omega^2 v(l)w(t) - EIv'''(l)w(t) = 0$ und damit $-m \cdot \omega^2 v(l) - EIv'''(l) = 0$.

b) Verwendet man $k^4 = \frac{\rho A}{EI}\omega^2$ oder $EIk^4\gamma l = m\omega^2 = m\omega^2$ und (18.6.3), so schreibt sich IV. als

$$\gamma lk\left[C_1\cosh(kl) + C_2\sinh(kl) - C_1\cos(kl) - C_2\sin(kl)\right] + \left[C_1\sinh(kl) + C_2\cosh(kl) - C_1\sin(kl) + C_2\cos(kl)\right] = 0.$$

Die weitere Verrechnung mithilfe von I.–III. liefert

$$\gamma kl\left[\cosh(kl) - \cos(kl)\right] + \sinh(kl) - \sin(kl) = \frac{\cosh(kl) + \cos(kl)}{\sinh(kl) + \sin(kl)} \cdot \left\{\mu kl\left[\sinh(kl) - \sin(kl)\right] + \cosh(kl) + \cos(kl)\right\}$$

und die charakteristische Gleichung

$$\gamma kl\left[\cos(kl)\sinh(kl) - \sin(kl)\cosh(kl)\right] + \cos(kl)\cosh(kl) + 1 = 0.$$

Für $\gamma = 0$ geht die Gleichung über in diejenige des rechts freien Balkens.

c) Für $\gamma = 10$ erhält man $k_1 l = 0{,}234 \cdot \pi$, $k_2 l = 1{,}254 \cdot \pi$, $k_3 l = 2{,}252 \cdot \pi$.
Damit ändern sich auch die Eigenformen gegenüber denjenigen eines freien rechten Rands zu

$$v_n(x) = \cos(k_n x) - \cosh(k_n x) - \frac{\cosh(k_n l) + \cos(k_n l)}{\sinh(k_n l) + \sin(k_n l)} \cdot \left[\sin(k_n x) - \sinh(k_n x)\right].$$

Beispiel 4. Im Jahre 1940 wurde in den USA im Bundesstaat Washington über den Fluss Tacoma-Narrows eine Hängebrücke gebaut. Um Material zu sparen, hielt man die Brücke extrem schlank, was eine sehr niedrige Steifigkeit und ein niedriges Gewicht bedeutete. Schon vor der Öffnung für den Verkehr führte das Hauptsegment der Brücke von 853 m Länge eine Vertikalschwingung mit einer Frequenz von etwa 1,67 Hz und einer Amplitude von etwa 60 cm aus. Letztlich stürzte die Brücke aber aufgrund von vom Wind verursachten Torsionsschwingungen zusammen. Fassen Sie die Brücke als Balken mit den Lagerungen gemäß Fall 2 auf (Abb. 18.5, beidseitig gelenkig). Folgende Werte sind gegeben: $\rho = 1{,}25 \cdot 10^3\,\frac{\text{kg}}{\text{m}^3}$ (Leichtbeton), $E = 3{,}0 \cdot 10^{10}\,\frac{\text{N}}{\text{m}^2}$, $I = \frac{1}{12}Ah^2$, $h = 2{,}4\,\text{m}$ ($b = 11{,}9\,\text{m}$).

Ermitteln Sie die Eigenfrequenzen bezüglich Vertikalschwingung der Brücke als Funktion von $n \in \mathbb{N}$ und bestimmen Sie die wievielte Eigenfrequenz laut Text etwa angeregt wurde.

Lösung. Gemäß Fall 2 ist

$$f_n = \frac{n^2\pi}{2l^2}\sqrt{\frac{EI}{\rho A}} = \frac{n^2\pi}{2l^2}\sqrt{\frac{Eh^2}{12\rho}} \cong n^2 \cdot 0{,}00733\,\text{Hz}.$$

Speziell für $n = 9$ folgt $f_9 = 81 \cdot 0{,}00733\,\text{Hz} = 0{,}59\,\text{Hz}$, was etwa dem Wert im Text entspricht.

Der Rayleigh-Quotient eines frei schwingenden Balkens

Herleitung von (18.6.5)–(18.6.9)

Die Dämpfung beeinflusst die Eigenfunktionen nicht, weshalb es nur Gleichung (18.4.1) zu betrachten gilt: $av'''' + bv'' = \omega^2 v$ mit $a = \frac{EI}{\rho A}$ und $b = \frac{N}{\rho A}$.

Jede Eigenfunktion v_n erfüllt (18.4.1), womit wir $av_n'''' + bv_n'' = \omega_n^2 v$ erhalten.

Die Multiplikation mit v_n und die Integration über die Balkenlänge liefert

$$a\int_0^l v_n'''' v_n dx + b\int_0^l v_n'' v_n dx = \omega_n^2 \int_0^l v_n^2 dx. \tag{18.6.5}$$

Zuerst formen wir die beiden Integrale auf der linken Seite von (18.6.5) um:

$$\int_0^l v_n'''' v_n dx = [v_n''' v_n]_0^l - \int_0^l v_n''' v_n' dx = [v_n''' v_n]_0^l - [v_n'' v_n']_0^l + \int_0^l (v_n'')^2 dx, \tag{18.6.6}$$

$$\int_0^l v_n'' v_n dx = [v_n' v_n]_0^l - \int_0^l (v_n')^2 dx. \tag{18.6.7}$$

1. Fall. $N \neq 0$. Sämtliche Randterme in (18.6.6) und (18.6.7) entfallen nur für die ersten beiden der vier Lagerungsfälle, wie man der Tabelle in Kap. 18.3 entnimmt.

Dies vorausgesetzt, entsteht aus (18.6.5)

$$a\int_0^l (v_n'')^2 dx - b\int_0^l (v_n')^2 dx = \omega_n^2 \int_0^l v_n^2 dx,$$

womit sich der Rayleigh-Quotient schreibt als

$$\omega_n^2 = \frac{EI\int_0^l (f'')^2 dx - N\int_0^l (f')^2 dx}{\rho A\int_0^l f^2 dx}. \tag{18.6.8}$$

Gleichung (18.6.8) stellt eine Abschätzung der Eigenfrequenzen mit einer Funktion $f(x)$ dar, die den RBen genügt.

2. Fall. $N = 0$. Da (18.6.7) entfällt, verbleibt (18.6.6) allein und die beiden Randterme sind null für alle vier Lagerungsfälle. Damit gilt

$$\omega_n^2 = \frac{EI}{\rho A} \cdot \frac{\int_0^l (f'')^2 dx}{\int_0^l f^2 dx} = \frac{D_n^*}{m_n^*}. \tag{18.6.9}$$

Beispiel 5. Berechnen Sie für jeden der vier Lagerungsfälle die modale Masse m_n^*.

Lösung. Wir führen die Rechnung exemplarisch für den 2. Biegeschwingungsfall (beidseitig fest) durch. Aus Bsp. 2 sind $k_1 = \frac{1{,}506\cdot\pi}{l}$, $k_2 = \frac{2{,}500\cdot\pi}{l}$, $k_3 = \frac{3{,}500\cdot\pi}{l}$ usw. bekannt. Nun ersetzt man in (18.6.4) nacheinander den Wert k_n für die oberen drei und erhält in jedem Fall $m_n^* = \rho A \int_0^l v_n^2(x) dx = \rho A \cdot l = m$, also für jedes n. Damit schwingt die gesamte Masse bei jeder Eigenform mit. Dasselbe Ergebnis erhält man auch für die Lagerungsfälle fest-frei und fest-gelenkig gelagert. Für den beidseitig gelenkig gelagerten Balken ist wie bei der Saite $m_n^* = \frac{1}{2}m$. Die folgende Übersicht fasst die Ergebnisse zusammen.

Lagerungsfall	fest, frei	fest, fest	gelenkig, gelenkig	fest, gelenkig
Modale Masse m_n^*	m	m	$0{,}5m$	m

Beispiel 6. Für den 4. Biegeschwingungsfall (Abb. 18.4) soll mithilfe von (18.6.9) f_1 abgeschätzt werden, wenn man anstelle der exakten Eigenfunktion $v_1(x)$ die mit $\frac{q_0 l^4}{48EI}$ normierte Biegelinie für Gleichlast verwendet.

Lösung. Die gesuchte Funktion lautet $f(x) = 2(\frac{x}{l})^4 - 5(\frac{x}{l})^3 + 3(\frac{x}{l})^2$ und erfüllt $f(0) = 0$, $f'(0) = 0, f(l) = 0$ und $f''(0)$. Man erhält

$$\begin{aligned}\omega_1^2 &= k^4 \cdot \frac{\frac{1}{l^4}\int_0^l [576(\frac{x}{l})^4 - 1440(\frac{x}{l})^3 + 1188(\frac{x}{l})^2 - 360(\frac{x}{l}) + 36] dx}{\int_0^l [4(\frac{x}{l})^8 - 20(\frac{x}{l})^7 + 37(\frac{x}{l})^6 - 30(\frac{x}{l})^5 + 9(\frac{x}{l})^4] dx} \\ &= k^4 \cdot \frac{\frac{1}{l^3}(\frac{576}{5} - 360 + 396 - 180 + 36)}{l(\frac{4}{9} - \frac{5}{2} + \frac{37}{7} - 5 + \frac{9}{5})} = \frac{k^4}{l^4} \cdot \frac{\frac{36}{5}}{\frac{19}{630}} = 238{,}73 \cdot \frac{k^4}{l^4}\end{aligned}$$

und daraus

$$\omega_1 \approx \frac{15{,}41}{l^2}\sqrt{\frac{EI}{\rho A}} \quad \text{oder} \quad f_1 \approx \frac{15{,}41 \cdot \pi}{2\pi^2 \cdot l^2}\sqrt{\frac{EI}{\rho A}} = 0{,}783 \cdot \frac{\pi}{l^2}\sqrt{\frac{EI}{\rho A}}$$

verglichen mit dem genauen Wert

$$f_1 = 0{,}781 \cdot \frac{\pi}{l^2}\sqrt{\frac{EI}{\rho A}}.$$

Beispiel 7. In Beispiel 1 d) i), Kap. 18.3 wurde für den 2. Biegeschwingungsfall (beidseitig gelenkig gelagert) die 1. Eigenfrequenz zu $f_1 = 86{,}19$ Hz bei Vernachlässigung der Rotationsträgheit berechnet. Zusätzlich waren folgende Werte gegeben: $l = 1$, $E = 2{,}1 \cdot 10^{11}\ \frac{\mathrm{N}}{\mathrm{m}^2}$, $\rho = 7{,}8 \cdot 10^3\ \frac{\mathrm{kg}}{\mathrm{m}^3}$, $I = \frac{1}{12}Ah^2$, $N = 10^6$ N, $h = 0{,}05$ m und $b = 10$ cm. Schätzen Sie f_1 mithilfe von (18.6.8) für den 2. Biegeschwingungsfall ab, falls man anstelle der genauen Eigenfunktion $v_1(x) = \sin(\frac{\pi}{l}x)$ die Funktion $f(x) = \frac{4}{l^2}x(l-x)$ verwendet.

Lösung. Man erhält $\int_0^1 f^2 dx = \frac{8}{15}$, $\int_0^1 (f')^2 dx = \frac{16}{3}$ und $\int_0^1 (f'')^2 dx = 64$. Gleichung (18.6.8) liefert damit

$$\omega_1^2 = \frac{EI \cdot 64 - N \cdot \frac{16}{3}}{\rho A \cdot \frac{8}{15}} = \frac{2{,}1 \cdot 10^{11} \cdot \frac{1}{12} \cdot 0{,}05 \cdot 0{,}1 \cdot 0{,}05^2 \cdot 64 - 10^6 \cdot \frac{16}{3}}{7{,}8 \cdot 10^3 \cdot 0{,}05 \cdot 0{,}1 \cdot \frac{8}{15}} = 416666{,}67$$

und $f_1 = 102{,}73$ Hz.

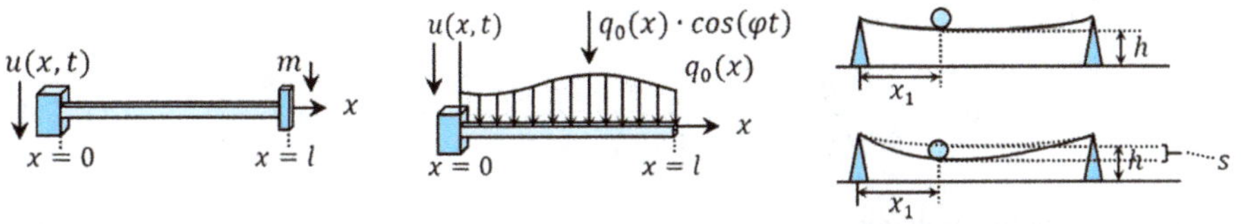

Abb. 18.6: Skizzen zum Bsp. 3, Kap. 18.6, zu den erzwungenen Biegeschwingungen und den Biegeschwingungen mit verteilten Massen.

18.7 Erzwungene Biegeschwingungen eines Balkens

Wir betrachten dazu einen Balken mit örtlich verteilter Last und beliebiger Lagerung (Abb. 18.6, 2. Skizze) Die zu lösende DG lautet

$$\ddot{u} + \frac{EI}{\rho A} \cdot u'''' = \frac{q(x)}{\rho A} \cdot \cos(\varphi t). \tag{18.7.1}$$

Dabei ist q in $\frac{\mathrm{N}}{\mathrm{m}}$. Wie schon bei der Saite und dem Stab bauen wir die Dämpfung modal für jede Eigenfrequenz erst mit vorhandener Lösung des ungedämpften Systems ein. Uns interessiert nur die Lösung nach dem Einschwingzustand. Diese nennen wir ab jetzt $u(x,t)$. Bei der folgenden Herleitung lässt sich fast alles von der Saite auf den Balken übertragen.

Herleitung von (18.7.3)–(18.7.8)

Wir versuchen den Ansatz $u(x,t) = v(x) \cdot \cos(\varphi t)$ und finden

$$EIv''''(x) - \rho A\varphi^2 v(x) = q(x). \tag{18.7.2}$$

Sowohl $v(x)$, als auch $q(x)$ werden in eine Fourier-Reihe mit den Eigenfunktionen der entsprechenden Lagerung zerlegt: $v(x) = \sum_{n=1}^{\infty} d_n v_n(x)$ und $q(x) = \sum_{n=1}^{\infty} q_n v_n(x)$. Weiter beachtet man, dass Gleichung (18.6.2) für jede Eigenfunktion v_n gilt:

$$v_n'''' = \frac{\rho A}{EI}\omega_n^2 \cdot v_n.$$

Damit schreibt sich (18.7.2) als

$$\rho A \sum_{n=1}^{\infty} d_n \omega_n^2 \cdot v_n - \rho A \varphi^2 \sum_{n=1}^{\infty} d_n v_n = \sum_{n=1}^{\infty} q_n v_n. \tag{18.7.3}$$

Um die Koeffizienten miteinander identifizieren zu können, muss zuerst gezeigt werden, dass die Eigenfunktionen v_n ein Orthogonalsystem bilden. Dies haben wir schon mit (18.3.8) bewiesen, und zwar für alle Eigenfunktionen v_n mit $v_n'''' + \alpha_n v_n'' + \beta_n v_n = 0$. Setzt man $\alpha_n = 0$, ergibt sich die gewünschte Aussage. Der Koeffizientenvergleich in (18.7.3) liefert $\rho A d_n \omega_n^2 - \rho A \varphi^2 d_n = q_n$ und

$$d_n = \frac{q_n}{\rho A(\omega_n^2 - \varphi^2)} = \frac{q_n}{\rho A \omega_n^2} \cdot \frac{1}{1 - (\frac{\varphi}{\omega_n})^2} = s_n \cdot V(\omega_n) \tag{18.7.4}$$

mit dem Vergrößerungsfaktor

$$V(\omega_n) = \frac{1}{|1 - (\frac{\varphi}{\omega_n})^2|}. \tag{18.7.5}$$

Zur Bestimmung der Koeffizienten q_n multiplizieren wir die Last mit v_m und integrieren über die Balkenlänge. Das ergibt nacheinander

$$q(x)v_m = \sum_{n=1}^{\infty} q_n v_n v_m, \quad \int_0^l v_n(x)q(x)dx = q_n \int_0^l v_n^2(x)dx \quad \text{und}$$

$$q_n = \frac{\int_0^l v_n(x)q(x)dx}{\int_0^l v_n^2(x)dx}. \tag{18.7.6}$$

Analog zur Saite kann sich die Gesamtlast aus einer Streckenlast $q(x)$ und einzelnen Kräften zusammensetzen. Deshalb wird der Zähler von (18.7.6) mit Beiträgen aus Punktkräften der Form $q_k = v_n(x_k) \cdot F_k$ ergänzt. Für die fehlende Dämpfung ersetzen wir (18.7.5) durch den Vergrößerungsfaktor

$$V(\omega_n, \xi_n) = \frac{1}{\sqrt{[1 - (\frac{\varphi}{\omega_n})^2]^2 + 4\xi_n^2(\frac{\varphi}{\omega_n})^2}}. \tag{18.7.7}$$

Dabei ist $\xi_n = \frac{\mu}{2m_n^* \omega_n}$ das Lehr'sche Dämpfungsmasse bezogen auf die n-te Eigenfrequenz ω_n und die n-te modale Masse m_n^*, die gemäß der Tabelle in Bsp. 5, Kap. 18.6. entweder m

oder 0,5m beträgt. Infolge der Dämpfung erfährt jede Eigenschwingung zusätzlich eine Phasenverschiebung

$$\sigma_n = \arctan\left(\frac{2\xi_n\omega_n \cdot \varphi}{\varphi^2 - \omega_n^2}\right).$$

Die Gleichungen (18.7.4), (18.7.6) und (18.7.7) führen zu folgendem Ergebnis:

Die Lösung der erzwungenen Biegeschwingung $\ddot{u} + \frac{\mu}{\rho A}\dot{u} + \frac{EI}{\rho A} \cdot u'''' = \frac{q(x)}{\rho A} \cdot \cos(\varphi t)$ eines Balkens besitzt die Form $u(x,t) = \sum_{n=1}^{\infty} d_n v_n(x) \cos(\varphi t - \sigma_n)$ mit den dynamischen Koeffizienten $d_n = s_n \cdot V(\omega_n, \xi_n)$, den statischen Koeffizienten $s_n = \frac{q_n}{\rho A \omega_n^2}$, den Lastkoeffizienten $q_n = \frac{\int_0^l v_n(x) q(x) dx + \sum_{k=1}^m v_n(x_k) \cdot F_k}{\int_0^l v_n^2 dx}$, den Dämpfungsmassen ξ_n und den Phasenverschiebungen σ_n. (18.7.8)

Beispiel 1.

a) Für den beidseits gelenkig gelagerten Balken soll die Lösung einer erzwungenen Schwingung mit der Frequenz φ bei Gleichlast $q(x) = q_0$ ermittelt werden.
b) Bestimmen Sie die statische Lösung für $\varphi \to 0$ und zeigen Sie die Gleichheit mit der entsprechenden Biegelinie aus Abb. 11.7.

Lösung.

a) Es gilt

$$q_n = \frac{q_0 \int_0^l \sin(\frac{n\pi}{l}x)dx}{\int_0^l \sin^2(\frac{n\pi}{l}x)dx} = q_0 \frac{\frac{2l}{(2n-1)\pi}}{\frac{l}{2}} = \frac{4q_0}{(2n-1)\pi} \quad \text{und}$$

$$s_n = \frac{q_n}{\rho A \omega_n^2} = \frac{4q_0 l^4}{EI(2n-1)^5\pi^5} \quad \text{mit} \quad \omega_n = \frac{n^2\pi^2}{l^2}\sqrt{\frac{EI}{\rho A}}.$$

Es folgt

$$u(x,t) = \frac{4q_0 l^4}{EI} \sum_{n=1}^{\infty} \frac{1}{(2n-1)^5\pi^5} \cdot \frac{1}{1 - (\frac{\varphi}{\omega_n})^2} \sin\left(\frac{n\pi}{l}x\right) \cos(\varphi t).$$

b) Man erhält $d_n = s_n$ und

$$u(x) = \frac{4q_0 l^4}{EI} \sum_{n=1}^{\infty} \frac{1}{(2n-1)^5\pi^5} \cdot \sin\left(\frac{n\pi}{l}x\right).$$

Dies muss der Biegelinie

$$u(x) = \frac{q_0 l^4}{24EI}\left[\left(\frac{x}{l}\right)^4 - 2\left(\frac{x}{l}\right)^3 + \left(\frac{x}{l}\right)\right]$$

entsprechen. Durch Multiplikation beider Seiten mit $\sin(\frac{m\pi}{l}x)$ und Benutzung der Orthogonalität der Sinusfunktion, rechnet man nach, dass

$$\frac{48l}{(2n-1)^5\pi^5} = \int_0^l \left[\left(\frac{x}{l}\right)^4 - 2\left(\frac{x}{l}\right)^3 + \left(\frac{x}{l}\right)\right] \sin\left(\frac{n\pi}{l}x\right)$$

gilt.

Beispiel 2.

a) Für den beidseits gelenkig gelagerten Balken soll die Lösung einer erzwungenen Schwingung mit der Frequenz φ ermittelt werden, wobei je eine Einzelkraft F_0 an den Stellen $x_1 = \frac{l}{4}$ und $x_2 = \frac{3l}{4}$ wirkt (Abb. 11.5 links).

b) Bestimmen Sie die statische Lösung für $\varphi \to 0$.

Lösung.

a) Man erhält

$$q_n = \frac{F_0[\sin(\frac{n\pi}{4}) + \sin(\frac{3n\pi}{4})]}{\int_0^l \sin^2(\frac{n\pi}{l}x)dx} = \frac{F_0[\sin(\frac{n\pi}{4}) + \sin(\frac{3n\pi}{4})]}{\frac{l}{2}},$$

$$s_n = \frac{2F_0l^3}{EI} \cdot \frac{[\sin(\frac{n\pi}{4}) + \sin(\frac{3n\pi}{4})]}{n^4\pi^4}$$

und

$$u(x,t) = \frac{2F_0l^3}{EI} \sum_{n=1}^{\infty} \frac{[\sin(\frac{n\pi}{4}) + \sin(\frac{3n\pi}{4})]}{n^4\pi^4} \cdot \frac{1}{1-(\frac{\varphi}{\omega_n})^2} \cdot \sin\left(\frac{n\pi}{l}x\right)\cos(\varphi t).$$

b) Es gilt $d_n = s_n$ und folglich

$$u(x) = \frac{2F_0l^3}{EI} \sum_{n=1}^{\infty} \frac{[\sin(\frac{n\pi}{4}) + \sin(\frac{3n\pi}{4})]}{n^4\pi^4} \cdot \sin\left(\frac{n\pi}{l}x\right).$$

Dies stimmt mit (11.1.8) überein.

18.8 Biegeschwingungen mit verteilten Massen

Die freien Schwingungen eines Balkens wurden ausführlich behandelt, sofern der reine Balken mit Masse M nach einmaliger Anregung schwingt. Platziert man aber eine Zusatzmasse m an irgendeine Stelle des Balkens, so ändern sich die Biegelinie und die Eigenfunktionen. Die Änderungen sind für $m \ll M$ unerheblich, nehmen aber mit der

Masse m und mit weiteren auf dem Balken verteilten Massen zu. Die zugehörigen exakten Eigenfunktionen und Eigenfrequenzen bleiben dann unbekannt. Um Letztere zumindest abschätzen zu können, behilft man sich wie schon bei der Euler'schen Knicklast mit Rayleighs Energiemethode. Die potentielle Energie eines Balkens im Verformungszustand $u(x,t)$ liegt mit (18.2.1) vor, hingegen wurde die kinetische Energie des Balkens bisher noch nicht benötigt, sodass wir diese kurz herleiten.

Herleitung von (18.8.1)

Es gilt

$$dE_{\text{kin}} = \frac{1}{2}dm \cdot \dot{u}^2(x,t) = \frac{1}{2}\rho A dx \cdot \dot{u}^2(x,t)$$

und durch Integration über die Balkenlänge erhält man

$$E_{\text{kin}} = \frac{1}{2}\int_m dm \cdot \dot{u}^2(x,t) = \frac{1}{2}\rho A \int_0^l \dot{u}^2(x,t)dx. \tag{18.8.1}$$

Nun soll der Rayleigh-Quotient für das beschriebene Problem ermittelt werden.

Herleitung von (18.8.2)–(18.2.5)

Dazu betrachten wir einen Balken in einer beliebigen Auslenkung $u(x,t)$ zu einem Zeitpunkt t zusammen mit einer Masse m kurz bevor die Masse auf dem Balken an einer Stelle $x = x_1$ platziert wird.

Bilanz 1: Potentielle Energiebilanz von Balken und Zusatzmasse. Die gesamte potentielle Energie des Balkens inklusive Masse beträgt mit (18.2.1)

$$E_{\text{pot1}} = \frac{1}{2}EI\int_0^l (u'')^2 dx + mgh$$

(Abb. 18.6 rechts oben und unten). Wird die Masse auf den Balken gelegt, dann verrichtet sie Arbeit am Balken und erhöht seine Spannungsenergie. Für eine Feder gilt bekanntlich $F = Ds$, wenn s die Auslenkung, F die Zugkraft und D die Federkonstante bezeichnet. In unserem Fall ist $F = F_G = mg$ und somit $D = \frac{mg}{s}$, woraus für die Spannungsenergie

$$E_{\text{pot},2a} = \frac{1}{2}Ds^2 = \frac{1}{2}\left(\frac{mg}{s}\right)s^2 = \frac{1}{2}mgs$$

folgt. Gleichzeitig sinkt aber die Lageenergie der Masse auf $E_{\text{pot},2b} = mg(h - s)$.

Insgesamt liegt die potentielle Energie von Balken und Masse somit bei

$$E_{\text{pot2}} = \frac{1}{2}EI\int_0^l (u'')^2 dx + \frac{1}{2}mgs + mg(h-s) = E_{\text{pot1}} - \frac{1}{2}mgs.$$

Damit ist die potentielle Energie gesunken, was wir als Zusatzergebnis zur Kenntnis nehmen. Identifiziert man noch $s = u(x_1, t)$, dann ist die potentielle Energie

$$E_{\text{pot2}} = \frac{1}{2}EI\int_0^l [u''(x,t)]^2 dx - \frac{1}{2}mg \cdot u(x_1,t). \tag{18.8.2}$$

Bilanz 2: Kinetische Energiebilanz von Balken und Zusatzmasse. Es gilt

$$E_{\text{kin1}} = \frac{1}{2}\rho A\int_0^l \dot{u}^2(x,t)dx$$

und die kinetische Energie nimmt zu auf

$$E_{\text{kin2}} = \frac{1}{2}\rho A\int_0^l \dot{u}^2(x,t)dx + \frac{1}{2}m \cdot \dot{u}^2(x_1,t). \tag{18.8.3}$$

Nun formen wir mithilfe der Separation $u(x,t) = v(x)w(t)$ (18.8.2) und (18.8.3) um zu

$$E_{\text{pot2}} = \frac{1}{2}\left\{EI\int_0^l [v''(x)]^2 dx - mg \cdot v(x_1)\right\}w^2(t) = \frac{1}{2}D_* w^2(t) \quad \text{und}$$

$$E_{\text{kin2}} = \frac{1}{2}\left\{\rho A\int_0^l v^2(x)dx + m \cdot v^2(x_1)\right\}\dot{w}^2(t) = \frac{1}{2}m_* \dot{w}^2(t).$$

Die Größen D_* und m_* kann man als Ersatzsteifigkeit und Ersatzmasse interpretieren und demnach $\omega^2 = \frac{D_*}{m_*}$ wie bei einem Einmasseschwinger schreiben. An dieser Stelle greift die Modalanalyse wieder ein. Wir interessieren uns für die modalen Verschiebungen und betrachten $\omega_n^2 = \frac{D_{*n}}{m_{*n}} := \frac{D_n}{m_n}$. Man nennt D_n und m_n die generalisierten oder modalen Steifigkeiten bzw. Massen. Somit erhalten wir den Rayleigh-Quotienten

$$\omega_n^2 = \frac{EI\int_0^l [v_n''(x)]^2 dx - mg \cdot v_n(x_1)}{\rho A\int_0^l v_n^2(x)dx + m \cdot v_n^2(x_1)}. \tag{18.8.4}$$

Der 2. Term im Zähler gibt die Verminderung der potentiellen Energie der Masse m durch Absenkung um die Strecke s an. Diese ist verglichen mit dem 1. Term viel kleiner, weil s sehr klein ist, sofern m klein gegenüber der Balkenmasse ist. Vernachlässigt man den 2. Term, dann erübrigt sich eine eventuelle Normierung der Eigenfunktionen v_n, weil der Normierungsfaktor sowohl im Zähler als auch im Nenner von (18.8.4) quadriert wird und damit wegfällt. Das Ergebnis (18.8.4) kann man für beliebig viele Massen $m_1, m_2, \dots, m_k$ an den Stellen $x_1, x_2, \dots, x_k$ erweitern. Zudem lässt sich die potentielle Energie bezüglich einer vorhandenen Normalkraft N gemäß (18.2.6) ergänzen. Insgesamt ergibt sich folgendes Ergebnis:

Der verallgemeinerte Rayleigh-Quotient $\omega_n^2 = \frac{EI \int_0^l [v_n''(x)]^2 dx - N \int_0^l [v_n'(x)]^2 dx - g \sum_{i=0}^k m_i v_n(x_i)}{\rho A \int_0^l v_n^2(x) dx + \sum_{i=0}^k m_i v_n^2(x_i)}$. Die Funktion v_n muss nicht normiert werden, falls der letzte Term im Zähler vernachlässigt wird, ansonsten schon. Bei mehreren Massen normiert man bezüglich der Stelle größter statischer Auslenkung. (18.8.5)

Beispiel 1. Ein beidseitig gelenkig gelagerter Balken wird in der Mitte mit einer Masse m belastet. Die genauen Eigenformen sind unbekannt. Für den Balken gilt $l = 10\,\text{m}$, $E = 2{,}1 \cdot 10^{11}\,\frac{\text{N}}{\text{m}^2}$, $\rho = 7{,}8 \cdot 10^3\,\frac{\text{kg}}{\text{m}^3}$, $I = \frac{1}{12}Ah^2$ und $h = 0{,}05\,\text{m}$.

a) Verwenden Sie für die Eigenfunktionen diejenigen der freien Schwingung und normieren Sie die Moden bezüglich der Stelle $x = \frac{l}{2}$.

b) Die aufgelegte Masse m soll als Vielfaches γ der Balkenmasse $m_B = \rho A l$ variiert werden, d. h. es ist $\gamma = \frac{m}{\rho A l}$. Bestimmen Sie die Eigenfrequenzen f_n mithilfe von (18.8.5) einmal ohne Einbezug des letzten Terms von (18.8.5) und einmal mit Einbezug für $\gamma = 0{,}1$, $0{,}2$, $0{,}5$ und 1.

Lösung.

a) Die Eigenfunktionen der freien Schwingung lauten gemäß Abb. 18.5 $v_n^*(x) = \sin(\frac{n\pi}{l}x)$ und normiert bei $x = \frac{l}{2}$ schlicht

$$v_n(x) = \frac{\sin(\frac{n\pi}{l}x)}{\sin(\frac{n\pi}{2})}.$$

b) Man erhält

$$\omega_n^2 = \frac{EI \cdot \frac{(2n-1)^4\pi^4}{2l^3} - mg \cdot 1}{\rho A \cdot \frac{l}{2} + m \cdot 1^2}.$$

Für gerade Frequenzen liefert der Quotient kein Ergebnis, weil die gewählten Funktionen $v_n(x)$ bei $x = \frac{l}{2}$ einen Knoten besitzen. Hier muss man sich mit anderen Funktionen, die den RBen genügen, behelfen. Mit $m = \gamma\rho A l$ folgt

$$\omega_n^2 = \frac{EI \cdot \frac{(2n-1)^4\pi^4}{2l^3} - \gamma\rho A l g}{\rho A \cdot \frac{l}{2} + \gamma\rho A l} = \frac{\frac{EI}{\rho A} \cdot \frac{(2n-1)^4\pi^4}{2l^4} - \gamma g}{\frac{1}{2} + \gamma}$$

und

$$f_n = \frac{1}{2\pi}\sqrt{\frac{\frac{Eh^2}{12\rho}\cdot\frac{(2n-1)^4\pi^4}{2l^4} - \gamma g}{\frac{1}{2}+\gamma}}.$$

Die Ergebnisse für die 1. Eigenfrequenz sind in der nachstehenden Tabelle festgehalten. Zum Vergleich ist die 1. Eigenfrequenz der freien Schwingung in die Tabelle mit aufgenommen worden. Der Einfluss der Absenkung um s nimmt mit wachsendem γ zu.

$\gamma = 0$	Massenverhältnis γ	$\gamma = 0{,}1$	$\gamma = 0{,}2$	$\gamma = 0{,}5$	$\gamma = 1$
$f_1 = 1{,}664$	f_1 ohne Absenkung s in [Hz]	1,519	1,406	1,176	0,961
	f_1 mit Absenkung s in [Hz]	1,505	1,381	1,122	0,870

Bemerkung. Der Zähler von f_n kann null werden (keine potentielle Energie), falls

$$\gamma \geq \frac{Eh^2}{12\rho}\cdot\frac{(2n-1)^4\pi^4}{2gl^4}.$$

Das ist beispielsweise bei $n = 1$ für $\gamma \geq 2{,}78$ der Fall.

Beispiel 2. Als Anwendung des Ergebnisses aus Bsp. 1. b) betrachten wir zwei gleich große Massen m an den Stellen $x_1 = \frac{l}{4}$, $x_2 = \frac{3l}{4}$. Bestimmen Sie eine Näherung für f_1, wobei wiederum $\gamma = 0{,}1$ und $l = 10$ m gelten soll.

Lösung. Wieder nehmen wir $v_n^*(x) = \sin(\frac{n\pi}{l}x)$ und normiert bei $x = \frac{l}{2}$ ist

$$v_n(x) = \frac{\sin(\frac{n\pi}{l}x)}{\sin(\frac{n\pi}{2})}.$$

Für $n = 1$ erhält man

$$v\left(\frac{l}{4}\right) = \frac{\sin(\frac{\pi}{l}x)}{\sin(\frac{\pi}{2})} = \frac{\sqrt{2}}{2} \quad \text{und} \quad v\left(\frac{3l}{4}\right) = \frac{\sqrt{2}}{2}.$$

Es folgt

$$\omega_1^2 = \frac{EI\cdot\frac{(2n-1)^4\pi^4}{2l^3} - \sqrt{2}\gamma\rho A l g}{\rho A\cdot\frac{l}{2} + \gamma\rho A l} = \frac{\frac{EI}{\rho A}\cdot\frac{\pi^4}{2l^4} - \sqrt{2}\gamma g}{\frac{1}{2}+\gamma}.$$

Mit $\gamma = 0{,}1$ und $l = 10$ m ergibt sich

$$\omega_1^2 = \frac{\frac{EI}{\rho A}\cdot\frac{\pi^4}{2l^4} - \sqrt{2}\cdot 0{,}1g}{\frac{1}{2}+0{,}1}$$

und somit

$$f_1 = \frac{1}{2\pi}\sqrt{\frac{\frac{EI}{\rho A}\cdot\frac{\pi^4}{2l^4} - \sqrt{2}\cdot 0{,}1g}{\frac{1}{2}+0{,}1}} = 1{,}046\,\text{Hz}.$$

Beispiel 3. In diesem Beispiel kommen wir nochmals auf den Kragbalken mit Endmasse m zurück (Bsp. 3, Kap. 18.6). Damals wurde der Balken als masselos angenommen, sofern man die Endmasse viel größer als die Balkenmasse m_B wählt. Der Rayleigh-Quotient (18.8.5) erlaubt es nun, ohne die Zusatzbedingung $m \gg m_B$ die Frequenzen auch für kleinere Massen abzuschätzen. In der Formel (18.8.5) wird jetzt also auch die schwingende Balkenmasse miteinbezogen, aber die genauen Moden bleiben weiterhin unbekannt. Wir wählen $\gamma = \frac{m}{\rho A l} = 0{,}1$. Nehmen Sie als Eigenfunktion die Biegelinie für die entsprechende Lagerung und bestimmen Sie damit die 1. Eigenfrequenz mit Einbezug des letzten Terms von (18.8.5).

Lösung. Es gilt

$$v_*(x) = -\frac{mgl^3}{6EI}\left[\left(\frac{x}{l}\right)^3 - 3\frac{x}{l}\right]$$

und bei $x = l$ normiert $v(x) = -\frac{1}{2l^3}(x^3 - 3l^2x)$.

Man erhält

$$\omega_1^2 = \frac{EI\cdot\frac{3}{l^3} - mg\cdot 1}{\rho A\cdot\frac{17}{35}l + m\cdot 1^2}$$

und mit $m = 0{,}1\rho A l$ folgt

$$\omega_1^2 = \frac{EI\cdot\frac{3}{l^3} - 0{,}1g\rho A l}{\rho A\cdot\frac{17}{35}l + 0{,}1\rho A l} = \frac{\frac{EI}{\rho A}\cdot\frac{3}{l^4} - 0{,}1g}{\frac{17}{35}+0{,}1}$$

und schließlich

$$f_1 = \frac{1}{2\pi}\sqrt{\frac{\frac{2{,}1\cdot 10^{11}\cdot 0{,}05^2}{12\cdot 7{,}8\cdot 10^3}\cdot\frac{3}{10^4} - 0{,}1\cdot 9{,}81}{\frac{17}{35}+0{,}1}} = 0{,}174\,\text{Hz}.$$

19 Die Gleichung für Schwingungen einer Membran

Die Schwingung einer dünnen Membran wird häufig als zweidimensionale Analogie zur Saitenschwingung bezeichnet. Das ist, die Form der DG betrachtet, richtig, man muss aber beachten, dass sowohl die Dichte als auch die auf die Membran wirkende Spannung als bestimmende Größen der Wellengeschwindigkeit, anders als bei der Saite definiert werden müssen. Der Grund liegt darin, dass die Membran keine Dicke besitzt. Die Volumendichte ρ $[\frac{\text{kg}}{\text{m}^3}]$, die Flächenspannung σ $[\frac{\text{N}}{\text{m}^2}]$ und die Liniendämpfung ξ $[\frac{\text{kg}}{\text{m}\cdot\text{s}}]$ der Saite werden nun durch eine Flächendichte μ $[\frac{\text{kg}}{\text{m}^2}]$, eine Linienspannung τ $[\frac{\text{N}}{\text{m}}]$ und einer Flächendämpfung ξ $[\frac{\text{kg}}{\text{m}^2\cdot\text{s}}]$ der Membran abgelöst. Die eventuelle Last ist nun eine Flächenlast $q(x,y)$ $[\frac{\text{N}}{\text{m}^2}]$ (Abb. 19.1 links). Die Zeitabhängigkeit wird der Übersicht halber weggelassen.

Einschränkung: Die Membran sei vorerst rechteckig.

Um die folgende Bilanz kurz zu halten, gehen wir direkt von allen bei der Saite gemachten Vereinfachungen aus.

Idealisierungen:

- Die Membran besitzt keine Steifigkeit.
- Die Flächendichte ist konstant.
- Der Einfluss der Gravitation wird vernachlässigt.
- Die Auslenkungen $u(x,t)$ sind klein gegenüber den Abmessungen der Membran.

Herleitung von (19.1) und (19.2)

Bilanz und lineare Approximation: Vertikale Kraft- oder Impulsänderungsbilanz einer Membranfläche der Länge dx und der Breite dy. Wenn τ_x und τ_y die Linienspannungen in die Richtung der entsprechenden Koordinatenachsen sind, so bezeichnen $\tau_x dy$ und $\tau_y dx$ die Normalkräfte tangential zur Membran in dieselben Richtungen. In vertikaler Richtung erhält man (Abb. 19.1 links)

$$\begin{aligned}\frac{\partial(dm\cdot\dot{u})}{\partial t} &= \tau_x(x+dx,y)dy\cdot\sin[\alpha(x+dx,y)] - \tau_x(x)dy\cdot\sin[\alpha(x,y)]\\ &\quad + \tau_y(x,y+dy)dx\cdot\sin[\beta(x,y+dy)] - \tau_y(x,y)dx\cdot\sin[\beta(x,y)] - F_R(x,y)\\ &\quad + q(x,y)dxdy \quad \text{und}\\ \mu dxdy\cdot\ddot{u} &= \{\tau_x(x+dx,y)\cdot\sin[\alpha(x+dx,y)] - \tau_x(x,y)\cdot\sin[\alpha(x,y)]\}dy\\ &\quad + \{\tau_y(x,y+dy)\cdot\sin[\beta(x,y+dy)] - \tau_y(x,y)dx\cdot\sin[\beta(x,y)]\}dx - \xi\cdot dxdy\cdot\dot{u}\\ &\quad + q(x,y)dxdy = 0\end{aligned}$$

Weiter folgt

$$\mu\cdot\ddot{u} = \frac{\tau_x(x+dx,y)\cdot\sin[\alpha(x+dx,y)] - \tau_x(x,y)\cdot\sin[\alpha(x,y)]}{dx}$$

https://doi.org/10.1515/9783111345765-019

$$+\frac{\tau_y(x,y+dy)\cdot\sin[\beta(x,y+dy)]-\tau_y(x,y)dx\cdot\sin[\beta(x,y)]}{dy}-\xi\cdot\dot{u}+q(x,y)$$

und somit

$$\mu\cdot\ddot{u}=\frac{\partial}{\partial x}\{\tau_x(x,y)\cdot\sin[\alpha(x,y)]\}+\frac{\partial}{\partial y}\{\tau_y(x,y)\cdot\sin[\beta(x,y)]\}-\xi\cdot\dot{u}+q(x,y).$$

Aufgrund kleiner Auslenkungen gilt $\sin[\alpha(x,y)]\approx\frac{\partial u}{\partial x}$ und $\sin[\beta(x,y)]\approx\frac{\partial u}{\partial y}$, woraus

$$\mu\cdot\ddot{u}+\xi\cdot\dot{u}=\frac{\partial}{\partial x}\left(\tau_x\cdot\frac{\partial u}{\partial x}\right)+\frac{\partial}{\partial y}\left(\tau_y\cdot\frac{\partial u}{\partial y}\right)+q(x,y) \tag{19.1}$$

entsteht.

Zusätzliche Idealisierung: Falls die Membran in Richtung beider Koordinatenachsen gleich stark gespannt wird und keine zusätzlichen von außen wirkenden Kräfte wirksam sind, so gilt $\tau_x=\tau_y=$ konst. Damit ergibt sich

$$\mu\cdot\frac{\partial^2u}{\partial t^2}+\xi\cdot\frac{\partial u}{\partial t}=\tau\left[\frac{\partial^2u(x,y,t)}{\partial x^2}+\frac{\partial^2u(x,y,t)}{\partial y^2}\right]+q(x,y)$$

und mit $\delta=\frac{\xi}{\mu}$, $c^2=\frac{\tau}{\mu}$ die DG der zweidimensionalen Wellengleichung oder die DG für Membranschwingungen zu

$$\frac{\partial^2u}{\partial t^2}+\delta\cdot\frac{\partial u}{\partial t}-c^2\left(\frac{\partial^2u}{\partial x^2}+\frac{\partial^2u}{\partial y^2}\right)=\frac{q(x,y)}{\mu}. \tag{19.2}$$

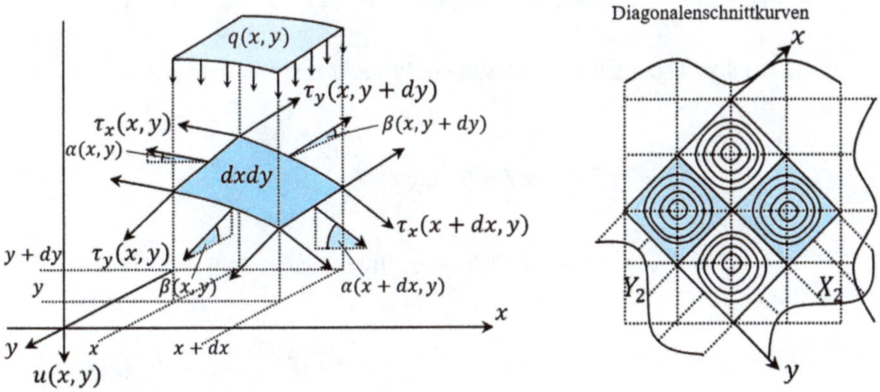

Abb. 19.1: Skizzen zur Membranschwingung und zum Beispiel Kap. 19.1.

19.1 Schwingungen der Rechtecksmembran ohne Last

Es soll die Lösung von (19.2) mit $q(x,y) = 0$ für eine überall fest eingespannte rechteckige Membran mit Länge a und Breite b ermittelt werden. Mit dem Laplace-Operator

$$\Delta = \frac{\partial^2}{\partial x^2} + \frac{\partial^2}{\partial y^2}$$

schreibt sich (19.2) für $\delta = 0$ auch als $\ddot{u} - c^2 \cdot \Delta u = \frac{q}{\mu}$.

Einschränkung: Die Membran ist lastfrei.

Herleitung von (19.1.1)

Es bezeichnet $u(x,y,t)$ die Auslenkung in z-Richtung. Als RBen erhält man I. $u(0,y,t) = 0$, II. $u(a,y,t) = 0$, III. $u(x,0,t) = 0$ und IV. $u(x,b,t) = 0$. Die Anfangsbedingungen sind A1. $u(x,y,0) = g(x,y)$ und A2. $\frac{\partial u}{\partial t}(x,y,0) = h(x,y)$. Wir versuchen eine Lösung mittels Separation $u(x,y,t) = v(x,y) \cdot w(t)$. Eingesetzt in (19.2) ergibt sich

$$v \cdot \ddot{w} + \delta \cdot v \cdot \dot{w} = c^2(v_{xx} + v_{yy}) \cdot w \quad \text{oder} \quad \frac{\ddot{w}}{w} + \delta \cdot \frac{\dot{w}}{w} = c^2\left(\frac{v_{xx} + v_{yy}}{v}\right).$$

Die beiden Seiten sind voneinander unabhängig, also müssen sie gleich einer Konstanten $-\omega^2$ sein:

$$\frac{\ddot{w}}{w} + \delta \cdot \frac{\dot{w}}{w} = -\omega^2 \quad \text{und} \quad c^2\left(\frac{v_{xx} + v_{yy}}{v}\right) = -\omega^2.$$

Für die Zeitlösung erhält man wie immer gemäß (16.3.5)

$$w(t) = e^{-\frac{\delta}{2}\cdot t} \cdot [B_1 \cdot \cos(\varepsilon_n t) + B_2 \cdot \sin(\varepsilon_n t)] \quad \text{mit} \quad \varepsilon_n^2 = \omega_n^2 - \left(\frac{\delta}{2}\right)^2.$$

Den Ortsteil zerlegen wir abermals in ein Produkt $v(x,y) = X(x) \cdot Y(y)$. Dies führt zu

$$X''Y + XY'' + \frac{\omega^2}{c^2}XY = 0 \quad \text{oder} \quad \frac{X''}{X} + \frac{Y''}{Y} = -\frac{\omega^2}{c^2}.$$

Mit $\frac{X''}{X} = -\alpha^2$ und $\frac{Y''}{Y} = -\beta^2$ folgt $\alpha^2 + \beta^2 = \frac{\omega^2}{c^2}$ und somit $\omega = c\sqrt{\alpha^2 + \beta^2}$. Die Lösungen der einzelnen Ortsteile sind

$$X(x) = D_1 \cos(\alpha x) + D_2 \sin(\alpha x) \quad \text{bzw.} \quad Y(y) = E_1 \cos(\beta y) + E_2 \sin(\beta y).$$

Insgesamt hat man

$$u(x,y,t) = [D_1 \cos(\alpha x) + D_2 \sin(\alpha x)][E_1 \cos(\beta y) + E_2 \sin(\beta y)][C_1 \cos(\varepsilon t) + C_2 \sin(\varepsilon t)].$$

Die RBen I.–IV. liefern in dieser Reihenfolge:

$$X(0) = 0 \quad \Rightarrow \quad D_1 = 0, \quad X(a) = 0 \quad \Rightarrow \quad \alpha_m = \frac{m\pi}{a},$$
$$Y(0) = 0 \quad \Rightarrow \quad E_1 = 0 \quad \text{und} \quad Y(b) = 0 \quad \Rightarrow \quad \beta_n = \frac{n\pi}{b}.$$

Für die gesamte Lösung erhält man

$$u(x,y,t) = \sum_{m=1}^{\infty}\sum_{n=1}^{\infty} \sin\left(\frac{m\pi}{a}x\right)\sin\left(\frac{n\pi}{b}y\right)[a_{mn}\cos(\varepsilon_{mn}t) + b_{mn}\sin(\varepsilon_{mn}t)] \quad \text{mit}$$
$$\varepsilon_{mn}^2 = \left(\frac{\delta}{2}\right)^2 - c^2\pi^2\left(\frac{m^2}{a^2} + \frac{n^2}{b^2}\right).$$

Sowohl die Anfangsauslenkung als auch die vom Ort abhängige Anfangsgeschwindigkeit werden in Eigenfunktionen entwickelt:

$$g(x,y) = u(x,y,0) = \sum_{m=1}^{\infty}\sum_{n=1}^{\infty} a_{mn}\sin\left(\frac{m\pi}{a}x\right)\sin\left(\frac{n\pi}{b}y\right) \quad \text{und}$$
$$h(x,y) = u_t(x,y,0) = \sum_{m=1}^{\infty}\sum_{n=1}^{\infty} b_{mn}\omega_{mn}\sin\left(\frac{m\pi}{a}x\right)\sin\left(\frac{n\pi}{b}y\right).$$

Weiter gilt

$$\frac{4}{ab}\int_0^a\int_0^b \sin\left(\frac{m\pi}{a}x\right)\sin\left(\frac{n\pi}{b}y\right)\sin\left(\frac{r\pi}{a}x\right)\sin\left(\frac{s\pi}{b}y\right)dxdy = \begin{cases} 0 & \text{für } (m,n) \neq (r,s), \\ 1 & \text{für } (m,n) = (r,s). \end{cases}$$

Folglich erhält man die Koeffizienten zu

$$a_{mn} = \frac{4}{ab}\int_0^a\int_0^b g(x,y)\cdot\sin\left(\frac{m\pi}{a}x\right)\sin\left(\frac{n\pi}{b}y\right)dxdy \quad \text{und}$$
$$b_{mn} = \frac{4}{\omega_{mn}ab}\int_0^a\int_0^b h(x,y)\cdot\sin\left(\frac{m\pi}{a}x\right)\sin\left(\frac{n\pi}{b}y\right)dxdy.$$

Damit lautet das Ergebnis:

Eine an allen Seiten mit konstanter Spannung τ fest eingespannte rechteckige Membran mit Länge a, Breite b, Dämpfung ξ und Massenbelegung μ vollführt bei einer Anfangsauslenkung $g(x,y)$ und einer Anfangsgeschwindigkeit $h(x,y)$ die gedämpften Schwingungen

$$u(x,y,t) = \sum_{m=1}^{\infty}\sum_{n=1}^{\infty} \sin\left(\frac{m\pi}{a}x\right)\sin\left(\frac{n\pi}{b}y\right)\left[a_{mn}\cos(\varepsilon_{mn}t) + b_{mn}\sin(\varepsilon_{mn}t)\right] \quad \text{mit}$$

$$\varepsilon_{mn}^2 = \omega_{mn}^2 - \left(\frac{\delta}{2}\right)^2, \quad \delta = \frac{\xi}{\mu}, \quad \omega_{mn}^2 = c^2\pi^2\left(\frac{m^2}{a^2} + \frac{n^2}{b^2}\right), \quad c^2 = \frac{\tau}{\mu},$$

$$a_{mn} = \frac{4}{ab}\int_0^a\int_0^b g(x,y)\cdot\sin\left(\frac{m\pi}{a}x\right)\sin\left(\frac{n\pi}{b}y\right)dxdy \quad \text{und}$$

$$b_{mn} = \frac{4}{\omega_{mn}ab}\int_0^a\int_0^b h(x,y)\cdot\sin\left(\frac{m\pi}{a}x\right)\sin\left(\frac{n\pi}{b}y\right)dxdy. \tag{19.1.1}$$

Die Eigenfunktionen oder Moden sind $X_m(x) = \sin(\frac{m\pi}{a}x)$, $Y_n(x) = \sin(\frac{n\pi}{b}y)$ und entsprechen unabhängig voneinander stehenden Wellen. Jedem (m, n) wird eine eigene Mode v_{mn} mit einer spezifischen Frequenz f_{mn} zugeordnet. Im Fall einer freien Schwingung ist

$$\delta = 0 \quad \text{und} \quad \varepsilon_{mn} = \omega_{mn} = c\pi\sqrt{\frac{m^2}{a^2} + \frac{n^2}{b^2}} = 2\pi f_{mn}.$$

Umgekehrt ist es aber so, dass zu einer gegebenen Frequenz zwei Moden existieren.

Beweis. Dies leuchtet ein, da $X_m(x)$ in x-Richtung und $Y_n(x)$ in y-Richtung periodisch sind. Die jeweiligen Periodizitäten oder Wellenlängen λ_m und λ_n erhält man, indem man

$$\begin{aligned} v_{mn}(x,y) &= \sin\left(\frac{m\pi}{a}x\right)\cdot\sin\left(\frac{n\pi}{b}y\right) = \sin\left[\frac{m\pi}{a}(x+\lambda_m)\right]\cdot\sin\left[\frac{n\pi}{b}(y+\lambda_n)\right] \\ &= v_{mn}(x+\lambda_m, y+\lambda_n). \end{aligned} \tag{19.1.2}$$

schreibt. Dies zieht $\frac{m\pi}{a}\lambda_m = 2\pi$ und $\frac{n\pi}{b}\lambda_n = 2\pi$ oder $\lambda_m = \frac{2a}{m}$ und $\lambda_n = \frac{2b}{n}$ nach sich. Zu jeder Eigenfrequenz f_{mn} gibt es also zwei Wellenlängen λ_m (in y- Richtung), λ_n (in x-Richtung) und folglich zwei Eigenformen. q. e. d.

Beispiel 1. Nehmen wir $a = 2$, $b = 1$. Ermitteln Sie f_{mn} und daraus zwei Frequenzpaare.

Lösung. Es gilt

$$f_{mn} = \frac{\omega_{mn}}{2\pi} = \frac{c}{2}\cdot\left(\frac{m^2}{4} + n^2\right).$$

Damit besitzen beispielsweise v_{41} und v_{22} oder v_{62} und v_{43} dieselbe Eigenfrequenz.

Beispiel 2. Die Membran ist quadratisch mit $a = b$ und soll frei schwingen.

a) Ermitteln Sie die Grundfrequenz ω_{11} und die Frequenz ω_{22} als Vielfaches von ω_{11}.
b) Bestimmen Sie $X_2(x)$, $Y_2(y)$ und stellen Sie die Mode $(2, 2)$ als Projektion auf die xy-Ebene dar durch skizzieren der Höhenlinien.

Lösung.

a) Man erhält $\omega_{11} = \sqrt{2}\cdot\pi\cdot\frac{c}{a} \approx 4{,}4429\cdot\frac{c}{a}$ und $\omega_{22} = 2\omega_{11}$.

b) Die Darstellung entnimmt man Abb. 19.1 rechts. Entlang der gestrichenen Linien (Knotenlinien) bleibt bei dieser Schwingungsform die Membran in Ruhe. Blaue Bereiche entsprechen Bergen, weiße Tälern.

19.2 Erzwungene Schwingungen der Rechtecksmembran

Die statischen Auslenkungen der Membran bezüglich einer Einzelkraft oder einer Teillast besitzen die Form gekrümmter Flächen, weshalb keine Analogie zur Saite mehr besteht. Somit sind die statischen Auslenkungen einer Membran, für Einzelkräfte und Teillasten, vorerst unbekannt. Deshalb gehen wir anders als bei der Saite, dem Stab und dem Balken, umgekehrt vor und schließen von den dynamischen auf die statischen Koeffizienten. Das Problem wird für eine mittige Einzelkraft im Beispiel am Ende des Kapitels gelöst.

Einschränkung: Die Anregung ist periodisch und von der Form $q_*(x,y) = q(x,y) \cdot \cos(\varphi t)$.

Vorerst bleibt die Dämpfung wie immer unbeachtet. Damit wird aus (19.2) mit $\delta = 0$ folgende zu lösende DG:

$$\frac{\partial^2 u}{\partial t^2} - \frac{\tau}{\mu}\left(\frac{\partial^2 u}{\partial x^2} + \frac{\partial^2 u}{\partial y^2}\right) = \frac{q(x,y) \cdot \cos(\varphi t)}{\mu}. \tag{19.2.1}$$

Herleitung von (19.2.2)–(19.2.6)

Wie immer ist nur die Lösung nach der Einschwingzeit von Interesse, weshalb wir die Lösung als $u(x,y,t) = v(x,y) \cdot \cos(\varphi t)$ ansetzen. Sowohl $v(x,y)$ als auch $q(x,y)$ entwickeln wir in eine Doppelsinusreihe aus Eigenfunktionen:

$$v(x,y) = \sum_{m=1}^{\infty}\sum_{n=1}^{\infty} d_{mn} v_{mn}(x,y) = \sum_{m=1}^{\infty}\sum_{n=1}^{\infty} d_{mn} \sin\left(\frac{m\pi}{a}x\right)\sin\left(\frac{n\pi}{b}y\right) \quad \text{und}$$

$$q(x,y) = \sum_{m=1}^{\infty}\sum_{n=1}^{\infty} q_{mn} \sin\left(\frac{m\pi}{a}x\right)\sin\left(\frac{n\pi}{b}y\right).$$

Eingesetzt in (19.2.1) ergibt sich

$$-\varphi^2 \sum_{m=1}^{\infty}\sum_{n=1}^{\infty} d_{mn} v_{mn}(x,y) + c^2\pi^2\left(\frac{m^2}{a^2} + \frac{n^2}{b^2}\right)\sum_{m=1}^{\infty}\sum_{n=1}^{\infty} d_{mn} v_{mn}(x,y)$$
$$= \sum_{m=1}^{\infty}\sum_{n=1}^{\infty} \frac{q_{mn}}{\mu} v_{mn}(x,y).$$

Infolge der Orthogonalität der Eigenfunktionen kann man die Koeffizienten miteinander vergleichen und erhält

$$d_{mn} \cdot \left[c^2\pi^2\left(\frac{m^2}{a^2} + \frac{n^2}{b^2}\right) - \varphi^2 \right] = \frac{q_{mn}}{\mu},$$

wobei

$$q_{mn} = \frac{4}{ab} \int_0^a \int_0^b q(x,y) \sin\left(\frac{m\pi}{a}x\right) \sin\left(\frac{n\pi}{b}y\right) dxdy$$

ist. Mit

$$\omega_{mn}^2 = c^2\pi^2\left(\frac{m^2}{a^2} + \frac{n^2}{b^2}\right)$$

folgt

$$d_{mn} = \frac{q_{mn}}{\mu(\omega_{mn}^2 - \varphi^2)} = \frac{q_{mn}}{\mu\omega_{mn}^2} \cdot V(\omega_{mn}) = s_{mn} \cdot V(\omega_{mn}) \tag{19.2.2}$$

mit dem Vergrößerungsfaktor

$$V(\omega_{mn}) = \frac{1}{|1 - (\frac{\varphi}{\omega_{mn}})^2|}. \tag{19.2.3}$$

Nun wird noch die fehlende Dämpfung modal eingebaut. Anstelle von (19.2.3) tritt nun der gedämpfte Vergrößerungsfaktor

$$V(\omega_n, \xi_n) = \frac{1}{\sqrt{[1 - (\frac{\varphi}{\omega_{mn}})^2]^2 + 4\xi_{mn}^2(\frac{\varphi}{\omega_{mn}})^2}}. \tag{19.2.4}$$

Dabei ist $\xi_{mn} = \frac{\xi}{2M_{mn}^*\omega_{mn}}$ das Lehr'sche Dämpfungsmaß bezogen auf die mn-te Eigenfrequenz ω_{mn} und die mn-te modale Masse

$$M_{mn}^* = \mu \int_0^A v_{mn}^2 dA = \mu \int_0^a \sin^2\left(\frac{m\pi}{a}x\right)dx \cdot \int_0^b \sin^2\left(\frac{n\pi}{b}y\right)dy = \mu \cdot \frac{a}{2} \cdot \frac{b}{2} = \frac{\mu ab}{4}. \tag{19.2.5}$$

Die Gleichungen (19.2.2)–(19.2.5) führen zu dem Ergebnis:

Die Lösung der erzwungenen Schwingung

$$\ddot{u} + \frac{\xi}{\mu} \cdot \dot{u} - \frac{\tau}{\mu}(u_{xx} + u_{yy}) = \frac{q(x,y)}{\mu} \cdot \cos(\varphi t)$$

einer rechteckigen Membran besitzt die Form

$$u(x,y,t) = \sum_{m=1}^{\infty} \sum_{n=1}^{\infty} d_{mn} v_{mn}(x,y) \cos(\varphi t - \sigma_{mn})$$

mit den dynamischen Koeffizienten $d_{mn} = s_{mn} \cdot V(\omega_{mn}, \xi_{mn})$, den statischen Koeffizienten $s_{mn} = \frac{q_{mn}}{\mu\omega_{mn}^2}$, den Lastkoeffizienten q_{mn}, den Dämpfungsmaßen ξ_{mn}, den Phasenverschiebungen

$$\sigma_{mn} = \arctan\left(\frac{2\xi_{mn}\omega_{mn} \cdot \varphi}{\varphi^2 - \omega_{mn}^2}\right) \quad \text{und} \quad \omega_{mn}^2 = \frac{\tau}{\mu} \cdot \pi^2\left(\frac{m^2}{a^2} + \frac{n^2}{b^2}\right). \tag{19.2.6}$$

Konkret sollen nun die Lastkoeffizienten für zwei Fälle ermittelt werden.

1. Fall. Die Membran wird durch eine gleichmäßig verteilte rechteckige Last q_0 mit Mittelpunkt $P(x_0, y_0)$ und Längen a_0 und b_0 respektive, dessen Seiten parallel zu den Rändern verläuft, belastet (Abb. 19.2 links).

2. Fall. Wir ziehen die Last aus Fall 1 zu einer Kraft F_0 im Punkt $P(x_0, y_0)$ zusammen. Damit sind wir in der Lage, jede beliebige Last durch Superposition einzelner Lasten aus den beiden Fällen beliebig anzunähern und damit die Auslenkung durch Einzelauslenkungen zusammenzusetzen.

Herleitung von (19.2.7)–(19.2.9)

Im 1. Fall erhält man

$$q_{mn} = q_0 \cdot \frac{4}{ab} \int_{x_0-\frac{a_0}{2}}^{x_0+\frac{a_0}{2}} \int_{y_0-\frac{b_0}{2}}^{y_0+\frac{b_0}{2}} \sin\left(\frac{m\pi}{a}x\right)\sin\left(\frac{n\pi}{b}y\right)dxdy.$$

Weiter ist

$$\begin{aligned}
&\int_{x_0-\frac{a_0}{2}}^{x_0+\frac{a_0}{2}} \sin\left(\frac{m\pi}{a}x\right)dx \\
&= -\frac{a}{m\pi}\left[\cos\left(\frac{m\pi}{a}x\right)\right]_{x_0-\frac{a_0}{2}}^{x_0+\frac{a_0}{2}} \\
&= -\frac{a}{m\pi}\left\{\cos\left[\frac{m\pi}{a}\left(x_0+\frac{a_0}{2}\right)\right] - \cos\left[\frac{m\pi}{a}\left(x_0-\frac{a_0}{2}\right)\right]\right\} \\
&= \frac{2a}{m\pi}\left\{\sin\left[\frac{m\pi}{a}\left(\frac{x_0+\frac{a_0}{2}+x_0-\frac{a_0}{2}}{2}\right)\right]\sin\left[\frac{m\pi}{a}\left(\frac{x_0+\frac{a_0}{2}-(x_0-\frac{a_0}{2})}{2}\right)\right]\right\} \\
&= \frac{2a}{m\pi}\sin\left(\frac{m\pi}{a}x_0\right)\sin\left(\frac{m\pi}{2a}a_0\right).
\end{aligned}$$

Insgesamt hat man

$$q_{mn} = \frac{16q_0}{mn\pi^2}\sin\left(\frac{m\pi}{a}x_0\right)\sin\left(\frac{m\pi}{2a}a_0\right)\sin\left(\frac{n\pi}{b}y_0\right)\sin\left(\frac{n\pi}{2b}b_0\right). \tag{19.2.7}$$

Für den 2. Fall beachtet, man, dass q_0 eine Last pro Flächeneinheit ist und damit $F_0 = \lim_{\substack{a_0\to 0\\ b_0\to 0}} a_0 b_0 q_0$ die gesuchte Kraft im Punkt $P(x_0, y_0)$ darstellt. Es folgt mit (19.2.7)

$$
\begin{aligned}
\lim_{\substack{a_0\to 0\\ b_0\to 0}} q_{mn} &= \lim_{\substack{a_0\to 0\\ b_0\to 0}} q_{mn}\frac{a_0 b_0}{a_0 b_0}\\
&= \frac{16 q_0}{mn\pi^2} a_0 b_0 q_0 \sin\left(\frac{m\pi}{a}x_0\right)\sin\left(\frac{n\pi}{b}y_0\right)\cdot \lim_{a_0\to 0}\frac{\sin(\frac{m\pi}{2a}a_0)}{a_0}\lim_{b_0\to 0}\frac{\sin(\frac{n\pi}{2b}b_0)}{b_0}\\
&= \frac{16 q_0}{mn\pi^2} a_0 b_0 q_0 \sin\left(\frac{m\pi}{a}x_0\right)\sin\left(\frac{n\pi}{b}y_0\right)\cdot\frac{m\pi}{2a}\cdot\frac{n\pi}{2b}
\end{aligned}
$$

und somit

$$
\lim_{\substack{a_0\to 0\\ b_0\to 0}} q_{mn} = \frac{4F_0}{ab}\cdot\sin\left(\frac{m\pi}{a}x_0\right)\sin\left(\frac{n\pi}{b}y_0\right). \tag{19.2.8}
$$

Schließlich kann man (19.2.7) und (19.2.8) zu einer beliebigen Belastung zusammenfassen. Wirken N_1 rechteckige Gleichlasten der Größe q_i auf einer Länge a_i und einer Breite b_i um den entsprechenden Punkt $P_i(x_i, y_i)$ und N_2 Einzelkräfte der Größe F_k am entsprechenden Ort (x_k, y_k), so erhält man den Lastkoeffizienten (19.2.7) und (19.2.8) zu

$$
\begin{aligned}
q_{mn} &= \frac{16}{mn\pi^2}\sum_{i=1}^{N_1} q_i \sin\left(\frac{m\pi}{a}x_i\right)\sin\left(\frac{m\pi}{2a}a_i\right)\sin\left(\frac{n\pi}{b}y_i\right)\sin\left(\frac{n\pi}{2b}b_i\right)\\
&\quad+\sum_{k=1}^{N_2}\frac{4F_k}{ab}\cdot\sin\left(\frac{m\pi}{a}x_k\right)\cdot\sin\left(\frac{n\pi}{b}y_k\right).
\end{aligned} \tag{19.2.9}
$$

Beispiel. Eine quadratische Membran mit $a = b = 1$ wird im Zentrum einerseits statisch mit der Kraft F_0 und anderseits periodisch mit der Kraft $F(t) = F_0 \cdot \cos(\varphi t)$ belastet.

a) Bestimmen Sie die dynamische und die statische Auslenkung $u(x, y, t)$ bzw. $u(x, y)$.
b) Wie lautet die Lösung für die freie Schwingung für diese Art Auslenkung?
c) Normieren Sie

$$
u_*(x, y) = -\frac{u(x, y)}{\frac{4F_0}{\pi^2\tau}} = -\frac{u(x, y)}{\frac{4F_0}{\pi^2\mu c^2}}
$$

und stellen Sie die Projektion $u_*(x)$ für $y = 0{,}1, 0{,}2, 0{,}3, 0{,}4, 0{,}47, 0{,}5$ dar.

Lösung.

a) Mithilfe von (19.2.8) lauten die Lastkoeffizienten

$$
q_{mn} = 4F_0\cdot\sin\left(\frac{m\pi}{a}\cdot\frac{a}{2}\right)\sin\left(\frac{n\pi}{b}\cdot\frac{b}{2}\right) = \frac{4F_0}{ab}\cdot\sin\left(\frac{m\pi}{2}\right)\sin\left(\frac{n\pi}{2}\right).
$$

Da sowohl $\sin(\frac{m\pi}{2})$ als auch $\sin(\frac{m\pi}{2})$ nur für ungerade m und n ungleich null sind, ergibt sich

$$q_{mn} = \frac{4F_0}{ab} \cdot \sin\left[\frac{(2m-1)\pi}{2}\right] \sin\left[\frac{(2n-1)\pi}{2}\right] = 4F_0 \cdot (-1)^{m+1}(-1)^{n+1} = (-1)^{m+n}.$$

Weiter gilt

$$\omega_{mn}^2 = c^2\pi^2[(2m-1)^2 + (2n-1)^2] \quad \text{und} \quad s_{mn} = \frac{(-1)^{m+n}}{\mu\omega_{mn}^2},$$

woraus

$$u(x,y,t) = \frac{4F_0}{\mu} \sum_{m=1}^{\infty}\sum_{n=1}^{\infty} \frac{(-1)^{m+n} \cdot \sin[(2m-1)\pi x] \cdot \sin[(2n-1)\pi y]}{c^2\pi^2[(2m-1)^2 + (2n-1)^2] - \varphi^2} \cdot \cos(\varphi t)$$

entsteht. Damit schließen wir auf die statische Auslenkung: Aus $d_n = s_n$ folgt

$$u(x,y) = \frac{4F_0}{\mu} \sum_{m=1}^{\infty}\sum_{n=1}^{\infty} \frac{(-1)^{m+n} \cdot \sin[(2m-1)\pi x] \cdot \sin[(2n-1)\pi y]}{c^2\pi^2[(2m-1)^2 + (2n-1)^2]}. \tag{19.2.10}$$

b) Es gilt wie immer $u(x,y,t) = g(x,y) \cdot \cos(\omega_n t)$ mit der statischen Auslenkung (19.2.10).
Damit erhält man

$$u(x,y,t) = \frac{4F_0}{\mu} \sum_{m=1}^{\infty}\sum_{n=1}^{\infty} \frac{(-1)^{m+n} \cdot \sin[(2m-1)\pi x] \cdot \sin[(2n-1)\pi y]}{c^2\pi^2[(2m-1)^2 + (2n-1)^2]} \cos(\omega_n t).$$

c) Die Darstellung der Projektionen entnimmt man Abb. 19.3 links. Dreidimensional erhält man für die statische Auslenkung von Membranen somit Trichterformen wie man es von Zirkuszelten her kennt.

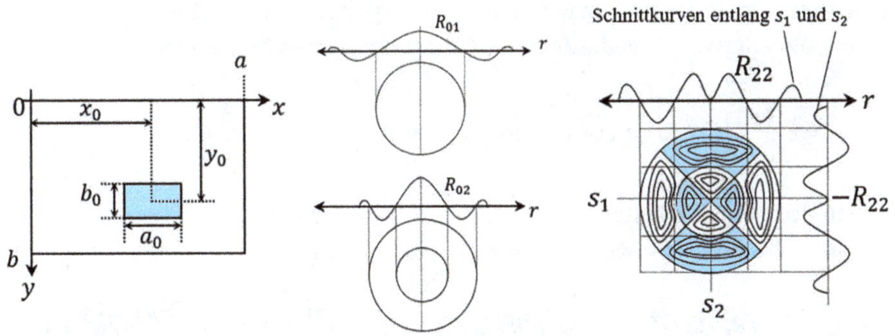

Abb. 19.2: Skizzen zu den Lastkoeffizienten der erzwungenen Schwingung einer Rechtecksmembran und zum Beispiel, Kap. 19.3.

19.3 Schwingungen der Kreismembran ohne Last

Zur Beschreibung kreisförmiger Strukturen, ist es sinnvoll, Polarkoordinaten einzuführen. Es gilt $r = \sqrt{x^2 + y^2}$ und $\theta = \arctan \frac{y}{x}$. Das neue Koordinatensystem besteht dann aus vom Ursprung ausgehenden Strahlen und konzentrischen Kreisen um den Ursprung. Ableitungen in x- und y-Richtung werden durch Ableitungen in radialer Richtung (für θ = konst.) und senkrecht dazu, in tangentialer Richtung (für r = konst.), ersetzt. Damit muss der Laplace-Operator $\Delta = \frac{\partial^2}{\partial x^2} + \frac{\partial^2}{\partial y^2}$ in (19.2) in Polarkoordinaten umgewandelt werden. Die zugehörige Herleitung findet sich in Band 3. Man erhält

$$\Delta = \frac{\partial^2}{\partial r^2} + \frac{1}{r} \cdot \frac{\partial}{\partial r} + \frac{1}{r^2} \cdot \frac{\partial^2}{\partial \theta^2}.$$

Somit gilt es, folgende DG zu lösen:

$$\frac{\partial^2 u}{\partial t^2} + \delta \cdot \frac{\partial u}{\partial t} = c^2 \left(\frac{\partial^2 u}{\partial r^2} + \frac{1}{r} \frac{\partial u}{\partial r} + \frac{1}{r^2} \frac{\partial^2 u}{\partial \theta^2} \right). \tag{19.3.1}$$

Herleitung von (19.3.2)–(19.3.5)

Der Ansatz $u(r, \theta, t) = v(r, \theta) \cdot w(t)$ führt nach Einsetzen in (19.3.1) auf

$$\ddot{w} v + \delta v \dot{w} = c^2 \left(v_{rr} + \frac{1}{r} v_r + \frac{1}{r^2} v_{\theta\theta} \right) w \quad \text{oder} \quad \frac{1}{c^2} \left(\frac{\ddot{w}}{w} + \delta \frac{\dot{w}}{w} \right) = \frac{v_{rr} + \frac{1}{r} v_r + \frac{1}{r^2} v_{\theta\theta}}{v}.$$

Mit der Separationskonstanten ω entsteht

$$\frac{1}{c^2} \left(\frac{\ddot{w}}{w} + \delta \frac{\dot{w}}{w} \right) = -\lambda^2 \quad \text{und} \quad v_{rr} + \frac{1}{r} v_r + \frac{1}{r^2} v_{\theta\theta} = -\lambda^2 v.$$

Im Gegensatz zu den bisherigen Separationskonstanten, beziehen wir die Konstante c diesmal in die Zeitlösung mit ein, weil der Radialteil kompliziert ist und selber nochmals zerlegt wird. Deswegen wählen wir λ und $\lambda c = \omega$ ergibt dann wie gewohnt die Frequenz. Aus $\ddot{w} + \delta \dot{w} + \omega^2 w = 0$ folgt die Zeitlösung wiederum gemäß (16.3.5) zu

$$w(t) = e^{-\frac{\delta}{2} \cdot t} \cdot [B_1 \cdot \cos(\varepsilon_n t) + B_2 \cdot \sin(\varepsilon_n t)] \quad \text{mit} \quad \varepsilon_n^2 = \omega_n^2 - \left(\frac{\delta}{2} \right)^2 = \lambda_n^2 c^2 - \left(\frac{\delta}{2} \right)^2.$$

Für den Ortsteil erhalten wir $r^2 v_{rr} + r v_r + v_{\theta\theta} + \lambda^2 r^2 v = 0$.

Zur Trennung setzen wir $v(r, \theta) = R(r) \cdot \Omega(\theta)$, was zu

$$r^2 R_{rr} \cdot \Omega + r R_r \cdot \Omega + R \cdot \Omega_{\theta\theta} + \lambda^2 r^2 R \cdot \Omega = 0 \quad \text{oder} \quad r^2 \frac{R_{rr}}{R} + r \frac{R_r}{R} + \frac{\Omega_{\theta\theta}}{\Omega} + \lambda^2 r^2 = 0$$

führt.

Mithilfe der neuen Separationskonstanten μ wird daraus

$$r^2\frac{R_{rr}}{R} + r\frac{R_r}{R} + \lambda^2 r^2 = \mu^2 \quad \text{und} \quad -\frac{\Omega_{\theta\theta}}{\Omega} = \mu^2.$$

Der Winkelteil führt zu $\Omega_{\theta\theta} + \mu^2\Omega = 0$ mit der Lösung $\Omega(\theta) = C_1\cos(\mu\theta) + C_2\sin(\mu\theta)$. Da $\Omega(\theta + 2\pi) = \Omega(\theta)$, also Ω periodisch sein muss, kommen nur ganzzahlige μ infrage: $\mu = n, n \in \mathbb{N}$. Somit ist $\Omega_n(\theta) = C_1\cos(n\theta) + C_2\sin(n\theta)$. Schließlich bleibt noch die DG

$$r^2R_{rr} + rR_r + (\lambda^2r^2 - n^2)R = 0 \tag{19.3.2}$$

mit der RB $R(a) = 0$ zu lösen. Die Variablentransformation $z = \lambda r$ und $R(\lambda r) := Q(z)$ führen zu

$$z^2Q'' + zQ' + (z^2 - n^2)Q = 0 \quad \text{mit} \quad Q(\lambda a) = 0. \tag{19.3.3}$$

Dies sind die Bessel'schen DGen. Für jedes n gibt es eine Lösung $J_n(z)$, die Bessel-Funktion. Aus $Q(\lambda a) = 0$ folgt $J_n(\lambda a) = 0$, was bedeutet, dass λa Nullstelle sein muss. Jede Bessel-Funktion besitzt unendlich viele, abzählbare Nullstellen. Bezeichnet l_{nm} die m-te Nullstelle der n-ten Bessel-Funktion J_n, dann ist $l_{nm} = \lambda_{nm} \cdot a$. Ist $J_n(z)$ die Lösung von (19.3.3), dann ist $J_n(\lambda_{nm}r) = J_n(\frac{l_{nm}}{a}r)$ die Lösung von (19.3.2). Da die DG (19.3.2) aber vom Grad Zwei ist, muss es eine von $J_n(\lambda_{nm}r)$ unabhängige zusätzliche Basislösung geben. In Band 4 wird diese 2. Lösung, die Neumannfunktion $N_n(\lambda_{nm}r)$, hergeleitet. Damit lautet die allgemeine Lösung der Bessel'schen DG

$$R(r) = D_1 \cdot J_n(\lambda_{nm}r) + D_2 \cdot N_n(\lambda_{nm}r). \tag{19.3.4}$$

In Abb. 22.4 rechts sind $J_0(x)$ und $N_0(x)$ dargestellt. (Für alle folgenden Probleme ist nur die Bessel-Funktion für $n = 0$ wichtig.) Da nun $N_n(\lambda_{nm}r)$ für alle n an der Stelle $r = 0$ nicht endlich bleibt, ist $C_2 = 0$. Hingegen müsste man für eine Kreisringmembran (19.3.4) verwenden, da zwei Ränder und damit zwei RBen entstehen. In unserem Fall verbleiben somit die einzelnen Lösungsteile

$$R(r) = J_n(\lambda_{nm} \cdot r), \quad \Omega_n(\theta) = C_1\cos(n\theta) + C_2\sin(n\theta) \quad \text{und}$$
$$w(t) = e^{-\frac{\delta}{2}\cdot t} \cdot \left[B_1\cos(\varepsilon_{nm}t) + B_2\sin(\varepsilon_{nm}t)\right].$$

Die gesamte Lösung erhält damit die Gestalt

$$u(r,\theta,t) = \sum_{n=0}^{\infty}\sum_{m=1}^{\infty} J_n(\lambda_{nm}r) \cdot \left[a^*_{nm}\cos(n\theta) + b^*_{nm}\sin(n\theta)\right]$$
$$\cdot e^{-\frac{\delta}{2}\cdot t} \cdot \left[B_1\cos(\varepsilon_{nm}t) + B_2\sin(\varepsilon_{nm}t)\right].$$

Im Weiteren beschränken wir uns auf eine anfangs ruhende Membran, womit $D_2 = 0$ ist und

$$u(r,\theta,t) = \sum_{n=0}^{\infty}\sum_{m=1}^{\infty}[a_{nm}\cos(n\theta) + b_{nm}\sin(n\theta)] \cdot J_n(\lambda_{nm}r)\cos(\lambda_{nm}ct)$$

verbleibt.

Nun bauen wir die Anfangsbedingung ein. Mit der Abkürzung $\phi(r,\theta) = u(r,\theta,t=0)$ muss

$$u_0(r,\theta) = \sum_{n=0}^{\infty}\sum_{m=1}^{\infty} a_{nm}J_n(\lambda_{nm}r)\cos(n\theta) + \sum_{n=0}^{\infty}\sum_{m=1}^{\infty} b_{nm}J_n(\lambda_{nm}r)\sin(n\theta)$$

sein.

Die Koeffizienten a^*_{nm}, b^*_{nm} wie auch die Konstanten B_1, B_2 werden durch die Anfangsbedingungen bestimmt. Zur Berechnung der Koeffizienten benötigt man viele Zusammenhänge, die detailliert im 3. Band hergeleitet werden.

Einschränkung: Die Anfangsauslenkung ist radialsymmetrisch $\phi(r)$. In diesem Fall verbleibt nur $a_{0m} \neq 0$, ansonsten ist $a_{nm} = 0$ $(n \neq 0)$ und $b_{nm} = 0$.

Es sollen an dieser Stelle die in unserem Zusammenhang wichtigsten Ergebnisse aufgelistet werden. Grundlegend ist die Darstellung der Bessel-Funktion $J_n(x)$ n-ter Ordnung. Die zu lösende Bessel-Gleichung lautet dann $x^2y'' + xy' + (x^2 - n^2)y = 0$. Als Lösung ergibt sich

$$J_n(x) = \sum_{k=0}^{\infty} \frac{(-1)^k}{k!(n+k)!}\left(\frac{x}{2}\right)^{2k+n},$$

eine unendliche Reihe. Für eine radialsymmetrische Anfangsauslenkung verbleibt als Lösung, wie eben gesagt, nur die Funktion der Ordnung null

$$J_0(x) = \sum_{k=0}^{\infty} \frac{(-1)^k}{(k!)^2}\left(\frac{x}{2}\right)^{2k},$$

deren erste fünf Nullstellen in der nachstehenden Tabelle erfasst sind.

m	1	2	3	4	5
l_{0m}	2,404826	5,520078	8,653728	11,791534	14,930918

Von Interesse ist zudem der Zusammenhang $J_0'(x) = -J_1(x)$. Man erhält schließlich:

Eine anfangs ruhende Kreismembran mit Radius a und der radialsymmetrischen Anfangsauslenkung $\phi(r)$ vollführt die gedämpften Schwingungen $u(r,t) = \sum_{m=1}^{\infty} a_{0m}J_0(\lambda_{0m}r)\cos(\varepsilon_{0m}t)$ mit $\varepsilon_{0m}^2 = \omega_{0m}^2 - (\frac{\delta}{2})^2 = \lambda_{0m}^2c^2 - (\frac{\delta}{2})^2$ mit $\lambda_{0m} = \frac{l_{0m}}{a}$ und $a_{0m} = \frac{2}{a^2 J_0'^2(l_{0m})}\int_0^a r\phi(r)J_0(\lambda_{0m}r)dr$, wobei l_{0m} die m-te Nullstelle der Bessel-Funktion $J_0(x)$ ist. (19.3.5)

Bemerkung. Im Fall einer freien Schwingung gilt $\varepsilon_{0m}^2 = \omega_{0m}^2 = \lambda_{0m}^2 c^2$. Die Frequenz der einzelnen Moden ist dann $\omega_{nm} = \frac{l_{nm}}{a} \cdot c$. Da diese untereinander – im Gegensatz zur schwingenden Saite – keine ganzzahligen Vielfache voneinander sind, nimmt man die Schwingung einer Pauke auch als Geräusch war.

Beispiel. Als Grundfrequenz der freien Kreismembran legt man $\omega_{01} = l_{01} \cdot \frac{c}{a} = 2{,}4048 \cdot \frac{c}{a}$ fest.

a) Bestimmen sie die zugehörige Mode $v_{01}(r, \theta)$ und skizzieren Sie v_{01} als Projektion auf die $r\theta$-Ebene.
b) Ermitteln Sie ω_{02}, $v_{02}(r, \theta)$ inklusive einer Projektionsskizze wie bei a).
c) Ermitteln Sie ω_{22}, $v_{22}(r, \theta)$ inklusive einer Projektionsskizze wie bei a) und b).

Lösung.

a) Die zugehörige Mode lautet

$$\begin{aligned} v_{01}(r, \theta) &= R_{01}(r)\Omega_0(\theta) = R_{01}(r) \cdot [C_1 \cos(0 \cdot \theta) + C_2 \sin(0 \cdot \theta)] \\ &= J_0\left(\frac{l_{01}}{a} r\right) = J_0\left(2{,}4048 \frac{r}{a}\right). \end{aligned}$$

Knotenlinien gibt es außer dem Rand ($r = a$) keine (Abb. 19.2 mitte oben).

b) Es gilt $\omega_{02} = l_{02} \cdot \frac{c}{a} = 5{,}5201 \cdot \frac{c}{a}$. Die zugehörige Mode ist

$$v_{02}(r, \theta) = R_{02}(r)\Omega_0(\theta) = J_0\left(\frac{l_{02}}{a} r\right) = J_0\left(5{,}5201 \frac{r}{a}\right).$$

Hier gibt es eine kreisförmige Knotenlinie im Innenraum mit dem Radius

$$r_1 = \frac{l_{01}}{l_{02}} a = \frac{2{,}4048}{5{,}5201} a = 0{,}4357a,$$

weil $J_0(5{,}5201 \frac{r_1}{a}) = 0$ ist (Abb. 19.2 mitte unten).

c) Die Radialsymmetrie der Moden wird nun gebrochen, weil $n > 0$ ist. Man erhält

$$\begin{aligned} \omega_{22} &= l_{22} \cdot \frac{c}{a} = 8{,}4172 \cdot \frac{c}{a}, \\ v_{22}(r, \theta) &= R_2(r)\Omega_2(\theta) = J_2\left(\frac{l_{22}}{a} r\right)[C_1 \cos(2\theta) + C_2 \sin(2\theta)]. \end{aligned}$$

Der Radius der kreisförmigen Knotenlinie ist

$$r_1 = \frac{l_{21}}{l_{22}} a = \frac{5{,}1356}{8{,}4172} a = 0{,}6101a.$$

Zusätzlich entstehen zwei radiale Knotenlinien, denn aus $\Omega_2(\theta) = C_1 \cos(2\theta) + C_2 \sin(2\theta) = 0$ folgt $\tan(2\theta) = -\frac{C_1}{C_2}$.

Da der Tangens die Periode π besitzt, ist $\Omega_2(\theta) = 0$ im Abstand von $\theta = \frac{\pi}{2}$. R_2 und $-R_2$ ergeben sich für $\theta = 0, \frac{\pi}{2}$ resp. Allgemein gilt für Mode ω_{nm}: Es gibt n radiale und $m - 1$ kreisförmige Knotenlinien (Abb. 19.2 rechts).

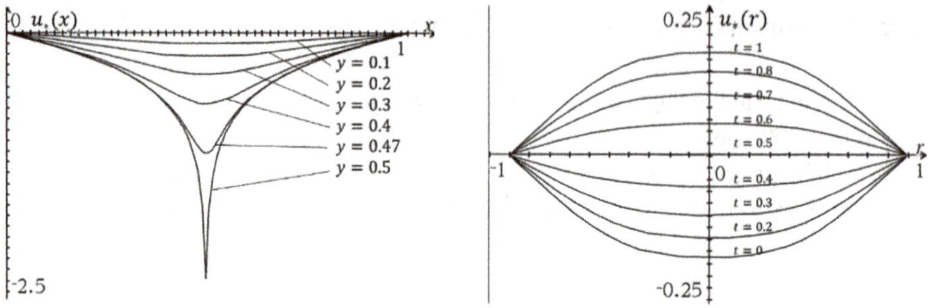

Abb. 19.3: Graphen zu den beiden Beispielen in Kap. 19.2 und 19.4.

19.4 Erzwungene Schwingungen der Kreismembran

Analog zur Rechtecksmembran schließen wir von den dynamischen auf die statischen Koeffizienten und lösen so das Problem der freien Schwingung, zumindest für eine gleichförmige Last (siehe Beispiel am Ende des Kapitels). Wie bisher setzen wir zudem:

Idealisierung: Die Dämpfung ist klein und wird formal nicht erfasst.

Einschränkung 1: Die Anregungen sind von der Form $q_*(r, \theta) = q(r, \theta) \cdot \cos(\varphi t)$.

Es entsteht die DG

$$\frac{\partial^2 u}{\partial t^2} - c^2\left(\frac{\partial^2 u}{\partial r^2} + \frac{1}{r}\frac{\partial u}{\partial r} + \frac{1}{r^2}\frac{\partial^2 u}{\partial \theta^2}\right) = \frac{q(r,\theta)}{\mu} \cdot \cos(\varphi t). \tag{19.4.1}$$

Dabei ist $q(r, \theta) \cdot \cos(\varphi t)$ wieder die schwingungserzeugende periodische Kraft.

Einschränkung 2: Im Weiteren sehen wir von einer Winkelabhängigkeit ab.

Damit lautet (19.4.1) für eine rein radialsymmetrische Last- sowie Lösungsfunktion

$$\frac{\partial^2 u}{\partial t^2} - c^2\left(\frac{\partial^2 u}{\partial r^2} + \frac{1}{r} \cdot \frac{\partial u}{\partial r}\right) = \frac{q(r)}{\mu} \cdot \cos(\varphi t). \tag{19.4.2}$$

Herleitung von (19.4.3)–(19.4.8)

Nach der Einschwingzeit schwingt die Membran mit der Erregerfrequenz, weshalb wir die Lösung als $u(r, t) = v(r) \cdot \cos(\varphi t)$ ansetzen. Der Radialteil und die Lastfunktion werden in Eigenfunktionen entwickelt:

$$v(r) = \sum_{m=1}^{\infty} d_{0m} J_0(\lambda_{0m} r) \quad \text{und} \quad q(r) = \sum_{m=1}^{\infty} q_{0m} J_0(\lambda_{0m} r).$$

Die Bessel-Funktionen $J_0(\lambda_{0m}r)$ erfüllen die Bessel'sche DGL $r^2R_{rr} + rR_r + \lambda^2r^2R = 0$. Eingesetzt in (19.4.2) erhält man

$$-\varphi^2 d_{0m}J_0(\lambda_{0m}r) - c^2\left[d_{0m}J_0''(\lambda_{0m}r) + \frac{1}{r}d_{0m}J_0'(\lambda_{0m}r)\right] = \frac{q_{0m}}{\mu}J_0(\lambda_{0m}r). \tag{19.4.3}$$

Die Multiplikation von (19.4.3) mit r^2 ergibt

$$d_{0m}\{-\varphi^2r^2J_0(\lambda_{0m}r) - c^2[r^2J_0''(\lambda_{0m}r) + r\lambda_{0m}J_0'(\lambda_{0m}r)]\} = \frac{q_{0m}}{\mu}r^2J_0(\lambda_{0m}r). \tag{19.4.4}$$

Da $J_0(\lambda_{0m}r)$ die Lösung der Bessel'schen DG ist, folgt aus (19.4.4)

$$d_{0m}\{-\varphi^2r^2J_0(\lambda_{0m}r) - c^2[-\lambda_{0m}^2r^2J_0(\lambda_{0m}r)]\} = \frac{q_{0m}}{\mu}r^2J_0(\lambda_{0m}r),$$

daraus $d_{0m}(c^2\lambda_{0m}^2 - \varphi^2) = \frac{q_{0m}}{\mu}$ und schließlich

$$d_{0m} = \frac{q_{0m}}{\mu(c^2\lambda_{0m}^2 - \varphi^2)} = \frac{q_{0m}}{\mu\omega_{0m}^2} \cdot V(\omega_{0m}) = s_{0m} \cdot V(\omega_{0m})$$

mit $\omega_{0m} = c\lambda_{0m}$ und dem Vergrößerungsfaktor

$$V(\omega_{0m}) = \frac{1}{|1 - (\frac{\varphi}{\omega_{0m}})^2|}. \tag{19.4.5}$$

Wie anhin wird die fehlende Dämpfung modal hinzugefügt. Anstelle von (19.4.5) tritt nun der gedämpfte Vergrößerungsfaktor

$$V(\omega_{0m}, \xi_m) = \frac{1}{\sqrt{[1 - (\frac{\varphi}{\omega_{0m}})^2]^2 + 4\xi_m^2(\frac{\varphi}{\omega_{0m}})^2}}. \tag{19.4.6}$$

Dabei ist $\xi_m = \frac{\xi}{2M_m^*\omega_{0m}}$ das Lehr'sche Dämpfungsmaß bezogen auf die m-te Eigenfrequenz ω_{0m} und die m-te modale Masse (siehe Band 3)

$$M_m^* = \mu a^2 \cdot \frac{J_1^2(l_{0m})}{2}. \tag{19.4.7}$$

Die Gleichungen (19.4.5)–(19.4.7) führen zum Ergebnis:

Die Lösung der erzwungenen Schwingung

$$\ddot{u} + \frac{\xi}{\mu} \cdot \dot{u} - \frac{\tau}{\mu}\left(u_{rr} + \frac{1}{r} \cdot u_r\right) = \frac{q(r)}{\mu} \cdot \cos(\varphi t)$$

einer kreisförmigen Membran mit radialsymmetrischer Belastung besitzt die Form

$$u(r,t) = \sum_{m=1}^{\infty} d_{0m} J_0(\lambda_{0m} r)\cos(\varphi t - \sigma_m)$$

mit den dynamischen Koeffizienten $d_{0m} = s_{0m} \cdot V(\omega_{0m}, \xi_m)$, den statischen Koeffizienten $s_{0m} = \frac{q_{0m}}{\mu\omega_{0m}^2}$, den Lastkoeffizienten q_{0m} und den Phasenverschiebungen

$$\sigma_m = \arctan\left(\frac{2\xi_m \omega_{0m} \cdot \varphi}{\varphi^2 - \omega_{0m}^2}\right). \tag{19.4.8}$$

Die Bestimmung der Lastkoeffizienten q_{0m} gestaltet sich, verglichen mit der Rechtecksmembran, etwas komplizierter. In Band 3 wird gezeigt: Ist die Membran über die gesamte Fläche mit einer Gleichlast q_0 belastet, so gilt

$$q_{0m} = -\frac{2q_0}{l_{0m}} \cdot \frac{1}{J_0'(l_{0m})}. \tag{19.4.9}$$

Beispiel.

a) Bestimmen Sie die Lösung $u(r,t)$ für eine mit Gleichlast belastete Kreismembran.
b) Ermitteln Sie die zugehörige statische Auslenkung $u(r)$ diesen Fall.
c) Wählen Sie $a = 1$, $\varphi = \pi$, normieren Sie

$$u_*(r,t) = \frac{u(r,t)}{-\frac{2q_0}{\tau}}$$

und stellen Sie $u_*(r,t)$ für $t = 0, 0{,}2, 0{,}3, 0{,}4, 0{,}5, 0{,}6, 0{,}7, 0{,}8, 1$ dar.

Lösung.

a) Man erhält mit (19.4.9)

$$u(r,t) = -\frac{2q_0}{\mu}\sum_{m=1}^{\infty}\frac{1}{l_{0m}J_0'(l_{0m})}\cdot\frac{1}{c^2\lambda_{0m}^2 - \varphi^2}\cdot J_0(\lambda_{0m} r)\cos(\varphi t).$$

b) Es folgt

$$u(r) = -\frac{2q_0}{\tau}\sum_{m=1}^{\infty}\frac{a^2}{l_{0m}^2 J_0'(l_{0m})}\cdot J_0\left(\frac{l_{0m}}{a}r\right).$$

c) Man hat

$$u_*(r,t) = \sum_{m=1}^{\infty} a_{0m}\cdot J_0(l_{0m} r)\cos(\pi t) \quad \text{mit} \quad a_{0m} = \frac{1}{l_{0m}J_0'(l_{0m})}\cdot\frac{1}{l_{0m}^2 - \pi^2}.$$

Bei der Berechnung der Koeffizienten a_{0m} erhält man mit (Tabelle, Kap. 19.3) $l_{01} = 2{,}404826$, $l_{02} = 5{,}520078$ und $l_{03} = 8{,}653728$ die Werte $a_{01} = -0{,}196012$, $a_{02} = 0{,}025843$ und $a_{03} = 0{,}006547$, woraus man erkennt, dass die beiden ersten Werte genügen. Man erhält

$$u_*(r,t) \approx -0{,}196012 \cdot J_0(2{,}404826r) + 0{,}025843 \cdot J_0(2{,}404826r).$$

Die Darstellung entnimmt man Abb. 19.3 rechts.

20 Die Plattengleichung

Die Herleitung der DG für die Auslenkung einer Platte gestaltet sich erheblich schwieriger im Gegensatz zum Balken. Zur weiteren Beschreibung legen wir auch für die Platte dieselben (Bernoulli-)Hypothesen zugrunde:

Idealisierungen:

- Die Platte ist schlank, das bedeutet, die Dicke ist gegenüber Länge und Breite vernachlässigbar klein.
- Plattenquerschnitte stehen vor und nach der Verformung normal auf der jeweiligen Mittelfläche (neutrale Faser).
- Querschnitte bleiben auch nach der Verformung eben.
- Die Biegeverformungen sind klein im Vergleich zu den Abmessungen des Balkens.
- Die Platte besteht durchwegs aus gleichartigem Material. Dies zusammen mit der vorangegangenen Forderung gestattet die Verwendung des Hooke'schen Gesetzes.

Bezeichnen wir mit x und y die Ausdehnungsrichtungen der rechteckigen Platte, dann ist mit $u(x, y, t)$ die Auslenkung in z-Richtung senkrecht zur Platte gemeint. Verändert sich u, so wirken auf die Platte Querkräfte q_x und q_y mit der Einheit $[\frac{\mathrm{N}}{\mathrm{m}}]$. Zusätzlich ist die Platte den Biegemomenten m_x und m_y unterworfen. Die Indexierung richtet sich nach den entsprechenden Querkräften q_x und q_y. Schließlich müssen noch Verdrillungen mit den zugehörigen Momenten m_{xy} und m_{yx} in Betracht gezogen werden. Da die Momente

$$m_x = \int_{-\frac{h}{2}}^{\frac{h}{2}} \sigma_x z dz, \quad m_y = \int_{-\frac{h}{2}}^{\frac{h}{2}} \sigma_y z dz \quad \text{und} \quad m_{xy} = m_{yx} = \int_{-\frac{h}{2}}^{\frac{h}{2}} \tau_{xy} z dz$$

über die Spannungen definiert werden, bezeichnet der erste Index die Normalenrichtung derjenigen Fläche, an der die Spannung wirkt und der zweite die Richtung der Spannung (vgl. Abb. 8.5). Die genannten Größen sind an einem kleinen (ebenen) Plattenelement eingezeichnet (Abb. 20.1 links). Dabei besitzen q_x und q_y die Einheit $\frac{\mathrm{N}}{\mathrm{m}}$ und q bezeichnet die eventuelle Last in $\frac{\mathrm{N}}{\mathrm{m}^2}$ (nicht eingezeichnet). Dabei haben q_x und q_y mit der Last q nichts zu tun, auch wenn sie denselben Buchstaben tragen.

Herleitung von (20.1)–(20.4)

Idealisierung und lineare Approximation: Die Änderung der Kräfte und Momente mit der Länge dx bzw. dy werden nur bis und mit der 1. Näherung beachtet.

Die Herleitung besteht aus drei Bilanzen und einem größeren Rechenaufwand. Die Bilanzen führen wir aus:

https://doi.org/10.1515/9783111345765-020

Bilanz 1: Kraft- oder Impulsänderungsbilanz in z-Richtung.

$$-q_x dy - q_y dx + \left(q_x + \frac{\partial q_x}{\partial x}dx\right)dy + \left(q_y + \frac{\partial q_y}{\partial y}dy\right)dx + q dx dy = 0$$

$$\Rightarrow \quad \frac{\partial q_x}{\partial x} + \frac{\partial q_y}{\partial y} + q = 0. \tag{20.1}$$

Bilanz 2: Momentbilanz oder Drehimpulsänderung um die x-Achse.

$$-m_y dx + \left(m_y + \frac{\partial m_y}{\partial y}dy\right)dx - m_{xy}dy + \left(m_{xy} + \frac{\partial m_{xy}}{\partial x}dx\right)dy$$

$$-q_y dx \cdot \frac{dy}{2} - \left(q_y + \frac{\partial q_y}{\partial y}dy\right)dx \cdot \frac{dy}{2} = 0.$$

Größen mit höheren Produkten als $dxdy$ werden vernachlässigt.

$$\Rightarrow \quad \frac{\partial m_y}{\partial y}dxdy + \frac{\partial m_{xy}}{\partial x}dxdy - q_y dxdy = 0$$

$$\Rightarrow \quad \frac{\partial m_y}{\partial y} + \frac{\partial m_{xy}}{\partial x} = q_y. \tag{20.2}$$

Bilanz 3: Momentbilanz oder Drehimpulsänderung um die y-Achse.

$$-m_x dy + \left(m_x + \frac{\partial m_x}{\partial x}dx\right)dy - m_{yx}dx + \left(m_{yx} + \frac{\partial m_{yx}}{\partial y}dy\right)dx$$

$$-q_x dy \cdot \frac{dx}{2} - \left(q_x + \frac{\partial q_x}{\partial x}dx\right)dy \cdot \frac{dx}{2} = 0$$

$$\Rightarrow \quad \frac{\partial m_x}{\partial x}dxdy + \frac{\partial m_{yx}}{\partial y}dxdy - q_x dxdy = 0$$

$$\Rightarrow \quad \frac{\partial m_{xy}}{\partial y} + \frac{\partial m_x}{\partial x} = q_x. \tag{20.3}$$

In (20.3) wurde die Gleichgewichtsbedingung $m_{yx} = m_{xy}$ benutzt.
Einsetzen von (20.2) und (20.3) in (20.1) liefert

$$\frac{\partial^2 m_x}{\partial x^2} + 2 \cdot \frac{\partial^2 m_{xy}}{\partial x \partial y} + \frac{\partial^2 m_y}{\partial y^2} = -q. \tag{20.4}$$

In weiteren Schritten, die man detailliert in Band 3 nachlesen kann, folgen

$$m_x = -\frac{Eh^3}{12(1-\nu^2)}\left(\frac{\partial^2 u}{\partial x^2} + \nu\frac{\partial^2 u}{\partial y^2}\right), \quad m_y = -\frac{Eh^3}{12(1-\nu^2)}\left(\frac{\partial^2 u}{\partial y^2} + \nu\frac{\partial^2 u}{\partial x^2}\right) \quad \text{und}$$

$$m_{xy} = -(1-\nu)\frac{Eh^3}{12(1-\nu^2)} \cdot \frac{\partial^2 u}{\partial x \partial y}.$$

Setzen wir die Momente in Gleichung (20.4) ein, dann ergibt sich

$$\frac{\partial^2 m_x}{\partial x^2} = -K\left(\frac{\partial^4 u}{\partial x^4} + \nu\frac{\partial^4 u}{\partial x^2 \partial y^2}\right), \quad \frac{\partial^2 m_y}{\partial y^2} = -K\left(\frac{\partial^4 u}{\partial y^4} + \nu\frac{\partial^4 u}{\partial x^2 \partial y^2}\right) \quad \text{und}$$

$$2 \cdot \frac{\partial^2 m_{xy}}{\partial x \partial y} = -2K(1-\nu) \cdot \frac{\partial^4 u}{\partial x^2 \partial y^2}.$$

Man bezeichnet $K := \frac{Eh^3}{12(1-\nu^2)}$ als Biegesteifigkeit der Platte oder kurz Plattensteifigkeit. Damit erhält (20.4) die nachstehende Gestalt:

Die Plattengleichung lautet

$$\frac{\partial^4 u}{\partial x^4} + 2\frac{\partial^4 u}{\partial x^2 \partial y^2} + \frac{\partial^4 u}{\partial y^4} = \frac{q}{K} \quad \text{mit} \quad K = \frac{Eh^3}{12(1-\nu^2)}. \tag{20.5}$$

Verrechnet man die Momente mit (20.2) und (20.3), so erhält man die Zusammenhänge

$$q_x = -K\left(\frac{\partial^3 u}{\partial x^3} + \frac{\partial^3 u}{\partial x \partial y^2}\right) \quad \text{und} \quad q_y = -K\left(\frac{\partial^3 u}{\partial y^3} + \frac{\partial^3 u}{\partial x^2 \partial y}\right).$$

Gleichung (20.5) schreibt sich auch kurz als $\Delta\Delta u = \frac{q}{K}$. Vergleicht man diese DG mit derjenigen des Balkens, $u'''' = \frac{q}{EI}$, so erkennt man die Analogien:

	Balken	Platte
Laplace-Operator	$\frac{\partial}{\partial x^2}(\frac{\partial^2}{\partial x^2})u = \Delta\Delta u$ für $u = u(x)$	$(\frac{\partial}{\partial x^2} + \frac{\partial}{\partial y^2})(\frac{\partial}{\partial x^2} + \frac{\partial}{\partial y^2})u = \Delta\Delta u$ für $u = u(x,y)$
Steifigkeit	$EI = \frac{E \cdot 1 \cdot h^3}{12}$	$K = \frac{Eh^3}{12(1-\nu^2)}$

Man sieht, dass die Steifigkeit K anstelle der Steifigkeit EI mit der Balkenbreite $b = 1$ getreten ist. Zudem ist noch festzuhalten, dass sich die Drillmomente in den Ecken nicht aufheben. Die resultierende Kraft heißt Eck(moment)kraft

$$F_E = |m_{xy}| + |m_{yx}| = 2m_{xy} = 2K(1-\nu)\frac{\partial^2 u}{\partial x \partial y}.$$

20.1 Die Plattengleichung für Rechtecksplatten

Die Lösungen der Plattengleichung stellen analog zur DG des Balkens Biegeflächen dar. Die Form ist abhängig von zusätzlich aufgesetzter Last oder wirkender Kraft. Im Unterschied zum Balken entsteht an einer Kante nebst dem Biegemoment m_x und der

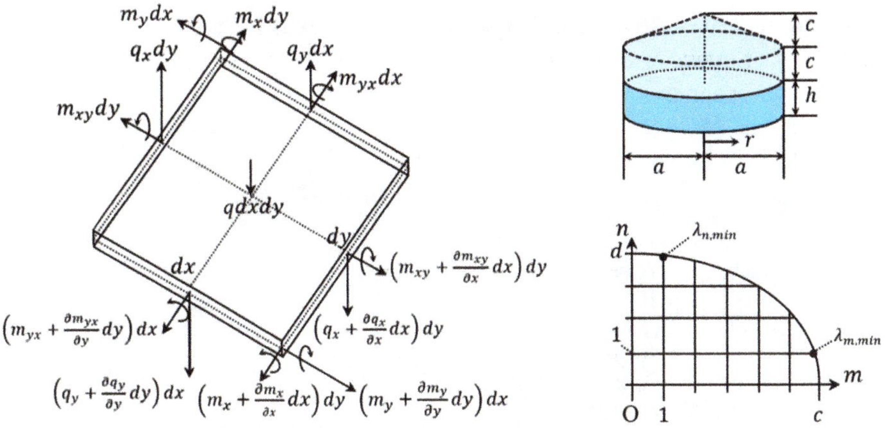

Abb. 20.1: Skizzen zum Plattenelement, Beispiel aus Kap. 20.3 und Modendichte.

Querkraft q_x noch ein Drillmoment m_{xy}. Am Balken konnte man entweder m oder Q vorgeben, nicht aber beides. Entsprechend dürfen bei der Platte nur zwei der drei Schnittgrößen vorgegeben werden. Deshalb fasst man Drillmoment und Querkraft zu einer einzigen, sogenannten Ersatzquerkraft zusammen. Dies geschieht üblicherweise über die Summen

$$\overline{q}_x = q_x + \frac{\partial m_{xy}}{\partial y} = -K\left(\frac{\partial^3 u}{\partial x^3} + (2-\nu)\frac{\partial^3 u}{\partial x \partial y^2}\right) \quad \text{und}$$

$$\overline{q}_y = q_y + \frac{\partial m_{yx}}{\partial x} = -K\left(\frac{\partial^3 u}{\partial y^3} + (2-\nu)\frac{\partial^3 u}{\partial x^2 \partial y}\right).$$

Biegelinien von Balken lassen sich nicht ohne Weiteres auf Platten übertragen. Tatsächlich funktioniert dies nur für den Fall einer (theoretisch) unendlich langen Platte mit endlicher Breite a. Dabei sind die RBen für $x = 0$ und $x = a$ beliebig. Ein in x-Richtung ausgedehnter, aber in y-Richtung kurzer Balken besitzt nur ein Biegemoment m_x und eine Querkraft q_x. In y-Richtung sind sowohl Biegemoment m_y als auch Querkraft q_y null. Anders steht es bei der Platte. m_y und q_y sind nicht null. Man kann sich das so erklären: Gehen wir von einem positiven Biegemoment m_x aus. Aufgrund der Verbiegung werden die Plattenfasern oberhalb der Spannungsnulllinie zusammengedrückt und unterhalb auseinandergezogen. Jede Spannung erzeugt auch eine Querdehnung mit der Poisson-Zahl ν. Infolge dieser Querdehnung würden sich die Plattenelemente oben wölben und unten zusammenstauchen. Damit dies nicht geschieht, muss zwangsweise ein (Quer)-Biegemoment m_y vorhanden sein, das diese Unebenheiten verhindert. Dies erklärt, warum theoretisch nur die unendlich lange Platte die Übertragung der Biegelinie auf die Biegefläche zulässt. Das Biegemoment $m_y \neq 0$ wird sozusagen immer weiter bis ins Unendliche verschoben. Deswegen führt eine endlich lange Platte mit einer gewissen RB an einem kurzen Ende nicht auf dasselbe Ergebnis wie ein endlicher

Balken mit derselben RB am gleichen kurzen Ende. Praktisch gesehen kann man zumindest auch für eine endlich lange Platte mit $b \gg a$ die Biegelinie des Balkens als gute Näherung übernehmen.

Randbedingungen einer rechteckigen Platte

1. Eingespannter Rand (beispielsweise für $x = 0$)

$$\text{I.} \quad u(x=0,y)=0 \quad \Rightarrow \quad \frac{\partial u}{\partial y} = \frac{\partial^2 u}{\partial y^2} = 0.$$

$$\text{II.} \quad \frac{\partial u}{\partial x}(x=0,y)=0 \quad \Rightarrow \quad \frac{\partial^2 u}{\partial x \partial y} = 0 \Rightarrow m_{xy} = 0$$

$$\Rightarrow \quad F_E = 0, \overline{q}_x(0,y) = q_x(0,y).$$

2. Gelenkig gestützter Rand (beispielsweise für $x = 0$)

$$\text{I.} \quad u(x=0,y)=0 \quad \Rightarrow \quad \frac{\partial u}{\partial y} = \frac{\partial^2 u}{\partial y^2} = 0.$$

$$\text{II.} \quad m_x(x=0,y)=0 \quad \Rightarrow \quad \frac{\partial^2 u}{\partial x^2} + \nu \frac{\partial^2 u}{\partial y^2} = 0 \quad \Rightarrow \quad \frac{\partial^2 u}{\partial x^2} = 0$$

$$\Rightarrow \quad F_E = 2m_{xy} \neq 0, \quad \overline{q}_x(0,y) \neq q_x(0,y).$$

3. Freier Rand (beispielsweise für $x = 0$)

$$\text{I.} \quad m_x(x=0,y)=0 \quad \Rightarrow \quad \frac{\partial^2 u}{\partial x^2} + \nu \frac{\partial^2 u}{\partial y^2} = 0.$$

$$\text{II.} \quad \overline{q}_x(x=0,y)=0 \quad \Rightarrow \quad \frac{\partial^3 u}{\partial y^3} + (2-\nu)\frac{\partial^3 u}{\partial x^2 \partial y} = 0, \quad m_{xy} \neq 0, \quad \overline{q}_x(0,y) = q_x(0,y).$$

Bekanntlich setzt sich die allgemeine Lösung einer DG aus einer partikulären Lösung der inhomogenen und der allgemeinen Lösung der zugehörigen homogenen DG zusammen:

$$u(x,y) = u_p(x,y) + u_h(x,y). \tag{20.1.1}$$

Eine partikuläre Lösung bei beliebiger Lastfunktion $q(x,y)$ zu finden, gestaltet sich schon als schwierig. Nehmen wir an, dass eine solche vorliegt, dann besteht das nächste Ziel darin, die zu (20.5) gehörende homogene DG zu lösen:

$$u_{xxxx} + 2u_{xxyy} + u_{yyyy} = 0. \tag{20.1.2}$$

Herleitung von (20.1.3)–(20.1.5)
Dazu setzen wir den Produktansatz $u(x,y) = v(x) \cdot w(y)$ in (20.1.2) ein und erhalten

$$\frac{v_{xxxx}}{v} + 2\frac{v_{xx}}{v} \cdot \frac{w_{yy}}{w} + \frac{w_{yyyy}}{w} = 0.$$

Mit der Separation $\frac{v_{xx}}{v} = -\lambda^2$ folgen die DGen

$$v_{xxxx} = -\lambda^2 v_{xx} = \lambda^4 v \quad \text{und} \quad w_{yyyy} - 2\lambda^2 w_{yy} + \lambda^4 w = 0.$$

Die erste wird durch den Ansatz

$$v(x) = C_1 \cosh(\lambda x) + C_2 \sinh(\lambda x) + C_3 \cosh(\lambda x) + C_4 \sin(\lambda x) \tag{20.1.3}$$

gelöst (vgl. (18.6.2) und (18.6.3)). Zur Lösung der zweiten DG setzen wir $w(y) = e^{\alpha y}$ an und finden $\alpha^4 e^{\alpha y} - 2\lambda^2\alpha^2 e^{\alpha y} + \lambda^4 e^{\alpha y} = 0$, woraus die charakteristische Gleichung $\alpha^4 - 2\lambda^2\alpha^2 + \lambda^4 = 0$ oder $(\alpha^2 - \lambda^2)^2 = 0$ mit den Doppellösungen $\alpha_1 = -\lambda$, $\alpha_2 = \lambda$ entsteht. Da es vier linear unabhängige Lösungen geben muss, sind es außer $e^{\lambda y}$ und $e^{-\lambda y}$ auch $ye^{\lambda y}$ und $ye^{-\lambda y}$ (vgl. Kap. 12.2). Somit haben wir

$$w(y) = D_1 e^{-\lambda y} + D_2 y e^{-\lambda y} + D_3 e^{\lambda y} + D_4 y e^{\lambda y}. \tag{20.1.4}$$

Insgesamt erhalten wir die allgemeine Lösung von (20.1.2) zu

$$\begin{aligned} u(x,y) = {} & \left[C_1 \cosh(\lambda x) + C_2 \sinh(\lambda x) + C_3 \cosh(\lambda x) + C_4 \sin(\lambda x)\right] \\ & \cdot \left[D_1 e^{-\lambda y} + D_2 y e^{-\lambda y} + D_3 e^{\lambda y} + D_4 y e^{\lambda y}\right]. \end{aligned} \tag{20.1.5}$$

Insgesamt hat man 8 Integrationskonstanten, also je zwei pro Rand. Im 3. Band werden analytische Lösungen für den unendlichen Plattenstreifen (mit 4 Integrationskonstanten und einer Last $q(x)$ unabhängig von y) sowie für den halbunendlichen Halbstreifen (mit 6 Integrationskonstanten und einer Last $q(x)$ unabhängig von y) zusammengestellt. Generell sind geschlossene Lösungen in Form von unendlichen Reihen nur unter gewissen Voraussetzungen möglich.

20.2 Die Lösung für die allseitig gelenkig gelagerte Rechtecksplatte

Nebst dem Fall der allseitig gelenkig gelagerten Rechtecksplatte, die eine analytische Lösung von (20.1.1) zulässt und gerade anschließend angegeben wird, sei noch bemerkt, dass eine analytische Lösung unter anderem auch für die allseitig fest eingespannte Rechtecksplatte existiert. Diese geht auf Iguchi (1933) zurück und kann in Band 3 vollständig nachgelesen werden.

Die Lösung von (20.1.1) für die allseitig gelenkig gelagerte Rechtecksplatte

Sie ist auch unter dem Namen Navier-Lösung bekannt und lautet

$$u(x,y) = \sum_{m=1}^{\infty}\sum_{n=1}^{\infty} s_{mn} \sin\left(\frac{m\pi}{a}x\right)\sin\left(\frac{n\pi}{b}y\right). \tag{20.2.1}$$

Offenbar genügt die Doppelsinusreihe (20.2.1) allen 8 verlangten RBen

$$u(x,0) = u(x,b) = u(0,y) = u(a,y) = 0 \quad \text{und}$$
$$m_x(0,y) = m_x(a,y) = m_y(x,0) = m_y(x,b) = 0.$$

Für diesen Lagerungsfall gehen wir nun die inhomogene DG (20.5) an, indem wir wie schon so oft eine Modalanalyse durchführen.

Herleitung von (20.2.2) und (20.2.3)

Die Belastung $q(x,y)$ entwickeln wir nach Eigenfunktionen:

$$q(x,y) = \sum_{m=1}^{\infty}\sum_{n=1}^{\infty} q_{mn} \sin\left(\frac{m\pi}{a}x\right)\sin\left(\frac{n\pi}{b}y\right) \quad \text{mit}$$

$$q_{mn} = \frac{4}{ab}\int_0^a\int_0^b q(x,y)\sin\left(\frac{m\pi}{a}x\right)\sin\left(\frac{n\pi}{b}y\right)dxdy. \tag{20.2.2}$$

Diesen Ansatz und (20.2.1) setzen wir in (20.5) ein und erhalten

$$\sum_{m=1,3,5,\dots}^{\infty}\;\sum_{n=1,3,5,\dots}^{\infty} s_{mn}\left(\frac{m^2}{a^2}+\frac{n^2}{b^2}\right)^2\pi^4 \sin\left(\frac{m\pi}{a}x\right)\sin\left(\frac{n\pi}{b}y\right)$$
$$= \sum_{m=1,3,5,\dots}^{\infty}\;\sum_{n=1,3,5,\dots}^{\infty} \frac{q_{mn}}{K}\sin\left(\frac{m\pi}{a}x\right)\sin\left(\frac{n\pi}{b}y\right).$$

Der Koeffizientenvergleich liefert

$$K\pi^4\left(\frac{m^2}{a^2}+\frac{n^2}{b^2}\right)^2 s_{mn} = q_{mn}.$$

Die allseitig gelenkig gelagerte mit $q(x,y)$ belastete Rechtecksplatte besitzt die Biegefläche
$u(x,y) = \sum_{m=1,3,5,\dots}^{\infty}\sum_{n=1,3,5,\dots}^{\infty} s_{mn}\sin(\frac{m\pi}{a}x)\sin(\frac{n\pi}{b}y)$ mit den statischen Koeffizienten
$s_{mn} = \frac{q_{mn}}{K\pi^4(\frac{m^2}{a^2}+\frac{n^2}{b^2})^2}$ und den Lastkoeffizienten q_{mn}. (20.2.3)

Beispiel. Gegeben ist die allseitig gelenkig gelagerte Rechtecksplatte.

a) Es sollen die Lastkoeffizienten q_{mn} für eine gleichmäßig verteilte Last q_0 auf einem Rechteck mit Mittelpunkt $P(x_0, y_0)$ und den Seitenlängen a_0 und b_0, dessen Seiten parallel zu den Plattenrändern verlaufen, bestimmt werden.

b) Wie lautet das Ergebnis von a) für eine gleichmäßige Belastung auf der gesamten Platte?

c) Bestimmen Sie die Biegefläche gemäß (20.2.3) für Gleichlast.

d) Wie lautet das Ergebnis von a) reduziert auf eine Einzelkraft F_0 im Punkt $P(x_0, y_0)$ und speziell im Zentrum?

Lösung.

a) Es gilt

$$q_{mn} = \frac{4}{ab} \int_{x_0-\frac{a_0}{2}}^{x_0+\frac{a_0}{2}} \int_{y_0-\frac{b_0}{2}}^{y_0+\frac{b_0}{2}} q_0 \sin\left(\frac{m\pi}{a}x\right) \sin\left(\frac{n\pi}{b}y\right) dxdy$$

und man erhält

$$q_{mn} = \frac{16q_0}{mn\pi^2} \sin\left(\frac{m\pi}{a}x_0\right) \sin\left(\frac{m\pi}{2a}a_0\right) \sin\left(\frac{n\pi}{b}y_0\right) \sin\left(\frac{n\pi}{2b}b_0\right). \tag{20.2.4}$$

b) In diesem Fall ist $x_0 = \frac{a}{2}, y_0 = \frac{b}{2}, a_0 = a, b_0 = b$, was zu

$$q_{mn} = \frac{16q_0}{mn\pi^2} \sin^2\left(\frac{m\pi}{2}\right) \sin^2\left(\frac{n\pi}{2}\right) = \frac{16q_0}{mn\pi^2} \quad \text{für } m, n = 1, 3, 5, \ldots$$

führt.

c) Das Ergebnis von b) kombiniert mit (20.2.4) ergibt

$$u(x,y) = \frac{16a^4b^4q_0}{K} \sum_{m=1,3,5,\ldots}^{\infty} \sum_{n=1,3,5,\ldots}^{\infty} \frac{1}{mn\pi^6(b^2m^2 + a^2n^2)^2} \sin\left(\frac{m\pi}{a}x\right) \sin\left(\frac{n\pi}{b}y\right).$$

d) Es folgt

$$\begin{aligned} q_{mn,0} &= \lim_{\substack{a_0\to 0\\ b_0\to 0}} q_{mn} = \frac{4q_0}{ab} \lim_{\substack{a_0\to 0\\ b_0\to 0}} \frac{\sin(\frac{m\pi}{2a}a_0)}{\frac{m\pi}{2a}} \sin\left(\frac{m\pi}{a}x_0\right) \cdot \frac{\sin(\frac{n\pi}{2b}b_0)}{\frac{n\pi}{2a}} \sin\left(\frac{n\pi}{b}y_0\right) \\ &= \frac{4q_0}{ab} \lim_{\substack{a_0\to 0\\ b_0\to 0}} \frac{\sin(\frac{m\pi}{2a}a_0)}{\frac{m\pi}{2a}} \sin\left(\frac{m\pi}{a}x_0\right) \cdot \frac{\sin(\frac{n\pi}{2b}b_0)}{\frac{n\pi}{2a}} \sin\left(\frac{n\pi}{b}y_0\right) \end{aligned}$$

und somit

$$q_{mn,0} = \frac{4F_0}{ab} \sin\left(\frac{m\pi}{a}x_0\right) \sin\left(\frac{n\pi}{b}y_0\right). \tag{20.2.5}$$

Im Zentrum ist

$$q_{mn} = \frac{4F_0}{ab}\sin\left(\frac{m\pi}{2}\right)\sin\left(\frac{n\pi}{2}\right) = \frac{4F_0}{ab}(-1)^{\frac{m+n}{2}+1} \quad \text{für } m, n = 1, 3, 5, \ldots . \tag{20.2.6}$$

Das Beispiel veranschaulicht abermals, dass eine jede Belastung durch Teil- und Einzellasten beliebig genau durch Superposition approximiert werden kann. Analog zu (19.2.9) erhält man den Lastkoeffizienten nach (20.2.4) und (20.2.6) zu

$$\begin{aligned} q_{mn,ik} = &\frac{16}{mn\pi^2}\sum_{i=1}^{N_1} q_i \sin\left(\frac{m\pi}{a}x_i\right)\sin\left(\frac{m\pi}{2a}a_i\right)\sin\left(\frac{n\pi}{b}y_i\right)\sin\left(\frac{n\pi}{2b}b_i\right) \\ &+ \sum_{k=1}^{N_2}\frac{4F_k}{ab}\cdot\sin\left(\frac{m\pi}{a}x_k\right)\cdot\sin\left(\frac{n\pi}{b}y_k\right). \end{aligned} \tag{20.2.7}$$

20.3 Die Lösung der Plattengleichung für Kreisplatten

Die zugehörige Plattengleichung lautet (vgl. (19.3.1))

$$\Delta\Delta u(r,\theta) = \frac{q(r,\theta)}{K} \quad \text{mit} \quad \Delta u = \frac{\partial^2 u}{\partial r^2} + \frac{1}{r}\cdot\frac{\partial u}{\partial r} + \frac{1}{r^2}\cdot\frac{\partial^2 u}{\partial\theta^2}.$$

Die Schnittgrößen ergeben sich zu

$$m_r = -K\left[\frac{\partial^2 u}{\partial r^2} + \nu\left(\frac{1}{r}\frac{\partial u}{\partial r} + \frac{1}{r^2}\frac{\partial^2 u}{\partial\theta^2}\right)\right], \quad m_\theta = -K\left[\frac{1}{r}\frac{\partial u}{\partial r} + \frac{1}{r^2}\frac{\partial^2 u}{\partial\theta^2} + \nu\frac{\partial^2 u}{\partial r^2}\right],$$

$$m_{r\theta} = -(1-\nu)K\frac{\partial}{\partial r}\left(\frac{1}{r}\frac{\partial u}{\partial\theta}\right), \quad q_r = -K\frac{\partial}{\partial r}(\Delta u) \quad \text{und} \quad q_\theta = -K\frac{1}{r}\frac{\partial u}{\partial\theta}(\Delta u).$$

Einschränkung: Wir konzentrieren uns auf eine rotationssymmetrische Belastung $q = q(r)$.

Herleitung von (20.3.1), (20.3.3) und (20.3.4)

Damit entfällt die Winkelabhängigkeit auch in der Lösung und es gilt $u = u(r)$. Man erhält dann

$$\Delta\Delta u(r) = \frac{\partial^4 u}{\partial r^4} + \frac{2}{r}\cdot\frac{\partial^3 u}{\partial r^3} - \frac{1}{r^2}\cdot\frac{\partial^2 u}{\partial r^2} + \frac{1}{r^3}\cdot\frac{\partial u}{\partial r} = \frac{1}{r}\frac{\partial}{\partial r}\left\{r\frac{\partial}{\partial r}\left[\frac{1}{r}\frac{\partial}{\partial r}\left(r\frac{\partial u}{\partial r}\right)\right]\right\}$$

und die zu lösende DG

$$\frac{1}{r}\frac{\partial}{\partial r}\left\{r\frac{\partial}{\partial r}\left[\frac{1}{r}\frac{\partial}{\partial r}\left(r\frac{\partial u}{\partial r}\right)\right]\right\} = \frac{q(r)}{K}. \tag{20.3.1}$$

Entsprechend folgen die Schnittgrößen

$$m_r = -K\left[\frac{\partial^2 u}{\partial r^2} + \frac{\nu}{r}\cdot\frac{\partial u}{\partial r}\right], \quad m_\theta = -K\left[\frac{1}{r}\cdot\frac{\partial u}{\partial r} + \nu\frac{\partial^2 u}{\partial r^2}\right], \quad m_{r\theta} = 0,$$

$$q_r = -K\frac{\partial}{\partial r}\left[\frac{1}{r}\cdot\frac{\partial}{\partial r}\left(r\frac{\partial u}{\partial r}\right)\right] \quad \text{und} \quad q_\theta = 0.$$

Gleichung (20.3.1) stellt eine inhomogene DG in der Variablen r dar, deren Lösung sich aus der allgemeinen Lösung der homogenen DG

$$\Delta\Delta u(r) = 0 \tag{20.3.2}$$

und einer partikulären Lösung von (20.3.1) zusammensetzt. Aus (20.3.2) folgt nacheinander

$$r\frac{\partial}{\partial r}\left(\frac{1}{r}\frac{\partial}{\partial r}\left[r\frac{\partial u}{\partial r}\right]\right) = A_1, \quad \frac{1}{r}\frac{\partial}{\partial r}\left[r\frac{\partial u}{\partial r}\right] = A_1\ln r + A_2, \quad \frac{\partial}{\partial r}\left[r\frac{\partial u}{\partial r}\right] = A_1 r\ln r + A_2 r,$$

$$r\frac{\partial u}{\partial r} = B_1 r^2\ln r + B_2 r^2 + C_3, \quad \frac{\partial u}{\partial r} = B_1 r\ln r + B_2 r + \frac{C_3}{r} \quad \text{und}$$

$$u_0(r) = C_1 r^2\ln r + C_2 r^2 + C_3\ln r + C_4.$$

Insbesondere muss die Auslenkung auch für $r \to 0$ endlich bleiben, was $C_3 = 0$ nach sich zieht. Hingegen existiert $\lim_{r\to 0}(r^2\ln r) = 0$, weshalb noch $C_1 \neq 0$ gilt. Bildet man aber $u_0'(r) = C_1(2r\ln r + r) + 2C_2 r$ und $u_0''(r) = C_1(2\ln r + 3) + 2C_2$, so muss $C_1 = 0$ gesetzt werden, damit auch $u_0'(r)$ und $u_0''(r)$ und damit m_r, m_θ und q_r für $r \to 0$ ebenfalls endlich bleiben. Deshalb verbleibt als allgemeine Lösung von (20.3.2) lediglich

$$u_0(r) = D_1 + D_2 r^2. \tag{20.3.3}$$

Insgesamt erhält man:

Die Biegefläche einer Kreisplatte mit radialsymmetrischer Belastung $q(r)$ besitzt die Gestalt $u(r) = D_1 + D_2 r^2 + u_q(r)$. Dabei ist $u_q(r)$ ein partikuläre Lösung der inhomogenen DG $\Delta\Delta u(r) = \frac{q(r)}{K}$, abhängig von der Belastung $q(r)$. (20.3.4)

Die Berechnung einer partikulären Lösung von (20.3.1) kann aufgrund der Gestalt von $\Delta\Delta u(r)$ durch eine vierfache Integration analytisch gelöst werden, sofern $q(r)$ dies zulässt.

Beispiel. Eine rundum fest eingespannte Kreisplatte wird mit einer Gleichlast q_0 der Dicke c und zusätzlich mit einer kegelförmigen Last der Höhe c belastet (Abb. 20.1 rechts oben). Die Höhe c (einheitslos, damit q eine Flächenlast bleibt) muss dann so gewählt werden, dass die Platte nicht über ihre Elastizitätsgrenze belastet wird.

a) Bestimmen Sie die Lastfunktion $q(r)$.
b) Für die partikuläre Lösung gehen Sie so vor: Ausgehend von

$$\frac{1}{r}\frac{\partial}{\partial r}\left\{r\frac{\partial}{\partial r}\left[\frac{1}{r}\frac{\partial}{\partial r}\left(r\frac{\partial u}{\partial r}\right)\right]\right\} = \frac{q(r)}{K},$$

führen Sie dieselben Integrationsschritte wie eben nochmals durch, verzichten aber bei jeder Integration auf die zusätzliche Konstante.
c) Ermitteln Sie nun die Lösung $u(r) = D_1 + D_2r^2 + u_q(r)$ gemäß (20.3.4) unter Verwendung der zugehörigen RBen für die zugrunde liegende Lagerung.

Lösung.
a) Es gilt $q(r) = cq_0 + cq_0(1 - r) = cq_0(2 - r)$.
b) Ausgangspunkt ist

$$\frac{1}{r}\frac{\partial}{\partial r}\left\{r\frac{\partial}{\partial r}\left[\frac{1}{r}\frac{\partial}{\partial r}\left(r\frac{\partial u}{\partial r}\right)\right]\right\} = \alpha(2 - r)$$

mit $\alpha := \frac{cq_0}{K}$. Dann folgt nacheinander:

$$\begin{aligned}
\frac{\partial}{\partial r}\left\{r\frac{\partial}{\partial r}\left[\frac{1}{r}\frac{\partial}{\partial r}\left(r\frac{\partial u}{\partial r}\right)\right]\right\} &= \alpha(2r - r^2),\\
r\frac{\partial}{\partial r}\left[\frac{1}{r}\frac{\partial}{\partial r}\left(r\frac{\partial u}{\partial r}\right)\right] &= \alpha\left(r^2 - \frac{r^3}{3}\right),\\
\frac{\partial}{\partial r}\left[\frac{1}{r}\frac{\partial}{\partial r}\left(r\frac{\partial u}{\partial r}\right)\right] &= \alpha\left(r - \frac{r^2}{3}\right),\\
\frac{1}{r}\frac{\partial}{\partial r}\left(r\frac{\partial u}{\partial r}\right) &= \alpha\left(\frac{r^2}{2} - \frac{r^3}{9}\right),\\
\frac{\partial}{\partial r}\left(r\frac{\partial u}{\partial r}\right) &= \alpha\left(\frac{r^3}{2} - \frac{r^4}{9}\right),\\
r\frac{\partial u}{\partial r} &= \alpha\left(\frac{r^4}{8} - \frac{r^5}{45}\right),\\
\frac{\partial u}{\partial r} &= \alpha\left(\frac{r^3}{8} - \frac{r^4}{45}\right) \quad \text{und}\\
u_q(r) &= \frac{cq_0}{K}\left(\frac{r^4}{32} - \frac{r^5}{225}\right).
\end{aligned}$$

c) Für eine fest eingespannte Platte gilt I. $u(a) = 0$ und II. $u'(a) = 0$. Die Bedingungen liefern für

$$u(r) = D_1 + D_2r^2 + \frac{cq_0}{K}\left(\frac{r^4}{32} - \frac{r^5}{225}\right)$$

die Gleichungen

$$0 = D_1 + D_2 a^2 + \frac{cq_0}{K}\left(\frac{a^4}{32} - \frac{a^5}{225}\right), \quad 0 = 2D_2 a + \frac{cq_0}{K}\left(\frac{a^3}{8} - \frac{a^4}{45}\right)$$

mit den Konstanten

$$D_1 = \frac{ca^4 q_0}{K}\left(\frac{1}{32} - \frac{a}{150}\right), \quad D_2 = -\frac{ca^2 q_0}{K}\left(\frac{1}{16} - \frac{a}{90}\right)$$

und der Lösung

$$u(r) = \frac{cq_0}{K}\left[a^4\left(\frac{1}{32} - \frac{a}{150}\right) - a^2\left(\frac{1}{16} - \frac{a}{90}\right)r^2 + \frac{r^4}{32} - \frac{r^5}{225}\right].$$

Die Werte der Auslenkung sind in dieser Darstellung positiv.
Weitere Belastungsfälle mit gelagerten Kreisplatten insbesondere für Teillasten können dem 3. Band entnommen werden.

20.4 Die Gleichung für Biegeschwingungen einer Platte

Zur Herleitung der Schwingungsgleichung gehen wir von derjenigen des Balkens, (18.10), aus und wenden in diesem Kapitel die in der Übersicht am Ende von Kap. 20 festgehaltenen Analogien zwischen Balken und Platte an.

Herleitung von (20.4.1)
Ohne einige Vereinfachungen wird eine analytische Behandlung der Plattenschwingung sehr erschwert.

Idealisierungen:
- Die Torsionsträgheit wird vernachlässigt.
- Die Größen E, I, N, μ und A werden als konstant vorausgesetzt.

Einschränkung: Eine Normalkraft ist nicht vorhanden.
Gleichung (18.10) schreibt sich dann als

$$EI\frac{\partial^2}{\partial x^2}\left(\frac{\partial^2 u}{\partial x^2}\right) + \mu \cdot \frac{\partial u}{\partial t} + \rho A \cdot \frac{\partial^2 u}{\partial t^2} = q \quad \text{oder} \quad \Delta\Delta u + \frac{\mu}{EI} \cdot \frac{\partial u}{\partial t} + \frac{\rho A}{EI} \cdot \frac{\partial^2 u}{\partial t^2} = \frac{q}{EI}.$$

Für die Querschnittsfläche gilt $A = b \cdot h$. Um die erwähnte Analogie auszunutzen, muss $b = 1$ gesetzt werden, woraus

$$\Delta\Delta u + \frac{\mu}{EI} \cdot \frac{\partial u}{\partial t} + \frac{\rho h}{EI} \cdot \frac{\partial^2 u}{\partial t^2} = \frac{q}{EI}$$

folgt. Nun ersetzt man EI durch K und $\Delta\Delta u$ durch den entsprechenden Operator und erhält die Schwingungsgleichung für die Platte zu:

$$\frac{\partial^4 u}{\partial x^4} + 2\frac{\partial^4 u}{\partial x^2 \partial y^2} + \frac{\partial^4 u}{\partial y^4} + \frac{\mu}{K} \cdot \frac{\partial u}{\partial t} + \frac{\rho h}{K} \cdot \frac{\partial^2 u}{\partial t^2} = \frac{q(x,y,t)}{K} \quad \text{mit} \quad K = \frac{Eh^3}{12(1-\nu^2)}. \tag{20.4.1}$$

20.5 Freie Biegeschwingungen der Rechtecksplatte

Gesucht sind damit die Lösungen der unbelasteten Platte:

$$\frac{\partial^4 u}{\partial x^4} + 2\frac{\partial^4 u}{\partial x^2 \partial y^2} + \frac{\partial^4 u}{\partial y^4} + \frac{\mu}{K} \cdot \frac{\partial u}{\partial t} + \frac{\rho h}{K} \cdot \frac{\partial^2 u}{\partial t^2} = 0. \tag{20.5.1}$$

Herleitung von (20.5.4)–(20.5.6)

Setzen wir den Ansatz $u(x,y,t) = v(x,y) \cdot w(t)$ in (20.5.1) ein, so erhalten wir

$$(\Delta\Delta v) \cdot w + \frac{\mu}{K} v\dot{w} + \frac{\rho h}{K} \cdot v\ddot{w} = 0.$$

Weiter entkoppeln wir mit einer Konstanten α, woraus

$$\frac{\Delta\Delta v}{v} = \alpha^4 \quad \text{und} \quad \frac{\rho h}{K} \cdot \frac{\ddot{w}}{w} + \frac{\mu}{K} \cdot \frac{\dot{w}}{w} = -\alpha^4 \quad \text{oder}$$
$$\frac{\ddot{w}}{w} + \delta \cdot \frac{\dot{w}}{w} = -\alpha^4 \frac{K}{\rho h} \quad \text{mit} \quad \delta = \frac{\mu}{\rho h}$$

entsteht. Die Zeitlösung ergibt sich gemäß (16.3.5) zu

$$w(t) = e^{-\frac{\delta}{2} \cdot t} \cdot [C_1 \cdot \cos(\varepsilon_{mn} t) + C_2 \cdot \sin(\varepsilon_{mn} t)] \tag{20.5.2}$$

mit

$$\varepsilon_{mn}^2 = \omega_{mn}^2 - \left(\frac{\delta}{2}\right)^2 = \alpha_{mn}^4 \frac{K}{\rho h} - \left(\frac{\delta}{2}\right)^2.$$

Die Lösung des Ortsteils wird durch die Lagerung bestimmt.
Einschränkung: Die Platte ist allseitig gelenkig gelagert.
Analog zur Plattengleichung mit denselben RBen setzen wir zur Lösung von

$$\Delta\Delta v - \alpha^4 v = 0 \tag{20.5.3}$$

eine Doppelsinus-Funktion an: $v(x,y) = \sin(\lambda x) \cdot \sin(\eta y)$. Diese erfüllt sämtliche RBen:

$$v(x,0) = v(x,b) = v(0,y) = v(a,y) = 0 \quad \text{und}$$

$$m_x(0,y) = m_x(a,y) = m_y(x,0) = m_y(x,b) = 0,$$

falls $\lambda = \frac{m\pi}{a}$ und $\eta = \frac{n\pi}{b}$ gilt.

Setzt man den Ansatz von v in (20.5.3) ein, so ergibt sich die charakteristische Gleichung $\lambda^4 + 2\lambda^2\eta^2 + \eta^4 = \alpha^4$. Weiter folgt

$$(\lambda^2 + \eta^2)^2 = \alpha^4 \quad \text{oder} \quad \pi^4\left(\frac{m^2}{a^2} + \frac{n^2}{b^2}\right)^2 = \alpha^4.$$

Lässt man die Dämpfung zu, so lautet die Lösung von (20.5.1) für die allseitig gelenkig gelagerte Platte

$$u(x,y,t) = \sum_{m=1}^{\infty}\sum_{n=1}^{\infty} v_{mn}(x,y)\cdot w(t) \quad \text{mit} \quad v_{mn}(x,y) = \sin\left(\frac{m\pi}{a}x\right)\sin\left(\frac{n\pi}{b}y\right)$$

und $w(t)$ gemäß (20.5.2).

Eine an allen Seiten gelenkig gelagerte rechteckige Platte mit Länge a und Breite b, vollführt bei einer Anfangsauslenkung $g(x,y)$ und einer Anfangsgeschwindigkeit $h(x,y)$ die freien Schwingungen

$$u(x,y,t) = \sum_{m=1}^{\infty}\sum_{n=1}^{\infty} \sin\left(\frac{m\pi}{a}x\right)\sin\left(\frac{n\pi}{b}y\right)\left[a_{mn}\cos(\varepsilon_{mn}t) + b_{mn}\sin(\varepsilon_{mn}t)\right] \quad \text{mit}$$

$$\varepsilon_{mn}^2 = \alpha_{mn}^4 c^2 - \left(\frac{\delta}{2}\right)^2, \quad \alpha_{mn}^4 = \pi^4\left(\frac{m^2}{a^2} + \frac{n^2}{b^2}\right)^2, \quad c^2 = \frac{K}{\rho h},$$

$$a_{mn} = \frac{4}{ab}\int_0^a\int_0^b g(x,y)\cdot\sin\left(\frac{m\pi}{a}x\right)\sin\left(\frac{n\pi}{b}y\right)dxdy \quad \text{und}$$

$$b_{mn} = \frac{4}{\omega_{mn}ab}\int_0^a\int_0^b h(x,y)\cdot\sin\left(\frac{m\pi}{a}x\right)\sin\left(\frac{n\pi}{b}y\right)dxdy. \tag{20.5.4}$$

Die Darstellung zur Berechnung von a_{mn} und b_{mn} entnimmt man (19.1.1).

Wie schon bei den freien Schwingungen der Membran, gehören zu jeder Eigenfrequenz f_{mn} zwei Wellenlängen λ_m (in y- Richtung), λ_n (in x-Richtung) und folglich zwei Eigenformen. O. B. d. A. sei nun $a < b$. Die Wellenlänge λ_m ist am kleinsten, wenn m möglichst groß und n möglichst klein, also 1 ist. Aus

$$\frac{2}{\pi}f_{mn}\sqrt{\frac{\rho h}{K}} = \left(\frac{m^2}{a^2} + \frac{1}{b^2}\right)$$

wird

$$a^2\left(\frac{2}{\pi}f_{mn}\sqrt{\frac{\rho h}{K}} - \frac{1}{b^2}\right) = m^2$$

und somit

$$\lambda_{m,\min} = \frac{2a}{m} = \frac{2}{\sqrt{\frac{2}{\pi} f_{mn} \sqrt{\frac{\rho h}{K}} - \frac{1}{b^2}}}.$$

Analog ergibt sich

$$\lambda_{n,\min} = \frac{2b}{n} = \frac{2}{\sqrt{\frac{2}{\pi} f_{mn} \sqrt{\frac{\rho h}{K}} - \frac{1}{a^2}}}.$$

Zur Abschätzung der Frequenzzahl unterhalb der Frequenz f_{mn} beachten wir, dass durch

$$f_{mn} = \frac{\pi}{2} \sqrt{\frac{K}{\rho h}} \cdot \left(\frac{m^2}{a^2} + \frac{n^2}{b^2} \right)$$

eine Ellipse der Form

$$\left(\frac{m}{c} \right)^2 + \left(\frac{n}{d} \right)^2 = 1 \quad \text{mit} \quad c = a \sqrt{\frac{2f_{mn}}{\pi}} \cdot \sqrt[4]{\frac{\rho h}{K}} \quad \text{und} \quad d = b \sqrt{\frac{2f_{mn}}{\pi}} \cdot \sqrt[4]{\frac{\rho h}{K}}$$

dargestellt wird (Abb. 20.1, rechts unten). Die Anzahl $N(f_{mn})$ der Eigenfrequenzen kleiner als f_{mn} entspricht etwa dem Flächeninhalt der Viertelellipse:

$$N(f_{mn}) \approx \frac{1}{4} \pi c d = \frac{1}{4} \pi a b \frac{2f_{mn}}{\pi} \cdot \sqrt{\frac{\rho h}{K}} = \frac{ab}{h} \sqrt{3(1 - \nu^2) \frac{\rho}{E}} \cdot f_{mn}$$

und somit

$$N(f_{mn}) = \frac{ab}{h} \sqrt{\frac{3\rho}{E}(1 - \nu^2)} \cdot f_{mn}. \tag{20.5.5}$$

Als Modendichte bezeichnet man die Anzahl der Eigenfrequenzen pro Frequenzintervall:

$$n(f_{mn}) = \frac{dN(f_{mn})}{df_{mn}} = \frac{ab}{h} \sqrt{\frac{3\rho}{E}(1 - \nu^2)} \cdot \frac{df_{mn}}{df_{mn}} = \frac{ab}{h} \sqrt{\frac{3\rho}{E}(1 - \nu^2)}. \tag{20.5.6}$$

Das Wissen um die Modendichte dient der gezielten Schalldämpfung.

Beispiel 1. Für eine auf allen Seiten gelenkig gelagerte Stahlplatte gilt $a = 1\,\text{m}$, $b = 0{,}5\,\text{m}$, $h = 0{,}01\,\text{m}$, $E = 2{,}0 \cdot 10^{11}\,\frac{\text{N}}{\text{m}^2}$, $\rho = 7850\,\frac{\text{kg}}{\text{m}^3}$ und $\nu = 0{,}3$. Bestimmen Sie die Anzahl der Eigenfrequenzen dieser Platte, die unterhalb von $f_{mn} = 5\,\text{kHz}$ liegen.

Lösung. Mit (20.5.5) gilt

$$N(5\,\text{kHz}) = \frac{1 \cdot 0{,}5}{0{,}01}\sqrt{\frac{3 \cdot 7850}{2{,}0 \cdot 10^{11}}(1 - 0{,}3^2)} \cdot 5000 \approx 81$$

Eigenfrequenzen.

Beispiel 2. Ermitteln Sie die freie, gedämpfte Schwingungsform $u(x,y,t)$ einer ruhenden, mittig und einmalig mit der Kraft F_0 angeregten Rechtecksplatte der Länge a und Breite b.

Lösung. Die Anfangsauslenkung (statische Lösung) ergibt sich mit (20.2.3) und (20.2.4) zu

$$g(x,y) = \sum_{m=1,3,5,\ldots}^{\infty} \sum_{n=1,3,5,\ldots}^{\infty} a_{mn} \sin\left(\frac{m\pi}{a}x\right) \sin\left(\frac{n\pi}{b}y\right) \quad \text{mit} \quad a_{mn} = \frac{4F_0(-1)^{\frac{m+n}{2}+1}}{abK\pi^4(\frac{m^2}{a^2} + \frac{n^2}{b^2})^2}.$$

Demnach wird die Biegeschwingung nach (20.5.4) beschrieben durch

$$u(x,y,t) = \sum_{m=1,3,5,\ldots}^{\infty} \sum_{n=1,3,5,\ldots}^{\infty} a_{mn} \sin\left(\frac{m\pi}{a}x\right) \sin\left(\frac{n\pi}{b}y\right) \cdot \cos(\varepsilon_{mn}t). \tag{20.5.7}$$

Bemerkung. Setzt sich die schwingungserregende Last aus Flächenlasten q_i und Einzelkräften F_k zusammen, so wird der Koeffizient a_{mn} von (20.2.7) ersetzt durch

$$a_{mn} = \frac{q_{mn,ik}}{K\pi^4(\frac{m^2}{a^2} + \frac{n^2}{b^2})^2}$$

mit $q_{mn,ik}$ aus (20.2.7).

Die Lösung für die Kreisplatte zeigen wir nicht. Es bedarf hierzu viel Rechenaufwand. Die vollständige Herleitung inklusive eines Beispiels findet man in Band 3.

20.6 Erzwungene Biegeschwingungen der Rechtecksplatte

Einschränkung: Die Anregung ist periodisch und von der Form $q_*(x,y) = q(x,y) \cdot \cos(\varphi t)$.

Die Dämpfung beachten wir vorerst noch nicht. Damit wird aus (20.4.1) mit $\delta = 0$ folgende zu lösende DG:

$$\frac{\rho h}{K} \cdot \frac{\partial^2 u}{\partial t^2} + \Delta\Delta u = \frac{q(x,y) \cdot \cos(\varphi t)}{K}. \tag{20.6.1}$$

Herleitung von (20.6.2)–(20.6.7)

Von Interesse ist die Lösung nach der Einschwingzeit und wir setzen deshalb $u(x, y, t) = v(x, y) \cdot \cos(\varphi t)$ an. Als Nächstes entwickeln wir sowohl $v(x, y)$ als auch $q(x, y)$ in Eigenfunktionen. Da diese nur für die allseitig gelenkig gelagerte Platte vorliegen, beschränken wir uns auf diesen Lagerfall.

Einschränkung: Die Platte ist allseitig gelenkig gelagert.

In diesem Fall hat man

$$v(x,y) = \sum_{m=1}^{\infty}\sum_{n=1}^{\infty} d_{mn} \sin\left(\frac{m\pi}{a}x\right)\sin\left(\frac{n\pi}{b}y\right) \quad \text{und}$$
$$q(x,y) = \sum_{m=1}^{\infty}\sum_{n=1}^{\infty} q_{mn} \sin\left(\frac{m\pi}{a}x\right)\sin\left(\frac{n\pi}{b}y\right).$$

Eingesetzt in (20.6.1) folgt

$$d_{mn}\left[\pi^4\left(\frac{m^2}{a^2}+\frac{n^2}{b^2}\right)^2 - \frac{\rho h}{K}\varphi^2\right] = \frac{q_{mn}}{K}, \quad \omega_{mn}^2 = \frac{K}{\rho h}\cdot\pi^4\left(\frac{m^2}{a^2}+\frac{n^2}{b^2}\right)^2$$

und weiter

$$d_{mn} = \frac{q_{mn}}{\rho h(\omega_{mn}^2 - \varphi^2)} = \frac{q_{mn}}{\rho h \omega_{mn}^2}\cdot V(\omega_{mn}) = s_{mn}\cdot V(\omega_{mn})$$

mit dem Vergrößerungsfaktor

$$V(\omega_{mn}) = \frac{1}{|1-(\frac{\varphi}{\omega_{mn}})^2|}. \tag{20.6.2}$$

An diesem Punkt wird wie bisher die fehlende Dämpfung modal eingebaut. Anstelle von (20.6.2) tritt nun der gedämpfte Vergrößerungsfaktor

$$V(\omega_{mn}, \xi_{mn}) = \frac{1}{\sqrt{[1-(\frac{\varphi}{\omega_{mn}})^2]^2 + 4\xi_{mn}^2(\frac{\varphi}{\omega_{mn}})^2}}. \tag{20.6.3}$$

Dabei ist $\xi_{mn} = \frac{\xi}{2M_{mn}^*\omega_{mn}}$ das Lehr'sche Dämpfungsmaß bezogen auf die mn-te Eigenfrequenz ω_{mn} und die mn-te modale Masse

$$M_{mn}^* = \rho h \int_0^A v_{mn}^2 dA = \rho h \int_0^a \sin^2\left(\frac{m\pi}{a}x\right)dx \cdot \int_0^b \sin^2\left(\frac{n\pi}{b}y\right)dy,$$

also

$$M_{mn}^* = \rho h \cdot \frac{a}{2}\cdot\frac{b}{2} = \frac{\rho hab}{4} = \frac{1}{4}m. \tag{20.6.4}$$

Die Gleichungen (20.6.2)–(20.6.4) führen zu dem Ergebnis:

Die Lösung der erzwungenen Schwingung

$$\frac{\rho h}{K}\cdot\ddot{u}+\frac{\mu}{K}\cdot\dot{u}+\Delta\Delta u=\frac{q(x,y)}{K}\cdot\cos(\varphi t)$$

einer allseitig gelenkig gelagerten Rechtecksplatte besitzt die Form

$$u(x,y,t)=\sum_{m=1}^{\infty}\sum_{n=1}^{\infty}d_{mn}v_{mn}(x,y)(\varphi t-\sigma_{mn})$$

mit den dynamischen Koeffizienten $d_{mn}=s_{mn}\cdot V(\omega_{mn},\xi_{mn})$, den statischen Koeffizienten $s_{mn}=\frac{q_{mn}}{\mu\omega_{mn}^2}$, den Lastkoeffizienten q_{mn}, den Dämpfungsmaßen ξ_{mn}, den Phasenverschiebungen

$$\sigma_{mn}=\arctan\left(\frac{2\xi_{mn}\omega_{mn}\cdot\varphi}{\varphi^2-\omega_{mn}^2}\right)\quad\text{und}\quad\omega_{mn}^2=\frac{K}{\rho h}\cdot\pi^2\left(\frac{m^2}{a^2}+\frac{n^2}{b^2}\right).\tag{20.6.5}$$

Die Lastkoeffizienten können sich wie bei (19.2.9) oder (20.2.7) zusammensetzen aus

$$q_{mn,ik}=\frac{16}{mn\pi^2}\sum_{i=1}^{N_1}q_i\sin\left(\frac{m\pi}{a}x_i\right)\sin\left(\frac{m\pi}{2a}a_i\right)\sin\left(\frac{n\pi}{b}y_i\right)\sin\left(\frac{n\pi}{2b}b_i\right)\tag{20.6.6}$$

$$+\sum_{k=1}^{N_2}\frac{4F_k}{ab}\cdot\sin\left(\frac{m\pi}{a}x_k\right)\cdot\sin\left(\frac{n\pi}{b}y_k\right).\tag{20.6.7}$$

Beispiel. Gegeben ist eine allseitig gelenkig gelagerte Rechtecksplatte mit Länge a und Breite b.

a) Diese wird im Zentrum mit der Kraft $F(t)=F_0\cdot\cos(\varphi t)$ periodisch belastet. Bestimmen Sie die dynamische Auslenkung $u(x,y,t)$, falls die Dämpfung vernachlässigt wird.

b) Wie lautet das Ergebnis, falls die Kraft im Punkt $P(x_i,y_i)$ wirkt?

Lösung.

a) Die Lastkoeffizienten sind für diesen Lastfall schon mit Beispiel 2 aus Kap. 20.5 bereitgestellt worden:

$$q_{mn}=\frac{4F_0}{ab}(-1)^{\frac{m+n}{2}+1}.$$

Damit schreibt sich die Lösung gemäß (20.6.5) als

$$u(x,y,t)=\sum_{m=1,3,5,\dots}^{\infty}\sum_{n=1,3,5,\dots}^{\infty}d_{mn}\sin\left(\frac{m\pi}{a}x\right)\sin\left(\frac{n\pi}{b}y\right)\cos(\varphi t)\quad\text{mit}$$

$$d_{mn}=\frac{4F_0(-1)^{\frac{m+n}{2}+1}}{ab\rho h(\omega_{mn}^2-\varphi^2)}\quad\text{und}\quad\omega_{mn}^2=\frac{K}{\rho h}\cdot\pi^4\left(\frac{m^2}{a^2}+\frac{n^2}{b^2}\right)^2.$$

b) Einzig der dynamische Koeffizient wird angepasst zu

$$d_{mn} = \frac{4F_0 \sin(\frac{m\pi}{a}x_i) \cdot \sin(\frac{m\pi}{a}y_i)}{ab\rho h(\omega_{mn}^2 - \varphi^2)}.$$

21 Wärmetransporte

In der Natur findet ein ständiger Temperaturausgleich statt. Stets stellt sich ein Wärmestrom von Stellen höherer Temperatur zu solchen niedrigerer ein. Ausnahme bildet die Wärmestrahlung, bei der Wärme in beide Richtungen strömt. Der Nettowärmestrom fließt aber auch in diesem Fall von warm nach kalt und ist proportional zu $T_{\text{warm}}^4 - T_{\text{kalt}}^4$ (Kap. 29).

Wärmeübertragung kann auf drei Arten vor sich gehen: durch Leitung, Konvektion oder Strahlung.

1. *Wärmeleitung* (Konduktion). Hält man einen Metallstab in siedendes Wasser, so fühlen wir, wie das andere Ende nach kurzer Zeit ebenfalls heiß wird. Es ist also Wärme durch den Stab zum kalten Ende hingelangt. Wir können uns diesen Prozess als Übertragung der Energie von schwingenden Molekülen vorstellen. Bei diesem Vorgang wird demnach keine Materie, sondern nur Energie transportiert. Alle Metalle sind gute, wohingegen z. B. Luft oder Wolle schlechte Wärmeleiter sind. Bei der Wärmeleitung fließt somit Wärme durch ein Medium hindurch.
2. *Wärmeströmung* (Konvektion). Bei dieser Art des Wärmetransports wird Masse (fest, flüssig oder gasförmig) von einem Ort zum anderen bewegt. Beispiele sind die für das Klima auf der Erde lebenswichtigen Wind- und Meeresströmungen (Passatwinde, Golfstrom).
   Bei Flüssigkeiten und Gasen tritt die Konvektion von selbst ein: Die erwärmten Gebiete sind spezifisch leichter und steigen in die Höhe. Diese Art der Konvektion nennt man freie Konvektion. Im Gegensatz dazu liegt eine erzwungene Konvektion dann vor, wenn durch äußere Kräfte, zum Beispiel durch einen Ventilator, einen Föhn oder mithilfe einer Pumpe wie bei der Zentralheizung, die Bewegung von Materie erzwungen wird. Der notwendige Druck- oder Dichteunterschied wird beispielsweise durch Erwärmen auf der einen Seite und Abkühlen auf der anderen Seite des Kreislaufs aufrechterhalten. Beim Föhn geben die heißen Metalldrähte Wärme an die Luft (Träger) ab (1. Wärmeübertragung), deren Teilchen über ein Gebläse zu den Haaren transportiert werden. Die Haare und die Kopfhaut nehmen die Wärme teilweise auf (2. Wärmeübertragung). Bei der Warmwasserheizung trägt das warme Wasser (1. Träger) die Wärme zum Metallgehäuse, dieses nimmt die Wärme auf (1. Wärmeübertragung). Die Wärme fließt durch Leitung von der Innen- zur Außenwand (2. Wärmeübertragung), wo sie an die Luft (2. Träger) abgegeben wird (3. Wärmeübertragung) und durch freie Konvektion im Raum verteilt wird. Zusätzlich erzeugt der Heizkörper auch Wärme durch Abstrahlung. Will man bewusst Konvektion oder Wärmeleitung vermeiden, dann braucht es ein praktisch materiefreies Fluid, ein Vakuum wie bei der Thermosflasche. Damit findet ein Wärmeverlust nur über die Naht- oder Verschlussstellen statt.
3. *Wärmestrahlung* (Radiation). Wärmestrahlung ist eine Art elektromagnetischer Wellen. Diese sind für tiefe Temperaturen im unsichtbaren Infrarotbereich. Bei hohen Temperaturen wie geschmolzenes Metall werden sie sichtbar als Licht. Im

https://doi.org/10.1515/9783111345765-021

Unterschied zu den beiden anderen Wärmetransporten benötigt die Wärmestrahlung kein Medium: Das elektromagnetische Feld transportiert Energie, die beim Auftritt auf einen Körper dann absorbiert und in Wärme umgewandelt wird.
Wie schon bei der Warmwasserheizung erwähnt, finden die unterschiedlichen Wärmetransportarten selten allein statt. Es lässt sich diesbezüglich nur sehr Allgemeines aussagen. In Festkörpern überwiegt die Wärmeleitung. Sind sowohl Konvektion als auch Wärmestrahlung beteiligt wie beispielsweise bei der Wärmeübertragung eines Fluids auf einen Festkörper oder umgekehrt, so gilt es zu klären, ob eine freie oder erzwungene Konvektion vorliegt, um den Anteil des Konvektionswärmestroms mit demjenigen der Strahlung zu vergleichen. Zumindest muss der Strahlungsanteil sicher dann ins Auge gefasst werden, wenn die Temperatur des Körpers etwa über 500 °C liegt. Bis hin zu Kap. 29.2 beinhalten sämtliche Beispiele Temperaturen, die weit unter diesem Richtwert liegt, sodass man sich auf die Konvektion als einzige Wärmeübertragungsart beschränken kann.

Idealisierung: Die Wärmeübertragung mittels Strahlung wird vernachlässigt.

Das Wichtigste halten wir in der nachstehenden Tabelle fest:

Bezeichnung	**Energieform**	**Übertragungsart**	**Beispiele**
Wärmeleitung (Konduktion)	Wärme	Austausch zwischen Atomen	Heizplatte, Wärmflasche
Wärmeströmung (Konvektion)	Innere Energie	Massentransport bis zum Übertragungsort, Wärmeabgabe	Frei: Kamin, Heizung an Außenwand Erzwungen: Föhn, Heizung an Innenwand
Wärmestrahlung (Radiation)	Elektromagnetische Wellen	Absorption	Infrarotheizung, Heizpilz

Im Folgenden werden wir die einzelnen Wärmetransporte getrennt voneinander behandeln und erst mit genügendem Wissen das Zusammenwirken mehrerer Wärmeströme an einfachen Fallbeispielen in Kap. 29.2 untersuchen.

21.1 Stationäre Wärmeleitung für drei Grundkörper

Die folgende, halbempirische Betrachtung geht auf Fourier zurück.

Herleitung von (21.1.1)–(21.1.3)

Ausgangspunkt ist eine ebene Platte der Fläche A und der Dicke l, bei dem die eine Seite auf der konstanten Temperatur T_1 (beispielsweise im Eisbad) und die andere Seite auf der konstanten Temperatur T_2 (beispielsweise in siedendem Wasser) gehalten wird (Abb. 21.1 links).

Idealisierung 1: Alle anderen Seiten der Platte sind gegenüber außen vollständig isoliert, sodass der Wärmestrom nur in eine Richtung und kein Wärmeverlust an den Rändern erfolgt.

Durch Messung findet er, dass die Wärmemenge ΔQ mit der Zeit Δt, der Fläche A und der Temperaturdifferenz $T_2 - T_1$ zunimmt und mit der Strecke l abnimmt. Es gilt also

$$\Delta Q = -\lambda \cdot \frac{T_2 - T_1}{l} \cdot A \cdot \Delta t = -\lambda A \cdot \frac{\Delta T}{\Delta x} \cdot \Delta t.$$

Dabei ist λ der Wärmeleitkoeffizient in $\frac{\mathrm{W}}{\mathrm{m \cdot K}}$.

Idealisierung 2: Da die Wärmeleitfähigkeit temperaturabhängig ist, wählen wir anstelle von $\lambda(T)$ den Mittelwert

$$\lambda_m = \frac{\lambda(T_1) + \lambda(T_2)}{2}.$$

Für die in der Zeit dt im Intervall dx mit dem Temperaturunterschied dT übertragene Wärmemenge dQ gilt

$$dQ = -\lambda_m A \cdot \frac{dT}{dx} \cdot dt\,[J]. \tag{21.1.1}$$

Weiter folgt die Wärmeleistung oder der Wärmestrom

$$\frac{dQ}{dt} = \dot{Q}_L = -\lambda_m A \cdot \frac{dT}{dx}\,[W] \tag{21.1.2}$$

und die Wärmestromdichte

$$\frac{\dot{Q}_K}{A} = \dot{q}_K = -\lambda_m \cdot \frac{dT}{dx} \tag{21.1.3}$$

mit der Einheit $\frac{\mathrm{W}}{\mathrm{m}^2}$.

In Abb. 21.1 links ist $\frac{dT}{dx} < 0$ und somit $\dot{q}_K > 0$ (Fluss in positive x-Richtung). Diese Gleichung gilt allgemein, also auch für zylindrische Rohre oder Kugeln. Die Wärmeleitfähigkeit λ gibt die Wärmemenge dQ an, die pro Zeitintervall dt durch eine Querschnittsfläche A entlang einer Distanz dx mit der Temperaturdifferenz dT transportiert wird. Die Wärmestromdichte ist dann

$$\dot{q}_L = -\lambda_m \cdot \frac{dT}{dx}.$$

Wärmeleitung in der Platte

Herleitung von (21.1.4) und (21.1.5)

Der Temperaturverlauf erfolgt über eine Wärmestrombilanz.

Bilanz: Der Wärmestrom im Volumen dV (unabhängig von dV). Man schreibt (21.1.2) als $\dot{Q}_L dx = -\lambda_m A \cdot dT$ und integriert, woraus

$$\int_0^l \dot{Q}_L dx = -\lambda_m A \cdot \int_{T_1}^{T_2} dT$$

entsteht. Im stationären Zustand ist der Wärmestrom unabhängig vom gewählten Volumen, weshalb man $\dot{Q}_L$ vor das Integral ziehen kann:

$$\dot{Q}_L = -\lambda_m \cdot \frac{T_2 - T_1}{l} \cdot A.$$

Die rechte Seite der Gleichung kann man auch nach Stoff- und Formgrößen trennen:

$$\dot{Q}_L = S \cdot \lambda_m (T_1 - T_2) \quad \text{mit} \quad S = \frac{A}{l}. \tag{21.1.4}$$

Definition. Mit S bezeichnet man den Formfaktor des Körpers. Dieser hängt einzig von der Geometrie des Körpers ab.

Für den Temperaturverlauf führt man obige Integration nochmals durch, diesmal aber für die oberen Grenzen x und $T_2 = T(x)$. Aus

$$\dot{Q}_L \int_0^x dx = -\lambda_m A \cdot \int_{T_1}^{T(x)} dT$$

folgt

$$-\lambda_m \frac{T_2 - T_1}{l} A \cdot x = -\lambda_m A [T(x) - T_1]$$

und schließlich (Abb. 21.1 rechts)

$$T(x) = T_1 + (T_2 - T_1) \cdot \frac{x}{l}. \tag{21.1.5}$$

Wärmeleitung im Zylinder

Herleitung von (21.1.6) und (21.1.7)

Idealisierung: Der Zylinder ist an beiden Seitenkreisflächen vollständig isoliert (Abb. 21.1 Mitte oben).

Bilanz: Man erhält mit $A = A(r) = 2\pi rs$ nacheinander:

$$\dot{Q}_L = -\lambda_m \cdot 2\pi rs \cdot \frac{dT}{dr}, \quad \dot{Q}_L \int_{r_1}^{r_2} \frac{dr}{r} = -\lambda_m \cdot 2\pi s \cdot \int_{T_1}^{T_2} dT,$$

$$\dot{Q}_L \cdot \ln\left(\frac{r_2}{r_1}\right) = 2\pi s\lambda_m \cdot (T_1 - T_2) \quad \text{und}$$

$$\dot{Q}_L = S \cdot \lambda_m(T_1 - T_2) \quad \text{mit} \quad S = \frac{2\pi s}{\ln(\frac{r_2}{r_1})}. \tag{21.1.6}$$

Für den Temperaturverlauf führt man analog zur Platte abermals dieselbe Integration durch, diesmal aber mit $r_2 = r$ und $T_2 = T(r)$. Aus

$$\dot{Q}_L \int_{r_1}^{r} \frac{dr}{r} = -\lambda_m \cdot 2\pi s \cdot \int_{T_1}^{T(r)} dT$$

folgt mit (21.1.5)

$$\frac{2\pi s\lambda_m}{\ln(\frac{r_2}{r_1})} \cdot (T_1 - T_2) \cdot \ln\left(\frac{r}{r_1}\right) = \lambda_m \cdot 2\pi s[T_1 - T(r)]$$

und schließlich (Abb. 21.1 rechts)

$$T(r) = T_1 + (T_2 - T_1) \cdot \frac{\ln(\frac{r}{r_1})}{\ln(\frac{r_2}{r_1})}. \tag{21.1.7}$$

Wärmeleitung in der Kugel

Herleitung von (21.1.8) und (21.1.9)

Bilanz: Wieder seien die Radien r_1 und r_2. Es ist $A = A(r) = 4\pi r^2$ und man erhält nacheinander

$$\dot{Q}_L = -\lambda_m \cdot 4\pi r^2 \cdot \frac{dT}{dr}, \quad \dot{Q}_L \int_{r_1}^{r_2} \frac{dr}{r^2} = -\lambda_m \cdot 4\pi \cdot \int_{T_1}^{T_2} dT \quad \text{und}$$

$$\dot{Q}_L = S \cdot \lambda_m(T_1 - T_2) \quad \text{mit} \quad S = \frac{4\pi}{\frac{1}{r_1} - \frac{1}{r_2}}. \tag{21.1.8}$$

Der Temperaturverlauf folgt durch Integration. Man erhält

$$\dot{Q}_L \int_{r_1}^{r} \frac{dr}{r^2} = -\lambda_m \cdot 4\pi \cdot \int_{T_1}^{T(r)} dT,$$

mit (21.1.8)

$$\frac{4\pi\lambda_m}{\frac{1}{r_1}-\frac{1}{r_2}}\cdot(T_1-T_2)\cdot\left(\frac{1}{r_1}-\frac{1}{r}\right)=\lambda_m\cdot 4\pi[T_1-T(r)]$$

und schließlich (Abb. 21.1 rechts)

$$T(r)=T_1+(T_2-T_1)\cdot\frac{(\frac{1}{r}-\frac{1}{r_1})}{(\frac{1}{r_2}-\frac{1}{r_1})}. \tag{21.1.9}$$

In (Abb. 21.1 rechts) erkennt man, dass die Temperatur T_2 der Kugel bei wachsendem Radius schneller auf die Temperatur T_1 absinkt als bei der Platte und dem Zylinder. Bis zu einem Radius r_* ist der Wärmestrom $\dot{Q}_L(r)$ (Steigung) der Kugel größer als diejenige des Zylinders, danach sind die Größenverhältnisse entgegengesetzt. Für die Lage von r_* setzt man

$$\frac{\lambda_m}{r\cdot\ln(\frac{r_2}{r_1})}\cdot(T_1-T_2)=\frac{\lambda_m}{r^2\cdot(\frac{1}{r_1}-\frac{1}{r_2})}\cdot(T_1-T_2)$$

und erhält

$$r_*=\frac{\ln(\frac{r_2}{r_1})}{\frac{1}{r_1}-\frac{1}{r_2}}.$$

Da wir es bei den bisher beschriebenen Wärmeübertragungen mit stationären Wärmeströmen zu tun haben, kann man (21.1.2), (21.1.6) und (21.1.8) nach t integrieren und erhält die während der Zeit t durch Leitung übertragene Wärmemenge zu

$$Q_L=\frac{A\lambda_m}{l}\cdot(T_1-T_2)\cdot t,\quad Q_L=\frac{2\pi s\lambda_m}{\ln(\frac{r_2}{r_1})}\cdot(T_1-T_2)\cdot t\quad\text{und}\quad Q_L=\frac{4\pi\lambda_m}{\frac{1}{r_1}-\frac{1}{r_2}}\cdot(T_1-T_2)\cdot t$$

respektive.

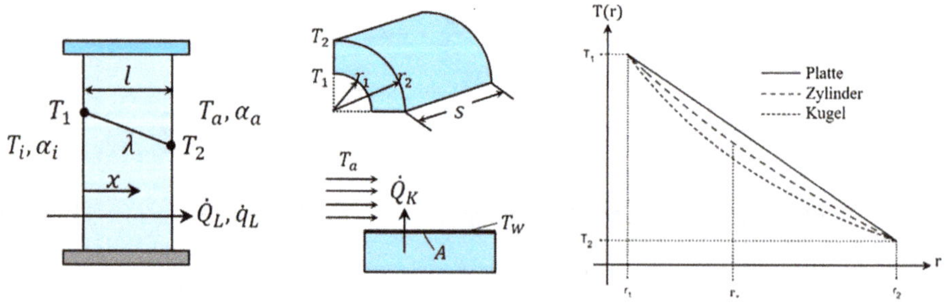

Abb. 21.1: Skizzen zur stationären Wärmeleitung und zur Konvektion.

21.2 Quantitative Erfassung der Konvektion

Analog zur Wärmeleitung erhält man dieselbe Größenabhängigkeit mit einer entsprechenden Konstante.

Herleitung von (21.2.1)
Wir stellen uns einen Festkörper vor, der von einem Gas oder einer Flüssigkeit umgeben ist oder längs oder quer angeströmt wird. Wir fragen nach der ausgetauschten Wärmemenge (Abb. 21.1 Mitte unten). Diese Konvektionswärmemenge dQ_K hängt neben der Kontaktzeit dt, der Oberfläche der Grenzschicht A, der Temperaturdifferenz zwischen der Wandtemperatur T_W des festen Körpers und der Temperatur T_a des umgebenden Fluids auch noch von weiteren Parametern ab, die im sogenannten konvektiven Wärmeübergangskoeffizienten α mit der Einheit $\frac{\mathrm{W}}{\mathrm{m}^2 \cdot \mathrm{K}}$ zusammengefasst sind. Diese Parameter sind zum Beispiel die Lage der sich ausbildenden Grenzfläche (horizontal oder vertikal), die Art der Konvektionsströmung (freie oder erzwungene Konvektion), die Art und die Geschwindigkeit des Fluids (Strömung laminar oder turbulent erzeugen verschiedene Geschwindigkeits- und Temperaturprofile an der Wand), sowie die Geometrie der Grenzfläche. Die Abhängigkeit von solch vielen Parametern ist sehr schwierig zu erfassen. Es ist sogar so, dass α lokal mit der Dicke der Grenzschicht fällt (vgl. Kap. 40.3). Die genaue Aufschlüsselung des Wärmeübergangskoeffizienten α benötigt Kenntnis über die Grenzschichttheorie und wird auf Kap. 40.3 verschoben. Damit erhalten wir die während der Zeit t konvektiv übertragene Wärmemenge, den Wärmestrom und die Wärmestromdichte zu

$$Q_K = \alpha \cdot A \cdot (T_W - T_a) \cdot t, \quad \dot{Q}_K = \alpha \cdot A \cdot (T_W - T_a) \quad \text{und} \quad \dot{q}_K = \alpha \cdot (T_W - T_a). \tag{21.2.1}$$

21.3 Kombination von Wärmeleitung und Konvektion

I. Ebene Platte. Vielfach treten mehrere Wärmetransporte gleichzeitig auf.

Herleitung von (21.3.1)–(21.3.3)
Betrachten wir dazu die Wand eines Hauses (Abb. 21.1, links). Ihre Oberfläche sei A, die Dicke l und ihre Wärmeleitfähigkeit λ. Wir identifizieren im Weiteren der Einfachheit halber λ mit der mittleren Wärmeleitfähigkeit λ_m. Die Innenwand habe die Temperatur T_1, die Außenwand die Temperatur T_2. Die Innen- bzw. Außentemperatur seien T_i und T_a mit den entsprechenden Wärmeübergangszahlen α_i bzw. α_a.

Bilanz: Wärmestrom an drei verschiedenen Stellen. Im stationären Zustand muss der Wärmestrom in der Wand gleich groß wie der zur Oberfläche der Wand hinführende und von der Wand wegführende Wärmestrom sein. Das bedeutet

$$\dot{Q} = \alpha_i A(T_i - T_1) = \frac{\lambda}{l} A(T_1 - T_2) = \alpha_a A(T_2 - T_a).$$

Schreibt man

$$T_i - T_a = T_i - T_1 + T_1 - T_2 + T_2 - T_a,$$

dann ist

$$T_i - T_a = \frac{\dot{Q}}{\alpha_i A} + \frac{\dot{Q} l}{\lambda A} + \frac{\dot{Q}}{\alpha_a A}$$

und somit

$$\dot{Q} = k \cdot A(T_i - T_a) \tag{21.3.1}$$

mit

$$\frac{1}{k} = \frac{1}{\alpha_i} + \frac{l}{\lambda} + \frac{1}{\alpha_a}. \tag{21.3.2}$$

Verallgemeinert man (21.3.2) für n Schichten der Dicke l_u und den Wärmeleitfähigkeiten λ_u, so erkennt man, dass der Wärmestrom mit der Anzahl der Isolationsschichten sinkt:

$$\frac{1}{k} = \frac{1}{\alpha_i} + \sum_{u=1}^{n} \frac{l_u}{\lambda_u} + \frac{1}{\alpha_a}. \tag{21.3.3}$$

Dabei bezeichnet k die Wärmedurchgangszahl. Sie liegt bei Doppelverglasungen zwischen 1–3 $\frac{\mathrm{W}}{\mathrm{m^2K}}$, Dreifachverglasungen erzielen einen Wert von $k = 0{,}5\ \frac{\mathrm{W}}{\mathrm{m^2K}}$.

Bemerkung. Der Begriff des Wärmestroms leitet sich aus der folgenden Analogie ab: Nach dem Ohm'schen Gesetz gilt $I = \frac{U}{R}$. Definiert man

$$R_{\alpha_i} := \frac{1}{\alpha_i}, \quad R_{\alpha_a} := \frac{1}{\alpha_a} \quad \text{und} \quad R_\lambda := \frac{l}{\lambda},$$

dann ist

$$R_{\text{Total}} = R_{\alpha_i} + R_\lambda + R_{\alpha_a} \quad \text{und} \quad I = \dot{Q} = \frac{U}{R_{\text{Total}}} = \frac{T_i - T_a}{R_{\text{Total}}}.$$

Die Spannung entspricht dem Temperaturunterschied, der einen Wärmestrom überhaupt ermöglicht. Die Quotienten $\frac{1}{\alpha}$, $\frac{l}{\lambda}$ bezeichnen dann Widerstände und $\frac{1}{k}$ den Gesamtwiderstand.

II. Zylinderrohr. Als weiteren Fall betrachten wir ein Rohr, das von einem Fluid durchströmt wird, wie es z. B. beim Transport von Fernwärme zum Einsatz kommt. Bei der Zentralheizung ist das Fluid Wasser. Voll ausgebildete laminare und turbulente Strömungen erzeugen unterschiedliche Geschwindigkeits- und Temperaturprofile im Rohrinnern. Die laminare Strömung ist parabolisch (Abb. 21.2 links oben, Herleitung Kap. 35.2). Die Temperaturfunktion besitzt etwa dieselbe Form (vgl. Kap. 40.2). Bezeichnen wir die Temperatur im Zentrum mit T_0, so fällt diese hin zur Innenwand des Rohrs bis zur Wandtemperatur T_1 ab, sofern man es mit einer Erwärmung des Rohrs ($T_1 > T(r)$) zu tun hat (Abb. 21.2 links unten). Im turbulenten Fall ist das Geschwindigkeitsprofil etwas abgeflacht (Abb. 21.2 Mitte oben, Kap. 35.3 und Herleitung Kap. 42.7). Der skizzierte Temperaturverlauf in Abb. 21.2 Mitte unten entspricht einer konstanten Wandinnentemperatur T_1. Das Wesentliche im Moment besteht darin, dass wir für die Temperatur des Fluids eine Mischtemperatur annehmen müssen, die man mit $T_m = \frac{T_0+T_1}{2}$ ansetzen kann.

Herleitung von (21.3.4)

Bilanz: Wärmestrom an drei verschiedenen Stellen. Es gilt

$$\dot{Q} = \alpha_i A_1 (T_m - T_1) = \frac{2\pi\lambda s}{\ln(\frac{r_2}{r_1})}(T_1 - T_2) = \alpha_a A_2 (T_2 - T_a).$$

Wieder schreiben wir

$$T_m - T_a = T_m - T_1 + T_1 - T_2 + T_2 - T_a,$$

woraus

$$T_m - T_a = \frac{\dot{Q}}{\alpha_i A_1} + \frac{\dot{Q}\ln(\frac{r_2}{r_1})}{2\pi\lambda s} + \frac{\dot{Q}}{\alpha_a A_2}$$

entsteht.

Anders als bei der Platte, muss man für den k-Wert eine Referenzfläche oder -länge festlegen. Wir wählen stets die Außenfläche A_2. Somit ergibt sich

$$(T_m - T_a)A_2 = \frac{\dot{Q}A_2}{\alpha_i A_1} + \frac{\dot{Q}\ln(\frac{r_2}{r_1})A_2}{2\pi\lambda s} + \frac{\dot{Q}A_2}{\alpha_a A_2} \quad \text{und}$$

$$\dot{Q} = k \cdot A_2 (T_m - T_a) \quad \text{mit} \quad \frac{1}{k} = \frac{r_2}{r_1} \cdot \frac{1}{\alpha_i} + \frac{r_2}{\lambda}\ln\left(\frac{r_2}{r_1}\right) + \frac{1}{\alpha_a}. \tag{21.3.4}$$

Wiederum kann (21.3.4) auf n Schichten erweitert werden zu

$$\dot{Q} = k \cdot A_2 (T_i - T_a) \quad \text{mit} \quad \frac{1}{k} = \frac{r_{n+1}}{r_1} \cdot \frac{1}{\alpha_i} + \sum_{j=1}^{n} \frac{r_{n+1}}{\lambda_j}\ln\left(\frac{r_{j+1}}{r_j}\right) + \frac{1}{\alpha_a}.$$

Spezialfall: Ist die Geschwindigkeit des Fluids null, dann ist $T_m = T_i$.

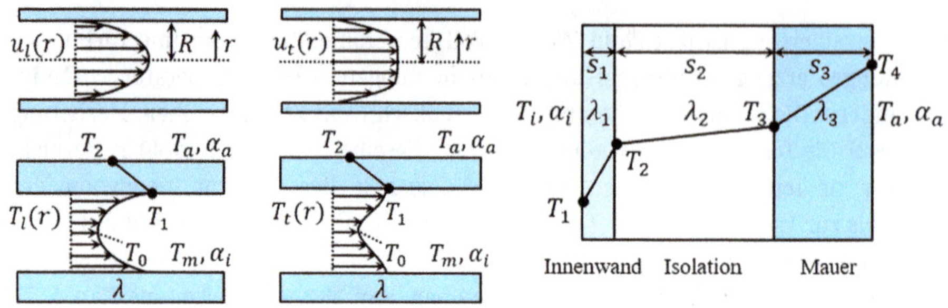

Abb. 21.2: Skizzen zur Strömung in einem Kreisrohr und Beispiel 1.

Beispiel 1. Die Wand eines Gefrierraums besteht von innen nach außen aus einer dünnen Kunststoffschicht der Dicke $s_1 = 5\,\text{mm}$ mit $\lambda_1 = 1{,}5\,\frac{\text{W}}{\text{mK}}$. Es folgt eine Isolationsschicht der Dicke s_2 mit $\lambda_2 = 0{,}04\,\frac{\text{W}}{\text{mK}}$. Die Dicke der Mauer beträgt $s_3 = 20\,\text{cm}$ mit $\lambda_3 = 1\,\frac{\text{W}}{\text{mK}}$ (Abb. 21.2 rechts). Die Wärmeübergangszahlen sind $\alpha_i = 8\,\frac{\text{W}}{\text{m}^2\text{K}}$ und $\alpha_a = 5\,\frac{\text{W}}{\text{m}^2\text{K}}$. Im Gefrierraum beträgt die Temperatur $T_i = -22\,^\circ\text{C}$. Die Außentemperatur ist $T_a = 35\,^\circ\text{C}$. Damit in der Fuge zwischen Mauer und Isolation die Luft nicht kondensiert (Taubildung), darf die Temperatur T_3 in der Fuge nicht unter $32\,^\circ\text{C}$ fallen.

a) Wie breit muss die Isolationsdicke s_2 sein?

b) Wie groß sind bei dieser Dicke die Temperaturen T_1, T_2 und T_4?

Lösung.

a) Aus

$$\frac{\dot{Q}}{A} = k(T_i - T_a) = \frac{T_3 - T_a}{\frac{1}{\alpha_a} + \frac{s_3}{\lambda_3}}$$

folgt

$$k = \frac{T_3 - T_a}{(T_i - T_a) \cdot (\frac{1}{\alpha_a} + \frac{s_3}{\lambda_3})} = \frac{32 - 35}{(-22 - 35) \cdot (\frac{1}{8} + \frac{0{,}005}{1{,}5})} = 0{,}410\,\frac{\text{W}}{\text{m}^2\text{K}}.$$

Gleichung (21.3.3) lautet in diesem Fall

$$\frac{1}{k} = \frac{1}{\alpha_i} + \frac{s_1}{\lambda_1} + \frac{s_2}{\lambda_2} + \frac{s_3}{\lambda_3} + \frac{1}{\alpha_a},$$

woraus man

$$s_2 = \lambda_2 \left(\frac{1}{k} - \frac{1}{\alpha_i} - \frac{s_1}{\lambda_1} - \frac{s_3}{\lambda_3} - \frac{1}{\alpha_a} \right) = 0{,}076\,\text{m}$$

erhält.

b) Die Gleichung

$$\frac{\dot{Q}}{A} = k(T_i - T_a) = \alpha_i(T_i - T_1)$$

liefert

$$T_1 = T_i - \frac{k}{\alpha_i}(T_i - T_a) = -22 - \frac{0{,}259}{5}(-22 - 35) = -17{,}32\,^\circ\text{C}.$$

Weiter ist

$$k(T_i - T_a) = \frac{T_1 - T_2}{\frac{s_1}{\lambda_1}}$$

und damit

$$T_2 = T_1 + k\frac{s_1}{\lambda_1}(T_i - T_a) = -12{,}65\,^\circ\text{C}.$$

Schließlich erhält man aus

$$k(T_i - T_a) = \frac{T_4 - T_a}{\frac{1}{\alpha_a}}$$

noch

$$T_4 = T_a + \frac{k}{\alpha_a}(T_i - T_a) = 32{,}08\,^\circ\text{C}.$$

Beispiel 2. Durch ein zylindrisches Stahlrohr mit dem Radius $r_1 = 10$ cm und $r_2 - r_1 = 5$ mm Wanddicke strömt Wasserdampf der Temperatur $T_i = 400\,^\circ$C (Abb. 21.3 links). Im Innern beträgt die Wärmeübergangszahl $\alpha_i = 1000\,\frac{\text{W}}{\text{m}^2\text{K}}$. Das Rohr ist mit einer Isolation der Dicke h, die außen zusätzlich mit einem Aluminiumblech von $r_4 - r_3 = 1$ mm Dicke verkleidet ist, versehen. Die Wärmeleitfähigkeiten von Rohr, Isolator und Aluminium betragen $\lambda_1 = 50\,\frac{\text{W}}{\text{mK}}$, $\lambda_2 = 0{,}1\,\frac{\text{W}}{\text{mK}}$ und $\lambda_3 = 200\,\frac{\text{W}}{\text{mK}}$ respektive. Gemäß den Sicherheitsvorschriften darf bei einer Raumtemperatur von $T_a = 32\,^\circ$C und einer äußeren Übergangszahl von $\alpha_a = 15\,\frac{\text{W}}{\text{m}^2\text{K}}$ die Außenwand des Aluminiums nicht wärmer als $T_4 = 45\,^\circ$C werden. Berechnen Sie die dafür notwendige Dicke h der Isolation.

Lösung. Es gilt $r_1 = 0{,}05$ m, $r_2 = 0{,}055$ m, $r_3 = 0{,}055$ m und $r_4 = 0{,}056\text{ m} + h$.

Aus

$$\frac{\dot{Q}}{A_4} = \alpha_a(T_4 - T_a) = k(T_i - T_a)$$

folgt

$$k = \frac{\alpha_a(T_4 - T_a)}{T_i - T_a} = \frac{15(45-32)}{400-32} = 0{,}53\,\frac{\mathrm{W}}{\mathrm{m^2K}}.$$

Gleichung (21.3.4) lautet für diesen Fall

$$\frac{1}{k} = \frac{0{,}056+h}{r_1}\cdot\frac{1}{\alpha_i} + \frac{0{,}056+h}{\lambda_1}\ln\left(\frac{r_2}{r_1}\right) + \frac{0{,}056+h}{\lambda_2}\ln\left(\frac{r_3}{r_2}\right) + \frac{0{,}056+h}{\lambda_3}\ln\left(\frac{r_4}{r_3}\right) + \frac{1}{\alpha_a}$$

und man erhält $h = 10{,}97$ cm.

Beispiel 3. Führen Sie dieselben Rechenschritte zur Berechnung des k-Werts eines Zylinders nun für eine Kugelschale durch.

a) Nehmen Sie dieselben Bezeichnungen und leiten Sie eine Formel für die Berechnung des Wärmestroms und des k-Werts für eine Isolationsschicht her.
b) Verallgemeinern Sie die Ergebnisse von a) für n Schichten.

Lösung.

a) Es gilt

$$\dot{Q} = \alpha_i A_1(T_i - T_1) = \frac{4\pi\lambda}{\frac{1}{r_1}-\frac{1}{r_2}}(T_1 - T_2) = \alpha_a A_2(T_2 - T_a).$$

Weiter schreiben wir

$$T_i - T_a = T_i - T_1 + T_1 - T_2 + T_2 - T_a,$$

woraus

$$T_i - T_a = \frac{\dot{Q}}{\alpha_i A_1} + \frac{\dot{Q}(\frac{1}{r_1}-\frac{1}{r_2})}{4\pi\lambda} + \frac{\dot{Q}}{\alpha_a A_2}$$

entsteht.

Es folgt bezogen auf die Außenfläche A_2 der Wärmestrom

$$\dot{Q} = k\cdot A_2(T_i - T_a) \quad \text{mit} \quad \frac{1}{k} = \frac{r_2^2}{r_1^2}\cdot\frac{1}{\alpha_i} + \frac{r_2^2}{\lambda}\left(\frac{1}{r_1}-\frac{1}{r_2}\right) + \frac{1}{\alpha_a}. \tag{21.3.5}$$

b) Verallgemeinert man das Ergebnis (21.3.5) auf n Schichten der Dicke $r_{m+1} - r_m$ und den Wärmeleitfähigkeiten λ_m, so erhält man bezüglich der äußersten Fläche

$$\dot{Q} = k\cdot A_2(T_i - T_a) \quad \text{mit} \quad \frac{1}{k} = \frac{r_{n+1}^2}{r_1^2}\frac{1}{\alpha_i} + \sum_{j=1}^{n}\frac{r_{n+1}^2}{\lambda_j}\left(\frac{1}{r_n}-\frac{1}{r_{n+1}}\right) + \frac{1}{\alpha_a}.$$

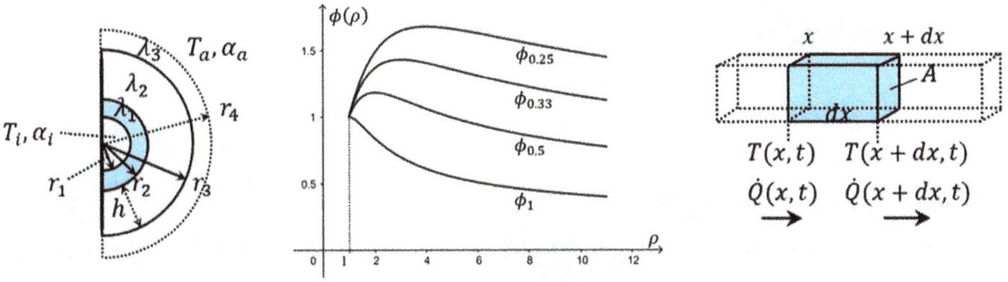

Abb. 21.3: Skizzen und Graph zu den Beispielen 2, 4 und zur instationären Wärmeleitung.

Beispiel 4. Wir betrachten dieselbe Wasserdampfleitung wie in Beispiel 2, aber vereinfacht.

Als Erstes ist das äußere Aluminiumrohr nicht vorhanden. Es soll der Nutzen einer dicken Isolationsschicht untersucht werden. Uns interessiert somit nur die Wärmemenge nach Durchgang durch das innere Rohr. Deswegen setzen wir sowohl den Übergangskoeffizienten $\alpha_i \gg 1$ und auch die Wärmeleitfähigkeit des inneren Rohrs $\lambda_1 \gg 1$ als sehr groß an. Oder man setzt die Dicke der inneren Rohrwand als sehr klein an: $r_2 \approx r_1 := r$. Zudem schreiben wir kurz $r_3 := R$ und $\lambda_2 := \lambda$

a) Bestimmen Sie formal den stationären Wärmestrom einerseits mit und anderseits ohne eine Isolation der Dicke $R - r$.

b) Bilden Sie das Verhältnis $\phi = \frac{\dot{Q}_{\text{mit}}}{\dot{Q}_{\text{ohne}}}$ und vereinfachen Sie den Ausdruck.

c) Setzen Sie $c = \frac{\alpha_a r}{\lambda}$, $\rho = \frac{R}{r}$ und stellen Sie $\phi(\rho)$ für $c = \{\frac{1}{4}, \frac{1}{3}, \frac{1}{2}, 1\}$ dar.

d) Offenbar besitzt jeder Graph ein Maximum. Bestimmen Sie die Lage dieses Maximums ρ_{kr} und erklären Sie dessen Existenz. (Im Fall $c = 1$ ist $R = r$ und somit unbedeutend.)

Lösung.

a) Man erhält dann

$$\dot{Q}_{\text{ohne}} = \frac{A_r(T_i - T_a)}{\frac{r_2}{r_1} \cdot \frac{1}{\alpha_i} + \frac{R}{\lambda_1} \ln(\frac{R}{r}) + \frac{1}{\alpha_a}} \approx \alpha_a A_r (T_i - T_a) \quad \text{und}$$

$$\dot{Q}_{\text{mit}} = \frac{A_R(T_i - T_a)}{\frac{r_2}{r_1} \cdot \frac{1}{\alpha_i} + \frac{R}{\lambda_1} \ln(\frac{R}{r}) + \frac{R}{\lambda} \ln(\frac{R}{r}) + \frac{1}{\alpha_a}} \approx \frac{A_R(T_i - T_a)}{\frac{R}{\lambda} \ln(\frac{R}{r}) + \frac{1}{\alpha_a}}.$$

b) Es gilt

$$\phi = \frac{\dot{Q}_{\text{mit}}}{\dot{Q}_{\text{ohne}}} = \frac{1}{\frac{\alpha_a A_r}{A_R} \cdot [\frac{R}{\lambda} \ln(\frac{R}{r}) + \frac{1}{\alpha_a}]} = \frac{1}{\frac{\alpha_a r}{\lambda} \ln(\frac{R}{r}) + \frac{r}{R}}.$$

c) Die Darstellung von

$$\phi(\rho) = \frac{1}{c \cdot \ln \rho + \frac{1}{\rho}}$$

entnimmt man Abb. 21.3 Mitte.

d) Aus $\frac{d\phi}{d\rho} = 0$ folgt $\rho_{\mathrm{kr}} = \frac{1}{c} = \frac{\lambda}{\alpha_a r}$. Bis zu diesem Verhältnis steigt der Wärmestrom trotz weiterer Isolation. Der kritische Radius wäre demnach $R_{\mathrm{kr}} = \frac{\lambda}{\alpha_a}$. Allgemein gilt: Befindet sich ein Körper der Leitfähigkeit λ und der Ausdehnung l in Kontakt mit einem Fluid der Übergangszahl α, so ist das Verhältnis zwischen Wärmeleitwiderstand (innen) und Wärmeübergangswiderstand (außen) gegeben durch die sogenannte Biot-Zahl $\mathrm{Bi} = \frac{l/\lambda}{1/\alpha} = \frac{\alpha l}{\lambda}$.
Damit schreibt sich das Verhältnis des kritischen Radius auch als $\rho_{\mathrm{kr}} = \frac{1}{\mathrm{Bi}}$. Die Biot-Zahl ist eine wichtige Kennzahl. Man könnte also meinen, dass je dicker eine um ein Rohr gelegte Isolationsschicht ist, umso kleiner auch der Wärmestrom wird. Dies ist richtig, aber erst ab dem kritischen Verhältnis. Bis hin zur kritischen Isolationsdicke steigt der Wärmestrom aber noch an. Dies kann man sich so erklären, dass mit zunehmender Dicke zwar ein kleinerer Wärmestrom erzielt wird, gleichzeitig aber infolge der vergrößerten Austauschfläche die Zunahme des Wärmestroms noch überwiegt.

22 Instationäre Wärmeleitung ohne innere Wärmequellen

Die bisherigen Ausführungen gelten nur für einen stationären, also zeitunabhängigen Temperaturverlauf. Nun bezeichnet $T(x,t)$ die Temperatur am Ort x zur Zeit t. Vorerst sollen keine inneren Wärmequellen vorhanden sein. Wir betrachten einen Stab mit konstantem Querschnitt A (Abb. 21.3 rechts).

Herleitung von (22.1)–(22.4)

Idealisierung: Der Stab ist dünn und entlang des gesamten Umfangs vollständig isoliert. Damit ist gewährleistet, dass der Wärmestrom ausschließlich in x-Richtung ohne Wärmeverluste verläuft.

Bilanz und lineare Approximation: Wärmeenergiebilanz im Volumen dV. Um einen Körper der Masse dm mit der spezifischen Wärmekapazität c_p bei konstantem Druck von der Temperatur T auf die Temperatur $T + dT$ zu bringen, ist die Wärmemenge

$$dQ_1 = c_p \cdot dm \cdot dT = c_p \cdot \rho A dx \cdot dT \tag{22.1}$$

erforderlich. Die in der Zeit dt durch die Fläche A strömende Wärmemenge an der Stelle x beträgt

$$Q_2(x) = -\lambda \frac{\partial T}{\partial x}(x,t) \cdot A \cdot dt,$$

die Wärmemenge durch A an der Stelle $x + dx$ hingegen

$$Q_2(x+dx) = -\lambda \frac{\partial T}{\partial x}(x+dx,t) A \cdot dt \approx -\lambda \left[\frac{\partial T}{\partial x}(x,t) + \frac{\partial^2 T}{\partial x^2}(x,t) dx \right] A \cdot dt.$$

Dem Volumen dV wird somit in der Zeit dt die Wärmemenge

$$dQ_2 = Q(x) - Q(x+dx) = \frac{\partial^2 T}{\partial x^2} dx \cdot A \cdot dt \tag{22.2}$$

zugeführt. Aus der Bilanz $dQ_1 = dQ_2$ folgt

$$c_p \cdot \rho A dx \cdot dT = \lambda \frac{\partial^2 T}{\partial x^2} \cdot A dx \cdot dt$$

und schließlich die Wärmeleitungsgleichung ohne innere Wärmequellen zu:

$$\frac{\partial T}{\partial t} = \frac{\lambda}{c_p \rho} \cdot \frac{\partial^2 T}{\partial x^2}. \tag{22.3}$$

https://doi.org/10.1515/9783111345765-022

In drei Dimensionen lautet Gleichung (22.3)

$$\frac{\partial T}{\partial t} = \frac{\lambda}{c_p \rho} \cdot \left(\frac{\partial^2 T}{\partial x^2} + \frac{\partial^2 T}{\partial y^2} + \frac{\partial^2 T}{\partial z^2} \right) \quad \text{oder} \quad \frac{\partial T}{\partial t} = \frac{\lambda}{c_p \rho} \cdot \Delta T,$$

mit dem Laplace-Operator

$$\Delta = \frac{\partial^2}{\partial x^2} + \frac{\partial^2}{\partial y^2} + \frac{\partial^2}{\partial z^2}.$$

In Zylinderkoordinaten schreibt sich der Laplace-Operator als (Kap. 19.3)

$$\Delta = \frac{\partial^2}{\partial r^2} + \frac{1}{r} \cdot \frac{\partial}{\partial r} + \frac{1}{r^2} \cdot \frac{\partial^2}{\partial \theta^2}$$

und in Kugelkoordinaten (siehe Herleitung Band 5)

$$\Delta = \frac{1}{r^2} \cdot \frac{\partial}{\partial r}\left(r^2 \cdot \frac{\partial}{\partial r} \right) + \frac{1}{r^2 \sin^2 \theta} \cdot \frac{\partial^2}{\partial \varphi^2} + \frac{1}{r^2 \sin \theta} \cdot \frac{\partial}{\partial \theta}\left(\sin \theta \cdot \frac{\partial}{\partial \theta} \right).$$

Da wir uns auf den Wärmestrom in Längsrichtung einer ebenen Platte und in Radialrichtung eines Zylinders bzw. einer Kugel beschränken, kann man die drei Fälle jeweils als ein quasi eindimensionales Problem auffassen. In den entsprechenden Laplace-Operatoren der drei Koordinatensysteme beachten wir also nur den Teil in x-Richtung bzw. in radialer Richtung:

Geometrie	**Platte**	**Zylinder**	**Kugel**
Laplace-Operator	$\Delta = \frac{\partial^2}{\partial r^2}$	$\Delta = \frac{1}{r} \cdot \frac{\partial}{\partial r}(r \frac{\partial}{\partial r})$	$\Delta = \frac{1}{r^2} \cdot \frac{\partial}{\partial r}(r^2 \frac{\partial}{\partial r})$
	$= \frac{\partial^2}{\partial r^2} + \frac{0}{r} \cdot \frac{\partial}{\partial r}$	$= \frac{\partial^2}{\partial r^2} + \frac{1}{r} \cdot \frac{\partial}{\partial r}$	$= \frac{\partial^2}{\partial r^2} + \frac{2}{r} \cdot \frac{\partial}{\partial r}$

Damit kann man die Wärmeleitungsgleichung für alle drei Körper kompakt schreiben als:

$$\frac{\partial T}{\partial t} = \beta^2 \cdot \left(\frac{\partial^2 T}{\partial r^2} + \frac{n}{r} \cdot \frac{\partial T}{\partial r} \right) \quad \text{mit} \quad \beta^2 = \frac{\lambda}{c_p \rho} \quad \text{und}$$

$$n = 0 \quad \text{(Platte)}, \quad n = 1 \quad \text{(Zylinder)}, \quad n = 2 \quad \text{(Kugel)}. \qquad (22.4)$$

Bemerkung. Im Weiteren bezeichnet r die Ortskoordinate für alle drei Körper und l die Dicke der Platte bzw. der Radius des Zylinders oder der Kugel.

Eindeutige Lösungen von (22.4) werden erst durch Randbedingungen (RB) und Anfangsbedingungen (AB) ermöglicht. Als Nächstes geben wir deshalb eine Übersicht über die drei wichtigsten RBen.

Randbedingung 1. Art. Dirichlet-Randbedingung (Abb. 22.1 links).
Vorgabe der Temperatur an der Wand: $T(l,t) = T_W$.

Randbedingung 2. Art. Neumann-Randbedingung (Abb. 22.1 Mitte).
Vorgabe des Wärmestroms an der Wand:

$$\dot{Q} = -\lambda \cdot A \cdot \left[\frac{dT}{dx}\right]_{x=0} = \dot{Q}_0.$$

In dieser Skizze ist $[\frac{dT}{dx}]_{x=0} < 0$ und beide Seiten der Gleichung positiv (Wärmestrom in positive x-Richtung).

Ist speziell $\dot{Q}_0 = 0$, dann nennt man die Oberfläche adiabat. In diesem Fall tauscht der Körper keine Wärme mit der Umgebung aus.

Randbedingung 3. Art. Newton-Randbedingung (Abb. 22.1 rechts).
Vorgabe des Wärmeübergangs durch Konvektion mit einem Wärmeübergangskoeffizient α von einer festen Oberfläche an ein Fluid der Temperatur T_∞:

$$-\lambda \cdot A \cdot \left[\frac{dT}{dx}\right]_{x=0} = \alpha \cdot A \cdot [T_\infty - T(l,t)] \quad \left(\text{wiederum ist } \left[\frac{dT}{dx}\right]_{x=0} < 0\right).$$

Zur Zeit $t = 0$ beträgt die Temperatur $T(x,0) = T_0(x)$ (in Abb. 22.1 links, konstant T_0). Im Fall der 1. RB wird für $t > 0$ am Rand eine konstante Temperatur T_W aufgetragen. Es findet somit ein Sprung der Temperatur am Rand statt. Zur Zeit des vollständigen Temperaturausgleichs (theoretisch unendlich lang) verläuft die Temperaturkurve horizontal auf der Höhe $T = T_W$. Bei konstantem Wärmestrom (2. RB, Abb. 22.1 Mitte) verlaufen die Tangenten an die Temperaturkurve parallel. Eine Grenztemperatur existiert damit nicht. Das Material erwärmt sich theoretisch immer weiter. Bei einer Randbedingung 3. Art (Abb. 22.1 rechts) fallen die Wärmeströme mit der Zeit, weil ein Temperaturausgleich stattfindet. Die Tangenten schneiden sich in einem Punkt. Nach einer gewissen Zeit sind Umgebungs- und Körpertemperatur identisch: $T_W = T_\infty$.

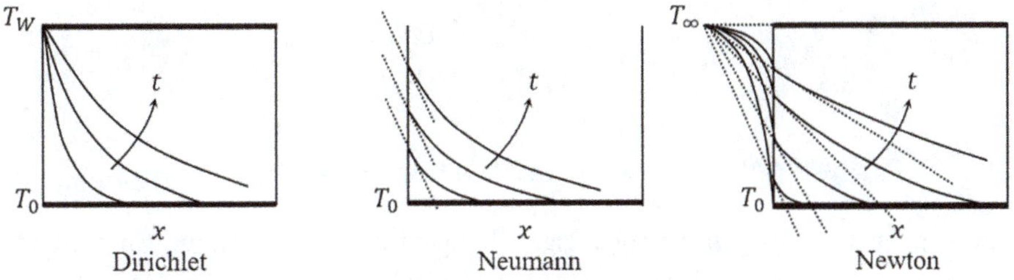

Abb. 22.1: Skizzen zu den Randbedingungen einer instationären Wärmeleitung.

Beispiel. Es soll in diesem Beispiel nochmals die stationäre Temperaturverteilung mithilfe der Gleichung (22.2) ermittelt werden.

a) Eine Platte mit konstantem Querschnitt A und Dicke l sei außer an den Enden überall isoliert. Bestimmen Sie die stationäre Temperaturverteilung, falls $T(0) = T_1$ gilt und sich der Wärmestrom $\dot{Q}_0$ einstellt.
b) Ein Zylinderrohr ist an beiden Kreisflächen isoliert. Es gilt $r_1 = R$ und $r_2 = 2R$. Gesucht ist die stationäre Temperaturverteilung, falls $T(r_1) = 2T_*$ und $T(r_2) = T_*$ gilt.

Lösung.
a) Mit $\frac{\partial T}{\partial t} = 0$ folgt $\frac{d^2T}{dx^2} = 0$ und daraus $T(x) = C_1 x + C_2$. Die 1. Bedingung liefert $C_2 = T_1$ und aus der 2. Bedingung,

$$\dot{Q}_0 = -\lambda \cdot A \cdot \frac{dT}{dx} = -\lambda \cdot A \cdot C_1,$$

erhält man $C_1 = -\frac{\dot{Q}_0}{\lambda \cdot A}$ und damit $T(x) = T_1 - \frac{\dot{Q}_0}{\lambda \cdot A} x$.
b) Aus

$$\frac{1}{r} \cdot \frac{dT}{dr}\left(r\frac{dT}{dr}\right) = 0$$

folgt nacheinander

$$r\frac{dT}{dr} = C_1, \quad dT = \frac{C_1}{r}dr \quad \text{und} \quad T(r) = C_1 \ln(r) + C_2.$$

Die Bedingungen liefern $2T_* = C_1 \ln(R) + C_2$ und $T_* = C_1 \ln(2R) + C_2$, woraus sich

$$C_1 = -\frac{T_*}{\ln 2} \quad \text{und} \quad C_2 = T_*\left(2 + \frac{\ln R}{\ln 2}\right)$$

ergibt. Damit erhält man

$$T(r) = T_*\left[2 - \frac{\ln(\frac{r}{R})}{\ln 2}\right].$$

22.1 Lösungen der instationären Wärmeleitungsgleichung

Nun wenden wir uns den zeitabhängigen Temperaturverteilungen zu. Ob ein Strömungszustand stationär oder instationär modelliert wird, hängt von der Veränderlichkeit der RBen ab. Unterliegt beispielsweise die Außentemperatur eines Körpers schlagartig einer Temperaturschwankung, so bewirkt der einsetzende Wärmestrom eine zeitlich veränderliche Temperatur im Körperinnern. Im Idealfall bleiben die einmal gesetzten RBen für eine gewisse Zeit konstant, damit die instationäre Wärmeleitung überhaupt mithilfe von (22.4) beschrieben werden kann. Ein als stationär aufgefasster Zustand bleibt labil.

Auf der Suche nach analytischen Lösungen stellen wir nun drei Bedingungen zusammen, die wir danach an erwähnter Stelle unter gewissen Umständen wieder aufheben können.

1. Einschränkung: Die Anfangstemperatur $T(r, 0) = T_0$ ist konstant.

(In Kap. 23 werden auch nicht konstante Anfangstemperaturen betrachtet).

2. Einschränkung: Die Temperaturverteilung ist achsen- bzw. radialsymmetrisch (Kap. 24.4 behandelt, zumindest für kurze Zeiten, den Fall unsymmetrischer Temperaturprofile).

3. Einschränkung: Falls der Temperaturausgleich über die Newton-Randbedingung erfolgt, so soll die Außentemperatur T_∞ konstant bleiben. (Im 4. Band werden Aufgaben für lineare oder periodische Außentemperaturänderungen durchgerechnet.)

Um alle drei Körper, Platte, Zylinder und Kugel gleichzeitig zu beschreiben, wählen wir die Dicke der Platte $2l$, damit sind der Radius des Zylinders und der Kugel l, die Temperaturverteilung wird dann von 0 bis l ermittelt und gespiegelt. Aus der Symmetrie folgt zwingend, dass der Wärmestrom in der Mitte null sein muss: $[\frac{dT}{dr}]_{r=0} = 0$. Wir betrachten die drei bekannten RBen nochmals im Einzelnen (Abb. 22.2).

1. Art. Im ersten Fall wird am Rand eine Wandtemperatur T_W angesetzt und beibehalten (Abb. 22.2 links). In der Praxis muss dann die Oberflächentemperatur durch Messung bekannt sein. Insbesondere kommt dieser Fall bei der Änderung des Aggregatzustands vor, die Oberfläche hat dann z. B. Schmelz- oder Kondensationstemperatur.

2. Art. Hier wird an der Wand ein konstanter Wärmestrom $\dot{q}$ angelegt, wie er beispielsweise beim elektrischen Heizen auftritt (Abb. 22.2 mitte). Mit der Zeit bildet sich zwar eine stationäre Temperaturverteilung im Körper aus, aber aufgrund der ständigen Wärmezufuhr, steigt die Temperatur immer weiter an.

3. Art. Im letzten Fall wird der Körper ausgehend von einer Temperaturverteilung $T(r, 0) = T_0$ der Außentemperatur T_∞ überlassen (Abb. 22.2 rechts). Der Ort des eingezeichneten Temperaturpunkts T_∞ ist nicht willkürlich, sondern auf der Höhe T_∞ im Abstand $\frac{\lambda}{\alpha}$ abgetragen. Dies deshalb, weil für den Wärmestrom am Rand die Bedingung

$$\left[\frac{dT}{dr}\right]_{r=\pm l} = -\frac{\alpha}{\lambda}\left[T_W(l) - T_\infty\right]$$

gilt. Infolge der Symmetrie gibt es nur einen Wärmestrom in den Körper hinein ($\dot{Q} > 0$) und aus dem Körper hinaus ($\dot{Q} < 0$), unabhängig davon, ob man von der linken Wand ($x = -l$) oder der rechten Wand ($x = l$) her schaut. Deswegen beschränken wir uns ab jetzt auf den Fall $x = l$. Da mit der Zeit die Wandtemperatur steigt (falls wie in der Skizze $\dot{Q} > 0$), sinkt die Differenz $T_\infty - T_W(l)$. Somit ist die Steigung

$$\left[\frac{dT}{dr}\right]_{r=l} = -\frac{T_W(l) - T_\infty}{\frac{\lambda}{\alpha}}$$

und kann am Steigungsdreieck eingesehen werden. Sinkt die Wärmeübergangszahl α immer weiter bis auf null ab, dann ist die Strecke $\frac{\lambda}{\alpha}$ unendlich lang, die Oberfläche wird dann adiabat und lässt keinen Wärmestrom zu. Die anfängliche Temperaturverteilung $T(r,0) = T_0$ bleibt bestehen. Wächst anderseits die Wärmeübergangszahl α immer weiter bis ins Unendliche, dann ist die Strecke $\frac{\lambda}{\alpha}$ null, Wandtemperatur und Umgebungstemperatur stimmen dann überein. Dieser Grenzfall erweist sich somit als RB der 1. Art:

Ergebnis. Für $\frac{\lambda}{\alpha} \to 0$ geht die RB 3. Art in die RB 1. Art über. Ein etwaiger Wärmestrom an der Wand kann dann nicht über $\dot{Q}_l = \alpha A[T_W(l) - T_\infty]$ berechnet werden, da der Ausdruck „$\infty \cdot 0$" liefert, sondern muss über $\dot{Q}_l = -\lambda A[\frac{dT}{dr}]_{r=l}$ bestimmt werden.

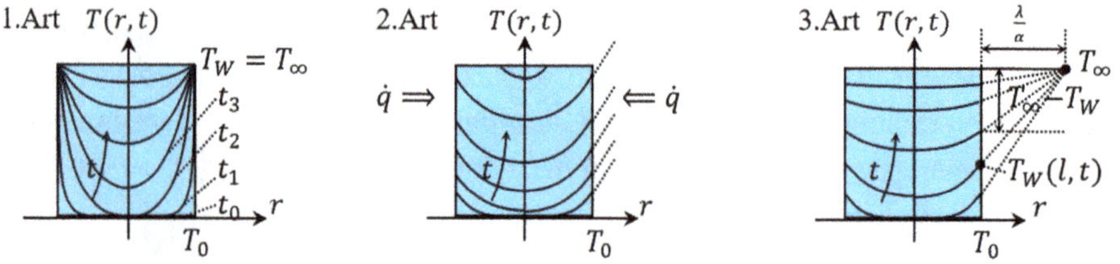

Abb. 22.2: Skizzen zur symmetrischen Temperaturverteilung für die drei RBen.

Herleitung von (22.1.1)–(22.1.4)

Es soll die Lösung der DG (22.4) bestimmt werden. An dieser Stelle ist es sehr ratsam, dimensionslose Größen einzuführen.

Definition 1. Die dimensionslose Temperatur im Fall der 1. RB lautet

$$\vartheta(r,t) := \frac{T(r,t) - T_W}{T_0 - T_W}.$$

Es bezeichnet das Verhältnis zwischen Temperaturdifferenz zur Zeit t und der treibenden Wandtemperatur T_W und der konstanten Temperaturdifferenz $T_0 - T_W$.

Speziell erhält man für die dimensionslose Starttemperatur und die dimensionslose Endtemperatur

$$\vartheta(r,0) = 1 \quad \text{bzw.} \quad \vartheta(r,\infty) = 0. \tag{22.1.1}$$

Daraus wird dann $T(r,t) = \vartheta(r,t)(T_0 - T_W) + T_W$, unabhängig davon, ob es sich um eine Abkühlung oder Erwärmung handelt.

Definition 2. Die dimensionslose Länge ist $\xi := \frac{r}{l}$.

Da $0 \le r \le l$, folgt $0 \le \xi \le 1$.

Definition 3. Als dimensionslose Zeit setzt man

$$\mathrm{Fo} := \frac{\beta^2 t}{l^2} = \frac{\lambda t}{c_p \rho l^2}.$$

Fo heißt Fourier-Zahl.

Definition 4. $\mathrm{Bi} := \frac{\alpha l}{\lambda}$ ist die schon in Kap. 21.3 eingeführte Biot-Zahl.

Es gilt dann

$$\frac{\partial \vartheta}{\partial \mathrm{Fo}} = \frac{\partial \vartheta}{\partial t} \cdot \frac{\partial t}{\partial \mathrm{Fo}} = \frac{\partial T}{\partial t} \cdot \frac{1}{T_0 - T_W} \cdot \frac{l^2}{\beta^2},$$

$$\frac{\partial \vartheta}{\partial \xi} = \frac{\partial \vartheta}{\partial r} \cdot \frac{\partial r}{\partial \xi} = \frac{\partial T}{\partial r} \cdot \frac{1}{T_0 - T_W} \cdot l \quad \text{und}$$

$$\frac{\partial^2 \vartheta}{\partial \xi^2} = \frac{\partial^2 \vartheta}{\partial r^2} \cdot \left(\frac{\partial r}{\partial \xi}\right)^2 = \frac{\partial^2 T}{\partial r^2} \cdot \frac{1}{T_0 - T_W} \cdot l^2.$$

Eingesetzt in (22.4) folgt

$$\beta^2 \frac{T_0 - T_W}{l^2} \cdot \frac{\partial \vartheta}{\partial \mathrm{Fo}} = \beta^2 \left(\frac{n}{l \cdot \xi} \cdot \frac{T_0 - T_W}{l} \cdot \frac{\partial \vartheta}{\partial \xi} + \frac{T_0 - T_W}{l^2} \cdot \frac{\partial^2 \vartheta}{\partial \xi^2} \right)$$

und schließlich (22.4) in dimensionsloser Form

$$\frac{\partial \vartheta}{\partial \mathrm{Fo}} = \frac{n}{\xi} \cdot \frac{\partial \vartheta}{\partial \xi} + \frac{\partial^2 \vartheta}{\partial \xi^2}. \tag{22.1.2}$$

Die RBen müssen angepasst werden.

1. Art. Die Temperatur am Rand ist konstant. $T(l,t) = T(l) = T_W$. Aus $T(l,t) = 0$ wird

$$\vartheta(r = l, \mathrm{Fo}) = \frac{T(l,t) - T_W}{T_0 - T_W} = \frac{T_W - T_W}{T_0 - T_W} = 0 \quad \text{oder} \quad \vartheta(\xi = 1, \mathrm{Fo}) = 0. \tag{22.1.3}$$

2. Art. Diesen Fall behandeln wir erst ab Kap. 22.8.

3. Art. Analog zur RB 1. Art definiert man

$$\vartheta(r,t) := \frac{T(r,t) - T_\infty}{T_0 - T_\infty}$$

mit der Umgebungstemperatur T_∞. Mit $[\frac{dT}{dr}]_{r=0} = 0$ wird $[\frac{\partial \vartheta}{\partial \xi}]_{\xi=0} = 0$. Demnach ändert sich die Bedingung mit

$$\frac{dT}{dr} > 0 \quad \text{und} \quad -\lambda \cdot \left[\frac{dT}{dr}\right]_{r=l} = \alpha \cdot [T(l,t) - T_\infty]$$

zu

$$-\lambda \cdot \left[\frac{\partial \vartheta}{\partial \xi}\right]_{\xi=1} \cdot \left(\frac{T_0 - T_\infty}{l}\right) = \alpha \cdot \left[\vartheta(\xi = 1, \mathrm{Fo})(T_0 - T_\infty) + T_\infty - T_\infty\right],$$

$$\left[\frac{\partial \vartheta}{\partial \xi}\right]_{\xi=1} = -\frac{\alpha l}{\lambda} \cdot \vartheta(\xi = 1, \mathrm{Fo})$$

und schließlich

$$\left[\frac{\partial \vartheta}{\partial \xi}\right]_{\xi=1} = -\mathrm{Bi} \cdot \vartheta(\xi = 1, \mathrm{Fo}). \tag{22.1.4}$$

Das heißt, der Wärmestrom ist proportional zur zeitlich sich ändernden Wandtemperatur $\vartheta_W(t) = \vartheta(\xi = 1, \mathrm{Fo})$.

22.2 Die instationäre Lösung für die Platte mit Randbedingung 1. Art

Gesucht ist die Lösung des Anfangsrandproblems

$$\frac{\partial \vartheta}{\partial \mathrm{Fo}} = \frac{\partial^2 \vartheta}{\partial \xi^2}$$

mit der RB 1. Art

$$\left[\frac{\partial \vartheta}{\partial \xi}\right]_{\xi=0} = 0, \quad \vartheta(\xi = 1, \mathrm{Fo}) = 0$$

und der AB

$$\vartheta(\xi, 0) = 1. \tag{22.2.1}$$

Herleitung von (22.2.2)–(22.2.4)

Der Separationsansatz $\vartheta(\xi, \mathrm{Fo}) = v(\xi) \cdot w(\mathrm{Fo})$ führt zu $v(\xi) \cdot \dot{w}(\mathrm{Fo}) = v''(\xi) \cdot w(\mathrm{Fo})$, wobei die Ableitung nach dem Ort immer nach ξ meint und diejenige nach der Zeit immer nach Fo. Man erhält weiter

$$\frac{\dot{w}(\mathrm{Fo})}{w(\mathrm{Fo})} = \frac{v''(\xi)}{v(\xi)} =: -\mu^2$$

und daraus das System $v'' + \mu^2 v = 0$ und $\dot{w} + \mu^2 w = 0$. Die Lösung des Zeitteils ist

$$w(\mathrm{Fo}) = C \cdot e^{-\mu^2 \mathrm{Fo}}$$

und für den Ortsteil gilt

$$v(\xi) = C_1 \cos(\mu\xi) + C_2 \sin(\mu\xi). \tag{22.2.2}$$

Mit der Symmetriebedingung ist auch $[\frac{\partial v}{\partial \xi}]_{\xi=0} = 0$ und somit $C_2 = 0$. Aus $\vartheta(\xi = 1, \mathrm{Fo}) = 0$ ergibt sich $v(\xi = 1) = 0$ und demnach die charakteristische Gleichung

$$\cos\mu = 0. \tag{22.2.3}$$

Hieraus entnimmt man die Eigenwerte $\mu_n = \frac{(2n-1)\pi}{2}$ und die Eigenfunktionen

$$v_n(\xi) = \cos\left[\frac{(2n-1)\pi}{2}\xi\right].$$

Zusammen erhält man

$$\vartheta(\xi, \mathrm{Fo}) = \sum_{n=1}^{\infty} c_n \cdot e^{-[\frac{(2n-1)\pi}{2}]^2 \mathrm{Fo}} \cdot \cos\left[\frac{(2n-1)\pi}{2}\xi\right].$$

Die AB liefert noch die Gleichung

$$1 = \sum_{n=1}^{\infty} c_n \cdot \cos\left[\frac{(2n-1)\pi}{2}\xi\right],$$

die mithilfe der Orthogonalität der Kosinusfunktion aufgelöst werden kann. Aufgrund der Symmetrie wird nur über das Intervall $[0, l]$ bzw. $[0, 1]$ integriert und man erhält

$$c_n = 2\int_0^1 1 \cdot \cos\left[\frac{(2n-1)\pi}{2}\xi\right] d\xi = 4\left[\frac{\sin[\frac{(2n-1)\pi}{2}\xi]}{(2n-1)\pi}\right]_0^1 = \frac{4(-1)^{n+1}}{(2n-1)\pi}.$$

Die Lösung von (22.2.1) lautet

$$\vartheta(\xi, \mathrm{Fo}) = \sum_{n=1}^{\infty} \frac{4(-1)^{n+1}}{(2n-1)\pi} \cdot e^{-\frac{(2n-1)^2\pi^2}{4} \cdot \mathrm{Fo}} \cdot \cos\left[\frac{(2n-1)\pi}{2}\xi\right] \quad \text{oder}$$

$$\frac{T(r,t) - T_W}{T_0 - T_W} = \sum_{n=1}^{\infty} \frac{4(-1)^{n+1}}{(2n-1)\pi} \cdot e^{-\frac{(2n-1)^2\pi^2}{4} \cdot \frac{\beta^2}{l^2} \cdot t} \cdot \cos\left[\frac{(2n-1)\pi}{2} \cdot \frac{r}{l}\right]. \tag{22.2.4}$$

Beispiel 1. Eine große, 20 cm dicke Chromstahlplatte mit den Stoffwerten $\rho = 7800\ \frac{\mathrm{kg}}{\mathrm{m}^3}$, $c_p = 450\ \frac{\mathrm{J}}{\mathrm{kg \cdot K}}$, $\lambda = 30\ \frac{\mathrm{W}}{\mathrm{m \cdot K}}$ und einer Temperatur $T_0 = 20\,^\circ\mathrm{C}$ wird senkrecht zu ihrer Fläche beidseitig leicht mit Wasser der Temperatur $T_W = 50\,^\circ\mathrm{C}$ angespritzt, was immer noch einen hohen Wärmeübergangskoeffizient von mindestens $\alpha = 1000\ \frac{\mathrm{W}}{\mathrm{m}^2 \cdot \mathrm{K}}$ gewährleistet.

Idealisierung: Das Verhältnis $\frac{\lambda}{\alpha} \leq \frac{30}{1000} = 0{,}03$ ist klein, weshalb man idealisiert $\frac{\lambda}{\alpha} \approx 0$ setzen kann.

Dies entspricht dann einer konstanten Wandtemperatur und somit einer RB 1. Art.

a) Wie lautet die zugehörige Temperaturfunktion $T(r,t)$?

b) Stellen Sie den Verlauf von $T(r,t)$ im Intervall $-0{,}1\,\mathrm{m} \le r \le 0{,}1\,\mathrm{m}$ für die Zeiten 5 s, 30 s, 120 s, 240 s, 420 s, 600 s, 900 s, 1500 s dar.

Lösung.

a) Mit

$$\frac{\beta^2}{l^2} = \frac{\lambda}{c_p\rho \cdot l^2} = \frac{30}{450 \cdot 7800 \cdot 0{,}1^2} = \frac{1}{1170}$$

schreibt sich (22.2.4) als

$$T(r,t) = \left\{\sum_{n=1}^{\infty} \frac{4(-1)^{n+1}}{(2n-1)\pi} \cdot e^{-\frac{(2n-1)^2}{4}\cdot\frac{\pi^2}{1170}\cdot t} \cdot \cos[5(2n-1)\pi \cdot r]\right\}(-30) + 50. \tag{22.2.5}$$

b) Die einzelnen Temperaturkurven entnimmt man Abb. 22.3 links.

Beispiel 2. Für die instationäre Lösung der Platte mit RB 1. Art sollen einige zusätzliche Größen bestimmt werden.

a) Ermitteln Sie den Temperaturverlauf im Kern.

b) Bestimmen Sie die mittlere Temperaturverteilung im Körper.

c) Wie groß ist die zur Zeit t fließende Wärmestromdichte an der Wand?

d) Wie groß wird die mittlere Wärmestromdichte an der Wand?

e) Geben Sie die bis zur Zeit t über die Fläche A ins Innere abgegebene Wärmemenge $Q(t)$ an.

Lösung.

a) Die Temperatur im Kern ist

$$T(0,t) = \left\{\sum_{n=1}^{\infty} \frac{4(-1)^{n+1}}{(2n-1)\pi} \cdot e^{-\frac{(2n-1)^2\pi^2}{4}\cdot\frac{\beta^2}{l^2}\cdot t}\right\} \cdot (T_0 - T_W) + T_W.$$

b) Will man eine mittlere Temperatur zur Zeit t bestimmen, so muss man über das Intervall von $-l$ bis l integrieren und mit $\frac{1}{2l}$ normieren. Gleichwertig wäre es,

$$2\int_0^1 \cos\left[\frac{(2n-1)\pi}{2}\xi\right]d\xi$$

zu bestimmen. Man erhält

$$\frac{2}{2l}\int_0^l \cos\left[\frac{(2n-1)\pi}{2}\cdot\frac{r}{l}\right]dr = \frac{1}{l}\cdot\frac{2l(-1)^{n+1}}{(2n-1)\pi}$$

und insgesamt

$$\overline{T}(t) = \left\{ \sum_{n=1}^{\infty} \frac{8}{(2n-1)^2\pi^2} \cdot e^{-\frac{(2n-1)^2\pi^2}{4} \cdot \frac{\beta^2}{l^2} \cdot t} \right\} \cdot (T_0 - T_W) + T_W.$$

c) Mit $\dot{q}_l(r = l, t) = -\lambda \cdot [\frac{\partial T}{\partial r}]_{r=l}$ folgt

$$\begin{aligned} \dot{q}_l &= -\lambda \cdot \left\{ \sum_{n=1}^{\infty} \frac{4(-1)^{n+1}}{(2n-1)\pi} \cdot e^{-\frac{(2n-1)^2\pi^2}{4} \cdot \frac{\beta^2}{l^2} \cdot t} \cdot \frac{(2n-1)\pi}{2l} (-1)^{n+1} \right\} \cdot (T_0 - T_W) \\ &= -\lambda \cdot \frac{2}{l} \cdot (T_0 - T_W) \sum_{n=1}^{\infty} \cdot e^{-\frac{(2n-1)^2\pi^2}{4} \cdot \frac{\beta^2}{l^2} \cdot t}. \end{aligned}$$

d) Aus dem Ergebnis von c) folgt

$$\begin{aligned} \overline{\dot{q}_l(t)} &= \frac{1}{t} \int_0^t \dot{q}_l(\tau) d\tau \\ &= -\lambda \cdot \frac{2}{l} \cdot (T_0 - T_W) \sum_{n=1}^{\infty} \frac{1}{t} \int_0^t e^{-\frac{(2n-1)^2}{4l^2} \beta^2\pi^2 \cdot \tau} d\tau \\ &= \frac{2\lambda}{l} \cdot (T_0 - T_W) \sum_{n=1}^{\infty} \frac{4l^2}{(2n-1)^2\beta^2\pi^2} \cdot \frac{1}{t} [\cdot e^{-\frac{(2n-1)^2\pi^2}{4} \cdot \frac{\beta^2}{l^2} \cdot t} - 1]. \end{aligned}$$

Die Mittelwerte streben mit der Zeit gegen null:

$$\lim_{t \to \infty} \frac{e^{-at} - 1}{t} = 0.$$

e) Sie berechnet sich als Integral der Wärmestromdichte $\dot{q}_l(r = l, t)$ an der Körperfläche. Man erhält

$$Q(t) = A \cdot \int_0^t \dot{q}_l(\tau) d\tau = -\lambda \cdot A \frac{2}{l} (T_0 - T_W) \sum_{n=1}^{\infty} \int_0^t \cdot e^{-\frac{(2n-1)^2\pi^2}{4} \cdot \frac{\beta^2}{l^2} \cdot \tau} d\tau$$

und daraus

$$Q(t) = \lambda \cdot A \frac{2}{l} (T_0 - T_W) \sum_{n=1}^{\infty} \frac{4l^2}{(2n-1)^2\beta^2\pi^2} [\cdot e^{-\frac{(2n-1)^2\pi^2}{4} \cdot \frac{\beta^2}{l^2} \cdot t} - 1].$$

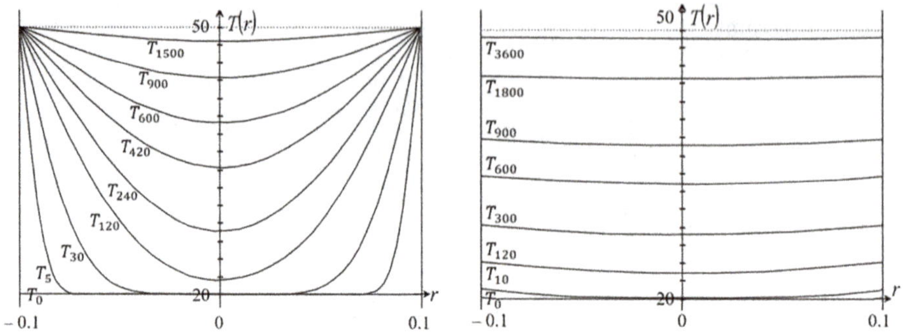

Abb. 22.3: Graphen von (22.2.5) und (22.3.6).

22.3 Die instationäre Lösung für die Platte mit Randbedingung 3. Art

Gesucht ist die Lösung des Anfangsrandproblems

$$\frac{\partial \vartheta}{\partial \mathrm{Fo}} = \frac{\partial^2 \vartheta}{\partial \xi^2}$$

mit der RB 3. Art

$$\left[\frac{\partial \vartheta}{\partial \xi}\right]_{\xi=0} = 0, \quad \left[\frac{\partial \vartheta}{\partial \xi}\right]_{\xi=1} = -\mathrm{Bi} \cdot \vartheta(\xi = 1, \mathrm{Fo})$$

und der AB

$$\vartheta(\xi, 0) = 1. \tag{22.3.1}$$

Herleitung von (22.3.2)–(22.3.5)

Der Separationsansatz ist derselbe wie im letzten Kapitel. Mit der 1. RB reduziert sich die Ortsfunktion infolge von $C_2 = 0$ zu $v(\xi) = C_1 \cos(\mu\xi)$. Die 2. RB liefert

$$-C_1\mu \sin(\mu) \cdot w(\mathrm{Fo}) = -\mathrm{Bi} \cdot C_1 \cos(\mu) \cdot w(\mathrm{Fo}),$$

woraus die charakteristische Gleichung für die Eigenwerte entsteht:

$$\tan \mu = \frac{\mathrm{Bi}}{\mu}. \tag{22.3.2}$$

Diese Gleichung lässt sich nur numerisch lösen. Es existieren unendlich viele streng monoton wachsende positive Eigenwerte $\mu_1, \mu_2, \mu_3, \ldots$ Die Eigenfunktionen folgen zu $v_n(\xi) = \cos(\mu_n \xi)$, die Zeitlösung lautet

$$w_n(\text{Fo}) = C \cdot e^{-\mu_n^2 \text{Fo}}$$

und die Gesamtlösung

$$\vartheta(\xi, \text{Fo}) = \sum_{n=1}^{\infty} c_n \cdot e^{-\mu_n^2 \text{Fo}} \cdot \cos(\mu_n \xi).$$

Schließlich wird noch die AB einbezogen:

$$1 = \sum_{n=1}^{\infty} c_n \cdot \cos(\mu_n \xi). \tag{22.3.3}$$

Wir wollen zeigen, dass auch in diesem Fall die Orthogonalitätsbeziehung gilt:

$$\int_0^1 \cos(\mu_n \xi) \cos(\mu_m \xi) d\xi = \begin{cases} 0 & \text{für } n \neq m, \\ A_n & \text{für } rn = m. \end{cases} \tag{22.3.4}$$

Beweis. Sowohl $\cos(\mu_n \xi)$ als auch $\cos(\mu_m \xi)$ entwickelt man nun in Eigenfunktionen des Problems mit RB 1. Art des vorhergehenden Kapitels:

$$\cos(\mu_n \xi) = \sum_{r=1}^{\infty} a_r \cos\left[\frac{(2n-1)\pi}{2}\xi\right] \quad \text{und} \quad \cos(\mu_m \xi) = \sum_{s=1}^{\infty} b_s \cos\left[\frac{(2s-1)\pi}{2}\xi\right].$$

Damit wird die Orthogonalität von $\cos(\mu_n \xi)$ und $\cos(\mu_m \xi)$ auf diejenige von

$$\cos\left[\frac{(2n-1)\pi}{2}\xi\right] \quad \text{und} \quad \cos\left[\frac{(2m-1)\pi}{2}\xi\right]$$

zurückgeführt. Man erhält

$$\int_0^1 \cos(\mu_n \xi) \cos(\mu_m \xi) d\xi = \sum_{r=1}^{\infty} \sum_{s=1}^{\infty} \int_0^1 a_r b_s \cos\left[\frac{(2r-1)\pi}{2}\xi\right] \cos\left[\frac{(2s-1)\pi}{2}\xi\right] d\xi$$

und folglich

$$\int_0^1 \cos(\mu_n \xi) \cos(\mu_m \xi) d\xi = \begin{cases} 0 & \text{für } r \neq s, \\ \frac{1}{2} a_r b_r := A_r & \text{für } r = s \end{cases} = \begin{cases} 0 & \text{für } n \neq m, \\ A_n & \text{für } n = m. \end{cases} \quad \text{q. e. d.}$$

Die Multiplikation von (22.3.3) mit $\cos(\mu_m \xi)$ und Integration über das dimensionslose Intervall $[0, 1]$ führt zu

$$\int_0^1 \cos(\mu_m \xi) d\xi = \sum_{n=1}^{\infty} c_n \cdot \int_0^1 \cos(\mu_n \xi) \cos(\mu_m \xi) d\xi,$$

was sich mit (22.3.4) zu

$$\int_0^1 \cos(\mu_n \xi) d\xi = c_n \cdot \int_0^1 \cos^2(\mu_n \xi) d\xi$$

reduziert. Daraus folgt

$$c_n = \frac{\int_0^1 \cos(\mu_n \xi) d\xi}{\int_0^1 \cos^2(\mu_n \xi) d\xi} = \frac{\frac{1}{\mu_n}[\sin(\mu_n \xi)]_0^1}{\frac{1}{2\mu_n}[\mu_n \xi + \sin(\mu_n \xi)\cos(\mu_n \xi)]_0^1} = \frac{2\sin\mu_n}{\mu_n + \sin\mu_n \cos\mu_n}.$$

Die Lösung von (22.3.1) lautet

$$\vartheta(\xi, \mathrm{Fo}) = \sum_{n=1}^{\infty} \frac{2\sin\mu_n}{\mu_n + \sin\mu_n\cos\mu_n} \cdot e^{-\mu_n^2 \cdot \mathrm{Fo}} \cdot \cos(\mu_n \xi) \quad \text{oder}$$

$$\frac{T(r,t) - T_\infty}{T_0 - T_\infty} = \sum_{n=1}^{\infty} \frac{2\sin\mu_n}{\mu_n + \sin\mu_n\cos\mu_n} \cdot e^{-\mu_n^2 \cdot \frac{\beta^2}{l^2} \cdot t} \cdot \cos\left(\mu_n \frac{r}{l}\right)$$

mit der charakteristischen Gleichung

$$\tan\mu = \frac{\mathrm{Bi}}{\mu}. \tag{22.3.5}$$

Beispiel. Wir betrachten ein 20 cm dickes Aluminiumblech mit den Stoffwerten $\rho = 2700\,\frac{\mathrm{kg}}{\mathrm{m}^3}$, $c_p = 900\,\frac{\mathrm{J}}{\mathrm{kg\cdot K}}$, $\lambda = 240\,\frac{\mathrm{W}}{\mathrm{m\cdot K}}$ und einer Anfangstemperatur von $T_0 = 20\,°\mathrm{C}$. Das Blech wird einer Umgebungsluft der Temperatur $T_\infty = 50\,°\mathrm{C}$ ausgesetzt. Die Wärmeübergangszahl von der Luft auf das Blech beträgt $\alpha = 24\,\frac{\mathrm{W}}{\mathrm{m^2\cdot K}}$.

a) Ermitteln Sie die charakteristische Gleichung dieses Problems und daraus die ersten fünf Eigenwerte.
b) Bestimmen Sie weiter die ersten fünf Koeffizienten der Lösung (22.3.5) und die Gesamtlösung.
c) Stellen Sie die den Temperaturverlauf für die Zeiten $t = 10$ s, 2 min, 5 min, 10 min, 15 min, 30 min und 1 h dar.

Lösung.

a) Es gilt

$$\tan\mu = \frac{\mathrm{Bi}}{\mu} = \frac{\alpha l}{\lambda\mu} = \frac{24 \cdot 0{,}1}{24\mu} = \frac{1}{10\mu}$$

und man erhält $\mu_1 = 0{,}3111$, $\mu_2 = 3{,}1731$, $\mu_3 = 6{,}2991$, $\mu_4 = 9{,}4354$, $\mu_5 = 12{,}5743$.

b) Es ergibt sich $c_1 = 1{,}0161$, $\mu_2 = -0{,}0197$, $\mu_3 = 0{,}0050$, $\mu_4 = -0{,}0022$, $\mu_5 = 0{,}0013$ und mit

$$\frac{\beta^2}{l^2} = \frac{\lambda}{c_p\rho \cdot l^2} = \frac{240}{900 \cdot 2700 \cdot 0{,}1^2} = \frac{4}{405}$$

folgt

$$T(r,t) = \left\{ \sum_{n=1}^{\infty} c_n \cdot e^{-\mu_n^2 \cdot \frac{4}{405} \cdot t} \cdot \cos(10\mu_n r) \right\} \cdot (-30) + 50. \tag{22.3.6}$$

c) Die Temperaturverteilungen entnimmt man Abb. 22.3 rechts.
An den Koeffizienten c_n erkennt man, dass die Temperaturfunktion für große Zeiten im Wesentlichen nur vom ersten Glied geprägt ist. Für kleine Zeiten müssen mehr Terme addiert werden. Die Güte der Reduktion auf das 1. Reihenglied behandeln wir in Kap. 24.1.

22.4 Die instationäre Lösung für die Kugel mit Randbedingung 1. Art

Gesucht ist die Lösung des Anfangsrandproblems

$$\frac{\partial \vartheta}{\partial \mathrm{Fo}} = \frac{2}{\xi} \cdot \frac{\partial \vartheta}{\partial \xi} + \frac{\partial^2 \vartheta}{\partial \xi^2}$$

mit der RB 1. Art

$$\left[\frac{\partial \vartheta}{\partial \xi}\right]_{\xi=0} = 0, \quad \vartheta(\xi = 1, \mathrm{Fo}) = 0$$

und der AB

$$\vartheta(\xi, 0) = 1. \tag{22.4.1}$$

Herleitung von (22.4.2)–(22.4.6)
Der Separationsansatz $\vartheta(\xi, \mathrm{Fo}) = v(\xi) \cdot w(\mathrm{Fo})$ führt auf das System

$$v(\xi)\dot{w}(\mathrm{Fo}) = v''(\xi)w(\mathrm{Fo}) + \frac{2}{r}v'(\xi)w(\mathrm{Fo}),$$

$$\frac{\dot{w}(\mathrm{Fo})}{w(\mathrm{Fo})} = \frac{v''(\xi)}{v(\xi)} + \frac{2}{\xi} \cdot \frac{v'(\xi)}{v(\xi)} =: -\mu^2 \quad \text{oder} \quad \frac{\partial^2 v}{\partial \xi^2} + \frac{2}{\xi} \cdot \frac{\partial v}{\partial \xi} + \mu^2 v(\xi) = 0 \tag{22.4.2}$$

und $\dot{w}(\mathrm{Fo}) + \mu^2 w(\mathrm{Fo}) = 0$. Die Lösung des Zeitteils ist abermals $w(\mathrm{Fo}) = C \cdot e^{-\mu^2 \mathrm{Fo}}$. Für den Ortsteil substituieren wir $x = \mu \cdot \xi$ und finden einerseits

$$\frac{\partial v}{\partial \xi} = \frac{\partial v}{\partial x} \cdot \frac{\partial x}{\partial \xi} = \frac{\partial v}{\partial x} \cdot \mu$$

und anderseits

$$\frac{\partial^2 v}{\partial \xi^2} = \frac{\partial}{\partial \xi}\left(\frac{\partial v}{\partial \xi}\right) = \frac{\partial}{\partial \xi}\left(\frac{\partial v}{\partial x} \cdot \mu\right) = \frac{\partial}{\partial x}\left(\frac{\partial v}{\partial x} \cdot \mu\right) \cdot \frac{\partial x}{\partial \xi} = \mu^2 \cdot \frac{\partial}{\partial x}\left(\frac{\partial v}{\partial x}\right) = \mu^2 \cdot \frac{\partial^2 v}{\partial x^2}.$$

Damit schreibt sich (22.4.2) als

$$\mu^2 \cdot \frac{\partial^2 v}{\partial x^2} + \mu \cdot \frac{2}{x} \cdot \frac{\partial v}{\partial x} \cdot \mu + \mu^2 \cdot v = 0.$$

Multiplikation mit x liefert

$$xv'' + 2v' + xv = 0. \tag{22.4.3}$$

Es folgt eine weitere Substitution: $z(x) = x \cdot v(x)$. Man berechnet $z' = v + xv'$ und $z'' = v' + v' + xv''$, woraus $z'' + z = v' + v' + xv'' + xv = 0$ und die DG $z'' + z = 0$ mit der Lösung $z(x) = C_1 \sin(x) + C_2 \cos(x)$ entsteht. Die Rücksubstitution liefert $v(x) = C_1 \frac{\sin(x)}{x} + C_2 \frac{\cos(x)}{x}$. Man schreibt auch kurz (Sinus- und Kosinus kardinalis, Abb. 22.4 links).

$$v(x) = C_1 \operatorname{si}(x) + C_2 \operatorname{co}(x). \tag{22.4.4}$$

Zum Vergleich setzen wir die DG der Kugel (KDG) der harmonischen DG (HDG), $v'' + v = 0$, gegenüber, welche die bekannten Basislösungen $v_1(x) = \sin(x)$ und $v_2(x) = \cos(x)$ besitzt. Der Unterschied in der DG besteht darin, dass die KDG bei $x = 0$ eine Singularität besitzt. Für große x werden die Lösungen der KDG wenig von denjenigen der HDG abweichen. Man sieht das auch an den Graphen: sowohl $\operatorname{si}(x)$ als auch $\operatorname{co}(x)$ oszillieren, wenngleich abklingend. Die Anzahl der Nullstellen nimmt für wachsendes n zu. Da sowohl $f(x) = \sin(x)$ als auch $g(x) = x$ punktsymmetrisch sind, wird $v_1(x) = \frac{\sin(x)}{x}$ achsensymmetrisch mit $\lim_{x\to 0} v_1(x) = \lim_{x\to 0} \frac{\cos(x)}{1} = 1$ (Regel von de L'Hospital). Hingegen ist $v_2(x) = \frac{\cos(x)}{x}$ punktsymmetrisch mit $\lim_{x\to 0} v_2(x) = \infty$. Damit also $v(x)$ auch für $x \to 0$ endlich bleibt, muss $C_2 = 0$ sein, womit auch die Symmetriebedingung erfüllt wird. Machen wir noch die anfängliche Substitution rückgängig, so lauten die Eigenfunktionen $v(\xi) = C_1 \frac{\sin(\mu\xi)}{\mu\xi}$. Aus der 2. RB folgt $C_1 \frac{\sin(\mu \cdot 1)}{\mu \cdot 1} = 0$ oder die charakteristische Gleichung

$$\sin \mu = 0, \tag{22.4.5}$$

woraus die Eigenwerte $\mu_n = n\pi$ mit den Eigenfunktionen $v_n(\xi) = \frac{\sin(n\pi\xi)}{n\pi\xi}$ entstehen. Zusammen mit $w_n(\mathrm{Fo}) = C \cdot e^{-\mu_n^2 \mathrm{Fo}}$ erhält man

$$\vartheta(\xi, \mathrm{Fo}) = \sum_{n=1}^{\infty} c_n \cdot e^{-\mu_n^2 \mathrm{Fo}} \cdot \frac{\sin(n\pi\xi)}{n\pi\xi}.$$

Die AB ergibt

$$1 = \sum_{n=1}^{\infty} c_n \cdot \frac{\sin(n\pi\xi)}{n\pi\xi}$$

und weil n natürlich ist, und die Orthogonalität für diesen Fall schon mit (16.3.6) bewiesen wurde, folgt durch Multiplikation mit $\xi \cdot \sin(m\pi\xi)$ die Gleichung für die Koeffizienten c_n zu

$$\xi \cdot \sin(m\pi\xi) = \sum_{n=1}^{\infty} c_n \cdot \frac{\sin(n\pi\xi)}{n\pi} \cdot \sin(m\pi\xi)$$

und durch Integration

$$\int_0^1 \xi \cdot \sin(n\pi\xi) d\xi = c_n \cdot \int_0^1 \frac{\sin^2(n\pi\xi)}{n\pi} d\xi.$$

Man erhält

$$c_n = n\pi \cdot \frac{\int_0^1 \xi \cdot \sin(n\pi\xi) d\xi}{\int_0^1 \sin^2(n\pi\xi) d\xi} = n\pi \cdot \frac{\frac{1}{n^2\pi^2}[\sin(n\pi\xi) - n\pi\xi\cos(n\pi\xi)]_0^1}{\frac{1}{2n\pi}[n\pi\xi - \sin(n\pi\xi)\cos(n\pi\xi)]_0^1}$$
$$= \frac{2[\sin(n\pi) - n\pi\cos(n\pi)]}{n\pi - \sin(n\pi)\cos(n\pi)} = 2(-1)^{n+1}.$$

Die Lösung von (22.4.1) lautet (l = Radius der Kugel)

$$\vartheta(\xi, \mathrm{Fo}) = \sum_{n=1}^{\infty} 2(-1)^{n+1} \cdot e^{-n^2\pi^2 \cdot \mathrm{Fo}} \cdot \frac{\sin(n\pi\xi)}{n\pi\xi} \quad \text{oder}$$

$$\frac{T(r,t) - T_W}{T_0 - T_W} = \sum_{n=1}^{\infty} 2(-1)^{n+1} \cdot e^{-n^2\pi^2 \cdot \frac{\beta^2}{l^2} \cdot t} \cdot \frac{\sin(n\pi\frac{r}{l})}{n\pi\frac{r}{l}}. \tag{22.4.6}$$

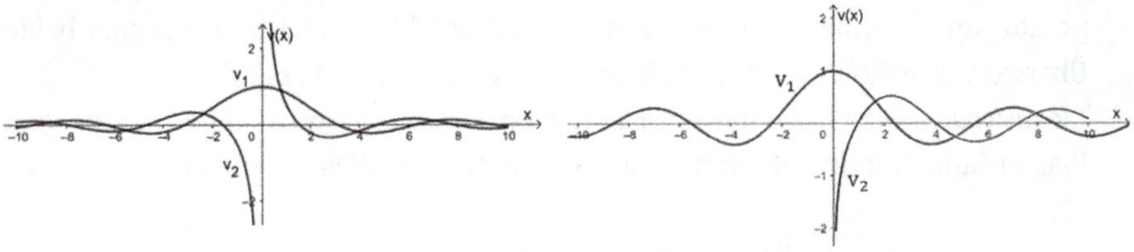

Abb. 22.4: Basislösungen der instationären Wärmeleitung von Kugel und Zylinder.

Beispiel. Ein Ei soll mit kondensierendem Dampf von 100 °C erwärmt werden. Die Temperatur des Eis beträgt zu Beginn $T_0 = 20$ °C.

Idealisierungen:

- Das Ei wird als Kugel mit einem Radius von $l = 2{,}5$ cm aufgefasst.
- Eiweiß und Eigelb weisen verschiedene Stoffwerte auf. Insbesondere ist die Wärmeleitfähigkeit unterschiedlich groß, weshalb die instationäre Temperaturkurve an der Berührungsstelle eigentlich einen Knick aufweist. Der Mittelwert beider Stoffe

wird also über den gesamten Radius und zusätzlich bezüglich dem klaren und geronnen Zustand gebildet.

Dichte, Wärmekapazität und Wärmeleitfähigkeit lauten damit $\rho = 1075\,\frac{\text{kg}}{\text{m}^3}$, $c_p = 3250\,\frac{\text{J}}{\text{kg}\cdot\text{K}}$ und $\lambda_{\text{Ei}} = 1{,}2\,\frac{\text{W}}{\text{m}\cdot\text{K}}$. Die Wärmeübergangskoeffizienten zwischen Dampf/Schale und Schale/Ei-Inneres sind $\alpha_a = 50\,\frac{\text{kW}}{\text{m}^2\cdot\text{K}}$ resp. $\alpha_i = 100\,\frac{\text{kW}}{\text{m}^2\cdot\text{K}}$ und die Wärmeleitfähigkeit der Eierschale (Calcium) beträgt $\lambda_S = 200\,\frac{\text{W}}{\text{m}\cdot\text{K}}$ bei einer Schalendicke von $d = 1\,\text{mm}$.

a) Ermitteln Sie den k-Wert für den Wärmeübergang von der Schalenaussenwand durch die Schale zur Innenwand. Welche weitere Idealisierung zur Berechnung des instationären Temperaturverlaufs drängt sich auf?
b) Wie lautet demnach die Temperaturfunktion $T(r,t)$?
c) Nach welcher Zeit gerinnt das Ei auch im Kern (Gerinntemperatur des Eis: 62 °C)?

Lösung.

a) Gemäß (21.3.4) berechnet sich der k-Wert zu

$$\frac{1}{k} = \frac{r_2^2}{r_1^2}\cdot\frac{1}{\alpha_i} + \frac{r_2^2}{\lambda_S}\left(\frac{1}{r_1} - \frac{1}{r_2}\right) + \frac{1}{\alpha_a}.$$

Wichtig ist nun, dass $\alpha_i, \alpha_a \gg 1$ gilt. Dann folgt

$$\begin{aligned}\frac{1}{k} &= \frac{0{,}025^2}{0{,}024^2}\cdot\frac{1}{50} + \frac{0{,}025^2}{200}\left(\frac{1}{0{,}024} - \frac{1}{0{,}025}\right) + \frac{1}{100}\\ &= 0{,}02 + 5{,}21\cdot 10^{-6} + 0{,}01 = 0{,}03.\end{aligned}$$

Man erkennt, dass die Wärmeleitung innerhalb der Schale so groß ist, dass die Temperatur an der Innen- und Außenwand praktisch identisch ist. Weiter sind beide Übergangskoeffizienten sehr groß, sodass $\frac{1}{k} \approx 0$ oder $k \gg 1$ resultiert.
Idealisierung: Man kann die Erwärmung des Eis als eine Wärmeübertragung vom Wasserdampf direkt auf das Innere des Eis auffassen. Weil zudem das Verhältnis

$$\frac{\lambda_{\text{Ei}}}{\alpha_a} = \frac{1{,}2}{50} = 0{,}024 \ll 1$$

ist, darf man $\frac{\lambda}{\alpha} \approx 0$ setzen und den Erwärmungsprozess bei einer konstanten Schalentemperatur von $T_W = 100\,°\text{C}$ (RB 1. Art) betrachten.

b) Man erhält

$$\frac{\beta^2}{l^2} = \frac{\lambda_{\text{Ei}}}{c_p\cdot\rho\cdot l^2} = \frac{1{,}2}{3250\cdot 1075\cdot 0{,}025^2} = \frac{192}{349375}$$

und somit mithilfe von (22.4.6)

$$T(r,t) = \left\{ \sum_{n=1}^{\infty} 2(-1)^{n+1} \cdot e^{-n^2\pi^2 \cdot \frac{192}{349375} \cdot t} \cdot \frac{\sin(40n\pi \cdot r)}{40n\pi \cdot r} \right\} \cdot (-80) + 100.$$

c) Für $r = 0$ gilt

$$\lim_{r \to 0} \frac{\sin(40n\pi \cdot r)}{40n\pi \cdot r} = 1$$

und es entsteht die Gleichung

$$62 = \left\{ \sum_{n=1}^{\infty} 2(-1)^{n+1} \cdot e^{-n^2\pi^2 \cdot \frac{192}{349375} \cdot t} \right\} \cdot (-80) + 100$$

mit der Lösung $t = 263$ s.

22.5 Die instationäre Lösung für die Kugel mit Randbedingung 3. Art

Gesucht ist die Lösung des Anfangsrandproblems

$$\frac{\partial \vartheta}{\partial \mathrm{Fo}} = \frac{2}{\xi} \cdot \frac{\partial \vartheta}{\partial \xi} + \frac{\partial^2 \vartheta}{\partial \xi^2}$$

mit der RB 3. Art

$$\left[\frac{\partial \vartheta}{\partial \xi}\right]_{\xi=0} = 0, \quad \left[\frac{\partial \vartheta}{\partial \xi}\right]_{\xi=1} = -\mathrm{Bi} \cdot \vartheta(\xi = 1, \mathrm{Fo})$$

und der AB

$$\vartheta(\xi, 0) = 1. \tag{22.5.1}$$

Herleitung von (22.5.2) und (22.5.3)
Die 1. RB liefert wieder $v(\xi) = C_1 \frac{\sin(\mu\xi)}{\mu\xi}$. Mithilfe der 2. RB entsteht

$$\frac{C_1}{\mu} \cdot \frac{\mu \cdot 1 \cdot \cos(\mu \cdot 1) - \sin(\mu \cdot 1)}{1^2} \cdot w(\mathrm{Fo}) = -\mathrm{Bi} \cdot C_1 \frac{\sin(\mu \cdot 1)}{\mu \cdot 1} \cdot w(\mathrm{Fo}),$$

$$\mu \cdot \cos \mu - \sin \mu = -\mathrm{Bi} \cdot \sin \mu$$

und die charakteristische Gleichung

$$\cot \mu = \frac{1 - \mathrm{Bi}}{\mu}. \tag{22.5.2}$$

Die Eigenfunktionen folgen zu $v_n(\xi) = \frac{\sin(\mu_n\xi)}{\mu_n\xi}$ und mit der Zeitlösung erhält man die Gesamtlösung

$$\vartheta(\xi, \mathrm{Fo}) = \sum_{n=1}^{\infty} c_n \cdot e^{-\mu_n^2 \mathrm{Fo}} \cdot \frac{\sin(\mu_n\xi)}{\mu_n\xi}.$$

Die AB

$$1 = \sum_{n=1}^{\infty} c_n \cdot \frac{\sin(\mu_n\xi)}{\mu_n\xi}$$

liefert schließlich die Koeffizienten

$$c_n = \mu_n \cdot \frac{\int_0^1 \xi \cdot \sin(\mu_n\xi)d\xi}{\int_0^1 \sin^2(\mu_n\xi)d\xi} = \mu_n \cdot \frac{\frac{1}{\mu_n^2}[\sin(\mu_n\xi) - \mu_n\xi\cos(\mu_n\xi)]_0^1}{\frac{1}{2\mu_n}[\mu_n\xi - \sin(\mu_n\xi)\cos(\mu_n\xi)]_0^1} = \frac{2(\sin\mu_n - \mu_n\cos\mu_n)}{\mu_n - \sin\mu_n\cos\mu_n}.$$

Die Lösung von (22.5.1) lautet (l = Radius der Kugel)

$$\vartheta(\xi, \mathrm{Fo}) = \sum_{n=1}^{\infty} \frac{2(\sin\mu_n - \mu_n\cos\mu_n)}{\mu_n - \sin\mu_n\cos\mu_n} \cdot e^{-\mu_n^2 \cdot \mathrm{Fo}} \cdot \frac{\sin(\mu_n\xi)}{\mu_n\xi} \quad \text{oder}$$

$$\frac{T(r,t) - T_\infty}{T_0 - T_\infty} = \sum_{n=1}^{\infty} \frac{2(\sin\mu_n - \mu_n\cos\mu_n)}{\mu_n - \sin\mu_n\cos\mu_n} \cdot e^{-\mu_n^2 \cdot \frac{\beta^2}{l^2} \cdot t} \cdot \frac{\sin(\mu_n\frac{r}{l})}{\mu_n\frac{r}{l}}$$

mit der charakteristischen Gleichung

$$\cot\mu = \frac{1 - \mathrm{Bi}}{\mu}. \tag{22.5.3}$$

Beispiel. Eine kugelförmige Glasperle mit dem Radius $l = 2\,\mathrm{cm}$ sei schon stufenweise auf die konstante Temperatur $T_0 = 90\,^\circ\mathrm{C}$ abgekühlt und wird zur weiteren Abkühlung einer leichten Luftströmung T_∞ ausgesetzt. Die Stoffwerte des Glases sind $\rho = 2500\,\frac{\mathrm{kg}}{\mathrm{m}^3}$, $c_p = 720\,\frac{\mathrm{J}}{\mathrm{kg \cdot K}}$ und $\lambda = 1\,\frac{\mathrm{W}}{\mathrm{m \cdot K}}$. Der Wärmeübergangskoeffizient zwischen Luft und Glas sei $\alpha = 10\,\frac{\mathrm{kW}}{\mathrm{m^2 \cdot K}}$. Das Verhältnis $\frac{\lambda}{\alpha} = 0{,}1$ ist zu groß, um eine RB 1. Art zu rechtfertigen.

a) Ermitteln Sie die Biot-Zahl und danach die ersten 3 Eigenwerte für dieses Problem.
b) Wie lautet die Funktion $T(r,t)$?
c) Die Perle soll innerhalb von 20 min von der Temperatur $T_0 = 90\,^\circ\mathrm{C}$ auf eine Randtemperatur $T_R = 40\,^\circ\mathrm{C}$ abgekühlt werden, damit man sie mit bloßer Hand anfassen kann. Welche Temperatur T_∞ darf die Umgebungsluft höchstens besitzen, um die zeitliche Vorgabe einzuhalten? (Beschränken Sie sich bei der Berechnung auf den 1. Eigenwert.)

Lösung.

a) Es gilt

$$\mathrm{Bi} = \frac{\alpha \cdot l}{\lambda} = \frac{10 \cdot 0{,}02}{1} = 0{,}2$$

und (22.5.2) liefert $\cot\mu = \frac{0{,}8}{\mu}$ mit den Lösungen $\mu_1 = 0{,}7593$, $\mu_2 = 4{,}5379$ und $\mu_3 = 7{,}7511$.

b) Mit

$$\frac{\beta^2}{l^2} = \frac{\lambda}{c_p \cdot \rho \cdot l^2} = \frac{1}{720 \cdot 2500 \cdot 0{,}02^2} = \frac{1}{720}$$

schreibt sich (22.5.3) als

$$T(r,t) = \left\{ \sum_{n=1}^{\infty} \frac{2(\sin\mu_n - \mu_n \cos\mu_n)}{\mu_n - \sin\mu_n \cos\mu_n} \cdot e^{-\mu_n^2 \cdot \frac{1}{720} \cdot t} \cdot \frac{\sin(50\mu_n \cdot r)}{50\mu_n \cdot r} \right\} \cdot (T_0 - 25) + 25.$$

c) Aus $l = 0{,}02$ erhält man

$$40 = \left\{ 1{,}0592 \cdot e^{-0{,}7593^2 \cdot \frac{1200}{720}} \cdot \frac{\sin(0{,}7593)}{0{,}7593} \right\} \cdot (90 - T_\infty) + T_\infty$$

oder $40 = 0{,}367 \cdot (90 - T_\infty) + T_\infty$ und daraus $T_\infty \leq 11\,^\circ\mathrm{C}$.

22.6 Die instationäre Lösung für den Zylinder mit Randbedingung 1. Art

Gesucht ist die Lösung des Anfangsrandproblems

$$\frac{\partial\vartheta}{\partial \mathrm{Fo}} = \frac{1}{\xi} \cdot \frac{\partial\vartheta}{\partial\xi} + \frac{\partial^2\vartheta}{\partial\xi^2}$$

mit der RB 1. Art

$$\left[\frac{\partial\vartheta}{\partial\xi}\right]_{\xi=0} = 0, \quad \vartheta(\xi = 1, \mathrm{Fo}) = 0$$

und der AB

$$\vartheta(\xi, 0) = 1. \tag{22.6.1}$$

Herleitung von (22.6.2)–(22.6.4)
Der Separationsansatz $\vartheta(\xi, \mathrm{Fo}) = v(\xi) \cdot w(\mathrm{Fo})$ führt auf das System

$$\frac{\partial^2 v}{\partial \xi^2} + \frac{1}{\xi} \cdot \frac{\partial v}{\partial \xi} + \mu^2 v(\xi) = 0$$

und $\dot{w}(\mathrm{Fo}) + \mu^2 w(\mathrm{Fo}) = 0$. Die Lösung des Zeitteils ist wie bisher $w(\mathrm{Fo}) = C \cdot e^{-\mu^2 \mathrm{Fo}}$. Analog zur Kugel folgt mit der Substitution $x = \mu \cdot \xi$ die DG

$$v''(x) + \frac{v'(x)}{x} + v(x) = 0 \quad \text{oder} \quad x^2 v'' + x v' + x^2 v = 0. \tag{22.6.2}$$

Dies ist die Bessel'sche DG der Ordnung null (vgl. (19.3.2)). Die allgemeine Lösung von (22.6.2) ist, wie in Kap. 19.3 schon aufgeführt, $v(x) = C_1 \cdot J_0(x) + C_2 \cdot N_0(x)$ mit der Bessel-Funktion $v_1 = J_0$ und der Neumann-Funktion $v_2 = N_0$ (Abb. 22.4 rechts). Da die Ortsfunktion auch für $r = 0$ endlich bleiben muss, folgt $C_2 = 0$, womit auch die Symmetriebedingung erfüllt wird. Die 2. RB liefert die charakteristische Gleichung

$$J_0(\mu) = 0. \tag{22.6.3}$$

Die ersten fünf Nullstellen (Eigenwerte) $\mu_1, \mu_2, \ldots, \mu_5$ sind schon in Kap. 19.3 erfasst worden und die zugehörigen Eigenfunktionen sind dann $J_0(\mu_n \xi)$. Zusammen erhält man

$$\vartheta(\xi, \mathrm{Fo}) = \sum_{n=1}^{\infty} c_n \cdot e^{-\mu_n^2 \mathrm{Fo}} \cdot J_0(\mu_n \xi).$$

Es verbleibt die Gleichung der AB auszuwerten:

$$1 = \sum_{n=1}^{\infty} c_n \cdot J_0(\mu_n \xi).$$

Die Bestimmung der Koeffizienten c_n ist leider sehr aufwendig, weswegen wir an dieser Stelle wiederum auf die in Band 3 und 4 sorgfältig hergeleiteten Ergebnisse verweisen müssen. Man erhält schließlich

$$c_n = -\frac{2}{\mu_n J_0'(\mu_n)} = \frac{2}{\mu_n J_1(\mu_n)}.$$

Die Lösung von (22.6.1) lautet (l = Radius des Zylinders)

$$\vartheta(\xi, \mathrm{Fo}) = \sum_{n=1}^{\infty} \frac{2}{\mu_n J_1(\mu_n)} \cdot e^{-\mu_n^2 \cdot \mathrm{Fo}} \cdot J_0(\mu_n \xi) \quad \text{oder}$$

$$\frac{T(r,t) - T_W}{T_0 - T_W} = \sum_{n=1}^{\infty} \frac{2}{\mu_n J_1(\mu_n)} \cdot e^{-\mu_n^2 \cdot \frac{\beta^2}{l^2} \cdot t} \cdot J_0\left(\mu_n \frac{r}{l}\right)$$

mit den Nullstellen μ_n von $J_0(x)$. (22.6.4)

Beispiel. Würstchen in Form eines Zylinders mit 2 cm Durchmesser der Temperatur $T_0 = 100\,°\text{C}$ werden heftig in kaltem Wasser der Temperatur $T_\infty = 10\,°\text{C}$ und einem Wärmeübergangskoeffizienten von $\alpha = 500\,\frac{\text{W}}{\text{m}^2\cdot\text{K}}$ geschwenkt. Für das Würstchen gilt $\rho = 1045\,\frac{\text{kg}}{\text{m}^3}$, $c_p = 2875\,\frac{\text{J}}{\text{kg}\cdot\text{K}}$ und $\lambda = 0{,}365\,\frac{\text{W}}{\text{m}\cdot\text{K}}$.

Idealisierung: Da $\frac{\lambda}{\alpha} \ll 1$ ist, kann man eine RB 1. Art ansetzen und somit $T_\infty = T_W$ identifizieren.

a) Berechnen Sie $J_0'(x)$ und damit die Koeffizienten c_1, c_2 und c_3 aus (22.6.4).
b) Ermitteln Sie die Lösung $T(r,t)$.
c) Nach welcher Zeit herrscht im Kern die Temperatur $T_K = 50\,°\text{C}$. (Zur Berechnung genügen die ersten drei Eigenwerte.)

Lösung.

a) Es gilt

$$J_0(x) = \sum_{k=0}^{\infty} \frac{(-1)^k}{4^k(k!)^2} x^{2k}$$

und damit

$$J_0'(x) = \sum_{k=1}^{\infty} \frac{(-1)^k 2k}{4^k(k!)^2} x^{2k-1}.$$

Die Nullstellen von J_0 sind (vgl. Kap. 19.3) $\mu_1 = 2{,}404826$, $\mu_2 = 5{,}520078$, $\mu_3 = 8{,}653728$ und liefern $c_1 = 0{,}666150$, $c_2 = -0{,}192896$, $c_3 = 0{,}098385$.

b) Mit

$$\frac{\beta^2}{l^2} = \frac{\lambda}{c_p \cdot \rho \cdot l^2} = \frac{0{,}365}{2875 \cdot 1045 \cdot 0{,}01^2} = \frac{146}{120175}$$

lautet (22.6.4)

$$T(r,t) = \left\{ \sum_{n=1}^{\infty} \frac{2}{\mu_n J_1(\mu_n)} \cdot e^{-\mu_n^2 \cdot \frac{146}{1201750} \cdot t} \cdot J_0(50\mu_n \cdot r) \right\} \cdot 90 + 10.$$

c) Im Kern gilt

$$\frac{T(0,t) - 10}{90} = \left\{ 0{,}666150 \cdot e^{-0{,}007026 \cdot t} - 0{,}192896 \cdot e^{-0{,}037019 \cdot t} + 0{,}098385 \cdot e^{-0{,}09098 \cdot t} \right\}.$$

Die Bedingung $T_K = T(0,t) = 50\,°\text{C}$ ergibt $t = 47{,}8$ s.

22.7 Die instationäre Lösung für den Zylinder mit Randbedingung 3. Art

Gesucht ist die Lösung des Anfangsrandproblems

$$\frac{\partial \vartheta}{\partial \mathrm{Fo}} = \frac{1}{\xi} \cdot \frac{\partial \vartheta}{\partial \xi} + \frac{\partial^2 \vartheta}{\partial \xi^2}$$

mit der RB 3. Art

$$\left[\frac{\partial \vartheta}{\partial \xi}\right]_{\xi=0} = 0, \quad \left[\frac{\partial \vartheta}{\partial \xi}\right]_{\xi=1} = -\mathrm{Bi} \cdot \vartheta(\xi = 1, \mathrm{Fo})$$

und der AB

$$\vartheta(\xi, 0) = 1. \tag{22.7.1}$$

Herleitung von (22.7.2) und (22.7.3)

Die Symmetriebedingung liefert wie bisher $v(x) = C_1 \cdot J_0(\mu\xi)$ und die 2. RB führt zu

$$C_1 \cdot \mu \cdot (-J_1(\mu)) \cdot w(\mathrm{Fo}) = -\mathrm{Bi} \cdot C_1 \cdot J_0(\mu) \cdot w(\mathrm{Fo})$$

und zur charakteristischen Gleichung

$$\frac{J_1(\mu)}{J_0(\mu)} = \frac{\mathrm{Bi}}{\mu}. \tag{22.7.2}$$

Die Lösungswerte μ_n ergeben die Eigenfunktionen $J_0(\mu_n\xi)$ und mit der Zeitlösung $w_n(\mathrm{Fo}) = e^{-\mu_n^2 \mathrm{Fo}}$ erhält man zusammen

$$\vartheta(\xi, \mathrm{Fo}) = \sum_{n=1}^{\infty} c_n \cdot e^{-\mu_n^2 \mathrm{Fo}} \cdot J_0(\mu_n\xi).$$

Die AB

$$1 = \sum_{n=1}^{\infty} c_n \cdot J_0(\mu_n\xi)$$

führt gemäß Band 4 auf die Koeffizienten

$$c_n = \frac{2J_1(\mu_n)}{\mu_n[J_0^2(\mu_n) + J_1^2(\mu_n)]}.$$

Die Lösung von (22.7.1) lautet (l = Radius des Zylinders)

$$\vartheta(\xi, \mathrm{Fo}) = \sum_{n=1}^{\infty} \frac{2J_1(\mu_n)}{\mu_n[J_0^2(\mu_n) + J_1^2(\mu_n)]} \cdot e^{-\mu_n^2 \cdot \mathrm{Fo}} \cdot J_0(\mu_n \xi) \quad \text{oder}$$

$$\frac{T(r,t) - T_\infty}{T_0 - T_\infty} = \sum_{n=1}^{\infty} \frac{2J_1(\mu_n)}{\mu_n[J_0^2(\mu_n) + J_1^2(\mu_n)]} \cdot e^{-\mu_n^2 \cdot \frac{\beta^2}{l^2} \cdot t} \cdot J_0\left(\mu_n \frac{r}{l}\right)$$

mit der charakteristischen Gleichung

$$\frac{J_1(\mu)}{J_0(\mu)} = \frac{\mathrm{Bi}}{\mu}. \tag{22.7.3}$$

Beispiel. Ein langer, zylindrischer Aluminiumstab mit dem Durchmesser 20 cm besitzt die Temperatur $T_0 = 100\,^\circ\mathrm{C}$. Die Stoffwerte des Stabs sind $c_p = 900\,\frac{\mathrm{J}}{\mathrm{kg \cdot K}}$, $\rho = 2700\,\frac{\mathrm{kg}}{\mathrm{m}^3}$ und $\lambda = 240\,\frac{\mathrm{W}}{\mathrm{m \cdot K}}$. Zur Abkühlung wird der Stab in ruhendem Wasser der Temperatur $T_\infty = 20\,^\circ\mathrm{C}$ und einem Wärmeübergangskoeffizienten von $\alpha = 500\,\frac{\mathrm{W}}{\mathrm{m^2 \cdot K}}$ sich selbst überlassen. Aufgrund des Verhältnisses von $\frac{\lambda}{\alpha} = 0{,}48$ muss das Problem mit einer RB 3. Art gelöst werden.

a) Bestimmen Sie die Biot-Zahl und mithilfe der charakteristischen Gleichung (22.7.3) die ersten drei Eigenwerte.
b) Ermitteln Sie die Koeffizienten c_1, c_2, c_3 und die Lösung $T(r, t)$.
c) Nach welcher Zeit herrscht im Kern die Temperatur $T_K = 50\,^\circ\mathrm{C}$. (Da es sich um einen großen Zeitraum handelt, genügt der 1. Eigenwert für die Berechnung.)

Lösung.

a) Man erhält

$$\mathrm{Bi} = \frac{\alpha \cdot l}{\lambda} = \frac{500 \cdot 0{,}1}{240} = \frac{5}{24},$$

daraus

$$24\mu \cdot (-J_1(\mu)) + 5 \cdot J_0(\mu) = 0$$

und $\mu_1 = 0{,}6291$, $\mu_2 = 3{,}8856$, $\mu_3 = 7{,}0452$.

b) Die Koeffizienten lauten $c_1 = -1{,}0503$, $c_2 = 0{,}0684$, $c_3 = -0{,}0279$, weiter ist

$$\frac{\beta^2}{l^2} = \frac{\lambda}{c_p \cdot \rho \cdot l^2} = \frac{240}{900 \cdot 2700 \cdot 0{,}1^2} = \frac{4}{405}$$

und damit

$$T(r,t) = \left\{ \sum_{n=1}^{\infty} \frac{2J_1(\mu_n)}{\mu_n[J_0^2(\mu_n) + J_1^2(\mu_n)]} \cdot e^{-\mu_n^2 \cdot \frac{4}{405} \cdot t} \cdot J_0(10\mu_n r) \right\} \cdot 80 + 20.$$

c) Im Kern gilt $J_0(0) = 1$ und weiter mit dem 1. Eigenwert alleine

$$T(0,t) = \{1{,}0503 \cdot e^{-0{,}0039 \cdot t}\} \cdot 80 + 20.$$

Die Bedingung $T_K = T(0,t) = 50\,^\circ\mathrm{C}$ ergibt $t = 263\,\mathrm{s}$.

22.8 Instationäre Wärmeleitung mit Randbedingung 2. Art

Der Temperaturverlauf bei dieser RB unterscheidet sich von den beiden bisherigen insofern, dass kein stationärer Zustand existiert. Es gibt wohl einen stationären Temperaturunterschied im Körper, aber der anhaltende Wärmestrom treibt die Temperatur immer weiter hoch. Praktisch lässt sich eine solche Apparatur zwar realisieren, aber je wärmer der Körper wird, umso mehr wird er auch wieder Wärme an die Umgebung abgeben. So gesehen, muss man den zugeführten Wärmestrom immer wieder anpassen, sodass dieser an der Wand konstant bleibt. Wir beachten weiterhin, dass die bisherigen dimensionslosen Temperaturen $\vartheta(\xi, \mathrm{Fo})$ für $\mathrm{Fo} \to \infty$ immer verschwanden. Das wird auch im jetzigen Fall so sein, aber man wird diese Lösung um eine zusätzliche, quasistationäre Lösung ergänzen müssen. Die dimensionslose Temperatur muss neu definiert werden:

$$\vartheta(r,t) := \frac{T_0 - T(r,t)}{T_{\mathrm{bez}}} \quad \text{mit} \quad T_{\mathrm{bez}} = -\frac{\dot{q}l}{\lambda}. \tag{22.8.1}$$

Daraus wird $T(r,t) = \vartheta(r,t)\frac{\dot{q}l}{\lambda} + T_0$ und $\xi := \frac{r}{l}$, $\mathrm{Fo} := \frac{\beta^2 t}{l^2}$ wie bisher. Man erhält dann

$$\frac{\partial\vartheta}{\partial\mathrm{Fo}} = \frac{\partial\vartheta}{\partial t}\cdot\frac{\partial t}{\partial\mathrm{Fo}} = \frac{\partial T}{\partial t}\cdot\left(-\frac{1}{T_{\mathrm{bez}}}\right)\cdot\frac{l^2}{\beta^2}, \quad \frac{\partial\vartheta}{\partial\xi} = \frac{\partial\vartheta}{\partial r}\cdot\frac{\partial r}{\partial\xi} = \frac{\partial T}{\partial r}\cdot\left(-\frac{1}{T_{\mathrm{bez}}}\right)\cdot l \quad \text{und}$$

$$\frac{\partial^2\vartheta}{\partial\xi^2} = \frac{\partial^2\vartheta}{\partial r^2}\cdot\left(\frac{\partial r}{\partial\xi}\right)^2 = \frac{\partial^2 T}{\partial r^2}\cdot\left(-\frac{1}{T_{\mathrm{bez}}}\right)\cdot l^2.$$

Setzt man die Ausdrücke in (22.4) ein, so folgt

$$\beta^2\frac{T_{\mathrm{bez}}}{l^2}\cdot\frac{\partial\vartheta}{\partial\mathrm{Fo}} = \beta^2\left(\frac{n}{l\cdot\xi}\cdot\frac{T_{\mathrm{bez}}}{l}\cdot\frac{\partial\vartheta}{\partial\xi} + \frac{T_{\mathrm{bez}}}{l^2}\cdot\frac{\partial^2\vartheta}{\partial\xi^2}\right)$$

und auch in diesem Fall die bekannte dimensionslose DG

$$\frac{\partial\vartheta}{\partial\mathrm{Fo}} = \frac{n}{\xi}\cdot\frac{\partial\vartheta}{\partial\xi} + \frac{\partial^2\vartheta}{\partial\xi^2}$$

wie bei (22.1.2). Die Symmetriebedingung ändert sich nicht, d. h. aus $[\frac{dT}{dr}]_{r=0} = 0$ wird $[\frac{\partial\vartheta}{\partial\xi}]_{\xi=0} = 0$. Hingegen entsteht aus

$$-\lambda \cdot \left[\frac{dT}{dr}\right]_{r=l} = \dot{q} \quad \text{oder} \quad -\lambda \cdot \left[\frac{\partial \vartheta}{\partial \xi}\right]_{\xi=1} \cdot \frac{T_{\text{bez}}}{l} = \dot{q}$$

die dimensionslose RB $[\frac{\partial \vartheta}{\partial \xi}]_{\xi=1} = 1$. Damit wird auch klar, weshalb die Bezugstemperatur in (22.8.1) entsprechend gewählt wurde. Man beachte zudem, dass sich die AB ändert. Für $t = 0$ ergibt sich

$$\vartheta(r, t = 0) = \frac{T(r, 0) - T_0}{T_{\text{bez}}} = \frac{T_0 - T_0}{T_{\text{bez}}} = 0 \quad \text{bzw.} \quad \vartheta(\xi, \text{Fo} = 0) = 0.$$

22.9 Die Lösung für die Platte mit Randbedingung 2. Art

Gesucht ist die Lösung des Anfangsrandproblems

$$\frac{\partial \vartheta}{\partial \text{Fo}} = \frac{\partial^2 \vartheta}{\partial \xi^2}$$

mit der RB 2. Art

$$\left[\frac{\partial \vartheta}{\partial \xi}\right]_{\xi=0} = 0, \quad \left[\frac{\partial \vartheta}{\partial \xi}\right]_{\xi=1} = 1$$

und der AB

$$\vartheta(\xi, 0) = 0. \tag{22.9.1}$$

Herleitung von (22.9.1)–(22.9.6)

Nebst der instationären Lösung, die wir wie immer als Produkt $\vartheta_{\text{ins}}(\xi, \text{Fo}) = v(\xi)w(\text{Fo})$ ansetzen können, muss man noch die quasistationäre Lösung bestimmen, die der DG

$$\frac{\partial^2 \vartheta}{\partial \xi^2} = 0 \tag{22.9.2}$$

und den RBen von (22.9.1) genügt. Der Ortsteil wird durch $f(\xi) = \frac{1}{2}\xi^2 + A_1\xi + A_2$ befriedigt und $g(\text{Fo})$ bezeichnet den Zeitteil. Es wäre nun falsch, f und g als Produkt anzusetzen, da sich auf diese Weise die Form der quasistationären Temperaturkurve mit der Zeit ändert, oder physikalisch gesprochen, der Temperaturunterschied in gleichen Zeitintervallen immer weiter ansteigt. Deshalb ist es zwingend, die quasistationäre Lösung als Summe anzusetzen, was eine lineare Gestalt des Zeitteils, $g(\text{Fo}) = B_1\text{Fo} + B_2$, nach sich zieht. Insgesamt hat man

$$\vartheta_{\text{qs}}(\xi, \text{Fo}) = f(\xi) + g(\text{Fo}) = \frac{1}{2}\xi^2 + A_1\xi + B_1\text{Fo} + C_1 \quad \text{mit} \quad C = A_2 + B_2. \tag{22.9.3}$$

Über die Vorzeichen in (22.9.3) muss man sich keine Sorgen machen, sofern man das Vorzeichen schon bei der Wärmestromdichte $\dot{q} > 0$ (Erwärmung) und $\dot{q} < 0$ (Abkühlung) beachtet. Die Symmetriebedingung oder die 2. RB reduziert (22.9.3) infolge von $A_1 = 0$ auf $\vartheta_{\text{qs}}(\xi, \text{Fo}) = \frac{1}{2}\xi^2 + B_1\text{Fo} + C$. Setzt man diesen Ansatz zudem in (22.9.2) ein, so folgt $B_1 = 1$. Schließlich wird das Temperaturprofil in der Zeit t um Fo und nicht mehr ansteigen, was $C = 0$ nach sich zieht. Man erhält so

$$\vartheta_{\text{qs}}(\xi, \text{Fo}) = \frac{1}{2}\xi^2 + \text{Fo}. \tag{22.9.4}$$

Zusammen setzen wir somit die Lösung als

$$\vartheta(\xi, \text{Fo}) = \vartheta_{\text{qs}}(\xi, \text{Fo}) + \vartheta_{\text{ins}}(\xi, \text{Fo}) = \frac{1}{2}\xi^2 + \text{Fo} + v(\xi)w(\text{Fo})$$

an. Gehen wir damit in (22.1.2), so ergibt das

$$1 + v(\xi) \cdot \dot{w}(\text{Fo}) = 1 + v''(\xi) \cdot w(\text{Fo}),$$

was wiederum auf

$$\frac{\dot{w}(\text{Fo})}{w(\text{Fo})} = \frac{v''(\xi)}{v(\xi)} := -\mu^2$$

und das System $v'' + \mu^2 v = 0$, $\dot{w} + \mu^2 w = 0$ führt. Die Zeitlösung ist wie gehabt $w(\text{Fo}) = C \cdot e^{-\mu^2\text{Fo}}$ und die Lösung des Ortsteils, $v(\xi) = C_1\cos(\mu\xi) + C_2\sin(\mu\xi)$, schrumpft aufgrund der Symmetriebedingung mit $C_2 = 0$ wie bisher auf $v(\xi) = C_1\cos(\mu\xi)$ zusammen. Die 2. RB liefert $1 - \mu \cdot C_1 \cdot \sin(\mu)w(\text{Fo}) = 1$ und daraus die charakteristische Gleichung

$$\sin\mu = 0. \tag{22.9.5}$$

Mit den Eigenwerten $\mu_n = n\pi$ und den Eigenfunktionen $v_n(\xi) = \cos(n\pi\xi)$ erhält man dann zusammen

$$\vartheta(\xi, \text{Fo}) = \frac{1}{2}\xi^2 + \text{Fo} + \sum_{n=0}^{\infty} c_n \cdot e^{-n^2\pi^2\text{Fo}} \cdot \cos(n\pi\xi).$$

Schließlich wird die AB ausgewertet:

$$0 = \frac{1}{2}\xi^2 + \sum_{n=0}^{\infty} c_n \cdot \cos(n\pi\xi).$$

Daraus entsteht infolge der Orthogonalität der Kosinusfunktion (16.3.7)

$$-\frac{1}{2}\int_0^1 \xi^2 \cdot \cos(n\pi\xi)d\xi = c_n \cdot \int_0^1 \cos^2(n\pi\xi) \quad \text{und} \quad c_n = -\frac{\int_0^1 \xi^2 \cdot \cos(n\pi\xi)d\xi}{2\int_0^1 \cos^2(n\pi\xi)d\xi}.$$

Eine Fallunterscheidung liefert

$$c_0 = -\frac{\int_0^1 \xi^2 d\xi}{2\int_0^1 1 d\xi} = -\frac{1}{6} \quad \text{für } n = 0 \quad \text{und}$$

$$c_n = -\frac{\int_0^1 \xi^2 \cdot \cos(n\pi\xi) d\xi}{2\int_0^1 \cos^2(n\pi\xi) d\xi} = -\frac{\frac{2(-1)^n}{n^2\pi^2}}{1} = -\frac{2(-1)^n}{n^2\pi^2} \quad \text{für } n \neq 0.$$

Die Lösung von (22.9.1) lautet

$$\vartheta(\xi, \text{Fo}) = \frac{1}{2}\xi^2 + \text{Fo} - \frac{1}{6} - \sum_{n=1}^{\infty} \frac{2(-1)^n}{n^2\pi^2} \cdot e^{-n^2\pi^2 \cdot \text{Fo}} \cdot \cos(n\pi\xi) \quad \text{oder}$$

$$\frac{T(r,t) - T_0}{\frac{\dot{q}l}{\lambda}} = \frac{1}{2l^2}r^2 + \frac{\beta^2}{l^2}t - \frac{1}{6} - \sum_{n=1}^{\infty} \frac{2(-1)^n}{n^2\pi^2} \cdot e^{-n^2\pi^2 \cdot \frac{\beta^2}{l^2} \cdot t} \cdot \cos\left(n\pi \frac{r}{l}\right).$$

Für größere t verläuft die Kurve annähernd wie

$$\frac{T(r,t) - T_0}{\frac{\dot{q}l}{\lambda}} = \frac{1}{2l^2}r^2 + \frac{\beta^2}{l^2}t - \frac{1}{6} \quad (\text{bei Erwärmung ist } \dot{q} > 0). \tag{22.9.6}$$

Beispiel. Eine Scheibe Weißbrot besitzt die Form eines Quaders der Dicke 3 cm und wird beidseitig durch einen Toaster mit der konstanten Wärmestromdichte $\dot{q} = 1\,\frac{\text{kW}}{\text{m}^2}$ erhitzt. Im Idealfall berühren die Hitzedrähte das Brot nicht, damit es an den Berührungsstellen nicht anschwärzt. Da sich die Luft zwischen Draht und Brot ebenfalls erwärmt, stellt sich ein leichter Konvektionswärmestrom ein, hauptsächlich steigt die Temperatur im Brot aber durch Wärmestrahlung. Anfangs besitzt die Scheibe die Temperatur $T_0 = 20\,^\circ\text{C}$. Die Werte für das Brot betragen $\rho = 330\,\frac{\text{kg}}{\text{m}^3}$, $c_p = 2000\,\frac{\text{J}}{\text{kg}\cdot\text{K}}$ und $\lambda = 0{,}2\,\frac{\text{W}}{\text{m}\cdot\text{K}}$.

a) Wie lautet die zugehörige Temperaturfunktion $T(r,t)$?
b) Stellen Sie den Verlauf von $T(r,t)$ im Intervall $-0{,}015\,\text{m} \le r \le 0{,}015\,\text{m}$ für die Zeiten 30 s, 90 s, 3 min, 5 min, 7 min, 9 min dar.
c) Wie groß ist die durchschnittliche Temperaturänderung im Brot innerhalb der 1. Minute?
d) Bestimmen Sie die mittlere Temperaturverteilung im Körper.

Lösung.

a) Mit

$$\frac{\beta^2}{l^2} = \frac{\lambda}{c_p \cdot \rho \cdot l^2} = \frac{0{,}2}{2000 \cdot 330 \cdot 0{,}015^2} = \frac{2}{1485}$$

schreibt sich (22.9.6) als

$$T(r,t) = \left\{\frac{20000r^2}{9} + \frac{2t}{1485} - \frac{1}{6} - \sum_{n=1}^{\infty} \frac{2(-1)^n}{n^2\pi^2} \cdot e^{-\frac{2n^2\pi^2}{1485} \cdot t} \cdot \cos\left(\frac{200}{3} n\pi r\right)\right\} \cdot 75 + 20. \tag{22.9.7}$$

b) Die einzelnen Temperaturkurven entnimmt man Abb. 22.5 links.

c) Man erhält

$$\frac{\Delta T}{\Delta t} = \frac{T(60) - T(0)}{60 - 0} = \frac{44{,}06 - 20}{60} = 0{,}4\,\frac{\text{K}}{\text{s}}.$$

d) Es gilt $\overline{T}(t) = \frac{1}{l}\int_0^l T(r,t)dr$. Dazu werden

$$\frac{1}{l}\int_0^l r^2 dr = \frac{l^2}{3} \quad \text{und} \quad \frac{1}{l}\int_0^l \cos\left(n\pi \cdot \frac{r}{l}\right)dr = 0$$

ermittelt. Man erhält dann

$$\overline{T}(t) = \left(\frac{1}{2l^2} \cdot \frac{l^2}{3} + \frac{\beta^2}{l^2}t - \frac{1}{6}\right) \cdot \frac{\dot{q}l}{\lambda} + T_0 = \frac{\beta^2}{l^2}t \cdot \frac{\dot{q}l}{\lambda} + T_0$$
$$= \frac{\lambda}{c_p \cdot \rho \cdot l}t \cdot \frac{\dot{q}}{\lambda} + T_0 = \frac{t}{c_p \cdot \rho \cdot l} \cdot \frac{\dot{Q}}{A} + T_0 = \frac{Q}{c_p \cdot m} + T_0.$$

Da $\overline{T}(t)$ = konst., ist auch $\overline{T} - T_0 = \Delta T$ = konst. und das Ergebnis ist äquivalent zur gesamten Wärmemenge $Q = c_p m \Delta T$.

22.10 Die Lösung für den Zylinder mit Randbedingung 2. Art

Gesucht ist die Lösung des Anfangsrandproblems

$$\frac{\partial \vartheta}{\partial \text{Fo}} = \frac{1}{\xi} \cdot \frac{\partial \vartheta}{\partial \xi} + \frac{\partial^2 \vartheta}{\partial \xi^2}$$

mit der RB 2. Art

$$\left[\frac{\partial \vartheta}{\partial \xi}\right]_{\xi=0} = 0, \quad \left[\frac{\partial \vartheta}{\partial \xi}\right]_{\xi=1} = 1$$

und der AB

$$\vartheta(\xi, 0) = 0. \tag{22.10.1}$$

Herleitung von (22.10.2) und (22.10.3)

Analog zur Platte ergibt sich die quasistationäre dimensionslose Lösung zu

$$\vartheta_{\text{qs}}(\xi, \text{Fo}) = \frac{1}{2}\xi^2 + 2\text{Fo}$$

und der Ansatz für die gesamte Lösung lautet

$$\vartheta(\xi, \mathrm{Fo}) = \frac{1}{2}\xi^2 + 2\mathrm{Fo} + v(\xi)w(\mathrm{Fo}).$$

Eingesetzt in (22.4) folgt

$$2 + v(\xi)\dot{w}(\mathrm{Fo}) = \frac{1}{\xi}[\xi + v'(\xi)w(\mathrm{Fo})] + 1 + v''(\xi)w(\mathrm{Fo})$$

und daraus das System $v'' + \frac{v'}{\xi} + \mu^2 v = 0$, $\dot{w} + \mu^2 w = 0$ mit der bekannten Zeitlösung

$$w(\mathrm{Fo}) = C \cdot e^{-\mu^2 \mathrm{Fo}}.$$

Die Bessel'sche DG für den Ortsteil wird gelöst durch $v(\xi) = C_1 J_0(\mu\xi) + C_2 N_0(\mu\xi)$, wie schon in Kap. 22.6 ausgeführt. Die Symmetriebedingung verlangt $C_2 = 0$ und die 2. RB führt auf $1 + \mu \cdot C_1 \cdot (-J_1(\mu))w(\mathrm{Fo}) = 1$ und zur charakteristischen Gleichung

$$J_1(\mu) = 0. \tag{22.10.2}$$

Für die ersten fünf Nullstellen von $J_0'(x)$ erhält man:

n	1	2	3	4	5
μ_n	0	3,831706	7,015587	10,173468	13,323692

Die Eigenfunktionen lauten dann $v_n(\xi) = J_0(\mu_n \xi)$ und zusammen ergibt sich

$$\vartheta(\xi, \mathrm{Fo}) = \frac{1}{2}\xi^2 + 2\mathrm{Fo} + \sum_{n=0}^{\infty} c_n \cdot e^{-\mu_n^2 \mathrm{Fo}} \cdot J_0(\mu_n \xi).$$

Die AB erzeugt die Gleichung

$$0 = \frac{1}{2}\xi^2 + \sum_{n=0}^{\infty} c_n \cdot J_0(\mu_n \xi).$$

Die Ermittlung der Koeffizienten setzt Kenntnis der Orthogonalität der Bessel-Funktionen und Weiteres voraus: Es gilt (siehe Band 3).

$$\int_0^1 \xi \cdot J_0(\mu_m \xi) \cdot J_0(\mu_n \xi) d\xi = 0 \quad \text{für } m \neq n \quad \text{und}$$

$$\int_0^1 \xi \cdot J_0^2(\mu_n \xi) = \frac{J_0^2(\mu_n) + J_1^2(\mu_n)}{2}.$$

Im Detail kann die weitere Herleitung in Band 4 nachvollzogen werden. Man erhält

$$c_0 = -\frac{1}{4} \quad \text{für } n = 0 \quad \text{und} \quad c_n = -\frac{2}{\mu_n^2 J_0(\mu_n)} \quad \text{für } n = 2, 3, 4, \ldots,$$

da $\mu_1 = 0$ ist. Deshalb beginnt die Summe mit $n = 2$.

Die Lösung von (22.10.1) lautet

$$\vartheta(\xi, \mathrm{Fo}) = \frac{1}{2}\xi^2 + 2\mathrm{Fo} - \frac{1}{4} - \sum_{n=2}^{\infty} \frac{2}{\mu_n^2 J_0(\mu_n)} \cdot e^{-\mu_n^2 \cdot \mathrm{Fo}} \cdot J_0(\mu_n \xi) \quad \text{oder}$$

$$\frac{T(r,t) - T_0}{\frac{\dot{q}l}{\lambda}} = \frac{1}{2l^2}r^2 + 2\frac{\beta^2}{l^2}t - \frac{1}{4} - \sum_{n=2}^{\infty} \frac{2}{\mu_n^2 J_0(\mu_n)} \cdot e^{-\mu_n^2 \cdot \frac{\beta^2}{l^2} \cdot t} \cdot J_0\left(\frac{\mu_n}{l} r\right)$$

mit der charakteristischen Gleichung $J_1(\mu) = 0$.

Für größere t verläuft die Kurve annähernd wie

$$\frac{T(r,t) - T_0}{\frac{\dot{q}l}{\lambda}} = \frac{1}{2l^2}r^2 + 2\frac{\beta^2}{l^2}t - \frac{1}{4}. \quad \text{(Bei Erwärmung ist } \dot{q} > 0.) \qquad (22.10.3)$$

Beispiel. Wir betrachten dasselbe Würstchen wie in Kap. 22.6 mit dem Durchmesser 2 cm und den Stoffwerten $c_p = 2875\,\frac{\mathrm{J}}{\mathrm{kg \cdot K}}$, $\rho = 1045\,\frac{\mathrm{kg}}{\mathrm{m^3}}$, $\lambda = 0{,}365\,\frac{\mathrm{W}}{\mathrm{m \cdot K}}$. Die Anfangstemperatur sei $T_0 = 20\,°\mathrm{C}$. Es wird nun in eine speziell dafür konstruierte Drahtspule gesetzt, sodass es den Draht möglichst nicht berührt und dadurch nicht verbrennt. Auf diese Weise wird dem Würstchen ringsherum der Wärmestrom $\dot{q} = 1\,\frac{\mathrm{kW}}{\mathrm{m^2}}$ zugeführt.

a) Bestimmen Sie die Temperaturfunktion $T(r, t)$.

b) Nach welcher Zeit herrscht im Kern die Gartemperatur $T_K = 75\,°\mathrm{C}$ (da es sich um große Zeiten handelt, genügt das 1. Reihenglied oder es kann sogar die Näherungslösung verwendet werden)? Welche Temperatur herrscht dann an der Wand?

Lösung.

a) Mit

$$\frac{\beta^2}{l^2} = \frac{\lambda}{c_p \cdot \rho \cdot l^2} = \frac{0{,}365}{2875 \cdot 1045 \cdot 0{,}01^2} = \frac{146}{120175}$$

erhält (22.10.3) die Form

$$T(r,t) = \left\{5000r^2 + \frac{292}{120175}t - \frac{1}{4} - \sum_{n=1}^{\infty} \frac{2}{\mu_n^2 J_0(\mu_n)} \cdot e^{-\mu_n^2 \cdot \frac{146}{120175} \cdot t} \cdot J_0(100\mu_n r)\right\} \cdot \frac{10000}{73} + 20.$$

b) Da die 1. Nullstelle von $J_1(\mu)$ null ist, muss der 2. Eigenwert $\mu_2 = 3{,}831706$ hinzugezogen werden. Die Gleichung

$$75 = \left(\frac{292}{120175}t - \frac{1}{4} + 0{,}338 \cdot e^{-3{,}831706^2 \cdot \frac{146}{120175} \cdot t}\right) \cdot \frac{10000}{73} + 20$$

besitzt dann die Lösung $t = 267$ s. Die Lösung der Gleichung

$$75 = \left(\frac{292}{120175}t - \frac{1}{4}\right) \cdot \frac{10000}{73} + 20$$

ergibt $t = 268$ s, also praktisch keinen Unterschied. Für diese Zeit erhält man an der Wand

$$T(0{,}01, t) = \left(5000 \cdot 0{,}01^2 + \frac{292}{120175} \cdot 268 - \frac{1}{4}\right) \cdot \frac{10000}{73} + 2 = 143{,}4\,^\circ\text{C}.$$

(Die Haut einer Wurst verträgt 160 °C, bevor sie platzt.)

22.11 Die Lösung für die Kugel mit Randbedingung 2. Art

Gesucht ist die Lösung des Anfangsrandproblems

$$\frac{\partial\vartheta}{\partial \mathrm{Fo}} = \frac{2}{\xi} \cdot \frac{\partial\vartheta}{\partial\xi} + \frac{\partial^2\vartheta}{\partial\xi^2}$$

mit der RB 2. Art

$$\left[\frac{\partial\vartheta}{\partial\xi}\right]_{\xi=0} = 0, \quad \left[\frac{\partial\vartheta}{\partial\xi}\right]_{\xi=1} = 1$$

und der AB

$$\vartheta(\xi, 0) = 0. \tag{22.11.1}$$

Herleitung von (22.11.2) und (22.11.3)

Die quasistationäre Lösung lautet $\vartheta_p(\xi, \mathrm{Fo}) = \frac{1}{2}\xi^2 + 3\mathrm{Fo}$ und zusammen ergibt dies den Ansatz $\vartheta(\xi, \mathrm{Fo}) = \frac{1}{2}\xi^2 + 3\mathrm{Fo} + v(\xi)w(\mathrm{Fo})$. Eingesetzt in (22.4) folgt daraus

$$3 + v(\xi)\dot{w}(\mathrm{Fo}) = \frac{2}{\xi}[\xi + v'(\xi)w(\mathrm{Fo})] + 1 + v''(\xi)w(\mathrm{Fo})$$

und das System $v'' + 2\frac{v'}{\xi} + \mu^2 v = 0$, $\dot{w} + \mu^2 w = 0$ mit der Zeitlösung $w(\mathrm{Fo}) = C \cdot e^{-\mu^2 \mathrm{Fo}}$.

Die DG des Ortsteils ist identisch mit (22.4.2) und wird, wie schon in Kap. 22.4 gezeigt, durch

$$v(\xi) = C_1 \frac{\cos(\mu\xi)}{\mu\xi} + C_2 \frac{\sin(\mu\xi)}{\mu\xi}$$

gelöst. Die Symmetriebedingung führt zu $C_1 = 0$ und die 2. RB erzeugt

$$1 + \frac{C_2 \cdot \mu \cdot \cos(\mu \cdot 1) - \sin\mu}{\mu \qquad 1^2} \cdot w(\mathrm{Fo}) = 1$$

und schließlich die charakteristische Gleichung

$$\tan\mu = \mu. \tag{22.11.2}$$

Die ersten fünf Eigenwerte sind $\mu_0 = 0$, $\mu_1 = 4{,}4934$, $\mu_2 = 7{,}7253$, $\mu_3 = 10{,}9041$, $\mu_4 = 14{,}0662$. Mit den Eigenfunktionen, $v_n(\xi) = \frac{\sin(\mu_n\xi)}{\mu_n\xi}$, erhält man zusammen

$$\vartheta(\xi, \mathrm{Fo}) = \frac{1}{2}\xi^2 + 3\mathrm{Fo} + \sum_{n=0}^{\infty} c_n \cdot e^{-\mu_n^2 \mathrm{Fo}} \cdot \frac{\sin(\mu_n\xi)}{\mu_n\xi}.$$

Die AB erzeugt die Bestimmungsgleichung für die Koeffizienten:

$$0 = \frac{1}{2}\xi^2 + \sum_{n=0}^{\infty} c_n \cdot \frac{\sin(\mu_n\xi)}{\mu_n\xi}.$$

Die Multiplikation mit ξ und $\sin(m\pi\xi)$ liefert

$$-\frac{1}{2}\int_0^1 \xi^3 \sin(\mu_n\xi) d\xi = c_n \int_0^1 \frac{\sin^2(\mu_n\xi)}{\mu_n} d\xi$$

und daraus

$$c_n = -\frac{\mu_n \int_0^1 \xi^3 \sin(\mu_n\xi) d\xi}{2\int_0^1 \sin^2(\mu_n\xi) d\xi} = -\frac{\mu_n \cos\mu_n (6 - \mu_n^2) + 3\sin\mu_n(\mu_n^2 - 2)}{\mu_n^2(\mu_n - \sin\mu_n \cos\mu_n)} \quad \text{für } n \neq 0.$$

Mit den obigen Eigenwerten erhält man $c_1 = 0{,}4560$, $c_2 = -0{,}2611$, $c_3 = 0{,}1842$, $c_4 = -0{,}1425$.

Im Fall $n = 0$ wird die Regel von de L'Hospital mehrmals angewendet (siehe Band 4) und man findet $c_0 = -\frac{3}{10}$.

Die Lösung von (22.11.1) lautet

$$\vartheta(\xi, \mathrm{Fo}) = \frac{1}{2}\xi^2 + 3\mathrm{Fo} - \frac{3}{10} - \sum_{n=1}^{\infty} c_n \cdot e^{-\mu_n^2 \cdot \mathrm{Fo}} \cdot \frac{\sin(\mu_n\xi)}{\mu_n\xi} \quad \text{oder}$$

$$\frac{T(r,t) - T_0}{\frac{\dot{q}l}{\lambda}} = \frac{1}{2l^2}r^2 + 3\frac{\beta^2}{l^2}t - \frac{3}{10} - \sum_{n=1}^{\infty} dc_n \cdot e^{-\mu_n^2 \cdot \frac{\beta^2}{l^2} \cdot t} \cdot \frac{\sin(\frac{\mu_n}{l}r)}{\frac{\mu_n}{l}r}$$

mit der charakteristischen Gleichung $\tan\mu = \mu$ und

$$c_n = \frac{\mu_n \cos\mu_n(6-\mu_n^2) + 3\sin\mu_n(\mu_n^2-2)}{\mu_n^2(\mu_n - \sin\mu_n\cos\mu_n)}.$$

Für größere t verläuft die Kurve annähernd wie

$$\frac{T(r,t)-T_0}{\frac{\dot{q}l}{\lambda}} = \frac{1}{2l^2}r^2 + 3\frac{\beta^2}{l^2}t - \frac{3}{10}. \quad \text{(Bei Erwärmung ist } \dot{q} > 0.\text{)} \tag{22.11.3}$$

Beispiel. Wir betrachten dasselbe kugelförmige Ei mit dem Radius $l = 2{,}5\,\text{cm}$ aus Kap. 22.4. Die Stoffwerte sind $\rho = 1075\,\frac{\text{kg}}{\text{m}^3}$, $c_p = 3250\,\frac{\text{J}}{\text{kg}\cdot\text{K}}$ und $\lambda = 1{,}2\,\frac{\text{W}}{\text{m}\cdot\text{K}}$. Das rohe Ei soll mithilfe eines kugelförmigen Drahtgeflechts, in welches das Ei platziert wird, mit einem konstanten Wärmestrom $\dot{q} = 10\,\frac{\text{kW}}{\text{m}^2}$ und einer Anfangstemperatur $T_0 = 20\,^\circ\text{C}$ gar gekocht werden.

Idealisierung: Aufgrund des geringen Leitwiderstands der Schale betrachten wir das Ei als schalenlos.

a) Wie lautet die zugehörige Temperaturfunktion $T(r,t)$?

b) Nach welcher Zeit gerinnt das Ei auch im Kern (Gerinntemperatur des Eis: 62 °C)?

Nehmen Sie zur Berechnung einerseits die Reihenlösung unter Einbezug des 1. Eigenwerts und zum Vergleich die Näherungslösung.

Lösung.

a) Man erhält

$$\frac{\beta^2}{l^2} = \frac{\lambda}{c_p\cdot\rho\cdot l^2} = \frac{1{,}2}{3250\cdot 1075\cdot 0{,}025^2} = \frac{192}{349375}$$

und somit

$$T(r,t) = \left\{800r^2 + \frac{576}{349375}t - \frac{3}{10} - \sum_{n=1}^{\infty} d_n\cdot e^{-\mu_n^2\cdot\frac{192}{349375}\cdot t}\cdot\frac{\sin(40\mu_n r)}{40\mu_n r}\right\}\cdot\frac{1250}{6} + 20$$

mit $\mu_1 = 4{,}4934$, $\mu_2 = 7{,}7253$, $\mu_3 = 10{,}9041$, $\mu_4 = 14{,}0662, \ldots$ und $d_1 = -0{,}4560$, $d_2 = 0{,}2611$, $d_3 = -0{,}1842$, $d_4 = 0{,}1425, \ldots$.

b) Es entsteht die Gleichung

$$62 = \left(\frac{576}{349375}t - \frac{3}{10} + 0{,}456\cdot e^{-4{,}4934^2\cdot\frac{192}{349375}\cdot t}\right)\cdot\frac{1250}{6} + 20$$

mit der Lösung $t = 293\,\text{s}$ und

$$62 = \left(\frac{576}{349375}t - \frac{3}{10}\right)\cdot\frac{1250}{6} + 20$$

wird durch $t = 304\,\text{s}$ gelöst. Der Unterschied ist vernachlässigbar klein.

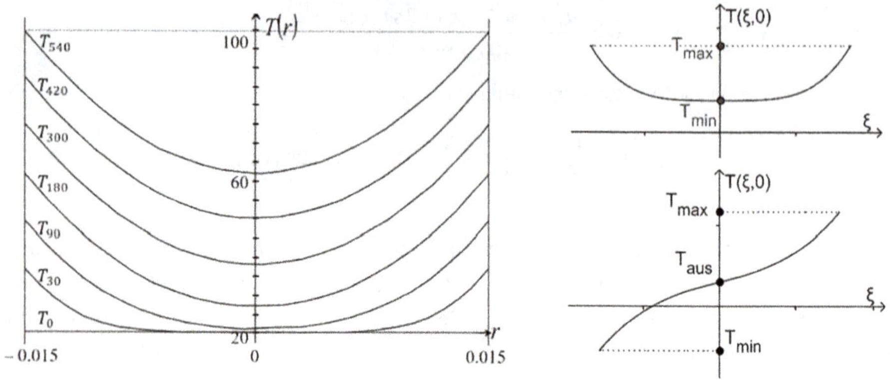

Abb. 22.5: Graphen von (22.9.7) und Skizzen zum nichtkonstanten Starttemperaturprofil.

23 Instationäre Wärmeleitung bei nicht konstanter Starttemperatur

In allen bisherigen Fällen wurde der Erwärmungs- oder Abkühlungsprozess ungestört weitergeführt. Nun wollen wir diesen zu einem beliebigen Zeitpunkt unterbrechen und einen neuen Prozess gemäß einer der drei RBen einleiten. Die vergangenen Simulationen zeigen, dass das Temperaturprofil entweder quadratische Form (RB 2. Art) oder näherungsweise die Gestalt einer Potenzfunktion (RB 1. und 3. Art) besitzt. Das nun folgende Verfahren lässt sich theoretisch für jede achsen- oder punktsymmetrische Temperaturfunktion durchführen, aber praktisch gesehen, sind kompliziertere Temperaturverläufe, als die eben erwähnten, in einem Körper gar nicht zu bewerkstelligen. Der praktische Nutzen eines solchen Unterbruchs soll nun erklärt werden.

Um Materialien, insbesondere Metalle, zu formen, ist es sinnvoll, diese auf eine konstante Ausgleichstemperatur T_{aus} zu bringen. Legt man eine feste Wandtemperatur $T_W = T_{\text{aus}}$ an (RB 1. Art), dann dauert es lange, bis auch die Temperatur im Kern $T_{\min}$ die geforderte Ausgleichstemperatur $T_{\min} = T_{\text{aus}}$ erreicht. Um den Prozess zu beschleunigen, setzt man die Wand während einer gewissen Zeit auf die Temperatur $T_{\max} > T_{\text{aus}}$, damit die Kerntemperatur schneller nachzieht und legt erst dann die Wandtemperatur $T_W = T_{\text{aus}}$ an. Für eine analytische Lösung dieses Prozesses nähert man beim Wechsel der Wandtemperaturen das aktuelle Starttemperaturprofil sinnvollerweise durch eine Potenzfunktion $T(\xi, 0) =: T_0(\xi)$ mit $\xi = \frac{r}{l}$ an. Wir nennen $T_0(\xi)$ dann das „Startprofil" für den bevorstehenden Temperaturausgleich.

Idealisierung: Das Startprofil $T_0(\xi)$ besitzt die Form einer Potenzfunktion.

Die nachfolgende Theorie könnte man für alle drei Randbedingungsarten ausweiten. Wir begnügen uns mit einer RB 1. Art. Die Ausführungen für die beiden anderen RBen findet man in Band 4.

Einschränkung: Der Temperaturausgleich findet über eine fest angelegte Wandtemperatur statt.

Herleitung von (23.1)–(23.7)

Wir unterscheiden zwei Fälle.

1. Fall. Achsensymmetrisches Startprofil (Abb. 22.5 rechts oben).

Gegeben ist

$$T_0(\xi) = T_{\min} + (T_{\max} - T_{\min})\xi^k, \quad k = 2, 4, 6, \dots . \tag{23.1}$$

Die dimensionslose Temperatur wählen wir zu

$$\vartheta(r, t) := \frac{T(r, t) - T_W}{T_{\max} - T_{\min}}. \tag{23.2}$$

https://doi.org/10.1515/9783111345765-023

Dann folgt wie bisher $\vartheta(\xi = 1, \mathrm{Fo}) = 0$, infolge der Achsensymmetrie ist $C_2 = 0$ in der Lösung des Ortsteils (22.2.2) und die charakteristische Gleichung ist wiederum $\cos\mu = 0$ mit den Eigenwerten $\mu_n = \frac{(2n-1)}{2}\pi$. Die dimensionslose Starttemperatur ergibt sich zu

$$\vartheta(\xi, 0) = \frac{T_{\min} + (T_{\max} - T_K)\xi^k - T_W}{T_{\max} - T_{\min}} = \xi^k + b \quad \text{mit} \quad b := \frac{T_{\min} - T_W}{T_{\max} - T_{\min}}. \tag{23.3}$$

2. Fall. Punktsymmetrisches Startprofil (Abb. 22.5 rechts unten).

In diesem Fall wurde nur einseitig, in der Abb. 22.5 rechts unten, also auf der rechten Seite erwärmt. Gegeben ist

$$T_0(\xi) = \frac{1}{2}(T_{\max} + T_{\min}) + \frac{1}{2}(T_{\max} - T_{\min})\xi^k, \quad k = 1, 3, 5, \ldots . \tag{23.4}$$

Erwärmen wir weiterhin einseitig mit einer festen Wandtemperatur T_W gemäß einer RB 1. Art, dann können wir eine konstante Temperatur über die gesamte Körperbreite nur mit $T_W = \frac{1}{2}(T_{\max} + T_{\min})$ erhalten. In diesem Fall ist also $T_W = T_{\text{aus}}$ und (23.4) schreibt sich als

$$T_0(\xi) = T_W + \frac{1}{2}(T_{\max} - T_{\min})\xi^k. \tag{23.5}$$

Der Kern besitzt bereits die Ausgleichstemperatur. Weiter setzen wir

$$\vartheta(r, t) := \frac{T(r, t) - T_W}{\frac{1}{2}(T_{\max} - T_{\min})}, \tag{23.6}$$

woraus $\vartheta(\xi = \pm 1, \mathrm{Fo}) = 0$ folgt. Aufgrund des punktsymmetrischen Temperaturprofils ist diesmal $C_1 = 0$ in der Lösung des Ortsteils (22.2.2), d. h., es verbleibt $v(\xi) = C_2 \sin(\mu\xi)$. Die RB $\vartheta(\xi = \pm 1, \mathrm{Fo}) = 0$ liefert die charakteristische Gleichung $\sin\mu = 0$ mit den Eigenwerten $\mu_n = n\pi$. Schließlich finden wir

$$\vartheta(\xi, 0) = \frac{T_W + \frac{1}{2}(T_{\max} - T_{\min})\xi^k - T_W}{\frac{1}{2}(T_{\max} - T_{\min})} = \xi^k. \tag{23.7}$$

Beispiel 1. Die 20 cm dicke Chromstahlplatte aus Kap. 22.2 mit den Werten $\rho = 7800\ \frac{\mathrm{kg}}{\mathrm{m}^3}$, $c_p = 450\ \frac{\mathrm{J}}{\mathrm{kg \cdot K}}$ und $\lambda = 30\ \frac{\mathrm{W}}{\mathrm{m \cdot K}}$ wurde beidseits (beispielsweise bei $T_0 = 20\,^\circ\mathrm{C}$) mit $T_{\max} = 250\,^\circ\mathrm{C}$ erwärmt, sodass der Kern die Temperatur $T_K = T_{\min} = 50\,^\circ\mathrm{C}$ und insgesamt ein quadratisches Profil besitzt. In diesem Moment wird die Wand mit Wasser der Temperatur $T_W = 100\,^\circ\mathrm{C}$ bei einem Wärmeübergangskoeffizienten von $\alpha = 1000\ \frac{\mathrm{W}}{\mathrm{m}^2 \cdot \mathrm{K}}$ angespritzt.

Idealisierung: Damit ist gewährleistet, dass $\frac{\lambda}{\alpha} \ll 1$ und die RB 1. Art gerechtfertigt ist.

Ein solches „Glühen" bei niedriger Temperatur wird zur Entfernung von ungewünschten Partikeln verwendet, damit das Metall weniger spröde ist. Für Verformungen sind weitaus höhere Temperaturen vonnöten.

a) Ermitteln Sie die Profile $T_0(\xi)$ und $\vartheta(\xi, 0)$.
b) Bestimmen Sie den Temperaturverlauf $T(r, t)$.
c) Stellen Sie den Verlauf von $T(r, t)$ im Intervall $-0{,}1\,\text{m} \le r \le 0{,}1\,\text{m}$ für die Zeiten 1 s, 5 s, 15 s, 45 s, 2 min, 10 min dar.

Lösung.
a) Mit $T_K = T_{min} = 50\,°\text{C}$, $T_{max} = 250\,°\text{C}$ und $T_W = 100\,°\text{C}$ folgt aus (23.1) $T_0(\xi) = 50 + 200\xi^2$. Gleichung (23.3) liefert $\vartheta(\xi, 0) = \xi^2 - \frac{1}{4}$.
b) Mit den Ergebnissen aus Kap. 22.2 führt die Anfangsbedingung zu

$$\xi^2 - \frac{1}{4} = \sum_{n=1}^{\infty} c_n \cdot \cos\left[\frac{(2n-1)\pi}{2}\xi\right] \quad \text{und}$$

$$c_n = \frac{\int_0^1 (\xi^2 - \frac{1}{4}) \cos[\frac{(2n-1)\pi}{2}\xi] d\xi}{\int_0^1 \cos^2[\frac{(2n-1)\pi}{2}\xi] d\xi} = \frac{(-1)^{n+1}[3(2n-1)^2\pi^2 - 32]}{(2n-1)^3\pi^3}.$$

Der Wert mit $\frac{\beta^2}{l^2} = \frac{1}{1170}$ wurde schon in Kap. 22.2 bestimmt und es folgt

$$\vartheta(\xi, \text{Fo}) = \sum_{n=1}^{\infty} c_n \cdot e^{-\frac{(2n-1)^2\pi^2}{4} \cdot \text{Fo}} \cdot \cos\left[\frac{(2n-1)\pi}{2}\xi\right]$$

oder mit (23.2)

$$T(r, t) = \left\{\sum_{n=1}^{\infty} \frac{(-1)^{n+1}[3(2n-1)^2\pi^2 - 32]}{(2n-1)^3\pi^3} \cdot e^{-\frac{(2n-1)^2\pi^2}{4} \cdot \frac{1}{1170} \cdot t} \cdot \cos[5(2n-1)\pi \cdot r]\right\} \cdot 200 + 100. \qquad (23.8)$$

c) Die Verläufe entnimmt man Abb. 23.1 links.

Bemerkung. Man erkennt, dass der Ausgleich etwa nach 10 min erfolgt. Addiert man die benötigte Zeit (175 s, hier nicht gezeigt), um den Kern von 20 °C auf 50 °C bei einer Wandtemperatur von $T_W = 250\,°\text{C}$ zu bringen, so erhält man $t \approx 13$ min. (Die Kurve ist dann in sehr guter Näherung gleich $50 + 200\xi^2$.) Im Vergleich dazu braucht es 40 min, um das Material von 20 °C mit 100 °C Wandtemperatur auf diese Ausgleichstemperatur zu erwärmen.

Beispiel 2. Dieselbe Chromstahlplatte wie in Beispiel 1 wurde nur einseitig erwärmt und das Temperaturprofil besitzt eine punktsymmetrische Form mit $k = 3$, $T_{min} = 50\,°\text{C}$ und $T_{max} = 250\,°\text{C}$. mit $k = 1$, $T_{min} = 50\,°\text{C}$ und $T_{max} = 250\,°\text{C}$.
a) Wie lauten die Profile $T_0(\xi)$ und $\vartheta(\xi, 0)$?
b) Bestimmen Sie den Temperaturverlauf $T(r, t)$, falls eine konstante Ausgleichstemperatur von $T_{aus} = T_{W2} = 150\,°\text{C}$ angestrebt wird.

c) Stellen Sie den Verlauf von $T(r,t)$ im Intervall $-0{,}1\,\text{m} \le r \le 0{,}1\,\text{m}$ für die Zeiten 1 s, 5 s, 15 s, 45 s, 2 min, 10 min dar.

Lösung.

a) Man erhält mit (23.5) $T_0(\xi) = 150 + 100\xi^3$ und (23.7) liefert $\vartheta(\xi, 0) = \xi^3$.

b) Die durchgeführten Erläuterungen führen zu

$$\vartheta(\xi, \mathrm{Fo}) = \sum_{n=1}^{\infty} c_n \cdot e^{-n^2\pi^2\cdot\mathrm{Fo}} \cdot \sin(n\pi\cdot\xi).$$

Die AB ergibt

$$\xi^3 = \sum_{n=1}^{\infty} c_n \cdot \sin(n\pi\xi) \quad \text{mit} \quad c_n = \frac{\int_0^1 \xi^3 \sin(n\pi\cdot\xi)d\xi}{\int_0^1 \sin^2(n\pi\cdot\xi)d\xi} = \frac{2(-1)^{n+1}(n^2\pi^2-6)}{n^3\pi^3}$$

und das Ergebnis

$$\vartheta(\xi, \mathrm{Fo}) = \sum_{n=1}^{\infty} \frac{2(-1)^{n+1}(n^2\pi^2-6)}{n^3\pi^3} \cdot e^{-n^2\pi^2\cdot\mathrm{Fo}} \cdot \sin(n\pi\cdot\xi)$$

oder mit (23.7)

$$T(r,t) = \left\{\sum_{n=1}^{\infty} \frac{2(-1)^{n+1}(n^2\pi^2-6)}{n^3\pi^3} \cdot e^{-n^2\pi^2\cdot\frac{1}{1170}\cdot t} \cdot \sin(10n\pi\cdot r)\right\} \cdot 100 + 150. \qquad (23.9)$$

c) Die zugehörigen Graphen sind in Abb. 23.1 rechts dargestellt.

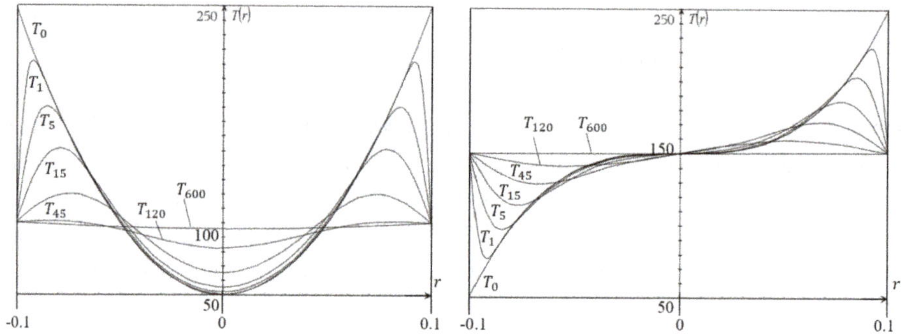

Abb. 23.1: Graphen von (23.8) und (23.9).

24 Näherungslösungen für die Reihenlösung

Wir haben an verschiedenen Stellen gesehen, dass zur Temperaturberechnung das erste Glied der Reihenlösung (RL) ausreicht, sofern die Zeit genügend groß gewählt wird. Deswegen ist es notwendig, ein entsprechendes Zeitkriterium hierfür aufzustellen. Dies geschieht in Kap. 24.1. Da für kürzere Zeiten immer mehr Glieder der RL berücksichtigt werden müssten, wird diese schnell unhandlich. Aus diesem Grund wurde das Modell des halbunendlichen Körpers (HUK) entwickelt (Kap. 24.3). Für mittelgroße Zeiten schließlich müsste man sich unter Einbezug mehrerer Glieder mit der RL begnügen. Um dies dennoch zu umgehen, behilft man sich mit dem Modell des ideal gerührten Behälters (IGB), wenngleich man dafür einen etwas größeren Fehler in Kauf nimmt (Kap. 24.2). Die dabei festgelegten prozentualen Fehler sind beliebig aber sinnvoll und die sich ergebenden Schranken werden durch die Biot- und die Fourier-Zahl bestimmt sein. An dieser Stelle zeigt sich die zentrale Bedeutung einer solchen Kennzahl.

24.1 Erstes Glied der Reihenlösung

I. Erstes Reihenglied für die Platte

Um die Güte des ersten Gliedes der RL zu ermitteln, sind die nachfolgenden Reihenglieder entscheidend. Natürlich ist es zwingend, dass die RL konvergiert. Die Reihe ist zudem absolut monoton fallend und es zeigt sich, dass der Fehler ab dem dritten Glied schon im Zehntel- bzw. Hundertstelbereich liegt, weshalb es gerechtfertigt ist, das zweite Glied der RL in den Fokus zu rücken.

Einschränkung: Der maximale Fehler des zweiten Glieds der RL wird auf 1 % festgelegt.

Abschätzung der Fourier-Zahl bei einer RB 1. Art

Herleitung von (24.1.1)

Bezeichnen $T(l,t)$ und $T(0,t)$ die Temperaturen am Rand respektive im Kern, dann ist die maximal mögliche Temperaturdifferenz, die sich im Körper während des Vorgangs einstellen kann, $T(l,t) - T(0,t)$. Die maximal mögliche Temperaturdifferenz außerhalb des Körpers während dieser Zeit beträgt, im Falle einer RB 1. Art, $T_0 - T_W$. Wir bestimmen nun zuerst die dimensionslose Temperatur zwischen Rand und Kern und betrachten davon nur das 2. Glied mit $n = 2$. Gleichung (22.2.4) liefert

$$a_2(\mathrm{Fo}) := \left.\frac{T(l,t) - T(0,t)}{T_0 - T_W}\right|_{n=2} = \left[\sum_{n=1}^{\infty} \frac{4(-1)^{n+1}}{(2n-1)\pi} \cdot e^{-\frac{(2n-1)^2\pi^2}{4}\cdot\mathrm{Fo}} \cdot \left\{\cos\left[\frac{(2n-1)\pi}{2}\right] - 1\right\}\right]_{n=2}$$

https://doi.org/10.1515/9783111345765-024

und

$$a_2(\mathrm{Fo}) = \frac{4}{3\pi} \cdot e^{-\frac{9\pi^2}{4} \cdot \mathrm{Fo}}.$$

Aus der Bedingung $a_2(\mathrm{Fo}) < 0{,}01$ folgt

$$\mathrm{Fo} \geq 0{,}17. \tag{24.1.1}$$

Abschätzung der Fourier-Zahl bei einer RB 2. Art

Herleitung von (24.1.2)

Definiert man

$$a_3(\mathrm{Fo}) := \frac{T(l,t) - T(0,t)}{\frac{\dot{q}l}{\lambda}},$$

so erhält man mithilfe von (22.9.6)

$$a_3(\mathrm{Fo}) = \left[\sum_{n=1}^{\infty} \frac{2(-1)^n}{n^2\pi^2} \cdot e^{-n^2\pi^2 \cdot \mathrm{Fo}} \cdot \{\cos(n\pi) - 1\}\right]_{n=3}.$$

(Man muss auf das 3. Glied der Differenz ausweichen, weil $a_2(\mathrm{Fo}) = 0$ ergibt.) Es folgt

$$a_3(\mathrm{Fo}) = \frac{4}{9\pi^2} \cdot e^{-9\pi^2 \cdot \mathrm{Fo}}$$

und aus $a_3(\mathrm{Fo}) < 0{,}01$ die Bedingung

$$\mathrm{Fo} \geq 0{,}02. \tag{24.1.2}$$

Abschätzung der Fourier-Zahl bei einer RB 3. Art

Herleitung von (24.1.3) und (24.1.4)

In diesem Fall gilt mit (22.3.5) und $\tan\mu = \frac{\mathrm{Bi}}{\mu}$ die Gleichung

$$a_2(\mu_2, \mathrm{Fo}) = \left.\frac{T(l,t) - T(0,t)}{T_0 - T_\infty}\right|_{n=2} = \frac{2\sin\mu_2}{\mu_2 + \sin\mu_2\cos\mu_2} \cdot e^{-\mu_2^2 \cdot \mathrm{Fo}} \cdot (\cos\mu_2 - 1). \tag{24.1.3}$$

Trägt man $\mu \cdot \tan\mu$ gegenüber Bi für $\mathrm{Bi} \in [0, \infty)$ auf, so liegt der zweite Eigenwert in einem ganz bestimmten Intervall: Für $\mathrm{Bi} \to 0$ gilt $\mu_2 \to \pi$ und für $\mathrm{Bi} \to \infty$ gilt $\mu_2 \to \frac{3}{2}\pi$.

Dies bedeutet, dass die Intervalle $[\mu_2 = \pi, \mu_2 = \frac{3}{2}\pi)$ und $[\mathrm{Bi} = 0, \mathrm{Bi} = \infty)$ eineindeutig sind.

Somit genügt es, die Funktion im Intervall $[\pi, \frac{3}{2}\pi)$ zu untersuchen und das ganze Biot-Zahlenspektrum ist dann damit erfasst. Für die vier Fourier-Zahlen Fo = 0,2, 0,25, 0,30, 0,35 ist der relative Fehler $a_2(\mu_2)$ in Abb. 24.1 links aufgetragen. Aus der Grafik erkennt man, dass der relative Fehler unterhalb der verlangten 1 % zu liegen kommt für

$$\mathrm{Fo} \geq 0{,}3. \tag{24.1.4}$$

Der Wärmeverlauf bei einer RB 3. Art ist derjenige, der von den drei betrachteten die größte Fourier-Zahl hervorruft, weil dieser den am langsamsten verlaufenden Prozess darstellt.

II. Erstes Reihenglied für den Zylinder

Es müssen dieselben Rechnungen wie bei der Platte durchgeführt werden. Wir kürzen hier etwas ab und listen nur die Ergebnisse auf (vgl. Band 4). Man erhält

$$\text{RB 1. Art:}\quad \mathrm{Fo} \geq 0{,}15, \qquad \text{RB 2. Art:}\quad \mathrm{Fo} \geq 0{,}05, \qquad \text{RB 3. Art:}\quad \mathrm{Fo} \geq 0{,}23. \tag{24.1.5}$$

III. Erstes Reihenglied für die Kugel

Ebenso ergibt sich in diesem Fall (vgl. Band 4)

$$\text{RB 1. Art:}\quad \mathrm{Fo} \geq 0{,}14, \qquad \text{RB 2. Art:}\quad \mathrm{Fo} \geq 0{,}03, \qquad \text{RB 3. Art:}\quad \mathrm{Fo} \geq 0{,}19. \tag{24.1.6}$$

Beispiel. Kontrollieren Sie mit den Werten von (24.1.5) und (24.1.6), ob die getroffenen Vereinfachungen in den Beispielen aus den Kapiteln i) 22.5, ii) 22.6, iii) 22.7, iv) 22.10 und v) 22.11 zulässig waren.

Lösung.

i) Aufgabenteil c). Mit $t = 1200$ s folgt

$$\mathrm{Fo} = \frac{\beta^2}{l^2} t = \frac{\lambda \cdot t}{c_p \cdot \rho \cdot l^2} = \frac{1 \cdot 1200}{720 \cdot 2500 \cdot 0{,}02^2} = 6 > 0{,}19,$$

also war die Beschränkung auf das 1. Reihenglied (1RG) zulässig.

ii) Aufgabenteil c). Mit $t = 48$ s folgt

$$\mathrm{Fo} = \frac{0{,}365 \cdot 48}{2875 \cdot 1045 \cdot 0{,}01^2} = 0{,}058 \ngeq 0{,}15,$$

also war die Hinzunahme weiterer Reihenglieder gerechtfertigt.

iii) Aufgabenteil c). Mit $t = 263$ s folgt

$$\text{Fo} = \frac{240 \cdot 263}{900 \cdot 2700 \cdot 0{,}1^2} = 2{,}6 > 0{,}23,$$

also 1. RG in Ordnung.

iv) Aufgabenteil b). Mit $t = 267$ s folgt

$$\text{Fo} = \frac{0{,}365 \cdot 267}{2875 \cdot 1045 \cdot 0{,}01^2} = 0{,}32 > 0{,}05,$$

also 1. RG i. O.

v) Aufgabenteil b). Mit $t = 293$ s folgt

$$\text{Fo} = \frac{1{,}2 \cdot 293}{3250 \cdot 1075 \cdot 0{,}025^2} = 0{,}16 > 0{,}03,$$

also 1. RG i. O.

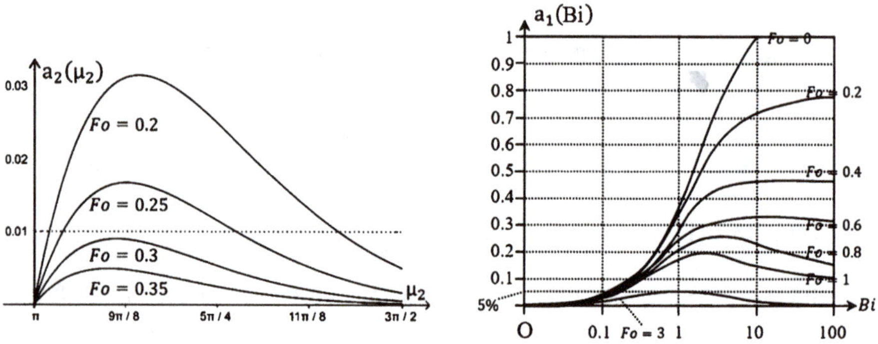

Abb. 24.1: Graphen von (24.1.3) und Graphen zur Tabelle Kap. 24.2.

24.2 Der ideal gerührte Behälter

Das Modell des ideal gerührten Behälters (IGB) eignet sich für kleine Temperaturunterschiede im gesamten Körper. Dies entspricht im idealen Fall einer perfekten Wärmeleitung oder für eine Flüssigkeit einer idealen Durchmischung, daher der Name dieses Modells (vgl. Kompartimentmodelle, Kap. 5):

Idealisierungen:

- Das Temperaturprofil ist eine Funktion der Zeit alleine: $T(t)$.
- Der Körper befindet sich anfangs auf der konstanten Temperatur T_0.

Herleitung von (24.2.1)–(24.2.5)

Als direkte Folgerung wird die Wärmebilanz nicht an einem infinitesimal kleinen Volumen, sondern am gesamten Volumen durchgeführt.

Bilanz und lineare Approximation: Wärmeenergiebilanz im Volumen V (vgl. (22.1) und (22.2)). Man erhält einerseits

$$dQ_1 = c_p m \cdot dT = c_p \rho \cdot V \cdot dT$$

und anderseits

$$dQ_2 = \dot{Q} \cdot dt = \dot{q}_W A \cdot dt,$$

also

$$c_p \rho \cdot V \cdot dT = \dot{q}_W A \cdot dt. \tag{24.2.1}$$

RB 1. Art. $T(0, t) = T_W$. In diesem Fall ist schlicht $T(t) = T_W$.

RB 2. Art. $\dot{q}_W$ = konst. Aus dem Vergleich von (24.2.1) folgt

$$T(t) = \frac{\dot{q}_l A}{c_p \rho \cdot V} \cdot t.$$

Da $\frac{A}{V} = \frac{n+1}{l}$ für die Platte ($n = 0$), den Zylinder ($n = 1$) und die Kugel ($n = 2$) resp. gilt, erhält man

$$T(t) = \frac{\dot{q}_l \cdot (n+1)}{c_p \rho \cdot l} \cdot t.$$

Die mittlere Temperatur $\overline{T}(t)$ in diesem Modell entspricht natürlich immer der Temperatur $T(t)$, weil diese im ganzen Körper zu jeder Zeit t konstant ist und die bis zur Zeit t über die Fläche A ins Innere abgegebene Wärme $Q(t)$ beträgt dann

$$Q(t) = A \cdot \int_0^t \dot{q}_W d\tau = A \cdot \dot{q}_W \cdot t.$$

RB 3. Art. $\dot{q}_W(t) = \alpha[T_\infty - T(t)]$. Eingesetzt in (24.2.1) entsteht

$$c_p \rho \cdot V \cdot dT = \alpha[T_\infty - T(t)] A \cdot dt$$

und daraus

$$\frac{dT}{T - T_\infty} = -\frac{\alpha A}{c_p \rho \cdot V} \cdot dt. \tag{24.2.2}$$

Die Integration liefert

$$\ln(T - T_\infty) = -\frac{\alpha \cdot (n+1)}{c_p \rho \cdot l} \cdot t + C_1 \quad \text{und} \quad T(t) = C \cdot e^{-\frac{\alpha\cdot(n+1)}{c_p\rho\cdot l}\cdot t} + T_\infty.$$

Mit der AB folgt $T(0) = C + T_\infty = T_0$ und $C = T_0 - T_\infty$. Insgesamt ergibt sich

$$T(t) = (T_0 - T_\infty) \cdot e^{-\frac{\alpha\cdot(n+1)}{c_p\rho\cdot l}\cdot t} + T_\infty.$$

Mit der dimensionslosen Temperatur $\vartheta(t) = \frac{T(t)-T_\infty}{T_0-T_\infty}$ und den bekannten Größen

$$\mathrm{Bi} = \frac{\alpha l}{\lambda}, \qquad \mathrm{Fo} = \frac{\beta^2}{l^2} t = \frac{\lambda \cdot t}{c_p \rho \cdot l^2}$$

erhält man die Darstellung $\vartheta(\mathrm{Fo}) = e^{-\mathrm{Bi}\cdot\mathrm{Fo}\cdot(n+1)}$. Setzt man noch $\tilde{\mathrm{Bi}} := \frac{1}{n+1}\mathrm{Bi}$ und $\tilde{\mathrm{Fo}} := (n+1)^2\mathrm{Fo}$, so ist $\vartheta(\mathrm{Fo}) = e^{-\tilde{\mathrm{Bi}}\cdot\tilde{\mathrm{Fo}}}$.

Der ideal gerührte Behälter besitzt im Fall einer RB 3. Art das Temperaturprofil

$$T(t) = (T_0 - T_\infty) \cdot e^{-\frac{\alpha\cdot(n+1)}{c_p\rho\cdot l}\cdot t} + T_\infty \quad \text{oder} \quad \vartheta(\mathrm{Fo}) = e^{-\tilde{\mathrm{Bi}}\cdot\tilde{\mathrm{Fo}}}. \tag{24.2.3}$$

Die zentrale Frage lautet: Wann darf man das Modell des IGB anwenden? Das folgende Kriterium legt eine sinnvolle Abweichung fest:

Kriterium: Unterscheiden sich Kern- und Randtemperatur zu jeder Zeit um höchstens 5 %, so ist das IGB-Modell zulässig.

Übersetzt bedeutet es: Falls

$$\left| \frac{T(l,t) - T(0,t)}{T_0 - T_\infty} \right| < 5\,\%,$$

dann darf man $T(l,t)$, $T(0,t)$ und $T(t)$ miteinander identifizieren und mit (24.2.3) rechnen. Zum Vergleich muss man die exakte RL heranziehen. Da die dimensionslose Temperatur $\vartheta(t)$ aus einem einzigen exponentiellen Term besteht, liegt es auf der Hand für (24.2.3) das 1. RG zu verwenden.

I. Abschätzung für die Platte

Wir kürzen ab:

$$a_1(\mu_1, t) := \left[\frac{T(0,t) - T(l,t)}{T_0 - T_\infty} \right]_{n=1}.$$

Mit (22.3.5) folgt dimensionslos geschrieben

$$a_1(\mu_1, \mathrm{Fo}) = \frac{2\sin\mu_1(1-\cos\mu_1)}{\mu_1 + \sin\mu_1\cos\mu_1} \cdot e^{-\mu_1^2 \cdot \mathrm{Fo}}.$$

Die charakteristische Gleichung lautet $\tan\mu = \frac{\mathrm{Bi}}{\mu}$. Zuerst gibt man $\mathrm{Bi} \in [0, \infty)$ vor, ermittelt daraus μ_1 und danach für verschiedene Fourier-Zahlen $\mathrm{Fo} \in [0, \infty)$ den Wert a_1. Dies wiederholt man für weitere Biot-Zahlen. In folgender Tabelle sind die a_1-Werte für vier verschiedene Biot-Zahlen und sechs verschiedene Fourier-Zahlen festgehalten.

Bi	a_1 (Fo = 0)	a_1 (Fo = 0,2)	a_1 (Fo = 0,4)	a_1 (Fo = 0,6)	a_1 (Fo = 0,8)	a_1 (Fo = 1)
0,1 (μ_1 = 0,3111)	0,049	0,048	0,047	0,046	0,045	0,044
1 (μ_1 = 0,8603)	0,389	0,336	0,290	0,250	0,215	0,186
10 (μ_1 = 1,4289)	1,084	0,720	0,479	0,318	0,212	0,141
100 (μ_1 = 1,5552)	1,253	0,773	0,476	0,294	0,181	0,112

Mithilfe weiterer Wertepaare ergeben sich die entsprechenden sechs Graphen in Abb. 24.1 rechts. Diese liefern folgendes Ergebnis: Für $\mathrm{Bi} \leq 0{,}1$ erhält man einen Wert

$$a_1(\mu_1, \mathrm{Fo}) \leq 0{,}05. \tag{24.2.4}$$

Definition. Einen Körper mit $\mathrm{Bi} \leq 0{,}1$ nennt man thermisch dünn. (24.2.5)

Ergebnis. Ist (24.2.4) erfüllt, dann ist demnach der Wärmeleitwiderstand gegenüber dem Wärmeübergangswiderstand vernachlässigbar und das Modell des IGB kann mit einer maximalen Temperaturschwankung innerhalb des Körpers von maximal 5 % angewendet werden.

Im Fall von $\mathrm{Fo} \geq 3$ würde $a_1(\mu_1)$ sogar für beliebige Biot-Zahlen $a_1(\mu_1)$ unter 0,05 zu liegen kommen. Verglichen mit den Ergebnissen in Kap. 24.1 wäre aber dieses Kriterium für unsere Zwecke zu grob.

II. Abschätzung für den Zylinder und die Kugel

Führt man dieselben Schritte wie bei der Platte durch und trägt die entstehenden Graphen abermals auf, so ergibt sich dasselbe Ergebnis (24.2.4) auch für diese beiden Körper. (Details können im 4. Band nachgelesen werden.)

Beispiel. Eine 8 cm dicke Aluminiumplatte der Temperatur $T_0 = 300\,^\circ\mathrm{C}$ soll mittels eines Wasserbads der Temperatur $T_\infty = 50\,^\circ\mathrm{C}$ auf die Temperatur $T_a = 200\,^\circ\mathrm{C}$ abgekühlt werden.

Die zugehörigen Daten für Aluminium sind $\rho = 2700\,\frac{\mathrm{kg}}{\mathrm{m}^3}$, $c_p = 900\,\frac{\mathrm{J}}{\mathrm{kg \cdot K}}$, $\lambda = 240\,\frac{\mathrm{W}}{\mathrm{m \cdot K}}$. Der Wärmeübergangskoeffizient sei $\alpha = 480\,\frac{\mathrm{W}}{\mathrm{m^2 \cdot K}}$.

a) Prüfen Sie, ob die Bedingung Bi $\le$ 0,1 für die Beschreibung des Abkühlvorgangs mithilfe des IGB gegeben ist.
b) Bestimmen Sie die Abkühlzeit t_a mit dem genannten Modell.
c) Berechnen Sie die während der Abkühlzeit vom Körper an das Wasser abgegebene Wärmemenge pro Fläche zuerst allgemein unter Beibehaltung der Zahl n für die drei Geometrien und dann für unser Beispiel.
d) Bestätigen Sie unter Benutzung des 1. RG, dass sich in der Zeit t_a die Temperatur am Rand von derjenigen im Kern um weniger als 5 % unterscheidet.

Lösung.
a) Es gilt

$$\mathrm{Bi} = \frac{\alpha l}{\lambda} = \frac{480 \cdot 0{,}04}{240} = 0{,}08 \le 0{,}1.$$

Die Bedingung (24.2.4) ist erfüllt.
b) Gemäß (24.2.3) ist

$$\frac{200 - 50}{300 - 50} = e^{-\frac{480 \cdot 1}{900 \cdot 2700 \cdot 0{,}04} \cdot t}$$

und damit $t_a = 103{,}4$ s.
c) Die bis zur Zeit t über die Wandfläche A ins Innere abgegebene Wärme $Q(t)$ berechnet sich als Integral der Wärmestromdichte $\dot{q}_W$. Es gilt

$$\frac{Q(t)}{A} = \int_0^t \dot{q}_W(\tau) d\tau = \int_0^t \alpha [T_\infty - T(\tau)] d\tau = -\alpha (T_0 - T_\infty) \cdot \int_0^t e^{-\frac{\alpha \cdot n}{c_p \rho \cdot l} \cdot \tau} d\tau$$
$$= (T_0 - T_\infty) \cdot \frac{c_p \rho \cdot l}{n} (e^{-\frac{\alpha \cdot n}{c_p \rho \cdot l} \cdot t} - 1).$$

Für unser Beispiel erhält man

$$\frac{Q(t)}{A} = (300 - 50) \cdot \frac{900 \cdot 2700 \cdot 0{,}04}{1} (e^{-\frac{480 \cdot 103{,}4}{900 \cdot 2700 \cdot 0{,}04}} - 1) = -9{,}71 \cdot 10^6 \, \frac{\mathrm{J}}{\mathrm{m}^2}.$$

d) Mit $\tan \mu = \frac{0{,}08}{\mu}$ folgt $\mu_1 = 0{,}2791$ und somit

$$\frac{T(0, t_a) - T(l, t_a)}{T_0 - T_\infty} = \frac{2 \sin \mu_1 (1 - \cos \mu_1)}{\mu_1 + \sin \mu_1 \cos \mu_1} e^{-\frac{480 \cdot 103{,}4}{900 \cdot 2700 \cdot 0{,}04}} = 0{,}024 < 0{,}05.$$

24.3 Der halbunendliche Körper

Mit dem IGB lassen sich Wärmevorgänge zwar für beliebige Zeiten aber nur mit der Einschränkung Bi $\le$ 0,1 beschreiben. Das erste Reihenglied der exakten Lösung befähigt uns, Prozesse für größere Zeiten abzudecken. Für kurze Zeiten steht zwar die exakte Reihenlösung zur Verfügung, aber je kleiner die betrachtete Zeit ist, umso mehr Glieder der Reihe müssen dazugenommen werden, um einen verlässlichen Wert zu erhalten. Dies ist etwas unbefriedigend. Das Modell des halbunendlichen Körpers (HUK) bietet nun die Möglichkeit, auf andere Weise als mit der Reihenlösung, kurzzeitige Temperaturänderungen zu beschreiben. Erfährt die Wand eines Körpers eine Temperaturänderung, so wird der Kern (bei beidseitiger Änderung) oder die gegenüberliegende Wand (bei einseitiger Änderung) davon unberührt bleiben. Deshalb denkt man sich die gegenüberliegende Wand weit weg und setzt sie ins Unendliche. Als Beispiel hierzu könnte man eine dicke Erdschicht betrachten, die einseitig am Erdboden erwärmt oder abkühlt. Da der HUK somit keine endliche Ausdehnung besitzt, können wir auch nicht auf eine endliche Länge normieren. Das wiederum bedeutet, dass wir beim Durchlaufen des unendlich langen Temperaturprofils an keiner Stelle sagen können, dass wir einen bestimmten Anteil des gesamten Profils erreicht haben. Die Temperaturverteilung geht unendlich weiter und keine Stelle ist ausgezeichnet. Wir folgern, dass Profile zu verschiedenen Zeiten untereinander ähnlich sein müssen. Diese vorbereitenden Überlegungen setzen voraus, dass zur Beschreibung eine PDG zugrunde liegt, die überhaupt selbstähnliche Lösungen erzeugt.

Definition. Eine PDG in zwei Variablen heißt selbstähnlich, wenn sie selbstähnliche Lösungen erzeugt, d. h., wenn mit $z(r,t)$ auch $z(a \cdot r, b \cdot t)$, $a, b \in \mathbb{R}$ eine Lösung der PDG ist.

Beispiele.
1. Die Wärmeleitungsgleichung (22.4) ist nur für die Platte selbstähnlich. Setzt man $a = \sqrt{c}$, $b = c$, so ist mit $T(r,t)$ auch $T(\sqrt{c} \cdot r, c \cdot t)$ eine Lösung von (22.4). Daran erkennt man, dass die Lösungen (Temperaturprofile) durch eine Streckung ineinander übergehen.
2. Die Wellengleichung (16.1.4) ist selbstähnlich mit $a = c$, $b = c$, hingegen die Wellengleichung einschließlich Dämpfung (16.3.5) nicht mehr.

Da Gleichung (22.4) nur für die Platte selbstähnlich ist, betrachten wir die drei RBen nur für diesen Fall. Wir definieren die dimensionslose Temperatur wie bisher als

$$\vartheta(r,t) = \frac{T(r,t) - T_W}{T_0 - T_W}.$$

Im Fall $r = 0$ erhält man $T(0,t) = T_W$ und somit die RB $\vartheta(r = 0, t) = 0$. Ist hingegen $r = \infty$, so gilt $T(\infty, t) = T_0$, woraus $\vartheta(r = \infty, t) = 1$ folgt. Zur Startzeit ist $T(r,0) = T_0$ und man hat $\vartheta(r,0) = 1$. Die Temperatur am rechten Rand ist nach diesem Modell sogar für „alle“ Zeiten gleich 1. Ebenso herrscht diese Temperatur an jedem Ort zur Startzeit.

Lösung der Platte bei einer RB 1. Art

Wie gezeigt, ist $\vartheta(\sqrt{c}\cdot r, c\cdot t) = \vartheta(r,t)$. Da c beliebig ist, wählen wir $c = \frac{1}{t}$, woraus

$$\vartheta(r,t) = \vartheta\left(\frac{r}{\sqrt{t}}, 1\right) = \vartheta\left(\frac{r}{\sqrt{t}}\right)$$

folgt. Um ein dimensionsloses Argument zu erhalten, müssen wir es noch geeignet erweitern. Da der Ausdruck $\frac{r^2}{4\beta^2}$ die Einheit s besitzt, lautet unsere Ähnlichkeitsvariable

$$\xi = \frac{r}{2\sqrt{\beta^2 t}}$$

und die dimensionslose Temperatur $\vartheta(\xi)$. (Mit dem Faktor 2 im Nenner schreibt sich nachher lediglich die Lösung einfacher.) Der Ausdruck $2\sqrt{\beta^2 t}$ ist eine Pseudolänge und dient lediglich der Dimensionslosigkeit von ξ.

Gesucht ist die Lösung des Anfangsrandproblems

$$\frac{\partial\vartheta}{\partial t} = \frac{\partial^2\vartheta}{\partial r^2}$$

mit RBen 1. Art

$$\text{I.} \quad \vartheta(r=0,t) = 0, \quad \vartheta(r=\infty,t) = 1$$

und der AB

$$\vartheta(r, t=0) = 1. \tag{24.3.1}$$

Herleitung von (24.3.2)–(24.3.4)

Wir bilden

$$\frac{\partial^2\vartheta}{\partial r^2} = \frac{\partial^2\vartheta}{\partial\xi^2}\cdot\left(\frac{\partial\xi}{\partial r}\right)^2 = \frac{\partial^2\vartheta}{\partial\xi^2}\cdot\frac{1}{4\beta^2 t} \quad \text{und}$$
$$\frac{\partial\vartheta}{\partial t} = \frac{\partial\vartheta}{\partial\xi}\cdot\frac{\partial\xi}{\partial t} = -\frac{\partial\vartheta}{\partial\xi}\cdot\frac{r}{4\sqrt{\beta^2}t^{1,5}}.$$

Beides fügen wir in obige DG ein und erhalten nacheinander:

$$-\frac{\partial\vartheta}{\partial\xi}\cdot\frac{r}{4\sqrt{\beta^2}t^{1,5}} = \beta^2\cdot\frac{\partial^2\vartheta}{\partial\xi^2}\cdot\frac{1}{4\beta^2 t},$$
$$-\frac{\partial\vartheta}{\partial\xi}\cdot\frac{r}{\sqrt{\beta^2 t}} = \frac{\partial^2\vartheta}{\partial\xi^2} \quad \text{und} \quad \vartheta''(\xi) + 2\xi\vartheta'(\xi) = 0. \tag{24.3.2}$$

Getrennt nach Variablen ergibt sich $\frac{\vartheta''}{\vartheta'} = -2\xi$. Die Integration liefert $\ln \vartheta'(\xi) = -\xi^2 + C$, womit der Faktor 2 von vorhin begründet ist. Weiter folgt $\vartheta'(\xi) = C_1 e^{-\xi^2}$ und eine nochmalige Integration führt zu

$$\vartheta(\xi) = C_1 \int_0^{\xi} e^{-u^2} du + C_2.$$

Die RB I. liefert $C_2 = 0$ und die AB ergibt $C_1 \int_0^{\infty} e^{-u^2} du = 1$. Das Integral hat den Wert $\frac{\sqrt{\pi}}{2}$, womit $C_1 = \frac{2}{\sqrt{\pi}}$ wird. Die Funktion

$$\mathrm{erf}(\xi) := \frac{2}{\sqrt{\pi}} \int_0^{\xi} e^{-u^2} du$$

heißt Gauss'sche Fehlerfunktion (Abb. 24.2 links).

Die Lösung von (24.3.1) lautet

$$\vartheta(\xi) = \mathrm{erf}(\xi) = \frac{2}{\sqrt{\pi}} \int_0^{\xi} e^{-u^2} du \quad \text{oder} \quad \frac{T(r,t) - T_W}{T_0 - T_W} = \frac{2}{\sqrt{\pi}} \int_0^{\frac{r}{2\sqrt{\beta^2 t}}} e^{-u^2} du. \tag{24.3.3}$$

Die Güte der mit (24.3.3) ermittelten Temperaturfunktion wird abermals mit dem 1. RG verglichen. Letzterer ist Teil der Lösung einer beidseitigen, hingegen handelt es sich beim HUK um eine einseitige Temperaturänderung. Denkt man sich zwei HUK mit gleicher Wandtemperatur zusammengesetzt, so wird in einem kurzen Zeitraum die Temperatur im Kern und schon gar nicht an diejenige an der einen Wand von der Temperaturänderung an der anderen Wand beeinträchtigt. Deshalb ist der angesprochene Vergleich angebracht. Die maximal mögliche Temperaturdifferenz (zwischen Wand und Kern) der RL beträgt nach (22.2.4)

$$\begin{aligned}\vartheta(r=0,t) - \vartheta(r=l,t) &= \sum_{n=1}^{\infty} \frac{4(-1)^{n+1}}{(2n-1)\pi} \cdot e^{-\frac{(2n-1)^2\pi^2}{4}\cdot \mathrm{Fo}} \cdot \left\{1 - \cos\left[\frac{(2n-1)\pi}{2}\right]\right\} \\ &= \sum_{n=1}^{\infty} \frac{4(-1)^{n+1}}{(2n-1)\pi} \cdot e^{-\frac{(2n-1)^2\pi^2}{4}\cdot \mathrm{Fo}}.\end{aligned}$$

(Es muss die gesamte RL miteinbezogen werden, weil es sich hier um kurze Zeiten handelt, das 1. RG alleine gilt nur für lange Zeiten.) Im Fall des HUK wird zum Vergleich die unendlich weit entfernte, gegenüberliegende Wand (= Kern) durch die endliche Dicke l ersetzt, sodass man für die maximal mögliche Temperaturdifferenz

$$\vartheta(r=l,t)-\vartheta(r=0,t)=\frac{2}{\sqrt{\pi}}\int\limits_0^{\frac{1}{2\sqrt{\text{Fo}}}} e^{-u^2}\,du-0$$

erhält.

Einschränkung: Der maximale Fehler zwischen HUK und RL wird auf 1 % festgelegt. Demnach muss die Fourier-Zahl aus

$$\left|\frac{2}{\sqrt{\pi}}\int\limits_0^{\frac{1}{2\sqrt{\text{Fo}}}} e^{-u^2}\,du-\sum_{n=1}^{\infty}\frac{4(-1)^{n+1}}{(2n-1)\pi}\cdot e^{-\frac{(2n-1)^2\pi^2}{4}\cdot\text{Fo}}\right|\leq 0{,}01$$

ermittelt werden und es ergibt sich

$$\text{Fo}\leq 0{,}07. \tag{24.3.4}$$

Lösung der Platte bei einer RB 2. Art

Für die dimensionsbehaftete Wärmestromdichte $\dot{q}(r,t)$ ist I. $\dot{q}(r=0,t)=\dot{q}_W$ und weil im Unendlichen von dieser Wärmeänderung nichts zu spüren ist, II. $\dot{q}(r=\infty,t)=0$. Gleichfalls gilt zum Start die AB $\dot{q}(r,t=0)=0$ innerhalb des gesamten Körpers.

Gesucht ist die Lösung des Anfangsrandproblems

$$\frac{\partial\vartheta}{\partial t}=\frac{\partial^2\vartheta}{\partial r^2}$$

mit RBen 2. Art

$$\text{I.}\quad \dot{q}(r=0,t)=\dot{q}_W,\qquad \text{II.}\quad \dot{q}(r=\infty,t)=0$$

und der AB

$$\dot{q}(r,t=0)=0. \tag{24.3.5}$$

Herleitung von (24.3.6)–(24.3.9)

Nehmen wir an, $g(r,t)$ sei die Lösung der DG

$$\frac{\partial f}{\partial t}=\beta^2\cdot\frac{\partial^2 f}{\partial r^2},$$

dann stellt die partielle Ableitung $\frac{\partial g}{\partial r}$ ebenfalls eine Lösung derselben DG dar. Die Begründung liefert der Satz von Schwarz. Es gilt

$$\frac{\partial}{\partial t}\left(\frac{\partial g}{\partial r}\right) = \frac{\partial}{\partial r}\left(\frac{\partial g}{\partial t}\right) = \frac{\partial}{\partial r}\left(\beta^2 \cdot \frac{\partial^2 g}{\partial r^2}\right) = \beta^2 \cdot \frac{\partial^2}{\partial r^2}\left(\frac{\partial g}{\partial r}\right).$$

Da die Wärmestromdichte die Form $\dot{q}(r,t) = -\lambda \cdot \frac{\partial T}{\partial r}$ besitzt, ist sie Lösung von

$$\frac{\partial f}{\partial t} = \beta^2 \cdot \frac{\partial^2 f}{\partial r^2}.$$

Definieren wir demnach $\dot{\kappa}(r,t) := \frac{\partial \vartheta}{\partial r}(r,t)$ als dimensionslose Wärmestromdichte mit der dimensionslosen Temperatur $\vartheta(r,t)$, so löst $\dot{\kappa}$ die DG

$$\frac{\partial f}{\partial t} = \beta^2 \cdot \frac{\partial^2 f}{\partial r^2}.$$

Als Nächstes setzen wir in Analogie zu (22.8.1)

$$\vartheta(r,t) = \frac{T(r,t) - T_0}{-\frac{2\sqrt{\beta^2 t}}{\lambda} \cdot \dot{q}_W}$$

an. Dabei tritt $2\sqrt{\beta^2 t}$ an die Stelle der Länge l. Nun berechnen wir

$$\frac{\frac{\partial T}{\partial r}}{-\frac{2\sqrt{\beta^2 t}}{\lambda} \cdot \dot{q}_W} = \frac{\partial \vartheta}{\partial r} = \frac{\partial \vartheta}{\partial \xi} \cdot \frac{\partial \xi}{\partial r} = \frac{\partial \vartheta}{\partial \xi} \cdot \frac{1}{2\sqrt{\beta^2 t}}$$

und erhalten

$$\frac{\partial \vartheta}{\partial \xi} = \frac{-\lambda \cdot \frac{\partial T}{\partial r}}{\dot{q}_W} = \frac{\dot{q}(r,t)}{\dot{q}_W}.$$

Speziell an der Wand gilt

$$\text{I.}\quad \dot{\kappa}(r=0,t) = \left[\frac{\partial \vartheta}{\partial \xi}\right]_{\xi=0} = \frac{\dot{q}_W}{\dot{q}_W} = 1.$$

Weiter ist im Unendlichen

$$\text{II.}\quad \dot{\kappa}(r=\infty,t) = \frac{\dot{q}(r=\infty,t)}{\dot{q}_W} = 0$$

und zu Beginn gilt die AB $\dot{\kappa}(r,t=0) = \frac{\dot{q}(r,t=0)}{\dot{q}_W} = 0$. Vergleicht man diese mit den RBen und der AB von (24.3.1), so erkennt man, dass (Abb. 24.2 links)

$$\dot{\kappa}(r,t) = 1 - \operatorname{erf}(\xi) \tag{24.3.6}$$

die Lösung von

$$\frac{\partial \vartheta}{\partial t} = \frac{\partial^2 \vartheta}{\partial r^2}$$

darstellt und unser gesamtes Problem löst. Die Funktion

$$\operatorname{erfc}(\xi) := 1 - \operatorname{erf}(\xi)$$

heißt komplementäre Fehlerfunktion. Demnach erfüllt $\dot{\kappa}$ die gegebene DG, nicht aber die noch zu ermittelnde Temperaturfunktion ϑ (was auch gar nicht gefordert wird). Wir schreiben $\dot{\kappa}(r,t) = 1 - \operatorname{erf}(\xi)$ als

$$\frac{d\vartheta}{d\xi} = 1 - \operatorname{erf}(\xi) \quad \text{und} \quad \int d\vartheta = \int [1 - \operatorname{erf}(\xi)]\,d\xi.$$

Wir integrieren, außer an der Stelle mit partieller Integration, unbestimmt und setzen dafür eine Konstante C ein, die wir danach ermitteln. Es folgt

$$\begin{aligned}\vartheta(\xi) + C &= \xi - \int 1 \cdot \operatorname{erf}(\xi)d\xi = \xi - [\xi \cdot \operatorname{erf}(\xi)]_0^\xi + \int [\xi \cdot \operatorname{erf}'(\xi)]d\xi \\ &= \xi - \xi \cdot \operatorname{erf}(\xi) + \frac{2}{\sqrt{\pi}} \int (\xi \cdot e^{-\xi^2})d\xi = \xi[1 - \operatorname{erf}(\xi)] - \frac{2}{\sqrt{\pi}} \cdot \frac{1}{2} e^{-\xi^2}\end{aligned}$$

und damit

$$\vartheta(\xi) + C = \xi[1 - \operatorname{erf}(\xi)] - \frac{1}{\sqrt{\pi}} \cdot e^{-\xi^2}. \tag{24.3.7}$$

Nun bestimmen wir den Grenzwert $\lim_{\xi\to\infty} \xi[(1 - \operatorname{erf}(\xi))]$ mithilfe der Regel von de L'Hospital. Man erhält

$$\lim_{\xi\to\infty} \frac{1 - \operatorname{erf}(\xi)}{\frac{1}{\xi}} = \lim_{\xi\to\infty} \frac{-\frac{2}{\sqrt{\pi}} e^{-\xi^2}}{-\frac{1}{\xi^2}} = \frac{2}{\sqrt{\pi}} \lim_{\xi\to\infty} \frac{\xi^2}{e^{\xi^2}} = \frac{2}{\sqrt{\pi}} \lim_{\xi\to\infty} \frac{2\xi}{2\xi e^{\xi^2}} = 0.$$

Werten wir (24.3.7) für $\xi = \infty$ aus, so verbleibt $\vartheta(\xi = \infty) + C = 0$ und da $T(r = \infty, t) = T_0$, ist $\vartheta(r = \infty, t) = 0$ und auch $\vartheta(\xi = \infty) = 0$, was $C = 0$ nach sich zieht.

Die Lösung von (24.3.5) lautet

$$\vartheta(\xi) = \xi\left[1 - \operatorname{erf}(\xi)\right] - \frac{1}{\sqrt{\pi}} \cdot e^{-\xi^2} \quad \text{oder}$$

$$\frac{T(r,t) - T_0}{\frac{2\sqrt{\beta^2 t}}{\lambda} \cdot \dot{q}_W} = \frac{1}{\sqrt{\pi}} e^{-\frac{r^2}{4\beta^2 t}} - \frac{r}{2\sqrt{\beta^2 t}}\left(1 - \frac{2}{\sqrt{\pi}} \int_0^{\frac{r}{2\sqrt{\beta^2 t}}} e^{-u^2} du\right). \tag{24.3.8}$$

In dieser Darstellung ist $\vartheta(\xi) < 0$.

Einschränkung: Der maximale Fehler zwischen HUK und RL wird auf 1 % festgelegt.

Zur Verwendbarkeit des Modells setzen wir wiederum zwei HUK der Dicke l mit gleicher Wärmestromdichte $\dot{q}_W$ zusammen, womit die maximal mögliche Temperaturdifferenz (zwischen Wand und Kern) der RL nach (22.9.6)

$$\vartheta(r=0,t)-\vartheta(r=l,t)=-\frac{1}{2}+\sum_{n=1}^{\infty}\frac{2\{1+(-1)^{n+1}\}}{n^2\pi^2}\cdot e^{-n^2\pi^2\mathrm{Fo}}$$

beträgt. Zum Vergleich mit dem HUK beachtet man den Nenner von (24.3.8), der im Vergleich zu (22.9.6) als

$$\frac{2\sqrt{\beta^2 t}}{l}\cdot\frac{\dot{q}_W l}{\lambda}=2\sqrt{\mathrm{Fo}}\cdot\frac{\dot{q}_W l}{\lambda}$$

geschrieben wird. Somit erhält man im Fall des HUK

$$\vartheta(r=l,t)-\vartheta(r=0,t)=\frac{1}{\sqrt{\pi}}(e^{-\frac{1}{4\mathrm{Fo}}}-1)-\frac{1}{2\sqrt{\mathrm{Fo}}}\left(1-\frac{2}{\sqrt{\pi}}\int_0^{\frac{1}{2\sqrt{\mathrm{Fo}}}}e^{-u^2}du\right)$$

und insgesamt

$$\left|\frac{1}{\sqrt{\pi}}(e^{-\frac{1}{4\mathrm{Fo}}}-1)-\frac{1}{2\sqrt{\mathrm{Fo}}}\left(1-\frac{2}{\sqrt{\pi}}\int_0^{\frac{1}{2\sqrt{\mathrm{Fo}}}}e^{-u^2}du\right)+\frac{1}{2}-\sum_{n=1}^{\infty}\frac{2[1+(-1)^{n+1}]}{n^2\pi^2}\cdot e^{-n^2\pi^2\mathrm{Fo}}\right|\leq 0{,}01$$

mit dem Ergebnis

$$\mathrm{Fo}\leq 0{,}19. \tag{24.3.9}$$

Lösung der Platte bei einer RB 3. Art

Im Vergleich zur RB 1. Art ändert sich lediglich die 1. RB. Diese schreiben wir um zu

$$\lambda\cdot\left[\frac{dT}{dr}\right]_{r=0}=\alpha[T(r=0,t)-T_\infty].$$

Das übliche Minuszeichen entfällt, da $r=0$ die Wand und $r=l$ das links von der Wand liegende Zentrum bezeichnet. Weiter ist

$$\lambda\cdot\left[\frac{d\vartheta}{d\xi}\cdot\frac{d\xi}{dr}\right]_{\xi=0}=\alpha[\vartheta(\xi=0,t)(T_0-T_\infty)+T_\infty-T_\infty],$$

$$\lambda\cdot\left[\frac{d\vartheta}{d\xi}\right]_{\xi=0}\cdot\frac{1}{2\sqrt{\beta^2 t}}(T_0-T_\infty)=\alpha[\vartheta(\xi=0,t)(T_0-T_\infty)]\quad\text{und}$$

$$\left[\frac{d\vartheta}{d\xi}\right]_{\xi=0} = \frac{\alpha}{\lambda} \cdot 2\sqrt{\beta^2 t} \cdot \vartheta(\xi = 0, t).$$

Definiert man mit $\tau := \beta^2 t (\frac{\alpha}{\lambda})^2$ eine neue Zeitgröße, so erhält die 1. RB die Gestalt

$$\left[\frac{d\vartheta}{d\xi}\right]_{\xi=0} - 2\sqrt{\tau} \cdot \vartheta(\xi = 0, t) = 0.$$

Gesucht ist die Lösung des Anfangsrandproblems

$$\frac{\partial\vartheta}{\partial t} = \frac{\partial^2\vartheta}{\partial r^2}$$

mit RBen 3. Art

$$\left[\frac{d\vartheta}{d\xi}\right]_{\xi=0} - 2\sqrt{\tau} \cdot \vartheta(\xi = 0, t) = 0, \quad \vartheta(r = \infty, t) = 1$$

und der AB

$$\vartheta(r, t = 0) = 1. \tag{24.3.10}$$

Herleitung von (24.3.11) und (24.3.12)

Die Ermittlung der Lösung ist aufwendiger als bisher. An dieser Stelle verweisen wir auf die zugehörigen Ausführungen in Band 4.

Die Lösung von (24.3.10) lautet

$$\vartheta(\xi) = \mathrm{erf}(\xi) + e^{\tau + 2\sqrt{\tau}\cdot\xi} \cdot \left[1 - \mathrm{erf}(\sqrt{\tau} + \xi)\right] \quad \text{oder}$$

$$\frac{T(r,t) - T_\infty}{T_0 - T_\infty} = \frac{2}{\sqrt{\pi}} \int_0^{\frac{r}{2\sqrt{\beta^2 t}}} e^{-u^2} du + e^{\beta^2 t (\frac{\alpha}{\lambda})^2 + \frac{\alpha}{\lambda} r} \cdot \left(1 - \frac{2}{\sqrt{\pi}} \int_0^{\sqrt{\beta^2 t}\cdot\frac{\alpha}{\lambda} + \frac{r}{2\sqrt{\beta^2 t}}} e^{-u^2} du\right). \tag{24.3.11}$$

Einschränkung: Der maximale Fehler zwischen HUK und RL wird auf 1 % festgelegt.

Wieder klären wir die Güte des Modells im Vergleich zur Reihenlösung und setzen dazu abermals zwei HUK der Dicke l mit gleicher Austauschtemperatur T_∞ zusammen.

Gleichung (22.3.5) liefert

$$\Delta\vartheta_{\mathrm{RL}} := \vartheta(r = 0, t) - \vartheta(r = l, t) = \sum_{n=1}^{\infty} \frac{2 \sin\mu_n (1 - \cos\mu_n)}{\mu_n + \sin\mu_n \cos\mu_n} \cdot e^{-\mu_n^2 \cdot \mathrm{Fo}}$$

mit der charakteristischen Gleichung $\tan\mu = \frac{\mathrm{Bi}}{\mu}$ und aus (24.3.11) folgt

$$\Delta\vartheta_{\mathrm{HUK}} := \vartheta(r = l, t) - \vartheta(r = 0, t)$$

$$= \operatorname{erf}\left(\frac{1}{2\sqrt{\mathrm{Fo}}}\right) + e^{\mathrm{Fo}\cdot\mathrm{Bi}^2+\mathrm{Bi}} \cdot \left[1 - \operatorname{erf}\left(\sqrt{\mathrm{Fo}}\cdot\mathrm{Bi} + \frac{1}{2\sqrt{\mathrm{Fo}}}\right)\right]$$
$$- e^{\mathrm{Fo}\cdot\mathrm{Bi}^2} \cdot \left[1 - \operatorname{erf}(\sqrt{\mathrm{Fo}}\cdot\mathrm{Bi})\right].$$

Die Lösung der Ungleichung $|\Delta\vartheta_{\mathrm{RL}} - \Delta\vartheta_{\mathrm{HUK}}| \le 0{,}01$ hängt von der Biot-Zahl ab. Es folgen einige Richtwerte:

$$\mathrm{Fo} \le 0{,}40 \quad (\mathrm{Bi} = 0{,}1), \qquad \mathrm{Fo} \le 0{,}17 \quad (\mathrm{Bi} = 0{,}5),$$
$$\mathrm{Fo} \le 0{,}14 \quad (\mathrm{Bi} = 1), \qquad \mathrm{Fo} \le 0{,}09 \quad (\mathrm{Bi} = 5).$$

Für $\mathrm{Bi} \to \infty$ erhält man $\mathrm{Fo} \le 0{,}07$, was einer RB 1. Art entspricht, denn

$$\lim_{\mathrm{Bi}\to\infty} \vartheta(\xi) = \operatorname{erf}(\xi)$$

(vgl. auch Band 4). Man kann also

$$\mathrm{Fo} \le 0{,}07 \quad (\mathrm{Bi} > 5) \tag{24.3.12}$$

setzen.

Der HUK für den Zylinder und die Kugel

Die mathematische Beschreibung mithilfe einer Ähnlichkeitsvariablen scheitert schon an der Tatsache, dass die DG nicht selbstähnlich ist.

Idealisierung: Das Modell des halbunendlichen Körpers der Platte lässt sich aber auch auf den Zylinder und die Kugel anwendbar machen, falls der Körper so dick, oder die betrachtete Zeit so klein ist, dass Krümmungseffekte nur einen kleinen Einfluss auf den Wärmeprozess haben.

Herleitung von (24.3.13) und (24.3.14)

Wie wir bei der Platte gesehen haben, liefert die RB 1. Art die kleinste Fourier-Zahl. Damit liegt man bei Ermittlung der entsprechenden Fourier-Zahl unabhängig der Randbedingungsart und der Biot-Zahl auf der sicheren Seite.

Einschränkung: Der maximale Fehler zwischen HUK und RL wird auf 1 % festgelegt.

Für den Zylinder erhalten wir mithilfe von (22.6.4) und (24.3.3) die Bestimmungsgleichung

$$\left|\frac{2}{\sqrt{\pi}} \int_0^{\frac{1}{2\sqrt{\mathrm{Fo}}}} e^{-u^2}\,du - \sum_{n=1}^{\infty} \frac{2}{\mu_n J_1(\mu_n)} \cdot e^{-\mu_n^2\cdot\mathrm{Fo}}\right| \le 0{,}01 \tag{24.3.13}$$

mit der Lösung $\mathrm{Fo} \le 0{,}05$ für beliebige Biot-Zahlen.

Im Fall der Kugel ergibt sich mit (22.4.6) und (24.3.3)

$$\left| \frac{2}{\sqrt{\pi}} \int_0^{\frac{1}{2\sqrt{\text{Fo}}}} e^{-u^2} du - \sum_{n=1}^{\infty} 2(-1)^{n+1} \cdot e^{-n^2\pi^2 \cdot \text{Fo}} \right| \leq 0{,}01 \tag{24.3.14}$$

mit der Lösung Fo $\leq 0{,}04$ für beliebige Biot-Zahlen.

Beispiel 1. Die $t = 4\,\text{s}$ dauernde Wärmeleitung einer 20 cm dicken Aluminiumplatte mit den Stoffgrößen $c_p = 900\,\frac{\text{J}}{\text{kg}\cdot\text{K}}$, $\rho = 2700\,\frac{\text{kg}}{\text{m}^3}$, $\lambda = 240\,\frac{\text{W}}{\text{m}\cdot\text{K}}$ wird durch das Modell des HUK beschrieben. Dabei wird beidseitig die konstante Wandtemperatur $T_W = 100\,°\text{C}$ angelegt.

a) Entscheiden Sie, ob das Model des HUK hier anwendbar ist.
b) Bestimmen Sie die zur Zeit t fließende Wärmestromdichte $\dot{q}(r,t)$.
c) Ermitteln Sie den zeitlichen Verlauf an der Wand $\dot{q}_W(t) = \dot{q}(r = l, t)$.
d) Wie groß ist die während $t = 4\,\text{s}$ über die Fläche A ins Innere abgegebene Wärme $Q(t)$?

Lösung.

a) Man erhält

$$\text{Fo} = \frac{\lambda \cdot t}{c_p \cdot \rho \cdot l^2} = \frac{240 \cdot 4}{900 \cdot 2700 \cdot 0{,}1^2} = 0{,}049.$$

Gemäß dem Richtwert Fo $\leq 0{,}07$ von (24.3.4) ist demnach das HUK anwendbar.

b) Gleichung (24.3.3) liefert

$$\dot{q}(r,t) = \lambda \cdot \frac{\partial T}{\partial r} = \lambda \cdot \frac{\partial T}{\partial \xi} \cdot \frac{\partial \xi}{\partial r} = \lambda \cdot \frac{2}{\sqrt{\pi}} e^{-\xi^2} \cdot (T_0 - T_W) \cdot \frac{1}{2\sqrt{\beta^2 t}}$$

$$= \frac{\lambda}{\sqrt{\pi}} e^{-\xi^2} \cdot (T_0 - T_W) \cdot \frac{\sqrt{c_p\rho}}{\sqrt{\lambda t}} = \sqrt{\frac{\lambda c_p \rho}{\pi t}} \cdot e^{-\frac{r^2}{4\beta^2 t}} \cdot (T_0 - T_W).$$

Offenbar entsteht im Zusammenhang mit dem HUK ein neuer Stoffwert, der charakteristisch für kurz anhaltende Wärmeleitungen ist. Die Größe $b := \sqrt{\lambda c_p \rho}$ heißt Wärmeeindringkoeffizient und ist ein Maß für die Geschwindigkeit des von außen eindringenden Wärmestroms. Je größer b, umso kälter fühlt sich der Körper bei Berührung an. Mit den gegebenen Zahlenwerten ist $b := 24{,}15\,\frac{\text{kJ}}{\text{m}^2\cdot\text{K}\sqrt{\text{s}}}$.

c) Speziell an der Wand gilt

$$\dot{q}_W(t) = \sqrt{\frac{\lambda c_p \rho}{\pi t}} \cdot e^{-\frac{0{,}1^2}{4\beta^2 t}} \cdot (T_0 - T_W) = \sqrt{\frac{240 \cdot 900 \cdot 2700}{\pi \cdot t}} \cdot e^{-\frac{900\cdot 2700 \cdot 0{,}1^2}{4\cdot 240 \cdot t}} \cdot (20 - 100)$$

$$= -432\sqrt{\frac{5}{\pi t}} \cdot e^{-\frac{405}{64\cdot t}} \,\frac{\text{kJ}}{\text{m}^2 \cdot \text{s}} \quad \text{für } t \leq 4\,\text{s}.$$

d) Man erhält

$$Q(t) = A \cdot \int_0^t \dot{q}_W(\tau)d\tau = -A \cdot 432\sqrt{\frac{5}{\pi}} \cdot \int_0^4 \frac{e^{-\frac{405}{64\cdot\tau}}}{\sqrt{\tau}} d\tau = -A \cdot 82{,}27\,\mathrm{kJ}.$$

Das Minuszeichen weist auch den von links nach rechts fließenden Wärmestrom hin.

Beispiel 2. Ein zylindrischer Chromstahlstab mit dem Durchmesser 10 cm und der Anfangstemperatur $T_0 = 250\,^\circ\mathrm{C}$ wird mit Wasser der Temperatur $T_W = 100\,^\circ\mathrm{C}$ und einem Wärmeübergangskoeffizient von $\alpha = 800\,\frac{\mathrm{W}}{\mathrm{m^2 \cdot K}}$ während 10 s angespritzt. Die Stoffwerte von Chrom sind $\rho = 7800\,\frac{\mathrm{kg}}{\mathrm{m^3}}$, $c_p = 450\,\frac{\mathrm{J}}{\mathrm{kg \cdot K}}$ und $\lambda = 30\,\frac{\mathrm{W}}{\mathrm{m \cdot K}}$.

a) Testen Sie, ob das Model des halbunendlichen Körpers hier anwendbar ist.
b) Berechnen Sie mit diesem Modell die Kerntemperatur nach 10 s.

Lösung.

a) Es gilt

$$\mathrm{Fo} = \frac{\beta^2}{l^2} \cdot t = \frac{\lambda \cdot t}{c_p \cdot \rho \cdot l^2} = \frac{30 \cdot 10}{450 \cdot 7800 \cdot 0{,}05^2} = 0{,}034.$$

Der Wert von (24.3.13) bestätigt die Anwendbarkeit des HUK: $\mathrm{Fo} = 0{,}034 \leq 0{,}05$.

b) *Idealisierung:* Infolge von

$$\frac{\lambda}{\alpha} = \frac{30}{800} = 0{,}04 \ll 1,$$

darf man von einer RB 1. Art ausgehen. Gleichung (24.3.3) liefert

$$T(r,t) = \left(\frac{2}{\sqrt{\pi}} \int_0^{\frac{r}{2\sqrt{\beta^2 t}}} e^{-u^2} du \right) \cdot 150 + 100$$

und im Zentrum herrscht nach 10 s die Temperatur

$$T(r = 0{,}05, t = 10) = \left(\frac{2}{\sqrt{\pi}} \int_0^{\frac{0{,}05}{2\sqrt{\frac{30 \cdot 10}{450 \cdot 7800}}}} e^{-u^2} du \right) \cdot 150 + 100 = 249{,}98\,^\circ\mathrm{C}.$$

Die Temperatur des Kerns bleibt, wie die Theorie es vorsieht, in dieser kurzen Zeit unangetastet.

Schließlich geben wir eine Übersicht über die Anwendungsbereiche der vorgestellten Modelle.

Es bezeichnen RL: Reihenlösung, 1. RG: 1. Glied der Reihenlösung, HUK: Halbunendlicher Körper, IGB: Ideal gerührter Behälter.

Platte		
Kurze Zeiten	**Mittlere Zeiten**	**Lange Zeiten**
HUK (1 % vgl. mit RL) RB 1. Art: $Fo \leq 0{,}07$ RB 2. Art: $Fo \leq 0{,}19$ RB 3. Art: $Fo \leq 0{,}40$ ($Bi = 0{,}1$), $Fo \leq 0{,}17$ ($Bi = 0{,}5$), $Fo \leq 0{,}14$ ($Bi = 1$), $Fo \leq 0{,}09$ ($Bi = 5$), $Fo \leq 0{,}07$ ($Bi > 5$)	RL	1. RG (1 %, vgl. mit RL) RB 1. Art: $Fo \geq 0{,}17$ RB 2. Art: $Fo \geq 0{,}02$ RB 3. Art: $Fo \geq 0{,}30$, Bi beliebig
IGB (5 % vgl. mit 1. RG), $Bi \leq 0{,}1$, RB beliebig, Fo beliebig		

Zylinder		
Kurze Zeiten	**Mittlere Zeiten**	**Lange Zeiten**
HUK (1 % vgl. mit RL) $Fo \leq 0{,}05$, RB beliebig, Bi beliebig	RL	1. RG (1 %, vgl. mit RL) RB 1. Art: $Fo \geq 0{,}15$ RB 2. Art: $Fo \geq 0{,}05$ RB 3. Art: $Fo \geq 0{,}23$, Bi beliebig
IGB (5 % vgl. mit 1. RG), $0{,}5Bi \leq 0{,}1$, RB beliebig, 4Fo beliebig		

Kugel		
Kurze Zeiten	**Mittlere Zeiten**	**Lange Zeiten**
HUK (1 % vgl. mit RL) $Fo \leq 0{,}04$, RB beliebig, Bi beliebig	RL	1. RG (1 %, vgl. mit RL) RB 1. Art: $Fo \geq 0{,}14$ RB 2. Art: $Fo \geq 0{,}03$ RB 3. Art: $Fo \geq 0{,}19$, Bi beliebig
IGB (5 % vgl. mit 1RG), $0{,}33Bi \leq 0{,}1$, RB beliebig, 9Fo beliebig		

Damit stehen zur Berechnung folgende vier Möglichkeiten zur Verfügung: Der IGB für jede RB, bei kleinen Zeiten der HUK, bei großen Zeiten das 1. RG und bei mittleren Zeiten die RL. Die Entscheidung zugunsten einer der drei Letztgenannten wird über die Fourier-Zahl gefällt. Speziell bei der Platte erkennt man, dass bei einer RB 2. Art und $0{,}02 \leq Fo \leq 0{,}19$, das 1. RG benutzt werden kann und man erst ab $Fo < 0{,}02$ zum HUK wechseln sollte.

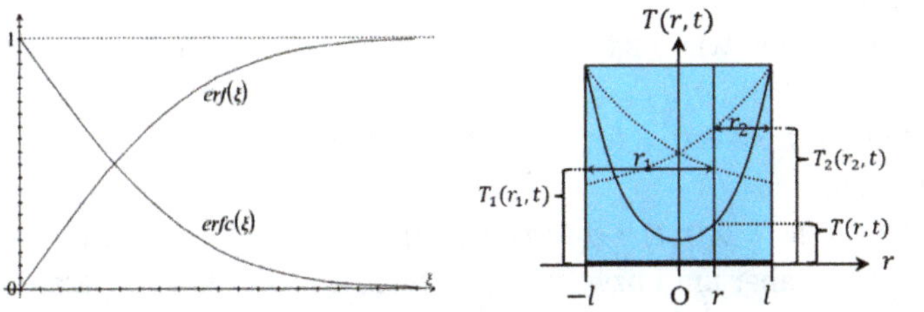

Abb. 24.2: Graphen zu den Fehlerfunktionen und zum Zusammenfügen zweier HUK.

24.4 Zusammenfügen zweier halbunendlicher Körper

Bringt man zwei halbunendliche Körper der Dicke l in Kontakt, so kann man den entstandenen Körper als ein Ersatzmodell für den symmetrischen Temperaturverlauf einer Platte ansehen (Abb. 24.2 rechts). Der Temperaturverlauf zu einer beliebigen Zeit ist in der Skizze gestrichelt und der resultierende Temperaturverlauf fett markiert. Bei diesem symmetrischen Körper wird die Länge r vom Zentrum aus gemessen, wogegen beim halbunendlichen Körper der Bezugspunkt am Rand liegt. Bezeichnet r einen beliebigen Ort im Intervall $[-l, l]$ und r_1, r_2 die zugehörigen Abstände der beiden Teilkörper, dann gilt $r_1 = r + l$ und $r_2 = l - r$. Die entsprechenden Ähnlichkeitsvariablen lauten

$$\xi_1 = \frac{r+l}{2\sqrt{\beta^2 t}}, \quad \xi_2 = \frac{l-r}{2\sqrt{\beta^2 t}}.$$

Um nun die Überlagerung zu beschreiben, müssen die RBen und die AB 1. Art beachtet werden. Dabei seien ϑ_1 und ϑ_2 die zugehörigen dimensionslosen Temperaturen der beiden halbunendlichen Körper. ϑ ist die gesuchte dimensionslose Temperatur. Jede Wand kann dabei eine der drei RBen aufweisen. Von den sechs möglichen Fällen seien nur diejenigen mit gleichartigen RBen auf beiden Seiten genannt.

Einschränkung: Auf beiden Seiten herrscht die gleichartige RB.

Beidseitige RB 1. Art

Herleitung von (24.4.1)–(24.4.6)

Dimensionsbehaftet müssen die RBen I. an der linken Wand $T_1(r_1 = 0, t) = T_{W1}$ und II. an der rechten $T_1(r_2 = 0, t) = T_{W2}$ erfüllt werden. Für die zusammengesetzte Temperatur bedeutet dies I. $T(r = -l, t) = T_{W1}$ und II. $T(r = l, t) = T_{W2}$. Für die AB gilt $T(r, t = 0) = T_0$. Mit den üblichen Definitionen

$$\vartheta_1(r_1, t) = \frac{T_1(r_1, t) - T_{W1}}{T_0 - T_{W1}} \quad \text{und} \quad \vartheta_2(r_2, t) = \frac{T_2(r_2, t) - T_{W2}}{T_0 - T_{W2}}$$

lauten die dimensionslosen RBen wie folgt: $\vartheta_1(r_1 = 0, t) = 0$, $\vartheta_1(r_1 = 2l, t) = 1$ und $\vartheta_1(r_1, t = 0) = 1$ für den linken HUK, $\vartheta_2(r_2 = 0, t) = 0$, $\vartheta_2(r_2 = 2l, t) = 1$ und $\vartheta_2(r_2, t = 0) = 1$ für den rechten HUK und $\vartheta(r = -l, t) = 0$, $\vartheta(r = l, t) = 0$ und $\vartheta(r, t = 0) = 1$ für den zusammengesetzten Körper.

Die Addition ergäbe $\vartheta(r,t) = \vartheta_1(r,t) + \vartheta_2(r,t)$ mit $\vartheta(r = -l, t) = 1$, $\vartheta(r = l, t) = 1$ und $\vartheta(r, t = 0) = 2$. Die AB ist aber um 1 bzw. um T_0 zu hoch, weil die Starttemperatur doppelt gezählt wurde. Subtrahiert man davon noch den Wert 1, dann erfüllt $\vartheta(r,t) = \vartheta_1(r,t) + \vartheta_2(r,t) - 1$ die beiden RBen und die AB. Das zugehörige Temperaturprofil ist

$$\begin{aligned} T(r,t) &= T_1(r,t) + T_2(r,t) - T_0 \\ &= \vartheta_1(r,t) \cdot (T_0 - T_{W1}) + T_{W1} + \vartheta_2(r,t) \cdot (T_0 - T_{W2}) + T_{W2} - T_0 \end{aligned}$$

oder schließlich mit (24.3.3)

$$\begin{aligned} T(r,t) = {} & \operatorname{erf}\left(\frac{l+r}{2\sqrt{\beta^2 t}}\right) \cdot (T_0 - T_{W1}) + T_{W1} \\ & + \operatorname{erf}\left(\frac{l-r}{2\sqrt{\beta^2 t}}\right) \cdot (T_0 - T_{W2}) + T_{W2} - T_0. \end{aligned} \tag{24.4.1}$$

Speziell für $T_{W1} = T_{W2} = T_W$ folgt

$$T(r,t) = \left\{\operatorname{erf}\left(\frac{l+r}{2\sqrt{\beta^2 t}}\right) + \operatorname{erf}\left(\frac{l-r}{2\sqrt{\beta^2 t}}\right)\right\} \cdot (T_0 - T_W) + 2T_W - T_0 \quad \text{oder}$$

$$\frac{T(r,t) - T_W}{T_0 - T_W} = \operatorname{erf}\left(\frac{l+r}{2\sqrt{\beta^2 t}}\right) + \operatorname{erf}\left(\frac{l-r}{2\sqrt{\beta^2 t}}\right) - 1. \tag{24.4.2}$$

Beidseitige RB 2. Art

Die Lösung ergibt sich bei zwei verschiedenen Wandstromdichten gemäß Gleichung (24.3.8) zu

$$\begin{aligned} T(r,t) = {} & \left[\frac{1}{\sqrt{\pi}} e^{-\xi_1^2} - \xi_1 \cdot \operatorname{erfc}(\xi_1)\right] \cdot \frac{2\sqrt{\beta^2 t}}{\lambda} \cdot \dot{q}_{W1} \\ & + \left[\frac{1}{\sqrt{\pi}} e^{-\xi_2^2} - \xi_2 \cdot \operatorname{erfc}(\xi_2)\right] \cdot \frac{2\sqrt{\beta^2 t}}{\lambda} \cdot \dot{q}_{W2} + T_0. \end{aligned} \tag{24.4.3}$$

Speziell für $\dot{q}_{W1} = \dot{q}_{W2} = \dot{q}_W$ folgt

$$\frac{T(r,t) - T_0}{\frac{2\sqrt{\beta^2 t}}{\lambda} \cdot \dot{q}_W} = \frac{1}{\sqrt{\pi}}\left(e^{-\xi_1^2} + e^{-\xi_2^2}\right) - \{\xi_1 \cdot \operatorname{erfc}(\xi_1) + \xi_2 \cdot \operatorname{erfc}(\xi_2)\}. \tag{24.4.4}$$

Beidseitige RB 3. Art

Gleichung (24.3.11) liefert bei zwei verschiedenen Außentemperaturen $T_{\infty 1}$ und $T_{\infty 2}$ die Lösung

$$T(r,t) = \left[\operatorname{erf}(\xi_1) + e^{\tau+2\sqrt{\tau}\cdot\xi_1} \cdot (1 - \operatorname{erf}(\sqrt{\tau} + \xi_1))\right] \cdot (T_0 - T_{\infty 1}) + T_{\infty 1}$$
$$+ \left[\operatorname{erf}(\xi_2) + e^{\tau+2\sqrt{\tau}\cdot\xi_2} \cdot (1 - \operatorname{erf}(\sqrt{\tau} + \xi_2))\right] \cdot (T_0 - T_{\infty 2}) + T_{\infty 2} - T_0. \qquad (24.4.5)$$

Speziell für $T_{\infty 1} = T_{\infty 2} = T_\infty$ erhält man

$$\frac{T(r,t) - T_\infty}{T_0 - T_\infty} = \left\{\operatorname{erf}(\xi_1) + e^{\tau-2\sqrt{\tau}\cdot\xi_1} \cdot \left[1 - \operatorname{erf}(\sqrt{\tau} + \xi_1)\right]\right.$$
$$\left. + \operatorname{erf}(\xi_2) + e^{\tau-2\sqrt{\tau}\cdot\xi_2} \cdot \left[1 - \operatorname{erf}(\sqrt{\tau} + \xi_2)\right] - 1\right\}. \qquad (24.4.6)$$

Beispiel 1. Die beiden Außenflächen zweier Aluminiumbleche der Dicke 10 cm mit den Stoffwerten $\rho = 2700\ \frac{\text{kg}}{\text{m}^3}$, $c_p = 900\ \frac{\text{J}}{\text{kg}\cdot\text{K}}$ $\lambda = 240\ \frac{\text{W}}{\text{m}\cdot\text{K}}$ und einer Anfangstemperatur von $T_0 = 10\,^\circ\text{C}$ werden mit einer konstanten Temperatur $T_W = 50\,^\circ\text{C}$ erwärmt und an ihren Innenflächen zur Berührung gebracht.

a) Ermitteln Sie das Temperaturprofil des Gesamtkörpers mithilfe von (24.4.2).
b) Stellen Sie den Verlauf für die Zeiten $t = 0{,}1\,\text{s}, 10\,\text{s}, 30\,\text{s}, 60\,\text{s}$ dar.

Lösung.

a) Es gilt

$$\beta^2 = \frac{\lambda}{c_p \cdot \rho} = \frac{240}{900 \cdot 2700} = \frac{1}{10125}$$

und damit

$$T(r,t) = \left\{\operatorname{erf}\left(\frac{0{,}1 + r}{2\sqrt{\frac{t}{10125}}}\right) + \operatorname{erf}\left(\frac{0{,}1 - r}{\sqrt{\frac{t}{10125}}}\right) - 1\right\} \cdot (-40) + 50. \qquad (24.4.7)$$

b) Abb. 24.3 links zeigt den Temperaturverlauf der Graphen von (24.4.7) (gestrichelt) und zum Vergleich die mithilfe von (22.2.4) ermittelten Graphen (fett) zu den jeweiligen Zeiten.
Für $t \geq 30$ wird der Unterschied sichtbar.

Beispiel 2. Die beiden Seitenflächen der Aluminiumplatten aus Beispiel 1 werden bei einer Starttemperatur von $T_0 = 10\,^\circ\text{C}$ auf die Wandtemperaturen $T_{W1} = 80\,^\circ\text{C}$ (links) und $T_{W2} = 40\,^\circ\text{C}$ (rechts) gehalten und dann zur Berührung gebracht.

a) Ermitteln Sie das Temperaturprofil des Gesamtkörpers mithilfe von (24.4.1).
b) Stellen Sie den Verlauf für die Zeiten $t = 0, 1, 5, 20$ dar.

Lösung.

a) Man erhält

$$T(r,t) = \operatorname{erf}\left(\frac{0{,}1 + r}{2\sqrt{\frac{t}{10125}}}\right) \cdot (-70) + 80 + \operatorname{erf}\left(\frac{0{,}1 - r}{\sqrt{\frac{t}{10125}}}\right) \cdot (-30) + 40 - 10. \qquad (24.4.8)$$

b) Abb. 24.3 rechts entnimmt man den Temperaturverlauf der Graphen von (24.4.8). Dabei liegt die Fourier-Zahl Fo = 0,099 für t = 10 s schon über der 1 %-Fehlergrenze gemäß Tabelle Kap. 24.3. Die Temperaturkurve für t = 20 s ist dann mit einem höheren Fehler behaftet.

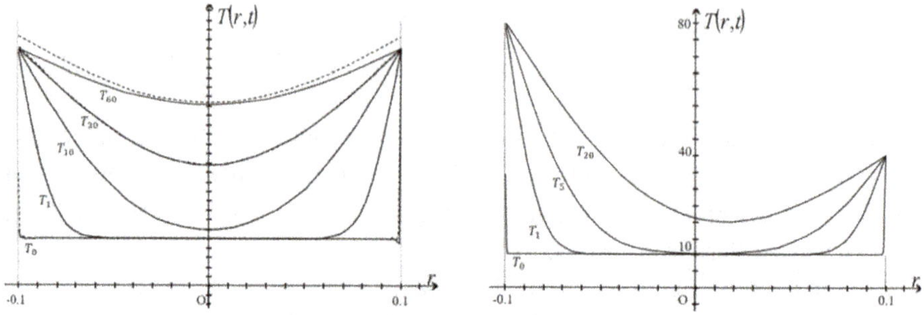

Abb. 24.3: Graphen von (24.4.7) und (24.4.8).

25 Wärmeleitung mit innerer Wärmequelle

Die bisherigen Temperaturänderungen innerhalb eines Körpers erfolgten einzig durch einen von außen aufgeprägten Wärmestrom. Nun sollen zusätzlich innere Wärmequellen zugelassen werden. Die Herleitung der zugehörigen DG führen wir mit einer einzigen zeitlich und räumlich konstanten Wärmequelle $\dot{\omega}$.

Einschränkung: Im Inneren des Körpers ist eine einzige Wärmequelle vorhanden und dies ist zudem zeitlich und räumlich konstant: $\dot{\omega}(r,t) = \dot{\omega} = \text{konst.}$

Herleitung von (25.1)

Dazu wird die Bilanzgleichung, die zu (22.4) führte, um den Wärmequellenterm erweitert.

Bilanz und lineare Approximation: Wärmeenergiebilanz im Volumen dV. Man erhält

$$c_p \cdot \rho A dx \cdot dT = \lambda \frac{\partial^2 T}{\partial x^2} \cdot A dx \cdot dt + \dot{\omega} \cdot dt \cdot A dx$$

und daraus für jeden der drei Körper

$$\frac{dT}{dt} = \beta^2 \left(\frac{d^2 T}{dr^2} + \frac{n}{r} \cdot \frac{dT}{dr} \right) + \frac{\dot{\omega}}{c_p \rho}. \tag{25.1}$$

Im 4. Band wird eine Lösung der instationären DG (25.1) präsentiert. Im Folgenden interessiert nur der sich mit der Zeit einstellende stationäre Verlauf.

Einschränkung: Gesucht ist die stationäre Lösung für den jeweiligen Körper.

Herleitung von (25.2)–(25.9)

Aus

$$\beta^2 \left(\frac{d^2 T}{dr^2} + \frac{n}{r} \cdot \frac{dT}{dr} \right) + \frac{\dot{\omega}}{c_p \rho} = 0$$

folgt

$$\frac{d^2 T}{dr^2} + \frac{n}{r} \cdot \frac{dT}{dr} + \frac{\dot{\omega}}{\lambda} = 0,$$

wodurch nacheinander

$$\frac{1}{r^n} \cdot \frac{d}{dr}\left(r^n \cdot \frac{dT}{dr} \right) + \frac{\dot{\omega}}{\lambda} = 0 \quad \text{und} \quad d\left(r^n \cdot \frac{dT}{dr} \right) = -\frac{\dot{\omega}}{\lambda} r^n dr$$

folgt. Eine unbestimmte Integration liefert

https://doi.org/10.1515/9783111345765-025

$$\int d\left(r^n \cdot \frac{dT}{dr}\right) = -\frac{\dot{\omega}}{\lambda}\int r^n dr + C_1, \quad r^n \frac{dT}{dr} = -\frac{\dot{\omega}}{\lambda} \cdot \frac{r^{n+1}}{n+1} + C_1 \quad \text{und}$$

$$\frac{dT}{dr} = -\frac{\dot{\omega}}{\lambda} \cdot \frac{r}{n+1} + \frac{C_1}{r^n}. \tag{25.2}$$

Dabei ist $n = 0$ für die Platte, $n = 1$ für den Zylinder und $n = 2$ für die Kugel.

Eine RB 2. Art vorzugeben, ist für keine der drei Geometrien sinnvoll, weil der Wärmestrom an der Wand durch die Wärmequelle bestimmt wird. Dies erkennt man aus dem Energievergleich: Die Wärmestromdichte im Körper entspricht der Wärmestromdichte, die aus der Wand austritt: $\dot{\omega} \cdot V = \dot{q}_W \cdot A$. Daraus folgt dann $\frac{\dot{q}_W}{\dot{\omega}} = \frac{V}{A} = \frac{l}{(n+1)}$ und somit

$$\dot{q}_W = \frac{\dot{\omega} \cdot l}{n+1}. \tag{25.3}$$

1. Die Lösung für die Platte

Mit $n = 0$ erhält man

$$T(r) = -\frac{\dot{\omega}}{2\lambda} \cdot r^2 + C_1 r + C_2. \tag{25.4}$$

Bei der Platte ist ein nicht achsensymmetrischer Temperaturverlauf möglich. Es bedeutet, dass sich die Wärmequelle nicht im Ursprung des Koordinatensystems befindet. Zudem sind unterschiedliche RBen auf beiden Seiten zwar möglich, aber praktisch eher unbedeutend.

2. Die Lösung für den Zylinder

Man muss sich in Erinnerung rufen, dass Gleichung (22.4) im Fall des Zylinders und der Kugel nur für radialsymmetrische Temperaturprofile gilt, da wir bei der Umrechnung des Laplace-Operators in Zylinder- bzw. Kugelkoordinaten von jeglicher Winkelabhängigkeit abgesehen hatten, was wiederum erst die einheitliche Schreibweise (22.4) ermöglicht.

Mit $n = 1$ folgt dann $T(r) = -\frac{\dot{\omega}}{4\lambda} \cdot r^2 + C_1 \ln r + C_2$ und weil die Temperatur für $r = 0$ (unabhängig von der Symmetrie) endlich bleiben muss, $C_1 = 0$ und das Ergebnis

$$T(r) = -\frac{\dot{\omega}}{4\lambda} \cdot r^2 + C_2. \tag{25.5}$$

RB 1. Art. Aus $T(\pm l) = T_W$ folgt $C_2 = T_W + \frac{\dot{\omega}}{4\lambda} \cdot l^2$ und somit

$$T(r) = T_W + \frac{\dot{\omega} l^2}{4\lambda} \cdot \left[1 - \left(\frac{r}{l}\right)^2\right]. \tag{25.6}$$

RB 3. Art. Mithilfe von $-\lambda[\frac{dT}{dr}]_{r=l} = \alpha[T(l) - T_\infty]$ erhält man $\frac{\dot{\omega}l}{2} = \alpha(-\frac{\dot{\omega}l^2}{4\lambda} + C_2 - T_\infty)$, daraus $C_2 = \frac{\dot{\omega}l}{2\alpha} + \frac{\dot{\omega}l^2}{4\lambda} + T_\infty$ und schließlich

$$T(r) = T_\infty + \frac{\dot{\omega}l^2}{4\lambda} \cdot \left[1 + \frac{2\lambda}{\alpha l} - \left(\frac{r}{l}\right)^2\right]. \tag{25.7}$$

3. Die Lösung für die Kugel

Mit $n = 2$ führt dies zu $T(r) = -\frac{\dot{\omega}}{6\lambda} \cdot r^2 + \frac{C_1}{r} + C_2$ und aufgrund der Endlichkeit bei $r = 0$ zum Profil $T(r) = -\frac{\dot{\omega}}{6\lambda} \cdot r^2 + C_2$. Sämtliche Schritte zur weiteren Herleitung beim Zylinder können übernommen werden und es ergeben sich die nachstehenden Profile:

RB 1. Art.

$$T(r) = T_W + \frac{\dot{\omega}l^2}{6\lambda} \cdot \left[1 - \left(\frac{r}{l}\right)^2\right]. \tag{25.8}$$

RB 3. Art.

$$T(r) = T_\infty + \frac{\dot{\omega}l^2}{6\lambda} \cdot \left[1 + \frac{2\lambda}{\alpha l} - \left(\frac{r}{l}\right)^2\right]. \tag{25.9}$$

Gesamthaft lässt sich festhalten, dass sämtliche stationären Profile parabelförmig sind.

Beispiel 1. Ausgangspunkt ist ein symmetrisches Profil für jede der drei Geometrien.

a) Berechnen Sie den Temperaturunterschied zwischen Kern und Wand.

b) Bestätigen Sie das Ergebnis (25.3) mithilfe der Definition $\dot{q}_W = -\lambda[\frac{dT}{dr}]_{r=l}$.

Lösung.

a) Das verallgemeinerte Ergebnis lautet

$$T(r) = T_\infty + \frac{\dot{\omega}l^2}{2\lambda(n+1)} \cdot \left[1 + \frac{2\lambda}{\alpha l} - \left(\frac{r}{l}\right)^2\right].$$

Somit erhält man

$$T(0) - T(l) = \frac{\dot{\omega}l^2}{2\lambda(n+1)}.$$

b) Es gilt

$$\dot{q}_W = -\lambda\left[\frac{dT}{dr}\right]_{r=l} = -\lambda \cdot \frac{\dot{\omega}l^2}{2\lambda(n+1)} \cdot \left(-\frac{2l}{l^2}\right) = \frac{\dot{\omega}l}{n+1}.$$

Beispiel 2. Eine Wärmekugel aus Marmor (Wärmeleitfähigkeit $\lambda = 2{,}8\,\frac{\mathrm{W}}{\mathrm{mK}}$) besitzt einen Durchmesser von 40 cm. In ihrem Zentrum befindet sich eine Wärmequelle mit einer Leistungsdichte von $\dot{\omega} = 1000\,\frac{\mathrm{W}}{\mathrm{m}^3}$. Die Kugeloberfläche steht im Austausch mit der Umgebungsluft, deren Temperatur $T_\infty = 20\,^\circ\mathrm{C}$ beträgt. Der Übergangskoeffizient sei $\alpha = 10\,\frac{\mathrm{W}}{\mathrm{m}^2\mathrm{K}}$.

a) Bestimmen Sie das zugehörige stationäre Temperaturprofil.

b) Welche Temperatur stellt sich auf der Oberfläche ein?

Lösung.

a) Gleichung (25.9) liefert

$$T(r) = 20 + \frac{1000 \cdot 0{,}2^2}{16{,}8} \cdot \left[1 + \frac{2 \cdot 2{,}8}{10 \cdot 0{,}2} - \left(\frac{r}{0{,}2}\right)^2\right] = 20 + \frac{50}{21} \cdot \left(\frac{19}{5} - 25r^2\right).$$

b) Man erhält

$$T(0{,}2) = 20 + \frac{50}{21} \cdot \left(\frac{19}{5} - 25 \cdot 0{,}2^2\right) = 26{,}67\,^\circ\mathrm{C}.$$

26 Wärmeübertragung mit Rippen

Bei der Behandlung der instationären Wärmeleitung ließen wir keinen Wärmeaustausch entlang des begrenzenden Köperumfangs zu, weil wir den Körper umfangsseitig als vollständig isoliert betrachteten. Dies erlaubte es uns, die Wärmeleitung als einen (in unserem Fall nur eindimensionalen) Wärmestrom ohne Wärmeverlust zu charakterisieren. Nun wird die Isolierung wieder aufgehoben, mit dem Ziel, den Wärmestrom „quer" zur Wärmeleitung nicht nur zu begünstigen, sondern sogar zu maximieren. Im Folgenden bezeichnen wir mit Wärmeübertragung alle Prozesse, bei denen auf dem Weg Wärme abgegeben oder aufgenommen wird. Zugrunde liege der Einfachheit halber ein nirgends isolierter Körper mit konstantem Querschnitt A und konstantem Umfang U. Das linke Ende soll dabei auf der Temperatur $T(0) = T_0$ gehalten werden. Beispielsweise ist dies bei einer Heizung der Fall, denn der Heißwasserstrom hält die Temperatur am Anfang der Rippe konstant auf T_0, bevor das Wasser in die einzelnen Rippen abzweigt. Infolge der fehlenden Isolation wird sich die Temperatur in den Rippen durch Wärmeübertragung auf die Umgebung ändern. Nehmen wir an, die Umgebung besitze die örtlich und zeitlich konstante Temperatur T_∞. Zusätzlich bleibe der Einfachheit halber der Querschnitt unverändert.

Einschränkung: Die Rippen besitzen konstanten Querschnitt.

Herleitung von (26.1)

Durch Konvektion mit der Übergangszahl α wird in der Zeit dt gemäß dem Newton'schen Abkühlungsgesetz die Wärmemenge $\Delta Q = -\alpha \cdot U \cdot dx \cdot (T - T_\infty) \cdot dt$ von der Oberfläche $U \cdot dx$ abgeführt (Abb. 26.1 links). Damit wird die Bilanzgleichung, die zu (22.4) führte, um diesen Term erweitert.

Bilanz und lineare Approximation: Wärmeenergiebilanz im Volumen dV. Man erhält

$$c_p \cdot \rho A dx \cdot dT = \lambda \frac{\partial^2 T}{\partial x^2} \cdot A dx \cdot dt - \alpha \cdot U \cdot dx \cdot (T - T_\infty) \cdot dt$$

und daraus die Gleichung:

$$\frac{\partial T}{\partial t} = \frac{\lambda}{c_p \rho} \cdot \frac{\partial^2 T}{\partial x^2} - \frac{\alpha U}{c_p \rho A} \cdot (T - T_\infty). \tag{26.1}$$

In der Praxis interessiert der Dauerbetrieb, also die stationäre Lösung.

Einschränkung: Gesucht ist die stationäre Lösung der Gleichung (25.1).

Herleitung von (26.2) und (26.3)

Man erhält

$$\frac{\partial^2 T}{\partial x^2} - \gamma^2 T = -\gamma^2 T_\infty \quad \text{mit} \quad \gamma^2 = \frac{\alpha \cdot U}{\lambda \cdot A}.$$

https://doi.org/10.1515/9783111345765-026

Diese inhomogene DG lässt sich aufgrund des konstanten rechten Teils der Gleichung direkt, ohne die Methode von Lagrange, angeben. Die homogene DG $T'' - \gamma^2 T = 0$ wird gelöst durch $T_h(x) = C_1 e^{\gamma x} + C_2 e^{-\gamma x}$ und die inhomogene Lösung lautet schlicht

$$T(x) = T_\infty + C_1 e^{\gamma x} + C_2 e^{-\gamma x}. \tag{26.2}$$

Die Konstanten werden wie immer durch die Angabe der RBen bestimmt.

1. RB: Zu Beginn der Rippe ($x = 0$) sei die Temperatur konstant. $T(0) = T_0$.

2. RB: Am Rippenende ($x = l$) herrscht ein konvektiver Wärmeaustausch mit der Umgebung über die Querschnittsfläche A. Das ergibt die Gleichung

$$\dot{Q} = -\lambda A \left[\frac{\partial T}{\partial x}\right]_{x=l} = \alpha A [T(l) - T_\infty].$$

Die 2. RB führt mit (26.2) auf

$$-\lambda\gamma(C_1 e^{\gamma l} - C_2 e^{-\gamma l}) = \alpha(C_1 e^{\gamma l} + C_2 e^{-\gamma l}) \quad \text{und} \quad C_2 = -C_1 \frac{(\alpha + \lambda\gamma)e^{\gamma l}}{(\alpha - \lambda\gamma)e^{-\gamma l}}.$$

Die 1. RB ergibt $C_2 = -C_1 + T_0 - T_\infty$ und zusammen

$$C_1 \left[1 - \frac{(\alpha + \lambda\gamma)e^{\gamma l}}{(\alpha - \lambda\gamma)e^{-\gamma l}}\right] = T_0 - T_\infty \quad \text{oder} \quad C_1 = \frac{(\alpha - \lambda\gamma)e^{-\gamma l}}{(\alpha - \lambda\gamma)e^{-\gamma l} - (\alpha + \lambda\gamma)e^{\gamma l}}(T_0 - T_\infty).$$

Demnach folgt

$$C_2 = -\frac{(\alpha + \lambda\gamma)e^{\gamma l}}{(\alpha - \lambda\gamma)e^{-\gamma l} - (\alpha + \lambda\gamma)e^{\gamma l}}(T_0 - T_\infty)$$

und zusammen mit (26.2) das Profil

$$\begin{aligned}
\frac{T(x) - T_\infty}{T_0 - T_\infty} &= \frac{(\alpha - \lambda\gamma)e^{-\gamma l} \cdot e^{\gamma x}}{(\alpha - \lambda\gamma)e^{-\gamma l} - (\alpha + \lambda\gamma)e^{\gamma l}} - \frac{(\alpha + \lambda\gamma)e^{\gamma l} \cdot e^{-\gamma x}}{(\alpha - \lambda\gamma)e^{-\gamma l} - (\alpha + \lambda\gamma)e^{\gamma l}} \\
&= \frac{\alpha e^{-\gamma(l-x)} - \alpha e^{\gamma(l-x)} - \lambda\gamma e^{-\gamma(l-x)} - \lambda\gamma e^{\gamma(l-x)}}{\alpha e^{-\gamma l} - \alpha e^{\gamma l} - \lambda\gamma e^{-\gamma l} - \lambda\gamma e^{\gamma l}} \\
&= \frac{\alpha \cdot \sinh[\gamma(l-x)] + \lambda\gamma \cdot \cosh[\gamma(l-x)]}{\alpha \cdot \sinh(\gamma l) + \lambda\gamma \cdot \cosh(\gamma l)}
\end{aligned}$$

und mit der Biot-Zahl $\mathrm{Bi} = \frac{\alpha l}{\lambda}$ schließlich

$$\frac{T(x) - T_\infty}{T_0 - T_\infty} = \frac{\mathrm{Bi} \cdot \sinh[\gamma(l-x)] + \gamma l \cdot \cosh[\gamma(l-x)]}{\mathrm{Bi} \cdot \sinh(\gamma l) + \gamma l \cdot \cosh(\gamma l)}. \tag{26.3}$$

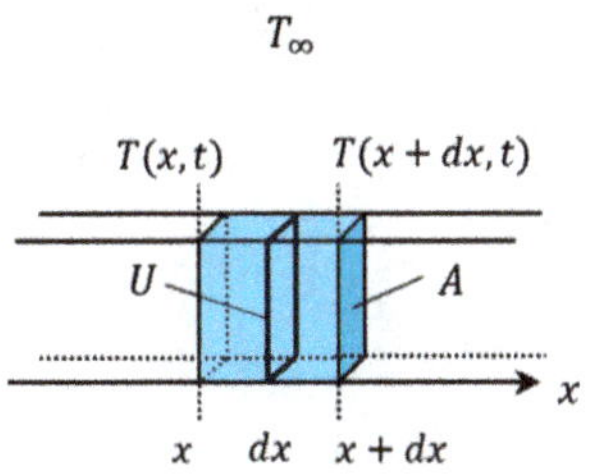

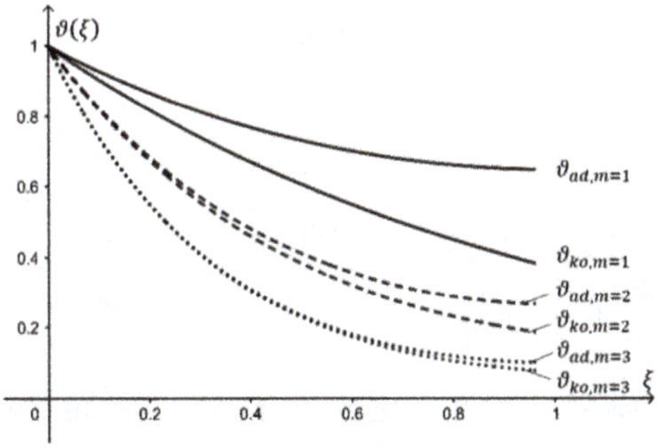

Abb. 26.1: Skizze zur Wärmeübertragung und Graphen von (26.4) und (26.5).

Beispiel 1. Wir wählen in diesem Beispiel durchgehend Bi = 1.

a) Schreiben Sie (26.3) in dimensionsloser Form.
b) Ermitteln Sie die zugehörige Lösung, falls der Wärmestrom am Rippenende verschwindet.
c) Stellen Sie die Graphen von (26.4) und (26.5) für $\gamma l = 1, 2, 3$ dar und interpretieren Sie.
d) Für welchen Wert γl kann das Rippenende mit einem Fehler von höchstens 1 % gegenüber der konvektiven RB als adiabat angenommen werden?

Lösung.

a) Man erhält

$$\vartheta_{\text{ko}}(\xi) = \frac{T(\xi) - T_\infty}{T_0 - T_\infty} = \frac{\sinh[\gamma l(1-\xi)] + \gamma l \cdot \cosh[\gamma l(1-\xi)]}{\sinh(\gamma l) + \gamma l \cdot \cosh(\gamma l)}. \tag{26.4}$$

b) In diesem Fall gilt $\dot{Q}(l) = -\lambda A[\frac{\partial T}{\partial x}]_{x=l} = 0$, was bedeutet, dass der Temperaturausgleich am Rippenende vollzogen ist: $T(l) = T_\infty$. Weiter folgt $C_2 = C_1 \frac{e^{\gamma l}}{e^{-\gamma l}}$, daraus

$$C_1 = \frac{e^{-\gamma l}}{e^{-\gamma l} + e^{\gamma l}}(T_0 - T_\infty), \quad C_2 = \frac{e^{\gamma l}}{e^{-\gamma l} + e^{\gamma l}}(T_0 - T_\infty)$$

und zusammen das Profil

$$\frac{T(x) - T_\infty}{T_0 - T_\infty} = \frac{e^{-\gamma l} e^{\gamma x}}{e^{-\gamma l} + e^{\gamma l}} + \frac{e^{\gamma l} e^{-\gamma x}}{e^{-\gamma l} + e^{\gamma l}} = \frac{\cosh[\gamma(l-x)]}{\cosh(\gamma l)} \quad \text{oder}$$

$$\vartheta_{\text{ad}}(\xi) = \frac{\cosh[\gamma l(1-\xi)]}{\cosh(\gamma l)}. \tag{26.5}$$

c) Den Verlauf der Graphen entnimmt man Abb. 26.1 rechts. Man erkennt, dass für wachsende Werte von γl eine adiabate RB am Ende der Rippe angenommen werden kann.

d) Der zugehörige Wert ergibt sich aus

$$\vartheta_{\mathrm{ad}}(\xi = 1, \gamma l) - \vartheta_{\mathrm{ko}}(\xi = 1, \gamma l) \leq 0{,}01 \quad \text{oder}$$
$$\frac{1}{\cosh(\gamma l)} - \frac{\gamma l}{\sinh(\gamma l) + \gamma l \cdot \cosh(\gamma l)} \leq 0{,}01$$

zu $\gamma l \geq 3{,}74$.

Beispiel 2. Rippen dienen zur Vergrößerung der Oberfläche eines Körpers, um die Wärmeübertragung an die Umgebung zu verbessern. Man kann sie zur Heizung eines Raumes aber auch zur Kühlung und somit zur Einhaltung einer zulässigen Betriebstemperatur von Maschinen mit elektronischen Systemen verwenden. Betrachten wir hierzu nochmals das Ergebnis (21.3.1): $\dot{Q} = k \cdot A(T_i - T_a)$ mit $\frac{1}{k} = \frac{1}{\alpha_i} + \frac{l}{\lambda} + \frac{1}{\alpha_a}$. Um den Wärmestrom zu erhöhen, kann man den (äußeren) Übergangskoeffizienten durch starkes Anblasen oder -strömen des umgebenden Fluids erhöhen, was aber Energie benötigt. Weiter bietet sich an, die Querschnittsfläche A durch Anbringen vieler Rippen, Nadeln oder Stäben zu vergrößern. Damit steigt aber auch die Gesamtlänge l des Rippensystems, weil die Wärme vom Rippenfuß bis zu deren Ende transportiert werden muss, was einen kleineren k-Wert nach sich zieht. Hier drängt sich die Frage nach einer Rippenformoptimierung auf.

a) Ermitteln sie den Gesamtwärmestrom entlang der Rippenlänge l. Beachten Sie, dass im stationären Zustand der einfließende Wärmeleitungsstrom gleich groß wie der konvektiv abgegebene sein muss. Wie lautet das Ergebnis für ein adiabates Rippenende?
b) Gegeben ist eine rechteckige Rippenform mit $h = 40$ cm und konstantem Volumen $V = 10^{-4}\,\mathrm{m}^3$. Zudem ist $\alpha = 10\,\frac{\mathrm{W}}{\mathrm{m^2K}}$ und $\lambda = 15\,\frac{\mathrm{W}}{\mathrm{mK}}$ (Edelstahl). Gesucht sind Länge l und Breite b so, dass für ein adiabates Rippenende die Kühl- oder Wärmeleistung $\dot{Q}_0$ maximal wird.
c) Führen Sie dieselbe Rechnung von b) für $b \ll h$ durch.

Lösung.

a) Im stationären Zustand gilt $\dot{Q}_0(x = 0) = \dot{Q}_{\mathrm{ko}}(0 < x < l) + \dot{Q}_{\mathrm{ko}}(x = l)$, sodass es

$$\dot{Q}_{\mathrm{Total}} = \dot{Q}_0 = -\lambda A \left[\frac{\partial T}{\partial x}\right]_{x=0}$$

zu berechnen gilt. Man erhält mit (26.3)

$$\dot{Q}_0 = -\lambda A \cdot \frac{-\mathrm{Bi} \cdot \gamma \cdot \cosh(\gamma l) - \gamma^2 l \cdot \sinh(\gamma l)}{\mathrm{Bi} \cdot \sinh(\gamma l) + \gamma l \cdot \cosh(\gamma l)} \cdot (T_0 - T_\infty)$$
$$= \lambda A \gamma \cdot \frac{\mathrm{Bi} \cdot \cosh(\gamma l) + \gamma l \cdot \sinh(\gamma l)}{\mathrm{Bi} \cdot \sinh(\gamma l) + \gamma l \cdot \cosh(\gamma l)} \cdot (T_0 - T_\infty)$$

und somit

$$\dot{Q}_0 = \sqrt{\alpha\lambda AU} \cdot \frac{\mathrm{Bi} + \gamma l \cdot \tanh(\gamma l)}{\mathrm{Bi} \cdot \tanh(\gamma l) + \gamma l} \cdot (T_0 - T_\infty). \tag{26.6}$$

Im adiabaten Fall ergibt sich

$$\dot{Q}_0 = -\lambda A \cdot \frac{-\gamma \cdot \sinh(\gamma l)}{\cosh(\gamma l)} \cdot (T_0 - T_\infty) = \sqrt{\alpha\lambda AU} \cdot \tanh(\gamma l) \cdot (T_0 - T_\infty). \tag{26.7}$$

b) Aus dem Volumen ergibt sich $b = \frac{V}{h \cdot l}$. Gleichung (26.6) schreibt sich dann als

$$\begin{aligned}
\frac{\dot{Q}_0}{T_0 - T_\infty} &= \sqrt{\alpha\lambda AU} \cdot \tanh(\gamma l) = \sqrt{\alpha\lambda A \cdot 2(b+h)} \cdot \tanh\left[\sqrt{\frac{\alpha \cdot 2(b+h)}{\lambda \cdot A}}\, l\right] \\
&= \sqrt{\alpha\lambda \frac{V}{l} 2\left(\frac{V}{h \cdot l} + h\right)} \cdot \tanh\left[\sqrt{\frac{\alpha \cdot 2(\frac{V}{h \cdot l} + h)}{\lambda \cdot V}}\, l^{\frac{3}{2}}\right] \\
&\sim \frac{1}{l}\sqrt{\frac{V + h^2 l}{h}} \cdot \tanh\left[\sqrt{\frac{2\alpha}{\lambda}\left(\frac{V + h^2 l}{Vh \cdot l}\right)}\, l^{\frac{3}{2}}\right].
\end{aligned}$$

Setzt man die Werte für die Konstanten α, λ, h und V ein, so ermittelt man grafisch das Maximum bei $l = 7{,}18$ cm. Dann folgt $b = \frac{V}{hl} = 3{,}5$ mm.

c) Gleichung (26.7) liefert

$$\dot{Q}_0 = \sqrt{\alpha\lambda \frac{V}{l} 2h} \cdot \tanh\left(\sqrt{\frac{\alpha \cdot 2h}{\lambda \cdot V}}\, l^{\frac{3}{2}}\right) \cdot (T_0 - T_\infty) \sim \frac{1}{\sqrt{l}} \cdot \tanh(\delta l^{\frac{3}{2}})$$

mit $\delta = \sqrt{\frac{2\alpha \cdot h}{\lambda \cdot V}} = \text{konst.}$ In diesem Fall kann man auch analytisch weiterrechnen. Es folgt

$$\frac{d\dot{Q}(l)}{dl} = -\frac{1}{2} l^{-\frac{3}{2}} \cdot \tanh(\delta l^{\frac{3}{2}}) + l^{-\frac{1}{2}} \cdot \delta \cdot \frac{3}{2} l^{\frac{1}{2}} \cdot [1 - \tan^2 h(\delta l^{\frac{3}{2}})].$$

Null setzen erzeugt die Gleichung $\tanh(z) = 3z \cdot [1 - \tan^2 h(z)]$ mit $z := \delta l^{\frac{3}{2}}$. Man erhält $z = 1{,}4192 = \sqrt{\frac{2\alpha \cdot h}{\lambda \cdot V}} \cdot l^{\frac{3}{2}}$ und aus

$$\sqrt{\frac{2 \cdot 2 \cdot 0{,}4}{3 \cdot 10^{-4}}} \cdot l^{\frac{3}{2}} = 1{,}4192$$

folgt $l = 7{,}23$ cm und $b = \frac{V}{hl} = 3{,}5$ mm.

27 Wichtige Kennzahlen und Größen der Wärmeübertragung

Mit der Biot-Zahl haben wir die erste Kennzahl im Zusammenhang mit Wärmeleitung und -übertragung kennengelernt: $\mathrm{Bi} = \frac{\alpha \cdot l}{\lambda_K}$. Dabei bezeichnete α die Übergangszahl des umgebenden Fluids auf den Festkörper, l die Dicke und λ_K die Wärmeleitfähigkeit des Körpers. Hat man es mit Strömungen infolge einer freien oder erzwungenen Konvektion zu tun, so hängt die Übergangszahl α sowohl von der Art der Strömung (laminar oder turbulent) als auch von der Art des Fluids ab (dies erst ab Kap. 40.3 im Zusammenhang mit der Grenzschicht). Kennzahlen dienen dazu, ähnliche Strömungseigenschaften (Reynolds-Zahl) oder gleich große Wärmeübergangsströme (Nusselt-Zahl) aufzuzeigen, auch wenn die miteinander verglichenen Körper oder Fluide verschiedene charakteristische Abmessungen und verschiedene Stoffwerte aufweisen. Es sollen nun einige neue Kennzahlen und Größen zusammengestellt werden.

27.1 Die Nusselt-Zahl

Für eine Wärmeübertragung führen wir eine dimensionslose Übergangszahl ein, die sogenannte (temperaturabhängige) Nusselt-Zahl

$$\mathrm{Nu} := \frac{\alpha \cdot d}{\lambda_F}. \tag{27.1.1}$$

Dabei bezeichnen λ_F die Wärmeleitfähigkeit des Fluids und d die charakteristische Länge, beispielsweise der Durchmesser eines Rohrs. Die Nusselt-Zahl einer turbulenten Strömung ist immer größer als die Nusselt-Zahl für eine laminare Strömung: $\mathrm{Nu}_t > \mathrm{Nu}_l$. Die Nusselt-Zahl ist die Analogie der Biot-Zahl für Fluide.

27.2 Die Reynolds-Zahl

Diese wurde schon in Kap. 12.2 kurz erwähnt.

Herleitung von (27.2.1)
Um Strömungen im Labor zu untersuchen, muss das Modell nicht nur geometrisch ähnlich sein (Längen, Flächen, Volumen usw.), sondern auch hydromechanisch ähnlich (Geschwindigkeit, Dichte, Kraft, Viskosität usw.). Letzteres beschreibt die Reynolds-Zahl. Bei gleicher Reynolds-Zahl sind die Strömungen ähnlich. Dabei ist die geometrische Ähnlichkeit notwendig, aber nicht hinreichend. Wenn wir die Gewichtskraft vernachlässigen, wirken auf die strömenden Teilchen Trägheitskräfte F_T, Reibungskräfte F_R und

https://doi.org/10.1515/9783111345765-027

Druckkräfte F_P. Diese müssen in allen Punkten der Strömung im Gleichgewicht sein: $F_T + F_R + F_p = 0$. Ist das Modell dem Original ähnlich, dann ist zwingend

$$F_{T2} = \alpha \cdot F_{T1}, \quad F_{R2} = \alpha \cdot F_{R1}, \quad F_{T2} = \alpha \cdot F_{R1}.$$

Da weiter $F_T + F_R + F_p = 0$, folgt daraus

$$\frac{F_T}{F_R} + 1 + \frac{F_p}{F_R} = 0 \quad \text{und} \quad 1 + \frac{F_R}{F_T} + \frac{F_p}{F_T} = 0,$$

was

$$\frac{F_p}{F_R} = -\frac{F_T}{F_R} - 1 \quad \text{und} \quad \frac{F_p}{F_T} = -1 - \frac{F_R}{F_T}$$

nach sich zieht. Mit der Kenntnis von $\frac{F_T}{F_R}$ sind auch alle anderen Verhältnisse bekannt. Die Trägheitskraft beträgt für das betrachtete Massenstück $F_T = m \cdot a$. Die Reibungskraft für ein Fluid ist $F_R = \eta \cdot A \cdot \frac{dv}{dy}$ (vgl. Kap. 9.1), dabei muss $\frac{dv}{dy}$ nicht unbedingt linear sein. Nun betrachten wir das Verhältnis $\frac{F_T}{F_R}$. Es genügt, Zähler und Nenner durch ihre Dimensionen darzustellen und der genaue Verlauf von $\frac{dv}{dy}$ ist nicht erforderlich. Dann ist

$$\frac{F_T}{F_R} = \frac{[\rho] \cdot [V] \cdot [a]}{[\eta] \cdot [A] \cdot [\frac{v}{l}]} = \frac{[\rho] \cdot [l^3] \cdot [\frac{v^2}{l}]}{[\eta] \cdot [l^2] \cdot [\frac{v}{l}]} = \frac{[\rho] \cdot [v] \cdot [l]}{[\eta]} = \text{konst.},$$

weil

$$\frac{F_{T2}}{F_{R2}} = \frac{\alpha \cdot F_{T1}}{\alpha \cdot F_{R1}} = \frac{F_{T1}}{F_{R1}}.$$

Somit ist die Reynolds-Zahl definiert. Ihre physikalische Bedeutung wird klar, wenn man Zähler und Nenner mit $l^2 \cdot v$ erweitert:

$$\text{Re} = \frac{\rho \cdot v^2 \cdot l^3}{\eta \cdot l^2 \cdot v} = \frac{\rho \cdot v^2 \cdot V}{\eta \cdot A \cdot v} = \frac{2(\frac{1}{2} \cdot m \cdot v^2)}{(\eta \cdot A \cdot \frac{v}{l}) \cdot l} = \frac{2 \cdot E_{\text{Kin}}}{F_R \cdot l} = \frac{2 \cdot E_{\text{Kin}}}{W_R}.$$

Die Reynolds-Zahl kann also auch verstanden werden als das Verhältnis zwischen Energie eines Volumens V, das sich mit der Geschwindigkeit v bewegt und der Reibungsarbeit, die geleistet werden muss, um das Volumenelement um seinen Durchmesser l zu bewegen. Somit lautet unser Ergebnis: Die Art der Strömung wird durch die (temperaturabhängige) Reynolds-Zahl erfasst.

$$\text{Re} := \frac{\rho \cdot d \cdot c}{\eta} = \frac{d \cdot c}{\nu}, \tag{27.2.1}$$

wobei ρ die Dichte des Fluids, c die Strömungsgeschwindigkeit, η die dynamische, ν die kinematische Viskosität und d die charakteristische Länge des Körpers bezeichnet. Wird beispielsweise ein Rohr umströmt, dann ist die charakteristische Länge der halbe Umfang des Rohrs (Abb. 27.1, 1. Skizze).

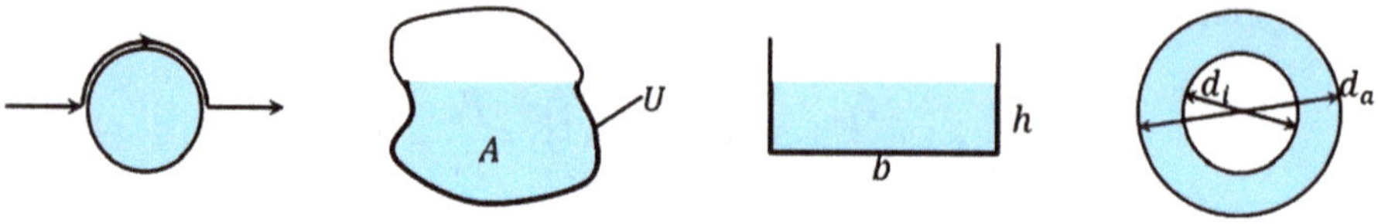

Abb. 27.1: Skizzen zum hydraulischen Durchmesser.

27.3 Der hydraulische Durchmesser

Bei ausgebildeten Strömungen liegt stets ein Gleichgewicht zwischen den Reibungskräften aufgrund der Schubspannungen an den Wänden und den Druckkräften am Ein- und Ausgang der Röhrenquerschnitte vor.

Herleitung von (27.3.1)
Da diese Aussage unabhängig vom gewählten Querschnitt ist, wird bei der Bestimmung des hydraulischen Durchmessers versucht, für einen Strömungskanal mit einem beliebigen Querschnitt den Durchmesser desjenigen kreisrunden Rohrs zu ermitteln, der bei gleicher Rohrlänge und gleicher mittlerer Strömungsgeschwindigkeit denselben Druckverlust wie der gegebene Stromkanal erzeugt. Da die Reibungskräfte entlang des Umfangs und die Druckkräfte vom Querschnitt abhängen, müssten gleiche Verhältnisse vorliegen, wenn der Querschnitt und der benetzte Umfang im gleichen Verhältnis stehen. Der benetzte Umfang ist derjenige Teil des gesamten Umfangs, der die Rohrwand berührt. Da für einen Kreis $\frac{A}{U} = \frac{\pi r^2}{2\pi r} = \frac{r}{2}$ ergibt, der Durchmesser aber $2r$ entspricht, definiert man den hydraulischen Durchmesser als (Abb. 27.1, 2. Skizze)

$$d_H = 4 \cdot \frac{A}{U}. \tag{27.3.1}$$

Ist das Rohr vollständig gefüllt, dann folgt $d_H = 4 \cdot \frac{\pi r^2}{2\pi r} = d$.

Beispiel 1. Ermitteln Sie den hydraulischen Durchmesser für:
a) einen rechteckigen Kanal mit Breite b und Höhe h (Abb. 27.1, 3. Skizze),
b) einen vollständig durchflossenen Kreisring (Ringspalt) mit innerem bzw. äußerem Radius r_i und r_a (Abb. 27.1, 4. Skizze).

Lösung.

a) Man erhält $A = bh$, $U = b + 2h$ und daraus mit (27.3.1) $d_H = \frac{4bh}{b+2h}$.

b) Es gilt $A = \pi r_a^2 - \pi r_i^2$, $U = 2\pi r_a + 2\pi r_i$, woraus

$$d_H = 4\frac{\pi r_a^2 - \pi r_i^2}{2\pi r_a + 2\pi r_i} = 2\frac{r_a^2 - r_i^2}{r_a + r_i} = 2(r_a - r_i) = d_a - d_i$$

entsteht.

Beispiel 2.

a) Berechnen Sie den hydraulischen Durchmesser d_H eines bis zu einer Höhe h gefüllten Rohrs (Abb. 27.2 links). Geben Sie d_H zuerst als Funktion des Durchmessers d und des Zentriwinkels γ und dann als Funktion von h und b an.

b) Für welchen Winkel γ wird d_H und somit auch die Nusseltzahl $\mathrm{Nu} = \frac{\alpha \cdot d_H}{\lambda_F}$ maximal? Wie hoch steht das Wasser bei einem Rohrdurchmesser von $d = 40$ cm?

Lösung.

a) Für den Querschnitt erhält man

$$A = \frac{1}{2}\gamma \cdot \frac{d}{s} \cdot \frac{d}{2} + \frac{d}{2} \cdot \sin\left(\pi - \frac{\gamma}{2}\right) \cdot \cos\left(\pi - \frac{\gamma}{2}\right)$$
$$= \frac{d^2}{8}\gamma - \frac{d^2}{4} \cdot \sin\left(\frac{\gamma}{2}\right) \cdot \cos\left(\frac{\gamma}{2}\right) = \frac{d^2}{8}\gamma - \frac{d^2}{8} \cdot \sin\gamma = \frac{d^2}{8}(\gamma - \sin\gamma).$$

Mit dem benetzten Umfang $U = \gamma \cdot \frac{d}{2}$ folgt

$$d_H(\gamma) = 4 \cdot \frac{A}{U} = \frac{d}{4}\left(1 - \frac{\sin\gamma}{\gamma}\right).$$

Zur Umrechung von γ benutzen wir

$$s = 2\sqrt{\left(\frac{d}{s}\right)^2 - \left(h - \frac{d}{2}\right)^2} = 2\sqrt{h(h-d)} \quad \text{und}$$

$$\sin\left(\pi - \frac{\gamma}{2}\right) = \sin\left(\frac{\gamma}{2}\right) = \frac{2\sqrt{h(d-h)}}{d},$$

was zusammen

$$\gamma = 2 \cdot \arcsin\left[\frac{2\sqrt{h(d-h)}}{d}\right]$$

ergibt.

b) Es gilt

$$d_H'(\gamma) \sim \frac{\gamma \cdot \cos\gamma - \sin\gamma}{\gamma^2}.$$

Null setzen ergibt $\gamma = \tan\gamma$ mit $\gamma_B = 4{,}49$ oder $\gamma = 257{,}45°$. Schließlich führt die Gleichung

$$4{,}49 = 2 \cdot \arcsin\left[\frac{2\sqrt{h(0{,}4-h)}}{0{,}4}\right]$$

zu $h = 32{,}5\,\text{cm}$.

27.4 Die Prandtl-Zahl

Die temperaturabhängige Prandtl-Zahl schließlich spiegelt die Stoffeigenschaften des Fluids bei erzwungener Konvektion wider:

$$\text{Pr} := \frac{\eta \cdot c_p}{\lambda}. \tag{27.4.1}$$

Dabei ist c_p die spezifische Wärmekapazität. Typische Werte für Prandtl-Zahlen sind: flüssige Metalle ($\text{Pr} \ll 1$), Gase ($\text{Pr} \approx 0{,}70$), Flüssigkeiten ($\text{Pr} \approx 7$), zähe Flüssigkeiten, Öle ($\text{Pr} \approx 70$).

Die Abhängigkeit der Prandtl-Zahl $\text{Pr} = \frac{\rho \cdot \nu \cdot c_p}{\lambda}$ für Wasser mit der Temperatur gibt die folgende Tabelle wider. Steigt die Temperatur, so sinken Dichte ρ, kinematische Viskosität ν, spezifische Wärmekapazität c_p und es steigt die Wärmeleitfähigkeit λ. Insgesamt sinkt also die Prandtl-Zahl.

Temperatur in °C	20	30	40	50
Prandtl-Zahl für Wasser	7,00	5,41	4,32	3,57

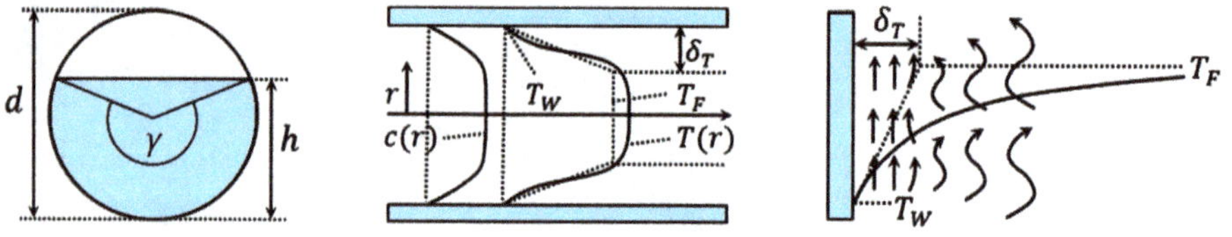

Abb. 27.2: Skizze zum Beispiel 2 und zu den durchströmten Rohren.

27.5 Die Nusselt-Zahl für durchströmte Rohre

Nun sollen die drei eingeführten Kennzahlen in Zusammenhang mit Strömungen innerhalb eines Rohrs gebracht werden. Die mathematische Beschreibung von angeströmten Flächen und Rohren samt ihren Bewegungsgleichungen wird ab Kap. 39.3 behandelt.

Zuerst gehen wir nochmals zurück zur Definition der Übergangszahl α und betrachten dazu eine turbulente Rohrströmung. Im Inneren der Strömung erfolgt die Wärmeübertragung praktisch ungehindert, entsprechend ist die Temperatur des Fluids T_F fast überall gleich groß. An den Wänden wird die Strömung abgebremst. Es bildet sich eine laminare Grenzschicht aus.

Der sich einstellende turbulente Temperaturverlauf $T(r)$ (dem Geschwindigkeitsverlauf $c(r)$ in etwa ähnlich) wurde schon in Abb. 21.2 Mitte dargestellt. Leicht idealisiert können wir die Änderung der Wandtemperatur hin zur Fluidtemperatur innerhalb der Grenzschicht als linear betrachten. (Eigentlich ist das Profil parabelförmig, Abb. 27.2 Mitte.) Allgemein ist

$$\dot{q} = \alpha(T_F - T_W) \quad \text{und auch} \quad \dot{q} = \lambda \left(\frac{dT}{dr} \right) \bigg|_{r_W} .$$

Letzteres gilt, weil in der Grenzschicht die Wärmeübertragung durch Wärmeleitung erfolgt. Diese verläuft deutlich langsamer als die durch Konvektion übertragene Wärme. Infolge der Linearisierung ist dann

$$\left(\frac{dT}{dr} \right) \bigg|_{r_W} \approx \frac{T_F - T_W}{\delta_T},$$

woraus $\alpha_{\text{lok}} = \frac{\lambda}{\delta_T}$ folgt.

Damit wäre eine Möglichkeit gegeben, über die Messung von $\dot{q}$ und λ zur lokalen Übergangszahl zu gelangen. Aber aufgrund ihrer geringen Dicke von nur einigen Millimetern würde bei der Messung die Grenzschicht beeinträchtigt. Bei einer laminaren Strömung versagt das Modell erst recht, weil das parabelförmige Temperaturprofil zu stark ausgebildet ist. Die Wärmeübergangszahl kann aber auch nicht rechnerisch hergeleitet werden, sondern muss aus Messungen empirisch ermittelt werden. Tatsächlich wird die Übergangszahl α über die Nusselt-Zahl bestimmt. (Analog erfolgt die Ermittlung der Übergangszahl α bei Festkörpern über die Biot-Zahl) Vergleicht man die Nusselt-Zahl $\text{Nu} = \frac{\alpha \cdot d}{\lambda}$ mit Obigem, so bezeichnet sie das Verhältnis der charakteristischen Länge (hier der Durchmesser) und der Grenzschichtdicke:

$$\text{Nu} = \frac{\alpha \cdot d}{\lambda} = \frac{d}{\frac{\lambda}{\alpha}} = \frac{d}{\delta_T}.$$

Die Nusselt-Zahl kann auch als Verhältnis zwischen turbulenter Strömungsdicke zur laminaren Grenzschichtdicke aufgefasst werden. Auch bei angeströmten Flächen bildet sich eine laminare Grenzschicht aus (Abb. 27.2 rechts). Bis zur Grenzschicht ist die Temperatur vorerst wieder annähernd gleich und innerhalb der Schicht als linear (gestrichelte Linie). T_F bezeichnet in diesem Fall die mittlere Temperatur der Strömung. Die Nusselt-Zahl und somit die Übergangszahl α ist von vielen Faktoren abhängig. Eine umfassendere Untersuchung folgt erst ab Kap. 40.3. Von allen möglichen Einflüssen, die eine Wärmeübertragung begünstigen oder hemmen, wird allein die Rohrreibung betrachtet.

Idealisierung: Außer der Rohrreibung werden alle weiteren Einflüsse vernachlässigt.

Bis auf Weiteres bleibt die Nusselt-Zahl deshalb eine Funktion der Reynolds-Zahl (27.2.1), der Prandtl-Zahl (27.4.1) und der Rohrreibungszahl (27.5.1), die sich ihrerseits an der Reynolds-Zahl orientiert: $\mathrm{Nu} = f(\mathrm{Re}, \mathrm{Pr}, \xi(\mathrm{Re}))$. Infolge der Viskosität des Fluids entstehen zwischen unterschiedlich strömenden Fluidschichten Schubspannungen. Diese bewirken einen Druckverlust, was mit einem Energieverlust einhergeht. Bei turbulenter Strömung geht zusätzlich Energie durch die Wandreibung verloren. Dieser Verlust ist umso größer, je rauer die Wand ist. Die Rohrreibungszahl ξ ist ein Maß für diesen Druckverlust. Sie ist abhängig von der Reynolds-Zahl. Für eine laminare Strömung kann man ξ berechnen (Kap. 35.2). Im Fall einer turbulenten Strömung verwenden wir (nach Konakov)

$$\xi = (1{,}8 \cdot \log_{10} \mathrm{Re} - 1{,}5)^{-2}. \tag{27.5.1}$$

Es gibt mehrere Formeln zur näherungsweisen Bestimmung der Nusselt-Zahl. Die folgenden, halbempirischen sind die zuverlässigsten. Sie werden an dieser Stelle angegeben und erst im Zusammenhang mit der Grenzschichttheorie etwas eingehender beleuchtet.

I. Laminare Strömung (nach Gnielinski, vereinfacht)

$$\mathrm{Nu}_{\mathrm{lam}} = \left[3{,}66^3 + 0{,}7^3 + \left\{\left(\mathrm{Re} \cdot \mathrm{Pr}_F \cdot \frac{d}{l}\right)^{\frac{1}{3}} - 0{,}7\right\}^3\right]^{\frac{1}{3}} \tag{27.5.2}$$

gültig für $0 < \mathrm{Re} < 2300$, $0 < \mathrm{Pr} < \infty$, $\frac{d}{l} \leq 1$.

II. Turbulente Strömung (nach Gnielinski)

$$\mathrm{Nu}_{\mathrm{turb}} = \frac{\frac{\xi}{8} \cdot \mathrm{Re} \cdot \mathrm{Pr}_F}{1 + 12{,}7 \cdot \sqrt{\frac{\xi}{8}} \cdot (\mathrm{Pr}_F^{\frac{2}{3}} - 1)} \tag{27.5.3}$$

gültig für $10^4 < \mathrm{Re} < 10^6$, $0{,}1 < \mathrm{Pr} < 1000$.

Bemerkung. Die Berechnung bei konstanten Fluidtemperaturen stellt keine Probleme dar, weil auch alle Stoffwerte unveränderlich sind. Variiert die Temperatur oder ist insbesondere die Temperatur unbekannt, dann geht dies mit aufwendigen Iterationen einher (siehe Bsp. 2).

Beispiel 1. Gegeben ist ein Rohr mit 2,5 cm Innendurchmesser. Die gemittelte Temperatur des Fluids und der Wand ist 20 °C bzw. 50 °C. Der nachstehenden Tabelle entnimmt man die Ausgangswerte.

	$v\,[\frac{m}{s}]$	$\nu\,[\frac{m^2}{s}]$	$\lambda\,[\frac{W}{m\cdot K}]$	Pr_F
Wasser 20°	2	$1{,}003\cdot 10^{-6}$	0,5980	7,000
Wasser 50°	2	$0{,}554\cdot 10^{-6}$	0,6410	3,570
Luft 20°, 1 bar	20	$15{,}35\cdot 10^{-6}$	0,0257	0,715
Luft 20°, 10 bar	20	$1{,}540\cdot 10^{-6}$	0,0262	0,717

Gesucht sind in allen vier Fällen die Größen Re, ξ, Nu_t und α.

Lösung. Zuerst werden die vier Reynolds-Zahlen bestimmt. Im 1. Fall erhält man

$$Re = \frac{d\cdot c}{\nu} = \frac{0{,}025\cdot 2}{1{,}003\cdot 10-6} = \frac{0{,}025\cdot 2}{1{,}003\cdot 10-6} = 49850.$$

Diese liegt weit über 10^4, wodurch wir es mit einer turbulenten Strömung zu tun haben. Damit folgt die Rohrreibungszahl nach (27.5.1) zu

$$\xi = (1{,}8\cdot\log_{10} 49850 - 1{,}5)^{-2} = 0{,}0207.$$

Mithilfe von (27.5.3) ermittelt man die Nusselt-Zahl

$$Nu_t = \frac{\frac{0{,}0207}{8}\cdot 49850\cdot 7{,}000}{1 + 12{,}7\cdot\sqrt{\frac{0{,}0207}{8}}\cdot(7{,}000^{\frac{2}{3}} - 1)} = 439{,}2$$

und damit gemäß (27.1.1) einen Übergangskoeffizienten von

$$\alpha = \frac{\lambda\cdot Nu}{d} = \frac{0{,}5980\cdot 439{,}2}{0{,}025} = 10506\,\frac{W}{m^2\cdot K}.$$

Diese Rechnung wiederholt man für die restlichen drei Fälle. Die Ergebnisse sind in der nachstehenden Tabelle festgehalten.

	Re	ξ	Nu_t	$\alpha\,[\frac{W}{m^2\cdot K}]$
Wasser 20°	49850	0,0207	331,9	7938
Wasser 50°	90253	0,0182	404,5	10372
Luft 1 bar	32573	0,0228	76,8	79
Luft 10 bar	324675	0,0141	459,1	481

Flüssigkeiten besitzen wesentlich größere Wärmeübergangszahlen als Gase. Der Einfluss der Gasgeschwindigkeiten ist für die Erhöhung der Wärmeübergangszahl gering, wohingegen die größere kinematische Viskosität und die kleinere Wärmeleitfähigkeit der Gase überwiegen und kleinere Wärmeübergangszahlen verursachen. Steigt bei

Gasen der Druck, so sinkt die kinematische Viskosität, was zu einer größeren Reynolds- und Wärmeübergangszahl führt.

Beispiel 2. Wir betrachten dasselbe Rohr wie im ersten Beispiel. Wasser ströme mit 2 $\frac{\mathrm{m}}{\mathrm{s}}$, aber mit einer unbekannten Temperatur durch das Rohr. Als Wärmeübergangszahl ergibt sich $\alpha = 9500\ \frac{\mathrm{W}}{\mathrm{m}^2 \cdot \mathrm{K}}$. Es soll die (mittlere) Fluidtemperatur ermittelt werden. Folgende Werte sind gegeben:

	$\nu\ [\frac{\mathrm{m}^2}{\mathrm{s}}]$	$\lambda\ [\frac{\mathrm{W}}{\mathrm{m \cdot K}}]$	Pr_F	$\alpha\ [\frac{\mathrm{W}}{\mathrm{m^2 \cdot K}}]$
Wasser 20°	$1{,}003 \cdot 10^{-6}$	0,598	7,00	7983
Wasser 50°	$0{,}554 \cdot 10^{-6}$	0,641	3,57	10372

Lösung. Da die Fluidtemperatur unbekannt ist, müssen wir vorerst eine annehmen. Um einen sinnvollen Startwert zu erhalten, interpolieren wir. Aus den Übergangszahlen erhält man

$$\alpha(T_F) = \frac{10372 - 7983}{50 - 20} \cdot T_F + 6390{,}3.$$

Mit dem gegebenen Startwert $\alpha_0 = 9500$ folgt $T_{\mathrm{Fluid},0} = 39{,}05\,^\circ\mathrm{C}$. Die Interpolationsgerade Prandtl-Zahl/Temperatur lautet

$$\mathrm{Pr}(T_F) = \frac{3{,}57 - 7}{50 - 20} \cdot T_F + 9{,}287$$

und man erhält $\mathrm{Pr}(39{,}05\,^\circ\mathrm{C}) = \mathrm{Pr}_{F,1} = 4{,}822$.

Weiter folgt die Interpolationsgerade für kinematische Viskosität/Temperatur zu

$$\nu(T_F) = \left(\frac{0{,}554 - 1{,}003}{50 - 20} \cdot T_F + 1{,}303\right) \cdot 10^{-6}$$

und demnach die zugehörige Viskosität

$$\nu(39{,}05\,^\circ\mathrm{C}) = \nu_1 = 0{,}718 \cdot 10^{-6}\ \frac{\mathrm{W}}{\mathrm{m \cdot K}}.$$

Schließlich liefert die Interpolation Wärmeleitung /Temperatur die Funktion

$$\lambda(T_F) = \frac{0{,}641 - 0{,}598}{50 - 20} \cdot T_F + 0{,}569 \quad \text{mit} \quad \lambda(39{,}05\,^\circ\mathrm{C}) = \lambda_1 = 0{,}625.$$

Damit liegt eine neue Bezugstemperatur für die Stoffwerte vor. Die Reynolds-Zahl folgt zu

$$\mathrm{Re}_0 = \frac{0{,}025 \cdot 2}{0{,}718 \cdot 10^{-6}} = 69638,$$

für die Rohrreibungszahl erhält man

$$\xi_0 = (1{,}8 \cdot \log_{10} 71'621{,}3 - 1{,}5)^{-2} = 0{,}0192$$

und die Nusselt-Zahl ist

$$\mathrm{Nu}_{t,0} = \frac{\frac{0{,}0192}{8} \cdot 69681 \cdot 4{,}822}{1 + 12{,}7 \cdot \sqrt{\frac{0{,}0192}{8}} \cdot (4{,}822^{\frac{2}{3}} - 1)} = 374{,}2.$$

Die zugehörige Wärmeübergangszahl errechnet sich zu

$$\alpha_1 = \frac{374{,}4 \cdot 0{,}625}{0{,}025} = 9355.$$

Nun interpolieren wir bezüglich der neuen Temperatur $T_{F,0} = 39{,}05\,^\circ\mathrm{C}$ und den $50\,^\circ\mathrm{C}$. Wir erhalten

$$\alpha(T_F) = \frac{10372 - 9355}{50 - 39{,}05} \cdot T_F + 6125{,}5$$

und mit $\alpha_1 = 9355$ die neue Bezugstemperatur $T_{F,1} = 34{,}77\,^\circ\mathrm{C}$. Es folgen nacheinander:

$$\mathrm{Pr}(T_F) = \frac{3{,}57 - 4{,}822}{50 - 39{,}05} \cdot T_F + 9{,}287 \quad \text{mit} \quad \mathrm{Pr}(34{,}77\,^\circ\mathrm{C}) = \mathrm{Pr}_{F,2} = 5{,}311,$$

$$\nu(T_F) = \left(\frac{0{,}554 - 0{,}718}{50 - 39{,}05} \cdot T_F + 1{,}303\right) \cdot 10^{-6} \quad \text{mit} \quad \nu(34{,}77\,^\circ\mathrm{C}) = \nu_2 = 0{,}782 \cdot 10^{-6} \quad \text{und}$$

$$\lambda(T_F) = \frac{0{,}641 - 0{,}625}{50 - 39{,}05} \cdot T_F + 0{,}569 \quad \text{mit} \quad \lambda(34{,}77\,^\circ\mathrm{C}) = \lambda_2 = 0{,}620.$$

Die Reynolds-Zahl ist

$$\mathrm{Re}_1 = \frac{0{,}025 \cdot 2}{0{,}782 \cdot 10^{-6}} = 63939$$

und für die Rohrreibungszahl ergibt sich

$$\xi_1 = (1{,}8 \cdot \log_{10} 63939 - 1{,}5)^{-2} = 0{,}0196.$$

Damit liegt die Nusselt-Zahl bei

$$\mathrm{Nu}_{t,1} = \frac{\frac{0{,}0196}{8} \cdot 63939 \cdot 5{,}311}{1 + 12{,}7 \cdot \sqrt{\frac{0{,}0196}{8}} \cdot (5{,}311^{\frac{2}{3}} - 1)} = 364{,}1.$$

Die zugehörige Wärmeübergangszahl errechnet sich dann zu

$$\alpha_2 = \frac{364{,}1 \cdot 0{,}620}{0{,}025} = 9030.$$

Wir führen eine weitere Iteration aus und interpolieren bezüglich der neuen Temperatur $T_{F,1} = 34{,}77\,^\circ\mathrm{C}$ und den $50\,^\circ\mathrm{C}$. Wir erhalten

$$\alpha(T_F) = \frac{10372 - 9030}{50 - 34{,}77} \cdot T_F + 6220{,}7$$

und mit $\alpha_2 = 9030$ die neue Bezugstemperatur $T_{F,2} = 31{,}88\,^\circ\mathrm{C}$. Es folgen nacheinander

$$\begin{aligned} &\mathrm{Pr}(31{,}88\,^\circ\mathrm{C}) = \mathrm{Pr}_{F,3} = 5{,}642, \quad \nu(31{,}88\,^\circ\mathrm{C}) = \nu_3 = 0{,}805 \cdot 10^{-6}, \\ &\lambda(31{,}88\,^\circ\mathrm{C}) = \lambda_3 = 0{,}613, \quad \mathrm{Re}_2 = \frac{0{,}025 \cdot 2}{0{,}805 \cdot 10^{-6}} = 62112, \quad \xi_2 = 0{,}0197, \\ &\mathrm{Nu}_{t,2} = 364{,}6 \quad \text{und} \quad \alpha_3 = \frac{364{,}6 \cdot 0{,}613}{0{,}025} = 8939. \end{aligned}$$

Eine letzte Interpolation bezüglich der neuen Temperatur $T_{F,3} = 31{,}88\,^\circ\mathrm{C}$ und den $50\,^\circ\mathrm{C}$ liefert $T_{F,2} = 32{,}09\,^\circ\mathrm{C}$, womit die Genauigkeit bereits $\leq 0{,}7\,\%$ ist. Damit beträgt die Fluidtemperatur etwa $T_{\text{Fluid}} = 32\,^\circ\mathrm{C}$.

28 Gleich- und Gegenstromwärmeüberträger

Ein Wärmeüberträger (= Wärmetauscher) ist ein Apparat, bei dem Wärme von einem Fluid auf ein anderes übertragen wird. Dabei stehen die beiden Stoffe nicht in unmittelbar thermischem Kontakt miteinander, sondern sind durch eine feste Wand getrennt. Als Arbeitsfluid (dasjenige, welches das eigentliche Fluid erhitzen oder abkühlen soll) kommt meist eine Flüssigkeit oder ein Gas zum Einsatz, in besonderen Fällen auch eine verdampfende Flüssigkeit oder ein kondensierender Dampf. Der Wärmedurchgang von einem Fluid durch eine Trennwand zu einem anderen Fluid wird durch die Wärmedurchgangszahl k zwischen den beiden Medien beschrieben. Diese beträgt gemäß (21.3.1) $\frac{1}{k} = \frac{1}{\alpha_1} + \frac{l}{\lambda} + \frac{1}{\alpha_2}$, wobei α_i die Übergangszahlen, λ die Wärmeleitzahl und l die Dicke der Trennschicht bezeichnen. Im Weiteren betrachten wir zwei durch eine wärmedurchlässige Wand getrennte Fluide, die entweder durch Gleich- oder Gegenstrom ihre Wärme austauschen. Der erstgenannte Prozess ist modellhaft in Abb. 28.1 links sowohl für Gleich- als auch Gegenstrom dargestellt. Weiter gehen wir davon aus, dass dabei kein Wärmeverlust stattfindet (für den Einbezug des Wärmeverlusts siehe Band 4). Es handelt sich demnach um ein abgeschlossenes System. Weiter wird die Wärmedurchgangszahl k über die gesamte Austauschfläche gemittelt und damit als ortsunabhängig betrachtet. Schließlich interessiert nur die dauerhafte Inbetriebnahme.

Idealisierungen:

- Der Wärmeüberträger ist gegenüber der Außentemperatur vollständig isoliert.
- Der k-Wert wird als konstant vorausgesetzt.
- Alle folgenden Ergebnisse gelten für eine stationäre Wärmeübertragung.

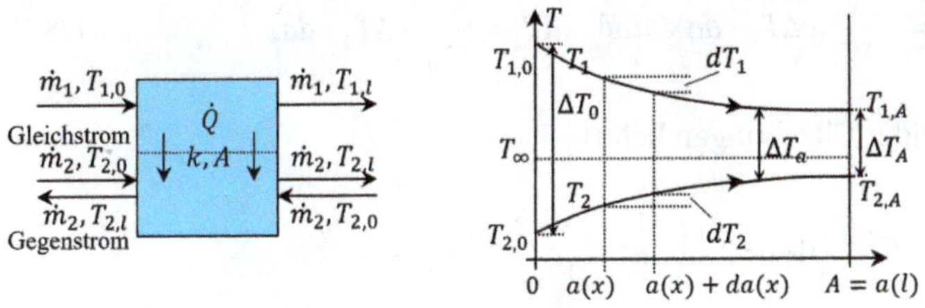

Abb. 28.1: Skizzen zu den Wärmeüberträgern.

Dabei wird der Eintritt mit einer Null und der Austritt mit einem l gekennzeichnet (da die gesamte Austauschfläche durchlaufen ist). Das Fluid 1 mit der Temperatur $T_{1,0}$ und dem Massenstrom $\dot m_1$ (Masse pro Zeit) tritt in den Wärmeüberträger ein. Auf dem Weg zu seinem Austritt verändert sich durch Wärmeabgabe über die Trennwand an das Fluid 2 seine Temperatur auf $T_{1,l}$. Gleichzeitig ändert sich die Temperatur des Fluids 2 mit dem Massenstrom $\dot m_2$ von $T_{2,0}$ auf $T_{2,l}$. Der Wärmestrom $\dot Q$ ist dabei abhängig vom Wärmeübergangskoeffizienten k und der zur Verfügung stehenden Fläche A, die durch Rippen vergrößert werden kann. Den übertragenen bzw. über die Trennflä-

https://doi.org/10.1515/9783111345765-028

che aufgenommenen Wärmestrom kann man (beispielsweise nach 22.1) darstellen als $\dot{Q} = \dot{W}_1 \cdot \Delta T_1$ respektive $\dot{Q} = \dot{W}_2 \cdot \Delta T_2$. Die Ausdrücke $\dot{W}_1 = \dot{m}_1 \cdot c_{p1}$ und $\dot{W}_2 = \dot{m}_2 \cdot c_{p2}$ heißen Kapazitätsströme. Im Fall von Gleichstrom kann man bestenfalls erreichen, dass die Austrittstemperatur $T_{2,l}$ nahezu $T_{1,l}$ entspricht, auch wenn man die Eintrittstemperatur $T_{2,0}$ noch so nahe an $T_{1,0}$ legt (Abb. 28.2 Mitte). Bei Gegenstrom kann es sein, dass, obwohl die Eingangstemperatur $T_{2,0}$ tiefer als $T_{1,l}$ liegt, die Austrittstemperatur $T_{2,l}$ höher als die Austrittstemperatur $T_{1,l}$ ausfällt und bestenfalls gleich hoch wie die Eintrittstemperatur $T_{1,0}$ (Abb. 28.2 rechts). Wir bezeichnen mit $a(x)$ die Austauschfläche von $x = 0$ bis zur Stelle x. Die gesamte Austauschfläche nennen wir $A = a(l)$. Nun wollen wir Ergebnisse im Fall von Gleichstrom zusammentragen.

Herleitung von (28.1)–(28.7)

Bilanz und lineare Approximation: Wärmeenergiebilanz für die Austauschfläche $da := da(x)$. Für das erste Fluid gilt gemäß (21.3.1)

$$d\dot{Q}_1 = k \cdot \Delta T_a \cdot da = k(T_{1,a} - T_{2,a}) \cdot da, \tag{28.1}$$

wobei $\Delta T_a = T_{1,a} - T_{2,a}$ die Temperaturdifferenz der beiden Fluide für eine beliebige Teilaustauschfläche $0 \leq a \leq A$ bezeichnet. Anderseits ist $d\dot{Q}_1 = -\dot{W}_1 \cdot dT_1$ mit dT_1 als Temperaturunterschied des Fluids bei einer Änderung der Austauschfläche von a nach $a + da$. Für das zweite Fluid erhält man analog $d\dot{Q}_2 = \dot{W}_2 \cdot dT_2$. Gleichsetzen ergibt $k \cdot \Delta T_a \cdot da = -\dot{W}_1 \cdot dT_1$ und $k \cdot \Delta T_a \cdot da = \dot{W}_2 \cdot dT_2$ (dabei ist $dT_1 < 0$, $\dot{m}_1 > 0$, $dT_2 > 0$, $\dot{m}_2 > 0$). Daraus wird

$$dT_1 = -\frac{k}{\dot{W}_1} \cdot \Delta T_a \cdot da \quad \text{und} \quad dT_2 = \frac{k}{\dot{W}_2} \cdot \Delta T_a \cdot da. \tag{28.2}$$

Die Subtraktion beider Gleichungen liefert

$$dT_1 - dT_2 = -k\left(\frac{1}{\dot{W}_1} + \frac{1}{\dot{W}_2}\right) \cdot \Delta T_a \cdot da,$$

woraus

$$d(\Delta T_a) = -k\left(\frac{1}{\dot{W}_1} + \frac{1}{\dot{W}_2}\right) \cdot \Delta T_a \cdot da$$

entsteht. Nach Variablen getrennt ergibt dies

$$\frac{d(\Delta T_a)}{\Delta T_a} = -\mu k \cdot da \quad \text{mit} \quad \mu = \frac{1}{\dot{W}_1} + \frac{1}{\dot{W}_2}.$$

Die Integration über Differenzen ΔT_a und der Integration von $a(x = 0) = 0$ bis a führt nacheinander zu

$$\int_{\Delta T_0}^{\Delta T_a} \frac{d(\Delta T_a)}{\Delta T_a} = -\mu k \cdot \int_0^a da, \quad \ln(\Delta T_a) - \ln(\Delta T_0) = -\mu A a,$$

$$\ln\left(\frac{\Delta T_a}{\Delta T_0}\right) = -\mu k a \quad \text{und} \quad \Delta T_a = \Delta T_0 \cdot e^{-\mu k a}, \tag{28.3}$$

wobei $\Delta T_0 = T_{1,0} - T_{2,0}$ die Temperaturdifferenz mit $a(0) = 0$ bezeichnet. Insbesondere folgt auch der Zusammenhang

$$\mu = -\frac{1}{kA} \ln\left(\frac{\Delta T_A}{\Delta T_0}\right). \tag{28.4}$$

Für den gesamten Wärmestrom wird (28.3) in (28.1) eingesetzt und über die gesamte Austauschfläche $A(l)$ integriert:

$$\int_0^{\dot{Q}} d\dot{Q} = \Delta T_0 \cdot k \int_0^A e^{-\mu k a} da.$$

Man erhält mithilfe von (28.4)

$$\begin{aligned}\dot{Q} &= -\frac{\Delta T_0}{\mu} \cdot [e^{-\mu k a}]_0^A = -\frac{\Delta T_0}{\mu}(e^{-\mu k A} - 1) = \frac{\Delta T_0}{\mu}(1 - e^{-\mu k A}) \\ &= kA \cdot \frac{\Delta T_0}{\ln(\frac{\Delta T_0}{\Delta T_A})} \cdot [1 - e^{\ln(\frac{\Delta T_A}{\Delta T_0})}]\end{aligned}$$

und schließlich

$$\dot{Q} = kA \cdot \frac{\Delta T_0 - \Delta T_A}{\ln(\frac{\Delta T_0}{\Delta T_A})}. \tag{28.5}$$

Dabei ist

$$\Delta T_m = \frac{\Delta T_0 - \Delta T_A}{\ln(\frac{\Delta T_0}{\Delta T_A})}$$

die über die ganze Austauschfläche gemittelte Temperaturdifferenz. Nähern sich ΔT_0 und ΔT_A einander an, so muss im Grenzwert auch $\Delta T_m = \Delta T_0 = \Delta T_A$ sein, was man mit der Regel von de L'Hospital einsieht:

$$\lim_{\Delta T_0 \to \Delta T_A} \Delta T_m = \lim_{\Delta T_0 \to \Delta T_A} \frac{\Delta T_0 - \Delta T_A}{\ln(\frac{\Delta T_0}{\Delta T_A})} = \lim_{\Delta T_0 \to \Delta T_A} \frac{1}{\frac{1}{\frac{\Delta T_0}{\Delta T_A}} \cdot \frac{1}{\Delta T_A}} = \lim_{\Delta T_0 \to \Delta T_A} \Delta T_0 = \Delta T_A.$$

Dabei ist ΔT_m auch kleiner als das arithmetische Mittel $\frac{\Delta T_0 + \Delta T_A}{2}$ (Beweis siehe 4. Band). Für die Temperaturverläufe T_1 und T_2 der beiden Fluide wird (28.3) den Ausdrücken (28.2) einverleibt. Das ergibt

$$dT_1 = -\frac{k}{\dot{m}_1 c_{p1}} \Delta T_0 \cdot e^{-\mu k a} \cdot da.$$

Die Integration liefert

$$\int_{T_{1,0}}^{T_1} dT_1 = -\frac{k}{\dot{m}_1 c_{p1}} \Delta T_0 \cdot \int_0^{a(x)} e^{-\mu k a} \cdot da \quad \text{und} \quad T_1 - T_{1,0} = \frac{k}{\dot{W}_1} \Delta T_0 \cdot \frac{1}{\mu k} [e^{-\mu k \cdot a(x)} - 1].$$

Das Temperaturprofil des einen Fluids bei Gleichstrom folgt damit zu

$$T_1(a(x)) = T_{1,0} + (T_{1,0} - T_{2,0}) \cdot \frac{\dot{W}_2}{\dot{W}_1 + \dot{W}_2} [e^{-\frac{\dot{W}_1 + \dot{W}_2}{\dot{W}_1 \cdot \dot{W}_2} \cdot k \cdot a(x)} - 1]. \tag{28.6}$$

Analog erhält man aus

$$dT_2 = \frac{k}{\dot{m}_2 c_{p2}} \cdot \Delta T_0 \cdot e^{-\mu k a} \cdot da$$

durch Integration

$$\int_{T_{2,0}}^{T_2} dT_2 = \frac{k}{\dot{m}_2 c_{p2}} \Delta T_0 \cdot \int_0^{a(x)} e^{-\mu k a} \cdot da$$

und schließlich

$$T_2(a(x)) = T_{2,0} - (T_{1,0} - T_{2,0}) \cdot \frac{\dot{W}_1}{\dot{W}_1 + \dot{W}_2} [e^{-\frac{\dot{W}_1 + \dot{W}_2}{\dot{W}_1 \cdot \dot{W}_2} \cdot k \cdot a(x)} - 1]. \tag{28.7}$$

Für sehr große Austauschflächen ergibt sich die Ausgleichstemperatur

$$T_\infty = T_{1,0} - (T_{1,0} - T_{2,0}) \cdot \frac{\dot{W}_2}{\dot{W}_1 + \dot{W}_2} = T_{2,0} + (T_{1,0} - T_{2,0}) \cdot \frac{\dot{W}_1}{\dot{W}_1 + \dot{W}_2} \quad \text{oder}$$

$$T_\infty = T_{1,l} = T_{2,l} = \frac{T_{1,0} \cdot \dot{W}_1 + T_{2,0} \cdot \dot{W}_2}{\dot{W}_1 + \dot{W}_2}.$$

Beispiel 1. Ermitteln Sie die Größen ΔT_m, $\dot{Q}$, $T_1(a(x))$, $T_2(a(x))$ und T_∞ eines Wärmeüberträgers im Fall von Gegenstrom.

Lösung. Es gilt analog zu den Ergebnissen (28.1) und (28.2) $d\dot{Q}_1 = k \cdot \Delta T_a \cdot da = -\dot{W}_1 \cdot dT_1$ und $d\dot{Q}_2 = k \cdot \Delta T_a \cdot da = -\dot{W}_2 \cdot dT_2$ mit $dT_1 < 0, \dot{m}_1 > 0, dT_2 < 0, \dot{W}_2 > 0$. Daraus folgt $dT_1 = -\frac{k}{\dot{W}_1} \cdot \Delta T_a \cdot da$ und $dT_2 = -\frac{k}{\dot{W}_2} \cdot \Delta T_a \cdot da$. Die Subtraktion führt auf

$$d(\Delta T_a) = -k\left(\frac{1}{\dot{W}_1} + \frac{1}{\dot{W}_2}\right) \cdot \Delta T_a \cdot da \quad \text{und} \quad \frac{d(\Delta T_a)}{\Delta T_a} = -\mu k \cdot da \quad \text{mit} \quad \mu = \frac{1}{\dot{W}_1} - \frac{1}{\dot{W}_2}.$$

Eine Integration ergibt analog zu (28.3) abermals $\Delta T_a = \Delta T_0 \cdot e^{-\mu ka}$ aber diesmal mit $\Delta T_0 = T_{1,0} - T_{2,l}$, $\Delta T_A = T_{2,0} - T_{1,l}$ und weiter

$$\dot{Q} = kA \cdot \frac{\Delta T_0 - \Delta T_A}{\ln(\frac{\Delta T_0}{\Delta T_A})},$$

was von der Form identisch mit (28.5) ist. Die Temperaturprofile folgen mithilfe der Integrationen

$$\int_{T_{1,0}}^{T_1} dT_1 = -\frac{k}{\dot{m}_1 c_{p1}} \Delta T_0 \cdot \int_0^{a(x)} e^{-\mu ka} \cdot da \quad \text{und} \quad \int_{T_{2,l}}^{T_2} dT_2 = -\frac{k}{\dot{m}_2 c_{p2}} \Delta T_0 \cdot \int_0^{a(x)} e^{-\mu ka} \cdot da$$

zu

$$T_1(a(x)) = T_{1,0} + (T_{1,0} - T_{2,l}) \cdot \frac{\dot{W}_2}{\dot{W}_2 - \dot{W}_1} [e^{-\frac{\dot{W}_2 - \dot{W}_1}{\dot{W}_1 \cdot \dot{W}_2} \cdot k \cdot a(x)} - 1] \quad \text{und}$$
$$T_2(a(x)) = T_{2,l} + (T_{1,0} - T_{2,l}) \cdot \frac{\dot{W}_1}{\dot{W}_2 - \dot{W}_1} [e^{-\frac{\dot{W}_2 - \dot{W}_1}{\dot{W}_1 \cdot \dot{W}_2} \cdot k \cdot a(x)} - 1]. \tag{28.8}$$

Für sehr große Austauschflächen ergeben sich die Ausgleichstemperaturen

$$T_\infty = T_{1,0} - (T_{1,0} - T_{2,l}) \cdot \frac{\dot{W}_2}{\dot{W}_2 - \dot{W}_1} = T_{2,l} - (T_{1,0} - T_{2,l}) \cdot \frac{\dot{W}_1}{\dot{W}_2 - \dot{W}_1} \quad \text{oder}$$
$$T_\infty = T_{1,l} = T_{2,l} = \frac{T_{2,l} \cdot \dot{W}_2 - T_{1,0} \cdot \dot{W}_1}{\dot{W}_1 + \dot{W}_2}.$$

Dies gilt nur für $\dot{W}_1 \neq \dot{W}_2$. Im Fall $\dot{W}_1 = \dot{W}_2$ verlaufen die Profile parallel.

Beispiel 2. Wir betrachten einen Kreislauf, bei dem Wasser von 20 °C ($T_{2,0}$) auf 40 °C ($T_{2,l}$) erwärmt werden soll (Abb. 28.2 links oben). Dazu steht ein weiterer Wasserkreislauf zur Verfügung. Dieses Wasser kühlt von anfangs 90 °C ($T_{1,0}$) auf 50 °C ($T_{1,l}$) ab. Der Einfachheit halber setzen wir $c_{p1} = c_{p2} = c_p = \text{konst.} = 4{,}196\,\frac{\text{kJ}}{\text{k}\cdot\text{gK}}$.

a) Wie groß ist das Verhältnis der Massenströme?
b) Bestimmen Sie die mittlere Temperaturdifferenz für Gleich- und Gegenstrom, wobei wir von gleichem k ausgehen.
c) Wie verhalten sich die Austauschflächen von Gleich- und Gegenstrom?
d) Für eine Darstellung der Temperaturprofile ist $\dot{m}_1 = 0{,}5\,\frac{\text{kg}}{\text{s}}$, $l = 1\,\text{m}$ und $a(x) = A_0 \frac{x}{l}$. Ermitteln Sie für Gleich- und Gegenstrom jeweils den Wert kA_0, daraus die Profile $T_1(x)$, $T_2(x)$ in beiden Fällen und stellen Sie die Verläufe dar.

Lösung.

a) Der Wärmestromvergleich $\dot{Q}_1 = \dot{Q}_2 = \dot{m}_1 c_{p1}(90 - 50) = \dot{m}_2 c_{p2}(40 - 20)$ liefert $\dot{m}_1 = 0{,}5\dot{m}_2$.

b) Nach (28.5) gilt für Gleichstrom

$$\Delta T_{m,\mathrm{Gl}} = \frac{(90-20)-(50-40)}{\ln(\frac{90-20}{50-40})} = 30{,}83\,\mathrm{K}$$

und für Gegenstrom

$$\Delta T_{m,\mathrm{Gg}} = \frac{(90-40)-(50-20)}{\ln(\frac{90-40}{50-20})} = 39{,}15\,\mathrm{K}.$$

c) Aus der Gleichheit der Wärmeströme $\dot{Q}_{\mathrm{Gl}} = kA_{\mathrm{Gl}}\Delta T_{m,\mathrm{Gl}} = \dot{Q}_{\mathrm{Gg}} = kA_{\mathrm{Gg}}\Delta T_{m,\mathrm{Gg}}$ erkennt man, dass die Austauschflächen sich wie die mittleren Temperaturdifferenzen verhalten, sofern man von gleichem k ausgeht:

$$\frac{A_{\mathrm{Gl}}}{A_{\mathrm{Gg}}} = \frac{\Delta T_{m,\mathrm{Gg}}}{\Delta T_{m,\mathrm{Gl}}} = 1{,}27.$$

Für dieselbe Wärmeübertragung bräuchte es bei Gleichstrom eine größere Fläche, der Gegenstrom ist daher materialgünstiger, sofern dieselbe Betriebscharakteristik vorliegt.

d) Aus a) folgt $\dot{m}_2 = 1\,\frac{\mathrm{kg}}{\mathrm{s}}$. Die Bilanz $\dot{m}_1 c_{p1} \cdot dT_1 = kA_0\Delta T_m$ liefert für Gleichstrom $0{,}5 \cdot 4196 \cdot (90-50) = kA_0 \cdot 30{,}83$ und daraus $kA_0 = 2{,}72\,\frac{\mathrm{kW}}{\mathrm{K}}$. Die Gleichungen (28.6) und (28.7) ergeben die Profile

$$T_1(x) = 90 + 70 \cdot \frac{2}{3}(e^{-3\cdot\frac{2{,}72}{4{,}196}\cdot x} - 1) \quad \text{und} \quad T_2(x) = 20 - 70 \cdot \frac{1}{3}(e^{-3\cdot\frac{2{,}72}{4{,}196}\cdot x} - 1). \tag{28.9}$$

Im Fall von Gegenstrom führt die Bilanz $0{,}5 \cdot 4196 \cdot (100-60) = kA_0 \cdot 39{,}15$ auf $kA_0 = 2{,}14\,\frac{\mathrm{kW}}{\mathrm{K}}$ und $\dot{m}_2 = 1\,\frac{\mathrm{kg}}{\mathrm{s}}$ bleibt bestehen. Aus (28.8) erhält man

$$T_1(x) = 90 + 50 \cdot 2(e^{-\frac{2{,}14}{4{,}196}\cdot x} - 1) \quad \text{und} \quad T_2(x) = 40 + 50 \cdot (e^{-\frac{2{,}14}{4{,}196}\cdot x} - 1). \tag{28.10}$$

Die Verläufe von (28.9) und (28.10) entnimmt man Abb. 28.2 Mitte und rechts.

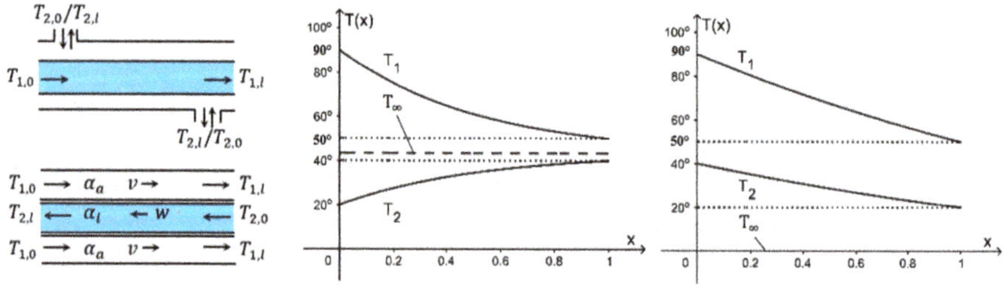

Abb. 28.2: Skizzen zu den Beispielen 2 und 3 und Graphen von (28.9) und (28.10).

Beispiel 3. Ein Einstromwärmeüberträger besteht aus zwei konzentrischen Rohren (Abb. 28.2 links unten) der Länge $l = 2{,}5$ m. Die Außenfläche ist gegenüber der Umgebung vollständig isoliert. Im äußeren Rohr fließt ein Wasserstrom mit der Geschwindigkeit $v = 1\,\frac{\text{m}}{\text{s}}$ und einer Ausgangstemperatur $T_{1,l} = 70\,^\circ\text{C}$. Dabei soll ein Wärmestrom von $\dot{Q} = 50\,\frac{\text{kW}}{\text{s}}$ auf das innere Rohr übertragen werden. Die Wärmeübergangszahl zur Außenwand des inneren Rohrs wurde experimentell zu $\alpha_a = 9500\,\frac{\text{W}}{\text{m}^2\text{K}}$ bestimmt. Im inneren Rohr beträgt die Strömungsgeschwindigkeit im Gegenstrom $w = 1{,}5\,\frac{\text{m}}{\text{s}}$ und das Wasser soll von der Temperatur $T_{2,0} = 30\,^\circ\text{C}$ auf eine Temperatur von $T_{2,l} = 50\,^\circ\text{C}$ erwärmt werden. Das innere Rohr hat einen Innen- und Außendurchmesser von $d_i = 4$ cm und $d_a = 5$ cm. Das Material der Austauschfläche besitzt die Leitfähigkeit $\lambda_{\text{AF}} = 200\,\frac{\text{W}}{\text{mK}}$.

a) Bestimmen Sie die Eingangstemperatur $T_{1,0}$ des inneren Wasserstroms. Berücksichtigen Sie dabei die Temperaturabhängigkeit sämtlicher Stoffwerte mithilfe der folgenden Tabelle:

T [°C]	ρ [$\frac{\text{kg}}{\text{m}^3}$]	c_p [$\frac{\text{kJ}}{\text{kgK}}$]	λ [$\frac{\text{W}}{\text{mK}}$]	ν [$\frac{\text{m}^2}{\text{s}}$]	Pr
40	993,22	4,177	$630{,}6 \cdot 10^{-3}$	$0{,}658 \cdot 10^{-6}$	4,328
70	977,77	4,190	$663{,}1 \cdot 10^{-3}$	$0{,}413 \cdot 10^{-6}$	2,553
80	971,79	4,197	$670{,}0 \cdot 10^{-3}$	$0{,}365 \cdot 10^{-6}$	2,221

b) Ermitteln Sie die Reynolds-Zahl des inneren Wasserstroms und die Wärmeübergangszahl α_i hin zur inneren Rohrwand. Verwenden Sie dabei den hydraulischen Durchmesser eines Kreisrings: $d_H = d_a - d_i$ (siehe Beispiel 1, Kap. 27.3).

c) Wie groß wird die Wärmedurchgangszahl k?

d) Bestimmen Sie benötigte Rohrlänge, falls man als Bezugs- oder Übertragungsfläche die vom betrachteten Strom entferntere Mantelfläche, also die Innenwand, wählt.

Lösung.

a) Wir setzen $T_{1,0} = 80\,^\circ\text{C}$ an und bestimmen die Stoffwerte bezüglich der mittleren Temperatur $T_{m1} = \frac{1}{2}(80 + 70) = 75\,^\circ\text{C}$. Die Interpolation liefert mithilfe der Tabelle $\rho(75\,^\circ\text{C}) = 974{,}78\,\frac{\text{kg}}{\text{m}^3}$ und $c_p(75\,^\circ\text{C}) = 4{,}194\,\frac{\text{kJ}}{\text{kgK}}$. Aus $\dot{Q} = \dot{m} \cdot c_p(75\,^\circ\text{C}) \cdot (T_{1,0} - T_{1,l})$ folgt

$$T_{1,0} = T_{1,l} + \frac{\dot{Q}}{v \cdot A \cdot \rho(75\,^\circ\text{C}) \cdot c_p(75\,^\circ\text{C})}$$

$$= 70\,^\circ\text{C} + \frac{50}{1 \cdot \frac{\pi}{4} \cdot (0{,}05^2 - 0{,}04^2) \cdot 974{,}78 \cdot 4{,}194} = 87{,}3\,^\circ\text{C}.$$

Eine weitere Interpolation bezüglich $T_{m2} = \frac{1}{2}(87{,}3 + 70) = 78{,}65\,^\circ\text{C}$ führt zu $\rho(78{,}65\,^\circ\text{C}) = 972{,}60\,\frac{\text{kg}}{\text{m}^3}$ und $c_p(78{,}65\,^\circ\text{C}) = 4{,}196\,\frac{\text{kJ}}{\text{kgK}}$, woraus man

$$T_{1,0} = 70 + \frac{50}{1 \cdot \frac{\pi}{4} \cdot (0{,}05^2 - 0{,}04^2) \cdot 972{,}60 \cdot 4{,}196} = 87{,}3\,^\circ\mathrm{C}$$

in zweiter Interpolation erhält.

b) Die Reynolds-Zahl beträgt

$$\mathrm{Re} = \frac{v \cdot d_H}{\nu} = \frac{1{,}5 \cdot (0{,}05 - 0{,}04)}{0{,}658 \cdot 10^{-6}(40\,^\circ\mathrm{C})} = 22796$$

(turbulent).

Für die Rohrreibungszahl ergibt sich nach (27.5.1) $\xi = (1{,}8 \cdot \log_{10} 22796 - 1{,}5)^{-2} = 0{,}0248$ und die Nusselt-Zahl folgt mit (27.5.3) zu

$$\mathrm{Nu}_t = \frac{\frac{0{,}0243}{8} \cdot 22796 \cdot 4{,}328(40^\circ)}{1 + 12{,}7 \cdot \sqrt{\frac{0{,}0243}{8}} \cdot (4{,}328^{\frac{2}{3}} - 1)} = 141{,}1.$$

Demnach erhält man

$$\alpha_i = \frac{\mathrm{Nu}_t \cdot \lambda(40\,^\circ\mathrm{C})}{d_H} = \frac{141{,}1 \cdot 630{,}6 \cdot 10^{-3}}{0{,}05 - 0{,}04} = 8896{,}7\,\frac{\mathrm{W}}{\mathrm{m^2K}}.$$

c) Für den k-Wert gilt nach (21.3.3)

$$\frac{1}{k} = \frac{r_2}{r_1} \cdot \frac{1}{\alpha_i} + \frac{r_2}{\lambda} \ln\left(\frac{r_2}{r_1}\right) + \frac{1}{\alpha_a} = \frac{0{,}05}{0{,}04} \cdot \frac{1}{8896{,}7} + \frac{0{,}05}{2 \cdot 200} \cdot \ln\left(\frac{0{,}05}{0{,}04}\right) + \frac{1}{9500},$$

woraus $k = 3654{,}2\,\frac{\mathrm{W}}{\mathrm{m^2K}}$ resultiert.

d) Der übertragene Wärmestrom berechnet sich auch mittels $\dot{Q} = k \cdot A_i \cdot \Delta T_{m,\mathrm{Gg}}$, woraus die Gleichung

$$50000 = 3654{,}2 \cdot \pi \cdot 0{,}04 \cdot l \cdot \frac{(87{,}3 - 50) - (70 - 30)}{\ln(\frac{87{,}3-50}{70-30})} = 44{,}35\,\frac{\mathrm{kW}}{\mathrm{s}}$$

entsteht mit der Lösung $l = 2{,}82\,\mathrm{m}$.

29 Wärmestrahlung

Von der Sonne empfangen wir dauernd Wärmeenergie in Form von elektromagnetischen Wellen. Da der Raum zwischen Erde und Sonne praktisch materiefrei ist, kann diese Wärme weder durch Leitung noch durch Konvektion übertragen werden. Damit liegt eine neue, an Materie ungebundener Wärmetransport vor: die Wärmestrahlung. 70 % der ankommenden Strahlungsenergie wird von der Erde absorbiert und in Form von langwelliger Wärmestrahlung wieder abgegeben. Jeder Körper, belebt oder unbelebt, ist Quelle von Wärmestrahlung, sofern seine Temperatur über dem absoluten Nullpunkt von −273,15 °C liegt. Der Wärmestrahlung liegt das Gesetz von Stefan-Boltzmann zugrunde. Es wurde 1879 von Stefan experimentell gefunden und 1884 von Boltzmann theoretisch bestätigt (ausführliche Herleitung in Band 4).

Es lautet

$$\dot{q}(T) = \sigma \cdot T^4. \tag{29.1}$$

Dabei bezeichnet $\dot{q}$ die Wärmestromdichte mit $[\dot{q}] = \frac{\mathrm{W}}{\mathrm{m}^2}$. Die Stefan-Boltzmann-Konstante σ konnte Boltzmann nur experimentell bestimmen. Erst Planck zeigte mithilfe des nach ihm benannten Strahlungsgesetzes, dass σ sich aus anderen Naturkonstanten zusammensetzt:

$$\sigma = \frac{2\pi^5 k_B^4}{15h^3c^2} = 5{,}6704 \cdot 10^{-8}\,\frac{\mathrm{W}}{\mathrm{m}^2\mathrm{K}^4},$$

wobei h das Wirkungsquantum, c die Lichtgeschwindigkeit und k_B die Boltzmann-Konstante bezeichnet.

Herleitung von (29.2) und (29.3)

Die Größe $\dot{q}(T)$ stellt eine obere Grenze für die Emission eines strahlenden Körpers dar und gilt nur für einen idealen, schwarzen Körper. Kein anderer Körper mit derselben Temperatur kann eine größere Strahlung abgeben. Er ist aber auch ein idealer Absorber, sämtliche auftreffende Strahlung wird absorbiert. Die Emission eines realen Strahlers wird deswegen mit einem Korrekturfaktor $\varepsilon(T) \leq 1$, dem Emissionsgrad des Strahlers versehen: $\dot{q}(T) = \varepsilon(T) \cdot \sigma T^4$. Dabei hängt $\varepsilon(T)$ nicht nur vom Material, sondern beispielsweise auch von der Art der Oberfläche ab, z. B. von der Rauheit:

Stoff bei 20 °C	Holz, Eiche	Ziegelstein, rot	Beton, rau
Emissionsgrad ε	0,90	0,93	0,94

In diesem Zusammenhang sollen drei weitere Größen genannt werden. Trifft Strahlung auf einen Körper, so wird ein Teil reflektiert, ein Teil absorbiert und ein Teil durch-

https://doi.org/10.1515/9783111345765-029

gelassen, gekennzeichnet durch den Reflexionsgrad r, den Absorptionsgrad a und den Transmissionsgrad τ (Abb. 29.1 links oben). Wieder sind die drei Zahlen nicht nur vom Material, sondern auch von der Oberflächenbeschaffenheit und der Wellenlänge der Strahlung abhängig. Stets gilt jedoch $r + a + \tau = 1$. Im Weiteren betrachten wir einen einfachen Fall des Strahlungsaustausches.

Idealisierungen:

- Ein Strahler mit der Fläche A und der Temperatur T befinde sich in einer Umgebung mit der Temperatur T_∞. Der Strahlungsaustausch soll durch das Zwischenmedium nicht beeinflusst werden, es sei völlig durchlässig für Strahlung, was in sehr guter Näherung auf die umgebende Luft zutrifft.
- Die Umgebung möge sich wie ein schwarzer Körper verhalten, d. h., die auf sie treffende Strahlung wird vollständig absorbiert, ohne einen Teil zu reflektieren.

Mit den getroffenen Idealisierungen wird der Strahler die Wärmestrahlung $\dot{Q}_{\mathrm{Em}}(t) = A\varepsilon\sigma T^4$ emittieren. Diese wird von der Umgebung vollständig absorbiert. Die ihrerseits von der Umgebung ausgehende Wärmestrahlung wird vom Strahler nur zum Teil mit dem Absorptionsgrad a absorbiert, der reflektierte Anteil fällt wieder auf die Umgebung zurück, wo sie wieder absorbiert wird: $\dot{Q}_{\mathrm{Ab}}(t) = Aa\sigma T_\infty^4$. Die Wärmestrahlungsleistung, die netto vom Strahler an die ihn umschließende Umgebung abgegeben wird, beträgt

$$\dot{Q}(t) = \dot{Q}_{\mathrm{Em}}(t) - \dot{Q}_{\mathrm{Ab}}(t) = A\sigma(\varepsilon T^4 - aT_\infty^4). \tag{29.2}$$

In vielen Fällen nimmt man für den Strahler ein besonders einfaches und deshalb nur näherungsweise gültiges Materialgesetz an:

Idealisierung: Man behandelt den Körper als grauen Strahler, d. h. Emissionsgrad und Absorptionsgrad stimmen überein: $a = \varepsilon$.

Damit wird aus (29.2) $\dot{Q}(t) = A\varepsilon\sigma(T^4 - T_\infty^4)$. Für die in der Zeit Δt abgegebene Strahlung folgt $\Delta Q = A\varepsilon\sigma(T^4 - T_\infty^4) \cdot \Delta t$. Dann ist $\frac{\Delta Q}{\Delta t} = \dot{Q}_S = A\varepsilon\sigma(T^4 - T_\infty^4)$ die Wärmeleistung und die Wärmestromdichte lautet

$$\frac{\dot{Q}_S}{A} = \dot{q}_S = \varepsilon\sigma(T^4 - T_\infty^4). \tag{29.3}$$

Dies ist das Gesetz von Stefan und Boltzmann. Im Unterschied zur Wärmeleitung und Konvektion emittiert und absorbiert ein Körper auch dann Strahlungsenergie, wenn dieser im Wärmegleichgewicht mit der Umgebung ist.

29.1 Strahlungsübertragung

Mit Gleichung (29.3) liegt die in den Raum ausgesandte Strahlung vor. Uns interessiert nun die Richtungsabhängigkeit der Strahlung und genauer die Frage, wie viel Wärmestrahlung einer Abstrahlfläche auf eine Empfängerfläche trifft. Im Folgenden betrachten wir zwei strahlende Flächen A_1 und A_2.

Definition. Wir definieren φ_{ij} als Sichtfaktor. A_i sei dabei die strahlende Fläche, A_j die empfangende Fläche. Der Sichtfaktor gibt an, welcher Teil der von der Fläche A_i abgegebenen Strahlung auf A_j trifft.

Die genaue Darstellung des Sichtfaktors entnimmt man Band 4. Die dortigen Erläuterungen führen dann unmittelbar zu den beiden Ergebnissen:

$$\varphi_{11} + \varphi_{12} = 1 \quad \text{und} \quad \varphi_{21} + \varphi_{22} = 1 \tag{29.1.1}$$

und

$$\frac{\varphi_{12}}{\varphi_{21}} = \frac{A_2}{A_1}. \tag{29.1.2}$$

Beispiel 1. Ermitteln Sie die vier Sichtfaktoren φ_{ij}

a) für zwei große, parallele Platten mit den Flächen $A_1 = A_2 = A$ unter Vernachlässigung von Randeffekten (Abb. 29.1 links unten),
b) im Fall von zwei langen, konzentrischen Zylindern oder Kugeln (Abb. 29.1 Mitte unten).

Lösung.

a) Es gilt mit (29.1.1) $\varphi_{11} = 0$, $\varphi_{12} = 1$, $\varphi_{21} = 1$ und $\varphi_{22} = 0$.
b) Man erhält in diesem Fall unter Verwendung von (29.1.1) und (29.1.2) $\varphi_{11} = 0$, $\varphi_{12} = 1$, $\varphi_{21} = \frac{A_1}{A_2}$ und $\varphi_{22} = 1 - \frac{A_1}{A_2}$.
Schließlich untersuchen wir den Strahlungsaustausch zweier beliebig orientierter Flächen A_1 und A_2 mit den entsprechenden Emissionsgraden ε_1 und ε_2. Für die Nettowärmestromdichte erhält man (Details siehe Band 4)

$$\dot{q}(T_1, T_2) = \frac{\sigma(T_1^4 - T_2^4)}{\varphi_{12}(\frac{1}{\varepsilon_1} - 1) + \varphi_{21}(\frac{1}{\varepsilon_2} - 1) + 1}. \tag{29.1.3}$$

Beispiel 2. Ermitteln Sie die beiden Wärmeströme $\dot{Q}_1$ und $\dot{Q}_2$

a) für zwei große, parallele Platten mit den Flächen $A_1 = A_2 = A$ unter Vernachlässigung von Randeffekten,
b) im Fall von zwei langen, konzentrischen Zylindern oder Kugeln.

Lösung.

a) Unter Verwendung der Ergebnisse von Beispiel 1 erhält man mithilfe von (29.1.3)

$$\dot{Q}_1 = \frac{A_1\sigma(T_1^4 - T_2^4)}{1 \cdot (\frac{1}{\varepsilon_1} - 1) + 1 \cdot (\frac{1}{\varepsilon_2} - 1) + 1} = \frac{A\sigma(T_1^4 - T_2^4)}{\frac{1}{\varepsilon_1} + \frac{1}{\varepsilon_2} - 1} \quad \text{und} \quad \dot{Q}_2 = \dot{Q}_1.$$

b) In diesem Fall gilt

$$\dot{Q}_1 = \frac{A_1\sigma(T_1^4 - T_2^4)}{1\cdot(\frac{1}{\varepsilon_1} - 1) + \frac{A_1}{A_2}\cdot(\frac{1}{\varepsilon_2} - 1) + 1} = \frac{A_1\sigma(T_1^4 - T_2^4)}{\frac{1}{\varepsilon_1} + \frac{A_1}{A_2}(\frac{1}{\varepsilon_2} - 1)} \quad \text{und}$$

$$\dot{Q}_2 = \frac{A_2\sigma(T_1^4 - T_2^4)}{\frac{1}{\varepsilon_1} + \frac{A_1}{A_2}(\frac{1}{\varepsilon_2} - 1)}.$$

Beispiel 3. In der Mitte eines Zimmers, dessen Wände die Oberflächentemperatur $T_W = 15\,^\circ\mathrm{C}$ (288,15 K) besitzen, ist ein Thermometer frei ohne Strahlenschutz aufgehängt. Die Lufttemperatur in der Nähe des Thermometers beträgt $T_L = 20\,^\circ\mathrm{C}$ (293,15 K). Die Wärmeübergangszahl von der Luft zum Thermometer sei $\alpha = 18\,\frac{\mathrm{W}}{\mathrm{m^2K}}$. Die Emissionszahl von Glas ist $\varepsilon = 0{,}88$. Das Thermometer zeigt im Allgemeinen eine falsche Lufttemperatur T_L an. Für eine verlässliche Messung muss der konvektive Wärmestrom von Thermoelement (TE) und Umgebungsluft im Gleichgewicht mit dem Strahlungsaustausch zwischen Thermoelement und dem umgebenden Raum sein.

a) Die angesprochene Bilanz führt auf eine Gleichung zur Bestimmung von T_{Th}. Stellen Sie die Gleichung auf. Benutzen Sie dabei die Näherung $A_W \gg A_{\mathrm{Th}}$.
b) Bestimmen Sie die Lösung für T_{Th}.

Lösung.

a) Es gilt $\dot{Q}_{\mathrm{Ko}} = \alpha \cdot A_{\mathrm{Th}}(T_\infty - T_{\mathrm{Th}})$ und nach (29.1.3)

$$\dot{Q}_{\mathrm{St}} = \frac{A_{\mathrm{Th}}\sigma(T_{\mathrm{Th}}^4 - T_W^4)}{\frac{1}{\varepsilon_1} + \frac{A_{\mathrm{Th}}}{A_W}(\frac{1}{\varepsilon_2} - 1)}$$

mit der Austauschfläche

$$A_{\mathrm{Aus}} = \frac{A_{\mathrm{Th}}}{\frac{1}{\varepsilon_1} + \frac{A_{\mathrm{Th}}}{A_W}(\frac{1}{\varepsilon_2} - 1)} \approx A_{\mathrm{Th}}\varepsilon_1,$$

woraus

$$\alpha \cdot A_{\mathrm{Th}}(T_\infty - T_{\mathrm{Th}}), \quad A_{\mathrm{Th}}\varepsilon_1\sigma(T_{\mathrm{Th}}^4 - T_W^4) \quad \text{und} \quad \alpha(T_\infty - T_{\mathrm{Th}}) = \varepsilon_1\sigma(T_{\mathrm{Th}}^4 - T_W^4)$$

folgt.

b) Aus

$$18 \cdot (293{,}15 - T_{\mathrm{Th}}) = 0{,}88 \cdot 5{,}67 \cdot 10^{-8} \cdot (T_{\mathrm{Th}}^4 - 288{,}15^4)$$

ergibt sich $T_{\mathrm{Th}} \approx 18{,}93\,^\circ\mathrm{C}$. Der absolute Fehler beträgt $20 - 18{,}93 = 1{,}07\,^\circ\mathrm{C}$.

Beispiel 4. Bei einer Thermosflasche der Höhe $h = 0{,}3$ m ist der Hohlraum zwischen den beiden Wänden evakuiert, weswegen der Wärmeaustausch weder durch Leitung noch durch Konvektion, sondern nur durch Strahlung stattfindet. Um diese Wärmeabgabe möglichst klein zu halten, sind die Flächen des Hohlraumes versilbert. Es gilt $d_1 = 8$ cm und $d_2 = 6{,}8$ cm. Die innere Wand hat die Temperatur $T_1 = 80\,°\mathrm{C}$, die äußere eine Temperatur von $T_2 = 15\,°\mathrm{C}$. Der Emissionsgrad von Silber ist $\varepsilon = 0{,}03$.

Idealisierung: Wir vernachlässigen zudem die Wärmeleitung am Flaschenhals.

a) Berechnen Sie den Wärmeverlust bezüglich der Innenfläche A_2.

b) Welche Dicke l müsste eine Isolationsschicht aus Kork mit derselben Isolierwirkung besitzen (Wärmeleitfähigkeit von Kork: $\lambda = 0{,}05\,\frac{\mathrm{W}}{\mathrm{mK}}$)?

Lösung.

a) Die beiden Wände kann man als konzentrische Zylinder auffassen. Gemäß Bsp. 1. b) ist dann $\varphi_{12} = 1$ und $\varphi_{21} = \frac{A_1}{A_2}$. Gleichung (29.1.3) liefert

$$\dot{q} = \frac{5{,}67 \cdot 10^{-8} \cdot (353{,}15^4 - 293{,}15^4)}{1 \cdot (\frac{1}{0{,}03} - 1) + \frac{0{,}08^2}{0{,}68^2} \cdot (\frac{1}{0{,}03} - 1) + 1} = 13{,}71 \left[\frac{\mathrm{W}}{\mathrm{m}^2}\right].$$

Bezogen auf die Innenfläche gilt

$$\dot{Q}_{\text{Verlust}} = \dot{q} \cdot A_2 = 13{,}71 \cdot \pi \cdot 0{,}068 \cdot 0{,}3 = 0{,}88\,\mathrm{W}.$$

b) Die Grundgleichung (21.1.2) besagt $\dot{Q}_{\text{Leitung}} = A_2 \cdot \frac{\lambda}{l}(T_1 - T_2)$, woraus

$$l = \frac{A_2 \cdot \lambda(T_1 - T_2)}{\dot{Q}} = \frac{\pi \cdot 0{,}068 \cdot 0{,}3 \cdot 0{,}05 \cdot (80 - 20)}{0{,}88} = 0{,}22\,\mathrm{m}$$

folgt.

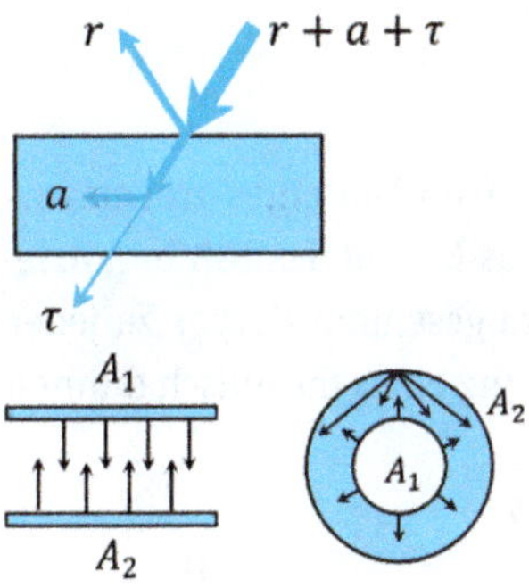

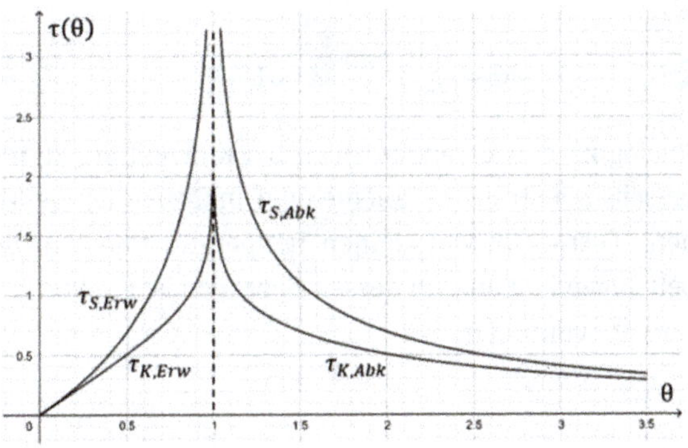

Abb. 29.1: Skizzen zur Wärmestrahlung und Graphen von (29.4.6)–(29.4.9).

29.2 Kombination von Wärmeleitung, Konvektion und Strahlung

In allen bisherigen Beispielen lagen die Temperaturen weit unter dem Richtwert $T_R = 500\,^\circ\mathrm{C}$, um einen Einbezug der Strahlung an der Gesamtwärmeübertragung zu rechtfertigen.

Herleitung von (29.2.1)
Besitzt nun ein Körper eine Temperatur im Bereich von T_R, und liegt eine Umgebungstemperatur von $T_\infty \neq T_R$ vor, so befindet sich der Körper im Austausch mit der Umgebung sowohl über Konvektion als auch über Wärmestrahlung. Die zugehörige DG ist dieselbe wie (22.4), aber die RB 3. Art muss um einen Term der Form (29.3) ergänzt werden. Insgesamt erhält man

$$\frac{\partial T}{\partial t} = \frac{\lambda}{c_p \rho} \cdot \left(\frac{\partial^2 T}{\partial r^2} + \frac{n-1}{r} \cdot \frac{\partial T}{\partial r} \right) \tag{29.2.1}$$

mit

$$-\lambda \left[\frac{dT}{dr} \right]_{r=l} = \alpha \left[T(l,t) - T_\infty \right] + \varepsilon\sigma \left[T^4(l,t) - T_\infty^4 \right].$$

Diese Gleichung ist analytisch nicht lösbar. Die Idee für eine Näherungslösung sieht folgendermaßen aus: Man nimmt die zugehörige Lösung der Zeit für Konvektion und versieht die Fourier-Zahl mit einem Korrekturterm, der von der Endtemperatur T, der Umgebungstemperatur T_∞ und der Sparrow-Zahl (siehe anschließend) abhängt (genauere Ausführungen im 4. Band).

29.3 Der ideal gerührte Behälter bei Strahlung

Analog zu den Ersatzmodellen bei Konvektion, können wir im Fall eines Wärmeaustauschs bei Strahlung alleine oder inklusive Konvektion das Modell des IGB heranziehen. Dieses geht von kleinen Temperaturunterschieden im gesamten Körper zu jeder beliebigen Zeit aus. Zu dessen Gebrauch ist die Voraussetzung eines thermisch dünnen Körpers vonnöten:

$$\mathrm{Bi} = \frac{\alpha l}{\lambda} \leq 0{,}1$$

(vgl. (24.2.4)). Betrachtet man zuvor nochmals (24.2.2), also

$$\frac{dT}{T_\infty - T(t)} = \frac{\alpha \cdot A}{c_p \rho \cdot V} dt$$

im Fall des IGB für Konvektion, so ergibt sich die sogenannte Stanton-Zahl bezüglich Konvektion

$$\mathrm{St}_\alpha := \frac{\alpha A \cdot t}{c_p\rho \cdot V}. \tag{29.3.1}$$

Wir führen nun zuerst die entsprechende Bilanz (am gesamten Volumen) durch und erkennen dann anhand der entstehenden Kennzahl die Bedingung eines thermisch dünnen Körpers bei Strahlung.

Idealisierungen:

- Das Temperaturprofil ist eine Funktion der Zeit alleine: $T = T(t)$.
- Zudem befinde sich der Körper anfangs auf der konstanten Temperatur T_0.

Herleitung von (29.3.2)–(29.3.9)

In der Bilanzgleichung (24.2.1) ersetzt man die rechte Seite durch Wärmestrahlungsenergie.

Bilanz und lineare Approximation: Wärmeenergiebilanz im Volumen dV. Man erhält

$$c_p\rho \cdot V \cdot dT = \varepsilon\sigma A \cdot (T_\infty^4 - T^4)dt$$

und getrennt nach Variablen

$$\frac{dT}{T_\infty^4 - T^4} = \frac{\varepsilon \cdot \sigma A}{c_p\rho \cdot V} \cdot dt. \tag{29.3.2}$$

Bei Erwärmung ist $T_\infty > T$ und $\frac{dT}{dt} > 0$ und bei Abkühlung gilt $\frac{dT}{dt} < 0$. Mit $\theta := \frac{T}{T_\infty} < 1$ (Erwärmung) als dimensionslose Temperatur und der Abkürzung

$$t_S := \frac{c_p\rho \cdot V}{T_\infty^3 \cdot \varepsilon \cdot \sigma A}$$

folgt die dimensionslose Zeit $\tau := \frac{t}{t_S}$, daraus

$$\frac{dT}{dt} = T_\infty \cdot \frac{d\theta}{dt} = T_\infty \cdot \frac{d\theta}{d\tau} \cdot \frac{d\tau}{dt} = T_\infty \cdot \frac{d\theta}{d\tau} \cdot \frac{1}{t_S}$$

und demnach die DG

$$\frac{dT}{T_\infty^4(1 - \frac{T^4}{T_\infty^4})} = \frac{1}{T_\infty^3} \cdot \frac{dt}{t_S} \quad \text{oder} \quad d\tau = \frac{d\theta}{1 - \theta^4}. \tag{29.3.3}$$

In diesem Zusammenhang ergibt sich auch die sogenannte Stanton-Zahl bezüglich Strahlung

$$\mathrm{St}_\varepsilon := \frac{T_\infty^3 \cdot \varepsilon \cdot \sigma A \cdot t}{c_p \rho \cdot V}. \tag{29.3.4}$$

Sie entspricht der Fourier-Zahl für den IGB. Die Integration von (29.3.3) liefert

$$\tau(\theta) = \frac{1}{4}\left[\ln\left(\frac{1+\theta}{1-\theta}\right) + 2\arctan\theta\right] + C. \tag{29.3.5}$$

Mit $T(0) = T_0$ folgt $\theta_0 := \theta(0) = \frac{T_0}{T_\infty}$, daraus

$$C = \frac{1}{4}\left[\ln\left(\frac{1+\theta_0}{1-\theta_0}\right) + 2\arctan(\theta_0)\right]$$

und somit

$$\tau(\theta) = \frac{1}{4}\left\{\ln\left(\frac{1+\theta}{1-\theta} \cdot \frac{1-\theta_0}{1+\theta_0}\right) + 2[\arctan\theta - \arctan(\theta_0)]\right\}. \tag{29.3.6}$$

Aus

$$\tan(x-y) = \frac{\tan x - \tan y}{1 + \tan x \cdot \tan y}$$

erhält man

$$x - y = \arctan\left(\frac{\tan x - \tan y}{1 + \tan x \cdot \tan y}\right)$$

und daraus

$$\arctan x - \arctan y = \arctan\left(\frac{x-y}{1+xy}\right).$$

Setzt man $x = \theta$ und $y = \theta_0$, so folgt

$$\tau(\theta) = \frac{1}{4}\left[\ln\left(\frac{1+\theta}{1-\theta} \cdot \frac{1-\theta_0}{1+\theta_0}\right) + 2\arctan\left(\frac{\theta-\theta_0}{1+\theta\cdot\theta_0}\right)\right]$$

oder mit $\frac{V}{A} = \frac{l}{1}, \frac{l}{2}, \frac{l}{3}$ respektive für die drei Geometrien

$$t = \frac{c_p\rho}{4T_\infty^3 \cdot \varepsilon \cdot \sigma} \cdot \frac{l}{n+1} \cdot \left\{\ln\left[\frac{T_\infty + T}{T_\infty - T} \cdot \frac{T_\infty - T_0}{T_\infty + T_0}\right] + 2\arctan\left[\frac{T_\infty(T - T_0)}{T_\infty^2 + T \cdot T_0}\right]\right\}. \tag{29.3.7}$$

Im Unterschied zur Konvektion lässt sich (29.3.7) nicht nach der Temperatur auflösen. In Analogie zur Biot-Zahl bei Konvektion ergibt sich eine Kennzahl bezüglich Strahlung, indem man α durch $T_\infty^3\varepsilon\sigma$ ersetzt. Man erhält so die Sparrow-Zahl

$$\mathrm{Sp} = \frac{T_\infty^3 \cdot \varepsilon \cdot \sigma \cdot l}{\lambda}. \tag{29.3.8}$$

Ergebnis. Ein Körper ist demnach thermisch dünn bezüglich Strahlung, wenn gilt:

$$\mathrm{Sp} \le 0{,}1. \tag{29.3.9}$$

Beispiel. Ein Zylinder aus Kupfer mit dem Radius $l = 0{,}05\,\mathrm{m}$ soll von der Temperatur $T_0 = 20\,^\circ\mathrm{C}$ mithilfe einer Umgebungsheiztemperatur von $T_\infty = 700\,^\circ\mathrm{C}$ auf $T = 650\,^\circ\mathrm{C}$ gebracht werden. Die Stoffwerte des Kupfers sind $c_p(335^\circ) = 421{,}8\,\frac{\mathrm{J}}{\mathrm{kgK}}$, $\rho(335^\circ) = 8779\,\frac{\mathrm{kg}}{\mathrm{m}^3}$, $\lambda(335^\circ) = 379{,}9\,\frac{\mathrm{W}}{\mathrm{mK}}$ und zudem gilt $\varepsilon = 0{,}35$ mit einer Übergangszahl von $\alpha = 40\,\frac{\mathrm{W}}{\mathrm{m}^2\mathrm{K}}$.

a) Stellen Sie sicher, dass der Körper bezüglich Strahlung thermisch dünn ist.

b) Ermitteln Sie die für den Prozess erforderliche Zeit.

Lösung.

a) Mit (29.3.8) folgt

$$\mathrm{Sp} = \frac{973{,}15^3 \cdot 0{,}35 \cdot 5{,}67 \cdot 10^{-8} \cdot 0{,}05}{379{,}9} = 0{,}0024 < 0{,}1.$$

Also ist (29.3.9) erfüllt.

b) Gleichung (29.3.7) liefert

$$\begin{aligned} t &= \frac{421{,}8 \cdot 8779}{4 \cdot 973{,}15^3 \cdot 0{,}35 \cdot 5{,}67 \cdot 10^{-8}} \cdot \frac{0{,}05}{2} \\ &\quad \cdot \left[\ln\left(\frac{1896{,}3}{50} \cdot \frac{680}{1266{,}3}\right) + 2\arctan\left(\frac{973{,}15 \cdot 630}{973{,}15^2 + 923{,}15 \cdot 293{,}15}\right)\right] \\ &= 4994\,\mathrm{s} \approx 1\,\mathrm{h} : 23\,\mathrm{min}. \end{aligned}$$

Die Zeitspanne ist zu hoch, weil der Konvektionsanteil (doppelt so hoch wie der Strahlungsanteil, siehe Bsp. nächstes Kapitel) vernachlässigt wurde.

29.4 Der ideal gerührte Behälter bei Konvektion und Strahlung

Nun werden beide Wärmeübertragungen berücksichtigt. Es gelten die in Kap. 29.3 genannten Annahmen eines IGB.

Idealisierungen:

- Das Temperaturprofil ist eine Funktion der Zeit alleine: $T = T(t)$.
- Zudem befinde sich der Körper anfangs auf der konstanten Temperatur T_0.

Herleitung von (29.4.1)–(29.4.5)

Bilanz und lineare Approximation: Wärmeenergiebilanz im Volumen dV. Man erhält

$$c_p\rho \cdot V \cdot dT = \alpha A(T - T_\infty)dt + \varepsilon\sigma A \cdot (T_\infty^4 - T^4)dt$$

und mit $\theta = \frac{T}{T_\infty}$ die Gleichung

$$c_p\rho \cdot V \cdot \frac{d\theta}{dt} = \alpha A(1-\theta) + \varepsilon\sigma \cdot AT_\infty^3(1-\theta^4).$$

Die Division durch $(\alpha + \varepsilon\sigma T_\infty^3)A$ ergibt

$$\frac{c_p \cdot \rho \cdot V}{(\alpha + \varepsilon \cdot \sigma \cdot T_\infty^3)A} \cdot \frac{d\theta}{dt} = \frac{\alpha}{\alpha + \varepsilon \cdot \sigma \cdot T_\infty^3}(1-\theta) + \frac{\varepsilon \cdot \sigma \cdot T_\infty^3}{\alpha + \varepsilon \cdot \sigma \cdot T_\infty^3}(1-\theta^4). \qquad (29.4.1)$$

Mit den Abkürzung

$$t_{\mathrm{KS}} := \frac{c_p \cdot \rho \cdot V}{(\alpha + \varepsilon \cdot \sigma \cdot T_\infty^3)A}$$

und $\tau := \frac{t}{t_{\mathrm{KS}}}$ erhält man

$$\frac{d\theta}{dt} = \frac{d\theta}{d\tau} \cdot \frac{d\tau}{dt} = \frac{d\theta}{d\tau} \cdot \frac{1}{t_{\mathrm{KS}}}.$$

Weiter definieren wir den Konvektionsgrad und den Strahlungsgrad respektive als

$$\gamma_K := \frac{\alpha}{\alpha + \varepsilon \cdot \sigma \cdot T_\infty^3} \quad \text{und} \quad \gamma_S := \frac{\varepsilon \cdot \sigma \cdot T_\infty^3}{\alpha + \varepsilon \cdot \sigma \cdot T_\infty^3}. \qquad (29.4.2)$$

Sowohl γ_K als auch γ_S sind beide kleiner als 1 und es gilt $\gamma_S = 1 - \gamma_K$. Da beide Wärmeübertragungen gleichzeitig stattfinden, bezeichnen die beiden Wärmegrade die entsprechenden Anteile an der gesamten Wärmetransportart. Schließlich schreibt sich (29.4.1) als

$$\frac{d\theta}{d\tau} = \gamma_K(1-\theta) + (1-\gamma_K)(1-\theta^4) \quad \text{oder} \quad \frac{d\theta}{d\tau} = 1 - \gamma_K\theta - (1-\gamma_K)\theta^4. \qquad (29.4.3)$$

Diese Gleichung ist im Vergleich zu (29.3.3) nicht geschlossen integrierbar. Der Wert muss numerisch für das spezielle Problem ermittelt werden. Mit den Start- und Endtemperaturen θ_0 und θ_E respektive ergibt sich

$$\tau = \int_{\theta_0}^{\theta_E} \frac{d\theta}{1 - \gamma_K\theta - (1-\gamma_K)\theta^4}. \qquad (29.4.4)$$

Ergebnis. Ein Körper ist bezüglich Konvektion und Strahlung thermisch dünn, wenn er im Sinne beider Wärmeübertragungen thermisch dünn ist:

$$\mathrm{Bi} + \mathrm{Sp} \leq 0{,}1. \qquad (29.4.5)$$

Beispiel 1. Gegeben ist derselbe Kupferzylinder wie im Beispiel aus Kap. 29.3 mit Radius $l = 0{,}05$ m. Er soll von der Temperatur $T_0 = 20\,^\circ\mathrm{C}$ über die Umgebungstemperatur $T_\infty = 700\,^\circ\mathrm{C}$ auf $T = 650\,^\circ\mathrm{C}$ gebracht werden.

a) Stellen Sie sicher, dass der Körper bezüglich Konvektion und Strahlung thermisch dünn ist.
b) Ermitteln Sie den Konvektions- und Strahlungsgrad.
c) Wie lange dauert der Prozess?

Lösung.

a) Es gilt

$$\begin{aligned}\mathrm{Bi} + \mathrm{Sp} &= \frac{40 \cdot 0{,}05}{379{,}9} + \frac{973{,}15^3 \cdot 0{,}35 \cdot 5{,}67 \cdot 10^{-8} \cdot 0{,}05}{379{,}9} \\ &= 0{,}0053 + 0{,}0024 = 0{,}0077 < 0{,}1\end{aligned}$$

und die Bedingung (29.4.4) ist erfüllt.

b) Der Konvektionsgrad beträgt gemäß (29.4.2)

$$\gamma_K = \frac{40}{40 + 0{,}35 \cdot 5{,}67 \cdot 10^{-8} \cdot 973{,}15^3} = 0{,}6862 = 68{,}62\,\%$$

und der Strahlungsgrad $\gamma_S = 1 - \gamma_K = 0{,}3138 = 31{,}38\,\%$.

c) Man erhält

$$\theta_0 = \frac{293{,}15}{973{,}15} = 0{,}3012, \quad \theta_E = \frac{923{,}15}{973{,}15} = 0{,}9486.$$

Damit ergibt (29.4.4)

$$\tau = \int_{0{,}3012}^{0{,}9486} \frac{d\theta}{1 - 0{,}6862 \cdot \theta - (1 - 0{,}6862)\theta^4} = 1{,}6878.$$

Für die eigentliche Zeit gilt

$$\begin{aligned} t = \tau \cdot t_{\mathrm{KS}} &= 1{,}6878 \cdot \left(\frac{421{,}8 \cdot 8779}{40 + 0{,}35 \cdot 5{,}67 \cdot 10^{-8} \cdot 973{,}15^3} \cdot \frac{0{,}05}{2} \right) \\ &= 1{,}6878 \cdot 1588s = 2681s \approx 45\,\mathrm{min}. \end{aligned}$$

Verglichen mit dem Beispiel aus Kap. 29.3 dauert der Vorgang fast nur halb so lange, weil der Strahlungsanteil nun berücksichtigt wurde.

Beispiel 2. Nun soll derselbe Kupferzylinder aus Beispiel 1 von der Temperatur $T_0 = 700\,^\circ\mathrm{C}$ mithilfe der Temperatur $T_\infty = 20\,^\circ\mathrm{C}$ auf $T = 70\,^\circ\mathrm{C}$ heruntergekühlt werden.

Berechnen Sie die dafür benötigte Zeit. Die Stoffwerte betragen im Mittel $c_p(385^\circ) = 425{,}8\,\frac{\mathrm{J}}{\mathrm{kgK}}$, $\rho(385^\circ) = 8749\,\frac{\mathrm{kg}}{\mathrm{m}^3}$ und $\lambda(385^\circ) = 376{,}9\,\frac{\mathrm{W}}{\mathrm{mK}}$.

a) Ermitteln Sie den Konvektions- und Strahlungsgrad.
b) Wie lange dauert der Prozess?
c) Vergleichen Sie die Abkühlungszeit bei einem Wärmeaustausch mit Konvektion alleine.

Lösung.

a) Mit (29.4.2) folgt

$$\gamma_K = \frac{40}{40 + 0{,}35 \cdot 5{,}67 \cdot 10^{-8} \cdot 293{,}15^3} = 0{,}9877 = 98{,}77\,\% \quad \text{und}$$
$$\gamma_S = 1 - \gamma_K = 0{,}0123 = 1{,}23\,\%.$$

b) Man erhält

$$\theta_0 = \frac{973{,}15}{293{,}15} = 3{,}3196, \quad \theta_E = \frac{343{,}15}{293{,}15} = 1{,}1706,$$

daraus gemäß (29.4.4)

$$\tau = \int_{3{,}3196}^{1{,}1706} \frac{d\theta}{1 - 0{,}9877 \cdot \theta - (1 - 0{,}9877)\theta^4} = 2{,}2628$$

und mit $t = \tau \cdot t_{\mathrm{KS}}$ den Wert

$$t = 2{,}2628 \cdot \left(\frac{425{,}8 \cdot 8749}{40 + 0{,}35 \cdot 5{,}67 \cdot 10^{-8} \cdot 293{,}15^3} \cdot \frac{0{,}05}{2} \right)$$
$$= 2{,}2628 \cdot 2300\,\mathrm{s} = 5203\,\mathrm{s} \approx 1\,\mathrm{h} : 27\,\mathrm{min}.$$

Verglichen mit dem Erwärmungsprozess aus Beispiel 1 bei gleichen Temperaturspannweiten dauert dieser Prozess doppelt so lange.

c) Gleichung (24.2.3) liefert

$$\frac{T - T_\infty}{T_0 - T_\infty} = e^{-\frac{\alpha \cdot (n+1)}{c_p \rho \cdot l} \cdot t}$$

und daraus

$$t = \frac{c_p \rho \cdot l}{\alpha \cdot (n+1)} \cdot \ln\left(\frac{T_0 - T_\infty}{T - T_\infty} \right) = \frac{425{,}8 \cdot 8749 \cdot 0{,}05}{40 \cdot 2} \cdot \ln\left(\frac{973{,}15 - 293{,}15}{343{,}15 - 293{,}15} \right)$$
$$= 6077\,\mathrm{s} \approx 1\,\mathrm{h} : 41\,\mathrm{min}.$$

Der Unterschied zu b) beträgt etwa 14 min.

Beispiel 3. Es soll ermittelt werden, welcher der beiden Wärmeübertragungen Konvektion oder Strahlung für sich allein betrachtet bei gleichen Temperaturverhältnissen schneller abläuft.

a) Setzen Sie $\theta := \frac{T}{T_\infty} < 1$ für Erwärmung. Bestimmen Sie aus (24.2.2) die zugehörige DG für Konvektion mit dimensionslosen Größen θ und τ unter Verwendung von

$$t_K = \frac{c_p\rho \cdot V}{\alpha \cdot A} \quad \text{und} \quad \tau = \frac{t}{t_K}.$$

Integrieren Sie die DG und bestimmen Sie $\tau(\theta)$. Stellen Sie den Verlauf von $\tau(\theta)$ dar.

b) Beantworten Sie dieselben Fragen aus a) für Strahlung mithilfe der Gleichung (29.3.3),

$$t_S = \frac{c_p\rho \cdot V}{T_\infty^3 \cdot \varepsilon \cdot \sigma A} \quad \text{und} \quad \tau = \frac{t}{t_S}.$$

c) Wie lauten die Ergebnisse für eine Abkühlung? Nehmen Sie die zugehörigen Graphen in dieselbe Darstellung auf.

d) Bestätigen Sie mithilfe von (29.4.8) das Ergebnis aus Beispiel 2.c).

Lösung.

a) Es gilt $d\theta = \frac{dT}{T_\infty}$ und $d\tau = \frac{dt}{t_S}$, woraus mit (24.2.2)

$$\frac{dT}{T_\infty(1 - \frac{T}{T_\infty})} = \frac{dt}{t_S} \quad \text{und} \quad d\tau = \frac{d\theta}{1-\theta}$$

folgt.

Die Integration liefert $\tau_K(\theta) = \ln(\frac{1}{1-\theta}) + C$. Setzen wir $C = 0$ dann ist (Abb. 29.1 rechts)

$$\tau_{K,\text{Erw}}(\theta) = \ln\left(\frac{1}{1-\theta}\right) \quad \text{für } 0 \le \theta < 1. \tag{29.4.6}$$

b) Mit (29.3.3) und (29.3.5) ist $d\tau = \frac{d\theta}{1-\theta^4}$ und wiederum für $C = 0$ folgt (Abb. 29.1 rechts)

$$\tau_{S,\text{Erw}}(\theta) = \frac{1}{4}\left[\ln\left(\frac{1+\theta}{1-\theta}\right) + 2\arctan(\theta)\right] \quad \text{für } 0 \le \theta < 1. \tag{29.4.7}$$

Die Wahl von $C = 0$ gestattet es, die reinen Zunahmen der beiden Graphen unabhängig vom Startwert zu vergleichen. Man erkennt, dass mit wachsendem Verhältnis θ die Erwärmung durch Strahlung alleine immer schneller abläuft als dieselbe Erwärmung mit Konvektion alleine. Beispielsweise soll ein Körper über die Umgebungstemperatur $T_\infty = 200\,^\circ\text{C}$ auf die Endtemperatur $T = 100\,^\circ\text{C}$ gebracht werden. Das ergibt $\theta_E = \frac{373{,}15}{473{,}15} = 0{,}79$ und damit $\tau_K(0{,}79) = 1{,}55$ und $\tau_S(0{,}79) = 0{,}87$, also fast halb so lange.

c) Am einfachsten gelangt man bei einer Abkühlung zu den gesuchten Zeiten, wenn man in (29.4.6) und (29.4.7) θ durch $\frac{1}{\theta}$ ersetzt. Damit erhält man

$$\tau_K(\theta) = \ln\left(\frac{1}{1-\frac{1}{\theta}}\right) = \ln\left(\frac{\theta}{\theta-1}\right) + C.$$

Mit $\tau(\infty) = 0$ ist $C = 0$ und somit für eine konvektive Abkühlung (Abb. 29.1 rechts)

$$\tau_{K,\mathrm{Abk}}(\theta) = \ln\left(\frac{\theta}{\theta-1}\right) \quad \text{für } 1 < \theta < \infty. \tag{29.4.8}$$

Schließlich hat man

$$\tau_S(\theta) = \frac{1}{4}\left[\ln\left(\frac{1+\frac{1}{\theta}}{1-\frac{1}{\theta}}\right) + 2\arctan\left(\frac{1}{\theta}\right)\right] + C = \frac{1}{4}\left[\ln\left(\frac{\theta+1}{\theta-1}\right) + \pi - 2\arctan(\theta)\right] + C.$$

Mit $\tau(\infty) = 0$ ist $C = 0$ und somit (Abb. 29.1 rechts)

$$\tau_{S,\mathrm{Abk}}(\theta) = \frac{1}{4}\left[\ln\left(\frac{\theta+1}{\theta-1}\right) - 2\arctan(\theta)\right] + \frac{\pi}{4} \quad \text{für } 1 < \theta < \infty. \tag{29.4.9}$$

Auch bei einer Abkühlung erfolgt diese durch Strahlung alleine schneller als dieselbe Abkühlung mit Konvektion alleine. Soll zum Beispiel ein Körper über die Umgebungstemperatur $T_\infty = 100\,^\circ\mathrm{C}$ auf die Endtemperatur $T = 200\,^\circ\mathrm{C}$ abgekühlt werden, so ist $\theta_E = \frac{473{,}15}{373{,}15} = 1{,}27$ und damit $\tau_K(1{,}27) = 1{,}55$ und $\tau_S(1{,}27) = 0{,}87$, also dieselben Zeiten wie bei der Erwärmung, weil für die gewählten Temperaturen $\theta = \frac{1}{\theta}$ gilt.

d) Zur Zeit $\tau_{K,\mathrm{Abk}} = 0$ ist $\theta = \theta_0$. Damit schreibt sich (29.4.8) zu $0 = \ln(\frac{\theta_0}{\theta_0-1}) + C$, woraus $C = -\ln(\frac{\theta_0}{\theta_0-1})$ und damit

$$\tau_{K,\mathrm{Abk}}(\theta) = \ln\left(\frac{\theta}{\theta-1}\right) - \ln\left(\frac{\theta_0}{\theta_0-1}\right) = \ln\left(\frac{\theta}{\theta-1}\cdot\frac{\theta_0-1}{\theta_0}\right)$$

wird.

Im Fall von Beispiel 2.c) ist

$$\frac{1}{\theta_0} = \frac{973{,}15}{293{,}15} \quad \text{und} \quad \frac{1}{\theta_E} = \frac{343{,}15}{293{,}15}$$

(Kehrwerte), woraus

$$\tau_{K,\mathrm{Abk}}(\theta_E) = \ln\left(\frac{\frac{293{,}15}{343{,}15}}{\frac{293{,}15}{343{,}15}-1}\cdot\frac{\frac{293{,}15}{973{,}15}-1}{\frac{293{,}15}{973{,}15}}\right) = \ln\left(\frac{293{,}15-973{,}15}{293{,}15-343{,}15}\right) = 2{,}6100$$

und mit

$$t_K = \frac{c_p \rho \cdot V}{\alpha \cdot A} = \frac{425{,}8 \cdot 8749 \cdot 0{,}05}{40 \cdot 2} = 2328{,}3\,\mathrm{s}$$

das Ergebnis $t = t_K \cdot \tau_{K,\mathrm{Abk}}(\theta_E) = 6077\,\mathrm{s}$ bestätigt wird.

30 Strömungen

Große Siedlungen seit der Antike verlangten nach immer neueren Ideen und Fertigkeiten, um die Wasserversorgung der Bevölkerung zu gewährleisten. Ein beeindruckendes Beispiel hierfür ist das Wassersystem des Römischen Reichs.

Aus bis zu 100 km Entfernung wurde das Wasser in die Nähe der Stadt geleitet und dann, um das Wasser sauber und kühl zu halten, in unterirdischen Kanälen ins Innere der Stadt befördert. Über weitere Kanäle und Rohre aus Blei oder Ton wurde das Abwasser entsorgt. Musste man Täler oder Senken überwinden, dann konnte man die beiden höchsten Talpunkte durch eine leicht fallende Leitung über ein Aquädukt verbinden. Dabei durfte das Gefälle der Leitungen nicht zu klein sein, um ein Fließen zu gewährleisten, aber nicht zu groß, um Höhe (potentielle Energie) zu verschenken. Das Gefälle schwankte etwa zwischen 0,1 % und 0,4 %. (Das niedrigste mögliche Gefälle liegt bei 0,07 %.)

Oft führten die Leitungen steil einen Abhang hinab, um auf der anderen Seite des Tals wieder (fast gleich hoch) hinaufzusteigen. An den Knickstellen schoss das Wasser mit solch großer Geschwindigkeit heran, dass die Ingenieure die Leitung durch Becken erweiterten, um den Druck auf die Krümmungsstelle aufzufangen. Die Rohre besaßen kleine Löcher, Luft und Wasser konnten entweichen und so (durch eine Grenzschicht entstandene) Turbulenzen vermindern. Zudem war die Oberfläche des Rohrinneren nicht zu glatt, um beim Öffnen der Leitung keine (Schock)-Welle zu verursachen, aber auch nicht zu rau, um Reibungsverluste zu vermindern.

Vieles, was die damaligen Ingenieure aus Erfahrung erkannten und umsetzten, werden wir im Folgenden mit unseren heutigen Begriffen und Modellen beschreiben können.

30.1 Reibungsfreie Rohrströmungen

Normalerweise bestimmen vier Kriterien die Art einer Strömung.

1. *Dimension.* Im Allgemeinen verlaufen Strömungen dreidimensional. Bei leicht gekrümmten oder geradlinigen Rohren kann man zwei der drei Geschwindigkeitskomponenten gegenüber der Hauptstromrichtung vernachlässigen. Die Strömung ist dann eindimensional.
2. *Zeitabhängigkeit.* Bei Anlauf- und Anschaltvorgängen ist die Strömung zusätzlich instationär, also zeitabhängig. Eine stationäre Strömung liegt vor, wenn die charakteristischen Zustandsgrößen zeitunabhängig sind:

$$\frac{\partial v}{\partial t} = \frac{\partial p}{\partial t} = \frac{\partial T}{\partial t} = \frac{\partial \rho}{\partial t} = 0$$

(und zusätzlich $\frac{\partial A}{\partial t} = 0$, falls es sich um eine Stromröhre handelt). Jedes Wassertröpfchen, das den Ort $P(x, y, z)$ passiert, wird in P zu jeder Zeit die gleichen Werte

https://doi.org/10.1515/9783111345765-030

v_P, p_P, T_P und ρ_P aufweisen. Örtlich hingegen können die vier genannten Größen variieren.

3. *Dichte der Strömung.* Eine Strömung heißt inkompressibel, wenn die Dichte nicht vom Druck abhängt, was eine Idealisierung darstellt. In diesem Fall reduzieren sich die Bedingungen für eine stationäre Strömung auf $\frac{\partial v}{\partial t} = \frac{\partial A}{\partial t} = 0$. Dabei können Geschwindigkeit und Querschnitt weiterhin örtlich schwanken. Inkompressibilität bedeutet, dass jedes Tröpfchen, das durch einen Ort $P(x, y, z)$ strömt, immer dieselbe Dichte aufweist. Daraus folgt aber nicht zwangsweise $\rho = \text{konst.}$, denn die Dichte kann ortsabhängig bleiben, wie die aus Lagen verschiedener Dichten bestehende Meeresströmung (die dichteste befindet sich unten) zeigt. Ob die Kompressibilität berücksichtigt werden muss, hängt von der Mach-Zahl $\text{Ma} = \frac{v}{c}$ mit der Strömungsgeschwindigkeit v und der Schallgeschwindigkeit c ab. Für $\text{Ma} < 0{,}3$ kann man die Strömung als inkompressibel betrachten. Für Wasser ergäbe das $v = 1600\,\frac{\text{km}}{\text{h}}$ und für Luft $v = 360\,\frac{\text{km}}{\text{h}}$. Es gibt drei Erhaltungssätze, die eine reibungsfreie Strömung mit den obigen drei Kriterien berücksichtigen: Die Kontinuitätsgleichung (Massenerhaltungssatz), die Euler-Gleichung (Impulserhaltungssatz) und die Bernoulli-Gleichung (Energieerhaltungssatz).
4. *Reibung.* Im Allgemeinen muss die Dickflüssigkeit des Fluids berücksichtigt werden. In der Nähe eines Hindernisses können die Reibungskräfte deshalb nicht vernachlässigt werden. Solche Strömungen nennt man viskos. Sie erzeugen zwangsweise Wirbel, die formal mit dem Begriff „Rotation" beschrieben werden. Allgemein werden Strömungen mit Einbezug der Reibung durch die Navier-Stokes-Gleichungen beschrieben (siehe Kap. 38). Überwiegen Trägheitskraft, Druck- oder Gewichtskraft, so kann man näherungsweise von der Reibung absehen. Bis auf das Borda-Carnot-Rohr in Kap. 30.4, Bsp. 6 werden Reibungskräfte erst ab Kap. 35 wieder beachtet.

Einschränkung: Reibungskräfte werden bis und mit Kap. 34 vernachlässigt.

30.2 Die Kontinuitätsgleichung

Wir betrachten eine dreidimensionale, instationäre, kompressible Strömung. Das bedeutet, sowohl Geschwindigkeit, als auch Dichte sind vom Ort und von der Zeit abhängig: $v(x, y, z, t)$, $\rho(x, y, z, t)$. Dasselbe gilt folglich auch für die drei Raumkomponenten der Geschwindigkeit $v_x(x, y, z, t)$, $v_y(x, y, z, t)$ und $v_z(x, y, z, t)$. Wir greifen ein Volumenelement $dV = dxdydz$ zur Zeit t heraus (Abb. 30.1 links).

Herleitung von (30.2.1) und (30.2.2)

Es bezeichnen $m(t)$ die Masse zur Zeit t und $\dot{m} = \frac{dm}{dt}$ den Massenstrom, d. h. die pro Zeiteinheit durch einen Querschnitt A fließende Masse.

Bilanz und lineare Approximation: Massenbilanz in einem Volumen dV.

Innerhalb des Zeitraums dt wächst die Masse des Volumens dV um den in dV eindringenden Teil m_{ein} und fällt um den austretenden Teil m_{aus} auf den Wert $m(t+dt)$. Insgesamt erhalten wir $m(t+\Delta t) = m(t) + m_{\text{ein}} - m_{\text{aus}}$. Im mehrdimensionalen Fall schreibt sich dies als $m(t+\Delta t) = m(t) + \sum m_{\text{ein}} - \sum m_{\text{aus}}$. Weiter gilt in 1. Näherung $m(t+dt) \approx m(t) + \frac{\partial m}{\partial t}dt$ und somit im eindimensionalen Fall (beispielsweise in x-Richtung)

$$\frac{\partial m}{\partial t}dt = m_{\text{ein},x} - m_{\text{aus},x}, \quad dm = m_{\text{ein},x} - m_{\text{aus},x} \quad \text{oder} \quad d\dot{m} = \dot{m}_{\text{ein},x} - \dot{m}_{\text{aus},x}. \tag{30.2.1}$$

Für den gesamten Massenstrom im Volumen dV hat man wiederum in 1. Näherung

$$d\dot{m} \approx \frac{[\rho(t) + \frac{\partial \rho}{\partial t}dt]dxdydz - \rho(t)dxdydz}{dt} = \frac{\partial \rho}{\partial t}dxdydz.$$

Anderseits gilt für den Massenstrom eines Volumenelements dV in x-Richtung

$$\dot{m}_{\text{ein},x} = \frac{\rho dxdydz}{dt} = \rho v_x dydz$$

und demnach erneut in 1. Näherung

$$\dot{m}_{\text{aus},x} \approx \left[\rho v_x + \frac{\partial(\rho v_x)}{\partial x}dx\right]dydz.$$

Die Differenz führt zu

$$\dot{m}_{\text{ein},x} - \dot{m}_{\text{aus},x} = -\frac{\partial(\rho v_x)}{\partial x}dxdydz$$

und Analoges ergibt sich für die beiden anderen Geschwindigkeitskomponenten. Zusammen erhalten wir die Kontinuitätsgleichung bei dreidimensionaler instationärer Strömung eines kompressiblen Fluids:

$$\frac{\partial \rho}{\partial t} + \frac{\partial(\rho v_x)}{\partial x} + \frac{\partial(\rho v_y)}{\partial y} + \frac{\partial(\rho v_z)}{\partial z} = 0 \tag{30.2.2}$$

Andere Schreibweisen von (30.2.2) sind

$$\frac{\partial \rho}{\partial t} + \operatorname{div}(\rho \boldsymbol{v}) = 0 \quad \text{oder} \quad \frac{\partial \rho}{\partial t} + \nabla(\rho \boldsymbol{v}) = 0$$

mit dem Nabla-Operator

$$\nabla = \left(\frac{\partial}{\partial x}, \frac{\partial}{\partial y}, \frac{\partial}{\partial z}\right).$$

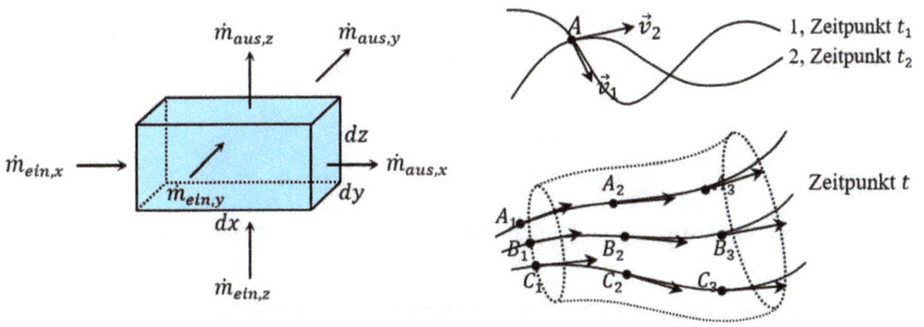

Abb. 30.1: Skizzen zum Volumenelement und zu den Strom- und Bahnlinien.

30.3 Die Euler-Gleichung und die Bernoulli-Gleichung

Vorweg gilt es zwei Begriffe zu unterscheiden: Stromlinie und Bahnlinie. Bahnlinien beschreiben den zurückgelegten Weg eines Teilchens. Dargestellt sind die Bahnlinien zweier Geschwindigkeitsteilchen 1 und 2 zu unterschiedlichen Zeiten t_1 und t_2 (Abb. 30.1 rechts oben). Im Punkt A werden die Teilchen im Allgemeinen verschiedene Geschwindigkeiten aufweisen.

Stromlinien hingegen entstehen in einer Momentaufnahme zu einem bestimmten Zeitpunkt t (Abb. 30.1 rechts unten). Im Punkt A wird ein Teilchen zu diesem Zeitpunkt den Geschwindigkeitsvektor $\boldsymbol{v}_A$ besitzen. Im Punkt B wird der Geschwindigkeitsvektor des momentanen Strömungsfeldes in Richtung $\boldsymbol{v}_B$ zeigen usw., für jeden anderen Punkt. Stromlinien sind demnach Kurven, deren Tangentenrichtungen in jedem Punkt mit den Richtungen der Geschwindigkeitsvektoren des Strömungsfeldes übereinstimmen. Theoretisch sind bei einer instationären Strömung unendlich viele Geschwindigkeitsvektoren durch einen Punkt A denkbar und folglich auch unendlich viele Bahnen, die ein Teilchen innerhalb einer Strömung zurücklegen kann. Es muss nicht einmal durch einen bestimmten Punkt verlaufen. Im Mittel wird sich ein Teilchen entlang einer Stromlinie bewegen. Bei einer stationären Strömung fallen Stromlinie und Bahnlinie zusammen. Mehrere (auch unendlich viele) Stromlinien (diese schneiden einander ja nicht) können gedanklich als eine Art Bündel zu einer Stromröhre zusammengefasst werden (Abb. 30.1 rechts unten). Eine solche Stromröhre verlangt zwangsweise einen Querschnitt. Die Geschwindigkeit muss dabei nicht über den gesamten Querschnitt konstant bleiben. Ist sie es über einen Teilquerschnitt, so fasst man alle enthaltenen Stromlinien zu einem sogenannten Stromfaden zusammen und jede Stromlinie stellt dann eine Repräsentantin des gesamten Stromfadens dar.

Ergebnis. Das Konzept des Stromfadens führt zu einer eindimensionalen Strömung.

In der Hydraulik hat man es mit Rohr- und Kanalströmungen zu tun, weshalb es sinnvoll ist, die Kontinuitätsgleichung (30.2.2) für einen solchen Stromfaden zu formulieren. Die Verwendung der Stromröhre verlangt ein krummliniges Koordinatensystem mit der Richtung der Tangente des Geschwindigkeitsvektors an einer beliebigen Stromlinie als s-Koordinate und der Normalen dazu. Man bezeichnet dies als natürliche Koordinaten.

Herleitung von (30.3.1)–(30.3.4)

Gegeben ist eine eindimensionale instationäre kompressible Strömung in Form eines Stromfadens.

Bilanz und lineare Approximation: Massenbilanz in einem Volumen dV bei instationärer Strömung (Abb. 30.2 links).

Masse kann nur durch die Ein- und Austrittsfläche A_1 und A_2 der Stromröhre fließen, nicht aber über den Mantel. In einem Rohr ist der Querschnitt zeitunabhängig, bei einem Fluss beispielsweise nicht zwangsweise. Nach (30.2.1) gilt für zwei Kontrollpunkte 1 und 2 in einem Abstand ds und den entsprechenden Dichten, Geschwindigkeiten und Querschnitten

$$\frac{\partial m(s,t)}{\partial t} = \dot{m}_{\text{ein}} - \dot{m}_{\text{aus}} = \rho(s_1,t)A(s_1)v(s_1,t) - \rho(s_2,t)A(s_2)v(s_2,t). \tag{30.3.1}$$

Weiter kann man schreiben

$$\frac{\partial(\rho A \cdot ds)}{\partial t} = -(\rho_2 v_2 A_2 - \rho_1 v_1 A_1) \quad \text{mit} \quad m = \rho A \cdot ds,$$

folglich

$$\frac{\partial(\rho A)}{\partial t} = -\frac{(\rho v A)_{s+ds} - (\rho v A)_s}{ds} = -\frac{(\rho v A)_s + \frac{\partial(\rho v A)}{\partial s}dx - (\rho v A)_s}{ds} = -\frac{\partial(\rho v A)}{\partial s}$$

und schließlich

$$\frac{\partial[\rho(s,t)A(s)]}{\partial t} = -\frac{\partial[\rho(s,t)A(s)v(s,t)]}{\partial s}. \tag{30.3.2}$$

Gleichung (30.3.2) stellt wie auch (30.3.1) die Massenbilanz eines eindimensionalen Stromfadens für ein kompressibles Fluid mit örtlich und zeitlich veränderlichen Größen dar. Drei Spezialfälle sind von Interesse:

1. Strömung instationär, Fluid inkompressibel. Man erhält

$$\rho(s,t)\frac{\partial A(s)}{\partial t} = -\rho(s,t)\frac{\partial[A(s)v(s,t)]}{\partial s}$$

und daraus

$$0 = -\frac{\partial(Av)}{\partial s} \quad \text{oder} \quad A(s)v(s,t) = \text{konst.} \tag{30.3.3}$$

2. Strömung stationär, Fluid kompressibel. Dies ist häufig bei Gasen der Fall. Es folgt

$$0 = -\frac{\partial(\rho A v)}{\partial s} \quad \text{und} \quad \rho(x)A(x)v(x) = \text{konst.}$$

3. Strömung stationär, Fluid inkompressibel. Bei Flüssigkeiten kann diese Vereinfachung benutzt werden. Man erhält

$$0 = -\frac{\partial(A v)}{\partial s} \quad \text{und} \quad \dot{Q} = A(x)v(x) = \text{konst.} \tag{30.3.4}$$

Die Größe $\dot{Q}$ bezeichnet dann einen Volumenstrom mit der Einheit $\frac{\text{m}^3}{\text{s}}$.

Herleitung von (30.3.5)–(30.3.12)

Für die Herleitung der Euler-Gleichung ist die Unterscheidung zwischen Stromlinie und Bahnlinie unerheblich.

Bilanz und lineare Approximation: Kraft- oder Impulsänderungsbilanz im Volumen dV eines Stromfadens (Abb. 30.2 rechts).

Mit $\boldsymbol{F}_a$ bezeichnen wir die Richtung der beschleunigenden Kraft. $\boldsymbol{F}_{\text{Gv}}$ ist derjenige Anteil der Gewichtskraft $\boldsymbol{F}_G$, der die Bewegung begünstigt. Zusätzlich wirken die Druckkräfte $\boldsymbol{F}_p$ und $\boldsymbol{F}_{p+dp}$ auf die Stirnflächen A und $A+dA$, einmal in Bewegungsrichtung und einmal entgegengesetzt. Wir sehen von der Änderung der Stirnfläche entlang der Strecke ds ab.

Idealisierung: Für die Querschnittsänderung gilt $dA \approx 0$.

Kräftebilanz: Sie lautet

$$F_a = F_{\text{Gv}} + F_p - F_{p+dp}. \tag{30.3.5}$$

In 1. Näherung gilt

$$F_{p+dp} \approx F_p + \frac{\partial F_p}{\partial s} ds = pA + \frac{\partial p \cdot A}{\partial s} ds.$$

Gleichung (30.3.5) schreibt sich dann als

$$dm \cdot a = dm \cdot g \cdot \sin\alpha + pA - \left(p + \frac{\partial p}{\partial s} ds\right) A \quad \text{und} \quad dm \cdot a = -dm \cdot g \cdot \frac{dh}{ds} - \frac{\partial p}{\partial s} \cdot \frac{dm}{\rho},$$

woraus

$$a + g \cdot \frac{dh}{ds} + \frac{\partial p}{\rho \cdot \partial s} = 0 \tag{30.3.6}$$

entsteht.

Bei der Beschleunigung $a = \frac{dv}{dt}$ gilt es zu beachten, dass $v = v(s, t)$ vom Ort und von der Zeit abhängt. In der Festkörperphysik muss zur Impulsänderung eine Geschwindigkeitsänderung erfolgen. Hingegen ist bei einer Strömung im stationären Zustand lediglich $\frac{\partial v}{\partial t}$, d. h., die Geschwindigkeit bleibt an einem bestimmten Ort unveränderlich, hingegen kann sie sich von Ort zu Ort ändern. Die allgemeine Kettenregel liefert

$$a = \frac{dv(s,t)}{dt} = \frac{\partial v}{\partial t} \cdot \frac{dt}{dt} + \frac{\partial v}{\partial s} \cdot \frac{ds}{dt} = \frac{\partial v}{\partial t} + \frac{\partial v}{\partial s} \cdot v.$$

Die gesamte Beschleunigung setzt sich also aus einem lokalen (für ein bestimmtes s), zeitabhängigen und einem örtlich abhängigen, konvektiven, in s-Richtung verlaufenden Teil zusammen (sofern man als Bezugspunkt einen außenstehenden Beobachter wählt). Man bezeichnet dies auch als substantielle Ableitung und schreibt kurz

$$a := \frac{Dv}{Dt} = \frac{\partial v}{\partial s} \cdot v + \frac{\partial v}{\partial t}.$$

Setzt man den Ausdruck in (30.3.6) ein, so folgt die eindimensionale Euler-Gleichung:

$$\frac{\partial v}{\partial t} + \frac{\partial v}{\partial s} \cdot v + g \cdot \frac{dh}{ds} + \frac{\partial p}{\rho \cdot \partial s} = 0, \quad v = v(s,t), \quad \rho = \rho(p,s,t), \quad p = p(s,t). \tag{30.3.7}$$

Die Euler-Gleichung entspricht der Impulserhaltung in differentieller Form. Dabei werden Beschleunigungen miteinander verglichen.

Ergebnis. Eine stationäre Strömung besitzt keine lokale dafür aber eine konvektive Beschleunigung.

Nun multiplizieren wir (30.3.7) mit ds und integrieren bestimmt. Man erhält

$$\int_{s_1}^{s_2} \frac{\partial v}{\partial t} ds + \int_{v_1}^{v_2} v dv + \int_{p_1}^{p_2} \frac{dp}{\rho} + g \int_{h_1}^{h_2} dh = 0$$

und damit Daniel Bernoullis Gleichung, welche die Energieerhaltung beschreibt:

$$\int_{s_1}^{s_2} \frac{\partial v}{\partial t} ds + \frac{1}{2}(v_2^2 - v_1^2) + \int_{p_1}^{p_2} \frac{dp}{\rho} + g(h_2 - h_1) = 0. \tag{30.3.8}$$

Es ergeben sich drei Spezialfälle:

1. Strömung stationär, Fluid kompressibel. In diesem Fall ist $\frac{\partial v}{\partial t} = 0$, $\rho = \rho(p, s)$ und es gilt

$$\frac{1}{2}(v_2^2 - v_1^2) + \int_{p_1}^{p_2} \frac{dp}{\rho(p)} + g(h_2 - h_1) = 0.$$

2. Strömung instationär, Fluid inkompressibel. Folglich ist $\rho = \rho(s)$ und man erhält

$$\int_{s_1}^{s_2} \frac{\partial v}{\partial t} ds + \frac{1}{2}(v_2^2 - v_1^2) + \frac{p_2 - p_1}{\rho} + g(h_2 - h_1) = 0. \tag{30.3.9}$$

3. Strömung stationär, Fluid inkompressibel. Es gilt $\frac{\partial v}{\partial t} = 0$, $\rho = \rho(s)$ und folglich

$$\frac{1}{2}(v_2^2 - v_1^2) + \frac{p_2 - p_1}{\rho} + g(h_2 - h_1) = 0. \tag{30.3.10}$$

Betrachtet man die Strömung von einem Punkt 1 bis zu einem Punkt 2, so wählt man für den Stoffwert $\rho(s)$ den Mittelwert $\rho = \frac{\rho_1 + \rho_2}{2}$. Gleichung (30.3.10) schreibt man meistens in der Form

$$\frac{1}{2}\rho v^2 + \rho g h + p = \text{konst.} \tag{30.3.11}$$

Die Multiplikation mit der Masse liefert

$$\frac{1}{2}m v^2 + m g h + p V = \text{konst.} \tag{30.3.12}$$

Man erkennt die einzelnen Energieanteile: $E_{\text{Kin}} + E_{\text{Pot}} + E_{\text{Druck}} = \text{konst.}$ In der Darstellung (30.3.11) besitzt die Konstante die Einheit eines Drucks und setzt sich zusammen aus dem Staudruck $\frac{1}{2}\rho v^2$ (Erhöhung des Drucks gegenüber dem statischen Druck aufgrund der kinetischen Energie), dem hydrostatischen Druckanteil $\rho g h$ (hervorgerufen durch die potentielle Energie), und dem Betriebsdruck p (als Form der inneren Energie). Dieser letzte Druck bezeichnet denjenigen Anteil des statischen Drucks, der nicht aus dem Eigengewicht des Fluids resultiert.

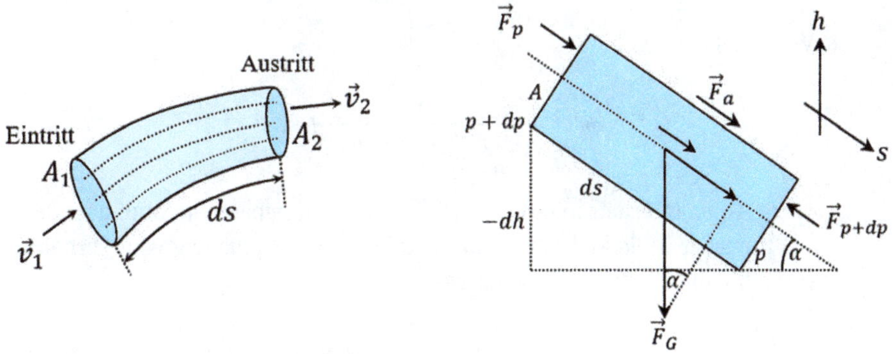

Abb. 30.2: Skizzen zum Stromfaden und den Kräften am Stromfaden.

Beispiel 1. Ein Gefäß mit dem Durchmesser 40 cm ist bis zu einer Höhe $H = 1\,\mathrm{m}$ mit Wasser gefüllt (Abb. 30.3 links). Es wird am Boden über ein Rohr mit dem Durchmesser 10 cm entleert.

a) Damit der Ausfluss als stationär angesehen werden kann, wird der Behälter stets bis zur ursprünglichen Höhe H aufgefüllt. Ermitteln Sie die Ausfließgeschwindigkeit v_2 des Wassers beim Öffnen des Ventils. Welches Ergebnis erhält man für $A_1 \gg A_2$? Setzen Sie dabei die Höhe der ausströmenden Röhre auf null.

b) Berechnen Sie die Ausflusszeit, falls der Behälter nicht mehr aufgefüllt wird. Gehen Sie dabei von einer quasistationären Strömung aus, d. h. nehmen Sie an, dass sich die Torricelli-Geschwindigkeit unmittelbar mit fallender Höhe einstellt, und vernachlässigen Sie dafür den 1. Term in Gleichung (30.3.8).

Lösung.

a) Infolge des stetigen Auffüllens bleiben die Ab- und Ausflussgeschwindigkeiten v_1 und v_2 unabhängig vom Füllstand. Nach einer Anlaufzeit stellt sich ein stationärer Zustand ein. Auf beide Querschnitte wirkt derselbe Außendruck p_0. Damit lautet (30.3.11)

$$\frac{1}{2}\rho(v_2^2 - v_1^2) + p_0 - p_0 + \rho g(0 - H) = 0 \quad \text{oder} \quad \frac{1}{2}(v_2^2 - v_1^2) - gH = 0.$$

Mithilfe der Kontinuitätsgleichung (30.3.4) gilt $A_1 v_1 = A_2 v_2$. Es entsteht

$$v_2^2 - \frac{A_2^2}{A_1^2} v_2^2 = 2gH$$

und daraus

$$v_2 = \sqrt{2gH}\frac{A_1}{\sqrt{A_1^2 - A_2^2}}. \tag{30.3.13}$$

Die Werte liefern

$$v_2 = \sqrt{2g \cdot 1}\frac{\pi \cdot 0{,}2^2}{\sqrt{(\pi \cdot 0{,}2^2)^2 - (\pi \cdot 0{,}05^2)^2}} = 4{,}44\,\frac{\mathrm{m}}{\mathrm{s}}.$$

Ist $A_1 \gg A_2$, dann erhält man $v_2 \approx \sqrt{2gH}$. Torricelli behauptete nun, dass diese Formel für jeden Füllstand $h(t)$, ohne Auffüllen und unabhängig vom Verhältnis zwischen Ab- und Ausflussquerschnitt gilt:

$$v_2(h) \approx \sqrt{2gh} \quad \left(\frac{A_1}{A_2}\ \text{beliebig}\right). \tag{30.3.14}$$

Mit Annahme einer stationären Strömung besagt (30.3.14), dass das Wasser sich so bewegt, als würden alle Tröpfchen aus der Höhe H im freien Fall absinken.

b) Sinkt der Füllstand, dann werden sowohl Ab- und Ausflussgeschwindigkeit v_1 und v_2 mit der Zeit variieren. Die Idee besteht nun darin, diese Zeitabhängigkeit (teilweise) zu erfassen, indem man in Gleichung (30.3.13) die Starthöhe H durch den aktuellen Füllstand $h(t)$ ersetzt.

Idealisierungen:

- v_1 und v_2 stellen sich gemäß (30.3.13) für jeden Füllstand $h(t)$ unmittelbar ein.
- Im Gegenzug bleibt der zeitabhängige 1. Term von (30.3.8) unbeachtet.

Damit schreibt sich (30.3.13) als

$$v_2(t) = \sqrt{2g \cdot h(t)} \frac{A_1}{\sqrt{A_1^2 - A_2^2}}. \tag{30.3.15}$$

Für die Absinkgeschwindigkeit ihrerseits gilt $v_1(t) = -\frac{dh}{dt} > 0$. Aus (30.3.4) entnehmen wir $v_1 = \frac{A_2}{A_1} v_2$. Eingesetzt erhält man

$$dh = -\sqrt{2gh} \frac{A_2}{\sqrt{A_1^2 - A_2^2}} dt$$

und nach Variablen getrennt

$$\frac{dh}{\sqrt{h}} = -\sqrt{2g} \frac{A_2}{\sqrt{A_1^2 - A_2^2}} dt.$$

Die Integration führt zu

$$2\sqrt{h(t)} = -\sqrt{2g} \frac{A_2}{\sqrt{A_1^2 - A_2^2}} t + C$$

und mit der Anfangsbedingung $h(0) = H$ folgt $C = 2\sqrt{H}$. Schließlich erhält man

$$\sqrt{h(t)} = -\sqrt{\frac{g}{2}} \frac{A_2}{\sqrt{A_1^2 - A_2^2}} t + \sqrt{H}$$

und damit

$$h(t) = \left(\sqrt{H} - \sqrt{\frac{g}{2}} \frac{A_2}{\sqrt{A_1^2 - A_2^2}} t \right)^2. \tag{30.3.16}$$

Der Behälter entleert sich in der Zeit

$$t = \sqrt{\frac{2H}{g}} \cdot \frac{\sqrt{A_1^2 - A_2^2}}{A_2} = \sqrt{\frac{2 \cdot 1}{9{,}81}} \cdot \frac{\sqrt{(\pi \cdot 0{,}2^2)^2 - (\pi \cdot 0{,}05^2)^2}}{\pi \cdot 0{,}05^2} = 7{,}21\,\text{s}.$$

Beispiel 2. Zugrunde liegt dasselbe Gefäß wie in Beispiel 1 mit dem Unterschied, dass sich das Wasser unter einer Glocke mit einem Überdruck Δp befindet (Abb. 30.3 Mitte). Bestimmen Sie die Entleerungszeit bei Annahme einer stationären Strömung und $A_1 \gg A_2$.

Lösung. Gleichung (30.3.11) besitzt die Form

$$\frac{1}{2}\rho(v_2^2 - v_1^2) + (p_0 + \Delta p) - p_0 - \rho g H = 0,$$

die in $\frac{1}{2}(v_2^2 - v_1^2) + \frac{\Delta p}{\rho} - gH = 0$ übergeht. Mit $A_1 \gg A_2$ ist $v_1 \approx 0$ und man erhält $\frac{1}{2}v_2^2 + \frac{\Delta p}{\rho} - gH = 0$, woraus

$$v_2 \approx \sqrt{2gH - \frac{2\Delta p}{\rho}}$$

folgt.

Beispiel 3. Das Pitot-Rohr dient der Geschwindigkeitsmessung von Fluiden (Abb. 30.3 rechts).

Über eine Bohrung wird im Punkt A der statische Druckanteil $p_{S,A}$ gemessen und am Ende des Eintrittsrohrs im Punkt B der (statische) Staudruck $p_{S,B}$. Bestimmen Sie eine Formel zur Berechnung der Geschwindigkeit v.

Lösung. Der Gesamtdruck p_G setzt sich aus dem statischen Druck p_S, dem dynamischen Druck $p_d = \frac{1}{2}\rho v^2$ und dem hydrostatischen Teil p_H zusammen. Der Druckvergleich in den Punkten A und B liefert nach (30.3.11) $p_{S,A} + p_{d,A} + p_H = p_{S,B} + p_{d,B} + p_H$. Im Punkt B ist $p_{d,B} = 0$, da $v_B = 0$. Es gilt $p_{S,B} > p_{S,A}$, da bei Reduktion der Geschwindigkeit der Druck steigt. Insgesamt bleibt $p_{S,A} + \frac{1}{2}\rho v^2 = p_{S,B}$ bestehen und man erhält

$$v = \sqrt{\frac{2(p_{S,B} - p_{S,A})}{\rho}}.$$

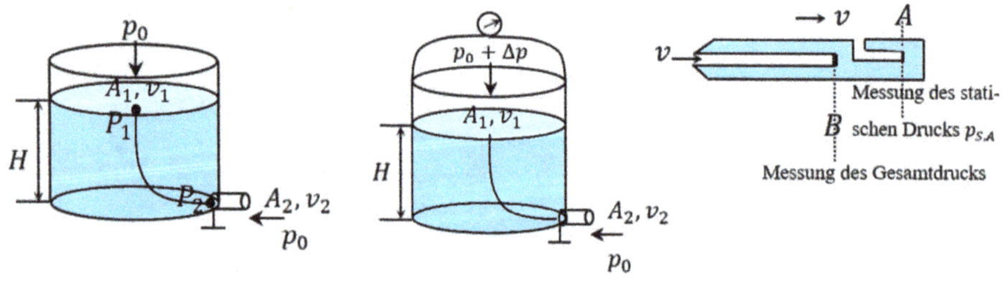

Abb. 30.3: Skizzen zu den Beispielen 1–3.

Beispiel 4. Zugrunde liegt dasselbe Gefäß wie in Beispiel 1 mit dem Unterschied, dass das Wasser über eine schon mit Wasser gefüllte Röhre der Länge l entleert wird (Abb. 30.4 links).

Je länger das Rohr wird, umso mehr muss die Beschleunigung des Fluids in der Röhre nach Öffnen des Ventils berücksichtigt werden. Nun nehmen wir an, dass die Rohrlänge (entgegen der Skizze) viel länger als die Gefäßhöhe ist, sodass es praktisch nur das Wasser im Rohr zu beschleunigen gilt.

Einschränkung: $l \gg H$.

Idealisierung: Nur die Wassermasse im Rohr wird beschleunigt.

a) Formulieren Sie die Gleichung (30.3.11) für die beiden Punkte 1 und 2 und danach für die Punkte 2 und 3.

b) Leiten Sie eine DG für die Ausflussgeschwindigkeit $v_2(t)$ im Rohr her und lösen Sie sie.

Lösung.

a) Für die Punkte 1 und 2 gilt (stationäre Strömung)

$$\frac{1}{2}\rho(v_2^2 - 0) + p_2 - p_0 + \rho g(0 - H) = 0 \quad \text{oder} \quad p_2 = p_0 + \rho g H - \frac{1}{2}\rho v_2^2. \tag{30.3.17}$$

Hingegen für die Punkte 2 und 3 folgt (unter der Annahme, dass $p_3 = p_0$ ist)

$$\int_{s_1}^{s_2} \frac{\partial v}{\partial t} ds + \frac{1}{2}(v_3^2 - v_2^2) + \frac{p_0 - p_2}{\rho} + g(0 - 0) = 0.$$

b) Eine konstante Beschleunigung vorausgesetzt, führt zu $v_2 = v_3$ (unabhängig von s) und weiter

$$\int_{s_1}^{s_2} \frac{dv}{dt} ds = (s_2 - s_1)\frac{dv}{dt} = l\frac{dv}{dt}.$$

Insgesamt lautet die Bilanz $l\frac{dv}{dt} = \frac{p_0 - p_2}{\rho}$. Ersetzt man noch p_2 mittels (30.3.17), so entsteht

$$l\frac{dv}{dt} = -gH + \frac{1}{2}v_2^2 \quad \text{oder} \quad \dot{v}_2 + \frac{1}{2l}v_2^2 - \frac{gH}{l} = 0.$$

Diese DG wurde schon mit Bsp. 5 in Kap. 7.2 im Zusammenhang mit dem freien Fall einschließlich der Luftreibung gelöst. Der Vergleich liefert zusammen mit der Anfangsbedingung $v_2(t = 0) = 0$ die Lösung

$$v_2(t) = \sqrt{2gH}\tanh\left(\frac{\sqrt{gH}}{\sqrt{2} \cdot l} \cdot t\right) \quad \text{oder} \quad v_*(t) := \frac{v_2(t)}{v_{\text{To}}} = \tanh\left(\frac{v_{\text{To}}}{2 \cdot l} \cdot t\right) \tag{30.3.18}$$

mit $v_{\text{To}} = \sqrt{2gH}$. Für die Beschleunigung erhält man

$$\dot{v}_2(t) = a_2(t) = \frac{gH}{l}\left[1 - \tan^2 h\left(\frac{\sqrt{gH}}{\sqrt{2}\cdot l}\cdot t\right)\right]. \tag{30.3.19}$$

Schließlich ergibt sich der Druck am Anfang des Rohrs zu

$$p_*(t) = \frac{p_2(t) - p_0}{\rho g H} = 1 - \tan^2 h\left(\frac{v_{\text{To}}}{2\cdot l}\cdot t\right). \tag{30.3.20}$$

Zur Zeit $t = 0$ gilt $v_2(0) = 0$ und $a_2(0) = \frac{gH}{l}$, hingegen ergibt sich im stationären Zustand $(t \to \infty)$ $v_2(\infty) = \sqrt{2gH}$, $a_2(\infty) = 0$ und $p_2 = p_0$. Die Graphen von (30.3.18) und (30.3.20) sind in Abb. 30.4 mitte dargestellt. Wird die Reibung noch mitberücksichtigt, dann erhält man eine gegenüber $v_*(t)$ flacher verlaufende Kurve.

Beispiel 5. Ein Gefäß soll über eine sogenannte Heberleitung entleert werden (Abb. 30.4 rechts). Als Bezugslinie wählen wir das Ende des Rohrs. Die Höhe H des Wasserspiegels halten wir durch stetes Auffüllen wieder konstant. Zudem ist die Röhre wie in Beispiel 4 schon vollständig mit Wasser gefüllt. Zudem gelten dieselben Annahmen wie in Beispiel 4:

Einschränkung: $l \gg H$.

Idealisierung: Nur die Wassermasse im Rohr wird beschleunigt.

a) Leiten Sie eine DG für die Ausflussgeschwindigkeit $v_C(t)$ im Rohr her.
b) Formulieren Sie die Gleichung (30.3.11) für die beiden Punkte C und D und leiten Sie daraus einen Ausdruck für den Druck $p_D(t)$ her. Ermitteln Sie zudem $p_D(t = 0)$ und $p_D(t = \infty)$.

Lösung.

a) Der Weg des (mittleren) Stromfadens wird in drei Teilwege zerlegt:

$$\int_A^C \frac{\partial v}{\partial t} ds = \int_A^{B_1} \frac{\partial v}{\partial t} ds + \int_{B_1}^{B_2} \frac{\partial v}{\partial t} ds + \int_{B_2}^{C} \frac{\partial v}{\partial t} ds.$$

Das 1. Integral der rechten Seite ist null, weil $v = v_A = 0$ für diesen Teilabschnitt gilt. Das 2. Integral verschwindet ebenfalls, weil $ds \approx 0$. Übrig bleibt

$$\int_A^C \frac{\partial v}{\partial t} ds = \int_{B_2}^{C} \frac{\partial v}{\partial t} ds.$$

Die Beschleunigung der Wassermasse im Rohr sei konstant, weshalb

$$\int_{B_2}^{C} \frac{\partial v}{\partial t} ds = l \cdot \frac{dv}{dt}$$

gilt. Für die beiden Punkte A und C lautet (30.3.11) demnach

$$\int_{B_2}^{C} \frac{\partial v}{\partial t} ds + \frac{1}{2}(v_C^2 - v_A^2) + \frac{p_C - p_A}{\rho} + g(h_C - h_A) = 0.$$

Mit $v_A = 0$, $h_C - h_A = H$ und $p_C = p_A = p_0$ folgt

$$l \cdot \frac{dv_C}{dt} + \frac{1}{2} v_C^2 - gH = 0$$

und daraus wie in Beispiel 4 unabhängig von der Rohrform

$$\dot{v}_C + \frac{1}{2l} v_C^2 - \frac{gH}{l} = 0. \tag{30.3.21}$$

b) Im Unterschied zu Beispiel 4 verläuft die Röhre teilweise über dem Wasserspiegel des Behälters. Man muss also gewährleisten, dass der (minimale) Druck in der Höhe H_R genügend groß ist, damit die Strömung nicht abreißt. Dazu formulieren wir (30.3.11) für die Punkte C und D:

$$\int_{D}^{C} \frac{dv}{dt} ds + \frac{1}{2}(v_C^2 - v_D^2) + \frac{p_C - p_D}{\rho} + g(h_C - h_D) = 0.$$

Mit $\frac{dv}{dt} = a(t) = \text{konst.}$, $v_C = v_D$ im Abschnitt CD und $p_C = p_0$ folgt

$$p_D(t) = p_0 - \rho g H_R + \rho \cdot a(t) \cdot H_R.$$

Den Verlauf von $a(t)$ gewinnt man mithilfe von (30.3.19). Insgesamt erhält man

$$p_D(t) = p_0 - \rho g H_R \left\{ 1 - \frac{H}{l} \left[1 - \tan^2 h\left(\frac{\sqrt{gH}}{\sqrt{2} \cdot l} \cdot t \right) \right] \right\}.$$

Damit beträgt der Druck zum Startpunkt $p_D(0) = p_0 - \rho g H_R(1 - \frac{H}{l})$ und im stationären Fall erhält man $p_D(\infty) = p_0 - \rho g H_R$ (Luftdruck minus hydrostatischer Druck).

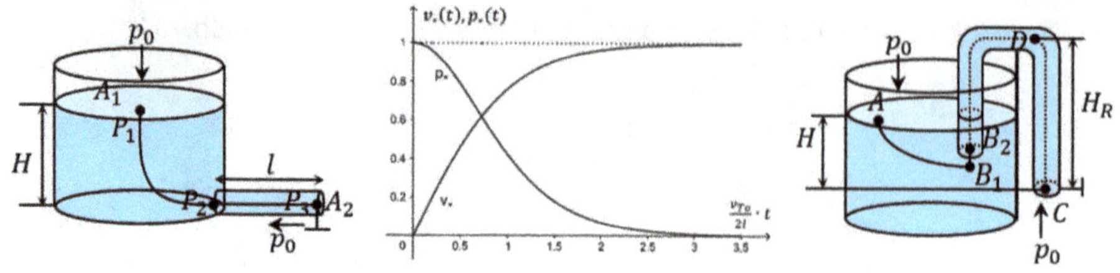

Abb. 30.4: Skizzen zu den Beispielen 4 und 5.

30.4 Die Impulsbilanz am Stromfaden

Analog zur Massenbilanz ist es für einen Stromfaden sinnvoll, die Impulserhaltung umzuformulieren. Bei der Anwendung des Impulssatzes ist es wichtig, dass alle äußeren Kräfte berücksichtigt werden, die auf die Strömung wirken. Dazu gehören sowohl die Kräfte, welche die Wand auf die Strömung ausübt als auch die Druckkräfte an den Endquerschnitten und die Schwerkraft als normalerweise einzige Massenkraft.

Idealisierung: Die Dichte des Fluids bleibt konstant.

Herleitung von (30.4.1)–(30.4.6)

Bilanz: Kraft- oder Impulsänderungsbilanz im Volumen dV (Abb. 5.1, 1. Skizze).

Gleichung (7.1) für einen Festkörper lässt sich nicht ohne Weiteres auf ein Fluid übertragen, weil sich, wie wir wissen, die Geschwindigkeit und somit der Impuls auch im stationären Zustand ändern können. Zudem kann jeder Tropfen auch sein Volumen ändern, wohingegen seine Masse konstant bleibt. Im Weiteren verwenden wir für den Impuls den Buchstaben I, um eine Verwechslung mit dem Druck zu vermeiden. Aus diesem Grund entspricht der Impuls $\boldsymbol{I} = m\boldsymbol{v}$ eines Festkörpers dem Gesamtimpuls

$$\int_V \rho dV \cdot \boldsymbol{v} = \int_{s_1(t)}^{s_2(t)} \rho A(s,t) ds \cdot \boldsymbol{v}(s,t)$$

eines Fluids und anstelle der substantiellen Änderung des Impulses

$$\frac{D\boldsymbol{I}}{Dt} = \frac{D(m\boldsymbol{v})}{Dt} = \frac{\partial m}{\partial t}\boldsymbol{v} + m\frac{\partial \boldsymbol{v}}{\partial t} + m\frac{\partial \boldsymbol{v}}{\partial s}v$$

eines Festkörpers muss die substantielle Änderung des Impulses

$$\frac{D}{Dt}\left(\int_V \rho dV \cdot \boldsymbol{v}\right) = \frac{D}{Dt}\left[\int_{s_1(t)}^{s_2(t)} \rho A(s,t) ds \cdot \boldsymbol{v}(s,t)\right]$$

des Fluids betrachtet werden. Dabei bezeichnet ds das infinitesimale Stück des Stromfadens und $\boldsymbol{v}(s,t)$ die Geschwindigkeit tangential zum Stromfaden. Mit der Leibniz-Regel für Parameterintegrale folgt

$$\frac{D}{Dt}\left[\int_{s_1(t)}^{s_2(t)} \rho A(s,t)\boldsymbol{v}(s,t)ds\right]$$

$$= \int_{s_1(t)}^{s_2(t)} \frac{\partial}{\partial t}[\rho A(t)\boldsymbol{v}(t)]ds + \rho A[s_2(t)]\boldsymbol{v}[s_2(t)]\frac{\partial s_2(t)}{\partial t} - \rho A[s_1(t)]\boldsymbol{v}[s_1(t)]\frac{\partial s_1(t)}{\partial t}$$

$$= \rho A[s_2(t)]\boldsymbol{v}[s_2(t)]v[s_2(t)] - \rho A[s_1(t)]\boldsymbol{v}[s_1(t)]v[s_1(t)]$$

$$= \rho\dot{Q}\boldsymbol{v}[s_2(t)] - \rho\dot{Q}\boldsymbol{v}[s_1(t)] = \rho\dot{Q}(\boldsymbol{v}_2 - \boldsymbol{v}_1).$$

Dies entspricht dem konvektiven Teil der Impulsänderung, welche durch das „Mittragen“ von Impuls entsteht. $\dot{\boldsymbol{I}}_1 := \rho\dot{Q}\boldsymbol{v}_1$ und $\dot{\boldsymbol{I}}_2 := \rho\dot{Q}\boldsymbol{v}_2$ heißen Impulsflüsse mit der Einheit einer Kraft. Im Integrand von

$$\int_{s_1(t)}^{s_2(t)} \frac{\partial}{\partial t}[\rho A(t)\boldsymbol{v}(t)]ds$$

verbleiben Größen, die nur noch von der Zeit abhängen. Dieses Integral entspricht der lokalen, rein zeitlichen Impulsänderung, also dem Teil

$$\frac{d\boldsymbol{I}}{dt} = \frac{\partial m}{\partial t}\boldsymbol{v} + m\frac{\partial \boldsymbol{v}}{\partial t}.$$

Bis hierhin hat die Bilanz Folgendes zutage gefördert:

$$\frac{D\boldsymbol{I}}{Dt} = \frac{d\boldsymbol{I}}{dt} + \rho\dot{Q}(\boldsymbol{v}_2 - \boldsymbol{v}_1). \tag{30.4.1}$$

Ergebnis 1. Im Unterschied zum Festkörper müssen bei einem Fluid die Impulsflüsse in die Impulsbilanz mit einbezogen werden.

Dies entspricht dem im Zusammenhang mit (30.3.7) formulierten Ergebnis, dass eine stationäre Strömung immer noch einen konvektiven Beschleunigungsanteil besitzt, der sich in der eben ermittelten Impulsflussdifferenz äußert (siehe auch nachfolgender Stützkraftsatz).

Nun gilt es, die Summe aller Kräfte zu ermitteln (die linke Seite von (30.4.1)), die für die Impulsänderung (die rechte Seite von (30.4.1)) verantwortlich sind. Auf das Fluid wirken folgenden Kräfte:

1. Die Gewichtskraft $\boldsymbol{G}$ der Fluidmasse des Rohrabschnitts.
2. Sämtliche Druckkräfte auf den Rand: Druckkraft $\boldsymbol{F}_{p1} = \boldsymbol{p}_1 \cdot A_1$ auf dem offenen Rand A_1 und Druckkraft $-\boldsymbol{F}_{p2} = \boldsymbol{p}_2 \cdot A_2$ auf dem offenen Rand A_2. Dabei ist $\boldsymbol{F}_{p2}$ eine

Antwortkraft des Fluids auf die Druckkraft $\boldsymbol{F}_{p1}$, also diejenige Kraft, die dem Fluid in Strömungsrichtung entgegenwirkt, deswegen $-\boldsymbol{F}_{p2}$. Zusätzlich wirkt die Kraft $\boldsymbol{K}$ der Rohrwand auf das Fluid aufgrund der Krümmung. Dies ist keine Reibungskraft, sondern eine Reaktionskraft der Wand auf die Richtungsänderung. Die Kenntnis dieser Kraft ist deshalb wichtig, um bei gekrümmten Rohren diese an entsprechender Stelle stärker zu stützen oder zu verankern. Zusammen haben wir

$$\frac{D\boldsymbol{I}}{Dt} = \boldsymbol{F}_{p1} - \boldsymbol{F}_{p2} + \boldsymbol{K} + \boldsymbol{G}. \tag{30.4.2}$$

Aus (30.4.1) und (30.4.2) erhält man schließlich

$$\frac{d\boldsymbol{I}}{dt} = \rho\dot{Q}(\boldsymbol{v}_1 - \boldsymbol{v}_2) + \boldsymbol{F}_{p1} - \boldsymbol{F}_{p2} + \boldsymbol{K} + \boldsymbol{G}. \tag{30.4.3}$$

Noch stellt diese Gleichung nicht unser Schlussergebnis dar. Es bedarf noch einer Anpassung durch den sogenannten Impulsbeiwert.

Der Impulsbeiwert

Man nennt diesen auch einen Geschwindigkeitsausgleichswert.

Herleitung von (30.4.4)–(30.4.11)

Wenn wir in unseren bisherigen Formeln von einer konstanten Geschwindigkeit v sprachen, meinten wir immer den über den gesamten durchströmten Querschnitt A gemittelten Wert $\overline{v}$. Falls die Strömung über den gesamten Querschnitt konstant ist, dann ist $\overline{v} = v$.

Für den Fluss schrieben wir $\dot{Q} = A\overline{v}$ und wir folgerten, dass demnach der Impulsfluss den Betrag $\dot{I} = \rho\dot{Q}\overline{v} = \rho A\overline{v}^2$ besitzt. Die Frage, die sich nun stellt, ist, ob das Quadrat $\overline{v}^2$ der gemittelten Geschwindigkeiten korrekt ist. Dazu betrachten wir ein infinitesimales Stück dA des Querschnitts. Der Fluss durch dA beträgt $d\dot{Q} = v \cdot dA$, wobei beispielsweise $v = v(x,y)$ mit $dA = dxdy$ (Rechteck) für eine Kanalströmung oder $v = v(r)$ mit $dA = 2\pi r \cdot dr$ (Kreisring) für eine Rohrströmung wäre. Der Impulsfluss schreibt sich demnach zu $d\dot{I} \cdot \rho v = \rho v^2 \cdot dA$. Beides integriert ergibt $\dot{Q} = \int_A v \cdot dA$ bzw. $\dot{I} = \rho \int_A v^2 \cdot dA$. Mithilfe des Flusses ist $\overline{v} = \frac{\dot{Q}}{A}$, woraus die Definition der mittleren Geschwindigkeit $\overline{v} = \frac{1}{A}\int_A v \cdot dA$ folgt. Wenn nun die Schreibweise $\dot{I} = \rho A\overline{v}^2$ zulässig wäre, dann sollte demnach

$$\rho \int\limits_A v^2 \cdot dA = \rho A\left(\frac{1}{A}\int\limits_A v \cdot dA\right)^2$$

gelten oder die Gleichung

$$\int_A v^2 \cdot dA = \beta \frac{1}{A} \left(\int_A v \cdot dA \right)^2$$

müsste einen Wert von $\beta = 1$ liefern.

Definition. Mit $\beta = \frac{A \int_A v^2 \cdot dA}{(\int_A v \cdot dA)^2}$ bezeichnet man den Impulsbeiwert. (30.4.4)

Im Folgenden stehen Rohrströmungen im Vordergrund, weshalb wir den Wert β für ein Kreisrohr und eine laminare bzw. turbulente Strömung bestimmen. Dazu müssen wir etwas vorgreifen. Ob eine Strömung laminar oder turbulent ist, entscheidet die Reynolds-Zahl Re (Kap. 35.2 und 35.3). Die zugehörigen Geschwindigkeitsprofile folgen ebenfalls in den erwähnten Kapiteln.

I. Laminare Strömung. Nach (35.2.4) gilt $v(r) = v_{\max}[1 - (\frac{r}{R})^2]$ mit dem Rohrradius R. Wir berechnen

$$\int_A v \cdot dA = 2\pi v_{\max} \int_0^R \left[1 - \left(\frac{r}{R} \right)^2 \right] \cdot r \cdot dr = 2\pi v_{\max} \frac{R^2}{4} \quad \text{und}$$

$$\int_A v^2 \cdot dA = 2\pi v_{\max}^2 \int_0^R \left[1 - \left(\frac{r}{R} \right)^2 \right]^2 \cdot r \cdot dr = 2\pi v_{\max}^2 \frac{R^2}{6}.$$

Gleichung (30.4.4) ergibt

$$\beta = \frac{\pi R^2 \cdot 2\pi v_{\max}^2 \frac{R^2}{6}}{(2\pi v_{\max} \frac{R^2}{4})^2} = \frac{\pi^2 \cdot v_{\max}^2 \frac{R^4}{3}}{\pi^2 v_{\max}^2 \frac{R^4}{4}} = \frac{4}{3} = 1{,}33. \tag{30.4.5}$$

II. Turbulente Strömung. Gleichung (35.3.1) liefert $v(r) = v_{\max}(1 - \frac{r}{R})^{\frac{1}{7}}$.
In diesem Fall ist

$$\int_A v \cdot dA = 2\pi v_{\max} \int_0^R \left(1 - \frac{r}{R} \right)^{\frac{1}{7}} \cdot r \cdot dr = 2\pi v_{\max} \frac{49R^2}{120} \quad \text{und}$$

$$\int_A v^2 \cdot dA = 2\pi v_{\max}^2 \int_0^R \left(1 - \frac{r}{R} \right)^{\frac{2}{7}} \cdot r \cdot dr = 2\pi v_{\max}^2 \frac{49R^2}{144}.$$

Mit (30.4.4) folgt

$$\beta = \frac{\pi R^2 \cdot \pi v_{\max}^2 \frac{49R^2}{72}}{(2\pi v_{\max} \frac{49R^2}{120})^2} = \frac{\pi^2 \cdot v_{\max}^2 \frac{49R^4}{72}}{\pi^2 v_{\max}^2 \frac{49^2R^4}{60^2}} = \frac{49}{72} \cdot \frac{60^2}{49^2} = \frac{50}{49} = 1{,}02 \approx 1. \tag{30.4.6}$$

Weil das turbulente Profil gegenüber dem laminaren stark abgeflacht ist, gilt $\overline{v} \approx v$, woraus man die Bestätigung

$$\beta \approx \frac{A \int_A \overline{v}^2 \cdot dA}{(\int_A \overline{v} \cdot dA)^2} = \frac{A\overline{v}^2 \int_A dA}{\overline{v}^2 (\int_A dA)^2} = \frac{A\overline{v}^2 A}{\overline{v}^2 A^2} = 1$$

erhält.

Ergebnis 2. Ein etwaiger Einbezug des Impulsbeiwertes muss immer dann in Betracht gezogen werden, wenn sich das Geschwindigkeitsprofil entlang des durchflossenen Querschnitts ändert.

Bei einer laminaren Rohrströmung (Re $<$ 2300) sollte der Impulswert β in die Impulsbilanz einbezogen werden. Hingegen kann man im Fall einer turbulenten Rohrströmung (Re $>$ 2300) den Impulsbeiwert

$$\beta = 1 \tag{30.4.7}$$

setzen. Damit wird die Impulserhaltung (30.4.3) ergänzt zu:

$$\frac{d\boldsymbol{I}}{dt} = \beta\rho\dot{Q}(\boldsymbol{v}_1 - \boldsymbol{v}_2) + \boldsymbol{F}_{p1} - \boldsymbol{F}_{p2} + \boldsymbol{K} + \boldsymbol{G}.$$

Die Impulsbeiwerte sind

$$\beta_{\text{lam}} = 1{,}33 \quad \text{und} \quad \beta_{\text{tur}} = 1. \tag{30.4.8}$$

In dieser Schreibweise ist es sinnvoll, sich den Impulssatz auch sprachlich einzuprägen: „Die zeitliche Änderung des Impulses ist gleich der Summe aus dem in das Kontrollvolumen eintretenden und aus dem Kontrollvolumen austretenden Impuls(flusses) plus der Summe aller am Kontrollvolumen angreifenden Kräfte“. Insbesondere reduziert sich für eine stationäre Strömung durch Umstellen der Gleichung (30.4.3) die Impulsbilanz zum sogenannten Stützkraftsatz:

$$\beta\rho\dot{Q}(\boldsymbol{v}_2 - \boldsymbol{v}_1) = \boldsymbol{F}_{p1} - \boldsymbol{F}_{p2} + \boldsymbol{K} + \boldsymbol{G}. \tag{30.4.9}$$

Der Name leitet sich folgendermaßen ab:

$$\boldsymbol{S}_1 := \boldsymbol{F}_{p1} + \beta\rho\dot{Q}\boldsymbol{v}_1 \quad \text{und} \quad \boldsymbol{S}_2 := \boldsymbol{F}_{p2} + \beta\rho\dot{Q}\boldsymbol{v}_2 \tag{30.4.10}$$

heißen Stützkräfte.

In kurzer Form lautet (30.4.9) damit

$$\boldsymbol{K} + \boldsymbol{G} + (-\boldsymbol{S}_2) + \boldsymbol{S}_1 = 0. \tag{30.4.11}$$

Bemerkung. Mit Berücksichtigung der Wandreibung müsste man (30.4.3) auf der rechten Seite durch einen Term der Form

$$\boldsymbol{F}_R = -\lambda \frac{l}{\overline{d}} \rho \frac{|\overline{\boldsymbol{u}}| \cdot \overline{\boldsymbol{u}}}{2} \cdot \overline{A} \quad \text{mit} \quad \overline{d} = \frac{d_1 + d_2}{2}, \quad \overline{\boldsymbol{u}} = \frac{\boldsymbol{v}_1 + \boldsymbol{v}_2}{2}, \quad \overline{A} = \frac{A_1 + A_2}{2}$$

ergänzen (vgl. (35.1.1)).

Beispiel 1. Wir betrachten einen Springbrunnen, dessen Wasserstrahl eine Düse mit dem Querschnitt A_1 im Punkt 1 verlässt (Abb. 30.5, 2. Skizze). Außerhalb der Düse herrscht nur noch der Luftdruck $p_{0,1} = p_{0,2} = p_0$. Die Strömung ist turbulent.

a) Führen Sie eine Bilanz mithilfe des Stützkraftsatzes und eine mithilfe der Bernoulli-Gleichung für das Kontrollvolumen in den Punkten 1 und 2 durch.

b) Bestimmen Sie einen Ausdruck für das ausgeworfene Wasservolumen V der Höhe h und für das maximale Wasservolumen der Höhe $h < H = h_{\max}$ in Abhängigkeit von A_1 und v_1.

Lösung.

a) Mit der Turbulenz ist auch $\beta = 1$. Außerhalb der Röhre gilt $p_1 = p_2 = 0$. Der Fluss beträgt $\dot{Q} = A_1 v_1$. (Für die Wassermenge außerhalb des Rohrs ist die Kontinuitätsgleichung ungültig.) Die Stützkräfte lauten gemäß (30.4.10) dann $S_1 = p_1 A_1 + \rho v_1 \dot{Q} = \rho A_1 v_1^2$ und $S_2 = p_2 A_2 + \rho v_2 \dot{Q} = \rho A_1 v_1 v_2$. Folglich ist $S_1 = \rho A_1 v_1^2, S_2 = \rho A_1 v_1 v_2$. Der Stützkraftsatz lautet mit (30.4.11) für diesen Fall $\boldsymbol{G} + (-\boldsymbol{S}_2) + \boldsymbol{S}_1 = 0$ oder $|\boldsymbol{G}| + |-\boldsymbol{S}_2| = |-\boldsymbol{S}_1|$, da die Strömung keine Kraft auf das Rohr ausübt (Abb. 5.1, 3. Skizze). Damit folgt

$$\rho g V(h) + \rho A_1 v_1 v_2 = \rho A_1 v_1^2. \tag{30.4.12}$$

Auf die Wassersäule wirkt nur der atmosphärische Druck $p_0 = p_{0,1} = p_{0,2}$. Die Bernoulli-Gleichung (30.3.10) erhält die Form

$$\frac{1}{2}\rho(v_2^2 - v_1^2) + p_{0,2} - p_{0,1} + \rho g(h - 0) = 0 \quad \text{oder} \quad \frac{1}{2}\rho(v_2^2 - v_1^2) + \rho g h = 0. \tag{30.4.13}$$

b) Gleichung (30.4.13) liefert $v_2 = \sqrt{v_1^2 - 2gh}$ für die Geschwindigkeit des Wassers in der Höhe h. Weiter wird (30.4.12) nach $V(h)$ aufgelöst und das Ergebnis für v_2 eingefügt. Man erhält

$$V(h) = \frac{A_1 v_1}{g}(v_1 - v_2) = \frac{A_1 v_1}{g}\left(v_1 - \sqrt{v_1^2 - 2gh}\right).$$

Das maximale Volumen wird für $v_2 = 0$ erreicht und beträgt

$$V = \frac{A_1 v_1^2}{g}.$$

Es entspricht einer kompakten Säule mit der Grundfläche A_1 und der Höhe $\frac{v_1^2}{g}$. Die Höhe ist dabei gerade halb so groß wie die maximal mögliche Höhe eines Tröpfchens, wie man aus dem Energiesatz entnimmt: Aus $\frac{1}{2} m_T v_T^2 = m_T g H$ folgt $H = \frac{v_T^2}{2g}$.

Beispiel 2. Nun betrachten wir den Unterbau des Springbrunnes, also die Pumpe. Diese wird in einer Tiefe h^* zum Austritt der Düse installiert (Abb. 30.5, 4. Skizze). Die Düse selber besitzt die Form eines Kegelstumpfs. Der zu erzeugende Überdruck sei Δp. Wir wählen ihn gleich groß wie der atmosphärische: $p_0 = \Delta p = 10^5\,\text{Pa}$. Weiter gilt $A_0 = 0{,}12\,\text{m}^2$, $A_1 = 0{,}03\,\text{m}^2$, $h^* = 5\,\text{m}$ und $\rho = 10^3\,\frac{\text{kg}}{\text{m}^3}$.

a) Mit welcher Geschwindigkeit v_1 tritt der Wasserstrahl aus der Düse?

b) Bestimmen Sie die Gewichtskraft G des im eingezeichneten Behälter befindlichen Wassers und daraus die Mantelkraft K.

Lösung.

a) Wieder können wir von einem Impulsbeiwert $\beta = 1$ ausgehen. Gleichung (30.3.4) liefert $\dot{Q} = A_0 v_0 = A_1 v_1$ und mit (30.3.10) gilt

$$\frac{1}{2}\rho(v_1^2 - v_0^2) + p_0 - (p_0 + \Delta p) + \rho g(h^* - 0) = 0.$$

Dann ist

$$\left(v_1^2 - \frac{A_1^2}{A_0^2} v_1^2\right) = \frac{2\Delta p}{\rho} - 2gh^* \quad \text{und}$$

$$v_1 = \sqrt{\frac{2(\Delta p - \rho g h^*)}{\rho(1 - \frac{A_1^2}{A_0^2})}} = \sqrt{\frac{2 \cdot (10^5 - 10^3 \cdot 9{,}81 \cdot 5)}{10^3(1 - \frac{0{,}03^2}{0{,}12^2})}} = 10{,}43\,\frac{\text{m}}{\text{s}}.$$

b) Man erhält

$$\begin{aligned} G = \rho g V &= \rho g \frac{h^*}{3}(A_0 + \sqrt{A_0 A_1} + A_1) \\ &= 10^3 \cdot 9{,}81 \cdot \frac{1}{3}(0{,}12 + \sqrt{0{,}12 \cdot 0{,}03} + 0{,}03) = 3434\,\text{N}. \end{aligned}$$

Der Stützkraftsatz (30.4.9) ergibt

$$\rho\dot{Q}(v_1 - v_0) = (p_0 + \Delta p)A_0 - p_0 A_1 - K - G$$

(Abb. 30.5, 5. Skizze). Damit folgt zusammen mit (30.3.4)

$$\begin{aligned} K &= (p_0 + \Delta p)A_0 - p_0 A_1 - G - \rho A_1 v_1^2\left(1 - \frac{A_1}{A_0}\right) \\ &= 2 \cdot 10^5 \cdot 0{,}12 - 10^5 \cdot 0{,}03 - 686{,}7 - 10^3 \cdot 0{,}03 \cdot 13{,}87^2\left(1 - \frac{0{,}03}{0{,}12}\right) = 15119\,\text{N}. \end{aligned}$$

Diese Mantelkraft kann noch in eine Komponente senkrecht und eine parallel zur Wand zerlegt werden (siehe Beispiel 3).

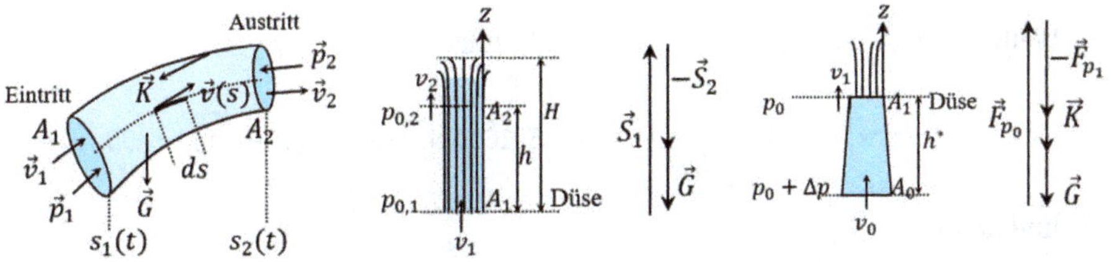

Abb. 30.5: Skizzen zum Stützkraftsatz und zu den Beispielen 1 und 2.

Beispiel 3. Wir betrachten ein kurzes Teilstück eines horizontalen geraden Rohrs der Länge $l = 1\,\text{m}$ (Abb. 30.6 links). Das betrachtete Rohrstück sei vollständig mit Wasser durchflossen und weiter gilt $A_1 = 0{,}12\,\text{m}^2$, $A_2 = 0{,}03\,\text{m}^2$, $\rho = 10^3\,\frac{\text{kg}}{\text{m}^3}$, $p_2 = 50\,\text{kPa}$, $\dot{Q} = 120\,\frac{\text{l}}{\text{s}} = 0{,}12\,\frac{\text{m}^3}{\text{s}}$. Die Strömung ist turbulent.

a) Bestimmen Sie aus den Angaben den Druck p_1 am Rohreingang.
b) Ermitteln Sie die Mantelkraft K in horizontaler Richtung.
c) Zerlegen Sie $\boldsymbol{K}$ in einen Druckkraftanteil $\boldsymbol{K}_N$ normal zur Wand und einen Zugkraftanteil $\boldsymbol{K}_W$ parallel zur Wand.
d) Wie groß ist die eigentliche Mantelkraft L bei Berücksichtigung der Gewichtskraft?

Lösung.

a) Wir können $\beta = 1$ setzen. Gleichung (30.3.3) liefert $\dot{Q} = A_1 v_1 = A_2 v_2$ und daraus $v_1 = \frac{\dot{Q}}{A_1} = 1\,\frac{\text{m}}{\text{s}}$, $v_2 = \frac{\dot{Q}}{A_2} = 4\,\frac{\text{m}}{\text{s}}$. Mit (30.3.10) folgt $\frac{1}{2}\rho(v_2^2 - v_2^2) + p_2 - p_2 = 0$ und damit

$$p_1 = p_2 + \frac{1}{2}\rho(v_2^2 - v_1^2) = 5 \cdot 10^4 + \frac{1}{2} \cdot 10^3(4^2 - 1^2) = 57{,}5\,\text{kPa}.$$

b) (30.4.11) schreibt sich als $\boldsymbol{K} + (-\boldsymbol{S}_2) + \boldsymbol{S}_1 = 0$. Die Gewichtskraft $\boldsymbol{G}$ wirkt senkrecht zu den drei Vektorgrößen und entfällt in dieser Bilanz (Abb. 30.6 mitte oben). Dabei sind

$$S_1 = p_1 A_1 + \rho v_1 \dot{Q} = 5{,}75 \cdot 10^4 \cdot 0{,}12 + 10^3 \cdot 1 \cdot 0{,}12 = 7020\,\text{N} \quad \text{und}$$
$$S_2 = 5 \cdot 10^4 \cdot 0{,}03 + 10^3 \cdot 4 \cdot 0{,}12 = 1980\,\text{N}.$$

Zusammen ergibt sich

$$K = S_1 - S_2 = 7020\,\text{N} - 1980\,\text{N} = 5040\,\text{N}.$$

c) Diese Mantelkraft wirkt in horizontaler Richtung. Sie kann zerlegt werden in einen Druckkraftanteil normal zur Wand und einen Zugkraftanteil parallel zur Wand (Abb. 30.6 rechts unten). Für ein kreisrundes Rohr wäre

$$\Delta l = r_1 - r_2 = \sqrt{\frac{A_1}{\pi}} - \sqrt{\frac{A_2}{\pi}} = 0{,}0977\,\text{m} \quad \text{und} \quad \alpha = \tan^{-1}\left(\frac{\Delta l}{l}\right) = 5{,}58^\circ.$$

Weiter ist $K_W = K \cdot \cos \alpha$, $K_N = K \cdot \sin \alpha$. Es folgt

$$K_W = K \cdot \cos\left[\tan^{-1}\left(\frac{\sqrt{A_1} - \sqrt{A_2}}{l\sqrt{\pi}}\right)\right] = 5016{,}11\,\text{N}, \quad K_N = \sqrt{K^2 - K_W^2} = 490{,}18\,\text{N}$$

und damit

$$\boldsymbol{K} = \begin{pmatrix} -K \\ 0 \end{pmatrix} = \begin{pmatrix} -5040\,\text{N} \\ 0 \end{pmatrix}, \quad \boldsymbol{K}_W = \begin{pmatrix} -K \cdot \cos^2 \alpha \\ K \cdot \sin \alpha \cdot \cos \alpha \end{pmatrix} = \begin{pmatrix} -4992{,}33\,\text{N} \\ 487{,}85\,\text{N} \end{pmatrix},$$
$$\boldsymbol{K}_N = \begin{pmatrix} -K \cdot \sin^2 \alpha \\ K \cdot \sin \alpha \cdot \cos \alpha \end{pmatrix} = \begin{pmatrix} -47{,}67\,\text{N} \\ -487{,}85\,\text{N} \end{pmatrix}.$$

d) Den größten Einfluss der gesamten Gewichtskraft des Wassers erfährt die Rohrwand in der tiefsten Stelle Es ist

$$G = \rho g V = \frac{\rho g}{3}(A_1 + \sqrt{A_1 A_2} + A_2) = 686{,}70\,\text{N}$$

(vgl. Bsp. 2). Infolge dieser Gewichtskraft wirkt längs des Rohrs eine rücktreibende Kraft von $L = \sqrt{G^2 + K^2} = 5086{,}57\,\text{N}$, die um $\beta = 7{,}76°$ geneigt, leicht abwärts gerichtet ist (Abb. 30.6 rechts oben). Quer zur Fließrichtung erfährt das Rohr aufgrund der Gewichtskraft ebenfalls eine kleine Belastung $B(h)$. Diese ist am tiefsten Punkt der Röhre am größten und sinkt bis zur Höhe des halben Durchmessers auf null ab.

Bemerkung. Die Strömung erfährt auch eine Druckänderung in radialer Richtung (siehe Kap. 33.7).

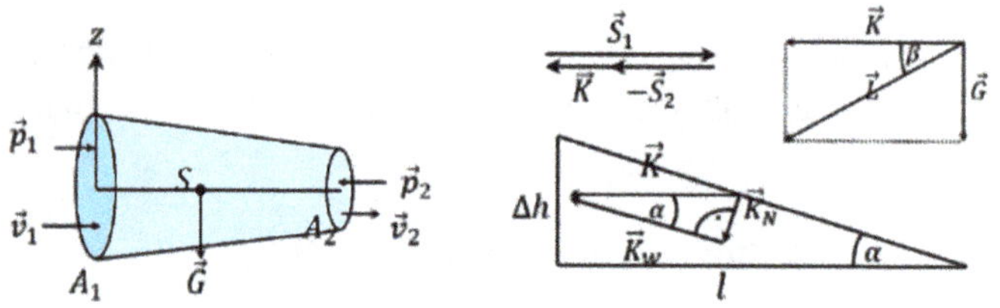

Abb. 30.6: Skizzen zum Beispiel 3.

Beispiel 4. Wir betrachten einen Rohrkrümmer (Abb. 30.7 links, Blick von der Seite) mit $A_1 = 0{,}12\,\text{m}^2$, $A_2 = 0{,}03\,\text{m}^2$, $\rho = 10^3\,\frac{\text{kg}}{\text{m}^3}$, $p_2 = 50\,\text{kPa}$, $\dot{Q} = 0{,}12\,\frac{\text{m}^3}{\text{s}}$, $l = 1\,\text{m}$, $\alpha = 60°$, $\beta = 1$.

a) Formulieren Sie den Stützkraftsatz (30.4.9) für das farbig markierte Kontrollvolumen.

b) Bestimmen Sie den Druck p_1 am Rohreingang.

c) Ermitteln Sie die Komponenten K_x und K_y der Mantelkraft und daraus den Wert von K.

Lösung.

a) Der Stützkraftsatz als Vektorgleichung muss in Komponenten zerlegt werden. Es gilt

$$\boldsymbol{v}_1 = \begin{pmatrix} v_1 \\ 0 \end{pmatrix}, \quad \boldsymbol{v}_2 = \begin{pmatrix} v_2 \cos\alpha \\ -v_2 \sin\alpha \end{pmatrix}, \quad \boldsymbol{G} = \begin{pmatrix} 0 \\ -G \end{pmatrix} \quad \text{und} \quad \boldsymbol{K} = \begin{pmatrix} K_x \\ K_z \end{pmatrix}.$$

Zudem ist

$$\boldsymbol{F}_{p1} = \boldsymbol{p}_1 A_1 = \begin{pmatrix} p_1 A_1 \\ 0 \end{pmatrix} \quad \text{und} \quad -\boldsymbol{F}_{p2} = \boldsymbol{p}_2 A_2 = \begin{pmatrix} -p_2 A_2 \cos\alpha \\ p_2 A_2 \sin\alpha \end{pmatrix}.$$

Gleichung (30.4.9) schreibt sich dann zu

$$\rho\dot{Q}\begin{pmatrix} v_2\cos\alpha - v_1 \\ -v_2\sin\alpha - 0 \end{pmatrix} = \begin{pmatrix} p_1 A_1 \\ 0 \end{pmatrix} + \begin{pmatrix} -p_2 A_2 \cos\alpha \\ p_2 A_2 \sin\alpha \end{pmatrix} + \begin{pmatrix} K_x \\ K_z \end{pmatrix} + \begin{pmatrix} 0 \\ -G \end{pmatrix}$$

und zerlegt als

$$\begin{aligned} K_x &= \rho\dot{Q}(v_2\cos\alpha - v_1) - p_1 A_1 + p_2 A_2 \cos\alpha \quad \text{und} \\ K_z &= -\rho\dot{Q}v_2\sin\alpha - p_2 A_2 \sin\alpha + G. \end{aligned}$$

b) Zuerst bestimmt man

$$\Delta h = \frac{3}{\pi} - \frac{3}{\pi}\cos 60^\circ = \frac{3}{\pi} - \frac{3}{\pi}\cdot\frac{1}{2} = \frac{3}{2\pi}$$

(Abb. 30.7 rechts oben). Gleichung (30.3.10) liefert

$$\frac{1}{2}\rho(v_2^2 - v_2^2) + p_2 - p_1 - \rho g\Delta h = 0$$

und daraus

$$\begin{aligned} p_1 &= p_2 + \frac{1}{2}\rho(v_2^2 - v_1^2) - \rho g\Delta h \\ &= 5\cdot 10^4 + \frac{1}{2}\cdot 10^3(4^2 - 1^2) - 10^3\cdot 9{,}81\cdot\frac{3}{2\pi} = 52816\,\text{Pa}. \end{aligned}$$

Damit folgt (Abb. 30.7 rechts unten)

$$K_x = 10^3\cdot 0{,}12\cdot 1\left(4\cdot\frac{1}{2} - 1\right) - 52816{,}07\cdot 0{,}12 + 5\cdot 10^4\cdot 0{,}03\cdot\frac{1}{2} = -5467{,}93\,\text{N}.$$

Mit der Gewichtskraft des Wassers $G = 686{,}70\,\text{N}$ (vgl. Bsp. 3) folgt

$$K_z = 10^3\cdot 0{,}12\cdot 4\cdot\frac{\sqrt{3}}{2} - 5\cdot 10^4\cdot 0{,}03\cdot\frac{\sqrt{3}}{2} + 686{,}70 = -1028{,}03\,\text{N}$$

und schließlich

$$K = \sqrt{K_x^2 + K_z^2} = 5563{,}73\,\text{N} \quad \text{mit} \quad \beta = 10{,}65^\circ.$$

Dies ist die Reaktionskraft der Wand auf das Fluid.

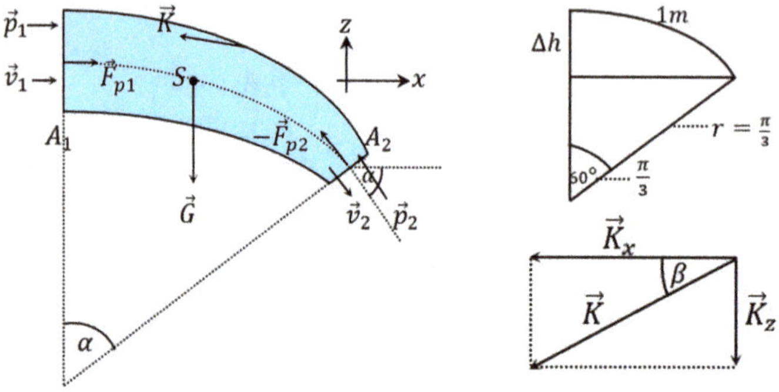

Abb. 30.7: Skizzen zum Beispiel 4.

Beispiel 5. Gegeben ist derselbe Rohrkrümmer wie in Beispiel 4 mit denselben Werten, aber das Rohr liegt nun horizontal (Abb. 30.7 links, Blick von oben). Die Gewichtskraft wirkt in die Blattebene hinein. Beantworten Sie dieselben Teilfragen von Beispiel 4 für diesen horizontalen Rohrkrümmer.

Lösung.

a) Man erhält

$$K_x = \rho\dot{Q}(v_2 \cos\alpha - v_1) - p_1 A_1 + p_2 A_2 \cos\alpha,$$
$$K_y = -\rho\dot{Q} v_2 \sin\alpha - p_2 A_2 \sin\alpha \quad \text{und} \quad K_z = G.$$

b) Es gilt zu beachten, dass $\Delta h = 0$, sodass sich

$$p_1 = p_2 + \frac{1}{2}\rho(v_2^2 - v_1^2) = 57{,}5\,\text{kPa}$$

ergibt.

c) Schließlich folgt $K_x = -6030\,\text{N}$, $K_y = -1714{,}73\,\text{N}$, $K_z = 686{,}70\,\text{N}$. Zusammen erhält man

$$K = \sqrt{K_x^2 + K_y^2 + K_z^2} = 6306{,}56\,\text{N}$$

als Reaktionskraft der Wand auf das Fluid.

Beispiel 6. Wir betrachten die Strömung in einem Rohr mit dem Querschnitt A_1, das sich plötzlich zu einem Querschnitt A_2 weitet (Borda-Carnot-Rohr, Abb. 30.8 rechts oben). Für eine Bilanz verwenden wir die Begrenzung eines Kontrollvolumens von einem Ort 1 unmittelbar nach der Weitung des Querschnitts bis zu einem Ort 2 etwas weiter rechts davon.

a) Formulieren Sie die Kontinuitätsgleichung (30.3.4) und den Stützkraftsatz (30.4.9) für die beiden Orte 1 und 2 und ermitteln Sie einen Ausdruck für p_2.
b) Wie lautet der Ausdruck für p_2 unter Verwendung der Bernoulli-Gleichung (30.3.10)? Vergleichen Sie mit dem Ergebnis aus a) und ermitteln Sie den sich daraus ergebenden Druckverlust Δp_V.

Lösung.

a) Gleichung (30.3.4) besagt, dass $\dot{Q} = A_1 v_1 = A_2 v_2$. Weiter gilt in Strömungsrichtung $\boldsymbol{K} = 0$ und $\boldsymbol{G} = 0$. Damit reduziert sich (30.4.9) zu $\rho\dot{Q}(v_2 - v_1) = F_{p1} - F_{p2}$. Wir setzen hier $\beta = 1$ und versehen das Endergebnis mit einem Faktor ξ. Für den Druck an der Stelle 1 können wir annehmen, dass der Druck noch p_1 beträgt, obwohl die Querschnittsfläche schon auf A_2 angewachsen ist. Somit ist $\rho A_2 v_2(v_2 - v_1) = p_1 A_2 - p_2 A_2$, woraus $p_2 = p_1 + \rho v_2(v_1 - v_2)$ folgt. Mit $A_2 > A_1$ ist auch $v_1 > v_2$ und somit $p_2 > p_1$. Durch den Stoß schneller Teilchen mit langsameren entsteht ein Druckanstieg. Dieser kann aber infolge der Turbulenzen nicht genutzt werden, sondern wird als Wärme dissipiert.
b) Gleichung (30.3.10) liefert

$$\frac{1}{2}\rho(v_2^2 - v_1^2) + p_2 - p_1 = 0$$

und somit

$$p_2 = p_1 + \frac{1}{2}\rho(v_1^2 - v_2^2).$$

Offensichtlich weicht dies von der Impulserhaltung ab. Deswegen bilden wir

$$\begin{aligned}\Delta p = p_{2,\text{Bernoullli}} - p_{2,\text{Impuls}} &= \frac{1}{2}\rho(v_1^2 - v_2^2) - \rho v_2(v_1 - v_2)\\ &= \rho\left(\frac{1}{2}v_1^2 - \frac{1}{2}v_2^2 - v_1 v_2 + v_2^2\right) = \frac{1}{2}\rho(v_1 - v_2)^2 = \frac{1}{2}\rho v_1^2\left(1 - \frac{A_1}{A_2}\right)^2 \geq 0.\end{aligned}$$

Da es sich um eine Abschätzung für den Verlust handelt, wird dem Ausdruck noch eine Verlustziffer ξ beigefügt, sodass wir

$$\Delta p_V = \frac{1}{2}\xi\rho v_1^2\left(1 - \frac{A_1}{A_2}\right)^2 \tag{30.4.14}$$

schreiben können. Demnach ist $p_{2,\text{Bernoullli}} = p_{2,\text{Impuls}} + \Delta p_V$. Die Bernoulli-Gleichung gilt in diesem Fall also nicht. Sie muss um einen Druckverlustterm Δp_V erweitert werden ($1{,}0 \leq \xi \leq 1{,}2$). Umgerechnet auf den Höhenverlust ergibt dies mithilfe von $\Delta p_V = \rho g \Delta h_V$ den Ausdruck

$$h_V = \xi \frac{v_1^2}{2g}\left(1 - \frac{A_1}{A_2}\right)^2.$$

Ergebnis 3. Entgegen der immer geltenden Impulserhaltung ist die Bernoulli-Gleichung bei einer plötzlichen Rohrerweiterung oder Rohrverengung verletzt, weil der Rohrverlauf nicht mehr differenzierbar ist.

In Abb. 30.8 links sind die Terme der Bernoulli-Gleichung als Höhenanteile miteinander verglichen. Bei der Rohrerweiterung handelt es sich um einen lokalen Druckverlust. In Kap. 35 werden wir zusätzlich kontinuierliche Druckverluste aufgrund der Reibung formulieren.

Beispiel 7. Ein Fluid der Dichte ρ fließt mit der Geschwindigkeit von v_1 durch ein Rohr.

a) Welchem Druckverlust Δp_V entspricht eine plötzliche Erweiterung des Durchmessers um die Hälfte ausgedrückt mit ρ und v_1 (Verlustziffer $\xi = 1$)?

b) Wie groß ist die zugehörige Druckänderung $\Delta p = p_2 - p_1$ ausgedrückt mit ρ und v_1?

Lösung.

a) Mit $\frac{d_1}{d_2} = \frac{2}{3}$ ist $\frac{A_1}{A_2} = \frac{4}{9}$. Aus (30.4.14) folgt

$$\Delta p_V = \frac{1}{2}\rho v_1^2\left(1 - \frac{4}{9}\right)^2 = \frac{25}{162}\rho v_1^2 \approx 0{,}15\rho v_1^2.$$

b) Gleichung (30.3.10) liefert $\frac{1}{2}\rho v_1^2 + p_1 = \frac{1}{2}\rho v_2^2 + p_2 + \Delta p_V$, woraus man

$$\begin{aligned}\Delta p = p_2 - p_1 &= \frac{1}{2}\rho v_1^2 - \frac{1}{2}\rho\frac{A_1^2}{A_2^2}v_1^2 - \frac{25}{162}\rho v_1^2\\ &= \rho v_1^2\left(\frac{1}{2} - \frac{1}{2}\cdot\frac{16}{81} - \frac{25}{162}\right) = \frac{20}{81}\rho v_1^2 \approx 0{,}25\rho v_1^2\end{aligned}$$

erhält.

Beispiel 8. Ein Fluid erfährt an einer Stelle eine plötzliche Verengung (Abb. 30.8 rechts unten). Die Stromfäden ziehen sich bis zu einem kleinsten Querschnitt A_3 zusammen, um sich dann in einiger Entfernung wieder an die Rohrwand anzulegen. Der Druckverlust bei der Einschnürung ist gering. Erheblicher ist der Verlust bei erneuter Erweiterung.

a) Drücken Sie Δp_V mit ρ, A_1, A_2 und v_1 aus unter Verwendung der Näherungsformel von Weisbach:

$$\frac{A_3}{A_2} = 0{,}63 + 0{,}37\left(\frac{A_2}{A_1}\right)^3$$

(Verlustziffer $\xi = 1$).

b) Nehmen Sie wie in der vorhergehenden Aufgabe $\frac{d_1}{d_2} = 1{,}5$ und drücken Sie Δp_V mit ρ und v_1 aus. Vergleichen Sie das Ergebnis mit Aufgabe 7.

Lösung.

a) Der Erweiterungsvorgang lässt sich mit Gleichung (30.4.14) erfassen zu

$$\Delta p_V = \frac{1}{2}\rho(v_3 - v_2)^2 = \frac{1}{2}\rho(v_2 - v_3)^2 = \frac{1}{2}\rho v_3^2\left(\frac{A_3}{A_2} - 1\right)^2.$$

Weiter folgt

$$\Delta p_V = \frac{1}{2}\rho\frac{A_2^2}{A_3^2}\cdot\frac{A_1^2}{A_2^2}v_1^2\left[0{,}37\left(\frac{A_2}{A_1}\right)^3 - 0{,}37\right]^2 = \frac{1}{2}\rho v_1^2\frac{A_1^2}{A_2^2}\cdot\frac{[0{,}37 - 0{,}37(\frac{A_2}{A_1})^3]^2}{[0{,}63 + 0{,}37(\frac{A_2}{A_1})^3]^2}$$

$$= \frac{1}{2}\rho v_1^2\frac{A_1^2}{A_2^2}\cdot\left[\frac{0{,}37 - 0{,}37\cdot(\frac{A_2}{A_1})^3}{0{,}63 + 0{,}37\cdot(\frac{A_2}{A_1})^3}\right]^2.$$

b) Man erhält

$$\Delta p_V = \frac{1}{2}\rho v_1^2\left(\frac{9}{4}\right)^2\left[\frac{0{,}37 - 0{,}37\cdot(\frac{4}{9})^3}{0{,}63 + 0{,}37\cdot(\frac{4}{9})^3}\right]^2 \approx 0{,}66\rho v_1^2,$$

was verglichen mit der Erweiterung bei gleichen Verhältnissen, $0{,}15\rho v_1^2$, mehr als viermal so hoch ist.

Ergebnis 4. Eventuelle Rohrquerschnittsänderungen sollten stetig verlaufen und nicht plötzlich auftreten.

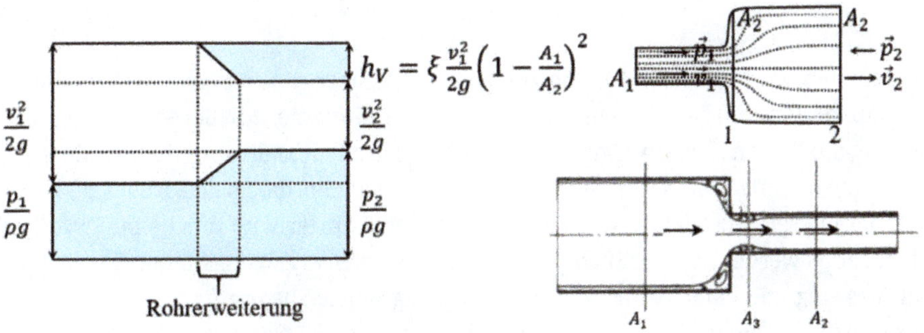

Abb. 30.8: Skizzen zu den Beispielen 6–8.

30.5 Ausfluss- und Entleerungszeiten

Wir wollen dazu drei verschiedene Theorien einander gegenüberstellen.

I. Torricelli (1644)

Torricellis Ausflussformel für eine stationäre Strömung wurde schon mit (30.3.16) hergeleitet:

$$h(t) = \left(\sqrt{H} - \sqrt{\frac{g}{2}} \frac{A_a}{\sqrt{A_0^2 - A_a^2}} t \right)^2 .$$

Bezeichnet A_0 den Behälterquerschnitt, A_a den Ausflussquerschnitt und wählen wir für eine Darstellung $H = 10, A_0 = 4A_a$, so erhalten wir

$$h(t) = \left(\sqrt{10} - \sqrt{\frac{9{,}81}{2}} \frac{1}{\sqrt{15}} t \right)^2 \approx (3{,}16 - 0{,}57t)^2$$

mit einer Entleerungszeit von $t_{\text{leer}} \cong 5.53\,\text{s}$ (Abb. 30.9 rechts). Diese Zeit ist viel zu tief. Die Messung zeigt den wirklichen Verlauf (Abb. 30.9 rechts).

II. Bernoulli (1738)

Bernoulli unternimmt einen Versuch, die Messungsergebnisse mit den theoretischen Ergebnissen besser in Einklang zu bringen. Seine Energiebilanz an der gesamten Flüssigkeit zu zwei verschiedenen Zeiten kann in Band 5 nachgelesen werden. Die Ausflusszeit wird dadurch nur unwesentlich besser, seine Ausflussformel stellt aber diejenige Torricellis völlig auf den Kopf, wenn man im Spezialfall $A_a = A_0$ betrachtet. Bernoulli erhält

$$v_a(h) = \sqrt{2g \cdot (H - h)}, \tag{30.5.1}$$

also ein dem Ausdruck (30.3.14) von Torricelli entgegengesetztes Ergebnis, denn dieser behauptete, (30.3.14) gelte für ein beliebiges Querschnittverhältnis. Bernoulli folgert aus der ungenügenden Übereinstimmung seiner Theorie mit der Messung, dass die Energieerhaltung offenbar verletzt ist. Ähnlich wie schon beim Borda-Carnot-Druckstoß muss, falls der Energiesatz allein betrachtet wird, ein Korrekturterm für den Reibungsverlust hinzugefügt werden. Auf der Suche nach einer plausiblen Erklärung für die Abweichung zur Messung und einer zwangsweisen Anpassung seiner Theorie formuliert Bernoulli das Prinzip der „vena contracta“ (der zusammengezogene Stromfaden, Abb. 30.9 links). Da auf dem Weg zur Öffnung die Stromlinien zusammengepresst werden, muss man, so Bernoulli, einen kleineren Ausströmungsquerschnitt A_{vc} verwenden. Nach einigen Messungen gibt er den Querschnitt zu $A_{vc} = \frac{1}{\sqrt{2}} A_a$ an. Es gibt weitere Verbesserungen für diesen Ausflussbeiwert, beispielsweise 0,6272 usw. Ersetzt man also A_a durch $A_{vc} = \frac{1}{\sqrt{2}} A_a$, dann zeigt sich eine ausgesprochen gute Übereinstimmung mit der Messung. Über die Jahrhunderte hinweg hat man die Notwendigkeit der vena contracta nicht infrage gestellt. Erst kürzlich wurde ein neuer Anlauf unternommen, über die Impulserhaltung zu einem befriedigenderen Ergebnis zu gelangen.

III. Malcherek (2015)

Herleitung von (30.5.2)–(30.5.8)

Als Kontrollvolumen nehmen wir den gesamten Behälter (in Abb. 30.9 Mitte gestrichelt markiert). Es bezeichnen v_a, v_0 die Ausfluss- bzw. Absenkgeschwindigkeit, und A_a, A_0 die entsprechenden Querschnitte. Da es sich um eine instationäre Strömung mit angenommenem inkompressiblen Fluid handelt, gilt die Kontinuitätsgleichung in der Form (30.3.3), also

$$\dot{Q} = A_0 v_0(t) = A_a v_a(t). \tag{30.5.2}$$

Die Impulsbilanz nach (30.4.8) ergibt

$$\frac{dI}{dt} = -\rho \dot{Q}(v_a - 0) + F_{p1} - F_{p2} + G. \tag{30.5.3}$$

Dabei entfällt der Impulsfluss in das Kontrollvolumen und die Mantelkraft. Auf die Fläche A_0 wirkt von oben der Umgebungsdruck oder einfach der Luftdruck p_0. Von unter her erfährt die Austrittsfläche A_a ebenfalls den Luftdruck p_0. Es fehlt noch der Druck von unten auf die Restfläche $A_0 - A_a$. Im Innern des Gefäßes herrscht kurz vor dem Austritt nach Bernoulli der Gesamtdruck $p = \frac{1}{2}\rho v_0(t)^2 + p_0 + \rho g h(t)$. Verglichen mit den beiden anderen Termen ist der dynamische Anteil am Gesamtdruck vergleichsweise klein gegenüber dem Luftdruck und dem hydrostatischen Druck.

Idealisierung: Der Druck am Boden des Gefäßes beträgt $p \approx p_0 + \rho g h(t)$.

Dieser Druck herrscht von innen und von außen auf die Außenwand, ansonsten würde die Masse beschleunigt. Die Gewichtskraft des beschleunigten Wassers ist $G = \rho g A_0 h(t)$. Somit schreibt sich (30.5.3) zu

$$\begin{aligned} \frac{dI}{dt} &= -\rho A_a v_a^2 + A_0 p_0 - A_a p_0 - (A_0 - A_a)[p_0 + \rho g h(t)] + \rho g A_0 h(t) \\ &= -\rho A_a v_a^2 + \rho g A_a h(t). \end{aligned} \tag{30.5.4}$$

Für die linke Seite von (30.5.4) ergibt sich

$$\frac{dI}{dt} = \frac{d(m v_0)}{dt} = m \cdot \frac{dv_0}{dt} + v_0 \cdot \frac{dm}{dt}.$$

Nach der Massenerhaltung in der Form (30.3.1) gilt $\frac{dm}{dt} = -\rho A_a v_a$ und man erhält

$$\frac{dI}{dt} = \rho A_0 h(t) \cdot \frac{dv_0}{dt} - v_0 \cdot \rho v_a A_a. \tag{30.5.5}$$

Damit folgt aus (30.5.4) und (30.5.5)

$$\rho A_0 h(t) \cdot \frac{dv_0}{dt} - \rho v_0 v_a A_a = -\rho A_a v_a^2 + \rho g A_a h(t)$$

und weiter

$$\frac{dv_0}{dt} = v_0 v_a \frac{A_a}{A_0 h} - \frac{A_a}{A_0 h} v_a^2 + g\frac{A_a}{A_0} \quad \text{oder} \quad \frac{dv_0}{dt} = \frac{v_a}{h}\frac{A_a}{A_0}(v_0 - v_a) + g\frac{A_a}{A_0}.$$

Abermals mit (30.5.2) ergibt sich

$$\frac{dv_a}{dt} = \frac{v_a}{h}(v_0 - v_a) + g$$

und schließlich

$$\frac{dv_a}{dt} = g - \frac{v_a^2}{h}\left(1 - \frac{A_a}{A_0}\right). \tag{30.5.6}$$

Die DG ist instationär, denn es ist

$$v_a = v_a(h(t)) \quad \text{und} \quad \frac{dv_a}{dt} = \frac{dv_a(h(t))}{dh} \cdot \frac{dh(t)}{dt}.$$

Die Lösung lässt sich nicht nach Variablen separieren.

Einschränkung: Wir interessieren uns nur für den stationären Zustand.

In diesem Fall gilt $\frac{dv_a}{dt} = 0$ und (30.5.6) reduziert sich zu

$$gh(t) = v_a^2(h(t))\left(1 - \frac{A_a}{A_0}\right) \quad \text{oder} \quad v_a(h) = \sqrt{\frac{gh}{1 - \frac{A_a}{A_0}}}. \tag{30.5.7}$$

Weiter gilt es, die Entleerungszeit zu berechnen. Für die Absenkgeschwindigkeit v_0 ist $\frac{dh}{dt} = -v_0$ mit $v_0 > 0$ oder unter Verwendung von (30.5.2) $dh = -v_a \frac{A_a}{A_0} dt$. Fügt man den Ausdruck (30.5.7) ein, so entsteht

$$dh = -\sqrt{\frac{gh}{1 - \frac{A_a}{A_0}}} \cdot \frac{A_a}{A_0} dt = \sqrt{\frac{gh}{\frac{A_0}{A_a}(\frac{A_0}{A_a} - 1)}} dt$$

und nach Variablen getrennt

$$\frac{dh}{\sqrt{h}} = \sqrt{\frac{g}{\frac{A_0}{A_a}(\frac{A_0}{A_a}-1)}}\,dt.$$

Die Integration liefert

$$2\sqrt{h(t)} = \sqrt{\frac{g}{\frac{A_0}{A_a}(\frac{A_0}{A_a}-1)}}\,t + C.$$

Mit $h(0) = H$ folgt $C = 2\sqrt{H}$ und schließlich

$$h(t) = \left[\sqrt{H} - \frac{\sqrt{g}}{2\sqrt{\frac{A_0}{A_a}(\frac{A_0}{A_a}-1)}}\,t\right]^2. \tag{30.5.8}$$

Für $H = 10, A_0 = 4A_a$ erhält man $t_{\text{leer}} \cong 6{,}99$ s (Abb. 30.9 rechts). Den Grund für die kleine Abweichung zum Messergebnis muss man darin suchen, dass die Stromlinien auf ihrem Weg zur Öffnung auch eine horizontale Strecke zurücklegen und damit der Rohrboden mit einer rücktreibenden Kraft $\boldsymbol{K}$ antwortet (vgl. Stützkraftsatz). Speziell für $A_a = A_0$ reduziert sich die DG (30.5.6) zu $\frac{dv_a}{dt} = g$. Mit

$$\frac{dv_a}{dt} = \frac{dv_a}{dt}\cdot\frac{dh}{dt} = g$$

wird daraus

$$dv_a \cdot \frac{dh}{dt} = g \cdot dh \quad \text{oder} \quad dv_a \cdot (-v_a) = g \cdot dh.$$

Die Integration

$$\int_{v_1}^{v_2} v_a \cdot dv_a = -\int_{h_1}^{h_2} g \cdot dh$$

führt zu

$$\left[\frac{v_a^2}{2}\right]_{v_1}^{v_2} = -g[h]_{h_1}^{h_2}.$$

Damit gilt $\frac{v_a^2(h)}{2} - 0 = -g(h-H)$ und schließlich $v_a(h) = \sqrt{2g(H-h)}$ im Einklang mit dem Ergebnis Bernoullis (30.5.1), aber im direkten Widerspruch zu Torricelli (30.3.14).

Beispiel.

a) Überprüfen Sie die Entleerungszeiten mit der Formel Torricellis (30.3.15) und anderseits mithilfe von (30.5.8).

b) Vergleichen Sie die Ausflussgeschwindigkeiten (30.3.15) und (30.5.7) von Torricelli und Malcherek respektive für $A_0 \gg A_a$ miteinander.

Lösung.

a) Die Graphen entnimmt man Abb. 30.9 rechts. Die Entleerungszeit liegt immer noch etwas unter dem Messergebnis, was darauf zurückzuführen ist, dass in der Impulsbilanz (30.5.4) ein Reibungsterm der Form

$$F_R = -\lambda \frac{l}{d} \rho \frac{|\overline{u}|^2}{2} A_0$$

zu ergänzen wäre (vgl. (35.1.1)).

b) Man erhält $v_{a,\text{Torr}}(h) = \sqrt{2gh}$ für (30.3.15) und $v_{a,\text{Malch}}(h) = \sqrt{gh}$ aus (30.5.7). Es gilt

$$\frac{v_{a,\text{Torr}}}{v_{a,\text{Malch}}} = \frac{1}{\sqrt{2}},$$

was genau dem Korrekturwert für die vena contracta entspricht, mit (30.5.7) aber nichtig wird.

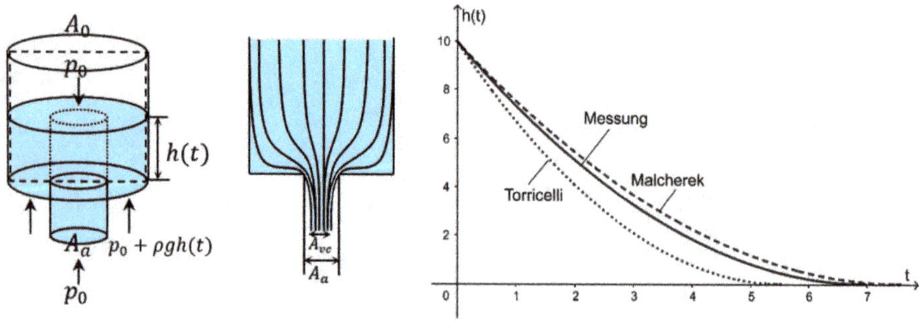

Abb. 30.9: Skizzen zur vena contracta und zur Malcherek-Theorie.

31 Wirbelströmungen

Um Verwechslungen vorzubeugen, unterscheiden wir drei Begriffe.

Definition 1. Verwirbelung. Damit bezeichnet man das Strömungsmuster.

Der Begriff trennt somit lediglich eine laminare von einer turbulenten Strömung. Bei einer laminaren Strömung bilden sich demnach keine Verwirbelungen aus, hingegen bewegt sich eine turbulente Strömung mit vielen Verwirbelungen (vgl. Farbfadenversuch von Reynolds).

Definition 2. Wirbelströmung. Man nennt eine solche Strömung auch kurz „Wirbel".

Der Begriff sagt etwas über die Bewegung der Fluidteilchen aus: In dieser Strömung können sie sich bezüglich ihrer Strömungsrichtung drehen oder scheren.

Definition 3. Wirbelstärke oder Rotation. Dies ist ein Maß für die Drehung und Scherung eines Teilchens innerhalb einer Wirbelströmung. Die Wirbelstärke kann auch null sein (Potentialwirbel).

Wirbel(strömungen) entstehen, wenn ein Fluid an einem Hindernis vorbeiströmen muss oder zu einer Richtungsänderung gezwungen wird wie beispielsweise bei Brückenpfeilern oder stark gekrümmten Rohren. Im Fall von Luft sind es die Enden von Tragflächen oder die seitlich angeströmten Brücken (Kàrmàn'sche Wirbelstraße), die zur Wirbelbildung beitragen. Aber auch bei einer geradlinigen Strömung wie die laminare Strömung entsteht infolge der Rauheit von Rohren und Kanälen und/oder der Viskosität des Fluids eine Wirbelströmung und die Rotation ist nicht null. Wirbel und Turbulenz dürfen also nicht gleichgesetzt werden! Wirbel treten ebenfalls dann auf, wenn Hindernisse plötzlich wegfallen und sich beispielsweise ein Loch bildet (Badewannenstrudel).

Im Weiteren betrachten wir nur ebene Wirbel, die sich um ein Zentrum drehen. In diesem Zusammenhang ist es angebracht, dass das Geschwindigkeitsfeld auch in Polarform (= Zylinderkoordinaten mit $z = 0$) vorliegt.

Herleitung von (31.1)

Es gilt

$$x = r\cos\theta, \quad y = r\sin\theta, \quad r = \sqrt{x^2+y^2} \quad \text{und} \quad \theta = \arctan\left(\frac{y}{x}\right).$$

Bezeichnet

$$\boldsymbol{v}_k = \begin{pmatrix} v_x \\ v_y \end{pmatrix}$$

https://doi.org/10.1515/9783111345765-031

den Geschwindigkeitsvektor bezüglich einem kartesischen Koordinatensystem, dann lautet der entsprechende Vektor in Polarform

$$\boldsymbol{v}_p = \begin{pmatrix} v_r \\ v_\theta \end{pmatrix},$$

wobei v_r die radiale Komponente und v_θ die tangentiale Komponente meint.

Für die zugehörigen Einheitsvektoren gilt

$$\boldsymbol{e}_r = \cos\theta \cdot \boldsymbol{e}_x + \sin\theta \cdot \boldsymbol{e}_y, \quad \boldsymbol{e}_\theta = -\sin\theta \cdot \boldsymbol{e}_x + \cos\theta \cdot \boldsymbol{e}_y$$

und damit

$$\boldsymbol{e}_x = \cos\theta \cdot \boldsymbol{e}_r - \sin\theta \cdot \boldsymbol{e}_\theta, \quad \boldsymbol{e}_y = \sin\theta \cdot \boldsymbol{e}_r + \cos\theta \cdot \boldsymbol{e}_\theta.$$

Daraus erhält man

$$\begin{aligned} \boldsymbol{v}_k &= v_x \cdot \boldsymbol{e}_x + v_y \cdot \boldsymbol{e}_y = v_x(\cos\theta \boldsymbol{e}_r - \sin\theta \boldsymbol{e}_\theta) + v_y(\sin\theta \boldsymbol{e}_r + \cos\theta \boldsymbol{e}_\theta) \\ &= (v_x \cos\theta + v_y \sin\theta)\boldsymbol{e}_r + (-v_x \sin\theta + v_y \cos\theta)\boldsymbol{e}_\theta = v_r \boldsymbol{e}_r + v_\theta \boldsymbol{e}_\theta \end{aligned}$$

und schließlich

$$\begin{aligned} v_r &= v_x \cos\theta + v_y \sin\theta, \quad v_x = v_r \cos\theta - v_\theta \sin\theta \quad \text{bzw.} \\ v_\theta &= -v_x \sin\theta + v_y \cos\theta, \quad v_y = v_r \sin\theta + v_\theta \cos\theta. \end{aligned} \tag{31.1}$$

1. *Starrer Wirbel.* Die Bezeichnung leitet sich aus der Tatsache ab, dass die Fluidteilchen wie entlang einer Stange gereiht immer zum Zentrum zeigen (Abb. 31.1 links). Ein solcher Wirbel ergibt sich auch, wenn man ein mit Wasser gefülltes zylindrisches Gefäß auf einen sich drehenden Teller stellt. Nach einer gewissen Zeit entsteht eine (für einen mitdrehenden Beobachter) ruhende Flüssigkeitssäule in Form eines Paraboloids. Weiter außen liegende Teilchen besitzen eine größere Geschwindigkeit als weiter innen liegende. Die Zunahme ist linear $v_\theta(r) = \omega r$. Die Richtung von v_θ ist tangential zum Radius.
2. *Potentialwirbel.* Dieser Wirbel, auch Badewannenwirbel genannt, unterscheidet sich vom vorhergehenden dadurch, dass Teilchen, die näher zum Zentrum liegen, auch schneller rotieren (Abb. 31.1 Mitte). Das Zentrum wirkt für das Fluid wie ein Beschleunigungsmotor. Die Teilchen selber behalten aber ihre räumliche Richtung bei. Man erhält ein völlig anderes Geschwindigkeitsprofil als beim starren Wirbel. Es gilt näherungsweise $v_\theta(r) = \frac{c}{r}$ mit c in $\frac{\mathrm{m}^2}{\mathrm{s}}$. Die Richtung von v_θ ist tangential zum Radius.
3. *Rankine-Wirbel.* Einen Tornado kann man sich als eine Kombination von Potentialwirbel für $r \geq r_0$ und starren Wirbel für $r \leq r_0$ vorstellen (Abb. 31.1 rechts). Die wachsenden Scherkräfte hin zum Zentrum verhindern irgendwann, dass die

Teilchen sich verformen können, sie „erstarren". Die Geschwindigkeitsverteilung besitzt die dargestellte Form. In Wirklichkeit verläuft der Übergang zwischen den beiden Wirbeln langsamer (lang gestrichelte Linie). Die Druckverteilung wird in Kapitel 33.7. ermittelt.

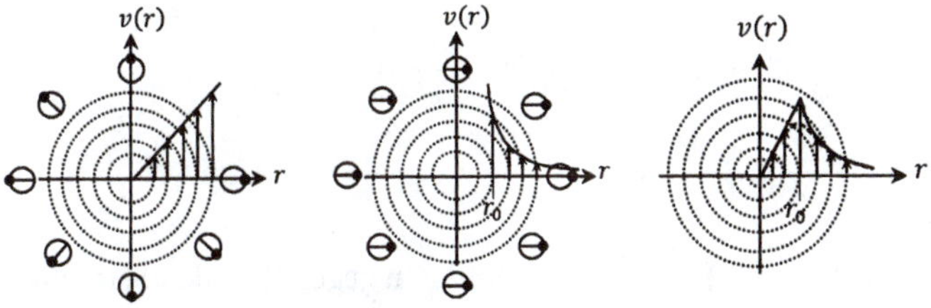

Abb. 31.1: Skizzen zu den Wirbeln.

31.1 Rotation und Zirkulation einer Strömung

Im Allgemeinen erfährt ein Fluidteilchen innerhalb einer Strömung drei Veränderungen.

1. Translation. Das Teilchen ändert bezüglich einem außen stehenden Beobachter den Ort.
2. Drehung um die Bezugsachsen. Das Teilchen vollführt (ohne Verformung) eine Drehung um eine oder mehrere Bezugsachsen.
3. Eigenrotation. Aufgrund der Drehung um seinen eigenen Schwerpunkt verformt sich das Teilchen, es schert. Eine solche Strömung nennt man auch Scherströmung.

Herleitung von (31.1.1)–(31.1.3)

1. Translation. Wir wählen ein Bezugsystem, das sich mit dem Fluidteilchen bewegt. Damit können wir den Bezugsort O des Koordinatensystems (bis auf Translation) am selben Ort belassen. Zur Veranschaulichung stellen wir uns ein quaderförmiges Fluidteilchen mit den Kantenlängen dx, dy und dz vor. Der Geschwindigkeitsvektor sei $\boldsymbol{v} = (v_x, v_y, v_z)$. Vorerst blicken wir senkrecht auf die z-Achse und berechnen die Rotation ω_z um diese Achse.

2. Drehung um die Bezugsachse. Da die Bezugsachsen mitströmen, kann man bei dieser Drehung einen Eckpunkt, z. B. A als Fixpunkt auffassen (Abb. 31.2 links). Durch die Drehung erfahren die Punkte B und C in der Zeit Δt eine Ortsänderung um $\Delta dy = dv_y \cdot \Delta t$ für B und um $\Delta dx = -dv_x \cdot \Delta t$ für C.

Lineare Approximation: In 1. Näherung gilt

$$v_x(x + dx, y) = v_x(x, y) + \frac{\partial v_x}{\partial x} dx \quad \text{bzw.} \quad v_y(x, y + dy) = v_y(x, y) + \frac{\partial v_y}{\partial y} dy,$$

woraus

$$v_x(x+dx,y) - v_x(x,y) = dv_x = \frac{\partial v_x}{\partial y} dy \quad \text{bzw.} \quad dv_y = \frac{\partial v_y}{\partial y} dy$$

und weiter

$$\Delta dx = -\frac{\partial v_x}{\partial y} dy \cdot \Delta t \quad \text{bzw.} \quad \Delta dy = \frac{\partial v_y}{\partial x} dx \cdot \Delta t$$

entsteht.

3. Eigenrotation, Scherung.

Idealisierung: Die Verdrehungen Δdx und Δdy sind klein gegenüber den Seitenlängen dx und dy.

Die Winkeländerungen betragen dann

$$\tan \alpha_x \approx \alpha_x \approx \frac{\Delta dy}{dx}, \quad \tan \alpha_y \approx \alpha_y \approx \frac{\Delta dx}{dy}$$

(Abb. 31.2 Mitte) und folglich ist

$$\alpha_x = \frac{\partial v_y}{\partial x} \cdot \Delta t, \quad \alpha_y = -\frac{\partial v_x}{\partial y} \cdot \Delta t.$$

Die Winkeldeformation pro Zeit ergibt sich dann zu $\dot{\alpha}_x = \frac{\partial v_y}{\partial x}$ und $\dot{\alpha}_y = -\frac{\partial v_x}{\partial y}$. Die Nettorotationsrate um die z-Achse ist die Summe beider Rotationsanteile:

$$\omega_z = \operatorname{rot} v_z = \frac{\partial v_y}{\partial x} - \frac{\partial v_x}{\partial y}.$$

(Einige Autoren nehmen an dieser Stelle den Mittelwert $\omega_z = \frac{1}{2}(\dot{\alpha}_x + \dot{\alpha}_y)$, was zu einem zusätzlichen Faktor $\frac{1}{2}$ führt.) Analog ergibt sich

$$\omega_x = \operatorname{rot} v_x = \frac{\partial v_z}{\partial y} - \frac{\partial v_y}{\partial z}, \quad \omega_y = \operatorname{rot} v_y = \frac{\partial v_x}{\partial z} - \frac{\partial v_z}{\partial x}$$

und damit insgesamt

$$\boldsymbol{\omega} = \operatorname{rot} \boldsymbol{v} = \left(\frac{\partial v_z}{\partial y} - \frac{\partial v_y}{\partial z}, \frac{\partial v_x}{\partial z} - \frac{\partial v_z}{\partial x}, \frac{\partial v_y}{\partial x} - \frac{\partial v_x}{\partial y} \right) =: (\omega_x, \omega_y, \omega_z). \tag{31.1.1}$$

Im Fall eines ebenen Geschwindigkeitsfeldes $\boldsymbol{v}_k = (v_x, v_y)$ reduziert sich die Rotation auf eine einzige Komponente

$$\boldsymbol{\omega} = \operatorname{rot} \boldsymbol{v} = (0, 0, \omega_z). \tag{31.1.2}$$

Man bezeichnet $\operatorname{rot}\boldsymbol{v}$ als Wirbelstärke. Insgesamt ist sie ein Maß für die Eigendrehungs- und Scherrate einer Strömung. Eine Nullrotation kann auf zwei Arten zustande kommen: Entweder beschreibt die Strömung eine geradlinige, reibungsfreie Bewegung oder die Fluidteilchen können die Drehung durch Scherung wieder aufheben. Wir berechnen noch die Rotation in Polarkoordinaten für ein Geschwindigkeitsfeld $\boldsymbol{v}_p = (v_r, v_\theta)$. Dazu benötigen wir

$$\frac{\partial r}{\partial x} = \cos\theta, \quad \frac{\partial r}{\partial y} = \sin\theta, \quad \frac{\partial \theta}{\partial x} = -\frac{\sin\theta}{r} \quad \text{und} \quad \frac{\partial \theta}{\partial y} = \frac{\cos\theta}{r}.$$

Mithilfe der Kettenregel und (31.1) gilt

$$\begin{aligned}
\frac{\partial v_y}{\partial x} &= \frac{\partial v_y}{\partial r}\cdot\frac{\partial r}{\partial x} + \frac{\partial v_y}{\partial \theta}\cdot\frac{\partial \theta}{\partial x}\\
&= \frac{\partial}{\partial r}(v_r\sin\theta + v_\theta\cos\theta)\cdot\frac{\partial r}{\partial x} + \frac{\partial}{\partial \theta}(v_r\sin\theta + v_\theta\cos\theta)\cdot\frac{\partial \theta}{\partial x}\\
&= \frac{\partial v_r}{\partial r}\sin\theta\cos\theta + \frac{\partial v_\theta}{\partial r}\cos^2\theta - \frac{\partial v_r}{\partial \theta}\cdot\frac{\sin^2\theta}{r} - v_r\frac{\sin\theta\cos\theta}{r}\\
&\quad - \frac{\partial v_\theta}{\partial \theta}\cdot\frac{\sin\theta\cos\theta}{r} + v_\theta\frac{\sin^2\theta}{r} \quad \text{und}\\
\frac{\partial v_x}{\partial y} &= \frac{\partial v_x}{\partial r}\cdot\frac{\partial r}{\partial y} + \frac{\partial v_x}{\partial \theta}\cdot\frac{\partial \theta}{\partial y}\\
&= \frac{\partial}{\partial r}(v_r\cos\theta - v_\theta\sin\theta)\cdot\frac{\partial r}{\partial y} + \frac{\partial}{\partial \theta}(v_r\cos\theta - v_\theta\sin\theta)\cdot\frac{\partial \theta}{\partial y}\\
&= \frac{\partial v_r}{\partial r}\sin\theta\cos\theta - \frac{\partial v_\theta}{\partial r}\sin^2\theta + \frac{\partial v_r}{\partial \theta}\cdot\frac{\cos^2\theta}{r}\\
&\quad - v_r\frac{\sin\theta\cos\theta}{r} - \frac{\partial v_\theta}{\partial \theta}\cdot\frac{\sin\theta\cos\theta}{r} - v_\theta\frac{\cos^2\theta}{r}.
\end{aligned}$$

Die Differenz liefert

$$\omega_z = \frac{\partial v_y}{\partial x} - \frac{\partial v_x}{\partial y} = \frac{\partial v_\theta}{\partial r} - \frac{\partial v_r}{\partial \theta}\cdot\frac{1}{r} + \frac{v_\theta}{r} = \frac{1}{r}\cdot\frac{\partial}{\partial r}(r v_\theta) - \frac{1}{r}\cdot\frac{\partial v_r}{\partial \theta}. \tag{31.1.3}$$

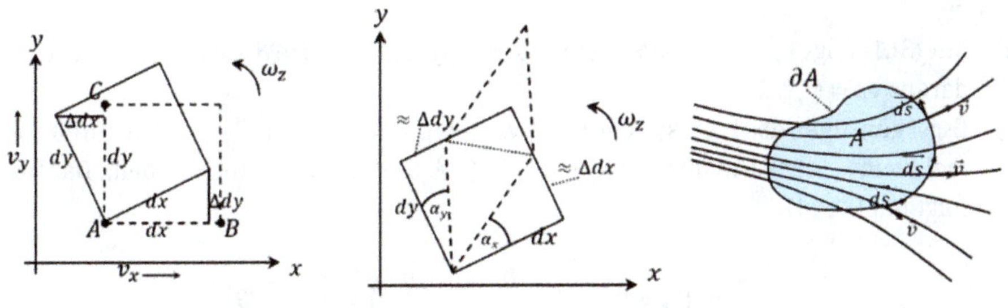

Abb. 31.2: Skizzen zur Rotation und Zirkulation.

Mit der Rotation liegt ein Vektor als Maß für die Drehung und Scherung eines Geschwindigkeitsfeldes vor. Gerne hätte man aber einen Wert als Maß für die Rotation. Dies leistet die Zirkulation Z (Abb. 31.2 rechts). Man wählt ein beliebiges Flächenstück A aus und bildet für jeden Punkt P des Randes ∂A das Skalarprodukt (SP) aus dem Geschwindigkeitsvektor $\boldsymbol{v}$ im Punkt P und dem Tangentialvektor $\boldsymbol{ds}$ des Randes. Dies summiert man über den gesamten Rand auf.

Definition. Für die Zirkulation gilt

$$Z = \int_{\partial A} \boldsymbol{v} \circ \boldsymbol{ds}. \tag{31.1.4}$$

Mithilfe des SP soll die Orientierung des Geschwindigkeitsfeldes in jedem Punkt des Wegs bestimmt werden. Einzig im Fall $\boldsymbol{v} \perp \boldsymbol{ds}$ liefert das SP keinen Beitrag. In Beispiel 3 zeigen wir, dass die Zirkulation im Allgemeinen wegabhängig ist. Es gibt aber eine Ausnahme, dann nämlich, wenn sich das Geschwindigkeitsfeld als Gradient einer skalaren Funktion ϕ darstellen lässt: $\boldsymbol{v} = \operatorname{grad} \phi$ mit $\phi(x(t), y(t), z(t))$ als Potential. In diesem Fall hängt die Zirkulation lediglich von Anfangs- und Endpunkt ab (Beweis im 5. Band). Diese sogenannten Potentialströmungen folgen ab Kap. 32. Ein weiterer Zusammenhang erschließt sich mit dem Satz von Stokes: Für ein einfach zusammenhängendes Gebiet (ohne Löcher) gilt

$$Z = \int_{\partial A} \boldsymbol{v} \circ \boldsymbol{ds} = \int_{A} \operatorname{rot} \boldsymbol{v} \circ \boldsymbol{dA} = \int_{A} \operatorname{rot} \boldsymbol{v} \circ \boldsymbol{n} \cdot dA. \tag{31.1.5}$$

Den Beweis entnimmt man Band 5. Damit ist klar, dass mit $\operatorname{rot} \boldsymbol{v}$ als Maß für die Wirbelstärke auch die Zirkulation Z dasselbe leistet.

Beispiel 1. Gegeben ist ein starrer Wirbel mit dem Geschwindigkeitsfeld $\boldsymbol{v}_p = \binom{0}{\omega r}$.

a) Ermitteln Sie $\boldsymbol{v}_k$.
b) Bestimmen Sie die Zirkulation mithilfe von (31.1.4) für eine Kreisfläche A mit Zentrum im Ursprung und Radius R.
c) Bestätigen Sie das Ergebnis aus b) unter Verwendung von (31.1.5).

Lösung.

a) Mit (31.1) folgt $v_x = 0 \cdot \cos\theta - \omega r \sin\theta = -\omega y$, $v_y = 0 \cdot \sin\theta + \omega r \cos\theta = \omega x$ und daraus $\boldsymbol{v}_k = \binom{-\omega y}{\omega x}$.
b) Es ist günstiger, das Polarsystem zu verwenden, womit $\boldsymbol{ds} = \binom{0}{R d\theta}$ für ein infinitesimal kleines Stück Umfang des Kreises gilt (vgl. dazu Abb. 33.6 rechts oben). Daraus folgt mit (31.1.4)

$$Z = \int_{\partial A} \boldsymbol{v} \circ \boldsymbol{ds} = \int_{\partial A} \begin{pmatrix} 0 \\ \omega R \end{pmatrix} \circ \begin{pmatrix} 0 \\ R d\theta \end{pmatrix} = \int_{\partial A} \omega R^2 d\theta,$$

da durchwegs $\boldsymbol{v} \perp d\boldsymbol{s}$. Schließlich ist $Z = \int_0^{2\pi} \omega R^2 d\theta = 2\pi R^2 \omega$. Die Zirkulation ist abhängig vom Radius und somit wegabhängig. Folglich kann es für dieses Geschwindigkeitsfeld kein Potential ($\boldsymbol{v} = \operatorname{grad} \phi$) geben. Dies leuchtet auch ein: Damit ein Potential existiert, muss die Verschiebungsarbeit zwischen zwei beliebigen Punkten wegunabhängig sein. Dies ist bei geschlossenen Stromlinien unmöglich, denn sonst könnte man sich einfach in Stromrichtung auf einem Kreis bewegen und hätte, ohne Arbeit zu verrichten (Reibung vernachlässigt) Energie gewonnen.

c) Die Kreisfläche ist ein einfach zusammenhängendes Gebiet. Gleichung (31.1.3) liefert dann $\omega_z = \frac{1}{r} \cdot \frac{\partial}{\partial r}(\omega r^2) - 0 = 2\omega \neq 0$. Die Rotation ist ungleich dem Nullvektor und entspricht der Drehachse: $\operatorname{rot} \boldsymbol{v}_p = (0, 0, 2\omega)$. Die Fluidteilchen sind immer zum Zentrum hin orientiert und vollführen bei einer Umdrehung ebenfalls eine Drehung um 360°. Für eine beliebige Fläche in der Grundebene ist immer $\boldsymbol{n} = (0, 0, 1)$, sei das Koordinatensystem kartesisch oder zylindrisch. Ein infinitesimales Flächenstück dA in Polarform schreibt sich als $dA = dr \cdot rd\theta$. Somit wäre $d\boldsymbol{A} = (0, 0, dr \cdot rd\theta)$. Für unser Beispiel liefert (31.1.5)

$$Z = \int_A (0, 0, 2\omega) \circ (0, 0, 1) \cdot dA = \int_A 2\omega \cdot dA = \int_0^{2\pi} \int_0^R 2\omega r \cdot dr d\theta = 2\omega \frac{R^2}{2} 2\pi = 2\pi R^2 \omega$$

und damit die Bestätigung von b).

Beispiel 2. Bestimmen Sie die Größen $\boldsymbol{v}_k$ und $\operatorname{rot} \boldsymbol{v}$, falls:

a) sich ein reales Fluid, das heißt ein viskoses, auf das Hindernis in Abb. 31.3, 1. Skizze zubewegt,

b) das Fluid an das Hindernis heranfließt.

Lösung.

a) Es gilt $\boldsymbol{v}_k = (v_x, 0, 0)$, $v_x = v(y) = \text{konst.}$ und daraus folgt $\operatorname{rot} \vec{v} = 0$.

b) In diesem Fall hat man $\boldsymbol{v}_k = (v_x, 0, 0)$, $v_x = v(y) \neq \text{konst.}$ infolge der Scherung und $\omega_z = -\frac{\partial v_x}{\partial y}$. Die viskose Reibung erzeugt somit einen Wirbel. Eine wichtige Folgerung ist:

Ergebnis 1. Eine laminare Strömung ist nicht wirbelfrei!

Beispiel 3. Gegeben ist der ebene Potentialwirbel $\boldsymbol{v}_p = (0, \frac{c}{r})$, $c = \text{konst.}$

a) Ermitteln Sie ω_z.

b) Bestimmen Sie die Zirkulation für die drei Flächen in Abb. 31.3, 1., 2. und 3. Skizze.

Lösung.

a) Gleichung (31.1.3) führt zu $\omega_z = \frac{1}{r} \cdot \frac{\partial}{\partial r}(r \cdot \frac{c}{r}) - 0 = 0$ für $r \neq 0$. Dabei ist ω_z für $r = 0$ unbestimmt. Der Potentialwirbel ist damit außer im Zentrum überall rotationsfrei.

b) 1. Weg.

$$Z = \int_1^2 \begin{pmatrix} 0 \\ \frac{c}{r} \end{pmatrix} \circ \begin{pmatrix} 0 \\ rd\theta \end{pmatrix} + \int_2^3 \begin{pmatrix} 0 \\ \frac{c}{r} \end{pmatrix} \circ \begin{pmatrix} dr \\ 0 \end{pmatrix} + \int_3^4 \begin{pmatrix} 0 \\ \frac{c}{r_0} \end{pmatrix} \circ \begin{pmatrix} 0 \\ r_0 d\theta \end{pmatrix} + \int_4^1 \begin{pmatrix} 0 \\ \frac{c}{r} \end{pmatrix} \circ \begin{pmatrix} dr \\ 0 \end{pmatrix}$$

$$= \int_0^\pi c d\theta + 0 + \int_\pi^0 c d\theta + 0 = \pi c - \pi c = 0.$$

Da das Gebiet einfach zusammenhängend ist, liefert der Satz von Stokes dasselbe Ergebnis.

2. Weg.

$$Z = \int_0^{2\pi} \begin{pmatrix} 0 \\ \frac{c}{r} \end{pmatrix} \circ \begin{pmatrix} 0 \\ rd\theta \end{pmatrix} = \int_0^{2\pi} c d\theta = 2\pi c \neq 0.$$

Das Ergebnis steht nicht im Widerspruch zu demjenigen von a), weil nun das Gebiet ein Loch im Zentrum besitzt. Die Zirkulation ist in diesem Fall von null verschieden und der Satz von Stokes gilt nicht.

3. Weg.

$$Z = \int_0^\pi c d\theta + 0 + \int_\pi^{2\pi} c d\theta + 0 = \pi c + 2\pi c - \pi c = 2\pi c.$$

Es ergibt sich derselbe Wert wie beim 2. Weg oder bei einem beliebigen anderen Weg, der das Zentrum nicht miteinschließt. Unter dieser Voraussetzung ist Zirkulation wegunabhängig und die Voraussetzung für ein Potential gegeben.

Ergebnis 2. Für das Geschwindigkeitsfeld des Potentialwirbels existiert bis auf das Zentrum ein Potential.

Dies leuchtet auch ein, ansonsten könnte man sich radial ins Zentrum begeben, Geschwindigkeit aufnehmen und daraufhin wieder radial hinausbewegen und hätte auf diese Weise Energie gewonnen. Der Potentialwirbel ist, wie der Name schon sagt ein wichtiger Vertreter der in Kap. 32 folgenden Potentialströmungen. Die Konstante c ist noch beliebig wählbar. Man setzt $c := \frac{\Gamma}{2\pi}$, sodass die Zirkulation $Z = \Gamma$ entspricht. Die neue Konstante Γ nennt man auch die Stärke des Wirbels. Damit lautet das Geschwindigkeitsfeld des Potentialwirbels

$$\boldsymbol{v}_p = \begin{pmatrix} v_r \\ v_\theta \end{pmatrix} \quad \text{mit} \quad v_r = 0, \quad v_\theta = \frac{\Gamma}{2\pi r}. \tag{31.1.6}$$

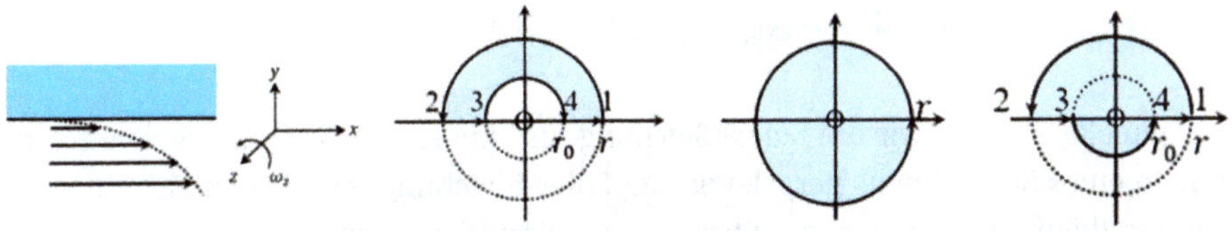

Abb. 31.3: Skizzen zu den Beispielen 2 und 3.

32 Potentialströmungen

In Kapitel 30.3 hatten wir die Euler-Gleichung für eine eindimensionale Strömung innerhalb eines Stromfadens hergeleitet. Die Euler-Gleichung soll für den Fall einer inkompressiblen und instationären Strömung auf drei Dimensionen erweitert werden.

Herleitung von (32.1) und (32.2)

Kräftebilanz: Betrachten wir dazu nochmals Abb. 30.2 rechts. In der Bilanz (30.3.5) wird die s-Koordinate tangential zu jeder Stromlinie innerhalb des Stromfadens nacheinander durch x, y und z ersetzt. Das führt auf die drei Einzelbilanzen

$$\begin{aligned} dF_{a_x} &= dF_{Gv_x} + dF_{p_x} - dF_{(p+dp)_x}, \\ dF_{a_y} &= dF_{Gv_y} + dF_{p_y} - dF_{(p+dp)_y}, \\ dF_{a_z} &= dF_{Gv_z} + dF_{p_z} - dF_{(p+dp)_z} \end{aligned}$$

oder

$$\begin{aligned} dm \cdot a_x &= dm \cdot g_x - dp_x \cdot dA_x, \\ dm \cdot a_y &= dm \cdot g_y - dp_y \cdot dA_y, \\ dm \cdot a_z &= dm \cdot g_z - dp_z \cdot dA_z \end{aligned}$$

mit

$$\begin{aligned} a_x &= g_x - \frac{dp_x}{\rho \cdot dx}, \\ a_y &= g_y - \frac{dp_y}{\rho \cdot dy}, \\ a_z &= g_z - \frac{dp_z}{\rho \cdot dz} \end{aligned}$$

und schließlich

$$\rho \begin{pmatrix} \frac{\partial v_x}{\partial t} + v_x \cdot \frac{\partial v_x}{\partial x} + v_y \cdot \frac{\partial v_x}{\partial y} + v_z \cdot \frac{\partial v_x}{\partial z} \\ \frac{\partial v_y}{\partial t} + v_x \cdot \frac{\partial v_y}{\partial x} + v_y \cdot \frac{\partial v_y}{\partial y} + v_z \cdot \frac{\partial v_y}{\partial z} \\ \frac{\partial v_z}{\partial t} + v_x \cdot \frac{\partial v_z}{\partial x} + v_y \cdot \frac{\partial v_z}{\partial y} + v_z \cdot \frac{\partial v_z}{\partial z} \end{pmatrix} + \begin{pmatrix} \frac{\partial p}{\partial x} \\ \frac{\partial p}{\partial y} \\ \frac{\partial p}{\partial z} \end{pmatrix} - \rho \begin{pmatrix} g_x \\ g_y \\ g_z \end{pmatrix} = 0.$$

Kurz schreibt man

$$\rho \left[\frac{d\boldsymbol{v}}{dt} + (\boldsymbol{v} \cdot \nabla)\boldsymbol{v} \right] + \operatorname{grad} p - \rho \boldsymbol{g} = 0 \tag{32.1}$$

oder

https://doi.org/10.1515/9783111345765-032

$$\frac{D\boldsymbol{v}}{Dt} + \frac{\operatorname{grad} p}{\rho} - \boldsymbol{g} = 0$$

mit der substantiellen Beschleunigung $\frac{Dv}{Dt}$. In Band 5 wird die Identität

$$(\boldsymbol{v} \cdot \nabla)\boldsymbol{v} = \frac{1}{2}\nabla\|\boldsymbol{v}\|^2 - \boldsymbol{v} \times (\nabla \times \boldsymbol{v})$$

hergeleitet. Somit erhält die Euler-Gleichung in 3D die endgültige Gestalt:

$$\frac{d\boldsymbol{v}}{dt} + \frac{1}{2}\nabla\|\boldsymbol{v}\|^2 - \boldsymbol{v} \times \operatorname{rot} \boldsymbol{v} + \frac{\operatorname{grad} p}{\rho} - \boldsymbol{g} = 0. \tag{32.2}$$

Die fünf Terme dieser Gleichung entsprechen nacheinander der lokalen Beschleunigung, der konvektiven Beschleunigung aufgespalten in einen rotationsfreien und einen rotationsbelasteten Teil, dem Druck und der Gravitation. Die letztgenannten vier Kräfte verändern die lokale Beschleunigung eines Fluidteilchens. Die Euler-Gleichung gilt für kompressible Fluide und Gase. Zudem erfasst sie sowohl instationäre Strömungen wie auch Rotationsströmungen. Untersucht man ebene oder räumliche Strömungen und fragt nach der Geschwindigkeitsverteilung an einem bestimmten Ort $P(x, y, z)$, dann stellt sich die Frage, ob man mittels der Euler-Gleichung ein entsprechendes Ergebnis wie im eindimensionalen Fall erzielen kann. Genauer wäre man dann an einem Vektorfeld interessiert, das in jedem Punkt $P(x, y, z)$ den Geschwindigkeitsvektor $\boldsymbol{v} = (v_x, v_y, v_z)$ anzeigt. Dazu betrachten wir im Weiteren die rotationsfreie Euler-Gleichung.

Einschränkung: Die Strömung ist rotationsfrei.

Herleitung von (32.3)

Als Erstes ersetzen wir $\boldsymbol{g} = (0, 0, -g)$ durch $\operatorname{grad}(gz)$. Da weiter $\|\boldsymbol{v}\|^2 = v_x^2 + v_y^2 + v_z^2$ eine skalare Funktion darstellt, können wir den Nabla-Operator auch als Gradienten schreiben: $\nabla\|\boldsymbol{v}\|^2 = \operatorname{grad} \|\boldsymbol{v}\|^2$. Aus (32.2) wird dann

$$\rho\left(\frac{dv}{dt} + \frac{1}{2}\operatorname{grad} \|\boldsymbol{v}\|^2\right) + \operatorname{grad} p + \operatorname{grad}(\rho g z) = 0.$$

Man erkennt, dass der Gradient überall bis auf den ersten Term erscheint. Was wäre, wenn wir den Geschwindigkeitsvektor $\boldsymbol{v}$ selber als Gradient einer skalaren Funktion, also als

$$\boldsymbol{v} = (v_x, v_y, v_z) = \operatorname{grad} \phi(x, y, z) = \left(\frac{\partial \phi}{\partial x}, \frac{\partial \phi}{\partial y}, \frac{\partial \phi}{\partial z}\right)$$

ansetzten? Dies würde voraussetzen, dass ϕ stetig ist, damit die örtlichen Ableitungen existieren. Die Strömung müsste sich somit auf Stromlinien bewegen, die keine unstetigen Richtungsänderungen zuließe. Die skalare Funktion, die das erfüllt, heißt Potential und die zugehörige Strömung Potentialströmung. Setzen wir die Existenz eines solchen Potentials voraus, dann erhält die Euler-Gleichung die Gestalt

$$\frac{d}{dt}(\operatorname{grad}\phi) + \frac{1}{2}\operatorname{grad}\|\boldsymbol{v}\|^2 + \operatorname{grad}\frac{p}{\rho} + \operatorname{grad}(gz) = 0,$$

woraus

$$\operatorname{grad}\left(\frac{d\phi}{dt} + \frac{1}{2}\|\boldsymbol{v}\|^2 + \frac{p}{\rho} + gz\right) = 0$$

und schließlich

$$\frac{d\phi}{dt} + \frac{1}{2}\|\boldsymbol{v}\|^2 + \frac{p}{\rho} + gz = C(t)$$

entsteht. Das ist die (skalare) Euler-Gleichung für Potentialströmungen. Uns soll nur die stationäre Geschwindigkeitsverteilung interessieren, weshalb dann $C(t) = \text{konst.}$ ist und es folgt, wie schon bekannt, die stationäre Bernoulli-Gleichung:

$$\frac{1}{2}\|\boldsymbol{v}\|^2 + \frac{p}{\rho} + gz = \text{konst.}$$

Nehmen wir nun an, wir bewegen uns auf einer Potentiallinie, also es sei $\phi = \text{konst.}$ Folglich muss dann $d\phi = 0$ sein und man erhält

$$d\phi = \frac{\partial\phi}{\partial x}dx + \frac{\partial\phi}{\partial y}dy = v_x dx + v_y dy = 0$$

und demnach

$$\left(\frac{dy}{dx}\right)_{\phi=\text{konst.}} = -\frac{v_x}{v_y}.$$

Die Steigung der Tangente in einem Punkt der Potentiallinie berechnet sich somit über den Quotienten der Geschwindigkeitskomponenten in diesem Punkt. Weiter betrachten wir die Kontinuitätsgleichung. Setzen wir ein inkompressibles Fluid und eine stationäre Strömung voraus, dann lautet die Bedingung dafür $\operatorname{div}(\boldsymbol{v}) = 0$. Setzt man $\boldsymbol{v} = \operatorname{grad}\phi$ ein, so ergibt das

$$\operatorname{div}(\operatorname{grad}\phi) = 0, \qquad \frac{\partial^2\phi}{\partial x^2} + \frac{\partial^2\phi}{\partial y^2} + \frac{\partial^2\phi}{\partial z^2} = 0$$

oder kurz $\Delta\phi = 0$. Dies ist die Laplace-Gleichung und man erhält folgendes Ergebnis:

1. Jede Potentialströmung $\boldsymbol{v} = \operatorname{grad}\phi$ ist rotationsfrei.
2. Für jede Potentialströmung muss ϕ Lösung der Laplace-Gleichung sein: $\Delta\phi = 0$.
3. ϕ erfüllt zudem die Euler-Gleichung 3D. (32.3)

Folgerung I. Aus 3. folgt, dass mit Kenntnis einer Lösung $\phi(x, y)$ auch die Druckverteilung $p(x, y)$ über die Euler-Gleichung bestimmt werden kann.

Folgerung II. Aus 2. folgt die wichtige Eigenschaft der Laplace-Gleichung: ihre Linearität. Sind ϕ_1 und ϕ_2 zwei von Lösungen von $\Delta\phi = 0$, dann ist offensichtlich auch $a\phi_1 + b\phi_2$ eine Lösung davon. Dies wird uns gestatten, Strömungsarten aus sogenannten Grundlösungen oder -strömungen zusammenzustellen.

32.1 Stromlinien und Stromfunktion

Auf einer ausgewählten Stromlinie gilt $\frac{dy}{dx} = \frac{v_y}{v_x}$ (Abb. 32.1 links), woraus $v_x dy - v_y dx = 0$ folgt. Dies kann man interpretieren als $\binom{v_x}{v_y} \circ \binom{-dy}{dx} = 0$, was bedeutet, dass $\boldsymbol{v}$ und $\boldsymbol{dn} = \binom{-dy}{dx}$ orthogonal sind. Gleichbedeutend dazu ist $\binom{v_x}{v_y} \times \binom{dx}{dy} = 0$, was der Parallelität von $\vec{v}$ und $\boldsymbol{ds} = \binom{dx}{dy}$ entspricht. Dreidimensional wäre ebenfalls $\boldsymbol{v} \times \boldsymbol{ds} = 0$. Da die Bedingung $\boldsymbol{v} \times \boldsymbol{ds} = 0$ für jede Stromlinie gilt, stellt sich die Frage, wie man Stromlinien voneinander unterscheiden kann. Dies geschieht über die skalare Funktion $\psi(x, y)$.

Definition. Für $\psi(x, y)$ gilt

$$v_x =: \frac{\partial\psi}{\partial y}\left(= \frac{\partial\phi}{\partial x}\right) \quad \text{und} \quad v_y =: -\frac{\partial\psi}{\partial x}\left(= \frac{\partial\phi}{\partial y}\right). \tag{32.1.1}$$

Daraus ergibt sich unmittelbar, dass ψ (wie auch ϕ) entlang einer Stromlinie konstant bleibt. Dazu schreiben wir

$$d\psi = \frac{\partial\psi}{\partial x}dx + \frac{\partial\psi}{\partial y}dy = -v_y dx + v_x dy = 0$$

(für eine bestimmte Stromlinie). Also muss ψ = konst. sein. Somit wird jede Stromlinie (wie auch jede Potentiallinie) durch einen bestimmten Wert der Stromfunktion gekennzeichnet (vgl. Höhenlinien = Potentiallinien einer Landkarte). Weiter ist

$$\left(\frac{dy}{dx}\right)_{\psi=\text{konst.}} = \frac{v_y}{v_x}.$$

Die Tangente zeigt somit immer in Richtung der Stromlinie. Damit ist auch gezeigt, dass es sich bei der so definierten Stromfunktion für jedes ψ = konst. um die früher definierte Stromlinie handelt.

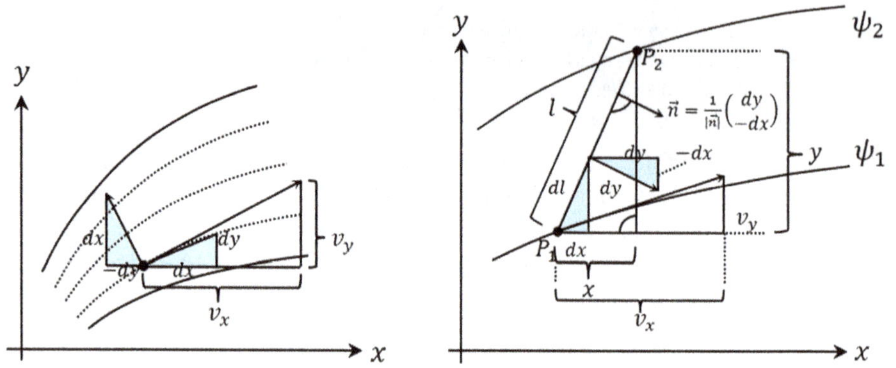

Abb. 32.1: Skizzen zu den Stromlinien und zur Stromfunktion.

Der Wert der Stromfunktion

Herleitung von (32.1.2) und (32.1.3)

Als Nächstes soll geklärt werden, was der Wert einer Stromfunktion aussagt. Hierzu greifen wir zwei Stromlinien ψ_1 und ψ_2 heraus (Abb. 32.1 rechts) und untersuchen den Volumenstrom $\dot{V}$ zwischen den beiden Stromlinien:

$$\dot{V} = \int_1^2 \boldsymbol{v} \circ \boldsymbol{dA}.$$

Dieser gibt an, wie viel Fluidvolumen pro Sekunde zwischen den beiden Stromlinien hindurchkommt. In Abb. 32.2 links ist der Blickwinkel (fast) senkrecht auf eine Kante der Fläche gewählt. Die Breite ist mit b angedeutet. Stellen wir uns vor, die betrachtete Fläche dA stände nicht senkrecht auf den Stromlinien. Um die Orientierung der Fläche zu beschreiben, benutzt man bekanntlich den Normalenvektor $\vec{n}$. Zum Volumenstrom trägt aber nur die Fläche $dA \cdot \cos\alpha$ bei. Also ist $d\dot{V} = v \cdot dA \cdot \cos\alpha$. Aus $\cos\alpha = \frac{\boldsymbol{v} \circ \boldsymbol{n}}{v \cdot |\boldsymbol{n}|}$ folgt $\cos\alpha \cdot v = \boldsymbol{v} \circ \boldsymbol{n}$ und somit $d\dot{V} = \boldsymbol{v} \circ \boldsymbol{n} \cdot dA = \boldsymbol{v} \circ \boldsymbol{dA}$. Für eine konstante Breite b wird daraus ein Flächenstrom:

$$\frac{\dot{V}}{b} = \int_1^2 \boldsymbol{v} \circ \boldsymbol{dl} = \int_1^2 \boldsymbol{v} \circ \boldsymbol{n} \cdot dl = \int_1^2 \begin{pmatrix} v_x \\ v_y \end{pmatrix} \circ \left(\frac{1}{\sqrt{d^2x + d^2y}} \begin{pmatrix} dy \\ -dx \end{pmatrix} \right) \cdot \sqrt{d^2x + d^2y}$$

$$= \int_1^2 \begin{pmatrix} v_x \\ v_y \end{pmatrix} \circ \begin{pmatrix} dy \\ -dx \end{pmatrix} = \int_1^2 (v_x dy - v_y dx) = \int_1^2 d\psi = \psi_2 - \psi_1 \quad \text{oder}$$

$$\dot{V} = b(\psi_2 - \psi_1) \quad \text{mit} \quad \dot{V} \text{ in } \frac{\text{m}^3}{\text{s}}. \tag{32.1.2}$$

Somit kann der Flächenstrom durch zwei Stromlinien aus der Differenz der beiden (konstanten) Stromlinienwerte ermittelt werden. Aus diesem Ergebnis können wir folgern, dass der Flächenstrom gleich groß bleibt, wenn die Stromlinien näher zueinander liegen, sofern die Geschwindigkeit zwischen den beiden Stromlinien anwächst. Damit lässt sich von der Dichte der Stromlinien auf die Zu- oder Abnahme der Strömungsgeschwindigkeit schließen.

Orthogonalität und Vertauschungsprinzip

1. Potential- und Stromlinien bilden orthogonale Kurvenscharen (Abb. 32.2 rechts).

Beweis. Ist

$$\operatorname{grad}\phi = \left(\frac{\partial\phi}{\partial x}, \frac{\partial\phi}{\partial y}\right) \quad \text{und} \quad \operatorname{grad}\psi = \left(\frac{\partial\psi}{\partial x}, \frac{\partial\psi}{\partial y}\right),$$

dann folgt

$$\operatorname{grad}\phi \circ \operatorname{grad}\psi = \frac{\partial\phi}{\partial x}\cdot\frac{\partial\psi}{\partial x} + \frac{\partial\phi}{\partial y}\cdot\frac{\partial\psi}{\partial y} = v_x\cdot(-v_y) + v_y\cdot v_x = 0. \qquad \text{q. e. d.}$$

2. Die Stromfunktion erfüllt sowohl die Kontinuitätsgleichung als auch die Laplace-Gleichung (Vertauschungsprinzip).

Beweis. Aus

$$v_x = \frac{\partial\psi}{\partial y} = \frac{\partial\phi}{\partial x} \quad \text{und} \quad v_y = -\frac{\partial\psi}{\partial x} = \frac{\partial\phi}{\partial y}$$

folgt

$$\operatorname{div}(\boldsymbol{v}) = \frac{\partial v_x}{\partial x} + \frac{\partial v_y}{\partial y} = \frac{\partial^2\psi}{\partial x\partial y} - \frac{\partial^2\psi}{\partial x\partial y} = 0 \quad \text{und}$$

$$\Delta\psi = \frac{\partial^2\psi}{\partial x^2} + \frac{\partial^2\psi}{\partial y^2} = -\frac{\partial^2\phi}{\partial x\partial y} + \frac{\partial^2\phi}{\partial x\partial y} = 0. \qquad \text{q. e. d.}$$

Ist $\boldsymbol{v} = \operatorname{grad}\phi$ eine Potentialströmung und $\phi(x,y)$ Lösung von $\Delta\phi = 0$, dann wird mit

$$v_x = \frac{\partial\psi}{\partial y} = \frac{\partial\phi}{\partial x} \quad \text{und} \quad v_y = -\frac{\partial\psi}{\partial x} = \frac{\partial\phi}{\partial y}$$

eine Stromfunktion $\psi(x,y)$ mit folgenden Eigenschaften definiert:

i) $\psi(x,y)$ ist ebenfalls Lösung der Laplace-Gleichung $\Delta\psi = 0$,

ii) $\phi(x,y)$ und $\psi(x,y)$ bilden orthogonale Kurvenscharen und

iii) der Volumenstrom zwischen zwei Stromlinien ψ_1 und ψ_2 ist

$$\dot{V} = b(\psi_2 - \psi_1). \qquad (32.1.3)$$

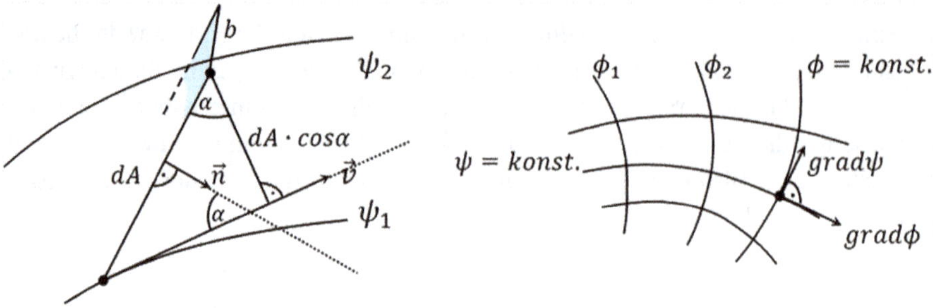

Abb. 32.2: Skizzen zum Stromfunktionswert und zur Orthogonalität.

Drehsymmetrische Potentialströmungen sind einfacher durch Polarkoordinaten darstellbar.

Es gilt

$$\Delta\phi = \frac{\partial^2\phi}{\partial r^2} + \frac{1}{r}\cdot\frac{\partial\phi}{\partial r} + \frac{1}{r^2}\cdot\frac{\partial^2\phi}{\partial\theta^2} = \frac{\partial}{\partial r}\left(r\cdot\frac{\partial\phi}{\partial r}\right) + \frac{\partial}{\partial\theta}\left(\frac{1}{r}\cdot\frac{\partial\phi}{\partial\theta}\right) = 0. \qquad (32.1.4)$$

Daraus ergeben sich auch die Zusammenhänge zwischen den Geschwindigkeitskomponenten und dem Potential in Polarform zu

$$v_r = \frac{\partial\phi}{\partial r} \quad \text{und} \quad v_\theta = \frac{1}{r}\cdot\frac{\partial\phi}{\partial\theta}. \qquad (32.1.5)$$

Weiter folgt die Kontinuitätsgleichung:

$$\frac{\partial}{\partial r}(rv_r) + \frac{\partial}{\partial\theta}(v_\theta) = 0. \qquad (32.1.6)$$

Sämtliche Herleitungen für (32.1.4)–(32.1.6) entnimmt man Band 5. Die Laplace-Gleichung $\Delta\psi = 0$ ist erfüllt, wenn wir

$$r\cdot\frac{\partial\phi}{\partial r} = \frac{\partial\psi}{\partial\theta} \quad \text{und} \quad -\frac{1}{r}\cdot\frac{\partial\phi}{\partial\theta} = \frac{\partial\psi}{\partial r} \qquad (32.1.7)$$

wählen.

Beispiel. Gegeben ist Funktion $\psi(x, y) = x^2 - y^2$.

a) Zeigen Sie, dass ψ eine mögliche Stromfunktion darstellt.

b) Betrachten sie zwei ausgezeichnete Stromlinien dieser Stromfunktion mit beispielsweise $\psi_1 = 1$, $\psi_2 = 4$ und bestimmen Sie die zugehörige Gleichung der Kurve.

c) Wählen Sie $P_1^*(1/0)$ auf ψ_1, $P_2^*(2/0)$ auf ψ_2, bestimmen Sie $|\vec{v}_1^*|$ bzw. $|\vec{v}_2^*|$ und daraus den Volumenfluss $\dot{V}$.

d) Wie lautet das zugehörige Potential, falls es existiert?

e) Stellen Sie die Orthogonalität von ϕ und ψ beispielsweise für $\phi = \pm2, \pm6, \pm12, \pm20$ und $\psi = \pm1, \pm4, \pm9, \pm16$ dar.

Lösung.

a) Dazu muss ψ die Kontinuitätsgleichung erfüllen. Aus $v_x = \frac{\partial\psi}{\partial y} = -2y$, $v_y = -\frac{\partial\psi}{\partial x} = -2x$ folgt

$$\frac{\partial v_x}{\partial x} + \frac{\partial v_y}{\partial y} = 0 + 0 = 0.$$

b) Man erhält $1 = x^2 - y^2$ und $4 = x^2 - y^2$. Jede Stromlinie stellt eine Hyperbel dar (Abb. 32.3 links).

c) Es gilt $v_x = 0$, $v_y = -2$, $|\boldsymbol{v}_1^*| = 2\,\frac{\text{m}}{\text{s}}$ und $v_x = 0$, $v_y = -4$, $|\boldsymbol{v}_2^*| = 4\,\frac{\text{m}}{\text{s}}$ respektive (falls $2H \mathrel{\hat{=}} 1\,\text{m}$). Der Volumenfluss zwischen P_1^* und P_2^* berechnet sich mit $b = 1\,\text{m}$ zu

$$\dot{V} = b(\psi_2 - \psi_1) = 1 \cdot (4 - 1) = 3\,\frac{\text{m}^3}{\text{s}}.$$

d) Aus $v_x = -2y = \frac{\partial\phi}{\partial x}$ folgt

$$\int d\phi = -2y \int dx \quad \text{und} \quad \phi = -2xy + C_1(y).$$

Anderseits hat man

$$v_y = -2x = \frac{\partial\phi}{\partial y}, \quad \int d\phi = -2x \int dy \quad \text{und} \quad \phi = -2xy + C_2(x).$$

Der Vergleich liefert $C_1(y) = C_2(x)$, also konstant. Die Konstante kann null gesetzt werden, denn man erhält dieselben Potentiallinien und das identische Geschwindigkeitsfeld. Folglich existiert ein Potential und es lautet $\phi(x, y) = -2xy$. Ergibt die Integration nicht dieselbe skalare Funktion, dann existiert kein Potential.

e) Für eine Darstellung siehe (Abb. 32.3 rechts).

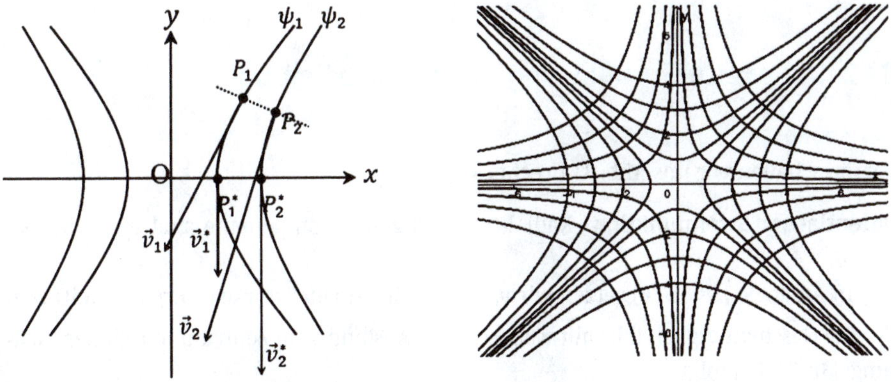

Abb. 32.3: Skizze und Graphen zum Beispiel.

33 Lösungen von Potentialströmungen

In einem ersten Schritt sollen einige Grundlösungen hergeleitet und anschließend durch Überlagerung (Linearkombination) neue Strömungen erzeugt werden. In diesem Gesamtband wird eine Auswahl an Lösungen vorgestellt. Weitere ebene Lösungen und eine Vielzahl räumlicher Potentialströmungen finden sich im 5. Band.

33.1 Die erste Grundlösung: Die Translationsströmung

Herleitung von (33.1.1)–(33.1.3)

Wir betrachten dazu Abb. 33.1 links.

Potential und Stromfunktion. Da die x-Achse in v_∞-Richtung gelegt wurde, folgt mit (32.1.1) $\frac{\partial\phi}{\partial x} = v_\infty$, woraus man $\phi = v_\infty x + C_1(y)$ und $\frac{\partial\phi}{\partial y} = v_y = 0$ erhält. Dies zieht $\phi =$ konst. $+ C_2(x)$ nach sich und falls man die Konstanten null setzt, erhält man schließlich

$$\phi(x) = v_\infty x \quad \text{oder} \quad \phi(r,\theta) = v_\infty r\cos\theta. \tag{33.1.1}$$

Weiter hat man

$$\frac{\partial\psi}{\partial y} = v_\infty, \quad -\frac{\partial\psi}{\partial x} = 0 \quad \text{und} \quad \psi(y) = v_\infty y \quad \text{oder} \quad \psi(r,\theta) = v_\infty r\sin\theta. \tag{33.1.2}$$

Somit ergeben $\phi =$ konst. senkrechte Geraden und $\psi =$ konst. horizontale Geraden.

Druckverteilung. Die Gleichung (30.3.10) liefert $\frac{1}{2}\rho v^2(x,y) + p = \frac{1}{2}\rho v_\infty^2 + p_\infty$ und mit $v(x,y) = v_\infty$ folgt

$$p = p_\infty. \tag{33.1.3}$$

33.2 Die zweite Grundlösung: Die Quellströmung

Herleitung von (33.2.1)–(33.2.3)

Hierzu schauen wir uns Abb. 33.1 rechts an.

Potential und Stromfunktion. Radial- und Tangentialkomponente sind $v_r \neq 0$ bzw. $v_\theta = 0$.

In Analogie zu (31.1.6) setzen wir $v_r = \frac{Q}{2\pi r}$ mit der Quellstärke (= Ergiebigkeit) Q in $\frac{\mathrm{m}^2}{\mathrm{s}}$. Die Geschwindigkeit fällt mit wachsendem Abstand vom Zentrum in radialer Richtung. Mit (32.1.5) folgt

$$\frac{\partial\phi}{\partial r} = \frac{Q}{2\pi r}, \quad \frac{1}{r}\cdot\frac{\partial\phi}{\partial\theta} = 0,$$

https://doi.org/10.1515/9783111345765-033

daraus $\phi = \frac{Q}{2\pi}\ln r + C_1(\theta)$, $\phi = \text{konst.} + C_2(r)$ und insgesamt

$$\phi(r) = \frac{Q}{2\pi}\ln r \quad \text{oder} \quad \phi(x,y) = \frac{Q}{2\pi}\ln\sqrt{x^2+y^2}. \tag{33.2.1}$$

Anderseits liefert (32.1.7)

$$\frac{1}{r}\cdot\frac{\partial\psi}{\partial\theta} = v_r = \frac{Q}{2\pi r}, \qquad -\frac{\partial\psi}{\partial r} = v_\theta = 0,$$

weiter $\psi = \frac{Q}{2\pi}\theta + C_1(r)$ bzw. $\psi = \text{konst.} + C_2(\theta)$ und folglich

$$\psi(\theta) = \frac{Q}{2\pi}\theta \quad \text{oder} \quad \psi(x,y) = \frac{Q}{2\pi}\arctan\left(\frac{y}{x}\right). \tag{33.2.2}$$

Damit ergeben ϕ = konst. Kreise um das Zentrum und ψ = konst. Strahlen vom Zentrum aus.

Druckverteilung. Als Referenzdruck nehmen wir den Druck in irgendeinem Abstand r_0 zum Zentrum, nennen ihn p_0 und die zugehörige Geschwindigkeit v_0. Aus (30.3.10) erhält man $\frac{1}{2}\rho v^2(r) + p(r) = \frac{1}{2}\rho v_0^2 + p_0$. Mit $v_\theta = 0$ verbleibt $v^2 = v_x^2 + v_y^2 = v_r^2 + v_\theta^2 = v_r^2$ und es folgt

$$\begin{aligned} p(r) &= p_0 + \frac{1}{2}\rho v_0^2 - \frac{1}{2}\rho v^2(r) = p_0 + \frac{1}{2}\rho v_0^2\left(1 - \frac{v^2}{v_0^2}\right) \\ &= p_0 + \frac{1}{2}\rho v_0^2\left(1 - \frac{r_0^2}{r^2}\right) = p_0 + \frac{\rho Q^2}{8\pi^2 r_0^2}\left(1 - \frac{r_0^2}{r^2}\right) \end{aligned}$$

und somit

$$p(r) = p_0 + \frac{\rho Q^2}{8\pi^2}\left(\frac{1}{r_0^2} - \frac{1}{r^2}\right). \tag{33.2.3}$$

Beispiel. Ermitteln Sie die Druckverteilung der Quellströmung, falls der Referenzdruck p_∞ in unendlich weiter Entfernung zum Zentrum gewählt wird.

Lösung. Da v_∞ im Unendlichen verschwindet, ergibt sich $\frac{1}{2}\rho v^2(r) + p(r) = p_\infty$ und daraus

$$p(r) = p_\infty - \frac{1}{2}\rho v^2(r) = p_\infty - \frac{\rho Q^2}{8\pi^2 r^2}.$$

Dasselbe erhält man, indem man in (33.2.3) $r_0 = \infty$ einsetzt.

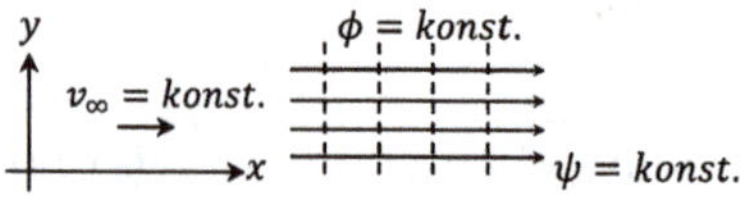

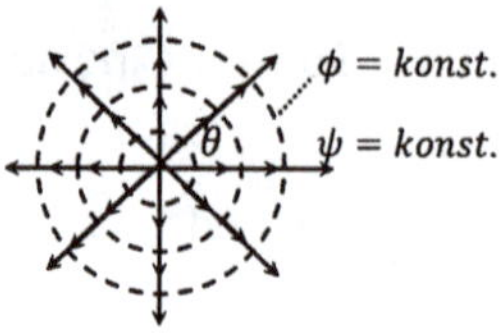

Abb. 33.1: Skizzen zur Translations- und Quellströmung.

33.3 Überlagerung von Translations- und Quellströmung

Den Ursprung setzen wir zweckmäßig ins Quellzentrum.

Herleitung von (33.3.1)–(33.3.5)

Für die resultierende Strömung betrachten wir (Abb. 33.2).

Potential und Stromfunktion. Beide ergeben sich durch Addition unter Verwendung von (33.1.1), (33.1.2), (33.2.1) und (33.2.2) zu

$$\phi(r,\theta) = v_\infty r \cos\theta + \frac{Q}{2\pi}\ln r \tag{33.3.1}$$

und

$$\psi(r,\theta) = v_\infty r \sin\theta + \frac{Q}{2\pi}\theta. \tag{33.3.2}$$

Weiter ist mit (32.1.7)

$$v_r = \frac{1}{r}\cdot\frac{\partial\psi}{\partial\theta} = v_\infty\cos\theta + \frac{Q}{2\pi r} \quad \text{und} \quad v_\theta = -\frac{\partial\psi}{\partial r} = -v_\infty\sin\theta. \tag{33.3.3}$$

Im Staupunkt S wird die Quellgeschwindigkeit gerade von der Translationsgeschwindigkeit aufgehoben. In diesem Punkt ist $v_r = 0$, $v_\theta = 0$, woraus mit (33.3.3) die Winkel $\theta_{\text{Stau}} = 0, \pi$ ($\theta = 0$ ergibt den unteren Zweig mit negativem Radius) folgen. Den zugehörigen Radius erhält man aus $0 = v_\infty \cos(\pi) + \frac{Q}{2\pi r}$ zu

$$r_{\text{Stau}} = \frac{Q}{2\pi v_\infty}. \tag{33.3.4}$$

Die entsprechende Stromlinie lautet

$$\psi_{\text{Stau}} = v_\infty \frac{Q}{2\pi v_\infty}\sin(\pi) + \frac{Q}{2\pi}\pi = \frac{Q}{2}. \tag{33.3.5}$$

Für eine Darstellung in Polarform setzen wir in (33.3.2) $\psi = \psi_{\text{konst.}}$ und erhalten

$$r = \frac{1}{\pi v_\infty \sin\theta}\left(\psi_{\text{konst.}}\cdot\pi - \frac{Q}{2}\theta\right). \tag{33.3.6}$$

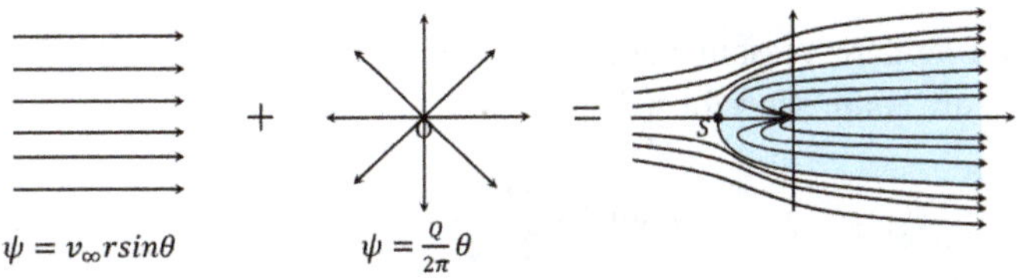

Abb. 33.2: Skizze zur Umströmung des Rankine-Profils.

Wir wählen sowohl den Wert $\frac{Q}{2}$ als auch $\frac{1}{\pi v_\infty}$ zu 1. Dann ist

$$r(\theta) = \frac{\psi^*_{\text{konst.}} - \theta}{\sin\theta} \quad \text{für } 0 \le \theta \le \pi.$$

Für elf Werte von $\psi^*_{\text{konst.}}$ ist die zugehörige Kurve, von ψ_1 bis ψ_{11} nummeriert, in Abb. 33.3 links dargestellt.

Ergebnis. Die entstehende Strömung kann man als Umströmung einer halbrunden Linie, dem Rankine-Profil (hell markierter Teil in Abb. 33.2 rechts) interpretieren.

Herleitung von (33.3.7)–(33.3.9)

Interessant ist der Druckverlauf auf dem Körperrand.

Druckverteilung entlang des Körpers. Gleichung (30.3.10) liefert

$$\frac{1}{2}\rho v^2(r) + p(r) = \frac{1}{2}\rho v_\infty^2 + p_\infty, \quad p(r) = p_\infty + \frac{1}{2}\rho(v_\infty^2 - v^2)$$

und mit $v^2 = v_r^2 + v_\theta^2$ wird daraus

$$p(r,\theta) = p_\infty + \frac{1}{2}\rho[v_\infty^2 - (v_r^2 + v_\theta^2)].$$

Damit lässt sich in jedem Punkt $P(r,\theta)$ der wirkende Druck ermitteln. Anschaulich ist das nicht. Wir können stattdessen einen normierten Druck c_p einführen. Dann erhalten wir

$$c_p(r,\theta) := \frac{p - p_\infty}{\frac{1}{2}\rho v_\infty^2} = 1 - \left(\frac{v}{v_\infty}\right)^2 \quad \text{mit} \quad 0 \le c_p \le 1. \tag{33.3.7}$$

Man bezeichnet c_p als den Druckbeiwert. Dies wird klar, wenn man $p = p_\infty + c_p \cdot \frac{1}{2}\rho v_\infty^2$ schreibt. Der normierte Druck gestattet es uns, die Druckänderung direkt über die Geschwindigkeitsänderung zu erfassen. Wählt man eine beliebige Stromlinie aus, d. h. ψ = konst., löst die Gleichung nach $r = r(\theta)$ auf und ersetzt diesen Ausdruck im Term von v, dann erhalten wir für $c_p = c_p(\theta)$ eine von θ allein abhängige Funktion, die wir darstellen können. Die wohl interessanteste Stromlinie ist diejenige, die entlang des halbrunden Körpers verläuft. Somit schreibt sich (33.3.2) zu

$$\psi_{\text{Stau}} = \frac{Q}{2} = v_\infty r \sin\theta + \frac{Q}{2\pi}\theta.$$

Aufgelöst ist

$$r(\theta) = \frac{Q}{2\pi v_\infty} \cdot \frac{\pi - \theta}{\sin\theta} \tag{33.3.8}$$

(für die Skizze war $\frac{Q}{2\pi v_\infty} = 1$). Damit ergeben sich mithilfe von (33.3.3) die Geschwindigkeitskomponenten zu

$$v_r = v_\infty\left(\cos\theta + \frac{\sin\theta}{\pi - \theta}\right) \quad \text{und} \quad v_\theta = -v_\infty \sin\theta.$$

Weiter ist

$$v^2 = v_r^2 + v_\theta^2 = v_\infty^2\left[1 + \frac{2\sin\theta\cos\theta}{\pi - \theta} + \frac{\sin^2\theta}{(\pi - \theta)^2}\right].$$

Dies in (33.3.7) eingefügt, ergibt

$$c_p(\theta) = -\frac{\sin\theta}{\pi - \theta}\left(2\cos\theta + \frac{\sin\theta}{\pi - \theta}\right).$$

Die zugehörigen Werte sind vom Staupunkt ($\theta = \pi$) bis zum Ende des Körpers ($\theta = 0$) zu nehmen. Um die Reihenfolge der Winkel aufsteigend zu erhalten, betrachten wir den Druck

$$c_p(\theta) = -\frac{\sin(\pi - \theta)}{\theta}\left[2\cos(\pi - \theta) + \frac{\sin(\pi - \theta)}{\theta}\right]. \tag{33.3.9}$$

Man erhält den Verlauf in Abb. 33.3 rechts.

Beispiel. Bestimmen Sie diejenigen Punkte auf der Kontur des Rankine-Profils, in denen:

a) kein Druck herrscht,
b) der Druck minimal wird.
c) Bestimmen Sie die Druckverteilung von links kommend auf der Linie $\theta = 0$ bis hin zum Staupunkt.

Lösung.

a) Der Nulldruck wird, von O aus gemessen, für $\theta_1 = 1{,}97$ und $\theta_2 = 4{,}31$ erreicht. Nach (33.3.8) ist $r(\theta) = \frac{\pi-\theta}{\sin\theta}$. Polar lauten die zugehörigen Punkte auf der Kontur somit $N_{1,p}(1{,}97, 1{,}27)$ und $N_{2,p}(4{,}31, 1{,}27)$. Kartesisch entspricht das $x = r\cos\theta = \frac{\pi-\theta}{\sin\theta} \cdot \cos\theta$

und $y = r\sin\theta = \pi - \theta$, was in unserem Fall zu den kartesischen Konturpunkten $N_{1,2,k}(-0{,}5, \pm1{,}17)$ führt.

b) Der minimale Druck stellt sich von O aus gemessen für $\theta_1 = 1{,}10$ und $\theta_2 = 5{,}18$ ein und beträgt jeweils $-0{,}59$. Die zugehörigen Punkte sind $N_{1,p}(1{,}10, 2{,}29)$, $N_{2,p}(5{,}18, 2{,}29)$ bzw.

$$N_{1,2,k}(1{,}04, \pm2{,}04).$$

c) Für $\theta = 0$ reduziert sich (33.3.3) zu $v_r = v_\infty + \frac{Q}{2\pi r}$, $v_\theta = 0$ und somit ist $v^2 = v_r^2 = (v_\infty + \frac{Q}{2\pi r})^2$. Hieraus ergibt sich

$$c_p(r) = 1 - \left(\frac{v_\infty + \frac{Q}{2\pi r}}{v_\infty}\right)^2 = -2\left(\frac{Q}{2\pi v_\infty r}\right) - \left(\frac{Q}{2\pi v_\infty r}\right)^2$$
$$= -\frac{Q}{2\pi v_\infty} \cdot \frac{1}{r}\left(2 + \frac{Q}{2\pi v_\infty} \cdot \frac{1}{r}\right).$$

Der maximale Wert wird natürlich bei $r = -\frac{Q}{2\pi v_\infty}$ erreicht und beträgt 1.

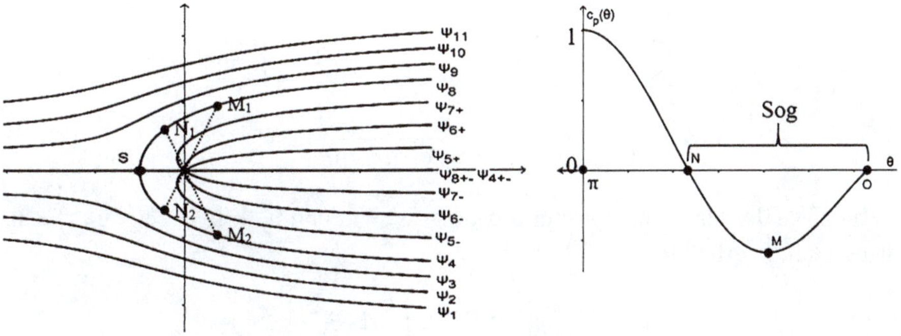

Abb. 33.3: Graphen von (33.3.6) und (33.3.9).

33.4 Überlagerung von Translations-, Quell- und Senkeströmung

Bringt man eine Quelle und eine Senke in einen endlichen Abstand zueinander, so kann man die Umströmung eines ovalen Körpers simulieren (Abb. 33.4 links oben). Dabei wird der Körper keine Unstetigkeitsstellen an den „Nahtstellen“ aufweisen, da die Stromfunktionen zu einer einzigen verschmelzen.

Herleitung von (33.4.1)–(33.4.5)
Die maximale Höhe h_{max}, die der Körper erreichen kann, bestimmen wir über den Flächenstrom (eigentlich Volumenstrom mit Breite 1). Einerseits ist mit (32.1.3) und (33.3.5) $\dot{V} = 2(\psi_8 - \psi_4) = 2(\frac{Q}{2} - 0) = Q$. Anderseits gilt $\dot{V} = v_\infty \cdot h_{max}$. Der Vergleich liefert

$$h_{max} = \frac{Q}{v_\infty}. \tag{33.4.1}$$

Weiter setzen wir die Quelle in den Ursprung und die Senke in einen Abstand a zur Quelle (Abb. 33.4 links unten).

Potential und Stromfunktion. Die Zusammensetzung der Gleichungen (33.1.1), (33.1.2), (33.2.1) und (33.2.2) liefert

$$\begin{aligned}\phi(x,y) &= v_\infty x + \frac{Q}{2\pi}\left(\ln\sqrt{x^2+y^2} - \ln\sqrt{(x-a)^2+y^2}\right) \quad \text{und}\\ \psi(x,y) &= v_\infty y + \frac{Q}{2\pi}\left[\arctan\left(\frac{y}{x}\right) - \arctan\left(\frac{y}{x-a}\right)\right].\end{aligned} \tag{33.4.2}$$

Folglich ist

$$\begin{aligned}v_x &= \frac{\partial\psi}{\partial y} = v_\infty + \frac{Q}{2\pi}\left[\frac{x}{x^2+y^2} + \frac{x-a}{(x-a)^2+y^2}\right] \quad \text{und}\\ v_y &= -\frac{\partial\psi}{\partial x} = \frac{Q}{2\pi}\left[\frac{y}{x^2+y^2} - \frac{y}{(x-a)^2+y^2}\right].\end{aligned} \tag{33.4.3}$$

Die Lage der Staupunkte A und B bedingt $v_x = 0$ und $v_y = 0$. Es folgt $y_{Stau} = 0$. Eingesetzt in v_x erhält man

$$v_x = v_\infty + \frac{Q}{2\pi}\left(\frac{1}{x} + \frac{1}{x-a}\right)$$

und daraus

$$x_{Stau} = \frac{a \pm \sqrt{a^2 + \frac{2aQ}{\pi v_\infty}}}{2}. \tag{33.4.4}$$

Setzt man $y_{Stau} = 0$ in ψ von (33.4.2) ein, so entspricht dies dem Wert $\psi_{konst.} = 0$ für die Stromlinie entlang des Körpers. Dies führt zu einer impliziten Gleichung für den Umriss:

$$0 = v_\infty y + \frac{Q}{2\pi}\left[\arctan\left(\frac{y}{x}\right) - \arctan\left(\frac{y}{x-a}\right)\right]. \tag{33.4.5}$$

Die Gleichung lässt sich weder nach x noch nach y auflösen.

Druckverteilung. Diese muss punktweise bestimmt werden. Als Zahlenbeispiel wählen wir $v_\infty = 1$, $Q = 2$ und $a = 2$. Die Staupunkte liegen dann mithilfe von (33.4.4) bei $x_{\text{Stau1}} = -0{,}279$ und $x_{\text{Stau2}} = 2{,}279$. Die Kurve für den Umriss erhält mit (33.4.5) die Gestalt

$$0 = y + \frac{1}{\pi}\left[\arctan\left(\frac{y}{x}\right) - \arctan\left(\frac{y}{x-2}\right)\right].$$

Bei konstantem x liefert die Gleichung nur die Nulllösung. Deshalb wird die Gleichung umgeformt. Die einzelnen Schritte dazu entnimmt man Band 5. Als Bestimmungsgleichung erhält man

$$\tan(-2y) = \frac{2y(1-x)}{y^2 + x(2-x)}.$$

Damit können die Umrisspunkte numerisch ermittelt werden. Die Druckverteilung ergibt sich zu

$$c_p = 1 - \left(\frac{v}{v_\infty}\right)^2 = 1 - \frac{v_x^2 + v_y^2}{v_\infty^2}.$$

Die nachstehende Tabelle erfasst für acht Punkte die zugehörigen Werte.

	P_0	P_1	P_2	P_3	P_4	P_5	P_6	P_7	P_8
x	−0,279	−0,2	−0,1	0	0,2	0,4	0,6	0,8	1
y	0	0,417	0,516	0,592	0,707	0,795	0,869	0,936	1
v_x	0	0,563	0,742	0,854	0,965	1,001	1,007	1,003	1
v_y	0	0,594	0,560	0,495	0,357	0,240	0,146	0,068	0
c_p	1	0,330	0,137	0,026	−0,058	−0,060	−0,036	−0,011	0

Kontur- und Druckverlauf sind in Abb. 33.4 rechts dargestellt. Die Druckverteilung setzt sich symmetrisch ab dem Punkt P_8 fort. Sie ist abhängig von a und Q.

Beispiel. Ein U-Boot des eben beschriebenen ovalen Körpers soll 10 m lang und 2 m hoch wie breit sein und sich mit einer Geschwindigkeit von $v_\infty = 5\,\frac{\text{m}}{\text{s}}$ parallel zur x-Achse bewegen.

a) Ermitteln Sie den Abstand a von Quelle und Senke.
b) Welche Kurve beschreibt den Umriss des Bootes?
c) Wie groß sind Geschwindigkeit und Druckbeiwert an der U-Bootwand mit $x = 0$?
d) Zeigen Sie, dass jeder ovale Körper für $x = \frac{a}{2}$ keinen Knick aufweist.

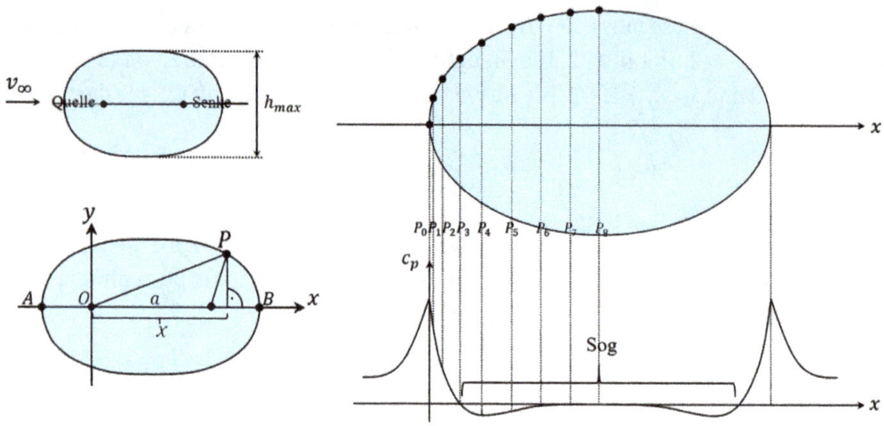

Abb. 33.4: Skizzen und Berechnungen zum ovalen Körper.

Lösung.

a) Mit (33.4.1) folgt aus $2 = \frac{Q}{5}$ die Quellstärke $Q = 10\,\frac{\text{m}^2}{\text{s}}$. Zur Bestimmung von a liefert Gleichung (33.4.4)

$$2x_{\text{Stau}} - a = 10 \quad \text{oder} \quad \sqrt{a^2 + \frac{2aQ}{\pi v_\infty}} = 10$$

und damit $a = 9{,}38\,\text{m}$.

b) Aus (33.4.5) entsteht

$$0 = 5y + \frac{5}{\pi}\left[\arctan\left(\frac{y}{x}\right) - \arctan\left(\frac{y}{x - 9{,}38}\right)\right]$$

für den Umriss.

c) Für $x = 0$ erhält man $y = 0{,}48$ und aufgrund der Drehsymmetrie einen Kreis mit Radius 0,48 m. Die Geschwindigkeitskomponenten auf diesen Kreispunkten ergeben sich mit (33.4.3) zu

$$v_x = 5 + \frac{5}{\pi}\left[\frac{0 - 9{,}38}{(0 - 9{,}38)^2 + 0{,}48^2}\right] = 4{,}83\,\frac{\text{m}}{\text{s}} \quad \text{und} \quad v_y = 3{,}31\,\frac{\text{m}}{\text{s}},$$

was zu einer lokalen Geschwindigkeit $v = 5{,}85\,\frac{\text{m}}{\text{s}}$ und einem Unterdruckbeiwert von

$$c_p = 1 - \frac{v_x^2 + v_y^2}{v_\infty^2} = -0{,}37$$

führt.

d) Infolge der Symmetrie muss $v_y(x = \frac{a}{2}) = 0$ sein, was sich auch mit (33.4.3) ergibt.

33.5 Die dritte Grundlösung: Die Dipolströmung

Der Dipol entsteht dadurch, dass man den Abstand a zwischen Quelle und Senke gegen null gehen lässt. Bei einer endlichen Quellstärke Q löschen sich Quelle und Senke für $a \longrightarrow 0$ aus.

Lassen wir hingegen beliebig große Werte für Q zu, dann können wir Q proportional zu $\frac{1}{a}$ wählen, also $Q = \frac{M}{a}$. M heißt Dipolmoment mit der Einheit eines Volumenstroms $[\frac{\mathrm{m}^3}{\mathrm{s}}]$.

Herleitung von (33.5.1)-(33.5.3)

Potential und Stromfunktion. Dazu muss in (33.4.2) die Translation weggelassen werden, Q durch $\frac{M}{a}$ ersetzt und der Grenzwert $a \longrightarrow 0$ gebildet werden:

$$\phi(x,y) = \frac{M}{2\pi} \lim_{a \longrightarrow 0} \left[\frac{\ln\sqrt{x^2+y^2} - \ln\sqrt{(x-a)^2+y^2}}{a} \right] = \frac{M}{2\pi} \cdot \frac{\partial(\ln\sqrt{x^2+y^2})}{\partial x}$$

und somit

$$\phi(x,y) = \frac{M}{2\pi} \cdot \frac{x}{x^2+y^2}. \tag{33.5.1}$$

Analog ergibt sich

$$\psi(x,y) = \frac{M}{2\pi} \cdot \frac{\partial[\arctan(\frac{y}{x})]}{\partial x} = \frac{M}{2\pi} \cdot \frac{\partial[\arctan(\frac{y}{x})]}{\partial x} = -\frac{M}{2\pi} \cdot \frac{y}{x^2+y^2}. \tag{33.5.2}$$

In Polarform erhält man

$$\phi(r,\theta) = \frac{M}{2\pi} \cdot \frac{\cos\theta}{r} \quad \text{und} \quad \psi(r,\theta) = -\frac{M}{2\pi} \cdot \frac{\sin\theta}{r}. \tag{33.5.3}$$

Bei konstantem ψ sind die Stromlinien Kreise durch den Ursprung symmetrisch zur y-Achse. Konstantes ϕ liefert Kreise durch O symmetrisch zur x-Achse. Der gesamte Massenstrom geht vom Pol aus und verschwindet auch wieder im selben Pol (= Dipol) (Abb. 33.5 links).

Druckverteilung. Mit

$$v_x = \frac{\partial\psi}{\partial y} = -\frac{M}{2\pi} \cdot \frac{x^2-y^2}{(x^2+y^2)^2} \quad \text{und} \quad v_y = -\frac{\partial\psi}{\partial x} = -\frac{M}{2\pi} \cdot \frac{2xy}{(x^2+y^2)^2}$$

folgt

$$v^2(r) = v_x^2 + v_y^2 = \frac{M^2}{4\pi^2} \cdot \left[\frac{(x^2-y^2)^2 + 4x^2y^2}{(x^2+y^2)^4} \right] = \frac{M^2}{4\pi^2} \cdot \left[\frac{(x^2+y^2)^2}{(x^2+y^2)^4} \right] = \frac{M^2}{4\pi^2} \cdot \frac{1}{r^4}.$$

Wählt man als Referenzwert den Druck p_0 im Abstand r_0, so folgt abermals mit (30.3.10) $\frac{1}{2}\rho v^2(r) + p(r) = \frac{1}{2}\rho v_0^2 + p_0$. Weiter gilt $v^2(r) = v_r^2 + v_\theta^2 = \frac{M^2}{4\pi^2} \cdot \frac{1}{r^4}$ und es folgt

$$p(r) = p_0 + \frac{1}{2}\rho v_0^2\left(1 - \frac{v^2}{v_0^2}\right) = p_0 + \frac{1}{2}\rho v_0^2\left(1 - \frac{r_0^4}{r^4}\right) = p_0 + \frac{\rho M^2}{8\pi^2}\left(\frac{1}{r_0^4} - \frac{1}{r^4}\right).$$

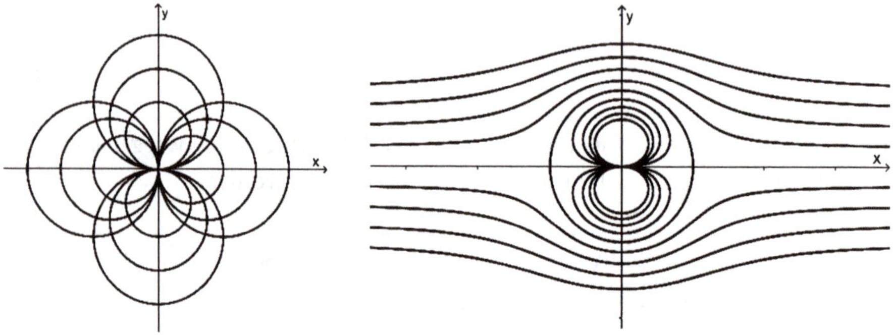

Abb. 33.5: Stromlinien und Stromfunktionen der Dipolströmung und Graphen von (33.6.1).

33.6 Überlagerung von Translations- und Dipolströmung

Man erhält in diesem Fall offensichtlich die Umströmung eines Kreiszylinders.

Herleitung von (33.6.1)–(33.6.5)

Potential und Stromfunktion. Die Zusammensetzung von (33.1.1), (33.1.2), (33.5.1), (33.5.2) und (33.5.3) führt zu

$$\phi(x,y) = v_\infty x + \frac{M}{2\pi} \cdot \frac{x}{x^2+y^2}, \quad \phi(r,\theta) = v_\infty r\cos\theta + \frac{M}{2\pi} \cdot \frac{\cos\theta}{r} \quad \text{und}$$

$$\psi(x,y) = v_\infty y - \frac{M}{2\pi} \cdot \frac{y}{x^2+y^2}, \quad \psi(r,\theta) = v_\infty r\sin\theta - \frac{M}{2\pi} \cdot \frac{\sin\theta}{r}. \tag{33.6.1}$$

Weiter ist

$$v_x = \frac{\partial\psi}{\partial y} = v_\infty - \frac{M}{2\pi} \cdot \frac{x^2-y^2}{(x^2+y^2)^2} \quad \text{und} \quad v_y = -\frac{\partial\psi}{\partial x} = -\frac{M}{2\pi} \cdot \frac{2xy}{(x^2+y^2)^2}. \tag{33.6.2}$$

Für die Staupunkte gilt $y_{\text{Stau}} = 0$, woraus man

$$0 = v_\infty - \frac{M}{2\pi} \cdot \frac{1}{x^2} \quad \text{und} \quad x_{\text{Stau}} = \pm\sqrt{\frac{M}{2\pi v_\infty}} = \pm R$$

erhält. R bezeichnet den Radius des umströmten Kreises. Die Stromfunktion schreibt sich demnach als

$$\psi(x,y) = v_\infty y\left(1 - \frac{R^2}{x^2+y^2}\right). \tag{33.6.3}$$

Jede Stromlinie muss

$$\psi_{\text{konst}} = y\left(1 - \frac{R^2}{x^2+y^2}\right)$$

erfüllen (v_∞ = konst.). Für eine Skizze wechseln wir ins Polarsystem. Es gilt $\psi_{\text{konst}} = r\sin\theta(1 - \frac{R^2}{r^2})$, woraus

$$r_{1,2} = \frac{\psi_{\text{konst}} \pm \sqrt{\psi_{\text{konst}}^2 + 4R^2\sin^2\theta}}{2\sin\theta} \tag{33.6.4}$$

entsteht. Die zugehörige Kurve für $R = 1$ und einige Werte für ψ_{konst} entnimmt man Abb. 33.5 rechts.

Druckverteilung. Es gilt

$$v_x = v_\infty\left[1 - R^2 \cdot \frac{x^2-y^2}{(x^2+y^2)^2}\right] \quad \text{und} \quad v_y = -v_\infty\left[R^2 \cdot \frac{2xy}{(x^2+y^2)^2}\right].$$

Uns interessiert die Druckverteilung auf dem Kreis selber. Die zugehörige Bestimmungsgleichung ist natürlich schlicht $x^2 + y^2 = R^2$. Dann folgt

$$v_x = v_\infty\left(1 - \frac{x^2-y^2}{R^2}\right) \quad \text{und} \quad v_y = -v_\infty\left(\frac{2xy}{R^2}\right).$$

Mit $x = R\cos\theta$ und $y = R\sin\theta$ wird daraus

$$v_x = v_\infty(1 - \cos^2\theta + \sin^2\theta) = v_\infty(2\sin^2\theta) \quad \text{und} \quad v_y = -v_\infty(2\sin\theta\cos\theta).$$

Weiter hat man

$$\begin{aligned} v^2 = v_x^2 + v_y^2 &= v_\infty^2(4\sin^4\theta + 4\sin^2\theta\cos^2\theta) = v_\infty^2[4\sin^4\theta + 4\sin^2\theta(1-\sin^2\theta)] \\ &= 4v_\infty^2\sin^2\theta \end{aligned}$$

und schließlich

$$c_p(\theta) = 1 - \left(\frac{v}{v_\infty}\right)^2 = 1 - 4\sin^2\theta. \tag{33.6.5}$$

Der Nulldruck stellt sich für $\theta = \frac{\pi}{6}$ ein. (Abb. 33.6 links). Der minimale „Sog" beträgt −3.

Durch die zur x- und y-Achse symmetrische Druckverteilung wird auch klar, dass auf den Zylinder keine resultierende Kraft ausgeübt wird. Insbesondere wirkt keine Auftriebskraft.

Einige spezielle Druckbeiwerte entnimmt man folgender Tabelle:

θ	$\frac{\pi}{2}$	$\frac{\pi}{3}$	$\frac{\pi}{4}$	$\frac{\pi}{6}$	0
$c_p(\theta)$	−3	−2	−1	0	1

Beispiel. Ein kreisförmiger Brückenpfeiler mit dem Radius $R = 2$ wird von einem Fluss mit der Geschwindigkeit $v_\infty = 1\,\frac{\text{m}}{\text{s}}$ angeströmt. In genügender Entfernung zum Pfeiler betrage die Wassertiefe $h_\infty = 5\,\text{m}$. Da die Sohle geneigt ist, legen wir die Bezugshöhe entlang dieser Sohle (siehe Gerinneströmungen). Obwohl sich der Wasserspiegel entlang des Pfeilers mit veränderlichem Winkel θ ändern wird, behandeln wir das Problem als ebene Strömung.

a) Bestimmen Sie die Wasserspiegelhöhe als Funktion des Winkels θ.
b) Ermitteln Sie den höchsten und tiefsten Wasserspiegel.

Lösung.

a) Entlang einer Stromlinie darf die Bernoulli-Gleichung (30.3.10) benutzt werden: $\rho g h_\infty + \frac{1}{2}\rho v_\infty^2 = \rho g h(\theta) + \frac{1}{2}\rho(v_r^2 + v_\theta^2)$. Für $r = R$ erhält man mit (33.6.5)

$$h_\infty + \frac{1}{2g}v_\infty^2 = h(\theta) + \frac{4}{2g}v_\infty^2 \sin^2\theta$$

und daraus

$$h(\theta) = h_\infty + \frac{v_\infty^2}{2g}(1 - 4\sin^2\theta).$$

b) Die größte Erhöhung erhält man im Staupunkt mit $\theta = \pi$ bzw. Rückstaupunkt für $\theta = 0$. Sie beträgt $h_{\max} = h_\infty + \frac{v_\infty^2}{2g} = 5{,}05\,\text{m}$. Der tiefste Wasserstand ergibt sich zu

$$h_{\min} = h\left(\frac{\pi}{2}\right) = h_\infty + \frac{v_\infty^2}{2g}(1 - 4) = 4{,}85\,\text{m}.$$

Beim Rankine-Profil und beim ovalen Körper beträgt die Absenkung jeweils ebenfalls nur wenige Zentimeter. Hingegen würde der Wasserspiegel bei der Anströmung eines spitzen Keils mit wachsendem Abstand zur Ecke immer weiter anwachsen, was nicht sein kann. In diesem Fall macht die Annahme einer durchweg ebenen Strömung auch keinen Sinn mehr.

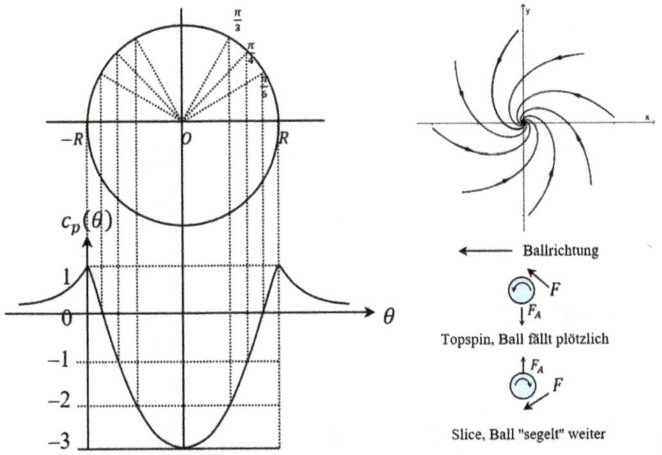

Abb. 33.6: Graphen von (33.6.4), (33.8.2) und Skizzen zum Magnus-Effekt.

33.7 Die vierte Grundlösung: Der Potentialwirbel

Das Geschwindigkeitsprofil für diesen Wirbel liegt mit (31.1.6) schon vor: $v_r = 0, v_\theta = \frac{\Gamma}{2\pi r}$.

Herleitung von (33.7.1) und (33.7.2)

Potential und Stromfunktion. Die Integrationen von $v_\theta = \frac{1}{r} \cdot \frac{\partial \phi}{\partial \theta}$ und $-\frac{1}{r} \cdot \frac{\partial \phi}{\partial \theta} = \frac{\partial \psi}{\partial r}$ (Gleichungen (32.1.5) und (32.1.7)) liefern

$$\phi(\theta) = \frac{\Gamma}{2\pi}\theta \quad \text{und} \quad \phi(x,y) = \frac{\Gamma}{2\pi}\arctan\left(\frac{y}{x}\right) \quad \text{bzw.}$$
$$\psi(r) = -\frac{\Gamma}{2\pi}\ln r \quad \text{und} \quad \psi(x,y) = -\frac{\Gamma}{2\pi}\ln\sqrt{x^2+y^2}. \tag{33.7.1}$$

Druckverteilung. Aus $v^2 = v_x^2 + v_y^2 = v_r^2 + v_\theta^2 = v_\theta^2$ folgt analog zur Quellströmung, falls man den Referenzdruck p_0 abermals in einer Entfernung r_0 zum Zentrum festlegt,

$$p(r) = p_0 + \frac{1}{2}\rho v_0^2 - \frac{1}{2}\rho v_\theta^2(r) = p_0 + \frac{1}{2}\rho v_0^2\left(1 - \frac{r_0^2}{r^2}\right) = p_0 + \frac{\Gamma^2}{8\pi^2}\left(\frac{1}{r_0^2} - \frac{1}{r^2}\right). \tag{33.7.2}$$

Bemerkung. Dies ist auch die Druckänderung in radialer Richtung, die man in Zusammenhang mit dem Rohrkrümmer aus Kap. 30.4, Bsp. 4 bringen kann.

Beispiel. Bestimmen Sie die Druckverteilung für den Rankine-Wirbel aus Kap. 31.

Lösung. Für den Druckverlauf des starren Wirbelteils wählen wir sinnvollerweise denselben Referenzdruck wie in (33.7.2). Mit $v_\theta(r) = \omega r$ folgt

$$p(r) = p_0 + \frac{1}{2}\rho v_0^2 - \frac{1}{2}\rho v_\theta^2(r) = p_0 + \frac{1}{2}\rho\omega^2 r_0^2\left(1 - \frac{r^2}{r_0^2}\right) \quad \text{für } r \le r_0$$

und für den Potentialwirbelteil gilt (33.7.2) mit $r \ge r_0$.

33.8 Überlagerung von Potentialwirbel und Quell- bzw. Senkeströmung

Für die Senke ist nach (33.2.1) und (33.2.2) $\phi(r) = -\frac{Q}{2\pi}\ln r$ und $\psi(\theta) = -\frac{Q}{2\pi}\theta$.

Herleitung von (33.8.1) und (33.8.2)

Potential und Stromfunktion. Die Überlagerung mit (33.7.1) liefert polar

$$\phi(r,\theta) = -\frac{Q}{2\pi}\ln r + \frac{\Gamma}{2\pi}\theta \quad \text{und} \quad \psi(r,\theta) = -\frac{\Gamma}{2\pi}\ln r - \frac{Q}{2\pi}\theta. \tag{33.8.1}$$

Weiter ist

$$v_r = \frac{1}{r}\cdot\frac{\partial\psi}{\partial\theta} = -\frac{Q}{2\pi r} \quad \text{und} \quad v_\theta = -\frac{\partial\psi}{\partial r} = \frac{\Gamma}{2\pi r}.$$

Staupunkte gibt es natürlich keine.
Für eine Skizze setzen wir in (33.8.1) $\psi = \psi^*_{\text{konst}}$ und erhalten

$$\ln r = \frac{2\pi}{\Gamma}\left(-\psi^*_{\text{konst}} - \frac{Q}{2\pi}\theta\right) = \psi^{**}_{\text{konst}} - \frac{Q}{\Gamma}\theta$$

und schließlich

$$r(\theta) = \psi_{\text{konst}}\cdot e^{-\frac{Q}{\Gamma}\theta}. \tag{33.8.2}$$

Man erhält logarithmische Spiralen oder strömungstechnisch „Strudel" (Abb. 33.6 rechts oben). Im Fall einer Quelle zeigen die Pfeile aus dem Zentrum hinaus.

Druckverteilung. Diese wird schlicht aus den beiden bestehenden Drucken zusammengesetzt: Es gilt

$$v^2 = v_r^2 + v_\theta^2 = \left(\frac{Q^2}{4\pi^2} + \frac{\Gamma^2}{4\pi^2}\right)\frac{1}{r^2}.$$

Analog zur Quellströmung und dem Potentialwirbel entsteht durch Addition

$$p(r) = p_0 + \frac{Q^2+\Gamma^2}{4\pi^2}\left(\frac{1}{r_0^2} - \frac{1}{r^2}\right).$$

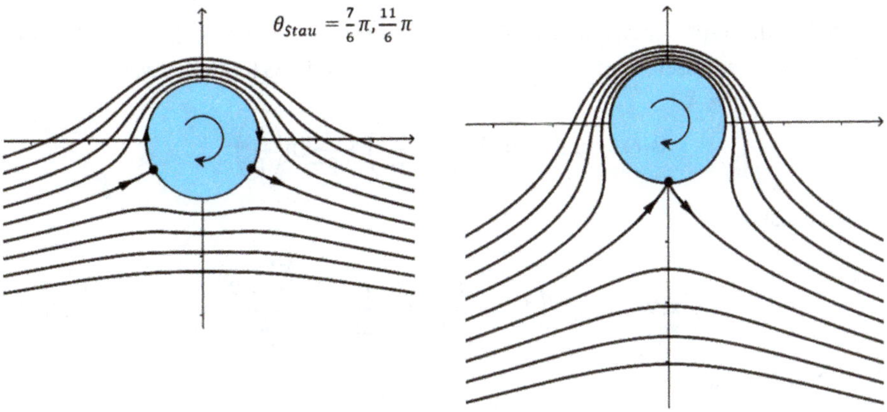

Abb. 33.7: Graphen zur Umströmung des rotierenden Zylinders.

33.9 Überlagerung von Zylinderumströmung und Potentialwirbel

Dies kann man als einen sich drehenden, umströmten Zylinder interpretieren. Folglich herrschen, im Gegensatz zum ruhenden Zylinder, an Unter- und Oberseite verschiedene Strömungsgeschwindigkeiten $v_y - y$ bzw. $v_y + y$. Nach der Bernoulli-Gleichung resultieren daraus auch verschiedene Druckwerte. Aufgrund dieses Druckunterschieds erfährt der Zylinder eine Auftriebskraft. Anders ausgedrückt: Durch die Überlagerung einer Zylinderumströmung mit einem Potentialwirbel lässt sich die Auftriebskraft simulieren, die ein rotierender und bewegter Zylinder in einem Medium erfährt. Dieser Effekt wird als Magnus-Effekt bezeichnet und kann in jeder Sportart, in der ein Ball mit Effet behandelt wird, beobachtet werden. Als Beispiel dazu betrachten wir einen Tennisball, der einerseits im Uhrzeigersinn und anderseits im Gegenuhrzeigersinn rotiert (Abb. 33.6 rechts mitte und unten).

Herleitung von (33.9.1)–(33.9.4)

Potential und Stromfunktion. Für den Potentialwirbel passen wir die Konstante in der zugehörigen Stromfunktion an, obwohl diese mit (33.7.1) vorliegt: Aus $v_\theta = -\frac{\partial\psi}{\partial r} = \frac{\Gamma}{2\pi r}$ bzw. $v_r = \frac{1}{r} \cdot \frac{\partial\psi}{\partial\theta} = 0$ folgt durch Integration $\psi = -\frac{\Gamma}{2\pi} \ln r + c_1(\theta)$ bzw. $\psi = \text{konst} + c_2(\theta)$ und die Konstante wählen wir zu $\frac{\Gamma}{2\pi}R$. Damit gehört für die Kreislinie selber der Wert $\psi_{\text{konst}} = 0$. Somit erhalten wir für den Potentialwirbel

$$\psi(r) = -\frac{\Gamma}{2\pi} \ln\left(\frac{r}{R}\right). \tag{33.9.1}$$

Noch eines kann man beachten: Dreht der Zylinder im Gegenuhrzeigersinn, dann würde der Auftrieb abwärts wirken. Deswegen wurde in (33.9.1) das Vorzeichen geändert. Damit dreht der Zylinder im Uhrzeigersinn und die Zirkulation Γ ist dabei in Drehrichtung gemessen, weiterhin positiv. Zusammen mit (33.6.3) ergibt sich

$$\psi(r) = v_\infty \cdot r \sin\theta \cdot \left(1 - \frac{R^2}{r^2}\right) + \frac{\Gamma}{2\pi} \ln\left(\frac{r}{R}\right)$$

und kartesisch

$$\psi(x,y) = v_\infty y \cdot \left(1 - \frac{R^2}{x^2+y^2}\right) + \frac{\Gamma}{2\pi} \ln\left(\frac{\sqrt{x^2+y^2}}{R}\right). \tag{33.9.2}$$

Weiter hat man

$$v_r = v_\infty r \cos\theta \cdot \left(1 - \frac{R^2}{r^2}\right) \quad \text{und} \quad v_\theta = -v_\infty \sin\theta \cdot \left(1 + \frac{R^2}{r^2}\right) - \frac{\Gamma}{2\pi r}. \tag{33.9.3}$$

Für die Staupunkte muss $v_r = 0$ und $v_\theta = 0$ sein. Gleichung (33.9.3) liefert zwei Möglichkeiten: 1. $r = R$ und 2. $\theta = \pm\frac{\pi}{2}$.

Fall 1. Der Staupunkt liegt auf dem Rand und dazu gehört die Stromlinie $\psi_{\text{konst}} = 0$. Aus $v_\theta = 0$ folgt $2v_\infty \sin\theta = -\frac{\Gamma}{2\pi R}$ oder $\sin\theta = -\frac{\Gamma}{4\pi R v_\infty} < 0$, da $\Gamma > 0$. Damit kommt θ im 3. oder 4. Quadranten zu liegen. Die zugehörigen Staupunkte befinden sich also an der Unterseite des Zylinders – ein weiteres Indiz für eine Auftriebskraft. Zwei Fälle sind möglich: 1a) $0 < \frac{\Gamma}{4\pi R v_\infty} < 1$ und 1b) $\frac{\Gamma}{4\pi R v_\infty} = 1$. Zwei unterschiedliche Staupunkte liefert der Fall 1a) (Abb. 33.7 links), einen Einzigen der Fall 1b) (Abb. 33.7 rechts). Die einzelnen Schritte zur Darstellung liest man in Band 5 nach.

Fall 2. $\theta = \pm\frac{\pi}{2}$. Es folgt $\pm v_\infty(1 + \frac{R^2}{r^2}) = \frac{\Gamma}{2\pi r}$ und daraus

$$r_{1,2} = -\frac{\Gamma}{4\pi v_\infty} \pm \sqrt{\left(\frac{\Gamma}{4\pi v_\infty}\right)^2 - R^2}.$$

Die Bedingung für die Existenz der Lösungen ist in diesem Fall $\frac{\Gamma}{4\pi v_\infty} \geq 1$. Wieder unterscheiden wir zwei Fälle: Aus 2a) $\frac{\Gamma}{4\pi v_\infty} = 1$ folgt $r_1 = r_2 = R$ und das entspricht dem Fall 1b). Im Fall 2b) mit $\frac{\Gamma}{4\pi v_\infty} > 1$ verlassen die Staupunkte den Rand des Zylinders. Es gibt dann einen Staupunkt außerhalb und einen innerhalb des Zylinders. (Abb. 33.8 links). Die Werte für die Skizze entnimmt man Band 5.

Druckverteilung. Auf dem Rand gilt mit (33.9.3)

$$\begin{aligned} v^2 = v_r^2 + v_\theta^2 = v_\theta^2 &= \left(2v_\infty \sin\theta + \frac{\Gamma}{2\pi R}\right)^2 \\ &= 4v_\infty^2 \sin^2\theta + 2v_\infty \sin\theta \frac{\Gamma}{\pi R} + \left(\frac{\Gamma}{2\pi R}\right)^2 \end{aligned}$$

und es folgt

$$c_p = 1 - \left(\frac{v}{v_\infty}\right)^2 = 1 - \left[4\sin^2\theta + 8\sin\theta\frac{\Gamma}{4\pi R v_\infty} + 4\left(\frac{\Gamma}{4\pi R v_\infty}\right)^2\right]. \qquad (33.9.4)$$

Man erkennt die Korrekturterme gegenüber $\Gamma = 0$. Wir skizzieren (33.9.4) in den drei Fällen $\frac{\Gamma}{4\pi R v_\infty} = 0{,}5$, $\frac{\Gamma}{4\pi R v_\infty} = 1$ und $\frac{\Gamma}{4\pi R v_\infty} = 1{,}5$ für die Zylinderunterseite (Abb. 33.8 rechts oben, Mitte und unten respektive). Weiter lassen sich die in x- und y-Richtung wirkenden Kräfte berechnen (dies wird in Band 5 durchgeführt). In y-Richtung erhält man die eingangs beschriebene Auftriebskraft, wobei diese infolge der fehlenden Reibung zu hoch ausfällt. In x-Richtung erfährt der Zylinder hingegen, rotierend oder ruhend, keine Widerstandskraft, was der Erfahrung völlig widerspricht. Man nennt dies zwar „D'Alembert'sches Paradoxon", aber dieses lässt sich auch nicht als solches auflösen. Vielmehr erhält man allgemein:

Ergebnis. Das Modell der Potentialströmung erweist sich, zumindest in Wandnähe, als falsch, weil das Fluid als nicht viskos aufgefasst und deshalb die Reibung unbeachtet bleibt.

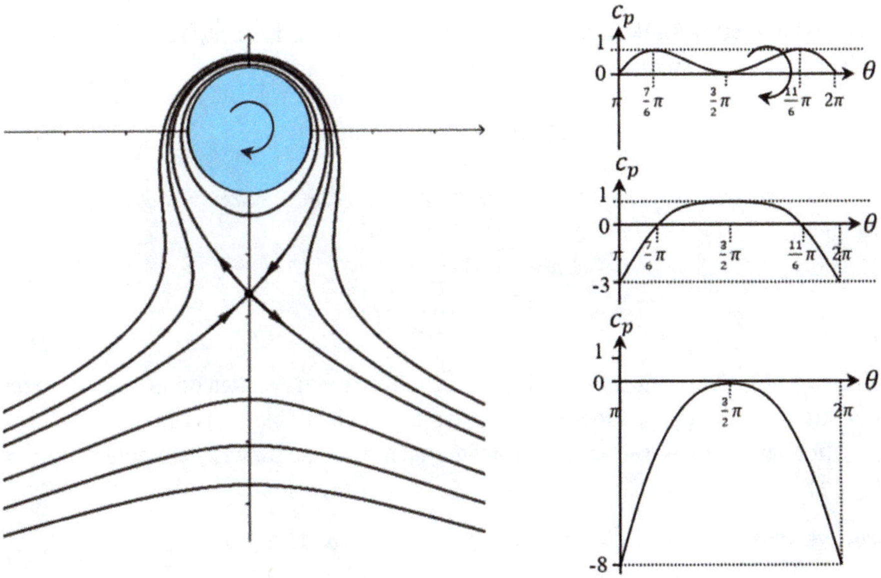

Abb. 33.8: Graphen zur Umströmung des rotierenden Zylinders und den Druckverläufen.

34 Keil- und Eckströmungen

Eine weitere Familie von Strömungen finden wir bei der Untersuchung der Laplace-Gleichung in Polarkoordinaten (32.1.4).

Herleitung von (34.1)–(34.4)

Eine offensichtliche Lösung ist $\phi(r, \theta) = v_\infty \cdot r \sin\theta$, was nichts anderes als die Translationsströmung $\phi(x, y) = v_\infty \cdot x$ in kartesischen Koordinaten darstellt. In diese Richtung weitergedacht, ergibt sich

$$\phi(r, \theta) = v_\infty \cdot r^n \cos(n\theta). \tag{34.1}$$

Weiter gilt nach (32.1.5)

$$\begin{aligned} v_r &= \frac{1}{r} \cdot \frac{\partial \psi}{\partial \theta} = \frac{\partial \phi}{\partial r} = v_\infty \cdot n r^{n-1} \cos(n\theta) \quad \text{und} \\ v_\theta &= -\frac{\partial \psi}{\partial r} = \frac{1}{r} \cdot \frac{\partial \phi}{\partial \theta} = -v_\infty \cdot n r^{n-1} \sin(n\theta). \end{aligned} \tag{34.2}$$

Potential und Stromfunktion. Durch Integration von v_r resp. v_θ folgt $\psi = v_\infty \cdot r^n \sin(n\theta) + C_1(r)$ resp. $\psi = v_\infty \cdot r^n \sin(n\theta) + C_2(\theta)$ und daraus

$$\psi(r, \theta) = v_\infty \cdot r^n \sin(n\theta). \tag{34.3}$$

Um zu zeigen, dass es sich um Eckströmungen handelt, setzen wir $\psi = \psi_{\text{konst.}}$ und erhalten

$$r(\theta) = \frac{\psi^*_{\text{konst.}}}{\sqrt[n]{\sin(n\theta)}}.$$

Damit $\sin(n\theta) > 0$, muss $0 < \theta < \frac{\pi}{n}$ sein. Die Werte von r sinken dann von $r = \infty$ bis zum Minimum $r = \psi^*_{\text{konst.}}$ für $\theta = \frac{\pi}{2n}$ ab und steigen wieder bis $r = \infty$ an.

Offenbar sind das Keil- oder Eckströmungen mit einem Zwischenwinkel von $\alpha = 2(\pi - \frac{\pi}{n})$.

Druckverteilung. Es gilt $v^2 = v_r^2 + v_\theta^2 = v_\infty^2 \cdot n^2 \cdot r^{2n-2}$ und folglich

$$c_p = 1 - \left(\frac{v}{v_\infty}\right)^2 = 1 - n^2 \cdot r^{2n-2}. \tag{34.4}$$

In Abb. 34.1 sind jeweils vier Stromlinien mit $\psi_{\text{konst}} = 1, 2, 3, 4$ mit $v_\infty = 1$ und die zugehörigen Verläufe von (34.4) dargestellt.

Ergebnis. Die Stromlinien von $\psi(r, \theta) = v_\infty \cdot r^n \sin(n\theta)$ beschreiben allesamt Keil- oder Eckströmungen. Einziger Staupunkt ist jeweils (außer für $n = 1$) der Eckpunkt.

https://doi.org/10.1515/9783111345765-034

n	Winkel α	Stromfunktion	Stromlinien	Druckbeiwert c_p
4	$\frac{\pi}{4}$	$\psi(r,\theta) = v_\infty \cdot r^4 sin(4\theta)$	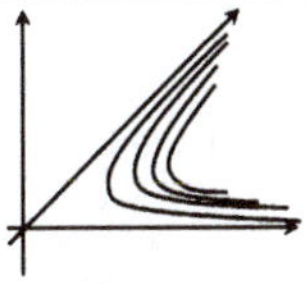	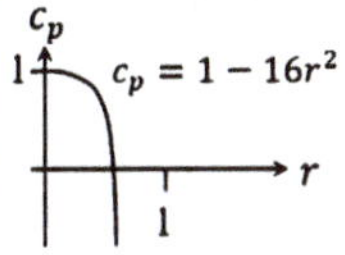
2	$\frac{\pi}{2}$	$\psi(r,\theta) = v_\infty \cdot r^2 sin(2\theta)$	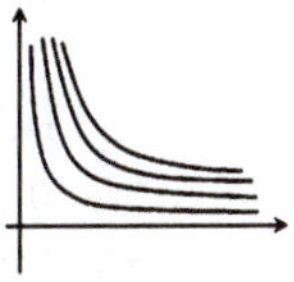	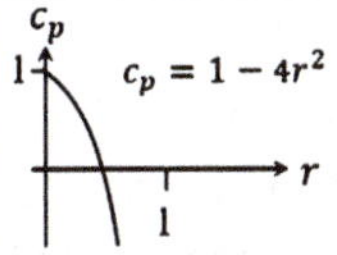
$\frac{3}{2}$	$\frac{2}{3}\pi$	$\psi(r,\theta) = v_\infty \cdot r^{\frac{3}{2}} sin\left(\frac{3}{2}\theta\right)$	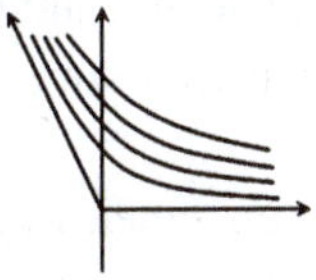	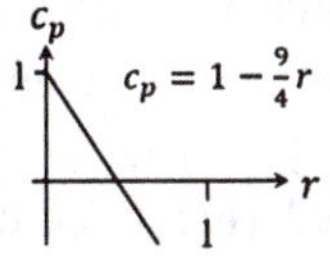
1	π	$\psi(r,\theta) = v_\infty \cdot r sin(\theta)$	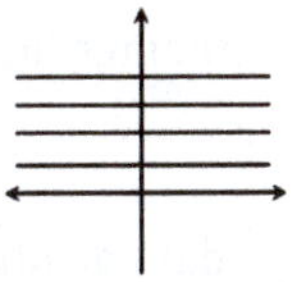	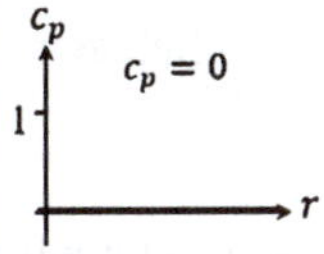
$\frac{3}{4}$	$\frac{4}{3}\pi$	$\psi(r,\theta) = v_\infty \cdot r^{\frac{3}{4}} sin\left(\frac{3}{4}\theta\right)$	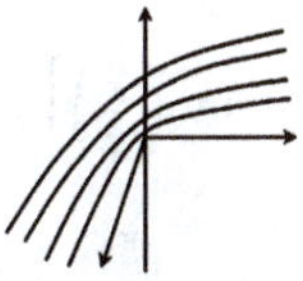	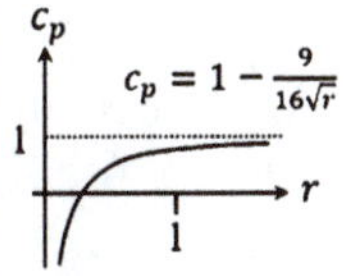
$\frac{1}{2}$	2π	$\psi(r,\theta) = v_\infty \cdot r^{\frac{1}{2}} sin\left(\frac{1}{2}\theta\right)$	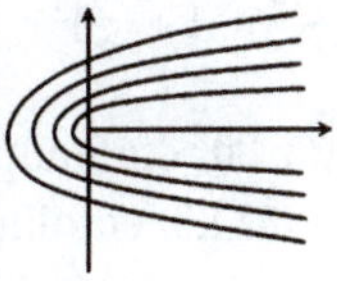	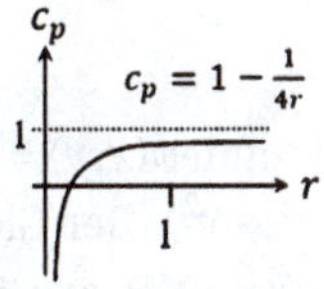

Abb. 34.1: Übersicht zu den Keilströmungen.

Beispiel 1. Es soll die Strömung eines Keils mit dem Öffnungswinkel $\alpha = \frac{\pi}{8}$ und $v_\infty = 1$ simuliert werden.

a) Wie lauten Potential und Stromfunktion?

b) In welcher Entfernung zum Eckpunkt auf der Innenwand der Ecke beträgt der Druckbeiwert $c_p = -0{,}5$?

Lösung.

a) Es folgt $\frac{\pi}{8} = 2(\pi - \frac{\pi}{n})$ und $n = \frac{16}{15}$. Potential und Stromfunktion lauten dann

$$\phi(r,\theta) = v_\infty \cdot r^{\frac{16}{15}} \cdot \cos\left(\frac{16}{15}\theta\right) \quad \text{bzw.} \quad \psi(r,\theta) = v_\infty \cdot r^{\frac{16}{15}} \cdot \sin\left(\frac{16}{15}\theta\right).$$

b) Mit

$$c_p = 1 - \left(\frac{16}{15}\right)^2 \cdot r^{2\cdot(\frac{16}{15})-2} = -0{,}5$$

erhält man die Entfernung zu $r = 7{,}95\,\text{m}$.

Beispiel 2. Spiegelt man die Strömung im Fall $n = 2$ an der y-Achse, so ergibt sich der Verlauf einer senkrecht angeströmten Wand, auch Staupunktströmung genannt.

a) Bestimmen Sie Potential und Stromfunktion in kartesischen Koordinaten.

b) Wenden Sie die Bernoulli-Gleichung auf die senkrechte Stromlinie ψ_a an und vergleichen Sie einen genügend weit vom Staupunkt S entfernten beliebigen Punkt $A(0, y)$ mit S.
Wiederholen Sie dasselbe für einen beliebigen Punkt $B(x, y)$ auf einer anderen Stromlinie ψ_b im Vergleich zu $A(0, y)$ und leiten Sie eine Formel für den Druck p in einem beliebigen Punkt der Strömung her.

Lösung.

a) Mit (34.1) folgt mit $r^2 = x^2 + y^2$ das Potential zu $\phi(r, \theta) = a \cdot r^2 \cos(2\theta)$. Weiter ist

$$\cos(2\theta) = \cos\left[2\arctan\left(\frac{y}{x}\right)\right] = \left[\frac{1}{\sqrt{1+(\frac{y}{x})^2}}\right]^2 - \left[\frac{\frac{y}{x}}{\sqrt{1+(\frac{y}{x})^2}}\right]^2$$

$$= \frac{1}{1+(\frac{y}{x})^2} - \frac{(\frac{y}{x})^2}{1+(\frac{y}{x})^2} = \frac{x^2-y^2}{x^2+y^2}$$

und somit $\phi(x, y) = a(x^2 - y^2)$. Für die Staupunktströmung nimmt man aber $\phi(x, y) = \frac{1}{2}a(x^2 - y^2)$. Der Gleichung (32.1.3) entnimmt man noch $\frac{\partial\psi}{\partial y} = \frac{\partial\phi}{\partial x}, \frac{\partial\psi}{\partial y} = ax$ und somit $\psi(x, y) = axy$. Stromfunktionen (und Potentiale) entsprechen Hyperbeln (und Halbreise) um das Zentrum (Abb. 35.1 links).

b) Die Geschwindigkeiten ergeben sich zu $v_x = ax$ und $v_y = ay$. Der 1. Vergleich mit (30.3.10) liefert $p_A + \frac{1}{2}\rho a^2 = p_{\text{Stau}}$. Da A weit von S entfernt liegt, können wir mit einem kleinen Fehler A auf ψ_b setzen, womit die Bernoulli-Gleichung abermals gültig ist. Man erhält $p_A + \frac{1}{2}\rho a^2 = p_B + \frac{1}{2}\rho v^2$ oder $p_{\text{Stau}} = p_B + \frac{1}{2}\rho a^2(x^2 + y^2)$. Schließlich folgt $p(x, y) = p_{\text{Stau}} - \frac{1}{2}\rho a^2(x^2 + y^2)$. Interessant sind noch die Isobaren (p = konst.). Man erhält konzentrische Kreise um S mit dem Radius (Abb. 35.1 links gestrichelt)

$$R = \frac{1}{a}\sqrt{\frac{2(p_{\text{Stau}} - p_{\text{konst.}})}{\rho}}.$$

35 Reibungsgbehaftete Rohrströmungen

Den bisherigen Potentialströmungen liegt die Annahme einer idealen Flüssigkeit zugrunde. Ein solches Fluid besitzt keine Viskosität. Demnach gibt es weder eine Reibung der Teilchen untereinander (innere Reibung) noch eine Reibung an den Begrenzungsflächen der Strömung. Somit geht auch nie Energie verloren, weil kein Strömungswiderstand existieren kann. Eine direkte Folge davon ist das D'Alembert'sche Paradoxon. Insbesondere gleitet eine solche Strömung reibungsfrei um ein Hindernis und besitzt an der Wand selber die größte Geschwindigkeit. In Wirklichkeit ist das Gegenteil der Fall: Die Teilchen haften an der Wand. Die Potentialströmungen sind aber nicht völlig falsch, sie gelten nur in einem Außenbereich des umströmten Körpers. Diese Außenzone wird später durch die sogenannte Grenzschichtdicke abgegrenzt werden. Bei einem realen Fluid hingegen geht mit der Bewegung zwangsweise ein Energieverlust und folglich ein Druckverlust einher. Dabei wird kinetische Energie in Reibungswärme dissipiert. Die Gründe dafür sind:

1. Reibung innerhalb des Fluids. Die Moleküle tauschen Impulse aus.
2. Reibung an der Wand. Die Moleküle geben die Impulse an die Wand weiter.
3. Beschaffenheit der Wand. Je rauer die Wand, umso größer ist die Reibung. So lange die Strömung laminar bleibt, spielt die Rauheit keine Rolle.
4. Art der Strömung. Beim Übergang von laminarer zu turbulenter Strömung erhöht sich ebenfalls die Reibung.
5. Form des Rohrs.
   a. Dies haben wir beim Borda-Carnot-Stoß (Kap. 30.4, Bsp. 6) erkannt. Plötzliche Rohrquerschnittsänderung gilt es zu vermeiden, es erfolgt ein Druckabfall.
   b. Eine Krümmung birgt auch statische Probleme. Es entstehen Druckkräfte, die es aufzufangen gilt. Den Verlust bezeichnet man in diesem Fall als lokal. Im Gegensatz dazu ist der kontinuierliche Verlust ortsunabhängig.

35.1 Die Bernoulli-Gleichung für reibungsbehaftete Rohrströmungen

Die Form für den folgenden lokalen Druckverlust orientiert sich am Ausdruck (30.4.14) und der Ansatz für den kontinuierlichen Verlust stammt von Weisbach.

Herleitung von (35.1.2)

Für einen lokalen bzw. ortsunabhängigen, kontinuierlichen Druckverlust schreiben wir

$$\Delta p_{V,\mathrm{lok}} = \xi \cdot \rho \frac{\overline{u}^2}{2} \quad \text{mit der Verlustziffer } \xi \quad \text{und}$$

$$\Delta p_{V,\mathrm{kont}} = \xi \cdot \rho \frac{v^2}{2} = \lambda \frac{l}{d} \rho \frac{\overline{u}^2}{2}. \tag{35.1.1}$$

https://doi.org/10.1515/9783111345765-035

Dabei entspricht $\overline{u}$ der mittleren Strömungsgeschwindigkeit, l der Rohrlänge, $\overline{d}$ dem (mittleren) Rohrdurchmesser und λ der Rohrreibungszahl. Die Kombination von (30.3.10) mit (35.1.1) ergibt die Bernoulli-Gleichung für reibungsbehaftete Strömungen:

$$\frac{1}{2}\rho v_1^2 + p_1 + \rho g h_1 = \frac{1}{2}\rho v_2^2 + p_2 + \rho g h_2 + \xi\rho\frac{\overline{u}^2}{2} + \lambda\frac{l}{\overline{d}}\rho\frac{\overline{u}^2}{2} \quad \text{mit} \quad \overline{u} = \frac{v_1 + v_2}{2}. \tag{35.1.2}$$

Beispiel. Wasser von 15 °C wird in einem kreisrunden Rohr der Länge $l = 1\,\text{km}$ einen Berg hinaufgepumpt. Der Höhenunterschied beträgt $\Delta h = 425\,\text{m}$. Der Volumenstrom ist $\dot{V} = \dot{Q} = 5\,\frac{\text{m}^3}{\text{s}}$ und die Dichte $\rho_{15^\circ} = 990{,}10\,\frac{\text{kg}}{\text{m}^3}$. Durchmesser und Druck am Eingang bzw. am Ausgang des Rohrs sind $d_1 = 1\,\text{m}$, $p_1 = 50\,\text{bar}$ bzw. $d_2 = 1{,}2\,\text{m}$, $p_1 = 10\,\text{bar}$. Es gibt keine lokale Verluste. Ermitteln Sie die Rohrreibungszahl λ.

Lösung. Der Druckverlust muss der linken Seite von (35.1.2) zugeschrieben werden:

$$\frac{1}{2}\rho v_1^2 + p_1 + \rho g h_1 + \Delta p_{V,\text{kont}} = \frac{1}{2}\rho v_2^2 + p_2 + \rho g h_2.$$

Aufgelöst ist

$$\Delta p_{V,\text{kont}} = p_2 - p_1 + \frac{1}{2}\rho(v_2^2 - v_1^2) + \rho g(h_2 - h_1).$$

Mit der Kontinuitätsgleichung (30.3.4) gilt $v_1 = \frac{\dot{Q}}{A_1} = 6{,}37\,\frac{\text{m}}{\text{s}}$ und $v_2 = \frac{\dot{Q}}{A_2} = 4{,}42\,\frac{\text{m}}{\text{s}}$. Dann erhält man

$$\Delta p_{V,\text{kont}} = 10^6 - 5\cdot 10^6 + \frac{1}{2}\cdot 990{,}10(4{,}42^2 - 6{,}37^2) + 990{,}10\cdot 9{,}81\cdot 425 = 1{,}17\,\text{bar}.$$

Weiter ist

$$\overline{u} = \frac{v_1 + v_2}{2} = \frac{6{,}37 + 4{,}42}{2} = 5{,}39\,\frac{\text{m}}{\text{s}}$$

und (35.1.1) umgeformt, ergibt

$$\lambda = \frac{2\overline{d}\Delta p_{\text{kont}}}{l\rho\overline{u}^2} = \frac{2\cdot 1{,}1\cdot 1{,}17\cdot 10^5}{1000\cdot 990{,}1\cdot 5{,}39^2} = 0{,}009.$$

Bemerkung. Den Wert von λ erhalten wir auch auf andere Weise. Wir bestimmen zuerst die Reynolds-Zahl (27.2.1): $\text{Re} = \frac{\rho\cdot\overline{d}\cdot\overline{u}}{\eta} = 5161868$ mit $\overline{d} = 1{,}1\,\text{m}$ und $\eta_{15^\circ} = 1138{,}0\cdot 10^{-6}\,\frac{\text{kg}}{\text{ms}}$. Für hydraulisch raue Rohre der Rauheit k lautet die Iterationsformel von Colebrook-White (Herleitung Kap. 42.7)

$$\frac{1}{\sqrt{\lambda}} = 1{,}74 - 2\cdot\log_{10}\left(\frac{2k}{d} + \frac{18{,}7}{\text{Re}\sqrt{\lambda}}\right). \tag{35.1.3}$$

Nimmt man $k = 5\,\mathrm{mm}$, dann folgt $\lambda = 0{,}016$. Ist das Rohr hydraulisch glatt, also $k = 0$, dann liefert die Lösung der Gleichung $\lambda = 0{,}009$ in Übereinstimmung mit oben.

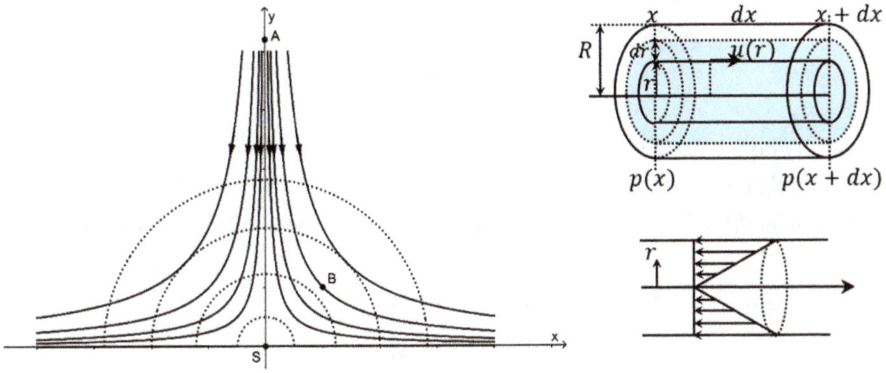

Abb. 35.1: Skizzen zur ebenen Staupunktströmung und laminaren Strömung.

35.2 Laminare Strömungen

Wir betrachten die stationäre Strömung eines inkompressiblen Newton'schen Fluids mit einer Reynolds-Zahl $\mathrm{Re} < 2300$ in einem waagrechten Rohr.

Herleitung von (35.2.1)–(35.2.8)

Aus der Inkompressibilität folgern wir, dass sowohl Geschwindigkeit als auch Massenstrom zeitlich unverändert bleiben. Die zeitliche Impulsänderung ist damit null. Da die Gewichtskraft aufgrund der horizontalen Strömung keine Rolle spielt, entspricht die Nullsumme der Impulserhaltung (in waagrechter Richtung) der Summe aller angreifenden Kräfte (in waagrechter Richtung).

Bilanz und lineare Approximation: Kräftebilanz an einer Hohlzylinderschicht.

Wir denken uns die horizontale Wassersäule in Hohlzylinderschichten (Laminare) der Dicke dr und Länge dx zerlegt (Abb. 35.1 rechts oben). Die Verschiebung der ineinandergeschachtelten Schichten erzeugt eine Reibungskraft $dF_R = dA \cdot \tau(r) = 2\pi r \cdot dx \cdot \tau(r)$ mit der zugehörigen Schubspannung τ. Setzen wir ein Newton'sches Fluid voraus, dann erhält man gemäß (9.1.1) $\tau(r) = \eta \cdot \frac{du}{dr}$ mit η für die dynamische Viskosität. Damit hat man $dF_R = 2\pi r \cdot dx \cdot \eta \cdot \frac{du}{dr}$. Die Strömung wird durch die Druckkraftdifferenz

$$dF_p = [p(x + dx) - p(x)] \cdot \pi r^2 = -\frac{dp}{dx} dx \cdot \pi r^2$$

aufrechterhalten. Der Druckunterschied dp ist dabei negativ, da $p(x+dx) < p(x)$. Folglich ist $dF_R + dF_p = 0$, woraus man

$$2\pi r \cdot dx \cdot \eta \cdot \frac{du}{dr} = \frac{dp}{dx}dx \cdot \pi r^2 \quad \text{und} \quad du(r) = \left(\frac{dp}{dx}\right) \cdot \frac{r}{2\eta} \cdot dr \tag{35.2.1}$$

erhält. Daraus ergibt sich die Spannungsverteilung

$$\tau(r) = \left(\frac{dp}{dx}\right) \cdot \frac{r}{2}. \tag{35.2.2}$$

Die Spannung wächst somit linear mit dem Abstand zum Zentrum (Abb. 35.1 rechts unten). Infolge der Rotationssymmetrie führt die Darstellung der Spannung zu einem Hohlkegel. Da $dp < 0$, ist $\tau(r)$ rückwärts gerichtet. Die Integration von (35.2.1) liefert

$$u(r) = \left(\frac{dp}{dx}\right) \cdot \frac{r^2}{4\eta} + C.$$

Für $r = R$ haftet das Fluid an der Wand, was $u(R) = 0$ und $C = -(\frac{dp}{dx}) \cdot \frac{R^2}{4\eta}$ nach sich zieht. Insgesamt lautet das Geschwindigkeitsprofil

$$u(r) = -\left(\frac{dp}{dx}\right) \cdot \frac{R^2}{4\eta}\left[1 - \left(\frac{r}{R}\right)^2\right]. \tag{35.2.3}$$

Es entspricht dem Rand eines Paraboloids. Die größte Geschwindigkeit wird bei $r = 0$ erreicht (Scheitelpunkt) und beträgt $u_{\max} = -(\frac{dp}{dx}) \cdot \frac{R^2}{4\eta}$. Damit kann man auch schreiben:

$$u(r) = u_{\max}\left[1 - \left(\frac{r}{R}\right)^2\right]. \tag{35.2.4}$$

Der Verlauf wurde schon in Abb. 21.2 links oben skizziert. Als Nächstes bestimmen wir den Volumenstrom $\dot{V} = \frac{dV}{dt}$, die Volumenmenge des Fluids, die pro Sekunde durch das Rohr strömt. Sei $2\pi r \cdot dr$ die Fläche des Ringspalts, dann ist $d\dot{V} = u(r) \cdot 2\pi r \cdot dr$ der Volumenstrom durch diesen Ringspalt und gesamthaft erhält man $\dot{V} = \int_0^R u(r) \cdot 2\pi r \cdot dr$ (allgemein gilt $\dot{V} = \int_A u(r) \cdot dA$). Setzt man den Verlauf (35.2.3) ein, dann ergibt sich

$$\begin{aligned}\dot{V} &= -\left(\frac{dp}{dx}\right) \cdot \frac{R^2}{4\eta}\int_0^R\left[1 - \left(\frac{r}{R}\right)^2\right]2\pi r \cdot dr = -\left(\frac{dp}{dx}\right) \cdot \frac{\pi R^2}{2\eta}\int_0^R\left(r - \frac{r^3}{R^2}\right)dr \\ &= -\left(\frac{dp}{dx}\right) \cdot \frac{\pi R^2}{2\eta}\left[\frac{r^2}{2} - \frac{r^4}{4R^2}\right]_0^R\end{aligned}$$

und schließlich das Gesetz von Hagen-Poiseuille:

$$\dot{V} = -\left(\frac{dp}{dx}\right) \cdot \frac{\pi R^4}{8\eta}. \tag{35.2.5}$$

Für die mittlere Geschwindigkeit des Fluids erhält man

$$\overline{u} = \frac{\dot{V}}{\pi R^2} = -\left(\frac{dp}{dx}\right) \cdot \frac{R^2}{8\eta} \tag{35.2.6}$$

und es gilt $u_{max} = 2 \cdot \overline{u}$. Die mittlere Geschwindigkeit aus dem Geschwindigkeitsprofil zu bestimmen ist falsch, weil jenes nur das Profil eines Längsschnitts des Paraboloids darstellt. Für den Druckverlust Δp_V entlang der Rohrstrecke l gilt mit (35.2.6)

$$\overline{u} = -\left(\frac{\Delta p_V}{l}\right) \cdot \frac{R^2}{8\eta} \quad \text{oder} \quad \Delta p_V = \frac{8\eta \cdot l \cdot \overline{u}}{R^2}.$$

Aus

$$\pi R^2 \overline{u} = \dot{V} = \frac{\pi \cdot \Delta p_V \cdot R^4}{8\eta \cdot l}$$

folgt

$$8\pi\eta \cdot l \cdot \overline{u} = \Delta p_V \cdot \pi R^2 = F_R.$$

Die Reibungskraft auf ein Fluid entlang einer Rohrwand der Länge l beträgt damit

$$F_R = 8\pi \cdot \eta \cdot l \cdot \overline{u}. \tag{35.2.7}$$

Schließlich lässt sich noch die Rohrreibungszahl bestimmen. Mit der Reynolds-Zahl (27.2.1) folgt aus

$$\Delta p_V = \frac{8 \cdot \eta \cdot l \cdot \overline{u}}{R^2} = \frac{32 \cdot \eta \cdot l \cdot \overline{u}}{d^2} = \frac{64 \cdot \eta}{\rho \cdot \overline{u} \cdot d} \cdot \frac{l\rho}{d} \cdot \frac{\overline{u}^2}{2} = \frac{64}{\text{Re}} \cdot \frac{l\rho}{d} \cdot \frac{\overline{u}^2}{2}$$

durch Vergleich mit (35.1.1)

Die Rohrreibungszahl

$$\lambda = \frac{64}{\text{Re}}. \tag{35.2.8}$$

Die laminare Strömung besitzt somit eine Rohrreibungszahl, die nur von der Reynolds-Zahl abhängt. Auf diese Weise kann das Hagen-Poiseuille-Gesetz für laminare Strömungen in die Weisbach-Formel für beliebige Strömungen implementiert werden.

Beispiel. Durch eine Rohrleitung der Länge 1 km und einem Durchmesser von $d = 5\,\text{cm}$ fließen pro Sekunde 3 L Heizöl. Die Stoffwerte sind $\nu_{20^\circ} = 50 \cdot 10^{-6}\,\frac{\text{m}^2}{\text{s}}$ und $\rho_{20^\circ} = 900\,\frac{\text{kg}}{\text{m}^3}$.

Welchen Druckunterschied erfordert dies?

Lösung. Es gilt

$$\overline{u} = \frac{\dot{V}}{\pi R^2} = \frac{3 \cdot 10^{-3}}{\pi \cdot 0{,}025^2} = 1{,}53\,\frac{\mathrm{m}}{\mathrm{s}} \quad \text{und} \quad \mathrm{Re} = \frac{\overline{u} \cdot d}{\nu} = \frac{1{,}53 \cdot 0{,}05}{50 \cdot 10^{-6}} = 1527 < 2300,$$

also ist die Strömung noch laminar. Gleichung (35.2.8) ergibt $\lambda = \frac{64}{1527} = 0{,}042$. Der resultierende Druckverlust muss durch einen Druckunterschied ausgeglichen werden. Mit (35.1.1) erhält man

$$\Delta p_{\mathrm{kont}} = \xi \cdot \rho \frac{v^2}{2} = \lambda \frac{l}{d} \rho \frac{\overline{u}^2}{2} = 0{,}042 \cdot \frac{1000}{0{,}05} \cdot 900 \cdot \frac{1{,}53^2}{2} = 8{,}8\,\mathrm{bar}.$$

Dasselbe Ergebnis folgt durch Auflösen von (35.2.5) nach dp mit $dx = l$, also ohne den Wert von λ.

35.3 Turbulente Rohrströmungen

Turbulente Strömungen sind dadurch gekennzeichnet, dass ihre Reynolds-Zahl größer als 2300 ist. Das Geschwindigkeitsprofil einer turbulenten Strömung in einem kreisrunden Rohr mit Radius R kann nicht theoretisch hergeleitet werden. Messungen zeigen, dass man die Geschwindigkeit $u(r)$ innerhalb des gesamten Rohrs approximieren kann durch

$$u(r) = u_{\max}\left(1 - \frac{r}{R}\right)^{\frac{1}{n}}. \tag{35.3.1}$$

Dabei ist $n = n(\mathrm{Re}, \frac{k}{d})$ eine Funktion der Reynolds-Zahl, dem Durchmesser d und Rauheit k des Rohrs. (Die Herleitung des logarithmischen Geschwindigkeitsfeldes innerhalb der turbulenten Wandzone folgt in Kap. 42.6.) Es gilt dabei folgende Näherungstabelle:

Re	$1 \cdot 10^5$	$6 \cdot 10^5$	$1{,}2 \cdot 10^6$	$2 \cdot 10^6$
n	7	8	9	10

Herleitung von (35.3.2)

Wie schon bei der laminaren Strömung bestimmen wir den gesamten Volumenfluss $\dot{V}$. Dazu betrachten wir wieder eine Hohlzylinderschicht mit Radius r und Dicke dr. Es gilt

$$\dot{V} = \int_0^R u(r) \cdot 2\pi r \cdot dr = 2\pi \cdot u_{\max} \int_0^R r\left(1 - \frac{r}{R}\right)^{\frac{1}{n}} \cdot dr.$$

Mit $\frac{r}{R} := x$ folgt $dr = R \cdot dx$ und somit

$$\dot{V} = 2\pi R^2 \cdot u_{\max} \int_0^1 x(1-x)^{\frac{1}{n}} \cdot dx.$$

Eine partielle Integration liefert

$$\int_0^1 x(1-x)^{\frac{1}{n}} \cdot dx = x\frac{n}{n+1} \cdot (1-x)^{\frac{n+1}{n}}\Big|_0^1 - \frac{n}{n+1}\int_0^1 (1-x)^{\frac{n+1}{n}} \cdot dx = -\frac{n}{n+1}\int_0^1 (1-x)^{\frac{n+1}{n}} \cdot dx$$

$$= -\frac{n}{n+1} \cdot \frac{n}{2n+1}\left[(1-x)^{\frac{2n+1}{n}}\right]_0^1 = \frac{n^2}{(n+1)(2n+1)}.$$

Insgesamt erhalten wir

$$\dot{V} = 2\pi R^2 \cdot u_{\max} \cdot \frac{n^2}{(n+1)(2n+1)} \quad \text{und} \quad \overline{u} = u_{\max} \cdot \frac{2n^2}{(n+1)(2n+1)}. \tag{35.3.2}$$

Beispiel 1. Durch eine horizontale Stahlrohrleitung von 2 km Länge und 50 cm Durchmesser fließen pro Minute 80 m^3 Wasser von 15°C. Die Rauheit der Rohrinnenwand beträgt $k = 0{,}1\,\mathrm{mm}$. Die Stoffwerte sind $\rho_{15^\circ} = 999{,}10\,\frac{\mathrm{kg}}{\mathrm{m}^3}$ und $\eta_{15^\circ} = 1138{,}0 \cdot 10^{-6}\,\frac{\mathrm{kg \cdot m^2}}{\mathrm{s}}$.

Schätzen Sie die maximale Geschwindigkeit des Wassers ab.

Lösung. Es gilt

$$\overline{u} = \frac{\dot{V}}{\pi R^2} = \frac{80}{60 \cdot \pi \cdot 0{,}25^2} = 1{,}70\,\frac{\mathrm{m}}{\mathrm{s}}.$$

Weiter ist

$$\mathrm{Re} = \frac{\rho \cdot d \cdot \overline{u}}{\eta} = \frac{999{,}10 \cdot 0{,}5 \cdot 1{,}70}{1138{,}0 \cdot 10^{-6}} = 745222$$

und die Strömung turbulent. Mit (35.1.3) erhält man $\lambda = 0{,}0150$. Den Druckverlust findet man mit (35.1.1) zu

$$\Delta p = \lambda \cdot \frac{l\rho}{d} \cdot \frac{\overline{u}^2}{2} = 0{,}015 \cdot \frac{2000 \cdot 999{,}10}{0{,}5} \cdot \frac{1{,}70^2}{2} = 0{,}86\,\mathrm{bar}.$$

Da die Reynolds-Zahl $7{,}45 \cdot 10^5$ in obiger Tabelle einem Exponenten zwischen $n = 8$ und $n = 9$ entspricht, kann man durch lineare Interpolation der Werte ($\mathrm{Re} = 6 \cdot 10^5/n = 8$) und ($\mathrm{Re} = 1{,}2 \cdot 10^6/n = 9$) etwa $n = \frac{1}{6} \cdot 10^{-5} \cdot \mathrm{Re} + 7$ angeben. Für den Exponenten erhalten wir dann $n = \frac{1}{6} \cdot 10^{-5} \cdot 7{,}45 \cdot 10^5 + 7 \approx 8{,}24$. Schließlich folgt

$$1{,}70 = u_{\max}\frac{2 \cdot 8{,}24^2}{(8{,}24+1)(2 \cdot 8{,}24+1)}$$

und endlich $u_{max} \approx 2{,}02\,\frac{m}{s}$. Im Moment begnügen wir uns mit der Angabe dieses Geschwindigkeitsprofils der turbulenten Strömung. Es stellt auch nur eine Näherung dar. Die Erfassung einer turbulenten Strömung in all ihren Aspekten erfolgt ab Kap. 42.

Beispiel 2. Eine horizontale Wasserleitung mit dem Durchmesser 0,1 m passiert nacheinander die Punkte A, B, C und D. Es gilt $\overline{AB} = 1\,\text{km}$, $\overline{BC} = 1{,}5\,\text{km}$ und $\overline{CD} = 1\,\text{km}$. Zwischen den Punkten B und C verläuft sie vollständig innerhalb eines Erdwalls, der Rest der Leitung ist frei zugänglich. Eine Druckmessung ergibt $p_A = 6\,\text{bar}$, $p_B = 4\,\text{bar}$, $p_C = 1{,}5\,\text{bar}$ und $p_D = 1\,\text{bar}$. Da die Druckwerte nicht gleichmäßig abnehmen, vermutet man ein Leck zwischen den Punkten B und C. Die Stoffwerte sind $\rho = 10^3\,\frac{kg}{m^3}$ und $\nu = 10^{-6}\,\frac{m^2}{s}$. Der Einfachheit gehen wir von einem hydraulisch glatten Rohr aus.

a) Wie groß sind die mittleren Strömungsgeschwindigkeiten $\overline{u}_{AB}$ und $\overline{u}_{CD}$ in den entsprechenden Abschnitten?
b) Bestimmen Sie den Volumenstrom für den Wasserverlust an der Leckstelle.
c) An welcher Stelle befindet sich das Leck?

Lösung.

a) Gleichung (35.1.1) wird umgeformt zu

$$\lambda = \frac{2d\Delta p_V}{l\rho\overline{u}^2}$$

und in (35.1.3) eingesetzt. Mit $\text{Re} = \frac{\overline{u}\cdot d}{\nu}$ erhält man

$$\sqrt{\frac{l\rho}{2d\Delta p_V}}\,\overline{u} = 1{,}74 - 2\cdot\log_{10}\left(\frac{18{,}7\nu}{d}\sqrt{\frac{l\rho}{2d\Delta p_V}}\right)$$

und daraus mit $\Delta p_{V,AB} = 2\,\text{bar}$ bzw. $\Delta p_{V,BC} = 1\,\text{bar}$ die mittleren Geschwindigkeiten $\overline{u}_{AB} = 1{,}56\,\frac{m}{s}$ bzw. $\overline{u}_{CD} = 1{,}06\,\frac{m}{s}$.

b) Aus $\dot{Q}_{AB} = A\cdot\overline{u}_{AB} = \pi\cdot 0{,}02^2\cdot 1{,}56 = 12{,}27\,\frac{L}{s}$ und $\dot{Q}_{CD} = 8{,}33\,\frac{L}{s}$ folgt $\dot{Q}_{\text{Verlust}} = 3{,}94\,\frac{L}{s}$.

c) Die beiden Punkte $A(0\,\text{m}, 6\,\text{bar})$ und $B(1, 4)$ ergeben die Druckfunktion $p_{AB}(x) = -2x + 6$ und für die Punkte $C(2{,}5, 1{,}5)$ und $D(3{,}5, 1)$ erhält man $p_{CD}(x) = -0{,}5x + 2{,}75$. Damit erhält man den Ort des Lecks aus der Lösung von $-2x + 6 = -0{,}5x + 2{,}75$ bei $x = 2167\,\text{m}$.

36 Gerinneströmungen – 1. Teil

Unter einem Gerinne versteht man eine Strömung, die allein unter Einfluss der Schwerkraft in einem oben offenen natürlichen Bett, einem künstlich angelegten Kanal oder einer teilweise gefüllten Röhre aufrechterhalten wird. Weiter gehen wir durchweg von kurvenfreien Gerinnen aus.

Einschränkungen:

- Reibungskräfte werden bis und mit Kap. 34 vernachlässigt.
- Sämtliche Gerinne verlaufen gerade.

Antriebsdrucke wie bei der Rohrströmung gibt es in einem Gerinne nicht. Beim vollgefüllten Rohr hat eine Geschwindigkeitsänderung eine Druckänderung zur Folge und umgekehrt. Beim Gerinne bedeutet ein Geschwindigkeitsunterschied zwar ebenfalls ein Druckunterschied, aber dieser ist gleichbedeutend mit einer Änderung des Wasserspiegels, was wiederum eine Änderung des benetzten Umfangs nach sich zieht. Im Unterschied zur bisherigen Rohrströmung bei vollständig gefülltem Rohr hat man es bei einer Gerinneströmung mit einem veränderlichen Strömungsverlust zu tun. Somit entspricht ein bis zu einer gewissen Höhe gefülltes Rohr ebenfalls einem Gerinne und der Druckverlust bestimmt sich zwar weiterhin mit (35.1.1), $\overline{d}$ muss aber durch den hydraulischen Durchmesser d_H (als Maß für den benetzten Umfang) ersetzt werden (siehe (36.4.2)).

Herleitung von (36.1)–(36.3)

Die Bernoulli-Gleichung für eine beliebige Stromlinie in Abb. 36.1 links lautet gemäß (35.1.2)

$$\frac{1}{2}\rho v_1^2 + p_1 + \rho g z_1 = \frac{1}{2}\rho v_2^2 + p_2 + \rho g z_2 + \Delta p_V.$$

Die Höhen z_1 und z_2 nennt man auch geodätische Höhen bezüglich einer Nulllage. Umgeschrieben auf die entsprechenden Energiehöhen erhält man

$$\frac{v_1^2}{2g} + \frac{p_1}{\rho g} + z_1 = \frac{v_2^2}{2g} + \frac{p_2}{\rho g} + z_2 + \Delta h_V. \tag{36.1}$$

Wir können den wirkenden Luftdruck p_0 an beiden Stellen als konstant voraussetzen. Solange die Strömung horizontal verläuft, hat dieser auch keinen Einfluss auf das Strömungsverhalten. Für den durch die Wassersäule erzeugten Druck setzen wir folgende *Idealisierung:*

Die Wassersäule ruft einen rein hydrostatischen Druck hervor.

Damit kann man $p_1 = p_0 + \rho g h_1$ und $p_2 = p_0 + \rho g h_2$ schreiben und aus (36.1) entsteht

$$\frac{v_1^2}{2g} + h_1 + z_1 = \frac{v_2^2}{2g} + h_2 + z_2 + \Delta h_V. \tag{36.2}$$

https://doi.org/10.1515/9783111345765-036

Bei einem Gerinne lässt sich somit Druck- und Wasserspiegellinie miteinander identifizieren. Gleichung (36.2) kann man beispielsweise am Boden auswerten, was genau (36.2) entspricht. Für ein Teilchen an der Wasseroberfläche sind die neuen geodätischen Höhen $z_1^* = h_1 + z_1$ und $z_2^* = h_2 + z_2$, hingegen entfallen die Wasserspiegelhöhen. Insgesamt erhält man ebenfalls (36.2), was die Verwendung von (36.2) für das gesamte Gerinne rechtfertigt.

Bis zum Wechselsprung betrachten wir dissipationsfreie Strömungen, sodass die Energielinie parallel zum Boden gezeichnet werden kann und die Pfeile des Geschwindigkeitsdrucks bis zur Energielinie führen. Der eingezeichnete Verlauf in Abb. 36.1 links für den Wasserspiegel stimmt nur, falls nach der abschüssigen Sohle das Wasser aufgestaut wird. Ansonsten müsste der Wasserspiegel fallend skizziert werden. Abb. 36.1 rechts zeigt die Verringerung bzw. Vergrößerung der Wassertiefen h_1, h_2 und h_3 bei zunehmender bzw. abnehmender Geschwindigkeit. Der Einfachheit halber betrachten wir zusätzlich ein horizontales Gerinne.

Einschränkung: $\Delta h_V = 0$ und $z_1 = z_2$.

Damit können wir (36.2) als Energiehöhe angeben:

$$h_E = h + \frac{v^2}{2g} = \text{konst.} \tag{36.3}$$

(Aufgrund der Reibung zwischen Wasseroberfläche und Umgebungsluft wird die maximale Geschwindigkeit etwas unterhalb der Wasseroberfläche erreicht.) Wir schreiben also v_1 und v_2, meinen aber die von der Sohle bis zur Wasseroberfläche gemittelten Geschwindigkeiten $\overline{v}_1$ und $\overline{v}_2$.

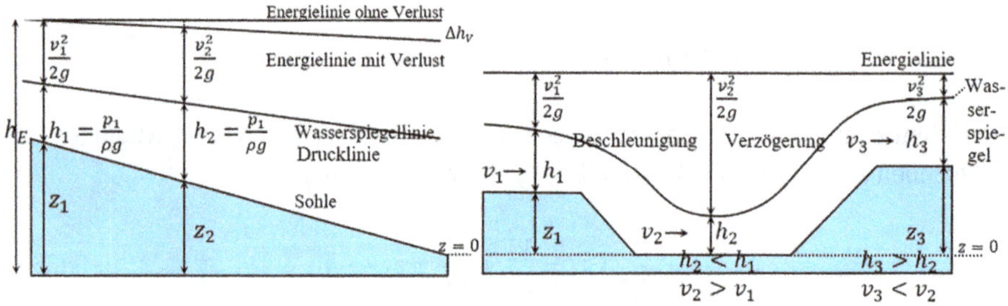

Abb. 36.1: Skizze zur Gerinneströmung und zur Veränderung der Wassertiefe.

36.1 Energielinie und Wasserspiegel bei konstantem Abfluss

Wir betrachten ein rechteckiges Flussbett der Breite b und gegebenem Abfluss $\dot{Q}$. Gesucht sind die sogenannte Grenzwassertiefe h_{Gr} bzw. die Grenzgeschwindigkeit v_{Gr}, für die der Abfluss gerade noch gewährleistet ist.

Herleitung von (36.1.1)–(36.1.5)
Der Abfluss beträgt $\dot{Q} = Av = bhv$, woraus $v = \frac{\dot{Q}}{bh}$ folgt. Eingesetzt in (36.3) erhalten wir

$$h_E(h) = h + \frac{1}{2g} \cdot \frac{\dot{Q}^2}{b^2h^2}. \tag{36.1.1}$$

Gleichung (36.1.1) lässt sich auf zwei Arten interpretieren. In diesem Band wird lediglich der Fall $\dot{Q}$ = konst. untersucht. In Band 5 kann man die Ausführungen für h_E = konst. bzw. E = konst. nachlesen.

Es soll nun untersucht werden, für welche Tiefe im Fall von $\dot{Q}$ = konst. die Energie minimal wird.

Es soll untersucht werden, für welche Tiefe die Energie minimal wird. Aus

$$\frac{dh_E}{dh} = 1 - \frac{\dot{Q}^2}{gb^2h^3}$$

erhält man durch null setzen

$$h_{\text{Gr}} = \sqrt[3]{\frac{\dot{Q}^2}{gb^2}}. \tag{36.1.2}$$

Diese nennt man Grenztiefe. Die zugehörige Grenzgeschwindigkeit berechnet man mittels $v_{\text{Gr}} = \frac{\dot{Q}}{bh_{\text{Gr}}}$. Die Gleichung wird quadriert, $\frac{\dot{Q}^2}{b^2} = v_{\text{Gr}}^2 \cdot h_{\text{Gr}}^2$ und in den Ausdruck für h_{Gr} eingesetzt. Es ergibt sich

$$h_{\text{Gr}} = \sqrt[3]{\frac{v_{\text{Gr}}^2 \cdot h_{\text{Gr}}^2}{g}} \quad \text{und} \quad h_{\text{Gr}} = \frac{v_{\text{Gr}}^2}{g}$$

oder

$$v_{\text{Gr}} = \sqrt{g \cdot h_{\text{Gr}}}. \tag{36.1.3}$$

Die letzte Formel entspricht der in Band 5 im Zusammenhang mit den Airy-Wellen hergeleiteten Beziehung für Flachwasser: $c = \sqrt{gH}$.

Die minimale Energie beträgt

$$h_{E,\min} = h_{\text{Gr}} + \frac{v_{\text{Gr}}^2}{2g} = h_{\text{Gr}} + \frac{g \cdot h_{\text{Gr}}}{2g} = 1{,}5h_{\text{Gr}}.$$

Um den Abfluss $\dot{Q}$ zu gewährleisten, benötigt man die Mindestenergie $h_{E,\min}$. Dazu gehört eine Mindesthöhe h_{Gr} und die Mindestgeschwindigkeit v_{Gr}. Bei gegebenem Abfluss sind auch höhere Energiezustände möglich. Diese ergeben sich immer paarweise für zwei verschiedene Wassertiefen. Bei einer Tiefe von $h > h_{\text{Gr}}$ und folglich $v < v_{\text{Gr}}$ heißt die Fließart strömend und der Zustand unterkritisch. Für $h < h_{\text{Gr}}$ und folglich $v > v_{\text{Gr}}$ nennt man die Strömung schießend und den Zustand überkritisch (Abb. 36.2 links).

Ergebnis. Zu einer Energiehöhe $h_E(h)$ gibt es immer zwei verschiedene Abflusstiefen. Diese nennt man konjugierte Tiefen. Man erhält sie als Lösung der kubischen Gleichung

$$h_{E,\text{konst.}} = h + \frac{1}{2g} \cdot \frac{\dot{Q}^2}{b^2h^2},$$

wobei die dritte Lösung negativ und physikalisch bedeutungslos ist.

Die Grenztiefe lässt sich für andere Querschnitte herleiten. Im folgenden Beispiel soll dies für eine Kreisrinne geschehen (für Trapez und Dreieck siehe Band 5).

Beispiel. Gegeben ist eine Kreisrohr mit Radius r (Abb. 36.2 rechts oben). Der Abfluss $\dot{Q}$ soll konstant sein.

a) Ermitteln Sie eine Gleichung zur Bestimmung des Grenzzentriwinkels α_{Gr}.
b) Bestimmen Sie α_{Gr}, h_{Gr} und v_{Gr} für $r = 1\,\text{m}$, $\dot{Q} = 2\,\frac{\text{m}^3}{\text{s}}$.

Lösung.

a) Die Sektorfläche beträgt $A_S = \frac{1}{2}br = \frac{1}{2}2\alpha r \cdot r = \alpha r^2$ und für die Dreickesfläche gilt $A_D = r\sin\alpha \cdot r\cos\alpha = \frac{r^2}{2}\sin(2\alpha)$. Die Querschnittsfläche des Strömungskanals lautet dann

$$A = A_S - A_D = \alpha r^2 - \frac{r^2}{2}\sin(2\alpha). \tag{36.1.4}$$

Für die Grenztiefe wird aus

$$\dot{Q} = Av = \left[\alpha r^2 - \frac{r^2}{2}\sin(2\alpha)\right] \cdot v$$

aufgelöst,

$$v = \frac{2\dot{Q}}{r^2[2\alpha - \sin(2\alpha)]},$$

die Höhe h durch $r(1 - \cos\alpha)$ ersetzt und wir erhalten für die Energiehöhe

$$h_E(\alpha) = r(1 - \cos\alpha) + \frac{2Q^2}{gr^4} \cdot \frac{1}{[2\alpha - \sin(2\alpha)]^2}.$$

Weiter ist

$$\begin{aligned}\frac{dh_E}{d\alpha} &= r\sin\alpha - \frac{2\dot{Q}^2}{gr^4} \cdot \frac{2 \cdot [2\alpha - \sin(2\alpha)] \cdot [2 - 2\cos(2\alpha)]}{[2\alpha - \sin(2\alpha)]^4} \\ &= r\sin\alpha - \frac{16\dot{Q}^2}{gr^4} \cdot \frac{\sin^2\alpha}{[2\alpha - \sin(2\alpha)]^3}\end{aligned}$$

und null setzen ergibt die Gleichung

$$\frac{gr^4}{16\dot{Q}^2} = \frac{\sin \alpha_{\mathrm{Gr}}}{[2\alpha_{\mathrm{Gr}} - \sin(2\alpha_{\mathrm{Gr}})]^3}. \tag{36.1.5}$$

Gleichung (36.1.5) kann nur numerisch gelöst werden.

b) Man erhält $\alpha_{\mathrm{Gr}} = 1{,}23\ (70{,}51°)$ daraus $h_{\mathrm{Gr}} = r(1 - \cos \alpha_{\mathrm{Gr}}) = 0{,}67\,\mathrm{m}$ und schließlich

$$v_{\mathrm{Gr}} = \frac{2Q}{r^2[2\alpha_{\mathrm{Gr}} - \sin(2\alpha_{\mathrm{Gr}})]} = 2{,}18\,\frac{\mathrm{m}}{\mathrm{s}}.$$

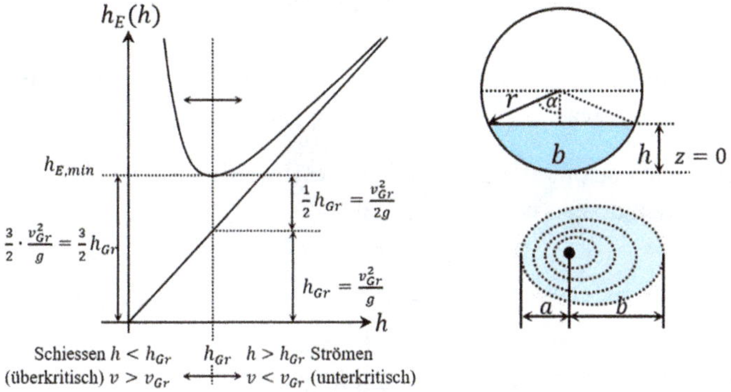

Abb. 36.2: Skizze zur Energiekurve und den Beispielen aus Kap. 36.1 und Kap. 36.2.

36.2 Trennung der Fließarten

Die Strömungsart wird mithilfe der sogenannten Froude-Zahl unterschieden. Sie vergleicht die Strömungsgeschwindigkeit mit ihrer Grenzgeschwindigkeit.

Definition. Es gilt

$$\mathrm{Fr} := \frac{v}{v_{\mathrm{Gr}}} = \frac{v}{\sqrt{g \cdot h_{\mathrm{Gr}}}}. \tag{36.2.1}$$

Es gilt:

1. $\mathrm{Fr} < 1$. strömender Abfluss: Der Normalfall bei den meisten natürlichen Flussläufen,
2. $\mathrm{Fr} = 1$. Grenzzustand und
3. $\mathrm{Fr} > 1$. schießender Abfluss: Wildbäche, Wasserfall.

Die Art der Strömung lässt sich auch ohne Messung der zwei Größen v und h_{Gr} bestimmen. Man erzeugt irgendeine Störung der Wasseroberfläche, am einfachsten von oben her, indem man beispielsweise einen Stein ins Wasser wirft.

i. Breitet sich die Oberflächenwelle etwa kreisförmig aus, dann hat man es mit einem stehenden Gewässer zu tun und es ist $\mathrm{Fr} = 0$ (Abb. 36.3 links oben).

ii. Die Welle wandert (auf Kreis- oder Ellipsenbahnen, je nach Wassertiefe) vorwiegend stromabwärts, aber auch stromaufwärts. In diesem Fall ist die Strömungsgeschwindigkeit v kleiner als die Wellengeschwindigkeit v_{Gr} und es gilt $\text{Fr} < 1$ (Abb. 36.3 links unten).
iii. Im Grenzfall bewegt sich die Welle (z. B. ellipsenförmig) nur stromabwärts mit $v = v_{\text{Gr}}$, $\text{Fr} = 1$. Die Wellenringe berühren sich alle im Punkt der Erregung (Abb. 36.3 Mitte oben).
iv. Im letzten Fall breitet sich die Welle (z. B. ellipsenförmig) nur stromabwärts aus. Es ist $v > v_{\text{Gr}}$, $\text{Fr} > 1$ und die Strömung ist schießend (Abb. 36.3 Mitte unten).

Beispiel. Sie werfen einen Stein in einen Fluss (Abb. 36.2 rechts unten). Aus dem entstehenden Wellenbild schätzen Sie etwa $b \approx 2a$. Bestimmen Sie daraus die Froude-Zahl.

Lösung. Die Welle bewegt sich stromaufwärts mit der Geschwindigkeit $v_{\text{Gr}} - v$ und stromabwärts mit der Geschwindigkeit $v_{\text{Gr}} + v$. Dann folgt

$$\frac{v_{\text{Gr}} + v}{v_{\text{Gr}} - v} = \frac{b}{a} = 2,$$

daraus $v_{\text{Gr}} + v = 2v_{\text{Gr}} - 2v$ und $v = \frac{1}{3}v_{\text{Gr}}$. Gemäß (36.2.1) folgt $\text{Fr} = \frac{v}{v_{\text{Gr}}} = \frac{1}{3} < 1$ und die Fließart ist strömend.

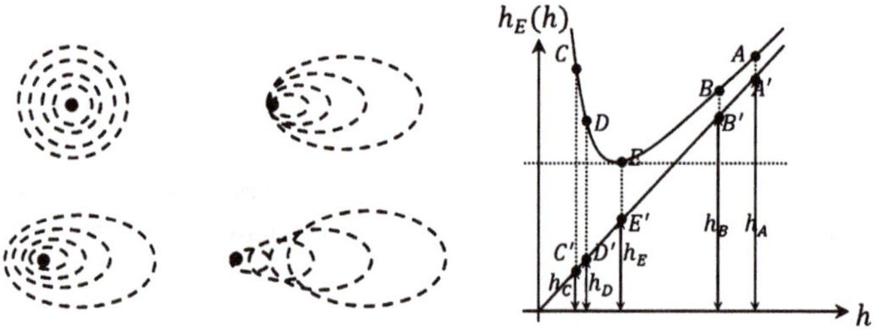

Abb. 36.3: Skizzen zu den Fließarten und zur Sohlhöhenschwankung.

36.3 Veränderung der Wassertiefe und Geschwindigkeit bei einer Sohlschwelle

Schwankungen der Sohlhöhe können die Strömungseigenschaften eines Gerinnes verändern. Dasselbe gilt für die Breite des Gerinnes, doch bis auf Weiteres sei diese konstant. Je nach Art der An- und Abströmung der Sohlerhebung lassen sich vier Fälle unterscheiden:

I. Die Anströmung ist strömend (Abb. 36.4 links oben). Die Wassertiefe sinkt von h_A auf h_B, der Betrag von $\frac{v^2}{2g}$ steigt von $\overline{A'A}$ auf $\overline{B'B}$ (Abb. 36.3 rechts). Insgesamt sinkt der Wasserspiegel und die Abströmung verläuft strömend.

II. Der Zulauf ist schießend (Abb. 36.4 rechts oben). Die Tiefe des Wassers steigt von h_C auf h_D, der Betrag von $\frac{v^2}{2g}$ sinkt von $\overline{C'C}$ auf $\overline{D'D}$ (Abb. 36.3 rechts). Insgesamt steigt der Wasserspiegel und die Abströmung verläuft schießend.

III. Die Anströmung ist strömend (Abb. 36.4 links unten). An der Bodenwelle wird die Grenztiefe erreicht, h_A sinkt auf $h_E = h_{\text{Gr}}$, $\frac{v_A^2}{2g}$ steigt auf $\frac{v_E^2}{2g}$ (Abb. 36.3 rechts). Die Strömung geht kontinuierlich ohne Reibungsverluste ins Schießen über.

IV. Der Zulauf ist schießend (Abb. 36.4 rechts unten). An der Bodenwelle tritt die Grenztiefe ein. h_C steigt auf $h_E = h_{\text{Gr}}$, $\frac{v_C^2}{2g}$ sinkt auf $\frac{v_E^2}{2g}$ (Abb. 36.3 rechts). Die Abströmung geht ins Strömen über. Dabei wird ein Teil der Energie dissipiert. Man nennt dies einen Wechselsprung, ähnlich der plötzlichen Änderung des Durchmessers eines Rohrs.

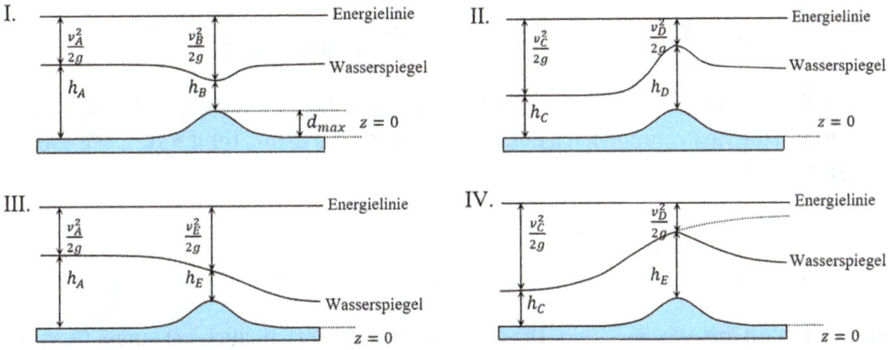

Abb. 36.4: Skizzen zu den vier Fällen der Sohlhöhenschwankung.

Beispiel. Bei einer Rechteckrinne der Breite $b = 10\,\text{m}$ und der Tiefe $h_1 = 3\,\text{m}$ wird der Durchfluss $\dot{Q} = 60\,\frac{\text{m}^3}{\text{s}}$ gemessen.

a) Welche Fließart besteht?

b) Das Wasser trifft auf eine Sohlerhebung d (Abb. 36.4 links oben). Damit der Fluss $\dot{Q}$ weiterhin konstant bleibt, darf d einen gewissen Wert d_{max} nicht überschreiten. Bestimmen Sie d_{max}.

Lösung.

a) Für die Strömung gilt $v_1 = \frac{\dot{Q}}{b \cdot h_1} = \frac{60}{10 \cdot 3} = 2\,\frac{\text{m}}{\text{s}}$ und mit (36.2.1)

$$\text{Fr} = \frac{v_1}{\sqrt{g \cdot h_1}} = \frac{2}{\sqrt{9{,}81 \cdot 3}} = 0{,}37 < 1.$$

Somit ist die Fließart strömend.

b) Die maximale Höhe d_{max} ergibt sich, wenn im Punkt B gerade die Grenztiefe erreicht wird, weil dann gerade noch der Abfluss $\dot{Q}$ gewährleistet ist. Dann gilt mit (36.1.2)

$$h_2 = h_{Gr} = \sqrt[3]{\frac{\dot{Q}^2}{g \cdot b^2}} = \sqrt[3]{\frac{60^2}{9{,}81 \cdot 10^2}} = 1{,}54\,\mathrm{m}$$

und nach (36.1.3)

$$v_2 = v_{Gr} = \sqrt{g \cdot h_{Gr}} = \sqrt{9{,}81 \cdot 1{,}54} = 3{,}89\,\frac{\mathrm{m}}{\mathrm{s}}.$$

Die Bernoulli-Gleichung oder (36.3) liefert

$$h_1 + \frac{v_1^2}{2g} = d_{max} + h_{Gr} + \frac{v_{Gr}^2}{2g}$$

(bei horizontaler Sohle) und für die maximale Höhe ist

$$d_{max} = h_1 - h_{Gr} + \frac{v_1^2}{2g} - \frac{v_{Gr}^2}{2g} = 3 - 1{,}54 + \frac{2^2}{2 \cdot 9{,}81} - \frac{3{,}89^2}{2 \cdot 9{,}81} = 0{,}89\,\mathrm{m}.$$

Die Wasserspiegelhöhe im Punkt B beträgt $d_{max} + h_{Gr} = 2{,}43\,\mathrm{m} < h_1$. Für $d < d_{max}$ verläuft die Abströmung nach Punkt B strömend (Fall I.) und für $d > d_{max}$ schießend (Fall II.) weiter.

36.4 Die Massen- und Impulsbilanz einer Gerinneströmung

Wir betrachten die Abb. 36.5 links. Die Massenbilanz entspricht auch bei einem Gerinne der Kontinuitätsgleichung für eine Stromröhre (30.3.2). Im Allgemeinen kann man drei verschiedene Gefälle unterscheiden. Das Sohlgefälle $\tan\alpha = \frac{\Delta z}{l_S} = J_S$, das Wasserspiegelliniengefälle $\tan\beta = \frac{\Delta h_W}{l_W} = J_W$, beide sichtbar und das theoretische Energieliniengefälle $\tan\gamma = \frac{\Delta h_V}{l_E} = J_E$.

Herleitung von (36.4.1)–(36.4.4)

Bilanz und Approximation: Impulsbilanz am Kontrollvolumen (in Abb. 36.5 links lang gestrichelt). Für die Impulsbilanz orientieren wir uns am Stützkraftsatz (30.4.8). Weil unsere Gerinne gerade sind, entfällt die Mantelkraft $\boldsymbol{K}$ (Druckkraft). Weiter interessiert nur die Bilanz in Strömungsrichtung. Infolge der Massenbilanz gilt $\dot{Q} = A_1 v_1 = A_2 v_2$. Zusätzlich soll nun schon die Reibungskraft F_R der Strömung an der Sohle und an den Seitenrändern in die Bilanz eingebaut werden. Beachtet man, dass nur der Gewichtkraftanteil $G \cdot \sin\beta$ in Strömungsrichtung wirkt, dann schreibt sich (30.4.8) als

$$\frac{dI}{dt} = \beta\rho(A_1 v_1^2 - A_2 v_2^2) + p_1 A_1 - p_2 A_2 + mg \cdot \sin\alpha - F_R.$$

Als Erstes betrachten wir die herrschenden Drucke. Wir zeigen in Kap. 36.10 bzw. 43.1, dass man diese als hydrostatisch annehmen kann, und zwar unabhängig davon, ob die

Strömung laminar oder turbulent verläuft. Die Druckkraft dF_p auf ein Flächenstück $dA = b \cdot dh$ der konstanten Breite b in der Tiefe h beträgt $dF_p = \rho gh \cdot bdh$. Gesamthaft ergibt sich die aus der Hydrostatik bekannte Formel

$$F_p = \rho gb \int_0^h hdh = \frac{1}{2}\rho gbh^2 = \frac{1}{2}\rho gAh.$$

Weiter gilt

$$mg \cdot \sin\alpha = \rho g\frac{A_1 + A_2}{2} \cdot \frac{l + l_W}{2} \cdot \frac{\Delta z}{l}.$$

Wir approximieren $l_W \approx l$ und weil die Gefälle in der Regel klein sind $\sin\alpha \approx \tan\alpha$. Damit gilt $mg \cdot \sin\beta = \rho gl\overline{A} \cdot J_S$ mit dem gemittelten Querschnitt $\overline{A} = \frac{A_1+A_2}{2}$. Schließlich bilden wir noch $\overline{v} = \frac{v_1+v_2}{2}$, multiplizieren den Ansatz von Weisbach (35.1.1) mit $\overline{A}$, ersetzen den Durchmesser eines Rohrs durch den hydraulischen Durchmesser (27.3.1) und erhalten so die Reibungskraft

$$F_R = \Delta p_V \cdot \overline{A} = \lambda\frac{l}{d_H}\rho\frac{\overline{v}|\overline{v}|}{2}\overline{A} = \lambda\frac{l \cdot \overline{U}}{4\overline{A}}\rho\frac{\overline{v}|\overline{v}|}{2}\overline{A} = \frac{\lambda}{8}\rho\overline{v}|\overline{v}| \cdot l\overline{U} = \tau_B \cdot l\overline{U}.$$

Man nennt

$$\tau_B = \frac{\lambda}{8}\rho\overline{v}|\overline{v}| \tag{36.4.1}$$

die Sohlschubspannung. Sie wirkt somit auf den benetzten Umfang $\overline{U}$. Damit ist die Bilanz vollständig. Sämtliche auf den Rand des Kontrollvolumes wirkende Druckkräfte wurden berücksichtigt. Die instationäre Impulsbilanz für eine ungleichförmige Strömung lässt sich beispielsweise schreiben als:

$$\frac{dI}{dt} = \beta\rho\dot{Q}(v_1 - v_2) + F_{p1} - F_{p2} + mg \cdot \frac{z_1 - z_2}{l} - \lambda\frac{l}{d_H}\rho\frac{\overline{v}|\overline{v}|}{2}\overline{A} \quad \text{oder}$$

$$\frac{dI}{dt} = \beta\rho\left(A_1v_1^2 - A_2v_2^2\right) + \frac{1}{2}\rho g(A_1h_1 - A_2h_2) + \rho gl\overline{A} \cdot J_S - \tau_B \cdot l\overline{U}.$$

Die Impulsbeiwerte sind

$$\beta_{\mathrm{lam}} = 1{,}2 \quad \text{und} \quad \beta_{\mathrm{tur}} = 1. \tag{36.4.2}$$

Die Beweise zu den Impulsbeiwerten folgen mit (36.10.10) bzw. mit (43.1).

In der Gerinneströmung spielt der Begriff des Normalabflusses eine wichtige Rolle.

Definition. Unter Normalabfluss versteht man eine stationäre Gerinneströmung, in welcher der Querschnitt im betrachteten Abschnitt gleich (kongruent) ist.

In diesem Fall sind nicht nur die Wassertiefen gleich, sondern aufgrund der Kontinuitätsgleichung auch die Geschwindigkeiten. Insbesondere stimmen alle Gefälle überein. Man erhält: Bei Normalabfluss gilt

$$A_1 = A_2, \quad h_1 = h_2, \quad v_1 = v_2 \quad \text{und} \quad J_S = J_W = J_E. \tag{36.4.3}$$

Einschränkung: Mit (36.4.3) reduziert sich (36.4.2) zu

$$\rho g A J_S = \tau_B U \quad \text{oder} \quad gA \cdot J_S = \frac{\lambda}{8}\overline{v}|\overline{v}| \cdot U.$$

Bei Normalabfluss gilt also

$$J_S = \frac{\lambda}{d_H} \cdot \frac{\overline{v}|\overline{v}|}{2g} = J_E. \tag{36.4.4}$$

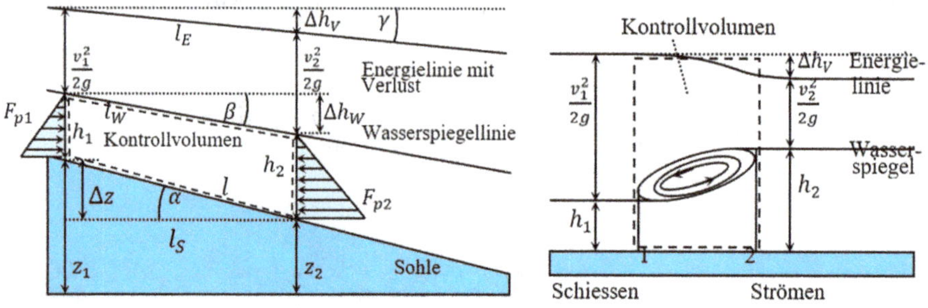

Abb. 36.5: Skizzen zur Impulserhaltung und zum Wechselsprung.

36.5 Der Wechselsprung

Unter einem Wechselsprung versteht man üblicherweise die plötzliche Änderung der Fließart von schießend zu strömend. Der Übergang geht mit einem großen Energiehöhenverlust einher. Die entstehende Verwirbelung beim Fließartwechsel nennt man auch eine Deckwalze (Abb. 36.5 rechts). (Mit Wechselsprung bezeichnet man ebenfalls die sprunghafte Änderung der Wassertiefe wie bei einer plötzlichen Verengung oder Aufweitung des Querschnitts. Dies betrachten wir aber nicht.) Beispiele für einen Wechselsprung können sein:

1. Wasser staut sich abrupt vor einem hohen Wehr auf,
2. Wasser schießt ein Wehr hinunter und verwirbelt sich am Fuß des Wehrs oder
3. Wasser schießt unter einem (von oben her) geöffneten Schütz hindurch.

Wird das Schütz eines Wehrs geöffnet oder fließt Wasser bei Hochwasser über ein Wehr, so befindet sich die Strömung im schießenden Zustand. Es ist deshalb zwingend notwendig, der Strömung die vorhandene kinetische Energie möglichst zu entziehen, um so Erosionsschäden am Wehr selber und am Flussbett des Unterwassers zu vermeiden. Meistens geschieht das in sogenannten Tosbecken. Der Energiehöhenverlust soll nun berechnet werden.

Herleitung von (36.5.1)–(36.5.4)
Als Kontrollvolumen nehmen wir einen Quader der Breite b (in Abb. 36.5 rechts gestrichelt markiert).

Vereinfachungen: Es soll nur das Phänomen des Wechselsprungs gezeigt werden. Deswegen bilden die beiden Vereinfachungen keine Einschränkungen.
- Die Sohle ist horizontal.
- Der Impulsbeiwert wird $\beta = 1$ gesetzt.

Idealisierung:

Typischerweise verläuft ein Wechselsprung entlang einer kurzen Distanz, weshalb die Sohlschubspannung gegenüber den hydrostatischen Kräften vernachlässigt werden kann.

Demnach vereinfacht sich (36.4.2) mit $J_S = 0$ und $\tau_B = 0$ zu

$$A_1 v_1^2 - A_2 v_2^2 + \frac{1}{2} g (A_1 h_1 - A_2 h_2) \quad \text{und} \quad h_2 v_2^2 - h_1 v_1^2 = \frac{1}{2} g h_1^2 - \frac{1}{2} g h_2^2.$$

Mithilfe der Kontinuitätsgleichung (30.3.4) in der Form $h_1 v_1 = h_2 v_2$ führt dies auf

$$h_2^2 - h_1^2 = \frac{2}{g}(h_2 v_2^2 - h_1 v_1^2) = \frac{2}{g}\left[h_2\left(\frac{h_1}{h_2} v_1\right)^2 - h_1 v_1^2\right] = \frac{2}{g} \cdot \frac{v_1^2 h_1^2}{h_1 h_2}(h_1 - h_2)$$

und die Division durch $h_1 - h_2$ ergibt

$$h_1 + h_2 = \frac{2}{g} \cdot \frac{v_1^2 h_1^2}{h_1 h_2}. \tag{36.5.1}$$

Mit der Froude-Zahl für das Oberwasser $\mathrm{Fr}_1^2 = \frac{v_1^2}{g h_1}$ folgt aus (36.5.1) die quadratische Gleichung für das Wassertiefenverhältnis zu

$$\frac{h_2^2}{h_1^2} + \frac{h_2}{h_1} - 2\mathrm{Fr}_1^2 = 0.$$

Die Lösung ist

$$\frac{h_2}{h_1} = \frac{-1 \pm \sqrt{1 + 8\mathrm{Fr}_1^2}}{2} = \frac{1}{2} \cdot \left(\sqrt{8\mathrm{Fr}_1^2 + 1} - 1\right). \tag{36.5.2}$$

Dabei entsprechen h_1 und h_2 den konjugierten Wassertiefen des Wechselsprungs. Dabei wird einem h_2 ein h_1 zugeordnet, nicht aber umgekehrt.

Als Nächstes schreiben wir die Bernoulli-Gleichung (36.2) unter Berücksichtigung des Höhenverlusts in der Höhenform:

$$\frac{v_1^2}{2g} + h_1 = \frac{v_2^2}{2g} + h_2 + \Delta h_V \quad \text{oder} \quad \Delta h_V = h_1 - h_2 + \frac{v_1^2}{2g} - \frac{v_2^2}{2g}.$$

Benutzt man die Kontinuitätsgleichung, dann ergibt sich

$$\Delta h_V = h_1 - h_2 + \frac{v_1^2}{2g}\left(1 - \frac{h_1^2}{h_2^2}\right).$$

Mit $\mathrm{Fr}_1^2 = \frac{v_1^2}{gh_1}$ erhält man weiter

$$\Delta h_V = h_1 - h_2 + \frac{\mathrm{Fr}_1^2 h_1}{2}\left(1 - \frac{h_1^2}{h_2^2}\right). \tag{36.5.3}$$

Gleichung (36.5.2) nach der Froude-Zahl aufgelöst ergibt

$$\mathrm{Fr}_1^2 = \frac{1}{8}\left[\left(\frac{2h_2}{h_1} + 1\right)^2 - 1\right].$$

Folglich wird aus (36.5.2)

$$\begin{aligned}
\Delta h_V &= h_1 - h_2 + \frac{h_1}{16}\left[\left(\frac{2h_2}{h_1} + 1\right)^2 - 1\right] \cdot \left(1 - \frac{h_1^2}{h_2^2}\right) \\
&= h_1 - h_2 + \frac{h_1}{16}\left[\frac{(2h_2 + h_1)^2 - h_1^2}{h_1^2}\right] \cdot \left(\frac{h_2^2 - h_1^2}{h_2^2}\right) \\
&= h_1 - h_2 + \frac{1}{16h_1h_2^2}[(2h_2 + h_1)^2 - h_1^2](h_2^2 - h_1^2).
\end{aligned}$$

Daraus wird

$$\begin{aligned}
&h_1 - h_2 + \frac{1}{16h_1h_2^2}[4h_2^2 + 4h_1h_2 + h_1^2 - h_1^2](h_2^2 - h_1^2) \\
&= h_1 - h_2 + \frac{1}{4h_1h_2}(h_1 + h_2)(h_2^2 - h_1^2) = (h_2 - h_1) \cdot \left[\frac{(h_1 + h_2)^2}{4h_1h_2} - 1\right] \\
&= (h_2 - h_1) \cdot \frac{(h_2 - h_1)^2}{4h_1h_2}
\end{aligned}$$

und endlich

$$\Delta h_V = \frac{(h_2 - h_1)^3}{4h_1h_2}. \tag{36.5.4}$$

Beispiel. Kurz vor einem Wechselsprung besitzt eine Strömung die Tiefe $h_1 = 0{,}5\,\mathrm{m}$ und die Geschwindigkeit $v_1 = 5\,\frac{\mathrm{m}}{\mathrm{s}}$.

a) Bestimmen Sie h_2 und v_2 unmittelbar nach dem Wechselsprung.

b) Drücken Sie sowohl den Druckverlust Δh_V als auch die Höhenenergie h_E des Oberwassers beim Wechselsprung durch die Froude-Zahl Fr_1^2 der Anströmung und der Höhe h_1 aus.

c) Schreiben Sie das Verhältnis $\frac{\Delta h_V}{h_E}$ als Funktion von Fr_1 alleine.

Lösung.

a) Man erhält $\mathrm{Fr}_1 = \frac{5}{\sqrt{9{,}81 \cdot 0{,}5}} = 2{,}26$ und mit (36.5.2)

$$h_2 = \frac{h_1}{2} \cdot \left(\sqrt{8\mathrm{Fr}_1^2 + 1} - 1\right) = \frac{0{,}5}{2} \cdot \left(\sqrt{8 \cdot 2{,}26^2 + 1} - 1\right) = 1{,}37\,\mathrm{m}.$$

Aus $h_1 v_1 = h_2 v_2$ folgt $v_2 = 1{,}83\,\frac{\mathrm{m}}{\mathrm{s}}$.

b) Gleichung (36.5.4) schreibt sich mit (36.5.2) als

$$\Delta h_V = \frac{(h_2 - h_1)^3}{4 h_1 h_2} = \frac{h_1^3 (\frac{h_2}{h_1} - 1)^3}{4 h_1^2 \cdot \frac{h_2}{h_1}} = \frac{h_1 [\frac{1}{2} \cdot (\sqrt{8\mathrm{Fr}_1^2 + 1} - 1) - 1]^3}{4 \cdot \frac{1}{2} \cdot (\sqrt{8\mathrm{Fr}_1^2 + 1} - 1)}.$$

Anderseits ist mit $\mathrm{Fr}_1^2 = \frac{v_1^2}{g h_1}$ und (36.3)

$$h_E = h_1 + \frac{v_1^2}{2g} = h_1 + \frac{\mathrm{Fr}_1^2}{2} h_1 = \frac{h_1}{2}(2 + \mathrm{Fr}_1^2)$$

und somit

$$\frac{\Delta h_V}{h_E} = \frac{[\frac{1}{2} \cdot (\sqrt{8\mathrm{Fr}_1^2 + 1} - 1) - 1]^3}{(\sqrt{8\mathrm{Fr}_1^2 + 1} - 1)(2 + \mathrm{Fr}_1^2)}.$$

36.6 Die Wehrüberströmung

Wehre und Schütze dienen zur kurzfristigen Abflussregulierung eines Gerinnes, denn langfristig werden beide Konstruktionen überlaufen. Sofern ständig Wasser das Wehr erreicht, kann die Tiefe des Oberwassers durch Öffnen des Wehrs bzw. des Schützes gesteuert werden.

Es sollen zwei Theorien zur Beschreibung einer Wehrüberströmung vorgestellt werden.

Einschränkung: Wir beschränken uns auf eine bestimmte Wehrüberströmung: den senkrechten, abgerundeten und vollkommenen Wehrüberfall (Abb. 36.6 links). Dabei soll das Wehr senkrecht zur Anströmung stehen und die Wehrkrone abgerundet, also nicht scharfkantig sein.

Ein vollkommener Wehrüberfall bleibt vom Unterwasser unbeeinflusst: Das Wasser staut sich auf dem Weg über das gesamte Wehr nicht. Insbesondere entsteht ein eventueller Wechselsprung frühestens am Fuße des Wehrs. Das Wehr soll mithilfe der Bernoulli-Gleichung und anschließend mithilfe der Impulsbilanz untersucht werden.

I. Poleni (1717) und Weisbach (1841)

Auf der Wehrkrone geht die Strömung ins Schießen über. Die Wasserlinie beginnt sich etwa bei einem Abstand von $3h_{Gr} - 4h_{Gr}$ abzusenken. Man nennt den Höhenunterschied $h_ü$ der Wasserlinie zur Wehrkrone vor dem Absinken die Überfallhöhe. w ist die Wehrhöhe.

Herleitung von (36.6.1)–(36.6.3)

Die Situation für den Atmosphärendruck im eingezeichneten Kreis (Abb. 36.6 rechts) muss etwas genauer unter die Lupe genommen werden. Im höchsten Punkt A herrscht Luftdruck. Durch die Strömung entsteht infolge des Bernoulli-Effekts Unterdruck, weswegen die Druckpfeile in Gegenrichtung zeigen. Hin zum tiefsten Punkt B steigt der Umgebungsdruck leicht an, um dann wieder etwa auf Luftdruck abzufallen. Vor dem Absenken des Wasserspiegels, in einem Punkt 1, herrscht etwa Luftdruck, falls v_0 vernachlässigbar klein ist. Ansonsten steigt der Atmosphärendruck mit wachsender Geschwindigkeit an, nicht so stark wie im Punkt 2 oder Punkt 3, da $v_{0,1} < v_{0,2} < \cdots < v_{Gr}$.

Weisbach und früher Poleni fassen die Überströmung als eine Gefäßausströmung mit unendlich vielen Löchern entlang der Höhe h_{Gr} auf. Um die Abhängigkeit der Geschwindigkeit mit der Tiefe zu erfassen, vernachlässigt Poleni die Anströmgeschwindigkeit v_0 und setzt das Profil nach Torricelli (30.3.14) als $v(z) = \sqrt{2gz}$ an. Weisbach benutzt die Bernoulli-Gleichung (36.3) und vergleicht die Drucke in den Punkten 1 und 2 oder auch 1 und 3:

$$h_ü + \frac{v_0^2}{2g} + \frac{p_{\text{atm},1(z=0)}}{\rho g} = h_z + \frac{v(z)^2}{2g} + \frac{p_{\text{atm},2(z)}}{\rho g}.$$

Nach den eben gemachten Überlegungen auf der Wehrkrone kann man im besten Fall $p_{\text{atm},1} \approx p_{\text{atm},2} \approx p_0$ setzen und man erhält

$$h_ü + \frac{v_0^2}{2g} = z + \frac{v(z)^2}{2g}. \tag{36.6.1}$$

Das Geschwindigkeitsprofil ergibt sich dann zu $v(z) = \sqrt{2g(h_ü - z) + v_0^2}$. Im Weiteren wird das Profil über die Überfallhöhe integriert. Eigentlich müssten die Geschwindigkeitsanteile bis zur Sohle berücksichtigt werden. Diese sind aber verhältnismäßig klein (Abb. 36.6 links).

Bemerkung. Die Verwendung der Bernoulli-Gleichung ist eigentlich unzulässig. Sie gilt nur entlang einer Strom- oder Bahnlinie. Der Gleichung (36.6.1) liegt aber eine „Bahnlinie" zugrunde, die an der Oberfläche startet, und dann auf eine Tiefe z absinkt. Kein Wasserteilchen wird einen solchen Weg über das Wehr nehmen. Zudem bildet sich auf der Wehrkrone ein starrer Wirbel aus (höher gelegene Teilchen bewegen sich schneller als tiefer gelegene). Damit ist die Strömung nicht rotationsfrei und die Bernoulli-Gleichung gilt nicht.

Weiter bestimmen wir nun die mittlere Geschwindigkeit

$$\begin{aligned}\bar{v} &= \frac{1}{h_ü}\int_0^{h_ü}\sqrt{2g(h_ü - z) + v_0^2}\,dz = \frac{\sqrt{2g}}{h_ü}\int_0^{h_ü}\sqrt{h_ü - z + \frac{v_0^2}{2g}}\,dz \\ &= -\frac{2}{3}\cdot\frac{\sqrt{2g}}{h_ü}\left[\left(h_ü - z + \frac{v_0^2}{2g}\right)^{\frac{3}{2}}\right]_0^{h_ü} = -\frac{2}{3}\cdot\frac{\sqrt{2g}}{h_ü}\left(\left[\frac{v_0^2}{2g}\right]^{\frac{3}{2}} - \left[h_ü + \frac{v_0^2}{2g}\right]^{\frac{3}{2}}\right).\end{aligned}$$

Da die Formel schlechte Werte liefert, wird sie mit einem Überfallbeiwert μ versehen und der Fluss beträgt dann

$$\dot{Q} = \mu A\bar{v} = \mu b h_ü \bar{v} = \frac{2}{3}\sqrt{2g}\cdot\mu\cdot b\cdot\left(\left[h_ü + \frac{v_0^2}{2g}\right]^{\frac{3}{2}} - \left[\frac{v_0^2}{2g}\right]^{\frac{3}{2}}\right). \tag{36.6.2}$$

Für $\frac{v_0^2}{2g} \ll h_ü$ geht (36.6.2) in die nach Poleni benannte Formel über:

$$\dot{Q} = \frac{2}{3}\sqrt{2g}\cdot\mu\cdot b\cdot h_ü^{\frac{3}{2}}. \tag{36.6.3}$$

Für abgerundete Wehre beträgt der Beiwert $\mu = 0{,}75$. Die Verwendung der Bernoulli-Gleichung ist in diesem Fall also etwa 25 % falsch. Dies liegt schon daran, dass der Torricelli-Ansatz für das Geschwindigkeitsprofil jeder Alltagserfahrung widerspricht: An der Wasseroberfläche, also für $z = 0$ herrscht die größte Geschwindigkeit.

Bemerkung. Poleni selber hat (36.6.3) als Ausflussformel, nicht aber als eine Formel, für die Wehrüberströmung konzipiert. Zudem ist die physikalische Behandlung mithilfe der Bernoulli-Gleichung unzureichend.

Beispiel. Gegeben ist eine Rechteckrinne der Breite $b = 10$ m und ein abgerundetes Wehr derselben Breite und Höhe $w = 2$ m. Die Überfallhöhe beträgt $h_ü = 0{,}75$ m. Wir nehmen an, dass $\frac{v_0^2}{2g} \ll h_ü$ gilt.

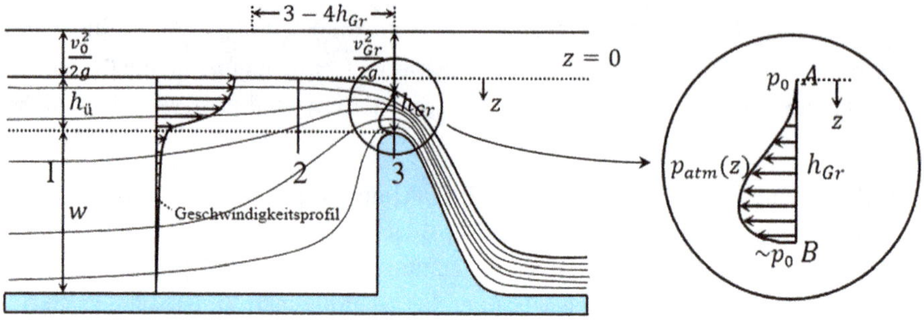

Abb. 36.6: Skizzen zur Wehrüberströmung.

a) Bestimmen Sie den Abfluss $\dot{Q}$, die Grenztiefe h_{Gr} auf der Wehrkrone und die Anströmgeschwindigkeit v_0.

b) Kontrollieren Sie, ob die Annahme $\frac{v_0^2}{2g} \ll h_{ü}$ gerechtfertigt ist.

Lösung.

a) Gleichung (36.6.3) liefert

$$\dot{Q} = \frac{2}{3}\sqrt{2g} \cdot 0{,}75 \cdot b \cdot h_{ü}^{\frac{3}{2}} = 14{,}39\,\frac{\mathrm{m}^3}{\mathrm{s}}.$$

Weiter wird (36.6.1) für $z = h_{\mathrm{Gr}}$ ausgewertet, was zu

$$h_{ü} + \frac{v_0^2}{2g} = h_{\mathrm{Gr}} + \frac{v_{\mathrm{Gr}}^2}{2g}$$

und mit (36.1.3) und der Annahme $\frac{v_0^2}{2g} \ll h_{ü}$ zu

$$h_{ü} = h_{\mathrm{Gr}} + \frac{v_{\mathrm{Gr}}^2}{2g} = h_{\mathrm{Gr}} + \frac{g \cdot h_{\mathrm{Gr}}}{2g} = \frac{3}{2}h_{\mathrm{Gr}}$$

und damit $h_{\mathrm{Gr}} = \frac{2}{3}h_{ü} = 0{,}5\,\mathrm{m}$ führt. Schließlich erhält man

$$v_0 = \frac{\dot{Q}}{b(h_{ü} + w)} = 0{,}58\,\frac{\mathrm{m}}{\mathrm{s}}.$$

b) Kontrolle: $0{,}017 = \frac{v_0^2}{2g} \ll h_{ü} = 0{,}75$.

II. Malcherek (2016)

Es soll die Impulserhaltung (36.4.2) auf das eingezeichnete Kontrollvolumen des Wehrs (in Abb. 36.7 links lang gestrichelt) angewandt werden.

Herleitung von (36.6.4)
Idealisierung: Die Reibungskraft wird vernachlässigt.

Einschränkungen:
- Die Strömung soll stationär sein.
- Die Strömung verläuft horizontal.

Die Mantelkraft $\boldsymbol{K}$ entfällt, weil unser Gerinne gerade verläuft. Mit den Einschränkungen ist $\frac{dI}{dt} = 0$ und die Gewichtskraft $\boldsymbol{G}$ besitzt keinen Einfluss auf die horizontale Bewegung. Der ins Kontrollvolumen einfließende Massenstrom beträgt somit $\beta_0 \rho \dot{Q} \overline{v}_0$ und der Massenstrom $\beta_ü \rho \dot{Q} \overline{v}_ü$ verlässt das Kontrollvolumen. Die beiden Impulsbeiwerte sind notwendig, weil wir das Strömungsprofil einer turbulenten Gerinneströmung nicht kennen. Dieses ermitteln wir erst in Kap. 42.5 und 43. Die Querstriche weisen nochmals darauf hin, dass es sich um gemittelte Werte handelt. Den Druck F_{p1} setzen wir wiederum hydrostatisch an: $F_{p1} = \frac{1}{2}\rho g b h_ü^2$. Auf der Wehrkrone gibt es keine hemmende Druckkraft F_{p2} auf die Stromröhre, weil die Strömung nicht mehr horizontal aufrechterhalten werden muss und in eine vertikale übergeht: $F_{p2} = 0$. Man kann das Kontrollvolumen bis auf den Boden ausdehnen. Als zusätzliche antreibende Druckkraft käme

$$F_{p1}^* = \frac{1}{2} b[\rho g(h_ü + w)^2 - \rho g h_ü^2]$$

hinzu. (Der Bodendruck bis hin zum Wehr ist durchgehend $\rho g(h_ü + w)$.) Diese wird aber durch die auf das Wasser wirkende Druckkraft $-F_{p1}^*$ von der Wehrwand aufgehoben. Übrig bleibt demnach

$$\rho \dot{Q}(\beta_0 \overline{v}_0 - \beta_ü \overline{v}_ü) + \frac{1}{2}\rho g b h_ü^2 = 0.$$

Mit

$$v_0 = \frac{\dot{Q}}{b(w + h_ü)} \quad \text{und} \quad v_ü = \frac{\dot{Q}}{b h_ü}$$

folgt

$$\frac{\beta_0 \dot{Q}^2}{b(w + h_ü)} - \frac{\beta_ü \dot{Q}^2}{b h_ü} + \frac{1}{2} g b h_ü^2 = 0 \quad \text{und} \quad \dot{Q}^2 \cdot \frac{\beta_ü(h_ü + w) - \beta_0 h_ü}{h_ü(w + h_ü)} = \frac{1}{2} g b^2 h_ü^2.$$

Für den 1. Impulsbeiwert kann man $\beta_0 = 1$ setzen (Logarithmisches Profil, Beweis Kap. 43). Da das Wasser über der Wehrkrone beschleunigt wird, kann die Änderung des Profils gegenüber dem logarithmischen Oberwasserprofil nicht erfasst werden). Eine gute Übereinstimmung mit Experimenten liefert dann der Beiwert $\beta_ü = 1{,}78$. Somit erhält man

$$\dot{Q} = b \cdot \sqrt{\frac{g h_ü^3}{2(1{,}78 - \frac{h_ü}{w + h_ü})}}. \tag{36.6.4}$$

Beispiel 1. Als Vergleich nehmen wir dieselben Werte wie im Beispiel von Poleni: $b = 10\,\text{m}$, $w = 2\,\text{m}$ und $h_ü = 0{,}75\,\text{m}$. Bestimmen Sie den Abfluss $\dot{Q}$.

Lösung. Gleichung (36.6.4) liefert

$$\dot{Q} = b \cdot \sqrt{\frac{gh_ü^3}{2(1{,}78 - \frac{h_ü}{w+h_ü})}} = 10 \cdot \sqrt{\frac{9{,}81 \cdot 0{,}75^3}{2(1{,}78 - \frac{0{,}75}{2+0{,}75})}} = 11{,}72\,\frac{\text{m}^3}{\text{s}}.$$

Beispiel 2. Gegeben ist $b = 10\,\text{m}$, $w = 2\,\text{m}$ und $\dot{Q} = 10\,\frac{\text{m}^3}{\text{s}}$. Ermitteln Sie zuerst das Polynom zur Berechnung der sich einstellenden Überfallhöhe $h_ü$ und dann deren Wert.

Lösung. Die Umformung von (36.6.4) ergibt

$$\frac{2\dot{Q}^2}{b^2}\left(1{,}78 - \frac{h_ü}{w + h_ü}\right) = gh_ü^3,$$

$$\frac{2\dot{Q}^2}{b^2}\left[1{,}78(w + h_ü) - h_ü\right] = gh_ü^3(w + h_ü) \quad \text{und}$$

$$gh_ü^4 + gwh_ü^3 - \frac{1{,}56\dot{Q}^2}{b^2}h_ü - \frac{3{,}56\dot{Q}^2 w}{b^2} = 0$$

mit der Lösung $h_ü = 0{,}68\,\text{m}$.

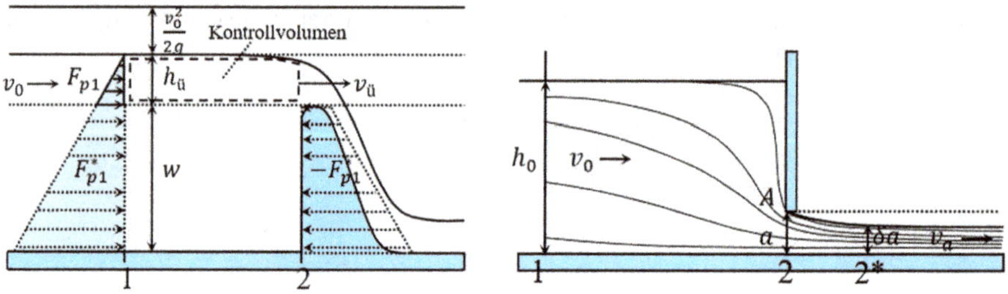

Abb. 36.7: Skizzen zur Wehrüberströmungsbilanz und zur Unterströmung eines Schützes.

36.7 Die Unterströmung eines Schützes

Ein weiteres Kontrollbauwerk für einen gezielten Wasserabfluss ist das Schütz. Wohingegen ein Wehr überlaufen soll, wird ein Schütz eingebaut, um einen Überlauf zu verhindern. Ein Schütz wird unterströmt, was beispielsweise bei Wasserverläufen mit größerem Gefälle und einem damit eingehenden Sedimenttransport, sinnvoll erscheint. Grundsätzlich wird ein Schütz auf der ganzen Welt zur Bewässerung von Feldern verwendet. Der gestaute Wasserkanal mit der Breite b wird durch Heben des Schützes (Hubschütze) teilweise entleert (Abb. 36.7 rechts).

Es ist wichtig, dass die Schleuse des Schützes allmählich und nicht abrupt geöffnet wird, ansonsten entsteht eine Sunkwelle im Oberwasser und eine Schwallwelle im Unterwasser. Den Fall einer plötzlichen Schleusenöffnung behandeln wir mit der Dammbruchkurve in Band 5.

Wie schon beim Wehr beginnen wir die Beschreibung des Schützes mithilfe der Bernoulli-Gleichung und setzen dieser die Impulsbilanz gegenüber.

I. Bernoulli

Herleitung von (36.7.1)

Da die Stromlinien etwas zusammengeschnürt werden, sinkt die Höhe des Wasserstrahls von a auf δa (vena contracta). Berücksichtigte man die Kontraktion nicht, dann wäre die Stromlinie im Punkt A unstetig und die Bernoulli-Gleichung für diese „oberste" Stromlinie ungültig. Nun verschiebt man den 2. Kontrollpunkt hin zu 2*, weil man damit die Korrektur δ einbauen kann, und die oberste Stromlinie ist nun stetig. Für die beiden Kontrollpunkte 1 und 2* gilt entlang dieser Stromlinie nach (36.3)

$$h_0 + \frac{v_0^2}{2g} = \delta a + \frac{v_a^2}{2g} \quad \text{oder} \quad h_0 + \frac{\dot{Q}^2}{2gh_0^2b^2} = \delta a + \frac{\dot{Q}^2}{2g\delta^2a^2b^2}.$$

Es folgt

$$\frac{\dot{Q}^2}{2gb^2}\left(\frac{1}{\delta^2a^2} - \frac{1}{h_0^2}\right) = h_0 - \delta a, \quad \frac{\dot{Q}^2}{2gb^2} \cdot \frac{h_0^2 - \delta^2a^2}{\delta^2a^2h_0^2} = h_0 - \delta a \quad \text{und} \quad \frac{\dot{Q}^2}{2gb^2} \cdot \frac{h_0 + \delta a}{\delta^2a^2h_0^2} = 1.$$

Wählt man den klassischen Wert $\frac{1}{\sqrt{2}}$, dann erhält man

$$\dot{Q} = 0{,}71 \cdot ah_0b \cdot \sqrt{\frac{2g}{h_0 + 0{,}71a}}. \tag{36.7.1}$$

Fasst man $\sqrt{\frac{h_0}{h_0+\delta a}}$ zu einem Beiwert μ zusammen, dann kann man v_a in der Torricelli-Ausflussform $v_a = \mu\sqrt{2gh_0}$ schreiben.

Beispiel. Gegeben ist ein Schütz mit $b = 2\,\text{m}$, $h_0 = 3\,\text{m}$, $\dot{Q} = 5\,\frac{\text{m}^3}{\text{s}}$. Berechnen Sie die Hubhöhe a und die An- und Ausströmgeschwindigkeiten v_0 und v_a.

Lösung. Gleichung (36.7.1) schreibt sich zu

$$5 = 0{,}71 \cdot a \cdot 3 \cdot 2\sqrt{\frac{2 \cdot 9{,}81}{3 + 0{,}71a}},$$

womit man $a = 0{,}48\,\text{m}$ erhält.

Weiter ist

$$v_a = \frac{\dot{Q}}{b \cdot \delta a} = \frac{5}{2 \cdot 0{,}71 \cdot 0{,}48} = 7{,}30\,\frac{\mathrm{m}}{\mathrm{s}} \quad \text{und} \quad v_0 = \frac{\dot{Q}}{b \cdot h_0} = \frac{5}{2 \cdot 3} = 0{,}83\,\frac{\mathrm{m}}{\mathrm{s}}.$$

Bemerkung. Weil der Vergleich zwischen den Kontrollpunkten 1 und 2 zu $\delta = 1$ und damit einer schlechten Übereinstimmung mit der Formel für $\dot{Q}$ liefert, wird der Kontrollpunkt 2 nach 2* verschoben. Auch in diesem Fall ist die physikalische Behandlung mithilfe der Bernoulli-Gleichung etwas unbefriedigend.

II. Malcherek (2016)

Das Kontrollvolumen muss hier bis zum Boden erstreckt werden (Abb. 36.8 lang gestrichelt markiert).

Herleitung von (36.7.2)

Die Druckkräfte sind dabei unwesentlich komplizierter als beim Wehr. Zuerst geben wir die Massenströme an. Der einfließende beträgt unter Benutzung der Kontinuitätsgleichung

$$\beta_0^* \rho \dot{Q} v_0 = \beta_0^* \rho h_0 b v_0^2 = \beta_0^* \rho h_0 b \cdot \frac{a^2 v_a^2}{h_0^2} = \beta_0^* \rho a^2 b \cdot \frac{v_a^2}{h_0}$$

und der ausströmende $-\beta_a \rho \dot{Q} v_a = -\beta_a \rho \delta a b v_a^2$ (vena contracta). Die Druckkraft F_{p1} kann wie beim Wehr als hydrostatisch betrachtet werden: $F_{p1} = \frac{1}{2}\rho g b h_0^2$. Für die Druckkraft F_{p2} argumentieren wir wie folgt: Am obersten Punkt des Schützes herrscht Luftdruck. Die potentielle Energie der Wasserteilchen sinkt mit zunehmender Tiefe z auf dem Weg zur Öffnung, gleichzeitig steigt ihre kinetische Energie entlang dieses Weges. Den größten Druck auf das Schütz können wir als denjenigen „Punkt“ angeben, wenn die Wasserteilchen „im Mittel“ ihre Richtung hin zum Ausgang ändern. Die Summe aller horizontalen Geschwindigkeitskomponenten ist dann am größten. Auf der Höhe A erzeugt die Strömung einen kleinen Druck, der praktisch wieder dem Luftdruck entspricht. Das Druckprofil $p(z)$ auf das Schütz ($h_0 - a \le z \le h_0$) entspricht ziemlich genau einer Kurve der Form $\frac{p(z)}{\rho g} = z + \frac{\overline{v}(z)^2}{2g}$ (Messungen bestätigen dies). Die zugehörige Druckkraft können wir als Vielfaches des hydrostatischen Drucks einer Wassersäule der Höhe $h_0 - a$ ansetzen: $F_{p2} = \alpha \frac{1}{2}\rho g b (h_0 - a)^2$ mit $\frac{1}{2} < \alpha < 1$. Im Weiteren wählen wir trotzdem $\alpha = 1$ und belassen δ als einzigen Beiwert, womit wir den Fehler entsprechend ausgleichen können. Es fehlt noch die Druckkraft F_{p3}. Im Punkt C beträgt die Druckkraft auf den Boden $F_{p1} = \frac{1}{2}\rho g b h_0^2$. Abermals können wir den Bodendruck in einiger Entfernung D zum Punkt B als hydrostatisch zu $\frac{1}{2}\rho g b a^2$ angeben. Im Punkt B schließlich sind die Geschwindigkeit und die Druckzunahme am größten. Das Druckprofil am Boden muss im Punkt

B demzufolge einen Wendepunkt aufweisen. Insgesamt erhalten wir die eingezeichnete Kurve. Sie besitzt etwa die Form $p(x) \sim \tanh^2(x)$. Diese Druckkurve verhält sich örtlich gleich wie eine instationäre Röhrströmung (vgl. Kap. 30.3, Bsp. 4). Den Bodendruck im Punkt B kann man nur über Messungen erfassen. Er ergibt sich etwa als arithmetisches Mittel der Bodendrucke an den Stellen C und D zu $\frac{1}{2}\rho g(h_0 + a)$. Die Druckkraft F_{p3} kann in hydrostatischer Form geschrieben werden als $F_{p3} = -\frac{1}{2}b[\frac{1}{2}\rho g(h_0 + a)a]$. Die Strömung zwischen den Punkten A und B verhält sich dabei für eine kurze Strecke wie eine Rohrströmung mit einem parabolischen Geschwindigkeitsfeld. Setzen wir alles zusammen, so lautet der Stützkraftsatz

$$\beta_0^* \rho a^2 b \cdot \frac{v_a^2}{h_0} - \beta_a \rho \delta a b v_a^2 + \frac{1}{2}\rho g b h_0^2 - \frac{1}{2}\rho g b (h_0 - a)^2 - \frac{1}{4}\rho g a b (h_0 + a) = 0.$$

Daraus folgt

$$\rho a b v_a^2 \left(\frac{\beta_0^* a}{h_0} - \beta_a \delta \right) + \frac{1}{2}\rho g b \left(h_0^2 - h_0^2 + 2 a h_0 - a^2 - \frac{1}{2} a h_0 - \frac{1}{2} a^2 \right) = 0,$$

$$\rho a b v_a^2 \left(\frac{\beta_0^* a}{h_0} - \beta_a \delta \right) + \frac{1}{2}\rho g b \left(\frac{3}{2} a h_0 - \frac{3}{2} a^2 \right) = 0,$$

$$v_a^2 \left(\frac{\beta_0^* a}{h_0} - \beta_a \delta \right) + \frac{3}{4} g (h_0 - a) = 0$$

und

$$v_a^2 = \frac{3g(h_0 - a)}{4(\beta_a \delta - \frac{\beta_0^* a}{h_0})}.$$

Der Fluss ergibt sich zu

$$\dot{Q} = \delta a b v_a = ab \cdot \sqrt{\frac{g(h_0 - a)}{\frac{4}{3}(\beta_a \frac{1}{\delta} - \frac{\beta_0^* a}{\delta^2 h_0})}}.$$

Nehmen wir weiter den Wert $\delta = \frac{1}{\sqrt{2}}$ von (36.7.1), so ist $\frac{4}{3} \cdot \frac{1}{\delta} = 1{,}88\beta_a$. Nun setzen wir $\beta_a \approx 1$, belassen aber $\frac{4}{3} \cdot \frac{\beta_0^*}{\delta^2} = \beta_0$, erhalten so $1{,}88\beta_a \approx 2$ und insgesamt

$$\dot{Q} = ab \cdot \sqrt{\frac{g(h_0 - a)}{2 - \beta_0 \frac{a}{h_0}}} \quad \text{mit} \quad \beta_0 = 0{,}04 + 0{,}328\frac{h_0}{a} + 0{,}632\frac{a}{h_0} \tag{36.7.2}$$

nach Belaud und Litrico.

Beispiel. Gegeben sind dieselben Werte wie in I.: $b = 2\,\text{m}$, $h_0 = 3\,\text{m}$, $\dot{Q} = 5\,\frac{\text{m}^3}{\text{s}}$.

a) Gesucht sind wiederum die Hubhöhe a und die Ausströmgeschwindigkeit v_a.

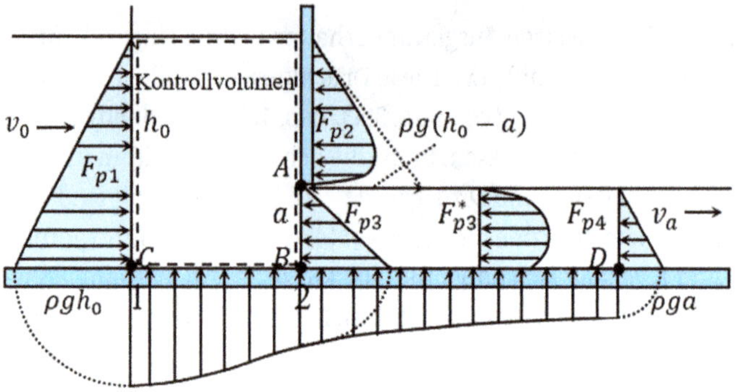

Abb. 36.8: Skizze zur Impulsbilanz der Unterströmung des Schützes.

b) Ermitteln Sie die Hubhöhen a für die verschiedenen Anströmhöhen $h_0 = 3\,\text{m}, 2{,}8\,\text{m}, 2{,}6\,\text{m}, 2{,}4\,\text{m}, 2{,}2\,\text{m}, 2\,\text{m}, 1{,}9\,\text{m}, 1{,}85\,\text{m}, 1{,}8\,\text{m}, 1{,}7945\,\text{m}$, stellen Sie die Punkte dar und bestimmen Sie eine Ausgleichfunktion.

Lösung.

a) Gleichung (36.7.2) liefert

$$5 = 2a \cdot \sqrt{\frac{9{,}81(3-a)}{2 - (0{,}04 \cdot \frac{a}{3} + 0{,}328 + 0{,}632 \cdot \frac{a^2}{3^2})}}$$

und die Lösung $a = 0{,}68\,\text{m}$.
Der Wert $\delta = \frac{1}{\sqrt{2}}$ bleibt bestehen und es folgt

$$v_a = \frac{\dot{Q}}{b \cdot \delta a} = \frac{5}{2 \cdot 0{,}71 \cdot 0{,}68} = 5{,}30\,\frac{\text{m}}{\text{s}}.$$

b) Die zugehörigen Werte sind in folgender Tabelle erfasst:

h_0 [m]	3	2,8	2,6	2,4	2,2	2	1,9	1,85	1,8	1,7945
a [m]	0,68	0,70	0,74	0,79	0,86	0,96	1,04	1,10	1,22	1,263

Unterhalb der minimalen Höhe von $h_0 = 1{,}7945\,\text{m}$ kann der Abfluss von $\dot{Q} = 5\,\frac{\text{m}^3}{\text{s}}$ nicht mehr gewährleistet werden. Eine sehr gute Übereinstimmung mit den Tabellenwerten (Abb. 36.9 links) liefert die Funktion

$$a(h_0) = 0{,}72 - 0{,}17 \cdot \ln(1{,}08h_0 - 1{,}9). \qquad (36.7.3)$$

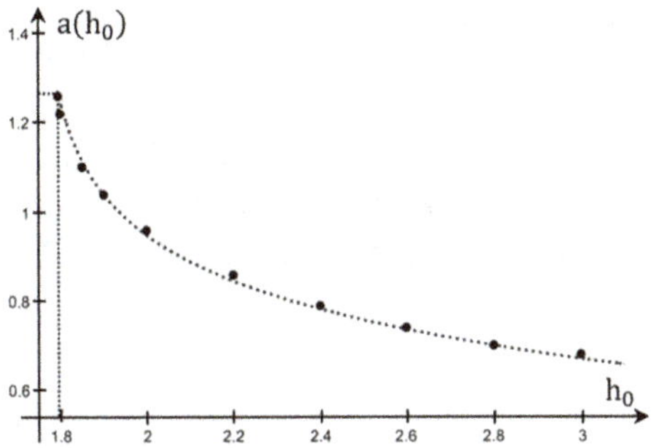

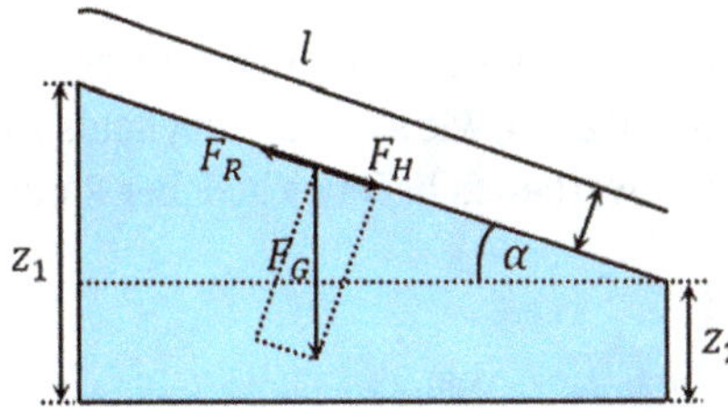

Abb. 36.9: Graph von (36.7.3) und Skizze zur de Chézy-Fließformel.

36.8 Fließformeln

Reale Gerinneströmungen erleiden immer einen Energieverlust einerseits aufgrund der Reibung mit dem benetzten Umfang (äußere viskose Reibung) und zusätzlich wegen der Reibung der Fluidmoleküle untereinander (innere viskose Reibung). Fließformeln müssen dieser Reibung zwangsweise Folge leisten, wenn sie die Realität so gut wie möglich abbilden sollen. Drei Fließformeln werden vorgestellt.

I. Die Fließformel von de Chézy

Herleitung von (36.8.1)

De Chézy erkannte über Messungen, dass die Reibungskraft quadratisch mit der Strömungsgeschwindigkeit anwächst: $F_R \sim v^2$. Eigentlich gilt dies nur für eine voll ausgebildete turbulente Strömung. Bei einer schwächeren Turbulenz ist der Exponent kleiner. Ist die Strömung laminar, dann gilt sogar $F_R \sim v$. Weiter ergaben seine Untersuchungen eine Reibungszunahme mit dem Verhältnis aus benetztem Umfang und Strömungsquerschnitt: $F_R \sim \frac{U}{A}$. Die Kraft ist natürlich auch proportional zur Masse oder dem Volumen des betrachteten Fluids. Insgesamt ist somit $F_R \sim mv^2\frac{U}{A}$ oder $F_R = C_1 \cdot mv^2\frac{U}{A}$ mit einem Beiwert C_1. Stellen wir uns einen Festkörper auf einer schiefen Ebene vor (Abb. 36.9 rechts). Dieser wird sich bei einer bestimmten Neigung abwärts bewegen. Bei zusätzlicher Neigung der Ebene fließt die zusätzliche Hangabtriebskraft netto in die Beschleunigung des Körpers ein. Nehmen wir nun an, ein Gerinne gerät ab einer Sohlneigung von $\alpha \neq 0$ in Bewegung. Dann wird die gesamte Hangabtriebskraft, die durch eine weitere Neigung erzeugt wird, netto der Gerinneströmung zugutekommen. Gleichzeitig steigt damit aber die rücktreibende Reibung. Im stationären Fall schreibt sich dies als $F_H + F_R = 0$ und die dabei eingenommene Geschwindigkeit entspricht derjenigen eines Normalabflusses. Man erhält $mg \sin\alpha = C_1 \cdot mv^2\frac{U}{A}$ oder $g \sin\alpha = C_1 \cdot v^2\frac{U}{A}$. Das Sohlgefälle $\sin\alpha = \frac{z_1 - z_2}{l} = J_S$ ergibt $gJ_S = C_1 \cdot v^2\frac{U}{A}$ oder $J_S = C \cdot v^2\frac{U}{A}$. Mit dem Chézy-Beiwert C in $\frac{\sqrt{\text{m}}}{\text{s}}$ folgt

$$v = C\sqrt{\frac{A}{U} \cdot J_S} = C\sqrt{r_H \cdot J_S} = \frac{C}{2}\sqrt{d_H \cdot J_S}. \tag{36.8.1}$$

Der Chézy-Beiwert beschreibt zwar die Wandrauheit, erfasst aber nicht die Viskosität von Wasser, wie sie in der Reynolds-Zahl ihren Ausdruck findet. Deshalb erweist sich der Beiwert auch bei etwa gleicher Rauheit als nicht genügend konstant.

II. Die Fließformel von Weisbach/Colebrook/White (WCW)

Herleitung von (36.8.2)

Die Fließformel liegt mit Gleichung (36.4.4) schon vor und wurde aus der Impulserhaltung des Weisbach-Ansatzes für den Reibungsverlust gewonnen. Nach der mittleren Geschwindigkeit aufgelöst, folgt

$$v = \sqrt{\frac{2g}{\lambda}}\sqrt{d_H \cdot J_S}. \tag{36.8.2}$$

III. Die Fließformel von Gauckler/Manning/Strickler (GMS)

Herleitung von (36.8.3)

Eine weitere empirische Formel stammt von Gauckler und wurde von Manning und Strickler bezüglich der Beiwerte angepasst. In einem ersten Schritt werden die Gewässer nach dem Sohlgefälle getrennt und es entstehen zwei Formeln für die Fließgeschwindigkeit:

$$v^2 = \alpha^4 \cdot r_H^{\frac{4}{3}} \cdot J_S \quad \text{für } J_S > 0{,}0007 \quad \text{und} \quad v = \beta^4 \cdot r_H^{\frac{4}{3}} \cdot J_S \quad \text{für } J_S < 0{,}0007.$$

Da die beiden Gleichungen für $J = 0{,}0007$ nicht übereinstimmen, wird nur die obere beibehalten, zu

$$v = \alpha^2 \cdot r_H^{\frac{2}{3}} \cdot \sqrt{J_S}$$

umgeformt und α^2 durch den Strickler-Beiwert k_{Str} mit der Einheit $\frac{\sqrt[3]{\text{m}}}{\text{s}}$ ersetzt. Zusammen folgt die Gauckler/Manning/Strickler-Fließformel

$$v = k_{\text{Str}} \cdot r_H^{\frac{2}{3}} \cdot \sqrt{J_S}. \tag{36.8.3}$$

Bemerkung 1. Die drei Fließformeln gelten nur für Normalabfluss, sodass $J_S = J_E$ ist.

Beispiel 1. Gegeben ist ein rechteckiges Gerinne der Breite $b = 10$ m mit einem Sohlgefälle $J_S = 0{,}005$ und einem Strickler-Beiwert $k_{\text{Str}} = 40$. Es stellt sich eine Normalwassertiefe von $h = 1$ m ein.

a) Bestimmen Sie die Fließgeschwindigkeit v und den Normalbfluss $\dot{Q}$.
b) Welcher Chézy-Beiwert würde zu dieser Strömung gehören?

Lösung.
a) Mit (36.8.3) folgt

$$v = k_{\mathrm{Str}} \cdot r_H^{\frac{2}{3}} \cdot \sqrt{J_S} = k_{\mathrm{Str}} \cdot \left(\frac{bh}{b+2h}\right)^{\frac{2}{3}} \cdot \sqrt{J_S} = 40 \cdot \left(\frac{10 \cdot 1}{10 + 2 \cdot 1}\right)^{\frac{2}{3}} \cdot \sqrt{0{,}005} = 2{,}50\ \frac{\mathrm{m}}{\mathrm{s}}$$

und $\dot{Q} = bhv = 10 \cdot 1 \cdot 2{,}50 = 25\ \frac{\mathrm{m}^3}{\mathrm{s}}$.
b) Gleichung (36.8.1) liefert

$$C = \frac{v}{\sqrt{\frac{bhJ_S}{b+2h}}} = \frac{2{,}50}{\sqrt{\frac{10 \cdot 1 \cdot 0{,}005}{10+2 \cdot 1}}} = 38{,}8\ \frac{\sqrt{\mathrm{m}}}{\mathrm{s}}.$$

Beispiel 2. Ein kreisförmiges Rohr mit einer Sohlneigung von $J_S = 0{,}005$ ist bis zur halben Höhe mit Wasser gefüllt. Der Strickler-Beiwert ist $k_{\mathrm{Str}} = 40$ und der Normalbfluss soll $\dot{Q} = 0{,}1\ \frac{\mathrm{m}^3}{\mathrm{s}}$ betragen. Bestimmen Sie den Rohrradius.

Lösung. Der hydraulische Radius ist

$$r_H = \frac{A}{U_{\mathrm{benetzt}}} = \frac{\frac{1}{2}\pi r^2}{\pi r} = \frac{r}{2}.$$

Weiter liefert (36.8.3)

$$\dot{Q} = Av = \frac{1}{2}\pi r^2 v = k_{\mathrm{Str}} \cdot \frac{1}{2}\pi r^2 \cdot \left(\frac{r}{2}\right)^{\frac{2}{3}} \cdot \sqrt{J_S} = \frac{\pi \cdot k_{\mathrm{Str}}}{2^{\frac{5}{3}}} \cdot r^{\frac{8}{3}} \cdot \sqrt{J_S}$$

und daraus

$$r = \left(\frac{2^{\frac{5}{3}} \cdot \dot{Q}}{\pi \cdot k_{\mathrm{Str}} \cdot \sqrt{J_S}}\right)^{\frac{3}{8}} = \left(\frac{2^{\frac{5}{3}} \cdot 0{,}1}{\pi \cdot 40 \cdot \sqrt{0{,}005}}\right)^{\frac{3}{8}} = 0{,}29\,\mathrm{m}.$$

Beispiel 3. Ein rechteckiger Abflusskanal besitzt eine Breite von $b = 2\,\mathrm{m}$ und das Sohlgefälle $J_S = 0{,}005$. Es soll sich ein Normalabfluss von $\dot{Q} = 1\ \frac{\mathrm{m}^3}{\mathrm{s}}$ einstellen.
a) Bestimmen Sie die Normalwassertiefe der Formel von GMS für $k_{\mathrm{Str}} = 50$ (dies entspricht einem etwas gröberen Beton).
b) Kontrollieren Sie das Ergebnis der Formel von WCW. Gehen Sie dabei von einer Rauheit von $k = 3\,\mathrm{mm}$ (gröberer Beton) aus und vernachlässigen Sie infolge der hohen Reynolds-Zahl den zweiten Term in (35.1.3) gegenüber dem ersten.

Bemerkung 2. Man erkennt die grundsätzliche Schwierigkeit, einer bestimmten Gerinnebeschaffenheit einen Beiwert zuzuordnen und folglich für einen Strickler-Beiwert den entsprechenden Rauheitswert zu ermitteln.

Lösung.

a) Gleichung (36.8.3) führt zu

$$\dot{Q} = bhv = k_{\text{Str}} \cdot bh \cdot \left(\frac{bh}{b+2h}\right)^{\frac{2}{3}} \cdot \sqrt{J_S}, \quad 1 = 50 \cdot 2h \cdot \left(\frac{2h}{2+2h}\right)^{\frac{2}{3}} \cdot \sqrt{0{,}005}$$

und der Lösung $h = 0{,}35\,\text{m}$.

b) Nach der Annahme kann man in (35.1.3) $\frac{2k}{d} \gg \frac{18{,}7}{\text{Re}\sqrt{\lambda}}$ setzen und demnach vereinfacht sich die Colebrook-White-Formel zu

$$\frac{1}{\sqrt{\lambda}} = 1{,}74 - 2 \cdot \log_{10}\left(\frac{2k}{d_H}\right),$$

womit λ eine Funktion von d_H alleine ist. Mit (36.8.2) folgt

$$\dot{Q} = bh\sqrt{\frac{2g}{\lambda}}\sqrt{\frac{4bhJ_S}{b+2h}} \quad \text{oder} \quad 1 = 2h\sqrt{\frac{2 \cdot 9{,}81}{\lambda}}\sqrt{\frac{4 \cdot 2h \cdot 0{,}005}{2+2h}}.$$

Da sowohl h als auch λ unbekannt sind, beginnen wir mit einem groben Startwert für die Wassertiefe: $h_0 = 0{,}1\,\text{m}$. Aus $d_{H,0} = \frac{4bh_0}{b+2h_0}$ folgt $d_{H,0} = 0{,}364\,\text{m}$. Colebrook-White führt zu $\lambda_0 = 0{,}036$ und mittels

$$1 = 2h\sqrt{\frac{2 \cdot 9{,}81}{0{,}026}}\sqrt{\frac{4 \cdot 2h \cdot 0{,}005}{2+2h}}$$

erhält man $h_1 = 0{,}31\,\text{m}$. Die Iteration wird bis zu einer vorgegebenen Genauigkeit durchgeführt:

n	0	1	2	3
h	0,1	0,31	0,28	0,28
d_H	0,364	0,945	0,872	0,877
λ	0,036	0,027	0,027	0,027

Es ergibt sich eine Wassertiefe von etwa $h = 0{,}28\,\text{m}$.

36.9 Bemessungen von Gerinnequerschnitten

Schreibt man Gleichung (36.8.3) als

$$\dot{Q} \sim \left(\frac{bh}{b+2h}\right)^{\frac{2}{3}} \cdot \sqrt{J_S},$$

so erkennt man die vier Größen b, h, J_S und $\dot{Q}$. Im Zusammenhang mit hydraulisch günstigen Querschnitten kann man drei relevante Optimierungsaufgaben unterscheiden:

1. Gegeben: $\dot{Q}, J_S$. Gesucht: $A = bh$ minimal. Damit werden die Baukosten minimiert.
2. Gegeben: $\dot{Q}, A = bh$. Gesucht: J_S minimal. Damit wird der Energieverlust minimiert.
3. Gegeben: $J_S, A = bh$. Gesucht: $\dot{Q}$ maximal. Damit wird die Leistung maximiert.

Uns soll nur der 3. Fall interessieren.

Beispiel 1. Gegeben ist eine Rechtecksrinne mit konstantem Gefälle J_S und konstanter Querschnittsfläche A. Für welche Querschnittsform wird der Durchfluss $\dot{Q}$ maximal?

Lösung. Gesucht sind demnach die Abmessungen b und h. Soll

$$\dot{Q} = k_{\text{Str}}\left(\frac{bh}{b+2h}\right)^{\frac{2}{3}} \cdot \sqrt{J_S}$$

maximal werden, so bedeutet das $r_H = \frac{bh}{b+2h} = \frac{A}{U}$ maximal oder U minimal. Die Beantwortung der Frage ist gleichbedeutend mit der Forderung eines minimal benetzten Umfangs. Es gilt also $U(b) = b + \frac{2A}{b}$. Weiter ist $\frac{dU}{db} = 1 - \frac{2A}{b^2}$ und null setzen ergibt

$$b = \sqrt{2A} \quad \text{und} \quad h = \frac{A}{\sqrt{2A}} = \sqrt{\frac{A}{2}} = \frac{b}{2}.$$

Der Querschnitt besteht damit aus zwei Quadraten.

Beispiel 2. Gegeben ist eine Kreisrinne (Abb. 36.2 rechts oben). In diesem Fall bestimmen wir den minimalen Zentriwinkel α. Die Querschnittsfläche des Strömungskanals liegt mit (36.1.4) schon vor: $A = A_S - A_D = \alpha r^2 - \frac{r^2}{2}\sin(2\alpha)$. Aufgelöst gilt

$$r = \sqrt{\frac{2A}{2\alpha - \sin(2\alpha)}}.$$

Aus dem benetzten Umfang $U = 2\alpha r$ wird dann die Zielfunktion

$$U(\alpha) = 2\sqrt{2A} \cdot \frac{\alpha}{\sqrt{2\alpha - \sin(2\alpha)}}.$$

Weiter ist

$$\frac{dU}{d\alpha} = 2\sqrt{2A} \cdot \frac{\sqrt{2\alpha - \sin(2\alpha)} - \alpha \cdot \frac{2-2\cos(2\alpha)}{2\sqrt{2\alpha-\sin(2\alpha)}}}{2\alpha - \sin(2\alpha)}.$$

Null setzen führt zur Gleichung $2 \cdot [2\alpha - \sin(2\alpha)] = \alpha \cdot [2 - 2\cos(2\alpha)]$. Man erhält $\alpha\cos(2\alpha) - \sin(2\alpha) + \alpha = 0$, $2\alpha - 2\sin^2\alpha - 2\sin\alpha \cdot \cos\alpha = 0$ und $\cos\alpha(\alpha - \sin\alpha) = 0$ mit der 1. Lösung $\alpha = 0$ und der 2. Lösung $\alpha = \frac{\pi}{2}$. Somit besitzt das halb gefüllte Kreisrohr den minimal benetzten Umfang.

Bemerkung. Beispiele zur Trapez- und Dreiecksrinne finden sich im 5. Band.

36.10 Das Spannungs- und Geschwindigkeitsprofil einer laminaren Gerinneströmung

Die Geschwindigkeitsprofile einer Rohrströmung kennen wir bereits. Diese wurden in Kap. 35.2 und 35.3 behandelt. Zumindest für eine laminare Gerinneströmung soll der Verlauf nun bestimmt werden. Dazu muss die Euler-Gleichung durch einen viskosen Term (Reibungs- oder Spannungsterm) erweitert werden. (Die Impulserhaltung werden in Kap. 43.4 auch für eine instationäre und nicht gleichförmige Strömung aufstellen unter Hinzunahme der Windströmung.) Damit die Skizze nicht unübersichtlich wird, gehen wir von gleichen Querschnitten aus.

Einschränkungen:
- Die Strömung ist stationär.
- Es herrscht Normalabfluss.

Idealisierungen:
- Das Gefälle ist klein.
- Das Gerinne ist viel breiter als hoch.

Herleitung von (36.10.1)–(36.10.9)

Wir betrachten die Impulserhaltung in Hauptströmungsrichtung (x-Richtung) und senkrecht dazu (Abb. 36.10 links). Der Übersicht halber sind in der Skizze nur dp und $d\tau_{xz}$ aufgenommen. Man könnte

$$dp = p(x + dx) - p(x) = \frac{\partial p}{\partial x}dx \quad \text{und} \quad d\tau_{xz} = \tau_{xz}(x + dx) - \tau_{xz}(x) = \frac{\partial \tau_{xz}}{\partial x}dx$$

schreiben, was zum gleichen Ergebnis führt. In x-Richtung erhalten wir ($dp < 0$)

$$-dp \cdot dz \cdot b - d\tau_{xz} \cdot dx \cdot b + \rho g \cdot dxdz \cdot b \cdot \sin\alpha = 0$$

und daraus

$$-\frac{1}{\rho}\cdot\frac{\partial p}{\partial x}-\frac{1}{\rho}\cdot\frac{\partial\tau_{xz}}{\partial z}+g\sin\alpha=0. \qquad (36.10.1)$$

Für die z-Richtung ergibt sich

$$\frac{1}{\rho}\cdot\frac{\partial p}{\partial z}+\frac{1}{\rho}\cdot\frac{\partial\tau_{zz}}{\partial z}+g\cos\alpha=0. \qquad (36.10.2)$$

Diese Gleichungen stellen nichts anderes als die Euler-Gleichungen mit einem Spannungsterm dar. In einem erweiterten Sinne sind es die Navier-Stokes-Gleichungen mit $\frac{\partial u}{\partial x}=0$ und $v=0$ (vgl. Kap. 38.1, Bsp. 4). Bei einer Hauptströmung in x-Richtung gehen wir von scheerfreien Spannungen in z-Richtung aus und setzen $\tau_{zz}=0$. Gleichung (36.10.2) wird mit ρdz multipliziert und von einer beliebigen Höhe z bis zur Wasserspiegelhöhe $z_W(x)$ integriert. Setzen wir $p(z_W)=p_0$, so erhält man

$$\int_{p(z)}^{p_0} dp+\rho g\cos\alpha\int_{z}^{z_W} dz=0 \quad \text{und} \quad p(x,z)=p_0+\rho g(z_W(x)-z)\cos\alpha. \qquad (36.10.3)$$

Ergebnis. Gleichung (36.10.3) besagt, dass die Druckverteilung einer stationären, laminaren Gerinneströmung bei Normalabfluss immer hydrostatisch ist. (Dies wird auch für eine turbulente Strömung gelten.)

Weiter bilden wir $\frac{\partial p}{\partial x}=\rho g\frac{\partial z_W(x)}{\partial x}\cos\alpha$, setzen dies in Gleichung (36.10.1) ein und erhalten

$$-g\frac{\partial z_W(x)}{\partial x}\cos\alpha-\frac{1}{\rho}\cdot\frac{\partial\tau_{xz}}{\partial z}+g\sin\alpha=0.$$

Für kleine Gefälle ist $\sin\alpha\approx 0$ und $\cos\alpha\approx 1$, was zu $d\tau_{xz}=-\rho g\frac{dz_w(x)}{\partial x}dz=\rho gJ_S dz$ führt. Letztes gilt, weil alle Gefälle zusammenfallen:

$$J_S=\frac{z_1-z_2}{l}=\frac{dz_w(x)}{dx}=\frac{z_w(x)-z_w(x+dx)}{dx}=J_W.$$

Eine Integration von der Sohle bis zu einer beliebigen Höhe ergibt

$$\int_{\tau_B}^{\tau_{xz}} d\tau_{xz}=-\rho gJ_S\int_0^z dz \quad \text{und} \quad \tau_{xz}(z)=\tau_B-\rho gJ_S z. \qquad (36.10.4)$$

Wirkt keine (Wind-)Spannung an der Oberfläche, dann führt die Auswertung zu $\tau_{xz}(h)=0=\tau_B-\rho gJ_S h$ und damit

$$\tau_B=\rho ghJ_S. \qquad (36.10.5)$$

Dies ist die schon mit (36.4.1) eingeführte Sohlschubspannung, wobei hier h anstelle von $r_H=\frac{bh}{b+2h}$ getreten ist, weil mit der Idealisierung $r_H=\frac{bh}{b+2h}\approx\frac{bh}{b}=h$ gilt. Der Teil

ghJ_S besitzt die Einheit einer Geschwindigkeit im Quadrat und wird mit u_*^2 abgekürzt. Man nennt $u_* = \sqrt{\frac{\tau_B}{\rho}}$ die Sohlschubspannungsgeschwindigkeit. Insgesamt erhalten wir aus (36.10.4)

$$\tau_{xz}(z) = \rho ghJ_S - \rho gzJ_S \quad \text{oder} \quad \tau_{xz}(z) = \rho u_*^2\left(1 - \frac{z}{h}\right). \tag{36.10.6}$$

Die Spannung einer Gerinneströmung (laminar oder turbulent) fällt somit linear von der Sohle hin zur Wasseroberfläche ab (in Analogie zur Rohrströmung: Linearer Abfall von der Wand zum Zentrum, vgl. (35.2.2)). Gleichung (36.10.6) gilt unabhängig vom Geschwindigkeitsprofil. Nehmen wir nun ein Newton'sches Fluid wie in (9.1.1), so hat man $\eta \frac{\partial u(z)}{\partial z} = \rho u_*^2(1 - \frac{z}{h})$. Multiplikation mit dz und nochmalige Integration ergibt

$$\eta \int_0^u du = \rho u_*^2 \int_0^z \left(1 - \frac{z}{h}\right) dz, \quad u(z) = \frac{u_*^2}{\nu} z\left(1 - \frac{z}{2h}\right)$$

und endlich das parabolische (relative) Geschwindigkeitsprofil

$$\frac{u(z)}{u_*} = \frac{u_* h}{\nu} \cdot \frac{z}{h}\left(1 - \frac{z}{2h}\right). \tag{36.10.7}$$

Für eine Skizze wählen wir schlicht $\frac{u_* h}{\nu} = 1$ (Abb. 36.10 rechts). Gemäß Gleichung (36.10.5) wäre die Belastung der Sohle durch das Abgleiten einer starren Wassersäule der Höhe h zu berechnen. Demnach würde die gesamte Beschleunigungsenergie an der Sohle dissipiert. Der größte Teil geht aber durch die Reibung der Fluidteilchen untereinander verloren. (Bei der laminaren Strömung ist es die Schubspannung der übereinanderliegenden Schichten, die diesen Energieverlust ausmacht.) Damit ist der Wert, den man für die Sohlspannung nach Gleichung (36.10.5) erhält, egal ob eine laminare oder eine turbulente Strömung vorliegt, viel zu hoch. Für $\rho = 1019\,\frac{\text{kg}}{\text{m}^3}$ und $J_S = 0{,}0001$ ergibt sich beispielsweise $\tau_B = h\,\frac{\text{N}}{\text{m}^2}$ als erste grobe Abschätzung. Tatsächlich ist es so, dass die Sohlschubspannung praktisch gesehen nicht gemessen werden kann. Man muss sich auf theoretische Annahmen stützen. Als Nächstes berechnen wir die mittlere Strömungsgeschwindigkeit. Dazu integrieren wir das Strömungsprofil über die gesamte Wassertiefe und erhalten

$$\overline{u} = \frac{u_*^2 h}{\nu} \cdot \frac{1}{h^2} \int_0^h \left(z - \frac{z^2}{2h}\right) dz = \frac{u_*^2}{\nu h} \cdot \left[\frac{z^2}{2} - \frac{z^3}{6h}\right]_0^h = \frac{u_*^2 h}{3\nu} = \frac{gh^2 J_S}{3\nu}. \tag{36.10.8}$$

Der Durchfluss für eine Breite b ist dann

$$\dot{Q} = A\overline{u} = \frac{gbh^3 J_S}{3\nu}. \tag{36.10.9}$$

Beispiel. Wasser fließt laminar, stationär unter Normalabfluss durch ein rechteckiges Gerinne der Breite $b = 1\,\text{m}$ und einer Sohlneigung von $J_S = 0{,}0001$.

a) In welcher Tiefe wird die gemittelte Geschwindigkeit erreicht?

b) Bestimmen Sie die Normalwassertiefe für $\dot{Q} = 1\,\frac{\text{m}^3}{\text{s}}$ und $\nu_{\text{Wasser}} = 10^{-6}\,\frac{\text{m}^2}{\text{s}}$.

c) Berechnen Sie den Impulsbeiwert.

Lösung.

a) Dazu vergleicht man (36.10.7) mit (36.10.8), was zu

$$\frac{u_*^2 h}{\nu}\cdot\frac{\bar{z}}{h}\left(1-\frac{\bar{z}}{2h}\right)=\frac{u_*^2 h}{3\nu}$$

führt. Weiter setzen wir $x = \frac{\bar{z}}{h}$ und finden nacheinander

$$\frac{\bar{z}}{h}\left(1-\frac{\bar{z}}{2h}\right)=\frac{1}{3},\quad 3x(2-x)=2,\quad 3x^2-6x+2=0$$

und schließlich

$$x_{1,2}=\frac{3\pm\sqrt{3}}{3}\quad\text{oder}\quad \bar{z}=0{,}42h.$$

b) Gleichung (36.10.9) liefert

$$h=\sqrt[3]{\frac{3\nu\dot{Q}}{gbJ_S}}=\sqrt[3]{\frac{3\cdot 10^{-6}\cdot 1}{9{,}81\cdot 1\cdot 0{,}0001}}=0{,}145\,\text{m}.$$

c) Wir schreiben (36.10.7) als $u(z) = c\frac{z}{h}(1-\frac{z}{2h})$ und berechnen

$$\int_A u\cdot dA = c\int_0^h \frac{z}{h}\left(1-\frac{z}{2h}\right)\cdot b\,dz = c\frac{bh}{3}\quad\text{bzw.}$$

$$\int_A u^2\cdot dA = c^2\int_0^h \left[\frac{z}{h}\left(1-\frac{z}{2h}\right)\right]^2\cdot b\,dz = c\frac{2bh}{15}.$$

Gleichung (30.4.4) ergibt dann

$$\beta=\frac{bh\cdot\frac{2bch}{15}}{(c\frac{bh}{3})^2}=\frac{6}{5}=1{,}2. \tag{36.10.10}$$

Gleichung (36.10.8) vergleichen wir noch mit den Fließformeln aus dem Kap. 36.8. Für sehr breite Rechteckgerinne setzen wir für den hydraulischen Durchmesser $d_H \approx 4h$. Die Formeln von (36.8.1), (36.8.2) und (36.8.3) lauteten

$$u = \frac{C}{2}\sqrt{d_H J_S}, \quad u = \sqrt{\frac{2g}{\lambda}}\sqrt{d_H J_S} \quad \text{und} \quad u = k_{\text{Str.}} \cdot r_H^{\frac{2}{3}} \cdot \sqrt{J_S}$$

oder für breite Rechteckgerinne

$$u = C \cdot h^{\frac{1}{2}} \cdot J_S^{\frac{1}{2}}, \quad u = \sqrt{\frac{8g}{\lambda}} \cdot h^{\frac{1}{2}} \cdot J_S^{\frac{1}{2}} \quad \text{und} \quad u = k_{\text{Str.}} \cdot h^{\frac{2}{3}} \cdot J_S^{\frac{1}{2}}$$

respektive. Während die Geschwindigkeit in Gleichung (36.10.9) proportional zu h^3 und J ist, besteht bei den „alten“ Fließformeln eine Proportionalität zu $h^{\frac{1}{2}}$ bzw. $h^{\frac{2}{3}}$ und $J^{\frac{1}{2}}$. Der Unterschied liegt darin, dass diese Gleichungen für reale, turbulente Strömungen aufgestellt wurden und zudem die Sohlrauheit beinhalten, während die Gleichungen (36.10.8) und (36.10.9) nur für laminare Strömungen gelten. Für sehr kleine Geschwindigkeiten mit Re $<$ 2300 kann also Gleichung (36.10.8) verwendet werden.

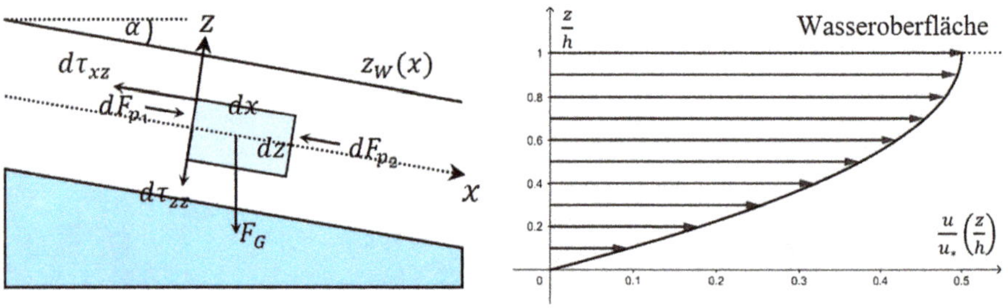

Abb. 36.10: Skizze zur Impulserhaltung und Graph von (36.10.7).

37 Zusammenfassung der bisherigen Strömungen

In den vergangenen Kapiteln haben wir vielerlei Strömungen kennengelernt. Zuerst behandelten wir ideale Flüssigkeiten, bei denen das Fluid inkompressibel ist und reibungsfrei entlang einer Begrenzung oder um ein Hindernis herum strömt. Diese Fluide waren allesamt nicht viskos. Die Beschreibung solcher Strömungen gelang uns dank der Euler-Gleichung und der daraus folgenden Bernoulli-Gleichung. Um den Einfluss der Reibung zu erfassen, musste die Bernoulli-Gleichung mit einem Korrekturterm versehen werden. Für die Theorie der (stationären) Potentialströmung schließlich ließen wir noch die Rotation in der Euler-Gleichung fallen, was zum Konzept des Stromfadens führte. Dieses zwang ein Teilchen im stationären Zustand sich auf seiner Stromlinie fortzubewegen. Bei einem auftretenden Hindernis würde das Teilchen also nur senkrecht zu seiner Bewegungsrichtung abgelenkt, aber nicht so, dass es hinter ein anderes Teilchen fällt. Bei einer laminaren Strömung annähernd richtig, widersprach es der Alltagserfahrung für Strömungen mit größerer Geschwindigkeit.

Erst mit Berücksichtigung der Viskosität konnten wir reale Rohrströmungen beschreiben. Das Schichtenmodell von Newton veranschaulichte die Wirkung der Reibung eines Fluids an einer Begrenzungsfläche auf die Fluidteilchen untereinander. Die (innere) Reibung wurde entweder über die dynamische Viskosität, die Rohrreibungszahl oder den Chézy- bzw. Stricklerbeiwert wie bei den Gerinneströmungen erfasst.

Das Gesetz von Hagen-Poiseuille lieferte uns die Möglichkeit, das Geschwindigkeitsprofil einer laminaren Rohrströmung herzuleiten und für die turbulente Rohrströmung eine Näherung des Profils, vorerst ohne genauere Begründung, anzugeben. Für eine laminare Gerinneströmung gelang es uns ebenfalls, eine Geschwindigkeitsverteilung aus der Theorie abzuleiten. Bei einer turbulenten Gerinneströmung ist das zugehörige Geschwindigkeitsprofil noch ausstehend (siehe Kap. 43).

Weitreichender ist es nun, die instationäre Euler-Gleichung selber um einen die Viskosität beschreibenden Term zu erweitern. Damit kann man nicht nur die bereits erwähnten Rohr- und Gerinneströmungen, sondern alle möglichen viskosen Strömungen beschreiben. Die Gleichungen, die das leisten, heißen Navier-Stokes-Gleichungen und beinhalten den verlangten Reibungsterm. Bevor dies angegangen wird, stellen wir die hergeleiteten Bewegungsgleichungen den dafür infrage kommenden Strömungsformen in einer Tabelle gegenüber.

Beschreibende Gleichung	**Nummer**	**Strömungsart**
Navier-Stokes-Gleichung (Reibung ≠ 0, Rotation ≠ 0)	(38.1), (38.2)	laminar, (in)stationär
Euler-Gleichung (Reibung = 0, Rotation ≠ 0)	(30.3.7), (32.2)	laminar, (in)stationär
Bernoulli-Gleichung (Reibung = 0, Rotation ≠ 0)	(30.3.8)	laminar, (in)stationär
Bernoulli-Gleichung mit Druckverlust (Reibung ≠ 0, Rotation ≠ 0)	(35.1.2)	turbulent, stationär
Potentialgleichung (Reibung = 0, Rotation = 0 bis auf Singularitäten, Bsp. Potentialwirbel)	(32.1.3)	laminar, stationär

https://doi.org/10.1515/9783111345765-037

38 Die Navier-Stokes-Gleichung

Herleitung von (38.1) und (38.2)

Die Euler-Gleichung soll um einen Viskositätsterm erweitert werden. Dazu betrachten wir die Kräfte aufgrund der viskosen Reibung an einem Volumenelement mit den Abmessungen dx, dy und dz im Strömungsfeld (Abb. 38.1 links).

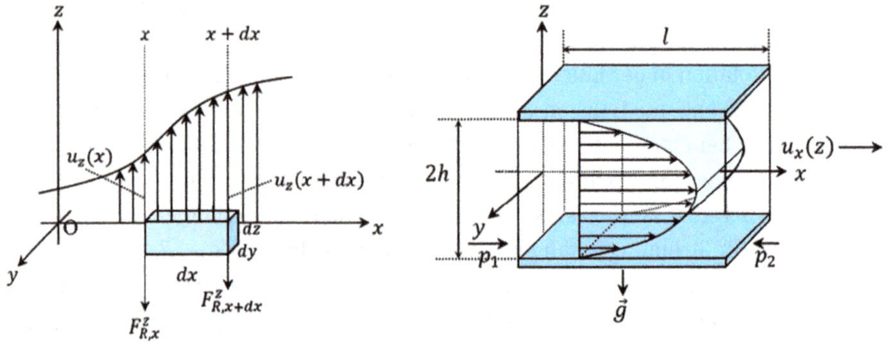

Abb. 38.1: Skizze zur Navier-Stokes-Gleichung und zu Bsp. 1.

Mit $u_z(x)$ bezeichnen wir die Geschwindigkeit in z-Richtung an der Stelle x. O. b. d. A sei das Strömungsfeld auf der gesamten Länge dx konvex, d. h. $u_z(x+dx) > u_z(x)$. An der Stelle $x+dx$ erfährt das Volumenelement damit gegenüber der Stelle x eine kleinere Kraft, weil die Strömungsgeschwindigkeit größer ist. Für ein Newton'sches Fluid gilt der Ansatz $F_R^z = \eta \cdot A \cdot \frac{du_z}{dx}$. Damit haben wir

$$F_R^z = F_{R,x+dx}^z - F_{R,x}^z = \eta \cdot dydz \cdot \left(\left.\frac{du_z}{dx}\right|_{x+dx} - \left.\frac{du_z}{dx}\right|_x \right)$$

$$= \eta \cdot dxdydz \cdot \frac{\left.\frac{du_z}{dx}\right|_{x+dx} - \left.\frac{du_z}{dx}\right|_x}{dx} = \eta \cdot dV \cdot \frac{d^2u_z}{dx^2}.$$

Das Ergebnis stellt aber erst den Anteil in z-Richtung dar, der sich bei Änderung in x-Richtung ergibt. Berücksichtigt man die Veränderungen in y- und z-Richtung ebenfalls, dann erhält man

$$F_{R,\text{total}}^z = \eta \cdot dV \cdot \left(\frac{\partial^2 u_z}{\partial x^2} + \frac{\partial^2 u_z}{\partial y^2} + \frac{\partial^2 u_z}{\partial z^2} \right).$$

Analog ergibt sich

$$F_{R,\text{total}}^x = \eta \cdot dV \cdot \left(\frac{\partial^2 u_x}{\partial x^2} + \frac{\partial^2 u_x}{\partial y^2} + \frac{\partial^2 u_x}{\partial z^2} \right), \quad F_{R,\text{total}}^y = \eta \cdot dV \cdot \left(\frac{\partial^2 u_y}{\partial x^2} + \frac{\partial^2 u_y}{\partial y^2} + \frac{\partial^2 u_y}{\partial z^2} \right)$$

https://doi.org/10.1515/9783111345765-038

und schließlich für die gesamte Reibung

$$\boldsymbol{F}_R = \eta \cdot dV \cdot \Delta \boldsymbol{u} \quad \text{mit} \quad \boldsymbol{u} = (u_x, u_y, u_z) \quad \text{und} \quad \Delta = \frac{\partial^2}{\partial x^2} + \frac{\partial^2}{\partial y^2} + \frac{\partial^2}{\partial z^2}.$$

Die Euler-Gleichung besaß, als Kraftbilanz an einem Massenelement dm formuliert, die Gestalt

$$dm \cdot \left[\frac{d\boldsymbol{u}}{dt} + (\boldsymbol{u} \cdot \nabla)\boldsymbol{u} \right] + dm \cdot \frac{\operatorname{grad} p}{\rho} - dm \cdot \boldsymbol{g} = 0$$

(siehe (32.1)). Berücksichtigt man nun zusätzlich die Viskosität, so entsteht aus

$$dm \cdot \left(\frac{d\boldsymbol{u}}{dt} + (\boldsymbol{u} \cdot \nabla)\boldsymbol{u} \right) + dm \cdot \frac{\operatorname{grad} p}{\rho} - dm \cdot \boldsymbol{g} - \eta \cdot \frac{dm}{\rho} \cdot \Delta \boldsymbol{u} = 0$$

die Navier-Stokes-Gleichung:

$$\rho \cdot \left[\frac{d\boldsymbol{u}}{dt} + (\boldsymbol{u} \cdot \nabla)\boldsymbol{u} \right] + \operatorname{grad} p - \rho \boldsymbol{g} - \eta \cdot \Delta \boldsymbol{u} = 0. \tag{38.1}$$

Die fünf Terme bezeichnen in dieser Reihenfolge die lokale Geschwindigkeitsänderung, die Konvektion (diese enthält auch die Rotation), die Druckänderung, die Volumenkraft und die Viskosität oder Diffusion. Lokale und konvektive Beschleunigung fasst man zur sogenannten substantiellen Beschleunigung zusammen. Gleichung (38.1) ist eine Impulserhaltungsgleichung. Die Abhängigkeit der fünf genannten Größen fasst folgender Satz zusammen: Ein Teilchen ändert seine Geschwindigkeit $[\frac{d\boldsymbol{u}}{dt}]$, wenn es in ein Gebiet mit anderer Geschwindigkeitsverteilung $[(\boldsymbol{u} \cdot \nabla)\boldsymbol{u}]$ gelangt, in ein Gebiet anderer Druckverteilung kommt $[\operatorname{grad} p]$, von gravitationeller, magnetischer oder auch elektrischer Kräfte beschleunigt $[\boldsymbol{g}]$, oder von anderen Teilchen mitgerissen wird $[\Delta \boldsymbol{u}]$. Benutzt man die kinematische Viskosität $\nu = \frac{\eta}{\rho}$, so lautet die Navier-Stokes-Gleichung in Vektorform:

$$\rho \begin{pmatrix} \frac{\partial u_x}{\partial t} + u_x \frac{\partial u_x}{\partial x} + u_y \frac{\partial u_x}{\partial y} + u_z \frac{\partial u_x}{\partial z} \\ \frac{\partial u_y}{\partial t} + u_x \frac{\partial u_y}{\partial x} + u_y \frac{\partial u_y}{\partial y} + u_z \frac{\partial u_y}{\partial z} \\ \frac{\partial u_z}{\partial t} + u_x \frac{\partial u_z}{\partial x} + u_y \frac{\partial u_z}{\partial y} + u_z \frac{\partial u_z}{\partial z} \end{pmatrix} + \begin{pmatrix} \frac{\partial p}{\partial x} \\ \frac{\partial p}{\partial y} \\ \frac{\partial p}{\partial z} \end{pmatrix} - \rho \begin{pmatrix} g_x \\ g_y \\ g_z \end{pmatrix}$$
$$- \eta \begin{pmatrix} \frac{\partial^2 u_x}{\partial x^2} + \frac{\partial^2 u_x}{\partial y^2} + \frac{\partial^2 u_x}{\partial z^2} \\ \frac{\partial^2 u_y}{\partial x^2} + \frac{\partial^2 u_y}{\partial y^2} + \frac{\partial^2 u_y}{\partial z^2} \\ \frac{\partial^2 u_z}{\partial x^2} + \frac{\partial^2 u_z}{\partial y^2} + \frac{\partial^2 u_z}{\partial z^2} \end{pmatrix} = 0. \tag{38.2}$$

Dazu gesellt sich die schon mit (30.2.2) die hergeleitete Kontinuitätsgleichung

$$\frac{\partial u_x}{\partial x} + \frac{\partial u_y}{\partial y} + \frac{\partial u_z}{\partial z} = 0. \tag{38.3}$$

Viele Anwendungen beinhalten drehsymmetrische Strömungen. Deswegen ist es notwendig, dass die Kontinuitätsgleichung und die Navier-Stokes-Gleichung in Zylinderkoordinaten vorliegen. Die vollständige Herleitung liest man in Band 6 nach. Das Ergebnis lautet:

$$\rho\begin{pmatrix} \frac{\partial u_r}{\partial t}+u_r\cdot\frac{\partial u_r}{\partial r}+\frac{u_\theta}{r}\cdot\frac{\partial u_r}{\partial\theta}-\frac{u_\theta^2}{r}+u_z\cdot\frac{\partial u_r}{\partial z}\\ \frac{\partial u_\theta}{\partial t}+u_r\cdot\frac{\partial u_\theta}{\partial r}+\frac{u_\theta}{r}\cdot\frac{\partial u_\theta}{\partial\theta}+\frac{u_r u_\theta}{r}+u_z\cdot\frac{\partial u_\theta}{\partial z}\\ \frac{\partial z}{\partial t}+u_r\cdot\frac{\partial u_z}{\partial r}+\frac{u_\theta}{r}\cdot\frac{\partial u_z}{\partial\theta}+u_z\cdot\frac{\partial u_z}{\partial z}\end{pmatrix}+\begin{pmatrix}\frac{\partial p}{\partial r}\\ \frac{1}{r}\cdot\frac{\partial p}{\partial\theta}\\ \frac{\partial p}{\partial z}\end{pmatrix}$$
$$-\rho\begin{pmatrix}g_r\\ g_\theta\\ g_z\end{pmatrix}-\eta\begin{pmatrix}\frac{1}{r}\cdot\frac{\partial}{\partial r}(r\cdot\frac{\partial u_r}{\partial r})+\frac{1}{r^2}\cdot\frac{\partial^2 u_r}{\partial\theta^2}-\frac{u_r}{r^2}-\frac{2}{r^2}\cdot\frac{\partial u_\theta}{\partial\theta}+\frac{\partial^2 u_r}{\partial z^2}\\ \frac{1}{r}\cdot\frac{\partial}{\partial r}(r\cdot\frac{\partial u_\theta}{\partial r})+\frac{1}{r^2}\cdot\frac{\partial^2 u_\theta}{\partial\theta^2}-\frac{u_\theta}{r^2}+\frac{2}{r^2}\cdot\frac{\partial u_r}{\partial\theta}+\frac{\partial^2 u_\theta}{\partial z^2}\\ \frac{1}{r}\cdot\frac{\partial}{\partial r}(r\cdot\frac{\partial u_z}{\partial r})+\frac{1}{r^2}\cdot\frac{\partial^2 u_z}{\partial\theta^2}+\frac{\partial^2 u_z}{\partial z^2}\end{pmatrix}=0 \qquad (38.4)$$

Im 6. Band zeigen wir ebenfalls für die Kontinuitätsgleichung:

$$\frac{1}{r}\cdot\frac{\partial(ru_r)}{\partial r}+\frac{1}{r}\cdot\frac{\partial u_\theta}{\partial\theta}+\frac{\partial u_z}{\partial z}=0.$$

Die Existenz und Eindeutigkeit globaler Lösungen der Gleichungen (38.1) oder (38.2) ist eines der ungelösten Millenniumsprobleme. Es folgen viele Beispiele, die eine analytische Lösung gestatten.

38.1 Analytische Lösungen der Navier-Stokes-Gleichung

Beispiel 1. Eine viskose Flüssigkeit der Dicke $2h$ befindet sich zwischen zwei ruhenden parallelen Platten. Die Strömung wird durch einen Druckgradienten $\frac{\partial p}{\partial x}$ parallel zur x-Achse aufrechterhalten (Abb. 38.1 rechts). Die x-Achse selber legen wir auf halber Höhe.

a) Gesucht ist das stationäre Geschwindigkeitsprofil innerhalb der Platten.
b) Ermitteln Sie die Druckverteilung $p(x,z)$.
c) Wie groß wird der Volumenstrom oder Durchfluss $\dot{Q}$?

Lösung.

a) Als Erstes ist $\frac{d\boldsymbol{u}}{dt}=0$ und $\frac{\partial p}{\partial y}=0$. Weiter folgt $u_y=u_z=0$ und damit $u_x=u_x(z)$. Der Konvektionsterm $(\boldsymbol{u}\cdot\nabla)\boldsymbol{u}$ reduziert sich zu $u_x\cdot\frac{\partial u_x}{\partial x}$. Die Kontinuitätsgleichung (38.3) für ein inkompressibles Fluid führt auf $\frac{\partial u_x}{\partial x}=0$. Der Gravitationsvektor schließlich beträgt $\boldsymbol{g}=(0,0,-g)$. Damit verbleibt von (38.2) das System

$$\frac{\partial p}{\partial x}-\eta\cdot\frac{\partial^2 u_x(z)}{\partial z^2}=0, \qquad (38.5)$$
$$\frac{dp}{dz}+\rho g=0. \qquad (38.6)$$

Aus (38.5) erhält man

$$u_x(z) = \frac{z^2}{2\eta} \cdot \frac{\partial p}{\partial x} + C_1 z + C_2.$$

Die vom Fluid erzeugte Scherspannung beträgt

$$\tau_{zx}(z) = \eta \frac{\partial u_x(z)}{\partial z} = \frac{\partial p}{\partial x} \cdot \frac{z}{\eta} + C_1$$

und ist somit linear. In der Mitte der Strömung, für $z = 0$, ist sie wirkungslos, was $C_1 = 0$ ergibt. Die RB $u_x(h) = 0$ führt zu $0 = \frac{h^2}{2\eta} \cdot \frac{\partial p}{\partial x} + C_2$ und zu dem parabelförmigen Profil

$$u_x(z) = -\frac{h^2}{2\eta} \cdot \frac{\partial p}{\partial x}\left[1 - \left(\frac{z}{h}\right)^2\right]. \tag{38.7}$$

b) Die Integration von (38.6) ergibt $p(z) = -\rho g z + f_1(x)$. Für einen entlang der Strecke l konstanten Druckgradienten kann man $\frac{\partial p}{\partial x} = \frac{\Delta p}{l}$ schreiben, der Druck $\frac{\partial p}{\partial x}$ lässt sich damit integrieren und es gilt

$$p(x) = \frac{p_2 - p_1}{l} x + p_1 + f_2(z).$$

Da der Druck eine skalare Größe ist, lassen sich beide Druckfunktionen zu einer einzigen zusammensetzen und man erhält

$$p(x, z) = \frac{\Delta p}{l} x + p_1 - \rho g z + C.$$

Für die Konstante C wertet man den Druck in einem beliebigen Punkt der Strömungsröhre, beispielsweise für $x = 0$ und $z = h$, aus. In dieser Höhe besteht der Druck einzig aus dem treibenden p_1. Aus $p_1 = p_1 - \rho g h + C$ folgt $C = \rho g h$ und damit die Druckverteilung

$$p(x, z) = \frac{\Delta p}{l} x + p_1 + \rho g(h - z).$$

c) Für den Volumenstrom oder Durchfluss $\dot{Q} = \dot{V} = \frac{dV}{dt}$ gilt $d\dot{Q} = \frac{dz}{dt} dA = u_x(z) dA$ und damit $\dot{Q} = \int_A u_x(z) dA$. In unserem Fall ist $dA = b \cdot dz$ mit einer Breite b. Man erhält

$$\begin{aligned}\dot{Q} = 2b \int_0^h u_x(z) dz &= -\frac{\partial p}{\partial x} \cdot \frac{bh^2}{\eta} \int_0^h \left[1 - \left(\frac{z}{h}\right)^2\right] dz \\ &= -\frac{\partial p}{\partial x} \cdot \frac{bh^2}{\eta}\left(h - \frac{h}{3}\right) = -\frac{2}{3\eta} \cdot \frac{\partial p}{\partial x} \cdot bh^3.\end{aligned}$$

Man kann auch zuerst die mittlere Geschwindigkeit $\overline{u}$ (auf der gesamten Breite konstant) bestimmen und diese mit b multiplizieren, um $\dot{Q}$ zu erhalten:

$$\overline{u} = -\frac{\partial p}{\partial x} \cdot \frac{h^2}{2\eta} \cdot \frac{1}{2h} \int_{-h}^{h} \left[1 - \left(\frac{z}{h}\right)^2\right] dz = -\frac{2}{3\eta} \cdot \frac{\partial p}{\partial x} \cdot h^2 \quad \text{und} \quad \dot{Q} = bh\overline{u}.$$

Beispiel 2. Das Fluid soll durch ein horizontales, kreisrundes Rohr der Länge l und dem Radius R hindurchfließen. Wir wählen zylindrische Koordinaten und legen nun die Strömungsrichtung in Richtung der z-Achse. (Abb. 38.2 links). Dann ist $\frac{\partial p}{\partial z} \neq 0$ der treibende Druck für die Strömung.

a) Wie lautet das stationäre Geschwindigkeitsprofil?
b) Ermitteln Sie die Druckverteilung $p(r, \theta, z)$.
c) Wie groß wird der Volumenstrom oder Durchfluss $\dot{Q}$?

Lösung.

a) Es ist $\frac{d\boldsymbol{u}}{dt} = 0$ und $u_r = u_\theta = 0$, $u_z = u_z(r)$. Weiter erhalten wir für $(\boldsymbol{u} \cdot \nabla)\boldsymbol{u}$ lediglich $u_z \cdot \frac{\partial u_z}{\partial z}$ und wir finden über Gleichung (38.3) $\frac{\partial u_z}{\partial z} = 0$. Der Gravitationsvektor beträgt jetzt $\boldsymbol{g} = (0, -g, 0)$ in kartesischen oder

$$\boldsymbol{g} = (g_r, g_\theta, 0) = (-g \cdot \sin\theta, -g \cdot \cos\theta, 0)$$

in Zylinderkoordinaten. Gleichung (38.4) besteht dann aus

$$\frac{\partial p}{\partial r} + \rho g \cdot \sin\theta = 0, \tag{38.8}$$

$$\frac{1}{r} \cdot \frac{\partial p}{\partial \theta} + \rho g \cdot \cos\theta = 0, \tag{38.9}$$

$$\frac{\partial p}{\partial z} - \frac{\eta}{r} \cdot \frac{\partial}{\partial r}\left(r \frac{\partial u_z(r)}{\partial r}\right) = 0. \tag{38.10}$$

Für das Geschwindigkeitsprofil aus (38.10) erhält man nacheinander:

$$\frac{r}{\eta} \cdot \frac{\partial p}{\partial z} = \frac{\partial}{\partial r}\left(r \frac{\partial u_z}{\partial r}\right),$$

$$\frac{r^2}{2\eta} \cdot \frac{\partial p}{\partial z} + C_1 = r \frac{\partial u_z}{\partial r},$$

$$\frac{r}{2\eta} \cdot \frac{\partial p}{\partial z} + \frac{C_1}{r} = \frac{\partial u_z}{\partial r} \quad \text{und}$$

$$u_z(r) = \frac{r^2}{4\eta} \cdot \frac{\partial p}{\partial z} + C_1 \ln r + C_2.$$

Da $u_z(0)$ endlich sein muss, folgt $C_1 = 0$. Die RB $u_z(R) = 0$ führt zu $C_2 = -\frac{R^2}{4\eta} \cdot \frac{\partial p}{\partial z}$ und damit zum Geschwindigkeitsprofil von Hagen-Poiseuille (vgl. (35.2.4))

$$u_z(r) = -\frac{R^2}{4\eta} \cdot \frac{\partial p}{\partial z} \cdot \left[1 - \left(\frac{r}{R}\right)^2\right]. \tag{38.11}$$

Auch in diesem Fall ist die Scherspannung linear:

$$\tau_{rz}(r) = \eta \frac{\partial u_z(r)}{\partial r} = \frac{\partial p}{\partial z} \cdot \frac{r}{2}.$$

b) Da keine seitlichen Geschwindigkeiten existieren, beschreiben (38.8) und (38.9) reine hydrostatische Druckverläufe in r- und θ-Richtung. Beide Gleichungen kann man sich auch nochmals plausibel machen: Bei einer Änderung des Radius um dr wächst die Höhe um $dr \cdot \sin\theta$ und der hydrostatische Druck fällt um $dp = -\rho g \cdot dr \cdot \sin\theta$, was (38.8) ergibt. Dreht man einen Punkt $T(r\cos\theta, r\sin\theta)$ um den Winkel $d\theta$ im Uhrzeigersinn, so vermindert sich die x-Koordinate um $rd\theta \cdot \sin\theta$ und die y-Koordinate wächst um $rd\theta \cdot \cos\theta$. Damit fällt der hydrostatische Druck um $dp = -\rho g \cdot rd\theta \cdot \cos\theta$, was zu (38.9) führt. Die Integration von (38.8) und (38.9) ergibt $p(r) = -\rho gr \cdot \sin\theta + f_1(\theta)$ respektive $p(\theta) = -\rho gr \cdot \sin\theta + f_2(r)$. Wieder setzen wir die Druckfunktionen zusammen zu

$$p(r,\theta) = -\rho gr \cdot \sin\theta + f(r,\theta). \tag{38.12}$$

Dieses Ergebnis hätte man freilich auch einfacher erhalten können. Ein Wechsel ins kartesische System liefert $\frac{\partial p}{\partial x} = 0$ aber $\frac{\partial p}{\partial y} + \rho g = 0$. Die Integration ergibt $p(y) = -\rho gy + f(x)$ und in Zylinderkoordinaten (38.12).
Nehmen wir weiter einen entlang der Strecke l konstanten Druckgradienten $\frac{\partial p}{\partial z} = \frac{\Delta p}{l}$ an, dann kann man $p(z) = \frac{p_2 - p_1}{l} z + p_1 + h(r,\theta)$ schreiben. Gesamthaft erhält man

$$p(r,\theta,z) = \frac{\Delta p}{l} z + p_1 - \rho gr \cdot \sin\theta + f(r,\theta).$$

Wir werten die Funktion in einem beliebigen Punkt T der Strömungsröhre, beispielsweise für $z = 0$, aus: $T(r\cos\theta, r\sin\theta, 0)$. In T herrscht zuerst einmal der Druck p_1. Zudem befindet sich über dem Punkt T eine Wassersäule der Höhe $h = \sqrt{R^2 - r^2\cos^2\theta} - r\sin\theta$. Damit erhält man

$$p_1 + \rho g(\sqrt{R^2 - r^2\cos^2\theta} - r\sin\theta) = p_1 - \rho gr \cdot \sin\theta + f(r,\theta)$$

und daraus

$$f(r,\theta) = \rho g\sqrt{R^2 - r^2\cos^2\theta}.$$

Schließlich lautet die Druckfunktion

$$p(r,\theta,z) = \frac{\Delta p}{l} z + p_1 + \rho g(\sqrt{R^2 - r^2\cos^2\theta} - r \cdot \sin\theta).$$

c) Für den Durchfluss gilt $dA = 2\pi r \cdot dr$ (Kreisring) und man erhält (vgl. (35.2.5))

$$\dot{Q} = \int_A u_z(r)dA = -\frac{\pi R^2}{2\eta} \cdot \frac{\partial p}{\partial z} \int_0^R \left[1 - \left(\frac{r}{R}\right)^2\right] r dr = -\frac{\pi}{8\eta} \cdot \frac{\partial p}{\partial z} \cdot R^4. \tag{38.13}$$

Die mittlere Geschwindigkeit $\overline{u}$ folgt dann zu (vgl. (35.2.6))

$$\overline{u} = \frac{\dot{Q}}{\pi R^2} = -\frac{R^2}{8\eta} \cdot \frac{\partial p}{\partial z}.$$

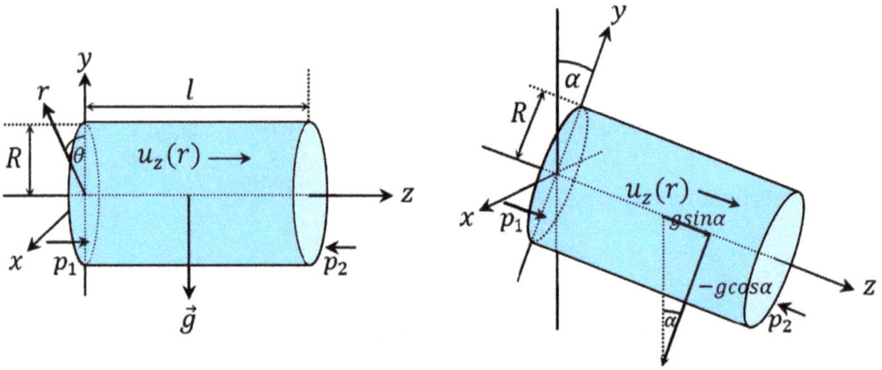

Abb. 38.2: Skizzen zu den Beispielen 2 und 3.

Beispiel 3. Als Variante zum 2. Beispiel neigen wir das Rohr um den Winkel α gegenüber der Vertikalen. Das Koordinatensystem drehen wir ebenfalls um denselben Winkel (Abb. 38.2 rechts).

a) Ermitteln Sie das stationäre Geschwindigkeitsprofil.
b) Wie lautet die Druckverteilung $p(r, \theta, z)$?

Lösung.

a) Im Unterschied zu oben lautet der Gravitationsvektor nun kartesisch

$$\boldsymbol{g} = (0, -g \cdot \cos\alpha, g \cdot \sin\alpha)$$

und zylindrisch

$$\boldsymbol{g} = (-g \cdot \sin\theta \cdot \cos\alpha, -g \cdot \cos\theta \cdot \cos\alpha, g \cdot \sin\alpha).$$

Damit ergibt sich das System:

$$\frac{\partial p}{\partial r} + \rho g \cdot \sin\theta \cdot \cos\alpha = 0, \tag{38.14}$$

$$\frac{1}{r} \cdot \frac{\partial p}{\partial \theta} + \rho g \cdot \cos\theta \cdot \cos\alpha = 0, \tag{38.15}$$

$$\frac{\partial p}{\partial z} - \rho g \cdot \sin\alpha - \frac{\eta}{r} \cdot \frac{d}{dr}\left(r\frac{\partial u_z(r)}{\partial r}\right) = 0. \tag{38.16}$$

Führt man dieselben Integrationsschritte wie im 2. Beispiel durch, so erhält man aus (38.16)

$$u_z(r) = -\frac{R^2}{4\eta} \cdot \left(\frac{\partial p}{\partial z} - \rho g \cdot \sin\alpha\right) \cdot \left[1 - \left(\frac{r}{R}\right)^2\right].$$

b) Zur Druckberechnung mittels (38.14) und (38.15) findet man

$$p(r,\theta,z) = \left(\frac{dp}{l} - \rho g \cdot \sin\alpha\right)z + p_1 - r\rho g \cdot \sin\theta \cdot \cos\alpha + f(r,\theta) = 0.$$

Ein beliebiger Punkt innerhalb der Stromröhre für $z = 0$ besitzt infolge der Neigung die Koordinaten $T(r\cos\theta \cdot \cos\alpha, r\sin\theta \cdot \cos\alpha, 0)$. Wertet man den Druck in diesem Punkt aus, so entsteht

$$p_1 + \rho g(\sqrt{R^2 - r^2\cos^2\theta\cos^2\alpha} - r\sin\theta \cdot \cos\alpha) = p_1 - r\rho g \cdot \sin\theta \cdot \cos\alpha + f(r,\theta) = 0$$

und daraus

$$p(r,\theta,z) = \left(\frac{\Delta p}{l} - g\sin\alpha\right)z + p_1 + \rho g(\sqrt{R^2 - r^2\cos^2\theta\cos^2\alpha} - r\sin\theta\cos\alpha).$$

Beispiel 4. Eine viskose Flüssigkeit fließt aufgrund der Gravitation allein, stationär eine rechteckige Rinne mit gleichbleibender Höhe h hinab (Abb. 38.3). Dies entspricht einem Normalabfluss wie wir es in Kap. 36.10 für eine Gerinneströmung formuliert haben. Wie im 3. Beispiel soll die Rinne um den Winkel α geneigt sein.

Idealisierung: Die Breite des Gerinnes wählen wir so groß, dass wir die Änderung der Geschwindigkeit u_x in y-Richtung hin zum Rand vernachlässigen können: $\frac{\partial u_x}{\partial y} \approx 0$.

a) Ermitteln Sie das stationäre Geschwindigkeitsprofil.
b) Wie lautet die Druckverteilung $p(z)$?
c) Bestimmen Sie den Durchfluss $\dot{Q}$.

Lösung.

a) Folglich ist $u_x = u_x(z)$. Anders als bei der Rohrströmung existiert in keiner Richtung ein treibender Druck: $\frac{\partial p}{\partial x} = \frac{\partial p}{\partial y} = 0$. Der Gravitationsvektor ist in diesem Fall

$$\boldsymbol{g} = (0, -g \cdot \cos\alpha, g \cdot \sin\alpha)$$

und Gleichung (38.2) führt zum System:

$$-\rho g \cdot \sin\alpha - \eta \cdot \frac{\partial^2 u_x}{\partial z^2} = 0, \tag{38.17}$$

$$\frac{\partial p}{\partial z} + \rho g \cdot \cos\alpha = 0. \tag{38.18}$$

Zwei Integrationen von (38.17) ergeben

$$\frac{\partial u_x(z)}{\partial z} = -\rho g \frac{z}{\eta} \cdot \sin\alpha + C_1 \quad \text{und} \quad u_x(z) = -\rho g \frac{z^2}{2\eta} \cdot \sin\alpha + C_1 z + C_2.$$

Eine erste RB erwächst aus der Tatsache, dass die Geschwindigkeit am Boden null ist, $u_x(0) = 0$, was $C_2 = 0$ nach sich zieht. Weiter beachten wir, dass auf der Höhe $z = h$ die Scherspannung verschwindet:

$$\eta \cdot \left.\frac{\partial u_x(z)}{\partial z}\right|_{z=h} = 0.$$

Daraus gewinnt man $C_1 = \frac{\rho g}{\eta} h \cdot \sin\alpha$ und schließlich das parabolische Profil (vgl. (36.10.7))

$$u_x(z) = \frac{\rho g}{2\eta} \cdot \sin\alpha \cdot z(2h - z). \tag{38.19}$$

b) Integriert man (38.18), so folgt $p(z) = -\rho g z \cdot \cos\alpha + C$. In diesem Fall ist der Luftdruck am Gesamtdruck beteiligt. Als RB können wir auf der Höhe $z = h$ den Luftdruck p_0 ansetzen, was zu $C = p_0 + \rho g h \cdot \cos\alpha$ und $p(z) = p_0 + \rho g \cdot \cos\alpha(h - z)$ führt (vgl. (36.10.3)). Die Druckverteilung ist damit rein hydrostatisch, wie schon bekannt.

c) Der Durchfluss auf einer Breite b berechnet sich in diesem Fall zu

$$\dot{Q} = \int_A u_x(z)dA = \frac{\rho g b}{2\eta} \cdot \sin\alpha \int_0^h z(2h - z)dz = \frac{\rho g}{3\eta} \cdot \sin\alpha \cdot bh^3$$

bei einer mittleren Geschwindigkeit von

$$\overline{u} = \frac{\rho g}{3\eta} \cdot \sin\alpha \cdot h^2$$

(vgl. (36.10.8)). Speziell für eine senkrechte Platte beträgt der Fluss

$$\dot{Q} = \frac{\rho g}{3\eta} \cdot bh^3$$

und die mittlere Geschwindigkeit

$$\overline{u} = \frac{\rho g}{3\eta} h^2. \tag{38.20}$$

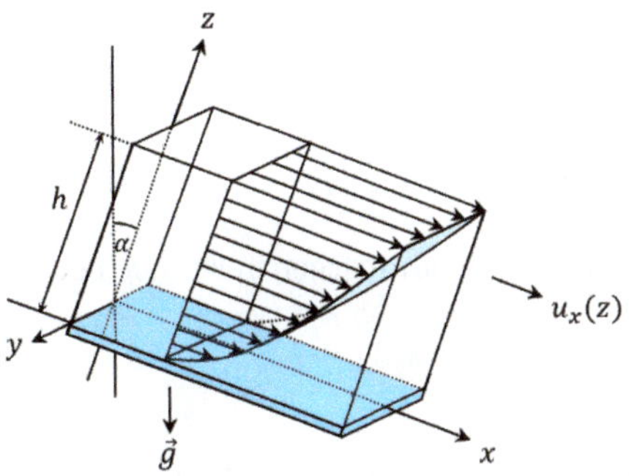

Abb. 38.3: Skizze zu Beispiel 4.

Beispiel 5. Eine Variante zum 4. Beispiel besteht darin, dass man die Platte durch einen langen Zylinder ersetzt, entlang dessen Mantelfläche die viskose Flüssigkeit hinabfließen soll. Für einen überall gleichmäßigen Abfluss stellen wir den Zylinder in eine vertikale Position (Abb. 38.4 links).

a) Gesucht ist das stationäre Geschwindigkeitsprofil.
b) Berechnen Sie den Fluss und daraus die mittlere Geschwindigkeit.

Lösung.

a) Man erhält

$$\rho g - \frac{\eta}{r} \cdot \frac{d}{dr}\left(r\frac{\partial u_z(r)}{\partial r}\right) = 0.$$

Die zweimalige Integration führt zu

$$u_z(r) = \frac{\rho g}{4\eta} \cdot r^2 + C_1 \ln r + C_2.$$

Die RBen sind I. $\tau_{rz}(R+h) = \eta \frac{\partial u_z(r)}{\partial r}\Big|_{r=R+h} = 0$ und II. $u_z(R) = 0$. RB I. führt zu

$$\frac{\rho g}{2\eta} \cdot (R+h) + \frac{C_1}{R+h} = 0$$

und somit

$$C_1 = -\frac{\rho g}{2\eta} \cdot (R+h)^2.$$

Aus II. erhält man

$$C_2 = -\frac{\rho g}{4\eta} \cdot R^2 - C_1 \ln R = \frac{\rho g}{4\eta}[2(R+h)^2 \ln R - R^2].$$

Insgesamt lautet das Profil

$$u_z(r) = \frac{\rho g}{4\eta} \cdot \left[R^2 - r^2 + 2(R+h)^2 \ln\left(\frac{r}{R}\right)\right].$$

Im Gegensatz zur Platte enthält $u_z(r)$ neben dem quadratischen Term noch einen logarithmischen Korrekturterm.

b) Man findet

$$\dot{Q} = \int_R^{R+h} u_z(r) 2\pi r dr = \frac{\pi \rho g}{2\eta} \int_R^{R+h} \left[R^2 r - r^3 + 2(R+h)^2 \cdot r \cdot \ln\left(\frac{r}{R}\right)\right] dr$$

$$= \frac{\pi \rho g}{2\eta} R^3 \int_R^{R+h} \left[\frac{r}{R} - \left(\frac{r}{R}\right)^3 + 2\left(1 + \frac{h}{R}\right)^2 \frac{r}{R} \ln\left(\frac{r}{R}\right)\right] dr.$$

Mit $\rho = \frac{r}{R}$ und $\gamma = \frac{h}{R}$ folgt

$$\dot{Q} = \frac{\pi \rho g}{2\eta} R^4 \int_1^{1+\gamma} [\rho - \rho^3 + 2(1+\gamma)^2 \rho \cdot \ln \rho] d\rho$$

$$= \frac{\pi \rho g}{8\eta} R^4 [4(1+\gamma)^4 \cdot \ln(1+\gamma) - (4\gamma + 14\gamma^2 + 12\gamma^3 + 3\gamma^4)].$$

Das wäre der genaue Wert für den Durchfluss.
Idealisierung: Den Durchfluss wollen wir für sehr dünne Schichten $\gamma \ll 1$ abschätzen und entwickeln dazu den Logarithmus in eine Taylorreihe, konsequenterweise bis zur 4. Potenz von γ.
Es gilt $\ln(1+\gamma) = \gamma - \frac{\gamma^2}{2} + \frac{\gamma^3}{3} - \frac{\gamma^4}{4} \pm \ldots$ und damit:

$$\dot{Q} = \frac{\pi \rho g}{8\eta} R^4 \left[4(1+\gamma)^4 \cdot \left(\gamma - \frac{\gamma^2}{2} + \frac{\gamma^3}{3} - \frac{\gamma^4}{4} \pm \ldots\right) - (4\gamma + 14\gamma^2 + 12\gamma^3 + 3\gamma^4)\right]$$

$$= \frac{\pi \rho g}{8\eta} R^4 \left[4(1+\gamma)^4 \cdot \left(\gamma - \frac{\gamma^2}{2} + \frac{\gamma^3}{3} - \frac{\gamma^4}{4} \pm \ldots\right) - (4\gamma + 14\gamma^2 + 12\gamma^3 + 3\gamma^4)\right]$$

$$= \frac{\pi \rho g}{8\eta} R^4 \left[4\gamma + 14\gamma^2 + \frac{52}{3}\gamma^3 + \frac{25}{3}\gamma^4 \pm \cdots - (4\gamma + 14\gamma^2 + 12\gamma^3 + 3\gamma^4)\right]$$

$$= \frac{\pi \rho g}{8\eta} R^4 \left[\frac{16}{3}\gamma^3 + \frac{16}{3}\gamma^4 \pm \ldots\right].$$

Vernachlässigt man zusätzlich die 4. Potenz, so verbleibt die Näherung

$$\dot{Q} \approx \frac{\pi \rho g}{8\eta} R^4 \cdot \frac{16}{3}\gamma^3 = \frac{\rho g}{3\eta}(2\pi R)h^3 \quad \text{und} \quad \overline{u} \approx \frac{\dot{Q}}{2\pi R h} = \frac{\rho g}{3\eta} h^2$$

in Analogie zu (38.20).

Für dünne Schichten kann man die Strömung wie eine ebene Strömung behandeln und folglich auch das Geschwindigkeitsprofil durch (38.20), $u_z(r) \approx \frac{\rho g}{2\eta} \cdot r(2h - r)$ ersetzen.

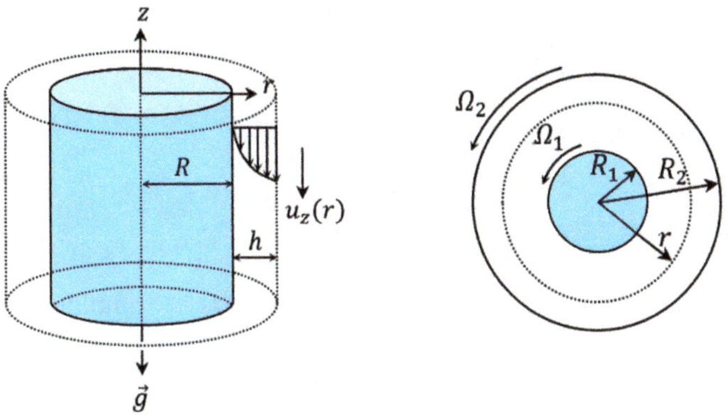

Abb. 38.4: Skizzen zu den Beispielen 5 und 6.

Beispiel 6. Es sollen stationäre drehsymmetrische Strömungen untersucht werden, die durch Rotation einer kreisringförmigen zylindrischen viskosen Flüssigkeitssäule der Länge l erzeugt werden. Die Strömung bewege sich zwischen einem inneren Zylinder mit Radius R_1 und einem äußeren mit Radius R_2 (Abb. 38.4 rechts). Dies nennt man die zylindrische Couette-Strömung. Die zugehörigen Stromlinien beschreiben somit konzentrische Kreise senkrecht zur Drehachse, die ihrerseits mit der z-Achse zusammenfallen soll.

a) Gesucht sind die Bahngeschwindigkeit $u_\theta(r)$, die Druckverteilung $p(r, z)$, die Scherspannung $\tau_{r\theta}$ und der Abfluss $\dot{Q}$.
b) Untersuchen Sie die drei Spezialfälle 1. $\Omega_1 = \Omega_2 = \Omega$, 2. $\Omega_1 = 0$ und 3. $\Omega_2 = 0$.

Lösung.

a) Bei einer ausgebildeten Strömung ist damit $u_r = u_z = 0$ und $u_\theta \neq 0$. Soll die Strömung stationär sein, dann ändert sich die Kreisbahngeschwindigkeit nicht: $\frac{\partial u_\theta}{\partial \theta} = 0$. Die Kontinuitätsgleichung ist offensichtlich erfüllt. Von (38.4) verbleibt dann:

$$-\rho \frac{u_\theta^2}{r} + \frac{\partial p}{\partial r} = 0, \tag{38.21}$$

$$\frac{1}{r} \cdot \frac{\partial}{\partial r}\left(r \cdot \frac{\partial u_\theta}{\partial r}\right) - \frac{u_\theta}{r^2} = 0, \tag{38.22}$$

$$\frac{\partial p}{\partial z} + \rho g = 0. \tag{38.23}$$

Gleichung (38.23) beschreibt die hydrostatische Druckänderung in vertikaler Richtung. Aus (38.21) erkennt man, dass der Druck auf ein Fluidteilchen in radialer Richtung von der Zentrifugalkraft herrührt. Mit (38.23) erhält man $p(r,z) = -\rho g z + f(r)$. Dann folgt aber, dass $\frac{\partial p}{\partial r}$ von z unabhängig ist und dass mit (38.21) u_θ eine Funktion von r alleine ist. Damit lässt sich u_θ direkt über (38.22) bestimmen, weil man die partiellen Ableitungen durch normale ersetzen kann. (38.22) lässt sich auch als

$$\frac{d}{dr}\left[\frac{1}{r}\cdot\frac{d}{dr}(ru_\theta)\right] = 0$$

schreiben. Dann folgt nacheinander

$$\frac{d}{dr}(ru_\theta) = Cr, \quad ru_\theta = C\frac{r^2}{2} + C_2 \quad \text{und} \quad u_\theta(r) = C_1 r + \frac{C_2}{r}.$$

Die Funktion $f(r)$ und damit die gesamte Druckfunktion bestimmt sich mithilfe von (38.21) zu

$$\begin{aligned} p(r,z) &= \rho \int \frac{1}{r}\left(C_1 r + \frac{C_2}{r}\right)^2 dr - \rho g z + C \\ &= \rho \int \left(C_1^2 r + \frac{2C_1C_2}{r} + \frac{C_2^2}{r^3}\right) dr - \rho g z + C \\ &= \rho\left(C_1^2\frac{r^2}{2} + 2C_1C_2 \ln r - \frac{C_2^2}{2r^2}\right) - \rho g z + C. \end{aligned}$$

Weiter berechnet sich der Kreisfluss zu

$$\dot{Q} = l\int_{R_1}^{R_2} u_\theta(r)dr = l\left[\frac{C_1}{2}(R_2^2 - R_1^2) + C_2 \ln\frac{R_2}{R_1}\right].$$

Schließlich soll noch die Scherspannung $\tau_{r\theta}$ zwischen zwei Zylinderschichten im Abstand Δr bestimmt werden. Auf der Kreisbahn mit Radius r betrage die Winkelgeschwindigkeit Ω und damit die Bahngeschwindigkeit $u_\theta = \Omega r$. Infolge der vorhandenen Viskosität wird sich die Winkelgeschwindigkeit auf einer Bahn mit Radius $r + \Delta r$ um $\Delta\Omega$ und die Bahngeschwindigkeit um $\Delta u_\theta = \Delta\Omega(r + \Delta r)$ ändern. Damit erhält man im Grenzfall mit dem Newton'schen Ansatz

$$\begin{aligned} \tau_{r\theta} &= \lim_{\Delta r\to 0} \eta\frac{\Delta u_\theta}{\Delta r} = \eta\cdot\lim_{\Delta r\to 0}\frac{\Delta\Omega(r+\Delta r)}{\Delta r} = \eta\cdot\left(\lim_{\Delta r\to 0}\frac{\Delta\Omega}{\Delta r}\cdot r + \lim_{\Delta r\to 0}\Delta\Omega\right) \\ &= \eta\cdot\left(r\cdot\frac{d\Omega}{dr} + 0\right) = \eta\cdot\left(r\cdot\frac{d\Omega}{dr}\right) = \eta\cdot\left[r\cdot\frac{d}{dr}\left(\frac{u_\theta}{r}\right)\right]. \end{aligned}$$

Angewandt auf unser Profil folgt

$$\tau_{r\theta} = \eta\cdot\left[r\cdot\frac{d}{dr}\left(C_1 + \frac{C_2}{r^2}\right)\right] = \eta\cdot\left[r\cdot\left(-\frac{2C_2}{r^3}\right)\right] = -2\eta\frac{C_2}{r^2}.$$

Die beiden Zylinder mit Radius R_1 und R_2 sollen mit den konstanten Winkelgeschwindigkeiten Ω_1 und Ω_2 respekive rotieren. Die beiden RBen I. $u_\theta(R_1) = \Omega_1 R_1$ und II. $u_\theta(R_2) = \Omega_2 R_2$ führen zum Gleichungssystem $\Omega_1 R_1 = C_1 R_1 + \frac{C_2}{R_1}$ und $\Omega_2 R_2 = C_1 R_2 + \frac{C_2}{R_2}$ mit den Konstanten

$$C_1 = \frac{R_2^2\Omega_2 - R_1^2\Omega_1}{R_2^2 - R_1^2} \quad \text{und} \quad C_2 = -\frac{R_1^2 R_2^2}{R_2^2 - R_1^2}(\Omega_2 - \Omega_1).$$

Damit liegen alle wesentlichen Größen vor:

$$\begin{aligned} u_\theta(r) &= \frac{1}{R_2^2 - R_1^2}\left[(R_2^2\Omega_2 - R_1^2\Omega_1)r - R_1^2 R_2^2(\Omega_2 - \Omega_1)\frac{1}{r}\right], \\ p(r,z) &= \frac{\rho}{(R_2^2 - R_1^2)^2}\left[\frac{1}{2}(R_2^2\Omega_2 - R_1^2\Omega_1)^2 r^2\right. \\ &\quad - 2R_1^2R_2^2(R_2^2\Omega_2 - R_1^2\Omega_1)(\Omega_2 - \Omega_1)\ln r \\ &\quad \left. -\frac{1}{2}\cdot R_1^4 R_2^4(\Omega_2 - \Omega_1)^2 \cdot \frac{1}{r^2}\right] - \rho g z + C \end{aligned}$$

und

$$\tau_{r\theta} = 2\eta\frac{R_1^2R_2^2}{R_2^2 - R_1^2}(\Omega_2 - \Omega_1)\frac{1}{r^2}$$

und

$$\dot{Q} = l\left[\frac{1}{2}\cdot(R_2^2\Omega_2 - R_1^2\Omega_1) - \frac{R_1^2R_2^2}{R_2^2 - R_1^2}(\Omega_2 - \Omega_1)\ln\frac{R_2}{R_1}\right].$$

b) Nun zu den drei Spezialfällen:

1. $\Omega_1 = \Omega_2 = \Omega$. Es gilt $u_\theta(r) = \Omega r$, $\tau_{r\theta} = 0$ und $p(r,z) = \frac{1}{2}\rho\Omega^2 r^2 - \rho g z + C$. Um die Konstante C zu bestimmen, überlegen wir uns, dass die freie Oberfläche der Flüssigkeit aufgrund der wirkenden Gravitation nicht eben bleiben wird. Auf irgendeiner Höhe z_0 erreicht die Flüssigkeit für $r = R_1$ ihren tiefsten Stand. Angenommen, entlang der Oberfläche sei der Druck konstant, beispielsweise gleich dem Luftdruck p_0, dann können wir $p(R_1, z_0)$ auswerten und erhalten

$$p_0 = \frac{1}{2}\rho\Omega^2R_1^2 - \rho g z_0 + C, \quad C = p_0 - \frac{1}{2}\rho\Omega^2R_1^2 - \rho g z_0$$

und damit

$$p(r,z) = \frac{1}{2}\rho\Omega^2(r^2 - R_1^2) - \rho g(z - z_0) + p_0.$$

Entlang der freien Oberfläche ist aber $p(r,z)$ für jedes Paar (r,z) gleich dem Luftdruck, was zu $p_0 = \frac{1}{2}\rho\Omega^2(r^2 - R_1^2) - \rho g(z - z_0) + p_0$ und schließlich zu einem parabolischen Profil führt:

$$z(r) = \frac{\Omega^2}{2g}(r^2 - R_1^2) + z_0. \tag{38.24}$$

Fehlt der innere Zylinder ganz, dann folgt $z(r) = \frac{\Omega^2}{2g}r^2 + z_0$.

2. $\Omega_1 = 0$. Der innere Zylinder ist in Ruhe. Man erhält

$$u_\theta(r) = \frac{\Omega_2 R_2^2}{R_2^2 - R_1^2}\left[r - \frac{R_1^2}{r}\right],$$

$$p(r,z) = \frac{\rho\Omega_2^2 R_2^4}{(R_2^2 - R_1^2)^2}\left[\frac{1}{2}r^2 - 2R_1^2 \ln r - \frac{R_1^4}{2r^2}\right] - \rho g z + C \quad \text{und}$$

$$\tau_{r\theta} = 2\eta\frac{R_1^2 R_2^2}{R_2^2 - R_1^2} \cdot \frac{\Omega_2}{r^2}.$$

Speziell greift am inneren Zylinder die Spannung

$$\tau_{W1} = \tau_{r\theta}|_{r=R_1} = 2\eta\frac{R_2^2\Omega_2}{R_2^2 - R_1^2}$$

an.

Die Schubspannung an der inneren Zylinderwand des äußeren Zylinders hingegen beträgt

$$\tau_{W2} = -2\eta\frac{R_1^2\Omega_2}{R_2^2 - R_1^2}.$$

Das Minuszeichen rührt daher, dass die Spannung entgegen der Drehrichtung wirkt. Mithilfe dieser Formel lässt sich die Viskosität über ein Rotationsviskosimeter experimentell bestimmen. Gemessen wird dabei das Drehmoment D entlang einer beliebigen Kreislinie der Zylindermantelfläche. Man misst dann also ein Drehmoment M pro Zylinderlänge l und es gilt

$$D = \frac{M}{l} = \frac{F \cdot R}{l} = \frac{A \cdot |\tau| \cdot R_2}{l} = \frac{2\pi R_2 l \cdot |\tau| \cdot R_2}{l} = 2\pi R_2^2 \cdot |\tau| = 4\pi\eta\frac{R_1^2 R_2^2\Omega_2}{R_2^2 - R_1^2}.$$

Für die freie Oberfläche folgt analog zum Fall 1 aus $p(R_1, z_0) = p_0$ die Konstante

$$C = -\frac{\rho\Omega_2^2 R_2^4}{(R_2^2 - R_1^2)^2}\left[\frac{1}{2}R_1^2 - 2R_1^2 \ln R_1 - \frac{R_1^4}{2r^2}\right] + \rho g z_0 + p_0$$

und daraus die Druckfunktion

$$p(r,z) = \frac{\rho\Omega_2^2 R_2^4}{(R_2^2 - R_1^2)^2}\left[\frac{1}{2}(r^2 - R_1^2) - 2R_1^2 \ln\frac{r}{R_1} - \frac{R_1^4}{2}\left(\frac{1}{r^2} - \frac{1}{R_1^2}\right)\right] - \rho g(z - z_0) + p_0.$$

Die freie Oberfläche ist

$$z(r) = \frac{\Omega_2^2 R_2^4}{g(R_2^2 - R_1^2)^2}\left[\frac{1}{2}(r^2 - R_1^2) - 2R_1^2 \ln\frac{r}{R_1} - \frac{R_1^4}{2}\left(\frac{1}{r^2} - \frac{1}{R_1^2}\right)\right] + z_0. \tag{38.25}$$

Man kann noch die Geschwindigkeit

$$u_\theta(r) = \frac{\Omega_2 R_2^2}{R_2^2 - R_1^2}\left[r - \frac{R_1^2}{r}\right]$$

für eine dünne Spaltströmung untersuchen.
Idealisierung: Es sei also $\Delta R = R_2 - R_1 \ll R_1$.
Dann hat man $\frac{\Delta R}{R_1} \ll 1$ und folglich erst recht $\frac{\Delta r}{R_1} \ll 1$ für $R_1 \le r \le R_2$. Den ersten Faktor von

$$\frac{R_2^2}{R_2^2 - R_1^2} = \frac{R_2}{R_2 + R_1} \cdot \frac{R_2}{R_2 - R_1}$$

kann man schreiben als

$$\frac{R_2}{R_2 + R_1} = \frac{1}{\frac{R_2 + R_2 - \Delta R}{R_2}} = \frac{1}{2 - \frac{\Delta R}{R_2}} \approx \frac{1}{2}.$$

Der Term $r - \frac{R_1^2}{r}$ wird zu

$$\frac{r^2 - R_1^2}{r} = \frac{(R_1 + \Delta r)^2 - R_1^2}{R_1 + \Delta r} = \frac{2R_1\Delta r + (\Delta r)^2}{R_1 + \Delta r} = \frac{2R_1 + \Delta r}{R_1 + \Delta r}\Delta r = \frac{2 + \frac{\Delta r}{R_1}}{1 + \frac{\Delta r}{R_1}}\Delta r \approx 2\Delta r.$$

Zusammen entsteht daraus

$$u_\theta(r) \approx \frac{1}{2}\frac{\Omega_2 R_2}{R_2 - R_1} 2\Delta r = \frac{\Omega_2 R_2}{\Delta R}\Delta r.$$

Dies entspricht einer ebenen Couette-Strömung mit der Geschwindigkeit $\Omega_2 R_2$ zwischen zwei parallelen Platten im Abstand ΔR.

3. $\Omega_2 = 0$. Der äußere Zylinder ist in Ruhe. In diesem Fall gilt

$$u_\theta(r) = \frac{\Omega_1 R_1^2}{R_2^2 - R_1^2}\left[-r + \frac{R_2^2}{r}\right],$$

$$p(r,z) = \frac{\rho\Omega_1^2 R_1^4}{(R_2^2 - R_1^2)^2}\left[\frac{1}{2}r^2 - 2R_2^2 \ln r - \frac{R_2^4}{2r^2}\right] - \rho g z + C \quad \text{und}$$

$$\tau_{r\theta} = -2\eta \frac{R_1^2 R_2^2}{R_2^2 - R_1^2} \cdot \frac{\Omega_1}{r^2}.$$

Die Spannung auf die Innenseite des ruhenden äußeren Zylinders berechnet sich mittels

$$\tau_{W2} = \tau_{r\theta}|_{r=R_2} = 2\eta \frac{R_1^2 \Omega_1}{R_2^2 - R_1^2}$$

und diejenige auf den inneren Zylinder

$$\tau_{W1} = -\ \tau_{r\theta}|_{r=R_1} = -2\eta \frac{R_2^2 \Omega_1}{R_2^2 - R_1^2}.$$

Die freie Oberfläche bestimmt sich nach bekanntem Muster. Es gilt $p(R_1, z_0) = p_0$ und daraus folgt

$$C = -\frac{\rho \Omega_1^2 R_1^4}{(R_2^2 - R_1^2)^2} \left[\frac{1}{2} R_1^2 - 2R_2^2 \ln R_1 - \frac{R_2^4}{2R_1^2} \right] + \rho g z_0 + p_0,$$

$$p(r,z) = \frac{\rho \Omega_1^2 R_1^4}{(R_2^2 - R_1^2)^2} \left[\frac{1}{2}(r^2 - R_1^2) - 2R_2^2 \ln \frac{r}{R_1} - \frac{R_2^4}{2} \left(\frac{1}{r^2} - \frac{1}{R_1^2} \right) \right]$$
$$- \rho g (z - z_0) + p_0 \quad \text{und}$$

$$z(r) = \frac{\Omega_1^2 R_1^4}{g(R_2^2 - R_1^2)^2} \left[\frac{1}{2}(r^2 - R_1^2) - 2R_2^2 \ln \frac{r}{R_1} - \frac{R_2^4}{2} \left(\frac{1}{r^2} - \frac{1}{R_1^2} \right) \right] + z_0. \tag{38.26}$$

Idealisierung: Auch in diesem Fall entspricht das Geschwindigkeitsprofil für eine dünne Spaltströmung etwa einer ebenen Couette-Strömung.
Aus

$$u_\theta(r) = \frac{\Omega_1 R_1^2}{R_2^2 - R_1^2} \left[-r + \frac{R_2^2}{r} \right]$$

schreibt sich der 1. Faktor von

$$\frac{R_1^2}{R_2^2 - R_1^2} = \frac{R_1}{R_2 + R_1} \cdot \frac{R_1}{R_2 - R_1}$$

als

$$\frac{R_1}{R_2 + R_1} = \frac{1}{\frac{R_1 + R_1 + \Delta R}{R_1}} = \frac{1}{2 + \frac{\Delta R}{R_1}} \approx \frac{1}{2}.$$

Der Term $-r + \frac{R_2^2}{r}$ wird zu

$$-\frac{r^2 - R_2^2}{r} = \frac{(R_2 - \Delta r)^2 - R_2^2}{R_2 - \Delta r} = \frac{-2R_2\Delta r + (\Delta r)^2}{R_2 - \Delta r} = \frac{-2R_2 + \Delta r}{R_2 - \Delta r}\Delta r$$
$$= \frac{-2 + \frac{\Delta r}{R_2}}{1 - \frac{\Delta r}{R_2}}\Delta r \approx -2\Delta r$$

umgeformt. Zusammen entsteht

$$u_\theta(r) \approx \frac{1}{2}\frac{\Omega_1 R_1}{R_2 - R_1}2\Delta r = \frac{\Omega_1 R_1}{\Delta R}\Delta r.$$

Fehlt der äußere Zylinder, und stellt man sich die Flüssigkeitssäule beliebig breit vor, so muss man zur weiteren Berechnung wieder zurück zum Profil $u_\theta(r) = C_1 r + \frac{C_2}{r}$. Da $u_\theta \to 0$ für $r \to \infty$ sein muss, folgt $C_1 = 0$. Weiter hat man $u_\theta(R_1) = \Omega_1 R_1$, woraus man $C_2 = \Omega_1 R_1^2$ entnimmt und damit $u_\theta(r) = \Omega_1 R_1^2 \frac{1}{r}$ entsteht. Die Spannung am inneren Zylinder beträgt dann

$$\tau_{W1} = -\,\tau_{r\theta}|_{r=R_1} = -2\eta\frac{C_2}{r^2}\bigg|_{r=R_1} = -2\eta\Omega_1.$$

Die Druckfunktion lautet

$$p(r,z) = -\rho\frac{C_2^2}{2r^2} - \rho g z + C = -\frac{\rho\Omega_1^2 R_1^4}{2r^2} - \rho g z + C.$$

Wieder folgt mit $p(R_1, z_0) = p_0$ zuerst $C = \frac{\rho\Omega_1^2}{2} + \rho g z_0 + p_0$ und dann

$$p(r,z) = \frac{\rho\Omega_1^2}{2}\left(1 - \frac{R_1^4}{r^2}\right) - \rho g(z - z_0) + p_0.$$

Die Funktion für die freie Oberfläche lautet damit

$$z(r) = \frac{\Omega_1^2}{2g}\left(1 - \frac{R_1^4}{r^2}\right) + z_0. \tag{38.27}$$

Die Graphen von (38.24), (38.25), (38.26) und (38.27) sollen miteinander verglichen werden. Wir nummerieren sie neu von 1 bis 4. Dazu wählen wir $z_0 = 0$, $R_1 = 1$, $R_2 = 2$ und tragen

$$z_+(r) = \frac{z(r)}{\frac{\Omega^2}{g}}$$

gegenüber r auf. Dabei ist je nach Fall mit der jeweiligen die Strömung erzeugenden Winkelgeschwindigkeit Ω, Ω_1 oder Ω_2 zu normieren. Die vier freien Oberflächen gehen dann über in

$$
\begin{aligned}
z_{+1}(r) &= \frac{1}{2}(r^2 - 1), \\
z_{+2}(r) &= \frac{16}{9}\left(\frac{1}{2}r^2 - 2\ln r - \frac{1}{2r^2}\right), \\
z_{+3}(r) &= \frac{1}{9}\left(\frac{1}{2}r^2 + 7{,}5 - 8\ln r - \frac{8}{r^2}\right) \quad \text{und} \\
z_{+4}(r) &= \frac{1}{2}\left(1 - \frac{1}{r^2}\right).
\end{aligned}
$$

Aus dem Verlauf der Graphen (Abb. 38.5 links) entnimmt man:

1. Dreht nur der äußere Zylinder, so fällt das Profil z_{+2} flacher gegenüber demjenigen Profil bei gemeinsamer Zylinderdrehung z_{+1} aus.
2. Dreht nur der innere Zylinder und vergrößert man den Abstand des äußeren Zylinders gegenüber dem inneren, so wird das anfängliche Profil z_{+3} steiler und entspricht im Grenzfall der Form z_{+4}.

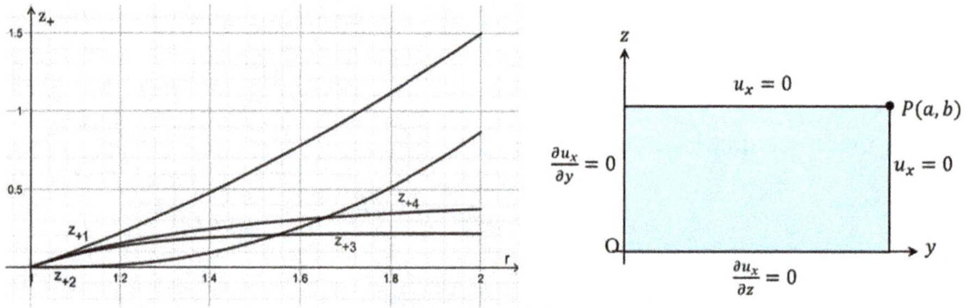

Abb. 38.5: Graphen von (38.24), (38.25), (38.26), (38.27) und Skizze zu Beispiel 7.

Beispiel 7. Es soll das stationäre Geschwindigkeitsprofil einer Poiseuille-Strömung für ein rechteckförmiges Rohr der Breite $2a$ und der Höhe $2b$ bestimmt werden. Der treibende Druck wirke in Richtung der x-Achse und infolge der Symmetrie können wir uns auf den 1. Quadranten beschränken (Abb. 38.5 rechts).

Lösung. Gleichung (38.2) vereinfacht sich zu

$$\frac{\partial^2 u_x(y,z)}{\partial y^2} + \frac{\partial^2 u_x(y,z)}{\partial z^2} = \frac{1}{\eta} \cdot \frac{\partial p}{\partial x}. \tag{38.28}$$

Wäre das Rohr in y-Richtung beliebig ausgedehnt, dann entspräche das Problem dem 1. Beispiel mit der Lösung (38.7)

$$u_x(z) = -\frac{b^2}{2\eta} \cdot \frac{\partial p}{\partial x}\left[1 - \left(\frac{z}{b}\right)^2\right].$$

Deswegen erscheint es sinnvoll, $u_x(y,z)$ als Summe von (38.7) und einer Korrektur $v_x(y,z)$ anzusetzen, wobei wir zudem die Funktion $v_x(y,z)$ separieren:

$$u_x(y,z) = -\frac{b^2}{2\eta}\cdot\frac{\partial p}{\partial x}\left[1-\left(\frac{z}{b}\right)^2\right] + v_x(y,z) = -\frac{b^2}{2\eta}\cdot\frac{\partial p}{\partial x}\left[1-\left(\frac{z}{b}\right)^2\right] + r(y)\cdot s(z). \quad (38.29)$$

Den Ansatz (38.29) setzen wir in (38.28) ein und finden

$$r''s + \frac{1}{\eta}\cdot\frac{\partial p}{\partial x} + rs'' = \frac{1}{\eta}\cdot\frac{\partial p}{\partial x}, \quad \frac{r''}{r} + \frac{s''}{s} = 0$$

oder schließlich

$$\frac{r''}{r} = \mu^2 \quad \text{und} \quad \frac{s''}{s} = -\mu^2 \quad \text{mit} \quad \mu \in \mathbb{R}.$$

Die erste DG wird durch $r(y) = Ae^{\mu y} + Be^{-\mu y}$ gelöst. Mithilfe der neuen Konstanten $A = \frac{1}{2}(C_1 + C_2)$ und $B = \frac{1}{2}(C_1 - C_2)$ folgt

$$r(y) = \frac{1}{2}[C_1\cdot e^{\mu y} + C_1\cdot e^{-\mu y} + C_2\cdot e^{\mu y} - C_2\cdot e^{-\mu y}] \quad \text{oder}$$
$$r(y) = C_1\cosh(\mu y) + C_2\sinh(\mu y).$$

Die Lösung der zweiten DG ist hingegen $s(z) = C_3\cos(\mu y) + C_4\sin(\mu z)$. Vorerst erhalten wir

$$v_x(y,z) = [C_1\cosh(\mu y) + C_2\sinh(\mu y)]\cdot[C_3\cos(\mu y) + C_4\sin(\mu z)].$$

Wir benötigen vier RBen. Auf dem rechten bzw. oberen Rand ist die Geschwindigkeit null. Auf den Symmetrieachsen sind die Geschwindigkeitskomponenten maximal also die Änderung in jeweils senkrechter Richtung null (vgl. Abb. 38.5 rechts).

Das bedeutet I. $u_x = 0$ für $y = a$, II. $\frac{\partial u_x}{\partial y} = 0$ für $y = 0$, III. $u_x = 0$ für $z = b$ und IV. $\frac{\partial u_x}{\partial z} = 0$ für $z = 0$.

Damit folgt

$$u_x(y,z) = -\frac{b^2}{2\eta}\cdot\frac{\partial p}{\partial x}\left[1-\left(\frac{z}{b}\right)^2\right] + [C_1\cosh(\mu y) + C_2\sinh(\mu y)]\cdot[C_3\cos(\mu z) + C_4\sin(\mu z)].$$

Die Bedingung IV. führt zu $C_4 = 0$. Mit Bedingung III. erhalten wir $\cos(\mu b) = 0$ oder $\mu_n = \frac{2n-1}{2b}\pi$ für $n \in \mathbb{N}$. Werten wir weiter II. aus, so folgt $C_2 = 0$. Schließlich liefert I. die Bestimmungsgleichung

$$0 = -\frac{b^2}{2\eta}\cdot\frac{\partial p}{\partial x}[1-\xi^2] + \cosh\left(\frac{2n-1}{2b}\pi a\right)\cdot\sum_{n=1}^{\infty} a_n\cos\left(\frac{2n-1}{2}\pi\xi\right),$$

wenn man noch $\xi = \frac{z}{b}$ setzt. Die Orthogonalitätsbedingung des Kosinus verwendet, führt zu

$$\frac{b^2}{2\eta} \cdot \frac{\partial p}{\partial x} \int_0^1 \left[(1 - \xi^2) \cdot \cos\left(\frac{2n-1}{2} \pi \xi \right) \right] d\xi = a_n \cdot \cosh\left(\frac{2n-1}{2b} \pi a \right) \int_0^1 \cos^2\left(\frac{2n-1}{2} \pi \xi \right) d\xi .$$

Das linke Integral beträgt $\frac{16(-1)^{n+1}}{(2n-1)^3 \pi^3}$ und das rechte $\frac{1}{2}$, was zu einem Koeffizienten von

$$a_n = \frac{b^2}{2\eta} \cdot \frac{\partial p}{\partial x} \cdot \frac{32(-1)^{n+1}}{(2n-1)^3 \pi^3} \cdot \frac{1}{\cosh(\frac{2n-1}{2b} \pi a)}$$

führt. Insgesamt lautet die Lösung damit

$$\begin{aligned} u_x(y,z) = -\frac{b^2}{2\eta} \cdot \frac{\partial p}{\partial x} \Bigg\{ & \left[1 - \left(\frac{z}{b} \right)^2 \right] \\ & - \frac{32}{\pi^3} \sum_{n=1}^{\infty} \frac{(-1)^{n+1}}{(2n-1)^3} \cdot \frac{\cosh(\frac{2n-1}{2b} \pi y)}{\cosh(\frac{2n-1}{2b} \pi a)} \cos\left(\frac{2n-1}{2b} \pi z \right) \Bigg\} . \end{aligned} \tag{38.30}$$

Gleichung (38.30) wird normiert und für eine Skizze tragen wir

$$u_+(y,z) = \frac{u_x(y,z)}{-\frac{b^2}{2\eta} \cdot \frac{\partial p}{\partial x}}$$

für $z = 0{,}1 \cdot k$, $k = 1, 2, \ldots, 10$ auf. Dabei wählen wir einmal $a = b = 1$ (Quadrat, Abb. 38.6 links) und $a = 2$, $b = 1$ (Abb. 38.6 rechts) auf. In den Darstellungen entsprechen die obersten Graphen $z = 0$ und die tiefsten Graphen $z = 1$.

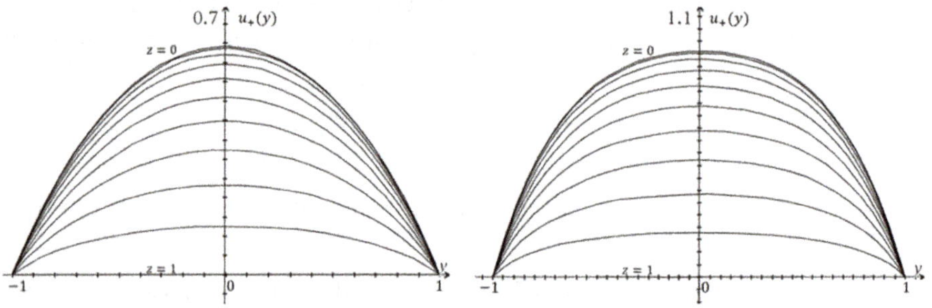

Abb. 38.6: Graphen von (38.30).

Die höchste normierte Geschwindigkeit wird dabei im Zentrum für $y = z = 0$ erreicht und beträgt $u_+ = 0{,}589$ für das Quadrat und $u_+ = 0{,}914$ für das Rechteck.

Für den Fluss durch ein Rechtecksrohr berechnen wir

$$\dot{Q}_+ = 4\int_0^a\int_0^b u_+(y,z)dydz.$$

Die Integration von u_+ nach z ergibt

$$u_{+1}(y,z) = \left\{\left[z - \frac{z^3}{3b^2}\right] - \frac{64b}{\pi^4}\sum_{n=1}^{\infty}\frac{(-1)^{n+1}}{(2n-1)^4}\cdot\frac{\cosh(\frac{2n-1}{2b}\pi y)}{\cosh(\frac{2n-1}{2b}\pi a)}\cdot\sin\left(\frac{2n-1}{2b}\pi z\right)\right\}$$

und die Auswertung

$$u_{+1}(y) = \frac{2b}{3} - \frac{64b}{\pi^4}\sum_{n=1}^{\infty}\frac{1}{(2n-1)^4}\cdot\frac{\cosh(\frac{2n-1}{2b}\pi y)}{\cosh(\frac{2n-1}{2b}\pi a)}.$$

Die Integration nach y liefert

$$u_{+2}(y) = \frac{2b}{3}y - \frac{128b^2}{\pi^5}\sum_{n=1}^{\infty}\frac{1}{(2n-1)^5}\cdot\frac{\sinh(\frac{2n-1}{2b}\pi y)}{\cosh(\frac{2n-1}{2b}\pi a)}$$

und nach Auswertung

$$u_{+2} = \frac{2ab}{3} - \frac{128b^2}{\pi^5}\sum_{n=1}^{\infty}\frac{\tanh(\frac{2n-1}{2b}\pi a)}{(2n-1)^5}.$$

Nimmt man noch den Faktor 4 hinzu und macht die Normierung rückgängig, so folgt

$$\begin{aligned}\dot{Q} &= -\frac{4b^2}{2\eta}\cdot\frac{\partial p}{\partial x}\left[\frac{2ab}{3} - \frac{128b^2}{\pi^5}\sum_{n=1}^{\infty}\frac{\tanh(\frac{2n-1}{2b}\pi a)}{(2n-1)^5}\right]\\ &= -\frac{4ab^3}{3\eta}\cdot\frac{\partial p}{\partial x}\left[1 - \frac{192b}{\pi^5 a}\sum_{n=1}^{\infty}\frac{\tanh(\frac{2n-1}{2b}\pi a)}{(2n-1)^5}\right].\end{aligned}$$

Speziell für ein quadratisches Rohr beträgt der Fluss

$$\dot{Q} = -\frac{4a^4}{3\eta}\cdot\frac{\partial p}{\partial x}\cdot 0{,}422$$

und für das Kreisrohr gilt nach (38.13)

$$\dot{Q} = -\frac{\pi}{8\eta}\cdot\frac{\partial p}{\partial x}\cdot R^4.$$

Bei gleichem Fluss ergibt sich $\frac{4a^4}{3} \cdot 0{,}422 = \frac{\pi}{8} \cdot R^4$ und daraus $R = 1{,}094 \cdot a$. Der Durchmesser des Kreisrohrs müsste etwa 9.4 % größer als die Seitenlänge des Quadrats gewählt werden.

Beispiel 8. Wir betrachten eine quaderförmige viskose Flüssigkeit der Höhe h zwischen zwei parallelen ebenen Platten, wobei die obere Platte in Ruhe verharrt. Das Fluid soll durch die horizontale, periodische Bewegung der unteren Platte in Schwingung versetzt werden. (Die viskose Flüssigkeit haftet also an beiden Platten und löst sich nicht ab.) Treibende Drücke gibt es in dieser Fragestellung nicht. Die Gravitation ist für die horizontale Bewegung unerheblich.

Idealisierung: Weiter vernachlässigen wir seitliche Effekte und setzen $u_y = u_z = 0$.

Die Geschwindigkeit der Platte sei beispielsweise durch $u(z = 0, t) = u_0 \cos(\omega t)$ gegeben. Gesucht wird das Geschwindigkeitsprofil des Fluids $u_x = u = u(z, t)$ als Funktion der Höhe und der Zeit im eingeschwungenen Zustand, wodurch eine AB entfällt.

Lösung. Aus der Kontinuitätsgleichung wird zudem $\frac{\partial u_x}{\partial x} = 0$ ersichtlich. Diese instationäre Aufgabe heißt auch Stokes-Problem.

Die Gleichung (38.2) reduziert sich zu

$$\frac{\partial u}{\partial t} = \nu \cdot \frac{\partial^2 u}{\partial z^2}. \tag{38.31}$$

Auf der Höhe z wird das Fluid phasenverschoben zur Anregung schwingen. Außerdem nimmt die Amplitude mit steigender Höhe ab. Deshalb enthält unser Ansatz beide Winkelfunktionen und lautet $u(z, t) = u_0[f_1(z) \cdot \cos(\omega t) + f_2(z) \cdot \sin(\omega t)]$. Es ist weniger aufwendig mit komplexwertigen Funktionen zu rechnen. Nehmen wir als Ansatz $u(z, t) = u_0 \cdot f(z) \cdot e^{-i\omega t}$ mit $f(z) = f_1(z) + if_2(z)$ und bestimmen

$$\begin{aligned} f(z) \cdot e^{-i\omega t} &= [f_1(z) + if_2(z)] \cdot [\cos(\omega t) - i \sin(\omega t)] \\ &= f_1(z) \cdot \cos(\omega t) + f_2(z) \cdot \sin(\omega t) + i[f_2(z) \cdot \cos(\omega t) - f_1(z) \cdot \sin(\omega t)], \end{aligned}$$

so erkennt man, dass $u(z, t)$ als Realteil von $f(z) \cdot e^{-i\omega t}$ interpretiert werden kann, also

$$u(z, t) = \Re(u_0 \cdot f(z) \cdot e^{-i\omega t}). \tag{38.32}$$

Diesen Ansatz in (38.31) eingesetzt, erzeugt

$$-i\frac{\omega}{\nu} u_0 f \cdot e^{-i\omega t} = u_0 f'' \cdot e^{-i\omega t} \quad \text{oder} \quad -i\frac{\omega}{\nu} f(z) = f''(z).$$

Mit $f(z) = Ce^{\lambda z}$ entsteht die charakteristische Gleichung $\lambda^2 = -i\frac{\omega}{\nu}$, deren Lösung

$$\lambda = \pm\sqrt{-i\frac{\omega}{\nu}}$$

beträgt. Die Zahl $\sqrt{-i}$ schreiben wir um als $\sqrt{-i} = a + ib$. Daraus folgt $-i = a^2 - b^2 + 2abi$, durch Vergleich $b = -a$ mit $a = \frac{1}{\sqrt{2}}$ und somit $\sqrt{-i} = \frac{1}{\sqrt{2}}(1 - i)$. Weiter definieren wir $k := \sqrt{\frac{\omega}{2\nu}}$ und erhalten

$$f(z) = A \cdot e^{(1-i)kz} + B \cdot e^{-(1-i)kz}.$$

Mithilfe der neuen Konstanten $A = \frac{1}{2}(C_1 + C_2)$ und $B = \frac{1}{2}(C_1 - C_2)$ folgt

$$f(z) = C_1 \cdot \cosh[(1-i)kz] + C_2 \cdot \sinh[(1-i)kz].$$

Eine RB unseres Problems lautet I. $u(0,t) = u_0 \cos(\omega t)$. Gleichbedeutend damit ist $f(0) = 1$, wie man (38.32) entnimmt. Genauer bedeutet I. eigentlich $f(0) = 1 + 0 \cdot i$, was $f_1(0) = 1$ und $f_2(0) = 0$ entspricht. Zudem gilt die Haftbedingung I. $f(h) = 0$. Daraus folgen $1 = C_1$ und $0 = \cosh[(1-i)kh] + C_2 \cdot \sinh[(1-i)kh]$.

Weiter verrechnet, ergibt sich

$$C_2 = -\frac{\cosh[(1-i)kh]}{\sinh[(1-i)kh]}$$

und daraus (Einzelheiten in Band 6)

$$f(z) = \frac{\frac{1}{4}[2e^{(1-i)k(h-z)} - 2e^{-(1-i)k(h-z)}]}{\sinh[(1-i)kh]} = \frac{\sinh[(1-i)k(h-z)]}{\sinh[(1-i)kh]} \tag{38.33}$$

oder

$$f(z) = \frac{e^{(1-i)k(h-z)} - e^{-(1-i)k(h-z)}}{e^{(1-i)kh} - e^{-(1-i)kh}}. \tag{38.34}$$

Nach weiteren Rechenschritten ergibt sich

$$\begin{aligned} u(z,t) = {} & \frac{u_0}{2[\cosh(2kh) - \cos(2kh)]} \\ & \cdot \{e^{-k(z-2h)}[\cos(\omega t - kz)] + e^{k(z-2h)}[\cos(\omega t + kz)] \\ & -e^{-kz}[\cos(\omega t - kz + 2kh)] - e^{kz}[\cos(\omega t + kz - 2kh)]\}. \end{aligned}$$

Gleichung (38.33) besagt, dass das Geschwindigkeitsprofil von den drei Größen ω, ν und h abhängig ist. Deswegen führt man die Womersley-Zahl $W = h\sqrt{\frac{\omega}{\nu}}$ ein. Bei Rohren wird h durch den halben Durchmesser d ersetzt. Die Zahl W enthält dieselben Größen wie die Reynolds-Zahl: eine charakteristische Länge, eine spezifische Stoffgröße und die Geschwindigkeit (hier in Form der Frequenz). Man nennt deshalb W auch die Reynolds-Zahl für instationäre Strömungen.

Fall 1. Betrachten wir als ersten Spezialfall kleine Womersley-Zahlen $W \ll 1$. Zuerst verifizieren wir den Zusammenhang $W = \sqrt{2}kh$ und schreiben (38.33) als

$$f(z) = \frac{\sinh[(1-i)k(h-z)]}{\sinh[(1-i)kh]} = \frac{\sinh[(1-i)kh(1-\frac{z}{h})]}{\sinh[(1-i)kh]}$$
$$= \frac{\sinh[(1-i)\frac{W}{\sqrt{2}}(1-\frac{z}{h})]}{\sinh[(1-i)\frac{W}{\sqrt{2}}]} \approx \frac{(1-i)\frac{W}{\sqrt{2}}(1-\frac{z}{h})}{(1-i)\frac{W}{\sqrt{2}}} = 1 - \frac{z}{h}.$$

Dabei wurde die lineare Näherung des Sinus-Hyperbolicus für kleine Argumente benutzt. Insgesamt folgt $u(z,t) = u_0 \cos(\omega t)(1-\frac{z}{h})$, was bedeutet, dass das Profil zu jeder Zeit praktisch linear ist und einer ebenen Couette-Strömung gleichkommt. In diesem Fall ist entweder die Frequenz oder die Höhe klein oder die Viskosität sehr groß.

Fall 2. Für große Womersley-Zahlen findet die Bewegung praktisch nur in der Nähe der bewegten Wand statt. In diesem Fall überwiegt die Trägheit gegenüber der Viskosität. Dazu dividieren wir Zähler und Nenner von (38.34) zuerst mit $e^{(1-i)kh}$ und erhalten

$$f(z) = \frac{e^{-(1-i)kz} - e^{-2(1-i)kh} e^{(1-i)kz}}{1 - e^{-2(1-i)kh}} = \frac{e^{-(1-i)kz} - e^{-\sqrt{2}(1-i)W} e^{(1-i)kz}}{1 - e^{-\sqrt{2}(1-i)W}}.$$

Es folgt $f(z) \approx e^{-(1-i)kz}$ und weiter

$$u(z,t) = u_0 \cdot f(z) \cdot e^{-i\omega t} = u_0 \cdot e^{-i\omega t} e^{-(1-i)kz} = u_0 \cdot e^{-i\omega t - kz + ikz}$$
$$= u_0 \cdot e^{-kz} e^{-i(\omega t - kz)} = u_0 \cdot e^{-kz} [\cos(\omega t - kz) - i \sin(\omega t - kz)]$$

und schließlich

$$u(z,t) = u_0 \cdot e^{-kz} \cdot \cos(\omega t - kz) \tag{38.35}$$

(von h unabhängig). Für eine Skizze tragen wir $\frac{u}{u_0}$ nach z für die Zeiten $t = 0, \frac{1}{6}, \frac{1}{3}, \frac{1}{2}, \frac{2}{3}$ und $\frac{5}{6}$ auf und wählen als Frequenz $f = 1\,\text{Hz}$ und $\nu = 10^{-3}\,\frac{\text{m}^2}{\text{s}}$, ein typischer Wert für Gelatine oder Pudding (Abb. 38.7).

Die Abbildung enthält zudem, gestrichelt markiert, die alle Profile einhüllende Kurve

$$\left|\frac{u(z)}{u_0}\right| = e^{-\sqrt{\frac{\omega}{2\nu}}z}.$$

Es gibt Schichten, die in Phase schwingen, dann nämlich, wenn

$$\sqrt{\frac{\omega}{2\nu}}z = 2n\pi$$

gilt. Die zugehörigen Schichten befinden sich in einem Abstand von

$$d = 2\pi\sqrt{\frac{2\nu}{\omega}}$$

und für unseren Pudding ergäbe das

$$d = \sqrt{\frac{\pi}{250}} \approx 11{,}2\,\text{cm}.$$

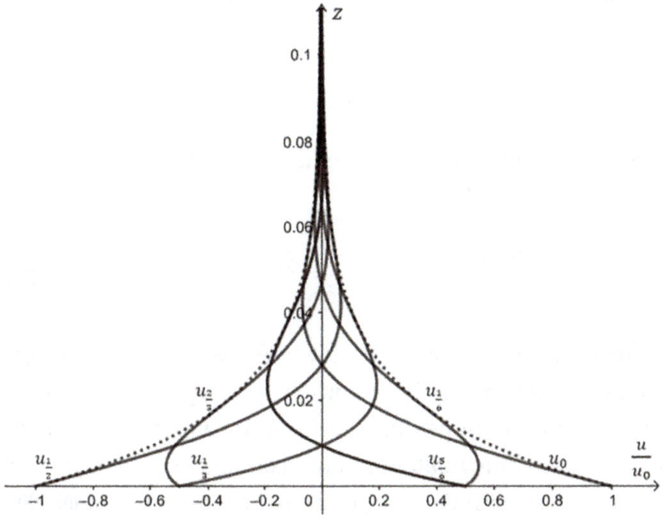

Abb. 38.7: Graph von (38.35).

Beispiel 9. Eine viskose Flüssigkeit befindet sich zwischen zwei parallelen Platten. Die obere wird aus der Ruhe auf die konstante Geschwindigkeit u_0 beschleunigt, während die untere Platte in Ruhe verharrt (Abb. 38.8). Die entstehende Strömung nennt man ebene Couette-Strömung. Nach einiger Zeit wird sich das dargestellte stationäre lineare Geschwindigkeitsprofil ausbilden. Bestimmen Sie den stationären und instationären Geschwindigkeitsverlauf.

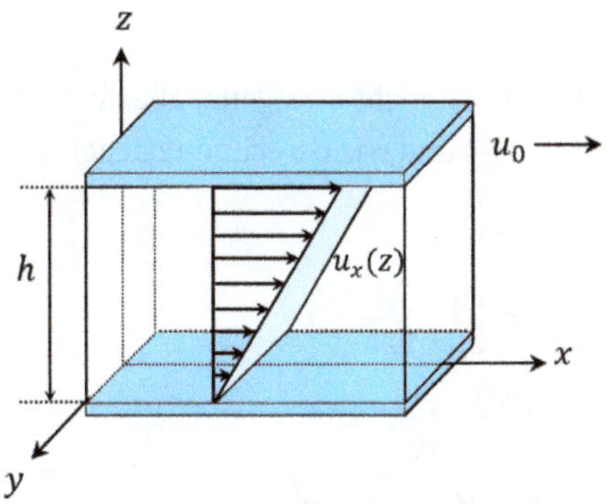

Abb. 38.8: Skizze zu Beispiel 9.

Lösung. Der Grund für das lineare Profil ergibt sich daraus, dass aufgrund des fehlenden Druckgradienten lediglich eine in z-Richtung sich verändernde Geschwindigkeit $u_x = u_x(z)$ und damit die Gleichung $\frac{\partial^2 u_x}{\partial z^2} = 0$ verbleibt. Die zweimalige Integration liefert $u_x(z) = C_1 z + C_2$. Mit den RBen $u_x(0) = 0$ und $u_x(h) = u_0$ folgt $u_x(z) = \frac{u_0}{h} z$.

Nun lösen wir den instationären Fall. Die DG ist diejenige von (38.31):

$$\frac{\partial u}{\partial t} = \nu \cdot \frac{\partial^2 u}{\partial z^2}.$$

Wir knüpfen den Zusammenhang mit der Wärmeleitungsgleichung aus Kap. 22. Diese lautete

$$\frac{\partial T}{\partial t} = \beta^2 \cdot \frac{\partial^2 T}{\partial x^2}. \tag{38.36}$$

Im gleichen Kapitel lösten wir (38.36) für drei verschiedene RBen: einer konstant gehaltenen Wandtemperatur, einer unveränderlichen Umgebungstemperatur und einen zugeführten, konstanten Wärmestrom. In den beiden ersten Fällen strebte der Temperaturausgleich mit der Zeit einer innerhalb der Wand konstanten Endtemperatur zu. Im letzten Fall hingegen näherte sich das Ausgleichstemperaturprofil schnell der Form einer gleichbleibenden Parabel. Die Temperaturverteilung für diesen letzten Fall bestimmten wir durch Superposition eines quasi-stationären und eines instationären Teils.

Im Fall der instationären Couette-Strömung wird das Profil mit der Zeit die lineare Form $u_x(z) = \frac{u_0}{h} z$ einnehmen. Deswegen setzen wir die Lösung von (38.31) als $u(z,t) = C_1 z + C_2 + Z(z) \cdot T(t)$ an. Es wird sich unter anderem zeigen, dass $C_1 = \frac{u_0}{h}$, $C_2 = 0$, $\lim_{t\to\infty} T(t) = 0$ und damit $\lim_{t\to\infty} u(z,t) = \frac{u_0}{h} z$ ist. Setzen wir den Ansatz in (38.31) ein, so erhält man die übliche Separationsgleichung

$$Z(z) \cdot \dot{T}(t) = \nu \cdot Z''(z) \cdot T(t).$$

Nun führen wir dimensionslose Größen ein. Dies ist nicht zwingend, aber vereinfacht die Schreibweise. Es ist $\xi = \frac{z}{h}$, $u_* = \frac{u}{u_0}$ und $\tau = \frac{\nu}{h^2} t$ und wir berechnen nacheinander:

$$\begin{aligned}
\frac{\partial u_*}{\partial \tau} &= \frac{\partial u_*}{\partial t} \cdot \frac{\partial t}{\partial \tau} = \frac{1}{u_0} \cdot \frac{\partial u}{\partial t} \cdot \frac{h^2}{\nu} = \frac{\partial u}{\partial t} \cdot \frac{h^2}{u_0 \nu}, \\
\frac{\partial u_*}{\partial \xi} &= \frac{\partial u_*}{\partial z} \cdot \frac{\partial z}{\partial \xi} = \frac{1}{u_0} \cdot \frac{\partial u}{\partial z} \cdot h = \frac{\partial u}{\partial z} \cdot \frac{h}{u_0} \quad \text{und} \\
\frac{\partial^2 u_*}{\partial \xi^2} &= \frac{\partial}{\partial \xi}\left(\frac{\partial u}{\partial z} \cdot \frac{h}{u_0} \right) = \frac{h}{u_0} \cdot \frac{\partial^2 u}{\partial z^2} \cdot \frac{\partial z}{\partial \xi} = \frac{\partial^2 u}{\partial z^2} \cdot \frac{h^2}{u_0}.
\end{aligned}$$

Damit geht (38.31) über in

$$\frac{\partial u_*}{\partial \tau} \cdot \frac{u_0 \nu}{h^2} = \nu \cdot \frac{u_0}{h^2} \cdot \frac{\partial^2 u_*}{\partial \xi^2} \quad \text{oder}$$

$$\frac{\partial u_*}{\partial \tau} = \frac{\partial^2 u_*}{\partial \xi^2} \quad \text{mit} \quad u_*(\xi, \tau) = C_1 h\xi + C_2 + s(\xi) \cdot w(\tau).$$

Eingesetzt führt dies zu $\frac{\dot{w}(\tau)}{w(\tau)} = \frac{s''(\xi)}{s(\xi)} := -\mu^2$ mit $\mu \in \mathbb{R}$ und den beiden Gleichungen $\dot{w}(\tau) + \mu^2 w(\tau) = 0$ und $s''(\xi) + \mu^2 s(\xi) = 0$. Die zugehörigen Lösungen sind $w(\tau) = Ae^{-\mu^2\tau}$ und $s(\xi) = B_1 \cdot \sin(\mu\xi) + B_2 \cdot \cos(\mu\xi)$ oder schließlich

$$u_*(\xi, \tau) = C_1 h\xi + C_2 + [C_3 \cdot \sin(\mu\xi) + C_4 \cdot \cos(\mu\xi)]e^{-\mu^2\tau}. \tag{38.37}$$

Nun gehen wir zu den Bedingungen über. Am Boden ist die Geschwindigkeit zu jeder Zeit null und auf der Höhe h beträgt sie u_0. Das führt zu den RBen I. $u_*(0, \tau) = 0$ und II. $u_*(1, \tau) = 1$ für beliebige τ. Zur Startzeit beträgt die Geschwindigkeit auf der gesamten Höhe null. Dies ist die AB III. $u_*(\xi, 0) = 0$. Schließlich ergeben sich noch zwei Endbedingungen für $t \to \infty$: Am Boden bleibt die Geschwindigkeit null und auf der Höhe h beträgt ihr Wert u_0. Dies führt zu IV. $u_*(0, \tau \to \infty) = 0$ und V. $u_*(1, \tau \to \infty) = 1$.

Zuerst werten wir IV. und V. für (38.37) aus. Daraus folgt $C_2 = 0$ und $C_1 = \frac{1}{h}$ respektive.

Dies bestätigt die Vermutung, dass $C_1 h\xi + C_2 = \xi$ schlicht die stationäre Lösung in dimensionslosen Größen ergibt. Die Bedingungen I. und II. erzeugen $C_4 = 0$ und $\sin(k) = 0$, was $\mu = n\pi$ mit $n \in \mathbb{N}$ nach sich zieht. Damit erhält man insgesamt

$$u_*(\xi, \tau) = \xi + \sum_{n=1}^{\infty} a_n e^{-n^2\pi^2\tau} \sin(n\pi\xi).$$

Mithilfe der Startbedingung III. folgt

$$0 = \xi + \sum_{n=1}^{\infty} a_n \sin(n\pi\xi). \tag{38.38}$$

Daraus bestimmt man die Fourier-Koeffizienten a_n. Dazu wird (38.38) mit $\sin(m\pi\xi)$ multipliziert und über das Intervall von null bis eins integriert. Mithilfe der aus Kap. 16.3 bekannten Orthogonalität der Sinusfunktion verbleibt nur im Fall von $m = n$ ein von null verschiedener Beitrag. Es entsteht

$$-\int_0^1 \xi \cdot \sin(n\pi\xi) d\xi = a_n \int_0^1 \sin^2(n\pi\xi) d\xi$$

und daraus $a_n = \frac{2(-1)^n}{n\pi}$. Schließlich erhält unsere gesuchte Lösung die Gestalt

$$u_*(\xi,\tau) = \xi + \frac{2}{\pi}\sum_{n=1}^{\infty}\frac{(-1)^n}{n}e^{-n^2\pi^2\tau}\sin(n\pi\xi). \tag{38.39}$$

Die Rücktransformation ergibt

$$\frac{u(z,t)}{u_0} = \frac{z}{h} + \frac{2}{\pi}\sum_{n=1}^{\infty}\frac{(-1)^n}{n}e^{-n^2\pi^2\frac{\nu}{h^2}t}\sin\left(n\pi\frac{z}{h}\right).$$

Wir stellen (38.39) für die Zeiten $\tau = 0{,}001, 0{,}01, 0{,}05, 0{,}15, 1$ dar (Abb. 38.9). Die Achsen sind im Vergleich zu Abb. 38.6 vertauscht!

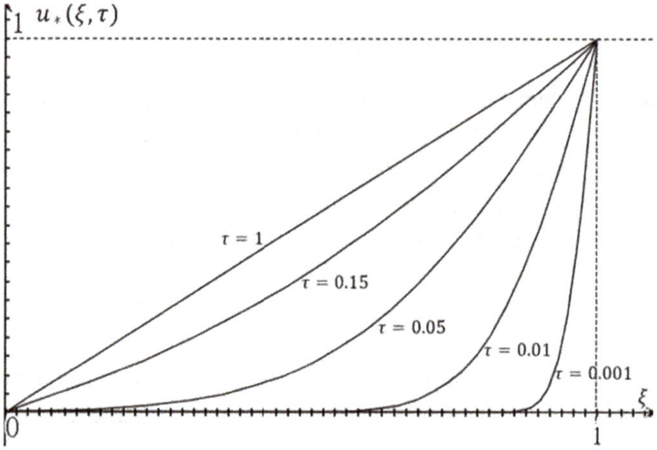

Abb. 38.9: Graph von (38.39).

Beispiel 10. Wir betrachten die viskose Flüssigkeit der Dicke $2h$ zwischen zwei ruhenden parallelen Platten des 1. Beispiels. Der anfangs ruhenden Flüssigkeit wird ein Druckgradient $\frac{\partial p}{\partial x}$ parallel zur x-Achse angebracht. Es soll die Anlaufströmung bis zur ausgeprägten stationären Strömung bestimmt werden.

Lösung. Dazu wird Gleichung (38.5) um den instationären Term erweitert zu

$$\frac{\partial u_x(z)}{\partial t} = -\frac{1}{\rho}\cdot\frac{\partial p}{\partial x} + \nu\cdot\frac{\partial^2 u_x(z)}{\partial z^2}.$$

Die Transformationen sind dieselben wie im vorigen Beispiel: $\xi = \frac{z}{h}$, $u_* = \frac{u}{u_0}$, $\tau = \frac{\nu}{h^2}t$. Hinzugesellt sich noch $\lambda = \frac{x}{h}$ und $p_* = \frac{h}{\eta u_0}p$.

Mit

$$\frac{\partial p_*}{\partial\lambda} = \frac{\partial p_*}{\partial x}\cdot\frac{\partial x}{\partial\lambda} = \frac{\partial p}{\partial x}\cdot\frac{h^2}{\eta u_0}$$

folgt dann

$$\frac{\partial u_*}{\partial \tau} = -\frac{\partial p_*}{\partial \lambda} + \frac{\partial^2 u_*}{\partial \xi^2}. \tag{38.40}$$

Die stationäre Lösung (38.7),

$$u(z) = -\frac{\partial p}{\partial x} \cdot \frac{h^2}{2\eta}\left[1 - \left(\frac{z}{h}\right)^2\right]$$

erhält dann die Gestalt

$$u_*(\xi) = -\frac{1}{2} \cdot \frac{\partial p_*}{\partial \lambda}(1 - \xi^2).$$

In Anlehnung an das 9. Beispiel wird der Ansatz der instationären Lösung direkt als Summe der stationären und einem instationären Produktansatz zusammengesetzt:

$$u_*(\xi, \tau) = -\frac{1}{2} \cdot \frac{\partial p_*}{\partial \lambda}(1 - \xi^2) + s(\xi) \cdot w(\tau).$$

Fügt man den Ansatz in (38.40) ein, so entsteht daraus

$$s(\xi) \cdot \dot{w}(\tau) = -\frac{\partial p_*}{\partial \lambda} + \frac{\partial p_*}{\partial \lambda} + s''(\xi) \cdot w(\tau), \qquad \frac{\dot{w}(\tau)}{w(\tau)} = \frac{s''(\xi)}{s(\xi)} := -\mu^2$$

und entsprechend

$$u_*(\xi, \tau) = -\frac{\partial p_*}{\partial \lambda} \cdot \frac{1}{2}(1 - \xi^2) + [C_3 \cdot \sin(\mu\xi) + C_4 \cdot \cos(\mu\xi)]e^{-\mu^2 \tau}.$$

Es genügen die zwei Endbedingungen und die AB in dimensionslosen Größen (vgl. 1. Bsp. und Abb. 38.1 rechts). Sie lauten I. $\frac{du_*}{d\xi}(0, \tau \to \infty) = 0$, II. $u_*(1, \tau \to \infty) = 0$ und III. $u_*(\xi, 0) = 0$. Wertet man I. aus, so folgt $C_3 = 0$ und die Bedingung II. führt zu $\cos(\mu) = 0$ und damit $\mu = \frac{(2n-1)}{2}\pi$. Schließlich erhält man mit III. die Bestimmungsgleichung für die Fourier-Koeffizienten:

$$0 = -\frac{\partial p_*}{\partial \lambda} \cdot \frac{1}{2}(1 - \xi^2) + \sum_{n=1}^{\infty} a_n \cos\left[\frac{(2n-1)\pi}{2}\xi\right].$$

Multiplikation mit $\cos[\frac{(2m-1)\pi}{2}\xi]$ und Benutzung der Orthogonalität des Kosinus führt zu

$$\frac{\partial p_*}{\partial \lambda} \cdot \frac{1}{2}(1 - \xi^2) \cdot \cos\left[\frac{(2n-1)\pi}{2}\xi\right] = a_n \cdot \cos\left[\frac{(2n-1)\pi}{2}\xi\right]^2$$

und endlich

$$a_n = \frac{\partial p_*}{\partial \lambda} \cdot \frac{(1-\xi^2)\cos[\frac{(2n-1)\pi}{2}\xi]}{2 \cdot \cos[\frac{(2n-1)\pi}{2}\xi]^2} = \frac{\partial p_*}{\partial \lambda} \cdot \frac{16 \cdot (-1)^{n+1}}{(2n-1)^3 \pi^3}.$$

Zusammen erhält man

$$u_*(\xi,\tau) = -\frac{1}{2} \cdot \frac{\partial p_*}{\partial \lambda} \cdot \left[1 - \xi^2 - \frac{32}{\pi^3} \sum_{n=1}^{\infty} \frac{(-1)^{n+1}}{(2n-1)^3} \cos\left[\frac{(2n-1)\pi}{2}\xi\right] e^{-[\frac{(2n-1)\pi}{2}]^2 \tau}\right] \tag{38.41}$$

oder

$$u(z,t) = -\frac{h^2}{2\eta} \cdot \frac{\partial p}{\partial x} \cdot \left[1 - \left(\frac{z}{h}\right)^2 - \frac{32}{\pi^3} \sum_{n=1}^{\infty} \frac{(-1)^{n+1}}{(2n-1)^3} \cos\left[\frac{(2n-1)\pi}{2} \cdot \frac{z}{h}\right] e^{-[\frac{(2n-1)\pi}{2}]^2 \frac{\nu}{h^2} t}\right].$$

Wir normieren (38.41) und stellen

$$u_+(\xi,\tau) = \frac{u_*(\xi,\tau)}{-\frac{1}{2} \cdot \frac{\partial p_*}{\partial \lambda}}$$

für die Zeiten $\tau = 0{,}01, 0{,}1, 0{,}25, 0{,}5, 2$ dar (Abb. 38.10).

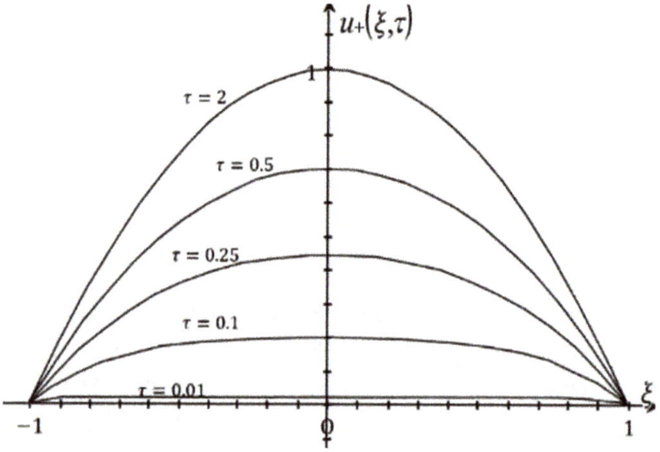

Abb. 38.10: Graph von (38.41).

Beispiel 11. Nun untersuchen wir die instationäre Hagen-Poiseuille-Strömung in einem kreisrunden Rohr mit Radius R. Die dimensionslosen Größen lauten entsprechend $\xi = \frac{r}{R}$, $u_* = \frac{u}{u_0}$, $\tau = \frac{\nu}{R^2}t$, $\lambda = \frac{z}{R}$ und $p_* = \frac{R}{\eta u_0}p$. Bestimmen Sie zuerst das stationäre und danach das instationäre Geschwindigkeitsprofil.

Lösung. Die stationäre Lösung (38.11) schreibt sich zu

$$u_*(\xi) = -\frac{1}{4} \cdot \frac{\partial p_*}{\partial \lambda}(1-\xi^2)$$

und (38.10) erhält einen instationären Term:

$$\rho\frac{\partial u}{\partial t} = -\frac{\partial p}{\partial z} + \frac{\eta}{r}\cdot\frac{\partial}{\partial r}\left(r\frac{\partial u(r)}{\partial r}\right) \quad \text{oder} \quad \rho\frac{\partial u}{\partial t} = -\frac{\partial p}{\partial z} + \eta\left(\frac{\partial^2 u}{\partial r^2} + \frac{1}{r}\cdot\frac{\partial u}{\partial r}\right).$$

Mithilfe der Umrechnungen

$$\frac{\partial u_*}{\partial \tau} = \frac{\partial u}{\partial t}\cdot\frac{R^2}{u_0\nu}, \quad \frac{\partial u_*}{\partial \xi} = \frac{\partial u}{\partial r}\cdot\frac{R}{u_0}, \quad \frac{\partial^2 u_*}{\partial \xi^2} = \frac{\partial^2 u}{\partial r^2}\cdot\frac{R^2}{u_0} \quad \text{und} \quad \frac{\partial p_*}{\partial \lambda} = \frac{R^2}{\eta u_0}\cdot\frac{\partial p}{\partial z}$$

entsteht

$$\rho\frac{\partial u_*}{\partial \tau}\cdot\frac{u_0\nu}{R^2} = -\frac{\partial p_*}{\partial \lambda}\cdot\frac{\eta u_0}{R^2} + \eta\left(\frac{\partial^2 u_*}{\partial \xi^2}\cdot\frac{u_0}{R^2} + \frac{1}{R\xi}\cdot\frac{\partial u_*}{\partial \xi}\cdot\frac{u_0}{R}\right)$$

und daraus

$$\frac{\partial u_*}{\partial \tau} = -\frac{\partial p_*}{\partial \lambda} + \frac{\partial^2 u_*}{\partial \xi^2} + \frac{1}{\xi}\cdot\frac{\partial u_*}{\partial \xi}. \tag{38.42}$$

Dies ist eine Bessel'sche DG der Ordnung null. Sie entspricht der instationären Wärmeleitung in einem Zylinder mit zusätzlicher innerer Wärmequelle (25.1).

Unser bekannter Ansatz lautet

$$u_*(\xi,\tau) = -\frac{1}{4}\cdot\frac{\partial p_*}{\partial \lambda}(1-\xi^2) + s(\xi)\cdot w(\tau).$$

Den Ansatz in (38.42) eingesetzt führt zu

$$s(\xi)\cdot\dot{w}(\tau) = -\frac{\partial p_*}{\partial \lambda} + \frac{1}{2}\cdot\frac{\partial p_*}{\partial \lambda} + s''(\xi)\cdot w(\tau) + \frac{1}{\xi}\cdot\left[\frac{1}{2}\cdot\frac{\partial p_*}{\partial \lambda}\xi + s'(\xi)\cdot w(\tau)\right],$$

$$s(\xi)\cdot\dot{w}(\tau) = s''(\xi)\cdot w(\tau) + \frac{1}{\xi}s'(\xi)\cdot w(\tau)$$

und schließlich

$$\frac{\dot{w}(\tau)}{w(\tau)} = \frac{s''(\xi)}{s(\xi)} + \frac{1}{\xi}\cdot\frac{s'(\xi)}{s(\xi)} := -\mu^2.$$

Die Lösung des Zeitteils beträgt $w(\tau) = Ae^{-\mu^2\tau}$.

Die Lösung des örtlichen Teils wurde schon in Kap. 22.6 ausführlich diskutiert: Man schreibt die Gleichung als $\xi^2 s''(\xi) + \xi s'(\xi) + \mu^2\xi^2 s(\xi) = 0$, substituiert $y = \mu\cdot\xi$ und erhält mithilfe von

$$\frac{\partial s}{\partial y} = \frac{\partial s}{\partial \xi}\cdot\frac{1}{\mu} \quad \text{und} \quad \frac{\partial^2 s}{\partial y^2} = \frac{\partial^2 s}{\partial \xi^2}\cdot\frac{1}{\mu^2}$$

die Bessel-Gleichung in ihrer charakteristischen Form:

$$y^2 s'' + ys' + y^2 s = 0 \quad \text{oder} \quad \mu^2\xi^2 s''(\mu\xi) + \mu\xi s'(\mu\xi) + \mu^2\xi^2 s(\mu\xi) = 0.$$

Ihre Lösung erhält die Gestalt $s(\mu\xi) = B_1 \cdot J_0(\mu\xi) + B_2 \cdot N_0(\mu\xi)$. Dabei heißen J_0 und N_0 respektive die Bessel- und Neumann-Funktion nullter Ordnung. Die Graphen beider Funktionen oszillieren um die y-Achse und besitzen demnach unendlich viele Nullstellen. Der Ansatz lautet somit

$$u_*(\xi,\tau) = -\frac{1}{4} \cdot \frac{\partial p_*}{\partial \lambda}(1-\xi^2) + [C_1 \cdot J_0(\mu\xi) + C_2 \cdot N_0(\mu\xi)]e^{-\mu^2\tau}.$$

Analog zum 10. Beispiel ergeben sich dieselben Bedingungen I. $\frac{du_*}{d\xi}(0,\tau \to \infty) = 0$, II. $u_*(1,\tau \to \infty) = 0$ und III. $u_*(\xi,0) = 0$.

Man kann anstelle von I. auch $u_*(0,\tau \to \infty) < \infty$ fordern, mit demselben Ergebnis.

Aus I. folgt $-\frac{1}{4} \cdot \frac{\partial p_*}{\partial \lambda} + C_2 \cdot N_0(0) < \infty$. Dies kann nur für $C_2 = 0$ erfüllt werden. Die Bedingung II. ergibt $J_0(\mu) = 0$. Demnach sind die Nullstellen der Bessel-Funktion gesucht. Sie wurden schon in Kap. 19.3 ermittelt zu

n	1	2	3	4	5	6	7	8	9	10
μ_n	2,405	5,520	8,654	11,792	14,931	18,071	21,212	24,352	27,493	30,634

Bis hierhin erhalten wir

$$u_*(\xi,\tau) = -\frac{1}{4} \cdot \frac{\partial p_*}{\partial \lambda}(1-\xi^2) + \sum_{n=1}^{\infty} a_n \cdot J_0(\mu_n\xi) \cdot e^{-\mu_n^2\tau}.$$

Die AB schließlich führt zu

$$0 = -\frac{1}{4} \cdot \frac{\partial p_*}{\partial \lambda}(1-\xi^2) + \sum_{n=1}^{\infty} a_n \cdot J_0(\mu_n\xi).$$

Multipliziert man die Gleichung mit $\xi \cdot J_0(\mu_m\xi)$, so folgt

$$\frac{1}{4} \cdot \frac{\partial p_*}{\partial \lambda}(1-\xi^2)\xi \cdot J_0(\mu_m\xi) = \sum_{n=1}^{\infty} a_n \cdot \xi \cdot J_0(\mu_n\xi) \cdot J_0(\mu_m\xi).$$

Die Orthogonalitätsbedingung der Bessel-Funktion haben wir im 3. Band ermittelt. Insbesondere gilt

$$\int_0^1 \xi \cdot J_0^2(\mu_n\xi) = \frac{J_0^2(\mu_n) + J_0'^2(\mu_n)}{2}.$$

In unserem Fall sind alle μ_n Nullstellen von J_0, sodass

$$\int_0^1 \xi \cdot J_0^2(\mu_n \xi) = \frac{J_0'^2(\mu_n)}{2}$$

verbleibt. Damit lauten die Koeffizienten

$$a_n = \frac{\partial p_*}{\partial \lambda} \cdot \frac{\int_0^1 \xi(1-\xi^2) \cdot J_0(\mu_n \xi) d\xi}{2J_0'^2(\mu_n)}. \tag{38.43}$$

Es gilt noch das Integral des Zählers zu bestimmen. Es besteht aus zwei Teilintegralen. Beide wurden im 4. Band hergeleitet:

$$\int_0^1 \xi \cdot J_0(\mu_n \xi) d\xi = -\frac{J_0'(\mu_n)}{\mu_n} \quad \text{und}$$

$$\int_0^1 \xi^3 \cdot J_0(\mu_n \xi) d\xi = -\frac{1}{\mu_n}\left\{ J_0'(\mu_n) - 2\left[\frac{J_0(\mu_n)}{\mu_n} + \frac{2J_0'(\mu_n)}{\mu_n^2}\right]\right\}.$$

Mit $J_0(\mu_n) = 0$ vereinfacht sich dieser Ausdruck und es verbleibt im Zähler von (38.43)

$$-\frac{J_0'(\mu_n)}{\mu_n} + \frac{1}{\mu_n}\left[J_0'(\mu_n) - \frac{4J_0'(\mu_n)}{\mu_n^2}\right] = -\frac{4J_0'(\mu_n)}{\mu_n^3}.$$

Schließlich schreiben sich die Koeffizienten als

$$a_n = -\frac{\partial p_*}{\partial \lambda} \cdot \frac{2}{\mu_n^3 \cdot J_0'(\mu_n)}$$

und die instationäre Lösung lautet

$$u_*(\xi, \tau) = -\frac{1}{4} \cdot \frac{\partial p_*}{\partial \lambda} \cdot \left[1 - \xi^2 + \sum_{n=1}^{\infty} \frac{8}{\mu_n^3 \cdot J_0'(\mu_n)} \cdot J_0(\mu_n \xi) \cdot e^{-\mu_n^2 \tau}\right], \tag{38.44}$$

oder

$$u(r,t) = -\frac{R^2}{4\eta} \cdot \frac{\partial p}{\partial z} \cdot \left[1 - \left(\frac{r}{R}\right)^2 + \sum_{n=1}^{\infty} \frac{8}{\mu_n^3 \cdot J_0'(\mu_n)} \cdot J_0\left(\mu_n \cdot \frac{r}{R}\right) \cdot e^{-\mu_n^2 \frac{\nu}{R^2} t}\right].$$

Man kann anstelle von $J_0'(\mu_n)$ auch $-J_1(\mu_n)$ schreiben. Dies folgt aus der Eigenschaft

$$J_p'(x) = -J_{p+1}(x) + \frac{p}{x} \cdot J_p(x)$$

einer Bessel-Funktion der Ordnung p (vgl. 3. Band).

Die ersten fünf Koeffizienten

$$c_n = \frac{8}{\mu_n^3 \cdot J_0'(\mu_n)}$$

entnimmt man der nachstehenden Tabelle.

n	1	2	3	4	5
c_n	−1,108	0,140	−0,045	0,021	−0,012

Gleichung (38.44) wird normiert,

$$u_+(\xi, \tau) = \frac{u_*(\xi, \tau)}{-\frac{1}{4} \cdot \frac{\partial p_*}{\partial \lambda}}$$

und unter Hinzunahme der ersten fünf Koeffizienten c_n für die Zeiten $\tau = 0{,}01, 0{,}05, 0{,}1, 0{,}2, 1$ dargestellt (Abb. 38.11).

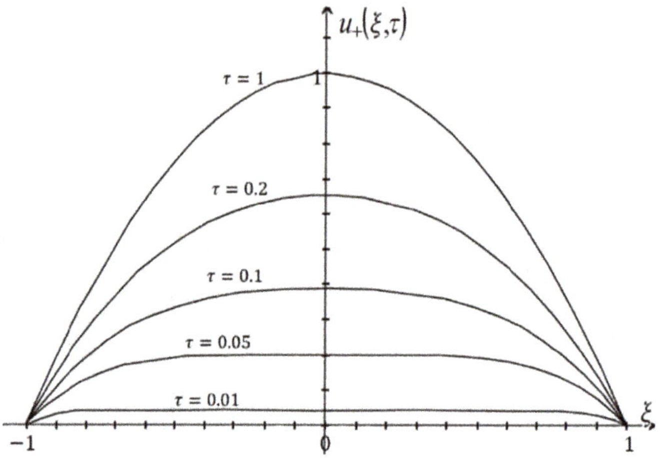

Abb. 38.11: Graph von (38.44).

Verglichen mit der Platte wird das annähernd stationäre Profil etwa in halber Zeit erreicht. (Natürlich dauert es theoretisch in jedem Fall unendlich lange bis zum Erreichen des stationären Profils.) Wir können den Wert für ein hinreichend ausgebildetes normiertes stationäres Profil beispielsweise mit 0,99 ansetzen. Als Beispiel stellen wir uns ein Getränk mit der Viskosität $\nu = 10^{-6}\ \frac{\mathrm{m}^2}{\mathrm{s}}$ vor, das über einen Trinkhalm mit 0,5 cm Durchmesser aufgesogen wird. Die vorige Simulation liefert den Wert $u_+(\xi, \tau) = 0{,}99$

bei einer normierten Zeit von etwa $\tau = 0{,}085$. Damit ergibt sich die absolute Zeit zu $t = \frac{R^2}{\nu}\tau = 0{,}5\,\mathrm{s}$.

Beispiel 12. Wir betrachten die instationäre zylindrische Couette-Strömung für den fehlenden inneren Zylinder. Der äußere Zylinder mit Radius R soll aus der Ruhe auf die konstante Winkelgeschwindigkeit Ω gebracht werden. Gesucht sind das stationäre und danach das instationäre Geschwindigkeitsprofil.

Lösung. In diesem Fall erhält (38.22) einen zusätzlichen Zeitterm und besitzt die Gestalt

$$\rho\frac{\partial u_\theta}{\partial t} = \eta\left[\frac{1}{r}\cdot\frac{\partial}{\partial r}\left(r\cdot\frac{\partial u_\theta}{\partial r}\right) - \frac{u_\theta}{r^2}\right] \quad \text{oder} \quad \frac{\partial u_\theta}{\partial t} = \nu\left[\frac{\partial^2 u_\theta}{\partial r^2} + \frac{1}{r}\cdot\frac{\partial u_\theta}{\partial r} - \frac{u_\theta}{r^2}\right].$$

Die Transformationen lauten in diesem Fall $\xi = \frac{r}{R}$, $u_* = \frac{u_\theta}{u_0} = \frac{u_\theta}{\Omega R}$ und $\tau = \frac{\nu}{R^2}t$.

Im stationären Fall wird die gesamte Flüssigkeit wie ein starrer Körper rotieren und es gilt dann $u_\theta(r) = \Omega r$. Die Umrechnungen sind

$$\frac{\partial u_*}{\partial \tau} = \frac{\partial u_\theta}{\partial t}\cdot\frac{R^2}{u_0\nu} = \frac{\partial u_\theta}{\partial t}\cdot\frac{R}{\Omega\nu}, \quad \frac{\partial u_*}{\partial \xi} = \frac{\partial u_\theta}{\partial r}\cdot\frac{R}{u_0} = \frac{\partial u_\theta}{\partial r}\cdot\frac{1}{\Omega} \quad \text{und}$$
$$\frac{\partial^2 u_*}{\partial \xi^2} = \frac{\partial^2 u_\theta}{\partial r^2}\cdot\frac{R^2}{u_0} = \frac{\partial^2 u_\theta}{\partial r^2}\cdot\frac{R}{\Omega}.$$

Daraus entsteht

$$\frac{\partial u_*}{\partial \tau}\cdot\frac{\Omega\nu}{R} = \nu\left[\frac{\partial^2 u_*}{\partial \xi^2}\cdot\frac{\Omega}{R} + \frac{\Omega}{R\xi}\cdot\frac{\partial u_*}{\partial \xi} - \frac{u_*\Omega R}{\xi^2 R^2}\right] \quad \text{oder}$$
$$\frac{\partial u_*}{\partial \tau} = \frac{\partial^2 u_*}{\partial \xi^2} + \frac{1}{\xi}\cdot\frac{\partial u_*}{\partial \xi} - \frac{u_*}{\xi^2}. \tag{38.45}$$

Den Separationsansatz $u_*(\xi,\tau) = \xi + s(\xi)\cdot w(\tau)$ setzen wir in (38.45) ein und erhalten

$$s(\xi)\cdot\dot{w}(\tau) = s''(\xi)\cdot w(\tau) + \frac{1 + s'(\xi)\cdot w(\tau)}{\xi} - \frac{\xi + s(\xi)\cdot w(\tau)}{\xi^2} \quad \text{oder}$$
$$\frac{\dot{w}(\tau)}{w(\tau)} = \frac{s''(\xi)}{s(\xi)} + \frac{1}{\xi}\cdot\frac{s'(\xi)}{s(\xi)} - \frac{1}{\xi^2} := -\mu^2.$$

Für den Zeitteil ergibt sich wie bisher $w(\tau) = Ae^{-\mu^2\tau}$.

Die Ortsfunktion schreibt sich als $\xi^2 s''(\xi) + \xi s'(\xi) + (\mu^2\xi^2 - 1)s(\xi) = 0$. Dies ist die Bessel'sche DG 1. Ordnung. Substituiert man wieder $y = \mu\cdot\xi$, so lautet ihre übliche Form

$$\mu^2\xi^2 s''(\mu\xi) + \mu\xi s'(\mu\xi) + (\mu^2\xi^2 - 1)s(\mu\xi) = 0.$$

Wie schon im 3. Band besprochen, wird sie durch $J_1(\mu\xi) = -J_0'(\mu\xi)$ gelöst. Dabei ist

$$J_1(x) = \sum_{k=0}^{\infty} \frac{(-1)^k}{k!(k+1)!}\left(\frac{x}{2}\right)^{2k+1}.$$

Für die dimensionslose Geschwindigkeit erhält man somit vorerst

$$u_*(\xi,\tau) = \xi + [C_1 \cdot J_1(\mu\xi) + C_2 \cdot N_1(\mu\xi)]e^{-\mu^2\tau}.$$

Zu jeder Zeit, insbesondere im stationären Zustand, muss die Geschwindigkeit der Flüssigkeit im Zentrum endlich bleiben und am Rand derjenigen des rotierenden Zylinders entsprechen. Zu Beginn ruht die gesamte Geschwindigkeit. In die Formelsprache übersetzt, erhalten wir die Bedingungen I. $u_*(0,\tau\to\infty) = 0$, II. $u_*(1,\tau\to\infty) = 1$ und III. $u_*(\xi,0) = 0$.

Die Bedingung I. liefert $C_2 = 0$ und aus II. folgt $J_1(\mu) = 0$. Die ersten fünf Nullstellen von $J_1(x)$ entnimmt man Kap. 22.10. Schließlich liefert III. die Bestimmungsgleichung für die Fourier-Koeffizienten. Aus

$$0 = \xi + \sum_{n=1}^{\infty} a_n \cdot J_1(\mu_n\xi)$$

folgt

$$-\xi^2 \cdot J_1(\mu_m\xi) = \sum_{n=1}^{\infty} a_n \cdot \xi \cdot J_1(\mu_n\xi) \cdot J_1(\mu_m\xi).$$

Im 3. Band hatten wir die Orthogonalitätsbedingung für eine Bessel-Funktion p-ter Ordung J_p bewiesen. Damit folgt

$$a_n = -\frac{\int_0^1 \xi^2 \cdot J_1(\mu_n\xi)d\xi}{\int_0^1 \xi \cdot J_1^2(\mu_n\xi)d\xi}. \tag{38.46}$$

Eine längere Rechnung (siehe Band 6) ergibt $a_n = \frac{2}{\mu_n J_0(\mu_n)}$ und man erhält schließlich

$$u_*(\xi,\tau) = \xi + \sum_{n=1}^{\infty} \frac{2}{\mu_n J_0(\mu_n)} \cdot J_1(\mu_n\xi) \cdot e^{-\mu_n^2\tau} \tag{38.47}$$

oder

$$u_\theta(r,t) = \Omega r + \Omega R \cdot \sum_{n=1}^{\infty} \frac{2}{\mu_n J_0(\mu_n)} \cdot J_1\left(\mu_n \cdot \frac{r}{R}\right) \cdot e^{-\mu_n^2 \frac{\nu}{R^2} t}.$$

Die ersten zehn Koeffizienten sind in der nachstehenden Tabelle aufgeführt.

n	1	2	3	4	5	6	7	8	9	10
a_n	−1,296	0,950	−0,787	0,687	−0,618	0,566	−0,526	0,493	−0,460	0,452

Unter Einbezug der ersten zehn Koeffizienten c_n stellen wir (38.47) für die Zeiten $\tau = 0{,}005, 0{,}02, 0{,}05, 0{,}1, 0{,}5$ dar (Abb. 38.12).

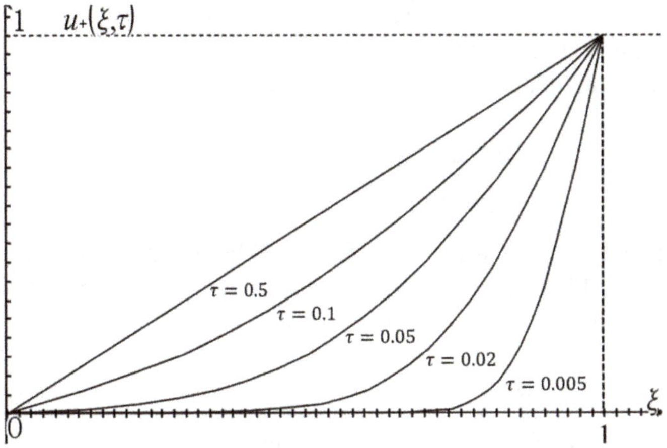

Abb. 38.12: Graph von (38.47).

Beispiel 13. Eine sehr breite Platte wird in einer ruhenden viskosen Flüssigkeit ruckartig von der Ruhelage auf die Geschwindigkeit u_0 beschleunigt und mit dieser Geschwindigkeit gleichförmig weiterbewegt (Abb. 38.13 links). Dieses instationäre Problem trägt auch den Namen „Rayleigh-Problem". Die in Gegenrichtung zeigenden Pfeile des Geschwindigkeitsprofils sind Relativgeschwindigkeiten zur Geschwindigkeit u_0. Die Gravitationseinwirkung wird vernachlässigt. Es soll die zugehörige Geschwindigkeitsverteilung ermittelt werden.

Lösung. Der gesamte Druckgradient ist null. Es gilt $u = u_x = u_x(z,t)$ und (38.2) besteht nur aus einer Gleichung:

$$\frac{du}{dt} = \nu \cdot \frac{\partial^2 u}{\partial z^2}.$$

Man könnte meinen, dass dies eine Art „Umkehrung" zum 9. Beispiel ist, da die Rollen der beiden Platten bloß vertauscht sind. Dem ist aber nicht so, denn im stationären Fall ist das Geschwindigkeitsprofil nicht linear, sondern konstant. Ein Separationsansatz muss deswegen scheitern (siehe Beweis Band 6). Zur Lösung dieses Problems müssen wir das zugehörige Ergebnis in Zusammenhang mit der Wärmeleitungsgleichung (38.36) bringen. Wir vergleichen die damals formulierten Bedingungen mit unserem jetzigen

Problem. In unserem Fall schreibt sich die (Dirichlet)-RB als $u(z = 0, t) = 0$ relativ zur Bezugsgeschwindigkeit u_0 (bei der Wärmeleitung entsprach dies $T(x = 0, t) = T_{\text{Wand}}$). Als Anfangsbedingung hat man $u(z, t = 0) = -u_0$, d. h. anfangs bewegen sich alle Fluidteilchen entlang der Vertikalen mit der Geschwindigkeit u_0 von der Platte weg (bei der Wärmeleitung war $T(x, t = 0) = T_0$). In großer Entfernung z zur Platte bleibt die Flüssigkeit von der Bewegung der Platte zu jeder Zeit praktisch unberührt, das heißt, die Geschwindigkeit ist an dieser Stelle $-u_0$ (relativ zu u_0). Dafür schreibt man $\lim_{z\to\infty} u(z, t) = -u_0$ ($\lim_{x\to\infty} T(x, t) = T_0$ bei der Wärmeleitung) und als Lösung kann diejenige des halbunendlichen Körpers (24.3.3) herangezogen werden. Dabei hatten wir die dimensionslose Temperatur $\vartheta(\xi) = \frac{T(x,t)-T_W}{T_0-T_W}$ zusammen mit der Ähnlichkeitsvariablen

$$\xi = \frac{x}{2\sqrt{\beta^2 t}}$$

eingeführt. Als Lösung ergab sich $\vartheta(\xi) = \operatorname{erf}(\xi)$, die Gauss'sche Fehlerfunktion und somit $T(x, t) = \operatorname{erf}(\xi)(T_0 - T_W) + T_W$. Übertragen auf unser Problem lautet die Lösung $u(z, t) = \operatorname{erf}(\xi)(-u_0 - 0) + 0 = -u_0 \cdot \operatorname{erf}(\xi)$ und in dimensionsloser Form

$$-\frac{u}{u_0} = \frac{2}{\sqrt{\pi}} \int_0^{\frac{z}{2\sqrt{\nu t}}} e^{-s^2}\, ds \quad \text{mit} \quad \xi = \frac{z}{2\sqrt{\nu t}}. \tag{38.48}$$

Aus $x = u_0 t$ gewinnt man auch $\xi = \frac{z}{2}\sqrt{\frac{u_0}{x\nu}}$. Diese Ähnlichkeitsvariable ist bis auf den Faktor zwei im Nenner identisch mit der derjenigen, die wir im Zusammenhang mit der Grenzschicht einer angeströmten Platte in einem späteren Kapitel antreffen werden. (Die Zwei ist bloß ein Zugeständnis, um die Lösung von (38.36) mithilfe der Fehlerfunktion elegant zu schreiben.)

In Abb. 38.13 rechts ist das dimensionslose Geschwindigkeitsprofil festgehalten. Dabei sind die Geschwindigkeitspfeile positiv abgetragen. Für eine Interpretation wählen wir einen beliebigen Zeitpunkt t_1. Dann ist

$$u_1(z_1) = \frac{u}{u_0}\left(\frac{z_1}{2\sqrt{\nu t_1}}\right),$$

also abhängig von $\frac{z_1}{2\sqrt{\nu t_1}}$. Nehmen wir hingegen $t_2 = 4t_1$, so erhalten wir

$$u_2(z_2) = \frac{u}{u_0}\left(\frac{z_2}{4\sqrt{\nu t_1}}\right).$$

Die Werte von $u_2(z_2)$ stimmen im Fall von $z_2 = 2z_1$ mit denjenigen von $u_1(z_1)$ überein. Die Folgerung ist, dass die Profile zu einer bestimmten Zeit und an einem bestimmten Ort mit der Zeit und mit größerer Entfernung zum Ursprung steiler werden und im stationären Fall auf der gesamten Höhe den Wert eins annehmen. Die Bewegung der

Platte beeinflusst die Geschwindigkeit des Fluids in einer wandnahen Schicht, der sogenannten Grenzschicht. Es ist dabei gleichbedeutend, ob eine Flüssigkeit eine ruhende Platte anströmt oder eine Platte in einer ruhenden Flüssigkeit bewegt wird. Tatsache ist, dass die Teilchen an der Wand stillstehen und ihre Geschwindigkeit bei wachsendem Abstand zur Platte zunimmt. Wir eilen der Theorie etwas voraus und bestimmen die Grenzschichtdicke δ der vorliegenden Strömung. Sie wird üblicherweise als diejenige Schicht bezeichnet, bei der $u = 0{,}99u_0$ gilt (siehe Abb. 2.2 rechts).

Aus

$$\left|\frac{u}{u_0}\right| = \frac{2}{\sqrt{\pi}} \int_0^{\frac{\delta}{2\sqrt{\nu t}}} e^{-s^2} ds = 0{,}99$$

erhält man etwa $1{,}82 = \frac{\delta}{2\sqrt{\nu t}}$, $\delta = 3{,}64\sqrt{\nu t}$ oder

$$\delta(x) = 3{,}64\sqrt{\frac{\nu x}{u_0}}. \tag{38.49}$$

Man erkennt das Anwachsen der Grenzschicht mit der „Lauflänge“: $\delta(x) \sim \sqrt{x}$. Weiter kann man

$$\delta(x) = 3{,}64\frac{x}{\sqrt{\frac{xu_0}{\nu}}}$$

bilden, woraus

$$\frac{\delta(x)}{x} = \frac{3{,}64}{\sqrt{\mathrm{Re}_x}} \tag{38.50}$$

folgt. Dabei bezeichnet Re_x die mit der Lauflänge gebildete Reynolds-Zahl. Die Grenzschichtdicke wächst somit im Verhältnis zur Lauflänge proportional zu $\frac{1}{\sqrt{\mathrm{Re}_x}}$.

Die grundlegende Annahme der folgenden Grenzschichttheorie ist nun, dass man die charakteristische Länge l, beispielsweise einer angeströmten Platte, als viel größer gegenüber der Grenzschichtdicke voraussetzt: $\delta \ll l$. Daraus folgt aber mit (38.50)

$$\frac{\delta}{l} \sim \frac{1}{\sqrt{\mathrm{Re}_l}} \ll 1. \tag{38.51}$$

Die letzte Gleichung bedeutet, dass wir es innerhalb der Grenzschicht mit großen Reynolds-Zahlen zu tun haben, eine Tatsache, die es uns ermöglichen wird, die Navier-Stokes-Gleichungen für die Grenzschicht zu vereinfachen.

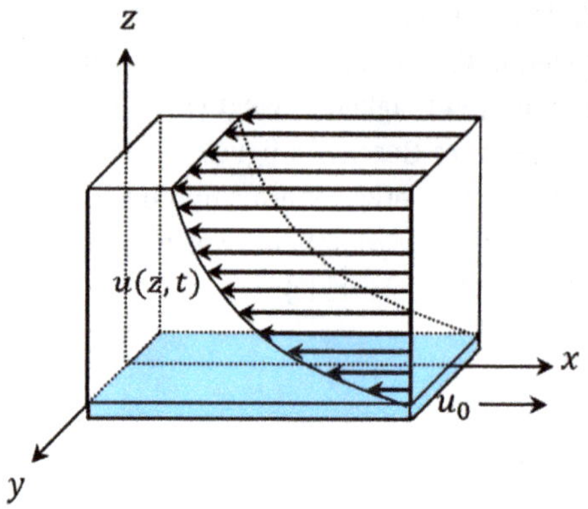

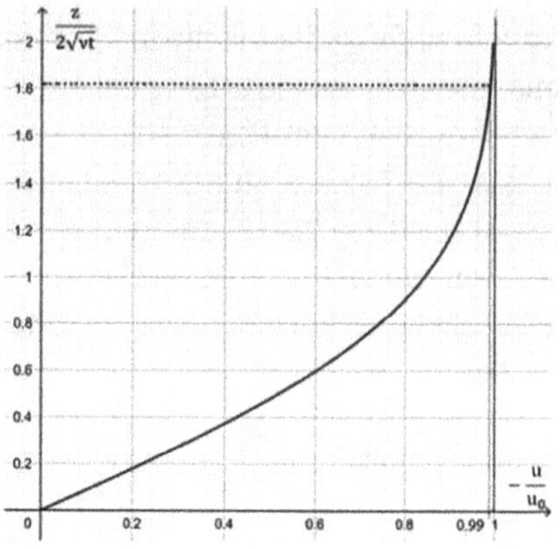

Abb. 38.13: Skizze zu Beispiel 13 und Graph von (38.48).

39 Die Grenzschichtgleichungen

In der Potentialtheorie haben wir die Umströmung von Körpern mithilfe von Stromlinien beschrieben. Da in diesem Modell kein Reibungswiderstand existiert, findet auch kein Energieverlust statt und das Fluid strömt widerstandsfrei am Körper vorbei. Deswegen liefert die Theorie auch Geschwindigkeiten, die außer in den Staupunkten auf der gesamten Körperoberfläche von null verschieden sind. Das Gegenteil ist aber der Fall: an der Oberfläche haften die Fluidteilchen.

Eine weitere Eigenheit der Potentialströmung ist das Paradoxon von D'Alembert. Infolge der fehlenden Reibung kann die Strömung jeder beliebigen Kontur folgen, ohne sich von der Oberfläche abzulösen. Deshalb kompensieren sich die Druckkräfte insofern, dass der Körper zwar senkrecht zur Strömungsrichtung eine Kraft, aber nicht in Strömungsrichtung selber erfährt. Der Körper setzt der Strömung somit (nebst dem fehlenden Reibungswiderstand) auch keinen Druckwiderstand entgegen. Ein Flugzeug würde in einer solchen Strömung nicht abgebremst werden. Der Ursprung des Paradoxons liegt in der Annahme der Rotationsfreiheit einer Potentialströmung: Wirbel und die daraus entstehenden Reibungskräfte sind unmöglich.

In einer realen, reibungsbehafteten Strömung wird jeder Körper der Strömung einen Reibungswiderstand F_R und einen Druckwiderstand F_D entgegensetzen. Die folgende Tabelle gibt Aufschluss über die prozentualen Anteile der beiden Widerstandskräfte.

Körper	F_R	F_D
Längs angeströmte Platte	100 %	0 %
Tragfläche	90 %	10 %
Flugzeug	50 %	50 %
Ellipse	40 %	60 %
Zylinder quer, Kugel	10 %	90 %
PKW	10 %	90 %
Quer angeströmte Platte	0 %	100 %

Man erkennt, dass der Druckwiderstandsanteil über die Körperform beeinflusst wird. Wir werden sehen, dass sich der Reibungsanteil am Gesamtwiderstand über die Strömungsart (laminar oder turbulent) steuern lässt, indem man den Umschlag verhindert oder nach hinten verschiebt. Generell wird sich zudem aussagen lassen: Bei laminarer Strömung ist der Reibungswiderstand am kleinsten und bei turbulenter Strömung sinkt der Druckwiderstand auf ein Minimum. Wir unterscheiden drei Fälle:

I. Die Strömung verläuft durchweg laminar. Die zugehörige Geschwindigkeit ist relativ klein. Der Gesamtwiderstand setzt sich aus dem Reibungswiderstand $F_{R,\text{lam}}$ und dem Druckwiderstand F_D zusammen.

II. Die vorerst laminare Strömung löst sich nach einer Lauflänge l_{lam} auf der Körperkontur ab und wird turbulent. Die turbulente Strömung ihrerseits folgt der restli-

https://doi.org/10.1515/9783111345765-039

chen Kontur, l_{tur} ohne abzulösen. Für den Gesamtwiderstand erhält man $F = F_{R,\text{lam}} + F_{R,\text{tur}} + F_D$.

III. Im Allgemeinen folgt nach einer kurzen laminar verlaufenden Strömung eine turbulente Strömung, die ihrerseits die Körperkontur verlässt. Zwischen der Körperoberfläche und der abgelösten Strömung bildet sich Wirbel aus, die sich im sogenannten Totwassergebiet auf der Rückseite des Körpers sammelt. Der Reibungswiderstand $F_{R,\text{Abl}}$ ab dem Ablösepunkt ist je nach Körperform größer oder kleiner als der Druckwiderstand F_D, der sich aufgrund des kleineren statischen Drucks im Totwassergebiet gegenüber der Frontseite einstellt.

Herleitung von (39.1)

Zur Beschreibung des Druckwiderstands benutzen wir die Bernoulli-Gleichung mit Druckverlust und vergleichen die Drücke im Punkt S des Staupunkts und im „Punkt“ T des Totwassergebiets. Letzteres lässt sich nicht auf einen bestimmten Punkt reduzieren. Deswegen betrachten wir die Drücke entlang der Projektionsfläche A in Strömungsrichtung und nehmen den jeweiligen Druck als konstant an.

Der Druck im Punkt S setzt sich aus dem Umgebungsdruck p_0 und einem Überdruck zusammen: $p_S = p_0 + \Delta p$. Der Überdruck entsteht durch den Staudruck. Dieser ist entlang der Kontur aber nicht konstant, deswegen stellen wir dem Überdruck einen Korrekturfaktor c_1 vor und schreiben direkt die wirkende Kraft $F_{S,A}$ auf die Fläche auf:

$$F_{S,A} = p_0 A + c_S \Delta p A.$$

Die Geschwindigkeitsverteilung im Totwassergebiet ist unbekannt. Wir setzen die Quadrate der Geschwindigkeiten als Vielfaches von u_∞^2 und die daraus resultierende Druckkraft auf die Fläche A als

$$F_{T,A} = p_0 A + \frac{1}{2} c_T \rho A u_\infty^2$$

mit einem weiteren Korrekturfaktor c_T an. Der Vergleich liefert

$$\Delta p A = \frac{1}{2} \cdot \frac{c_T}{c_S} \cdot \rho A u_\infty^2.$$

Definiert man $\frac{c_T}{c_S} =: c_D$, so lautet der Druckwiderstand

$$F_D = \frac{1}{2} \cdot c_D \cdot \rho A u_\infty^2. \tag{39.1}$$

Man nennt c_D den Druckwiderstandsbeiwert. Dieser hängt von der Größe des Totwassergebiets und somit von der Körperform selber ab. Deswegen bezeichnet man F_D auch als Formwiderstand. Besonders bei der Kugel und dem Zylinder hängen die Werte stark von der Reynolds-Zahl ab (Abb. 39.1). Die Reynolds-Zahl wird mit dem Durchmesser gebildet: $\mathrm{Re} = \mathrm{Re}_d = \frac{u \cdot d}{\nu}$. In der nachstehenden Tabelle sind die Druckbeiwerte c_D einiger Körper zusammengetragen.

Körper	c_D
Senkrecht angeströmte Platte	1,1
Quer angeströmter Zylinder	1–1,2 ($5 \cdot 10^2 < \mathrm{Re} < 2{,}5 \cdot 10^5$)
	0,35 ($\mathrm{Re} > 4 \cdot 10^5$)
Kugel	0,4–0,45 ($2 \cdot 10^3 < \mathrm{Re} < 2{,}5 \cdot 10^5$)
	0,1–0,3 ($2{,}5 \cdot 10^3 < \mathrm{Re} < 4{,}5 \cdot 10^5$)
	0,18 ($\mathrm{Re} > 5 \cdot 10^5$)
Ovaler Körper (U-Boot)	0,11
Stromlinienform	0,05

Insgesamt gilt also $F = F_{R,\mathrm{lam}} + F_{R,\mathrm{tur}} + F_D$. (Andersartige Drücke, wie induzierte Drücke behandeln wir nicht.)

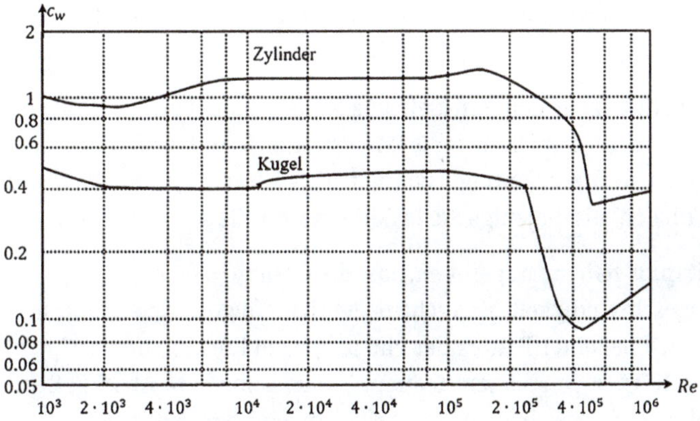

Abb. 39.1: Skizze zum Druckbeiwert des Zylinders und der Kugel.

Prandtl stellte 1904 das Konzept der Grenzschicht auf. Danach gilt, dass bei realen Strömungen die Reibung auf eine dünne wandnahe Schicht, der sogenannten Grenzschicht, begrenzt ist und diese mit steigender Reynolds-Zahl dünner wird. Außerhalb der Grenzschicht kann die Strömung reibungsfrei als Potentialströmung behandelt werden (Außenströmung). Impuls- und Wärmeaustausch finden in diesem Bereich ausschließlich durch Konvektion statt. Hingegen werden wir zeigen, dass innerhalb der Grenzschicht nebst der Konvektion auch die Diffusion, zumindest senkrecht zur Strömungsrichtung, berücksichtigt werden muss.

Außen- und Grenzschichtströmung beeinflussen sich sogar gegenseitig. Einerseits wird die Außenströmung durch die Grenzschicht von der Wand „abgedrängt“, d. h., eine in Wandnähe verlaufende Stromlinie muss nun den Umweg über die Grenzschicht hin zur Außenströmung nehmen. Infolge der vorhandenen Viskosität scheren die Strömungsschichten und erzeugen eine Druckänderung in Strömungsrichtung. Das bedeutet, dass der Druckverlauf innerhalb der Grenzschicht von eben dieser Außenströmung allein bestimmt wird. Man sagt, der Grenzschicht wird der Druck von der Außenströmung aufgeprägt. Diesen Zusammenhang werden die Grenzschichtgleichungen bestätigen.

Der Grenzschicht begegneten wir schon im Zusammenhang mit der Nusselt-Zahl in Kap. 27.5. Innerhalb dieser Grenzschicht findet die eigentliche Wärmeübertragung statt. Mithilfe der Grenzschichtgleichungen wird es uns möglich sein, das Geschwindigkeitsfeld innerhalb der Grenzschicht zu beschreiben. Diese Grenzschichtgleichungen sind nichts anderes als Navier-Stokes-Gleichungen für große Reynolds-Zahlen.

39.1 Die Grenzschicht einer parallel angeströmten Platte

Wir definieren nochmals die Grenzschicht im Zusammenhang mit der Außenströmung u_δ wie in Kap. 38.1, Bsp. 13.

Definition. Als Grenzschicht bezeichnen wir diejenige Schicht nahe einer angeströmten Wand, in der die Strömungsgeschwindigkeit u vom Wert null an der Wand auf den Wert u_δ der reibungsfreien Außenströmung asymptotisch übergeht. Die Dicke δ der Grenzschicht wird (willkürlich) als diejenige Stelle definiert, für die $u = 0{,}99u_\delta$ gilt.

Im 13. Beispiel von Kap. 38 haben wir gesehen, dass die Grenzschicht $\delta = \delta(u_\infty, x, \nu)$ sowohl von der Anströmgeschwindigkeit, als auch von der Lauflänge und der Viskosität abhängt. Die Lauflänge wird bei einer Platte oder einem spitzen Körper von der Spitze aus, bei einem stumpfen Körper von seinem Staupunkt aus gemessen. Anschließend werden wir die Parabelform $\delta(x) \sim \sqrt{x}$ der Grenzschicht und das mit der Lauflänge steiler werdende Geschwindigkeitsprofil aus dem erwähnten 13. Beispiel, bestätigen (Abb. 39.2 links).

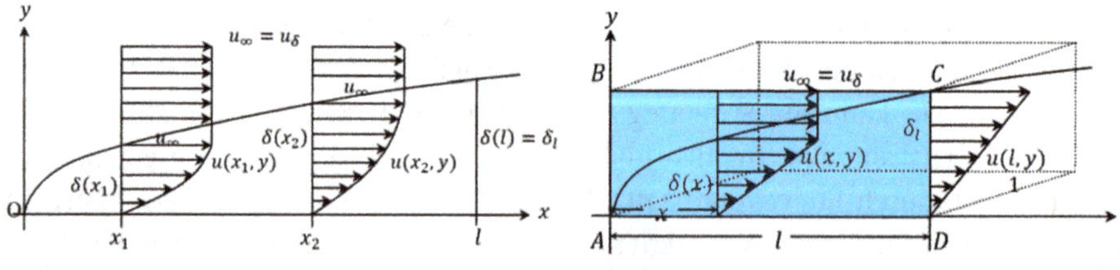

Abb. 39.2: Skizzen zu den Geschwindigkeitsprofilen und den Bilanzen am Quader.

Wir wollen als Erstes die Grenzschicht abschätzen und nehmen dazu ein lineares Geschwindigkeitsprofil $u(x,y) = \frac{y}{\delta(x)} \cdot u_\infty$ an (Abb. 39.2 rechts).

Herleitung von (39.1.1)–(39.1.3)

Gegeben ist ein quaderförmiges Kontrollvolumen mit dem Querschnitt *ABCD* und der Tiefe eins.

Bilanz 1: Massenstrom im Kontrollvolumen. Für einen Massenstrom gilt allgemein

$$\dot{m}(x) = \rho \dot{V}(x) = \rho A(x)\frac{dx}{dt} = \rho \cdot \delta(x) \cdot 1 \cdot u(x).$$

Speziell durch *AB* fließt (auf einer Breite von 1) der Massenstrom $\dot{m}_{AB} = \rho u_\infty \delta_l$ in das Kontrollvolumen hinein. Durch *CD* fließt hingegen der Massenstrom

$$\dot{m}_{CD} = -\rho \int_0^{\delta_l} u(l,y)dy = -\rho \int_0^{\delta_l} \frac{y}{\delta(l)} \cdot u_\infty dy = -\frac{\rho u_\infty}{\delta_l} \int_0^{\delta_l} y dy = -\frac{1}{2}\rho u_\infty \delta_l$$

heraus. Da die Platte keine Masse durchlässt, muss der Massenstrom durch *BC*, aufgrund der Massenerhaltung, den folgenden Wert besitzen:

$$\dot{m}_{BC} = -\frac{1}{2}\rho u_\infty \delta_l. \tag{39.1.1}$$

Bilanz 2: Impulsstrom im Kontrollvolumen (zeitliche Impulsänderung). Im Zusammenhang mit dem Stützkraftsatz kennen wir den Impulsstrom

$$\dot{I} = \dot{m}v = \rho \cdot \delta(x) \cdot 1 \cdot u^2(x)$$

bereits. Dieser besitzt die Dimension einer Kraft. Durch *AB* fließt (auf einer Breite von 1) der Impulsstrom $\dot{I}_{AB} = \rho u_\infty^2 \delta_l$ in das Kontrollvolumen. Hingegen verlässt der Impulsstrom

$$\dot{I}_{AB} = -\rho \int_0^{\delta_l} u^2(l,y)dy = -\rho \int_0^{\delta_l} \frac{y^2}{\delta(l)} \cdot u_\infty^2 dy = -\frac{\rho u_\infty^2}{\delta_l^2} \int_0^{\delta_l} y^2 dy = -\frac{1}{3}\rho u_\infty^2 \delta_l$$

das Kontrollvolumen über *CD*. Es fehlt noch der Impulsstrom durch *BC*. Auf der ganzen Strecke beträgt die Geschwindigkeit u_∞. Demnach verlässt, unter Verwendung von (39.1.1), der Strom $\dot{I}_{BC} = -\frac{1}{2}\rho u_\infty^2 \delta_l$ das Kontrollvolumen. Insgesamt wird der verbleibende Impulsstrom oder die folgende Kraft auf die Platte übertragen:

$$F = \rho u_\infty^2 \delta_l - \frac{1}{3}\rho u_\infty^2 \delta_l - \frac{1}{2}\rho u_\infty^2 \delta_l = \frac{1}{6}\rho u_\infty^2 \delta_l. \tag{39.1.2}$$

Ersetzt man mithilfe von (38.49) $\delta_l = 3{,}64\sqrt{\frac{\nu l}{u_\infty}}$, so folgt

$$F = \frac{3{,}64}{6}\rho u_\infty^2\sqrt{\frac{\nu l}{u_\infty}} = 0{,}607\cdot\rho\sqrt{\nu}\cdot u_\infty^{\frac{3}{2}}\cdot l^{\frac{1}{2}} \quad \text{oder}$$

$$F = 0{,}607\cdot b\cdot\sqrt{\rho\eta}\cdot u_\infty^{\frac{3}{2}}\cdot l^{\frac{1}{2}}, \tag{39.1.3}$$

falls die Breite b verwendet wird. Dies ist das Plattengesetz von Blasius. Später leiten wir dieses über die Grenzschichtgleichungen nochmals her und korrigieren den Faktor 0,607 mithilfe des eben verwendeten linearen Geschwindigkeitsprofils auf 0,662. Die beiden Grenzschichtgleichungen werden dann nichts anderes als die Massen- und Impulsbilanz beschreiben.

Herleitung von (39.1.4)–(39.1.6)

Nun soll die Grenzschichtdicke unter Verwendung des linearen Geschwindigkeitsprofils $u(x,y) = \frac{y}{\delta(x)}\cdot u_\infty$ abgeschätzt werden. Die durch die Strömung erzeugte mittlere Normalspannung $\overline{\tau}$ entlang der Platte beträgt mithilfe des Newton'schen Ansatzes $\overline{\tau} = \frac{1}{l}\int_0^l \eta\overline{\frac{du}{dy}}dx$. Dabei erhalten wir

$$\overline{\frac{du}{dy}} = \frac{1}{\delta(x)}\int_0^{\delta(x)}\frac{du}{dy}dy = \frac{1}{\delta(x)}\int_0^{\delta(x)}\frac{u_\infty}{\delta(x)}dy = \frac{u_\infty}{\delta(x)},$$

was bei einer linearen Geschwindigkeitsverteilung so sein muss.

Es ergibt sich $\overline{\tau} = \frac{\eta u_\infty}{l}\int_0^l\frac{1}{\delta(x)}dx$. In Abb. 39.2 rechts ist $C(l,\delta_l)$, woraus das parabolische Profil der Grenzschicht geschrieben werden kann als

$$\delta(x) = \frac{\delta_l}{\sqrt{l}}\sqrt{x}. \tag{39.1.4}$$

Somit folgt

$$\overline{\tau} = \frac{\eta u_\infty}{\delta_l\sqrt{l}}\int_0^l\frac{1}{\sqrt{x}}dx = \frac{2\eta u_\infty}{\delta_l\sqrt{l}}\sqrt{l} = \frac{2\eta u_\infty}{\delta_l}.$$

Nach Definition gilt $\overline{\tau} = \frac{F}{A} = \frac{F}{l\cdot 1}$ (A ist die Fläche der Platte) und der Vergleich mit (39.1.2) führt zu

$$\frac{2\eta u_\infty}{\delta_l} = \frac{1}{6}\frac{\rho u_\infty^2\delta_l}{l\cdot 1}.$$

Daraus entsteht

$$\frac{12\eta}{\rho u_\infty l} = \frac{\delta_l^2}{l^2}, \quad \sqrt{\frac{12\nu}{u_\infty l}} = \frac{\delta_l}{l}$$

und schließlich

$$\frac{\delta_l}{l} = \frac{3{,}46}{\sqrt{\mathrm{Re}_l}} \quad \text{mit} \quad \mathrm{Re}_l = \frac{u_\infty l}{\nu}. \tag{39.1.5}$$

Im Vergleich zu (38.50) liefert (39.1.5) infolge des verwendeten linearen Geschwindigkeitsprofils eine kleine Abweichung des Faktors 3,46 gegenüber 3,64. Diesen werden wir später noch verbessern können. Für typische kinematische Viskositäten von Wasser und Luft hat man $\nu \approx 1 \cdot 10^{-6}$–$10 \cdot 10^{-6}\,\frac{\mathrm{m}^2}{\mathrm{s}}$. Bei einer Plattenlänge von $l = 1\,\mathrm{m}$ und einer Anströmgeschwindigkeit von $u_\infty = 2$–$5\,\frac{\mathrm{m}}{\mathrm{s}}$ ergeben sich Grenzschichtdicken von etwa

$$\delta_l \approx 1{,}5 - 7{,}5\,\mathrm{mm}.$$

Am Rand der Grenzschicht wird die in x-Richtung strömende Geschwindigkeit u_∞ in y-Richtung abgelenkt. Es soll die Ablenkung v_∞ in Abhängigkeit von u_∞ bestimmt werden.

Dazu führen wir erneut eine Massenstrombilanz mit dem linearen Geschwindigkeitsprofil durch, diesmal aber an einem Rechteck mit der Breite Δl und erhalten dann im Grenzwert einen örtlichen Massenstrom in vertikaler Richtung (Abb. 39.3 links).

Bilanz: Massenstrombilanz. Die einfließenden bzw. ausfließenden Massenströme lauten wie folgt:

$$\begin{aligned}
\dot m_{AB,\mathrm{ein}} &= \rho \int_0^{\delta_l} u(l,y)dy = \rho \int_0^{\delta_l} \frac{y}{\delta(l)} \cdot u_\infty dy = \frac{\rho u_\infty}{\delta_l} \int_0^{\delta_l} y dy = \frac{1}{2}\rho u_\infty \delta_l,\\
\dot m_{BC,\mathrm{ein}} &= \rho u_\infty \Delta\delta_l,\\
\dot m_{CD,\mathrm{aus}} &= -\rho v_\infty \Delta l \quad \text{und}\\
\dot m_{DE,\mathrm{aus}} &= -\rho \int_0^{\delta_l+\Delta\delta_l} u(l,y)dy = \rho \int_0^{\delta_l+\Delta\delta_l} \frac{y}{\delta(l)} \cdot u_\infty dy = -\frac{1}{2}\rho u_\infty(\delta_l + \Delta\delta_l).
\end{aligned}$$

Die Massenerhaltung führt zu

$$\frac{1}{2}\rho u_\infty \delta_l + \rho u_\infty \Delta\delta_l - \frac{1}{2}\rho u_\infty(\delta_l + \Delta\delta_l) - \rho v_\infty \Delta l = 0 \quad \text{oder} \quad \frac{v_\infty}{u_\infty} = \frac{1}{2} \cdot \frac{\Delta\delta_l}{\Delta l}.$$

Im Grenzfall erhält man mit (39.1.4)

$$\frac{v_\infty}{u_\infty} = \frac{1}{2} \cdot \left.\frac{d\delta(x)}{dx}\right|_{x=l} = \frac{1}{2} \cdot \frac{\delta_l}{\sqrt{l}} \cdot \left.\frac{1}{2\sqrt{x}}\right|_{x=l} = \frac{\delta_l}{4l}.$$

Dies lässt sich unter Hinzunahme von (39.1.5) umformen:

$$\frac{v_\infty}{u_\infty} = \frac{3{,}46}{4} \cdot \frac{1}{\sqrt{\mathrm{Re}_l}}.$$

Schließlich ergibt sich $v_\infty = \frac{0{,}865}{\sqrt{\mathrm{Re}_l}} \cdot u_\infty$ oder

$$v_\infty = 0{,}865\sqrt{\frac{u_\infty \nu}{l}}. \tag{39.1.6}$$

Mithilfe von (36.1.5) ist

$$\frac{v_\infty}{u_\infty} = \frac{3{,}46}{4} \cdot \frac{1}{\sqrt{\mathrm{Re}_l}} \sim \frac{\delta_l}{l}$$

und man erkennt, dass v_∞ gegenüber u_∞ sich im gleichen Verhältnis verkleinert wie die Grenzschicht zur Lauflänge. Deshalb kann man die absolute Geschwindigkeit u mit u_∞ gleichsetzen:

$$u = \sqrt{u_\infty^2 + v_\infty^2} = u_\infty\left(1 + \frac{0{,}75}{\mathrm{Re}_l}\right) \approx u_\infty.$$

An der Vorderkante gilt (39.1.6) nicht. Leider sind solche Singularitäten typisch für die Grenzschichttheorie.

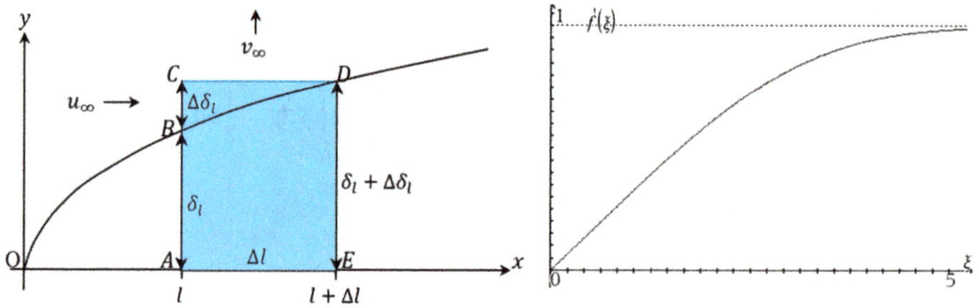

Abb. 39.3: Skizze zur Massenbilanz am infinitesimalen Quader und Simulation von (39.3.8).

39.2 Die Herleitung der Grenzschichtgleichungen

Wie wir wissen, sind die Navier-Stokes-Gleichungen nicht geschlossen lösbar. Es wird uns zumindest für eine ebene Strömung gelingen, die beiden Impulsgleichungen mithilfe der innerhalb der Grenzschicht geltenden Eigenheiten auf eine einzige Impulsgleichung zu reduzieren.

Einschränkung 1: Im Weiteren betrachten wir ausschließlich ebene stationäre Strömungen mit konstanter Dichte.

Diese Annahme gilt für alle Flüssigkeiten und Gase, sofern die Strömungstemperatur konstant und die Mach-Zahl kleiner als etwa 0,3 ist. Die zugrunde liegenden Gleichungen unter Vernachlässigung des Schwerefeldes mit den neuen Bezeichnungen $u = u_x$, $v = u_y$ lauten gemäß (38.2) und (38.3):

$$\text{Kontinuitätsgleichung} \quad \frac{\partial u}{\partial x} + \frac{\partial v}{\partial y} = 0,$$

$$\text{Impuls in } x\text{-Richtung} \quad u\frac{\partial u}{\partial x} + v\frac{\partial u}{\partial y} + \frac{1}{\rho}\cdot\frac{\partial p}{\partial x} - \nu\left(\frac{\partial^2 u}{\partial x^2} + \frac{\partial^2 u}{\partial y^2}\right) = 0 \quad \text{und}$$

$$\text{Impuls in } y\text{-Richtung} \quad u\frac{\partial v}{\partial x} + v\frac{\partial v}{\partial y} + \frac{1}{\rho}\cdot\frac{\partial p}{\partial y} - \nu\left(\frac{\partial^2 v}{\partial x^2} + \frac{\partial^2 v}{\partial y^2}\right) = 0.$$

Einschränkung 2: Bis auf Weiteres gehen wir von einer mit der Geschwindigkeit u_∞ angeströmten ebenen oder leicht gekrümmten Platte der Lauflänge l aus. Die Anströmung kann dabei auch unter einem Winkel erfolgen.

Herleitung von (39.2.1)–(39.2.5)

Wir führen dimensionslose Variablen ein.

Mit $x_* = \frac{x}{l}, y_* = \frac{y}{l}, u_* = \frac{u}{u_\infty}, v_* = \frac{v}{u_\infty}$ und $p_* = \frac{p}{\rho u_\infty^2}$ erhält man

$$\frac{\partial u}{\partial x} = u_\infty\frac{\partial u_*}{\partial x} = u_\infty\frac{\partial u_*}{\partial x_*}\cdot\frac{\partial x_*}{\partial x} = \frac{u_\infty}{l}\cdot\frac{\partial u_*}{\partial x_*},$$

woraus

$$u\cdot\frac{\partial u}{\partial x} = \frac{u_\infty^2}{l}\cdot u_*\frac{\partial u_*}{\partial x_*}$$

entsteht.

Entsprechend folgen

$$v\frac{\partial u}{\partial y} = \frac{u_\infty^2}{l}\cdot v_*\frac{\partial u_*}{\partial y_*}, \quad u\frac{\partial v}{\partial x} = \frac{u_\infty^2}{l}\cdot u_*\frac{\partial v_*}{\partial x_*} \quad \text{und} \quad v\frac{\partial v}{\partial y} = \frac{u_\infty^2}{l}\cdot v_*\frac{\partial v_*}{\partial y_*}.$$

Weiter ist

$$\frac{1}{\rho}\cdot\frac{\partial p}{\partial x} = \frac{1}{\rho}\cdot\rho u_\infty^2\cdot\frac{\partial p_*}{\partial x} = u_\infty^2\frac{\partial p_*}{\partial x_*}\cdot\frac{\partial x_*}{\partial x} = \frac{u_\infty^2}{l}\cdot\frac{\partial p_*}{\partial x_*} \quad \text{und} \quad \frac{1}{\rho}\cdot\frac{\partial p}{\partial y} = \frac{u_\infty^2}{l}\cdot\frac{\partial p_*}{\partial y_*}.$$

Es fehlt noch

$$\frac{\partial^2 u}{\partial x^2} = \frac{\partial}{\partial x}\left(\frac{\partial u}{\partial x}\right) = \frac{\partial}{\partial x}\left(\frac{\partial u_*}{\partial x_*}\right)\cdot\frac{u_\infty}{l} = \frac{u_\infty}{l}\cdot\frac{\partial}{\partial x_*}\left(\frac{\partial u_*}{\partial x_*}\cdot\frac{\partial x_*}{\partial x}\right) = \frac{u_\infty}{l^2}\cdot\frac{\partial^2 u_*}{\partial x_*^2}$$

und die Entsprechungen

$$\frac{\partial^2 u}{\partial y^2} = \frac{u_\infty}{l^2} \cdot \frac{\partial^2 u_*}{\partial y_*^2}, \quad \frac{\partial^2 v}{\partial x^2} = \frac{u_\infty}{l^2} \cdot \frac{\partial^2 v_*}{\partial x_*^2} \quad \text{und} \quad \frac{\partial^2 v}{\partial y^2} = \frac{u_\infty}{l^2} \cdot \frac{\partial^2 v_*}{\partial y_*^2}.$$

Dann geht das System mit $\mathrm{Re} = \frac{u_\infty l}{\nu}$ über in

$$\begin{aligned} \frac{\partial u_*}{\partial x_*} + \frac{\partial v_*}{\partial y_*} &= 0, \\ u_* \frac{\partial u_*}{\partial x_*} + v_* \frac{\partial u_*}{\partial y_*} + \frac{\partial p_*}{\partial x_*} - \frac{1}{\mathrm{Re}} \left(\frac{\partial^2 u_*}{\partial x_*^2} + \frac{\partial^2 u_*}{\partial y_*^2} \right) &= 0 \quad \text{und} \\ u_* \frac{\partial v_*}{\partial x_*} + v_* \frac{\partial v_*}{\partial y_*} + \frac{\partial p_*}{\partial y_*} - \frac{1}{\mathrm{Re}} \left(\frac{\partial^2 v_*}{\partial x_*^2} + \frac{\partial^2 v_*}{\partial y_*^2} \right) &= 0. \end{aligned} \tag{39.2.1}$$

Die x_*-Koordinate wählen wir entlang der Oberflächenstruktur und die y_*-Koordinate senkrecht dazu. Aufgrund von (38.51) gilt innerhalb der Grenzschicht $\frac{1}{\sqrt{\mathrm{Re}}} \ll 1$ und erst recht $\frac{1}{\mathrm{Re}} \ll 1$. Für $\mathrm{Re} \to \infty$ gehen diese Gleichungen bis auf den Gravitationsterm in die stationären Euler-Gleichungen über. Da aber in einer wandnahen Schicht die Wirkung der Reibung und somit der Viskositätsterm nicht vernachlässigt werden kann, darf der Grenzprozess noch nicht vollzogen werden. Es sollen nun die Größenverhältnisse von x_*, y_*, u_* und v_* miteinander verglichen werden. Als Erstes halten wir fest, dass $x_* = \frac{x}{l}$ und $u_* = \frac{u}{u_\infty}$ von der Größenordnung eins sind. Die anderen beiden Größen sind es aber nicht. Dazu überlegen wir uns, dass ein Teilchen an der Stelle x innerhalb der Grenzschicht höchstens um $\delta(x)$ abgelenkt wird und die Geschwindigkeit v_∞ erreichen kann. Aus beidem folgt mit (38.51) und (39.1.5)

$$y_* = \frac{y}{l} \le \frac{\delta(x)}{l} \sim \frac{1}{\sqrt{\mathrm{Re}}} \quad \text{und} \quad v_* = \frac{v}{u_\infty} \le \frac{v_\infty}{u_\infty} \sim \frac{1}{\sqrt{\mathrm{Re}}}.$$

Dies bedeutet, dass $\tilde{y} = y_* \cdot \sqrt{\mathrm{Re}}$ und $\tilde{v} = v_* \cdot \sqrt{\mathrm{Re}}$ von der Größenordnung eins sind. Deswegen müssen die beiden neuen Größen $\tilde{y}$ und $\tilde{v}$ für einen Größenvergleich in das System (39.2.1) implementiert werden. Es lautet neu

$$\begin{aligned} \frac{\partial u_*}{\partial x_*} + \frac{\sqrt{\mathrm{Re}}}{\sqrt{\mathrm{Re}}} \cdot \frac{\partial \tilde{v}}{\partial \tilde{y}} &= 0, \\ u_* \frac{\partial u_*}{\partial x_*} + \frac{\sqrt{\mathrm{Re}}}{\sqrt{\mathrm{Re}}} \cdot \tilde{v} \frac{\partial u_*}{\partial \tilde{y}} + \frac{\partial p_*}{\partial x_*} - \frac{1}{\mathrm{Re}} \left(\frac{\partial^2 u_*}{\partial x_*^2} + \mathrm{Re} \cdot \frac{\partial^2 u_*}{\partial \tilde{y}^2} \right) &= 0 \end{aligned}$$

und

$$\frac{1}{\sqrt{\mathrm{Re}}} \cdot u_* \frac{\partial \tilde{v}}{\partial x_*} + \frac{1}{\sqrt{\mathrm{Re}}} \cdot \frac{\sqrt{\mathrm{Re}}}{\sqrt{\mathrm{Re}}} \cdot \tilde{v} \frac{\partial \tilde{v}}{\partial \tilde{y}} + \sqrt{\mathrm{Re}} \cdot \frac{\partial p_*}{\partial \tilde{y}} - \frac{1}{\mathrm{Re}} \left(\frac{1}{\sqrt{\mathrm{Re}}} \cdot \frac{\partial^2 \tilde{v}}{\partial x_*^2} + \frac{\mathrm{Re}}{\sqrt{\mathrm{Re}}} \cdot \frac{\partial^2 \tilde{v}}{\partial \tilde{y}^2} \right) = 0.$$

Nach unserer Vorbemerkung sind die Reynolds-Zahlen groß und man erhält

$$\frac{\partial u_*}{\partial x_*} + \frac{\partial \tilde{v}}{\partial \tilde{y}} = 0,$$
$$u_* \frac{\partial u_*}{\partial x_*} + \tilde{v}\frac{\partial u_*}{\partial \tilde{y}} + \frac{\partial p_*}{\partial x_*} - \frac{\partial^2 u_*}{\partial \tilde{y}^2} \approx 0 \quad \text{und}$$
$$\frac{\partial p_*}{\partial \tilde{y}} \approx 0. \tag{39.2.2}$$

Eine erste Rücktransformation liefert für den Impuls innerhalb der Grenzschicht in x-Richtung

$$u_* \frac{\partial u_*}{\partial x_*} + v_* \frac{\partial u_*}{\partial y_*} + \frac{\partial p_*}{\partial x_*} - \frac{1}{\mathrm{Re}} \cdot \frac{\partial^2 u_*}{\partial y_*^2} = 0. \tag{39.2.3}$$

Gleichung (39.2.3) benötigen wir im Zusammenhang mit der Temperaturgrenzschicht in Kap. 40.1. Werden alle Transformationen rückgängig gemacht, so erhält man aus (39.2.2) schließlich die Grenzschichtgleichungen für stationäre inkompressible Strömungen:

$$\frac{\partial u}{\partial x} + \frac{\partial v}{\partial y} = 0,$$
$$u\frac{\partial u}{\partial x} + v\frac{\partial u}{\partial y} + \frac{1}{\rho} \cdot \frac{\partial p}{\partial x} - \nu\frac{\partial^2 u}{\partial y^2} = 0 \quad \text{und}$$
$$\frac{\partial p}{\partial y} = 0. \tag{39.2.4}$$

Bemerkung. Neigt man die Platte um den Winkel α, so kann man dem x-Impuls von (39.2.4) die Einwirkung der Schwerkraft einverleiben und erhält

$$\frac{\partial u}{\partial x} + v\frac{\partial u}{\partial y} + \frac{1}{\rho} \cdot \frac{\partial p}{\partial x} - \nu\frac{\partial^2 u}{\partial y^2} - g \sin \alpha = 0$$

oder dimensionslos gemäß (39.2.3)

$$u_* \frac{\partial u_*}{\partial x_*} + v_* \frac{\partial u_*}{\partial y_*} + \frac{\partial p_*}{\partial x_*} - \frac{1}{\mathrm{Re}} \cdot \frac{\partial^2 u_*}{\partial y_*^2} - \frac{gl}{u_\infty^2} \sin \alpha = 0.$$

Definiert man die Froude-Zahl (vgl. Kap. 36.2) als $\mathrm{Fr} = \frac{u_\infty}{\sqrt{gl}}$, so schreibt sich der Impuls als

$$u_* \frac{\partial u_*}{\partial x_*} + v_* \frac{\partial u_*}{\partial y_*} + \frac{\partial p_*}{\partial x_*} - \frac{1}{\mathrm{Re}} \cdot \frac{\partial^2 u_*}{\partial y_*^2} - \frac{1}{\mathrm{Fr}^2} \sin \alpha = 0.$$

Die Froude-Zahl spielt nur bei Gerinneströmungen eine Rolle, bei der die Schwerkraft die treibendende Kraft darstellt. Bei der Plattenströmung entfällt die Gravitation in x-Richtung ($\alpha = 0$). Damit wird die Plattenströmung einzig durch die Reynolds-Zahl charakterisiert.

Große Reynolds-Zahlen teilen somit das Strömungsgebiet in zwei Bereiche, einem reibungsfreien Außengebiet und einem Grenzschichtbereich, in dem der Diffusionsanteil an der Impulsänderung nicht vernachlässigt werden darf.

Die Kontinuitätsgleichung wird immer noch exakt erfüllt und der Massentransport muss in beide Richtungen berücksichtigt werden. In x-Richtung wird der Impuls bei praktisch nicht vorhandener Diffusion fast ausschließlich durch Konvektion übertragen. In dieser Koordinatenrichtung ändert sich somit nichts gegenüber der Außenströmung.

Hingegen überwiegt bei der Impulsübertragung in y-Richtung die Diffusion gegenüber der Konvektion. Dieser Effekt wächst an, wenn man von außen in die Grenzschicht eindringt und sich der Wand nähert. Unmittelbar in Wandnähe ist das Profil nahezu linear, sodass die Diffusion zwar kleiner, aber die Konvektion infolge der kleinen Geschwindigkeit praktisch null ist.

Nun betrachten wir den Druckterm $\frac{1}{\rho} \cdot \frac{dp}{dx}$ genauer und werten dazu den Impuls in x-Richtung für beliebige x der Außenströmung $u_\delta(x)$ aus und erhalten

$$u_\delta(x)\frac{du_\delta(x)}{dx} + 0 \cdot 0 + \frac{1}{\rho} \cdot \frac{dp}{dx} - \nu \cdot 0 = 0 \quad \text{oder}$$

$$u_\delta(x)\frac{du_\delta(x)}{dx} = -\frac{1}{\rho} \cdot \frac{dp}{dx}. \tag{39.2.5}$$

Dies entspricht gerade der differenziellen Bernoulli-Gleichung

$$\frac{d}{dx}\left[\frac{1}{2} \cdot \rho u_\delta^2(x)\right] + \frac{d}{dx}(p(x)) = 0.$$

Da $\frac{\partial p}{\partial y} = 0$, ist p eine Funktion von x alleine und der Druck wird auch innerhalb der Grenzschicht über die Außenströmung bestimmt, anders gesagt, die Außenströmung prägt der Grenzschicht den Druck auf.

Die Herleitung der Grenzschichtgleichung wurde unter der Annahme sowohl konstanter Dichte als auch konstanter Viskosität durchgeführt. Dies ist zulässig, solange die Mach-Zahl $\mathrm{Ma} = \frac{v}{c} < 0{,}3$ (Strömungsgeschwindigkeit v, lokale Schallgeschwindigkeit c) gilt. In diesem Fall kann das Fluid als inkompressibel betrachtet werden. Für Wasser entspräche die größtmögliche zulässige Strömungsgeschwindigkeit $v = 435\,\frac{\mathrm{m}}{\mathrm{s}}$ und für Luft $v = 100\,\frac{\mathrm{m}}{\mathrm{s}}$.

39.3 Die Lösung der Grenzschichtgleichungen für eine parallel angeströmte Platte

Herleitung von (39.3.1)–(39.3.10)

Wählen wir in (39.2.5) speziell $u_\delta(x) = u_\infty$ für eine mit konstanter Geschwindigkeit parallel angeströmte ebene oder leicht gekrümmte Platte, dann geht (39.2.5) über in $\frac{dp}{dx} = 0$ und man erhält die Grenzschichtgleichungen für die parallel angeströmte Platte:

$$\frac{\partial u}{\partial x} + \frac{\partial v}{\partial y} = 0, \tag{39.3.1}$$

$$u\frac{\partial u}{\partial x} + v\frac{\partial u}{\partial y} - \nu\frac{\partial^2 u}{\partial y^2} = 0 \tag{39.3.2}$$

In Band 6 zeigen wir, dass dieses System selbstähnliche Lösungen erzeugt (vgl. Kap. 24.3), und zwar, dass mit $u(x,y)$ auch $(cx, \sqrt{c}y)$ Lösung der PDG ist. Geschickterweise wird $c = \frac{1}{x}$ gesetzt und es folgt $u(1, \frac{y}{\sqrt{x}}) = u(\xi)$ mit der Ähnlichkeitsvariablen $\xi \sim \frac{y}{\sqrt{x}}$. Somit ist die Lösungsfunktion $u(x,y)$ auf eine einzige Variable $u(\xi)$ reduziert. Damit ξ dimensionslos wird, setzen wir

$$\xi(x,y) = y\sqrt{\frac{u_\infty}{\nu x}}.$$

Identifizieren wir y mit $\delta(x)$ und ξ mit $k \in \mathbb{R}$, so entspricht die Ähnlichkeitsvariable übrigens dem Ergebnis (38.50). Die Funktion $\xi(x,y)$ ist also Lösung von (39.3.2). Damit sie auch die Kontinuitätsgleichung (39.3.1) erfüllt, führen wir die Stromfunktion $\psi(x,y)$ ein und definieren $u := \frac{\partial\psi}{\partial y} = \psi_y$ und $v := -\frac{\partial\psi}{\partial x} = -\psi_x$ unter der Annahme der Existenz von ψ. Aus (39.3.2) wird dann

$$\psi_y \cdot \psi_{xy} - \psi_x \cdot \psi_{yy} - \nu \cdot \psi_{yyy} = 0. \tag{39.3.3}$$

Wir definieren weiter eine neue Funktion $f(\xi)$ so, dass gilt:

$$f'(\xi) = \frac{\partial f}{\partial \xi} = \frac{u(\xi)}{u_\infty}. \tag{39.3.4}$$

Dann folgt

$$\psi(x,y) = \int_0^y u\,dy = u_\infty \int_0^y f'(\xi)dy.$$

Aus $y = \xi\sqrt{\frac{\nu x}{u_\infty}}$ erhalten wir $dy = d\xi\sqrt{\frac{\nu x}{u_\infty}}$ und somit

$$\psi(x,y) = \sqrt{u_\infty \nu x}\int_0^\xi f'(\xi)d\xi.$$

Wir nennen $f(\xi) := \int_0^\xi f'(\xi)d\xi$ die dimensionslose Stromfunktion. Somit haben wir $\psi(x,y) = \sqrt{u_\infty \nu x} \cdot f(\xi)$. Daraus können wir die einzelnen Geschwindigkeitskomponenten angeben als

$$\begin{aligned} u(\xi) = \psi_y &= \sqrt{u_\infty \nu x} \cdot \frac{\partial f}{\partial y} = \sqrt{u_\infty \nu x} \cdot \frac{\partial f}{\partial \xi} \cdot \frac{\partial \xi}{\partial y} \\ &= \sqrt{u_\infty \nu x} \cdot f'(\xi) \cdot \sqrt{\frac{u_\infty}{\nu x}} = u_\infty \cdot f'(\xi) \end{aligned} \tag{39.3.5}$$

und

$$\begin{aligned} v(\xi) = -\psi_x &= -\left[\frac{1}{2}\sqrt{\frac{u_\infty \nu}{x}} \cdot f(\xi) + \sqrt{u_\infty \nu x} \cdot \frac{\partial f}{\partial \xi} \cdot \frac{\partial \xi}{\partial x}\right] \\ &= -\left[\frac{1}{2}\sqrt{\frac{u_\infty \nu}{x}} \cdot f(\xi) + \sqrt{u_\infty \nu x} \cdot f'(\xi) \cdot \sqrt{\frac{u_\infty}{\nu}} \cdot \left(-\frac{1}{2x\sqrt{x}}\right)\right] \\ &= -\left[\frac{1}{2}\sqrt{\frac{u_\infty \nu}{x}} \cdot f(\xi) - \frac{1}{2}\xi\sqrt{\frac{u_\infty \nu}{x}} \cdot f'(\xi)\right], \end{aligned}$$

also

$$v(\xi) = \frac{1}{2}\sqrt{\frac{u_\infty \nu}{x}}[\xi \cdot f'(\xi) - f(\xi)]. \tag{39.3.6}$$

Weiter ist

$$\begin{aligned} \psi_{yy} &= u_\infty \sqrt{\frac{u_\infty}{\nu x}} \cdot f''(\xi), \quad \psi_{yyy} = \frac{u_\infty^2}{\nu x} \cdot f'''(\xi) \quad \text{und} \\ \psi_{xy} &= u_\infty \cdot \frac{\partial f'(\xi)}{\partial x} = u_\infty \cdot \frac{\partial f'(\xi)}{\partial \xi} \cdot \frac{\partial \xi}{\partial x} = u_\infty \cdot f''(\xi) \cdot y\sqrt{\frac{u_\infty}{\nu}} \cdot \left(-\frac{1}{2x\sqrt{x}}\right) \\ &= -\frac{1}{2} \cdot \frac{u_\infty}{x} \cdot \xi \cdot f''(\xi). \end{aligned} \tag{39.3.7}$$

Damit können die fünf berechneten Stromfunktionsableitungen der Gleichung (39.3.3) einverleibt werden, was zu

$$-\frac{1}{2} \cdot \frac{u_\infty^2}{x} \cdot \xi \cdot f' \cdot f'' + \frac{1}{2} \cdot \frac{u_\infty^2}{x}(\xi \cdot f' - f) \cdot f'' - \frac{u_\infty^2}{x} \cdot f''' = 0$$

führt oder schließlich zur DG von Blasius:

$$f''' + \frac{1}{2}ff'' = 0. \tag{39.3.8}$$

Die ursprünglichen Randbedingungen der Lösung $u(x,y)$ sind
I. $u = 0$ für $y = 0$, II. $v = 0$ für $y = 0$ und III. $u = u_\infty$ für $y \to \infty$.

Übertragen auf die Ähnlichkeitsvariable entsprechen $y = 0$ und $y \to \infty$ nun $\xi = 0$ und $\xi \to \infty$. Aus I. entsteht dann mit (39.3.5) $f'(0) = 0$. Die Bedingung II. liefert mithilfe von (39.3.6) $f(0) = 0$ und III. erzeugt mit (39.3.4) $f'(\infty) = 1$.

Die zu lösende DG $f''' + \frac{1}{2}ff'' = 0$ besitzt somit die RBen

$$f(0) = 0, \quad f'(0) = 0 \quad \text{und} \quad f'(\infty) = 1.$$

Zur numerischen Lösung setzen wir $y_1 := f, y_2 := f', y_3 := f''$ und erhalten das folgende DG-System: $y_1' = y_2, y_2' = y_3$ und $y_3' = -0{,}5 \cdot y_1 \cdot y_3$.

Als Schrittlänge wählen wir $dx = 0{,}01$. Die Anfangsbedingungen sind $f(0) = y_1(0) = 0$ und $f'(0) = y_2(0) = 0$. Es bleibt die Frage, wie man die Bedingung $f'(\infty) = y_2(\infty) = 1$ einbauen soll. Da unser DG-System eine Funktion $f'' = y_3$ enthält, benötigen wir eine Anfangsbedingung $y_3(0) = f''(0)$. Dazu starten wir mit einem Schätzwert für $f''(0)$ und verändern diesen so lange, bis $f'(\infty) = 1$ entsteht. Dabei genügt die Bedingung $f'(\xi \approx 5) = 1$ vollends. Nach einigen Versuchen findet man

$$f''(0) \approx 0{,}3308. \tag{39.3.9}$$

Das zugehörige Programm erhält dann die Gestalt:

```
Define DG(n)
Prgm
xa:= {x2i}
ya:= {y2i}
x2i:= 0
y1i:= 0
y2i:= 0
y3i:= 0.3308
For i,1,n
x2i:= x2i + 0.01
y1i:= y1i + 0.01· y2i
y2i:= y2i + 0.01· y3i
y3i:= y3i – 0.5 · y1i · y3i · 0.01
xa:= augment(xa,{x2i})
ya:= augment(ya,{y2i})
End For
Disp xa, ya
End Prgm
```

Da nur die Werte von y2i, also f' dargestellt werden, erübrigen sich einige Programmzeilen. Wir führen das Programm für $n = 500$ aus (Abb. 39.3 rechts).

Mit Kenntnis von $f'(\xi)$ ist auch das Ähnlichkeitsprofil der Geschwindigkeit $u(\xi) = u_\infty \cdot f'(\xi)$ gegeben. Es befähigt bei Kenntnis des Profils an einer Stelle x_1 das Profil an einer beliebigen anderen Stelle x_2 zu bestimmen, analog dem Prinzip der Rekursion einer

Zahlenfolge. Nehmen wir beispielsweise die Stelle $x_1 = 1$, dann besitzt das zugehörige Profil

$$u_1 := u\left(y\sqrt{\frac{u_\infty}{\nu}}\right)$$

einen ähnlichen Verlauf wie der Graph aus Abb. 39.3 rechts. An der Stelle $x_2 = 4$ ist

$$u_2 := u\left(\frac{y}{2}\sqrt{\frac{u_\infty}{\nu}}\right)$$

und man erkennt, dass u_2 dieselben Geschwindigkeitswerte wie u_1 erst bei doppelter Höhe y erzielt. Somit werden die Profile mit wachsender x-Koordinate steiler. Leider ist das Blasius-Profil ein Ähnlichkeitsprofil und dieses liegt auch nur numerisch vor, sodass sich der Verlauf von $u(y)$ noch nicht angeben lässt. Dieses Ziel werden wir erst mit dem Profil von Pohlhausen in Kap. 39.7 näherungsweise erreichen.

Zur Festlegung der Grenzschichtdicke $\delta(x)$ hatten wir

$$f'(\xi) = \frac{u}{u_\infty} = \frac{u}{u_\delta} = 0{,}99$$

gewählt. Graphisch erhält man in Abb. 39.3 rechts den Wert $\xi \approx 4{,}89$. Demnach ist

$$4{,}89 = \delta(x)\sqrt{\frac{u_\infty}{\nu x}}.$$

Daraus wird $\frac{\delta(x)}{x} = \frac{4{,}89}{\sqrt{\mathrm{Re}_x}}$ oder (vgl. mit (38.50))

$$\frac{\delta(x)}{l} = \frac{4{,}89}{\sqrt{\mathrm{Re}_l}}\sqrt{\frac{x}{l}}. \tag{39.3.10}$$

Eine weitere verwendete Grenzschichtgröße ist die Grenzschicht-Verdrängungsdicke δ_1.

Ohne Bestehen einer Grenzschicht verlaufen alle Stromlinien parallel zur Platte. Aufgrund der Grenzschicht wird eine außerhalb der Grenzschicht auf der Höhe y_* verlaufende Stromlinie abgelenkt.

Herleitung von (39.3.11)–(39.3.19)

Wir führen dieselbe Massenbilanz wie in Kap. 39.1 am quaderförmigen Kontrollvolumen mit dem Querschnitt $ABCD$ und der Tiefe eins durch (Abb. 39.4 links).

Bilanz: Massenstrombilanz im Kontrollvolumen. Der einfließende bzw. ausfließende Massenstrom durch AB und BC lautet

$$\dot{m}_{AB,\mathrm{ein}} = \rho u_\infty \delta = \rho \int_0^\delta u_\infty dy \quad \text{und} \quad \dot{m}_{CD,\mathrm{aus}} = \rho \int_0^\delta u dy.$$

Der Unterschied $\dot{m}_{AB,\text{ein}} - \dot{m}_{CD,\text{aus}}$ entspricht dem das Kontrollvolumen verlassenden Massenstrom durch BC. Diesen setzen wir als $\dot{m}_{BC,\text{aus}} = \rho u_\infty \delta_1$ an. Man kann die Integration von δ auf unendlich erstrecken, da am Ende der Grenzschicht praktisch die Geschwindigkeit u_∞ erreicht wird. Dann ergibt sich aus $\rho \int_0^\infty u_\infty dy = \rho \int_0^\infty u dy + \rho u_\infty \delta_1$ die:

Definition 1. Man nennt $\delta_1 = \int_0^\infty (1 - \frac{u}{u_\infty}) dy$ die Verdrängungsdicke. (39.3.11)

Dabei lässt sich δ_1 auch als Maß für den infolge der Grenzschicht fehlenden Massenstrom interpretieren. Mathematisch betrachtet, wird die eingefärbte Fläche mit dem Inhalt $\int_0^\infty (u_\infty - u) dy$ in ein Rechteck (gestrichelt) mit Inhalt $u_\infty \delta_1$ umgewandelt (Abb. 39.4 rechts).

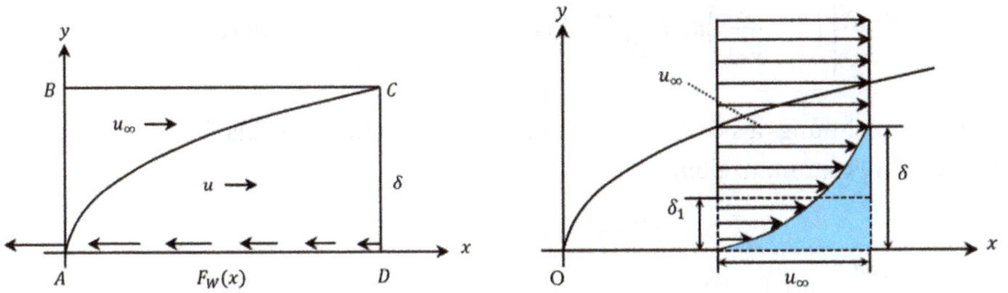

Abb. 39.4: Skizzen zur Verdrängungsdicke und Impulsverlustdicke.

Ebenso lässt sich eine Impulsverlustdicke δ_2 definieren, indem man eine Impulsbilanz am selben Rechteck aus Abb. 39.4 links durchführt.

Bilanz: Impulsstrom im Kontrollvolumen. Sich ändernde Druckkräfte gibt es aufgrund von $\frac{\partial p}{\partial x} = \frac{\partial p}{\partial y} = 0$ nicht und von der Schwerkraft sehen wir ebenfalls ab. Damit resultiert der Impulsverlust einzig aus der örtlich abhängigen Wandreibungskraft $F_W(x)$. Es gilt somit $F_W = \dot{I}_\text{Verlust} = \dot{I}_{AB} - \dot{I}_{CD} - \dot{I}_{BC}$. Analog zur Verdrängungsdicke setzen wir den Impulsverlust als $\dot{I}_\text{Verlust} = \rho u_\infty^2 \delta_2$ mit einer Dicke δ_2 an. Impulsströme $\dot{I}_{AB}$ und $\dot{I}_{CD}$ sind schon aus Kap. 39.1 bekannt. Die Massenbilanz von eben lieferte $\dot{m}_{BC} = \rho u_\infty \delta_1$. Dann folgt schlicht $\dot{I}_{BC} = \rho u_\infty^2 \delta_1$ und zusammen ergibt sich

$$\begin{aligned}\rho u_\infty^2 \delta_2 &= \rho \int_0^\infty u_\infty^2 dy - \rho \int_0^\infty u^2 dy - \rho u_\infty^2 \delta_1 \\ &= \rho \int_0^\infty u_\infty^2 dy - \rho \int_0^\infty u^2 dy - \rho u_\infty \int_0^\infty (u_\infty - u) dy.\end{aligned}$$

Damit ist

$$u_\infty^2 \delta_2 = \int_0^\infty (u_\infty^2 - u^2 - u_\infty^2 + u_\infty u)dy$$

und schließlich folgt die

Definition 2. Das Integral $\delta_2 = \int_0^\infty \frac{u}{u_\infty}(1 - \frac{u}{u_\infty})dy$ heißt Impulsverlustdicke. (39.3.12)

Die Impulsverlustdicke δ_2 ist eine hypothetische Höhe, durch die der gesamte fehlende Impuls mit der Geschwindigkeit u_∞ fließen würde.

Speziell für die Blasius-Lösung erhalten wir

$$\delta_1 = \int_0^\infty \left(1 - \frac{u}{u_\infty}\right)dy = \sqrt{\frac{\nu x}{u_\infty}} \int_0^\infty [1 - f'(\xi)]d\xi = \sqrt{\frac{\nu x}{u_\infty}} \cdot \lim_{\xi\to\infty} (\xi - f(\xi)).$$

Zur Berechnung des Grenzwerts berücksichtigen wir Werte bis $\xi = 10$. Die beiden zugehörigen Programmzeilen sind:

```
z1i:= x1i - y1i und
Disp z1i
```

Man erhält mit $n = 1000$ den Wert

$$\lim_{\xi\to\infty} [\xi - f(\xi)] = 1{,}714 \tag{39.3.13}$$

und damit $\delta_1(x) = 1{,}714\sqrt{\frac{\nu x}{u_\infty}}$ oder

$$\frac{\delta_1(x)}{x} = \frac{1{,}714}{\sqrt{\mathrm{Re}_x}}. \tag{39.3.14}$$

Die Impulsverlustdicke beträgt

$$\delta_2 = \sqrt{\frac{\nu x}{u_\infty}} \int_0^\infty \{f'(\xi)[1 - f'(\xi)]\}d\xi.$$

Die einzelnen Schritte zur Berechnung des Integrals werden in Band 6 durchgeführt. Man erhält den Wert 0,662 und insgesamt $\delta_2(x) = 0{,}662\sqrt{\frac{\nu x}{u_\infty}}$ oder

$$\frac{\delta_2(x)}{x} = \frac{0{,}662}{\sqrt{\mathrm{Re}_x}}. \tag{39.3.15}$$

Nun soll der Strömungswiderstand berechnet werden. Dazu bestimmen wir zuerst die Spannung am Ort x der Plattenwand:

$$\begin{aligned}\tau_W(x) &= \eta \cdot \left.\frac{\partial u}{\partial y}\right|_{y=0} = \eta \cdot \psi_{yy}\big|_{y=0} = \eta u_\infty \sqrt{\frac{u_\infty}{\nu x}} \cdot f''(0) \\ &= 0{,}331 \cdot \eta u_\infty \sqrt{\frac{u_\infty}{\nu x}} \sim \frac{1}{\sqrt{x}}. \end{aligned} \tag{39.3.16}$$

Die Spannung kann mit (39.3.16) an der Vorderkante nicht ermittelt werden.
Aus der üblichen Darstellung für eine Spannung,

$$\tau_W(x) = \frac{1}{2} c_f(x) \rho u_\infty^2, \tag{39.3.17}$$

erhält man den lokalen Beiwert zu

$$c_f(x) = \frac{0{,}662 \cdot \eta u_\infty \sqrt{\frac{u_\infty}{\nu x}}}{\rho u_\infty^2} = 0{,}662 \sqrt{\frac{\nu}{u_\infty x}} = \frac{0{,}662}{\sqrt{\mathrm{Re}_x}}. \tag{39.3.18}$$

Der Vergleich mit (39.3.15) liefert $c_f(x) = \frac{\delta_2(x)}{x}$. Der Reibungswert der Spannung, der für den Impulsverlust ja verantwortlich ist, stellt die Mittelung von δ_2 bezüglich der Laufstrecke x dar. Der Widerstand an der Platte mit Breite b entlang einer Strecke dx beträgt $F_W(x) = \tau_W(x) \cdot dA = \tau_W(x) \cdot b \cdot dx$. Hochgerechnet auf eine Länge l entspricht dies

$$F_W = b \int_0^l \tau_W(x) \cdot dx = b \cdot 0{,}331 \cdot \eta u_\infty \sqrt{\frac{u_\infty}{\nu}} \int_0^l \frac{1}{\sqrt{x}} dx = 0{,}662 \cdot b \cdot \eta u_\infty \sqrt{\frac{u_\infty}{\nu}} \sqrt{l}$$

und schließlich folgt das schon mit (39.1.3) hergeleitete Plattenwiderstandsgesetz von Blasius:

$$F_W = 0{,}662 \cdot b \sqrt{\rho \eta} \cdot u_\infty^{\frac{3}{2}} l^{\frac{1}{2}} \quad \text{für Re} < 5 \cdot 10^5. \tag{39.3.19}$$

Die Tatsache, dass der Widerstand mit $l^{\frac{1}{2}}$ wächst, trägt dem Umstand Rechnung, dass die hinteren Teile der Platte, infolge von (39.3.16) weniger zum Gesamtwiderstand beitragen.

Der mittlere oder dimensionslose Reibungsbeiwert c_W folgt entweder durch Integration, $c_W = \frac{1}{l} \int_0^l c_f(x) \cdot dx$, oder durch auflösen der Gleichung $F_W = \frac{1}{2} c_w \cdot \rho \cdot b \cdot l \cdot u_\infty^2$. Man erhält

$$c_w = \frac{2F_W}{\rho \cdot b \cdot l \cdot u_\infty^2} = \frac{1{,}32\sqrt{\nu}}{\sqrt{u_\infty l}} = \frac{1{,}32}{\sqrt{\mathrm{Re}_l}}.$$

Das Plattengesetz von Blasius gilt nur für laminare Strömungen mit $\mathrm{Re} < 5 \cdot 10^5$. Für turbulente Strömungen ist der Widerstand viel größer. Zudem muss dann auch die Rauheit der Wand beachtet werden, die im Fall der laminaren Strömung keine Rolle spielt.

Schließlich wird in Band 6 noch überprüft, dass die Geschwindigkeit der Blasius-Lösung in vertikaler Richtung am Rand der Grenzschicht mit Ergebnis (39.1.6) übereinstimmt.

Beispiel 1. Eine dünne rechteckige Platte von $l = 0{,}8\,\mathrm{m}$ Länge und $b = 0{,}5\,\mathrm{m}$ Breite wird mit der Geschwindigkeit $u = 2\,\frac{\mathrm{m}}{\mathrm{s}}$ längs durch ein Wasserbecken gezogen. Die Platte sei so dünn, dass sie der Bewegung praktisch keinen Druckwiderstand entgegensetzt. Die Stoffwerte des Wassers sind $\rho = 1000\,\frac{\mathrm{kg}}{\mathrm{m}^3}$ und $\nu = 10^{-6}\,\frac{\mathrm{m}^2}{\mathrm{s}}$. Durch Messung sei bekannt, dass dieses Profil eine Reynolds-Zahl von etwa $\mathrm{Re}_{\mathrm{krit}} = 3{,}5 \cdot 10^5$–$5 \cdot 10^5$ zulässt, bevor die Strömung turbulent wird.

a) Bestimmen Sie das zum Reynolds-Zahl-Intervall gehörende laminare Lauflängenintervall.
b) Zwischen welchen Grenzen bewegt sich demnach die laminare Grenzschichtdicke δ_{lam}?
c) Umgekehrt kann man auch diejenige Ziehgeschwindigkeit u_{krit} bestimmen, bei der auf der Oberfläche der Platte keine Ablösung stattfindet. Wie groß wird das Intervall für u_{krit}?
d) Für den Fall $\mathrm{Re}_{\mathrm{krit}} = 5 \cdot 10^5$ soll der Reibungswiderstand F_W, den die laminare Strömung auf jeder Plattenseite ausübt, berechnet werden.

Lösung.

a) Aus $\mathrm{Re}_{\mathrm{krit}} = \frac{u \cdot l_{\mathrm{lam}}}{\nu}$ folgt

$$l_{\mathrm{lam}} = \frac{\mathrm{Re}_{\mathrm{krit}} \cdot \nu}{u} = 0{,}18\text{–}0{,}25\,\mathrm{m}.$$

b) Die zugehörige Grenzschichtdicke an den Stellen l_{lam} von a) wäre unter Verwendung von (39.3.10)

$$\delta_{\mathrm{lam}} = \frac{4{,}89 \cdot l_{\mathrm{lam}}}{\sqrt{\mathrm{Re}_{\mathrm{krit}}}} = 1{,}4\text{–}1{,}7\,\mathrm{mm}.$$

c) Man erhält

$$u_{\mathrm{krit}} = \frac{\mathrm{Re}_{\mathrm{krit}} \cdot \nu}{l} = 0{,}44\text{–}0{,}63\,\frac{\mathrm{m}}{\mathrm{s}}.$$

d) Gleichung (39.3.19) liefert

$$F_{W,\mathrm{lam}} = 0{,}662 \cdot b\rho\sqrt{\nu} \cdot u^{1{,}5} l^{0{,}5} = 0{,}662 \cdot 0{,}5 \cdot 1000 \cdot \sqrt{10^{-6}} \cdot 2^{1{,}5} \cdot 0{,}25^{0{,}5} = 0{,}47\,\mathrm{N}.$$

Man erhält eine sehr kleine Kraft. Am Ende der laminaren Lauflänge wird aufgrund des allfälligen Umschlags zu einer turbulenten Strömung eine viel größere Reibungskraft erzeugt. Die zugehörige Berechnung folgt in Kap. 42.8.

Beispiel 2. Eine zylinderförmige Stange aus Messing mit $b = 0{,}5\,\mathrm{m}$ Länge, $R = 2\,\mathrm{cm}$ Radius und einer Dichte von $\rho_{\mathrm{Me}} = 8500\,\frac{\mathrm{kg}}{\mathrm{m}^3}$ soll mit der Geschwindigkeit $u = 1\,\frac{\mathrm{m}}{\mathrm{s}}$ vom Boden eines mit Olivenöl gefüllten Bottichs quer angehoben werden (Abb. 39.5 links). Die Stoffwerte des Olivenöls betragen $\rho_{\mathrm{Öl}} = 900\,\frac{\mathrm{kg}}{\mathrm{m}^3}$ und $\nu_{\mathrm{Öl}} = 10^{-4}\,\frac{\mathrm{m}^2}{\mathrm{s}}$.

a) Bestimmen Sie die zugehörige Reynolds-Zahl.
b) Es sollen alle am Körper angreifenden Kräfte bestimmt werden. Rechnen Sie für den Druckwiderstand infolge der Reynolds-Zahl von a) mit einem Druckbeiwert von $c_D = 1{,}15$ (vgl. Abb. 39.1).

Lösung.

a) Man erhält

$$\mathrm{Re} = \frac{u \cdot l}{\nu} = \frac{1 \cdot \pi \cdot 0{,}02}{10^{-4}} = 628.$$

b) Es sind dies:
   i) Gewichtskraft $F_G = \rho_{\mathrm{Me}} \cdot \pi R^2 \cdot g = 104{,}78\,\mathrm{N}$.
   ii) Auftriebskraft $F_A = \rho_{\mathrm{Öl}} \cdot \pi R^2 \cdot g = 11{,}09\,\mathrm{N}$.
   iii) Für die Berechnung des Reibungswiderstands müssen wir noch sicherstellen, dass die Strömung um den gesamten Zylinder laminar bleibt und sich nicht ablöst. Gemäß den Ergebnissen in Kap. 39.5 beträgt die maximal mögliche Reynolds-Zahl für eine Zylinderumströmung $\mathrm{Re}_{\mathrm{krit}} = 1000$. Damit ist gewährleistet, dass der Reibungswiderstand unter Verwendung von (39.3.19) berechnet werden kann. Es ergibt sich

$$\begin{aligned} F_{W,\mathrm{lam}} &= 0{,}662 \cdot b \cdot \rho_{\mathrm{Öl}} \sqrt{\nu_{\mathrm{Öl}}} \cdot u^{1{,}5} l^{0{,}5} \\ &= 0{,}662 \cdot 0{,}5 \cdot 900 \cdot \sqrt{10^{-4}} \cdot 1^{1{,}5} \cdot (\pi \cdot 0{,}02)^{0{,}5} \cdot 2 \\ &= 1{,}49\,\mathrm{N}. \end{aligned}$$

   iv) Es fehlt noch der Druckwiderstand. Man erhält

$$F_D = \frac{1}{2} c_D \cdot 2Rb \cdot \rho u_\infty^2 = \frac{1}{2} \cdot 1{,}15 \cdot 2 \cdot 0{,}02 \cdot 0{,}5 \cdot 900 \cdot 1^2 = 10{,}35\,\mathrm{N}.$$

Somit müssen

$$F = F_G - F_A + F_{W,\mathrm{lam}} + F_D = 105{,}53\,\mathrm{N}$$

aufgebracht werden.

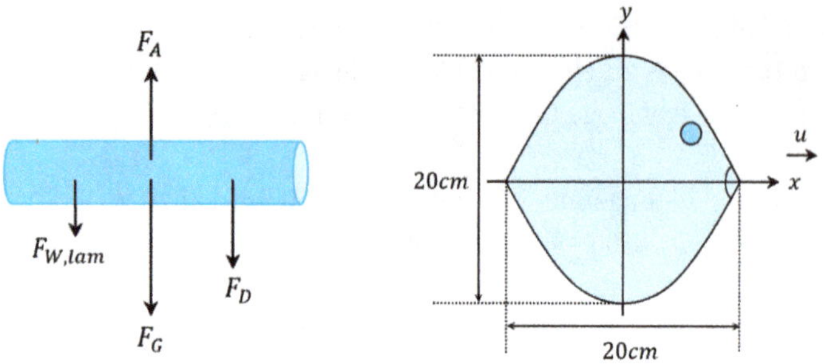

Abb. 39.5: Skizzen zu den Beispielen 2 und 3.

Beispiel 3. Fische besitzen einen erstaunlich niedrigen Druckbeiwert. Für den in Abb. 39.5 rechts dargestellten Fisch in Seitenansicht gilt $c_D = 0{,}06$. Vor allem die Schuppen wirken einer Strömungsablösung entgegen, weil Letztere das Wasser sozusagen an der Haut festhalten. Der Fisch erreicht dabei eine Geschwindigkeit von $u = 2\,\frac{\text{m}}{\text{s}}$. Die Stoffwerte des Wassers sind $\rho = 1025\,\frac{\text{kg}}{\text{m}^3}$ und $\nu = 1{,}3 \cdot 10^{-6}\,\frac{\text{m}^2}{\text{s}}$ und die kritische Reynoldszahl liegt mit $\text{Re}_{\text{krit}} = 4 \cdot 10^5$ vor.

a) Stellen Sie sicher, dass die Strömung um den Fischkörper laminar bleibt. Gehen Sie dabei von einem absolut flachen Körper aus. (Eine Dicke von einigen Zentimetern würde am Ergebnis nichts ändern.)
b) Bestimmen Sie seinen Reibungswiderstand.
c) Zur Berechnung des Druckwiderstands nehmen wir an, die wirksame Fläche bestehe aus einem Rechteck mit einer Durchschnittsdicke von 3 cm und einer Länge von 20 cm. Wie groß wird sein Druckwiderstand und damit der gesamte Widerstand?

Lösung.

a) Der längste Laufweg beträgt $l_{\text{lam}} = 20$ cm. Anderseits ist

$$l_{\text{krit}} = \frac{\text{Re}_{\text{krit}} \cdot \nu}{u} = \frac{4 \cdot 10^5 \cdot 1{,}3 \cdot 10^{-6}}{2} = 26\,\text{cm}.$$

Damit ist eine durchweg laminare Strömung entlang des Fischkörpers gewährleistet.

b) Die laminaren Lauflängen sind abhängig von der Höhe y. Deswegen muss der Umriss zuerst durch die Funktion $y = 0{,}1 - 10x^2$ ausgedrückt und davon die Umkehrfunktion $x = \pm 0{,}1\sqrt{0{,}1 - y}$ gebildet werden. Aus (39.3.19) entsteht

$$dF_{W,\text{lam}} = 0{,}662 \cdot dy \cdot \rho \cdot \sqrt{\nu} \cdot u^{1{,}5} \cdot 2 \cdot (2x)^{0{,}5} \cdot 2$$

und daraus

$$F_{W,\text{lam}} = 0{,}662 \cdot 1025 \cdot \sqrt{1{,}3 \cdot 10^{-6}} \cdot 2^{1{,}5} \cdot 4\sqrt{2} \int_0^{0{,}1} (0{,}1\sqrt{0{,}1 - y})^{0{,}5} dy = 0{,}18\,\text{N}.$$

c) Der Druckwiderstand ergibt sich zu

$$F_D = \frac{1}{2} c_D \rho A u^2 = \frac{1}{2} \cdot 0{,}06 \cdot 1025 \cdot 0{,}03 \cdot 0{,}2 \cdot 2^2 = 0{,}74\,\text{N}.$$

Gesamthaft erhält man $F_W = F_{W,\text{lam}} + F_D = 0{,}92\,\text{N}$.

39.4 Die Lösung der Grenzschichtgleichungen für Keilströmungen

Eine Eck- oder Keilströmung entsteht, wenn beispielsweise eine Platte schräg oder ein Keil parallel zu seiner Symmetrieachse angeströmt wird. Bei den Potentialströmungen (Kap. 39) hatten wir die Stromfunktion einer Eck- oder Keilströmung mit einem Keilwinkel von $\alpha = 2(\pi - \frac{\pi}{n})$ als

$$\psi(r, \theta) = C \cdot r^n \cdot \sin(n\theta) \quad \text{mit} \quad C = \text{konst.}$$

identifiziert (Abb. 39.6). Die Strömung verlief dabei für $0 \leq \theta \leq \frac{\pi}{n}$ von rechts nach links. Um die Richtung umzukehren, könnte man den Winkel im Uhrzeigersinn abtragen oder man schreibt

$$\psi(r, \theta) = C \cdot r^n \cdot \sin[n(\pi - \theta)] \quad \text{für } \pi - \frac{\pi}{n} \leq \theta \leq \pi.$$

Im Fall $\psi = 0$ erhält man die obere Keilkante (inklusive der negativen x-Achse), denn $\sin[n(\pi - \theta)] = 0$ für $\theta = \pi$ (r beliebig, negative x-Achse) oder $\theta = \pi - \frac{\pi}{n}$ (r beliebig, obere Keilkante).

Herleitung von (39.4.1)–(39.4.7)

Die radiale Geschwindigkeitskomponente wird mithilfe von $u_r = \frac{1}{r} \cdot \frac{\partial\psi}{\partial\theta}$ zu

$$u_r = -C \cdot n \cdot r^{n-1} \cdot \cos[n(\pi - \theta)]$$

bestimmt. Speziell für $\theta = \pi - \frac{\pi}{n}$ ergibt sich der Geschwindigkeitsverlauf auf der oberen Kante des Keils (inklusive negative x-Achse) zu $u_r(r) = -C \cdot n \cdot r^{n-1}$. Identifiziert man r mit x, so erhält man $u_x(x) = a \cdot x^m$ mit $a = \text{konst.}$ und $m = n - 1$. Dabei besitzt a die Einheit $\frac{\text{Meter}^{1-m}}{\text{Sekunde}}$. Das Ergebnis bedeutet, dass die Geschwindigkeit an der Keilwand einer (reibungsfreien) Potentialströmung mit dem Abstand x zur Spitze wächst. In einer realen Strömung wird sich eine Grenzschicht ausbilden und das Wandströmungsprofil $u_x(x)$ wird zum Außenströmungsprofil $u_\delta(\tilde{x}) = a \cdot \tilde{x}^m$, wobei $\tilde{x}$ entlang des Grenzschichtrands gemessen wird. In Abb. 39.6 stellen die Pfeile normal zur x-Achse die Zunahme der Außenströmung $u_\delta(\tilde{x})$ in $\tilde{x}$-Richtung dar. Die Richtung der $\tilde{y}$-Achse verändert sich laufend, wie aus Abb. 39.6 deutlich wird. Die Geschwindigkeitskomponente in diese Richtung kann über die Kontinuitätsgleichung ermittelt werden. Aus

$$\frac{\partial u_\delta(\tilde{x})}{\partial \tilde{x}} + \frac{\partial u_\delta(\tilde{y})}{\partial \tilde{y}} = 0$$

folgt

$$u_\delta(\tilde{y}) = -\int_0^{\tilde{y}} \frac{\partial u_\delta(\tilde{x})}{\partial \tilde{x}} d\tilde{y} = -am \cdot \tilde{x}^{m-1}\tilde{y}$$

und das Verhältnis $\frac{u_\delta(\tilde{x})}{u_\delta(\tilde{y})} \sim \frac{\tilde{x}}{\tilde{y}}$. Im Fall $m = 0$ entnimmt man das Ergebnis der Gleichung (39.1.6). Verlässt die Strömung am Ende der oberen und unteren Kante den Keil, dann bildet sich hinter der Keilwand eine im Gegenuhrzeigersinn zirkulierende Strömung aus.

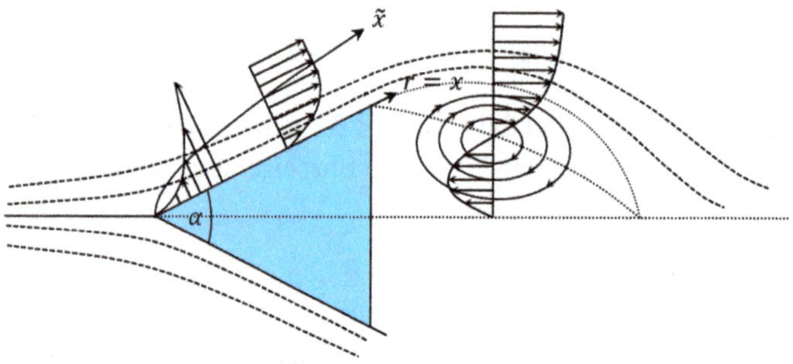

Abb. 39.6: Skizze zu den Keilströmungen.

Der Einfachheit halber ersetzen wir $\tilde{x}$ wieder durch x. Das Potenzprofil $u_\delta(x) = a \cdot x^m$ führt zusammen mit (39.2.5) zu

$$a \cdot x^m \cdot am \cdot x^{m-1} = -\frac{1}{\rho} \cdot \frac{dp}{dx} \quad \text{oder} \quad a^2 m \cdot x^{2m-1} = -\frac{1}{\rho} \cdot \frac{dp}{dx}. \tag{39.4.1}$$

Damit können die Grenzschichtgleichungen einer Keilströmung gemäß (39.2.4) formuliert werden. Inklusive der Kontinuitätsgleichung lauten sie:

$$\frac{\partial u}{\partial x} + \frac{\partial v}{\partial y} = 0,$$
$$u\frac{\partial u}{\partial x} + v\frac{\partial u}{\partial y} - a^2 m \cdot x^{2m-1} - \nu\frac{\partial^2 u}{\partial y^2} = 0. \tag{39.4.2}$$

Die Gleichung erzeugt wie auch die Blasius-DG, selbstähnliche Lösungen, denn Gleichung (39.4.2) ist bis auf den Potenzterm identisch mit (39.3.2).

Im Unterschied zur Platte wählt man aber nicht $c \sim x^{-1}$, sondern $c \sim x^{\frac{m-1}{2}}$. Dies erkennt man, wenn die dimensionslose Variable ξ definiert wird zu

$$\xi(x,y) = y\sqrt{\frac{u_\delta(x)}{\nu x}} = y\sqrt{\frac{a \cdot x^m}{\nu x}} = y\sqrt{\frac{a}{\nu}} \cdot x^{\frac{m-1}{2}}.$$

Das dimensionslose Geschwindigkeitsprofil lautet abermals

$$\frac{u}{u_\delta} = f'(\xi) \quad \text{oder} \quad u = a \cdot x^m \cdot f'(\xi).$$

Für die Stromfunktion setzt man wieder $u = \frac{\partial \psi}{\partial y} = \psi_y$ und $v = -\frac{\partial \psi}{\partial x} = -\psi_x$ an und (39.4.2) geht dann über in

$$\psi_y \cdot \psi_{xy} - \psi_x \cdot \psi_{yy} - a^2 m \cdot x^{2m-1} - \nu \cdot \psi_{yyy} = 0. \tag{39.4.3}$$

Die Stromfunktion schreibt sich auch als

$$\psi(x,y) = \int_0^y u dy = a \cdot x^m \int_0^y f'(\xi) dy = a \cdot x^m \int_0^\xi f'(\xi)\sqrt{\frac{a}{\nu}} \cdot x^{\frac{m-1}{2}} d\xi = \sqrt{a\nu} \cdot x^{\frac{m+1}{2}} f(\xi).$$

Weiter bildet man die benötigten Größen $\psi_{yy}, \psi_{yyy}, v = -\psi_x$ und ψ_{xy}. Alle Terme in (39.4.3) eingesetzt, ergibt nach einiger Rechnung (alle Rechenschritte in Band 6) die Falkner-Skan-DG:

$$f''' + \frac{m+1}{2} \cdot f \cdot f'' + m\left[1 - (f')^2\right] = 0. \tag{39.4.4}$$

Zur numerischen Lösung von (39.4.4) wird lediglich eine Programmzeile aus Kap. 39.3 angepasst:

$$\text{y3i} := \text{y3i} - \left[\frac{\text{m}+1}{2} \cdot \text{y1i} \cdot \text{y3i} + \text{m}(1 - \text{y2i}^2)\right] \cdot 0{,}01.$$

Für jedes m muss die Anfangsbedingung $f''(0)$ in vielen Versuchen numerisch bis zu einer annehmbaren Genauigkeit ermittelt werden. Man erhält bei einer Schrittweite von $dx = 0{,}01$ die unten stehende Tabelle. Dabei bezeichnet ξ_δ denjenigen Wert von ξ, für den $f'(\xi) = 0{,}99$ wird.

Der Grenzschichtverlauf bestimmt sich gemäß

$$\delta(x) = \xi_\delta \sqrt{\frac{x\nu}{u_\delta(x)}}. \tag{39.4.5}$$

m	$f''(0)$	$\alpha = 2(\pi - \frac{\pi}{m+1})$	ξ_δ	$\delta(x)$
3	2,0732	$\frac{3\pi}{4}$	1,48	$\sim \frac{1}{\sqrt{x}}$
1	1,2271	π	2,40	konst. $= \sqrt{\frac{\nu}{a}} \cdot 2{,}40$
$\frac{1}{3}$	0,7554	$\frac{\pi}{2}$	3,47	$\sim \sqrt[3]{x}$
0	0,3308	0	4,89	$\sim \sqrt{x}$
−0,05	0,2134	−0,165 ≙ −9,47°	5,46	$\sim x^{0{,}53}$
−0,0905	0	−0,313 ≙ −17,91°	6,97	$\sim x^{0{,}55}$

Für $1 < m < \infty$ hat man Eckströmungen und mit $0 < m < 1$ erhält man ansteigende Keilströmungen, das heißt, der Untergrund steigt in Strömungsrichtung an. Weiter entspricht $m = 1$ der Staupunktströmung und schließlich erzeugen die Werte $-\frac{1}{2} < m < 0$ Umströmungen einer Kante, die wir auch zur Abgrenzung als Kantenströmung bezeichnen können. In diesem letzten Fall knickt der Untergrund um einen Winkel ab. Insbesondere ist der Wert $m = -0{,}0905$ ausgezeichnet, weil sich bei einem Abknickwinkel von etwa 18° die laminare Grenzschicht ablöst. Wir kommen im nächsten Kapitel darauf zurück. Die Werte von ξ_δ lassen sich auch näherungsweise über eine Interpolation zumindest für $m > 0$ durch

$$\xi_\delta \approx 6 - \sqrt{2{,}2 \cdot (0{,}61 + 6m - m^2)} \tag{39.4.6}$$

angeben.

Nun führen wir das Programm für $n = 700$ aus (Abb. 39.7).

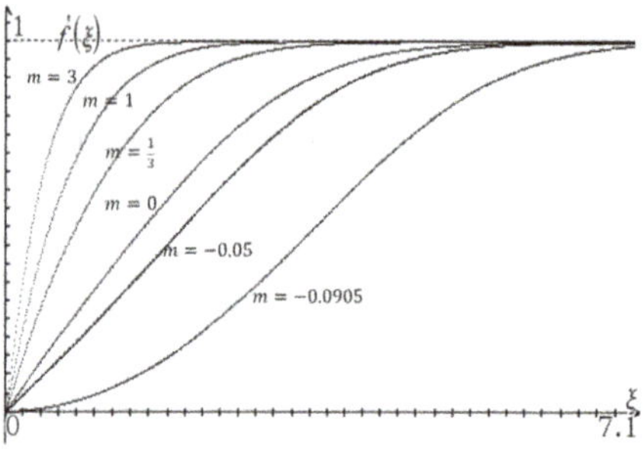

Abb. 39.7: Simulation von (39.4.4).

Für die Wandspannung an der Stelle x gilt

$$\tau_W(x) = \eta \left(\frac{\partial u}{\partial y} \right)_{y=0} = \eta \cdot \psi_{yy}\big|_{y=0} = \eta \cdot a \cdot \sqrt{\frac{a}{\nu}} \cdot x^{\frac{3m-1}{2}} \cdot f''(0).$$

Aus $\tau_W(x) = \frac{1}{2}c_f(x) \cdot \rho \cdot u_\delta^2(x)$ folgt der Widerstandbeiwert zu

$$c_f(x) = \frac{2\eta \cdot a \cdot \sqrt{a} \cdot x^{\frac{3m-1}{2}} \cdot f''(0)}{\sqrt{\nu}\rho \cdot u_\delta^2(x)} = \frac{2\nu \cdot a \cdot \sqrt{a} \cdot x^{\frac{3m-1}{2}} \cdot f''(0)}{\sqrt{\nu} \cdot a^2 x^{2m}} = \frac{2\sqrt{\nu}}{\sqrt{a}} \cdot x^{\frac{-1-m}{2}} \cdot f''(0)$$

$$= \frac{2\sqrt{\nu}}{\sqrt{a}} \cdot x^{\frac{-1-m}{2}} \cdot \frac{\sqrt{x}}{\sqrt{x}} \frac{\sqrt{a} \cdot x^{\frac{m}{2}}}{\sqrt{u_\delta(x)}} \cdot f''(0) = \frac{2\sqrt{\nu}}{\sqrt{x}\sqrt{u_\delta(x)}} \cdot \frac{f''(0)}{\sqrt{x}} = \frac{2}{\sqrt{\mathrm{Re}_x}} \cdot \frac{f''(0)}{\sqrt{x}}.$$

Der Reibungswiderstand beträgt dann

$$F_W = b \cdot \int_0^l \tau_W(x)dx = b\eta \cdot a\sqrt{\frac{a}{\nu}} \cdot f''(0) \int_0^l x^{\frac{3m-1}{2}} dx = b\eta \cdot a\sqrt{\frac{a}{\nu}} \cdot f''(0) \cdot \frac{2}{3m+1} \cdot l^{\frac{3m+1}{2}}$$

und schließlich folgt das Reibungsgesetz für Keilströmungen:

$$F_W = \frac{2ba^{\frac{3}{2}}\sqrt{\rho\eta}}{3m+1} \cdot l^{\frac{3m+1}{2}}. \qquad (39.4.7)$$

Beispiel. Ein $b = 1\,\mathrm{m}$ breiter Keil mit Innenwinkel 60° und Kantenlänge $l = 0{,}5\,\mathrm{m}$ wird parallel zur Symmetrieachse in einem Abstand von 0,25 m mit Wasser aus einer Düse angeströmt. Die Austrittsgeschwindigkeit beträgt $u_\infty = 0{,}5\,\frac{\mathrm{m}}{\mathrm{s}}$. Die Stoffwerte des Wassers sind

$$\rho = 1000\,\frac{\mathrm{kg}}{\mathrm{m}^3} \quad \text{und} \quad \nu = 10^{-6}\,\frac{\mathrm{m}^2}{\mathrm{s}}.$$

a) Stellen Sie sicher, dass die Strömung entlang des Keils laminar bleibt, wenn man die Reynolds-Zahl für den Umschlag bei $\mathrm{Re}_{\mathrm{Krit}} = 3 \cdot 10^5$ ansetzt.
b) Wie lautet das Geschwindigkeitsprofil $u_\delta(x)$ in Richtung des Grenzschichtrandes x der Außenströmung?
c) Wie groß ist die Geschwindigkeit am Ende des Keils?
d) Bestimmen Sie die Dicke der Grenzschicht am Ende des Keils.
e) Wie lautet der Druckverlauf innerhalb und außerhalb der Grenzschicht?
f) Welchen Druckwiderstand erzeugt der Keil bei einem Widerstandsbeiwert von $c_D = 0{,}5$?

Lösung.
a) Es gilt $\mathrm{Re} = \frac{u \cdot l}{\nu} = 2{,}5 \cdot 10^5 < \mathrm{Re}_{\mathrm{Krit}}$, also ist die Strömung durchweg laminar.
b) Aus $\alpha = 60°$ folgt $\frac{2\pi}{6} = 2(\pi - \frac{\pi}{n})$. Mit $m = n - 1$ erhält man $m = \frac{1}{5}$ und damit $u_\delta(x) = a \cdot x^{0{,}2}$. Da die Ausströmgeschwindigkeit und die zugehörige Distanz bekannt sind, folgt nacheinander $0{,}5 = a \cdot 0{,}25^{0{,}2}$, $a = 0{,}5^{0{,}6}$ mit $[a] = \frac{\mathrm{m}^{0{,}8}}{\mathrm{s}}$ und schließlich

$$u_\delta(x) = 0{,}5^{0{,}6} \cdot x^{0{,}2}.$$

c) Man erhält

$$u_\delta(0{,}5) = 0{,}5^{0{,}6} \cdot 0{,}5^{0{,}2} = 0{,}57\,\frac{\mathrm{m}}{\mathrm{s}}.$$

d) Gleichung (39.4.6) liefert

$$\xi_\delta \approx 6 - \sqrt{2{,}2 \cdot (0{,}61 + 6 \cdot 0{,}2 - 0{,}2^2)} = 4{,}03$$

und mit (39.4.5) folgt $\delta(x) = 4{,}03\sqrt{\frac{x\nu}{u_\delta}}$ oder $\frac{\delta(x)}{x} = \frac{4{,}03}{\sqrt{\mathrm{Re}_x}}$
Man kann den Grenzschichtverlauf auch explizit angeben als

$$\delta(x) = 4{,}03\sqrt{\frac{x^{0{,}8} \cdot 10^{-6}}{0{,}5^{0{,}6}}} \approx 5 \cdot 10^{-3} \cdot x^{0{,}4}.$$

Am Ende des Keils beträgt die Grenzschichtdicke etwa 3,8 mm.

e) Gleichung (39.4.1) besagt $a^2 m \cdot x^{2m-1} = -\frac{1}{\rho} \cdot \frac{\partial p}{\partial x}$. Die Integration ergibt $p(x) = -\frac{a^2}{2}\rho \cdot x^{2m} + p_0$ mit p_0 = konst. (Druck unabhängig von y). Dieser Druckverlauf gilt sowohl innerhalb als auch außerhalb der Grenzschicht. Den Druck p_0 kann man noch weiter aufschlüsseln. Da sich die Anströmgeschwindigkeit u_∞ entlang der Symmetrieachse nicht ändert, erreicht diese auch den Staupunkt und man erhält für p_0 somit $p(0,0) = p_0 = p_\infty + \rho\frac{u_\infty^2}{2}$, die Summe aus dem Umgebungsdruck und dem Staudruck. Schließlich folgt insgesamt

$$p(x,y) = \frac{\rho}{2}(u_\infty^2 - a^2 \cdot |x|^{2m}) + p_\infty \quad \text{mit} \quad -0{,}25 \le x \le 0{,}5.$$

f) Zuerst muss die Querschnittsfläche $A = b \cdot 2 \cdot 0{,}5 \cdot \sin(30°) = 0{,}5\,\mathrm{m}^2$ bestimmt werden.
Der Druckwiderstand beträgt dann

$$F_D = \frac{1}{2} \cdot c_D \cdot \rho A u_\infty^2 = 0{,}5 \cdot 0{,}5 \cdot 1000 \cdot 0{,}5 \cdot 0{,}5^2 = 31{,}25\,\mathrm{N}.$$

39.5 Grenzschichtablösungen

Unter gewissen Bedingungen verlässt ein Teil der Strömung den Umriss eines Körpers und löst sich ab. Ablösungen können bei laminaren wie auch bei turbulenten Strömungen auftreten. Als Folge davon entstehen zwischen Ablöseströmung und Körperoberfläche Wirbel, die zu einer Veränderung sowohl des Reibungs- als auch des Druckwiderstands führen.

Stellen wir uns dazu die konvexe Oberfläche eines Körpers mit einem Staupunkt S vor, der in Richtung $\boldsymbol{u}_\infty$ angeströmt wird. Die Umströmungsgeschwindigkeit wird dabei so lange ansteigen, bis die Richtung der Tangente an den Körper in Richtung $\boldsymbol{u}_\infty$ zeigt, also bis zum höchsten bzw. tiefsten Punkt M des Körpers. Der Druck wird dabei auf dem Weg von S nach M gemäß der Bernoulli-Gleichung bis zu einem minimalen Wert, der in M erreicht wird, absinken. Wäre die Strömung reibungsfrei, dann könnte also kinetische Energie auf dem Weg von S nach M und von M hin zu einem zweiten Staupunkt ohne Verlust in Druckenergie umgewandelt werden.

Bei einer Grenzschichtströmung sieht die Sache anders aus. Die eben beschriebene Energieumwandlung gilt zwar noch in der Außenströmung, aber nicht mehr innerhalb der Grenzschicht. Durch die Viskosität verliert ein wandnahes Fluidteilchen $B'(x_0, 0)$ laufend an Geschwindigkeit gegenüber einem Teilchen in der Außenströmung $B(x_0, y_0)$, das vertikal über B' liegt. Steigt nun der Druck in der Außenströmung ab dem Punkt M, so steigt der Druck in gleicher Weise auch in der Grenzschicht, weil der Druck nur eine Funktion der Lauflänge x, also von y unabhängig ist. Dieser Druckanstieg in der Grenzschicht begünstigt die Verlangsamung der Fluidteilchen zusätzlich, bis die Teilchen in einem Punkt $A(x_{\mathrm{Abl}}, 0)$, dem Ablösepunkt, zum Stillstand kommen und sich sogar in Gegenrichtung bewegen. Dadurch wächst die Grenzschicht weiter an. Das so abgebremste Fluid wird noch kurz von der Außenströmung mitgerissen, die Teilchen legen sich aber nicht mehr an die Oberfläche an, sondern „lösen“ sich im Punkt A ab.

Wer an einem Fluss lebt, der einen Bogen schlägt, kann das Phänomen der Grenzschichtablösung am „kürzeren“ Ufer beobachten. Das Wasser fließt in der Nähe des Ufers förmlich stromaufwärts und deshalb fällt es den Holzbooten leicht, sich am Ufer abzustoßen und stromaufwärts zu gleiten.

Auch turbulente Grenzschichten können sich ablösen. Weil in diesen aber höhere Strömungsgeschwindigkeiten als in laminaren Grenzschichten herrschen, kann eine turbulente Grenzschicht der Kontur über eine größere Strecke folgen.

Die wichtigste Erkenntnis ist, dass eine Ablösung der Grenzschicht immer mit einem Druckanstieg einhergeht. Bei einer laminaren Strömung hatten wir in Kap. 39.4 die kritischen Krümmungsänderungen mit etwa 18° gegenüber der Vertikalen bestimmt (sofern die Reynolds-Zahl den kritischen Wert übersteigt). Deshalb sollten Richtungsänderungen oder Rohrerweiterungen von über 15° wie beispielsweise in Rohrleitungen vermieden werden.

Um ein Flugzeug zu stabilisieren, muss die Geschwindigkeit oberhalb der Flügel größer als unterhalb der Flügel bleiben, um den nötigen Druckunterschied und damit den Auftrieb aufrechtzuerhalten. Dies wird durch die Form der Tragflügel erreicht. Dabei ist die Oberseite etwas stärker gekrümmt als die Unterseite. Zusätzlich gilt es den Ablösungsort der (turbulenten) Strömung möglichst an den hinteren Teil des Flügelprofils zu verschieben, um so den Druckwiderstand zu vermindern. Es gibt mehrere Möglichkeiten, die Ablösung nach hinten zu verlagern. Man erreicht dies beispielsweise durch ein relativ spitz zulaufendes Tragflächenende. Eine weitere Möglichkeit besteht darin, dass vor einem hypothetischen Ablösepunkt Luft ausgeblasen wird, was die kinetische Energie erhöht und so die Strömung stabilisiert. Schließlich kann man die entstehende Grenzschicht auch absaugen.

Die Form der Stirnseite eines möglichst widerstandsarmen Körpers ist aber ebenso wichtig. An der Vorderseite wird sich die Grenzschicht an einer Stelle nach dem größten Durchmesser d ablösen. Durch die Verschiebung des Ablösepunkts nach hinten steigt zwar der turbulente Reibungswiderstand an, aber in viel kleinerem Verhältnis zum dadurch verminderten Druckwiderstand. Bei einer Körperlänge von l liegt das optimale Verhältnis etwa bei

$$l : d = 5 : 1.$$

Im Spezialfall der Umströmung einer Kugel hat Stokes für eine schleichende Strömung $0 < \mathrm{Re}_d < 1$ das Widerstandsgesetz $F_W = 6\pi\eta R u$ (Reibung und Druckwiderstand) hergeleitet. Daraus erhält man mit der Darstellung $F_W = \frac{1}{2} c_W \rho A u^2$ den Druckbeiwert in der Form

$$c_W = \frac{24}{\mathrm{Re}_d} \quad \text{mit} \quad \mathrm{Re}_d = \frac{\rho u d}{\eta}.$$

Es gibt dazu Erweiterungen für den Bereich $0 < \mathrm{Re}_d < 10^5$ wie beispielsweise

$$c_W = \frac{24}{\mathrm{Re}_d} + \frac{4}{\sqrt{\mathrm{Re}_d}} + 0{,}4 \quad \text{oder} \quad c_W = \frac{24}{\mathrm{Re}_d} + \frac{4}{\sqrt[3]{\mathrm{Re}_d}},$$

die aber nur abschnittsweise den eigentlichen Beiwert widergeben.

Zum Schluss erläutern wir die Grenzschichtablösung nochmals im Einzelnen am quer angeströmten Zylinder, weil für diesen die Druckbeiwerte c_D und die zugehörigen Reynolds-Zahlen aus Kap. 39 grob bekannt sind. Löst sich eine Strömung mit wachsender Reynolds-Zahl ab, so ändert sich auch der c_D-Wert.

Mit aufsteigender Reynolds-Zahl ändert sich die Strömungsart in vielerlei Hinsicht. Wir fassen die Strömungsänderungen in fünf Kategorien zusammen (vgl. Abb. 39.8):

I. $\mathrm{Re}_d \approx 1$. Die Stromlinien folgen der Zylinderoberfläche wie bei einer Potentialströmung. Es findet keine Ablösung der Strömung statt. Der Druckbeiwert ist mit $c_D = 60$ sehr groß.

II. $1 < \mathrm{Re}_d < 1000$. In diesem Bereich entsteht mit wachsender Reynolds-Zahl zuerst ein Wirbelpaar auf der Hinterseite des Zylinders, dann eine Kàrmàn'sche Wirbelstraße gefolgt von einem Umschlag von laminar zu turbulent im Nachlauf der Strömung bis hin zu einem Umschlag von laminar zu turbulent, der das Totwassergebiet erreicht. Das Wirbelpaar entsteht bei einem Winkel von etwa 110°–130°, der vom Staupunkt aus im Gegenuhrzeigersinn abgetragen wird. Es ist $1{,}2 < c_D < 60$.

III. $10^3 < \mathrm{Re}_d < 2{,}5 \cdot 10^5$. Es entsteht eine laminare Grenzschicht, die sich nach einer Lauflänge x_{lam} ablöst. Dies entspricht einem Winkel von etwa 80°–90°. Die Nachlaufströmung ist turbulent und löst sich nicht von der Zylinderwand. Für den Druckbeiwert erhält man $1 < c_D < 1{,}2$.

IV. $2{,}5 \cdot 10^5 < \mathrm{Re}_d < 4{,}5 \cdot 10^5$. Eine laminare Grenzschicht existiert auch in diesem Fall, aber nach einer kurzen Lauflänge ist die Strömung turbulent. Es bildet sich eine turbulente Grenzschicht aus, die sich an der Stelle x_{tur} ablöst. Der entsprechende Winkel beträgt 125°–140°. Die Nachlaufströmung bleibt turbulent, sie ist aber etwas schmaler als im laminaren Fall. Aus diesem Grund sinkt der Druckbeiwert: $0{,}35 < c_D < 1$.

V. $\mathrm{Re}_d > 4{,}5 \cdot 10^5$. Es entsteht eine kurze laminare Grenzschicht, dann ein rascher Umschlag zu einer turbulenten Strömung, die sich etwa bei 115° ablöst. Daher fällt die Nachlaufströmung wieder etwas dicker aus. Es gilt $c_D = 0{,}4$.

Aus der Theorie der Potentialströmungen ist die Druckverteilung c_p entlang des Zylinderumfangs mit Gleichung (33.6.5) bekannt: Sie lautet $c_p(\theta) = 1 - 4\sin^2(\theta)$. In Abb. 39.8 ist der Verlauf festgehalten. Zum Vergleich sind die Druckverläufe für die beiden Reynolds-Zahlen $\mathrm{Re}_d \approx 1 \cdot 10^5$ und $\mathrm{Re}_d \approx 6{,}5 \cdot 10^5$ eingezeichnet. Sie entsprechen der Situation in den Fällen III. und V.

Im Fall einer Reynolds-Zahl $1 \cdot 10^5$ weist die Messung auf einen kleinsten Druck und damit einer größten Geschwindigkeit bei etwa 75° hin. Aufgrund der Wandreibung und dem von der Außenströmung auf die Grenzschicht wirkenden Druck löst die laminare Grenzschicht bei etwa 80° ab. Druck und Geschwindigkeit bleiben danach nahezu konstant.

Bei einer sehr hohen Reynolds-Zahl von $6{,}5 \cdot 10^5$ besitzt die Strömung eine große kinetische Energie, weshalb die sich ausgebildete turbulente Grenzschicht der Kontur bis etwa 115° folgen kann, um dann abzulösen. Innerhalb einer kurzen Distanz findet eine starke Verwirbelung statt, sodass die verbleibende kinetische Energie gegen den Druckanstieg nicht mehr ankommt. Ab etwa 125° pendelt sich ein konstanter Druck wie auch eine gleichbleibende Geschwindigkeit ein.

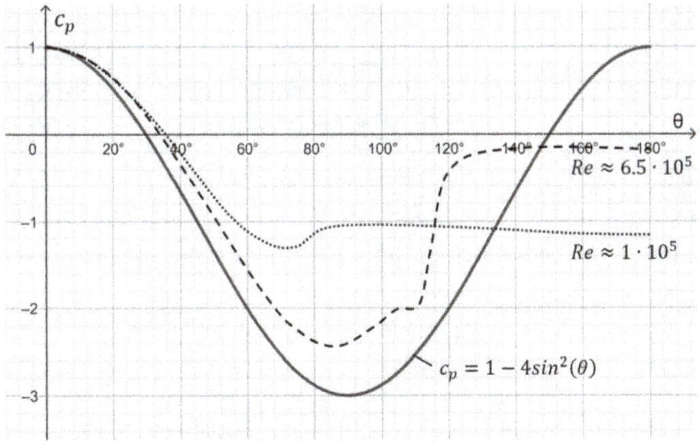

Abb. 39.8: Druckverteilung einer Zylinderumströmung.

Beispiel. Die Funktion $f(x) = \frac{1-x}{2}\sqrt{x}$ beschreibt die Form des oberen Teils eines stromlinienförmigen Körpers.

a) Bestimmen Sie die Stelle mit dem größten Durchmesser.
b) Wir nehmen an, dass der Körper parallel zur Symmetrieachse mit einer Reynolds-Zahl angeströmt wird, die eine Ablösung bei einem Winkel von 108° hervorruft. Welcher Ablöselänge x_{Abl} vom Staupunkt aus gemessen entspricht das?

Lösung.

a) Mit $\frac{df}{dx} = \frac{1-3x}{4\sqrt{x}}$ folgt die Stelle mit größten Durchmesser bei $x = \frac{1}{3}$.
b) Der Ablösepunkt entspricht einem Punkt der (oberen) Kontur, bei der die Steigung der Tangente den Wert $-0{,}31 = \tan(-18°)$ annimmt. Aus $\frac{df}{dx} = -0{,}31$ folgt dann $x_{\text{Abl}} = 0{,}67$.

Zum Schluss dieses Kapitels soll das Geschwindigkeitsprofil in der Grenzschicht bis zur Ablösung qualitativ dargestellt werden.

Herleitung von (39.5.1)

Dabei sind drei Größen untrennbar miteinander verknüpft. Als Erstes beachten wir, dass der Druckgradient $\frac{dp}{dx}$ und die Außenströmung $u_\delta(x)$ über die Bernoulli-Gleichung

$$u_\delta(x) \cdot \frac{du_\delta(x)}{dx} = -\frac{1}{\rho} \cdot \frac{dp(x)}{dx}$$

gekoppelt sind. In einem zweiten Schritt werten wir Gleichung (39.4.2) an der Wand ($x \neq 0, y = 0, u = v = 0$) aus und erhalten

$$\frac{1}{\rho} \cdot \frac{dp(x)}{dx} - \nu \cdot \left(\frac{\partial^2 u}{\partial y^2}\right)_W = 0 \quad \text{oder} \quad \eta \cdot \left(\frac{\partial^2 u}{\partial y^2}\right)_W = \frac{dp(x)}{dx}. \tag{39.5.1}$$

Damit wird auch die Krümmung des Profils $(\frac{\partial^2 u}{\partial y^2})_W$ an der Wand an den Druckgradienten gebunden. Gleichung (39.5.1) nennt man die Wandbindungsgleichung. Sie lässt sich auch anders interpretieren, wenn man $\frac{\partial u}{\partial y}$ als Maß für die Diffusion der Strömung, also der Teilchentransport, in vertikaler Richtung auffasst. Der Ausdruck $\frac{\partial^2 u}{\partial y^2} < 0$ bedeutet dann, dass man mit steigendem Wandabstand y in einen Strömungsbereich kommt, indem die Diffusion abnimmt. Analog bezeichnet $\frac{\partial^2 u}{\partial y^2} > 0$ einen Strömungsbereich, indem die Diffusion zunimmt.

In einem Bereich mit $\frac{\partial^2 u}{\partial y^2} = 0$ findet der gesamte Teilchentransport nur in x-Richtung statt.

Die gemachten Aussagen fassen wir in der Abb. 39.9 zusammen.

In Kap. 42.5 werden wir zeigen, dass das Grenzschichtprofil $\delta(x)_{\text{tur}}$ einer turbulenten Strömung logarithmisch ist.

$\dfrac{\partial u_\delta}{\partial x} > 0$ | $\dfrac{\partial u_\delta}{\partial x} = 0$ | $\dfrac{\partial u_\delta}{\partial x} < 0$ | $\left(\dfrac{\partial u}{\partial y}\right)_w = 0$

Beschleunigte Strömung | | Verzögerte Strömung | Ablösung Graphisch ein Extremum

$\dfrac{\partial p}{\partial x} < 0$ | $\dfrac{\partial p}{\partial x} = 0$ | $\dfrac{\partial p}{\partial x} > 0$

$\left(\dfrac{\partial^2 u}{\partial y^2}\right)_w < 0$ | $\left(\dfrac{\partial^2 u}{\partial y^2}\right)_w = 0$ | $\left(\dfrac{\partial^2 u}{\partial y^2}\right)_w > 0$

Graphisch ein Wendepunkt Plattenströmung

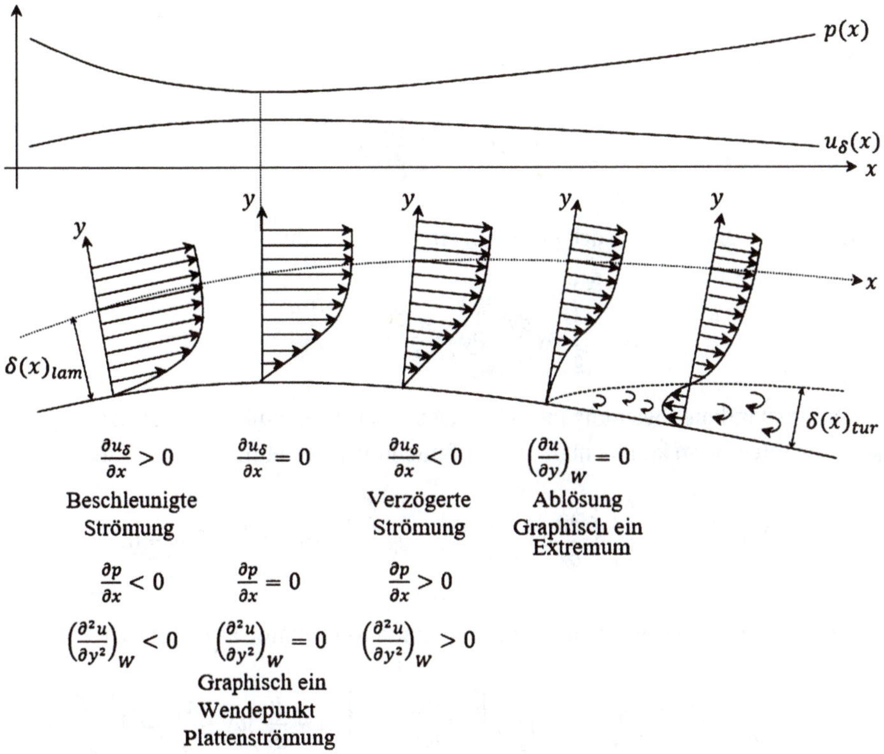

Abb. 39.9: Skizze zur Grenzschichtablösung.

39.6 Die Grenzschichtgleichungen in integraler Form

Es ist etwas unbefriedigend, dass bei gegebener Außenströmung $u_\delta(x)$ das ähnliche dimensionslose Geschwindigkeitsprofil $\frac{u(\xi)}{u_\infty}$ an der Körperoberfläche nur numerisch vorliegt. Zwar lässt sich auch so die Spannung $\tau_W(x)$ über die gesamte Lauflänge integrieren und die Reibungskraft F_W bestimmen, aber es wäre wünschenswert, wenn wir zumindest näherungsweise auf ein Profil $\frac{u(y)}{u_\infty}$ als Funktion der Höhe y zurückgreifen könnten.

Eine solche Funktion soll im nächsten Kapitel hergeleitet werden. Als Vorbereitung dazu schreiben wir die Grenzschichtgleichungen (39.2.4) um. Wir wiederholen Sie an dieser Stelle:

$$\frac{\partial u}{\partial x} + \frac{\partial v}{\partial y} = 0, \tag{39.6.1}$$

$$u\frac{\partial u}{\partial x} + v\frac{\partial u}{\partial y} - u_\delta \frac{du_\delta}{dx} - v\frac{\partial^2 u}{\partial y^2} = 0. \tag{39.6.2}$$

In Gleichung (39.6.2) ist dabei $\frac{1}{\rho} \cdot \frac{dp}{dx}$ durch $-u_\delta \frac{du_\delta}{dx}$ ersetzt worden.

Herleitung von (39.6.3) und (39.6.4)

Als Erstes wird (39.6.1) in integraler Form zu

$$v(x,y) = -\int_0^y \frac{\partial u}{\partial x} dy$$

umgewandelt. Diesen Ausdruck in (39.6.2) eingesetzt, ergibt

$$u\frac{\partial u}{\partial x} - \int_0^y \frac{\partial u}{\partial x} dy \cdot \frac{\partial u}{\partial y} - u_\delta \frac{du_\delta}{dx} - \nu \frac{\partial^2 u}{\partial y^2} = 0.$$

Die entstandene Gleichung integrieren wir über y von null bis zur Grenzschichtdicke δ (die Integration könnte man auch auf unendlich ausdehnen) und erhalten

$$\int_0^\delta u \cdot \frac{\partial u}{\partial x} dy - \int_0^\delta \left(\int_0^y \frac{\partial u}{\partial x} dy \cdot \frac{\partial u}{\partial y} \right) dy - u_\delta \int_0^\delta \frac{du_\delta}{dx} dy - \nu \int_0^\delta \frac{\partial^2 u}{\partial y^2} dy = 0.$$

Es folgen einige Rechenschritte, die man Band 6 entnimmt. Es ergibt sich

$$-\frac{d}{dx}\left\{ u_\delta^2 \int_0^\delta \left[\frac{u}{u_\delta}\left(1 - \frac{u}{u_\delta}\right)\right] dy \right\} - \frac{du_\delta}{dx} \cdot u_\delta \int_0^\delta \left(1 - \frac{u}{u_\delta}\right) dy + \frac{\tau_W}{\rho} = 0$$

und mithilfe von (39.3.11) und (39.3.12) schließlich:

$$\frac{d}{dx}\left(u_\delta^2 \cdot \delta_2\right) + \delta_1 u_\delta \cdot \frac{du_\delta}{dx} - \frac{\tau_W}{\rho} = 0. \tag{39.6.3}$$

Gleichung (39.6.3) verknüpft, wie auch in differenzieller Form, die Änderung der Geschwindigkeit in x-Richtung, die Änderung der Druckkraft in x-Richtung mit der resultierenden Spannung an der Wand. Führt man die Differentiation aus, so erhält man

$$2u_\delta \cdot u_\delta' \cdot \delta_2 + u_\delta^2 \cdot \delta_2' + \delta_1 \cdot u_\delta \cdot u_\delta' - \frac{\tau_W}{\rho} = 0.$$

Die Division durch u_δ^2 ergibt

$$\frac{2 \cdot u_\delta' \cdot \delta_2}{u_\delta} + \delta_2' + \frac{\delta_1 \cdot u_\delta'}{u_\delta} - \frac{\tau_W}{\rho u_\delta^2} = 0$$

oder

$$\delta_2'(x) + \delta_2(x)\frac{u_\delta'(x)}{u_\delta(x)}\left[2 + \frac{\delta_1(x)}{\delta_2(x)}\right] - \frac{\tau_W(x)}{\rho u_\delta^2(x)} = 0. \tag{39.6.4}$$

39.7 Näherung des Geschwindigkeitsprofils durch eine Polynomfunktion

Für das Geschwindigkeitsprofil setzen wir ein Polynom gemäß Pohlhausen an. Der Grad des Polynoms richtet sich nach der Anzahl der RBen, die erfüllt sein müssen.

Herleitung von (39.7.1)–(39.7.4)

Als dimensionslose Normalkoordinate wählen wir $s = \frac{y}{\delta(x)}$ und das dimensionslose Profil soll dann eine Funktion von s sein: $\frac{u}{u_\delta}(s)$. Auf der Höhe $y = \delta$ haben wir erstens $\frac{u}{u_\delta} = 1$ (die Geschwindigkeit stimmt mit derjenigen der Außenströmung überein) und zweitens $\frac{\partial}{\partial y}(\frac{u}{u_\delta}) = 0$. Diese Bedingung bedeutet, dass der Geschwindigkeitsübergang an der Grenzschicht asymptotisch verläuft und die Geschwindigkeitsänderung somit null ist. Mit der Umrechnung

$$\frac{\partial}{\partial s}\left(\frac{u}{u_\delta}\right) = \frac{1}{u_\delta} \cdot \frac{\partial u}{\partial s} = \frac{1}{u_\delta} \cdot \frac{\partial u}{\partial y} \cdot \frac{\partial y}{\partial s} = \frac{\partial u}{\partial y} \cdot \frac{\delta}{u_\delta}$$

ergeben sich somit die ersten beiden Bedingungen zu

I. $\frac{u}{u_\delta}\Big|_{s=1} = 1$ und II. $\frac{\partial}{\partial s}(\frac{u}{u_\delta})\Big|_{s=1} = 0$.

In der Höhe $y = \delta$ kommt auch die Diffusion zum Erliegen: $\frac{\partial^2 u}{\partial y^2}\Big|_{y=\delta} = 0$. In diesem Zusammenhang berechnen wir

$$\frac{\partial^2}{\partial s^2}\left(\frac{u}{u_\delta}\right) = \frac{\partial}{\partial s}\left(\frac{\partial u}{\partial y} \cdot \frac{\delta}{u_\delta}\right) = \frac{\delta}{u_\delta} \cdot \frac{\partial}{\partial y}\left(\frac{\partial u}{\partial y} \cdot \frac{\partial y}{\partial s}\right) = \frac{\delta^2}{u_\delta} \cdot \frac{\partial^2 u}{\partial y^2}.$$

Dies führt zur Bedingung

III. $\frac{\partial^2}{\partial s^2}(\frac{u}{u_\delta})\Big|_{s=1} = 0$.

An der Wand selber gilt natürlich

IV. $\frac{u}{u_\delta}\Big|_{s=0} = 0$.

Eine letzte Bedingung ergibt sich mithilfe der Wandbindungsgleichung (39.5.1):

$$\nu \cdot \left(\frac{\partial^2 u}{\partial y^2}\right)_{y=0} = \frac{1}{\rho} \cdot \frac{dp}{dx} = -u_\delta \cdot u_\delta'(x).$$

Aus

$$\nu \cdot \left(\frac{\partial^2 u}{\partial y^2}\right)_{y=0} = \nu \cdot \frac{u_\delta}{\delta^2} \cdot \frac{\partial^2}{\partial s^2}\left(\frac{u}{u_\delta}\right)\Big|_{s=0}$$

folgt

$$\nu \cdot \frac{u_\delta}{\delta^2} \cdot \frac{\partial^2}{\partial s^2}\left(\frac{u}{u_\delta}\right)\bigg|_{s=0} = -u_\delta \cdot u_\delta'(x) \quad \text{oder}$$
$$\frac{\partial^2}{\partial s^2}\left(\frac{u}{u_\delta}\right)\bigg|_{s=0} = -u_\delta'(x) \cdot \frac{\delta^2}{\nu} =: -\lambda. \tag{39.7.1}$$

Der Parameter $\lambda(x)$ heißt Pohlhausen-Parameter und ist ein Maß für die Krümmung der Oberfläche an der Stelle x. Bleibt die Krümmung konstant, wie beispielsweise bei einer Platten-, Keil- oder Kantenströmung, dann ist auch λ = konst. Aus (39.7.1) folgt diese letzte Bedingung zu

V. $\frac{\partial^2}{\partial s^2}\left(\frac{u}{u_\delta}\right)\Big|_{s=0} = -\lambda.$

Baut man Bedingung IV. direkt ein, dann erhält der Polynomansatz die Gestalt

$$\frac{u(x,y)}{u_\delta(x)} = a(x) \cdot s + b(x) \cdot s^2 + c(x) \cdot s^3 + d(x) \cdot s^4.$$

Bedingung V. ausgewertet, liefert $2b = -\lambda$. Die restlichen Bedingungen I., II. und III. führen in dieser Reihenfolge auf das System

$$a + b + c + d = 1, \quad a + 2b + 3c + 4d = 0 \quad \text{und} \quad 2a + 6c + 12d = 0.$$

Ausgedrückt mit λ erhält man $a = 2 + \frac{\lambda}{6}$, $b = -\frac{\lambda}{2}$, $c = -2 + \frac{\lambda}{2}$ und $d = 1 - \frac{\lambda}{6}$.
Damit kann das Profil zusammengesetzt werden zu

$$\begin{aligned}\frac{u}{u_\delta}(s) &= \left(2 + \frac{\lambda}{6}\right)s - \frac{\lambda}{2}s^2 + \left(-2 + \frac{\lambda}{2}\right)s^3 + \left(1 - \frac{\lambda}{6}\right)s^4 \\ &= 2s + \frac{s}{6}\lambda - \frac{s^2}{2}\lambda - 2s^3 + \frac{s^3}{2}\lambda + s^4 - \frac{s^4}{6}\lambda \\ &= 2s - 2s^3 + s^4 + \frac{\lambda}{6}(s - 3s^2 + 3s^3 - s^4)\end{aligned}$$

und schließlich

$$\frac{u}{u_\delta}(s) = s(2 - 2s^2 + s^3) + \frac{\lambda}{6}s(1 - s)^3. \tag{39.7.2}$$

Die Wandschubspannung als Funktion des Pohlhausen-Parameters ergibt sich zu

$$\tau_W(x) = \eta \cdot \frac{\partial u}{\partial y}\bigg|_{y=0} = \eta \cdot \frac{u_\delta}{\delta} \cdot \frac{\partial}{\partial s}\left(\frac{u}{u_\delta}\right)\bigg|_{s=0} = \eta \cdot \frac{u_\delta}{\delta}\left(2 + \frac{\lambda}{6}\right). \tag{39.7.3}$$

Im Fall der ebenen Platte ist $\lambda = u_\delta'(x) \cdot \frac{\delta^2}{\nu} = 0$, weil $u_\delta'(x) = 0$.
Damit gilt

$$\tau_W(x) = 2\eta \cdot \frac{u_\infty}{\delta(x)}. \tag{39.7.4}$$

Haben wir es mit einer Ablösung zu tun, so entfällt die Wandspannung und dies entspricht nach (39.7.3) dem Parameter $\lambda = -12$. Gleichung (39.7.1) liefert dann

$$-u'_\delta(x) \cdot \frac{\delta^2}{\nu} = 12,$$

woraus

$$-\frac{1}{\nu} \cdot u'_\delta(x) = \frac{1}{\eta u_\delta} \cdot \frac{dp}{dx} = \frac{12}{\delta^2}$$

entsteht. Diese Gleichung bestätigt eine schon bekannte Tatsache, dass Ablösung nur bei Druckanstieg geschieht. Zudem besagt die Gleichung: Je dicker die Grenzschicht und je größer demnach die Lauflänge, umso kleinere Druckunterschiede sind nötig, damit die Grenzschicht sich ablöst.

Jeder Pohlhausen-Parameter $\lambda(x)$ entspricht einer Momentaufnahme des Geschwindigkeitsprofils an der Stelle x. Dasjenige einer Platte mit $\lambda = 0$ ist

$$\frac{u}{u_\delta}(s) = s(2 - 2s^2 + s^3),$$

dasjenige der Grenzschichtablösung mit $\lambda = -12$ besitzt die Gestalt

$$\frac{u}{u_\delta}(s) = s^2(6 - 8s + 3s^2).$$

Später werden wir zeigen, dass für $\lambda = 7{,}052$ eine Staupunktströmung

$$\frac{u}{u_\delta}(s) = s(2 - 2s^2 + s^3) + \frac{7{,}052}{6} s(1 - s)^3$$

vorliegt. Im Folgenden werden wir uns auf das Intervall $-12 \le \lambda \le 7{,}052$ beschränken. Für $\lambda < -12$ erhält man Kantenströmungen mit immer größerem Abknickwinkel. Damit die Strömung die Kontur nicht verlässt, müsste die Reynolds-Zahl immer kleiner werden. Bei realen Strömungen verlieren derartige Kantenströmungen an Bedeutung. Mit $\lambda > 7{,}052$ würden Eckenströmungen beschrieben werden, von denen wir im Weiteren absehen. In Abb. 39.10 halten wir den Verlauf von (39.7.2) als u_λ für $\lambda = -12$; 0 und 7,052 fest.

39.8 Das Pohlhausen-Profil für Keilströmungen

Bisher wissen wir, dass zu jedem Parameter $\lambda(x)$ ein entsprechendes örtliches Geschwindigkeitsprofil gehört, aber noch ist unbekannt, welcher Oberflächenkrümmung der jeweilige Parameter entspricht.

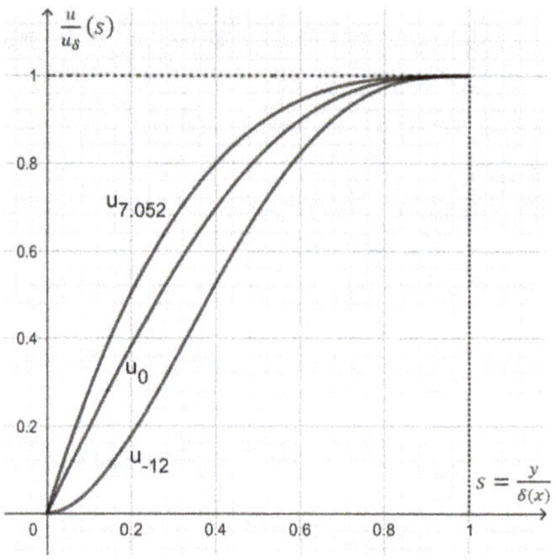

Abb. 39.10: Graphen von (39.7.2).

Herleitung von (39.8.1)–(39.8.5)

Setzt man (39.7.3) in (39.6.4) ein, so ergibt sich zusammen mit (39.7.1) das System

$$u'_\delta(x) \cdot \frac{\delta(x)^2}{\nu} = \lambda(x), \tag{39.8.1}$$

$$\frac{d\delta_2(\delta(x), \lambda(x))}{dx} + \delta_2(\lambda(x))\frac{u'_\delta(x)}{u_\delta(x)}\left[2 + \frac{\delta_1(\delta(x), \lambda(x))}{\delta_2(\delta(x), \lambda(x))}\right] - \frac{\nu}{u_\delta(x) \cdot \delta(x)}\left[2 + \frac{\lambda(x)}{6}\right] = 0. \tag{39.8.2}$$

Bei gegebener Außenströmung $u_\delta(x)$ können die beiden unbekannten Größen $\delta(x)$ und $\lambda(x)$ numerisch bestimmt werden. Die zugehörigen Startwerte wären $\delta(0) = 0$ und $\lambda(0) = 7{,}052$, weil die Grenzschicht im Staupunkt startet. Wir lösen (39.8.2) nur für Keil- oder Kantenströmungen. In diesen Fällen ist die Krümmung und somit λ = konst. Ziel ist es, die Außenströmung einer Keilströmung $u_\delta(x) = a \cdot x^m$ über den Exponenten m mit dem Pohlhausen-Parameter λ zu verknüpfen. Für die weiteren Berechnungen ermitteln wir nun die Verdrängungsdicke δ_1 und die Impulsverlustdicke δ_2 für das Pohlhausen-Profil.

Aus $s = \frac{y}{\delta(x)}$ folgt $dy = \delta(x) \cdot ds$ und man erhält

$$\delta_1 = \int_0^\delta \left[1 - \frac{u}{u_\delta}(s)\right] dy = \delta \int_0^1 \left[1 - \frac{u}{u_\delta}(s)\right] ds$$
$$= \delta \int_0^1 \left[1 - s(2 - 2s^2 + s^3) - \frac{\lambda}{6} s(1-s)^3\right] ds$$

und somit

$$\delta_1 = \frac{\delta}{120}(36 - \lambda). \tag{39.8.3}$$

Weiter ergibt sich

$$\delta_2 = \delta \int_0^1 \left\{ \left[s(2 - 2s^2 + s^3) - \frac{\lambda}{6} s(1-s)^3 \right] \left[1 - s(2 - 2s^2 + s^3) - \frac{\lambda}{6} s(1-s)^3 \right] \right\} ds,$$

also

$$\delta_2 = \frac{\delta}{45360}(5328 - 48\lambda - 5\lambda^2). \tag{39.8.4}$$

I. *Spezialfall* $\lambda = 0$. Dies entspricht einer Plattenströmung. Die Definition (39.7.1) ist für die Berechnung von $\delta(x)$ unbrauchbar, weil sie auf beiden Seiten der Gleichung null liefert. Aus (39.8.3) und (39.8.4) entsteht $\delta_1 = \frac{3}{10}\delta$ und $\delta_2 = \frac{37}{315}\delta$. Da weiter $u_\delta(x) = u_\infty$ ist, folgt $u_\delta'(x) = 0$ und Gleichung (39.6.4) reduziert sich zu $\delta_2'(x) - \frac{\tau_W(x)}{\rho u_\infty^2} = 0$. Aus (39.7.4) ist $\tau_W(x) = 2\eta \cdot \frac{u_\infty}{\delta(x)}$ bekannt und die Verrechnung ergibt nacheinander

$$\frac{37}{315} \cdot \frac{d\delta}{dx} = \frac{2\nu}{u_\infty \cdot \delta}, \quad \int_0^\delta \delta \cdot d\delta = \frac{630}{37} \int_0^x \frac{\nu}{u_\infty} dx, \quad \frac{1}{2}\delta^2 = \frac{630}{37} \cdot \frac{\nu x}{u_\infty}$$

und schließlich

$$\delta(x) = \sqrt{\frac{1260}{37}} \sqrt{\frac{\nu x}{u_\infty}} = 5{,}836 \sqrt{\frac{\nu x}{u_\infty}}. \tag{39.8.5}$$

Das Blasius-Profil lieferte anstelle des Faktors 5,84 nur 4,89 (vgl. (39.3.10)). Dazu muss man sich nochmals vergegenwärtigen, dass der Wert $\xi_\delta = 4{,}89$ dem 99 %-Wert der Außenströmung entspricht. Setzt man die Grenze höher, z. B. 99.5 % oder 99.9 %, so vergrößert sich auch der Wert von ξ_δ, denn theoretisch stimmt die Geschwindigkeit mit derjenigen der Außenströmung erst im Unendlichen überein. Beim Pohlhausen-Profil wird nach Konstruktion die normierte Geschwindigkeit der Außenströmung im Punkt (1, 1) für ein System mit Koordinaten $(\frac{y}{\delta(x)}, \frac{u}{u_\delta})$ erreicht und diese Geschwindigkeit bleibt auch für $y > \delta(x)$ konstant eins. Für die Genauigkeit des Ergebnisses (39.8.5) ist es deshalb sinnvoller, die zugehörige Verdrängungsdicke und/oder die Impulsverlustdicke zu bestimmen, weil beide Größen unabhängig von der gesetzten Übergangsprozentzahl sind. Aus (39.8.3) und (39.8.4) erhält man sogleich

$$\delta_1(x) = \frac{3}{10}\delta(x) = 1{,}75\sqrt{\frac{\nu x}{u_\infty}} \quad \text{und} \quad \delta_2(x) = \frac{37}{315}\delta(x) = 0{,}69\sqrt{\frac{\nu x}{u_\infty}}$$

mit Fehlern von 2 % resp. 3.5 %, verglichen mit den exakten Ergebnissen des Blasius-Profils (39.3.14) und (39.3.15). Die Fehler, wenn auch klein, sind auf den Verlauf des Näherungsprofils gegenüber dem exakten Blasius-Profils zurückzuführen.
Nun sind wir endlich in der Lage mithilfe von (39.7.2) und (39.8.5) das Geschwindigkeitsprofil einer Plattenströmung in einem beliebigen Punkt $P(x, y)$ anzugeben.
Es gilt

$$\frac{u}{u_\infty}\left(\frac{y}{\delta(x)}\right) = \frac{y}{\delta(x)}\left[2 - 2\left(\frac{y}{\delta(x)}\right)^2 + \left(\frac{y}{\delta(x)}\right)^3\right]$$

$$= 0{,}17 \cdot \frac{u_\infty}{\nu} \cdot \frac{y}{x}\left[11{,}67 \cdot \frac{\nu x}{u_\infty}\sqrt{\frac{\nu x}{u_\infty}} - 11{,}67\sqrt{\frac{\nu x}{u_\infty}} \cdot \left(\frac{y}{5{,}84}\right)^2 + \left(\frac{y}{5{,}84}\right)^3\right]$$

(Natürlich gibt es weitere Darstellungen des Profils).

II. *Allgemeiner Fall* $\lambda \neq 0$. Das zugrunde liegende Außenströmungsprofil $u_\delta(x) = a \cdot x^m$ setzen wir in (39.8.1) ein, was zu

$$\delta(x)^2 = \frac{\lambda\nu}{am \cdot x^{m-1}} \quad \text{und} \quad \delta(x) = \sqrt{\frac{\lambda\nu}{am}} \cdot x^{\frac{1-m}{2}}$$

führt. Damit und mithilfe von (39.8.3) und (39.8.4) schreibt sich (39.8.2) nach dem Umformen (siehe Band 6) als

$$\frac{1-m}{2m} \cdot \frac{\lambda(5328 - 48\lambda - 5\lambda^2)}{45360} - \frac{2\lambda(5\lambda^2 + 237\lambda - 12132)}{45360} - \left(2 + \frac{\lambda}{6}\right) = 0.$$

Aufgelöst nach m findet man

$$m(\lambda) = \frac{\lambda(5328 - 48\lambda - 5\lambda^2)}{15(\lambda^3 + 60\lambda^2 - 1872\lambda + 12096)} \qquad (39.8.6)$$

Der Verlauf von $m(\lambda)$ ist für $-12 \leq \lambda \leq 7{,}052$ in Abb. 39.11 festgehalten.

Beispiel 1.

a) Welche m-Werte liefern die Parameter $\lambda = -12$ und $\lambda = 7{,}052$?

b) Welchen λ-Wert erhält man für $m = \frac{1}{3}$ und wie lautet der zugehörige Verlauf von $\delta(x)$?

Lösung.

a) Man erhält $m = -0{,}1$ und $m = 1$ respektive.

b) Es ergibt sich $\lambda = 4{,}72$ und weiter

$$\delta(x) = \sqrt{\frac{\lambda\nu}{am}} \cdot x^{\frac{1-m}{2}} = 3{,}76\sqrt{\frac{\nu}{a}} \cdot x^{\frac{1-m}{2}} \quad \text{oder} \quad \delta(x) = 3{,}76\sqrt{\frac{\nu x}{u_\delta}}.$$

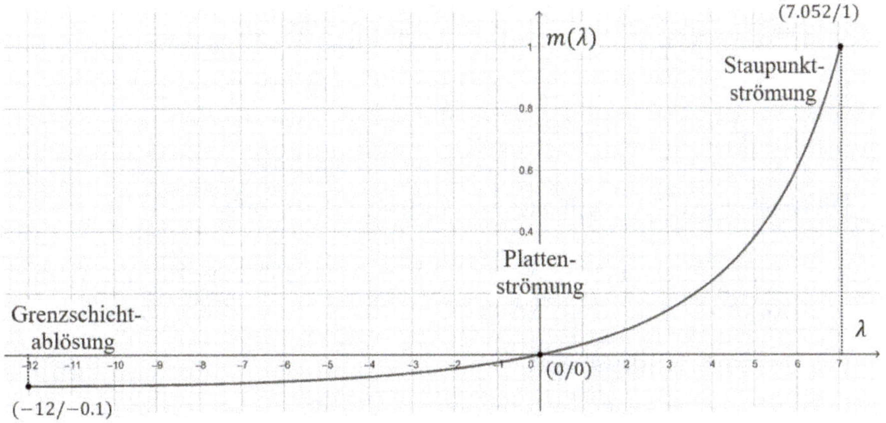

Abb. 39.11: Graph von (39.8.6).

Zum Vergleich entnehmen wir der Tabelle in Kap. 39.4 den exakten Faktor 3,47 des Falkner-Skan-Profils.

Beispiel 2. Ein $b = 1\,\text{m}$ breiter Keil mit Innenwinkel $\alpha = 40°$ und $l = 0{,}5\,\text{m}$ Kantenlänge wird parallel zu seiner Symmetrieachse angeströmt.

a) Gesucht ist die zugehörige Außenströmung.
b) Welcher Pohlhausen-Parameter λ gehört zu dieser Keilströmung?
c) Wie lautet der Grenzschichtverlauf $\delta(x)$?
d) Wie groß ist der entlang einer Kante wirkende Reibungswiderstand?
e) Bestimmen Sie das dimensionslose Geschwindigkeitsprofil $\frac{u}{u_\delta}(x, y)$.

Lösung.

a) Aus $\frac{2\pi}{9} = 2(\pi - \frac{\pi}{m+1})$ folgt $m = 0{,}125$ und damit $u_\delta(x) = a \cdot x^{0{,}125}$.
b) Mit der unteren Gleichung von (39.8.6) erhält man $\lambda = 2{,}72$.
c) Gleichung (39.8.1) liefert den Grenzschichtverlauf

$$\delta(x) = 4{,}66\sqrt{\frac{\nu x}{u_\delta}} = 4{,}66\sqrt{\frac{\nu}{a}} \cdot x^{\frac{7}{16}}.$$

d) Aus (39.7.3) entnimmt man $\tau_W(x) = \eta \cdot \frac{u_\delta}{\delta}(2 + \frac{\lambda}{6})$ und es ergibt sich

$$\tau_W(x) = 0{,}53\sqrt{\rho\eta} \cdot a^{\frac{3}{2}} \cdot x^{-\frac{5}{16}}.$$

Mit $F_W(x) = \tau_W(x) \cdot b \cdot dx$ folgt der Reibungswiderstand zu

$$F_W = b \int_0^l \tau_W(x) \cdot dx = 0{,}77\sqrt{\rho\eta} \cdot a^{\frac{3}{2}} \cdot l^{\frac{11}{16}}.$$

e) Mit Gleichung (39.7.2) erhält man das Geschwindigkeitsprofil

$$\frac{u}{u_\delta}\left(\frac{y}{\delta(x)}\right) = \frac{y}{\delta(x)}\left[2 - 2\left(\frac{y}{\delta(x)}\right)^2 + \left(\frac{y}{\delta(x)}\right)^3\right] + \frac{2{,}72}{6} \cdot \frac{y}{\delta(x)}\left[1 - \frac{y}{\delta(x)}\right]^3,$$

welches man beispielsweise als

$$\frac{u}{u_\delta}(x,y) = \sqrt{\frac{a}{\nu}} \cdot \frac{x^{-\frac{7}{16}}y}{4{,}66} \cdot \left[2 - \frac{2a}{\nu}\left(\frac{x^{-\frac{7}{16}}y}{4{,}66}\right)^2 + \frac{a}{\nu}\sqrt{\frac{a}{\nu}}\left(\frac{x^{-\frac{7}{16}}y}{4{,}66}\right)^3 + \frac{2{,}72}{6} \cdot \left(1 - \sqrt{\frac{a}{\nu}} \cdot \frac{x^{-\frac{7}{16}}y}{4{,}66}\right)^3\right]$$

schreiben kann.

40 Die Energieerhaltung reibungsbehafteter Strömungen

In den vergangenen Kapiteln gelang es uns, eine für die Grenzschicht adaptierte Impulserhaltung herzuleiten und damit auf das Geschwindigkeitsfeld in einer dünnen Wandschicht zu schließen. Gesucht ist nun die Temperaturverteilung innerhalb der Grenzschicht, mit deren Hilfe wir den Wärmeaustauch zwischen Umgebung und Körperoberfläche genau beschreiben können. Dazu muss zwangsweise eine neue Erhaltungsgleichung bereitgestellt werden: die Energieerhaltung für die Grenzschicht bei vorhandener Reibung.

Wir zeigen in diesem Gesamtband nur eine skizzenhafte Herleitung. Die einzelnen Rechenschritte erstrecken sich über mehrere Seiten. Die vollständige Herleitung findet sich in Band 6.

Idealisierung: Wir gehen von nicht allzu großen Temperaturunterschieden aus, damit die Dichte ρ und die Wärmeleitfähigkeit λ als konstant betrachtet werden können.

Herleitung von (40.1)–(40.4)

Bilanz: Energiestrombilanz in einem Volumenstück dV.

Ein Fluid, das mit der Geschwindigkeit $\boldsymbol{c} = (u, v, w)$ strömt, besitzt die Gesamtenergie $E_G = E_{\text{Inn}} + E_{\text{Kin}}$ mit der inneren Energie $E_{\text{Inn}} = c_V \cdot m \cdot T$ (c_V: spezifische Wärmekapazität bei konstantem Volumen, m: Masse, T: Temperatur) und der kinetischen Energie $E_{\text{Kin}} = \frac{1}{2}mc^2 = \frac{1}{2}m(u^2 + v^2 + w^2)$. Betrachten wir ein kleines Volumenelement $dV = dxdydz$, dann lauten die Energieanteile an der Gesamtenergie

$$dE_{\text{Inn}} = c_V \cdot \rho dV \cdot T \quad \text{und} \quad dE_{\text{Kin}} = \frac{1}{2}\rho dVc^2$$

oder

$$e := \frac{dE_{\text{Inn}}}{\rho dV} = c_V \cdot T \quad \text{mit} \quad [e] = \frac{\text{J}}{\text{kg}} \quad \text{und} \quad \frac{dE_{\text{Kin}}}{\rho dV} = \frac{1}{2}c^2.$$

Die spezifische Gesamtenergie schreibt sich dann als $\frac{E_G}{m} = e_G = e + \frac{1}{2}c^2$.

Im 4. Band hatten wir die Enthalpie H als Summe von innerer Energie und verrichteter Arbeit am entsprechenden Volumen definiert: $dH = dE + Vdp$. Die Division durch die Masse ergibt

$$dh = de + \frac{dp}{\rho} \quad \text{oder}$$

$$e = h - \frac{p}{\rho} = c_pT - \frac{p}{\rho}. \tag{40.1}$$

https://doi.org/10.1515/9783111345765-040

Dabei haben wir $\frac{dH}{m} = dh$ und $\frac{dE}{m} = de$ gesetzt und c_p steht für die spezifische Wärmekapazität bei konstantem Druck. Gleichung (40.1) stellt nichts anderes als die ideale Gasgleichung dar. Aus $c_V T = c_p T - \frac{p}{\rho}$ wird $\frac{p}{\rho} = (c_p - c_V)T$. Beachtet man den im 4. Band hergeleiteten Zusammenhang $c_p - c_V = R_S$ mit der spezifischen Gaskonstante R_S, dann folgt $\frac{p}{\rho T} = R_S$ oder $\frac{pV}{mT} = R_S$, die Zustandsgleichung eines idealen Gases.

Nun betrachten wir die zeitliche Änderung $d\dot{E}$ der Gesamtenergie im Volumenelement. Sie beträgt

$$d\dot{E} = \rho \frac{\partial}{\partial t}\left(e + \frac{1}{2}c^2\right)dV = \rho\left(\frac{\partial e}{\partial t} + u\frac{\partial u}{\partial t} + v\frac{\partial v}{\partial t} + w\frac{\partial w}{\partial t}\right)dV.$$

Mit (40.1) wird daraus

$$d\dot{E} = \rho\left(c_p\frac{\partial T}{\partial t} - \frac{1}{\rho}\cdot\frac{\partial p}{\partial t} + u\frac{\partial u}{\partial t} + v\frac{\partial v}{\partial t} + w\frac{\partial w}{\partial t}\right)dV. \tag{40.2}$$

Wir wollen angeben, welche Energieströme die zeitliche Änderung der Gesamtenergie verursachen können.

Idealisierungen: Die Wirkung der Gravitation kann vernachlässigt werden, weil die Geschwindigkeit eine Konvektion erzwingt. Bei freier Konvektion muss man den Einfluss der Gravitation wieder berücksichtigen.

Der größte Aufwand besteht darin, alle Energieströme in $\frac{\mathrm{J}}{\mathrm{s}} = \mathrm{W}$ zu erfassen, die zur zeitlichen Änderung der Gesamtenergie beitragen können.

1. Mit der Strömung wird dem Volumenelement pro Zeiteinheit Wärme und kinetische Energie zugeführt oder aus dem Volumen abgeführt. Dies bezeichnen wir mit $d\dot{G}$. Offensichtlich besteht die Änderung aus zwei Energieanteilen.
2. Herrscht ein Druckgefälle, so wird am Volumenelement Arbeit verrichtet. Die Leistungsänderung nennen wir $d\dot{D}$.
3. Infolge der Wärmeleitung steigt oder fällt die Energie pro Zeiteinheit im Volumenelement um einen Wert $d\dot{Q}$.
4. Aufgrund der vorhandenen Reibung ergeben sich Normal- und Schubspannungen, die ebenfalls Arbeit am Volumenelement verrichten. Die zeitliche Energieänderung sei $d\dot{L}$. Die Umwandlung von Energie aufgrund der Reibung nennt man Dissipation.

Einschränkungen:

5. Energie kann von außen zugeführt werden, oder es befinden sich Quellen oder Senken im Volumenelement. Von solchen Energieströmen sehen wir aber ab.
6. Schließlich gibt es unter Umständen noch die pro Zeiteinheit am Volumenelement verrichtete Arbeit infolge der Schwerkraft, elektrischer oder magnetischer Kräfte, die wir ebenfalls nicht beachten.

Es verbleiben demnach die Energieströme 1.–4. und die Bilanz lautet

$$d\dot{E} = d\dot{G} + d\dot{D} + d\dot{Q} + d\dot{L} \tag{40.3}$$

Die Verrechnung führt schließlich zur Energieerhaltung für Fluide und ideale Gase bei vorhandener Reibung:

$$\rho c_p\left(\frac{\partial T}{\partial t} + u\frac{\partial T}{\partial x} + v\frac{\partial T}{\partial y} + w\frac{\partial T}{\partial z}\right) - \left(\frac{\partial p}{\partial t} + u\frac{\partial p}{\partial x} + v\frac{\partial p}{\partial y} + w\frac{\partial p}{\partial z}\right) - \lambda\left(\frac{\partial^2 T}{\partial x^2} + \frac{\partial^2 T}{\partial y^2} + \frac{\partial^2 T}{\partial z^2}\right)$$
$$= \eta\left\{2\left[\left(\frac{\partial u}{\partial x}\right)^2 + \left(\frac{\partial v}{\partial y}\right)^2 + \left(\frac{\partial w}{\partial z}\right)^2\right] + \left(\frac{\partial u}{\partial y} + \frac{\partial v}{\partial x}\right)^2 + \left(\frac{\partial u}{\partial z} + \frac{\partial w}{\partial x}\right)^2 + \left(\frac{\partial v}{\partial z} + \frac{\partial w}{\partial y}\right)^2\right\}. \tag{40.4}$$

Die Einheit der Terme beträgt in dieser Darstellung $\frac{\mathrm{W}}{\mathrm{m}^3}$.

40.1 Die Herleitung der Temperaturgrenzschichtgleichungen bei erzwungener Konvektion

Die Strömung an einer Wand hatten wir für große Reynolds-Zahlen in zwei Gebiete zerlegt.

Im Außengebiet wird der Impuls mittels Konvektion allein, dem Teilchentransport, übertragen. Innerhalb der Grenzschicht muss der Reibungsanteil bei der Impulsänderung mitberücksichtigt werden. Wird der Strömung auch noch Wärme zugeführt, dann werden wir zeigen, dass die sich ausbildende Temperaturverteilung ebenfalls für große Reynolds-Zahlen in einen Grenzschichtbereich und einen Außenbereich zerlegen lässt. Dabei wird die Wärmeleitung außerhalb der Grenzschicht verglichen mit der erzwungenen Konvektion eine für den gesamten Wärmetransport untergeordnete Rolle spielen, während Konvektion und Wärmeleitung innerhalb der Grenzschicht in gleicher Größenordnung auftreten.

Die Randbedingungen unterscheiden sich von denjenigen des Strömungsfeldes. Das kann beispielsweise eine konstante Wand- und Außentemperatur oder eine konstante Wärmestromdichte sein.

Herleitung von (40.1.1)–(40.1.3)

Einschränkung: Wir beschränken uns auf die stationäre Strömung einer parallel angeströmten Platte.

Damit geht (40.4) über in

$$\rho c_p\left(u\frac{\partial T}{\partial x} + v\frac{\partial T}{\partial y}\right) - \left(u\frac{\partial p}{\partial x} + v\frac{\partial p}{\partial y}\right)$$
$$= \lambda\left(\frac{\partial^2 T}{\partial x^2} + \frac{\partial^2 T}{\partial y^2}\right) + \eta\left\{2\left[\left(\frac{\partial u}{\partial x}\right)^2 + \left(\frac{\partial v}{\partial y}\right)^2\right] + \left(\frac{\partial u}{\partial y} + \frac{\partial v}{\partial x}\right)^2\right\}. \tag{40.1.1}$$

Analog zur Impulserhaltung in Kap. 39.2 soll eine Größenabschätzung der einzelnen Terme für große Reynolds-Zahlen durchgeführt werden. Dazu verwenden wir die dimensionslosen Größen $x_* = \frac{x}{l}, y_* = \frac{y}{l}, u_* = \frac{u}{u_\infty}, v_* = \frac{v}{u_\infty}, p_* = \frac{p}{\rho c_p \Delta T}$ und $\vartheta = \frac{T-T_\infty}{\Delta T}$.

Dabei ist $\Delta T = T_W - T_\infty$ mit der Wandtemperatur T_W.

Man erhält

$$\frac{\partial u}{\partial x} = u_\infty \frac{\partial u_*}{\partial x} = u_\infty \frac{\partial u_*}{\partial x_*} \cdot \frac{\partial x_*}{\partial x} = \frac{u_\infty}{l} \cdot \frac{\partial u_*}{\partial x_*}.$$

Analog ergeben sich

$$\frac{\partial v}{\partial y} = \frac{u_\infty}{l} \cdot \frac{\partial v_*}{\partial y_*}, \quad \frac{\partial u}{\partial y} = \frac{u_\infty}{l} \cdot \frac{\partial u_*}{\partial y_*} \quad \text{und} \quad \frac{\partial v}{\partial x} = \frac{u_\infty}{l} \cdot \frac{\partial v_*}{\partial x_*}.$$

Weiter gilt

$$\frac{\partial T}{\partial x} = \Delta T \frac{\partial \vartheta}{\partial x} = \Delta T \frac{\partial \vartheta}{\partial x_*} \cdot \frac{\partial x_*}{\partial x} = \frac{\Delta T}{l} \cdot \frac{\partial \vartheta}{\partial x_*}$$

und demnach

$$u \frac{\partial T}{\partial x} = \frac{u_\infty \Delta T}{l} \cdot u_* \frac{\partial \vartheta}{\partial x_*}.$$

In gleicher Weise erhält man

$$v \frac{\partial T}{\partial y} = \frac{u_\infty \Delta T}{l} \cdot v_* \frac{\partial \vartheta}{\partial y_*}.$$

Damit folgt auch

$$\frac{\partial^2 T}{\partial x^2} = \frac{\partial}{\partial x}\left(\frac{\partial T}{\partial x}\right) = \frac{\Delta T}{l} \cdot \frac{\partial}{\partial x}\left(\frac{\partial \vartheta}{\partial x_*}\right) = \frac{\Delta T}{l} \cdot \frac{\partial}{\partial x_*}\left(\frac{\partial \vartheta}{\partial x_*} \cdot \frac{\partial x_*}{\partial x}\right) = \frac{\Delta T}{l^2} \cdot \frac{\partial^2 \vartheta}{\partial x_*^2}$$

und analog

$$\frac{\partial^2 T}{\partial y^2} = \frac{\Delta T}{l^2} \cdot \frac{\partial^2 \vartheta}{\partial y_*^2}.$$

Schließlich fehlt noch

$$\frac{\partial p}{\partial x} = \rho c_p \Delta T \frac{\partial p_*}{\partial x} = \rho c_p \Delta T \frac{\partial p_*}{\partial x_*} \cdot \frac{\partial x_*}{\partial x} = \frac{\rho c_p \Delta T}{l} \frac{\partial p_*}{\partial x_*} \quad \text{und} \quad \frac{\partial p}{\partial y} = \frac{\rho c_p \Delta T}{l} \frac{\partial p_*}{\partial y_*},$$

woraus

$$u \frac{\partial p}{\partial x} = \frac{u_\infty \rho c_p \Delta T}{l} \cdot u_* \frac{\partial p_*}{\partial x_*} \quad \text{und} \quad v \frac{\partial p}{\partial y} = \frac{u_\infty \rho c_p \Delta T}{l} \cdot v_* \frac{\partial p_*}{\partial y_*}$$

entsteht.

Gleichung (40.1.1) lautet dann

$$\frac{u_\infty \rho c_p \Delta T}{l}\left(u_* \frac{\partial \vartheta}{\partial x_*} + v_* \frac{\partial \vartheta}{\partial y_*}\right) - \frac{u_\infty \rho c_p \Delta T}{l}\left(u_* \frac{\partial p_*}{\partial x_*} + v_* \frac{\partial p_*}{\partial y_*}\right)$$
$$= \lambda \frac{\Delta T}{l^2}\left(\frac{\partial^2 \vartheta}{\partial x_*^2} + \frac{\partial^2 \vartheta}{\partial y_*^2}\right) + \eta \frac{u_\infty^2}{l^2}\left\{2\left[\left(\frac{\partial u_*}{\partial x_*}\right)^2 + \left(\frac{\partial v_*}{\partial y_*}\right)^2\right] + \left(\frac{\partial u_*}{\partial y_*} + \frac{\partial v_*}{\partial x_*}\right)^2\right\}.$$

Die weiteren Umformungen findet man in Band 6.

Mit der Prandtl-Zahl $\mathrm{Pr} = \frac{c_p \eta}{\lambda}$, der Reynolds-Zahl $\mathrm{Re} = \frac{\rho u_\infty l}{\eta}$ und der Eckert-Zahl $\mathrm{Ec} = \frac{u_\infty^2}{c_p \Delta T}$ wird daraus

$$u_* \frac{\partial \vartheta}{\partial x_*} + \tilde{v} \frac{\partial \vartheta}{\partial \tilde{y}} - u_* \frac{\partial p_*}{\partial x_*} = \frac{1}{\mathrm{Pr}} \cdot \frac{\partial^2 \vartheta}{\partial \tilde{y}^2} + \mathrm{Ec} \cdot \left(\frac{\partial u_*}{\partial \tilde{y}}\right)^2.$$

Eine erste Rücktransformation liefert

$$u_* \frac{\partial \vartheta}{\partial x_*} + v_* \frac{\partial \vartheta}{\partial y_*} - u_* \frac{\partial p_*}{\partial x_*} = \frac{1}{\mathrm{Pr} \cdot \mathrm{Re}} \cdot \frac{\partial^2 \vartheta}{\partial y_*^2} + \frac{\mathrm{Ec}}{\mathrm{Re}} \cdot \left(\frac{\partial u_*}{\partial \tilde{y}}\right)^2. \tag{40.1.2}$$

Die gesamte Rücktransformation führt zur Temperaturgrenzschicht

$$\rho c_p \left(u \frac{\partial T}{\partial x} + v \frac{\partial T}{\partial y}\right) - u \frac{\partial p}{\partial x} = \lambda \frac{\partial^2 T}{\partial y^2} + \eta \left(\frac{\partial u}{\partial y}\right)^2 \tag{40.1.3}$$

In der Temperaturgrenzschicht ist sowohl die Konvektion, die Wärmeleitung als auch die Dissipation aufgrund der Diffusion $\frac{\partial u}{\partial y}$ als Wärmetransportart vertreten.

Die neue dimensionslose Größe, die Prandtl-Zahl $\mathrm{Pr} = \frac{\nu}{a}$, verknüpft die Impulsübertragung (über die kinematische Viskosität ν) mit dem Wärmetransport (über die Temperaturleitfähigkeit $a = \frac{\lambda}{\rho c_p}$). Die Prandtl-Zahl bindet somit die Gleichung (39.2.3) der Impulserhaltung in der Grenzschicht an Gleichung (40.1.3). Die durchgeführte Dimensionsanalyse führt zu einer neuen Kenngröße, der Eckert-Zahl $\mathrm{Ec} = \frac{u_\infty^2}{c_p \Delta T}$. Nehmen wir dazu an, die Strömung sei inkompressibel. Die Anströmgeschwindigkeit ist $u_\infty = 10\,\frac{\mathrm{m}}{\mathrm{s}}$ und die Temperaturdifferenz $\Delta T = T_W - T_\infty = 10\,\mathrm{K}$. Dann erhält man mit $c_{p,\mathrm{Wasser}} = 4200\,\frac{\mathrm{J}}{\mathrm{kgK}}$ und $c_{p,\mathrm{Luft}} = 1000\,\frac{\mathrm{J}}{\mathrm{kgK}}$ die Werte $\mathrm{Ec}_{\mathrm{Wasser}} = 0{,}002$ und $\mathrm{Ec}_{\mathrm{Luft}} = 0{,}01$. Für diesen Geschwindigkeits- und Temperaturdifferenzbereich bleibt die Eckert-Zahl klein gegenüber der Prandtl-Zahl. Anders sieht es aus, wenn entweder u_∞ wächst und/oder ΔT fällt. Bei größeren Geschwindigkeiten nimmt die Eckert-Zahl und damit der Einfluss der Dissipation $(\frac{\partial u}{\partial y})^2$ in Gleichung (40.1.2) zu. Zudem können die Stoffwerte in diesem Fall auch nicht mehr als konstant betrachtet werden. Wenn ΔT sehr klein wird, bildet sich auch ohne Wärmeleitung ein Temperaturprofil aus, nämlich infolge der eben erwähnten großen Dissipation. Die Wandtemperatur ist dann größer als die Umgebungstemperatur.

Aus den gemachten Bemerkungen kann man die Eckert-Zahl somit als Maß für den Einfluss der Reibung an der Temperaturerhöhung oder als Maß für die Kompressibilität einer Strömung ansehen.

Für die weitere vereinfachte Rechnung sollte die Eckert-Zahl klein bleiben, also etwa $\frac{u_\infty^2}{\Delta T} \leq 50$.

Im Fall einer inkompressiblen Strömung sind die beiden Gleichungen (39.2.4) und (40.1.3) entkoppelt: Da alle Stoffgrößen konstant, also unabhängig von der Temperatur (die Unabhängigkeit vom Druck der Einfachheit halber vorausgesetzt) sind, bestimmt man aus (39.2.4) das Geschwindigkeitsfeld, setzt die Lösung in (40.1.3) ein und erhält daraus das Temperaturfeld.

Eine inkompressible Strömung kann dann vorliegen, wenn die Oberfläche mit einer Mach-Zahl Ma $>$ 0,3 angeströmt wird oder die Temperaturdifferenz zwischen Oberfläche und Außentemperatur sehr groß ist. Die Eckert-Zahl wird dann zwar klein, doch die Stoffgrößen, auch bei kleiner Anströmgeschwindigkeit, müssen als von der Temperatur abhängig betrachtet werden. In diesem Fall sind (39.2.4) und (40.1.3) gekoppelt. Die vier Größen Dichte ρ, Viskosität η, Wärmeleitfähigkeit λ und spezifische Wärmekapazität c_p werden dann als Funktion der Temperatur angesetzt.

Für Luft lauten die Ansätze

$$\frac{\eta}{\eta_\infty} = \left[\frac{T(x,y)}{T_\infty}\right]^{0,78}, \quad \frac{\lambda}{\lambda_\infty} = \left[\frac{T(x,y)}{T_\infty}\right]^{0,85},$$
$$\frac{c_p}{c_{p\infty}} = \left[\frac{T(x,y)}{T_\infty}\right]^{0,07} \quad \text{und} \quad \frac{\rho}{\rho_\infty} = \frac{T(x,y)}{T_\infty}.$$

Die letzte Gleichung folgt aus der idealen Gasgleichung. Die Werte mit dem Index „unendlich“ sind Referenzwerte der Außenströmung.

Schließlich soll noch bemerkt werden, dass die Eigenerwärmung des Fluids aufgrund der Strömungsgeschwindigkeit im Vergleich zur Fremderwärmung einen kleinen Einfluss hat. Aus (40.1) folgt mit der Bernoulli-Gleichung $\frac{1}{2}\rho u^2 + p = \text{konst.}$ der schon im 5. Band hergeleitete Energiesatz für eine stationäre isentrope Strömung $\frac{1}{2}(u^2+v^2)+c_pT = \text{konst.}$ Ausgewertet an der Wand bzw. an der Außenströmung erhält man $\frac{1}{2}u_\infty^2 + c_pT_\infty = c_pT_{\text{EW}}$. Dabei bezeichnet T_{EW} die Temperatur an der Wand infolge der Eigenerwärmung. Mit der lokalen Schallgeschwindigkeit $c_\infty = \sqrt{\kappa R_s T_\infty}$ zeigten wir ebenfalls im 5. Band, dass

$$\frac{T_{\text{EW}} - T_\infty}{T_\infty} = \frac{\kappa - 1}{2}\text{Ma}^2,$$

wobei $\text{Ma} = \frac{u_\infty}{c_\infty}$ und κ der Isentropenexponent bezeichnet. Nimmt man $T_\infty = 293\,\text{K}$, $\kappa = 1{,}4$ (Luft) und $\text{Ma} = 0{,}03$, was $u_\infty = 10\,\frac{\text{m}}{\text{s}}$ entspricht, so erhält man lediglich $T_{\text{EW}} - T_\infty = 0{,}05\,\text{K}$.

40.2 Die Dicke der Temperaturgrenzschicht bei erzwungener Konvektion

Idealisierung: Die Eckert-Zahl soll wie im vorigen Kapitel klein sein.

Herleitung von (40.2.1)–(40.2.3)

Einschränkung: Im Weiteren betrachten wir eine parallel angeströmte Platte, sodass der Druckgradient $\frac{\partial p}{\partial x}$ entfällt.

In diesem Fall lautet Gleichung (40.1.2) zusammen mit (39.2.3)

$$u_* \frac{\partial u_*}{\partial x_*} + v_* \frac{\partial u_*}{\partial y_*} - \frac{1}{\mathrm{Re}} \cdot \frac{\partial^2 u_*}{\partial y_*^2} = 0 \tag{40.2.1}$$

und

$$u_* \frac{\partial \vartheta}{\partial x_*} + v_* \frac{\partial \vartheta}{\partial y_*} - \frac{1}{\mathrm{Pr} \cdot \mathrm{Re}} \cdot \frac{\partial^2 \vartheta}{\partial y_*^2} = 0. \tag{40.2.2}$$

Man erkennt, dass an die Stelle von Re bei der Impulserhaltung nun Pr · Re bei der Energierhaltung getreten ist. Für die Strömungsgrenzschichtdicke gilt, wie schon mehrfach gezeigt,

$$\frac{\delta_S(x)}{x} \sim \frac{1}{\sqrt{\mathrm{Re}_x}}.$$

Da uns letztlich das Verhältnis

$$\frac{\delta_T(x)/x}{\delta_S(x)/x} = \frac{\delta_T(x)}{\delta_S(x)}$$

interesssiert, können wir vereinfacht die Division durch x weglassen, um Schreibarbeit zu sparen und mit $\delta_S \sim \mathrm{Re}^{-\frac{1}{2}}$ zu rechnen. Übertragen auf die Energieerhaltung müsste man mit einer Temperaturgrenzschichtdicke von $\delta_T \sim \mathrm{Pr}^{-\frac{1}{2}} \cdot \mathrm{Re}^{-\frac{1}{2}}$ rechnen. Es fragt sich, ob dieser Verlauf auch bei sehr kleinen Grenz- oder Temperaturschichten der Fall ist. Dazu betrachten wir zwei Fälle.

1. $\delta_S \to 0$ (Abb. 40.1 links). Bei einer sehr kleinen Strömungsgrenzschicht ist $v_* \approx 0$ und das Fluid fließt innerhalb der Temperaturgrenzschicht praktisch mit einer Geschwindigkeit, die der Außenströmung entspricht: $u_*(x,y) \approx u_{*\infty}$. Gleichung (39.3.2) lautet dann

$$u_{*\infty} \frac{\partial \vartheta}{\partial x_*} = \frac{1}{\mathrm{Pr} \cdot \mathrm{Re}} \cdot \frac{\partial^2 \vartheta}{\partial y_*^2}.$$

   Als dimensionslose Größen sind $u_{*\infty}$, ϑ und x_* alle von der Größenordnung 1, wogegen y_* die Ordnung δ_T besitzt. Insgesamt folgt

$$\frac{1}{\mathrm{Pr}\cdot\mathrm{Re}}\cdot\frac{1}{\delta_T^2}\sim 1,\quad \delta_T\sim \mathrm{Pr}^{-\frac{1}{2}}\cdot\mathrm{Re}^{-\frac{1}{2}}$$

und schließlich

$$\frac{\delta_T}{\delta_S}\sim \mathrm{Pr}^{-\frac{1}{2}}.$$

In diesem Fall stimmt somit die oben gemachte Voraussage. Aus dem Ergebnis entnimmt man auch, dass sehr kleine Strömungsgrenzschichten sehr kleinen Prandtl-Zahlen entsprechen: Aus $\delta_S\to 0$ folgt $\mathrm{Pr}\to 0$.

2. $\delta_T\to 0$ (Abb. 40.1 rechts). Eine dünne Temperaturgrenzschicht hat zur Folge, dass die Geschwindigkeitsverteilung innerhalb dieser Schicht praktisch linear verläuft: $\frac{\partial u_*}{\partial y_*}\approx\frac{u_*}{y_*}$. Dabei ist y_* von der Ordnung δ_T und die Ordnung von u_* muss noch bestimmt werden. Zudem wird die Spannung praktisch nur von der Wandspannung hervorgerufen: $\tau(x,y)\approx\tau_W(x)$.
Diese müssen wir noch entdimensionieren: $\varepsilon(x)=\frac{\tau_W(x)}{\rho u_\infty^2}$. Aus (39.3.16) ist bekannt, dass $\varepsilon(x)\sim\frac{1}{\sqrt{\mathrm{Re}}}$. Für die Wandspannung gilt

$$\tau_W(x)=\eta\left(\frac{\partial u}{\partial y}\right)=\eta\frac{u_\infty}{l}\left(\frac{\partial u_*}{\partial y_*}\right)=\eta\frac{u_\infty u_*}{y_* l}.$$

Zusammen folgt

$$u_*=\frac{\rho u_\infty\varepsilon(x)l}{\eta}y_*=\mathrm{Re}\cdot\varepsilon(x)\cdot y_*.$$

Dann benötigen wir noch die Ordnung von v_*. Dazu wandeln wir die Kontinuitätsgleichung $\frac{\partial u_*}{\partial x_*}+\frac{\partial v_*}{\partial y_*}=0$ in die integrale Form um zu

$$v_*=-\int_0^{y_*}\frac{\partial u_*}{\partial x_*}dy_*=\mathrm{Re}\cdot\frac{\partial\varepsilon(x)}{\partial x_*}\int_0^{y_*}y_*dy_*=\mathrm{Re}\cdot\frac{\partial\varepsilon(x)}{\partial x_*}\cdot\frac{y_*^2}{2}.$$

Insgesamt schreibt sich (40.2.2) zu

$$\mathrm{Re}\cdot\varepsilon(x)\cdot y_*\cdot\frac{\partial\vartheta}{\partial x_*}+\mathrm{Re}\cdot\frac{\partial\varepsilon(x)}{\partial x_*}\cdot\frac{y_*^2}{2}\cdot\frac{\partial\vartheta}{\partial y_*}-\frac{1}{\mathrm{Pr}\cdot\mathrm{Re}}\cdot\frac{\partial^2\vartheta}{\partial y_*^2}=0.$$

Alle Terme besitzen nun dieselbe Dimension 1, also

$$\mathrm{Re}\cdot\frac{1}{\sqrt{\mathrm{Re}}}\cdot\delta_T\cdot 1\sim\mathrm{Re}\cdot\frac{1}{\sqrt{\mathrm{Re}}}\cdot\delta_T^2\cdot\frac{1}{\delta_T}\sim\frac{1}{\mathrm{Pr}\cdot\mathrm{Re}}\cdot\frac{1}{\delta_T^2}\sim 1.$$

Daraus erhält man nacheinander

$$\sqrt{\mathrm{Re}}\cdot\delta_T\sim\frac{1}{\mathrm{Pr}\cdot\mathrm{Re}}\cdot\frac{1}{\delta_T^2},\quad \delta_T^3\sim\mathrm{Pr}^{-1}\cdot\mathrm{Re}^{-\frac{3}{2}},\quad \delta_T\sim\mathrm{Pr}^{-\frac{1}{3}}\cdot\mathrm{Re}^{-\frac{1}{2}}$$

und schließlich

$$\frac{\delta_T}{\delta_S} \sim \mathrm{Pr}^{-\frac{1}{3}}.$$

Dieses Ergebnis weicht von der weiter oben gemachten Voraussage ab. Damit entsprechen sehr kleine Temperaturgrenzschichten sehr großen Prandtl-Zahlen: Aus $\delta_T \to 0$ folgt $\mathrm{Pr} \to \infty$.
Das Verhältnis der Grenzschichtdicken ist

$$\frac{\delta_T}{\delta_S} \sim \mathrm{Pr}^{-n}, \quad \frac{1}{3} < n < \frac{1}{2}. \tag{40.2.3}$$

Der Exponent richtet sich nach der Prandtl-Zahl. Gleiche Grenzschichtdicken erhält man für Pr = 1 (Abb. 40.1 mitte). In Abb. 40.1 sind die drei Fälle festgehalten: $\mathrm{Pr} \ll 1$ (flüssige Metalle), $\mathrm{Pr} \approx 1$ (Gase, Wasser bei hohen Temperaturen) und $\mathrm{Pr} \gg 1$ (Öle).

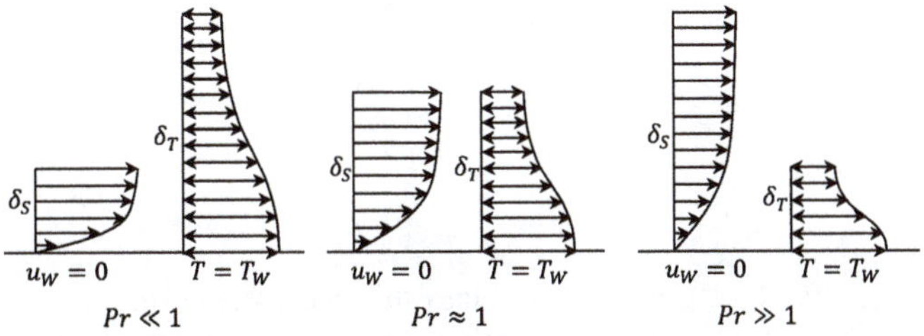

Abb. 40.1: Skizzen zur Strömungsgrenzschicht- und Temperaturgrenzschichtdicke.

40.3 Die analytische Lösung der Temperaturgrenzschichtgleichung für Pr = 1, T_W = konst

Ausgangspunkt ist immer noch eine Plattenströmung. Gesucht sind die Lösungen $T(x,y)$ der Gleichung

$$u\frac{\partial T}{\partial x} + v\frac{\partial T}{\partial y} = \frac{\lambda}{\rho c_p} \cdot \frac{\partial^2 T}{\partial y^2}. \tag{40.3.1}$$

Das bekannte Geschwindigkeitsprofil $u(x,y)$ wird dabei mithilfe von

$$u\frac{\partial u}{\partial x} + v\frac{\partial u}{\partial y} = \nu \cdot \frac{\partial^2 u}{\partial y^2}$$

(Gleichung (39.3.2)) ermittelt.

Herleitung von (40.3.2)–(40.3.5)

Setzt man $\nu = \frac{\lambda}{\rho c_p}$, so bedeutet das Pr = 1. In diesem Fall führen beide DGen zu ähnlichen Lösungen. Die Lösungen von $u(x, y)$ und $T(x, y)$ unterscheiden sich aber bezüglich der Randbedingungen. Zu $u(y = 0) = 0$ gehört nicht etwa $T(y = 0) = 0$, sondern $T(y = 0) - T_W = 0$, also $T = T_W$. Insgesamt lauten die Randbedingungen:

$$\text{für } y = 0 \text{ ist } u = v = 0 \text{ und } T = T_W = \text{konst.} \quad \text{und}$$
$$\text{für } y = \delta \text{ ist } u = u_\delta = u_\infty \text{ und } T = T_\delta = T_\infty.$$

Der Ansatz

$$T = \frac{u}{u_\infty}(T_\infty - T_W) + T_W$$

erfüllt beide Bedingungen, sodass man auch

$$\frac{T}{T_\infty} = \frac{u}{u_\infty}\left(1 - \frac{T_W}{T_\infty}\right) + \frac{T_W}{T_\infty} \tag{40.3.2}$$

oder

$$\frac{u}{u_\infty} = \frac{T - T_W}{T_\infty - T_W} \tag{40.3.3}$$

schreiben kann. Gleichung (40.3.3) entnimmt man, dass mit bekanntem Verlauf von $\frac{u}{u_\infty}$, beispielsweise das Blasius- oder Pohlhausen-Profil, auch das Temperaturprofil bestimmt ist.

Da für Pr = 1 zwangsweise $\delta_T = \delta_S$ folgt, hat man

$$\frac{u}{u_\infty}(\xi) = \vartheta(\xi) = \vartheta\left(\frac{y}{\delta_S}\right).$$

Die Gleichungen (39.7.2) und (39.8.5) liefern

$$\vartheta(\xi_*) = \vartheta\left(\frac{y}{\delta_S}\right) = \xi_*(2 - 2\xi_*^2 + \xi_*^3)$$

mit

$$\xi_* = \frac{y}{\delta_S(x)} = \frac{y}{5{,}836\sqrt{\frac{\nu x}{u_\infty}}} = \frac{y}{5{,}836 \cdot \mathrm{Re}_x^{-\frac{1}{2}} \cdot x}.$$

Damit wir später die numerische Lösung mit dieser analytischen vergleichen können, belassen wir den Faktor 5,836, nehmen

$$\xi = \frac{y}{\mathrm{Re}_x^{-\frac{1}{2}} \cdot x} \tag{40.3.4}$$

und erhalten

$$\vartheta(\xi) = \frac{\xi}{5{,}836}\left[2 - 2\left(\frac{\xi}{5{,}836}\right)^2 + \left(\frac{\xi}{5{,}836}\right)^3\right]. \tag{40.3.5}$$

Zur Bestimmung des eigentlichen Temperaturprofils (40.3.2) muss man zwischen Heizung und Kühlung unterscheiden. Dazu benutzen wir (40.3.2) und setzen $\gamma := 1 - \frac{T_W}{T_\infty}$. Folgende drei Fälle sind möglich (Abb. 40.2):

1a. Aus $\frac{T_W}{T_\infty} < 1$ (Kühlung) folgt

$$\frac{T}{T_\infty} = \gamma \cdot \frac{u}{u_\infty} + \frac{T_W}{T_\infty} \quad \text{mit} \quad \gamma > 0.$$

Damit erhält man $\frac{T}{T_\infty}$ grafisch durch Streckung von $\frac{u}{u_\infty}$ mit dem Faktor γ plus einer Verschiebung um $\frac{T_W}{T_\infty}$.

2a. Aus $\frac{T_W}{T_\infty} = 1$ (keine Wärmeleitung) folgt

$$T = T_W \quad \text{mit} \quad \gamma = 0.$$

Es entsteht keine Grenzschicht. Grafisch entspricht das einer senkrechten Geraden.

3a. Aus $\frac{T_W}{T_\infty} > 1$ (Heizung) folgt

$$\frac{T}{T_\infty} = \gamma \cdot \frac{u}{u_\infty} + \frac{T_W}{T_\infty} \quad \text{mit} \quad \gamma < 0.$$

Der Verlauf von $\frac{T}{T_\infty}$ ergibt sich durch Spiegelung von $\frac{u}{u_\infty}$ an der $\frac{y}{\delta}$-Achse und anschließender Verschiebung um $\frac{T_W}{T_\infty}$.

Nehmen wir beispielsweise den Fall 1a. Es handelt sich bei $T_\infty > T_W$ um eine Kühlung der Wand. Bei einer Anströmung mit einer größeren Temperatur als die Wandtemperatur würde sich die Wand erwärmen. Da aber T_W konstant gehalten werden muss, was in allen Fällen die Bedingung ist, muss die Wand somit gekühlt werden.

Lassen wir für einen Moment gemäß (40.1.3) die Dissipation neben der Wärmeleitung als Ursache für die Temperaturänderung zu, dann ändern sich die Verläufe 1a–3a aus Abb. 40.2. Aufgrund der Diffusionsänderung (Impulstransport in y-Richtung), in Gleichung (39.3.2) durch den Term $\nu\frac{\partial^2 u}{\partial y^2}$ gekennzeichnet, kommt es in der Temperaturgrenzschicht zu einer Umwandlung von kinetischer Energie in Reibungsenergie. Die Größe dieser Dissipation ist in Gleichung (40.1.3) durch den letzten Term auf der rechten Seite beschrieben. Deswegen setzen wir Diss $:= \eta(\frac{du}{dy})^2$. Mithilfe von (39.3.7) wird daraus

$$\text{Diss} := \eta \cdot \psi_{yy}^2 = \eta \cdot \left[u_\infty\sqrt{\frac{u_\infty}{\nu x}} \cdot f''(\xi)\right]^2 \sim \eta \cdot u_\infty^3.$$

Wie schon im Zusammenhang mit der Eckert-Zahl erwähnt, wächst der Einfluss der Dissipation mit steigender Anströmungsgeschwindigkeit und mit wachsender Viskosität. Glycerin hätte gegenüber Wasser eine 120-fache Dissipation.

Jetzt wollen wir klären, wie die angesprochene Änderung der Temperaturverläufe in Abb. 40.2 qualitativ aussieht. Die Dissipation verursacht eine Temperaturerhöhung ΔT_{Diss}, sodass wir für die gesamte Temperatur T_{GW} an der Wand $T_{\text{GW}} = T_W + \Delta T_{\text{Diss}}$ schreiben können. Dabei bezeichnet T_W die Wandtemperatur bei Vernachlässigung der Reibung. Daraus folgt

$$\frac{T_{\text{GW}}}{T_\infty} = \frac{T_W}{T_\infty} + \Delta\phi \quad \text{mit} \quad \Delta\phi = \frac{\Delta T_{\text{Diss}}}{T_\infty}$$

und wir können zu den Fällen 1a–3a die entsprechenden Fälle 1b–3b hinzunehmen (Abb. 40.2):

1a. Diss = 0, mit Wärmeleitung (Kühlung)
1b. Diss ≠ 0, mit Wärmeleitung (Kühlung)
2a. Diss = 0, keine Wärmeleitung
2b. Diss ≠ 0, keine Wärmeleitung
3a. Diss = 0, mit Wärmeleitung (Heizung)
3b. Diss ≠ 0, mit Wärmeleitung (Heizung).

Dabei ist die Temperaturänderung als Folge der Dissipation blau gekennzeichnet.

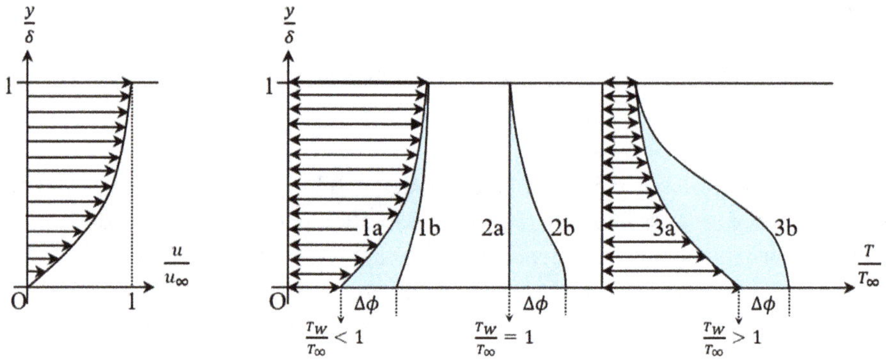

Abb. 40.2: Temperaturprofile mit und ohne Dissipation.

Herleitung von (40.3.6)–(40.3.11)

Eine interessante Folgerung ergibt sich, wenn man das Temperaturprofil (40.3.2) nach y ableitet:

$$\frac{\partial T}{\partial y} = \frac{T_\infty - T_W}{u_\infty} \cdot \frac{\partial u}{\partial y}.$$

Mit $y_* = \frac{y}{l}$, $u_* = \frac{u}{u_\infty}$ und $\vartheta = \frac{T-T_W}{T_\infty - T_W}$ folgt nacheinander

$$(T_\infty - T_W)\frac{\partial\vartheta}{\partial y} = \frac{T_\infty - T_W}{u_\infty} \cdot u_\infty \frac{\partial u_*}{\partial y},$$
$$\frac{T_\infty - T_W}{l} \cdot \frac{\partial\vartheta}{\partial y_*} = \frac{T_\infty - T_W}{l} \cdot \frac{\partial u_*}{\partial y_*}, \quad \frac{\partial\vartheta}{\partial y_*} = \frac{\partial u_*}{\partial y_*}$$

und insbesondere an der Wand

$$\left(\frac{\partial\vartheta}{\partial y_*}\right)_W = \left(\frac{\partial u_*}{\partial y_*}\right)_W. \tag{40.3.6}$$

Dies bezeichnet man als Reynolds-Analogie. Sie verknüpft den Wärmeübergang mit der Normalspannung an der Wand. Die charakteristischen Größen dafür sind die Nusselt-Zahl und der örtliche Reibungsbeiwert $c_f(x)$ (vgl. (39.3.18)). Die Nusselt-Zahl wurde schon mit (27.1.1) als $\mathrm{Nu} = \frac{\alpha(x)\cdot d}{\lambda}$ eingeführt, wobei d der Durchmesser des durchströmten Rohrs bezeichnete. Für die Platte ist die charakteristische Größe ihre Länge x, also $\mathrm{Nu}_x = \frac{\alpha(x)\cdot x}{\lambda}$. Der sogenannte lokale Wärmeübergangskoeffizient $\alpha(x)$ in $\frac{\mathrm{W}}{\mathrm{m^2K}}$ entspricht dem Verhältnis

$$\alpha(x) = \frac{\dot{q}_W(x)}{\Delta T} = \frac{\dot{q}_W(x)}{T_\infty - T_W}$$

mit der Wärmestromdichte $\dot{q}_W(x) = \lambda[\frac{\partial T(x)}{\partial y}]_W$ in $[\frac{\mathrm{W}}{\mathrm{m^2}}]$. Somit ist

$$\mathrm{Nu}_x = \frac{\dot{q}_W \cdot x}{\lambda(T_\infty - T_W)}.$$

Mit

$$\frac{\partial T(x)}{\partial y} = \frac{T_\infty - T_W}{l} \cdot \frac{\partial\vartheta(x)}{\partial y_*}$$

folgt

$$\mathrm{Nu}_x = \left[\frac{\partial\vartheta(x)}{\partial y_*}\right]_W. \tag{40.3.7}$$

Nun zum Reibungsbeiwert. Aus

$$\tau_W(x) = \eta\left[\frac{\partial u(x)}{\partial y}\right]_W = \eta\frac{u_\infty}{l}\left[\frac{\partial u_{*(x)}}{\partial y_*}\right]_W$$

und

$$\tau_W(x) = \frac{1}{2}c_f(x)\rho u_\infty^2 \quad (39.3.17),$$

folgt

$$\frac{1}{2}c_f(x)\rho u_\infty x = \eta\left[\frac{\partial u_*(x)}{\partial y_*}\right]_W$$

und damit

$$\left[\frac{\partial u_*(x)}{\partial y_*}\right]_W = \frac{1}{2}c_f(x)\cdot \mathrm{Re}_x. \tag{40.3.8}$$

Mit (40.3.7) und (40.3.8) schreibt sich die Reynolds-Analogie (40.3.6) als $\mathrm{Nu}_x = \frac{1}{2}c_f(x)\cdot \mathrm{Re}_x$ Entnehmen wir $c_f(x) = \frac{0{,}662}{\sqrt{\mathrm{Re}_x}}$ (39.3.18) aus der Blasius-Lösung, so erhalten wir

$$\mathrm{Nu}_x = \frac{\alpha(x)\cdot x}{\lambda} = 0{,}331\cdot \mathrm{Re}_x^{\frac{1}{2}}. \tag{40.3.9}$$

Der lokale Wärmeübergangskoeffizient

$$\alpha(x) = \frac{\mathrm{Nu}_x\cdot\lambda}{x} = 0{,}331\cdot\lambda\sqrt{\frac{u_\infty}{\nu x}} \sim \frac{1}{\sqrt{x}}$$

verkleinert sich auf dieselbe Weise wie $c_f(x)\sim\frac{1}{\sqrt{x}}$, eine weitere Analogie. Häufig interessiert weniger der lokale Übergangskoeffizient, als vielmehr der gemittelte Wert $\alpha_m(x)$ über eine Lauflänge von x. (Mit diesen gemittelten Werten wurde in den bisherigen Wärmetransporten gerechnet.) Man erhält

$$\alpha_m(x) = \frac{1}{x}\int_0^x \alpha(x)dx = \frac{0{,}331\cdot\lambda}{x}\sqrt{\frac{u_\infty}{\nu}}\int_0^x \frac{1}{\sqrt{x}}dx = 0{,}662\cdot\lambda\sqrt{\frac{u_\infty}{\nu}}\cdot\frac{1}{\sqrt{x}} = 2\cdot\alpha(x).$$

Das Ergebnis (40.3.9) muss noch mit einem Korrekturfaktor K versehen werden. Dieser Faktor berücksichtigt die Richtung des Wärmestroms. Weil die Stoffwerte temperaturabhängig sind, spielt es eine Rolle, ob es sich um eine Heizung oder eine Kühlung des Fluids handelt. Experimente ergeben für Flüssigkeiten

$$K = \left(\frac{\mathrm{Pr}_{\mathrm{Fluid}}}{\mathrm{Pr}_{\mathrm{Wand}}}\right)^{0{,}25}.$$

Bei Gasen kann $K = 1$ gesetzt werden. Die Bestimmung der Prandtl-Zahl des Fluids $\mathrm{Pr}_{\mathrm{Fluid}}$ erfolgt dann bei einer Bezugstemperatur $T_B = \frac{T_F+T_W}{2}$, wobei die Fluidtemperatur selber eine über die Plattenlänge gemittelte Temperatur

$$T_{\mathrm{Fluid}} = \frac{T_{\mathrm{Fluid},x=0} + T_{\mathrm{Fluid},x=l}}{2}$$

darstellt.

Gesamthaft gilt

$$\mathrm{Nu}_x = 0{,}331 \cdot \mathrm{Re}_x^{\frac{1}{2}} \cdot \left(\frac{\mathrm{Pr}}{\mathrm{Pr}_W}\right)^{0{,}25} . \tag{40.3.10}$$

Die Zahl $\mathrm{Nu}_x(x) = \frac{\alpha(x)\cdot x}{\lambda}$ entspricht dem lokalen Übergang an der Stelle x. Falls nur die mittlere Nusselt-Zahl bis zu einem Teil x der gesamten Plattenlänge interessiert, betrachtet man $\mathrm{Nu}_{m,x}(x) = \frac{\alpha_m(x)\cdot x}{\lambda}$. Meistens ist die mittlere Nusselt-Zahl entlang der gesamten Platte von Interesse. Dann gilt $\mathrm{Nu}_{m,l} = \frac{\alpha_m(l)\cdot l}{\lambda}$ und man schreibt kurz $\mathrm{Nu}_m = \frac{\alpha_m\cdot l}{\lambda}$. Im letzten Fall bekäme (40.3.10) die Gestalt

$$\mathrm{Nu}_m = 0{,}662 \cdot \mathrm{Re}_l^{\frac{1}{2}} \cdot \left(\frac{\mathrm{Pr}}{\mathrm{Pr}_W}\right)^{0{,}25} . \tag{40.3.11}$$

Beispiel. Eine quadratische metallische Platte der Länge $l = 1{,}5\,\mathrm{m}$ wird quer zu einer Seitenkante mit Wasserdampf der Temperatur $T_\infty = 140\,^\circ\mathrm{C}$ bei einer Geschwindigkeit von $u_\infty = 1\,\frac{\mathrm{m}}{\mathrm{s}}$ parallel zu deren Oberfläche angeströmt. Die Plattentemperatur soll auf $T_W = 100\,^\circ\mathrm{C}$ gehalten werden und die Stoffwerte betragen $\nu = 2{,}34 \cdot 10^{-5}\,\frac{\mathrm{m}^2}{\mathrm{s}}$ und $\lambda = 0{,}027\,\frac{\mathrm{W}}{\mathrm{mK}}$ (beide bei der Bezugstemperatur $T_B = \frac{T_\infty + T_W}{2} = 120\,^\circ\mathrm{C}$). In diesem Fall ist Pr = 1,04. Rechnen Sie für die Aufgaben a) und b) mit Pr = 1.

a) Das dimensionslose Geschwindigkeitsprofil $\frac{u}{u_\infty}$ liege entweder über die Blasius-Lösung oder das Pohlhausen-Polynom vor. Dies vorausgesetzt, soll das Temperaturprofil $\frac{T}{T_\infty}$ bestimmt werden.
b) Geben Sie die Temperaturgrenzschicht $\delta_T(x)$ als Funktion der Lauflänge x an.
c) Wie groß ist die Nusselt-Zahl Nu_m bei dieser Wärmeübertragung?
d) Bestimmen Sie den fließenden Wärmestrom $\dot{Q}$ vom Dampf auf die Platte?

Lösung.

a) Gleichung (40.3.2) liefert

$$\frac{T}{T_\infty} = \frac{u}{u_\infty}\left(1 - \frac{373{,}15}{413{,}15}\right) + \frac{373{,}15}{413{,}15} \approx 0{,}10 \cdot \frac{u}{u_\infty} + 0{,}90$$

und da $\frac{u}{u_\infty}(\xi) = \vartheta(\xi)$, folgt mit (40.3.4) und (40.3.5)

$$\frac{T}{T_\infty}(\xi) = 0{,}10 \cdot \frac{\xi}{5{,}836}\left[2 - 2\left(\frac{\xi}{5{,}836}\right)^2 + \left(\frac{\xi}{5{,}836}\right)^3\right] + 0{,}90,$$

wobei

$$\xi = \frac{y}{\mathrm{Re}_x^{-\frac{1}{2}} \cdot x}$$

gilt.

b) Mit $\mathrm{Pr} = 1$ ist auch $\delta_T = \delta_S$, sodass mit (39.8.5)

$$\delta_T(x) = 5{,}836\sqrt{\frac{\nu x}{u_\infty}}$$

folgt.

c) Es gilt

$$\mathrm{Re}_l = \frac{u_\infty \cdot l}{\nu} = \frac{1 \cdot 1{,}5}{2{,}34 \cdot 10^{-5}} = 6{,}41 \cdot 10^4 < 5 \cdot 10^4, \quad \text{a}$$

lso laminar. Da es bei Gasen keiner Korrektur bedarf, ergibt (40.3.11) $\mathrm{Nu}_m = 0{,}662 \cdot \sqrt{\mathrm{Re}_l} = 167{,}61$.

d) Aus

$$\mathrm{Nu}_m = \frac{\dot{q}_W \cdot l}{\lambda(T_\infty - T_W)}$$

folgt

$$\dot{q}_W = \frac{\mathrm{Nu}_m \cdot \lambda(T_\infty - T_W)}{l}$$

und daraus

$$\dot{Q} = \dot{q}_W l^2 = \mathrm{Nu}_m \cdot \lambda \cdot l(T_\infty - T_W) = 167{,}6 \cdot 0{,}027 \cdot 1{,}5(140 - 100) = 271{,}55\,\mathrm{N}.$$

40.4 Die analytische Lösung der Temperaturgrenzschichtgleichung für Pr > 1, T_W = konst

Bei der Lösung für $\mathrm{Pr} > 1$ und $\mathrm{Pr} < 1$ wird es sich jeweils um eine Näherungslösung handeln. Wir bestimmen zuerst die Integralform der Gleichung (40.3.1) ähnlich wie bei der Impulserhaltung in Kap. 39.6.

Herleitung von (40.4.1)–(40.4.13)

Dazu ersetzen wir in (40.3.1) T durch $T - T_\infty$ und erhalten

$$\rho c_p\left[u\frac{\partial(T - T_\infty)}{\partial x} + v\frac{\partial(T - T_\infty)}{\partial y}\right] = \lambda \cdot \frac{\partial^2(T - T_\infty)}{\partial y^2}.$$

Nach einiger Rechnung (siehe Band 6) erhält man die Integralform von (40.3.1):

$$\rho c_p \frac{d}{dx}\left[\int_0^{\delta_T} u(T - T_\infty)dy\right] = -\lambda\left(\frac{\partial T}{\partial y}\right)_W. \tag{40.4.1}$$

Zur Lösung setzen wir die dimensionslose Temperatur wie anhin an als

$$\vartheta = \frac{T - T_W}{T_\infty - T_W}. \tag{40.4.2}$$

Dabei soll $\vartheta(x, y)$ durch ein Polynom 3. Grades

$$\vartheta(x,y) = a + b\left[\frac{y}{\delta_T(x)}\right] + c\left[\frac{y}{\delta_T(x)}\right]^2 + d\left[\frac{y}{\delta_T(x)}\right]^3$$

approximiert werden. Die Randbedingungen lauten:

I. $\vartheta = 0$ für $y = 0$

II. $\frac{\partial^2\vartheta}{\partial y^2} = 0$ für $y = 0$

III. $\vartheta = 1$ für $y = \delta_T$

IV. $\frac{\partial\vartheta}{\partial y} = 0$ für $y = \delta_T$.

Die Bedingung II. bedeutet, dass die Änderung der Wärmeleitung an der Wand am größten ist, was auch unmittelbar folgt, wenn man in (40.3.1) $u = v = 0$ setzt.

Bedingung IV. entspricht der Forderung, dass sich die Temperatur gegenüber der Außentemperatur nicht mehr ändern soll.

Es folgen nacheinander $a = 0$ aus I., $c = 0$ aus II. und $b + d = 1$ und $b + 3d = 0$ aus den beiden restlichen Bedingungen. Daraus entnimmt man $b = \frac{3}{2}$, $d = -\frac{1}{2}$ und das zugehörige Temperaturprofil

$$\vartheta(x,y) = \frac{3}{2}\left(\frac{y}{\delta_T}\right) - \frac{1}{2}\left(\frac{y}{\delta_T}\right)^3. \tag{40.4.3}$$

Es ist sinnvoll, entgegen dem Pohlhausen-Profil, für das Geschwindigkeitsprofil dieselbe Funktion zu wählen:

$$\frac{u}{u_\infty}(x,y) = \frac{3}{2}\left(\frac{y}{\delta_S}\right) - \frac{1}{2}\left(\frac{y}{\delta_S}\right)^3. \tag{40.4.4}$$

Damit lässt man die Forderung

$$\frac{\partial^2}{\partial y^2}\left(\frac{u}{u_\infty}\right)_{y=\delta_S} = 0$$

fallen, dass die Diffusion an der Grenzschicht vollständig zum Erliegen kommt. Aus (40.4.2) folgt nacheinander

$$T = \vartheta(T_\infty - T_W) + T_W, \quad T - T_\infty = \vartheta(T_\infty - T_W) + T_W - T_\infty$$

und

$$T - T_\infty = -(1 - \vartheta)(T_\infty - T_W). \tag{40.4.5}$$

Zudem gilt

$$\frac{\partial T}{\partial y} = \frac{\partial \vartheta}{\partial y}(T_\infty - T_W). \tag{40.4.6}$$

Einsetzen von (40.4.5) und (40.4.6) in (40.4.1) führt zu

$$-\rho c_p \frac{d}{dx}\left[\int_0^{\delta_T} u(1-\vartheta)dy\right](T_\infty - T_W) = -\lambda\left(\frac{\partial \vartheta}{\partial y}\right)_W \cdot (T_\infty - T_W)$$

oder

$$\rho c_p \frac{d}{dx}\left[\int_0^{\delta_T} u(1-\vartheta)dy\right] = \lambda\left(\frac{\partial \vartheta}{\partial y}\right)_W. \tag{40.4.7}$$

Gleichung (40.4.7) geht über in (Details entnimmt man Band 6)

$$\frac{d}{dx}\left[\delta_S\left(\frac{3}{20}\cdot\Omega^2 - \frac{3}{280}\cdot\Omega^4\right)\right] = k\cdot\frac{3}{2u_\infty \delta_S \Omega} \quad \text{mit} \quad k = \frac{\lambda}{\rho c_p} \quad \text{und} \quad \Omega = \frac{\delta_T}{\delta_S}. \tag{40.4.8}$$

Diese Gleichung ließe sich numerisch lösen.

Idealisierung: Für eine analytische Lösung vernachlässigen wir Ω^4 gegenüber Ω^2, weil mit $\mathrm{Pr} > 1$ auch $\delta_S > \delta_T$ ist (vgl. Abb. 40.1).

Damit verbleibt aus (40.4.8) noch

$$\delta_S\Omega \cdot \frac{d}{dx}(\delta_S\Omega^2) = \frac{10k}{u_\infty}.$$

Ausdifferenziert erhält man

$$\delta_S\Omega^3 \cdot \frac{d\delta_S}{dx} + 2\delta_S^2\Omega^2\cdot\frac{d\Omega}{dx} = \frac{10k}{u_\infty} \quad \text{und} \quad \frac{1}{2}\delta_S^2 = \frac{140\nu}{13u_\infty}x.$$

Aufgelöst ergibt sich

$$\delta_S(x) = 4{,}641\sqrt{\frac{\nu x}{u_\infty}} = 4{,}641\cdot \mathrm{Re}_x^{-\frac{1}{2}}\cdot x. \tag{40.4.9}$$

Abermals folgt eine längere Rechnung (siehe Band 6). Endlich erhält man

$$\frac{\delta_T}{\delta_S} = \left(\frac{13}{14}\right)^{\frac{1}{3}}\cdot \mathrm{Pr}^{-\frac{1}{3}} = 0{,}976\cdot\mathrm{Pr}^{-\frac{1}{3}} \approx 1\cdot\mathrm{Pr}^{-\frac{1}{3}}. \tag{40.4.10}$$

Damit wird das Ergebnis (40.2.3) für $\delta_T \to 0$ bestätigt. Für Pr = 1 müsste der Faktor in (40.4.10) eigentlich 1 sein. Der kleine Fehler rührt von der Vernachlässigung von Ω^4 gegenüber Ω^2 her. Weiter erhält man

$$\frac{\delta_T(x)}{x} = 4{,}641 \cdot \mathrm{Re}_x^{-\frac{1}{2}} \cdot \mathrm{Pr}^{-\frac{1}{3}}. \tag{40.4.11}$$

Das dimensionslose Profil folgt dann mit (40.4.3) zu $\vartheta(\xi_*) = \frac{3}{2}\xi_* - \frac{1}{2}\xi_*^3$, wobei

$$\xi_* = \frac{y}{\delta_T} = \frac{y}{\delta_S(x) \cdot \mathrm{Pr}^{-\frac{1}{3}}} = \frac{y}{4{,}641 \cdot \mathrm{Re}_x^{-\frac{1}{2}} \cdot x \cdot \mathrm{Pr}^{-\frac{1}{3}}}$$

ist. Mit demselben

$$\xi = \frac{y}{\mathrm{Re}_x^{-\frac{1}{2}} \cdot x}$$

wie bei (40.3.4) erhält man

$$\vartheta(\xi) = \frac{3}{2}\left(\frac{\xi}{4{,}641 \cdot \mathrm{Pr}^{-\frac{1}{3}}}\right) - \frac{1}{2}\left(\frac{\xi}{4{,}641 \cdot \mathrm{Pr}^{-\frac{1}{3}}}\right)^3. \tag{40.4.12}$$

Schließlich soll die Wärmeübertragung angegeben werden. Aus

$$\alpha(x) = \frac{\dot{q}_W}{T_\infty - T_W} = \frac{0{,}331 \cdot \lambda}{x} \cdot \mathrm{Re}_x^{\frac{1}{2}} \cdot \mathrm{Pr}^{\frac{1}{3}}$$

ergibt sich schließlich die Nusselt-Zahl inklusive dem Korrekturfaktor für Flüssigkeiten wie bei (40.3.9) zu

$$\mathrm{Nu}_x = \frac{\alpha \cdot x}{\lambda} = 0{,}331 \cdot \mathrm{Re}_x^{\frac{1}{2}} \cdot \mathrm{Pr}^{\frac{1}{3}} \cdot \left(\frac{\mathrm{Pr}}{\mathrm{Pr}_W}\right)^{0{,}25}. \tag{40.4.13}$$

Dies stimmt für Pr = 1 mit (40.3.10) überein.

Beispiel. Zur Entfettung einer ölverschmierten rechteckigen Metallplatte der Länge l = 1 m und der Breite b = 0,5 m wird die Platte quer mit einer Ethanollösung der mittleren Temperatur T_∞ = 40 °C und einer Geschwindigkeit von $u_\infty = 0{,}25\,\frac{\mathrm{m}}{\mathrm{s}}$ parallel zu dessen Oberfläche angeströmt. Die Plattentemperatur soll auf T_W = 20 °C gehalten werden. Die Stoffwerte betragen $\nu = 1{,}29 \cdot 10^{-6}\,\frac{\mathrm{m}^2}{\mathrm{s}}$, $\lambda = 0{,}163\,\frac{\mathrm{W}}{\mathrm{mK}}$ und zusätzlich ist Pr = 14,82 (alle Werte bei der Bezugstemperatur $T_B = \frac{T_\infty + T_W}{2} = 30\,^\circ\mathrm{C}$).

a) Die Strömung soll als laminar betrachtet werden, falls $\mathrm{Re}_{\mathrm{krit}} = 3{,}5 \cdot 10^5$ angesetzt wird. Trifft dies zu?
b) Geben Sie den Verlauf von $T(x,y)$ explizit als Funktion von x und y an.
c) Wie groß ist die Temperatur auf halber Grenzschichthöhe und halber Lauflänge?

d) Bestimmen Sie die Nusselt-Zahl Nu_l für diesen Wärmeübergang, falls bei 20 °C die Prandtl-Zahl von Ethanol Pr = 16,91 beträgt.
e) Welcher stationäre Wärmestrom $\dot{Q}$ zwischen der Alkohollösung und der Platte stellt sich ein?

Lösung.
a) Es gilt $\mathrm{Re} = \frac{u_\infty \cdot l}{\nu} = 1{,}94 \cdot 10^5$, sodass wir die Aufgabe als laminare Strömung behandeln können.
b) Gleichung (40.4.12) liefert

$$\begin{aligned}\vartheta(x,y) &= \frac{3}{2}\left(\frac{y\sqrt{\frac{0{,}25\cdot x}{1{,}29\cdot 10^{-6}}}}{4{,}64\cdot x\cdot 14{,}82^{-\frac{1}{3}}}\right) - \frac{1}{2}\left(\frac{y\sqrt{\frac{0{,}25\cdot x}{1{,}29\cdot 10^{-6}}}}{4{,}64\cdot x\cdot 14{,}82^{-\frac{1}{3}}}\right)^3\\ &= \frac{3}{2}\left(\frac{233y}{\sqrt{x}}\right) - \frac{1}{2}\left(\frac{233y}{\sqrt{x}}\right)^3.\end{aligned}$$

Aus der Definition $\vartheta = \frac{T - T_W}{T_\infty - T_W}$ folgt dann

$$T(x,y) = \left[\frac{3}{2}\left(\frac{233y}{\sqrt{x}}\right) - \frac{1}{2}\left(\frac{233y}{\sqrt{x}}\right)^3\right]\cdot 20 + 293{,}15.$$

c) Mit (40.4.9) bestimmt man die halbe Grenzschichtdicke zu

$$\frac{1}{2}\delta_S = \frac{1}{2}\sqrt{\frac{280\nu x}{13u_\infty}} = \frac{1}{2}\sqrt{\frac{280\cdot 1{,}29\cdot 10^{-6}\cdot 0{,}5}{13\cdot 0{,}25}} = 3{,}727\cdot 10^{-3}\,\mathrm{m}$$

und man erhält $T(\frac{1}{2}, \frac{\delta_S}{2}) = 310{,}97\,\mathrm{K}$.
d) Gleichung (40.4.13) ergibt

$$\begin{aligned}\mathrm{Nu}_m &= 0{,}662\cdot \mathrm{Re}_l^{-\frac{1}{2}}\cdot \mathrm{Pr}^{\frac{1}{3}}\cdot\left(\frac{\mathrm{Pr}}{\mathrm{Pr}_W}\right)^{0{,}25}\\ &= 0{,}662\cdot(1{,}94\cdot 10^5)^{\frac{1}{2}}\cdot 14{,}82^{\frac{1}{3}}\cdot\left(\frac{14{,}82}{16{,}91}\right)^{0{,}25} = 692{,}6.\end{aligned}$$

e) Aus

$$\mathrm{Nu}_m = \frac{\dot{q}_W l}{\lambda(T_\infty - T_W)}$$

folgt

$$\dot{q}_W = \frac{\mathrm{Nu}_m\cdot\lambda(T_\infty - T_W)}{l}$$

und damit

$$\dot{Q} = \dot{q}_W \cdot l \cdot b = \mathrm{Nu}_m \cdot \lambda(T_\infty - T_W) \cdot b = 1128{,}96\,\mathrm{W}.$$

40.5 Die analytische Lösung der Temperaturgrenzschichtgleichung für Pr < 1, T_W = konst

Idealisierungen:

- Es sei $\mathrm{Pr} \ll 1$ und folglich $\delta_S \ll \delta_T$ (vgl. Kap. 40.2).
- Innerhalb der Temperaturgrenzschicht entspricht die Strömungsgeschwindigkeit praktisch der Außenströmung: $u \approx u_\infty$.

Herleitung von (40.5.1)–(40.5.4)

Damit schreibt sich Gleichung (40.4.7) mithilfe von (40.4.3) als

$$u_\infty \frac{d}{dx}\left(\int_0^{\delta_T}\left[1 - \frac{3}{2}\left(\frac{y}{\delta_T}\right) + \frac{1}{2}\left(\frac{y}{\delta_T}\right)^3\right]dy\right) = \frac{\lambda}{\rho c_p}\left(\frac{3}{2\delta_T} + \frac{3}{2}\cdot\frac{y^2}{\delta_T^2}\right)_W.$$

Das ergibt nacheinander

$$u_\infty \frac{d}{dx}\left[y - \frac{3}{4}\cdot\frac{y^2}{\delta_T} + \frac{1}{8}\cdot\frac{y^4}{\delta_T^3}\right]_0^{\delta_T} = \frac{\lambda}{\rho c_p}\cdot\frac{3}{2\delta_T}, \quad u_\infty \frac{d}{dx}\cdot\left(\frac{3\delta_T}{8}\right) = \frac{\lambda}{\rho c_p}\cdot\frac{3}{2\delta_T},$$

$$\delta_T \cdot \frac{d\delta_T}{dx} = \frac{4\lambda}{\rho c_p u_\infty}, \quad \frac{1}{2}\delta_T^2 = \frac{4\lambda}{\rho c_p u_\infty}x,$$

$$\delta_T^2 = \frac{8\lambda x}{\rho c_p u_\infty}\cdot\frac{\eta x}{\eta x} = \frac{8x^2}{\mathrm{Re}\cdot\mathrm{Pr}} \quad \text{und}$$

$$\frac{\delta_T}{x} = 2{,}828 \cdot \mathrm{Re}_x^{-\frac{1}{2}} \cdot \mathrm{Pr}^{-\frac{1}{2}}. \tag{40.5.1}$$

Idealisierung: Wir verwenden für die weitere Rechnung das Ergebnis (39.8.5).

Dabei soll ein kleiner Fehler in Kauf genommen werden, weil (39.8.5) nur für Pr = 1 gilt (Alternativ könnte man an dieser Stelle auch das Blasius-Ergebnis (39.3.10) heranziehen).

Damit erhält man

$$\frac{\delta_T}{\delta_S} = \frac{2{,}828 \cdot \mathrm{Re}_x^{-\frac{1}{2}} \cdot \mathrm{Pr}^{-\frac{1}{2}}}{5{,}836 \cdot \mathrm{Re}_x^{-\frac{1}{2}} \cdot x} = 0{,}485 \cdot \mathrm{Pr}^{-\frac{1}{2}}, \tag{40.5.2}$$

was den Exponenten der Prandtl-Zahl aus Kap. 4.2 für $\delta_S \to 0$ bestätigt.

Das dimensionslose Profil folgt dann mit (40.4.3) und $\xi_* = \frac{y}{\delta_T}$ zu

$$\vartheta(\xi_*) = \frac{3}{2}\xi_* - \frac{1}{2}\xi_*^3 = \frac{y}{\delta_S(x) \cdot 0{,}485 \cdot \mathrm{Pr}^{-\frac{1}{2}}} = \frac{y}{5{,}836 \cdot \mathrm{Re}_x^{-\frac{1}{2}} \cdot x \cdot 0{,}485 \cdot \mathrm{Pr}^{-\frac{1}{2}}}.$$

Mit demselben

$$\xi = \frac{y}{\mathrm{Re}_x^{-\frac{1}{2}} \cdot x}$$

wie bei (40.3.4) ergibt sich

$$\vartheta(\xi) = \frac{3}{2}\left(\frac{\xi}{5{,}835 \cdot 0{,}485 \cdot \mathrm{Pr}^{-\frac{1}{2}}}\right) - \frac{1}{2}\left(\frac{\xi}{5{,}836 \cdot 0{,}485 \cdot \mathrm{Pr}^{-\frac{1}{2}}}\right)^3. \qquad (40.5.3)$$

Der lokale Wärmeübergangskoeffizient beträgt $\alpha(x) = \frac{3\lambda}{2\delta_T}$ und für die lokale Nusselt-Zahl ergibt sich mit (40.5.1) inklusive dem K-Faktor für Flüssigkeiten

$$\mathrm{Nu}_x = \frac{\alpha \cdot x}{\lambda} = 0{,}530 \cdot \mathrm{Re}_x^{\frac{1}{2}} \cdot \mathrm{Pr}^{\frac{1}{2}} \cdot \left(\frac{\mathrm{Pr}}{\mathrm{Pr}_W}\right)^{0{,}25}. \qquad (40.5.4)$$

40.6 Die analytische Lösung der Temperaturgrenzschichtgleichung für $0{,}1 \leq \mathrm{Pr} < 1$, $T_W = \mathrm{konst}$

Herleitung von (40.6.1)–(40.6.3)

Das Profil (40.5.3) liefert nur für $\mathrm{Pr} < 0{,}1$ gute Ergebnisse. Für den Zwischenbereich $0{,}1 \leq \mathrm{Pr} < 1$ erreicht man eine sehr gute Übereinstimmung mit der numerischen Lösung, wenn man das Profil (40.3.5) für $\mathrm{Pr} = 1$ mit dem Faktor $\frac{1}{\mathrm{Pr}^{-\frac{1}{3}}}$ bei gleichem

$$\xi = \frac{y}{\mathrm{Re}_x^{-\frac{1}{2}} \cdot x}$$

wie in (40.3.4) versieht.

Man erhält

$$\vartheta(\xi) = \frac{\xi}{5{,}836 \cdot \mathrm{Pr}^{-\frac{1}{3}}}\left[2 - 2\left(\frac{\xi}{5{,}836 \cdot \mathrm{Pr}^{-\frac{1}{3}}}\right)^2 + \left(\frac{\xi}{5{,}836 \cdot \mathrm{Pr}^{-\frac{1}{3}}}\right)^3\right]. \qquad (40.6.1)$$

Entsprechend folgen

$$\delta_S(x) = 5{,}836 \cdot \mathrm{Re}_x^{-\frac{1}{2}} \cdot x, \quad \delta_T(x) = 5{,}836 \cdot \mathrm{Re}_x^{-\frac{1}{2}} \cdot x \cdot \mathrm{Pr}^{-\frac{1}{3}} \qquad (40.6.2)$$

und

$$\mathrm{Nu}_x = 0{,}331 \cdot \mathrm{Re}_x^{\frac{1}{2}} \cdot \mathrm{Pr}^{\frac{1}{3}} \cdot \left(\frac{\mathrm{Pr}}{\mathrm{Pr}_W}\right)^{0{,}25} . \tag{40.6.3}$$

Beispiel 1. Parallel zur Längsseite einer vereisten rechteckigen Platte der Länge $l = 1\,\mathrm{m}$ und Breite $b = 3\,\mathrm{m}$ weht ein Wind mit der Geschwindigkeit $u_\infty = 3\,\frac{\mathrm{m}}{\mathrm{s}}$. Die Temperatur des Eises, die konstant bleiben soll, beträgt $T_{\mathrm{Eis}} = -5\,^\circ\mathrm{C}$. Weiter ist $\lambda_{\mathrm{Eis}} = 2{,}2\,\frac{\mathrm{W}}{\mathrm{mK}}$ (bei $-5\,^\circ\mathrm{C}$).

a) Zur Aufrechterhaltung der Eistemperatur wird ein Kühlstrom von $\dot{q} = 140{,}0\,\frac{\mathrm{W}}{\mathrm{m}^2}$ unterhalb des Eises angelegt. Wie groß darf die Anströmtemperatur höchstens sein?

b) Wie dick werden die Strömungs- und Temperaturgrenzschichten als Funktion der Reynolds-Zahl nach einer Lauflänge l?

c) Unmittelbar unter der $d = 5\,\mathrm{cm}$ dicken Eisschicht wird die Kühlung angebracht. Welche konstante Temperatur T_i müsste hier herrschen?

Lösung. a) Da die Windtemperatur unbekannt ist, setzen wir sie beispielsweise zu $T_{\mathrm{Luft}} = 15\,^\circ\mathrm{C}$ an. Dann ist die Bezugstemperatur $T_B = 10\,^\circ\mathrm{C}$ und die Stoffwerte wie auch die Prandtl-Zahl entnimmt man der Tabelle am Ende dieses Beispiels. Zuerst muss die Reynolds-Zahl ermittelt werden. Sie beträgt $\mathrm{Re}_l = \frac{u_\infty l}{\nu_{\mathrm{Luft}}} = 2{,}08 \cdot 10^5$. Obwohl die Reynolds-Zahl relativ groß ist, gehen wir von einer laminaren Strömung aus. Mit (40.6.3) erhält man

$$\mathrm{Nu}_m = 0{,}662 \cdot (2{,}08 \cdot 10^5)^{\frac{1}{2}} \cdot 0{,}716^{\frac{1}{3}} = 270{,}1.$$

Die Kühlleistung entspricht dem Kühlungsstrom $\dot{Q}$. Durch Gleichsetzen der Ausdrücke für den Wärmeübergangskoeffizienten erhält man

$$\alpha = \frac{\dot{q}}{T_{\mathrm{Luft}} - T_{\mathrm{Eis}}} = \frac{\mathrm{Nu}_l \cdot \lambda_{\mathrm{Luft}}}{l}$$

und daraus

$$T_{\mathrm{Luft}} = \frac{\dot{q} \cdot l}{\mathrm{Nu}_m \cdot \lambda_{\mathrm{Luft}}} + T_{\mathrm{Eis}} = \frac{140 \cdot 1}{270{,}1 \cdot 0{,}0253} - 5 = 15{,}48\,^\circ\mathrm{C},$$

was relativ gut mit der Annahme übereinstimmt. Von einer weiteren Iteration sehen wir deshalb ab.

b) Die Gleichungen (40.6.2) liefern

$$\delta_S = 5{,}836 \cdot (2{,}08 \cdot 10^5)^{-\frac{1}{2}} \cdot 1 \approx 1{,}28\,\mathrm{cm} \quad \text{und} \quad \delta_T = \delta_S \cdot \mathrm{Pr}^{\frac{1}{3}} = 1{,}14\,\mathrm{cm}.$$

c) Aus

$$\dot{Q} = \lambda_{\mathrm{Eis}} \cdot l \cdot b \cdot \frac{T_{\mathrm{Eis}} - T_i}{d}$$

folgt

$$T_i = T_{\text{Eis}} - \frac{\dot{Q}d}{\lambda_{\text{Eis}} \cdot l \cdot b} = 268{,}15 - \frac{3 \cdot 200 \cdot 0{,}05}{2{,}2 \cdot 1 \cdot 3} = 263{,}60K,$$

also etwa −9,5 °C.
Nachstehend sind einige Stoffwerte von Luft in einer Tabelle festgehalten.

Temperatur °C	0	10	20	30	40	50	60
Kinematische Viskosität ν $[10^{-5} \frac{m^2}{s}]$	1,352	1,442	1,535	1,630	1,726	1,83	1,927

Temperatur °C	0	5	10	20	30	40	50
Wärmeleitfähigkeit λ $[\frac{W}{mK}]$	0,0242	0,0247	0,0249	0,0257	0,0265	0,0272	0,0279

Temperatur °C	0	10	20	30	40	50	60
Prandtl-Zahl Pr	0,7179	0,7163	0,7148	0,7134	0,7122	0,7110	0,7100

Die folgende Tabelle fasst alle Ergebnisse der Plattenströmung bis auf die Nusselt-Zahlen, die wir in Kap. 40.6 durch numerische Ergebnisse noch vergleichen werden, zusammen. Dabei ist

$$\xi = \frac{y}{\text{Re}_x^{-\frac{1}{2}} \cdot x}.$$

Pr	$\boldsymbol{\delta_S(x)}$	$\boldsymbol{\delta_T(x)}$	$\boldsymbol{\vartheta(\xi)}$
Pr < 0,1	$5{,}836 \cdot \text{Re}_x^{-\frac{1}{2}} \cdot x$	$\delta_S \cdot 0{,}485 \cdot \text{Pr}^{-\frac{1}{2}}$	$\frac{3}{2}(\frac{\xi}{5{,}835 \cdot 0{,}485 \cdot \text{Pr}^{-\frac{1}{2}}}) - \frac{1}{2}(\frac{\xi}{5.836 \cdot 0{,}485 \cdot \text{Pr}^{-\frac{1}{2}}})^3$
0,1 ≤ Pr < 1	$5{,}836 \cdot \text{Re}_x^{-\frac{1}{2}} \cdot x$	$\delta_S \cdot \text{Pr}^{-\frac{1}{3}}$	$\frac{\xi}{5{,}836 \cdot \text{Pr}^{-\frac{1}{3}}}[2 - 2(\frac{\xi}{5{,}836 \cdot \text{Pr}^{-\frac{1}{3}}})^2 + (\frac{\xi}{5{,}836 \cdot \text{Pr}^{-\frac{1}{3}}})^3]$
Pr = 1	$5{,}836 \cdot \text{Re}_x^{-\frac{1}{2}} \cdot x$	δ_S	$\frac{\xi}{5{,}836}[2 - 2(\frac{\xi}{5{,}836})^2 + (\frac{\xi}{5{,}836})^3]$
Pr > 1	$4{,}641 \cdot \text{Re}_x^{-\frac{1}{2}} \cdot x$	$\delta_S \cdot \text{Pr}^{-\frac{1}{3}}$	$\frac{3}{2}(\frac{\xi}{4{,}641 \cdot \text{Pr}^{-\frac{1}{3}}}) - \frac{1}{2}(\frac{\xi}{4{,}641 \cdot \text{Pr}^{-\frac{1}{3}}})^3$

Zudem entnimmt man Abb. 40.3 die dimensionslosen Temperaturprofile für Pr = 0,1; 0,7; 1; 7.

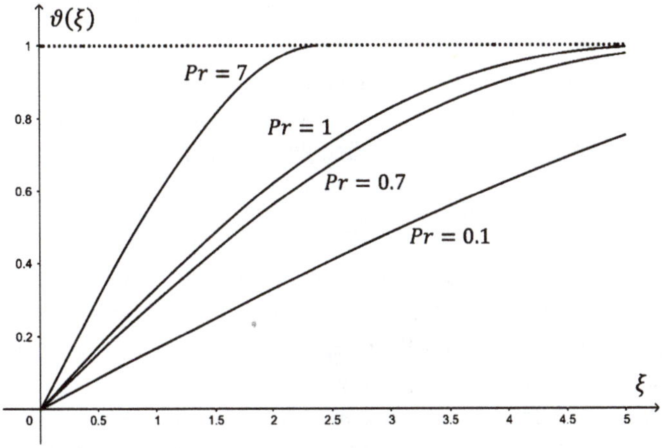

Abb. 40.3: Graphen zu (40.3.5), (40.4.12), (40.5.3) und (40.6.1).

Beispiel 2. Eine heiße Metallplatte soll mit Wasser (Pr = 1, $\lambda = 0{,}6$), Luft (Pr = 0,71, $\lambda = 0{,}025$) und einer flüssigen Metalllegierung (Pr = 0,04, $\lambda = 60$) gekühlt werden. Die letzte Kühlungsart wird bei Reaktoren eingesetzt, weil das Metall (beispielsweise Natrium) im Gegensatz zu Wasser einen sehr hohen Siedepunkt besitzt und demnach ohne Überdruck bei Atmosphärendruck immer noch flüssig bleibt. Zusätzlich ist die Wärmeleitfähigkeit um etwa das Hundertfache größer als diejenige von Wasser. Auch PCs könnten auf diese Weise gekühlt werden und die Ventilatoren ersetzen. Bestimmen Sie das fortlaufende Verhältnis der drei Wärmeübergangszahlen $\alpha_1 : \alpha_{0,71} : \alpha_{0,04}$.

Lösung. Zuerst bestimmen wir die zugehörigen mittleren Nusselt-Zahlen mit (40.3.11), (40.5.4) und (40.6.3) zu

$$\mathrm{Nu}_m(\mathrm{Pr}=1) = 0{,}662 \cdot \mathrm{Re}_l^{\frac{1}{2}} \cdot \left(\frac{1}{\mathrm{Pr}_W}\right)^{0{,}25},$$

$$\mathrm{Nu}_m(\mathrm{Pr}=0{,}71) = 0{,}662 \cdot \mathrm{Re}_l^{\frac{1}{2}} \cdot 0{,}71^{\frac{1}{3}} \cdot \left(\frac{0{,}71}{\mathrm{Pr}_W}\right)^{0{,}25} \quad \text{und}$$

$$\mathrm{Nu}_m(\mathrm{Pr}=0{,}04) = 1{,}061 \cdot \mathrm{Re}_l^{\frac{1}{2}} \cdot 0{,}04^{\frac{1}{2}} \cdot \left(\frac{0{,}04}{\mathrm{Pr}_W}\right)^{0{,}25}.$$

Mit $\alpha = \frac{\mathrm{Nu}_m \cdot \lambda}{l}$ folgt das Verhältnis zu

$$\begin{aligned}\alpha_1 : \alpha_{0,71} : \alpha_{0,04} &= (0{,}6 \cdot 0{,}662) : (0{,}025 \cdot 0{,}662 \cdot 0{,}71^{\frac{1}{3}} \cdot 0{,}71^{0{,}25}) \\ &\quad : (60 \cdot 1{,}061 \cdot 0{,}04^{\frac{1}{2}} \cdot 0{,}04^{0{,}25}) \\ &= 29 : 1 : 420.\end{aligned}$$

40.7 Die numerische Lösung Temperaturgrenzschichtgleichung

Die analytischen Lösungen der dimensionslosen Temperaturprofile sollen nun mit der numerischen Lösung verglichen werden. Insbesondere erweitern wir Letztere durch die Möglichkeit einer sich mit der Lauflänge ändernden Wandtemperatur.

Herleitung von (40.7.1)–(40.7.3)

Dazu setzen wir eine Keilströmung $u_\delta(x) = a \cdot x^m$ voraus. Wir wissen, dass man über eine Ähnlichkeitstransformation die Impulserhaltung lösen kann und die Lösungen selbstähnlich sind. Auf die gleiche Art muss sich die Energiegleichung lösen lassen, falls man in Analogie die Differenz zwischen Wand- und Außentemperatur als Potenzfunktion der Lauflänge x ansetzt. Im Einzelnen bedeutet das, dass mit $u_\delta(x) - u_{\text{Wand}} = u_\delta(x) = a \cdot x^m$ analog $T_W(x) - T_\delta = b \cdot x^n$ sein soll. Dabei bleibt die Außentemperatur T_δ konstant, denn in der reibungsfreien Außenschicht wird keine kinetische Energie in Wärme dissipiert. Folglich lautet die dimensionslose Temperatur

$$\vartheta = \frac{T - T_\delta}{T_W(x) - T_\delta} = \frac{T - T_\delta}{b \cdot x^n}. \tag{40.7.1}$$

Dies zieht $T = \vartheta \cdot bx^n + T_\delta$ nach sich. Als dimensionslose Ähnlichkeitsvariable nehmen wir, wie aus Kap. 39.4 bekannt,

$$\xi = y\sqrt{\frac{a}{\nu}} \cdot x^{\frac{m-1}{2}}.$$

Es gilt

$$\frac{\partial T}{\partial x} = \frac{\partial \vartheta}{\partial x} \cdot bx^n + nb\vartheta \cdot x^{n-1} \quad \text{und} \quad \frac{\partial \vartheta}{\partial x} = \frac{\partial \vartheta}{\partial \xi} \cdot \frac{\partial \xi}{\partial x} = \frac{\partial \vartheta}{\partial \xi} \cdot \frac{m-1}{2} \cdot y\sqrt{\frac{a}{\nu}} \cdot x^{\frac{m-3}{2}}.$$

Zusammen erhält man

$$\frac{\partial T}{\partial x} = \frac{\partial \vartheta}{\partial \xi} \cdot \frac{m-1}{2} \cdot y\sqrt{\frac{a}{\nu}} \cdot x^{\frac{m-3}{2}} \cdot bx^n + nb\vartheta \cdot x^{n-1} = \frac{\partial \vartheta}{\partial \xi} \cdot \frac{m-1}{2} \cdot \xi \cdot bx^{n-1} + nb\vartheta \cdot x^{n-1}.$$

Weiter ist

$$\frac{\partial T}{\partial y} = \frac{\partial \vartheta}{\partial y} \cdot bx^n \quad \text{und} \quad \frac{\partial \vartheta}{\partial y} = \frac{\partial \vartheta}{\partial \xi} \cdot \frac{\partial \xi}{\partial y} = \frac{\partial \vartheta}{\partial \xi} \cdot \sqrt{\frac{a}{\nu}} \cdot x^{\frac{m-1}{2}},$$

was zusammen

$$\frac{\partial T}{\partial y} = \frac{\partial \vartheta}{\partial \xi} \cdot \sqrt{\frac{a}{\nu}} \cdot x^{\frac{m-1}{2}} \cdot bx^n$$

ergibt. Schließlich fehlt noch

$$\frac{\partial^2 T}{\partial y^2} = \frac{\partial^2 \vartheta}{\partial \xi^2} \cdot \frac{a}{\nu} \cdot x^{m-1} \cdot bx^n.$$

Zusätzlich benutzen wir die bei der Herleitung der Falkner-Skan-Gleichung (Kap. 39.4) entstandenen Ausdrücke für u und v. Mit dem Ansatz $\frac{u}{u_\delta} = f'(\xi)$ lauten sie

$$u = a \cdot x^m \cdot f'(\xi) \quad \text{und} \quad v = -\frac{\sqrt{a\nu}}{2}\left[(m+1) \cdot x^{\frac{m-1}{2}} \cdot f + (m-1) \cdot x^{\frac{m-1}{2}} \cdot \xi \cdot f'\right].$$

Mit all diesen Ausdrücken gehen wir nun in Gleichung (40.3.1) und erhalten nach einigen Umformen (siehe Einzelheiten in Band 6)

$$\frac{m-1}{2} \cdot f'\vartheta'\xi + n \cdot f'\vartheta - \left(\frac{m+1}{2}\right) \cdot f\vartheta' - \left(\frac{m-1}{2}\right) \cdot f'\vartheta'\xi = \frac{1}{\Pr} \cdot \vartheta''$$

und schließlich:

$$\vartheta'' + \left(\frac{m+1}{2}\right) \cdot \Pr \cdot f\vartheta' - n \cdot \Pr \cdot f'\vartheta = 0. \tag{40.7.2}$$

Man muss beachten, dass nach der Definition $\vartheta(\xi = 0) = 1$ und $\vartheta(\xi = 1) = 0$ gilt. Drei Fälle sollen untersucht werden (den Fall $n \neq 0, m \neq 0$ betrachten wir nicht). Dabei erzeugt das zugehörige DG-System in jedem Fall, wie bisher auch, selbstähnliche Lösungen, und zwar sowohl bezüglich dem Geschwindigkeits- wie auch dem Temperaturprofil.

Fall I ($m = 0, n = 0$). Plattenströmung, Wandtemperatur konstant. Das dimensionslose Geschwindigkeitsprofil ist dann durch die Blasius-DG (39.3.8) gegeben. Das zu lösende System lautet somit

$$\begin{aligned} f''' + \frac{1}{2} \cdot f \cdot f'' &= 0, \\ \vartheta'' + \frac{1}{2} \cdot \Pr \cdot f\vartheta' &= 0. \end{aligned} \tag{40.7.3}$$

Für die drei Prandtl-Zahlen Pr = 0,7; 1 und 7 soll der Verlauf von (40.7.3) simuliert werden. Dazu passen wir das Programm aus Kap. 39.3 an. Es entsprechen sich $y_1 = f$, $y_2 = f'$, $y_3 = f''$, $y_4 = \vartheta$ und $y_5 = \vartheta'$ mit den Anfangsbedingungen $f(0) = 0$, $f'(0) = 0$, $f''(0) = 0{,}3308$, $\vartheta(0) = 1$ und dem Wert $\vartheta'(0)$, der durch ausprobieren ermittelt werden muss, bis die Bedingung $\vartheta(\infty) = 1$ mit genügender Genauigkeit erreicht wird. Das Profil startet bei $\vartheta = 1$ und fällt auf $\vartheta = 0$ herab. Damit wir den Verlauf einfacher mit dem Geschwindigkeitsprofil vergleichen können, spiegeln wir den Graphen an der ξ-Achse und setzen diesen anschließend um 1 höher. Dies erreichen wir mit der Programmzeile y4ii:= 1 – y4i. Die Werte auf der ϑ-Achse werden dann in umgekehrter Reihenfolge markiert. Alle Anfangssteigungen $\vartheta'(0)$ sind negativ. Dargestellt wird nur $y_4 = \vartheta$. Für Pr = 1 entspricht es dem Geschwindigkeitsprofil. Durch ausprobieren findet man $\vartheta'(0) = -0{,}2922$

für Pr = 0,7 und $\vartheta'(0) = -0{,}6443$ für Pr = 7. Für Pr = 1 ist der Wert $\vartheta'(0) = -0{,}3308$ schon bekannt.

Wichtige Befehle im folgenden Programm sind y3i (dies entspricht (39.3.8)) und y5i, was (40.7.3) für $n = 0$ bedeutet. Das zugehörige Programm erhält dann die Gestalt (einige Zeilen erübrigen sich):

```
Define DG(n)
Prgm
xa:= {x4i}
ya:= {y4ii}
x2i:= 0
x4i:= 0
y1i:= 0
y2i:= 0
y3i:= 0.3308
y4i:= 1
y5i:= ϑ'(0)
For i,1,n
x4i:= x4i + 0.01
y1i:= y1i + 0.01· y2i
y2i:= y2i + 0.01· y3i
y3i:= y3i – 0.5 · y1i· y3i· 0.01
y4i:= y4i + 0.01· y5i
y5i:= y5i – 0.5 · Pr · y1i · y5i · 0.01
y4ii:= 1 – y4i
xa:= augment(xa,{x4i})
ya:= augment(ya,{y4ii})
End For
Disp xa, ya
End Prgm
```

Wir führen das Programm für $n = 500$ aus (Abb. 40.4).

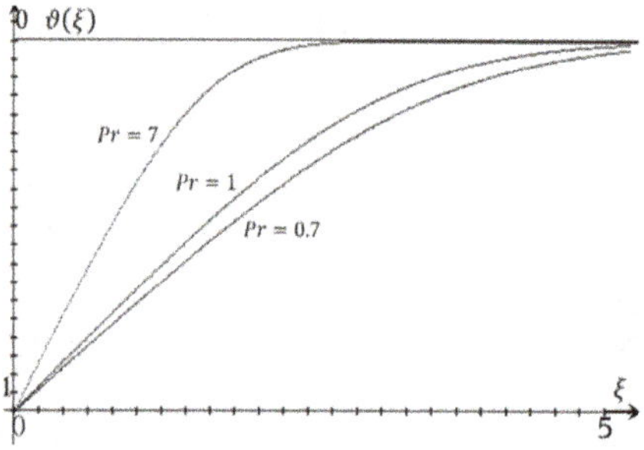

Abb. 40.4: Simulation von (40.7.3).

Aus der Abb. 40.4 entnimmt man: Je größer die Prandtl-Zahl ist, umso kleiner wird die Temperaturschicht, in dem der Wärmeaustausch stattfindet. Es ergibt sich eine sehr gute Übereinstimmung mit den analytisch ermittelten Temperaturprofilen aus Abb. 40.3.

Im Fall I. lässt sich auch eine formale Lösung des Systems (40.7.3) angeben.

Herleitung von (40.7.4)–(40.7.6)

Man erhält

$$\vartheta'' = -\frac{1}{2} \cdot \mathrm{Pr} \cdot f\vartheta' = \mathrm{Pr} \cdot \frac{f'''}{f''} \cdot \vartheta'$$

und daraus

$$\frac{\vartheta''}{\vartheta'} = \mathrm{Pr} \cdot \frac{f'''}{f''}.$$

Dies kann man als $(\ln \vartheta')' = \mathrm{Pr} \cdot (\ln f'')'$ schreiben und eine erste Integration über ξ führt zu $\ln \vartheta' = \ln(f'')^{\mathrm{Pr}} + C$ und daraus $\vartheta' = C_1(f'')^{\mathrm{Pr}}$. Eine zweite Integration ergibt

$$\vartheta(\xi) = C_1 \int_0^{\xi} (f'')^{\mathrm{Pr}} d\xi + C_2.$$

Die RBen sind i) $\vartheta(0) = 1$ und ii) $\vartheta(\infty) = 0$, woraus

$$C_2 = 1 \quad \text{und} \quad C_1 = -\frac{1}{\int_0^{\infty} (f'')^{\mathrm{Pr}} d\xi}$$

folgen. Damit erhält man

$$\vartheta(\xi, \mathrm{Pr}) = 1 - \frac{\int_0^{\xi} (f'')^{\mathrm{Pr}} d\xi}{\int_0^{\infty} (f'')^{\mathrm{Pr}} d\xi}. \tag{40.7.4}$$

Um die Integrale auszuwerten, kann man das Geschwindigkeitsprofil $f'(\xi)$ beispielsweise durch ein Pohlhausen-Polynom annähern. Für die Platte gilt mit (39.7.2)

$$\frac{u}{u_\infty}(s) = s(2 - 2s^2 + s^3).$$

Dabei ist $s = \frac{y}{\delta_S(x)}$ mit $\delta_S(x) = 5{,}836\sqrt{\frac{\nu x}{u_\infty}}$ nach (39.8.5).

Die Definition der Ähnlichkeitsvariablen $\xi = y\sqrt{\frac{u_\infty}{\nu x}}$ liefert dann $s = \frac{\xi}{\mu}$ mit $\mu = 5{,}836$.

Damit erhalten wir

$$f'_{\text{Pohl}}(\xi) = \frac{u}{u_\infty}\left(\frac{\xi}{\mu}\right) = \frac{\xi}{\mu}\left[2 - 2\left(\frac{\xi}{\mu}\right)^2 + \left(\frac{\xi}{\mu}\right)^3\right] \quad \text{und}$$

$$f''_{\text{Pohl}}(\xi) = \frac{u}{u_\infty}\left(\frac{\xi}{\mu}\right) = \frac{2}{\mu}\left[1 - 3\left(\frac{\xi}{\mu}\right)^2 + 2\left(\frac{\xi}{\mu}\right)^3\right]. \tag{40.7.5}$$

Es gilt $f'_{\text{Pohl}}(\mu) = 1$ und $f''_{\text{Pohl}}(\mu) = 0$. Gleichung (40.7.4) schreibt sich dann als

$$\vartheta(\xi, \text{Pr}) = 1 - \frac{\int_0^{\xi} [1 - 3(\frac{\xi}{\mu})^2 + 2(\frac{\xi}{\mu})^3]^{\text{Pr}} d\xi}{\int_0^{\mu} [1 - 3(\frac{\xi}{\mu})^2 + 2(\frac{\xi}{\mu})^3]^{\text{Pr}} d\xi}. \tag{40.7.6}$$

Dabei muss der Nenner infolge des Pohlhausen-Ansatzes nur bis $\xi = \mu$ integriert werden.

Das Integral des Zählers von (40.7.6) kann bis auf natürliche Prandtl-Zahlen nur numerisch ermittelt werden.

Beispiel 1. Im Fall Pr = 1 soll das Ergebnis von (40.7.6) ausgewertet werden.

Lösung. Der Nenner von (40.7.6) ergibt $\frac{\mu}{2}$ und es folgt

$$\vartheta(\xi, \text{Pr}) = 1 - 2\left(\frac{\xi}{\mu}\right) + 2\left(\frac{\xi}{\mu}\right)^3 - \left(\frac{\xi}{\mu}\right)^4$$

$$= 1 - \left[\frac{\xi}{\mu}\left(2 - 2\left(\frac{\xi}{\mu}\right)^2 + \left(\frac{\xi}{\mu}\right)^3\right)\right] = 1 - \frac{u}{u_\infty}. \tag{40.7.7}$$

Damit ist nichts anderes gezeigt, als dass für Pr = 1 Geschwindigkeits- und Temperaturprofil übereinstimmen. Der Grund dafür, dass man nicht $\vartheta = \frac{u}{u_\infty}$ erhält, liegt an der Definition von ϑ:

In Kap. 40.3 setzten wir $\vartheta = \frac{T - T_W}{T_\infty - T_W}$ und erhielten mit (40.3.3) $\frac{u}{u_\infty} = \vartheta$. Hingegen arbeiteten wir in Kap. 40.7 mit $\vartheta = \frac{T - T_\delta}{T_W - T_\delta}$ (Gleichung (40.7.1)), sodass sich in diesem Fall die Gleichheit von $1 - \frac{u}{u_\infty}$ und ϑ in der Form (40.7.7) ergibt.

Fall II ($m \neq 0, n = 0$). Keilströmung, Wandtemperatur konstant.

Herleitung von (40.7.8)

Dem Geschwindigkeitsprofil liegt dann die Falkner-Skan-DG (39.4.4) zugrunde. Das zu lösende System lautet

$$f''' + \frac{m+1}{2} \cdot f \cdot f'' + m[1 - (f')^2] = 0,$$

$$\vartheta'' + \left(\frac{m+1}{2}\right) \cdot \text{Pr} \cdot f\vartheta' = 0. \tag{40.7.8}$$

Für eine Simulation wählen wir zusätzlich zu $m = 0$ noch $m = 1$ (Staupunktströmung) und $m = -0{,}0905$ (Ablösung). Jede dieser drei Verläufe soll für eine Prandtl-Zahl von Pr = 0,7 (Luft bei 20°) und Pr = 7 (Wasser bei 20 °C) dargestellt werden. Das Geschwindigkeitsprofil wird durch die Falkner-Skan-DG (39.4.4) beschrieben. Dies entspricht der angepassten Programmzeile

$$\mathrm{y3i} := \mathrm{y3i} - \left[\frac{\mathrm{m}+1}{2} \cdot \mathrm{y1i} \cdot \mathrm{y3i} + \mathrm{m}(1 - \mathrm{y2i}^2)\right] \cdot 0{,}01.$$

Der Befehl für die Temperatur lautet jetzt neu

$$\mathrm{y5i} := \mathrm{y5i} - \left(\frac{\mathrm{m}+1}{2}\right) \cdot \mathrm{Pr} \cdot \mathrm{y1i} \cdot \mathrm{y5i} \cdot 0{,}01.$$

Bei der Ausführung des Programms muss man wieder $\vartheta_1'(0)$ bzw. $\vartheta'_{-0{,}0905}(0)$ durch ausprobieren anpassen. Die zugehörigen Werte von $f_1'(0)$ bzw. $f'_{-0{,}0905}(0)$ sind schon aus der Falkner-Skan-Simulation bekannt. Man erhält

$$\begin{aligned}
\vartheta_1'(0) &= -0{,}4951 \quad [\text{bei} f_1''(0) = 1{,}2271, \mathrm{Pr} = 0{,}7],\\
\vartheta'_{-0{,}0905}(0) &= -0{,}1991 \quad [\text{bei } f''_{-0{,}0905}(0) = 0, \mathrm{Pr} = 0{,}7],\\
\vartheta_1'(0) &= -0{,}9142 \quad [\text{bei } f_1''(0) = 1{,}2271, \mathrm{Pr} = 7] \quad \text{und}\\
\vartheta'_{-0{,}0905}(0) &= -0{,}3630 \quad [\text{bei } f''_{-0{,}0905}(0) = 0, \mathrm{Pr} = 7].
\end{aligned}$$

Die folgenden zwei Werte wurden schon mit Fall I. ermittelt:

$$\begin{aligned}
\vartheta_0'(0) &= -0{,}2922 \quad [\text{bei } f_0''(0) = 0{,}3308, \mathrm{Pr} = 0{,}7] \quad \text{und}\\
\vartheta_0'(0) &= -0{,}6443 \quad [\text{bei } f_0''(0) = 0{,}3308, \mathrm{Pr} = 7].
\end{aligned}$$

In Abb. 40.5 sind die sechs Verläufe festgehalten.

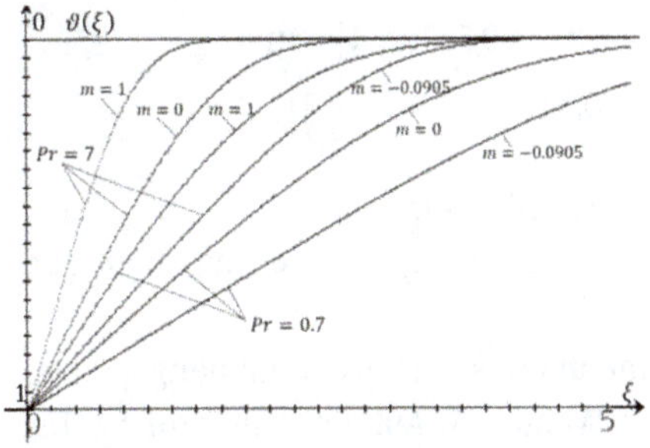

Abb. 40.5: Simulation von (40.7.8).

Man erkennt, dass die Kurven der Temperaturgrenzschichtdicke bei gleichbleibender Prandtl-Zahl und Variation der Außenströmung (von Staupunktströmung $m = 1$ bis Ablöseströmung $m = -0{,}0905$) relativ nahe beieinander liegen. Hingegen wächst der Einfluss der Außenströmung auf die Temperaturgrenzschichtdicke mit fallender Prandtl-Zahl beträchtlich.

Fall III ($m = 0, n \neq 0$). Plattenströmung, Wandtemperatur veränderlich.

Herleitung von (40.7.9)

Das zu lösende System besitzt die Gestalt:

$$f''' + \frac{1}{2} \cdot f \cdot f'' = 0,$$

$$\vartheta'' + \frac{1}{2} \cdot \mathrm{Pr} \cdot f\vartheta' - n \cdot \mathrm{Pr} \cdot f'\vartheta = 0. \tag{40.7.9}$$

Der Befehl für y3i wird dabei wieder zurückgesetzt wie im Fall I.,

$$\text{y3i} := \text{y3i} - 0{,}5 \cdot \text{y1i} \cdot \text{y3i} \cdot 0{,}01.$$

Der Befehl für die Temperatur lautet jetzt neu

$$\text{y5i} := \text{y5i} - [0{,}5 \cdot \text{Pr} \cdot \text{y1i} \cdot \text{y5i} - \text{n} \cdot \text{Pr} \cdot \text{y2i} \cdot \text{y4i}] \cdot 0{,}01.$$

Weiter sei $\mathrm{Pr} = 1$ und $n = -0{,}5; 0, 4$.

Durch Ausprobieren findet man nebst dem bekannten Wert aus Fall I.,

$$\vartheta_0'(0) = -0{,}3308 \quad [\text{bei } f''_{m=0}(0) = 0{,}3308, n = 0, \mathrm{Pr} = 1]$$

noch

$$\vartheta'_{-0,5}(0) = 0 \quad [\text{bei } f''_{m=0}(0) = 0{,}3308, n = -0{,}5; \mathrm{Pr} = 1] \quad \text{und}$$
$$\vartheta_4'(0) = -0{,}8152 \quad [\text{bei } f''_{m=0}(0) = 0{,}3308, n = 4, \mathrm{Pr} = 1]$$

Das Ausführen des Programms ergibt Kurven in Abb. 40.6.

Interessant ist der Fall für $n = -0{,}5$. Es gilt $\vartheta'(0) = (\frac{\partial\vartheta}{\partial\xi})_W = 0$ und somit auch $\dot{q}_W(x) = 0$.

Es bedeutet, dass an der Wand keine Wärme übertragen wird, unabhängig davon, wie groß der Temperaturunterschied zwischen Wand und Außentemperatur ist. Dies erklärt sich dadurch, dass sich sowohl $T_W(x) - T_\delta \sim \frac{1}{\sqrt{x}}$ als auch die Normalspannung $\tau_W(x) \sim \frac{1}{\sqrt{x}}$ nach (39.3.16) gleichartig mit der Lauflänge ändern. Auf diese Weise wird der durch die Normalspannung verursachte Temperaturanstieg an der Wand durch die veränderliche Temperatur ausgeglichen. Weiter verfolgen wir diesen Fall nicht.

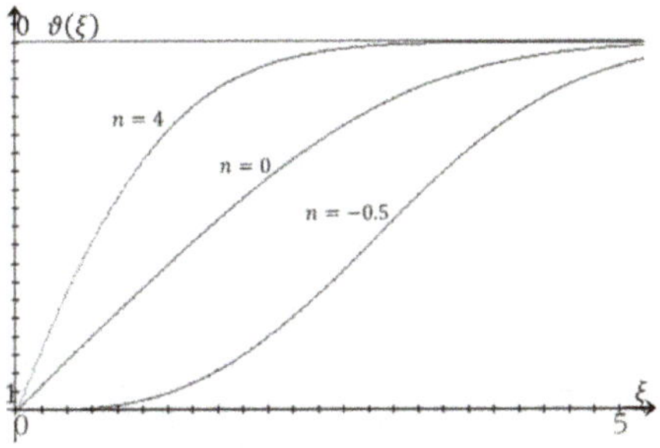

Abb. 40.6: Simulation von (40.7.9).

Beispiel 2. Dies ist ein Beispiel zu Fall II. Ein $b = 0{,}5\,\text{m}$ breiter metallischer Keil mit Innenwinkel 90° und Kantenlänge $l = 1\,\text{m}$ wird parallel zur Symmetrieachse in einem Abstand von 0,25 m mit Luft der Temperatur $T_\infty = 60\,°\text{C}$ aus einer Düse angeströmt. Die Austrittsgeschwindigkeit beträgt $u_\infty = 2\,\frac{\text{m}}{\text{s}}$. Um der Erwärmung des Keils entgegenzuwirken, muss dieser laufend gekühlt werden. Seine Oberflächentemperatur soll dabei konstant $T_W = 20\,°\text{C}$ bleiben. Die Stoffwerte der Luft sind $\nu = 1{,}72 \cdot 10^{-5}\,\frac{\text{m}^2}{\text{s}}$, $\lambda = 0{,}027\,\frac{\text{W}}{\text{mK}}$ und $\text{Pr} = 0{,}71$ (alle bei 40 °C, vgl. Tabelle Kap. 40.6).

a) Stellen Sie sicher, dass die Strömung entlang des Keils laminar bleibt, wenn man die Reynolds-Zahl für den Umschlag bei $\text{Re}_{\text{Krit}} = 3 \cdot 10^5$ ansetzt.
b) Wie lautet das Geschwindigkeitsprofil $u_\delta(x)$ in Richtung des Grenzschichtrandes x der Außenströmung?
c) Der Verlauf des dimensionslosen Temperaturprofils für diese Keilströmung kann für $\text{Pr} = 0{,}71$ durch ein Pohlhausen-Profil angenähert werden. Es gilt ziemlich genau

$$\vartheta(\xi) = \frac{\xi}{5}\left[2 - 2\left(\frac{\xi}{5}\right)^2 + \left(\frac{\xi}{5}\right)^3\right],$$

wobei

$$\xi(x,y) = y\sqrt{\frac{u_\delta}{\nu x}} = y\sqrt{\frac{2 \cdot x^{\frac{1}{3}}}{\nu x}} = y\sqrt{\frac{2}{\nu}} \cdot x^{-\frac{1}{3}}$$

(das Profil für diesen Keilwinkel ist nicht in Abb. 40.5 enthalten). Bestimmen Sie daraus die lokale Nusselt-Zahl Nu_x.
d) Welche gesamte Kühlleistung $\dot{Q}$ ist für die Erhaltung der konstanten Temperatur auf beiden Seiten des Keils erforderlich?

Lösung.

a) Es gilt

$$\text{Re} = \frac{u_\infty \cdot l}{\nu} = 1{,}16 \cdot 10^5,$$

also ist die Strömung durchweg laminar.

b) Aus $\alpha = 90°$ folgt $\frac{2\pi}{4} = 2(\pi - \frac{\pi}{n})$. Mit $m = n - 1$ erhält man $m = \frac{1}{3}$ und damit $u_\delta(x) = a \cdot x^{\frac{1}{3}}$. Aus der Austrittsgeschwindigkeit und der zugehörigen Distanz folgt $1 = a \cdot 0{,}25^{\frac{1}{3}}$, $a = 2$ und schließlich $u_\delta(x) = 2 \cdot x^{\frac{1}{3}}$.

c) Es gilt

$$\alpha(x) = \frac{\dot{q}_W(x)}{T_\infty - T_W} = \frac{1}{T_\infty - T_W}\lambda \cdot \left(\frac{\partial T}{\partial y}\right)_W = \lambda \cdot \left(\frac{\partial \vartheta}{\partial y}\right)_W = \lambda \cdot \left(\frac{\partial \vartheta}{\partial \xi}\right)_W \frac{\partial \xi}{\partial y}$$
$$= \lambda \cdot \frac{2}{5} \cdot \sqrt{\frac{2}{\nu}} \cdot x^{-\frac{1}{3}}.$$

Damit erhält man

$$\mathrm{Nu}_x = \frac{\alpha \cdot x}{\lambda} = 0{,}4 \cdot \sqrt{\frac{2}{\nu}} \cdot x^{\frac{2}{3}} = 0{,}4 \cdot \sqrt{\frac{2}{\nu}} \cdot x^{\frac{2}{3}} = 136{,}40 \cdot x^{\frac{2}{3}}.$$

d) Aus

$$\alpha(x) = \frac{\dot{q}_W(x)}{T_\infty - T_W}$$

wird $\dot{q}_W(x) = \alpha(x) \cdot (T_\infty - T_W)$, daraus $d\dot{Q}(x) = \dot{q}_W(x) b dx$ und schließlich

$$\dot{Q} = 2b(T_\infty - T_W)\int_0^l \alpha(x)dx = 1{,}131 \cdot b(T_\infty - T_W)\frac{\lambda}{\sqrt{\nu}}\int_0^l x^{-\frac{1}{3}}dx$$
$$= 147{,}31\int_0^l x^{-\frac{1}{3}}dx = 220{,}97\,\mathrm{W}.$$

40.8 Die Nusselt-Zahl als Funktion der Reynolds- und Prandtl-Zahl für die Platte

Die Nusselt-Zahl ist die wichtigste Kennzahl einer konvektiven Wärmeübertragung. Mit (40.3.11), (40.4.13), (40.5.4) und (40.6.3) liegen diese Zahlen (für die Platte) als Funktion der Reynolds-Zahl für beliebige Prandtl-Zahlen zwar vor, aber diese sollen nochmals mithilfe der numerischen Lösung in Kap. 40.7 verglichen werden.

Herleitung von (40.8.1)–(40.8.6)

Dazu bestimmen wir $(\frac{\partial \vartheta}{\partial \xi})_W$ für den Ausdruck (40.7.4), was

$$\left(\frac{\partial \vartheta}{\partial \xi}\right)_W = C_1 (f'')^{\mathrm{Pr}} = -\frac{[(f'')^{\mathrm{Pr}}]_W}{\int_0^\infty (f'')^{\mathrm{Pr}} d\xi} = -\frac{0{,}3308^{\mathrm{Pr}}}{\int_0^\infty (f'')^{\mathrm{Pr}} d\xi}$$

ergibt. Dabei wurde der schon mehrfach verwendete Wert $f''(0) = 0{,}3308$ benutzt. Für $f''(\xi)$ setzen wir (40.7.5) ein und erhalten

$$\left(\frac{\partial\vartheta}{\partial\xi}\right)_W = \vartheta_0'(0) = -\frac{0{,}3308^{\mathrm{Pr}}}{\int_0^\infty (\frac{2}{\mu}[1-3(\frac{\xi}{\mu})^2+2(\frac{\xi}{\mu})^3])^{\mathrm{Pr}} d\xi} \quad \text{mit} \quad \mu = 5{,}836. \tag{40.8.1}$$

Ziel ist es, (40.8.1) für möglichst viele Prandtl-Zahl-Bereiche entweder als proportional zu $\mathrm{Pr}^{\frac{1}{2}}$ oder $\mathrm{Pr}^{\frac{1}{3}}$ zusammenzufassen. Hierfür betrachten wir neu vier bzw. fünf Intervalle.

1. $\mathrm{Pr} \to 0$. In diesem Fall übernehmen wir das Ergebnis (40.5.4) bis auf die Korrektur in der Form

$$\vartheta_0'(0) = 0{,}530 \cdot \mathrm{Pr}^{\frac{1}{2}}. \tag{40.8.2}$$

2. $\mathrm{Pr} < 0{,}1$. Für diese Prandtl-Zahlen entstehen bei der numerischen Auswertung des Integrals von (40.8.1) Rundungsfehler. Hingegen bestimmen wir die Werte $\vartheta_0'(0)$ wie bei den vorangegangenen Programmen durch ausprobieren. Für einige Prandtl-Zahlen findet man:

Pr	0,005	0,01	0,03	0,05
$\vartheta_0'(0)$	0,0374	0,0516	0,0843	0,1050

Die Interpolation mithilfe einer Potenzfunktion führt zu $\vartheta_0'(0) \approx 0{,}391 \cdot \mathrm{Pr}^{0{,}441}$ oder etwa

$$\vartheta_0'(0) \approx 0{,}460 \cdot \mathrm{Pr}^{\frac{1}{2}}. \tag{40.8.3}$$

3. $0{,}1 \le \mathrm{Pr} < 10$. Die Auswertung von (40.8.1) erzeugt vielversprechende Werte:

Pr	0,1	0,3	0,5	0,6	0,7	0,9
$\vartheta_0'(0)$	0,1339	0,2144	0,2588	0,2783	0,2924	0,3186

Pr	1	3	5	7	9	10
$\vartheta_0'(0)$	0,3308	0,5018	0,6002	0,6618	0,7001	0,7129

Die Interpolation mit einer Potenzfunktion ergibt $\vartheta_0'(0) \approx 0{,}329 \cdot \mathrm{Pr}^{0{,}356}$ oder etwa $\vartheta_0'(0) \approx 0{,}340 \cdot \mathrm{Pr}^{\frac{1}{3}}$. Eine etwas kleinere Abweichung erreicht man durch aufspalten des Bereichs in $0{,}1 \le \mathrm{Pr} < 0{,}6$ und $0{,}6 \le \mathrm{Pr} < 10$. Man erhält dann

$$\vartheta_0'(0) \approx 0{,}339 \cdot \mathrm{Pr}^{0{,}383} \quad \text{oder etwa} \quad \vartheta_0'(0) \approx 0{,}340 \cdot \mathrm{Pr}^{\frac{1}{3}}$$

respektive

$$\vartheta_0'(0) \approx 0{,}333 \cdot \mathrm{Pr}^{0{,}346} \quad \text{oder etwa} \quad \vartheta_0'(0) \approx 0{,}335 \cdot \mathrm{Pr}^{\frac{1}{3}}. \tag{40.8.4}$$

4. $\mathrm{Pr} \to \infty$. Bei der Auswertung von (40.8.1) ist der Wert für $\vartheta_0'(0)$ bei $\mathrm{Pr} = 14$ kleiner als der entsprechende Wert bei $\mathrm{Pr} = 13$. Wieder potenzieren sich die Fehler schon ab $\mathrm{Pr} = 10$. In diesem Fall greifen wir auf das Ergebnis (40.3.10) zurück in der Form

$$\vartheta_0'(0) = 0{,}331 \cdot \mathrm{Pr}^{\frac{1}{3}}. \tag{40.8.5}$$

Nun sind wir bereit, das Schlussergebnis zu formulieren. Mit

$$\mathrm{Nu}_x = \mathrm{Re}_x^{\frac{1}{2}} \cdot \left(\frac{\partial\vartheta}{\partial\xi}\right)_W = \mathrm{Re}_x^{\frac{1}{2}} \cdot \vartheta_0'(0)$$

erhält man aus (40.8.2)–(40.8.5):

$$\begin{aligned}
\mathrm{Nu}_x &= 0{,}530 \cdot \mathrm{Re}_x^{\frac{1}{2}} \cdot \mathrm{Pr}^{\frac{1}{2}} && \text{für } \mathrm{Pr} \to 0,\\
\mathrm{Nu}_x &= 0{,}460 \cdot \mathrm{Re}_x^{\frac{1}{2}} \cdot \mathrm{Pr}^{\frac{1}{2}} && \text{für } 0{,}005 \le \mathrm{Pr} \le 0{,}05,\\
\mathrm{Nu}_x &= 0{,}340 \cdot \mathrm{Re}_x^{\frac{1}{2}} \cdot \mathrm{Pr}^{\frac{1}{3}} && \text{für } 0{,}1 \le \mathrm{Pr} < 0{,}6,\\
\mathrm{Nu}_x &= 0{,}335 \cdot \mathrm{Re}_x^{\frac{1}{2}} \cdot \mathrm{Pr}^{\frac{1}{3}} && \text{für } 0{,}6 \le \mathrm{Pr} < 10,\\
\mathrm{Nu}_x &= 0{,}331 \cdot \mathrm{Re}_x^{\frac{1}{2}} \cdot \mathrm{Pr}^{\frac{1}{3}} && \text{für } \mathrm{Pr} \to \infty.
\end{aligned} \tag{40.8.6}$$

Dabei gilt $\mathrm{Nu}_m = 2 \cdot \mathrm{Nu}_x$ und sämtliche Gleichungen müssen für Flüssigkeiten mit dem Korrekturfaktor $K = (\frac{\mathrm{Pr}}{\mathrm{Pr}_W})^{0{,}25}$ multipliziert werden.

Diese Formeln dienen der schnellen Abschätzung der Nusselt-Zahl für die wichtigsten Prandtl-Zahl-Bereiche. Sie bestätigen auch die Nusselt-Zahlen mithilfe von (40.3.11), (40.4.13), (40.5.4) und (40.6.3), die als Alternative ebenso Gültigkeit besitzen. Weiter liegt durch das System

$$\begin{aligned}
f''' + \frac{m+1}{2} \cdot ff'' + m[1 - (f')^2] &= 0,\\
\vartheta'' + \left(\frac{m+1}{2}\right) \cdot \mathrm{Pr} \cdot f\vartheta' - n \cdot \mathrm{Pr} \cdot f'\vartheta &= 0.
\end{aligned}$$

für jedes n und m sowohl das Geschwindigkeits- und das Temperaturprofil numerisch vor und man kann die lokale Nusselt-Zahl exakt für jede Prandtl-Zahl bestimmen.

Beispiel. Quer zu einem rechteckigen Teich der Länge $l = 1{,}5\,\mathrm{m}$ und Breite $b = 2\,\mathrm{m}$ weht ein Wind mit der Geschwindigkeit $u_\infty = 2\,\frac{\mathrm{m}}{\mathrm{s}}$ parallel zu dessen Oberfläche. Die

Temperatur des Windes beträgt $T_{\text{Wind}} = 25\,^\circ\text{C}$ und diejenige des Teiches, die konstant bleiben soll, $T_{\text{Teich}} = 15\,^\circ\text{C}$. Die Prandtl-Zahl ist $\text{Pr} = 0{,}71$ und die Stoffwerte der Luft lauten

$$\nu = 1{,}54 \cdot 10^{-5}\,\frac{\text{m}^2}{\text{s}} \quad \text{und} \quad \lambda = 0{,}026\,\frac{\text{W}}{\text{mK}} \quad (\text{beide bei } 20\,^\circ\text{C}).$$

a) Bestimmen Sie die Nusselt-Zahl Nu_m mithilfe von (40.8.6) für diesen Wärmeübergang. Die Strömung soll als laminar betrachtet werden.
b) Welcher Wärmestrom $\dot{Q}$ fließt von der Umgebungsluft ins Wasser?

Lösung.
a) Es gilt

$$\text{Re}_l = \frac{u_\infty \cdot l}{\nu} = \frac{2 \cdot 1{,}5}{1{,}54 \cdot 10^{-5}} = 1{,}9 \cdot 10^5,$$

also laminar. Mit (40.8.6) folgt

$$\text{Nu}_m = 0{,}670 \cdot \text{Re}_l^{\frac{1}{2}} \cdot \text{Pr}^{\frac{1}{3}} = 0{,}670 \cdot \sqrt{1{,}9 \cdot 10^5} \cdot 0{,}71^{\frac{1}{3}} = 263{,}81.$$

b) Aus

$$\alpha = \frac{\dot{q}_W}{T_\infty - T_W} = \frac{\text{Nu}_m \cdot \lambda}{l}$$

folgt

$$\dot{Q} = \dot{q}_W \cdot l \cdot b = \text{Nu}_m \cdot \lambda \cdot b = 263{,}2 \cdot 0{,}026 \cdot 2 = 13{,}72\,\text{W}.$$

41 Freie Konvektion

Im Unterschied zur erzwungenen Konvektion entsteht die freie Konvektion ohne Anströmung. Ein Geschwindigkeitsfeld stellt sich erst durch den Temperaturunterschied ein. Als Beispiel nehmen wir den Erdboden, der durch die Sonnenstrahlen erwärmt wird. Die Luft einschließlich der Wasserteilchen in Erdbodennähe steigen empor. Es entsteht ein Auftrieb. Die Luft kühlt sich ab und sinkt zusammen mit den Wassertröpfchen aufgrund der Schwerkraft wieder hinab und der Kreislauf beginnt von Neuem. Nach demselben Prinzip funktionieren Warmwasserheizungen, Lampen, Küchenherde, Kamine usw. Jede Wärmequelle erzeugt eine freie Konvektion des umgebenden Fluids. Durch den Luftstrom stellt sich zwangsweise ein Geschwindigkeitsfeld ein. Im Unterschied zur erzwungenen Konvektion steigt die Geschwindigkeit von $u_W = 0$ an der Wand auf einen maximalen Wert innerhalb der Grenzschicht an, um dann wieder auf $u_\delta = 0$ am Ende der Grenzschicht abzusinken. Bei der erzwungenen Konvektion ist zwar ebenfalls ein Auftrieb vorhanden, dieser wird aber vernachlässigt, sofern die Strömungsgeschwindigkeit nicht ebenfalls sehr klein ist.

Abb. 41.1 zeigt die qualitativen Profile für den Fall einer Wandheizung.

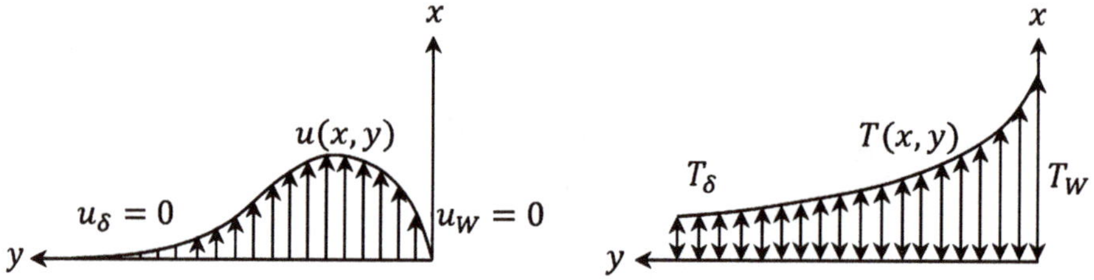

Abb. 41.1: Skizze zur freien Konvektion.

41.1 Die Grenzschichtgleichungen bei freier Konvektion

Bei der erzwungenen Konvektion entsteht die Strömung als Folge von Druckunterschieden, die beispielsweise durch eine Pumpe, Wind usw. aufrechterhalten werden. Im Unterschied dazu setzt eine freie Konvektion dann ein, wenn ein ruhendes Fluid der Temperatur T_∞ mit der Oberfläche einer Wand der Temperatur $T_W \neq T_\infty$ in Kontakt gelangt. Ist $T_W > T_\infty$, dann vermindert sich die Dichte der Teilchen in Wandnähe. Diese steigen auf und reißen dabei benachbarte Teilchen mit. Im Fall $T_W < T_\infty$ sinkt die Dichte in Wandnähe und die Teilchen mit größerer Dichte sinken ab. Druckunterschiede werden somit erst durch den Auftrieb erzeugt.

https://doi.org/10.1515/9783111345765-041

Herleitung von (41.1.1)–(41.1.7)
Bei der freien Konvektion müssen alle Stoffgrößen $\rho(T)$, $\lambda(T)$, $\nu(T)$ und $c_p(T)$ abhängig von der Temperatur angesetzt werden. Der Temperatur- und damit der Dichteunterschied ist ja gerade der Motor der einsetzenden Konvektion. Die drei Grenzschichtgleichungen für die Plattenströmung müssen diesem Umstand Rechnung tragen. Die Kontinuitätsgleichung, Gleichung (39.2.4) inklusive dem Auftriebsterm und Gleichung (40.3.1) lauten dann

$$\frac{\partial(\rho(T)u)}{\partial x} + \frac{\partial(\rho(T)v)}{\partial y} = 0, \tag{41.1.1}$$

$$u\frac{\partial u}{\partial x} + v\frac{\partial u}{\partial y} + \frac{1}{\rho(T)} \cdot \frac{\partial p}{\partial x} + g - \nu(T)\frac{\partial^2 u}{\partial y^2} = 0, \tag{41.1.2}$$

$$\rho(T)c_p(T)\left(u\frac{\partial T}{\partial x} + v\frac{\partial T}{\partial y}\right) - \lambda(T)\frac{\partial^2 T}{\partial y^2} = 0. \tag{41.1.3}$$

Im Falle einer Kühlung muss in (41.1.2) $-g$ stehen, weil dann die Luft entlang der Wand absinkt. Zur numerischen Lösung des Systems müsste die Temperaturabhängigkeit der Stoffgrößen vorliegen.

Idealisierung: Bei der sogenannten Boussinesq-Vereinfachung betrachtet man nur kleine Temperaturänderungen, sodass zwar eine Fluidbewegung entsteht, die Stoffgrößen von der Temperaturschwankung aber nicht allzu stark betroffen sind.

Das bedeutet, dass alle Stoffwerte in (41.1.1) und (41.1.3) und die kinematische Viskosität in (41.1.2) als konstant betrachtet werden. Für die Bezugstemperatur wählt man $T_B = \frac{T_W + T_\infty}{2}$. Einzig in Gleichung (41.1.2) wird der Einfluss der veränderlichen Dichte genauer untersucht. Dazu werten wir (41.1.2) am Ende der Grenzschicht aus, erhalten $\frac{dp}{dx} + \rho_\delta g = 0$ und daraus $p(x) = \rho_\delta g x + C$, ein rein hydrostatischer Verlauf. Dabei ist C eine Konstante, weil der Druck nicht von y abhängt und aus $\frac{\partial p}{\partial x}$ wird $\frac{dp}{dx}$. Damit kann der Term $\frac{1}{\rho(T)} \cdot \frac{\partial p}{\partial x} + g$ in (41.1.2) ersetzt werden durch

$$[\rho(T) - \rho_\delta]\frac{g}{\rho(T)}. \tag{41.1.4}$$

Nun gilt es, Dichte und Temperatur miteinander zu verbinden. Im 4. Band wurde der thermische Volumenausdehnungskoeffizient eingeführt: $\gamma = -\frac{1}{V}(\frac{\partial V}{\partial T})_p$. Dieser besagt, um wie viel sich das Volumen mit der Temperatur bezogen auf das Gesamtvolumen (bei konstantem Druck) ändert. Bezogen auf die Dichte gilt (bei konstanter Masse) einfach $\gamma = -\frac{1}{\rho}(\frac{\partial \rho}{\partial T})_p$. Da die Dichte nur eine Funktion der Temperatur ist, werden kursive Ableitungen wieder durch gerade ersetzt.

Lineare Approximation: Weiter wird in 1. Näherung der Differentialquotient durch den Differenzenquotienten ersetzt und man erhält

$$\gamma = -\frac{1}{\rho}\left(\frac{d\rho}{dT}\right)_p = -\frac{1}{\rho(T)}\left[\frac{\rho(T) - \rho_\delta}{T - T_\delta}\right].$$

Gleichung (41.1.4) schreibt sich dann als

$$[\rho(T) - \rho_\delta]\frac{g}{\rho(T)} = -\gamma g(T - T_\delta)$$

und insgesamt folgen die Grenzschichtgleichungen der freien Konvektion zu:

$$\frac{\partial u}{\partial x} + \frac{\partial v}{\partial y} = 0, \tag{41.1.5}$$

$$u\frac{\partial u}{\partial x} + v\frac{\partial u}{\partial y} - \gamma g(T - T_\delta) - \nu\frac{\partial^2 u}{\partial y^2} = 0, \tag{41.1.6}$$

$$u\frac{\partial T}{\partial x} + v\frac{\partial T}{\partial y} - \frac{\lambda}{\rho c_p} \cdot \frac{\partial^2 T}{\partial y^2} = 0. \tag{41.1.7}$$

Verglichen mit der erzwungenen Konvektion kann das Geschwindigkeitsfeld erwartungsgemäß nicht ohne das Temperaturfeld ermittelt werden.

41.2 Die Lösung der Grenzschichtgleichungen für die Platte

Herleitung von (41.2.1)–(41.2.8)
Zur Entdimensionierung wählen wir $x_* = \frac{x}{l}, y_* = \frac{y}{l}, u_* = \frac{u}{u_0}, v_* = \frac{v}{u_0}$ und $\vartheta = \frac{T-T_\delta}{T_W-T_\delta}$. Da $u_\delta = 0$, bezeichnet u_0 eine noch zu definierende Geschwindigkeit. Eingesetzt in das System (41.1.5) – (41.1.7) erhält man (Details in Band 6)

$$\frac{\partial u_*}{\partial x_*} + \frac{\partial v_*}{\partial y_*} = 0,$$

$$u_* \frac{\partial u_*}{\partial x_*} + v_* \frac{\partial u_*}{\partial y_*} - \frac{\gamma g l(T_W - T_\delta)}{u_0^2} \cdot \vartheta - \frac{1}{\mathrm{Re}} \cdot \frac{\partial^2 u_*}{\partial y_*^2} = 0,$$

$$u_* \frac{\partial \vartheta}{\partial x_*} + v_* \frac{\partial \vartheta}{\partial y_*} - \frac{1}{\mathrm{Pr} \cdot \mathrm{Re}} \cdot \frac{\partial^2 \vartheta}{\partial y_*^2} = 0.$$

Man erkennt, dass die Wahl von u_0 beliebig ist. Beispielsweise könnte $u_0 := [\gamma g l(T_W - T_\delta)]^{\frac{1}{2}}$ gesetzt werden. Mit der Impulserhaltung entstehen neue Kennzahlen:

$$\frac{\gamma g l(T_W - T_\delta)}{u_0^2} = \frac{\gamma g l^3(T_W - T_\delta) \cdot \nu^2}{u_0^2 \cdot l^2 \cdot \nu^2} = \frac{\gamma g l^3(T_W - T_\delta)}{\nu^2} \cdot \left(\frac{\nu}{u_0 \cdot l}\right)^2 = \frac{\mathrm{Gr}}{\mathrm{Re}^2} =: \mathrm{Ar}.$$

Definition. $\mathrm{Gr} = \frac{\gamma g l^3(T_W-T_\delta)}{\nu^2}$ bezeichnet die Grashof-Zahl und Ar die Archimedes-Zahl.

Die Kenntnis der Grashof-Zahl ist von Vorteil, weil die im Allgemeinen unbekannte Geschwindigkeit u_0 nicht mehr erscheint. Weiter ist l eine charakteristische Länge. Für eine freie Konvektion entlang einer Wand verwendet man meist die Wandhöhe, bei einem langen Rohr hingegen beispielsweise den Durchmesser. Die Grashof-Zahl ist auch bei Kühlung ($T_W < T_\delta$) positiv, denn g muss in diesem Fall, wie schon oben erwähnt, durch $-g$ ersetzt werden. Bekanntlich stellt die Reynolds-Zahl das Verhältnis zwischen Trägheitskraft und Reibungskraft dar. Die Archimes-Zahl hingegen bezeichnet das Verhältnis zwischen Auftrieb und Trägheitskraft. Genauer gilt:

$$\mathrm{Gr} = \frac{F_{\text{Auftrieb}}}{F_{\text{Reibung}}} \cdot \frac{F_{\text{Trägheitskraft}}}{F_{\text{Reibung}}}.$$

Damit ist die Archimedes-Zahl ein Maß für den freien Konvektionsanteil an der gesamten Konvektion. Bei erzwungener Konvektion ist $\mathrm{Re} \gg 1$ und $\mathrm{Ar} \ll 1$, hingegen ergeben sich bei der freien Konvektion $\mathrm{Re} \ll 1$ und $\mathrm{Ar} \gg 1$. Diesen Zusammenhang erkennt man auch aus der dimensionslosen Darstellung der Impulserhaltung

$$u_* \frac{\partial u_*}{\partial x_*} + v_* \frac{\partial u_*}{\partial y_*} - \frac{\mathrm{Gr}}{\mathrm{Re}^2} \cdot \vartheta - \frac{1}{\mathrm{Re}} \cdot \frac{\partial^2 u_*}{\partial y_*^2} = 0.$$

Bei vernachlässigbarer freier Konvektion geht diese Gleichung über in (40.2.1).

Zur Lösung der Grenzschichtgleichungen (41.1.5) – (41.1.7) setzen wir wie schon einige Male zuvor eine Stromfunktion ψ mit $u = \frac{\partial \psi}{\partial y}$ und $v = -\frac{\partial \psi}{\partial x}$ an. Dieser Ansatz erfüllt (41.1.5).

Weiter wählen wir folgende Transformationen:

$$\xi(x,y) = A \cdot \frac{y}{x^{\frac{1}{4}}}, f(\xi) = \frac{\psi}{4\nu A \cdot x^{\frac{3}{4}}} \quad \text{mit} \quad A = \left[\frac{\gamma g(T_W - T_\delta)}{4\nu^2}\right]^{\frac{1}{4}} \quad \text{und} \quad \vartheta = \frac{T - T_\delta}{T_W - T_\delta}.$$

Außerdem setzen wir

$$f'(\xi) = \frac{u(\xi)}{u_0} \quad \text{mit} \quad u_0 := 2[\gamma g x(T_W - T_\delta)]^{\frac{1}{2}}$$

und bestimmen

$$u = \psi_y = 4\nu A^2 \cdot x^{\frac{1}{2}} \cdot f', \quad v = -\psi_x = -\nu A x^{-\frac{1}{4}} \cdot (3f - \xi \cdot f'),$$
$$\psi_{yy} = 4\nu A^3 \cdot x^{\frac{1}{4}} \cdot f'', \quad \psi_{yyy} = 4\nu A^4 \cdot f'' \quad \text{und} \quad \psi_{xy} = \nu A^2 x^{-\frac{1}{2}} \cdot (2f' - \xi \cdot f'').$$

Gleichung (41.1.6) schreibt sich dann als

$$\psi_y \cdot \psi_{xy} - \psi_x \cdot \psi_{yy} - \gamma g(T_W - T_\delta)\vartheta - \nu \cdot \psi_{yyy}$$

und man erhält nach Einsetzen aller Ausdrücke schließlich

$$f''' = 2(f')^2 - 3ff'' - \vartheta. \tag{41.2.1}$$

Damit ist auch die Wahl von A rechtfertigt. Es fehlt noch die Energiegleichung (41.1.7). Diese lässt sich schreiben als

$$\psi_y \cdot (T_W - T_\delta) \cdot \frac{\partial\vartheta}{\partial\xi} \cdot \frac{\partial\xi}{\partial x} - \psi_x \cdot (T_W - T_\delta) \cdot \frac{\partial\vartheta}{\partial\xi} \cdot \frac{\partial\xi}{\partial y}$$
$$- \frac{\lambda}{\rho c_p} \cdot (T_W - T_\delta) \cdot \frac{\partial^2\vartheta}{\partial\xi^2} \cdot \left(\frac{\partial\xi}{\partial y}\right)^2 = 0.$$

Werden alle Ausdrücke eingesetzt, so ergibt sich

$$\vartheta'' = -3 \cdot \mathrm{Pr} \cdot f\vartheta'. \tag{41.2.2}$$

Die RBen lauten:

I. Für $y = 0$ ist $u_W = v_W = 0$ und $T = T_W$.
II. Für $y \to \infty$ ist $u_\delta = v_\delta = 0$ und $T = T_\delta$.

Umgeschrieben auf die dimensionslosen Größen bedeutet das

I. Für $\xi = 0$ ist $f'(0) = 0$ und $\vartheta(0) = 1$.
II. Für $\xi \to \infty$ ist $f'(\infty) = 0$ und $\vartheta(\infty) = 0$.

Zusammen mit (41.2.1) und (41.2.2) erhält man das zu lösende System:

$$f''' = 2(f')^2 - 3ff'' - \vartheta,$$
$$\vartheta'' = -3 \cdot \mathrm{Pr} \cdot f\vartheta'. \tag{41.2.3}$$

Bei der Durchführung des folgenden Programms gilt es zu beachten, dass es noch der drei Anfangsbedingungen $f(0), f''(0)$ und $\vartheta'(0)$ bedarf. Dabei ist lediglich $f(0) = 0$ gegeben, denn mit $v_W = 0$ (I. Randbedingung) muss infolge von $v = -\nu A x^{-\frac{1}{4}} \cdot (3f - \xi \cdot f')$ nebst $f'(0) = 0$ auch $f(0) = 0$ sein. Hingegen muss man die Werte von $f''(0)$ und $\vartheta'(0)$ so lange anpassen, bis $f'(\infty) = 0$ und $\vartheta(\infty) = 0$ erreicht wird. Die Simulation soll für $\mathrm{Pr} = 0{,}7$ (Luft) und $\mathrm{Pr} = 7$ (Wasser) durchgeführt werden. Durch Ausprobieren erhält man

$$f''_{0,7}(0) = 0{,}680, \quad \vartheta'_{0,7}(0) = -0{,}502 \quad \text{für Pr} = 0{,}7 \quad \text{und} \tag{41.2.4}$$
$$f''_7(0) = 0{,}453, \quad \vartheta'_7(0) = -1{,}060 \quad \text{für Pr} = 7. \tag{41.2.5}$$

Wie bisher entsprechen sich $y_1 = f, y_2 = f', y_3 = f'', y_4 = \vartheta$ und $y_5 = \vartheta'$. Wie auch in Kap. 40.7 wird das Temperaturprofil gespiegelt.

Das zugehörige Programm besitzt die Gestalt:

```
Define DG(n)
Prgm
xa:= {x2i}
ya:= {y2i}
xb:= {x4i}
yb:= {y4ii}
x2i:= 0
x4i:= 0
y1i:= 0
y2i:= 0
y3i:= f''(0)
y4i:= 1
y5i:= ϑ'(0)
For i,1,n
x2i:= x2i + 0.01
x4i:= x4i + 0.01
y1i:= y1i + 0.01· y2i
y2i:= y2i + 0.01· y3i
y3i:= y3i + (2 · y2i^2 − 3 · y1i · y3i − y4i) · 0.01
y4i:= y4i + 0.01· y5i
y5i:= y5i − 3 · Pr · y1i · y5i · 0.01
y4ii:= 1 − y4i
xa:= augment(xa,{x2i})
ya:= augment(ya,{y2i})
xb:= augment(xb,{x4i})
yb:= augment(yb,{y4ii})
End For
Disp xa, ya, xb, yb
End Prgm
```

In Abb. 41.2 sind die Skalenwerte für f' von unten nach oben markiert und für ϑ von oben nach unten. Man erkennt, dass beide Profile mit kleiner werdender Prandtl-Zahl stärker ausgebildet sind.

Mithilfe der vorliegenden numerischen Profile von f' und ϑ können insbesondere die Verläufe von

$$u(\xi) = 4\nu A^2 \cdot x^{\frac{1}{2}} \cdot f'(\xi) \quad \text{und} \quad T(\xi) = (T_W - T_\delta)\vartheta(\xi) + T_\delta$$

ermittelt werden.

Schließlich soll noch die mittlere Nusselt-Zahl für die freie Konvektion bestimmt werden.

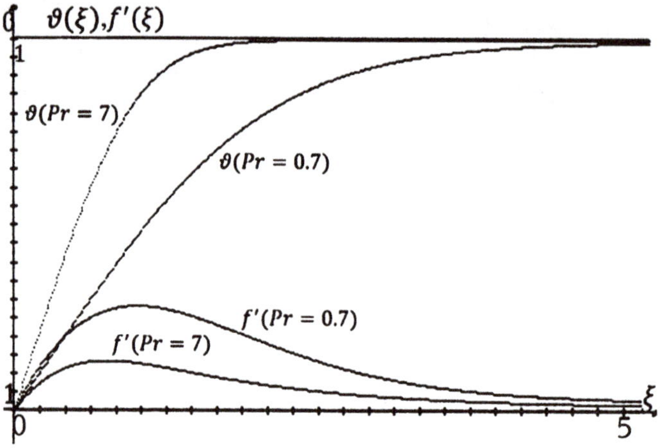

Abb. 41.2: Simulation von (41.2.3).

Die Wärmestromdichte beträgt

$$\dot{q}_W = -\lambda\left(\frac{\partial T}{\partial y}\right)_W = -\lambda(T_W - T_\delta)\cdot\left(\frac{\partial \vartheta}{\partial \xi}\right)_W \cdot \frac{\partial \xi}{\partial y} = -\lambda(T_W - T_\delta)\cdot \vartheta'(0)\cdot \frac{A}{x^{\frac{1}{4}}}.$$

Der Wärmeübergangskoeffizient ist

$$\alpha = \frac{\dot{q}_W}{T_W - T_\delta} = -\frac{\lambda}{x}\cdot \vartheta'(0)\cdot \left(\frac{\mathrm{Gr}_x}{4}\right)^{\frac{1}{4}}$$

und für die örtliche Nusselt-Zahl erhält man

$$\mathrm{Nu}_x = \frac{\alpha x}{\lambda} = -\left(\frac{\mathrm{Gr}_x}{4}\right)^{\frac{1}{4}}\cdot \vartheta'(0)$$

und schließlich

$$\frac{\mathrm{Nu}_x}{(\frac{\mathrm{Gr}_x}{4})^{\frac{1}{4}}} = -\vartheta'(0).$$

Nun muss man in langwierigen Simulationen für viele Prandtl-Zahlen den entsprechenden Wert $\vartheta'_{\mathrm{Pr}}(0)$ wie oben im Programm durch Ausprobieren bestimmen, alle Werte auftragen und durch eine (monoton fallende) Funktion $h(\mathrm{Pr})$ möglichst gut approximieren. Man erhält

$$\vartheta'_{\mathrm{Pr}}(0) = h(\mathrm{Pr}) = -\frac{0{,}676\cdot \mathrm{Pr}^{\frac{1}{2}}}{(0{,}861 + \mathrm{Pr})^{\frac{1}{4}}}.$$

Die Proportionalität

$$h(\mathrm{Pr}) \sim \frac{\mathrm{Pr}^{\frac{1}{2}}}{(\mu + \mathrm{Pr})^{\frac{1}{4}}},$$

wird im nächsten Kapitel ersichtlich. Für Pr = 0,7 und Pr = 7 ergibt sich $\vartheta_{0,7}'(0) = -0{,}506$ bzw. $\vartheta_7'(0) = -1{,}068$ und damit eine gute Übereinstimmung mit den beiden Werten von (41.2.5).

Eine mittlere Nusselt-Zahl ermittelt man durch Mittelung des Wärmeübergangskoeffizienten:

$$\alpha_m = \frac{1}{x}\int_0^x \alpha(x)dx = -\frac{\lambda}{x}\cdot\vartheta'(0)\cdot A\int_0^x x^{-\frac{1}{4}}dx = -\frac{\lambda}{x}\cdot\vartheta'(0)\cdot\frac{4}{3}\cdot Ax^{\frac{3}{4}} = \frac{4}{3}\alpha(x). \tag{41.2.6}$$

Mit $x = l$ ist

$$\mathrm{Nu}_m = \frac{\alpha_m l}{\lambda}, \quad \mathrm{Gr}_l = \frac{\gamma g l^3(T_W - T_\delta)}{\nu^2}$$

und man erhält

$$\frac{\mathrm{Nu}_m}{(\frac{\mathrm{Gr}_l}{4})^{\frac{1}{4}}} = -\frac{4}{3}\vartheta' \tag{41.2.7}$$

oder

$$\frac{\mathrm{Nu}_m}{(\frac{\mathrm{Gr}_l}{4})^{\frac{1}{4}}} = \frac{0{,}901\cdot\mathrm{Pr}^{\frac{1}{2}}}{(0{,}861 + \mathrm{Pr})^{\frac{1}{4}}}. \tag{41.2.8}$$

Diese Gleichung erfasst die Abhängigkeit der drei Kennzahlen Nu_m, Gr_l und Pr.

41.3 Näherung des Geschwindigkeits- und Temperaturprofils durch eine Polynomfunktion

Wie auch schon in vorangehenden Kapiteln sind wir mit dem Problem konfrontiert, dass Geschwindigkeits- und Temperaturprofil nur numerisch vorliegen. Zudem besitzen wir keine Information über die jeweilige Grenzschichtdicke. Abermals müssen wir zuerst die Gleichungen (41.1.6) und (41.1.7) in eine Integralform umwandeln, dann die beiden Profile durch Polynome annähern und die entstehenden Integrale auswerten.

Herleitung von (41.3.1)–(41.3.7)

Als Erstes schreiben wir die Kontinuitätsgleichung wie in Kap. 39.6 um zu $v(x,y) = -\int_0^y \frac{\partial u}{\partial x} dy$. Diesen Ausdruck setzen wir in (41.1.6) ein, integrieren die Gleichung von null bis δ_S und erhalten

$$\int_0^{\delta_S}\left(u\frac{\partial u}{\partial x}\right)dy - \int_0^{\delta_S}\left(\int_0^y \frac{\partial u}{\partial x}dy\right)\frac{\partial u}{\partial y}dy - \gamma g\int_0^{\delta_S}(T - T_\delta)dy - \nu\int_0^{\delta_S}\frac{\partial^2 u}{\partial y^2}dy = 0.$$

Weiter ergibt sich nach kurzer Rechnung (siehe Band 6)

$$\frac{d}{dx}\int_0^{\delta_S} u^2 dy - \gamma g\int_0^{\delta_S}(T - T_{\delta_T})dy - \nu\left(\frac{\partial u}{\partial y}\right)_W = 0. \tag{41.3.1}$$

Die Energiegleichung in integraler Form liegt schon vor. Denn (41.1.7) ist mit (40.3.1) identisch. Somit übernehmen wir das Ergebnis (40.4.1) in der Form

$$\frac{d}{dx}\left[\int_0^{\delta_T} u(T - T_{\delta_T})dy\right] + k\left(\frac{\partial T}{\partial y}\right)_W = 0 \quad \text{mit} \quad k = \frac{\lambda}{\rho c_p}. \tag{41.3.2}$$

Wie man sieht, wird in (41.3.1) und (41.3.2) noch explizit zwischen δ_S und δ_T unterschieden.

Idealisierung: Es zeigt sich, dass man $\delta_S \approx \delta_T \approx \delta$ setzen kann und der Fehler dabei relativ klein bleibt.

Für das Temperaturprofil setzen wir nur ein quadratisches Polynom an:

$$\vartheta(x,y) = a + b\left(\frac{y}{\delta}\right) + c\left(\frac{y}{\delta}\right)^2$$

an. Die RBen lauten:

I. $\vartheta = 1$ für $y = 0$,
II. $\vartheta = 0$ für $y = \delta$ und
III. $\frac{\partial\vartheta}{\partial y} = 0$ für $y = \delta$.

Man erhält $a = 1$, $b = -2$, $c = 1$ und das Profil

$$\vartheta(x,y) = \left(1 - \frac{y}{\delta}\right)^2 = \frac{T - T_\delta}{T_W - T_\delta}. \tag{41.3.3}$$

Das Geschwindigkeitsprofil muss aufgrund der Form durch ein Polynom mindestens 3. Grades angenähert werden:

$$\frac{u}{v_0}(x,y) = a + b\left(\frac{y}{\delta}\right) + c\left(\frac{y}{\delta}\right)^2 + d\left(\frac{y}{\delta}\right)^3.$$

Dabei ist v_0 irgendeine Bezugsgeschwindigkeit. Als RBen ergeben sich:

I. $u = 0$ für $y = 0$,

II. $\frac{\partial^2 u}{\partial y^2} = \frac{\partial^2 u}{\partial y^2} = -\frac{\gamma g(T_W - T_\delta)}{\nu} =: -\beta$ für $y = 0$,

III. $u = 0$ für $y = \delta$ und

IV. $\frac{\partial u}{\partial y} = 0$ für $y = \delta$.

Die 2. RB erhält man durch Auswerten von (41.1.6) an der Wand. Eine kurze Rechnung liefert das dimensionslose Profil

$$\frac{u}{u_0} = \frac{y}{\delta}\left(1 - \frac{y}{\delta}\right)^2 \quad \text{mit} \quad u_0 = s\beta\delta^2, \quad s \in \mathbb{R}. \tag{41.3.4}$$

Damit ist es auch möglich, die Höhe mit maximaler Geschwindigkeit anzugeben. Aus

$$\frac{\partial}{\partial y}\left(\frac{u}{u_0}\right) = \frac{1}{\delta^3}(y - \delta)(3y - \delta)$$

folgt $y_{\max} = \frac{\delta}{3}$. Die zugehörige Geschwindigkeit beträgt dann

$$u_{\max} = \frac{4}{27}u_0. \tag{41.3.5}$$

In einer langwierigen Rechnung werden nun (41.3.3) und (41.3.4) in (41.3.1) eingesetzt. Das Ergebnis führt zur Grenzschichtdicke

$$\delta(x) = 3{,}936 \cdot (0{,}952 + \mathrm{Pr})^{\frac{1}{4}} \cdot \mathrm{Pr}^{-\frac{1}{2}} \cdot \left[\frac{\gamma g(T_W - T_\delta)}{\nu^2}\right]^{-\frac{1}{4}} \cdot x^{\frac{1}{4}}. \tag{41.3.6}$$

Eine letzte Rechnung ergibt den Zusammenhang

$$\frac{\mathrm{Nu}_m}{\mathrm{Gr}_l^{\frac{1}{4}}} = \frac{0{,}678 \cdot \mathrm{Pr}^{\frac{1}{2}}}{(0{,}952 + \mathrm{Pr})^{\frac{1}{4}}} \quad \text{oder} \quad \frac{\mathrm{Nu}_m}{(\frac{\mathrm{Gr}_l}{4})^{\frac{1}{4}}} = \frac{0{,}958 \cdot \mathrm{Pr}^{\frac{1}{2}}}{(0{,}952 + \mathrm{Pr})^{\frac{1}{4}}}. \tag{41.3.7}$$

Gleichung (41.3.7) bestätigt das Ergebnis (41.2.8). Die Abweichung ist klein. Im Folgenden verwenden wir das numerische Ergebnis (41.2.8).

Beispiel 1. Eine 5 m hohe Hauswand wird von der Sonne bestrahlt (Abb. 41.3 links). Es bildet sich eine Lufttemperatur von $T_a = 20\,^\circ\mathrm{C}$ und eine Wandtemperatur von $T_W = 40\,^\circ\mathrm{C}$ aus. Die zugehörigen Stoffwerte der Luft bei der Bezugstemperatur 30 °C entnehmen Sie aus der nachstehenden Tabelle am Ende von Kap. 40.6. Luft soll als ideales Gas behandelt werden.

a) Gesucht ist die durch freie Konvektion von der Luft auf die Wand übertragene Wärmestromdichte.

b) Führen Sie eine Wärmestrombilanz an der Außenwand durch. Berücksichtigen Sie die in a) berechnete konvektive Wärmestromdichte, die von der Wand nach innen weitergeleitete und die von der Wand nach außen abgestrahlte Wärmestromdichte. Bestimmen Sie daraus die von der Sonne einfallende Wärmestromdichte. Benutzen Sie dazu folgende Angaben:
Wanddicke und Temperatur im Innenraum betragen $d = 0{,}4\,\mathrm{m}$ bzw. $T_i = 25\,°\mathrm{C}$. Die Wärmeleitfähigkeit des Betons ist $\lambda_B = 1\,\frac{\mathrm{W}}{\mathrm{mK}}$ und der Wärmeübergangskoeffizient (Konvektion und Strahlung) von der Innenwand zur Luft im Innenraum ist $\alpha_i = 7{,}5\,\frac{\mathrm{W}}{\mathrm{m^2K}}$. Weiter ist die Wand aus hellgrauem Beton gefertigt, sodass der Emissionsgrad $\varepsilon = 0{,}93$ und der Absorptionsgrad 55 % beträgt.

c) Bestimmen Sie die Grenzschichtdicke für $l = 1\,\mathrm{m}$ und am Ende der Hauswand.

d) Gesucht sind die Funktionen $u_{\mathrm{max}}(x)$, $u_{\mathrm{mitt}}(x)$ für die maximale bzw. mittlere Geschwindigkeit in Abhängigkeit der Lauflänge x und die mittleren Geschwindigkeiten für $l = 1\,\mathrm{m}$ und am Ende der Hauswand.

e) Bestimmen Sie das Temperaturprofil $T(x, y)$.

Lösung.

a) Für ein ideales Gas gilt $\gamma = \frac{1}{303{,}15\,\mathrm{K}}$. Die Grashof-Zahl folgt gemäß Kap. 41.2 zu

$$\mathrm{Gr} = \frac{1}{303{,}15} \cdot \frac{9{,}81 \cdot 5^3 \cdot (313{,}15 - 293{,}15)}{(1{,}630 \cdot 10^{-5})^2} = 3{,}04 \cdot 10^{11}$$

und mithilfe von (41.2.8) erhält man $\mathrm{Nu}_m = 356{,}27$. Der über einer Strecke von 5 m gemittelte Wärmeübergangskoeffizient ist dann

$$\alpha_a = \frac{\mathrm{Nu}_m \cdot \lambda}{l} = \frac{356{,}27 \cdot 0{,}0265}{5} = 1{,}89\,\frac{\mathrm{W}}{\mathrm{m^2K}}$$

und für die Wärmestromdichte infolge der Konvektion erhält man

$$\dot{q}_K = \alpha_a \cdot (T_{\mathrm{Wa}} - T_a) = 1{,}89 \cdot (313{,}15 - 293{,}15) = 37{,}83\,\frac{\mathrm{W}}{\mathrm{m^2}}.$$

b) Schon in Kap. 29 sind Wärmeleitung und Wärmeübergänge mit einem Konvektions- und einem Strahlungsanteil behandelt worden. Aufgrund der damals noch nicht behandelten Grenzschichttheorie musste dabei der Wärmeübergangskoeffizient immer angegeben werden. An gleicher Stelle und zudem in Band 4 finden sich auch weiterführende Erklärungen. Etwa 55 % der einfallenden Leistung $\dot{q}_S$ werden absorbiert, was zur Wärmestromdichte $\dot{q}_A$ an der Außenwand führt. Ein Anteil $\dot{q}_R$ von $\dot{q}_S$ wird reflektiert und in die Umgebungsluft zurückgestrahlt und eine letzte Wärmestromdichte $\dot{q}_K$ entsteht durch natürliche Konvektion. Zusammen ergibt sich $\dot{q}_L$ als Nettostromdichte für den Transport ins Innere durch Wärmeleitung.

Bilanz: Wärmstromdichtebilanz an der Wand. Diese lautet

$$\dot{q}_A + \dot{q}_K - \dot{q}_R - \dot{q}_L = 0 \quad \text{oder} \quad 0{,}55 \cdot \dot{q}_S + \dot{q}_K = \dot{q}_R + \dot{q}_L.$$

In der Skizze kennzeichnen die Pfeilrichtungen nicht die sich einstellende Wärmestromrichtung, diese verläuft bei Erwärmung von der Wand ins Innere mit $\dot{q}_L$, sondern, ob Wärme hin zur Wand oder von der Wand wegfließt. Mit ((21.2.1) und (21.3.1)) gilt

$$\dot{q}_L = \frac{T_{\text{Wa}} - T_i}{\frac{1}{\alpha_i} + \frac{d}{\lambda_B}} = \frac{313{,}15 - 298{,}15}{\frac{1}{7{,}5} + \frac{0{,}4}{1}} = 28{,}13\,\frac{\text{W}}{\text{m}^2}.$$

Daraus kann man noch die Temperatur T_{Wi} an der Innenwand zu $T_{\text{Wi}} = T_{\text{Wa}} - \dot{q}_L \frac{d}{\lambda_B} = 28{,}75\,^\circ\text{C}$ bestimmen. Für die abgestrahlte Leistungsdichte der Außenwand gilt nach dem Gesetz von Stefan-Boltzmann (29.3)

$$\dot{q}_R = \varepsilon \cdot \sigma \cdot (T_{\text{Wa}}^4 - T_a^4) = 0{,}93 \cdot 5{,}67 \cdot 10^{-8} \cdot (313{,}15^4 - 293{,}15^4) = 117{,}65\,\frac{\text{W}}{\text{m}^2}$$

mit der Konstante $\sigma = 5{,}67 \cdot 10^{-8}\,\frac{\text{W}}{\text{m}^2\text{K}^4}$. Dabei wurde beachtet, dass die Umgebungsluft ihrerseits Wärmestrahlung zurück zur Wand abgibt. Die Bilanzgleichung liefert demnach $\dot{q}_S = 196{,}28\,\frac{\text{W}}{\text{m}^2}$. Man kann noch den Wärmeübergangskoeffizienten an der Außenwand angeben. Dieser setzt sich aus dem konvektiven und dem strahlenden Teil zusammen:

$$\alpha_a = \alpha_{a,K} + \alpha_{a,R} = \frac{\dot{q}_K}{T_{\text{Wa}} - T_a} + \frac{\dot{q}_R}{T_{\text{Wa}} - T_a} = \frac{37{,}83 + 117{,}65}{20} = 7{,}77\,\frac{\text{W}}{\text{m}^2\text{K}}.$$

c) Mit (41.3.6) folgt $\delta(x) = 0{,}024 \cdot x^{\frac{1}{4}}$ und damit $\delta(1) = 2{,}40$ cm und $\delta(5) = 3{,}59$ cm. Daran erkennt man, dass die Grenzschichtdicken bei freier Konvektion um ein Vielfaches größer als bei erzwungener Konvektion werden.

d) Aus (41.3.5) folgt

$$u_{\max} = \frac{4}{27}u_0 = \frac{4}{27} \cdot 5{,}164 \cdot \left(\frac{20}{21} + 0{,}7134\right)^{-\frac{1}{2}} \cdot \left[\frac{1}{303{,}15\,\text{K}} \cdot 9{,}81 \cdot 20\right]^{\frac{1}{2}} \cdot x^{\frac{1}{2}}$$
$$= 0{,}48 \cdot x^{\frac{1}{2}}.$$

Weiter gilt mit (41.3.4)

$$u_{\text{mitt}}(x) = \frac{1}{\delta(x)} \int\limits_0^{\delta(x)} u(x)dy = \frac{u_0}{\delta} \int\limits_0^{\delta} \left[\frac{y}{\delta}\left(1 - \frac{y}{\delta}\right)^2\right] dy = \frac{u_0}{12} = 0{,}257 \cdot x^{\frac{1}{2}}.$$

Damit erhält man

$$u_{\text{mitt}}(1) = 0{,}27\,\frac{\text{m}}{\text{s}}, \quad u_{\text{mitt}}(5) = 0{,}60\,\frac{\text{m}}{\text{s}}.$$

e) Gleichung (41.3.3) führt mit dem Ergebnis aus c) zu

$$T(x,y) = \left(1 - \frac{y}{\delta}\right)^2 \cdot (T_{\text{Wa}} - T_a) + T_a = \left(1 - 41{,}97 \cdot x^{-\frac{1}{4}} y\right)^2 \cdot 20 + 293{,}15.$$

Beispiel 2. Eine 3 m hohe und $d = 0{,}3$ m dicke Hauswand besitzt nachts die Außentemperatur $T_{\text{Wa}} = 5\,^\circ\text{C}$. Die Lufttemperatur beträgt $T_a = -5\,^\circ\text{C}$ (Abb. 41.3 rechts).

a) Wie lautet die Wärmestrombilanz an der Außen- bzw. Innenwand ohne Strahlungseffekte?

b) Berechnen Sie die Wärmestromdichte $\dot{q}_{a,K}$ an der Außenwand aufgrund von Konvektion.

c) Wie groß wird die Temperatur T_{Wi} an der Innenwand, falls die Leitfähigkeit der Betonwand $\lambda_B = 1{,}5\,\frac{\text{W}}{\text{mK}}$ beträgt.

d) Bestimmen Sie die Innentemperatur T_i, sodass die Wärmestromdichte $\dot{q}_L$ innerhalb der Mauer einzig durch die Konvektionstromdichte $\dot{q}_{i,K}$ an der Innenwand aufrechterhalten wird und man fordert, dass bei beiden Wandseiten mit gleichen Wärmeübergangszahlen zu rechnen ist.

e) Wiederholen Sie alle Teilaufgaben a) bis d) unter Berücksichtigung von Strahlungseffekten. Der Emissionsgrad an der Innenwand ist $\varepsilon = 0{,}93$. Bestimmen Sie die Innentemperatur T_i zuerst mit der Forderung gleicher Wärmeübergangszahlen und danach für den Fall, dass infolge eines Lecks auf der gesamten inneren Wand eine dünne Ölschicht aufliegt und dadurch der Emissionsgrad der Innenwand auf den Wert $\varepsilon = 0{,}55$ sinkt.

Lösung.

I. *Ohne Strahlung.*

a) Die Bilanzen an der Außen- bzw. Innenwand lauten $\dot{q}_{a,K} - \dot{q}_L = 0$ bzw. $\dot{q}_{i,K} - \dot{q}_L = 0$, woraus $\dot{q}_{a,K} = \dot{q}_{i,K}$ folgt.

b) Die Bezugstemperatur beträgt $T_B = 0\,^\circ\text{C}$ und die entsprechenden Stoffwerte können der Tabelle am Ende von Kap. 40.6 entnommen werden. Mit $\gamma = \frac{1}{273{,}15\,\text{K}}$ erhält man

$$\text{Gr} = \frac{1}{273{,}15} \cdot \frac{9{,}81 \cdot 3^3 \cdot (278{,}15 - 268{,}15)}{(1{,}352 \cdot 10^{-5})^2} = 5{,}30 \cdot 10^{10}$$

und unter Verwendung von (41.2.8) $\text{Nu}_m = 231{,}11$. Schließlich ergibt sich

$$\dot{q}_{a,K} = \frac{\text{Nu}_m \cdot \lambda \cdot (T_W - T_a)}{l} = \frac{231{,}11 \cdot 0{,}0242 \cdot (278{,}15 - 268{,}15)}{3} = 18{,}64\,\frac{\text{W}}{\text{m}^2}$$

mit einem Wärmeübergangskoeffizienten von $\alpha_{a,K} = 1{,}86\,\frac{\mathrm{W}}{\mathrm{m^2K}}$.

c) Aus

$$\dot{q}_{i,K} = \dot{q}_L = \frac{T_{\mathrm{Wi}} - T_{\mathrm{Wa}}}{\frac{d}{\lambda_B}}$$

folgt

$$T_{\mathrm{Wi}} = T_{\mathrm{Wa}} + \dot{q}_L \cdot \frac{d}{\lambda_B} = 5 + 18{,}64 \cdot \frac{0{,}3}{1{,}5} = 8{,}73\,^\circ\mathrm{C}.$$

d) Da $\alpha_{a,K} = \alpha_{i,K}$, gilt mit $\dot{q}_{a,K} = \dot{q}_{i,K}$ schlicht $T_i - T_{\mathrm{Wi}} = T_{\mathrm{Wa}} - T_a$, woraus man $T_i = 18{,}73\,^\circ\mathrm{C}$ erhält.

II. *Mit Strahlung.*

a) Die Bilanzen an der Außen- bzw. Innenwand lauten $\dot{q}_{a,K} + \dot{q}_{a,S} - \dot{q}_L = 0$ bzw. $\dot{q}_{i,K} + \dot{q}_{i,S} - \dot{q}_L = 0$, woraus $\dot{q}_{a,K} + \dot{q}_{a,S} = \dot{q}_{i,K} + \dot{q}_{i,S}$ folgt.

b) Die Konvektionsstromdichte bleibt unverändert: $\dot{q}_{a,K} = 18{,}64\,\frac{\mathrm{W}}{\mathrm{m^2}}$ mit $\alpha_{a,K} = 1{,}86\,\frac{\mathrm{W}}{\mathrm{m^2K}}$.
Zusätzlich erhält man

$$\dot{q}_{a,S} = \varepsilon \cdot \sigma \cdot (T_{\mathrm{Wa}}^4 - T_a^4) = 0{,}93 \cdot 5{,}67 \cdot 10^{-8} \cdot (278{,}15^4 - 268{,}15^4) = 43{,}00\,\frac{\mathrm{W}}{\mathrm{m^2}}$$

mit $\alpha_{a,S} = 4{,}30\,\frac{\mathrm{W}}{\mathrm{m^2K}}$. Insgesamt beträgt die Wärmestromdichte

$$\dot{q}_a = \dot{q}_{a,K} + \dot{q}_{a,S} = 61{,}64\,\frac{\mathrm{W}}{\mathrm{m^2}}.$$

c) Mit $\dot{q}_a = \dot{q}_L$ folgt

$$T_{\mathrm{Wi}} = T_{\mathrm{Wa}} + \dot{q}_L \cdot \frac{d}{\lambda_B} = 5 + 61{,}64 \cdot \frac{0{,}3}{1{,}5} = 17{,}33\,^\circ\mathrm{C}.$$

d) Die Forderung $\alpha_{a,K} + \alpha_{a,S} = \alpha_{i,K} + \alpha_{i,S}$ führt zu $T_i = 27.33\,^\circ\mathrm{C}$.
Im Fall der Ölschicht muss T_i zuerst geschätzt werden, beispielsweise $T_i = 29\,^\circ\mathrm{C}$. Die dünne Ölschicht hat dabei auf die gesuchten Temperaturen keinen wesentlichen Einfluss.
Die Bezugstemperatur beträgt $T_B = 23{,}17\,^\circ\mathrm{C}$ und die entsprechenden Stoffwerte werden durch Interpolation mithilfe der Tabelle in Kap. 40.6 bestimmt:

$$\nu = 1{,}565 \cdot 10^{-5}\,\frac{\mathrm{m^2}}{\mathrm{s}}, \quad \lambda = 0{,}0259\,\frac{\mathrm{W}}{\mathrm{mK}} \quad \text{und} \quad \mathrm{Pr} = 0{,}7153.$$

Mit $\gamma = \frac{1}{296{,}32\,\mathrm{K}}$ ergibt sich $\mathrm{Gr} = 4{,}26 \cdot 10^{10}$ und danach mit (41.2.8) $\mathrm{Nu}_m = 218{,}46$. Schließlich folgt

$$\dot{q}_{i,K} = \frac{218{,}46 \cdot 0{,}0259 \cdot (29 - 17{,}33)}{3} = 22{,}01\,\frac{\mathrm{W}}{\mathrm{m}^2}$$

mit

$$\alpha_{i,K} = \frac{22{,}01}{29 - 17{,}33} = 1{,}88\,\frac{\mathrm{W}}{\mathrm{m}^2\mathrm{K}}$$

und

$$\dot{q}_{a,S} = \varepsilon \cdot \sigma \cdot (T_{\mathrm{Wa}}^4 - T_a^4) = 0{,}55 \cdot 5{,}67 \cdot 10^{-8} \cdot (302{,}15^4 - 290{,}48^4) = 37{,}89\,\frac{\mathrm{W}}{\mathrm{m}^2}$$

mit $\alpha_{i,S} = 3{,}25\,\frac{\mathrm{W}}{\mathrm{m}^2\mathrm{K}}$. Die gesamte Wärmestromdichte beträgt $\dot{q}_i = \dot{q}_{i,K} + \dot{q}_{i,S} = 59{,}90\,\frac{\mathrm{W}}{\mathrm{m}^2}$, was verglichen mit dem benötigten Wert von $61{,}64\,\frac{\mathrm{W}}{\mathrm{m}^2}$ etwas zu wenig ist. Eine Wiederholung der Rechnung mit $T_i = 29{,}2\,°\mathrm{C}$ liefert

$$\dot{q}_i = \dot{q}_{i,K} + \dot{q}_{a,S} = 22{,}48 + 38{,}58 = 61{,}06\,\frac{\mathrm{W}}{\mathrm{m}^2},$$

was genau genug ist.
Die Wärmeübergangszahl ist dann

$$\alpha_i = \alpha_{i,K} + \alpha_{i,S} = \frac{22{,}48}{29{,}2 - 17{,}33} + \frac{38{,}58}{29{,}2 - 17{,}33} = 5{,}14\,\frac{\mathrm{W}}{\mathrm{m}^2\mathrm{K}}.$$

Zum Vergleich gilt für die Außenwand $\alpha_a = \alpha_{a,K} + \alpha_{a,S} = 1{,}86 + 4{,}30 = 6{,}16\,\frac{\mathrm{W}}{\mathrm{m}^2\mathrm{K}}$. Man erkennt, dass ohne Hinzunahme des Strahlungsanteils falsche Ergebnisse entstehen, denn Übergangszahlen in Tabellen berücksichtigen immer Konvektions- und Strahlungseffekte.

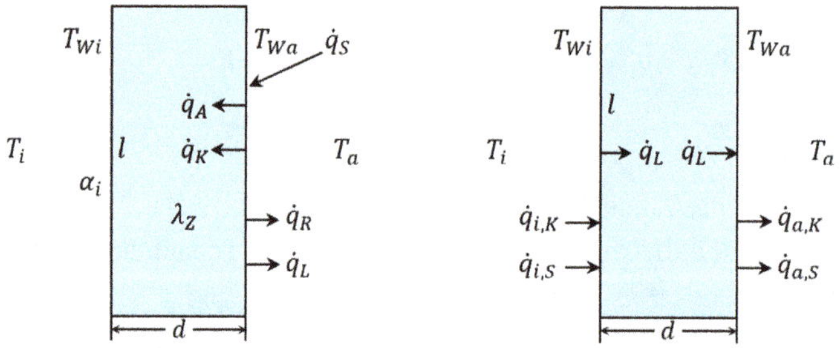

Abb. 41.3: Skizzen zu den Beispielen 1 und 2.

Beispiel 3. Ein $l = 1{,}5\,\mathrm{m}$ hohes Fenster ist doppelt verglast. Die Scheiben befinden sind in einem Abstand d und der Zwischenraum ist mit Luft gefüllt. Am Außenglas bildet sich eine Temperatur von $T_a = 0\,°\mathrm{C}$ und am Innenglas eine Temperatur von $T_i = 20\,°\mathrm{C}$ aus. Aufgrund des Temperaturunterschieds beginnt die Luft im Spalt zu zirkulieren.

In dieser Aufgabe interessiert weniger der fließende Wärmestrom, sondern vielmehr die Dicke der sich auf der Innenseite beider Scheiben ausbildenden Temperaturgrenzschicht. Bei einer Einfachverglasung entspricht die Situation dem 2. Beispiel, wenn man die Glasscheibe durch das Mauerwerk ersetzt.

a) Wie dick wird die Grenzschicht auf halber Scheibenhöhe und am höchsten Punkt der Glasscheibe?

b) Nun betrachten wir den Zwischenraum auf halber Höhe. Mit δ wird die einseitige Grenzschichtdicke in dieser Höhe bezeichnet. Stellen Sie für die folgenden vier Fälle das qualitative Geschwindigkeits- und das Temperaturprofil auf dieser Höhe entlang der Scheibendicke d dar:
I. $2\delta \gg d$, II. $2\delta > d$, III. $2\delta = d$ und IV. $2\delta < d$.

Lösung.

a) Die Werte bei der Bezugstemperatur $T_B = 10\,^\circ\text{C}$ entnimmt man der Tabelle am Ende von Kap. 40.6. Mit $\gamma = \frac{1}{283{,}15\,\text{K}}$ und Gleichung (41.3.6) folgt

$$\begin{aligned}\delta(x) &= 3{,}936 \cdot (0{,}952 + 0{,}7163)^{\frac{1}{4}}\\ &\quad \cdot 0{,}7163^{-\frac{1}{2}} \cdot \left[\frac{1}{283{,}15} \cdot \frac{9{,}81 \cdot (293{,}15 - 273{,}15)}{(1{,}442 \cdot 10^{-5})^2}\right]^{-\frac{1}{4}} \cdot x^{\frac{1}{4}}\\ &= 0{,}0220 \cdot x^{\frac{1}{4}}.\end{aligned}$$

Man erhält $\delta(0{,}75) = 2{,}05\,\text{cm}$ und $\delta(1{,}5) = 2{,}43\,\text{cm}$.
Bei einem genügend großen Zwischenraum erhält man somit drei Wärmeübergänge: zwei von der Scheibe zur Luft im Inneren und einen Übergang durch Leitung im Zentrum des Spalts.

b) Das Ergebnis aus a) zeigt, dass der Spalt etwa $d = 5\,\text{cm}$ breit sein muss, damit sich beidseitig die volle Grenzschicht ausbilden kann und die Wärmeübertragung mittels Konvektion in vollem Umfang entlang der gesamten Scheibenlänge möglich ist (Abb. 41.4, III. und IV. Fall). In der Praxis hingegen gilt es, gerade dies zu vermeiden, denn je mehr Luft zirkuliert, umso schlechter ist die Isolation. Wird der Scheibenabstand d kleiner, dann sinkt der Konvektionswärmestrom immer weiter und für sehr kleine Zwischenräume wird die Wärme restlos durch Leitung übertragen (Abb. 41.4, I. Fall). Allzu klein darf der Abstand aber auch nicht gewählt werden, weil der Wärmestrom dann anwächst. Bei üblichen Doppelverglasungen ist $d \approx 1{,}5\,\text{cm}$ und der Zwischenraum ist mit Luft oder Argon gefüllt. Auf den Innenseiten sind die Scheiben zusätzlich mit einer dünnen lichtdurchlässigen, aber wärmereflektierenden Metallschicht versehen. Mitte der 90er Jahre des letzten Jahrhunderts entstanden auch Vakuumisoliergläser.

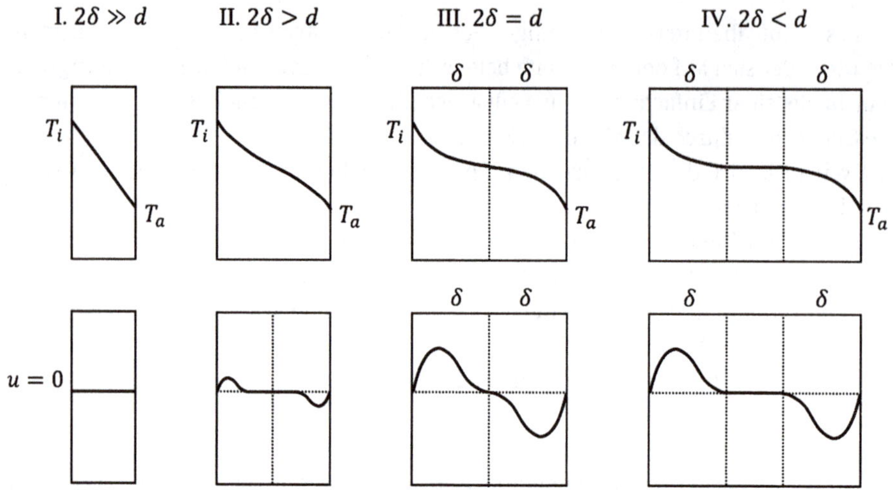

Abb. 41.4: Skizzen zu Beispiel 3.

42 Turbulente Strömungen

Die Turbulenz einer Strömung blieb lange Zeit unverstanden. Es schien unmöglich, einem turbulenten Verhalten irgendeine Gesetzmäßigkeit abzuringen. Der Farbfadenversuch von Reynolds 1883 (erstmals 1854 von Hagen durchgeführt) brachte etwas Licht ins Dunkel. Aus seinen Beobachtungen erkannte er die drei wesentlichen Größen, die das Verhalten einer Strömung hauptsächlich bestimmen: die kinematische Viskosität ν, die mittlere Geschwindigkeit $\overline{u}$ des Fluids und die geometrische Begrenzung, in seinem Fall der Rohrdurchmesser d. Die Kombination der drei Größen zu seiner später nach ihm benannten Reynolds-Zahl lieferten eine weitere Erkenntnis: Strömungen mit gleicher Reynolds-Zahl verhalten sich gleich. (Dies gilt freilich nur, falls die Strömung inkompressibel bleibt und keine weiteren Kräfte wirken wie beispielsweise eine Auftriebskraft bei der freien Konvektion oder der Gewichtskraft wie bei einer Gerinneströmung.) Die Folgerung war, dass man eine Strömung im Labor in einem beliebigen Maßstab simulieren, das Verhalten untersuchen und die Ergebnisse auf eine reale Strömung übertragen konnte. Zudem wurde der Übergang von einer laminaren zu einer turbulenten Strömung durch Abreißen seines Farbfadens sichtbar gemacht. Er beobachte, dass mit der Turbulenz gleichzeitig eine Abnahme der mittleren Geschwindigkeit wie auch eine Zunahme des Strömungswiderstands einherging. Dem Umschlag konnte er zudem eine Zahl, die kritische Reynolds-Zahl, zuordnen.

Als Nächstes soll die turbulente Strömung gegenüber der laminaren Strömung in ihren wesentlichen Punkten abgegrenzt werden.

I. Die Turbulenz verläuft dreidimensional.
   Dies erkannte bereits Reynolds. Auch wenn die Druckänderung nur in eine Richtung wirkt, erfolgen die Ausgleichsbewegungen beim Übergang zur Turbulenz in alle Raumrichtungen. Auch bei der Grenzschichtströmung sind wir der destabilisierenden Wirkung einer Druckänderung begegnet: Der Ablösepunkt und die darauf einsetzende Turbulenz wurde durch eine Druckerhöhung begünstigt.
II. Turbulenz ist örtlich und zeitlich unregelmäßig.
   Zwei Strömungen mit theoretisch gleichen Anfangs- und Randbedingungen werden am selben Messort unterschiedliche Geschwindigkeiten aufweisen. An verschiedenen Orten werden die beiden gemessenen Geschwindigkeiten ebenfalls unterschiedlich groß sein.
III. Turbulenz beinhaltet Wirbel.
   Die kinetische Energie wird bei der Turbulenzbildung in den großen Wirbeln gespeichert. Da diese nicht am Ort ihrer Entstehung verharren und weiterströmen, findet sowohl ein Massen- als auch ein Wirbeltransport statt: größere Wirbel werden in kleinere zerlegt. Dadurch verlieren die Wirbel infolge der viskosen Reibung ihre gesamte kinetische Energie, die in Wärme dissipiert wird, bis die turbulente Strömung sich auflöst.

https://doi.org/10.1515/9783111345765-042

Bei der Strömung über eine gekrümmte Platte hatten wir gesehen, dass eine Zunahme des Drucks zur Ablösung der Grenzschicht führt und danach Turbulenz einsetzt. Ist die Wand eben, können Rauheit oder auch Störungen wie Geräusche oder Vibrationen zu einem Umschlag führen. Die Wärmeübertragung durch Konvektion zwischen Fluid und Wand spielt bei der Turbulenzentstehung ebenfalls eine Rolle. Dabei gilt: Fließt Wärme aus dem Fluid heraus, dann sinkt die Turbulenzgefahr, bei Wärmezufuhr steigt diese Wahrscheinlichkeit.

42.1 Die Stabilität einer laminaren Strömung

Unseren bisherigen, mitunter auch instationären Strömungen, lag die Navier-Stokes-Gleichung zugrunde. Ihre Lösungen entsprechen in der Praxis ausnahmslos laminaren Strömungen. Schon Reynolds vermutete: Die Frage, ob eine Strömung laminar oder turbulent verläuft, hängt mit der Stabilität der zugehörigen die „Strömung beschreibenden Lösung“ der Navier-Stokes-Gleichung zusammen. Zu den Anführungszeichen zwei Bemerkungen:

1. Die 13 Beispiele in Kap. 38.1 führten jeweils zu exakten Lösungen der Navier-Stokes-Gleichung bei gegebenen Rand- und Anfangsbedingungen. Es fragt sich, ob die Lösung eindeutig ist und eine im Experiment nachzubildende Strömung beschreibt. In all diesen Beispielen ist beides der Fall, sofern die Reynolds-Zahl unterhalb einer kritischen Grenze gehalten werden kann. Dies wiederum bedingt, Störungen wie Geräusche, Vibrationen oder Ungleichmäßigkeiten beim Einlauf einer Rohrströmung zu minimieren. Für Reynolds-Zahlen oberhalb der kritischen Grenze kippt die Strömung in eine (stabile) turbulente über. Damit stellt die laminare Strömung als Lösung der Navier-Stokes-Gleichung nur eine mögliche Strömungsform dar. Bezüglich der Existenz hat man bisher bewiesen:
   Ist $\mathrm{Re} < \mathrm{Re}_{\mathrm{krit}}$ (laminar), dann gibt es eine eindeutige glatte, globale Lösung, falls das Geschwindigkeitsprofil glatt ist. Glatt bedeutet unendlich oft differenzierbar. Es dürfen somit keine Lücken, Sprungstellen oder Singularitäten auftreten. Mit global ist gemeint, dass die Lösung für alle Zeiten gilt. Dies ist für alle 13 Beispiele aus Kap. 38.1 der Fall. Wenn man die unendlichen Reihenlösungen einiger Beispiele betrachtet, erkennt man, weshalb die Forderung nach Glätte Sinn macht.
   Für $\mathrm{Re} > \mathrm{Re}_{\mathrm{krit}}$ (turbulent) gibt es unter derselben Voraussetzung eine eindeutige glatte Lösung, aber sie gilt nur mehr für endliche Zeiten. Je größer Re, umso kürzer wird diese gültige Zeit. Die Suche nach der Existenz einer globalen Lösung bezeichnet man als eines der Millenniumsprobleme.
2. Es gibt noch einen anderen Aspekt turbulenter Strömung, der angesprochen werden soll. Wir betrachten irgendein Strömungsproblem, das durch die Navier-Stokes-Gleichung beschrieben werden soll. Da keine exakte Lösung existiert, stellt die numerisch ermittelte Lösung eine Approximation dar. Die Frage ist wovon? Weil die

Existenz der Navier-Stokes-Gleichung nicht gesichert ist, kann man auch nicht davon ausgehen, dass die numerisch ermittelte Lösung, einschließlich Form-, Modell- oder Iterationsfehlern, eine wirklich existierende Strömung beschreibt. Die Näherungslösung könnte ebenso gut das Strömungsprofil um einen anders geformten Körper beschreiben oder sogar gar keine Strömung.

Stabilitätsfragen begegneten uns erstmals im 1. Band im Zusammenhang mit Populations- oder Epidemiemodellen. Kleine Änderungen in den Startpopulationen konnten zu nicht mehr vorhersagbaren Zuständen führen. Bei allen partiellen DGen wie beispielsweise der Wellengleichung, der Plattengleichung oder der Wärmeleitungsgleichung durften Stabilitätsfragen unbeachtet bleiben, sofern Rand- und Anfangsbedingungen zu einem wohl gestellten Problem gehörten. Das bedeutet, dass eine kleine Änderung in den Bedingungen bloß eine kleine Änderung der Lösung nach sich zieht ohne dabei die Stabilität der Lösung zu beeinträchtigen.

Als Beispiel betrachten wir ein physikalisches Pendel in Form einer dünnen Stange mit dem Drehpunkt am oberen Stangenende und einer Zusatzmasse am unteren Ende. Lenkt man das Pendel in dieser Ruhelage leicht aus, dann wird es mit der Zeit in die Anfangslage zurückkehren. Man sagt, dass die zugehörige Schwingungsgleichung asymptotisch stabil ist.

Dreht man hingegen das Pendel um 180° und hält die Masse über dem Drehpunkt, dann wird bei einer kleinen Änderung dieser Anfangslage das Pendel mit der Zeit niemals wieder in diese Position zurückkehren können. Offensichtlich ist die Lösung der zugehörigen DG dann instabil. In diesem Fall ist das Problem nicht wohl gestellt.

Es gibt auch Trivialfälle für nicht wohl gestellte Probleme, dann nämlich, wenn beispielsweise Saiten, Balken oder Platten bis zu einem Reiß- oder Bruchpunkt gespannt oder ausgelenkt werden. Dem Phänomen der Resonanzkatastrophe liegt ähnlich dem chaotischen Verhalten von Populationen ein wohl gestelltes Problem zugrunde: Ändert man die Anregungsfrequenz, sodass diese mit einer Eigenfrequenz des angeregten Körpers übereinstimmt, dann kann eine zerstörerische Wirkung die Folge sein.

Es ist nun so, dass bei kleinen Reynolds-Zahlen eine kleine Störung ohne Folgen bleibt. Die Strömung verweilt im laminaren Zustand, weil die viskosen Kräfte die Störung ausgleichen können. Ab einer kritischen Reynolds-Zahl wird die Strömung instabil und schlägt in eine turbulente um. Es kann keine sichere Vorhersage über einen Zeitpunkt des Umschlags oder über das weitere Strömungsverhalten getroffen werden.

Für die instationäre Plattenströmung führte Tollmien eine Stabilitätsrechnung auf Basis der Orr-Sommerfeld-Gleichung (1907/08) für das Blasius-Profil durch. Seinen Untersuchungen liegt die Vorstellung zugrunde, dass laminare Strömungen kleine Störungen beinhalten, die bei Rohrströmungen durch den Einlauf und die Wandrauheit und bei Plattenströmungen durch Störungen der Außenströmung herrühren können. Messungen zeigen, dass zweidimensionale Strömungen, verglichen mit dreidimensionalen, schon bei kleineren Reynolds-Zahlen instabil werden. Die gründliche Herleitung der Orr-Sommerfeld-Gleichung ist umfangreich und kann in Band 6 nachgelesen werden.

Tollmiens 1929 durchgeführte Rechnungen lieferten $\mathrm{Re}_{\delta_1,\mathrm{krit}} = 420$. Die Umrechnung auf die Lauflänge geschieht mit (39.3.14). Es folgt

$$\mathrm{Re}_{\delta_1} = \frac{u_\delta \delta_1}{\nu} = 1{,}714 \frac{u_\delta}{\nu} \sqrt{\frac{\nu \cdot x}{u_\delta}} = 1{,}714 \sqrt{\frac{u_\delta \cdot x}{\nu}} = 1{,}714 \sqrt{\mathrm{Re}_x} \quad \text{und}$$

$$\mathrm{Re}_x = \left(\frac{\mathrm{Re}_{\delta_1}}{1{,}714} \right)^2 .$$

Der Wert von Tollmien liefert $\mathrm{Re}_{x,\mathrm{krit}} = 6 \cdot 10^4$.

Das Ergebnis wurde 1940 von Schlichting verbessert (Abb. 42.1 links, die Indifferenzkurve ist derjenigen von Schlichting nachempfunden). Seine Auswertungen ergaben $\mathrm{Re}_{\delta_1} = 575$ oder $\mathrm{Re}_l = 1{,}1 \cdot 10^5$.

In den 60er Jahren des letzten Jahrhunderts wurde erstmals die Lösung der Orr-Sommerfeld-Gleichung mit numerischen Methoden möglich. Typische Werte liegen bei $\mathrm{Re}_{\delta_1} = 630$.

Die bestimmten Reynolds-Zahlen stellen einen Wert möglicher Anfachung dar. Zwischen diesem Wert und dem erfolgten Umschlag liegt der Übergangsbereich. Es ist möglich, Geräusche und Vibrationen so gering zu halten, dass eine laminare Strömung bis zu $\mathrm{Re} = 10^6$ aufrechterhalten werden kann.

Schlichting, Ulrich und später Pretsch (1941) führten zudem Stabilitätsrechnungen mit einem von null verschiedenen Druckgradienten $\frac{\partial p}{\partial x}$ durch. Da die Außenströmung der Grenzschicht den Druck aufprägt, lässt sich der Einfluss des Druckgradienten auf die kritische Reynolds-Zahl durch das Profil der Außenströmung allein erfassen. Speziell für Keilströmungen ist die Außenströmung eine Funktion des Keilströmungsexponenten m oder dem Pohlhausen-Parameter λ. Durch Variation erhält man eine von λ abhängige kritische Reynolds-Zahl.

Die durchgeführten Rechnungen bestätigen, dass ein Druckanstieg die Strömungsablösung fördert, den Umschlag stark begünstigt und die kritische Reynolds-Zahl somit absinkt. Trägt man $\log(\mathrm{Re}_{\delta_1})$ gegenüber λ bzw. $\frac{\partial p}{\partial x}$ auf, so ergibt sich die in Abb. 42.1 rechts dargestellte Kurve. Dabei gilt: Mit wachsendem Druckgradient wird das Geschwindigkeitsprofil innerhalb der Grenzschicht steiler und der zugehörige Pohlhausen-Parameter sowie die kritische Reynolds-Zahl kleiner. Bei einem fallenden Druckgradienten flacht das Geschwindigkeitsprofil ab, was größeren Pohlhausen-Parametern und größeren kritischen Reynolds-Zahlen entspricht.

42.2 Die Beschreibung der Turbulenz

Die instationären Navier-Stokes-Gleichungen gelten sowohl für laminare wie auch für turbulente Strömungen. Für die numerische Simulation einer turbulenten Strömung müssen sowohl die Zeitschritte wie auch die Raumauflösung ausgesprochen fein gewählt werden, sodass es für ein kleines Strömungsgebiet eine Milliarde Gitterpunkte

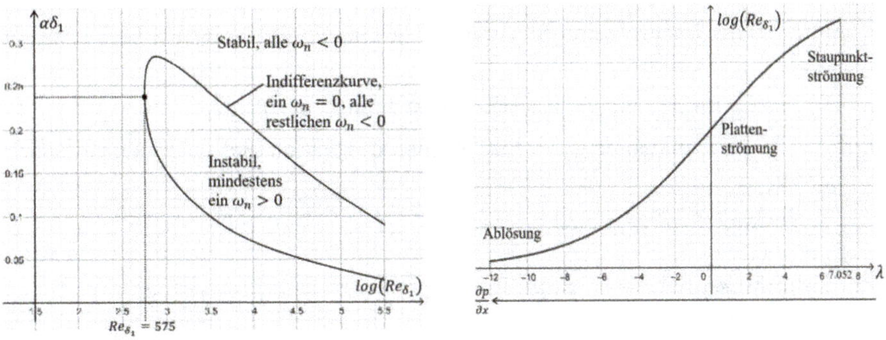

Abb. 42.1: Skizzen zur Indifferenzkurve und zum Einfluss des Druckgradienten auf die kritische Reynolds-Zahl.

bedarf und damit Datenmengen von mehreren Gigabytes anfallen. Der Grund dafür liegt darin, dass Wirbel im Bereich von 0,1 mm existieren und außerdem die Anzahl der Gitterpunkte mit Re^3 wächst. Mittlerweile gibt es zwar Rechner, die das leisten, aber die Rechenzeit kann Monate in Anspruch nehmen.

In der Praxis interessiert weniger der zeitliche Verlauf des Geschwindigkeitsprofils, sondern vielmehr der gemittelte Verlauf und letztlich die zu erwartende Spannung an der umströmten Oberfläche. Deswegen wird eine turbulente Strömung immer noch mithilfe eines Turbulenzmodells und den Reynolds-Gleichungen (gemittelte Navier-Stokes-Gleichungen) beschrieben. Eine Bedingung stellen wir indes an die betrachtete turbulente Strömung: Sie soll im Mittel zeitlich stationär sein, das heißt, die Änderung der maßgeblichen Größen soll um einen zeitlich konstanten Mittelwert schwanken (Abb. 42.2 links). Dabei ist $f(\boldsymbol{r}, t)$ die an einem festen Ort $(\boldsymbol{r}, t) = (x, y, z, t)$ gemessene Größe. Mit $f'(\boldsymbol{r}, t)$ wird die zeitliche Abweichung des Mittelwerts $\overline{f}(\boldsymbol{r})$ bezeichnet.

Physikalische Größen können auf verschiedene Arten gemittelt werden. Wir verwenden die zeitliche Mittelung nach Reynolds. Sie bietet den Vorteil, dass der Mittelwert danach zeitunabhängig ist. Zur Bestimmung des Mittelwerts einer Größe f kann man bei einer Versuchsanlage in $k = 1, \ldots, n$ Zeitschritten Δt die Größe $f_k(\boldsymbol{r}, t)$ messen. Die Werte werden mit Δt multipliziert, addiert und durch die gesamte Zeitspanne dividiert:

$$\overline{f}(\boldsymbol{r}) \approx \frac{1}{n \cdot \Delta t} \sum_{k=1}^{n} f_k(\boldsymbol{r}, t) \cdot \Delta t.$$

Im besten Fall beobachtet man unendlich lange:

$$\overline{f}(\boldsymbol{r}) = \lim_{n \to \infty} \frac{1}{n \cdot \Delta t} \sum_{k=1}^{n} f_k(\boldsymbol{r}, t) \cdot \Delta t \quad \text{oder} \quad \overline{f}(\boldsymbol{r}) = \lim_{T \to \infty} \frac{1}{T} \int_0^T f(\boldsymbol{r}, t) \cdot dt.$$

Es seien f und g zwei messbare Größen, $\overline{f}, \overline{g}$ ihre Mittelwerte und f', g' ihre Abweichungen (immer am Ort $\boldsymbol{r}$ und zur Zeit t gemessen, im Folgenden weggelassen).

Aufgrund der Integrationsregeln ergeben sich unmittelbar folgende Rechenregeln:

I. $\overline{f \pm g} = \overline{f} \pm \overline{g}$.

II. $\overline{a \cdot g} = a \cdot \overline{g}$ für a = konst. Insbesondere ist dann $\overline{\overline{f} \cdot g} = \overline{f} \cdot \overline{g}$.

III. $\overline{\frac{\partial f}{\partial x}} = \frac{\partial \overline{f}}{\partial x}$. Da x unabhängig von t ist, können Integration und Ableitung vertauscht werden.

IV. $\overline{f'} = 0$. Aus $f' = f - \overline{f}$ folgt $\overline{f'} = \overline{f - \overline{f}} = \overline{f} - \overline{f} = 0$. Insbesondere ist dann $\overline{\overline{f} \cdot g'} = \overline{f} \cdot \overline{g'} = 0$.

V. $\overline{f \cdot g} = \overline{(\overline{f} + f') \cdot (\overline{g} + g')} = \overline{\overline{f} \cdot \overline{g}} + \overline{\overline{f} \cdot g'} + \overline{f' \cdot \overline{g}} + \overline{f' \cdot g'} = \overline{f} \cdot \overline{g} + \overline{f' \cdot g'}$.

42.3 Die Reynolds-Gleichungen

Mithilfe der fünf Regeln I.–V. am Ende des letzten Kapitels sollen die Navier-Stokes-Gleichungen zeitlich gemittelt werden.

Herleitung von (42.3.1)–(42.3.3)

Die drei Geschwindigkeitskomponenten inklusive dem Druck werden in einen zeitlich gemittelten und einen zeitlich davon abweichenden Teil zerlegt:

$$u = \overline{u} + u', \quad v = \overline{v} + v', \quad w = \overline{w} + w', \quad p = \overline{p} + p'.$$

Zuerst soll die Kontinuitätsgleichung gemittelt werden. Es gilt

$$\frac{\partial u}{\partial x} + \frac{\partial v}{\partial y} + \frac{\partial w}{\partial z} = \frac{\partial(\overline{u} + u')}{\partial x} + \frac{\partial(\overline{v} + v')}{\partial y} + \frac{\partial(\overline{w} + w')}{\partial z} = 0.$$

Die zeitliche Mittelung ergibt

$$\overline{\frac{\partial(\overline{u} + u')}{\partial x}} + \overline{\frac{\partial(\overline{v} + v')}{\partial y}} + \overline{\frac{\partial(\overline{w} + w')}{\partial z}} = \frac{\partial(\overline{u} + \overline{u'})}{\partial x} + \frac{\partial(\overline{v} + \overline{v'})}{\partial y} + \frac{\partial(\overline{w} + \overline{w'})}{\partial z}$$
$$= \frac{\partial \overline{u}}{\partial x} + \frac{\partial \overline{v}}{\partial y} + \frac{\partial \overline{w}}{\partial z} = 0.$$

Insbesondere folgt daraus

$$\frac{\partial u'}{\partial x} + \frac{\partial v'}{\partial y} + \frac{\partial w'}{\partial z} = 0. \tag{42.3.1}$$

Für die Impulserhaltung in alle drei Koordinatenrichtungen verweisen wir auf den 6. Band. Man erhält

$$
\begin{aligned}
&\frac{\partial \overline{u}}{\partial t} + \overline{u}\frac{\partial \overline{u}}{\partial x} + \overline{v}\frac{\partial \overline{u}}{\partial y} + \overline{w}\frac{\partial \overline{u}}{\partial z} + \frac{1}{\rho}\cdot\frac{\partial \overline{p}}{\partial x} \\
&\quad + \frac{\partial}{\partial x}\left[\overline{(u')^2} - \nu\frac{\partial \overline{u}}{\partial x}\right] + \frac{\partial}{\partial y}\left[\overline{u'v'} - \nu\frac{\partial \overline{u}}{\partial y}\right] + \frac{\partial}{\partial z}\left[\overline{u'w'} - \nu\frac{\partial \overline{u}}{\partial z}\right] - g_x = 0, \\
&\frac{\partial \overline{v}}{\partial t} + \overline{u}\frac{\partial \overline{v}}{\partial x} + \overline{v}\frac{\partial \overline{v}}{\partial y} + \overline{w}\frac{\partial \overline{v}}{\partial z} + \frac{1}{\rho}\cdot\frac{\partial \overline{p}}{\partial y} \\
&\quad + \frac{\partial}{\partial x}\left[\overline{u'v'} - \nu\frac{\partial \overline{v}}{\partial x}\right] + \frac{\partial}{\partial y}\left[\overline{(v')^2} - \nu\frac{\partial \overline{v}}{\partial y}\right] + \frac{\partial}{\partial z}\left[\overline{v'w'} - \nu\frac{\partial \overline{v}}{\partial z}\right] - g_y = 0, \\
&\frac{\partial \overline{w}}{\partial t} + \overline{u}\frac{\partial \overline{w}}{\partial x} + \overline{v}\frac{\partial \overline{w}}{\partial y} + \overline{w}\frac{\partial \overline{w}}{\partial z} + \frac{1}{\rho}\cdot\frac{\partial \overline{p}}{\partial z} \\
&\quad + \frac{\partial}{\partial x}\left[\overline{u'w'} - \nu\frac{\partial \overline{w}}{\partial x}\right] + \frac{\partial}{\partial y}\left[\overline{v'w'} - \nu\frac{\partial \overline{w}}{\partial y}\right] + \frac{\partial}{\partial z}\left[\overline{(w')^2} - \nu\frac{\partial \overline{w}}{\partial z}\right] - g_z = 0.
\end{aligned}
\tag{42.3.2}
$$

Man erkennt, dass Produkte von Änderungen durch Mittelung bestehen bleiben. Auch wenn man also nur an den Mittelwerten der Geschwindigkeitskomponenten $\overline{u}$, $\overline{v}$, $\overline{w}$ interessiert ist, bedarf es dennoch aller Abweichungen u', v', w' an jedem Ort und zu jeder Zeit! Das ist im Moment noch sehr ernüchternd.

Eine Möglichkeit, das Problem anzugehen, besteht in der Durchführung einer Messung. Greifen wir dazu irgendeinen Reibungsterm heraus:

$$\nu\frac{\partial \overline{u}}{\partial y} - \overline{u'v'} \quad \text{mit} \quad \overline{u'v'} < 0.$$

Der 1. Term beschreibt die Impulsübertragung von großen Geschwindigkeiten auf kleinere, (Multipliziert man noch mit der Dichte, dann erhält man die Spannung.) Infolge der Turbulenz wird die Impulsübertragung zusätzlich gefördert ($-\overline{u'v'} > 0$). Deswegen ersetzt man die (molekulare) Viskosität durch eine (viel größere) Viskosität, die dieser vergrößerten Molekülvermischung Rechnung trägt.

Definition. Man schreibt $\nu\frac{\partial \overline{u}}{\partial y} - \overline{u'v'} =: \nu_t\frac{\partial \overline{u}}{\partial y}$ und nennt ν_t die Wirbelviskosität.

Diese muss in einer Rinne im Labor durch auswerten von

$$\nu_t = \nu - \frac{\overline{u'v'}}{\frac{\partial \overline{u}}{\partial y}}$$

bestimmt werden.

Dazu muss man in einer Messreihe die Abweichungen u', v', w' in alle drei Raumrichtungen mithilfe einer Sonde in kleinen Zeitabschnitten erfassen, sämtliche Produkte bilden und zeitlich mitteln. Da die Wirbelviskosität bei voller Turbulenz bei Weitem überwiegt ($\nu_t \gg \nu$), ist

$$\nu_t \approx -\frac{\overline{u'v'}}{\frac{\partial \overline{u}}{\partial y}}.$$

Idealisierung: Dabei wird auch davon ausgegangen, dass ν_t für alle möglichen Produkte gleich ist:

$$\nu_t \approx -\frac{\overline{u'v'}}{\frac{\partial \bar{u}}{\partial y}} \approx -\frac{\overline{u'w'}}{\frac{\partial \bar{u}}{\partial z}} \approx -\frac{\overline{v'w'}}{\frac{\partial \bar{u}}{\partial z}} \approx \dots .$$

Ersetzt man alle entsprechenden Ausdrücke in (42.3.2) mit dieser einen Wirbelviskosität, so erhält man die Reynolds-Gleichungen inklusive der Kontinuitätsgleichung in ihrer üblichen Form:

$$\begin{aligned}
\frac{\partial \bar{u}}{\partial x} + \frac{\partial \bar{v}}{\partial y} + \frac{\partial \bar{w}}{\partial z} &= 0,\\
\frac{\partial \bar{u}}{\partial t} + \bar{u}\frac{\partial \bar{u}}{\partial x} + \bar{v}\frac{\partial \bar{u}}{\partial y} + \bar{w}\frac{\partial \bar{u}}{\partial z} + \frac{1}{\rho}\cdot\frac{\partial \bar{p}}{\partial x} - \frac{\partial}{\partial x}\left(\nu_t\frac{\partial \bar{u}}{\partial x}\right) - \frac{\partial}{\partial y}\left(\nu_t\frac{\partial \bar{u}}{\partial y}\right) - \frac{\partial}{\partial z}\left(\nu_t\frac{\partial \bar{u}}{\partial z}\right) - g_x &= 0,\\
\frac{\partial \bar{v}}{\partial t} + \bar{u}\frac{\partial \bar{v}}{\partial x} + \bar{v}\frac{\partial \bar{v}}{\partial y} + \bar{w}\frac{\partial \bar{v}}{\partial z} + \frac{1}{\rho}\cdot\frac{\partial \bar{p}}{\partial y} - \frac{\partial}{\partial x}\left(\nu_t\frac{\partial \bar{v}}{\partial x}\right) - \frac{\partial}{\partial y}\left(\nu_t\frac{\partial \bar{v}}{\partial y}\right) - \frac{\partial}{\partial z}\left(\nu_t\frac{\partial \bar{v}}{\partial z}\right) - g_y &= 0,\\
\frac{\partial \bar{w}}{\partial t} + \bar{u}\frac{\partial \bar{w}}{\partial x} + \bar{v}\frac{\partial \bar{w}}{\partial y} + \bar{w}\frac{\partial \bar{w}}{\partial z} + \frac{1}{\rho}\cdot\frac{\partial \bar{p}}{\partial z} - \frac{\partial}{\partial x}\left(\nu_t\frac{\partial \bar{w}}{\partial x}\right) - \frac{\partial}{\partial y}\left(\nu_t\frac{\partial \bar{w}}{\partial y}\right) - \frac{\partial}{\partial z}\left(\nu_t\frac{\partial \bar{w}}{\partial z}\right) - g_z &= 0. \qquad (42.3.3)
\end{aligned}$$

Die Reynolds-Gleichungen sind zeitgemittelte Navier-Stokes-Gleichungen. Wenn Letztere die Momentangeschwindigkeiten einer Strömung beschreiben, so gilt dies bei (42.3.3) für die mittleren Geschwindigkeiten. Bei bekannter Wirbelviskosität stellt (42.3.3) ein System aus 4 Gleichungen mit den 4 Unbekannten $\bar{u}$, $\bar{v}$, $\bar{w}$, $\bar{p}$ dar, das numerisch gelöst werden kann.

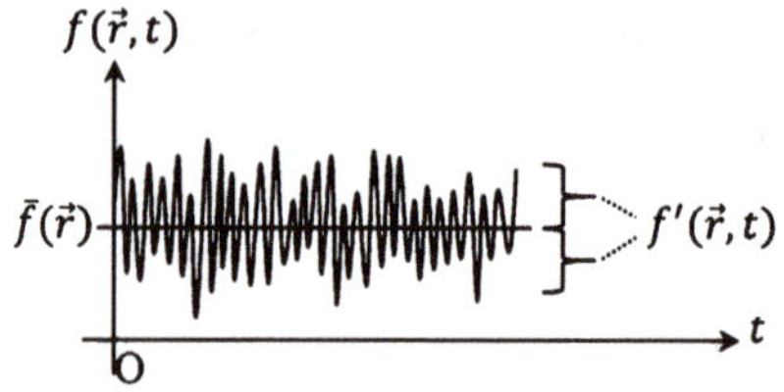

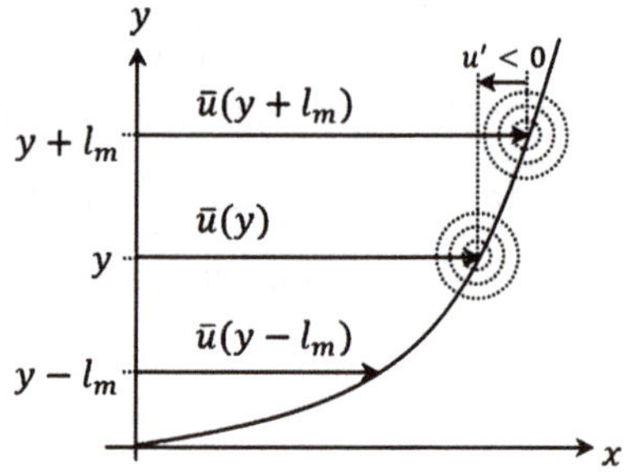

Abb. 42.2: Skizzen zur Turbulenz.

42.4 Der Mischungsweg von Prandtl

Obwohl die Wirbelviskosität experimentell bestimmt werden kann, bleibt die Frage bestehen, ob es nicht doch möglich ist, die Produktänderungen durch irgendwelche Mittelwerte anzunähern, um so die durch die Turbulenz aufgerissene Informationslücke zu schließen und damit auch die Wirbelviskosität berechenbar zu machen. Man nennt dies das „Schließungsproblem“. An diesem Punkt setzt die Idee eines Turbulenzmodells an. Prandtl stellte sich die Turbulenz als Pakete bestehend aus Ballen mit unterschiedlichem Durchmesser l_m vor. Sie bewegen sich zufällig wie Gasteilchen, bis sie durch Vermischung mit anderen Fluidballen ihre Struktur verlieren (Abb. 42.2 rechts).

Herleitung von (42.4.1)

Zur Einfachheit stellen wir uns die Platte in x- sowie in z-Richtung unendlich ausgedehnt vor, sodass wir von der partiellen zur totalen Ableitung nach y übergehen können. Wenn ein Fluidballen beispielsweise eine Bewegung nach oben um die Strecke l_m erfährt, dann steigt die mittlere Geschwindigkeitskomponente in y-Richtung von $\overline{v}$ auf $\overline{v}+v'$ mit $v' > 0$ bei gleichbleibendem Impuls in x-Richtung. Gleichzeitig besitzt dann der Fluidballen eine kleinere Geschwindigkeit gegenüber derjenigen im neuen Gebiet, in das er verschoben wurde. Für die Geschwindigkeitskomponente des Ballens in x-Richtung gilt dann

$$\overline{u}(y) - \overline{u}(y + l_m) = u' < 0.$$

Lineare Approximation: Für kleine l_m kann man auch

$$\frac{d\overline{u}}{dy} \sim -\frac{u'}{l_m} \quad \text{oder} \quad u' \sim -l_m \frac{d\overline{u}}{dy}$$

schreiben, was der linearen Näherung der Taylorreihe

$$\overline{u}(y + l_m) = \overline{u}(y) + l_m \cdot \frac{d\overline{u}}{dy} + \frac{l_m^2}{2} \cdot \frac{d^2\overline{u}}{dy^2} + \cdots$$

entspricht.

Dringt ein Fluidballen in y-Richtung kommend in die Fluidschicht ein, so weichen die verdrängten Fluidballen seitlich aus. Deswegen folgerte Prandtl, dass sowohl u' als auch v' dieselbe Dimension besitzen müssen: $|v'| \sim l_m|\frac{d\overline{u}}{dy}|$. Zusammen erhält man

$$u'v' = -l_m^2 \left|\frac{d\overline{u}}{dy}\right| \frac{d\overline{u}}{dy}.$$

Das Proportionalitätszeichen ist durch ein Gleichheitszeichen ersetzt worden, weil l_m gar noch nicht genauer aufgeschlüsselt wurde und der Mischungsweg damit eine eventuelle Proportionalitätskonstante beinhaltet. Daraus folgt

$$\nu_t(y) = l_m^2 \left|\frac{d\overline{u}}{dy}\right|. \tag{42.4.1}$$

Das Betragszeichen stellt sicher, dass $-\frac{d\overline{u}}{dy}$ und $u'v'$ dasselbe Vorzeichen besitzen. Ziel ist es immer noch die Wirbelviskosität zu bestimmen. Das Problem ist zwar wieder verlagert, aber diesmal auf die Erfassung einer Länge l_m, die im besten Fall unabhängig vom Geschwindigkeitsprofil $\frac{d\overline{u}}{dy}$ ist. Gleichung (42.4.1) macht nochmals deutlich, dass die (lokale) Wirbelviskosität vom (lokalen) Geschwindigkeitsgradienten bestimmt wird.

42.5 Geschwindigkeitsprofile einer Plattenströmung

Im Folgenden betrachten wir die parallele stationäre Anströmung einer unendlich ausgedehnten ebenen Platte (was die totale Ableitung in y-Richtung gestattet). Durch Störungen wird die Strömung turbulent. Es sollen nun sowohl das Geschwindigkeitsprofil der viskosen Unterschicht als auch das Profil in der turbulenten Grenzschicht ermittelt werden.

Herleitung von (42.5.1)–(42.5.2)
Wir lassen die x-Achse des Koordinatensystems mit der Strömungsrichtung zusammenfallen. Die y-Achse wählen wir senkrecht dazu und z sei die Breitenrichtung. Dann ist $\overline{v} = \overline{w} = 0$ (aber $v' \neq 0, w' \neq 0$, Schwankungen sind erlaubt). Zudem ist dann $\frac{d\overline{u}}{dx} = \frac{d\overline{u}}{dz} = 0$. Somit verbleibt von Gleichung (42.3.2) nur der Impuls in x-Richtung,

$$\frac{d}{dy}\left(\nu\frac{d\overline{u}}{dy} - \overline{u'v'}\right) = 0. \tag{42.5.1}$$

Dabei sehen wir von einem möglichen Druckgradienten innerhalb der Grenzschicht ab und für eine horizontale Platte entfällt auch der Einfluss der Gravitation ($g_x = g \sin\alpha = 0$).

Aus (42.5.1) folgt dann $\nu\frac{d\overline{u}}{dy} - \overline{u'v'} = \text{konst.}$ Multipliziert mit der Dichte, ergibt das $\rho\nu\frac{d\overline{u}}{dy} - \rho\overline{u'v'} = \text{konst.}$ Die Terme besitzen die Einheit einer Spannung. Die Konstante nennen wir τ_W und erhalten

$$\tau_W = \rho\nu\frac{d\overline{u}}{dy} - \rho\overline{u'v'}. \tag{42.5.2}$$

Dies können wir auch als $\tau_W = \overline{\tau} + \tau'$ schreiben. Dabei bezeichnet der 1. Term die mittlere Wandschubspannung und der 2. Term gibt den Einfluss der Mischbewegung auf diese Spannung wieder. Man bezeichnet dies auch als Reynolds-Spannung oder turbulente Scheinspannung. In Gleichung (42.5.2) ersetzen wir den 2. Term durch den Mischungswegansatz (42.4.1) nach Prandtl, was zu

$$\tau_W = \rho\nu\frac{d\overline{u}}{dy} + \rho l_m^2\left|\frac{d\overline{u}}{dy}\right|\frac{d\overline{u}}{dy}$$

führt.

In Wandnähe ist der Mischungsweg null und damit auch die Reynolds-Spannung. Es verbleibt die Spannung aufgrund der Zähigkeit. Dabei wird der Gradient $\frac{d\bar{u}}{dy}$ groß, dies aber erst innerhalb einer kleinen Schicht, der viskosen Unterschicht. Diese blieb bis anhin unerwähnt und wird somit eingeführt. Sie macht etwa 3–5 % der gesamten Grenzschichtdicke aus. Der zweite Term kann dann vernachlässigt werden. Entfernt man sich von der Wand, so sinkt der Einfluss der Zähigkeit, der Quotient $\frac{d\bar{u}}{dy}$ ist klein aber die Mischungsweglänge steigt an und damit auch die Reynolds-Spannung. In diesem Fall ist der zweite Term maßgebend.

1. Viskose Unterschicht

Idealisierung: Innerhalb dieser Schicht kann die viskose Schubspannung nahezu als konstant gleich der Wandschubspannung gesetzt werden: $\tau_W = \rho\nu\frac{d\bar{u}}{dy}$.

Herleitung von (42.5.3) und (42.5.4)
Die Division durch die Dichte ergibt $\frac{\tau_W}{\rho} = \nu\frac{d\bar{u}}{dy}$. Beide Seiten besitzen die Einheit einer Geschwindigkeit im Quadrat, sodass wir (vgl. Kap. 36.10) die sogenannte Wandschubspannungsgeschwindigkeit als

$$u_* := \sqrt{\frac{\tau_W}{\rho}}$$

definieren können. Man erhält $\frac{d\bar{u}}{dy} = \frac{u_*^2}{\nu}$, also eine Konstante. Infolge der Haftbedingung $u(y = 0) = 0$ folgt das lineare Profil $u(y) = \frac{u_*^2}{\nu}y$. Dimensionslos schreibt es sich als

$$\frac{u(y)}{u_*} = \frac{u_* y}{\nu}. \tag{42.5.3}$$

Dabei wurde offenbar mit der viskosen Länge $l_\nu = \frac{\nu}{u_*}$ entdimensioniert, sodass aus (42.5.3) auch $\frac{u(y)}{u_*} = \frac{y}{l_\nu}$ wird. Definiert man

$$u_+(y) := \frac{u(y)}{u_*} \quad \text{und} \quad y_+ := \frac{y}{l_\nu},$$

so lautet das Profil der viskosen Unterschicht in knapper Form

$$u_+ = y_+. \tag{42.5.4}$$

Der Gültigkeitsbereich ist $0 < \frac{y}{l_\nu} < 5$. Zusätzlich kann man noch die Rauheit innerhalb dieser Schicht beachten. Ob eine Strömung aufgrund der Rauheit turbulent wird, hängt davon ab, ob die Unebenheiten der Wand die viskose Unterschicht durchstoßen, also vom Verhältnis der Rauheit und der viskosen Länge: $\frac{k}{l_\nu}$. Über einer rauhen Wand kann sich demnach keine viskose Unterschicht ausbilden. Das Kriterium für den Übergang einer glatten zu einer rauhen Wand geben wir an, sobald das Profil der Innenzone vorliegt.

2. Turbulente Innenzone

Herleitung von (42.5.5)–(42.5.10)

Wir betrachten nochmals die Wirbelviskosität (42.4.1). An diesem Punkt setzt Prandtl mit einem Ansatz für die wandnahe Turbulenz ein.

Idealisierung 1: Der Mischungsweg wird als proportional zum Wandabstand angenommen:

$$l_m = \kappa y.$$

Nahe an der Wand sind die möglichen Wirbeldurchmesser klein. Erst mit zunehmendem Wandabstand können sich größere Durchmesser ausbilden. Die sogenannte von Kàrmàn-Konstante κ wurde experimentell zu $\kappa = 0{,}4$ bestimmt. Damit erhält man $\nu_t(y) = \kappa^2 y^2 |\frac{d\overline{u}}{dy}|$. Nun betrachten wir die Schubspannung τ in einer Schicht mit dem Abstand y zur Wand.

Idealisierung 2: Obwohl diese Spannung eine Funktion des Wandabstands ist, kann man in guter Näherung $\tau = \tau_W$ setzen, da die größten Geschwindigkeitsunterschiede hauptsächlich in Wandnähe auftreten.

Unter Verwendung von (42.4.1) folgt

$$\tau = \tau_W = \rho \nu_t \left| \frac{d\overline{u}}{dy} \right| = \rho \kappa^2 y^2 \left(\frac{d\overline{u}}{dy} \right)^2.$$

Mithilfe der weiter oben eingeführten Wandschubspannung $\tau_W = \rho u_*^2$, erhält man

$$\left| \frac{d\overline{u}}{dy} \right| = \frac{u_*}{\kappa} \cdot \frac{1}{y}$$

und die Integration liefert

$$\frac{\overline{u}(y)}{u_*} = \frac{1}{\kappa} \cdot \ln y + C_1. \tag{42.5.5}$$

Zudem folgt auch, falls u_* vorliegt,

$$\nu_t(y) = \kappa^2 y^2 \cdot \frac{u_*}{\kappa} \cdot \frac{1}{y} = \kappa u_* y. \tag{42.5.6}$$

Damit kann man bei gemessener Geschwindigkeit u_* die Wirbelviskosität in (42.3.3) durch $\nu_t = \kappa u_* y$ ersetzen und die Strömung modellieren. Eine etwas gröbere Mittelung ist auch denkbar:

$$\overline{\nu}_t = \frac{1}{b-a}\int_a^b \kappa u_* y dy = \frac{\kappa u_*}{2(b-a)}(b^2 - a^2) = \frac{\kappa u_*(a+b)}{2}.$$

Die Grenzen a und b sind dann je nach Oberflächenbeschaffenheit gesetzt. Aus (42.4.1) wird deutlich, dass die Wirbelviskosität stark vom Geschwindigkeitsgradienten abhängt. Bei einer glatten Wand ist dies in der viskosen Unterschicht der Fall. Deswegen würde man für eine Mittelung die Grenzen der turbulenten Innenzone verwenden: $a = 30l_\nu$ und $b = 500l_\nu$ (vgl. (42.5.10)), was $\overline{\nu}_t = 265\kappa u_* l_\nu = 106\nu$ ergibt. Daran sieht man, um wie viel größer die Wirbelviskosität gegenüber der molekularen (innerhalb der turbulenten Innenzone) wächst.

Die raue Wand mit $a = \frac{k}{30}$ und $b = 500l_\nu$ liefert

$$\overline{\nu}_t = \frac{\kappa u_*(\frac{k}{30} + 500\frac{\nu}{u_*})}{2} = 100\nu + \frac{u_* k}{150}.$$

Diese Ausdrücke für $\overline{\nu}_t$ könnte man wiederum in (42.3.3) anstelle von ν_t ersetzen. Solange die Sohlreibung groß (u_* groß) und/oder die Geschwindigkeitsgradienten klein bleiben (vgl. (42.4.1), Streuung klein), liefert die Mittelung innerhalb des betrachteten Bereichs ein sinnvolles Maß für die Wirbelviskosität.

Nun wenden wir uns wieder Gleichung (42.5.5) zu. Wie schon bei der viskosen Unterschicht, soll anstelle des Abstands die dimensionslose Länge $y_+ = \frac{y}{l_\nu}$ verwendet werden. Dazu schreibt man mithilfe einer anderen Konstanten

$$\frac{\overline{u}(y)}{u_*} = \frac{1}{\kappa}\cdot\ln\left(\frac{y}{l_\nu}\right) + C. \tag{42.5.7}$$

In Kurzform erhält man

$$u_+(y) = \frac{1}{\kappa}\cdot\ln(y_+) + C. \tag{42.5.8}$$

Um die Konstante C zu bestimmen, müssen wir den Übergang von viskoser Unterschicht zur darüber liegenden turbulenten Schicht (= Innenzone) betrachten. Abermals sind Messungen notwendig, um die Grenze zwischen den Gültigkeitsbereichen beider Profile zu ziehen. Den Übergang bestimmt man bei einem Wandabstand von

$$\delta_{\text{vis}} = 11{,}64 \cdot l_\nu. \tag{42.5.9}$$

Die Gleichungen (42.5.4) und (42.5.8) wertet man an dieser Grenze aus und erhält

$$y_+ = \frac{1}{\kappa}\cdot\ln(y_+) + C, \quad 11{,}64 = \frac{1}{\kappa}\cdot\ln(11{,}64) + C$$

und schließlich

$$C = 11{,}64 - 2{,}5 \cdot \ln(11{,}64) = 5{,}5.$$

Damit folgt das logarithmische Wandgesetz:

$$\frac{\overline{u}(y)}{u_*} = 2{,}5 \cdot \ln\left(\frac{y}{l_\nu}\right) + 5{,}5. \tag{42.5.10}$$

Messungen zeigen, dass die Gültigkeit etwa für $30 < \frac{y}{l_\nu} < 500$ gewährleistet ist. Dem Übergangsbereich $5 < \frac{y}{l_\nu} < 30$ kann kein eindeutiges Geschwindigkeitsprofil zugeordnet werden.

Herleitung von (42.5.11)–(42.5.14)

Bevor das Profil für raue Wände hergeleitet wird, werfen wir nochmals einen Blick auf die Gleichung (42.5.1) bzw. den x-Impuls von (42.3.3), diesmal einschließlich der Schwerkraft, das heißt

$$\frac{d}{dy}\left(\nu\frac{d\overline{u}}{dy} - \overline{u'v'}\right) - g\sin\alpha = 0 \quad \text{oder} \quad -\frac{d}{dy}\left(\nu_t\frac{d\overline{u}}{dy}\right) - g\sin\alpha = 0. \tag{42.5.11}$$

Setzt man den Mischungsweg (42.4.1) ein, so folgt

$$\frac{d}{dy}\left[\kappa^2 y^2\left(\frac{d\overline{u}}{dy}\right)^2\right] + g\sin\alpha = 0.$$

Nun entdimensionieren wir wie bei der viskosen Unterschicht und der turbulenten Innenzone unter Verwendung von $u_+ = \frac{u}{u_*}$ und $y_+ = \frac{y}{l_\nu}$.

Es gilt

$$\frac{d\overline{u}}{dy} = u_* \cdot \frac{du_+}{dy} = u_* \cdot \frac{du_+}{dy_+} \cdot \frac{dy_+}{dy} = u_* \cdot \frac{du_+}{dy_+} \cdot \frac{1}{l_\nu} = \frac{u_*}{l_\nu} \cdot \frac{du_+}{dy_+} \quad \text{und}$$

$$\frac{d}{dy} = \frac{d}{dy_+} \cdot \frac{dy_+}{dy} = \frac{1}{l_\nu} \cdot \frac{d}{dy_+}.$$

Eingesetzt folgt

$$\frac{1}{l_\nu} \cdot \frac{d}{dy_+}\left[\kappa^2 (l_\nu y_+)^2 \cdot \left(\frac{u_*}{l_\nu} \cdot \frac{du_+}{dy_+}\right)^2\right] + g\sin\alpha = 0$$

und nach einigen Schritten

$$\frac{1}{\mathrm{Re}_{l_\nu}} \cdot \frac{d}{dy_+}\left[\kappa^2 y_+^2\left(\frac{du_+}{dy_+}\right)^2\right] + \frac{1}{\mathrm{Fr}^2}\sin\alpha = 0.$$

Dabei wurde die vor allem bei Gerinneströmungen wichtige Froude-Zahl mit der viskosen Länge und der Sohlschubspannung gebildet:

$$\mathrm{Fr} = \frac{u_*}{\sqrt{g l_\nu}} = \sqrt{\frac{u_*^2}{g l_\nu}} = \sqrt{\frac{u_*^3}{g\nu}}.$$

Es besteht aber ein wichtiger Unterschied zu den bisherigen Kennzahlbildungen, denn die so gebildete Reynolds-Zahl beträgt

$$\mathrm{Re}_{l_\nu} = \frac{u_* \cdot l_\nu}{\nu} = \frac{\nu}{\nu} = 1!$$

Man könnte sich die Reynolds-Zahl auch irgendwie anders gebildet denken, beispielsweise mithilfe der Wassertiefe oder einer endlichen Platten- oder Gerinnelänge, aber entscheidend ist: Wird die Reynolds-Zahl (und die Froude-Zahl) auf die oben beschriebene Weise gebildet, dann beträgt sie eins. Folglich entstehen unabhängig davon, ob eine Platten-, eine Rohrströmung (Froude-Zahl hat keinen Einfluss) oder eine Gerinneströmung vorliegt, immer die Geschwindigkeitsprofile (42.5.3) und (42.5.10). Deshalb ist das Profil universell und der Verlauf wird durch Messungen bestätigt. Es gibt noch einen weiteren Unterschied: In einer laminaren Grenzschicht bilden sich (bloß) ähnliche, also ortsabhängige Profile aus. Bei Turbulenz bleiben die Geschwindigkeitsprofile, bei konstanten hydraulischen Bedingungen, entlang des gesamten Wegs bestehen.

Nun kommen wir zur Rauheit. Ist die Platte rau, so werten wir Gleichung (42.5.5) auf der Höhe der Rauheit $y = k$ aus. Die zugehörige mittlere Geschwindigkeit bezeichnen wir vorerst als $\overline{u}_k$ und schreiben $C_1 = \frac{\overline{u}_k}{u_*} - 2{,}5 \cdot \ln k$. Mithilfe von Experimenten bestimmt man

$$\frac{\overline{u}_k}{u_*} = 8{,}5$$

und erhält

$$\frac{\overline{u}}{u_*} = 2{,}5 \cdot \ln\left(\frac{y}{k}\right) + 8{,}5. \qquad (42.5.12)$$

Die untere Grenze des Gültigkeitsbereichs wird durch $\overline{u} = 0$ und einem zugehörigen Wandabstand y_0 bestimmt. Man erhält $\ln(\frac{y_0}{k}) = -\frac{8{,}5}{2{,}5}$ und daraus $y_0 \approx \frac{k}{30}$. Hieran sieht man, dass die untere Schranke von der Rauheit der Wand abhängt. Demnach kann man (42.5.12) auch schreiben als

$$\frac{\overline{u}}{u_*} = 2{,}5 \cdot \ln\left(\frac{y}{y_0}\right). \qquad (42.5.13)$$

Unterhalb des logarithmischen Profils existiert weder ein Übergangsbereich noch eine viskose Unterschicht.

Nun sind wir in der Lage eine glatte von einer rauen Wand zu unterscheiden. Dazu müssen die maßgebenden Vergleichslängen l_v und y_0 der glatten bzw. rauhen Wand miteinander verglichen werden. Wir schreiben (42.5.10) als

$$\frac{\overline{u}}{u_*} = 2{,}5 \cdot \ln\left(\frac{y}{l_v}\right) + 2{,}5 \cdot \ln(9) = 2{,}5 \cdot \ln\left(\frac{9y}{l_v}\right) = 2{,}5 \cdot \ln\left(\frac{9u_*}{v}\right).$$

Der Vergleich mit (42.5.13) liefert $\frac{30}{k} = \frac{9u_*}{v}$ und folglich

$$\mathrm{Re}_k := \frac{u_* \cdot k}{v} = 3{,}33. \tag{42.5.14}$$

Die linke Seite der Gleichung entspricht einer Reynolds-Zahl. Man nennt sie Korn-Reynolds-Zahl. Damit erhält man das Ergebnis, dass eine Wand als hydraulisch glatt gilt, falls $\mathrm{Re}_k < 3{,}33$ und hydraulisch rauh, wenn $\mathrm{Re}_k > 3{,}33$ ist. Gleichung (42.5.14) entspricht auch $k = 3{,}33 \cdot l_v$.

Schließlich kann man noch angeben, in welcher Tiefe man die Geschwindigkeit u_* messen sollte. Dazu muss

$$\frac{\overline{u}(y)}{u_*} = 2{,}5 \cdot \ln\left(\frac{9y}{l_v}\right) = 1$$

sein, was bei

$$y = \frac{l_v}{9} e^{0{,}4} \quad \text{oder} \quad y = \frac{k}{30} e^{0{,}4}$$

erreicht wird.

Rauheit und Sandrauheit

Spätestens an dieser Stelle bedarf es einer Klärung zwischen dem Begriff der Rauheit k und der effektiven Korn- oder Sandrauheit k_s. Wir rechneten bisher und werden es in diesem Band auch weiterhin so handhaben, mit einer repräsentativen Rauheit k. Diese entspricht nicht der eigentlichen Größe der Unebenheiten. Eine Oberfläche wie die Sohle eines Gewässers kann relativ einheitlich aus Sand oder Kies mit demselben Korndurchmesser d bestehen oder sie kann aus Kies, Steinen und Schutt verschiedener Größe bestehen. Je inhomogener die Zusammensetzung, umso schwieriger ist es, der Oberfläche einen einheitlichen Korndurchmesser zuzuordnen. Man greift dazu einige repräsentative Durchmesser wie beispielsweise d_{30}, d_{60} oder d_{90} heraus. Der Index bezeichnet dabei den Durchmesser in mm. Danach bildet man den Mittelwert d_m inklusive der jeweiligen Häufigkeit. Messungen haben ergeben, dass der Zusammenhang $k \approx 3{,}25 \cdot d_m$ besteht.

Neben der eigentlichen Kornrauheit, kann man noch die sich wiederholenden Unebenheiten wie beispielsweise die Rippel am Meeresboden beachten. Diese sogenannte Formrauheit müsste man, falls vorhanden, mit der Kornrauheit zu einer Gesamtrauheit zusammenfügen.

3. Turbulente Außenzone

Je weiter man die turbulente Grenzschicht in positiver y-Richtung durchschreitet, umso kleiner wird der Einfluss der Viskosität.

Herleitung von (42.5.15)
Setzen wir die nächste Grenze am Übergang zwischen turbulenter Innenzone und Außenströmung (Geschwindigkeit $u = u_\infty$) und bezeichnen mit $y = \delta_t$ den äußersten Rand der neuen Zone, so folgt aus (42.5.4)

$$\frac{u_\infty}{u_*} = 2{,}5 \cdot \ln \delta_t + C$$

und daraus

$$\frac{u_\infty - \bar{u}(y)}{u_*} = -2{,}5 \cdot \ln\left(\frac{y}{\delta_t}\right).$$

Allerdings muss das Ergebnis modifiziert werden, da von der Außenströmung nichtturbulente Fluidteilchen ständig beigemischt werden. Dieser Effekt vergrößert das Geschwindigkeitsprofil mit wachsendem y und beeinflusst etwa 85 % der äußeren turbulenten Grenzschicht. Um dies zu berücksichtigen, fügt man eine empirisch bestimmte „Nachlauffunktion" hinzu. Insgesamt erhält man

$$\frac{u_\infty - \bar{u}(y)}{u_*} = -2{,}5 \cdot \ln\left(\frac{y}{\delta_t}\right) + 2{,}75 \cdot \cos^2\left(\frac{\pi}{2} \cdot \frac{y}{\delta_t}\right). \tag{42.5.15}$$

Da die Rauheit hier keine Rolle spielt, kann man (42.5.15) auch für eine raue Platte verwenden. Messungen bestätigen die Umrechnung $\delta_t \approx 3333{,}33 \cdot l_v$, sodass man die Gültigkeit von (42.5.15) anstelle von $\frac{y}{l_v} > 500$ auch durch $0{,}15 < \frac{y}{\delta_t} < 1$ angeben kann. Näherungsweise kann anstelle von (42.5.15) ebenfalls das Profil

$$\frac{\bar{u}(y)}{u_\infty} = \left(\frac{y}{\delta_t}\right)^{\frac{1}{7}}$$

(u_∞ ist die Geschwindigkeit der Aussenströmung) verwendet werden, das wir in Kap. 35.3 im Zusammenhang mit Rohrströmungen kennengelernt haben (Beweis

Kap. 42.7). Die folgende Tabelle wird ergänzt durch das bekannte Geschwindigkeitsprofil einer laminaren Strömung bis vor dem Umschlag in Turbulenz. In Abb. 42.3 sind die verschiedenen Zonen dargestellt. Es bezeichnen:

δ_l: Grenzschichtdicke der laminaren Strömung
δ_t: Grenzschichtdicke der turbulenten Strömung
u_*: Wandschubspannungsgeschwindigkeit
u_∞: Geschwindigkeit der Aussenströmung
l_v: Viskose Länge

Zone	Geschwindigkeitsprofil Platte	Gültigkeitsbereich
Laminare Grenzschicht	$\frac{u}{u_{\delta_{\text{vis}}}} = \frac{y}{\delta_{\text{vis}}}[2 - 2(\frac{y}{\delta_l})^2 + (\frac{y}{\delta_l})^3]$	Bis zum Umschlag
	Turbulente glatte Strömung, $\text{Re}_k < 3{,}33$	
Viskose Unterschicht	$\frac{u}{u_*} = \frac{y}{l_v}$	$0 < \frac{y}{l_v} < 5$
Übergangsbereich	–	$5 < \frac{y}{l_v} < 30$
Turbulente Innenzone	$\frac{\overline{u}}{u_*} = 2{,}5 \cdot \ln(\frac{y}{l_v}) + 5{,}5$	$30 < \frac{y}{l_v} < 500$
Turbulente Außenzone	$\frac{u_\infty - \overline{u}}{u_*} = -2{,}5 \cdot \ln(\frac{y}{\delta_t}) + 2{,}75 \cdot \cos^2(\frac{\pi}{2} \cdot \frac{y}{\delta_t})$ oder $\frac{\overline{u}}{u_\infty} = (\frac{y}{\delta_t})^{\frac{1}{7}}$ $(10^5 < \text{Re}_{\delta_t} < 10^7)$	$\frac{y}{l_v} > 500$ oder $0{,}15 < \frac{y}{\delta_t} < 1$
Außenströmung	$u = u_\infty$	$y \geq \delta_t$
	Turbulente raue Strömung, $\text{Re}_k > 3{,}33$	
Turbulente Innenzone	$\frac{\overline{u}}{u_*} = 2{,}5 \cdot \ln(\frac{y}{y_0})$ mit $y_0 = \frac{k}{30}$	$y \geq \frac{k}{30}$

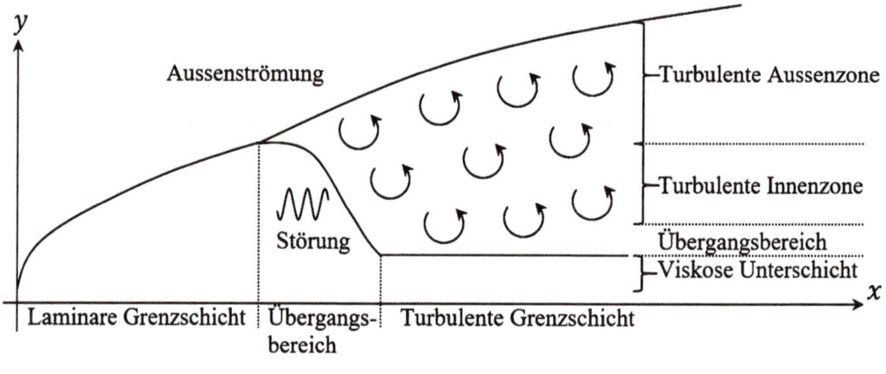

Abb. 42.3: Skizze zu den Strömungszonen.

Beispiel. Ein Flussbett besitzt die Rauheit $k = 0{,}001\,\text{m}$. Weiter ist $u_* = 2 \cdot 10^{-3}\,\frac{\text{m}}{\text{s}}$ und $\nu = 10^{-6}\,\frac{\text{m}^2}{\text{s}}$.

a) Bildet sich an der Sohle eine viskose Unterschicht aus?
b) Wenn ja, wie lautet das zugehörige Geschwindigkeitsprofil und wie groß ist die mittlere Fließgeschwindigkeit auf der Höhe $y = k$?

c) Bestimmen Sie das über der viskosen Unterschicht liegende Geschwindigkeitsprofil der turbulenten Innenzone, dessen Gültigkeitsbereich und die Fließgeschwindigkeit an der unteren Grenze des Gültigkeitsbereichs.
d) Nun sei $k = 0{,}02\,\mathrm{m}$. Welches Geschwindigkeitsprofil bildet sich aus?
e) Welches ist der Gültigkeitsbereich des Profils aus d) und wie groß ist die Geschwindigkeit auf der Höhe $y = k$?

Lösung.

a) Das Kriterium für eine glatte oder raue Wand wird durch (42.5.14) bestimmt. Wir bilden

$$\mathrm{Re}_k := \frac{u_* \cdot k}{\nu} = \frac{2 \cdot 10^{-3} \cdot 0{,}001}{10^{-6}} = 2 < 3{,}33.$$

Damit ist die Wand glatt und eine viskose Unterschicht existiert.

b) Das Profil besitzt nach (42.5.3) die Gestalt

$$\frac{u(y)}{u_*} = \frac{y}{l_\nu} \quad \text{oder} \quad u(y) = \frac{2 \cdot 10^{-3}}{0{,}5 \cdot 10^{-3}} \cdot y = 4y.$$

Daraus folgt

$$u(k) = 4k = 0{,}004\,\frac{\mathrm{m}}{\mathrm{s}}.$$

c) Gleichung (42.5.10) liefert

$$\frac{\overline{u}(y)}{u_*} = 2{,}5 \cdot \ln\left(\frac{y}{l_\nu}\right) + 5{,}5 = 2{,}5 \cdot \ln\left(\frac{9y}{l_\nu}\right) \quad \text{oder} \quad \overline{u}(y) = 5 \cdot 10^{-3} \cdot \ln\left(\frac{9y}{l_\nu}\right).$$

Streng genommen ist der Gültigkeitsbereich auf $30 < \frac{y}{l_\nu} < 500, 30l_\nu < y < 500l_\nu$ oder $0{,}015\,\mathrm{m} < y < 0{,}25\,\mathrm{m}$ beschränkt. Man kann die Gültigkeit aber in guter Näherung auch auf die Außenzone ausweiten. Schließlich ist noch

$$\overline{u}(30l_\nu) = 5 \cdot 10^{-3} \cdot \ln\left(\frac{9 \cdot 30l_\nu}{l_\nu}\right) = 0{,}028\,\frac{\mathrm{m}}{\mathrm{s}}.$$

d) Eine viskose Unterschicht existiert in diesem Fall nicht. Nach (42.5.13) gilt

$$\frac{\overline{u}}{u_*} = 2{,}5 \cdot \ln\left(\frac{30y}{k}\right) \quad \text{oder} \quad \overline{u}(y) = 2{,}5u_* \cdot \ln(1500y).$$

Dabei ist u_* nicht identisch mit demjenigen Wert der glatten Wand, sondern man müsste u_* wieder vorgeben. Die Geschwindigkeit u_* lässt sich nur über eine direkte Messung oder mithilfe einer Geschwindigkeitsmessung in einer Tiefe y bestimmen.

e) Das Profil aus d) ist gültig für $y \geq \frac{k}{30} = 6{,}66 \cdot 10^{-4}$ m und man erhält

$$\overline{u}(k) = 2{,}5u_* \cdot \ln(30) = 8{,}50 \cdot u_*.$$

Messung der Sohlschubspannung

In Wandnähe sind die Verwirbelungen praktisch null, sodass $\tau_B \approx \overline{\tau} = \rho u_*^2$ gilt. Man misst in diesem Fall direkt die Sohlschubspannungsgeschwindigkeit. Aufwendiger ist es, etwas weiter von der Wand weg die Turbulenzverteilung, das heißt, die Schwankungen u' und v' und damit die Sohlschubspannung über $\tau_W \approx \tau' = -\rho\overline{u'v'}$ zu ermitteln.

Meistens bestimmt man ungeachtet der Bodenbeschaffenheit die gesuchte Spannung, indem man in den Boden auf Federn gelagerte Teile einsetzt, die direkt die zur Auslenkung benötigten Kräfte und damit die Spannung messen. Neben diesen direkten Methoden existieren indirekte Messmethoden, die das Geschwindigkeitsprofil messen und diese je nach Wandbeschaffenheit mittels (42.5.3), (42.5.10) oder (42.5.13) auswerten.

42.6 Geschwindigkeitsprofile einer Rohrströmung

Die Übersicht aus dem vorherigen Kapitel lässt sich mit einigen Anpassungen fast gänzlich übernehmen. Bei einer Rohrströmung bezeichnet die „Außenzone" den Rohrkern. Wir wollen zusätzlich eine Unterscheidung bezüglich der Beschaffenheit des Rohrs treffen.

1. Viskose Unterschicht

Das lineare Gesetz (42.5.3) kann man inklusive des Gültigkeitsbereichs übernehmen. Weiter gelten dieselben Aussagen bezüglich der Rauheit.

2. Turbulente Wandzone

In diesem Fall verwendet man ebenfalls (42.5.10), aber mit dem Gültigkeitsbereich $30 < \frac{y}{l_v} < 10^5$. Zudem gelten dieselben Aussagen bezüglich der Rauheit und es können (42.5.12) und (42.5.13) für den Bereich $\frac{k}{30} < y < 0{,}15 \cdot R$ übernommen werden.

3. Turbulente Kernzone

Herleitung von (42.6.1)
Dazu wird Gleichung (42.5.4) im Rohrzentrum für $y = R$ und $u = \overline{u}_{\max}$ ausgewertet. Das ergibt

$$C_1 = \frac{\overline{u}_{\max}}{u_*} - 2{,}5 \cdot \ln R$$

und damit

$$\frac{\overline{u}_{\max} - \overline{u}}{u_*} - 2{,}5 \cdot \ln\left(\frac{y}{R}\right). \qquad (42.6.1)$$

Die Gleichung ist für den Kernbereich $\frac{y}{l_v} < 0{,}15$ gültig. Einer Korrektur mit einer Nachlauffunktion wie bei der Plattenströmung bedarf es nicht, weil im Zentrum immer eine voll ausgebildete Strömung besteht. Die untere Grenze des Gültigkeitsbereichs wird durch $\overline{u} = 0$ bestimmt. Da die Rauheit hier keine Rolle spielt, kann man (42.6.1) auch für ein raues Rohr verwenden.

Ergänzt wird die folgende Tabelle durch das Profil einer laminaren Strömung vor dem Umschlag. Es bezeichnen:

y: Abstand von der Wand
R: Rohrradius
r: Abstand vom Rohrzentrum

Zone	Geschwindigkeitsprofil Rohr	Gültigkeitsbereich
	$\frac{u}{u_{\max}} = 1 - (\frac{r}{R})^2$, laminare Strömung	Bis zum Umschlag
	Turbulente glatte Strömung, $Re_k < 3{,}33$	
Viskose Unterschicht	$\frac{u}{u_*} = \frac{y}{l_v}$	$0 < \frac{y}{l_v} < 5$
Übergangsbereich	-	$5 < \frac{y}{l_v} < 30$
Turbulente Wandzone	$\frac{\overline{u}}{u_*} = 2{,}5 \cdot \ln(\frac{y}{l_v}) + 5{,}5$	$30 < \frac{y}{l_v} < 10^5$
Turbulente Kernzone	$\frac{\overline{u}_{\max}-\overline{u}}{u_*} = -2{,}5 \cdot \ln(\frac{y}{R})$	$y > 0{,}15 \cdot R$
	Turbulente raue Strömung, $Re_k > 3{,}33$	
Turbulente Wandzone	$\frac{\overline{u}}{u_*} = 2{,}5 \cdot \ln(\frac{y}{y_0})$ mit $y_0 = \frac{k}{30}$	$\frac{k}{30} < y < 0{,}15 \cdot R$
Beliebige Zone	$\frac{\overline{u}}{\overline{u}_{\max}} = (1 - \frac{r}{R})^{\frac{1}{n}}, n = 6, 7, 8, \ldots$	Beliebig

Das Potenzgesetz der letzten Tabellenzeile beweisen wir im nächsten Kapitel.

42.7 Reibungswiderstand und Grenzschichtdicke der Rohrströmung

I. Der Reibungswiderstand

Herleitung von (42.7.1)–(42.7.12)
Wir betrachten das turbulente Geschwindigkeitsprofil in der Kernzone:

$$\frac{\overline{u}_{\text{max}} - \overline{u}_{\text{Rohr}}}{u_*} = -2{,}5 \cdot \ln\left(\frac{y}{R}\right).$$

Da $y = R - r$, folgt $\frac{y}{R} = 1 - \frac{r}{R}$, sodass daraus

$$\overline{u} = \overline{u}_{\text{max}} + 2{,}5u_* \cdot \ln\left(1 - \frac{r}{R}\right)$$

wird. Als Nächstes berechnen wir die örtlich gemittelte Geschwindigkeit $\overline{u}_{\text{Rohr}}$. Um diese besser von der zeitlichen Mittelung zu unterscheiden, definieren wir $\overline{u}_{\text{Rohr}} =: c$. Mit dem Volumenstrom $\dot{V}$ gilt

$$c = \frac{\dot{V}}{\pi R^2} = \frac{1}{\pi R^2}\int_0^R 2\pi r \cdot \overline{u}(r)dr = \frac{2\overline{u}_{\text{max}}}{R^2}\int_0^R r dr + 5u_* \int_0^R \frac{r}{R^2} \cdot \ln\left(1 - \frac{r}{R}\right)dr.$$

Das 1. Integral ergibt $\overline{u}_{\text{max}}$. Bis auf den Faktor $5u_*$ erhält man für das 2. Integral $\int_0^1 x \cdot \ln(1-x)dx = -\frac{3}{4}$ (siehe Band 6). Insgesamt folgt

$$c = \overline{u}_{\text{max}} + 5u_* \cdot \left(-\frac{3}{4}\right) \quad \text{oder} \quad \frac{c}{u_*} - \frac{\overline{u}_{\text{max}}}{u_*} = 3{,}75. \tag{42.7.1}$$

Die Gleichung gibt den Wert an, um den sich die mittlere Geschwindigkeit im Mittel von der maximalen Geschwindigkeit im Zentrum relativ zur Schubspannungsgeschwindigkeit unterscheidet. Der gemessene Unterschied beträgt hingegen 4,07. Die Abweichung zum theoretischen Wert ist damit zu begründen, dass wir das Geschwindigkeitsprofil der turbulenten Kernzone bis auf die Wandzone ausgeweitet haben.

In einem nächsten Schritt sollen die für die Reibungskräfte an der Wand maßgeblichen Größen, die Wandschubspannung und die damit verknüpfte Rohrreibungszahl λ, eingebracht werden. Die Schubspannung einer laminaren Strömung hatten wir mit dem Newton'schen Ansatz $\tau(r) = \eta\frac{\partial u}{\partial r}$ modelliert. Das zugehörige Geschwindigkeitsprofil (9.1.1),

$$u(r) = -\frac{R^2}{4\eta} \cdot \frac{\Delta p_V}{l} \cdot \left[1 - \left(\frac{r}{R}\right)^2\right],$$

wird eingesetzt und ergibt $\tau_{\text{lam}}(r) = \frac{\Delta p_V}{l} \cdot \frac{r}{2}$. Dabei ist Δp_V der Druckverlust auf einer Strecke l. Für den turbulenten Fall können wir kein ähnliches Ergebnis für das Profil und somit der Abnahme der Schubspannung im Rohrinnern mit der Wandschubspannung heranziehen (das zugehörige 1/7-Profil soll ja hergeleitet werden).

In Analogie kann man auch hier an der Wand ansetzen:

$$\overline{\tau}_{W,\text{tur}} = \frac{\Delta p_V}{l} \cdot \frac{R}{2}. \tag{42.7.2}$$

Aber im Innern ist $\overline{\tau}_{\text{tur}}(r) \neq \frac{\Delta p_V}{l} \cdot \frac{r}{2}$. Schreiben wir ebenfalls in Analogie zum laminaren Fall $\overline{\tau}_{W,\text{tur}} = \rho u_*^2$, so erhalten wir an der Wand

$$\Delta p_V = \frac{2l\rho u_*^2}{R}.$$

Da noch kein Geschwindigkeitsprofil vorliegt, mit dessen Hilfe wir die Schubspannung in jedem Abstand zur Wand darstellen können, gehen wir den Umweg über den Druckverlust, den wir ebenfalls mit dem Ansatz von Weisbach erfassen können. Es gilt (vgl. (35.1.1))

$$\Delta\overline{p}_V = \lambda_t \frac{l}{d} \rho \frac{c^2}{2}. \tag{42.7.3}$$

Daraus erhalten wir $\lambda \frac{l\rho c^2}{4R} = \frac{2l\rho u_*^2}{R}$ (Index t weggelassen) und schließlich

$$\lambda = 8\left(\frac{u_*}{c}\right)^2. \tag{42.7.4}$$

Diese Gleichung in (42.7.1) eingefügt, ergibt

$$\sqrt{\frac{8}{\lambda}} = \frac{\overline{u}_{\max}}{u_*} - 3{,}75. \tag{42.7.5}$$

Weiter wird (42.5.10) im Zentrum ausgewertet und l_ν durch $\frac{\nu}{u_*}$ ersetzt. Dies führt zu

$$\frac{\overline{u}_{\max}}{u_*} = 2{,}5 \cdot \ln\left(\frac{Ru_*}{\nu}\right) + 5{,}5.$$

Diesen Ausdruck fügen wir in (42.7.5) ein und erhalten

$$\sqrt{\frac{8}{\lambda}} = 2{,}5 \cdot \ln\left(\frac{Ru_*}{\nu}\right) + 5{,}5 - 3{,}75. \tag{42.7.6}$$

Danach schreiben wir $\frac{Ru_*}{\nu}$ als

$$\frac{u_*}{c} \cdot \frac{c \cdot 2R}{2\nu} = \frac{u_*}{c} \cdot \frac{c \cdot d}{\nu} \cdot \frac{1}{2} = \sqrt{\frac{\lambda}{8}} \cdot \mathrm{Re}_d \cdot \frac{1}{2} = \mathrm{Re}_d \sqrt{\lambda} \cdot \frac{1}{4\sqrt{2}}.$$

Dies wird (42.7.6) einverleibt, was zu

$$\frac{1}{\sqrt{\lambda}} = \frac{2{,}5}{\sqrt{8}} \cdot \ln\left(\mathrm{Re}\sqrt{\lambda} \cdot \frac{1}{4\sqrt{2}} \right) + \frac{1{,}75}{\sqrt{8}}$$

(Index d weggelassen) führt. Weiter vereinfacht, erhält man

$$\frac{1}{\sqrt{\lambda}} = \frac{2{,}5}{\sqrt{8}} \cdot \ln(\mathrm{Re}\sqrt{\lambda}) + \frac{2{,}5}{\sqrt{8}} \cdot \ln\left(\frac{1}{4\sqrt{2}} \right) + \frac{1{,}75}{\sqrt{8}} \quad \text{und}$$

$$\frac{1}{\sqrt{\lambda}} = 0{,}883 \cdot \ln(\mathrm{Re}\sqrt{\lambda}) - 1{,}53 + 0{,}62.$$

Umgerechnet auf den Zehner-Logarithmus wird daraus

$$\frac{1}{\sqrt{\lambda}} = -2 \cdot \log_{10}\left(\frac{1}{\mathrm{Re}\sqrt{\lambda}} \right) - 2 \cdot \log_{10}(20{,}35) + 1{,}75.$$

Die Werte 20,35 bzw. 1,75 werden durch experimentell bestimmte Werte angepasst:

$$\frac{1}{\sqrt{\lambda}} = -2 \cdot \log_{10}\left(\frac{1}{\mathrm{Re}\sqrt{\lambda}} \right) - 2 \cdot \log_{10}(18{,}7) + 1{,}74.$$

Für hydraulisch glatte Rohre erhält man somit

$$\frac{1}{\sqrt{\lambda}} = 1{,}74 - 2 \cdot \log_{10}\left(\frac{18{,}7}{\mathrm{Re}\sqrt{\lambda}} \right). \tag{42.7.7}$$

Da λ nur implizit gegeben ist, fand Blasius die Näherungsformel

$$\lambda \approx \frac{0{,}316}{\mathrm{Re}_d^{\frac{1}{4}}}. \tag{42.7.8}$$

Ist das Rohr hydraulisch rau, dann ziehen wir das zugehörige Geschwindigkeitsprofil (42.5.12) heran. Ausgewertet im Zentrum, folgt daraus

$$\frac{\overline{u}_{\max}}{u_*} = 2{,}5 \cdot \ln\left(\frac{R}{k} \right) + 8{,}5.$$

In diesem Fall schreibt sich (42.7.1) als

$$\frac{c}{u_*} = 2{,}5 \cdot \ln\left(\frac{R}{k} \right) + 8{,}5 - 3{,}75$$

und nach einigen weiteren Schritten

$$\frac{1}{\sqrt{\lambda}} = -2 \cdot \log_{10}\left(\frac{k}{R}\right) + 1{,}68.$$

Mit einer kleinen Korrektur infolge von Messergebnissen folgt

$$\frac{1}{\sqrt{\lambda}} = 1{,}74 - 2 \cdot \log_{10}\left(\frac{2k}{d}\right). \tag{42.7.9}$$

Die Kombination von (42.7.7) mit (42.7.9) führt schließlich zur Formel von Colebrook-White:

$$\frac{1}{\sqrt{\lambda}} = 1{,}74 - 2 \cdot \log_{10}\left(\frac{2k}{d} + \frac{18{,}7}{\mathrm{Re}\sqrt{\lambda}}\right). \tag{42.7.10}$$

Mit der Näherungsformel von Blasius (42.7.8) kann man auch die Reibungskraft $F_{W,\mathrm{tur}}$ explizit angeben. Es gilt mit (42.7.2)

$$F_{W,\mathrm{tur}} = \overline{\tau}_W \cdot 2\pi Rl = \frac{\Delta\overline{p}_V}{l} \cdot \frac{R}{2} \cdot 2\pi Rl = \Delta\overline{p}_V \cdot \pi R^2.$$

Die Gleichung stellt nichts anderes als die Gleichgewichtsbedingung für eine stationäre Rohrströmung dar. In diesem Fall muss das Produkt aus der Wandspannung und dem benetzten Umfang gleich groß wie das Produkt aus Druckverlust und Querschnittsfläche sein. Mit (42.7.3) und (42.7.8) erhält man daraus weiter

$$F_{W,\mathrm{tur}} = \lambda\frac{l}{2R}\rho\frac{c^2}{2} \cdot \pi R^2 = \lambda\frac{\pi\rho Rlc^2}{4}. \tag{42.7.11}$$

Den Ausdruck von (42.7.8) eingesetzt, liefert

$$\frac{0{,}316}{\mathrm{Re}^{\frac{1}{4}}} \cdot \frac{\pi}{4}l\rho Rc^2 = \frac{0{,}316 \cdot \pi}{4} \cdot \frac{\rho^{-\frac{1}{4}} \cdot c^{-\frac{1}{4}}(2R)^{-\frac{1}{4}}}{\eta^{-\frac{1}{4}}} \cdot l\rho Rc^2$$

und schließlich:

$$F_{W,\mathrm{tur}} = 0{,}209 \cdot \rho \cdot \nu^{\frac{1}{4}} \cdot R^{\frac{3}{4}} \cdot l \cdot c^{\frac{7}{4}}. \tag{42.7.12}$$

Einerseits wird die Rohrreibungszahl selber als Reibungswiderstandsbeiwert bezeichnet, anderseits benutzt man die Bezeichnung im Zusammenhang mit der üblichen Schreibweise $F_W = \frac{1}{2}c_W\rho Ac^2$. Mit $A = 2\pi Rl$ (benetzte Oberfläche) folgt $F_W = c_W\pi\rho Rlc^2$ und der Vergleich mit (42.7.11) liefert $\lambda = 4c_W$. Dieser Zusammenhang gilt sowohl für laminare wie auch für turbulente Strömungen.

II. Das 1/7-Potenzprofil einer turbulenten Rohrströmung

Herleitung von (42.7.13)–(42.7.16)

Ausgangspunkt ist die Gleichung (42.7.12). Wir dividieren sie durch die benetzte Fläche $A = 2\pi Rl$ und erhalten die Wandschubspannung

$$\overline{\tau}_W = \frac{F_W}{A} = \frac{0{,}209}{2\pi} \cdot \rho \cdot \nu^{\frac{1}{4}} \cdot R^{-\frac{1}{4}} \cdot c^{\frac{7}{4}}. \tag{42.7.13}$$

Das Geschwindigkeitsprofil soll durch eine Potenzfunktion der Art $\overline{u}(r) = \overline{u}_{\text{max}} \cdot (\frac{y}{R})^n$ mit $y = R - r$ und einem unbekannten n angenähert werden. Aus $\overline{u}_{\text{max}} = \overline{u} \cdot R^n \cdot y^{-n}$ und $\overline{u}_{\text{max}} = \alpha \cdot c$ mit $\alpha \in \mathbb{R}$ folgt $\alpha \cdot c = \overline{u} \cdot R^n \cdot y^{-n}$. Diese Gleichung potenzieren wir mit $\frac{7}{4}$ und erhalten

$$c^{\frac{7}{4}} = \alpha^{-\frac{7}{4}} \cdot \overline{u}^{\frac{7}{4}} \cdot R^{\frac{7n}{4}} \cdot y^{-\frac{7n}{4}}.$$

Eingesetzt in (42.7.13) folgt

$$\overline{\tau}(y) = \frac{0{,}209}{2\pi} \cdot \alpha^{-\frac{7}{4}} \cdot \rho \cdot \nu^{\frac{1}{4}} \cdot R^{\frac{7n-1}{4}} \cdot y^{-\frac{7n}{4}} \cdot \overline{u}^{\frac{7}{4}}. \tag{42.7.14}$$

Dabei haben wir angenommen, dass Gleichung (42.7.13) außer an der Wand ebenfalls für einen Wandabstand y Gültigkeit behält. Dies angenommen, haben Prandtl und von Kàrmàn zusätzlich die Annahme getroffen, dass die Schubspannung unabhängig vom Radius sein sollte. Dann muss in (42.7.14) aber $\frac{7n-1}{4} = 0$ sein, was $n = \frac{1}{7}$ nach sich zieht. Insgesamt folgt das turbulente Profil zu

$$\overline{u}(r) = \overline{u}_{\text{max}} \cdot \left(1 - \frac{r}{R}\right)^{\frac{1}{7}}. \tag{42.7.15}$$

Für die örtlich gemittelte Geschwindigkeit erhält man

$$c = \frac{1}{\pi R^2} \int_0^R 2\pi r \cdot \overline{u}(r) \cdot dr = \frac{2 \cdot \overline{u}_{\text{max}}}{R^2} \int_0^R r \cdot \overline{u}(r) \cdot dr = 2 \cdot \overline{u}_{\text{max}} \int_0^1 x \cdot (1-x)^{\frac{1}{7}} \cdot dx$$

mit $x = \frac{r}{R}$ und daraus

$$c = \frac{49}{60} \overline{u}_{\text{max}}. \tag{42.7.16}$$

Der Gültigkeitsbereich von (42.7.15) ist identisch mit demjenigen der Näherungsformel (42.7.8), nämlich $\text{Re} < 10^5$. Eine Unschönheit beinhaltet das 1/7-Profil anscheinend: Die Auswertung der Spannung an der Wand ergibt einen unendlich großen Wert. Dies ist aber nicht weiter schlimm, da die viskose Unterschichtsdicke, $\frac{y}{l_\nu} = 5$, die untere Grenze des Gültigkeitsbereichs darstellt.

III. Die Grenzschichtdicke

Herleitung von (42.7.17)–(42.7.19)
Die viskose Unterschicht bildet sich nur langsam unterhalb der turbulenten Strömung in der wandnahen Zone aus. Deshalb kann eine eindeutige Dicke der viskosen Unterschicht δ_{vis} nicht angegeben werden. Wie schon mit (42.5.9) bekannt, ist $\delta_{\text{vis}} = 11{,}64 \cdot l_\nu$. Dies ergibt sich natürlich auch als Schnittpunkt von (42.5.3) mit (42.5.10), aber das ist kein Beweis, da das Profil von (42.5.10) mithilfe der Messung (42.5.9) erst hergeleitet wurde. Die viskose Dicke wird umgeschrieben zu

$$\delta_{\text{vis}} = 11{,}64 \cdot \frac{\nu}{u_*} = 11{,}64 \cdot \nu\sqrt{\frac{\rho}{\tau_W}}.$$

Zuerst quadrieren wir die Gleichung und dividieren sie anschließend durch d^2. Dies führt zu

$$\frac{\delta_{\text{vis}}^2}{d^2} = 11{,}64^2 \cdot \frac{\nu^2}{d^2} \cdot \frac{\rho}{\tau_W}. \qquad (42.7.17)$$

Die Wandspannung lässt sich nicht mithilfe der Definition

$$\tau_W = \eta \cdot \left.\frac{d\bar{u}}{dr}\right|_W$$

ausdrücken, weil wie schon erwähnt, der Wert an der Wand unendlich gross wird. Hingegen verwenden wir wieder (42.7.2) und (42.7.3) und finden

$$\tau_W = \frac{\Delta p_V}{l} \cdot \frac{d}{4} = \frac{\lambda}{4}\rho c^2. \qquad (42.7.18)$$

Dies fügen wir in (42.7.17) ein:

$$\frac{\delta_{\text{vis}}^2}{d^2} = 11{,}64^2 \cdot \frac{\nu^2}{d^2} \cdot \frac{4\rho}{\lambda\rho c^2} = \frac{4 \cdot 11{,}64^2}{\lambda} \cdot \frac{1}{\text{Re}_d^2}.$$

Schließlich wird noch die Näherung (42.7.8) eingesetzt und man erhält

$$\frac{\delta_{\text{vis}}^2}{d^2} = \frac{4 \cdot 11{,}64^2}{0{,}316} \cdot \frac{\text{Re}_d^{\frac{1}{4}}}{\text{Re}_d^2} \quad \text{oder} \quad \frac{\delta_{\text{vis}}}{d} = \frac{41{,}40}{\text{Re}_d^{\frac{7}{8}}}. \qquad (42.7.19)$$

42.8 Reibungswiderstand und Grenzschichtdicke der Plattenströmung

I. Die Grenzschichtdicke

Herleitung von (42.8.1)–(42.8.4)

Mit Gleichung (39.6.3) hatten wir die Impulserhaltung innerhalb der laminaren Grenzschicht in integraler Form hergeleitet. Die Gleichung gilt auch für Strömungen innerhalb einer turbulenten Grenzschicht, sofern das Profil innerhalb derselben bekannt ist. Im Fall einer Plattenströmung ist die Außenströmung $u_\delta = u_\infty =$ konst. und deshalb $u'_\delta = 0$. Es verbleibt dann

$$\tau_W(x) = \rho u_\infty^2 \cdot \delta_2'(x) = \rho u_\infty^2 \frac{d}{dx}\left[\int_0^\delta \frac{\overline{u}}{u_\infty}\left(1 - \frac{\overline{u}}{u_\infty}\right)dy\right]. \tag{42.8.1}$$

Die Impulsverlustdicke δ_2 wird dabei gemäß (39.3.12) verwendet. Es stellt sich noch die Frage nach dem Geschwindigkeitsprofil. Eine Aufteilung in eine laminare Unterschicht und eine turbulente Zone wäre denkbar. Prandtl überträgt hingegen das 1/7-Profil der Rohrströmung auf die Plattenströmung, indem er die maximale Geschwindigkeit $\overline{u}_{\text{max}}$ mit der Außenströmung u_∞, den Rohrradius R mit der turbulenten Grenzschichtdicke $\delta_{\text{tur}}(x)$ und schließlich die Differenz $R - r$ mit dem Wandabstand y identifiziert. Aus der Rohrströmungsgleichung (42.7.15) mit

$$\frac{\overline{u}}{\overline{u}_{\text{max}}} = \left(\frac{R-r}{R}\right)^{\frac{1}{7}}$$

wird nun

$$\frac{\overline{u}}{u_\infty} = \left(\frac{y}{\delta}\right)^{\frac{1}{7}}$$

für die Plattenströmung.

Aus (42.8.1) entsteht

$$\begin{aligned}\tau_W(x) &= \rho u_\infty^2 \frac{d}{dx}\left[\int_0^\delta \left(\frac{y}{\delta}\right)^{\frac{1}{7}}\left(1 - \left(\frac{y}{\delta}\right)^{\frac{1}{7}}\right)dy\right] \\ &= \rho u_\infty^2 \frac{d}{dx}\left[\frac{7y}{8}\cdot\left(\frac{y}{\delta}\right)^{\frac{8}{7}} - \frac{7y}{9}\cdot\left(\frac{y}{\delta}\right)^{\frac{9}{7}}\right]_0^\delta = \rho u_\infty^2 \frac{d}{dx}\left(\frac{7\delta}{8} - \frac{7\delta}{9}\right)\end{aligned}$$

und folglich

$$\tau_W(x) = \rho u_\infty^2 \cdot \frac{7}{72} \cdot \frac{d\delta_{\text{tur}}}{dx}. \tag{42.8.2}$$

Für die Wandspannung verwenden wir (42.7.18), woraus mit (42.7.8) und (42.7.16)

$$\tau_W = \frac{0{,}316}{8 \cdot \mathrm{Re}_d^{\frac{1}{4}}} \cdot \rho \cdot \left(\frac{49}{60}\right)^2 \cdot \overline{u}_{\max}^2$$

wird. Die weitere Verrechnung ergibt

$$\tau_W = 0{,}023 \cdot \rho \cdot u_\infty^2 \cdot \left(\frac{\nu}{u_\infty \cdot \delta_{\mathrm{tur}}}\right)^{\frac{1}{4}}. \tag{42.8.3}$$

Im letzten Schritt wurde wieder $\overline{u}_{\max}$ mit u_∞ und R mit δ_{tur} identifiziert. Der Vergleich von (42.8.2) mit (42.8.3) liefert

$$\frac{d\delta}{dx} = 0{,}240 \cdot \left(\frac{\nu}{u_\infty \cdot \delta}\right)^{\frac{1}{4}}$$

und danach

$$\delta^{\frac{1}{4}} \cdot d\delta = 0{,}240 \cdot \left(\frac{\nu}{u_\infty}\right)^{\frac{1}{4}} dx.$$

Die Integration führt mit $\delta(0) = 0$ nacheinander auf

$$\frac{4}{5} \cdot \delta^{\frac{5}{4}} = 0{,}240 \cdot \left(\frac{\nu}{u_\infty}\right)^{\frac{1}{4}} x, \quad \delta = 0{,}381 \cdot \left(\frac{\nu}{u_\infty}\right)^{\frac{1}{5}} x^{\frac{4}{5}}, \quad \frac{\delta}{x} = 0{,}381 \cdot \left(\frac{\nu}{u_\infty x}\right)^{\frac{1}{5}}$$

und schließlich

$$\frac{\delta}{x} = \frac{0{,}381}{\mathrm{Re}_x^{\frac{1}{5}}}. \tag{42.8.4}$$

II. Der Reibungswiderstand

Herleitung von (42.8.5)–(42.8.7)

Aus $\tau_W(x) = \frac{1}{2} c_f(x) \rho u_\infty^2$ erhält man mithilfe von (42.8.2) und (42.8.4) den lokalen Reibungsbeiwert

$$c_f(x) = \frac{2 \cdot \tau_W(x)}{\rho u_\infty^2} = \frac{14}{72} \cdot \frac{d\delta}{dx} = 0{,}047 \cdot \left(\frac{\nu}{u_\infty \cdot \delta}\right)^{\frac{1}{4}}$$

$$= \frac{0{,}047}{0{,}381^{\frac{1}{4}}} \cdot \left(\frac{\nu \cdot u_\infty^{\frac{1}{5}} \cdot x^{\frac{1}{5}}}{u_\infty \cdot x \cdot \nu^{\frac{1}{5}}}\right)^{\frac{1}{4}} = 0{,}059 \cdot \left(\left[\frac{\nu}{u_\infty \cdot x}\right]^{\frac{4}{5}}\right)^{\frac{1}{4}}$$

und somit

$$c_f(x) = \frac{0{,}059}{\mathrm{Re}_x^{\frac{1}{5}}}. \tag{42.8.5}$$

Der Widerstand an einer Platte mit Breite b und Länge dx an der Stelle x beträgt

$$dF_W(x) = \tau_W(x) \cdot dA = \tau_W(x) \cdot b \cdot dx.$$

Für den gesamten Widerstand entlang der Strecke l ergibt sich mit (42.8.5)

$$F_W = b\int_0^l \tau_W(x) \cdot dx = 0{,}030 \cdot b \cdot \rho u_\infty^2 \int_0^l \frac{1}{\mathrm{Re}_x^{\frac{1}{5}}} \cdot dx = 0{,}030 \cdot b \cdot \rho u_\infty^2 \cdot \left(\frac{\nu}{u_\infty}\right)^{\frac{1}{5}} \cdot \frac{5}{4} \cdot l^{\frac{4}{5}}$$

und schließlich:

$$F_{W,\mathrm{tur}} = 0{,}037 \cdot b \cdot \rho \cdot \nu^{\frac{1}{5}} \cdot u_\infty^{\frac{9}{5}} \cdot l^{\frac{4}{5}}. \tag{42.8.6}$$

Der Faktor 0,030 wird dabei infolge von Messungen auf 0,037 korrigiert, weil damit eine bessere Übereinstimmung mit der Theorie erzielt wird.

Da der Umschlag zur turbulenten Strömung nicht schon an der Vorderkante der Platte eintritt, ist die vorhin durchgeführte Integration eigentlich falsch. Der Fehler nimmt mit der laminaren Lauflänge l_{lam} zu. Um das zu berücksichtigen, überlegen wir uns zuerst, dass der Ort des Umschlags und somit l_{lam} bekannt wäre, falls die kritische Reynolds-Zahl $\mathrm{Re}_{\mathrm{krit}}$ für die jeweilige Strömung angegeben werden kann. Man versieht somit den über das Intervall $[0, x]$ gemittelten Reibungsbeiwert mit einem von $\mathrm{Re}_{\mathrm{krit}}$ abhängigen Korrekturglied.

Im Einzelnen berechnen wir

$$\begin{aligned}\overline{c_f}(x) &= \frac{1}{x}\int_0^x \frac{0{,}059}{\mathrm{Re}_x^{\frac{1}{5}}} dx = \frac{0{,}059}{x} \cdot \left(\frac{\nu}{u_\infty}\right)^{\frac{1}{5}} \int_0^x x^{-\frac{1}{5}} dx \\ &= \frac{0{,}059}{x} \cdot \left(\frac{\nu}{u_\infty}\right)^{\frac{1}{5}} \cdot \frac{5}{4} \cdot x^{\frac{4}{5}} = 0{,}074 \cdot \left(\frac{\nu}{u_\infty x}\right)^{\frac{1}{5}} = \frac{0{,}074}{\mathrm{Re}_x^{\frac{1}{5}}} = \frac{5}{4} \cdot c_f(x).\end{aligned}$$

Prandtl schlägt die Korrektur dieses Wertes als

$$\overline{c_f}(x) = \frac{0{,}074}{\mathrm{Re}_x^{\frac{1}{5}}} - \frac{A(\mathrm{Re}_{\mathrm{krit}})}{\mathrm{Re}_x}$$

vor. Dabei ist A eine von $\mathrm{Re}_{\mathrm{krit}}$ abhängige Zahl.

Der gesamte Reibungswiderstand (laminar und turbulent) auf einer Lauflänge l lautet dann:

$$F_{w,\text{lam+tur}} = \frac{1}{2} b \rho u_\infty^2 \cdot \left[\frac{0{,}074}{\text{Re}_l^{\frac{1}{5}}} - \frac{A(\text{Re}_\text{krit})}{\text{Re}_l} \right]. \tag{42.8.7}$$

Falls l_lam gegenüber der turbulenten Lauflänge l_tur vernachlässigt werden kann, dann braucht man diese Korrektur nicht anzuwenden. Die folgende Tabelle erfasst einige Messwerte der Zahl A für die entsprechende kritische Reynolds-Zahl.

Re_krit	10^5	$3 \cdot 10^5$	$5 \cdot 10^5$	10^6	$3 \cdot 10^6$
A	350	1050	1700	3300	8700

Daraus lassen sich Zwischenwerte mithilfe einer quadratischen Interpolation gewinnen:

$$\text{Re}_\text{krit} = 0{,}008 \cdot A^2 + 277 \cdot A + 2342. \tag{42.8.8}$$

Es gibt Formeln für (42.8.7) und (42.8.8), die zusätzlich die Rauheit der Oberfläche berücksichtigen.

Einschränkung: Somit gelten die eben genannten Gleichungen nur für glatte Oberflächen.

Zudem könnte man die gesamten Rechnungen als Alternative zum 1/7-Profil auch mit dem zugehörigen logarithmischen Geschwindigkeitsprofil der turbulenten Innenzone durchführen.

Schließlich fügen wir eine Übersicht einschließlich der laminaren Strömung bei, welche die Grenzschichtdicken und die Reibungskräfte enthält. Für die Platte meint die Reibungskraft immer die auf einer Seite wirkende Kraft. Es bezeichnen:

ρ: Dichte
η: Dynamische Viskosität
ν: Kinematische Viskosität
R: Rohrradius
d: Rohrdurchmesser
c: Mittlere Rohrgeschwindigkeit
l: Plattenlänge
b: Plattenbreite
u_∞: Geschwindigkeit der Außenströmung
δ_lam: Grenzschichtdicke der laminaren Strömung
δ_vis: Grenzschichtdicke der viskosen Unterschicht
δ_tur: Grenzschichtdicke der turbulenten Strömung
Re_d: Reynolds-Zahl gebildet mit dem Rohrdurchmesser d
Re_x: Reynolds-Zahl gebildet mit der Lauflänge x
Re_l: Reynolds-Zahl gebildet mit der Länge l

Strömung	Begrenzung	Reibungswiderstand	Grenzschichtdicke
Laminar	Rohr	$F_{W,\text{lam}} = 8\pi \cdot \eta \cdot c \cdot l$	$\frac{\delta_{\text{lam}}}{x} = \frac{4{,}89}{\sqrt{\text{Re}_x}}, x = d$
	Platte	$F_{W,\text{lam}} = 0{,}662 \cdot b \cdot \rho \cdot \nu^{\frac{1}{2}} \cdot u_\infty^{\frac{3}{2}} \cdot l^{\frac{1}{2}}$	
Turbulent	Rohr	$F_{W,\text{tur}} = 0{,}209 \cdot \rho \cdot \nu^{\frac{1}{4}} \cdot R^{\frac{3}{4}} \cdot c^{\frac{7}{4}} \cdot l$	$\frac{\delta_{\text{vis}}}{x} = \frac{41{,}40}{\text{Re}_x^{\frac{7}{8}}}, x = d$
	Platte	$F_{W,\text{tur}} = 0{,}037 \cdot b \cdot \rho \cdot \nu^{\frac{1}{5}} \cdot u_\infty^{\frac{9}{5}} \cdot l^{\frac{4}{5}}$ oder $F_{w,\text{lam+tur}} = \frac{1}{2} b\rho u_\infty^2 \cdot [\frac{0{,}074}{\text{Re}_l^{\frac{1}{5}}} - \frac{A(\text{Re}_{\text{krit}})}{\text{Re}_l}]$	$\frac{\delta_{\text{tur}}}{x} = \frac{0{,}381}{\text{Re}_x^{\frac{1}{5}}}, x = d$

Beispiel 1. Durch eine nicht scharfkantige Öffnung eines langen glatten Rohrs mit dem Radius $R = 5$ cm sollen 20 Liter Wasser pro Sekunde fließen (Abb. 42.4 links). Die Stoffwerte des Wassers sind $\rho = 1000\ \frac{\text{kg}}{\text{m}^3}$ und $\nu = 1{,}5 \cdot 10^{-6}\ \frac{\text{m}^2}{\text{s}}$. Zudem beträgt die kritische Reynolds-Zahl $\text{Re}_{\text{krit}} = 5 \cdot 10^5$.

a) Wie groß ist die Strömungsgeschwindigkeit?

b) Welche gemittelte, maximale Geschwindigkeit $\overline{u}_{\max}$ entsteht im Rohr?

c) Bestimmen Sie die Lauflänge l_{lam} der laminaren Strömung und die Dicke der zugehörigen Grenzschicht am Ende dieser Lauflänge.

d) Bevor die Strömung im gesamten Rohr turbulent wird, benötigt sie einen Anlaufweg l_a. Die Länge dieses Wegs wird durch das Aufeinandertreffen der turbulenten Grenzschichten im Zentrum der Röhre bestimmt. Wie groß wird l_a?

e) Bestimmen Sie den Reibungswiderstand pro Länge aufgrund der Turbulenz alleine.

f) Wie dick wird die unter der turbulenten Grenzschicht liegende laminare Unterschicht?

g) Berechnen Sie die Rohrreibungszahl λ und mit deren Hilfe die Wandschubspannungsgeschwindigkeit u_*.

Lösung.

a) Es gilt

$$c = \frac{\dot{V}}{\pi R^2} = \frac{20 \cdot 10^{-3}}{\pi \cdot 0{,}05^2} = 2{,}55\ \frac{\text{m}}{\text{s}}.$$

b) Aus Gleichung (42.7.16) folgt $\overline{u}_{\max} = \frac{60}{49} c = 3{,}12\ \frac{\text{m}}{\text{s}}$.

c) Mit $\text{Re}_{\text{krit}} = \frac{c \cdot l_{\text{lam}}}{\nu}$ erhält man

$$l_{\text{lam}} = \frac{\text{Re}_{\text{krit}} \cdot \nu}{c} = \frac{5 \cdot 10^5 \cdot 1{,}5 \cdot 10^{-6}}{2{,}55} = 29{,}45\ \text{cm}.$$

Damit liefert Gleichung (39.3.10) oder die obige Übersicht

$$\delta_{\text{lam}} = \frac{4{,}89 \cdot l_{\text{lam}}}{\sqrt{\text{Re}_{\text{krit}}}} = 2{,}03\ \text{mm}.$$

d) Die turbulente Grenzschicht wächst gemäß Gleichung (42.8.4) oder obiger Tabelle. Daraus erhält man die Bestimmungsgleichung

$$R = \frac{\delta_{\text{tur}}}{2} \quad \text{oder} \quad 0{,}05 = \frac{0{,}381 \cdot x}{\left(\frac{2{,}55 \cdot x}{1{,}5 \cdot 10^{-6}}\right)^{\frac{1}{5}}}$$

und somit $l_a = 2{,}85$ m. Von der Rohröffnung gemessen, ergibt sich $l_{\text{total}} = l_{\text{lam}} + l_a = 3{,}15$ m.

e) Mithilfe von (42.7.12) folgt

$$\frac{F_W}{l} = 0{,}209 \cdot \rho \cdot \nu^{\frac{1}{4}} \cdot R^{\frac{3}{4}} \cdot c^{\frac{7}{4}} = 3{,}97\,\text{N}.$$

f) Nach (42.7.19) oder abermals obenstehender Tabelle gilt

$$\delta_{\text{vis}} = \frac{41{,}4 \cdot 0{,}1}{\left(\frac{2{,}55 \cdot 0{,}1}{1{,}5 \cdot 10^{-6}}\right)^{\frac{7}{8}}} = 0{,}11\,\text{mm}.$$

g) Die Colebrook-White-Gleichung (42.7.10) ergibt für $k = 0$ und $\text{Re} = \text{Re}_{\text{krit}}$ den Wert $\lambda = 0{,}0132$. Aus (42.7.4) folgt $u_* = 0{,}10\,\frac{\text{m}}{\text{s}}$.

Beispiel 2. Zur Simulation des Reibungswiderstands an einem Tragflügel wird eine dünne rechteckige Platte der Länge $l = 10$ m und der Breite $b = 2$ m einseitig mit Luft der Geschwindigkeit $u = 200\,\frac{\text{km}}{\text{h}}$ angeströmt. Die Stoffdaten der Luft betragen $\rho = 1{,}21\,\frac{\text{kg}}{\text{m}^3}$ und $\nu = 15 \cdot 10^{-6}\,\frac{\text{m}^2}{\text{s}}$. Die kritische Reynolds-Zahl liegt mit $\text{Re}_{\text{krit}} = 4 \cdot 10^5$ vor.

a) Kann die Strömung als inkompressibel betrachtet werden?
b) Wie groß werden die laminaren und turbulenten Lauflängen l_{lam} und l_{tur}?
c) Bestimmen Sie den gesamten Reibungswiderstand.

Lösung.

a) Nach der Bemerkung am Ende von Kap. 39.2 ist dies zulässig, falls $\text{Ma} < 0{,}3$. Mit einer Schallgeschwindigkeit von $c \approx 340\,\frac{\text{m}}{\text{s}}$ erhält man $\text{Ma} = \frac{u}{c} = 0{,}16$, also ist die Strömung inkompressibel.

b) Es gilt

$$l_{\text{lam}} = \frac{\text{Re}_{\text{krit}} \cdot \nu}{u} = \frac{4 \cdot 10^5 \cdot 15 \cdot 10^{-6}}{55{,}55} = 10{,}8\,\text{cm} \quad \text{und} \quad l_{\text{tur}} = l - l_{\text{lam}} = 1{,}89\,\text{m}.$$

c) Mit (39.3.19) erhält man

$$F_{W,\text{lam}} = 0{,}662 \cdot 10 \cdot 1{,}21 \cdot \sqrt{15 \cdot 10^{-6}} \cdot 55{,}55^{1{,}5} \cdot 0{,}108^{0{,}5} = 4{,}22\,\text{N}.$$

Gleichung (42.8.6) liefert

$$F_{W,\text{tur}} = 0{,}037 \cdot 10 \cdot 1{,}21 \cdot (15 \cdot 10^{-6})^{0{,}2} \cdot 55{,}55^{1{,}8} \cdot 1{,}89^{0{,}8} = 111{,}75\,\text{N}.$$

Man erhält gesamthaft $F_W = F_{W,\text{lam}} + F_{W,\text{tur}} = 115{,}97\,\text{N}$. Da $l_{\text{lam}} \ll l_{\text{tur}}$, ist keine Korrektur mit (42.8.7) vonnöten.

Beispiel 3. Eine quadratische Platte mit der Kantenlänge $l = 1\,\text{m}$ und der Dicke $h = 1\,\text{cm}$ wird mit der Geschwindigkeit $u = 2\,\frac{\text{m}}{\text{s}}$ horizontal durch ein Wasserbecken gezogen. Die Stoffwerte des Wassers sind $\rho = 1000\,\frac{\text{kg}}{\text{m}^3}$, $\nu = 1{,}4 \cdot 10^{-6}\,\frac{\text{m}^2}{\text{s}}$ und die kritische Reynolds-Zahl beträgt $\text{Re}_{\text{krit}} = 4 \cdot 10^5$ vor.

a) Bestimmen Sie die laminare und turbulente Lauflänge.
b) Wie groß wird der gesamte Reibungswiderstand? Verwenden Sie dazu (39.3.19), (42.8.6) und korrigieren Sie gegebenenfalls das Ergebnis mithilfe von (42.8.7). Der Druckwiderstand soll unbeachtet bleiben. Nun wird dieselbe Platte mit der Kraft $F = 200\,\text{N}$ durch das Wasser gezogen.
c) Geben Sie die laminare und die turbulente Lauflänge als Funktion der unbekannten Geschwindigkeit u an, falls keine Ablösung der turbulenten Grenzschicht entlang der Platte erfolgt.
d) Mit welcher maximalen Geschwindigkeit u kann die Platte ohne Ablösung der turbulenten Grenzschicht bewegt werden?
e) Wiederholen Sie die Teilaufgabe d) für den Fall, dass sich die turbulente Grenzschicht praktisch am Ende der Platte ablöst und berücksichtigen Sie nun zusätzlich den Druckwiderstand, indem Sie mit einem Druckbeiwert von $c_D = 0{,}6$ rechnen.
f) Berechnen Sie die laminaren Lauflängen für die ermittelten Geschwindigkeiten in d) und e).

Lösung.

a) Man erhält

$$l_{\text{lam}} = \frac{\text{Re}_{\text{krit}} \cdot \nu}{u} = 0{,}28\,\text{m}$$

und demnach $l_{\text{tur}} = l - l_{\text{lam}} = 0{,}72\,\text{m}$.

b) Aus (39.3.19) folgt

$$F_{W,\text{lam}} = 0{,}662 \cdot 1 \cdot 1000 \cdot \sqrt{1{,}4 \cdot 10^{-6}} \cdot 2^{1{,}5} \cdot 0{,}28^{0{,}5} \cdot 2 = 2{,}34\,\text{N}$$

und gemäß (42.8.6) gilt

$$F_{W,\text{tur}} = 0{,}037 \cdot 1 \cdot 1000 \cdot (1{,}4 \cdot 10^{-6})^{0{,}2} \cdot 2^{1{,}8} \cdot 0{,}72^{0{,}8} \cdot 2 = 13{,}37\,\text{N}.$$

Gesamthaft ergibt das $F_W = F_{W,\text{lam}} + F_{W,\text{tur}} = 15{,}71\,\text{N}$. Da l_{lam} einen relativ großen Teil der gesamten Länge ausmacht, muss der Wert unter Benutzung von (42.8.7) korrigiert werden. Zuerst bestimmt man $A(\text{Re}_{\text{krit}})$. Die Interpolationsgleichung (42.8.8) liefert $A = 1380$.

Damit erhält man

$$F_{W,\text{lam+tur}} = \frac{1}{2} \cdot 1 \cdot 1000 \cdot 2^2 \left[\frac{0{,}074}{\left(\frac{2 \cdot 1}{1{,}4 \cdot 10^{-6}}\right)^{0{,}2}} - \frac{1380}{\frac{2 \cdot 1}{1{,}4 \cdot 10^{-6}}} \right] \cdot 2 = 13{,}53\,\text{N}.$$

c) Es gilt

$$l_{\text{lam}} = \frac{4 \cdot 10^5 \cdot 1{,}4 \cdot 10^{-6}}{u} = \frac{0{,}56}{u}, \quad l_{\text{tur}} = l - l_{\text{lam}} = 2 - \frac{0{,}56}{u}.$$

d) Gleichung (39.3.19) liefert

$$F_{W,\text{lam}} = 0{,}662 \cdot 1 \cdot 1000 \cdot \sqrt{1{,}4 \cdot 10^{-6}} \cdot u^{1{,}5} \cdot \left(\frac{0{,}56}{u}\right)^{0{,}5} \cdot 2$$

und aus (42.8.6) folgt

$$F_{W,\text{tur}} = 0{,}037 \cdot 1 \cdot 1000 \cdot (1{,}4 \cdot 10^{-6})^{0{,}2} \cdot u^{1{,}8} \cdot \left(1 - \frac{0{,}56}{u}\right)^{0{,}8} \cdot 2.$$

Die Bedingung $F_{W,\text{lam}} + F_{W,\text{tur}} = 200\,\text{N}$ führt zu $u = 7{,}82\,\frac{\text{m}}{\text{s}}$.

e) Die turbulente Lauflänge kann beibehalten werden, da die Ablösung praktisch am Ende der Platte erfolgt. Der Druckwiderstand beträgt gemäß (39.1)

$$F_D = \frac{1}{2} c_D \rho \cdot bh \cdot u^2 = \frac{1}{2} 0{,}6 \cdot 1000 \cdot 1 \cdot 0{,}01 \cdot u^2 = 3u^2.$$

Aus $F_{W,\text{lam}} + F_{W,\text{tur}} + F_D = 200\,\text{N}$ erhält man $u = 5{,}56\,\frac{\text{m}}{\text{s}}$.

f) Mit $l_{\text{lam}} = \frac{0{,}56}{u}$ folgen die Lauflängen $l_{\text{lam}} = 7{,}16\,\text{cm}$ resp. $l_{\text{lam}} = 10{,}07\,\text{cm}$.

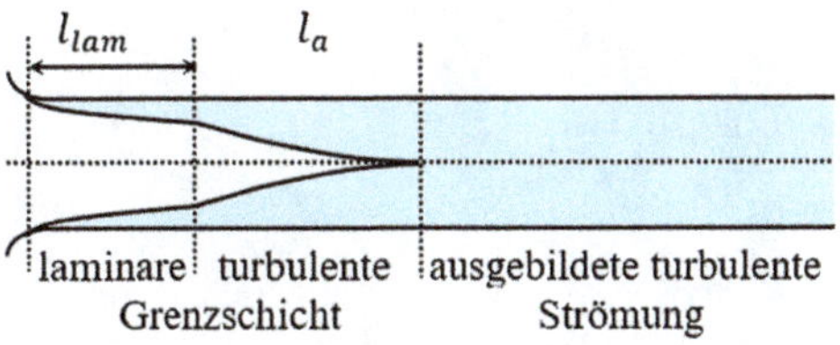

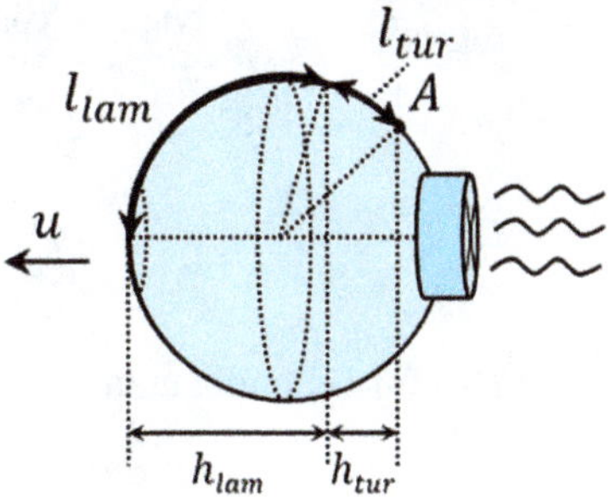

Abb. 42.4: Skizzen zu den Beispielen 1 und 4.

Beispiel 4. Ein Tiefseeboot besitzt die Form einer Kugel mit Radius $R = 1\,\text{m}$ und bewegt sich mit der Geschwindigkeit $u = 0{,}25\,\frac{\text{m}}{\text{s}}$ (Abb. 42.4 rechts). Die Stoffwerte des Meerwassers sind

$$\rho = 1025\,\frac{\text{kg}}{\text{m}^3} \quad \text{und} \quad \nu = 1{,}4 \cdot 10^{-6}\,\frac{\text{m}^2}{\text{s}}.$$

a) Bestimmen Sie die Reynolds-Zahl Re_d gebildet mit dem Kugeldurchmesser.
b) Welcher laminaren Lauflänge l_{lam} und welchem Mittelpunktswinkel α_{lam} entspricht Re_d?
c) Bei der in a) bestimmten Reynolds-Zahl löst die turbulente Strömung für $\alpha_{\text{tur}} = 135°$ ab.
Wie groß ist demnach die turbulente Lauflänge l_{tur}?
d) Gesucht ist die Antriebsleistung des Motors um den gesamten Widerstand zu überwinden. Rechnen Sie mit einem Druckbeiwert von $c_D = 0{,}09$ (vgl. Abb. 39.1).

Lösung.
a) Man erhält

$$\text{Re}_d = \frac{u \cdot d}{\nu} = \frac{0{,}25 \cdot 2}{1{,}4 \cdot 10^{-6}} = 3{,}57 \cdot 10^5.$$

b) Es gilt $l_{\text{lam}} = d = 2\,\text{m}$. Das entspricht $\alpha_{\text{lam}} = \frac{2}{\pi} \cdot 180° \approx 114{,}59°$.
c) Die zugehörige Lauflänge ergibt sich zu

$$l_{\text{tur}} = \frac{3}{4}\pi - 2 = 0{,}36\,\text{m}.$$

d) In Gleichung (39.3.19) und (42.8.6) taucht die Breite b auf. Dies muss man für die Kugeloberfläche umrechnen. Die Fläche A einer Kugelkappe wie auch einer Kugelschicht berechnet man mittels $A = 2\pi Rh$. Dabei ist h die zugehörige Teilstrecke des Durchmessers (siehe Abb. 42.4 rechts). Für die laminare Lauflänge ist demnach b derart gesucht, dass $l_{\text{lam}} \cdot b = 2\pi Rh$ gilt. Mit

$$h_{\text{lam}} = |\cos(\alpha)| + R = |\cos(2)| + 1 = 1{,}42\,\text{m}$$

folgt

$$b_{\text{lam}} = \frac{2\pi R \cdot h_{\text{lam}}}{l_{\text{lam}}} = 4{,}45\,\text{m}.$$

Analog für l_{tur} findet man

$$h_{\text{tur}} = \left|\cos\left(\frac{3}{4}\pi\right)\right| + 1 - 1{,}42 = 0{,}29\,\text{m}$$

und aus $l_{\text{tur}} \cdot b = 2\pi Rh$ folgt

$$b_{\text{tur}} = \frac{2\pi R \cdot h_{\text{tur}}}{l_{\text{tur}}} = 5{,}13\,\text{m}.$$

So erhalten wir

$$F_{W,\text{lam}} = 0{,}662 \cdot b_{\text{lam}} \cdot \rho\sqrt{\nu} \cdot u^{1,5} \cdot l_{\text{lam}}^{0,5}$$
$$= 0{,}662 \cdot 4{,}45 \cdot 1025 \cdot \sqrt{1{,}4 \cdot 10^{-6}} \cdot 0{,}25^{1,5} \cdot 2^{0,5} = 0{,}63\,\text{N}$$

und

$$F_{W,\text{tur}} = 0{,}037 \cdot b_{\text{tur}} \cdot \rho \cdot \nu^{0,2} \cdot u^{1,8} \cdot l_{\text{tur}}^{0,8}$$
$$= 0{,}037 \cdot 5{,}13 \cdot 1025 \cdot (1{,}4 \cdot 10^{-6})^{0,2} \cdot 0{,}25^{1,8} \cdot 0{,}36^{0,8} = 0{,}47\,\text{N}.$$

Der Druckwiderstand schließlich folgt nach (39.1) zu

$$F_D = \frac{1}{2} c_D \rho \cdot \pi R^2 \cdot u^2 = \frac{1}{2} \cdot 0{,}09 \cdot 1025 \cdot \pi \cdot 1^2 \cdot 0{,}25^2 = 9{,}07\,\text{N}.$$

Gesamthaft hat man $F_W = F_{W,\text{lam}} + F_{W,\text{tur}} + F_D = 10{,}17\,\text{N}$ und die Leistung folgt zu

$$P = F_W \cdot u = 10{,}17 \cdot 0{,}25 = 2{,}54\,\text{W}.$$

Beispiel 5. Segelboote besitzen am Rumpf einen Kiel (Abb. 42.5 links). Dieser hat die Form eines Trapezes mit $h = 1\,\text{m}$ Tiefe und einer oberen und unteren Breite von 0,5 m resp. 0,25 m. Wir behandeln die Umströmung des Kiels wie die einer dünnen Platte. Das Boot segelt mit einer Geschwindigkeit von $u = 10\,\frac{\text{m}}{\text{s}}$. Die Stoffwerte des Salzwassers sind $\rho = 1025\,\frac{\text{kg}}{\text{m}^3}$ und $\nu = 1{,}4 \cdot 10^{-6}\,\frac{\text{m}^2}{\text{s}}$. Durch Messung sei bekannt, dass dieses Profil eine kritische Reynolds-Zahl von $\text{Re}_{\text{krit}} = 4 \cdot 10^5$ zulässt, bevor die Strömung turbulent wird.

a) Bestimmen Sie die Lauflänge l_{lam} der laminaren Strömung und die zugehörige Grenzschichtdicke am Ende dieser Lauflänge.
Für die weiteren Teilaufgaben treffen wir die Annahme, dass die nach der Lauflänge l_{lam} einsetzende turbulente Strömung sich entlang der restlichen Lauflänge des Kiels nicht ablöst.
b) Bestimmen Sie die turbulente Grenzschichtdicke $\delta_{\text{tur}}(h)$ in Abhängigkeit der Wassertiefe h (von unten gemessen) und insbesondere die Grenzschichtdicke am oberen Kielrand.
c) Wie groß wird der gesamte Widerstand? Zur Berechnung des Druckwiderstands nehmen wir an, dass der Kiel in Strömungsrichtung spitz zuläuft aber eine durchschnittliche Dicke von $d = 5\,\text{cm}$ aufweist. Rechnen Sie zudem mit einem entsprechenden Druckbeiwert von $c_D = 0{,}2$.

Lösung.

a) Es gilt

$$l_{\text{lam}} = \frac{\text{Re}_{\text{krit}} \cdot \nu}{u} = 5{,}6\,\text{cm}.$$

Dies ist die maximal mögliche Lauflänge entlang der Kielkontur vor dem Umschlag in eine turbulente Strömung. Die zugehörige Grenzschichtdicke an dieser Stelle wäre unter Verwendung von (39.3.10)

$$\delta_{\text{lam}} = \frac{4{,}89 \cdot l_{\text{lam}}}{\sqrt{\text{Re}_{\text{krit}}}} = 0{,}43\,\text{mm}.$$

b) Die turbulente Lauflänge l_{tur} ergibt sich aus der Differenz $l_{\text{tur}} = l(h) - l_{\text{lam}}$, wobei gilt: $l(h) = 0{,}25h + 0{,}25$. Mit Gleichung (42.8.4) erhält man

$$\delta_{\text{tur}}(h) = l_{\text{tur}} \cdot \frac{0{,}381}{(\text{Re}_{l_{\text{tur}}})^{\frac{1}{5}}} = l_{\text{tur}}(h) \cdot \frac{0{,}381}{[\frac{10 \cdot l_{\text{tur}(h)}}{\nu}]^{\frac{1}{5}}} = \frac{0{,}381 \cdot (0{,}25h + 0{,}194)}{[\frac{10 \cdot (0{,}25h+0{,}194)}{\nu}]^{\frac{1}{5}}}.$$

Insbesondere ist

$$\delta_{\text{tur}}(1) = \frac{0{,}381 \cdot 0{,}444}{(\frac{10 \cdot 0{,}444}{1{,}4 \cdot 10^{-6}})^{\frac{1}{5}}} = 8{,}45\,\text{mm}.$$

c) Für den Reibungswiderstand $F_{W,\text{lam}}$, den die laminare Strömung auf beiden Seiten des Kiels ausübt, nehmen wir Gleichung (39.3.19). Diese liefert

$$\begin{aligned} F_{W,\text{lam}} &= 0{,}662 \cdot b\rho\sqrt{\nu} \cdot u^{1{,}5} \cdot l_{\text{lam}}^{0{,}5} \cdot 2 \\ &= 0{,}662 \cdot 1 \cdot 1025 \cdot \sqrt{1{,}4 \cdot 10^{-6}} \cdot 10^{1{,}5} \cdot 0{,}056^{0{,}5} \cdot 2 = 12{,}02\,\text{N}. \end{aligned}$$

Der Reibungswiderstand $F_{W,\text{tur}}$ infolge des Umschlags in eine turbulente Strömung lautet gemäß (42.8.6) (dh entspricht der Breite b)

$$dF_{W,\text{tur}} = 0{,}037 \cdot \rho \cdot \nu^{0{,}2} \cdot u^{1{,}8} \cdot l(h)^{0{,}8} \cdot dh \cdot 2.$$

Dann folgt

$$F_{W,\text{tur}} = 0{,}037 \cdot \rho \cdot \nu^{0{,}2} \cdot u^{1{,}8} \int_0^1 (0{,}25h + 0{,}194)^{0{,}8} dh \cdot 2 = 128{,}94\,\text{N}.$$

Es fehlt noch der Druckwiderstand:

$$F_D = \frac{1}{2} c_D \rho \cdot d \cdot l \cdot u^2 = \frac{1}{2} \cdot 0{,}2 \cdot 1025 \cdot 0{,}05 \cdot 1 \cdot 10^2 = 512{,}50\,\text{N}.$$

Gesamthaft hätte man $F_W = F_{W,\text{lam}} + F_{W,\text{tur}} + F_D = 653{,}46\,\text{N}$.

Beispiel 6. Nach heftigen Regenfällen führt ein 10 m tiefer Fluss Hochwasser. Die Fließgeschwindigkeit u ist von der Wassertiefe h abhängig und beträgt $u(h) = 0{,}05h^2$ (von der Sohle gemessen). Die Stoffwerte des Wassers sind $\rho = 1000\,\frac{\text{kg}}{\text{m}^3}$ und $\nu = 1{,}4 \cdot 10^{-6}\,\frac{\text{m}^2}{\text{s}}$

und die kritische Reynolds-Zahl beträgt $Re_{krit} = 4 \cdot 10^5$. Ein linsenförmiger Pfeiler (Abb. 42.5 Mitte) wird vom Fluss umströmt, ohne dass sich die entstehende turbulente Grenzschicht entlang der gesamten Pfeilerkontur ablöst.

a) Wie lautet die Funktionsgleichung zur Beschreibung der Pfeilerkontur?
b) Bestimmen Sie die Bogenlänge auf einer Seite des Pfeilers.
c) In welcher Wassertiefe setzt entlang der Pfeilerkontur erstmals eine turbulente Strömung ein?
d) Berechnen Sie den gesamten Reibungswiderstand.

Lösung.

a) Die Funktion lautet $f(x) = -\frac{1}{16}x^2 + 1$.
b) Für die Bogenlänge erhält man

$$l_B = 2\int_0^4 \sqrt{1 + f'(x)^2} = 2\int_0^4 \sqrt{1 + \frac{x^2}{64}} = 8{,}32\,\mathrm{m}.$$

c) Zuerst bestimmt man diejenige Geschwindigkeit u_{krit}, bei der erstmals die laminare Lauflänge kürzer als die Bogenlänge l_B wird:

$$u_{krit} = \frac{Re_{krit} \cdot \nu}{l_B} = \frac{4 \cdot 10^5 \cdot 1{,}4 \cdot 10^{-6}}{8{,}32} = 0{,}07\,\frac{\mathrm{m}}{\mathrm{s}}.$$

Die zugehörige Tiefe folgt aus $0{,}07 = 0{,}05h^2$ zu $h_{krit} = 1{,}16\,\mathrm{m}$.

d) Für $h > h_{krit}$ berechnet sich die laminare Lauflänge mittels

$$l_{lam}(h) = \frac{Re_{krit} \cdot \nu}{u(h)} = \frac{11{,}2}{h^2}.$$

Damit erhalten wir

$$\begin{aligned} dF_{W,lam} &= dF_{W,lam1} + dF_{W,lam2} \\ &= 0{,}662 \cdot dh \cdot \rho \cdot \sqrt{\nu} \cdot u(h)^{1,5} \cdot l_B^{0,5} \cdot 2 \\ &\quad + 0{,}662 \cdot dh \cdot \rho \cdot \sqrt{\nu} \cdot u(h)^{1,5} \cdot l_{lam}^{0,5}(h) \cdot 2 \end{aligned}$$

und somit

$$\begin{aligned} F_{W,lam} &= 0{,}662 \cdot 1000 \cdot \sqrt{1{,}4 \cdot 10^{-6}} \cdot \int_0^{1,16} \left(0{,}05h^2\right)^{1,5} dh \cdot 8{,}32^{0,5} \cdot 2 \\ &\quad + 0{,}662 \cdot 1000 \cdot \sqrt{1{,}4 \cdot 10^{-6}} \cdot \int_{1,16}^{10} \left[\left(0{,}05h^2\right)^{1,5} \cdot \left(\frac{11{,}2}{h^2}\right)^{0,5}\right] dh \cdot 2 \\ &= 0{,}02\,\mathrm{N} + 19{,}51\,\mathrm{N} = 19{,}53\,\mathrm{N}. \end{aligned}$$

Weiter gilt

$$dF_{W,\text{tur}} = 0{,}037 \cdot dh \cdot \rho \cdot \nu^{0,2} \cdot u(h)^{1,8} \cdot (l_B - l_{\text{lam}}(h))^{0,8} \cdot 2$$

und damit

$$F_{W,\text{tur}} = 0{,}037 \cdot 1000 \cdot (1{,}4 \cdot 10^{-6})^{0,2} \cdot \int_{1,16}^{10} \left[(0{,}05h^2)^{1,8} \cdot \left(8{,}32 - \frac{11{,}2}{h^2} \right)^{0,8} \right] dh \cdot 2$$

$$= 1051{,}09\,\text{N}.$$

Der gesamte Reibungswiderstand folgt zu $F_W = 1070{,}62\,\text{N}$. Dabei ist der laminare Beitrag völlig vernachlässigbar.

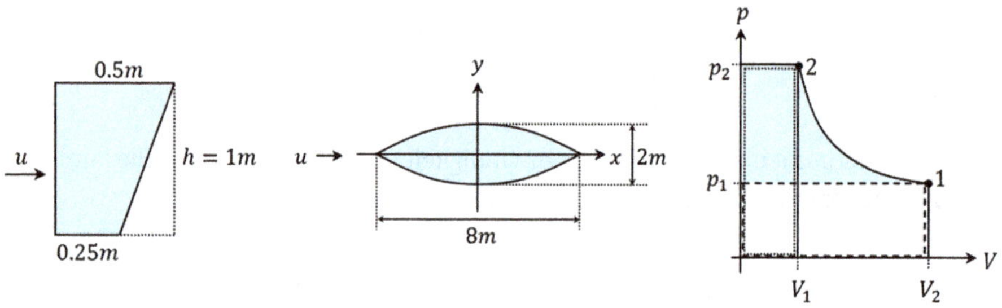

Abb. 42.5: Skizzen zu den Beispielen 5 und 6 und zur technischen Arbeit.

42.9 Die Nusselt-Zahl bei laminarer und turbulenter Strömung

Analog zur Impulserhaltung, die durch zeitliche Mittelung zu den Reynolds-Gleichungen führte, kann die Energieerhaltung (40.4) zeitlich gemittelt werden. Zu den Größen $u = \overline{u} + u'$, $v = \overline{v} + v'$, $w = \overline{w} + w'$, $p = \overline{p} + p'$ gesellt sich dann noch $T = \overline{T} + T'$.

In Band 6 wird dies durchgeführt. Die entstehende Gleichung kann numerisch ausgewertet werden. Viel wichtiger sind in der Praxis die Nusselt- und Übergangszahlen vom Fluid auf einen Festkörper, um den Wärmeverlust bestimmen zu können.

Für die Anströmung einer Platte, einer Rohrströmung und die Umströmung eines Zylinders sollen die zugehörigen empirisch oder teilweise empirisch ermittelten Formeln zusammentragen werden.

1. Anströmung einer Platte

a) Laminare Strömung. In diesem Fall liegt die Nusselt-Zahl mit der untersten Gleichung der Liste (42.8.6) vor. Die Gleichung deckt den wichtigsten Prandtl-Bereich ab. Wir wiederholen sie an dieser Stelle nochmals:

$$\mathrm{Nu}_{m,\mathrm{lam}} = 0{,}662 \cdot \mathrm{Re}_l^{\frac{1}{2}} \cdot \mathrm{Pr}^{\frac{1}{3}} \cdot \left(\frac{\mathrm{Pr}}{\mathrm{Pr}_W}\right)^{0,25}$$

für $0{,}6 \leq \mathrm{Pr} \leq 2000$ und $\mathrm{Re} < 10^5$.

b) Turbulente Strömung. Nach Petukhov und Popov gilt

$$\mathrm{Nu}_{m,\mathrm{tur}} = \frac{0{,}037 \cdot \mathrm{Re}^{0,8} \cdot \mathrm{Pr}}{1 + 2{,}443 \cdot \mathrm{Re}^{-0,1} \cdot (\mathrm{Pr}^{\frac{2}{3}} - 1)} \cdot \left(\frac{\mathrm{Pr}}{\mathrm{Pr}_W}\right)^{0,25} \tag{42.9.1}$$

für $0{,}6 \leq \mathrm{Pr} \leq 2000$ und $5 \cdot 10^5 < \mathrm{Re} < 10^7$.

c) Übergangsbereich. Nach Gnielinski kann derjenige Bereich, der nicht klar einer laminaren oder turbulenten Strömung zugeordnet werden kann, durch die Nusselt-Zahl

$$\mathrm{Nu}_m = \sqrt{\mathrm{Nu}_{m,\mathrm{lam}}^2 + \mathrm{Nu}_{m,\mathrm{tur}}^2}$$

charakterisiert werden. Insbesondere darf der Gültigkeitsbereich auf $10 < \mathrm{Re} < 10^7$ erweitert werden.

2. Rohrströmung

In diesem Zusammenhang wählen wir ξ für Rohreibungszahl, weil λ schon belegt ist.

a) Laminare Strömung. Bei anlaufender laminarer Strömung gilt

$$\mathrm{Nu}_{m,\mathrm{lam}} = \left[3{,}66^3 + 0{,}7^3 + \left\{\left(\mathrm{Re}_d \cdot \mathrm{Pr} \cdot \frac{d}{l}\right)^{\frac{1}{3}} - 0{,}7\right\}^3\right]^{\frac{1}{3}} \cdot \left(\frac{\mathrm{Pr}}{\mathrm{Pr}_W}\right)^{0,11}$$

für $\mathrm{Pr} \geq 0{,}1$ und $\mathrm{Re} < 2300$. Bei voll ausgebildeter laminarer Strömung ist $l \to \infty$ und damit

$$\mathrm{Nu}_{m,\mathrm{lam}} = 3{,}66 \cdot \left(\frac{\mathrm{Pr}}{\mathrm{Pr}_W}\right)^{0,11}. \tag{42.9.2}$$

b) Turbulente Strömung. Bei voll ausgebildeter, turbulenter Strömung gilt nach Gnielinski

$$\mathrm{Nu}_{m,\mathrm{tur}} = \frac{\frac{\xi}{8} \cdot \mathrm{Re}_d \cdot \mathrm{Pr}}{1 + 12{,}7 \cdot \sqrt{\frac{\xi}{8}} \cdot (\mathrm{Pr}^{\frac{2}{3}} - 1)} \cdot \left[1 + \left(\frac{d}{l}\right)^{\frac{2}{3}}\right] \cdot \left(\frac{\mathrm{Pr}}{\mathrm{Pr}_W}\right)^{0,11} \tag{42.9.3}$$

für $0{,}1 \leq \mathrm{Pr} \leq 1000$ und $10^4 < \mathrm{Re} < 10^6$.

Die Rohreibungszahl kann über $\xi = (1{,}8 \cdot \log_{10} \mathrm{Re}_d - 1{,}5)^{-2}$ (nach Konakov) oder mithilfe von (42.7.10) bestimmt werden.

c) Übergangsbereich. Gnielinski schlägt für den Bereich $2300 < \text{Re} < 10^4$ vor:

$$\text{Nu}_m = (1-\gamma)\cdot\text{Nu}_{m,\text{lam}}(\text{Re}_d = 2300) + \gamma\cdot\text{Nu}_{m,\text{tur}}(\text{Re}_d = 10^4). \qquad (42.9.4)$$

Die einzelnen Nusselt-Zahlen werden mit den Grenzwert-Reynolds-Zahlen des Übergangsbereichs und die Gewichtung gemäß

$$\gamma = \frac{\text{Re}_d - 2300}{10^4 - 2300}$$

gebildet wird.

3. Zylinderumströmung

Es gelten sämtliche Formeln und Gültigkeitsbereiche wie bei der Plattenströmung bis auf die Bestimmung der Nusselt-Zahl im Übergangsbereich. Diese sollte bestimmt werden gemäß

$$\text{Nu}_m = 0{,}3 + \sqrt{\text{Nu}_{m,\text{lam}}^2 + \text{Nu}_{m,\text{tur}}^2}.$$

Beispiel 1. Ein veraltetes Hausdach der Länge $l = 6\,\text{m}$ und Breite $b = 4\,\text{m}$ besteht lediglich aus einer dünnen Holzkonstruktion mit aufgelegten $d = 2\,\text{cm}$ dicken Dachziegeln aus Ton der Wärmeleitfähigkeit $\lambda_D = 1\,\frac{\text{W}}{\text{mK}}$.

Idealisierung: Wir fassen dabei die Dachziegel als durchgehende Platte auf und vernachlässigen die Wärmeleitung der Holzkonstruktion.

Weiter ist die Wärmeübergangszahl des Innenraums auf die Ziegel mit $\alpha_i = 35\,\frac{\text{W}}{\text{m}^2\text{K}}$ gegeben.

a) An einem warmen Tag beträgt die Temperatur innen wie außen 25 °C. Plötzlich weht ein etwas kälterer Wind mit der Geschwindigkeit $u = 10\,\frac{\text{m}}{\text{s}}$ und der Temperatur $T_a = 15\,°\text{C}$ parallel zur Längsseite des Dachs. Welcher Wärmestrom $\dot{Q}_{ia}$ fließt vom Innenraum an die Umgebungsluft?

b) Um das Dach zu isolieren, wird unterhalb der Ziegel eine $s = 10\,\text{cm}$ dicke Glaswollmatte mit der Wärmeleitfähigkeit $\lambda_I = 0{,}035\,\frac{\text{W}}{\text{mK}}$ befestigt. Wie groß wird nun $\dot{Q}_{ia}$?

Lösung.

a) Die Stoffwerte müssen bei einer Bezugstemperatur von 20 °C gebildet werden. Die Tabelle am Ende von Kap. 40.6 liefert $\nu = 1{,}535\cdot 10^{-5}\,\frac{\text{m}^2}{\text{s}}$, $\lambda = 0{,}0257\,\frac{\text{W}}{\text{mK}}$ und $\text{Pr} = 0{,}7148$.

Weiter erhält man

$$\text{Re}_d = \frac{u\cdot l}{\nu} = \frac{10\cdot 6}{1{,}535\cdot 10^{-5}} = 3{,}909\cdot 10^6.$$

Gleichung (42.9.1) ergibt dann

$$\mathrm{Nu}_{m,\mathrm{tur}} = \frac{0{,}037 \cdot (3{,}909 \cdot 10^6)^{0{,}8} \cdot 0{,}7148}{1 + 2{,}443 \cdot (3{,}909 \cdot 10^6)^{-0{,}1} \cdot (0{,}7148^{\frac{2}{3}} - 1)} = 5563{,}61.$$

Daraus folgt

$$\alpha_a = \frac{\mathrm{Nu}_{m,\mathrm{tur}} \cdot \lambda}{l} = \frac{5563{,}61 \cdot 0{,}0257}{6} = 23{,}83\,\frac{\mathrm{W}}{\mathrm{m^2K}}.$$

Für den Wärmestrom muss man beachten, dass die Wärme von innen durch die Ziegel nach außen fließt. Damit sind zwei Wärmeübergänge und eine Wärmeleitung beteiligt. Nach (21.2.1) und (21.3.1) gilt für die Platte:

$$\dot{Q}_{ia} = \frac{A \cdot (T_i - T_a)}{\frac{1}{\alpha_i} + \frac{d}{\lambda_D} + \frac{1}{\alpha_a}}.$$

Dabei ist A die Austauschfläche, in unserem Fall die Dachfläche $A = l \cdot b$. Damit ergibt sich

$$\dot{Q}_{ia} = \frac{6 \cdot 4 \cdot (25 - 15)}{\frac{1}{35} + \frac{0{,}02}{1} + \frac{1}{23{,}83}} = 2650{,}94\,\mathrm{W}.$$

b) Zur Berechnung des neuen Wärmestroms müssen wir lediglich die Isolation dazwischenschalten:

$$\dot{Q}_{ia} = \frac{A \cdot (T_i - T_a)}{\frac{1}{\alpha_i} + \frac{s}{\lambda_I} + \frac{d}{\lambda_D} + \frac{1}{\alpha_a}} = \frac{6 \cdot 4 \cdot (25 - 15)}{\frac{1}{35} + \frac{0{,}1}{0{,}035} + \frac{0{,}02}{1} + \frac{1}{23{,}83}} = 81{,}42\,\mathrm{W}.$$

Beispiel 2. Durch ein Kupferrohr der Länge $l = 50$ m mit einem Durchmesser $d = 0{,}2$ m und einer konstanten Temperatur von $T_W = 190\,°\mathrm{C}$ fließt Wasserdampf der Temperatur $T_\infty = 210\,°\mathrm{C}$. Die Stoffwerte des Wasserdampfs bei der Bezugstemperatur von 200 °C betragen $\nu = 3{,}51 \cdot 10^{-5}\,\frac{\mathrm{m^2}}{\mathrm{s}}$, $\lambda = 0{,}033\,\frac{\mathrm{W}}{\mathrm{mK}}$ und $\mathrm{Pr} = 0{,}947$. Zusätzlich ist $\mathrm{Pr}_W = 0{,}950$ bei 190 °C.

Idealisierung: Eigentlich ändert sich die Dichte mit der Temperatur, sodass die Prandtl-Zahl nicht konstant bleibt. Dieser Umstand soll aber nicht berücksichtigt werden.

Die Geschwindigkeit des Wasserdampfs beträgt:

a) $u = 0{,}2\,\frac{\mathrm{m}}{\mathrm{s}}$,
b) $u = 2{,}5\,\frac{\mathrm{m}}{\mathrm{s}}$,
c) $u = 1\,\frac{\mathrm{m}}{\mathrm{s}}$.

Bestimmen Sie in jedem Fall die Reynolds-Zahl, die Rohrreibungszahl, die Nusselt-Zahl und schließlich den Wärmestrom hin zur Wand, bei voll ausgebildeter Fließart.

d) Das Kupferrohr ist 2 mm dick und steht ohne Isolation im direkten Austausch mit einer Umgebungsluft von $T_a = 20\,°\mathrm{C}$. Die Wärmeleitfähigkeit von Kupfer ist $\lambda_K = 380\,\frac{\mathrm{W}}{\mathrm{mK}}$. Der Wärmeübergangskoeffizient von der Luft zum Rohr beträgt $\alpha_a = 35\,\frac{\mathrm{W}}{\mathrm{m^2K}}$. Zeigen Sie für den Fall b), dass die dargestellte Situation zu einer Rohrtemperatur von etwa $T_W = 190°$ führt.

Lösung.

a) Man erhält

$$\mathrm{Re}_d = \frac{u \cdot d}{\nu} = \frac{0{,}2 \cdot 0{,}2}{3{,}51 \cdot 10^{-5}} = 1140,$$

also laminar. Bei voll ausgebildeter laminarer Strömung gilt nach (42.9.2)

$$\mathrm{Nu}_{m,\mathrm{lam}} = 3{,}66 \cdot \left(\frac{0{,}947}{0{,}950}\right)^{0{,}11} = 3{,}659.$$

Aus

$$\dot{q}_W = \frac{\dot{Q}}{A} = \frac{\dot{Q}}{2\pi R l}, \quad \alpha = \frac{\dot{q}_W}{T_\infty - T_W} \quad \text{und} \quad \mathrm{Nu} = \frac{\alpha \cdot d}{\lambda}$$

folgt

$$\dot{Q} = \mathrm{Nu}_{m,\mathrm{lam}} \cdot \lambda(T_\infty - T_W) \cdot \pi \cdot l = 3{,}659 \cdot 0{,}033 \cdot 20 \cdot \pi \cdot 50 = 379{,}31\,\mathrm{W}.$$

b) Es ist $\mathrm{Re}_d = 14245$, also turbulent. Bei voll ausgebildeter turbulenter Strömung erhält man mithilfe von $\xi = (1{,}8 \cdot \log_{10} \mathrm{Re}_d - 1{,}5)^{-2}$ oder (42.7.10) $\xi = 0{,}028$ und unter Verwendung von (42.9.3)

$$\mathrm{Nu}_{m,\mathrm{tur}} = \frac{\frac{0{,}028}{8} \cdot 14245 \cdot 0{,}947}{1 + 12{,}7 \cdot \sqrt{\frac{0{,}028}{8}} \cdot (0{,}947^{\frac{2}{3}} - 1)} \cdot \left[1 + \left(\frac{0{,}2}{50}\right)^{\frac{2}{3}}\right] \cdot \left(\frac{0{,}947}{0{,}950}\right)^{0{,}11} = 50{,}1.$$

Daraus folgt

$$\dot{Q} = \mathrm{Nu}_{m,\mathrm{tur}} \cdot \lambda(T_\infty - T_W) \cdot \pi \cdot l = 50{,}1 \cdot 0{,}033 \cdot 20 \cdot \pi \cdot 50 = 5193{,}49\,\mathrm{W}.$$

c) Es gilt $\mathrm{Re}_d = 5698$, also Übergangsbereich. Zuerst werden $\mathrm{Nu}_{m,\mathrm{lam}}(\mathrm{Re}_d = 2300)$ mit (42.9.2) und $\mathrm{Nu}_{m,\mathrm{tur}}(\mathrm{Re}_d = 10^4)$ mit (42.9.3) gebildet. Man erhält

$$\mathrm{Nu}_{m,\mathrm{lam}}(\mathrm{Re}_d = 2300) = 3{,}73 \quad \text{bzw.} \quad \mathrm{Nu}_{m,\mathrm{tur}}(\mathrm{Re}_d = 10^4) = 38{,}60 \quad \text{mit} \quad \xi = 0{,}031.$$

Gleichung (42.9.4) liefert

$$\gamma = \frac{\mathrm{Re}_d - 2300}{10^4 - 2300} = \frac{5698 - 2300}{10^4 - 2300} = 0{,}44$$

und damit

$$\mathrm{Nu}_m = (1-\gamma)\mathrm{Nu}_{m,\mathrm{lam}} + \gamma \mathrm{Nu}_{m,\mathrm{tur}} = 0{,}56 \cdot 3{,}73 + 0{,}44 \cdot 38{,}60 = 19{,}07.$$

Der Wärmestrom beträgt dann

$$\dot{Q} = \mathrm{Nu}_m \cdot \lambda(T_\infty - T_W) \cdot \pi \cdot l = 1982{,}02\,\mathrm{W} = 19{,}07 \cdot 0{,}033 \cdot 20 \cdot \pi \cdot 50 = 1977{,}22\,\mathrm{W}.$$

d) Da Kupfer ein sehr guter Wärmeleiter ist, wird sich die Temperatur von T_{Wi} und T_{Wa} auf dem Weg durch die Kupferschicht praktisch nicht ändern. Für die Wärmeübergangszahl erhält man

$$\alpha_i = \frac{\mathrm{Nu}_{m,\mathrm{tur}} \cdot d}{\lambda} = \frac{50{,}1 \cdot 0{,}2}{0{,}033} = 303{,}6.$$

Der Wärmestrom mit zwei Wärmeübergangszahlen α_i, α_a und einer Wärmeleitung durch eine Zylinderwand berechnet sich mittels (21.3.1) zu

$$\dot{Q} = \frac{2\pi l r_a (T_i - T_a)}{\frac{1}{\alpha_i} + \frac{r_2}{\lambda_k} \cdot \ln(\frac{r_2}{r_1}) + \frac{1}{\alpha_a}} = \frac{2\pi \cdot 50 \cdot 0{,}102(483{,}15 - 293{,}15)}{\frac{1}{303{,}6} + \frac{0{,}102}{380} \cdot \ln(\frac{0{,}102}{0{,}1}) + \frac{1}{35}} = 1{,}91 \cdot 10^5\,\mathrm{W}.$$

Idealisierung: Dabei ist der Betrag des mittleren Terms im Nenner vernachlässigbar klein.
Für die Temperatur $T_{\mathrm{Wi}} \approx T_{\mathrm{Wa}} = T_W$ ist

$$\dot{Q} = \frac{2\pi l r_a (T_W - T_a)}{\frac{1}{\alpha_a}}$$

oder

$$T_W = T_a + \frac{\dot{Q}}{2\pi l r_a \alpha_a} = 20 + \frac{1{,}91 \cdot 10^5 W}{2\pi \cdot 50 \cdot 0{,}102 \cdot 35} = 190{,}33\,^\circ\mathrm{C}.$$

Beispiel 3. Eine $l = 100$ m lange Erdölleitung mit dem Durchmesser $d = 0{,}4$ cm verläuft in einer gewissen Wassertiefe am Boden einer 100 m breiten Bucht. Die Geschwindigkeit und Temperatur des Öls betragen $u_{\mathrm{Öl}} = 2\,\frac{\mathrm{m}}{\mathrm{s}}$ bzw. $T_{\mathrm{Öl}} = 30\,^\circ\mathrm{C}$. Aufgrund der Enge der Bucht sind die Gezeitenströme auch am Boden etwas spürbar. Bei Ebbe entsteht am Boden eine Strömungsgeschwindigkeit $u_W = 0{,}1\,\frac{\mathrm{m}}{\mathrm{s}}$ senkrecht zum Rohr. Die Wassertemperatur ist dabei konstant $T_W = 10\,^\circ\mathrm{C}$. Folgende Daten bezüglich der Temperatur $T_B = 20\,^\circ\mathrm{C}$ liegen vor:

$$\nu_{\mathrm{Öl}} = 2{,}60 \cdot 10^{-6}\,\frac{\mathrm{m}^2}{\mathrm{s}}, \quad \lambda_{\mathrm{Öl}} = 0{,}14\,\frac{\mathrm{W}}{\mathrm{mK}} \quad \text{und} \quad \mathrm{Pr}_{\mathrm{Öl}} = 34{,}6 \quad \text{bzw.}$$

$$\nu_W = 10^{-6}\,\frac{\mathrm{m}^2}{\mathrm{s}}, \quad \lambda_W = 0{,}60\,\frac{\mathrm{W}}{\mathrm{mK}} \quad \text{und} \quad \mathrm{Pr}_W = 6{,}99.$$

Gesucht ist der gesamte Wärmestrom vom Öl hin zum Wasser während der beschriebenen Situation. Dabei kann der Korrekturfaktor $K = 1$ gesetzt werden.

Lösung. Der gesamte Wärmestrom setzt sich aus zwei Teilströmen $\dot{Q}_\text{I}$ und $\dot{Q}_\text{II}$ zusammen, die sich nicht beeinflussen.

I. Für die Ölströmung bestimmen wir

$$\text{Re}_d = \frac{u_{\text{Öl}} \cdot d}{\nu_{\text{Öl}}} = 3{,}077 \cdot 10^6$$

und daraus $\xi = 0{,}0144$.
Gleichung (42.9.3) liefert $\text{Nu}_{m,\text{tur},\text{Öl}} = 3178{,}9$. Daraus erhält man

$$\dot{Q}_\text{I} = \text{Nu}_{m,\text{tur},\text{Öl}} \cdot \lambda_{\text{Öl}} \cdot \Delta T \cdot \pi \cdot l = 2{,}796 \cdot 10^6\,\text{W}.$$

II. Für die Wasserströmung wird mithilfe der Lauflänge $l = \pi d$ die Reynolds-Zahl zu

$$\text{Re}_l = \frac{u_W \cdot \pi d}{\nu_W} = 1{,}257 \cdot 10^6$$

ermittelt. Gleichung (42.9.1) liefert $\text{Nu}_{m,\text{tur},W} = 1033{,}1$ und daraus erhält man

$$\dot{Q}_\text{II} = \text{Nu}_{m,\text{tur},W} \cdot \lambda_W \cdot \Delta T \cdot \pi \cdot d = 15'578{,}86\,\text{W}.$$

Insgesamt folgt der gesamte Wärmestrom zu

$$\dot{Q}_\text{Total} = \dot{Q}_\text{I} + \dot{Q}_\text{II} = 2{,}812 \cdot 10^6\,\text{W}.$$

42.10 Die Aufteilung der Energieerhaltung

In diesem Kapitel soll die vollständige Energiebilanz einer Rohrströmung aufgestellt werden. Konkret geht es darum, die Bernoulli-Gleichung in die neue Energiebilanz einzubetten. Zudem soll diese auch den weiter oben in vielfacher Weise berechneten Wärmestrom infolge der Reibung beinhalten. Schließlich wollen wir die allfällige Wärmeleitung bei einer Rohrströmung miteinbeziehen.

Herleitung von (42.10.1)–(42.10.4)

Eigentlich liegt die gesuchte Gleichung mit (40.3) schon vor, aber die einzelnen Energieterme wurden anders zusammengefasst (siehe dazu die 2. Bemerkung am Ende des Systems (42.10.6) und (42.10.7)).

1. Rohstoffe wie Erdöl, Erdgas aber auch Wasser werden über lange Rohre transportiert. Druckunterschiede bringen das Fluid in Bewegung. Die einsetzende Strömung

führt Druckenergie, kinetische und, falls das Rohr nicht horizontal verläuft, auch potentielle Energie mit sich. Diese drei Energieteile fasst man zum mechanischen Energieteil zusammenfassen. Die zugehörige Energieerhaltung wird mit der vorerst reibungsfreien kompressiblen Bernoulli-Gleichung in der Druckform formuliert:

$$\int \frac{dp}{\rho(p)} + \frac{1}{2}u^2 + gh = \text{konst.}$$

Multipliziert man die Gleichung mit dem Massenstrom $\dot{m}$, so erhält man

$$\dot{R} = \dot{m} \int \frac{dp}{\rho(p)} + \frac{1}{2}\dot{m}u^2 + \dot{m}gh = \text{konst.} \tag{42.10.1}$$

2. Auf dem Weg durch ein Rohr wird sich das Fluid an der Berandung, an Nahtstellen, Ventilen, Krümmungen und Abzweigungen reiben und damit erwärmen. Man kann diese Hindernisse wie kleine Wärmequellen auffassen, welche die Temperatur des Fluids und der Bauteile erhöhen. Nehmen wir die Temperaturen T_1 und T_2 in den Bezugspunkten 1 und 2, dann transportiert die Strömung aufgrund der Temperaturdifferenz $T_2 - T_1$ nicht nur Masse sondern auch Wärme der Größe

$$\dot{U} = c_p \cdot \dot{m} \cdot \Delta T. \tag{42.10.2}$$

Die zugehörige spezifische Wärmekapazität muss somit bei einem Bezugsdruck $p = \frac{p_1+p_2}{2}$ gebildet werden. Die Fluidtemperatur wird bei ausgebildeter Strömung radialsymmetrisch hin zur Rohrwand abfallen. Die Rohrtemperatur selber kann infolge der eben beschriebenen Temperaturerhöhung mit zurückgelegter Strecke also nicht ganz auf einer konstanten Temperatur gehalten werden. Die Temperaturänderung bleibt aber klein.

3. Steht das Fluid mit der Umgebung im Austausch, so fließt Wärme zu oder ab, je nachdem, ob es sich um eine Erwärmung oder eine Abkühlung handelt. Der sich einstellende Wärmestrom entspricht demjenigen im Zusammenhang mit der Nusselt-Zahl des vorigen Kapitels. Im Fall einer Rohrströmung gilt die Wärme als zu- oder abgeführt, sobald die Wärme das Fluid oder das betrachtete Kontrollvolumen verlässt und an das Rohr übergeben wird. Bezogen auf den Massenstrom schreiben wir dafür

$$\dot{Q} = \dot{m} \cdot q \quad \text{mit} \quad q = \frac{\dot{Q}}{\dot{m}}. \tag{42.10.3}$$

4. Schließlich kann man einen Verbraucher anschließen, wie zum Beispiel eine Turbine. In diesem Fall wird Leistung über die Welle an die Turbine abgegeben. Umgekehrt kann man aufgrund des Druckverlusts entlang der Transportstrecke im Fall einer Flüssigkeit eine Pumpe und im Fall eines Gases einen Verdichter anschließen, um den treibenden Druck zu erhöhen und so die Strömung auch für lange Strecken zu gewährleisten. In diesem Fall muss die Apparatur den Massenstrom aufsaugen, verdichten und

wieder ausstoßen. Dafür muss Leistung aufgenommen werden. In beiden Fällen wird sogenannte technische Arbeit verrichtet.

Zur Klärung des Begriffs holen wir etwas aus. In der Thermodynamik unterscheidet man zwischen geschlossenem, abgeschlossenem und offenem System. Einem geschlossenen System kann nur Energie in Form von Wärme oder Arbeit (und Strahlung) zu- oder abgeführt werden, aber keine Masse. Beispielsweise verrichtet ein Kolben Volumenänderungsarbeit W_{Vol} an der Luft, die in einem Zylinder eingeschlossen ist. Drückt man die Luft zusammen, so leistet man Kompressionsarbeit $W_{\mathrm{Vol}} = -\int_{V_1}^{V_2} p(V)dV$ (positiv bei Kompression, da $V_2 < V_1$). Expandiert die Luft wieder, so wird Energie frei, die Luft gibt Arbeit an den Kolben ab. Ist das System nahezu vollständig isoliert (adiabat, abgeschlossenes System), dann verlässt keine Wärme den Zylinder und die gesamte Arbeit erhöht die innere Energie. Bei einer weniger starken Isolation, wird ein Teil der verrichteten Arbeit als Wärme abgeführt.

Bei einem offenen System findet zusätzlich noch ein Massenstrom statt, weil das zu verdichtende Volumen erst zur Verfügung gestellt und nach der Kompression wieder freigegeben werden muss. Ein Kompressor benötigt somit im Vergleich zur Volumenänderungsarbeit des Kolbens alleine zwei zusätzliche Arbeitsvorgänge. Die Arbeit überträgt der Kompressor dem Fluid dabei kontinuierlich. Man bezeichnet sie als technische Arbeit W_t. Auch hier kann man das Gehäuse des Apparats isolieren, sodass zwar keine Wärme abgeführt wird, aber die Reibung an den Lagern oder die Verwirbelung des Gases wird einen Teil der Energie dissipieren. Deswegen kann man die technische Arbeit in einen reversiblen und einen dissipierten Teil zerlegen: Arbeit $W_t = W_{t,\mathrm{rev}} + W_{t,\mathrm{diss}}$. Diese Zerlegung gilt natürlich für alle Strömungsmaschinen und legt damit deren Wirkungsgrad $\eta = \frac{W_{t,\mathrm{rev}}}{W_t}$ fest.

Es gilt nun, die Größe $W_{t,\mathrm{rev}}$ zu berechnen. Zuerst wird das Volumen V_1 mit dem Druck p_1 angesaugt. Dies ist ein isobarer Prozess, weil der Gesamtdruck sich infolge des kleinen Zusatzraums des Kompressors nur unmerklich ändert. Die zugehörige Arbeit $W_1 = -p_1 V_1$ ist negativ, weil sie von der Luft am Kolben verrichtet wird. Die Energie wird vom Druck in der Luft selber aufgebracht. Danach wird bei der (nicht mehr isobaren) Kompression Arbeit der Größe $W_{\mathrm{Vol}} = -\int_{V_1}^{V_2} p(V)dV$ an der Luft verrichtet. Trotz des Vorzeichens ist $W_{\mathrm{Vol}} > 0$ aufgrund von $V_2 < V_1$. Im letzten Schritt wird die verdichtete Luft hinausgeschoben. Es wird ebenfalls Arbeit an der Luft der Größe $W_2 = p_2 V_2$ verrichtet und wieder findet dieser Vorgang analog zum Ansaugen isobar statt. In dieser Abfolge erhält man

$$W_{t,\mathrm{rev}} = -p_1 V_1 - \int_{V_1}^{V_2} p dV + p_2 V_2 .$$

Dies soll noch kompakter geschrieben werden. Dazu betrachten wir die Produktregel in der Form $d(pV) = dpV + pdV$. Die bestimmte Integration ergibt

$$\int_{p_1V_1}^{p_2V_2} d(pV) = \int_{p_1}^{p_2} Vdp + \int_{V_1}^{V_2} pdV, \quad p_2V_2 - p_1V_1 = \int_{p_1}^{p_2} Vdp + \int_{V_1}^{V_2} pdV \quad \text{und}$$

$$W_{t,\text{rev}} = \int_{p_1}^{p_2} Vdp.$$

Die technische Arbeit unterscheidet sich von der Volumenänderungsarbeit um die beiden zusätzlichen Verschiebungsarbeiten. Gesamthaft hat man

$$W_t = \int_{p_1}^{p_2} Vdp + W_{t,\text{diss}}.$$

Auf den Massenstrom bezogen ist $\dot{m} \cdot w_t = \dot{W}_t = P_t$ oder

$$\dot{m} \cdot w_t = \dot{m} \cdot (w_{t,\text{rev}} + w_{t,\text{diss}}) \tag{42.10.4}$$

Der Zusammenhang zwischen technischer Arbeit und Volumenänderungsarbeit lässt sich auch graphisch herstellen (Abb. 42.5 rechts). Rechnet man zum Integral unter der Kurve von V_1 bis V_2 (Volumenänderungsarbeit) den Flächeninhalt p_2V_2 (punktiert) dazu und subtrahiert von der Summe den Flächeninhalt p_1V_1 (gestrichelt), so erhält man den Flächeninhalt der blau markierten Fläche, die den Betrag der technischen Arbeit repräsentiert.

Bevor wir zur Gesamtenergiebilanz schreiten, sollen die eben genannten Arbeitsarten für die Kompression von Luft durchgerechnet werden.

Beispiel. Es sollen 1,5 m^3 Luft innerhalb von 120 Sekunden von 1 bar auf 4 bar komprimiert werden. Die Luft fassen wir dabei als ideales Gas auf.

a) Bestimmen Sie zuerst eine Formel für die Arbeitsbeträge für W_{Vol}, $W_{t,\text{rev}}$ bei gegebener Verschiebungsarbeit $W_{\text{Ver}} := -p_1V_1 + p_2V_2$ und bestätigen Sie $W_{t,\text{rev}} = W_{\text{Vol}} + W_{\text{Ver}}$. Die Verdichtung soll dabei isotherm verlaufen.
b) Wie groß wird die im Fall a) aufzubringende technische Leistung des Kompressors?
c) Wiederholen Sie die Aufgabenteile a) und b) für den Fall einer adiabaten Verdichtung.

Lösung.

a) Für zwei beliebige Zustände gilt $p_1V_1 = p_2V_2$.
   Man erhält

$$W_{\text{Vol}} = -\int_{V_1}^{V_2} p(V)dV = -p_1V_1 \int_{V_1}^{V_2} \frac{dV}{V} = -p_1V_1 \ln\left(\frac{V_2}{V_1}\right)$$

$$= -p_1V_1 \ln\left(\frac{p_1}{p_2}\right) = p_1V_1 \ln\left(\frac{p_2}{p_1}\right).$$

Weiter hat man

$$W_{t,\mathrm{rev}} = \int_{p_1}^{p_2} V(p)dp = p_1V_1 \int_{p_1}^{p_2} \frac{dp}{p} = p_1V_1 \ln\left(\frac{p_2}{p_1}\right).$$

Da $W_{\mathrm{Ver}} = -p_1V_1 + p_2V_2 = 0$, folgt $W_{\mathrm{Vol}} = W_{t,\mathrm{rev}}$.

b) Es ergibt sich

$$W_{t,\mathrm{rev}} = p_1V_1 \ln\left(\frac{p_2}{p_1}\right) = 10^5 \cdot 1{,}5 \cdot \ln\left(\frac{4}{1}\right) = 2{,}08 \cdot 10^5\,\mathrm{J}$$

und damit

$$P_{t,\mathrm{rev}} = \frac{W_{t,\mathrm{rev}}}{\Delta t} = 1{,}73\,\mathrm{kW}.$$

Diese Leistung muss der Luft zugeführt werden.

c) Für zwei beliebige Zustände gilt $p_1V_1^k = p_2V_2^k$ (Poisson-Gleichung, vgl. 5. Band) mit dem Adiabatenexponenten $\kappa = 1{,}4$ für Luft.
Man erhält

$$W_{\mathrm{Vol}} = -\int_{V_1}^{V_2} p(V)dV = -p_1V_1^k \int_{V_1}^{V_2} \frac{dV}{V^\kappa} = -\frac{p_1V_1^k}{1-\kappa}[V_2^{1-k} - V_1^{1-k}]$$
$$= \frac{p_1V_1}{\kappa-1}V_1^{k-1}[V_2^{1-k} - V_1^{1-k}] = \frac{p_1V_1}{\kappa-1}\left[\left(\frac{V_2}{V_1}\right)^{1-\kappa} - 1\right]$$
$$= \frac{p_1V_1}{\kappa-1}\left[\left(\frac{p_1}{p_2}\right)^{\frac{1-\kappa}{\kappa}} - 1\right] = \frac{p_1V_1}{\kappa-1}\left[\left(\frac{p_2}{p_1}\right)^{\frac{\kappa-1}{\kappa}} - 1\right].$$

Weiter gilt

$$W_{t,\mathrm{rev}} = \int_{p_1}^{p_2} V(p)dp = p_1^{\frac{1}{k}}V_1 \int_{p_1}^{p_2} \frac{dp}{p^{\frac{1}{k}}} = p_1^{\frac{1}{k}}V_1\frac{\kappa}{\kappa-1}[p_2^{\frac{\kappa-1}{\kappa}} - p_1^{\frac{\kappa-1}{\kappa}}]$$
$$= \frac{\kappa}{\kappa-1}p_1V_1p_1^{\frac{1-\kappa}{\kappa}}[p_2^{\frac{\kappa-1}{\kappa}} - p_1^{\frac{\kappa-1}{\kappa}}] = \frac{\kappa p_1V_1}{\kappa-1}\left[\left(\frac{p_2}{p_1}\right)^{\frac{\kappa-1}{\kappa}} - 1\right].$$

Schließlich folgt noch

$$W_{\mathrm{Ver}} = -p_1V_1 + p_2V_2 = -p_1V_1 + p_1V_1\left(\frac{p_2V_2}{p_1V_1}\right) = p_1V_1\left[\frac{p_2V_2}{p_1V_1} - 1\right]$$
$$= p_1V_1\left[\frac{p_2}{p_1}\left(\frac{p_1}{p_2}\right)^{\frac{1}{\kappa}} - 1\right] = p_1V_1\left[\left(\frac{p_2}{p_1}\right)^{\frac{\kappa-1}{\kappa}} - 1\right].$$

Der Vergleich liefert $W_{t,\text{rev}} = W_{\text{Vol}} + W_{\text{Ver}}$.
Die einzelnen Arbeitsbeiträge sind

$$W_{\text{Vol}} = 1{,}82 \cdot 10^5\,\text{J}, \quad W_{\text{Ver}} = 0{,}73 \cdot 10^5\,\text{J} \quad \text{und} \quad W_{t,\text{rev}} = 2{,}55 \cdot 10^5\,\text{J}.$$

Die zu erbringende Leistung ist

$$P_{t,\text{rev}} = \frac{W_{t,\text{rev}}}{\Delta t} = 2{,}13\,\text{kW}.$$

Diese ist höher als bei der isothermen Kompression, weil die dabei erzeugte Wärme nicht mit der Umgebung ausgetauscht werden kann.

Herleitung von (42.10.5)–(42.10.7)

In der Praxis lässt sich weder eine vollständig isotherme noch eine vollständig adiabate Kompression realisieren. Im 1. Fall muss die Lufttemperatur noch während der Kompression gekühlt werden. Dies kann mit einer Be- und Entlüftung der Apparatur, aber auch durch ein Kühlbad geschehen. Beim adiabaten Betrieb erwärmen sich die Bauteile sehr stark und mechanische Schäden sind vorhersehbar. Es ist möglich, die entstehende Wärme in einem Zusatzbehälter aufzufangen. Häufiger kommt die annähernd isotherme Kompression mit Luftkühlung zum Einsatz, wobei die Kühlung in mehreren Kompressorstufen erfolgt. Die abgeführte Wärme wird dabei nicht verwertet.

Wenn man demnach annähernd isotherme Kompression voraussetzt, dann ist der Wert $W_{t,\text{rev}}$ in b) zu tief und der Wert $W_{t,\text{rev}}$ in c) zu hoch. Da Isothermie einfach Adiabasie für $\kappa = 1$ bedeutet, wählt man zur Arbeits- und Leistungsberechnung von Kompressoren einen Zwischenwert, den sogenannten Polytropenexponenten. Nehmen wir den Mittelwert $\kappa = 1{,}2$, so ergibt sich im obigen Beispiel der Wert $W_{t,\text{rev}} = 2{,}33 \cdot 10^5\,\text{J}$.

Die Dissipation der entlang einer Rohrströmung platzierten Apparate erzeugen jeweils einen lokalen Wärmeverlust. Im Vergleich dazu findet der Reibungsverlust entlang der Rohrströmung kontinuierlich statt. In der Praxis befinden sich Kompressoren oberhalb- aber auch unterhalb der Erdoberfläche in Stollen und seit einigen Jahren nicht mehr auf Plattformen an der Wasseroberfläche, sondern am Meeresboden.

Leistungsbilanz: Die einzelnen Terme (42.10.1)–(42.10.4) ergeben

$$\dot{R} + \dot{U} + \dot{W}_t + \dot{Q} = 0 \quad \text{oder} \quad \dot{m} \int \frac{dp}{\rho(p)} + \frac{1}{2}\dot{m}u^2 + \dot{m}gh + c_p\dot{m}\Delta T + \dot{m}w_t + \dot{m}q = 0.$$

Die Division durch den Massenstrom führt zu

$$\int \frac{dp}{\rho(p)} + \frac{1}{2}u^2 + gh + c_p\Delta T - w_t - q = 0. \tag{42.10.5}$$

Die einzelnen Terme (wieder mit der Masse multipliziert) bezeichnen in dieser Reihenfolge die Verschiebearbeit des Drucks, die kinetische Energie, die potentielle Energie, die innere Energie, die mechanische Arbeit und die zu- oder abgeführte Wärmeenergie.

Gleichung (42.10.5) lässt sich in zwei Teilbilanzen zerlegen. Es folgt das System
Mechanische Teilbilanz: $\int \frac{dp}{\rho(p)} + \frac{1}{2}u^2 + gh - w_t + \varphi_{\text{diss}} = 0$
Thermische Teilbilanz: $c_p \Delta T - \varphi_{\text{diss}} - q = 0.$

Ist das transportierte Medium inkompressibel, so kann die konstante Dichte vor das Integral gezogen werden und man erhält:

$$\text{Mechanische Teilbilanz:} \quad \frac{p_1}{\rho} + \frac{1}{2}u_1^2 + gh_1 = \frac{p_2}{\rho} + \frac{1}{2}u_2^2 + gh_2 - w_t + \varphi_{\text{diss}}, \tag{42.10.6}$$

$$\text{Thermische Teilbilanz:} \quad c_p T_1 = c_p T_2 - \varphi_{\text{diss}} - q. \tag{42.10.7}$$

Die technische Arbeit w_t muss dabei dem mechanischen Energieanteil zugeschrieben werden.

In (42.10.6) und (42.10.7) entsteht zusätzlich ein spezifischer Dissipationsterm, d. h., $m \cdot \varphi_{\text{diss}} = \phi_{\text{diss}}$. Dieser beschreibt die Umwandlung von mechanischer Energie in Wärme. Deswegen kann die Dissipation nicht in der Gesamtbilanz (42.10.5) auftauchen (rein mathematisch infolge der verschiedenen Vorzeichen). Folglich gilt (42.10.7) unabhängig davon, ob $\varphi_{\text{diss}} = 0$ oder $\varphi_{\text{diss}} \neq 0$ ist.

Bemerkungen.

1. Die SI-Einheit der Teilbeträge in (42.10.6) und (42.10.7) ist $\frac{\text{m}^2}{\text{s}^2}$. Besser ist es, sich diese Größen als Arbeit pro Masse oder als eine Leistung pro Massenstrom vorzustellen (vgl. (42.10.3)).
2. Wie schon am Kapitelanfang erwähnt, stellt das System (42.10.6) und (42.10.7) gegenüber der Energiebilanz (40.3) nichts Neues dar. Es wurden lediglich Energieteile anders geordnet und zusammengefasst. Beispielsweise gilt nun mit dortiger Notation $d\dot{E} = 0$, weil es sich jetzt um eine stationäre Strömung handelt. Der Term $d\dot{G}$ entspricht in unserer jetzigen Bilanz dem Term

$$c_p T_1 + \frac{1}{2}u_1^2 - \left(c_p T_2 + \frac{1}{2}u_2^2\right)$$

(auch Änderung der Enthalpie genannt). Weiter kann man den Betrag $d\dot{D}$ mit $\frac{p_1}{\rho} - \frac{p_2}{\rho}$ identifizieren. Der Änderung $d\dot{Q}$ entspricht in unserem System q. Schließlich wird die Dissipation $d\dot{L}$ mit φ_{diss} gleichgesetzt. Die Änderung der potentiellen Energie $g(h_1 - h_2)$ taucht in (40.3) nicht auf, da es sich um eine erzwungene Konvektion handelte. Erst bei der natürlichen Konvektion findet dieser Term ebenfalls Eingang in die Energiebilanz. Letztlich kann (40.3) wie im System (42.10.6) und (42.10.7) noch explizit um eine eventuelle technische Arbeit w_t erweitert werden, beispielsweise eine Welle, das von der Konvektionsströmung angetrieben wird.

Folgend einige Spezialfälle zum System (42.10.6) und (42.10.7):

I. Es gilt $w_t = 0$ und $q = 0$. Letzteres bedeutet, dass kein Wärmeaustausch mit der Umgebung stattfindet, die Strömung somit vollständig abiabat verläuft. Wird zusätzlich eine reibungslose Strömung, also $\varphi_{\text{diss}} = 0$ gefordert, dann ergibt (42.10.7) schlicht $T_1 = T_2$ und (42.10.6) stellt die reibungslose Bernoulli-Gleichung einer idealisierten Strömung dar.

II. Es gilt $w_t = 0$, $q = 0$ und $\varphi_{\text{diss}} \neq 0$. Gleichung (42.10.6) wird zur reibungsbehafteten Bernoulli-Gleichung. Dabei führt die Reibung zu einem Druckverlust, den man mithilfe des Ansatzes von Weisbach (42.7.3) bestimmen kann. Da die Strömung wiederum adiabat verläuft, ergibt (42.10.7) $\varphi_{\text{diss}} = c_p(T_2 - T_1)$ oder $Q_{\text{diss}} = c_p m(T_2 - T_1)$ und die gesamte entstandene Wärme erhöht die innere Energie und damit die Temperatur des Fluids.

III. Es gilt $w_t = 0$, $q \neq 0$ und $\varphi_{\text{diss}} \neq 0$. Aus (42.10.6) entsteht abermals die reibungsbehaftete Bernoulli-Gleichung. Das Rohr ist nicht vollständig isoliert und ein Teil oder die gesamte im Fluid gespeicherte Wärme kann mit der Umgebung ausgetauscht werden. Gleichung (42.10.7) behält ihre Gestalt.

Da mechanische Energie in Wärme umgewandelt werden kann, hat die Änderung der mechanischen Bilanz (42.10.6) einen Einfluss auf die thermische Bilanz (42.10.7). Umgekehrt haben Änderungen thermischer Größen (beispielsweise die Fluidtemperatur selbst) oder Änderungen der thermischen Randbedingungen (beispielsweise adiabater oder isothermer Betrieb) keine Auswirkungen auf die mechanische Bilanz. Insbesondere bleibt die Dissipation gleich hoch.

Zum Gleichungssystem (42.10.6) und (42.10.7) gesellt sich noch die Kontinuitätsgleichung, die wir nicht vergessen dürfen. Für inkompressible Fluide lautet sie $A_1 u_1 = A_2 u_2$, falls das Rohr seinen Querschnitt ändert. Bei konstantem Querschnitt verbleibt $u_1 = u_2$. Insbesondere bedeutet dies, dass die Strömung beim Durchlauf durch eine Pumpe oder einen Kompressor nicht etwa beschleunigt wird, sondern die Apparatur baut lediglich einen neuen Druckunterschied auf. Für kompressible Fluide schreibt sich die Kontinuitätsgleichung als $\rho_1 A_1 u_1 = \rho_2 A_2 u_2$.

Beispiel 1. Durch ein horizontal verlegtes Rohr der Länge $l = 100\,\text{m}$ und einem Durchmesser $d = 0{,}2\,\text{m}$ fließt Wasser der Temperatur $T = 10\,^\circ\text{C}$ mit einer Geschwindigkeit von $u = 0{,}75\,\frac{\text{m}}{\text{s}}$. Die Stoffwerte sind $\nu = 1{,}30 \cdot 10^{-6}\,\frac{\text{m}^2}{\text{s}}$ und $\rho = 999{,}7\,\frac{\text{kg}}{\text{m}^3}$.

a) Bestimmen Sie die Reynolds-Zahl Re_d, die Rohrreibungszahl ξ und den durch die Reibung entstandenen Druckverlust Δp_V.

b) Wie sieht die mechanische Energiebilanz aus?

c) Welcher Widerstandskraft F_W entspricht der Druckunterschied aus a)?

d) Zeigen Sie, dass die in c) bestimmte Widerstandskraft mit derjenigen von (42.7.12) gleichzusetzen ist.

e) Das bestehende Rohr ist nun 5 km lang. In welcher maximalen Entfernung zum Einlauf müsste eine Pumpe installiert werden, damit bei einem Einlaufdruck von $p_1 = 1{,}1$ bar der Mindestdruck von $p_2 = 0{,}5$ bar nicht unterschritten wird?

Lösung.

a) Es gilt

$$\mathrm{Re}_d = \frac{u \cdot d}{\nu} = \frac{0{,}75 \cdot 0{,}2}{1{,}30 \cdot 10^{-6}} = 1{,}15 \cdot 10^5.$$

Gleichung (42.7.10) liefert $\xi = 0{,}0175$.
Den Druckverlust berechnet man mithilfe von (42.7.3) und erhält

$$\Delta p_V = \xi \cdot \frac{l}{d} \cdot \rho \cdot \frac{u^2}{2}.$$

Daraus folgt

$$\Delta p_V = 0{,}0175 \cdot \frac{100}{0{,}2} \cdot 999{,}7 \cdot \frac{0{,}75^2}{2} = 2457{,}65\,\text{Pa}.$$

b) Gleichung (42.10.6) reduziert sich aufgrund von $u_1 = u_2 = u$ (Kontinuitätsgleichung) und $h_1 = h_2$ zu

$$p_1 = p_2 + \Delta p_V.$$

c) Aus $\Delta p_V = \frac{F_W}{A}$ folgt

$$F_W = \Delta p_V \cdot \pi R^2 = 2457{,}65 \cdot \pi \cdot 0{,}1^2 = 77{,}21\,\text{N}.$$

d) Es gilt

$$\begin{aligned} F_{W,\text{tur}} &= 0{,}209 \cdot \rho \cdot \nu^{\frac{1}{4}} \cdot R^{\frac{3}{4}} \cdot l \cdot c^{\frac{7}{4}} \\ &= 0{,}209 \cdot 999{,}7 \cdot (1{,}30 \cdot 10^{-6})^{\frac{1}{4}} \cdot 0{,}1^{\frac{3}{4}} \cdot 100 \cdot 0{,}75^{\frac{7}{4}} \\ &= 75{,}83\,\text{N} \approx F_W. \end{aligned}$$

e) Mit b) folgt $p_1 - p_2 = \xi \cdot \frac{l}{d} \cdot \rho \cdot \frac{u^2}{2}$ und daraus

$$l = \frac{2d(p_1 - p_2)}{\xi \cdot \rho \cdot u^2} = \frac{2 \cdot 0{,}2(1{,}1 \cdot 10^5 - 0{,}5 \cdot 10^5)}{0{,}0175 \cdot 999{,}7 \cdot 0{,}75^2} = 2{,}44\,\text{km}.$$

Beispiel 2. Ein horizontales Rohr der Länge $l = 400$ m mit einem Durchmesser $d = 0{,}2$ m wird von Wasser mit einer Temperatur von $T_i = 40\,°\text{C}$ und der Geschwindigkeit $u = 3\,\frac{\text{m}}{\text{s}}$ durchflossen.

a) Das Rohr sei vollständig isoliert. Demnach werden die Stoffgrößen bezüglich der Temperatur 40 °C und 3 bar gebildet. (Der Druckwert ergibt sich als Mittelwert zwischen Start- und Enddruck, wenn man für diese beiden beispielsweise $p_1 = 4\,\text{bar}$ und $p_2 = 2\,\text{bar}$ ansetzt. Die Stoffwerte bleiben für kleine Druckänderungen praktisch unverändert.) Es gilt demnach $\nu = 0{,}658 \cdot 10^{-6}\,\frac{\text{m}^2}{\text{s}}$, $\rho = 992{,}3\,\frac{\text{kg}}{\text{m}^3}$, $c_p = 4{,}178 \cdot 10^3\,\frac{\text{J}}{\text{kg}\cdot\text{K}}$ und $\lambda = 0{,}631\,\frac{\text{W}}{\text{mK}}$. Bestimmen Sie die Reynolds-Zahl Re_d, die Rohrreibungszahl ξ und den Druckverlust Δp_V.
b) *Idealisierung:* Wir nehmen an, dass die gesamte durch Reibung entstandene Wärme vom Wasser aufgenommen wird.
Wie sieht die thermische Bilanz aus, welche maximale Temperaturerhöhung des Wassers entlang der Rohrlänge ergibt sich daraus und wie groß wird der zugehörige Wärmestrom in Fließrichtung?
c) Nun sei das Rohr frei von jeglicher Isolation und im direkten Austausch mit einer Umgebungsluft von $T_a = 20\,°\text{C}$. Da die Angleichung der Wassertemperatur an die Umgebungstemperatur sehr lange dauert, bleiben alle Stoffgrößen für die betrachtete Strecke unverändert. Bestimmen Sie daraus den Wärmeübergangskoeffizienten α_i zwischen dem Wasser und der Rohrwand. Vernachlässigen Sie dabei den Korrekturfaktor K in (42.9.3) und setzen Sie schlicht $\text{Pr}_W = \text{Pr}$.
d) Die Rohrwand sei 2 mm dick und aus Kupfer, das eine Wärmeleitfähigkeit von $\lambda_K = 380\,\frac{\text{W}}{\text{mK}}$ besitzt. Die Übergangszahl der Luft und dem Rohr nehmen wir als $\alpha_a = 35\,\frac{\text{W}}{\text{m}^2\text{K}}$ an.
Welcher Wärmestrom $\dot{Q}_{ia}$ vom Wasser hin zur Umgebungsluft stellt sich ein? (Rechnen Sie dabei mit einer konstanten Fluidtemperatur $T_i = 40°$ weiter.)
e) Bestimmen Sie mithilfe des Ergebnisses aus d) die Temperatur der Rohrwand $T_W \approx T_{\text{Wi}} \approx T_{\text{Wa}}$. Dabei kann die Wärmeleitung innerhalb des Rohrmantels vernachlässigt werden (eigentlich auch im Aufgabenteil d), vgl. auch Kap. 42.9, Beispiel 2.d).
f) Stellen Sie die thermische Energiebilanz auf und berechnen Sie daraus die Temperaturerhöhung des Wassers in Fließrichtung unter Annahme einer
   i) konstanten Wassertemperatur $T_i = 40°$ inklusive auftretender Dissipation,
   ii) mittleren Wassertemperatur $T_i = 40 + \frac{0{,}03}{2} = 40{,}015\,°\text{C}$ (hier wird die Dissipation schon mit der leichten Temperaturerhöhung erfasst, wobei der Wert von 0,03 K der höchstmöglichen Temperaturänderung aus Aufgabe b) entspricht),
   iii) mit der Strecke dx veränderlichen Wassertemperatur ohne Berücksichtigung der Dissipation.
g) Wir nehmen an, die in f)ii) bestimmte Temperaturänderung von $\Delta T_i - 0{,}46\,\text{K}$ würde infolge eines als konstant angenommenen Wärmestroms $\dot{Q}_{ia}$ so weiter verlaufen. Nach welcher Rohrstrecke s wäre der Temperaturausgleich des Wassers mit der Umgebungsluft vollzogen?

Lösung.

a) Es gilt

$$\mathrm{Re}_d = \frac{3 \cdot 0{,}2}{0{,}658 \cdot 10^{-6}} = 9{,}12 \cdot 10^5.$$

Aus (42.7.10) folgt $\xi = 0{,}0118$ und mit (42.7.3) erhält man

$$\Delta p_V = 0{,}0118 \cdot \frac{400}{0{,}2} \cdot 992{,}3 \cdot \frac{3^2}{2} = 1{,}06\text{bar}.$$

b) Da kein Wärmeaustausch zwischen dem Wasser und der Umgebung (und auch nicht mit dem Rohr selber) stattfindet, ist $q = 0$ und (42.10.7) reduziert sich zu $c_p T_{i1} = c_p T_{i2} - \varphi_{\text{diss}}$ oder $c_p \Delta T_i = \varphi_{\text{diss}}$. Die gesamte Dissipationswärme erhöht die innere Energie des Wassers (und eigentlich auch des Rohrs). Die Dissipation führt zu dem in a) berechneten Druckunterschied. Der Vergleich mit (42.10.6) liefert $\varphi_{\text{diss}} = \frac{\Delta p_V}{\rho}$ und damit

$$c_p \rho \Delta T_i = \Delta p_V \quad \text{oder} \quad \Delta T_i = \frac{\Delta p_V}{\rho \cdot c_p} = \frac{1{,}06 \cdot 10^5}{992{,}3 \cdot 4{,}178 \cdot 10^3} = 0{,}03\,\text{K}.$$

Der zugehörige Wärmestrom in Fließrichtung beträgt dann

$$\dot{\phi} = \Delta p_V \cdot \dot{V} = \Delta p_V \cdot A \cdot u = 1{,}06 \cdot 10^5 \cdot \pi \cdot 0{,}1^2 \cdot 3 = 9967\,\text{W}.$$

c) Die Prandtl-Zahl ergibt sich zu

$$\mathrm{Pr} = \frac{\nu \cdot \rho \cdot c_p}{\lambda} = \frac{0{,}658 \cdot 10^{-6} \cdot 992{,}3 \cdot 4{,}178 \cdot 10^3}{0{,}631} = 4{,}32.$$

Mit Gleichung (42.9.3) folgt $\mathrm{Nu}_{m,\text{tur}} = 3246$ und daraus

$$\alpha_i = \frac{\mathrm{Nu}_{m,\text{tur}} \cdot \lambda}{d} = \frac{3246 \cdot 0{,}631}{0{,}2} = 10242\,\frac{\text{W}}{\text{m}^2\text{K}}.$$

d) Gemäß (21.3.1) gilt für den Wärmestrom mit zwei Wärmeübergangszahlen α_i, α_a und einer Wärmeleitung durch eine Zylinderwand

$$\dot{Q}_{ia} = \frac{2\pi l r_a (T_i - T_a)}{\frac{1}{\alpha_i} + \frac{r_a}{\lambda_K} \cdot \ln(\frac{r_a}{r_i}) + \frac{1}{\alpha_a}} = \frac{2\pi \cdot 400 \cdot 0{,}102(40 - 20)}{\frac{1}{10242} + \frac{0{,}102}{380} \cdot \ln(\frac{0{,}102}{0{,}1}) + \frac{1}{35}} = 1{,}78803 \cdot 10^5\,\text{W}.$$

e) Aus

$$\dot{Q}_{ia} = \dot{Q}_{\text{Wa}} = \frac{2\pi l r_a (T_W - T_a)}{\frac{1}{\alpha_a}}$$

folgt

$$T_W = \frac{\dot{Q}_{ia}}{2\pi l r_a \alpha_a} + T_a = \frac{1{,}79 \cdot 10^5}{2\pi \cdot 400 \cdot 0{,}102 \cdot 35} + 20 = 39{,}93\,^\circ\mathrm{C}.$$

f) i) Gleichung (42.10.7) ergibt $c_p \Delta T_i = |-\varphi_{\text{diss}}| - q$. Die einzelnen Anteile lauten

$$\varphi_{\text{diss}} = \frac{\Delta p_V}{\rho} \quad \text{und} \quad q = \frac{\dot{Q}_{ia}}{\dot{m}}.$$

Dann folgt

$$\varphi_{\text{diss}} = \frac{1{,}06 \cdot 10^5}{992{,}3} = 106{,}57\,\frac{\mathrm{W}}{\mathrm{kg/s}}$$

und mit dem Ergebnis von d)

$$q = \frac{\dot{Q}_{ia}}{\rho \cdot A \cdot u} = \frac{1{,}788 \cdot 10^5}{992{,}3 \cdot \pi \cdot 0{,}1^2 \cdot 3} = 1911{,}52\,\frac{\mathrm{W}}{\mathrm{kg/s}}.$$

Nach 400 m wird damit effektiv

$$|q_{\text{eff}}| = |\varphi_{\text{diss}} - q| = |106{,}57 - 1911{,}52| = 1804{,}95\,\frac{\mathrm{W}}{\mathrm{kg/s}}$$

vom Wasser abgegeben, wenn wir annehmen, dass die durch Reibung entstandene Wärme vollständig dem Wasser zugeführt wird. Die thermische Bilanz ergibt $4178 \cdot \Delta T_i = -1804{,}95$ und daraus $\Delta T_i = -0{,}43\,\mathrm{K}$.

ii) Mit einer über die ganze Strecke gemittelten Fluidtemperatur von $T_i = 40{,}015\,^\circ\mathrm{C}$ erhalten wir $\dot{Q}_{ia} = 1{,}78938 \cdot 10^5\,\mathrm{W}$, $T_W = 39{,}94\,^\circ\mathrm{C}$, $q_{\text{eff}} = 1913{,}32\,\frac{\mathrm{W}}{\mathrm{kg/s}}$, die Bilanz $c_p \Delta T_i = -q_{\text{eff}}$ und daraus $\Delta T_i = -0{,}46\,\mathrm{K}$.

iii) *Bilanz und lineare Approximation:* Für die exakte Rechnung führen wir eine Bilanz an einem infinitesimal kleinen Querschnitt der Dicke dx durch: $c_p \cdot dT_i = -d\varphi_{\text{diss}} - dq$. Mit $\varphi_{\text{diss}} \approx 0$ folgt $c_p \cdot dT_i = -dq$. Die Größe q wurde entlang der gesamten Länge l ermittelt. Für eine Strecke dx kann man dann schreiben (zum wiederholten Mal aufgrund der linearen Approximation $T_i(x + dx) - T_i(x) \approx \frac{dT_i}{dx} dx$)

$$c_p \cdot dT_i = -\frac{q}{l} dx \quad \text{oder} \quad dT_i = -\frac{\dot{Q}_{ia}}{c_p \cdot \rho \cdot A \cdot u \cdot l} dx.$$

Mit der Vereinfachung für $\dot{Q}_{ia}$ aus e) folgt

$$dT_i = -\frac{2\pi r_a \alpha_a (T_i - T_a)}{c_p \cdot \rho \cdot A \cdot u} dx \quad \text{und} \quad \frac{dT_i}{T_i - T_a} = -\frac{2\pi r_a \alpha_a}{c_p \cdot \rho \cdot A \cdot u} dx.$$

Die Integration liefert

$$\int_{T_{i1}}^{T_{i2}(x)} \frac{dT_i}{T_i - T_a} = -\int_0^x \frac{2\pi r_a \alpha_a}{c_p \cdot \rho \cdot A \cdot u} dx$$

und daraus

$$\ln\left[\frac{T_{i2}(x) - T_a}{T_{i1} - T_a}\right] = -\frac{2\pi r_a \alpha_a x}{c_p \cdot \rho \cdot A \cdot u}.$$

Setzt man die Werte ein, so ergibt sich

$$\ln\left[\frac{T_{i2}(x) - 20}{40 - 20}\right] = -\frac{2\pi \cdot 0{,}102 \cdot 35 \cdot x}{4178 \cdot 992{,}3 \cdot \pi \cdot 0{,}1^2 \cdot 3},$$

$$\ln\left[\frac{T_{i2}(x) - 20}{20}\right] = -5{,}741 \cdot 10^{-5} x$$

und schließlich $T_{i2}(x) = 20 \cdot e^{-5{,}741 \cdot 10^{-5} x} + 20$. Für $x = l$ folgt $T_{i2}(l) = 39{,}55\,°\mathrm{C}$ und damit $\Delta T_i = -0{,}45\,\mathrm{K}$. Die Temperatur innerhalb des Rohres fällt somit exponentiell, wenngleich sehr langsam. Bei kurzen Rohrlängen ist offenbar die Annahme einer konstanten Wassertemperatur für die Berechnungen ausreichend.

g) Wenn auf 400 m die Rohrwandtemperatur um 0,46 K sinkt, dann wird sie auf einer Strecke von $s = \frac{20}{0{,}46} \cdot 400 = 17{,}47\,\mathrm{km}$ um 20 K gesunken sein.
Die Wassertemperatur wird sich mit zunehmender Strecke ändern, bis im Grenzwert Wasser, Rohr und Luft dieselbe Temperatur besitzen. Genau gesehen wird der Ausgleich erst nach einer unendlich langen Rohrlänge erreicht. Im Grenzfall ist $q = 0$ und $\Delta T_i = \varphi_{\mathrm{diss}}$. Dann wird nur noch die dissipierte Energie an das strömende Fluid abgegeben. Wird das Rohr in den Erdboden verlegt, dann läuft der Temperaturausgleich viel schneller ab.

Instationäre Wärmeströme

Spätestens nach dem eben besprochenen 2. Beispiel bedarf es eines Querverweises zur instationären Wärmeleitung im Zusammenhang mit dem erwähnten Temperaturausgleich. Sämtliche bisher besprochenen und auch nachfolgende Rechnungen gehen von einem stationären Wärmestrom aus. Eigentlich handelt es sich dabei (wie schon im besagten Beispiel erwähnt) um einen über die betrachtete Strecke gemittelten Wärmestrom. Dieser ist zeitabhängig und kommt im Temperaturausgleich zum Erliegen. Zeitabhängige Wärmeströme sind ab Kap. 21.1 für die Platte, den Zylinder und die Kugel bei drei verschiedenen Randbedingungen vollständig gelöst worden. Nehmen wir als

Beispiel eine Rohrströmung mit Fluidkühlung, bei der also die Innentemperatur höher als die Außentemperatur ist. Gelingt es, die Rohrwandtemperatur (nahezu) konstant zu halten, T_W = konst., dann handelt es sich um eine sogenannte Dirichlet-Randbedingung und der zeitliche Ausgleich verläuft entsprechend wie ab Kap. 21.1 dargestellt. Bei einer Newton-Randbedingung wird das Rohr ohne jegliche Isolation der Umgebungstemperatur ausgesetzt. Schließlich kann zwischen Umgebung und Fluid ein (nahezu) konstanter Wärmestrom angesetzt werden. In diesem Fall hat man es mit einer Neumann-Randbedingung zu tun. Ist der Wärmestrom null, so entspricht dies einer adiabaten Wand.

42.11 Gasströmungen in Rohren

Vieles dazu wurde schon im 5. Band hergeleitet und angewandt. Der Druckverlust Δp_V lässt sich bei einem Gas infolge der relativ starken Temperaturabhängigkeit der Dichte nicht unmittelbar mit (42.7.3) bestimmen.

Herleitung von (42.11.1) und (42.11.2)

Man muss den Druckunterschied zuerst für eine infinitesimale Strecke dl betrachten. Deswegen kann auch die Bernoulli-Gleichung inklusive Druckverlust nicht angewandt werden, sondern wir müssen zum Ursprung, zur reibungsbehafteten Euler-Gleichung (30.3.7) zurückkehren. Diese gibt die Bilanz für ein infinitesimales Volumen wieder.

Bilanz: $dp + \rho u \cdot du + \rho g \cdot dh + dp_V = 0$.

Der hydrostatische Druckanteil bei einem Gas ist aufgrund der kleinen Dichte klein gegenüber den anderen Druckanteilen.

Idealisierung: Für ein Gas kann $\rho g \cdot dh \approx 0$ gesetzt werden.

Damit verbleibt $\frac{dp}{\rho} + u \cdot du + \frac{dp_V}{\rho} = 0$. Mit (35.1.1), dem Ansatz von Weisbach, erhält man

$$\frac{dp}{\rho} + u \cdot du + \xi \frac{dl}{d} \cdot \frac{u^2}{2} = 0. \tag{42.11.1}$$

Innerhalb einer infinitesimalen Strecke ist sowohl die Dichte als auch die Geschwindigkeit u konstant. Es braucht also keine Mittelung entlang der Laufstrecke dl. (Natürlich sind die Geschwindigkeiten aber wie immer bezüglich des Durchmessers gemittelt, d. h. vom Zentrum hin zur Wand.) Das Gas sei ideal und die Zustandsänderung verlaufe adiabat mit dem Adiabatenexponenten κ. Im Fall der Isothermie ist dann $\kappa = 1$. Die Poisson-Gleichung für einen beliebigen Zustand lautet pV^κ = konst. oder $\frac{p}{\rho^\kappa}$ = konst. Daraus folgt $\rho = \rho_1 p_1^{-\frac{1}{\kappa}} p^{\frac{1}{\kappa}}$, falls der Index 1 einem Anfangszustand entspricht. Die Kontinuitätsgleichung ρu = konst. führt zu $u = u_1 p_1^{\frac{1}{\kappa}} p^{-\frac{1}{\kappa}}$ und folglich $du = -\frac{1}{\kappa} u_1 p_1^{\frac{1}{\kappa}} p^{-\frac{1}{\kappa}-1} dp$. Weiter ergibt sich

$$u \cdot du = -\frac{u_1^2}{\kappa} p_1^{\frac{2}{\kappa}} p^{-\frac{2}{\kappa}-1} dp.$$

Gleichung (42.11.1) schreibt sich dann als

$$\frac{p_1^{\frac{1}{\kappa}} dp}{\rho_1 p^{\frac{1}{\kappa}}} - \frac{u_1^2}{\kappa} p_1^{\frac{2}{\kappa}} p^{-\frac{2}{\kappa}-1} dp + \xi \frac{dl}{2d} (u_1 p_1^{\frac{1}{\kappa}} p^{-\frac{1}{\kappa}})^2 = 0.$$

Die Division durch

$$(u_1 p_1^{\frac{1}{\kappa}} p^{-\frac{1}{\kappa}})^2$$

liefert

$$\frac{p_1^{-\frac{1}{\kappa}}}{\rho_1 u_1^2} \cdot p^{\frac{1}{\kappa}} dp - \frac{1}{\kappa} \cdot \frac{dp}{p} + \xi \frac{dl}{2d} = 0.$$

Diese Gleichung entspricht der reibungsbehafteten Euler-Gleichung für Gase mit adiabater Zustandsänderung. Nach einer Integration,

$$\frac{p_1^{-\frac{1}{\kappa}}}{\rho_1 u_1^2} \int_{p_1}^{p_2} p^{\frac{1}{\kappa}} dp - \frac{1}{\kappa} \int_{p_1}^{p_2} \frac{dp}{p} + \frac{\xi}{2d} \int_0^l dl,$$

erhält man die Bernoulli-Gleichung für inkompressible, reibungsbehaftete Fluide mit adiabater Zustandsänderung

$$\frac{\kappa}{\kappa+1} \cdot \frac{p_1^{-\frac{1}{\kappa}}}{\rho_1 u_1^2} (p_2^{\frac{\kappa+1}{\kappa}} - p_1^{\frac{\kappa+1}{\kappa}}) - \frac{1}{\kappa} \cdot \ln\left(\frac{p_2}{p_1}\right) + \frac{\xi l}{2d} = 0. \tag{42.11.2}$$

Beispiel. Durch ein Rohr der Länge $l = 1\,\text{km}$ und einem Durchmesser $d = 0{,}2\,\text{m}$ strömt Wasserdampf der Temperatur $T = 400\,°\text{C}$ mit einer Anfangsgeschwindigkeit $u_1 = 24\,\frac{\text{m}}{\text{s}}$ und einem Anfangsdruck von $p_1 = 25\,\text{bar}$. Die Stoffwerte des Wasserdampfs sind bei einem Druck von 24 bar ermittelt und betragen $\rho_1 = 7{,}981\,\frac{\text{kg}}{\text{m}^3}$ und $\nu_1 = 3{,}056 \cdot 10^{-5}\,\frac{\text{m}^2}{\text{s}}$. Zusätzlich nehmen wir eine Rauheit von $k = 0{,}1\,\text{mm}$ an. Bestimmen Sie den Druckverlust:

a) für den isothermen Betrieb unter Vernachlässigung der kinetischen Energieänderung,
b) für den isothermen Betrieb unter Einbezug der kinetischen Energieänderung,
c) für den adiabaten Betrieb unter Vernachlässigung der kinetischen Energieänderung,
d) für den adiabaten Betrieb unter Einbezug der kinetischen Energieänderung.
e) Berechnen Sie im Fall d) die maximal mögliche Temperaturerhöhung und den Wärmestrom in Fließrichtung, falls $c_p = 2{,}230 \cdot 10^3\,\frac{\text{J}}{\text{kg}\cdot\text{K}}$ beträgt.

Lösung.

a) In diesem Fall kann man $\kappa = 1$ setzen und erhält aus (42.11.2) die Gleichung

$$\frac{p_2^2 - p_1^2}{2\rho_1 u_1^2 p_1} - \ln\left(\frac{p_2}{p_1}\right) + \frac{\xi l}{2d} = 0. \tag{42.11.3}$$

Die Änderung der kinetischen Energie wird nicht beachtet. Aus (42.11.3) wird dann

$$\frac{p_2^2 - p_1^2}{\rho_1 u_1^2 p_1} + \frac{\xi l}{d} = 0. \tag{42.11.4}$$

Da die Geschwindigkeit u_2 nach einer Strecke von 1 km unbekannt ist, starten wir die Iteration mit $\overline{u} = u_1 = 24\,\frac{\mathrm{m}}{\mathrm{s}}$. Dann folgt

$$\mathrm{Re}_d = \frac{u_1 \cdot d}{\nu_1} = \frac{24 \cdot 0{,}2}{3{,}056 \cdot 10^{-5}} = 1{,}571 \cdot 10^6.$$

Mit (42.7.10) erhält man $\xi = 0{,}01928$. Dies in (42.11.4) eingefügt, ergibt $p_2 = 2267640$ Pa. Aus der Kontinuitätsgleichung folgt $u_2 = u_1 \frac{p_1}{p_2} = 26{,}46\,\frac{\mathrm{m}}{\mathrm{s}}$ und damit die neue Durchschnittsgeschwindigkeit

$$\overline{u} = \frac{u_1 + u_2}{2} = \frac{24 + 26{,}46}{2} = 25{,}23\,\frac{\mathrm{m}}{\mathrm{s}}$$

für den nächsten Iterationsschritt. Zur Berechnung der Reynolds-Zahl wird dabei die kinematische Viskosität beibehalten und dafür den einen oder anderen zusätzlichen Iterationsschritt in Kauf genommen. Man erhält $\mathrm{Re}_d = \frac{\overline{u} \cdot d}{\nu_1} = 1{,}651 \cdot 10^6$, $\xi = 0{,}01918$ und $p_2 = 2268907$ Pa, dann $p_2 = 2268899$ Pa und im nächsten Schritt die Bestätigung dieses Werts.

Somit ist $p_2 = 22{,}69$ bar und der gesuchte Druckunterschied $\Delta p_V = p_1 - p_2 = 2{,}31$ bar.

b) Die Änderung der kinetischen Energie wird mit einbezogen. Somit gilt es (42.11.3) zu lösen. Die Startwerte sind diejenigen von a), nämlich $\mathrm{Re}_d = 1{,}571 \cdot 10^6$ und $\xi = 0{,}01928$. Dies in (42.11.3) eingefügt, ergibt $p_2 = 2267145$ Pa. Die nächsten beiden Iterationsschritte liefern $p_2 = 2268417$ Pa, $p_2 = 2268410$ Pa und im darauffolgenden Schritt folgt die Bestätigung des letzten Werts. Also beträgt der Unterschied zu a) lediglich 489 Pa.

c) Für einen adiabaten Betrieb bedarf es des Adiabatenexponenten. In unserem Fall beträgt er $\kappa = 1{,}29$. Wieder vernachlässigen wir vorerst die Änderung der kinetischen Energie.

Dann gilt es,

$$\frac{1{,}29}{2{,}29} \cdot \frac{p_1^{-\frac{1}{1{,}29}}}{\rho_1 u_1^2} \left(p_2^{\frac{2{,}29}{1{,}29}} - p_1^{\frac{2{,}29}{1{,}29}}\right) + \frac{\xi l}{2d} = 0$$

zu lösen. Die ersten beiden Startgrößen $\mathrm{Re}_d = 1{,}571 \cdot 10^6$ und $\xi = 0{,}01928$ ergeben, eingesetzt in obige Gleichung, den Druck $p_2 = 2270193\,\mathrm{Pa}$, in den nächsten beiden Schritten $p_2 = 2271416\,\mathrm{Pa}$, $p_2 = 2271409\,\mathrm{Pa}$ und im darauffolgenden die Bestätigung des letzten Werts. Somit ist $p_2 = 22{,}71\,\mathrm{bar}$ und der gesuchte Druckunterschied $\Delta p_V = p_1 - p_2 = 2{,}29\,\mathrm{bar}$. Der Unterschied der Druckänderung zum isothermen Fall a) beträgt 2510 Pa.

d) Mit Einbezug der kinetischen Energieänderung muss (42.11.2) gelöst werden. Man erhält nacheinander $p_2 = 2269822\,\mathrm{Pa}$, $p_2 = 2271050\,\mathrm{Pa}$, $p_2 = 2271043\,\mathrm{Pa}$ und die Bestätigung des letzten Werts. Die mittlere Geschwindigkeit ist $\overline{u} = 25{,}21 \frac{m}{2}$. Der Unterschied zu c) ist lediglich 366 Pa.

Die Berechnung zeigt, dass man zur Druckverlustrechnung die Änderung der kinetischen Energie vernachlässigen kann und in einem etwas größeren Rahmen auch die Randbedingung der Strömung.

e) Es gilt $\Delta T = \frac{\Delta p_V}{\rho \cdot c_p}$. In unserem Fall ist $c_p = 2{,}230 \cdot 10^3 \frac{\mathrm{J}}{\mathrm{kg \cdot K}}$ und man erhält

$$\Delta T = \frac{231633\mathrm{Pa}}{7{,}981 \cdot 2{,}230 \cdot 10^3} = 12{,}98\,\mathrm{K}.$$

Der zugehörige Wärmestrom in Fließrichtung beträgt dann

$$\dot{\phi} = \Delta p_V \cdot \dot{V} = \Delta p_V \cdot A \cdot \overline{u} = 228957 \cdot \pi \cdot 0{,}1^2 \cdot 25{,}21 = 4{,}57 \cdot 10^6\,\mathrm{W}.$$

43 Gerinneströmungen 2. Teil

Idealisierung: Wir fassen den Abfluss einer turbulenten Gerinneströmung in einer Näherung als Grenzschichtströmung entlang einer Platte auf.

Es handelt sich also vielmehr um den Versuch oder die Annahme, gewonnene Erkenntnisse von der Platte auf ein Gerinne zu übertragen. Dazu gehören die Geschwindigkeitsprofile der turbulenten Plattenströmung (42.5.3) und (42.5.10). Zum Vergleich soll noch das laminare Profil hinzugefügt werden. Es liegt mit Gleichung (38.19) schon vor. Man erhält folgende Übersicht:

Fließart	Geschwindigkeitsprofil Gerinne	Gültigkeitsbereich
Laminar	$\frac{u}{u_*} = \frac{u_*}{\nu} \cdot y \cdot (1 - \frac{y}{2h})$	$0 \leq y \leq h$
Viskose Unterschicht	$\frac{u}{u_*} = \frac{y}{l_\nu}$	$0 < \frac{y}{l_\nu} < 5$
Übergangsbereich	–	$5 < \frac{y}{l_\nu} < 30$
Turbulent glatt, $\mathrm{Re}_k < 3{,}33$	$\frac{\overline{u}}{u_*} = 2{,}5 \cdot \ln(\frac{9y}{l_\nu})$	$30 < \frac{y}{l_\nu} < 500$, als Näherung $\frac{y}{l_\nu} \geq 500$
Turbulent rau, $\mathrm{Re}_k > 3{,}33$	$\frac{\overline{u}}{u_*} = 2{,}5 \cdot \ln(\frac{30y}{k})$	$y \geq \frac{k}{30}$

Bemerkung. Das laminare Profil in der Übersicht wandelt man ausgehend von

$$u(y) = \frac{g \sin \alpha}{2\nu} \cdot y(2h - y)$$

(Gleichung (43.1.5)) um zu

$$u(y) = \frac{u_*^2}{2\nu h} \cdot y(2h - y).$$

Zur Unterscheidung zwischen laminarer und turbulenter Gerinneströmung ist es üblich, die Reynolds-Zahl mithilfe der mittleren Geschwindigkeit und dem hydraulischen Radius zu bilden, also $\mathrm{Re}_{r_H} = \frac{\overline{u} \cdot r_H}{\nu}$. Bei einer Rohrströmung liegt der Umschlag bei einer kritischen Reynolds-Zahl von $\mathrm{Re}_{d,\mathrm{krit}} = \frac{\overline{u} \cdot d}{\nu} = 2300$. Setzt man $d = d_H$, so entspräche das $\mathrm{Re}_{r_{H,\mathrm{krit}}} = \frac{\overline{u} \cdot d}{4\nu} = 575$ für ein Gerinne. Infolge der vielfältigen Gerinnequerschnitte und des sich damit gegenüber einer Rohrströmung ändernden Geschwindigkeitsprofils, schwankt die kritische Reynolds-Zahl bei Gerinneströmungen. Es gilt etwa $500 \leq \mathrm{Re}_{r_{H,\mathrm{krit}}} \leq 2000$.

Die Navier-Stokes-Gleichungen bzw. Reynolds-Gleichungen gelten auch für Gerinneströmungen, zu deren Charakterisierung es zweier Kennzahlen bedarf: der Reynolds- und der Froude-Zahl. Erstere entscheidet darüber, ob eine Strömung laminar oder turbulent und Letztere, ob die Fließart strömend oder schießend verläuft (beispielsweise vor und nach einem Wehr). Bei einer laminaren Gerinneströmung überwiegen sowohl

https://doi.org/10.1515/9783111345765-043

die Zähigkeit als auch die Schwerkraft gegenüber der Trägheitskraft (vgl. dazu Bsp. 4 in Kap. 38.1 und Gleichung (38.17)), sodass beide Kennzahlen in die Beschreibung der Strömung einfließen. In diesem Fall erhält man sehr kleine Geschwindigkeiten wie vor einem Wehr und/oder kleine Wassertiefen wie bei einem Abfluss nach einem Regenschauer oder der fortlaufenden Verschmierung einer geneigten Platte mit einer zähen Flüssigkeit. Im Allgemeinen kann man von einer turbulenten Strömung ausgehen, in der die Trägheitskraft die dominierende Kraft darstellt und sich der Einfluss der Viskosität bekanntlich auf einen Grenzschichtbereich beschränkt. In diesem Fall stellt die für die Charakterisierung maßgebende Größe die Froude-Zahl dar (vgl. (36.2.1)). Mit der Annahme eines breiten Gerinnes lauten die Kennzahlen

$$\mathrm{Re}_h = \frac{\overline{u} \cdot h}{\nu} \quad \text{und} \quad \mathrm{Fr} = \frac{\overline{u}}{\sqrt{g \cdot h}}.$$

Zum Schluss dieses Kapitels bestätigen wir noch den Impulsbeiwert von $\beta = 1$ in (36.4.2) für eine turbulente Gerinneströmung Rechteck mit Breite b.

Herleitung von (43.1)

Wir tun dies für ein turbulent glattes Rohr einschließlich der viskosen Unterschicht. Letztere erweitern wir auf den Bereich $0 < \frac{y}{l_\nu} < 30$ und erhalten für den Impulsbeiwert eine obere Schranke. Weiter setzen wir $z = \frac{y}{l_\nu}$, erhalten $u_{\text{vis}}(z) = u_* \cdot z$ bzw. $u_{\text{tur}}(z) = u_* \cdot \ln(9z)$. Wir berechnen

$$\int_A v \cdot dA = u_* b \int_0^{30} z \cdot dz = u_* b \frac{30^2}{2}, \qquad \int_A v^2 \cdot dA = u_*^2 b \int_0^{30} z^2 \cdot dz = u_*^2 b \frac{30^3}{3}$$

und erhalten

$$\beta_{\text{vis}} = \frac{30 b u_*^2 b \frac{30^3}{3}}{u_*^2 b^2 \frac{30^4}{4}} = 1{,}333.$$

Anderseits gilt

$$\int_A v \cdot dA = u_* b \int_{30}^{500} \ln(9z) \cdot dz = 3568 \cdot u_* b \quad \text{und}$$

$$\int_A v^2 \cdot dA = u_*^2 b \int_{30}^{500} [\ln(9z)]^2 \cdot dz = 27303 \cdot u_*^2 b,$$

woraus

$$\beta_{\text{tur}} = \frac{(500 - 30) \cdot b \cdot 27303 \cdot u_*^2 b}{(3568 \cdot u_* b)^2} = 1{,}008$$

entsteht. Das Verhältnis zwischen turbulenter Zone und viskoser Unterschicht beträgt 47:3. Damit ergibt sich

$$\beta \leq \frac{3 \cdot 1{,}333 + 47 \cdot 1{,}008}{95} = 1{,}03 \approx 1. \tag{43.1}$$

Wie auch bei der Rohrströmung kann der Impulsbeiwert $\beta = 1$ gesetzt werden.

43.1 Die Wirbelviskosität und Sohlschubspannung einer Gerinneströmung

Neben der Wassertiefe und der Geschwindigkeit spielt bei Gerinneströmungen die Spannung an der Sohle, die Sohlschubspannung τ_B, eine wichtige Rolle (vgl. Kap. 42.5). Diese entspricht der Wandreibung τ_W bei einer Rohr- oder Plattenströmung.

In einem natürlichen Flussbett kann an ihrer Größe abgelesen werden, ob sich Sediment zu bewegen beginnt.

Herleitung von (43.1.1)–(43.1.9)

Eine stationäre Gerinneströmung gestattet es normalerweise, die Geschwindigkeitsänderungen in seitlicher z-Richtung und in Strömungsrichtung x zu vernachlässigen, sodass nur der Geschwindigkeitsgradient in vertikaler y-Richtung maßgebend ist:

$$\tau_{xy}(y) = \rho \nu_t(y) \frac{d\overline{u}}{dy}. \tag{43.1.1}$$

(Wir ersetzen die partielle Ableitung durch die totale, falls das Gerinne sehr breit und sehr lang ist.) Die Sohlschubspannung ist umso größer, je steiler das Geschwindigkeitsprofil von der Sohle ansteigt. Damit ist die Berechnung von τ_{xy} auf die Bestimmung des Geschwindigkeitsprofils und die Ermittlung der Wirbelviskosität ν_t verlagert. Bis hierhin stellen die Aussagen nichts Neues dar. Der Unterschied zur Plattenströmung besteht nun darin, dass bei einem Gerinne durch die Wassertiefe eine natürliche obere Grenze gegeben ist, woraus zwangsweise folgen muss, dass die Wirbelviskosität, verglichen mit der theoretisch unendlich mit dem Wandabstand anwachsenden Wirbelviskosität bei der Platte, zur Oberfläche hin auf null absinken muss. Demnach wird auch die Mischungsweglänge eine andere Form erhalten. Selbstverständlich kann ν_t auch bei einem Gerinne über eine Messung, wie am Ende von Kap. 42.3 beschrieben, ermittelt werden. Gesucht ist aber eine Formel in Analogie zu derjenigen der Platte (42.5.6).

Die Reynolds-Gleichungen (42.3.3) reduzieren sich in diesem Fall (Strömungsrichtung x, vertikale Richtung y, Breitenrichtung z) und $\boldsymbol{g} = (g \cdot \sin\alpha, -g \cdot \cos\alpha, 0)$ zu

$$-\frac{d}{dy}\left(\nu_t \frac{d\overline{u}}{dy}\right) - g\sin\alpha = 0, \tag{43.1.2}$$

$$\frac{1}{\rho}\cdot\frac{d\overline{p}}{dy} + g\cos\alpha = 0. \tag{43.1.3}$$

Dieses System gilt sowohl für eine Rohr-, Platten- oder Gerinneströmung. Nehmen wir Normalabfluss an, also eine gleichbleibende Wassertiefe, so kann man bei einem Gerinne (43.1.3) von der Sohle bis zu einer Tiefe h integrieren. Beim Rohr würde h dem Rohrradius R entsprechen, bei der Platte gibt es keine Entsprechung.) Man erhält

$$\int_{\overline{p}_h}^{\overline{p}(y)} d\overline{p} = -\rho g\cos\alpha \int_h^y dy$$

und daraus $\overline{p}(y) - \overline{p}_h = -\rho g\cos\alpha(y-h)$. Dabei muss h nicht zwangsweise mit der Wassertiefe zusammenfallen. Sinnvoll ist es, h so zu wählen, dass der gemittelte Referenzdruck $\overline{p}_h$ in dieser Tiefe bekannt ist. Wichtiger ist, dass man $\overline{p}(y) = \overline{p}_h + \rho g\cos\alpha(h-y)$ entnimmt, dass in einer turbulenten Rohr- oder Gerinneströmung bei Normalabfluss wie bei der laminaren Gerinneströmung der gemittelte Druck hydrostatisch verläuft.

Um (43.1.2) aufzuschlüsseln, holen wir etwas aus. Eine Möglichkeit, die Sohlschubspannung zu bestimmen, hatten wir mit (36.10.5) hergeleitet. Sie besteht darin, die über der Sohle befindliche Wassermenge als starre Säule zu behandeln. Die Wassermasse würde dann wie ein fester Körper auf einer schiefen Ebene heruntergleiten. Aus $\frac{F_R}{F_G} = \sin\alpha \approx \tan\alpha = J_S$ erhält man

$$\tau_B = \frac{F_R}{A} = \frac{F_G\cdot J_S}{A} = \frac{mgJ_S}{A} = \frac{\rho AhgJ_S}{A} = \rho ghJ_S. \tag{43.1.4}$$

Die auf diese Weise über die gemessene Sohlneigung bestimmte Sohlschubspannung, auch Schleppspannung genannt, ist zulässig für ein relativ breites Gerinne. Dabei genügt die Bedingung $b \geq 5h$. Demnach würde die gesamte Bewegungsenergie nur an der Sohle verloren gehen. Tatsache ist aber, dass kinetische Energie auch aufgrund der Viskosität des Fluids (in der Schleppspannung taucht diese ja gar nicht auf), der inneren Reibung der Fluidteilchen untereinander und zusätzlich durch Turbulenzen dissipiert wird. Aus der Schleppspannung entnimmt man $\frac{\tau_B}{\rho} \approx gh\sin\alpha$ und mithilfe der Definition der Sohlschubspannungsgeschwindigkeit gilt

$$u_*^2 \approx gh\sin\alpha. \tag{43.1.5}$$

Weiter setzen wir (43.1.1) und (43.1.5) in (43.1.2) ein und erhalten

$$\frac{1}{\rho}\cdot\frac{d\tau_{xy}(y)}{dy} + \frac{u_*^2}{h} = 0.$$

Die Integration von einer Tiefe y bis zur Wassertiefe h zusammen mit der Randbedingung $\tau_{xy}(h) = 0$ liefert

$$\int_{\tau_{xy}(y)}^{0} d\tau_{xy} = -\frac{\rho u_*^2}{h} \int_{y}^{h} dy, \quad -\tau_{xy}(y) = -\frac{\rho u_*^2}{h}(h - y)$$

und schließlich

$$\tau_{xy}(y) = \rho u_*^2 \left(1 - \frac{y}{h}\right) \quad \text{oder}$$

$$\tau_{xy}(y) = \tau_B \left(1 - \frac{y}{h}\right). \tag{43.1.6}$$

Diese lineare Spannungsverteilung ist identisch mit derjenigen einer laminaren Gerinneströmung. Die linke Seite von (43.1.6) können wir abermals durch (43.1.1) ausdrücken, was zu

$$\nu_t(y) \frac{d\bar{u}}{dy} = u_*^2 \left(1 - \frac{y}{h}\right)$$

führt. Unter der Annahme, dass das logarithmische Geschwindigkeitsprofil (42.5.5) Gültigkeit besitzt, folgt mit

$$\left|\frac{d\bar{u}}{dy}\right| = \frac{u_*}{\kappa} \cdot \frac{1}{y},$$

dass die gesuchte Formel zur rechnerischen Ermittlung der Wirbelviskosität sich schreiben lässt als:

$$\nu_t(y) = \kappa u_* y \left(1 - \frac{y}{h}\right). \tag{43.1.7}$$

Dieses Ergebnis kann für die Simulation einer Gerinneströmung mithilfe von (42.3.3) verwendet werden. Im Gegensatz zur Linearität (42.5.6) der Platte und des Rohrs, besitzt (43.1.7) einen parabelförmigen Verlauf. Gleichung (42.4.1) liefert den Zusammenhang mit dem Mischungsweg. Aus $\nu_t(y) = l_m^2 |\frac{d\bar{u}}{dy}|$ folgt mithilfe von (42.5.5)

$$\kappa u_* y \left(1 - \frac{y}{h}\right) = l_m^2 \cdot \frac{u_*}{\kappa} \cdot \frac{1}{y}$$

und schließlich

$$l_m(y) = \kappa y \sqrt{1 - \frac{y}{h}}. \tag{43.1.8}$$

Für eine Darstellung wählen wir keine Normierung, sondern ein konkretes Beispiel. Kurz vor der Mittleren Brücke bei Basel ist der Rhein etwa $h = 5\,\mathrm{m}$ tief. Die Sohlschubspannungsgeschwindigkeit schwankt zwischen $0{,}3 \le u_* \le 0{,}9$. Für einen Mittelwert von $u_* = 0{,}5\,\frac{\mathrm{m}}{\mathrm{s}}$ ergibt das die Verteilung $\nu_t(y) = \frac{y}{5}(1 - \frac{y}{5})$ (Abb. 43.1 links) mit einem maximalen Wert von (Abb. 43.1 rechts)

$$\nu_{t,\max} = 0{,}25\,\frac{\mathrm{m}^2}{\mathrm{s}} \quad \text{und} \quad l_m(y) = \frac{2y}{5}\sqrt{1 - \frac{y}{5}}.$$

In beiden Abbildungen ist eine Abnahme sowohl der Wirbelviskosität und folglich auch des Mischungswegs hin zur freien Oberfläche ersichtlich. Im Zentrum hingegen besitzen die Wirbel etwas mehr Platz, um sich zu vergrößern.

Wie auch bei der Platte kann man eine Mittelung von (43.1.7), diesmal über die Wassertiefe, vornehmen:

$$\overline{\nu}_t = \frac{1}{h}\kappa u_* \int_0^h y\left(1 - \frac{y}{h}\right)dy = \frac{\kappa u_*}{h}\left(\frac{h^2}{2} - \frac{h^3}{3h}\right) = \frac{\kappa u_* h}{6}. \tag{43.1.9}$$

Unser Zahlenbeispiel liefert dafür $\overline{\nu}_t = 0{,}17\,\frac{\mathrm{m}^2}{\mathrm{s}}$, was sich ebenfalls für eine Simulation mit (42.3.3) eignen würde, solange die Sohlreibung groß und/oder die Geschwindigkeitsgradienten klein bleiben.

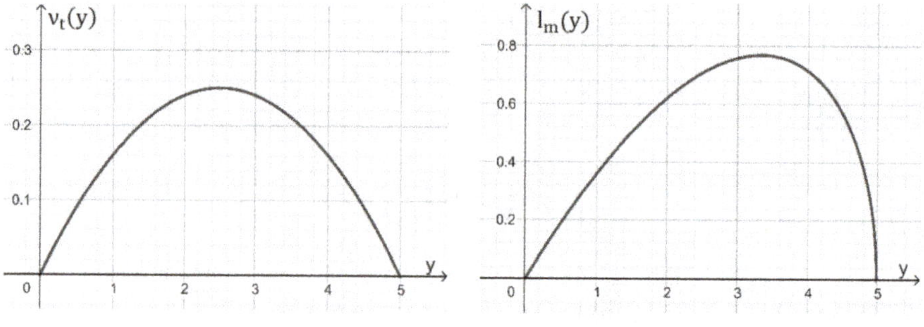

Abb. 43.1: Graphen zu (43.1.7) und (43.1.8).

Die Sohlschubspannung selber kann man auch bei einem Gerinne nicht über die Definition ermitteln, sei es in unmittelbarer Wandnähe bei glatter Oberfläche ($\tau_B \approx \rho u_*^2 = \rho\nu\frac{d\overline{u}}{dy}$, Reynolds-Spannungen vernachlässigbar, ν ist die molekulare Viskosität), sei es etwas weiter von der (glatten oder rauen) Wand entfernt ($\tau_B \approx \rho\nu_t\frac{d\overline{u}}{dy}$, Zähigkeit vernachlässigbar), es läuft doch immer auf eine Messung der Geschwindigkeit u_* hinaus. Gleichung (43.1.7) hilft diesbezüglich ebenfalls nicht weiter. Hingegen bietet sich beim Gerinne die Möglichkeit, bei bekannter Sohlneigung mithilfe von (43.1.4) die Sohlschubspannung zu ermitteln. Zudem bestehen weiterhin die am Ende von Kap. 42.5 beschriebenen Messmethoden und die indirekten Methoden über die Auswertung des Geschwindigkeitsprofils (vgl. anschließendes Beispiel).

Man könnte auf die Idee kommen, Gleichung (42.8.6) zur Berechnung von τ_B heranzuziehen. Das wäre aber falsch, weil sämtliche Geschwindigkeitsprofile und die daraus resultierenden Widerstände aus den Kapiteln 42.5–42.8 ohne Berücksichtigung der Gravitation hergeleitet wurden.

Beispiel. Bei einer turbulenten, hydraulisch rauen Gerinneströmung soll die Rauheit und die Sohlschubspannungsgeschwindigkeit über zwei Messungen ermittelt werden. Auf 1 m Sohlhöhe herrscht die Geschwindigkeit 0,75 $\frac{\text{m}}{\text{s}}$ und in 5 m Höhe die Geschwindigkeit 1 $\frac{\text{m}}{\text{s}}$.

a) Bestimmen Sie daraus das logarithmische Geschwindigkeitsprofil gemäß (42.5.13).
b) Wie groß werden Sohlschubspannung und Rauheit, falls $\rho = 10^3\ \frac{\text{kg}}{\text{m}^3}$ ist?
c) In welcher Höhe beträgt die Geschwindigkeit u_*?

Lösung.

a) Aus dem Gleichungssystem $0{,}75 = 2{,}5u_* \cdot \ln(\frac{1}{y_0})$ und $1 = 2{,}5u_* \cdot \ln(\frac{5}{y_0})$ folgt durch Division mit $2{,}5u_*$ nacheinander

$$\frac{4}{3}\ln\left(\frac{1}{y_0}\right) = \ln\left(\frac{5}{y_0}\right), \quad \ln\left(\frac{1}{y_0}\right)^{\frac{4}{3}} = \ln\left(\frac{5}{y_0}\right), \quad \left(\frac{1}{y_0}\right)^{\frac{4}{3}} = \frac{5}{y_0}, \quad y_0^{\frac{1}{3}} = \frac{1}{5}$$

und schließlich $y_0 = 5^{-3} = 0{,}008$ m.

Eingesetzt in einer der beiden Gleichungen, erhält man $1 = 2{,}5u_* \cdot \ln(5^4)$ und daraus

$$u_* = \frac{1}{10 \cdot \ln 5} = 0{,}062\ \frac{\text{m}}{\text{s}}.$$

Insgesamt folgt

$$\overline{u}(y) = 2{,}5u_* \cdot \ln\left(\frac{y}{y_0}\right) = 0{,}155 \cdot \ln(125y).$$

b) Es gilt $\tau_B = \rho u_*^2 = 10^3 \cdot 0{,}062^2 = 3{,}86\ \frac{\text{N}}{\text{m}^2}$ und $k = 30y_0 = 0{,}24$ m.
c) Dafür muss $2{,}5 \cdot \ln(\frac{y}{y_0}) = 1$ gelten, was für $y = y_0 \cdot e^{0{,}4} = 0{,}01$ m der Fall ist.

Herleitung von (43.1.10)

Eine weitere Möglichkeit, nebst der Schleppspannungsbeziehung, die Sohlschubspannung zu bestimmen, ergibt sich aus der endlichen Wassertiefe, die im Gegensatz zur Plattenströmung, eine Tiefenmittelung sinnvoll erscheinen lässt. Dazu wird das Profil

(42.5.13), $\frac{\overline{u}}{u_*} = 2{,}5 \cdot \ln(\frac{y}{y_0})$, über den Gültigkeitsbereich von y_0 bis zu einer Tiefe h gemittelt (Tiefenmittelung). Dabei bezeichnet h nicht zwangsweise die Wassertiefe. Auf jeden Fall entfällt damit die Abhängigkeit der Geschwindigkeit mit dem Wandabstand y.

(Der ersten Querbalken über der Fließgeschwindigkeit bezeichnet die zeitliche Mittelung und der zweiten Balken die Tiefenmittelung.)

Man erhält

$$\overline{\overline{u}} = \frac{2{,}5u_*}{h - y_0} \cdot \int_{y_0}^{h} \ln\left(\frac{y}{y_0}\right) dy = \frac{2{,}5u_*}{h - y_0} \cdot \left[y \cdot \ln\left(\frac{y}{y_0}\right) - y\right]_{y_0}^{h}$$

$$= \frac{2{,}5u_*}{h - y_0} \cdot \left[h \cdot \ln\left(\frac{h}{y_0}\right) - h + y_0\right] = 2{,}5u_* \cdot \left[\frac{h}{h - y_0} \cdot \ln\left(\frac{h}{y_0}\right) - 1\right].$$

Idealisierung: Da $y_0 \ll h$, können wir dafür

$$\overline{\overline{u}} \approx 2{,}5u_* \cdot \left[\ln\left(\frac{h}{y_0}\right) - 1\right] = 2{,}5u_* \cdot \ln\left(\frac{h}{e \cdot y_0}\right) \quad \text{schreiben.}$$

Offenbar wird diese Geschwindigkeit in der Höhe $y = \frac{h}{e} = 0{,}37h$ erreicht. Damit haben wir den Bezugspunkt $y = y_0 e^{0{,}4}$ der Geschwindigkeit u_* auf den Bezugspunkt $y = 0{,}37h$ der Geschwindigkeit $\overline{\overline{u}}$ verschoben. Fügt man noch $y_0 = \frac{k}{30}$ ein, so erhält man $\overline{\overline{u}} = 2{,}5u_* \cdot \ln(\frac{11{,}04 \cdot h}{k})$. Die Näherung von vorhin ($h - y_0 \approx h$) gleicht man durch einen Wert von 12 aus, was zu $\overline{\overline{u}} = 2{,}5u_* \cdot \ln(\frac{12 \cdot h}{k})$ führt.

Die Gerinneströmung der Tiefe h kann man sich als eine Strömung der Tiefe $0{,}37h$ ersetzt denken, die auf dieser Ersatzhöhe durchweg mit der Geschwindigkeit $\overline{\overline{u}}$ fließt. Damit kann die Sohlschubspannungsgeschwindigkeit bei vorhandener gemittelter Geschwindigkeit, die beispielsweise mit Messung des Durchflusses vorliegt, bestimmt werden. Für die Sohlschubspannung ergibt sich die Formel von Nikuradse:

$$\tau_B = \rho u_*^2 = \frac{0{,}16 \cdot \rho}{[\ln(\frac{12 \cdot h}{k})]^2} \overline{\overline{u}}^2 . \qquad (43.1.10)$$

Will man die Rauheit bis auf die Korngrößen aufschlüsseln, dann wäre $k = 3{,}25 \cdot d_m$ mit dem mittleren Korndurchmesser d_m zu setzen. Es gibt weitere tiefengemittelte Formeln. Bei allen fließt die mittlere Geschwindigkeit quadratisch ein, wie es bei einem Oberflächen- oder Luftwiderstand üblich ist.

Die Formel (43.1.1) ist ungültig für Wasserwellen, weil diese gegenüber einem Gerinne ganz andere Charakteristika besitzen, beispielsweise was den Massentransport oder das Geschwindigkeitsprofil betrifft (vgl. 5. Band, Airy-Wellen).

43.2 Die universelle Fließformel einer Gerinneströmung

Bei laminaren Gerinneströmungen entstehen sehr kleine Wassertiefen und/oder sehr kleine Fließgeschwindigkeiten mit dem zugehörigen Profil (38.19). Eine Tiefenmittelung ergibt für die stationäre Strömung

$$\overline{u} = \frac{g \sin \alpha}{2h\nu} \cdot \int_0^h (2hy - y^2) dy = \frac{g \sin \alpha}{2h\nu} \cdot \left(h^3 - \frac{h^3}{3} \right) = \frac{gh^2 \sin \alpha}{3\nu}.$$

Setzt man noch $\sin \alpha \approx \tan \alpha = J_S$, so folgt, wie schon mit (36.10.8) oder (38.20) hergeleitet, die Fließformel bei Normalabfluss für laminare Gerinne zu $\overline{u} = \frac{gh^2 J_S}{3\nu}$. Im Allgemeinen sind Gerinneströmungen turbulent. Für den stationären Fall hatten wir in Kap. 36.8 drei Fließformeln besprochen. Es sind dies die Formeln von de Chézy, Gauckler/Manning/Strickler und Weisbach. Sie lauten in dieser Reihenfolge

$$\overline{u} = C\sqrt{d_H \cdot J_S},$$
$$\overline{u} = k_{\text{Str}} \cdot \left(\frac{d_H}{4} \right)^{\frac{2}{3}} \cdot \sqrt{J_S} \qquad (43.2.1)$$

und

$$\overline{u} = \sqrt{\frac{2g}{\lambda}} \cdot \sqrt{d_H \cdot J_S}. \qquad (43.2.2)$$

Dabei bezeichnet d_H der hydraulische Durchmesser, J_S das Sohlgefälle und C, k_{Str}, λ sind Beiwerte bzw. Reibungszahlen. Wir richten im Folgenden unser Augenmerk auf letztere zwei Fließformeln. Die Rohrreibungszahl λ wird durch die Colebrook-White-Gleichung (42.7.10) bestimmt, wobei für ein Gerinne der Durchmesser d des Rohrs durch den hydraulischen Durchmesser $d_H = \frac{4A}{U}$ ersetzt wird. Dabei bezeichnet A den Gerinnequerschnitt und U den benetzten Umfang. Entsprechend wird die Reynolds-Zahl ebenfalls mithilfe von d_H gebildet: $\text{Re}_{d_H} = \frac{\overline{u} \cdot d_H}{\nu}$.

Herleitung von (43.2.3)–(43.2.6)

In den bisherigen Berechnungen wurden die Reynolds-Zahl und die Gleichungen (42.7.10) und (43.2.2) immer getrennt voneinander belassen, was zu längeren Iterationen bei bestimmten Fragestellungen führte. Nehmen wir als Beispiel den Fall, dass d_H, k, ν, J_S bekannt sind und $\overline{u}$ zu ermitteln ist. Bisher musste man für $\overline{u}$ einen Startwert schätzen und damit Re_{d_H} bestimmen. Mit (42.7.10) ergibt sich ein Wert für λ, den man in (43.2.2) einsetzt und ein neues $\overline{u}$ erhält. Diese Schritte führt man so lange durch, bis die Werte in etwa konstant bleiben.

Das Ziel soll nun sein, eine Formel herzuleiten, die aus den vier genannten Größen die mittlere Geschwindigkeit direkt ermittelt. Dazu schreiben wir (42.7.10) um zu

$$\frac{1}{\sqrt{\lambda}} = -2 \cdot \log_{10}(0{,}135) - 2 \cdot \log_{10}\left(\frac{18{,}7}{\mathrm{Re}_{d_H}\sqrt{\lambda}} + \frac{2k}{d_H}\right)$$

oder

$$\frac{1}{\sqrt{\lambda}} = -2 \cdot \log_{10}\left(\frac{2{,}51}{\mathrm{Re}_{d_H}\sqrt{\lambda}} + \frac{k}{3{,}71 \cdot d_H}\right). \tag{43.2.3}$$

Weiter folgt mit (43.2.2)

$$\mathrm{Re}_{d_H} = \frac{\bar{u} \cdot d_H}{\nu} = \sqrt{\frac{2g}{\lambda}} \cdot \frac{d_H}{\nu} \cdot \sqrt{d_H \cdot J_S} \tag{43.2.4}$$

und

$$\mathrm{Re}_{d_H}\sqrt{\lambda} = \frac{\sqrt{2g}}{\nu} \cdot d_H \cdot \sqrt{d_H \cdot J_S}. \tag{43.2.5}$$

Aus (43.2.5) erhält man

$$\frac{1}{\sqrt{\lambda}} = \frac{\bar{u}}{\sqrt{2g \cdot d_H \cdot J_S}}.$$

Diese Identität zusammen mit (43.2.5) wird der Gleichung (43.2.3) einverleibt und führt zu

$$\bar{u} = -2 \cdot \log_{10}\left(\frac{2{,}51 \cdot \nu}{d_H\sqrt{2g \cdot d_H \cdot J_S}} + \frac{k}{3{,}71 \cdot d_H}\right)\sqrt{2g \cdot d_H \cdot J_S}.$$

Noch gilt diese Gleichung nur für Rohre. Charakteristisch dafür sind die Formfaktoren $f_g = 2{,}51$ und $f_r = 3{,}71$, die offenbar ein Maß für die Glattheit bzw. Rauheit des Rohrs darstellen. Ermutigt infolge guter Ergebnisse, wurde versucht, unter Beibehaltung der Gleichung lediglich die Formfaktoren für vom Kreis abweichende Querschnitte anzupassen – mit Erfolg. Damit lautet die universelle Fließformel:

$$\bar{u} = -2 \cdot \log_{10}\left(\frac{f_g \cdot \nu}{d_H\sqrt{2g \cdot d_H \cdot J_S}} + \frac{k}{f_r \cdot d_H}\right)\sqrt{2g \cdot d_H \cdot J_S}. \tag{43.2.6}$$

Für einige Gerinnequerschnitte sind die zugehörigen Formfaktoren in nachstehender Tabelle zusammengetragen:

Querschnittsform	f_g	f_r
Rechteck $b = h$	2,80	3,45
Rechteck $b = 2h$	2,90	3,30
Rechteck $b = 4h$	2,95	3,23
Rechteck $b \to \infty$	3,05	3,05
Kreisrohr	2,51	3,71
Halbkreis mit $h = \frac{d}{2}$	2,70	3,60
Trapez (Mittelwerte)	2,90	3,16

Herleitung von (43.2.7)–(43.2.8)

Betrachten wir die Fließformel (43.2.1), so erkennen wir, dass die Rauheit k nicht explizit erscheint, sondern im Stricklerbeiwert k_{Str} enthalten ist. Es gibt Tabellen, denen man für alle möglichen Oberflächenbeschaffenheiten den jeweilig passenden Wert k_{Str} entnehmen kann. Das Ziel ist es deshalb, k_{Str} und k miteinander zu verknüpfen. Dazu schreiben wir (43.2.1) als

$$k_{\text{Str}} = \overline{u} \cdot \left(\frac{d_H}{4}\right)^{-\frac{2}{3}} \cdot J_S^{-\frac{1}{2}},$$

ersetzen $\overline{u}$ durch (43.2.2) und erhalten

$$k_{\text{Str}} = \sqrt{\frac{2g}{\lambda}} \cdot \sqrt{d_H \cdot J_S} \cdot \left(\frac{d_H}{4}\right)^{-\frac{2}{3}} \cdot J_S^{-\frac{1}{2}} = \sqrt{\frac{2g}{\lambda}} \cdot \sqrt{d_H} \cdot \left(\frac{d_H}{4}\right)^{-\frac{2}{3}}. \tag{43.2.7}$$

Idealisierung 1: Weiter gehen wir von genügend großen Reynolds-Zahlen an, sodass in (43.2.3) der 1. Term in der Klammer gegenüber dem 2. Term vernachlässigt werden kann.

Daraus entsteht

$$\frac{1}{\sqrt{\lambda}} = -2 \cdot \log_{10}\left(\frac{k}{3{,}71 \cdot d_H}\right). \tag{43.2.8}$$

Idealisierung 2: Die rechte Seite dieser Gleichung kann man durch

$$0{,}184^{-\frac{1}{2}} \cdot \left(\frac{k}{d_H}\right)^{-\frac{1}{6}}$$

„recht gut“ approximieren.

Die Potenz ist dabei so gewählt, dass nach dem Einsetzen von (43.2.7) der hydraulische Durchmesser d_H entfällt. Im Einzelnen setzt man (43.2.8) in (43.2.7) unter Verwendung der Approximation ein und erhält

$$k_{\text{Str}} = \frac{0{,}184^{-\frac{1}{2}} \cdot \sqrt{2g}}{4^{-\frac{2}{3}}} \cdot \frac{1}{k^{\frac{1}{6}}} \cdot d_H^{\frac{1}{6}} \cdot d_H^{\frac{1}{2}} \cdot d_H^{-\frac{2}{3}} \approx \frac{26}{k^{\frac{1}{6}}}.$$

Zusammen mit (43.2.1) folgt

$$\overline{u} = \frac{26}{k^{\frac{1}{6}}} \cdot \left(\frac{d_H}{4}\right)^{\frac{2}{3}} \cdot \sqrt{J_S} \tag{43.2.9}$$

Die oben als „recht gut“ bezeichnete Übereinstimmung ist gewährleistet, falls sowohl k als auch d_H groß sind. Deswegen muss der Gültigkeitsbereich von (43.2.9) auf

$$35\,\frac{\mathrm{m}^{\frac{1}{3}}}{\mathrm{s}} \leq k_{\mathrm{Str}} \leq 65\,\frac{\mathrm{m}^{\frac{1}{3}}}{\mathrm{s}} \quad \text{bzw.} \quad 0{,}004\,\mathrm{m} \leq k \leq 0{,}168\,\mathrm{m}$$

beschränkt werden.

Beispiel 1. Gegeben ist ein Trapezgerinne mit einer Sohlbreite $b = 3\,\mathrm{m}$, einer gleichbleibenden Wassertiefe $h = 1\,\mathrm{m}$ und einer Wasserspiegelbreite $a = 5\,\mathrm{m}$. Sohlneigung und Rauheit betragen $J_S = 0{,}002$ und $k = 0{,}01\,\mathrm{m}$ respektive. Die kinematische Viskosität (des Wassers) ist $\nu = 1{,}3 \cdot 10^{-6}\,\frac{\mathrm{m}^2}{\mathrm{s}}$.

Gesucht ist die mittlere Fließgeschwindigkeit bei Normalabfluss mithilfe von:

a) Gleichung (43.2.9),

b) Gleichung (43.2.6).

Lösung. Die Querschnittsfläche beträgt $A = \frac{a+b}{2} \cdot h = \frac{5+3}{2} \cdot 1 = 4\,\mathrm{m}^2$ und der benetzte Umfang ist $U = 3 + 2\sqrt{2}$. Damit ergibt sich der hydraulische Durchmesser zu

$$d_H = \frac{4A}{U} = 2{,}75\,\mathrm{m}.$$

a) Gleichung (43.2.9) liefert

$$\overline{u} = \frac{26}{0{,}01^{\frac{1}{6}}} \cdot \left(\frac{2{,}75}{4}\right)^{\frac{2}{3}} \cdot \sqrt{0{,}002} = 1{,}95\,\frac{\mathrm{m}}{\mathrm{s}}.$$

b) Die Formwerte entnimmt man aus der Tabelle zu $f_g = 2{,}90$ und $f_r = 3{,}16$. Eingesetzt in (43.2.6) erhält man

$$\overline{u} = -2 \cdot \log_{10}\left(\frac{2{,}90 \cdot 1{,}3 \cdot 10^{-6}}{2{,}75 \cdot \sqrt{2 \cdot 9{,}81 \cdot 2{,}75 \cdot 0{,}002}} + \frac{0{,}01}{3{,}16 \cdot 2{,}75}\right)\sqrt{2 \cdot 9{,}81 \cdot 2{,}75 \cdot 0{,}001}$$
$$= 1{,}93\,\frac{\mathrm{m}}{\mathrm{s}}.$$

Beispiel 2. Durch eine Rechteckrinne der Breite $b = 4\,\mathrm{m}$ und der Rauheit $k = 0{,}02\,\mathrm{m}$ fließt Wasser mit einer mittleren Geschwindigkeit $\overline{u} = 1\,\frac{\mathrm{m}}{\mathrm{s}}$ und einer kinematischen Viskosität von $\nu = 1{,}3 \cdot 10^{-6}\,\frac{\mathrm{m}^2}{\mathrm{s}}$. Die Wassertiefe bleibt dabei konstant $h = 1\,\mathrm{m}$. Bestimmen Sie die zugehörige Sohlneigung dieses Abflusses mithilfe von:

a) Gleichung (43.2.9),
b) Gleichung (43.2.6).

Lösung. Für den hydraulischen Durchmesser erhält man

$$d_H = \frac{4bh}{b+2h} = \frac{4\cdot 4\cdot 1}{4+2\cdot 1} = 2{,}67\,\text{m}.$$

Die unveränderliche Wassertiefe weist auf einen Normalabfluss hin.

a) Aus (43.2.9) folgt

$$1 = \frac{26}{0{,}02^{\frac{1}{6}}}\cdot\left(\frac{2{,}67}{4}\right)^{\frac{2}{3}}\cdot\sqrt{J_S}$$

und daraus $J_S = 0{,}00069$.

b) Die zugehörigen Formwerte werden der obigen Tabelle entnommen und Gleichung (43.2.6) liefert

$$1 = -2\cdot\log_{10}\left(\frac{2{,}95\cdot 1{,}3\cdot 10^{-6}}{2{,}67\cdot\sqrt{2\cdot 9{,}81\cdot 2{,}67\cdot J_S}} + \frac{0{,}02}{3{,}23\cdot 2{,}67}\right)\sqrt{2\cdot 9{,}81\cdot 2{,}67\cdot J_S}$$

und damit $J_S = 0{,}00069$.

Beispiel 3. Durch eine Rechteckrinne der Breite $b = 20\,\text{m}$, der Rauheit $k = 0{,}04\,\text{m}$ und einer Sohlneigung $J_S = 0{,}001$ fließt durchschnittlich $\dot{Q} = 100\,\frac{\text{m}^3}{\text{s}}$ Wasser mit einer kinematischen Viskosität von $\nu = 1{,}3\cdot 10^{-6}\,\frac{\text{m}^2}{\text{s}}$. Bestimmen Sie die sich bei Normalabfluss einstellende Wassertiefe h mithilfe von:

a) Gleichung (43.2.9),
b) Gleichung (43.2.6),
c) Gleichung (43.1.10).

Lösung. Idealisierung: Aufgrund der großen Breite gegenüber der (noch unbekannten) Höhe, kann man der Einfachheit halber $d_H = \frac{4bh}{b+2h} \approx 4h$ setzen, wobei die Aufgabe auch mit dem genauen d_H zu bewerkstelligen ist.

Weiter gilt für den Abfluss $\dot{Q} = A\overline{u} = bh\overline{u}$, also $\overline{u} = \frac{\dot{Q}}{bh}$.

a) Gleichung (43.2.9) liefert

$$\frac{\dot{Q}}{bh} = \frac{26}{k^{\frac{1}{6}}}\cdot h^{\frac{2}{3}}\cdot\sqrt{J_S},\qquad \frac{\dot{Q}\cdot k^{\frac{1}{6}}}{26\cdot 4^{\frac{2}{3}}\cdot b\sqrt{J_S}} = h^{\frac{5}{3}}$$

und damit eine explizite Formel für die Wassertiefe

$$h = \left(\frac{\dot{Q}\cdot k^{\frac{1}{6}}}{26\cdot b\sqrt{J_S}}\right)^{\frac{3}{5}}.$$

Man erhält $h = 2{,}141\,\text{m}$.

b) Die zugehörigen Formparameter können in diesem Fall $f_g = f_r = 3{,}05$ gesetzt werden.
Mit (43.2.6) folgt die Bestimmungsgleichung zu

$$\frac{100}{20 \cdot h} = -2 \cdot \log_{10}\left(\frac{3{,}05 \cdot 1{,}3 \cdot 10^{-6}}{4h \cdot \sqrt{2 \cdot 9{,}81 \cdot 4h \cdot 0{,}001}} + \frac{0{,}04}{3{,}05 \cdot 4h}\right)\sqrt{2 \cdot 9{,}81 \cdot 4h \cdot 0{,}001}.$$

Es ergibt sich eine Wassertiefe von $h = 2{,}157\,\text{m}$.

c) Benutzt man die Schleppspannung (43.1.4), so folgt mit (43.1.10) die Gleichung

$$\rho g h J_S = \frac{0{,}16 \cdot \rho}{[\ln(\frac{12 \cdot h}{k})]^2}\bar{\bar{u}}^2,$$

daraus die Bestimmungsgleichung

$$g h J_S = \frac{0{,}16}{[\ln(\frac{12 \cdot h}{k})]^2} \cdot \frac{\dot{Q}^2}{b^2 h^2}$$

und für unser Beispiel

$$9{,}81 \cdot 0{,}001 \cdot h = \frac{0{,}16}{[\ln(\frac{12 \cdot h}{0{,}04})]^2} \cdot \frac{100^2}{20^2 h^2}.$$

Man erhält $h = 2{,}137\,\text{m}$.

43.3 Die Windschubspannung

In allen bisherigen Gerinneströmungen wurde die Scherwirkung der Umgebungsluft auf das Fluid immer vernachlässigt. Infolge dieser Reibung wird die maximale Geschwindigkeit auch etwas unterhalb der Wasseroberfläche erreicht. Bei ruhender Luft ist die Änderung des Geschwindigkeitsprofils im Wasser klein, hingegen bei stärkerem Wind, beträchtlich.

In diesem und in den nächsten beiden Kapiteln soll den Einfluss der Windschubspannung an der Wasseroberfläche auf das Strömungsverhalten des darunterliegenden Wassers untersucht werden. Dazu betrachten wir die zugehörigen Geschwindigkeitsprofile der Luft $\overline{u}_L(y)$ und des Wassers $\overline{u}_W(y)$ ohne Wind (Abb. 43.2, durchgezogene Linien). Wasser und Wind tauschen an ihrer gemeinsamen Grenzfläche laufend Impulse aus, weswegen nicht nur die Geschwindigkeit, sondern auch die Spannung und damit der Geschwindigkeitsgradient an dieser Grenze gleich groß sein müssen (Abb. 43.2, gestrichelte Linien). Der Geschwindigkeitsgradient ist zwar klein, aber verschwindet nicht, sonst wäre die Spannung null (Abb. 43.2, punktierte Linien). Schließlich nimmt das Wasserprofil die Gestalt $\overline{u}_{\mathrm{WL}}(y)$ an. Dabei wird im Fall gleich gerichteter Strömungsgeschwindigkeiten der Wasserspiegel fallen, ansonsten steigen.

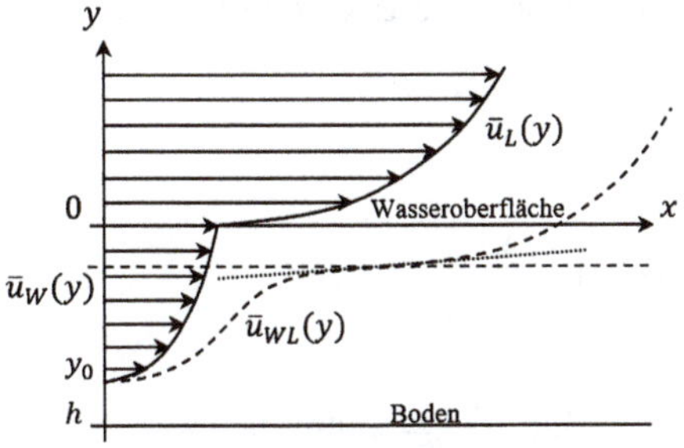

Abb. 43.2: Skizze zum Windeinfluss.

Herleitung von (43.3.1)–(43.3.4)

Vorerst konzentrieren wir uns auf das Windprofil alleine. Die Luftströmung kann man als Grenzschichtströmung zur Wasseroberfläche auffassen. Dann wird das darüber liegende Luftprofil eine logarithmische Form besitzen, das wir als

$$\frac{\overline{u}_L(y)}{u_{*,L}} = 2{,}5 \cdot \ln\left(\frac{y}{y_{0,L}}\right)$$

ansetzen können. Dabei bezeichnen $u_{*,L}$ und $y_{0,L}$ die Windschubspannungsgeschwindigkeit und die untere Gültigkeitsgrenze resp. Im Unterschied zur konstanten Sohlrauheit, ist die Rauheit an der Wasseroberfläche von der Windgeschwindigkeit und damit von $u_{*,L}$ abhängig. Bei kleinen Windgeschwindigkeiten wird die Oberfläche gekräuselt, bei größerem $\overline{u}_L(y)$ entstehen hohe Wellen. (Wäre die Wasseroberfläche absolut fest, dann würde sich schlicht eine Plattengrenzschichtströmung ausbilden.) An dieser Stelle muss man auf Messungen zurückgreifen, die folgenden Zusammenhang liefern:

$$y_{0,L} = a \cdot \frac{u_{*,L}^2}{g} \quad \text{mit} \quad a = 0{,}01 - 0{,}03. \tag{43.3.1}$$

Die Zahl a nennt man Charnock-Konstante. Je weiter man sich von der Küste entfernt, umso kleiner werden die Werte von a. Damit erhält man

$$\frac{\overline{u}_L(y)}{u_{*,L}} = 2{,}5 \cdot \ln\left(\frac{g \cdot y}{a \cdot u_{*,L}^2}\right). \tag{43.3.2}$$

Um $u_{*,L}$ zu bestimmen, muss die Geschwindigkeit in irgendeiner Höhe ausgewertet werden. Üblicherweise geschieht dies auf 10 m über dem Boden (oder in unserem Fall über der Wasseroberfläche). Dazu verwendet man die Abkürzung u_{10}. Liegt $u_{*,L}$

mit (43.3.2) vor, dann beträgt die Windschubspannung $\tau_L = \rho_L \cdot u_{*,L}^2$. Dies gilt nur, falls das darunterliegende Wasser als ruhend betrachtet wird (siehe dazu das weiter unten folgende Beispiel).

Im Grenzfall $u_{10} = 0$ muss $u_{*,L}$ ebenfalls null ergeben. Dieses Ergebnis müsste auch (43.3.2) liefern.

Beweis. Bis auf den Faktor 2,5 gilt

$$\lim_{u_{*,L}\to 0} u_{*,L} \cdot \ln\left(\frac{g \cdot 10}{a \cdot u_{*,L}^2}\right) = -2 \lim_{u_{*,L}\to 0} u_{*,L} \cdot \ln(u_{*,L})$$

$$= -2 \lim_{u_{*,L}\to 0} \frac{\ln(u_{*,L})}{\frac{1}{u_{*,L}}} = 2 \lim_{u_{*,L}\to 0} \frac{\frac{1}{u_{*,L}}}{\frac{1}{u_{*,L}^2}} = 2 \lim_{u_{*,L}\to 0} u_{*,L} = 0. \quad \text{q. e. d.}$$

Dabei wurde im vorletzten Schritt die Regel von de L'Hospital angewendet. Um die implizite Abhängigkeit von $u_{*,L}$ in (43.3.2) aufzuheben, setzt man eine direkte Abhängigkeit der Windschubspannung mit dem Quadrat der Relativgeschwindigkeit $u_{10} - \overline{u}$ zwischen Wind und Wasser an:

$$\tau_L = \rho_L \cdot c_L \cdot (u_{10} - \overline{u}) \cdot |u_{10} - \overline{u}|. \tag{43.3.3}$$

Dabei ist c_L ein Widerstandsbeiwert und das einmalige Betragszeichen berücksichtigt die unter Umständen verschiedenen Vorzeichen von u_{10} und $\overline{u}$.

Folgende Beiwerte können verwendet werden:

$$c_L = \begin{cases} 0{,}565 \cdot 10^{-3} & \text{für } u_{10} \leq 5\,\frac{\text{m}}{\text{s}}, \\ (0{,}137 \cdot u_{10} - 0{,}12) \cdot 10^{-3} & \text{für } 5\,\frac{\text{m}}{\text{s}} \leq u_{10} \leq 19{,}2\,\frac{\text{m}}{\text{s}}, \\ 2{,}513 \cdot 10^{-3} & \text{für } u_{10} \geq 19{,}2\,\frac{\text{m}}{\text{s}}. \end{cases} \tag{43.3.4}$$

Für kleine Windgeschwindigkeiten bis 5 $\frac{\text{m}}{\text{s}}$ treten praktisch keine Wellen auf, weswegen c_L konstant ist. Ab Geschwindigkeiten über 19,2 $\frac{\text{m}}{\text{s}}$ ist der Beiwert ebenfalls konstant, weil die Wellen nicht weiter anwachsen, sondern zu brechen beginnen. Graphisch besitzt c_L eine Stufenform, die man auch durch eine hyperbolische Funktion

$$c_L(u_{10}) = 0{,}565 \cdot 10^{-3} + 0{,}974 \cdot 10^{-3} \cdot \left[1 + \tanh\left(\frac{u_{10}}{6} - 2\right)\right]$$

approximieren kann.

Beispiel. Ein Wind der Geschwindigkeit $u_{10} = 15\,\frac{\text{m}}{\text{s}}$ bläst über einen Fluss mit der Geschwindigkeit $u_W = 4\,\frac{\text{m}}{\text{s}}$. Zudem ist die Konstante $a = 0{,}015$ zur Berechnung der unteren Windprofilgrenze gegeben. Die Dichte der Luft beträgt $\rho_L = 1{,}21\,\frac{\text{kg}}{\text{m}^3}$.

a) Wie lautet das Geschwindigkeitsprofil der Windströmung?

b) Bestimmen Sie aus dem Ergebnis von a) die Windschubspannung und vergleichen Sie das Resultat mithilfe von (43.3.3) und (43.3.4).

c) Setzen Sie für die untere Windprofilgrenze $y_{0,L}$ wie beim Geschwindigkeitsprofil im Wasser den Wert $\frac{k}{30}$ ein, falls k die Rauheit bezeichnet. Wie groß wäre die Auslenkung der Wasseroberfläche, wenn man diese mit der Rauheit gleichsetzt?

Lösung.

a) Gleichung (43.3.2) liefert

$$\frac{15}{u_{*,L}} = 2{,}5 \cdot \ln\left(\frac{9{,}81 \cdot 10}{0{,}015 \cdot u_{*,L}^2}\right),$$

woraus $u_{*,L} = 0{,}61\,\frac{\mathrm{m}}{\mathrm{s}}$ folgt.
Das Windprofil lautet demnach

$$\overline{u}_L(y) = 2{,}5 \cdot u_{*,L} \cdot \ln\left(\frac{g \cdot y}{a \cdot u_{*,L}^2}\right) = 1{,}537 \cdot \ln(1729{,}96 \cdot y).$$

b) Nach Definition ist

$$\tau_L = \rho_L \cdot u_{*,L}^2 = 1{,}21 \cdot 0{,}42^2 = 0{,}46\,\frac{\mathrm{N}}{\mathrm{m}^2}.$$

Zum Vergleich liefern (43.3.2) und (43.3.3)

$$\tau_L = 1{,}21 \cdot (0{,}137 \cdot 15 - 0{,}12) \cdot 10^{-3} \cdot (15 - 4)^2 = 0{,}28\,\frac{\mathrm{N}}{\mathrm{m}^2}.$$

Der Unterschied erklärt sich daraus, dass $u_{*,L}$ bei einer Absolutgeschwindigkeit $u_{10} = 15\,\frac{\mathrm{m}}{\mathrm{s}}$, also einer ruhenden Wasseroberfläche, bestimmt wurde. Deswegen muss (43.3.2) nochmals für $\overline{u}_L(10) = u_{10} - u_W = 11\,\frac{\mathrm{m}}{\mathrm{s}}$ ermittelt werden, woraus $u_{*,L} = 0{,}42\,\frac{\mathrm{m}}{\mathrm{s}}$ und $\tau_L = 0{,}21\,\frac{\mathrm{N}}{\mathrm{m}^2}$ entsteht.

c) Aus $y_{0,L} = \frac{k}{30}$ folgt mit (43.3.1) $\frac{k}{30} = 0{,}015 \cdot \frac{0{,}42^2}{9{,}81}$ und daraus $k = 8\,\mathrm{mm}$.

43.4 Die Wassertiefe einer Gerinneströmung unter Windeinfluss

Um den Windeinfluss zu erfassen, könnte man die Impulsbilanz (36.4.2) lediglich um einen die Windkraft beschreibenden Term erweitern. Wir gehen bei der folgenden Herleitung aber nochmals einen Schritt zurück und formulieren diese für einen beliebigen Abfluss.

Herleitung von (43.4.1)–(43.4.4)
Wir greifen ein Kontrollvolumen des Gerinnes mit Länge l und konstanter Breite b heraus.

Bilanz und Approximation: Impulsbilanz am Kontrollvolumen (Abb. 43.3). Die zeitliche Änderung des Impulses ist definiert als die Summe aller am Kontrollvolumen angreifenden Kräfte. Diese setzen sich zusammen aus dem ein- und austretenden Impulsstrom, der antreibenden Gewichtskraft, der bremsenden Reibungskraft an der Sohle und der vorwärtstreibenden Windkraft. Solange noch kein Normalabfluss vorliegt, sind die Querschnittsflächen A_1 und A_2 senkrecht zur Mittellinie gewählt. Zusätzlich ist zu beachten, dass die Gewichtskraftkomponente und das Energiegefälle mit dem Winkel β gebildet werden muss. Man erhält $\frac{dI}{dt} = \dot{I}_{\text{ein}} - \dot{I}_{\text{aus}} + F_G \sin\beta - F_R + F_L$. Für kleine Winkel ist $\sin\beta \approx \tan\beta = J_\beta = J_E$ (Energiegefälle) was zu $\frac{dI}{dt} = \dot{I}_{\text{ein}} - \dot{I}_{\text{aus}} + F_G \cdot J_E - \tau_B \cdot A_M + \tau_L \cdot A_L$ führt. Die Reibung beschreiben wir durch den Ansatz von Weisbach mit einer (örtlich) gemittelten Geschwindigkeit $\overline{u}_M = \frac{u_1+u_2}{2}$ und einer gemittelten Querschnittsfläche $A_M = \frac{A_1+A_2}{2}$. Die antreibende Windkraft wirkt entlang der Wasseroberfläche $A_L = l \cdot b$. Mit Gleichung (43.3.3) folgt dann

$$\begin{aligned}\frac{dI}{dt} &= \beta\rho_W A_1 u_1^2 - \beta\rho_W A_2 u_2^2 + mgJ_E - \lambda\frac{l}{d_H}\rho_W \frac{\overline{u}_M \cdot |\overline{u}_M|}{2} \cdot A_M \\ &\quad + \rho_L c_L A_L (u_{10} - \overline{u}_M) \cdot |u_{10} - \overline{u}_M|. \end{aligned} \tag{43.4.1}$$

Dabei bezeichnet β den Impulsbeiwert, für den man im turbulenten Fall gemäß (36.4.2) oder (43.1) $\beta = 1$ setzen kann.

Einschränkung: Im Fall eines Normalabflusses entspricht J_E dem Sohlgefälle $J_a = J_S$, weiter ist $h_1 = h_2$ und damit $A_1 = A_2 = A_M = A$.

Aus der Kontinuitätsgleichung, $A_1 u_1 = A_2 u_2$, folgt auch die örtliche Konstanz der Fließgeschwindigkeit $u_1 = u_2 = \overline{u}$ und damit die Gleichung

$$\rho_W g \cdot A \cdot l \cdot J_S - \frac{\lambda}{d_H}\rho_W \cdot A \cdot l \cdot \frac{\overline{u} \cdot |\overline{u}|}{2} + \rho_L \cdot c_L \cdot A_L \cdot (u_{10} - \overline{u}) \cdot |u_{10} - \overline{u}| = 0.$$

Idealisierung: Für ein breites Gerinne kann $d_H \approx 4h$ gesetzt werden.

Weiter erhält man über einen Volumenvergleich $A_L \cdot h = A \cdot l$. Dies erzeugt die Gleichung

$$\rho_W g \cdot A \cdot l \cdot J_S - \frac{\lambda}{4h}\rho_W \cdot A \cdot l \cdot \frac{\overline{u} \cdot |\overline{u}|}{2} + \rho_L \cdot c_L \cdot \frac{A \cdot l}{h} \cdot (u_{10} - \overline{u}) \cdot |u_{10} - \overline{u}| = 0$$

und folglich

$$\rho_W gh \cdot J_S - \frac{\lambda}{8}\rho_W \cdot \overline{u} \cdot |\overline{u}| + \rho_L \cdot c_L \cdot (u_{10} - \overline{u}) \cdot |u_{10} - \overline{u}| = 0. \tag{43.4.2}$$

Gleichung (43.4.2) lässt sich auch kurz schreiben als

$$\rho_W g h J_S - \tau_B + \tau_L = 0. \tag{43.4.3}$$

Sie gibt den Zusammenhang zwischen der Schleppspannung, der Sohlschubspannung und der Windschubspannung bei Normalabfluss wieder. Die Vorzeichen von τ_B und τ_L werden erst durch die Strömungs- und Windrichtung bestimmt.

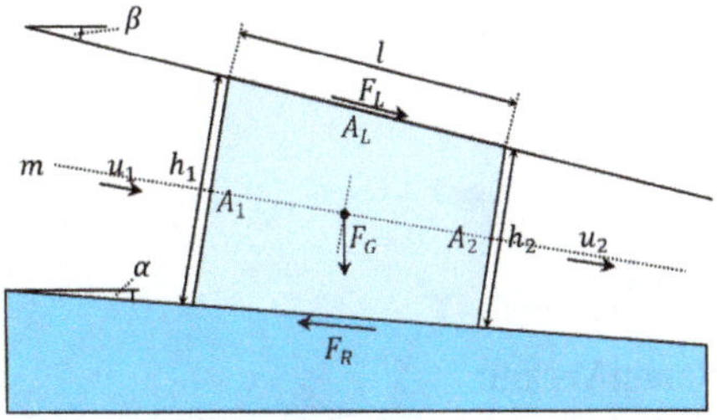

Abb. 43.3: Skizze zur Impulsbilanz mit Windeinfluss.

Drückt man die mittlere Geschwindigkeit $\overline{u}$ mit dem Durchfluss $\dot{Q}$ aus, $\overline{u} = \frac{\dot{Q}}{b \cdot h}$, so geht (43.4.2) über in

$$\rho_W g h J_S - \frac{\lambda}{8}\rho_W \cdot \frac{\dot{Q}}{b \cdot h} \cdot \left|\frac{\dot{Q}}{b \cdot h}\right| + \rho_L \cdot c_L \cdot \left(u_{10} - \frac{\dot{Q}}{b \cdot h}\right) \cdot \left|u_{10} - \frac{\dot{Q}}{b \cdot h}\right| = 0$$

und schließlich

$$g J_S h^3 - \frac{\lambda}{8b^2} \cdot \dot{Q} \cdot |\dot{Q}| + \frac{\rho_L}{\rho_W} \cdot c_L \cdot h^2 \cdot \left(u_{10} - \frac{\dot{Q}}{b \cdot h}\right) \cdot \left|u_{10} - \frac{\dot{Q}}{b \cdot h}\right| = 0. \tag{43.4.4}$$

Für eine Darstellung wählen wir $J_S = 0{,}0001$, $b = 2\,\mathrm{m}$, $\lambda = 0{,}03$, $\dot{Q} = 0{,}1\,\frac{\mathrm{m}^3}{\mathrm{s}}$, $\rho_L = 1{,}21\,\frac{\mathrm{kg}}{\mathrm{m}^3}$ und $\rho_W = 10^3\,\frac{\mathrm{kg}}{\mathrm{m}^3}$. Die Windgeschwindigkeiten variieren wir zwischen $-30\,\frac{\mathrm{m}}{\mathrm{s}} \leq u_{10} \leq 30\,\frac{\mathrm{m}}{\mathrm{s}}$ und bestimmen sowohl die sich einstellende Wassertiefe mit und ohne Wind. Die Differenz $h_{\text{mit Wind}} - h_{\text{ohne Wind}} = h_{\text{Stau}}$ nennt man Windstau. Die Wassertiefe ohne Windeinfluss kann man aus $g J_S h^3 - \frac{\lambda}{8b^2} \cdot \dot{Q} \cdot |\dot{Q}| = 0$ explizit mit

$$h_{\text{ohne Wind}} = \sqrt[3]{\frac{\lambda \cdot \dot{Q}^2}{8b^2 g J_S}}$$

angeben. Man erhält $h_{\text{ohne Wind}} = 0{,}212\,\mathrm{m}$. Da der Beiwert c_L von der Windgeschwindigkeit abhängt, muss dieser mithilfe der Übersicht (43.3.4) angepasst werden. Die Auswertung ergibt die nachstehende Tabelle:

u_{10} [$\frac{m}{s}$]	$h_{\text{mit Wind}}$ [m]	$h_{\text{ohne Wind}}$ [m]	h_{Stau} [m]
−30	0,652	0,212	0,441
−25	0,481	0,212	0,268
−20	0,357	0,212	0,145
−15	0,281	0,212	0,069
−10	0,239	0,212	0,027
−5	0,219	0,212	0,007
0	0,212	0,212	0
5	0,206	0,212	−0,006
10	0,173	0,212	−0,039
15	0,123	0,212	−0,089
20	0,087	0,212	−0,125
25	0,071	0,212	−0,141
30	0,060	0,212	−0,152

Grafisch erhält man den in Abb. 43.4 festgehaltenen Verlauf.

Für die beiden maximalen Windgeschwindigkeiten und dem fehlenden Wind geben wir die entsprechenden mittleren Fließsgeschwindigkeiten an. Mit $\overline{u} = \frac{\dot{Q}}{b \cdot h}$ erhält man

$$\overline{u}_{-30} = \frac{0{,}1}{2 \cdot 0{,}652} = 0{,}08\,\frac{\text{m}}{\text{s}}, \quad \overline{u}_0 = \frac{0{,}1}{2 \cdot 0{,}212} = 0{,}25\,\frac{\text{m}}{\text{s}} \quad \text{und}$$

$$\overline{u}_{30} = \frac{0{,}1}{2 \cdot 0{,}060} = 0{,}83\,\frac{\text{m}}{\text{s}}.$$

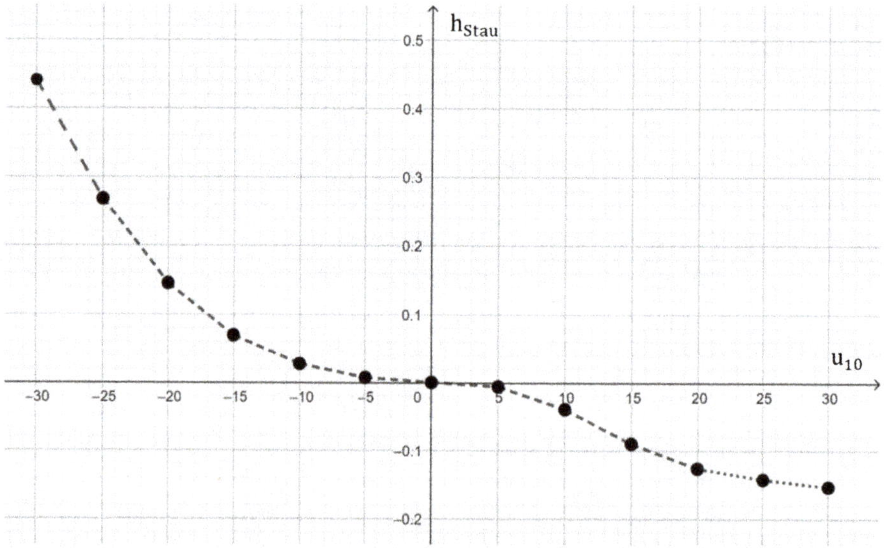

Abb. 43.4: Verlauf des Windstaus bei veränderlicher Windgeschwindigkeit.

Beispiel 1. Berechnen Sie den Spannungsunterschied einer Windströmung von $u_{10} = 15\,\frac{\text{m}}{\text{s}}$ auf die Wasseroberfläche eines Gerinnes, falls das Gerinne praktisch ruht und anderseits mit $\overline{u} = 3\,\frac{\text{m}}{\text{s}}$ in die gleiche Richtung wie der Wind strömt. Die Dichte der Luft beträgt $\rho_L = 1{,}21\,\frac{\text{kg}}{\text{m}^3}$.

Lösung. Bei einem ruhenden Gerinne liefert (43.3.3) $\tau_{L,0} = \rho_L \cdot c_L \cdot u_{10}^2$ und für das mitbewegte Gerinne $\tau_{L,1} = \rho_L \cdot c_L \cdot (u_{10} - \overline{u})^2$. Der Spannungsunterschied beträgt dann unter Verwendung von (43.3.3)

$$\begin{aligned}\Delta\tau = \tau_{L,0} - \tau_{L,1} &= \rho_L \cdot c_L \cdot \left[u_{10}^2 - (u_{10} - \overline{u})^2\right]\\ &= \rho_L \cdot (0{,}137 \cdot u_{10} - 0{,}12) \cdot 10^{-3} \cdot \left[u_{10}^2 - (u_{10} - \overline{u})^2\right]\\ &= 1{,}21 \cdot (0{,}137 \cdot 15 - 0{,}12) \cdot 10^{-3} \cdot \left[15^2 - (15-2)^2\right] = 0{,}13\,\frac{\text{N}}{\text{m}^2}.\end{aligned}$$

Beispiel 2. Welche Gerinnegeschwindigkeit erzeugt bei einer Windströmung von $u_{10} = 15\,\frac{\text{m}}{\text{s}}$ eine Oberflächenspannung von $\tau_L = \pm 0{,}20\,\frac{\text{N}}{\text{m}^2}$, wenn sich Gerinne und Wind in dieselbe Richtung bewegen? Die Dichte der Luft beträgt $\rho_L = 1{,}21\,\frac{\text{kg}}{\text{m}^3}$.

Lösung. Gleichung (43.3.3) in der Form $0{,}2 = 1{,}21 \cdot (0{,}137 \cdot u_{10} - 0{,}12) \cdot (15 - \overline{u})^2$ liefert beide Lösungen. Man erhält $\overline{u}_1 = 1{,}59\,\frac{\text{m}}{\text{s}}$ ($\overline{u}_1 < u_{10}$, $\tau_L > 0$, Spannung wirkt in Strömungsrichtung) und $\overline{u}_2 = 22{,}41\,\frac{\text{m}}{\text{s}}$ ($\overline{u}_2 > u_{10}$, $\tau_L < 0$, Spannung wirkt in Gegenrichtung).

43.5 Das Geschwindigkeitsprofil einer Gerinneströmung unter Windeinfluss

Betrachten wir nochmals den Verlauf der Schubspannung innerhalb des Gerinnes, so besagt Gleichung (43.1.6), dass die Spannung von der Sohle bis zur Wasseroberfläche vom Wert der Sohlschubspannung τ_B linear auf null abfällt. Nehmen wir nun eine Windströmung hinzu, so besteht kein Grund zum Zweifel, dass das Spannungsprofil ebenfalls linear von τ_B bis zum Windschubspannungswert τ_L absinkt. Diese Behauptung wollen wir bestätigen.

Beweis. Dazu schreiben wir die Impulsgleichung (43.1.2) unter abermaliger Verwendung von $\sin\alpha \approx \tan\alpha = J_E$ in der Form

$$-\frac{d}{dy}\left(\nu_t \frac{d\overline{u}}{dy}\right) - gJ_E = 0.$$

Mithilfe von (43.1.1) wird daraus

$$\frac{1}{\rho_W} \cdot \frac{d\tau_{xy}(y)}{dy} + gJ_E = 0.$$

Nun flechtet man Gleichung (43.4.3) bei Normalabfluss ein, was zu

$$\frac{d\tau_{xy}(y)}{dy} + \frac{\tau_B - \tau_L}{h} = 0$$

führt. Mit der Randbedingung $\tau_{xy}(h) = \tau_L$ wird integriert:

$$\int_{\tau_{xy}(y)}^{\tau_L} d\tau_{xy} = -\frac{\tau_B - \tau_L}{h} \int_y^h dy.$$

Die Auswertung ergibt

$$\tau_L - \tau_{xy}(y) = -\frac{\tau_B - \tau_L}{h}(h - y), \quad \tau_{xy}(y) = (\tau_B - \tau_L)\left(1 - \frac{y}{h}\right) + \tau_L$$

und schließlich

$$\tau_{xy}(y) = \tau_B\left(1 - \frac{y}{h}\right) + \tau_L \cdot \frac{y}{h}. \tag{43.5.1}$$

Damit ist die Linearität gezeigt. q. e. d.

Herleitung von (43.5.2)–(43.5.6)

Die linke Seite von (43.5.1) wird durch (43.1.1) und der darin enthaltene Ausdruck für die Wirbelviskosität durch (43.1.7) ersetzt. Dann erhält man

$$\tau_{xy}(y) = \kappa\rho_W u_* y\left(1 - \frac{y}{h}\right) \cdot \frac{d\bar{u}}{dy}.$$

Gleichung (43.5.1) schreibt sich zu

$$\kappa\rho_W u_* y\left(1 - \frac{y}{h}\right) \cdot \frac{d\bar{u}}{dy} = \tau_B\left(1 - \frac{y}{h}\right) + \tau_L \cdot \frac{y}{h}.$$

Aufgelöst ergibt sich

$$\frac{d\bar{u}}{dy} = \frac{2{,}5 \cdot \tau_B}{\rho_W u_*} \cdot \frac{1}{y} + \frac{2{,}5 \cdot \tau_L}{\rho_W u_*} \cdot \frac{1}{h - y}.$$

Diese Gleichung integrieren wir von der unteren Gültigkeitsgrenze y_0 bis zu einer Höhe y. Wir erhalten

$$\bar{u}(y) = \frac{2{,}5 \cdot \tau_B}{\rho_W u_*} \cdot \int_{y_0}^{y} \frac{dy}{y} + \frac{2{,}5 \cdot \tau_L}{\rho_W u_*} \cdot \int_{y_0}^{y} \frac{dy}{h - y}$$

und danach

$$\bar{u}(y) = \frac{2{,}5 \cdot \tau_B}{\rho_W u_*} \cdot \ln\left(\frac{y}{y_0}\right) - \frac{2{,}5 \cdot \tau_L}{\rho_W u_*} \cdot \ln\left(\frac{h-y}{h-y_0}\right). \tag{43.5.2}$$

Die auftretende Spannungsgeschwindigkeit u_* kann nicht mit derjenigen ohne Wind identifiziert werden. Die Windschubspannung wird sich innerhalb der gesamten Flüssigkeitssäule bemerkbar machen. Als Maß für die vorhandenen Spannungen hängt sie sowohl von τ_B als auch von τ_L ab. Messungen bestätigen den Zusammenhang

$$\rho_W u_*^2 = |\tau_B| + |\tau_L|. \tag{43.5.3}$$

Damit wird aus (43.5.2)

$$\frac{\bar{u}(y)}{u_*} = \frac{2{,}5 \cdot \tau_B}{|\tau_B| + |\tau_L|} \cdot \ln\left(\frac{y}{y_0}\right) - \frac{2{,}5 \cdot \tau_L}{|\tau_B| + |\tau_L|} \cdot \ln\left(\frac{h-y}{h-y_0}\right)$$

und danach

$$\frac{\bar{u}(y)}{u_*} = \frac{2{,}5 \cdot \tau_B}{|\tau_B| + |\tau_L|} \cdot \ln\left(\frac{y}{y_0}\right) - \frac{2{,}5 \cdot \tau_L}{|\tau_B| + |\tau_L|} \cdot \ln\left[\frac{h}{h-y_0}\left(1 - \frac{y}{h}\right)\right]. \tag{43.5.4}$$

Idealisierung: Da $y_0 \ll h$, kann der Quotient $\frac{h}{h-y_0} = 1$ gesetzt werden.

Man kann (43.5.4) auch nur mit den zwei Spannungen ausdrücken, wenn man die Wassertiefe der Bedingung (43.4.3) entnimmt. Man erhält $h = \frac{\tau_B - \tau_L}{\rho_W g J_S}$ und in (43.5.4) eingefügt

$$\frac{\bar{u}(y)}{u_*} = \frac{2{,}5 \cdot \tau_B}{|\tau_B| + |\tau_L|} \cdot \ln\left(\frac{y}{y_0}\right) - \frac{2{,}5 \cdot \tau_L}{|\tau_B| + |\tau_L|} \cdot \ln\left(1 - \frac{\rho_W g J_S}{\tau_B - \tau_L} \cdot y\right). \tag{43.5.5}$$

Ersetzt man schließlich noch u_* gemäß (43.5.3), so folgt

$$\bar{u}(y) = \sqrt{\frac{|\tau_B| + |\tau_L|}{\rho_W}} \cdot \left[\frac{2{,}5 \cdot \tau_B}{|\tau_B| + |\tau_L|} \cdot \ln\left(\frac{y}{y_0}\right) - \frac{2{,}5 \cdot \tau_L}{|\tau_B| + |\tau_L|} \cdot \ln\left(1 - \frac{\rho_W g J_S}{\tau_B - \tau_L} \cdot y\right)\right]. \tag{43.5.6}$$

Wiederum kann $y_0 = \frac{k}{30}$ mit der Rauheit k ersetzt werden.

Beispiel. Für eine Darstellung könnte man natürlich zwei Werte für die Spannungen vorgeben. Wir bringen hingegen die Profile in Zusammenhang mit der in Kap. 43.4 aufgeführten Tabelle, zumal die Tiefe h die sich einstellende Wassertiefe bei Normalabfluss bezeichnet. Dazu wählen wir zwei Windgeschwindigkeiten $u_{10+} = 10\,\frac{\mathrm{m}}{\mathrm{s}}$ und $u_{10-} = -10\,\frac{\mathrm{m}}{\mathrm{s}}$, eine in Strömungs- und eine in Gegenrichtung. Zusätzlich geben wir dieselben Größen wie in Kap. 43.4 zur Bestimmung der Wassertiefe bei Normalabfluss vor: $J_S = 0{,}0001$, $b = 2\,\mathrm{m}$, $\lambda = 0{,}03$, $\dot{Q} = 0{,}1\,\frac{\mathrm{m}^3}{\mathrm{s}}$, $\rho_L = 1{,}21\,\frac{\mathrm{kg}}{\mathrm{m}^3}$ und $\rho_W = 10^3\,\frac{\mathrm{kg}}{\mathrm{m}^3}$. Die zugehörigen Wassertiefen sind dann $h_+ = 0{,}173\,\mathrm{m}$ bzw. $h_- = 0{,}239\,\mathrm{m}$.

a) Bestimmen Sie im Fall von u_{10+} die Größen $\overline{u}$, τ_{Schlepp}, τ_B und τ_L.
b) Wie lauten dieselben Größen von a) ohne Wind?
c) Ermitteln Sie das Geschwindigkeitsprofil $\overline{u}_+(y)$.
d) Wiederholen Sie alle Rechenschritte für a) bis c) für u_{10-}.
e) Bestimmen Sie die zugehörigen Profile ohne Wind.

Lösung.

a) Im Fall von u_{10+} erhält man für die mittlere Strömungsgeschwindigkeit

$$\overline{u} = \frac{Q}{b \cdot h} = \frac{0{,}1}{2 \cdot 0{,}173} = 0{,}289\ \frac{\text{m}}{\text{s}}.$$

Daraus lassen sich mit (43.4.3) die einzelnen Spannungen vergleichen. Es ergibt sich

$$\begin{aligned}
\tau_{\text{Schlepp}} &= \rho_W g h \cdot J_S = 1000 \cdot 9{,}81 \cdot 0{,}173 \cdot 0{,}0001 = 0{,}170\ \frac{\text{N}}{\text{m}^2},\\
\tau_B &= \frac{\lambda}{8}\rho_W \cdot \overline{u}^2 = \frac{0{,}03}{8} \cdot 1000 \cdot 0{,}289^2 = 0{,}313\ \frac{\text{N}}{\text{m}^2} \quad \text{und}\\
\tau_L &= \rho_L \cdot c_L \cdot (u_{10} - \overline{u})^2 = 1{,}21 \cdot (0{,}137 \cdot 10 - 0{,}12) \cdot 10^{-3} \cdot (10 - 0{,}289)^2\\
&= 0{,}143\ \frac{\text{N}}{\text{m}^2}.
\end{aligned}$$

Mithilfe von (43.4.2) kontrolliert man die Werte: $0{,}170 - 0{,}313 + 0{,}143 = 0$.
Für u_{10-} ergeben sich $\overline{u} = \frac{0{,}1}{2 \cdot 0{,}239} = 0{,}209\ \frac{\text{m}}{\text{s}}$. Daraus folgen

$$\begin{aligned}
\tau_{\text{Schlepp}} &= 1000 \cdot 9{,}81 \cdot 0{,}239 \cdot 0{,}0001 = 0{,}234\ \frac{\text{N}}{\text{m}^2},\\
\tau_B &= \frac{0{,}03}{8} \cdot 1000 \cdot 0{,}209^2 = 0{,}164\ \frac{\text{N}}{\text{m}^2} \quad \text{und}\\
\tau_L &= 1{,}21 \cdot 0{,}565 \cdot 10^{-3} \cdot (10 - 0{,}209)^2 = -0{,}071\ \frac{\text{N}}{\text{m}^2}.
\end{aligned}$$

Die Kontrolle liefert $0{,}234 - 0{,}164 - 0{,}071 \approx 0$ (Rundungsfehler von h).

b) Zum Vergleich bestimmen wir die Spannungen ohne Wind. Die Wassertiefe beträgt $h = 0{,}212$ m und man erhält $\overline{u} = \frac{0{,}1}{2 \cdot 0{,}212} = 0{,}236\ \frac{\text{m}}{\text{s}}$. Damit folgt $\tau_{\text{Schlepp}} = \tau_B = 0{,}208\ \frac{\text{N}}{\text{m}^2}$.

c) Im Fall von u_{10+} erhält man

$$u_* = \sqrt{\frac{|\tau_B| + |\tau_L|}{\rho_W}} = \sqrt{\frac{0{,}313 + 0{,}143}{1000}} = 0{,}021\ \frac{\text{m}}{\text{s}}.$$

Zusätzlich wählen wir noch $k = 1$ cm, was zu $y_0 = \frac{1}{3000}$ m führt.

Zuerst setzen wir die entsprechenden Werte für u_{10+} in (43.5.5) ein und erhalten

$$\bar{u}_+(y) = 0{,}021 \cdot \left[\frac{2{,}5 \cdot 0{,}313}{0{,}456} \cdot \ln(3000y) - \frac{2{,}5 \cdot 0{,}143}{0{,}456} \cdot \ln\left(1 - \frac{1000 \cdot 9{,}81 \cdot 0{,}0001}{0{,}170} \cdot y\right)\right]$$

oder

$$\bar{u}_+(y) = 0{,}053 \cdot \left[\frac{313}{456} \cdot \ln(3000y) - \frac{143}{456} \cdot \ln\left(1 - \frac{981}{170} \cdot y\right)\right]. \quad (43.5.7)$$

d) Dasselbe für u_{10-} ergibt

$$u_* = \sqrt{\frac{|\tau_B| + |\tau_L|}{\rho_W}} = \sqrt{\frac{0{,}164 + 0{,}071}{1000}} = 0{,}015\,\frac{\mathrm{m}}{\mathrm{s}}$$

und folglich

$$\bar{u}_-(y) = 0{,}015 \cdot \left[\frac{2{,}5 \cdot 0{,}164}{0{,}235} \cdot \ln(3000y) + \frac{2{,}5 \cdot 0{,}071}{0{,}235} \cdot \ln\left(1 - \frac{1000 \cdot 9{,}81 \cdot 0{,}0001}{0{,}235} \cdot y\right)\right]$$

oder

$$\bar{u}_-(y) = 0{,}038 \cdot \left[\frac{164}{235} \cdot \ln(3000y) + \frac{71}{235} \cdot \ln\left(1 - \frac{981}{235} \cdot y\right)\right]. \quad (43.5.8)$$

e) Zum Vergleich stellen wir den beiden Profilen noch das Profil ohne Wind gegenüber. Gleichung (43.5.5) reduziert sich wie bekannt zu

$$\bar{u}(y) = \sqrt{\frac{\tau_B}{\rho_W}} \cdot 2{,}5 \cdot \ln\left(\frac{y}{y_0}\right).$$

Mit $\sqrt{\frac{\tau_B}{\rho_W}} = 0{,}014\,\frac{\mathrm{m}}{\mathrm{s}}$ erhält man

$$\bar{u}(y) = 0{,}036 \cdot \ln(3000y). \quad (43.5.9)$$

Die drei Profile (43.5.7)–(43.5.9) sind in Abb. 43.5 festgehalten.

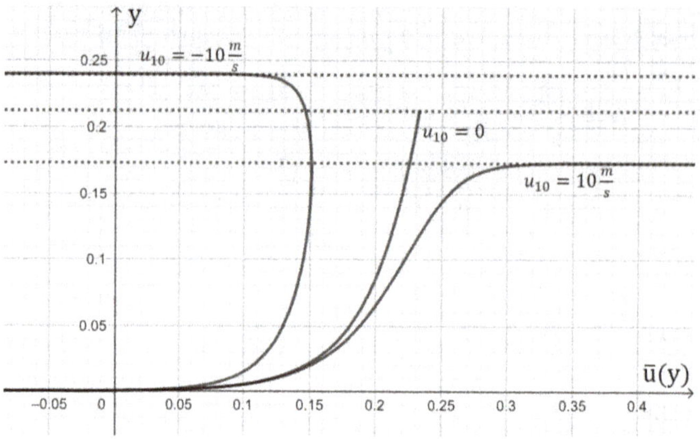

Abb. 43.5: Graphen von (43.5.7)–(43.5.9).

Aus der Abbildung lassen sich die absoluten Geschwindigkeiten $\overline{u}$ in jeder Tiefe y ablesen.

43.6 Der Windstau an Ufern und Küsten

Die bisherigen Gerinneströmungen verliefen immer parallel zum Ufer oder zur Küste. Nun betrachten wir Strömungen, die senkrecht auf eine natürliche Begrenzung treffen. Künstliche Wehre oder Dämme mit einer Sohle aus festem Material kommen zwar auch infrage, aber bei diesen stellt sich die Frage nach einem Sedimenttransport durch die auftretende Zirkulationsströmung nicht, sodass die Sohle unangetastet bleibt. Wir betrachten dazu das Ufer oder die Küste eines Gewässers ohne Eigenströmung. Hingegen soll ein wehender Wind das Wasser senkrecht zur Küste vor sich hertreiben (Abb. 43.6).

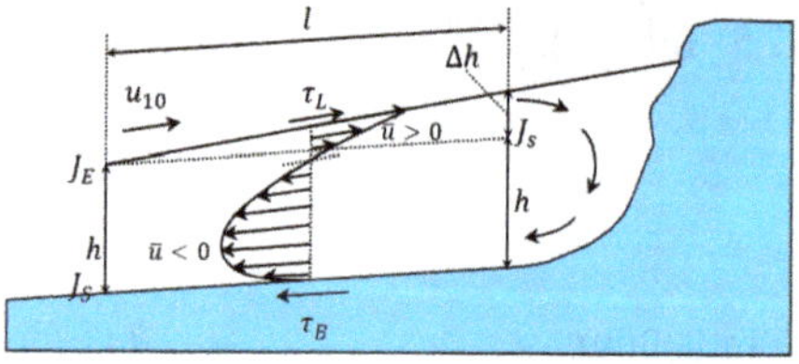

Abb. 43.6: Skizze zum Windstau an einer Küste.

Ist die Böschung genügend hoch, sodass sie nicht überflutet werden kann, dann stellt sich nach einer gewissen Zeit, unter der Annahme eines mit konstanter Geschwindigkeit sich fortbewegenden Windes, ein stationärer Strömungszustand ein. Dieser soll ermittelt werden.

Herleitung von (43.6.1)–(43.6.4)

Der Wasserspiegel wird hin zum Ufer offensichtlich ansteigen. Zudem muss das anfallende Wasser in tieferen Schichten und insbesondere an der Sohle wieder abgeführt werden, wodurch auch Sediment weggespült wird. Auf diese Weise können ganze Strandabschnitte verschwinden und beispielsweise als Sandbänke anderswo wiederauftauchen. Mit großem Energieaufwand fördern Pumpen den Sand aus dem offenen Meer und transportieren ihn wieder an die Küste.

Winde ändern laufend ihre Richtung und Stärke. Für unser Modell wählen wir eine Windströmung entlang der Strecke l mit konstanter Geschwindigkeit u_{10}. Die Wassertiefe h wird durch den Punkt bestimmt, an dem der Wind an der Wasseroberfläche angreift. In einem stationären Zustand bildet sich das eingezeichnete Strömungsprofil aus, das in ähnlicher Form entlang der gesamten Strecke l besteht. Die Zunahme der Wassertiefe oder der Windstau Δh wird mit der Länge l ansteigen. Der Windstau wird durch das Energiegefälle oder die Oberflächenneigung J_E bestimmt.

Die erwähnte Zirkulationsströmung erfassen wir damit, dass die über die (nahezu) gesamte Wassertiefe gemittelte Strömungsgeschwindigkeit null sein soll:

$$\int_{y_0}^{h} \overline{u}(y)dy = 0.$$

Angewandt auf Gleichung (43.5.2) ergibt das nacheinander:

$$\frac{2{,}5 \cdot \tau_B}{\rho_W u_*} \cdot \int_{y_0}^{h} \ln\left(\frac{y}{y_0}\right)dy - \frac{2{,}5 \cdot \tau_L}{\rho_W u_*} \cdot \int_{y_0}^{h} \ln\left(\frac{h-y}{h-y_0}\right)dy = 0,$$

$$\tau_B \cdot \int_{y_0}^{h} \ln\left(\frac{y}{y_0}\right)dy - \tau_L \cdot \int_{y_0}^{h} \ln\left(\frac{h-y}{h-y_0}\right)dy = 0,$$

$$\tau_B \cdot \left[y \cdot \ln\left(\frac{h}{y_0}\right) - y\right]_{y_0}^{h} - \tau_L \cdot \left[(y-h) \cdot \ln\left(\frac{h-y}{h-y_0}\right) - y\right]_{y_0}^{h} = 0$$

und

$$\tau_B \cdot \left[h \cdot \ln\left(\frac{h}{y_0}\right) - h + y_0\right] - \tau_L \cdot [y_0 - h] = 0. \qquad (43.6.1)$$

Dabei wurde im 2. Summanden der Grenzwert $\lim_{x \to 0} x \cdot \ln(x) = 0$ benutzt. Geichung (43.6.1) liefert den Zusammenhang

$$\tau_B = -\frac{h - y_0}{h \cdot [\ln(\frac{h}{y_0}) - 1] + y_0} \cdot \tau_L. \qquad (43.6.2)$$

Der Zähler ist in jedem Fall positiv. In Band 6 wird gezeigt, dass es der Nenner ebenfalls ist.

Gleichung (43.6.2) besagt, dass es bei dieser Art Strömung genügt, eine der beiden Schubspannungen (bei vorhandener Tiefe und Rauheit) zu kennen, um die andere zu ermitteln. Damit lässt sich Gleichung (43.5.4) mit einer Spannung allein schreiben.

Da es sich um eine Zirkulationsströmung handelt, ist $\rho_W A_1 u_1^2 - \rho_W A_2 u_2^2 = 0$, weil der einfließende Impulsstrom dem ausfließenden entspricht und zudem kehrt die Richtung der Sohlschubspannung am Boden um. Man erhält

$$\rho_W g h J_E + \tau_B + \tau_L = 0. \tag{43.6.3}$$

Im Unterschied zum Normalabfluss ist somit die Sohlneigung durch die Oberflächenneigung zu ersetzen. Dies leuchtet auch ein, denn der Wind trägt auch bei horizontalem Boden Wasser an die Küste. Setzt man

$$\alpha := -\frac{h - y_0}{h \cdot [\ln(\frac{h}{y_0}) - 1] + y_0},$$

so schreibt sich (43.5.5) als

$$\overline{u}(y) = \sqrt{\frac{|\tau_B| + |\tau_L|}{\rho_W}} \cdot \left[\frac{2{,}5 \cdot \tau_B}{|\tau_B| + |\tau_L|} \cdot \ln\left(\frac{y}{y_0}\right) - \frac{2{,}5 \cdot \tau_L}{|\tau_B| + |\tau_L|} \cdot \ln\left(1 - \frac{\rho_W g J_E}{-\tau_B - \tau_L} \cdot y\right)\right],$$

$$\overline{u}(y) = \sqrt{\frac{|-\alpha \cdot \tau_L| + |\tau_L|}{\rho_W}} \cdot \left[-\frac{2{,}5 \cdot \alpha \cdot \tau_L}{|-\alpha \cdot \tau_L| + |\tau_L|} \cdot \ln\left(\frac{y}{y_0}\right) - \frac{2{,}5 \cdot \tau_L}{|-\alpha \cdot \tau_L| + |\tau_L|} \cdot \ln\left(1 - \frac{\rho_W g J_E}{\alpha \cdot \tau_L - \tau_L} \cdot y\right)\right]$$

oder

$$\overline{u}(y) = \sqrt{\frac{(\alpha + 1)|\tau_L|}{\rho_W}} \cdot \left[-\frac{2{,}5 \cdot \alpha}{\alpha + 1} \cdot \ln\left(\frac{y}{y_0}\right) - \frac{2{,}5}{\alpha + 1} \cdot \ln\left(1 - \frac{\rho_W g J_E}{(\alpha - 1)\tau_L} \cdot y\right)\right]. \tag{43.6.4}$$

Beispiel 1. Wir nehmen an, dass sich in der Nähe eines Ufers eine Wassertiefe von $h = 0{,}5\,\text{m}$ einstellt. Weiter sei $u_{10} = 15\,\frac{\text{m}}{\text{s}}$, $k = 1\,\text{cm}$, $\rho_L = 1{,}21\,\frac{\text{kg}}{\text{m}^3}$ und $\rho_W = 10^3\,\frac{\text{kg}}{\text{m}^3}$ gegeben.

a) Bestimmen Sie die Größen y_0, τ_L, τ_B und J_E.

b) Wie lautet das dimensionslose Profil $\frac{\overline{u}(y)}{u_*}$? (Bisher hatten wir Gerinnegefälle mit einem Pluszeichen belegt, weshalb hier konsequenterweise ein Minuszeichen bei einem Anstieg entsteht.)

c) Ermitteln Sie den Umkehrpunkt der Strömungsrichtung und die maximale Rückströmgeschwindigkeit.

Lösung.

a) Es gilt $y_0 = \frac{k}{30} = \frac{1}{3000}$ m und mit (43.6.2) ist

$$\tau_B = -\frac{0{,}5 - 3{,}33 \cdot 10^{-4}}{0{,}5 \cdot [\ln(1500) - 1] + 3{,}33 \cdot 10^{-4}} \cdot \tau_L = -0{,}158 \cdot \tau_L.$$

Die mittlere Geschwindigkeit ist null, sodass die Windschubspannung selbst einen Wert von

$$\tau_L = 1{,}21 \cdot (0{,}137 \cdot 15 - 0{,}12) \cdot 10^{-3} \cdot (15 - 0)^2 = 0{,}527\ \frac{\text{N}}{\text{m}^2}$$

annimmt. Daraus folgt $\tau_B = -0{,}158 \cdot 0{,}527 = -0{,}083\ \frac{\text{N}}{\text{m}^2}$ und mit (43.6.3) die Oberflächenneigung des Wassers zu

$$J_E = -\frac{\tau_B + \tau_L}{\rho_W g h} = -\frac{-0{,}083 + 0{,}527}{1000 \cdot 9{,}81 \cdot 0{,}5} = -9{,}1 \cdot 10^{-5}.$$

b) Gleichung (43.5.4) liefert das Geschwindigkeitsprofil

$$\frac{\overline{u}(y)}{u_*} = \frac{-2{,}5 \cdot 0{,}158 \cdot 0{,}527}{1{,}158 \cdot |0{,}527|} \cdot \ln(3000y) - \frac{2{,}5 \cdot 0{,}527}{1{,}158 \cdot |0{,}527|} \cdot \ln(1 - 2y)$$

und daraus (Abb. 43.7)

$$\frac{\overline{u}(y)}{u_*} = -0{,}341 \cdot \ln(3000y) - 2{,}159 \cdot \ln(1 - 2y). \qquad (43.6.5)$$

c) Aus $\overline{u}(y) = 0$ erhält man den Umkehrpunkt der Strömungsrichtung in einer Tiefe von 0,332 m. Auf zwei Drittel der gesamten Wassertiefe findet somit eine Rückströmung statt.
Die maximale Rückströmgeschwindigkeit ergibt sich mittels $\frac{d\overline{u}(y)}{dy} = 0$ in einer Tiefe von 0,068 m.

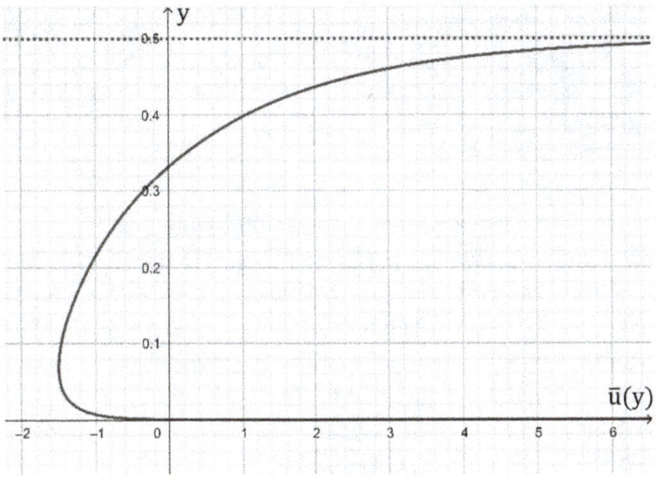

Abb. 43.7: Graph von (43.6.5).

Das Beispiel soll verallgemeinert werden.

Herleitung von (43.6.6)

Gleichung (43.6.3) liefert $J_E = -\frac{\tau_B+\tau_L}{\rho_W gh}$. Setzt man das Ergebnis (43.6.2) ein, so folgt

$$J_E = -\frac{\tau_L}{\rho_W gh} \cdot \left\{1 - \frac{h - y_0}{h \cdot [\ln(\frac{h}{y_0}) - 1] + y_0}\right\}.$$

Fügt man noch die Windschubspannung gemäß (43.3.3) ein, so entsteht

$$J_E = -\frac{\rho_L \cdot c_L}{\rho_W g} \cdot u_{10}^2 \cdot \frac{1}{h} \cdot \left\{1 - \frac{h - y_0}{h \cdot [\ln(\frac{h}{y_0}) - 1] + y_0}\right\}. \qquad (43.6.6)$$

Damit lässt sich das Oberflächengefälle als Funktion der Windgeschwindigkeit und der Wassertiefe direkt berechnen.

Beispiel 2. Gegeben sind die Werte $k = 1\,\text{cm}$, $\rho_L = 1{,}21\,\frac{\text{kg}}{\text{m}^3}$ und $\rho_W = 10^3\,\frac{\text{kg}}{\text{m}^3}$. Für die Wassertiefe nehmen wir $h = 0{,}5\,\text{m}, 1\,\text{m}, 2\,\text{m}$ und variieren die Windgeschwindigkeit $u_{10} = 10\,\frac{\text{m}}{\text{s}}, 20\,\frac{\text{m}}{\text{s}}, 30\,\frac{\text{m}}{\text{s}}, 40\,\frac{\text{m}}{\text{s}}, 50\,\frac{\text{m}}{\text{s}}$. Die Beiwerte c_L entnimmt man wieder (43.3.4).

a) Bestimmen Sie die zugehörigen Energieliniengefälle J_E und stellen Sie alle Daten in einem Koordinatensystem dar.

b) Bestimmen Sie den Windstau Δh, falls $u_{10} = 50\,\frac{\text{m}}{\text{s}}$, $h = 1\,\text{m}$ und $l = 1\,\text{km}$ gilt.

Lösung.

a) Wieder folgt $y_0 = \frac{1}{3000}$ m. Man erhält die in folgender Tabelle festgehaltenen Werte für die Oberflächenneigung:

u_{10} [$\frac{\text{m}}{\text{s}}$]	10	20	30	40	50
$\lvert J_{E,0,5}\rvert$ [10^{-5}]	2,66	4,37	9,83	17,48	27,31
$\lvert J_{E,1}\rvert$ [10^{-5}]	1,35	2,21	4,98	8,86	13,84
$\lvert J_{E,2}\rvert$ [10^{-5}]	0,68	1,12	2,52	4,48	7,00

Die Tabellenwerte veranschaulichen wir noch in einer Grafik (Abb. 43.8).

b) Aus den Tabellenwerten und der Abb. 43.8 wird ersichtlich, dass die Oberflächenneigung und damit der Windstau sich bei gleicher Windgeschwindigkeit etwa umgekehrt proportional zur Wassertiefe verhalten. Dabei besitzen tiefere Wasserstände einen größeren Windstau als höhere bei gleicher Windgeschwindigkeit. Es ist damit einfacher, Flachwasser durch Wind aufzustauen. Der Tabellenwert ergibt $J_{E,1} = 13{,}84 \cdot 10^{-5}$. Auf einer Länge von $l = 1000$ m erhält man mittels $J_E = \frac{\Delta h}{l}$ einen Windstau von $\Delta h = l \cdot J_E = 1000 \cdot 13{,}84 \cdot 10^{-5} = 13{,}84$ cm.

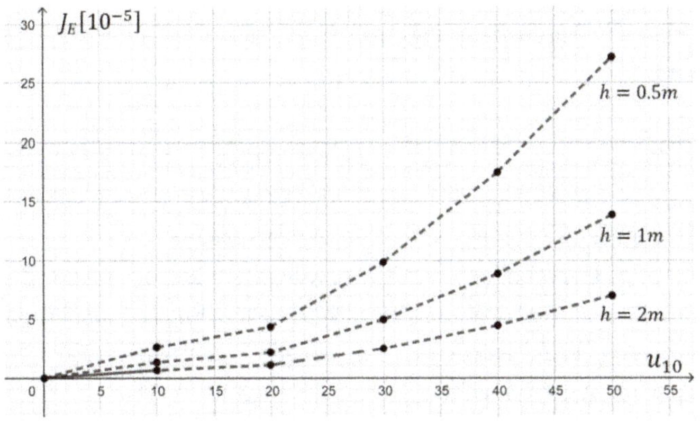

Abb. 43.8: Graph von (43.6.6).

43.7 Das Querprofil der Geschwindigkeit

Bisher arbeiteten wir mit stationären Gerinnegeschwindigkeiten $\overline{u}$, die über den gesamten Gerinnequerschnitt A gemittelt waren. Über die Messung des Durchflusses $\dot{Q}$ kann $\overline{u}$ aus $\dot{Q} = A\overline{u}$ bestimmt werden. Das bedeutet, dass es sich bei $\overline{u}$ eigentlich um eine zeitlich, tiefen- und eine breitengemittelte Geschwindigkeit handelt. Gleichung (43.1.10) beinhaltet beispielsweise eine zweifach gemittelte Geschwindigkeit nach Nikuradse. Im Wasserwesen ist es wichtig, die Strömungsverhältnisse quer zu einem Fluss zu kennen, um die Stellen mit starker Strömung von denjenigen mit kleinen Fließgeschwindigkeiten zu unterscheiden.

Für ein sehr breites Gerinne mit niedrigem Wasserstand und horizontaler Sohle kann man von einem über der gesamten Breite einheitlichen logarithmischen Profil und somit einer nahezu konstanten tiefengemittelten Geschwindigkeit ausgehen. Der Einfluss der Uferränder kann dabei vernachlässigt werden. Wird das Gerinne schmaler, dann entstehen Effekte, die wir anschließend erklären.

Es soll nun untersucht werden, welchen Einfluss die Gerinnebreite b und die Form der Sohle auf die Größe der tiefengemittelten Geschwindigkeit $\overline{\overline{u}}$ besitzt.

Herleitung von (43.7.1)–(43.7.3)

Dazu betrachten wir eine Strömung in x-Richtung. Mit y bezeichnen wir die Tiefenkoordinate und z entspricht der Breitenkoordinate von einem Ufer aus gemessen.

Bilanz: Für eine Impulsbilanz beachten wir, dass die Form der Sohle entlang der Gerinnebreite eine Änderung der Wassertiefe $h(z)$ mit sich bringt. Deswegen muss die Bilanz an einem differenziellen quaderförmigen Volumen der Länge l, der Tiefe $h(z)$ und der Breite Δz durchgeführt werden (Abb. 43.9).

Die zeitliche Änderung des Impulses setzt sich aus dem ein- und austretenden Impulsstrom, der antreibenden Gewichts- bzw. Windkraft, der bremsenden Reibungskraft an der Sohle sowie der viskosen Schubspannungskraft F_R zusammen. Man erhält eine ähnliche Bilanz wie in Kap. 43.4:

$$\frac{dI}{dt} = \dot{I}_{\text{ein}} - \dot{I}_{\text{aus}} + F_G \cdot J_E - \tau_B \cdot A_{\text{Boden}} + F_R + \tau_L \cdot A_{\text{Oberfläche}}. \tag{43.7.1}$$

Einschränkung 1: Im Weiteren sei keine Windströmung vorhanden.

Ein parallel zur Strömung verlaufender Wind hätte zwar einen Einfluss auf die Höhe des Querprofils, nicht aber auf die Form des Querprofils selber. Ein eventuell quer zur Gerinneströmung wehender Wind würde nur bei sehr niedrigem Wasserstand einen Windstau verursachen. Nach dem Newton'schen Spannungsansatz gilt

$$F_R = \tau_R \cdot A_{\text{Seitenfläche}} = \rho_W \overline{\nu}_t \frac{d\overline{\overline{u}}}{dz} \cdot l \cdot h(z).$$

Am ausgewählten Volumenelement greifen nebst den beiden Spannungen noch links und rechts jeweils eine Kraft an, sodass folgt:

$$F_R = l \cdot \left[h(z) \cdot F_{R,z+\Delta z} - h(z) \cdot F_{R,z}\right] = l \cdot \left[h(z) \cdot \rho_W \overline{\nu}_t \left.\frac{d\overline{\overline{u}}}{dz}\right|_{z+\Delta z} - h(z) \cdot \rho_W \overline{\nu}_t \left.\frac{d\overline{\overline{u}}}{dz}\right|_{z+\Delta z}\right].$$

Dies entspricht dem Diffusionsterm in der Navier-Stokes-Gleichung aus Kap. 38. Die Wirbelviskosität muss dabei als Folge der tiefengemittelten Geschwindigkeit ebenfalls über die Tiefe gemittelt werden. Weiter ist die totale Ableitung gerechtfertigt, weil die Geschwindigkeit tiefengemittelt ist, und man annimmt, dass die Sohle entlang der Strömungsrichtung konstant bleibt.

Einschränkung 2: Es interessiert nur eine stationäre Strömung bei Normalabfluss.

In diesem Fall geht (43.7.1) nacheinander über in

$$\begin{aligned} &\rho_W \cdot \Delta z \cdot l \cdot h(z) \cdot g \cdot J_S - \tau_B \cdot \Delta z \cdot l \\ &\quad + l \cdot \left[h(z) \cdot \rho_W \overline{\nu}_t \left.\frac{d\overline{\overline{u}}}{dz}\right|_{z+\Delta z} - h(z) \cdot \rho_W \overline{\nu}_t \left.\frac{d\overline{\overline{u}}}{dz}\right|_{z+\Delta z}\right] = 0, \end{aligned}$$

$$g \cdot J_S - \frac{\tau_B}{\rho_W \cdot h(z)} + \frac{1}{h(z)}\left[\frac{h(z) \cdot \overline{\nu}_t \left.\frac{d\overline{\overline{u}}}{dz}\right|_{z+\Delta z} - h(z) \cdot \overline{\nu}_t \left.\frac{d\overline{\overline{u}}}{dz}\right|_{z+\Delta z}}{\Delta z}\right] = 0 \quad \text{und}$$

$$g \cdot J_S - \frac{\tau_B}{\rho_W \cdot h(z)} + \frac{1}{h(z)} \cdot \frac{d}{dz}\left[h(z) \cdot \overline{\nu}_t \frac{d\overline{\overline{u}}}{dz}\right] = 0.$$

Ersetzt man die Wirbelviskosität gemäß (43.1.9), dann erhält man

$$g \cdot J_S - \frac{\tau_B}{\rho_W \cdot h(z)} + \frac{\kappa u_*}{6 \cdot h(z)} \cdot \frac{d}{dz}\left[h^2(z) \cdot \frac{d\overline{\overline{u}}}{dz}\right] = 0.$$

Nach der Produktregel folgt

$$g \cdot J_S - \frac{\tau_B}{\rho_W \cdot h(z)} + \frac{\kappa u_*}{6 \cdot h(z)} \cdot \left[2h(z) \cdot \frac{dh}{dz} \cdot \frac{d\overline{\overline{u}}}{dz} + h^2(z) \cdot \frac{d^2\overline{\overline{u}}}{dz^2} \right] = 0.$$

Daraus ergibt sich

$$\frac{6}{\kappa u_*} \left[\frac{g \cdot J_S}{h(z)} - \frac{\tau_B}{\rho_W \cdot h^2(z)} \right] + \frac{2}{h(z)} \cdot \frac{dh}{dz} \cdot \frac{d\overline{\overline{u}}}{dz} + \frac{d^2\overline{\overline{u}}}{dz^2} = 0.$$

In einem letzten Schritt ersetzen wir sowohl u_* als auch τ_B mithilfe von (43.1.10). Es folgt

$$\frac{d^2\overline{\overline{u}}}{dz^2} = \frac{6 \cdot \ln[\frac{12 \cdot h(z)}{k}]}{\kappa^2 \cdot \overline{\overline{u}}} \left\{ -\frac{g \cdot J_S}{h(z)} + \frac{\kappa^2}{[\ln(\frac{12 \cdot h(z)}{k})]^2} \cdot \frac{\overline{\overline{u}}^2}{h^2(z)} \right\} - \frac{2}{h(z)} \cdot \frac{dh}{dz} \cdot \frac{d\overline{\overline{u}}}{dz}$$

und schließlich:

$$\frac{d^2\overline{\overline{u}}}{dz^2} = -\frac{6 \cdot g \cdot J_S \cdot \ln[\frac{12 \cdot h(z)}{k}]}{\kappa^2 \cdot h(z) \cdot \overline{\overline{u}}} + \frac{6}{\ln[\frac{12 \cdot h(z)}{k}]} \cdot \frac{\overline{\overline{u}}}{h^2(z)} - \frac{2}{h(z)} \cdot \frac{dh}{dz} \cdot \frac{d\overline{\overline{u}}}{dz}. \qquad (43.7.2)$$

Die Wassertiefe $h(z)$ wird dabei positiv von der Wasseroberfläche aus abgetragen.

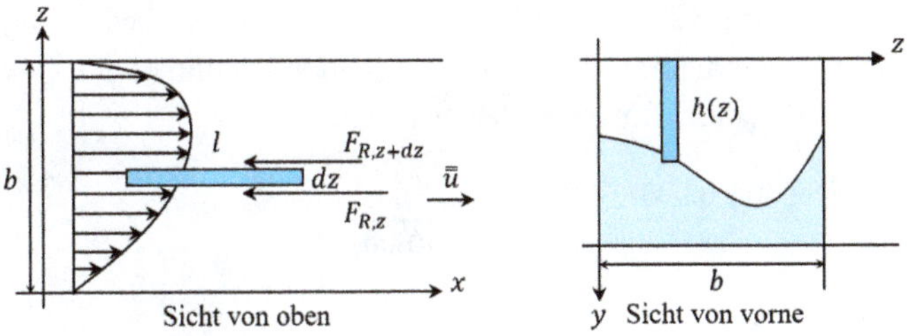

Abb. 43.9: Skizzen zum Querprofil.

Gleichung (43.7.2) gilt für genügend breite Gerinne, das heißt, etwa für

$$b \geq 5h. \qquad (43.7.3)$$

Wird dieser Wert unterschritten, dann kann der Einfluss der Schubspannung an den Uferwänden auf das Strömungsprofil nicht mehr vernachlässigt werden. Die von den Wänden ausgehenden Sekundärströmungen überlagern sich mit der Hauptströmung. Dies hat zur Folge, dass Fluidteilchen mit niedriger Geschwindigkeit sowohl von der Wand als auch von der Sohle herkommend der Strömung über die gesamte Gerinnehöhe beigemischt werden. Für breite Gerinne ragen die Sekundärströmungen nicht weit genug in die Gerinneströmung hinein, aber für $b < 5h$ bewirkt diese Durchmischung, dass die maximale Geschwindigkeit nicht mehr auf der Wasseroberfläche, sondern etwa bei $\frac{4}{5}h$ erreicht wird. Wichtiger für die Grenzen der Anwendbarkeit von (43.7.2) ist, dass das logarithmische Profil lediglich noch in Sohlnähe gültig bleibt. Der Gleichung (43.7.2) zugrunde liegende Modell wäre für schmale Gerinne somit in mehrfacher Hinsicht falsch. Erstens fußt die Tiefenmittelung auf einem über die gesamte Wassertiefe gültigen logarithmischen Profil und zweitens enthält die gemittelte Wirbelviskosität lediglich die Änderung der mittleren Geschwindigkeit mit der Höhe $\frac{\partial \overline{\overline{u}}}{\partial y}$. Im neuen Modell müssten zumindest die Gradienten $\frac{\partial \overline{\overline{u}}}{\partial z}$, $\frac{\partial \overline{\overline{w}}}{\partial z}$ und $\frac{\partial \overline{\overline{w}}}{\partial y}$ miteinbezogen werden, wenn w die Querströmung bezeichnet.

Einschränkung 3: Wir beschränken uns im Weiteren auf Gerinne mit der Bedingung (43.7.3).

Für die folgenden Simulationen wählen wir $k = 2$ cm und $J_S = 0{,}0001$. Für eine kompaktere Schreibweise verwenden wir $f := \overline{\overline{u}}, f' := \frac{d\overline{\overline{u}}}{dz}$ und $f'' := \frac{d^2\overline{\overline{u}}}{dz^2}$. An den Ufern ist die Geschwindigkeit null: $f(0) = 0, f(b) = 0$. Die DG (43.7.2) enthält aber auch die Zunahme der Geschwindigkeit im Startpunkt. Da diese unbekannt ist, muss man in der Simulation so lange Werte für $f'(0)$ einsetzen, bis die zweite Randbedingung $f(b) = 0$ erreicht wird. Damit ist auch geklärt, wie die Breite des Gerinnes in der Simulation Eingang findet.

Die folgenden zwei Beispiele sind anspruchsvoll und werden ausnahmsweise nicht als Aufgabe formuliert.

Beispiel 1. Als Erstes nehmen wir ein rechteckiges Gerinne mit konstanter Wassertiefe $h = 1$ m und einer Breite von $b = 5$ m; 6,25 m; 7,5 m; 8,75 m; 10 m. Damit ist die Bedingung (43.7.3) erfüllt. Die Sohle ist horizontal ohne irgendwelche Erhebungen und es gilt $\frac{dh}{dz} = 0$. Gleichung (43.7.2) reduziert sich dann für unser Beispiel zu

$$f'' = -\frac{6 \cdot 9{,}81 \cdot 0{,}0001 \cdot \ln(600)}{0{,}16 \cdot f} + \frac{6}{\ln(600)} \cdot f$$

oder

$$f'' = -\frac{0{,}235}{f} + 0{,}938 \cdot f. \tag{43.7.4}$$

Zur numerischen Lösung setzen wir $y_1 := f, y_2 := f'$ und erhalten das folgende DG-System:

$$y_1' = y_2 \quad \text{und} \quad y_2' = -\frac{0{,}235}{y_1} + 0{,}938 \cdot y_1.$$

Als Schrittlänge wählen wir $dx = 0{,}01$. Die Anfangsbedingung ist $f(0) = y_1(0) = 0$.

Gleichung (43.7.4) besitzt aber eine Singularität für $f(0) = 0$, sodass wir mit $f(0) = 0{,}001$ starten ($f(0) = 0{,}001$ liefert dann zwar etwas andere Startwerte für $f'(0)$, aber die Profile sind nicht zu unterscheiden. Ein Start mit $f(0) = 0$ wäre nicht weiter schlimm: die

Punkte der Folge oszillieren, aber die Simulation zeigt denselben Verlauf). Das zugehörige Programm kann im Wesentlichen demjenigen der Blasius-DG (39.3.8) entnommen werden. Es erhält die Gestalt:

```
Define DG(n)
Prgm
xa:= {x1i}
ya:= {y1i}
x1i:= 0
y1i:= 0.0001
y2i:= f'(0)
For i,1,n
x1i:= x1i + 0.01
y1i:= y1i + 0.01· y2i
y2i:= y2i + (−0,235/y1 + 0,938 · y1i) · 0,01
xa:= augment(xa,{x1i})
ya:= augment(ya,{y1i})
End For
Disp xa, ya
End Prgm
```

Wie schon gesagt, wird der Wert von $f'(0)$ so lange angepasst, bis die Geschwindigkeit für die entsprechende Breite wieder auf den Wert null absinkt. Nach einigen Versuchen erhält man $f_5'(0) = 1{,}29925$, $f_{6,25}'(0) = 1{,}29961$, $f_{7,5}'(0) = 1{,}29967$, $f_{8,75}'(0) = 1{,}2996815$ und $f_{10}'(0) = 1{,}29968354$. Die entsprechenden fünf Geschwindigkeitsprofile sind in Abb. 43.10 festgehalten.

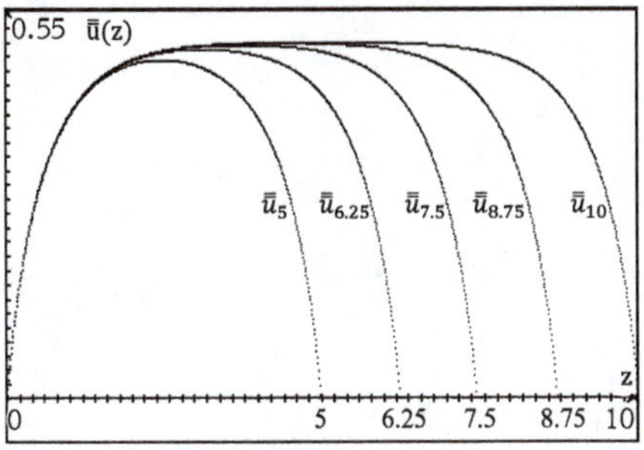

Abb. 43.10: Simulation von (43.7.4).

Bei einer großen Gerinnebreite besitzt das Profil etwa die Form einer rechteckigen Wanne. Es erinnert an das 1/7-Profil. In diesem Fall sind Gerinnequerschnitt und die Form des Geschwindigkeitsprofils in etwa ähnlich. Bei abnehmender Breite wird das Profil allmählich zu einer Parabel zusammengestaucht. Die nahe gelegene gegenüberliegende Wand hemmt die Ausbildung der maximalen Geschwindigkeit. Man kann festhalten, dass für große Breiten und kleine Wassertiefen die Form des Querprofils praktisch nur von der Sohlform beeinflusst wird.

Beispiel 2. Nun nehmen wir eine Sohlenform, die von der Horizontalen abweicht. Der Verlauf ist durch

$$h_{10}(z) = 1{,}5 - \frac{3[10 - 3z]^3 \cdot [80 - 9z]}{160000}$$

gegeben. Wieder tragen wir die Höhe positiv ab. Wir betrachten drei Wasserstände wie in Abb. 43.11 dargestellt. Beim Höchstwasserstand erhält man eine Gerinnebreite an der Wasseroberfläche von $b = 10$ m und mit fallender Wassertiefe $b = 9{,}349$ m resp. $b = 8{,}449$ m. Die Bedingung (43.7.3) ist auch in diesem Fall erfüllt.

Damit die Simulation immer im Ursprung des Koordinatensystems startet, werden die Funktionen, welche die Sohlform beschreiben, um die entsprechenden Vektoren verschoben. Das erzeugt die Funktionen

$$h_{9,349}(z) = 1 - \frac{3[10 - 3(z + 0{,}379)]^3 \cdot [80 - 9(z + 0{,}379)]}{160000} \quad \text{und}$$
$$h_{8,449}(z) = 0{,}5 - \frac{3[10 - 3(z + 0{,}934)]^3 \cdot [80 - 9(z + 0{,}934)]}{160000}.$$

Die Indizes bezeichnen die Gerinnebreite an der Wasseroberfläche.

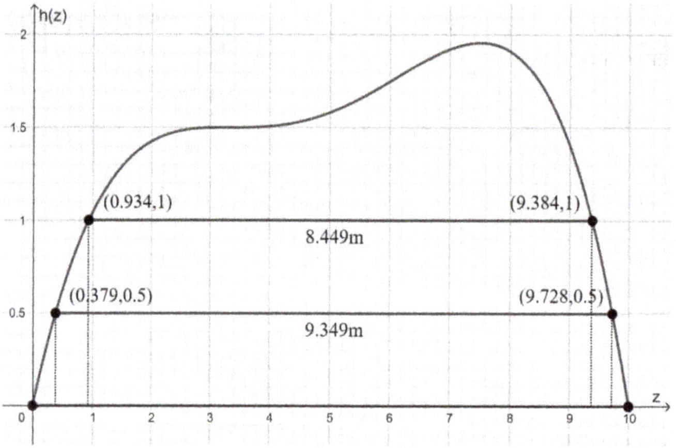

Abb. 43.11: Skizze zu Beispiel 2.

Die zur Simulation verwendete DG ist diejenige von (43.7.2) mit dem entsprechenden $h(z)$. Wir benötigen noch

$$\frac{dh}{dz} = \frac{81 \cdot (10 - 3z)^2 \cdot (15 - 2z)}{80000}$$

und im Programm entspricht $z = 0{,}01 \cdot i$.

Das gesamte Programm bleibt bis auf den Befehl

$$\begin{aligned} \mathrm{y2i} := \mathrm{y2i} + \Bigg(& -\frac{6 \cdot 9{,}81 \cdot 0{,}0001 \cdot \ln[600 \cdot \mathrm{h(z)}]}{0{,}16 \cdot \mathrm{h(z)} \cdot \mathrm{y1i}} \\ & + \frac{6}{\ln[600 \cdot \mathrm{h(z)}]} \cdot \frac{\mathrm{y1i}}{\mathrm{h}^2(\mathrm{z})} - \frac{2}{\mathrm{h(z)}} \cdot \frac{\mathrm{dh}}{\mathrm{dz}} \cdot \mathrm{y2i} \Bigg) \cdot 0{,}01 \end{aligned}$$

identisch mit Obigem. In diesem Fall erzeugen sowohl $h(0)$ als auch $f(0)$ eine Singularität. Man könnte $h(z)$ etwas höher ansetzen, was nicht zwingend notwendig ist. Es sei lediglich wie anhin $f(0) = 0{,}001$. Nach vielen Versuchen ergeben sich die Startsteigungen $f'_{8,449}(0) = 0{,}7209719436556$, $f'_{9,349}(0) = 1{,}044575124$, $f'_{10}(0) = 11{,}0976$ und die in Abb. 43.12 festgehaltenen drei Geschwindigkeitsprofile.

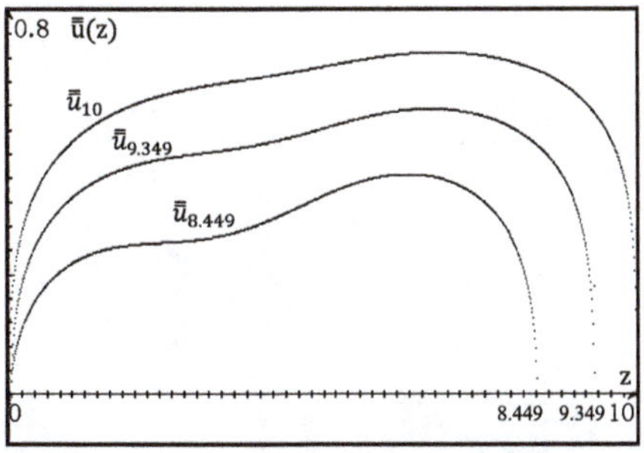

Abb. 43.12: Simulation von (43.7.2).

Man erkennt, dass bei niedrigem Wasserstand das Geschwindigkeitsprofil das Sohlprofil näherungsweise abbildet. Die Geschwindigkeitsverteilung ist damit noch stark von der Sohlform geprägt. Mit ansteigendem Wasser sinkt dieser Einfluss.

Literaturverzeichnis

N. A. Adams. Fluidmechanik I. Vorlesungsskript. TU München, Sommersemester 2008.

N. A. Adams. Fluidmechanik II. Einführung in die Dynamik der Fluide. Vorlesungsskript, TU München, Wintersemester 2014/15.

H. D. Baehr und K. Stephan. *Wärme- und Stoffübertragung*. Springer, 3. Auflage, 1998. ISBN 978-3-662-10835-9.

J. Baumeister. Differentialgleichungen, Vorlesungsskript, Goethe-Universität, Frankfurt, 25. Oktober 1999.

J. Berger. *Technische Mechanik für Ingenieure*, Band 3, Vieweg, 1998. ISBN 879-3-528-04931-7.

P. von Böckh und Thomas Wetzel. *Wärmeübertragung*. Springer, 5. Auflage, 2013. ISBN 978-3-642-37730-3.

F. Brandt. *Wärmeübertragung in Dampferzeugern und Wärmeaustauschern*. FDBR, 2. Auflage, 1995. ISBN 3-8027-2535-2.

E. Brommundt und D. Sachau. *Schwingungslehre mit Maschinendynamik*. Springer, 2. Auflage 2014. ISBN 978-3-658-06547-8.

F. Buchner. Berechnung von turbulenten Plattengrenzschichten mittels algebraischem Turbulenzmodell. Diplomarbeit. Universität Wien, März 2001.

H. Czichos und M. Hennecke. *Das Ingenieurwissen*. Springer, 32. Auflage, 2004. ISBN 3-540-20325-7.

E. Doering, H. Schedwill und M. Dehli. *Grundlagen der Technischen Thermodynamik*. Vieweg & Teubner, 6. Auflage, 2008. ISBN 978-3-8351-0149-4.

B. Eck. *Technische Strömungslehre*. Springer, 2. Auflage, 1944. ISBN 978-3-662-05457-4.

E. R. G. Eckert. *Einführung in den Wärme- und Stoffaustausch*. Springer, 3. Auflage, 1966. ISBN 978-3-642-86494-0.

A. Ettemeyer, O. Wallrappa und B. Schäfer. Technische Mechanik. Teil 2: Elastostatik. Fachhochschule München Fachbereich 06 – Feinwerk- und Mikrotechnik, Version 2.02, 2006.

D. Ferus. Differentialgleichungen für Ingenieure, Vorlesungsskript, Technische Universität Berlin, 2007.

R. Fitzpatrick. Fluid Mechanics. Vorlesungsskript. University of Texas at Austin, 2016.

R. Freimann. *Hydraulik für Bauingenieure*. Carl Hanser, 3. Auflage, 2014. ISBN 978-3-446-43740-1.

J. Fuhrmann. Differenzialdifferenzengleichungen. Analysis-Skript, Uni Mainz, August 2015.

K. Gersten. *Einführung in die Strömungsmechanik*. Springer, 2. Auflage, 1981. ISBN 978-3-528-03344-6.

U. Grigull und H. Sandner. *Wärmeleitung*. Springer, 2. Auflage, 1990. ISBN 13:978-3-540-52315-4.

D. Gross, W. Hauger und Peter Wriggers. *Technische Mechanik 4*, Springer, 10. Auflage, 2018. ISBN 978-3-662-55693-1.

M. Groves. Partielle Differentialgleichungen 1. Vorlesungsskript, Uni München, Wintersemester 2008/2009.

M. Gubisch. Gewöhnliche Differenzialgleichungen, Vorlesungsskript, Uni Konstanz, Wintersemester 2008/2009.

W. H. Hager. *Abwasserhydraulik*. Springer, 1995. ISBN 13: 978-3-642-77430-0.

P. Hakenesch. Fluidmechanik, Version 3.0. Vorlesungsskript, Technische Hochschule Nürnberg, 2012.

N. Hannoschöck. *Wärmeleitung und -transport*. Springer, 2018. ISBN 978-3-662-57571-0.

H. Herwig. *Wärmeübertragung A–Z*. Springer, 2000. ISBN 978-3-642-63106-1.

H. Herwig. *Strömungsmechanik*. Vieweg und Teubner, 2008. ISBN 978-3-8348-0334-4.

H. Heuser. *Gewöhnliche Differenzialgleichungen. Einführung in Lehre und Gebrauch*. Vieweg und Teubner, 6., aktualisierte Auflage, 2009.

M. Hölling. *Asymptotische Analyse von turbulenten Strömungen bei hohen Rayleigh-Zahlen*. Dissertation. Cuvillier Verlag Göttingen, 2006. ISBN 3-86727-015-5.

H. Irretier. *Schwingungstechnik*. Institut für Mechanik, Universität Kassel, 6. Auflage 2006.

G. Jeschke. PC I: Thermodynamik. Vorlesungsskript, ETH Zürich, 28. Mai 2015.

G. H. Jirka und Cornelia Lang. *Einführung in die Gerinnehydraulik*. Univerlag Karlsruhe, 2014. ISBN 978-3-86644-363-1.

W. Kaiser und W. Schlachter. *Energie in der Kunststofftechnik*. Hanser, 2019. ISBN 978-3-446-45409-5.

https://doi.org/10.1515/9783111345765-044

M. Kargl. Turbulenzen. Vorlesungsskript, Universität Regensburg, 5. Februar 2010.

W. Kaufmann. *Hydro- und Aeromechanik*. Springer, 1954. 978-3-642-52918-4.

S. Kolling und H. Steinhilber. *Technische Schwingungslehre*. Technische Hochschule Mittelhessen, 2. Auflage, 2013.

M. Köhler. Development and Implementation of a Method for Solving the Laminar Boundary Layer Equations in Airfoil Flows. Master Thesis, Universität Darmstadt, August 2011.

D. Kraft. *Kompendium der Maschinendynamik*. Fachbereich Maschinenbau Fachhochschule München, 5. Auflage, Wintersemester 1999/2000.

M. Krakow. Differenzialgleichungen für Ingenieure. 12. Vorlesung, TU Berlin, Wintersemester 2006/2007.

C. Kramer und A. Mühlbauer. *Praxishandbuch Thermoprozess-Technik*. Vulkan, 2002. ISBN 3-8027-2922-6.

S. Krüger. *Instationäre Grenzschichteffekte an Tragflügelprofilen*. TUHH, 1992. ISBN 3-89220-529-9.

K. Langeheinecke, P. Jany und G. Thieleke. *Thermodynamik für Ingenieure*. Vieweg, 6. Auflage, 2006. ISBN 10 3-8348-0103-8.

S. Mai, C. Paesler und C. Zimmermann. Wellen und Seegang an Küsten und Küstenbauwerken. Vorlesungsergänzungen Heft 90a, Universität Hannover, 2004.

A. Malcherek. Fließgewässer – Hydromechanik und Wasserbau, Version 3.0. Vorlesungsskript, Universität München, 2000.

A. Malcherek. Hydrodynamik für Bauingenieure, Version 6.3. Universität der Bundeswehr München, 2004.

A. Malcherek. Vorlesungsvideos auf youtube: Ästuar 1, Gerinnehydraulik 2, 4–6, 8, 14, Hydraulik 8–10, Hydrodynamik 6, 14, Kontrollstrukturen 1, 3, 4, 6, 8, 10, 11, Universität der Bundeswehr München, 2015–2019.

A. Malcherek. Vorlesungsvideos auf youtube: Fliessgewässer 10, Seegang 1–4, Turbulenz 2–11, Universität der Bundeswehr München, 2015–2019.

A. Malcherek. *Gezeiten und Wellen*. Springer, 2. Auflage, 2018. ISBN 978-3-658-19302-7.

R. Marek und K. Nitsche. *Praxis der Wärmeübertragung*. Hanser, 5. Auflage, 2019. ISBN 978-3-446-46124-6.

F. U. Mathiak. Ebene Flächentragwerke II. Vorlesungsskript, 1. Auflage, Hochschule Neubrandenburg, 2008.

G. P. Merker. *Konvektive Wärmeübertragung*. Springer, 1987. ISBN 13:978-3-642-82890-4.

G. P. Merker und C. Baumgarten. *Fluid- und Wärmetransport Strömungslehre*. Teubner, 2000. ISBN 3-519-06385-9.

F. K. Moore. Theory of Laminar Flows, Princeton Legacy Library. Oxford University, L. C. Card 62-9129, 1964.

L. Nasdala. *FEM-Formelsammlung Statik und Dynamik*. Vieweg+Teubner, 1. Auflage, 2010. ISBN 978-3-8348-0980-3.

I. Neuweiler. Strömungsmechanik für Bauingenieure. Gesamtausgabe 10/2010, Universität Hannover, 2010.

J. N. Newman. *Marine Hydrodynamics*. MIT Press, Institute of Technology Massachusetts, 2017. ISBN 9780262534826.

H. Patt. *Hochwasser-Handbuch*. Springer, 2001. ISBN 978-3-642-63210-5.

H. Oertel Jr. *Prandtl-Füher durch die Strömungslehre*. Vieweg, 10. Auflage, 2001. ISBN 978-3-322-94255-5.

H. Oertel Jr., M. Böhle und Ulrich Dohrmann. *Strömungsmechanik*. Vieweg & Teubner, 5. Auflage, 2009. ISBN 978-3-8348-0483-9.

T. Papanastasiou, G. Georgiou and A. Alexandrou. Viscous Fluid Flow, CRC Press, Boca Raton, 1999.

C. Petersen und H. Werkle. *Dynamik der Baukonstruktionen*. Springer, 2. Auflage, 2018. ISBN 978-3-8348-1459-3.

R. Pischinger, M. Kell und Theodor Sams. *Thermodynamik der Verbrennungskraftmaschine*. Springer, 3. Auflage, 2009. ISBN 978-3211-99276-0.

M. Pfitzner. Wärme- und Stofftransport. Vorlesungsskript. Universität München, Juni 2017.

W. Polifke und J. Kopitz. *Wärmeübertragung*. Pearson Studium, 2. Auflage, 2009. ISBN 978-3-8273-7349-6.

T. Ranz. Elementare Materialmodelle der Linearen Viskosität im Zeitbereich. Universität München, 2007. ISSN 1862-5703.

C. Rapp. *Hydraulik für Ingenieure und Naturwissenschaftler*. Springer, 2017. ISBN 978-3-658-18618-0.

M. Reissig. Partielle Differentialgleichungen für Ingenieure und Naturwissenschaftler. Vorlesungsskript, Universität Freiburg, Wintersemester 2018/2019.

H. A. Richard und M. Sander. *Technische Mechanik*. Vieweg+Teubner, 2. Auflage 2008. ISBN 978-3-8348-0454-9.

S. Rill. Aerodynamik des Flugzeugs. Vorlesungsskript, Hochschule Bremen, 1996. http://homepages.hs-bremen.de/~kortenfr/Aerodynamik/script/node77.html

H. Sager. *Fourier-Transformation*. VDF-Verlag, 1. Auflage, 2012. ISBN 978-3-7281-3393-3.

H. Schlichting und K. Gersten. *Grenzschicht-Theorie*. Springer, 9. Auflage, 1997. ISBN 978-3-662-07555-5.

H. Schlichting und E. Truckenbrodt. *Aerodynamik des Flugzeuges*. Springer, 3. Auflage, 2001. ISBN 978-3-642-63148-1.

V. Schröder. *Übungsaufgaben zur Strömungsmechanik 1*. Springer, 2. Auflage, 2018. ISBN 978-3-662-56053-2.

W. Schröder. *Fluidmechanik*. Band 16, Mainz Verlagshaus Aachen, 2000, ISBN 978-3-95886-221-0.

W. Schroeder. Strömungs- und Temperaturgrenzschichten. Vorlesungsskript. Universität Aachen, Sommersemester 2019.

E. Schuler. Tragwerkslehre II. Festigkeitslehre. Universität Lichtenstein, Februar 2017.

E. Schuler. Tragwerkslehre I. Vorlesungsskript, Universität Liechtenstein, Wintersemester 2019/2020.

H. E. Siekmann. *Strömungslehre für den Maschinenbau*. Springer, 2001. ISBN 978-3-540-42041-5.

H. Sigloch. *Technische Fluidmechanik*. Springer, 5. Auflage, 2005. ISBN 3-540-22008-9.

J. H. Spurk. *Strömungslehre*. Springer, 4. Auflage, 1996. 978-3-540-61308-4.

J. H. Spurk und N. Aksel. *Strömungslehre*. Springer, 7. Auflage, 2007. ISBN 10-3-540-38439-1.

K. Strauss. Strömungsmechanik für Bio- und Chemieingenieure. Vorlesungsskript, Universität Dortmund, 1987–2004.

F. Stussi und P. Dubas. *Grundlagen des Stahlbaues*. Springer, 2. Auflage, 1971. ISBN 978-3-642-95194-7.

D. Surek und S. Stempin. *Angewandte Strömungsmechanik*. Teubner, 2007. ISBN 978-3-8351-0118-0.

G. Sweers. Gewöhnliche Differenzialgleichungen. Notizen zur Vorlesung Uni Köln, Wintersemester 2008/2009.

G. Sweers. Partielle Differentialgleichungen. Vorlesungsskript, Uni Köln, Sommersemester 2009.

C. Timm. Partielle Differentialgleichungen. Vorlesungsskript, TU Dresden, Sommersemester 2003.

E. Truckenbrodt. *Fluidmechanik, Band 2*. Springer, 4. Auflage, 2009. ISBN 978-3-540-79023-5.

M. Wagner. *Lineare und nichtlineare FEM*. Springer, 2. Auflage. ISBN 978-3-658-25051-5.

K. Wieghardt. *Theoretische Strömungslehre*. Universitätsverlag Göttingen, 2. Auflage, 2005. ISBN 3-938616-33-4.

K. Wilde. *Wärme- und Stoffübergang in Strömungen*. Dr. Dietrich Steinkopff Verlag, Darmstadt, 2. Auflage 1978. ISBN 13:978-3-642-72335-3.

P. Wittbold. Differentialgleichung I. Vorlesungsskript (Skript von Y. Okonek), TU Berlin, Wintersemester 2006/2007.

https://www.bau.unisiegen.de/subdomains/baustatik/lehre/bachelor/bst3/arbeitsblaetter/einfuehrung_in_die_baudynamik_ss2018.pdf

http://www.grentz.ch/files/potentialstroemung_magnuseffekt_grentz_2010_2_14.pdf

https://www.math.uni-hamburg.de/home/oberle/skripte/diffgln/dgl1-09.pdf

http://www.peter-junglas.de/fh/vorlesungen/skripte/schwingungslehre2.pdf

https://www.schweizer-fn.de/waerme/waermeleitung/waermeleitung.php

https://tu-dresden.de/ing/maschinenwesen/iet/ressourcen/dateien/kwt/lehre/LoesWUE2.pdf?lang=de

https://tu-dresden.de/ing/maschinenwesen/ilr/ressourcen/dateien/tfd/studium/dateien/Aerodynamik_V.pdf?lang=de

http://wandinger.userweb.mwn.de/LA_Dynamik_2/v6_2.pdf

http://wandinger.userweb.mwn.de/LA_TMET/v4_3.pdf

http://wandinger.userweb.mwn.de/TM2/v3_3.pdf

http://wandinger.userweb.mwn.de/LA_Elastodynamik_2/v2_4.pdf

http://wandinger.userweb.mwn.de/LA_Elastodynamik_2/v3_3.pdf
http://wandinger.userweb.mwn.de/LA_Elastodynamik_2/v3_5.pdf
http://wandinger.userweb.mwn.de/LA_Elastodynamik_2/v4_2.pdf
http://wandinger.userweb.mwn.de/LA_Elastodynamik_2/kap_3_balken.pdf
http://wandinger.userweb.mwn.de/LA_Elastodynamik_2/kap_4_platte.pdf
http://wandinger.userweb.mwn.de/LA_TMET/v2_4.pdf
http://wandinger.userweb.mwn.de/TM2/v6_2.pdf
https://www.yumpu.com/de/document/read/6746246/warmetransportphanomene-lehrstuhl-fur-thermodynamik-tum

Stichwortverzeichnis

https://doi.org/10.1515/9783111345765-045

www.ingramcontent.com/pod-product-compliance
Lightning Source LLC
Chambersburg PA
CBHW061925190326
41458CB00009B/2660
* 9 7 8 3 1 1 1 3 4 5 0 8 6 *